SCHÄFFER
POESCHEL

Jürgen Berthel/Fred G. Becker

Personal-Management

Grundzüge für Konzeptionen betrieblicher Personalarbeit

8., überarbeitete und erweiterte Auflage

2007
Schäffer-Poeschel Verlag Stuttgart

Bibliografische Information der Deutschen Nationalbibliothek
Die Deutsche Nationalbibliothek verzeichnet diese Publikation in der Deutschen Nationalbibliografie; detaillierte bibliografische Daten sind im Internet über <http://dnb.d-nb.de> abrufbar.

Gedruckt auf chlorfrei gebleichtem, säurefreiem und alterungsbeständigem Papier.

ISBN 978-3-7910-2614-5

www.schaeffer-poeschel.de
info@schaeffer-poeschel.de
Einbandgestaltung: Willy Löffelhardt
Satz: DTP + TEXT Eva Burri, Stuttgart • www.eva.burri@dtp-text.de
Druck und Bindung: Ebner & Spiegel GmbH, Ulm
Printed in Germany
April 2007

Schäffer-Poeschel Verlag Stuttgart
Ein Tochterunternehmen der Verlagsgruppe Handelsblatt

Vorwort zur 8., überarbeiteten und erweiterten Auflage

Prof. Dr. Jürgen Berthel lebt nicht mehr. Im August 2005 ist er plötzlich verstorben. Dieser überraschende, viel zu frühe Tod hat nicht nur seine Familie und Freunde geschockt. Er hat ihn auch mitten aus einer Vielzahl an privaten Vorhaben wie Publikationen gerissen. Eines dieser Vorhaben war die weitere Überarbeitung und Erweiterung mancher Teilkapitel im vorliegenden Lehrbuch. Ruhe und wohltuende Distanz zu manchen (zu) aktuellen Themen sollten zu einer pointierte(re)n Darstellung und Meinungsäußerung führen. Dies ist nun leider nicht mehr möglich.

Eine Überarbeitung des Lehrbuchs war dennoch notwendig. Ohne die Mitwirkung von Kollegen Berthel konnte sie sich allerdings nur auf zwei ausgewählte Bereiche erstrecken: Zum einen wurde der Fußnotenapparat teilweise aktualisiert, teilweise um ältere Quellen »entschlackt«. Zum anderen stand die Erarbeitung eines Teilkapitels zu gruppenpsychologischen Erkenntnissen (B.III) an. Dieses konnte zwar auf manche Ausführungen aus den älteren Auflagen zurückgreifen (D.VI), um aber ausreichend die besonderen Verhaltensphänomene von Gruppen thematisieren zu können, bedurfte es einiger Ergänzungen. Insgesamt wird damit nun auch strukturell dem Umstand Rechnung getragen, dass die Kenntnis spezifischer Gruppenphänomene für die Mitarbeiterführung unabdingbar ist.

Mitgewirkt bei der achten Auflage haben vor allem Dipl.-Psych. Dr. Michael Ruppel (Textvorschläge), Dipl.-Kfm. Michael Brinkkötter (redaktionelle Endbetreuung), Dipl.-Kffr. Ellena Werning (Kürzungsvorschläge) und cand. rer. pol. Stefan Diekmann (operative Hilfestellung). Ihnen danke ich für ihre akkurate Unterstützung.

März 2007 Fred Becker

Vorwort zur 7., überarbeiteten und erweiterten Auflage

Die vorige Auflage erschien im Jahr 2000, vielfach als symbolträchtige Wendemarke zum neuen Jahrtausend apostrophiert. Tatsächlich zeichneten sich bereits längst tief greifende Änderungstendenzen in den Bedingungen und in der Art und Weise des Funktionierens von »wirtschaften« ab, die sich seither verdeutlicht und z. T. verstärkt haben. Sie betreffen zum einen die Verschiebung der Gegenstandsbereiche des Wirtschaftens in den hoch entwickelten Wirtschaftsregionen: Neben die ehemals dominierende Industrie-Produktion treten zunehmend Dienstleistungen, nimmt insgesamt die Bedeutung von Wissensschaffen, -bearbeitung, -nutzung und -einsatz zu, unterstützt durch die sich immer weiter rasant entwickelnde Informations- und Kommunikationstechnologie. Zum anderen kommen drastisch veränderte Marktsituationen hinzu: Für die Wettbewerbsverschärfung und den Bedingungswandel auf den Absatz- und Finanzmärkten muss als Metapher zumeist das strapazierte Stichwort der Globalisierung herhalten.

Aber auch die Arbeitsmärkte sind von Änderungstendenzen nicht verschont: die verbreitete, hohe, lang anhaltende Arbeitslosigkeit gibt Anlass zu Veränderungen in der Einschätzung, der Bedeutung, den Ablauf und die Planbarkeit beruflicher Arbeit. Dies führt letztlich zu einer in vielerlei Hinsicht neuen Arbeitswelt, zu anders gearteten Arbeitssituationen, -beziehungen, -verhältnissen: Der so genannte »implizite Vertrag« der Gewährung von Beschäftigungssicherheit seitens der Arbeitgeber im Austausch gegen Arbeitnehmerloyalität kommt zunehmend in Fortfall. Stichworte wie Darwiportunismus, Ich-Aktion u. Ä. machen die Runde.

Alles dies kann natürlich in einem Buch wie diesem nicht unberücksichtigt bleiben – entsprechend sind an vielen Stellen Textzusätze und -korrekturen eingefügt, die seine Aktualität sichern.

Eine augenfällige Änderung betrifft die Autorenschaft: Von nun an werden wir als Zweier-Team von Co-Autoren die weitere Entwicklung dieses Buches betreuen. Schon in dieser Auflage ist die neue, zusätzliche Handschrift erkennbar, vor allem an vier Stellen: (1) Die Informatorische Fundierung in D.II.2 ist zur »Betrieblichen Personalforschung« erweitert und neu systematisiert, (2) »Anreizsysteme« sind in D.VII der (auch gliederungstechnisch) erweiterte Oberbegriff, in den die »Vergütungssysteme« integriert sind, (3) die Organisation des Personalressorts (E.I) ist ausführlicher dargestellt, (4) in F.II sind die Zusammenhänge zwischen Unternehmungsstrategien und dem Personal-Management in erweiterter Weise dargelegt.

Auch dieses Mal haben viele Helfer an der Neuauflage mitgewirkt: Herr Dipl.-Kfm. Stefan Lorscheid hat Aktualisierungen in den rechtlichen Passagen sowie im Zitierapparat vorgenommen, Frau Brigitte Grebe hat sich um Organisation der Abbildungsüberarbeitungen und um die weiterverarbeitungsfähige Manuskriptfassung verdient gemacht. Frau Erika Mohnhardt hat die textlichen Änderungen und Vereinheitlichungen im gesamten Text mit Engagement umgesetzt. Herr Dipl.-Kfm. Christian Brinkkötter war mit redaktionellen Arbeiten betraut. Allen gebührt unser herzlicher Dank.

April 2003 — Jürgen Berthel, Fred G. Becker

Vorwort zur 6., überarbeiteten und erweiterten Auflage

Die wieder notwendig gewordene Neuauflage erfährt ein weiteres Mal umfangreiche Überarbeitungen und etliche Erweiterungen unter Beibehaltung des Grundaufbaus, d.h. der Gliederung in sechs Hauptkapitel.

Es haben sich in Wissenschaft und wirtschaftlicher, betrieblicher Praxis neue bedeutsame Entwicklungen ereignet, die einzuarbeiten nach meinem Dafürhalten unumgänglich wurde: Das betrifft die verstärkt erklärte und praktizierte Ressourcenorientierung von Unternehmungspolitik und -Strategien ebenso wie die steigende Verbreitung von Strukturtypen wie Netzwerken – dies zu ignorieren wäre nicht gerechtfertigt.

Das Kapitel über die Organisation des Personalressorts (A.III) hat eine neue Einordnung (in E) und gänzliche Neufassung erfahren. Dort hat auch die Darlegung der rechtlichen Aspekte betrieblicher Personalarbeit (vor allem: das Arbeitsrecht) mit einer Konzentrierung ihren neuen Platz gefunden. In der Folge war das letzte Hauptkapitel F mit einer neuen Überschrift zu versehen: »Personal-Management und Unternehmungspolitik«. Neu ist in E auch (nun doch) ein Kapitel über »Personalcontrolling«. In D.IV über Personalfreisetzung habe ich u.a. einen Abschnitt über die »Integration von Personalabbau und Personalentwicklung« hinzugefügt.

Ohne die engagierte Mitarbeit zahlreicher Helfer hätte auch diese umfangreiche Neubearbeitung nicht geschehen können. Entwürfe für Überarbeitungen und Erweiterungen haben Frau Dipl.-Kff. Tanja Fangerow sowie die Herren Dr. Martin Müser, Dipl.-Kfm. Lars Renner und Dr. Michael Touet angefertigt. Die vielfältigen inhaltlichen und technischen Details für die Fertigstellung des druckreifen Manuskripts haben mit großer Akribie cand. rer. pol. Petra Berktold, cand. rer. pol. Mirja Blank, cand. rer. pol. Monika Hesse, stud. rer. pol. Anne Ponnewass, stud. rer. pol. Stefan Lorscheid und stud. rer. pol. Ingo Wendel übernommen. Ihnen allen sage ich meinen sehr herzlichen Dank.

Siegen, Februar 2000 Jürgen Berthel

Vorwort zur 1. Auflage

Mit Personal-Management wird zusammenfassend eine Summe von ganz unterschiedlichen Tätigkeiten bezeichnet. Zum einen solche, mit denen Menschen in Betrieben unmittelbar geführt werden (Führung **des** Personals: Verhaltenssteuerung); zum anderen auch solche der Schaffung von Regeln und Bedingungen, nach denen diese Verhaltenssteuerung ablaufen und mit denen das Leistungsverhalten der Mitarbeiter beeinflusst werden soll (Führung **für** das Personal: Systemgestaltung).

Erkennbar ist Personal-Management in diesem Sinne in Betrieben stets gehandhabt worden, wenn auch wohl nur selten aufgrund eines systematischen und geschlossenen Konzeptes. Dass dies für Personal-Management zunehmende Bedeutung erlangt, wird in der Wirtschafts- und Verwaltungspraxis mehr und mehr gesehen. Die immer größer werdende Zahl von Betrieben, die für »Personal« ein eigenes Vorstandsressort einrichtet, liefert ein deutliches Indiz für diese Tatsache.

Dagegen hat sich die Betriebswirtschaftslehre mit den Tätigkeits- und Problemfeldern des Personalmanagement durchaus nicht im einem Maße beschäftigt und ihnen nicht den Stellenwert zugewiesen, wie es seiner deutlich wachsenden Praxisbedeutung entsprechen würde. Als selbstständige Teildisziplin im Form einer »Speziellen Betriebswirtschaftslehre« beginnt sich »Personal-Management« erst zu etablieren; einen eigens dafür eingerichteten Lehrstuhl gibt es erst an einer kleinen Zahl von deutschen Universitäten.

Daher werden mit diesen Buch verschiedene Ziele verfolgt:

(1) Vermittlung eines möglichst umfassenden Überblicks über diese junge betriebswirtschaftliche Teildisziplin, d. h. über die Tätigkeits- und Problemfelder, die ihren Gegenstandsbereich ausmachen: über die in ihnen erzielten Forschungsergebnisse, über den derzeit erreichten Kenntnisstand;
(2) Erste Information für Nichtkenner der Materie, z. B. Studenten, für die auch eine Brücke zu den Praxisproblemen angestrebt ist;
(3) Kenntniserweiterung für Spezialisten auf Teilgebieten, z. B. Wirtschaftspraktiker, die mit Personalproblemen befasst sind;
(4) Anregung für weitere Studien und Kenntnisvertiefung; diesem Zweck in erster Linie dienen der Zitierapparat und das Literaturverzeichnis – gleichzeitig deuten sie das Ausmaß der wissenschaftlichen Fundierung des Personal-Management an.

Das Buch ist in 6 Hauptabschnitte gegliedert: Nach der Grundlegung (A) folgt in Abschnitt B über »Menschliche Arbeitsleistungen in Betrieben« die Darlegung der wissenschaftlichen Erklärungsansätze über das Zustandekommen menschlichen Arbeitsverhaltens und seine Bestimmungsfaktoren. Der Mitarbeiterführung als einem Teil der Verhaltenssteuerung ist der Abschnitt C gewidmet. In D: »Personal-Management als Systemgestaltung und -handhabung« sind alle diejenigen Teilsysteme beschrieben, die ein ausgebautes Gesamtkonzept des Personal-Management ausmachen: Systeme der Personalplanung, -bedarfsdeckung, -entwicklung, -fortbildung, der Arbeitsbedingungen, der Leistungsabgeltung. Abschnitt E enthält eine kurze Darstellung der Personalverwaltung; mit Abschnitt F über den »Kontext des Personal-Management«, d. h. über Situationsbedingungen der Personalarbeit und ihre z. T. wechselseitigen Beeinflussungen, schließt das Buch ab.

Die umfangmäßige Gewichtung der einzelnen Abschnitte ist naturgemäß durch subjektive Einschätzungen mitbestimmt. Ich habe mich bemüht, dabei auch zu berücksichtigen, welche Bedeutung die Praxis den einzelnen Problemfeldern beilegt. So nimmt z.B. der Abschnitt über Mitarbeiterführung einen relativ breiten Raum ein, hat das Kapitel über Erfolgsbeteiligungen etwa den selben Umfang wie das über Entlohnungssysteme.

Die Zitierweise ist so gewählt, dass Fußnoten den Lesefluss nicht stören sollen. Sie sind daher nicht auf die jeweiligen Textseiten gesetzt, sondern geschlossen am Ende des Buches – vor dem Literaturverzeichnis – unterteilt nach Abschnitten (und für D nach Kapiteln) angefügt.

In dem Vorhaben, dieses Buch zu schreiben, hat mich Frau Dr. Friederike Kästing, die Leiterin des Poeschel-Verlages, sehr nachdrücklich bestärkt.

Bei der Vorbereitung des Manuskriptes haben meine Mitarbeiter Frau Dipl.-Kfm. Annette Wagener und die Herren Dipl.-Ök. Hermann Franke, Dipl.-Volkswirt Dr. Manfred Schlüter, Dipl.-Kfm. Hans-Eberhard Koch und Dipl.-Kfm. Franz-Josef Kogel wertvolle Unterstützung geleistet. Zusätzlich haben auch Frau Dipl.-Volkswirt Elisabeth Vetter-Thoma und Herr Dipl.-Kfm. Karl Schneider den ersten Entwurf kritisch durchgesehen, zahlreiche Anregungen für Verbesserungen geliefert und an der Anfertigung des Stichwortverzeichnisses mitgearbeitet. Bei den Korrekturen haben meine Mitarbeiter die Herren cand. rer. pol. Jürgen Eilert, Friedhelm Schneider und Werner Senft geholfen. Frau Rotraud Voigtländer hat auch dieses Mal mit großer Einsatzbereitschaft und Geduld alle Schreibarbeiten übernommen, die mit den verschiedenen Fassungen des Manuskriptes verbunden waren.

Ihnen allen sage ich meinen herzlichen Dank.

Siegen, November 1978 Jürgen Berthel

Inhaltsübersicht

Inhaltsverzeichnis

Abbildungsverzeichnis

A. Grundlegung

I. Die elementaren Komponenten der Arbeitswelt

Die hier betrachtete Arbeitswelt ist nicht identisch mit der Gesamtheit aller Stätten, an denen gearbeitet wird. Einige Arbeitsstätten und arbeitende Personen bleiben unberücksichtigt (bezogen auf die Gesamtheit sind dies jedoch nur wenige), weil in und bei ihnen Personal-Management im später zu definierenden Sinne nicht stattfindet: Dies sind z. B. alle sog. »Ein-Mann-Betriebe«, in denen ein Inhaber ohne angestelltes Personal für eigene Rechnung arbeitet, aber auch solche Betriebe, in denen Personen-Mehrheiten ohne »fremdes« Personal arbeiten, wie etwa Familien-Haushalte, Wirtschaftsprüfer-Sozietäten o. Ä. In Letzteren werden die bestehenden Aufgaben zwar i. d. R. arbeitsteilig erfüllt, trotzdem entfallen Personalführung, -beschaffung, -entwicklung usw., zentrale Aktivitäten des Personal-Management also, wie näher darzulegen sein wird. »Personal-Einsatz« ist zwar auch in ihnen notwendig, jedoch kann davon ausgegangen werden, dass eventuell auftauchende Probleme (z. B. Einteilung von Pflichten für Kinder im Haushalt, Aufteilung der Mandanten zwischen Wirtschaftsprüfern) ganz anderer Art sind und auch anders gelöst werden, als in denjenigen Institutionen, in denen angestelltes Personal für arbeitsteiligen Arbeitsvollzug einzusetzen ist.

Erkennbar ist der verbleibende »Rest«, in dem Personal-Management stattfindet, der weitaus größere Teil der Arbeitswelt. Ihm wollen wir uns jetzt mit einer Beschreibung seiner elementaren Komponenten zuwenden.

1. Betriebe

In der modernen Betriebswirtschaftslehre werden als Betriebe alle diejenigen Institutionen bezeichnet, in denen aufgrund einheitlicher Planung Aktivitäten zur Erreichung der Ziele dieser Institutionen durchgeführt werden. Betriebe sind somit ökonomische Wirkungszentren mit eigenem Wertekreislauf.[1] Die Weite der Begriffsfassung bringt es mit sich, dass eine große Vielzahl von Betriebsformen existiert: Private und öffentliche Haushalte zählen ebenso dazu wie Unternehmungen, Vereine, Verbände, militärische, kulturelle, soziale, kirchliche Einrichtungen. Diese weite Fassung erweist sich auch für das in diesem Buch zu behandelnde Problemfeld als zweckmäßig: Tätigkeiten und Probleme des Personal-Management treten grundsätzlich in jeder Betriebsform auf, sobald mehrere für die Erfüllung der betrieblichen Ziele angestellte Personen beschäftigt werden.

Die in so unterschiedlichen Betrieben auftretenden personellen Probleme sind jedoch in ihren konkreten Ausprägungen und in den anzuwendenden Problemlösungstechniken nicht

1 Kosiol (1966) 15 f.

gleich. So beruhen Ursachen für unzureichende Arbeitsleistungen von Mitarbeitern eines englischen Kohlebergwerks um die Jahrhundertwende, einer deutschen Munitionsfabrik im Jahre 1944 und eines indischen Stahlwerkes um 1970 sicherlich auf gänzlich verschiedenen Faktoren: im Bergwerk etwa auf Mängel in den Arbeitsbedingungen, in der Munitionsfabrik in fehlender Motivation, kriegsverlängerndes Material herzustellen, im Stahlwerk in den unzureichenden fachlichen Qualifikationen der indischen Stahlwerker. Ähnlich wäre dies für Gründe mangelnder Arbeitszufriedenheit von Stahlwerksmitarbeitern, die man 1975 in Werken in Indien, in den USA, in der Bundesrepublik Deutschland konstatieren würde.

Es gibt eine Fülle von situationalen, sozio-kulturellen, persönlichkeitsspezifischen und anderen Bedingungen, die dafür maßgebend sind, dass Bestimmungsfaktoren für das Zustandekommen menschlicher Leistungen in verschiedenen Betrieben unterschiedlich ausgeprägt sind. Andererseits aber gibt es auch eine Reihe von wichtigen Merkmalen, die für eine Vielzahl von Betrieben in gleichem Maße zutrifft. Sie sind im Folgenden herauszuarbeiten, um eine Ausgangsbasis für den Grundansatz des Buches zu schaffen. Es versteht sich, dass hier nur thematisch relevante Merkmale von Interesse sind.

Für Führungstätigkeiten im Sinne eines Personal-Management ist die **Zielorientierung** von Bedeutung, unter der alle Aktivitäten zur Aufgabenerfüllung für die Institution geschehen. Eine jede Institution, in der eine Mehrzahl von Personen tätig ist, wird gegründet und fortgeführt, damit ihre Ziele – Ziele der Institution also – erreicht werden: Ein Theater als Prototyp für eine kulturelle Einrichtung will Stücke für ein interessiertes (und eventuell zu interessierendes) Publikum aufführen, ein karitativer Verband will bestimmte soziale Leistungen erbringen, eine militärische Einheit soll die Sicherheit eines bestimmten Territoriums und der in ihm lebenden Bewohner schützen, eine Behörde der staatlichen Verwaltung erbringt genau definierte Dienstleistungen für die Bürger, eine Unternehmung setzt produzierte Güter an Nachfrager ab. Ziele dieser Art, d. h. hinsichtlich dessen, **was** eine Institution hervorbringt, werden **Sachziele**[2] genannt.

Sie aber sind nicht die einzige Zielkategorie: Hinzu kommen so genannte **Formalziele**, die das **Wie** der Leistungserstellung betreffen. Diejenigen Ziele, die ein bestimmtes Verhältnis zwischen den Einsatzgütern zur Leistungserstellung und dem Leistungsergebnis (bzw. deren jeweiligen Geldgegenwerten) als einzuhalten oder anzustreben definieren, werden **Erfolgsziele** genannt. Darunter versteht man: Handeln nach dem Wirtschaftlichkeitsprinzip, konkreter: z. B. Kostendeckung, Gewinnerzielung. Ein Erfolgsziel ist als Grundmaxime in aller Regel vorgeschrieben, gleichgültig, ob Institutionserhaltung trotz Zielverfehlung garantiert ist (z. B. bei Behörden). Für Unternehmungen wird in bestimmten Wirtschaftsordnungen von Rechts wegen die Erfüllung eines weiteren Formalziels verlangt: die Aufrechterhaltung der **Liquidität**. Solche Zielmehrheiten, die von Institutionen verfolgt werden,.können **Zielkonzeptionen** genannt werden.[3] Dass es demnach Ziele der Institutionen gibt, erscheint unzweifelhaft. Für ihr Erreichen müssen zwar diejenigen Personen Sorge tragen, die für die und in der Institution tätig sind, sie müssen sie also wenigstens akzeptieren; trotzdem sind sie nicht von ihnen als Einzelpersonen für sich selbst verfolgte individuelle Zielsetzungen. Auch wenn betriebliche Mitarbeiter sich mit Zielen des Betriebes identifizieren sollten, verfolgen sie diese dennoch nicht für sich selbst, son-

2 Kosiol (1966) 45 f.
3 Schmidt (1969) 4 ff.

dern für die Institution.[4] Dass dieses betriebliche Merkmal der Zielorientierung für das Personal-Management von Bedeutung ist, wird im Zusammenhang mit der Tatsache deutlich werden, dass die in Betrieben beschäftigten Personen auch eigene Zielvorstellungen haben, die es mit den betrieblichen Zielen in Einklang zu bringen gilt. Dies wird als eine **der** Hauptaufgaben des Personal-Management angesehen.

Diese Argumentation folgt dem Paradigma der traditionellen Betriebswirtschaftslehre: dem Zielmodell, das mit der Bestands- bzw. Überlebenssicherung als oberster Grundmaxime der Unternehmungspolitik verknüpft ist. Ein Paradigmen-Wechsel zu einem neuen Sinnmodell – etwa dem einer fortschrittsorientierten Unternehmungsentwicklung – fügt diesem betriebswirtschaftlichen Grundgedanken zusätzliche Einsichten hinzu, u. a. auch weitere mögliche Begriffsinhalte für den Terminus »Erfolg« (Näheres vgl. Kap. F.).

Ein weiteres allgemeines Merkmal von Betrieben ist es, dass sie zur Erreichung ihrer Ziele geeignete **Mittel einsetzen** müssen, die generell als personelle, materielle (z. B. technische), finanzielle und informationelle **Ressourcen** klassifiziert werden. Von Bedeutung ist weniger, **dass** dies so ist, sondern vielmehr, in welchem Verhältnis die einzelnen Ressourcen-Kategorien zueinander eingesetzt werden. Dies bezieht sich zum einen auf den mengenmäßigen Einsatz, zum anderen auch auf dessen Bedeutung, etwa im Sinne der Wichtigkeit seiner Qualität für die Zielerreichung.

Man kann die Betrachtung der Ressourcen-Kategorien auf zwei reduzieren und damit das im Folgenden darzulegende Problem besser verdeutlichen. Wenn im weiteren vom Verhältnis personeller zu technischen Ressourcen die Rede sein wird, so deswegen, weil Einsatz von Technik und Kapitalbedarf sich in aller Regel gleichsinnig verhalten: Der Aufbau technischer Kapazitäten ruft Kapitalbedarf hervor. Die spezielle Problematik und eventuelle Schwierigkeiten bei der Kapitalbeschaffung werden dabei keineswegs geleugnet.

Das mengenmäßige Verhältnis von **personellen** zu **technischen** Ressourcen hängt vom Betriebstyp ab. So werden z. B. soziale, kulturelle, kirchliche Einrichtungen stets einen relativ hohen Anteil an personellen Ressourcen benötigen (so kann man etwa die personelle Stärke eines Sinfonie-Orchesters durch Einsatz technischer Hilfsmittel nicht reduzieren, ohne die künstlerische Aufführungsqualität zu gefährden). Das steht im Gegensatz zu entsprechenden Entwicklungen in Unternehmungen. Auch innerhalb dieses Betriebstyps gibt es noch starke Unterschiede, die durch die Eigenarten der Wirtschaftssektoren (z. B. Industrie vs. Handel vs. Banken) und innerhalb dieser z. T. noch branchenabhängig bedingt sind: So gibt es hochtechnisierte Industriebetriebe, die nur wenig Personal benötigen (z. B. computergesteuerte Mischanlagen in der Chemieindustrie), wie aber auch im Gegensatz dazu, hoch lohnintensive Hersteller, bei denen die personellen Ressourcen stark überwiegen (z. B. in der Feinkeramik-Industrie). Eine Globalbetrachtung zeigt jedoch, dass in Unternehmungen im langfristigen, mehrere Jahrzehnte umfassenden Vergleich der Einsatz personeller Ressourcen zugunsten einer Verstärkung der Technik zurückgegangen ist. Gleichzeitig jedoch wurde das Interesse an den Besonderheiten des »Einsatzfaktors Mensch« größer; personelle Ressourcen wurden bewusst und betont zu berücksichtigen versucht.

Hierin liegt scheinbar ein Widerspruch. Er klärt sich auf, wenn man die Bedeutung der menschlichen Arbeitsleistungen ins Auge fasst. Gemessen an den qualitativen Anforderun-

4 Vgl. auch die von Thompson übernommene und von Kirsch betonte Unterscheidung in Ziele **der** Organisation und Ziele **für** die Organisation: Kirsch (1969) 668 f.

gen ist sie als beständig steigend zu bezeichnen. Dies ist deshalb nicht verwunderlich, weil zum einen technische Hilfsmittel überwiegend einfache Routinearbeiten übernehmen, und zum anderen die Gesamtheit der betrieblichen Abläufe, wie auch die Umwelt, mit der sie verbunden ist, durch eine ständig steigende Komplexität und Dynamik gekennzeichnet ist. Dadurch nehmen die vorausschauenden wie die überwachenden Steuerungsaufgaben an Umfang und an Kompliziertheit zu. Daraus wird das Fazit gezogen: Menschen haben immer weniger einfache, immer mehr schwierige Aufgaben zu übernehmen. Deutlich sichtbar ist das im Übrigen in neuerer Zeit bei Industriebetrieben, in denen der Grad der Arbeitsteilung herabgesetzt wird. Dies geschieht durch Ablösung hochspezialisierter Einzeltätigkeiten, durch Gruppenarbeit und durch ganzheitliche Aufgaben; dadurch entstehen auch für den einzelnen anspruchsvollere Aufgaben.

Diese Qualifizierungsthese hat (in der Industriesoziologie) allerdings auch Widerspruch geerntet: Die Dequalifizierungsthese behauptet das genaue Gegenteil. Die Arbeitsanforderungen und in der Folge die Qualifikationen der Berufstätigen werden im Durchschnitt sinken. Eine Mittlerstellung nimmt die sog. Polarisierungsthese ein: Zunehmend kompliziertere Aufgaben stehen immer einfacheren gegenüber. Eine Klärung dieser kontroversen Diskussion gibt es bislang nicht (vgl. Kap. D.V.3.a.cc). Die Polarisierungsthese gewinnt n. u. D. an Plausibilität; dafür sprechen die nachfolgenden Gründe.

Ohne jede dramatisierende Übertreibung dürfte die Feststellung zutreffend sein, dass die hoch entwickelten Wirtschaftsnationen sich seit geraumer Zeit am Ende des Industriezeitalters (»postindustrielle Epoche«) und im Aufbruch zu einer Dienstleistungsgesellschaft, begleitet von einem massiven Ansteigen so genannter wissensintensiver Unternehmungen, befinden, begleitet von einer beispiellosen informationstechnischen Revolution. Sie wiederum begünstigt die fortschreitende Globalisierung, die ihrerseits erheblich zu Verschärfung des außerordentlich starken technisch-ökonomischen Wettbewerbs beiträgt. In der Folge wird weltweit der Versuch unternommen, die Unternehmungen zu stabilisieren, und zwar im Wege des Einsatzes neuer Management-Ansätze: Lean Management, Total Quality Management, Business Reengineering sind die häufigsten in diesem Zusammenhang eingesetzten »Gestaltungskonzepte«. Der mit ihnen verbundene strukturelle Wandel in Form von Dezentralisierung, Abflachung von Hierarchien, Prozessorientierung u. a. m. geht mit verbreitet steigenden Anforderungen (v. a. an Führungskräfte) einher, aber auch mit neuen Beschäftigungsrisiken. Letztere sind in der jüngsten Vergangenheit vor allem in Branchen zu beobachten, in denen Prognosen der Nachfrage ihrer innovativen Produkte (Kommunikations-/Informationstechnik, Elektronik etc.) außerordentlich schwierig sind.

Die gegenläufige Tendenz einer Zunahme einfacherer Arbeitsplätze wird vor allem im Dienstleistungssektor beobachtet (der andererseits auch hochkomplizierte Tätigkeiten – etwa auf dem Felde der Informatik – enthält).

Dieses Bild der Entwicklung der beruflichen Arbeit ist insoweit – im Hinblick auf deren Qualifikationsniveaus – uneinheitlich (was für die Polarisierungsthese spricht).

Darüber hinaus aber gibt es weitere Tendenzen, die unternehmungspolitische Strömungen betreffen, und die ihrerseits erhebliche Auswirkungen auf die Zukunft der Erwerbsarbeit in unserer Gesellschaft haben dürften. Die Unternehmungen sehen sich nicht nur Anforderungs- und Problemdruck seitens ihrer Abnehmer und ihrer Wettbewerber ausgesetzt, sondern zudem auch anspruchsvollen Erwartungen seitens Kapitaleignern, Aktienanlegern und Börsenanalysten, und zwar bezüglich ihrer erzielten und erzielbaren Rendite, des Shareholder Value. Dem Bestreben, ihn zu halten bzw. zu steigern, wird allenthalben die derzeit weltweit rollende Welle von Unternehmungsfusionen, -Zusammenschlüssen und -Kooperationen zugeschrieben. In ihrem Gefolge – und dies ist eine weit reichende Konsequenz für die Struktur, Planbarkeit und Sicherheit der Erwerbsarbeit – sehen sich viele hiervon betroffene Unternehmungen nicht mehr (wie in der Vergangenheit) in der Lage, langfristig sichere Beschäftigungen und Karrieren zu bieten, was – zumindest für Europa und Japan – ein Novum darstellt. Das ist gleichbedeutend damit, dass der so genannte »implizite Vertrag« (in dem der Arbeitgeber Arbeitsplatz-Sicherheit bietet, der Arbeitnehmer im Gegenzug Loyalität zu »seiner« Firma beweist) mehr und mehr in Fortfall kommt. Zweifellos wird von diesem Umstand auch das Personal-Management, seine Fristigkeit und Planbarkeit, nicht unberührt bleiben.

2. Arbeitende Menschen

In der Betriebswirtschaftslehre interessieren Menschen nicht primär vom anthropologischen, philosophischen, biologischen o. Ä. Standpunkt aus. Ausgangspunkt, sie in die Betrachtung ökonomischer Zusammenhänge einzubeziehen, ist der von ihnen geleistete Beitrag zur Erreichung der betrieblichen Ziele. Er wird erbracht durch **Arbeit**. Was ist Arbeit und was bedeutet sie für die Menschen, die sie leisten?

Physikalisch ist Arbeit gleich der Kraft, die aufgewandt werden muss, um eine bestimmte Masse in einem definierten Zeitraum über eine festgelegte Strecke fortzubewegen. Diese Definition ist weder für die ökonomische Sichtweise noch für nähere Untersuchungen der für arbeitende Menschen bedeutsamen Voraussetzungen und Konsequenzen des Arbeitsvollzuges von erhellendem Wert. Eine wirtschaftliche Betrachtung der Arbeit muss den jeweils eingenommenen Standort näher bezeichnen. Für den Betrieb als Leistungsempfänger (Arbeitgeber) wurde der Charakter menschlicher Arbeit als eines der Mittel für die Erreichung betrieblicher Ziele bereits deutlich gemacht; welche Funktion aber hat Arbeit für die Menschen (Arbeitnehmer), die sie leisten?

Zur Sicherung der Existenz benötigt der Mensch materielle und immaterielle Güter, um seine physischen und psychischen Bedürfnisse befriedigen zu können. In modernen Gesellschaften ist der weitaus größte Teil dieser Güter nicht ohne den Einsatz von (Geld-) Mitteln zu erlangen, deren Beschaffung in aller Regel wiederum den Einsatz von Arbeit erforderlich macht. Dass Arbeit darüber hinaus in der heutigen Zeit eine Reihe als bedeutsam empfundener Funktionen erfüllt, sei kurz angemerkt:

- Arbeit stärkt über die Erfahrung der eigenen Nützlichkeit für die Gesellschaft und über die Erfahrung eigener Kompetenz und Erfolgserlebnisse das Selbstwertgefühl und trägt so zur psychischen Gesundheit bei.
- Arbeit ermöglicht soziale Kontakte und kommt damit einem fundamentalen menschlichen Bedürfnis entgegen.
- Die in der Arbeitstätigkeit erlangte Position ist die entscheidende Grundlage für die Zuweisung von gesellschaftlichem Status (Prestige einzelner Berufe); Individuen werden in der modernen Gesellschaft nach ihrer beruflichen Tätigkeit eingeordnet.

Dass dies nicht immer so war, gehört heute der geschichtlichen Vergangenheit an, in der insbesondere körperliche Arbeit als mit der Würde des freien Menschen schwer vereinbar angesehen und daher niedrigen Gesellschaftsschichten übertragen wurde (an Sklaven in der griechisch-römischen Antike, an Knechte in der germanischen Frühzeit).

Der durch die jüdisch-christliche Tradition (und hier besonders durch die protestantische Arbeitsethik) in dieser Anschauung bewirkte Wandel in der Einstellung zur Arbeit hat allerdings mit der Zeit ganz unterschiedliche Arbeitsinhalte überdauert und einen auf einer anderen Ebene liegenden Einstellungswandel mit sich gebracht: Arbeit wurde und wird als Erfüllung (Lust), aber auch als Last (Leid) empfunden. Welche Einstellung vorhanden ist bzw. überwiegt, ist neben anderen – individual-psychologischen – Faktoren besonders auch durch die Arbeitsinhalte bestimmt. Mit- oder Eigenbestimmung von Tätigkeitsgegenstand, -fortschritt und -ergebnis, Überschaubarkeit und vorwiegende Eigenbewältigung des gesamten Arbeitsprozesses, mithin Erkennbarkeit und damit erleichterte Möglichkeit zur Akzeptanz des übergeordneten Arbeitszieles waren hervorstechende Kennzeichen der Arbeitswelt in Handwerk, Handel und Landwirtschaft bis zum 19. Jahrhundert. Sie ermöglichten die Einstellung, Arbeit als Erfüllung zu empfinden. Damit soll nicht behauptet werden, dass es in dieser Zeit nur Arbeit mit diesen Kennzeichen gegeben habe: Gegenbeispiele sind die kümmerlichen Existenzen der Tagelöhner, der Hintersassen u. a.

Mit der Industrialisierung und der Bildung von Großbetrieben ging ein tief greifender Wandel der Arbeitswelt einher: Fremdbestimmung von Arbeit und Arbeitsziel, Zerstückelung der Arbeitsprozesse via Spezialisierung, eine Vereinfachung und »Routinisierung« der Arbeitsinhalte (bis hin zu monotonen Einfachstaufgaben). Die damit verbundene Förderung einer Einstellung, die Arbeit in der Berufstätigkeit als Last zu empfinden, erscheint evident.[5] Wiederum wollen diese Feststellungen nicht besagen, dass es etwa gegenwärtig nur Arbeiten der beschriebenen Art gäbe: Davon kann etwa für die führenden Management-Ebenen in den Betrieben sicherlich nicht die Rede sein.

Treibende Kraft für die zuletzt geschilderte Entwicklung war die Leitidee der **wirtschaftlichen Effizienz** der Arbeitsdurchführung. Die Neigungskomponente, die Erfüllungs-Einstellung zur Arbeit in den Vordergrund bei der Arbeitsgestaltung zu stellen, würde Ausdruck der Betonung der Humanität als Leitidee sein. Dass ihr dabei nicht immer gefolgt werden konnte, erweist, dass beide Leitideen hierin offenbar in Konflikt zueinander stehen. Ist dieses Dilemma lösbar?

Auf sehr lange Sicht ist wohl die Humanität wichtiger; die Frage, ob der Mensch in einer bestimmten Gesellschaft gern lebt oder nicht, ist wichtiger als die Höhe der Rentabilität. Wird diese Prioritätenbildung für die beiden Leitideen akzeptiert, so wären Schritte hin zu einer »Humanisierung der Arbeitswelt« zu unternehmen, wo sie möglich sind unter Abwägung ihrer Konsequenzen. Dies bedeutet letztlich, dass Rentabilitätseinbußen insgesamt verkraftbar sein müssten (etwa in dem Sinne, dass sie nicht zu einer Selbstzerstörung der Wirtschaft führen mit verbreiteten Arbeitsplatzverlusten, weil deren Nachteile für die Betroffenen größer sein dürften als das Ausführen einer unbefriedigenden Arbeit, wie neuere Erkenntnisse der sozialpsychologischen Arbeitslosenforschung deutlich aufzeigen). Zur Stützung dieser Argumentation wird zudem häufig angeführt, dass die »Lebensqualität«, die in anderen Lebensbereichen – wie der Freizeit durch die dort gebotenen Entfaltungsmöglichkeiten – gewährleistet ist, in der Arbeitswelt nicht versagt werden dürfe. Mit welcher Begründung wäre dies vertretbar? Immerhin verbringt der arbeitende Mensch einen beträchtlichen Teil der Zeit seines Wachseins am Arbeitsplatz.

5 Vgl. z. B. Reber/Schanz (1975) 475 ff., die ausführen, dass die Leistungs- zu Lasten der Neigungskomponente überwiegt.

Um jedoch nicht vorschnell in unzulässige Kollektivierungen von Idealvorstellungen über angestrebte und erstrebenswerte Lebensweisen zu verfallen, ist es wichtig, einen individualistisch betonten Standpunkt festzuhalten: Eine für alle arbeitenden Menschen generell geltende, mit den gleichen Merkmalen ausgestattete »Lebensqualität am Arbeitsplatz« kann es nicht geben. Dies zu leugnen hieße verkennen, dass derlei Ansprüche persönlichkeitsspezifisch geprägt, also individuell differenziert sind.

Gleichwohl dürfte allgemein unterstellt werden können, dass die meisten Berufstätigen an einer sicheren Anstellung und einem überschaubaren (planbaren) Erwerbsleben interessiert sind. Dass diesem Interesse jedoch andersgeartete Zielsetzungen, Diskontinuitäten sowie eingeschränkte Steuerbarkeit seitens der Unternehmungen entgegenstehen können, darauf wurde am Ende des vorigen Abschnitts hingewiesen. Für abhängig Beschäftigte ergibt sich in der Folge, dass ihre berufliche Zukunft zunehmend davon geprägt sein dürfte, dass Dauerbeschäftigungsverhältnisse eher die Ausnahme, häufigere Wechsel von Arbeitsplatz, aber auch Unternehmung eher die Regel sind, dass sogar (u. U. mehrfache) Berufswechsel nicht auszuschließen sind. Alles dies sind Konditionen, die es erschweren, der beruflichen Arbeit den Stellenwert eines zentralen Lebensinteresses zuzuweisen.

Mit diesen Bemerkungen zu Betrieben und in ihnen arbeitenden Menschen als den elementaren Komponenten der Arbeitswelt, sind die wichtigsten Grundsteine gelegt für eine Klärung von Begriff und Inhalt des Gegenstandsbereiches dieses Buches: Personal-Management.

II. Begriff, Inhalt und Grundkonzeption des Personal-Management

Die Vertreter des Begriffs Personal-Management legen besonders viel Wert auf ein Verständnis der Personalfunktion als Teil des übergreifenden Managementsystems und -prozesses. Diese sind in allen Phasen und in allen Elementen von personellen Aspekten durchwoben. Insofern sind die Personalverantwortlichen angehalten, im Rahmen des Managements – quasi zwangsläufig – auch Personalentscheidungen zu treffen. Diese Integration der Personalfunktion in den obersten Managementbereich und in die Verantwortung der Vorgesetzten intendiert, dass die Formulierung der betrieblichen Strategien, die Gestaltung der Organisationsstruktur, die Bestimmung von personeller Verantwortung u. a. m. durch Personalmanager auf der obersten Ebene mitbestimmt werden sowie Personalaufgaben nicht mehr (allein) eine Angelegenheit der Personalabteilung sind. Mit dieser Interpretation wird die Bedeutung personalbezogener Fragestellungen verdeutlicht. Nicht allein institutionelle und instrumentelle Fragen stehen im Vordergrund, sondern auch und ganz besonders die Führungsverantwortung jedes Mitarbeiters. Dabei wird eine deutliche Einbeziehung verhaltenswissenschaftlicher Aussagen vorgenommen.[6]

»Management« (als Prozess) wird hier mit »Führung« gleichgesetzt und damit als Summe von (Führungs-)**Tätigkeiten** verstanden, nicht also als Inbegriff derjenigen Personen (Manager), die Führungstätigkeiten ausüben (Management als Institution); ein (ausnahmsweiser) Gebrauch im letzteren Sinne wird entsprechend deutlich gemacht werden.

---

6 S. zu anderen Verständnissen der Personalökonomie der Personalwirtschaftslehre und des Human Resource Management Ridder (1999).

Der Begriff der **Führung**, der nunmehr erläuterungsbedürftig ist, wird in der Literatur und im praktischen Sprachgebrauch in außerordentlich zahlreichen Varianten benutzt. Zu dem Versuch einer Klärung soll die folgende Übersicht (vgl. Abbildung 1) beitragen, in der die Betrachtungsebenen und unterschiedlichen Aspekte des Geschehens in arbeitsteilig organisierten Institutionen zusammengestellt sind.[7]

	1 materieller Aspekt		2 personeller Aspekt	
A Systemebene	A_1	Gestaltung von Güter- und Wirkungssystemen	A_2	Gestaltung von Systemen zur (Lenkung der) Verhaltenssteuerung
B Prozessebene	B_1	Steuerung der Güterprozesse (Real-, Nominal-, Informationsprozesse)	B_2	Steuerung von Verhaltensweisen durch (Führungs-)Prozesse
C Güterebene	C_1	Gütereinsatz, -transformation und -ausbringung	C_2	Arbeitsleistung als Einsatzgut

Quelle: In Anlehnung an Wild (1974) 156.

Abb. 1: Betrachtungsebenen und Aspekte des betrieblichen Geschehens

Als Führung soll allgemein die **Gestaltung von Systemen** (Ebene A) und die **Steuerung von Prozessen** (Ebene B) bezeichnet werden. Zur Betriebsführung werden dabei der materielle **und** der personelle Aspekt gerechnet, also die Felder A_1 und A_2, B_1 und B_2.

Unter Güter- und Wirkungssystemen (A_1) sind z. B. das Produktions-, das Finanz-, das Versorgungssystem einer Unternehmung zu verstehen. Steuerung der Güterprozesse (B_1) ist zur Führung zu rechnen, soweit sie durch Menschen geschieht; bei stark automatisierten Produktionsprozessen z. B. betrifft dies oft nur deren Ingangsetzen (was bei mehreren möglichen Prozessvarianten die Entscheidung über das zu realisierende Produktprogramm einschließt) und ihre Beendigung. Mit dem **materiellen** Aspekt der Systemgestaltung und Prozesssteuerung werden die betrieblichen Einsatzgüter so gelenkt, dass mit ihnen die Erreichung der betrieblichen Ziele ermöglicht und in gewollter Weise sichergestellt wird.

Der Begriff »**Personal-Management**« hat die Führungstätigkeit der Felder A_2 und B_2 zum Inhalt, d. h. ausschließlich den **personellen** Aspekt der Systemgestaltung und Prozesssteuerung. Letztere ist gleichzusetzen mit der Steuerung des Verhaltens der Mitarbeiter, erstere mit der Schaffung von Regeln und Bedingungen, nach denen zum einen die Verhaltenssteuerung gelenkt und zum anderen das Mitarbeiterverhalten direkt zu beeinflussen versucht wird. Systeme zur Lenkung von Verhaltenssteuerung sind z. B. solche für die Personalauswahl, für die Personalentwicklung u. a. m.; mit einem Vergütungssystem

7 In der Auswertung und Erklärung dieser Tabelle allerdings wird hier – was die Herleitung des Führungsbegriffes angeht – eine andere Auffassung vertreten.

wird über die motivationale Komponente des Wollens zur Leistung das Mitarbeiterverhalten direkt zu beeinflussen versucht. Mit der Handhabung dieser Systeme, z. B. mit dem Fällen einer Entscheidung über die Versetzung eines Mitarbeiters gemäß Systemregeln, wird das Verhalten der Mitarbeiter also ebenfalls gesteuert, wie dies auch mit der Ausübung von Führungsfunktionen als Vorgesetztentätigkeit geschieht, die unter dem Unterbegriff »Menschen- oder Mitarbeiterführung« subsumiert werden kann.

Personal-Management im Sinne von Tätigkeiten der **Verhaltenssteuerung** ist gleichbedeutend mit Führung **des** Personals, mit »Mitarbeiterführung« durch die unmittelbaren Vorgesetzten und mit Führungsaktivitäten durch andere Führungskräfte, wenn diese im Rahmen der Systemgestaltung geschaffene Systeme handhaben. Der Mitarbeiterführung, d. h. der Verhaltenssteuerung im erstgenannten Sinne, ist das Hauptkapitel C dieses Buches gewidmet.

Personal-Management in seinem zweiten Begriffsteil, der **Systemgestaltung**, meint Führungstätigkeiten **für** das Personal. Denn die geschaffenen Systeme existieren **für** das Personal insofern, als sie sich auf die Mitarbeiter selbst beziehen, indem sie deren Beschaffung, Auswahl, Entwicklung, Vergütung etc. regeln. Dieser Teil des Personal-Management wird – als dessen »Handlungsfelder« – im Hauptteil D behandelt.

Die skizzierten begrifflichen Zusammenhänge soll Abbildung 2 verdeutlichen. In Abschnitt D.I wird auf diese Begriffsgrundlagen nochmals zurückzukommen sein.

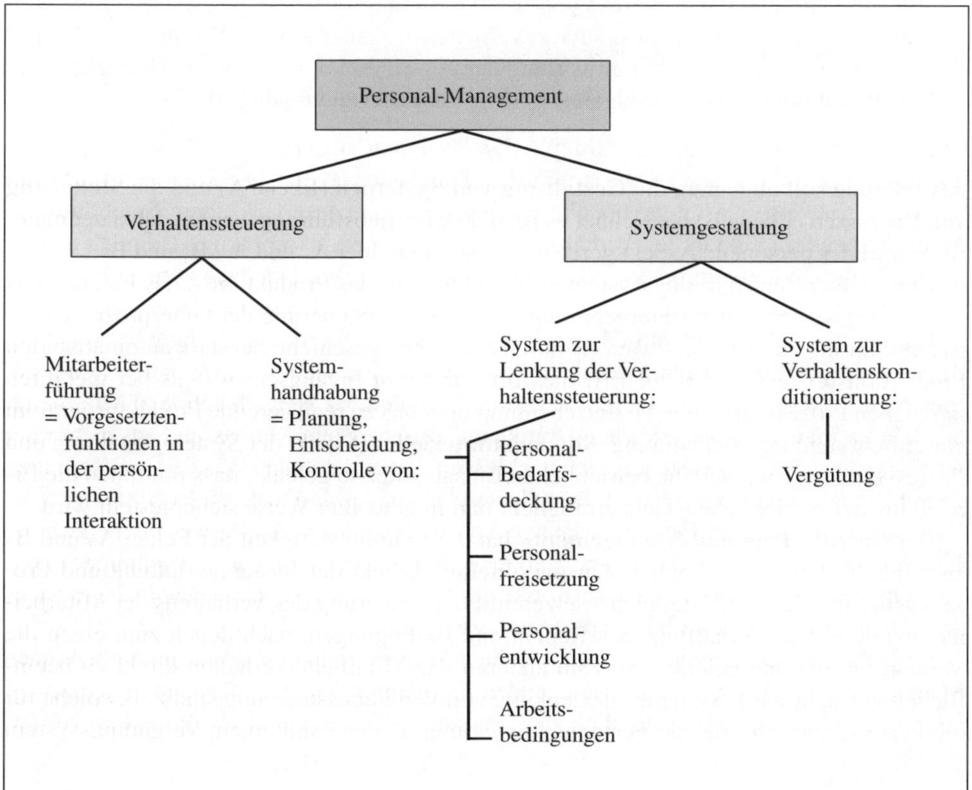

Abb. 2: Begriffszusammenhang des Personal-Management

Personal-Management im Sinne von Tätigkeiten der **Verhaltenssteuerung** ist gleichbedeutend mit Führung **des** Personals. Zwei Teilaspekte sind hier zu differenzieren:[8]

- Die **interaktionelle Verhaltenssteuerung** steht als Vorgesetztenfunktion bei der direkten, situativen Gestaltung der zwischenmenschlichen Beziehungen zur personen- und aufgabengerechten Kooperation im betrieblichen Kombinationsprozess i. Allg. im Mittelpunkt. Im Rahmen der Individualisierung des Personal-Managements ist basierend auf den Motiven sowie den ökonomischen Notwendigkeiten das Leistungsverhalten der Mitarbeiter inhaltlich und intensitätsmäßig zu beeinflussen: Inspirieren, Kommunizieren, evaluieren, kritisieren, anerkennen, abstimmen, Prioritäten setzen u. a. Es handelt sich um die Mitarbeiterführung, die insbesondere im Hauptkapitel C dieses Buches thematisiert wird.
- Die **strukturelle Verhaltenssteuerung** dient auf einer anderen Ebene der mittelbaren Verhaltensbeeinflussung. Dies geschieht durch die Gestaltung der Führungskonzeption (bspw.: Management-by-Objectives), die Formulierung wie Implementierung von betrieblichen Strategien (bspw.: aggressive Wettbewerbsstrategien) und des Personal-Managements (bspw.: Nutzung spezifische Beförderungskriterien), die alle mit zielgerichteten inhaltlichen, prozessualen und strukturellen Regelungen speziell in der Führungs- und Arbeitsorganisation bewusst Stimuli zum Leistungsverhalten bieten. Bestandteil der strukturellen Dimension ist noch die **kulturelle Verhaltenssteuerung**. Mit dieser Komponente kann ebenfalls indirekt über die Gestaltung der Unternehmungskultur, Führungsgrundsätze u. Ä. Einfluss auf das Verhalten ausgeübt werden. Die strukturelle Führung liegt weniger in der Verantwortung des einzelnen Vorgesetzten als vielmehr in der Verantwortung des Top-Managements resp. der übergeordneten Instanzen.

Mit der interaktionellen und der strukturellen Verhaltenssteuerung sind quasi zwei Seiten einer Medaille angesprochen: Die strukturelle Dimension ersetzt, beeinflusst und substituiert dabei teilweise die interaktionelle et vice versa. Letztere hat zudem Spielraum zur Modifikation der strukturellen Verhaltenssteuerung. Eine Einschränkung lediglich auf die direkte Vorgesetztenfunktion der interaktionellen Führung wird vielfach vorgenommen, ist aber zum Verständnis wie zur Gestaltung der Führungsbeziehungen zu einengend.

Ein Personal-Management in dem bislang skizzierten Sinne und Umfang hat verschiedene **Ansatzpunkte** und damit auch **Wirkungsfelder**: Individuen – Gruppen – Gesamtbetrieb.[9] Eine integrative Sichtweise ist nicht nur möglich, sie ist auch geboten: Mitarbeiter handeln zwar auch im betrieblichen Umfeld auf Basis eigener Motive, und aus mehr oder weniger souveränen eigenständigen Entschlüssen – aber nicht nur! Was in Arbeitsgruppen und in Betrieben passiert, ist durch formale und informale Merkmale dieser Systeme (mit-) bedingt und umgekehrt. Personal-Management ist insofern sinnvollerweise eine gezielte Intervention auf alle drei genannten Bereiche: Individuen, Gruppen(-beziehungen) und/ oder Organisationsstrukturen und -prozesse des Gesamtbetriebs). Dementsprechend hat es drei Perspektiven: **personal, interpersonal, apersonal**.

Folgt man der Unterteilung der betrieblichen Aktivitäten in ihre Grundfunktionen (nach Maßgabe der direkt produktzielerreichenden Tätigkeiten wie z. B. Einkauf, Herstellung, Lagerung, Verkauf), so wird deutlich, dass Personal-Management **funktionsübergreifen-**

8 Vgl. hierzu vor allem Wunderer (2003) 5 ff.
9 Vgl. Neuberger (1994) 12.

den Charakter besitzt. Vorgesetzten-Tätigkeiten werden in allen Funktionsbereichen ausgeübt, Systeme der Personalentwicklung, der Personalbeschaffung usf. werden in aller Regel für den Gesamtbetrieb (nicht nur für einzelne Funktionsbereiche) geschaffen. Eine davon zu trennende Frage ist die, ob ein eigenständiger Funktionsbereich »Personal« zu bilden ist. Dies ist ein vorwiegend organisatorisches Problem und im jeweiligen Einzelfall für die betrieblichen Belange nach Zweckmäßigkeits- und Wirtschaftlichkeitserwägungen zu entscheiden.

Personal-Management im hier definierten Sinne wird in Betrieben dann konsequent praktiziert, wenn dies nach einer einheitlichen und geschlossenen **Konzeption** geschieht. In der Praxis wird stets Verhaltenssteuerung betrieben, d. h. wird Mitarbeiterführung praktiziert, werden Personen eingestellt, versetzt, fortgebildet. Solange dies aber nicht auf der Grundlage einer systematisch entwickelten Konzeption geschieht, d. h. Mitarbeiterführung nicht nach einheitlich-geschlossenen und erklärten Richtlinien, Steuerungsaktivitäten für das Personal nicht nach dafür gestalteten Systemen betrieben werden, liegt kein konzeptionell betriebenes Personal-Management vor.

Dass eine Grundkonzeption eines betrieblichen Personal-Management Geschlossenheit vorsieht, schließt nicht aus, dass in Einführungsphasen schrittweise vorgegangen wird. Die Geschlossenheit einer Konzeption für Personal-Management ist keine normative Aufforderung, sondern systemimmanent. Die einzelnen Teilsysteme haben in einer Personalplanung einen gemeinsamen Ausgangspunkt, sind mittels gemeinsamer Bestandteile (z. B. die zuvor erwähnten Anforderungs- und Qualifikationsprofile, Beurteilungsgespräche u. a. m.) miteinander verzahnt und in ihrer folgerichtigen Handhabung voneinander abhängig.

Diese systemimmanente Geschlossenheit einer Konzeption für das Personal-Management legt die Art und Weise der Konzipierung der Teilsysteme und ihrer Handhabung und einen bestimmten Führungsstil nicht fest. Auch insofern enthält Personal-Management keine normativen Komponenten. Die einzige **wertende Grundvoraussetzung** liegt darin, dass – wie oben erwähnt – davon ausgegangen wird, dass in den Betrieben grundsätzlich versucht wird, institutionelle und individuelle Zielsetzungen gleichermaßen zu erreichen bzw. dass bei Konflikten in einzelnen Fällen faire Kompromisse gesucht werden und nicht einseitig von der Dominanz betrieblicher Ziele ausgegangen wird. Die Beobachtung der heutigen Realität gibt Anlass zu der Feststellung, dass diese Grundmaxime mehr und mehr verfolgt wird, so dass es berechtigt erscheint, sie in diesem Buch voranzustellen.

Allerdings ist – wiederum mit Blick auf die Realität – davon auszugehen, dass es durchaus unterschiedliche Ergebnisse bei der Suche nach Kompromissen geben wird, wenn institutionelle Ziele in Konflikt mit individuellen Zielsetzungen stehen. Diese Ergebnisse hängen bestimmend von den grundlegenden Orientierungen ab, die eine Unternehmungspolitik bestimmen. So dürfte bei einer Grundorientierung, die stärker auf die Interessen der Kapitalgeber gerichtet ist (Bestands-, Überlebenssicherung), ein Kompromiss eher zu Lasten der Ziele der Mitarbeiter ausgehen. Das ist anders zu erwarten bei einer Grundorientierung, die eher auf die Interessen unterschiedlicher Beteiligter gerichtet ist (fortschrittsorientierte Unternehmungsentwicklung): Hier sind Kompromisse zu erwarten, die stärker zugunsten der Mitarbeiter-Ziele ausgerichtet sind (Näheres vgl. Kap. F.).

B. Menschliche Arbeitsleistungen in Betrieben

Erkenntnisse über das Arbeits- und Leistungsverhalten von Menschen in Betrieben sind unabdingbare Voraussetzung eines praktischen Personal-Management. Betriebswirtschaftliches Geschehen und menschliche Arbeit können nicht adäquat erfasst, bewertet und beeinflusst werden, wenn keine konkreten Vorstellungen vom menschlichen Verhalten und seinen Einflussfaktoren existieren. Nur wer sich näher mit den motivationalen Grundlagen des Verhaltens beschäftigt, wird z. B. in der Lage sein, über die bewusste Gestaltung von Arbeitsbedingungen gewünschte Verhaltensweisen von Mitarbeitern (z. B. durch positive Anreize, Belohnungen etc.) zu fördern und die Wahrscheinlichkeit des Auftretens anderer zu vermindern. Aber nicht nur das Formen betrieblicher Anreizsysteme, auch die Bemühungen im Rahmen der Mitarbeiterführung, Personalentwicklung, -auswahl usw. zielen darauf ab, das Leistungsverhalten der Mitarbeiter – unter Beachtung ihrer Eigeninteressen – im Sinne der Unternehmungsziele zu beeinflussen. Dabei wird auf unterschiedlichste Konzepte und Theorien der Managementforschung und angrenzender Disziplinen wie der Psychologie oder Soziologie (insgesamt »Organizational Behavior«) zurückgegriffen. Die dort identifizierten »Determinanten« menschlicher Arbeitsleistungen im Betrieb gilt es, als interdependente Variablen in ein allgemeines Aussagensystem zu integrieren, das zur Fundierung der Vorgehensweisen und Instrumente eines praktischen Personal-Management herangezogen werden kann. Hierbei ist ein relativ hohes Abstraktionsniveau sicher nicht zu vermeiden.

I. Erklärungsansätze

1. Generalisierende Managementansätze

a) Menschenbilder

Die Wurzeln der heutigen, im Folgenden referierten Erklärungsansätze für das Zustandekommen menschlicher Arbeit reichen zurück in die erste Reifezeit der Industrialisierung der westlichen Welt, in die ersten Jahrzehnte des zwanzigsten Jahrhunderts.

Ihnen liegen implizite Annahmen über die Natur des Menschen zugrunde, die sehr vereinfachender und verallgemeinernder Art sind. Solche »Menschenbilder« bilden zum einen die Grundlage, auf der Wissenschaftler Theorien (z. B. über menschliches Verhalten in Unternehmungen) formulieren bzw. in der Vergangenheit formulierten. Zum anderen beeinflussen sie die Art und Weise des Umgangs mit Personal bzw. Personalproblemen in der betrieblichen Praxis, indem sie als »implizite Theorien« einen individuellen Orientierungsrahmen bilden, an dem Manager ihr tägliches Arbeitshandeln (oft unbewusst) ausrichten.

In der Management-Forschung wird üblicherweise zwischen drei solcher Menschenbilder unterschieden:

- Der rational ökonomische Mensch (economic man, homo oeconomicus) maximiert seinen Nutzen, ist vor allem durch materielle Anreize gesteuert; Emotionen werden ihm nicht unterstellt. Von ihm geht der größte Teil ökonomischer Modelle aus, er liegt dem Ansatz des Scientific Management zugrunde.
- Dem sozialen Menschen (social man) sind soziale Bedürfnisse wichtig, daher bemüht er sich zu deren Befriedigung um soziale Beziehungen zu anderen. Der Human Relations-Ansatz wird von diesem Menschenbild beherrscht.
- Der Mensch ist ein komplexes Wesen (complex man), das sowohl rationale Züge hat, soziale Beziehungen sucht, wie auch den Versuch unternimmt, sich selbst zu verwirklichen und zu entwickeln. Dieses Menschenbild liegt den humanistischen Ansätzen wie auch den modernen Konzeptionen betrieblicher Personalarbeit zugrunde.

In ihrer übervereinfachenden und sehr einseitigen Art erscheinen uns die ersten beiden Menschenbilder heute eher als unverständlich. Dabei ist jedoch zu berücksichtigen, dass es in der Geschichte der Industrialisierung wechselnde Rahmenbedingungen für menschliche Arbeit gegeben hat, aus denen heraus diese Menschenbilder formuliert wurden und für die sie jeweils durchaus aktuell und angemessen waren. So setzte sich die Arbeiterschaft, auf die sich Taylors Arbeiten beziehen, zum überwiegenden Teil aus Menschen zusammen, die ungelernt, aus ihren bisherigen Strukturen herausgelöst (vom Land in die Stadt gezogen) und auf die materielle Verwertung ihrer Arbeitskraft angewiesen waren, um ihre existenziellen Grundbedürfnisse befriedigen zu können. Die humanistischen Ansätze gehen dagegen von gesellschaftlichen Rahmenbedingungen aus, in denen der Einzelne zunehmend materiell abgesichert, sozial eingebunden und in einem nicht unbeträchtlichen Maße unabhängig ist.

b) Traditioneller Ansatz des Scientific Management

Die Arbeiten des amerikanischen Ingenieurs Frederick W. Taylor und insbesondere dessen 1911 erschienenes Buch »The Principles of Scientific Management« werden allgemein als der erste Versuch einer systematischen Anwendung (natur-)wissenschaftlicher Methoden auf die Untersuchung und Beeinflussung menschlicher Arbeitsleistungen in Unternehmen und damit als Ursprung der Arbeitswissenschaften angesehen.[1] Die von ihm formulierten Prinzipien der wissenschaftlichen Betriebsführung waren ausnahmslos darauf gerichtet, durch optimalen Einsatz von Mensch und Maschine, die Produktivität zu maximieren. Insbesondere sollte dies erreicht werden über:

- **Optimierung des Arbeitsvollzuges**
  Auf der Grundlage intensiver Zeit- und Bewegungsstudien wurde sowohl der »one best way« einer Arbeitsverrichtung, als auch die angemessene Tagesleistung ermittelt. Das Ergebnis waren in ihre Elemente (bis hin zu Griffen und Griffelementen) zerlegte Arbeitsgänge, die in Anordnung und Abfolge rationalisiert und in eine systematische Planung aller Fertigungstätigkeiten integriert wurden. Für die betriebliche Praxis bedeutete dies:

1 Vgl. auch Gilbreth (1912) sowie Staehle (1999) 22 ff., z. T. mit neueren Forschungsergebnissen.

a) die strikte Trennung von Hand- und Kopfarbeit, indem die Leitung dem Arbeiter den optimalen Arbeitsvollzug vorgab und ihn so aller planenden und geistigen Tätigkeiten enthob;
b) eine radikale Arbeitsteilung, wie sie schon 1776 von A. Smith am Beispiel der Stecknadelproduktion dargestellt wurde;
c) die Möglichkeit, aus den ermittelten Arbeitsbedingungen konkrete personale Leistungsvoraussetzungen abzuleiten, welche zur Auswahl und Entwicklung von Arbeitskräften herangezogen werden konnten.

- **Einführung einer leistungsbezogenen Entlohnung**
  Grundsätzlich ging Taylor davon aus, dass der Mensch primär durch monetäre Anreize zu motivieren sei (homo oeconomicus). Die in den Betrieben seiner Zeit immer wieder zu beobachtende Leistungszurückhaltung der Arbeiter sei weniger auf deren Faulheit, sondern vielmehr auf inadäquate Entlohnungssysteme zurückzuführen. Da die mit der wissenschaftlichen Betriebsführung einhergehende Arbeitsintensivierung eine überdurchschnittliche Entlohnung bei gleichzeitiger Senkung der Produktionskosten ermöglichte, sah Taylor den klassischen Interessenkonflikt zwischen Arbeitnehmer und Arbeitgeber als gelöst an. Beide profitierten gleichermaßen von der Prosperität der Unternehmung, was automatisch zur Reduzierung sozialer Spannungen und Störungen der betrieblichen Abläufe führen sollte.

Siehe hierzu auch Abbildung 3.

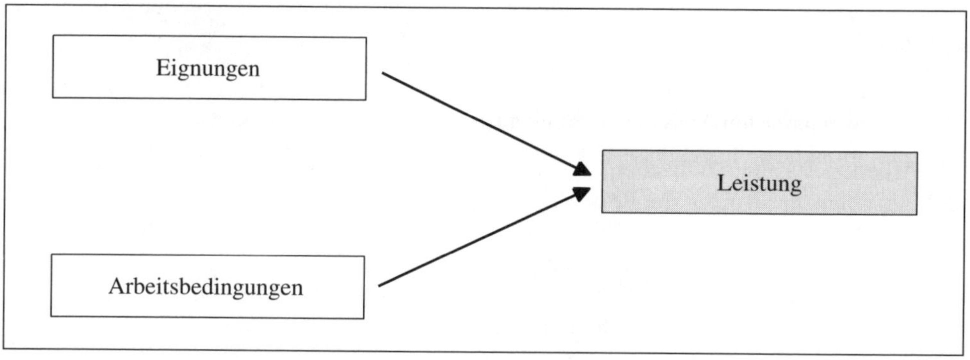

Abb. 3: Leistungsdeterminanten im Scientific Management

Tatsächlich konnte Taylor durch seine Rationalisierungsbemühungen nachhaltige Produktivitätssteigerungen erzielen. Inzwischen klassisch ist die (nicht verifizierte) Geschichte des Arbeiters Schmidt, der durch genaue Anleitung dazu befähigt wurde, über Jahre hinweg täglich 47,5 Tonnen Roheisen (statt ursprünglich 12,5 Tonnen) zu verladen, was ihm 60 % mehr Lohn einbrachte und ihn nach Taylor außerdem nicht davon abhielt, nach Feierabend noch an seinem Häuschen zu bauen.

Obwohl der Taylorismus von Beginn an energischen Widerstand der Arbeiter hervorrief, verbreitete er sich in weiterentwickelter Form (auch forciert durch die Bemühungen im Rahmen der Kriegswirtschaft) schnell in den USA und Europa.

Allerdings stellte sich der von Taylor vorhergesagte Arbeitsfrieden nicht ein, und der offene und verdeckte Widerstand gegen die industriellen Arbeitsbedingungen nahm zu.

Auf wissenschaftlicher Ebene stieß insbesondere das dem Scientific Management zugrunde liegende Menschenbild des homo oeconomicus auf Kritik. Unstreitig ist heute, dass die einseitig an den betrieblichen Interessen orientierte, mechanistisch-instrumentale Sicht des Menschen als Grundlage der Erklärung, Prognose oder Steuerung des menschlichen Arbeitsverhaltens als vollkommen unzureichend bezeichnet werden muss. Dennoch beeinflusst der Taylorismus die industrielle Arbeitsgestaltung bis heute, was sich z. B. ausdrückt in: Arbeits- und Zeitstudien nach dem Refa-Verfahren, den Vorgehensweisen der industriellen Arbeitsvorbereitung, der Trennung von durchführenden und planenden Tätigkeiten, Fließfertigung und Arbeitsteilung im Rahmen der Massenproduktion.

c) Human Relations-Ansatz

Einen Paradigmenwechsel der Managementforschung markieren die noch von den Prämissen des Scientific Management ausgehenden Untersuchungen in den Hawthorne Werken der General Electric Company.[2] Im Rahmen der unter der Leitung von Mayo, Roethlisberger und Dickson zwischen 1927 und 1932 durchgeführten Feldstudien sollte der Einfluss unterschiedlicher Arbeitsbedingungen (z. B. Gestaltung von Arbeitsplätzen, Lohnsystemen, Pausenregelungen etc.) auf die Arbeitsproduktivität untersucht werden. Entsprechend der Forschungshypothesen ließ sich beobachten, dass die Leistungen von Testgruppen, deren Arbeitsbedingungen verbessert wurden (z. B. durch bessere Beleuchtung), während der Experimente stiegen. Entgegen den Erwartungen der Forscher wurden aber auch Leistungssteigerungen in den parallel beobachteten Kontrollgruppen festgestellt, die unter unveränderten Bedingungen arbeiteten. Diese, in einer Vielzahl von Experimenten vorgefundene, Unabhängigkeit der Leistungssteigerungen von den variierten Arbeitsbedingungen ließ sich durch die individualwissenschaftlichen, auf das Individuum und seinen Arbeitsplatz fokussierten Aussagen des Scientific Managements nicht erklären. Im Zuge der Interpretation dieser Ergebnisse formulierten Mayo und seine Mitarbeiter die Kernannahme des Human Relations-Ansatzes, wonach der (Mit-)Arbeiter nicht als isolierter Produktionsfaktor, sondern als Teil eines komplexen sozialen Systems anzusehen ist. Neben den tayloristischen Leistungsdeterminanten wird die Arbeitsleistung eines Mitarbeiters insbesondere durch dessen Arbeitszufriedenheit bestimmt, die wiederum primär von sozialen Faktoren wie den Interaktionsbeziehungen zur Arbeitsgruppe oder zu den Vorgesetzten, der dem Arbeiter entgegengebrachten sozialen Anerkennung usw. abhängt.[3] Siehe auch Abbildung 4.

Obwohl der wissenschaftliche Wert der Hawthorne-Experimente heute angezweifelt werden muss, haben sie die wissenschaftliche Forschung nachhaltig beeinflusst.[4] Die aufkommende Industriesoziologie und die Sozialpsychologie des Betriebes befassten sich mit der sozialen Dimension menschlicher Arbeitstätigkeit, wobei Bereiche wie die Bildung und Funktion informeller Gruppen in Organisationen, die Bedeutung von Arbeitsgruppen

2 Vgl. die ausführliche Darstellung der Hawthorne-Untersuchungen bei Roethlisberger/Dickson (1970).

3 In Anlehnung an die im Rahmen des Hawthorne-Experiments beobachteten Effekte bezeichnet man heute in der empirischen Sozialforschung das Phänomen, dass Versuchspersonen nur aufgrund ihres Bewusstseins, Teilnehmer an einer wissenschaftlichen Untersuchung zu sein, von ihrem »normalen« (Antwort-/Arbeits-) Verhalten abweichen als »Hawthorne-Effekt«.

4 Vgl. Greif (1993), der den Hawthorne-Effekt als einen von Mayo und seinen Mitarbeitern verbreiteten Mythos darstellt.

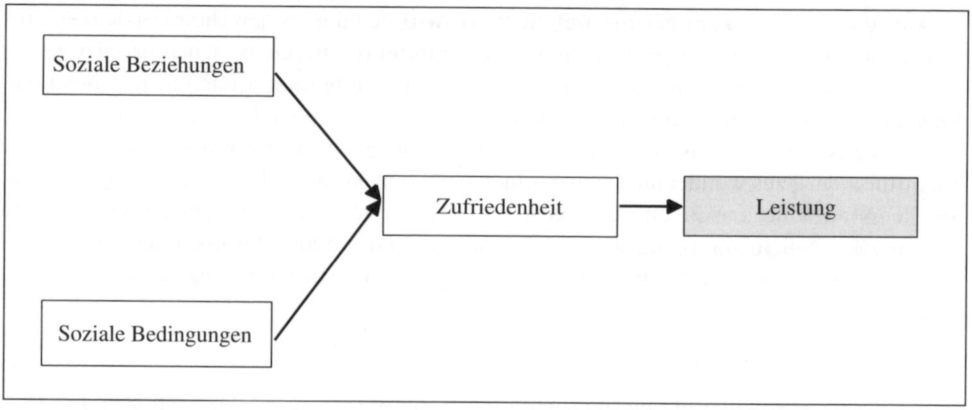

Abb. 4: Leistungsdeterminanten nach dem Human Relations-Ansatz

und die Entwicklung sozialer Normen innerhalb solcher, Führungsverhalten und -stil usw. im Mittelpunkt des Interesses standen.[5]

Auch die Human Relations-Bewegung, die bis an das Ende der 50er Jahre reichte und mit ihrem Gedankengut Eingang in die neoklassische Organisationstheorie fand (»social man«), zielte letztlich auf die Erhöhung der Arbeitsproduktivität ab. Die entsprechenden Forschungsergebnisse trafen in der Unternehmungspraxis insbesondere auf Akzeptanz, weil sie sich unverzüglich und ohne größere Investitionen umsetzen ließen und letztlich nicht an den Grundsätzen tayloristischer Arbeitsorganisation rüttelten. (Obwohl diese – z. B. durch den hohen Grad der Arbeitsteilung – den Anforderungen des Human Relations-Ansatzes keineswegs gerecht werden konnten.) Insofern konnte die Kritik nicht ausbleiben, dass in den Bemühungen des Human Relations-Ansatzes letztlich nur der Manipulationsversuch eines an sich konservativ eingestellten Management mit dem Ziel der Untergrabung der gewerkschaftlichen Bewegung und einer Intensivierung industrieller Arbeitstätigkeit zu sehen sei.

Letztlich zeigt sich aus heutiger Sicht, dass auch die Argumentationskette des Human Relations-Ansatzes eine eindeutig verkürzte Sichtweise menschlicher Arbeitstätigkeit darstellt. So führt ein gutes soziales Klima innerhalb einer Arbeitsgruppe nicht automatisch zu einer Leistungssteigerung der Arbeitsgruppe (vgl. Kap. D.VI.3) und auch der generelle Zusammenhang zwischen Arbeitszufriedenheit und Leistung muss angezweifelt werden (vgl. Kap. B.II.4).

d) Humanistische Ansätze

Die in den Arbeiten von Maslow (1954), McGregor (1960) und Argyris (1964) vertretene humanistische Sichtweise des Menschen leitete gegen Ende der 50er/Anfang der 60er Jahre einen neuen Abschnitt in der Management-Forschung ein. Ausgehend von einer hierarchischen Ordnung menschlicher Bedürfnisse und der Tatsache, dass zu Zeiten des allgemeinen Wohlstands die existenziellen Grundbedürfnisse der Werktätigen gedeckt seien,

5 Vgl. hierzu z. B. die Arbeiten von Lewin/Lippitt/White (1939); Katz/Kahn (1978) und Tannenbaum (1966).

rückten die Autoren das Bedürfnis nach Selbstverwirklichung und psychologischem Wachstum in den Mittelpunkt der Betrachtung. Die Vertreter der humanistischen Ansätze gehen davon aus, dass der einzelne Mitarbeiter einer Unternehmung nur dann sein volles Leistungspotenzial zur Verfügung stellt, wenn er dieses Bedürfnis im Rahmen seiner Tätigkeit ausleben kann. Im Gegensatz zu den Modellen des Scientific Management und des Human Relations-Ansatzes wendet man sich der menschlichen Arbeit selbst zu, die den Bedürfnissen der Mitarbeiter entsprechend zu gestalten ist, und versucht nicht, den Arbeitsaufwand durch eine Bedürfnisbefriedigung, welche außerhalb der Arbeitstätigkeit liegt, zu entlohnen. Die Fähigkeit und Bereitschaft des Einzelnen zur Übernahme von Verantwortung, zu Selbstkontrolle und -motivation, zum Treffen von rationalen, an den Unternehmungszielen orientierten Entscheidungen usw., wird dem Menschen prinzipiell unterstellt und hängt in seiner Umsetzung primär von den jeweils gegebenen Rahmenbedingungen ab. Zwischen den Zielen von Unternehmung und Mitarbeiter wird also kein grundsätzlicher Konflikt angenommen. Vielmehr sind Mitarbeiter durchaus bereit, sich aktiv für Unternehmungsziele einzusetzen, wenn sich diese bzw. der Einsatz zu ihrer Erreichung mit ihren individuellen Interessen verbinden lassen.

Die Grundaussage der humanistischen Ansätze, dass ein Mensch primär über sinnvolle, identitätsstiftende Tätigkeiten (intrinsisch) und weniger über Lohnerhöhungen und andere kostenintensive Anreize (extrinsisch) dazu motiviert werden kann, im Sinne der Unternehmungsziele hohe Leistungen zu bringen, traf in der Managementpraxis auf große Akzeptanz. Unter dem Stichwort »Humanisierung der Arbeit« setzte eine Vielzahl von Bemühungen der Umkehr tayloristischer Arbeitsstrukturen ein. Im Zuge der Entwicklung von neuen Formen der Arbeitsorganisation standen insbesondere eine Erweiterung der Handlungsspielräume, die Ausweitung von Aufgabenbereichen und Stichworte wie »Partizipation« und »Demokratie im Betrieb« im Mittelpunkt des Interesses (vgl. Kap. D.V.3.b.bb).

Zwar erlaubt das Menschenbild der humanistischen Ansätze (»complex man«) eine wesentlich differenziertere Sichtweise des arbeitenden Menschen, ein Wandel des Arbeiters vom fremdbestimmten Objekt zum selbstbestimmten Subjekt ist damit aber keineswegs verbunden. Die Idealvorstellung des sich im Einklang mit den Unternehmungszielen selbst entfaltenden Mitarbeiters dürfte gerade im industriellen Bereich nicht der Realität entsprechen. Letztlich wird eine »Selbstverwirklichung« nur innerhalb der vorgegebenen Organisations- und Tätigkeitsstrukturen und entlang der »Vorgaben« einer weitgehend an der protestantischen Leistungsethik orientierten Gesellschaft möglich sein.

2. Motivationstheoretische Ansätze

Geht es in der betrieblichen Praxis darum, inter- oder intraindividuelle Unterschiede der qualitativen oder quantitativen Arbeitsleistung zu erklären, wird früher oder später der Begriff der (Arbeits-)Motivation fallen. In der Regel versteht man darunter eine personale (im Mitarbeiter selbst angesiedelte) Determinante menschlichen Verhaltens, der eine enge Beziehung zu Phänomenen wie Absentismus, Fluktuation, der Bildung von individuellen Handlungszielen/-entwürfen usw. unterstellt wird.

Leider (oder zum Glück) stellt sich die Frage nach der Begründung menschlichen (Arbeits-)Verhaltens wesentlich problematischer dar, als der alltagssprachliche Umgang mit dem Begriff »Motivation« auf den ersten Blick vermuten lässt. Eine einzige, allgemein akzeptierte Theorie, mit der erklärt wird, wie menschliches Verhalten (im Betrieb) in Anstoß, Inhalt und Zweckausrichtung zustande kommt, existiert nicht. Statt dessen finden sich mehrere, z. T. in ihren Ansatzpunkten und insbesondere in der verwendeten Terminologie sehr unterschiedliche Versuche, eine Theorie der Motivation zu entwickeln. Miteinander unvereinbar scheinen sie nicht, im Gegenteil: Sie dürften zumeist eher miteinander ergänzungsbedürftig als nur ergänzungsfähig sein.

Worum es konkret geht, wenn im Rahmen des Personal-Management über »Motivation« gesprochen wird, lässt sich verdeutlichen, wenn man mit Heckhausen (1989) zwischen drei grundsätzlichen Problemgebieten der Motivationspsychologie unterscheidet. Es sind dies:[6]

(1) Die Frage nach den Motiven.
(2) Die Frage nach der Motivation.
(3) Die Frage nach der Volition.

Zu (1): **Motive**

- Die Erforschung der Motive menschlichen Handelns stellt seit jeher einen zentralen Problembereich der Psychologie dar. Dabei sind Fragen nach der Anzahl menschlicher Motive oder danach, ob Motive universal oder individuell ausgeprägt, angeboren oder erlernt sind, bis heute letztlich nicht eindeutig beantwortbar.
- Im wissenschaftlichen Zusammenhang werden unter Motiven »... sehr abstrakte Inhaltsklassen von wertbeladenen Folgen eigenen Handelns« verstanden.[7] Es handelt sich also um positiv bewertete und potenziell angestrebte (Ziel-)Zustände, bezüglich denen entsprechende Verhaltensbereitschaften bestehen. Dabei stellen Motive (Wertungs-)Dispositionen dar, die zeitlich relativ stabil und nicht angeboren sind, sondern vielmehr im Laufe der individuellen Entwicklung (z. B. durch Sozialisation) ausgebildet werden. Handlungsziele, die zur Sicherung der Existenz des Organismus angestrebt werden, fallen nicht unter den Begriff des Motivs.[8]
- Umgangssprachlich versteht man Motive oft als die inneren Beweggründe des Verhaltens und unterstellt gleichzeitig einen entsprechenden kausalen Bezug zu diesen. So wird das hohe Engagement eines Mitarbeiters von Kollegen und Vorgesetzten oft auf dessen Motiv »Karriere machen zu wollen« zurückgeführt. Im Rahmen solcher laienpsychologischer Erklärungsmuster werden Motive i. d. R. als nahezu greifbare Merkmale (Entitäten) einer Person aufgefasst, die ein bestimmtes Verhalten auslösen. Entgegen den Implikationen einer solch »naiven« Sichtweise sind Motive aber weder direkt mess- noch beobachtbar.[9] Vielmehr handelt es sich um theoretische Konstrukte, die aus zeitlich und intersituativ stabilen Verhaltensunterschieden abgeleitet werden und im Sinne von Gedankenkonstruktionen oder kognitiven Hilfsmitteln eine Erklärung menschlichen Verhaltens ermöglichen sollen.

6 Vgl. auch im folgenden Heckhausen (1989) 2 ff.
7 Heckhausen (1989) 16.
8 In der Literatur findet sich oft die Unterscheidung in primäre und sekundäre Bedürfnisse. Während primäre Bedürfnisse die Notwendigkeit der Aufrechterhaltung des Organismus repräsentieren, entsprechen sekundäre Bedürfnisse dem hier skizzierten Motivbegriff.
9 Vgl. Neuberger (1974) 13 ff. Ansätze zum Zugang und zur Messung von Motivation finden sich bei v. Rosenstiel (1973) 80 ff.; Rüttinger/v. Rosenstiel/Molt (1974) 35 ff.; Wiswede (1980) 93 ff.; Neuberger (1974a).

Zu (2): **Motivation**

- Während das Motiv eine rein personale Größe darstellt, vereinigt der Motivationsbegriff endogene (personale) und exogene (situationsbezogene) Prozesse und Faktoren, die das Verhalten bestimmen. Heckhausen versteht unter Motivation eine momentane Gerichtetheit auf ein bestimmtes Handlungsziel.[10] Nachdem man sich im Rahmen der Personalismus-Situationismus-Debatte lange darüber gestritten hat, inwieweit menschliches Verhalten primär durch endogene oder exogene Faktoren determiniert wird, ist heute unstreitig, dass Verhalten immer aus dem Zusammenwirken von Person und Situation heraus entsteht. Entsprechendes gilt für die dem Verhalten zugrunde liegende Motivation. Führt man sich vor Augen, wie kompliziert das Zusammenwirken unterschiedlicher Motive, verschiedener subjektiv wahrgenommener und bewerteter Situationsvariablen usw. zu einer Motivationstendenz spezifischer Stärke und Gerichtetheit sein muss, wird deutlich, welche Komplexität dem Motivationsbegriff zugesprochen werden kann. Letztlich handelt es sich um einen Sammelbegriff, unter dem die im Zuge des Entstehens einer Motivationstendenz ablaufenden Prozesse und Phänomene zusammengefasst werden, ohne dass er (wie das theoretische Konstrukt »Motiv«) operationalisierbar wäre.
- Grundsätzlich ist davon auszugehen, dass in einer Person eine Vielzahl von Motivationen/Motivationstendenzen zeitgleich vorliegt, die in einer Handlungsfolge, je nach Intensität, abwechselnd verhaltenswirksam werden.

Zu (3): **Volition**

- Eine ausgebildete Motivationstendenz muss nicht zwangsläufig in Handlung umgesetzt werden. Der Übergang von der Motivation zur Handlung vollzieht sich über die Schritte der Intentionsbildung und der Handlungsinitiierung, die unter dem Begriff der Volition zusammengefasst werden.
- Insbesondere der (sehr schwierigen und in der einschlägigen Diskussion bislang wenig berücksichtigten) Frage der Volition kommt im Rahmen des Personal-Management eine ganz zentrale Bedeutung zu: Denn »Motivieren« im Unternehmen zielt letztlich natürlich nicht auf die Ausbildung spezifischer Motivationen, sondern auf die Umsetzung eines entsprechenden Mitarbeiterhandelns. Konkret bedeutet dies, dass ein Mitarbeiter seine momentane Gerichtetheit auf ein bestimmtes Handlungsziel (»Es wäre positiv, in einem internationalen Konzern besser Englisch sprechen zu können.«) von konkurrierenden Motivationen abgrenzt und verbindlich macht, indem er sie in eine konkrete Intention überführt (»Ich will mein Englisch verbessern!«) und entsprechende Handlungen initiiert (»Ich tue es nicht morgen, sondern jetzt!«).

Motive, Motivationen und auch Volition sind Gedankenmodelle (= theoretische Konstrukte), die innerhalb eines bestimmten Phänomens, z. B. eines den betrieblichen Zielen entsprechenden Verhaltens, zur Erklärung dienen. Der Zugang zu ihnen ist schwierig; denn einer Beobachtung sind sie kaum zugänglich. Meist können nur über die Analyse der Anreize und des reaktiven Verhaltens von Personen Rückschlüsse auf deren Willen, Motivation und Motive gezogen werden. Weitere Schwierigkeiten sind: Einzelne Handlungen können durch verschiedene Motive hervorgerufen sein; Motive können verdeckt vorhanden sein; verschie-

10 Heckhausen (1989) 2 f.

dene Motive können gleiches oder ähnliches Verhalten hervorrufen; ähnliche Motive können in recht unterschiedlichem Verhalten zum Ausdruck kommen; individuelle wie kulturelle Unterschiede können Ausdrucksformen von Motiven beeinflussen; trotz vorhandener Motivation darf man sich nicht entsprechend verhalten; intern widersprüchliche Zielsetzungen führen zu inkonsistentem Verhalten usw. m. a. W.: Trotz objektiv gleicher Umweltsituation zeigen sich oft erhebliche Unterschiede im Verhalten von Personen.

In vielen Bereichen hat es sich als sinnvoll erweisen, die sog. **Anreiz-Beitrags-Theorie** als Basis für die Analyse und Gestaltung von Anreizsituationen zu wählen. Nach diesem theoretischen Ansatz wird ein Mitarbeiter bei freier Wahl des Arbeitsplatzes seine Mitgliedschaft (Teilnahme- und Bleibemotivation) und sein leistungsorientiertes Verhalten (Leistungsmotivation) in einem Betrieb beibehalten bzw. steigern, wenn und solange sein *Anreiznutzen* (alle materiellen und immateriellen Belohnungen, die die Person von einem Betrieb erhält) den *Beitragsnutzen* (Kosten für die Beiträge bzw. maximaler Anreizwert der Belohnung, die die Person bei einer anderen oder weniger intensiven Tätigkeit erwarten könnte) übersteigt bzw. ihm entspricht. Die Mitarbeiter setzen demnach ihre Teilnahme im Betrieb nur solange fort, wie die gebotenen Anreize gleich groß oder größer sind als die geforderten Beiträge. Der Beitragsnutzen bestimmt die Mindesthöhe der anzubietenden Anreize. Zu beachten bleibt Folgendes: (1) Die subjektive Wahrnehmung bestimmt den Nutzen. (2) Das antizipative Anreiz-Beitrags-Verhältnis – wenn vorhanden – alternativer Angebote relativiert die Wirkungen negativer oder positiver aktueller Arbeitssituationen. Für Betriebe ergibt sich die Notwendigkeit, den erwarteten individuellen Leistungsbeiträgen ein Anreizangebot mit Hilfe von betrieblichen Anreizsystemen gegenüberzustellen, das den Mitarbeitervorstellungen zumindest entspricht und sich von konkurrierenden Betrieben abhebt. Da der Betrieb für die Erstellung von Leistungen und damit zur Sicherung ihrer Existenz auf unterschiedliche Beiträge von Mitarbeitern angewiesen ist, muss sie dafür sorgen, dass diese ihre Anreiz-Beitrag-Relation mit dem Betrieb fortwährend positiv beurteilen (können). Im Betrieb werden die Beiträge der Mitarbeiter u. a. in Anreize transformiert, die dann wiederum an die Teilnehmer zurückfließen. Ein Betrieb befindet sich im Gleichgewicht, wenn die Beiträge ausreichen, Anreize in einem solchen Ausmaß anzubieten, dass die Mitarbeiter ihre Beitragsleistung fortsetzen. Die Anreiz-Beitrags-Theorie unterstellt dabei vereinfachend, dass Personen in der Lage sind, Anreize und Beiträge in einer einzigen Nutzengröße zusammenzufassen und zur Grundlage ihres Verhaltens zu erheben.[11]

Die unterschiedlichen Ansätze der psychologischen Motivationsforschung, auf die im Rahmen praktischen Personal-Management zurückgegriffen werden kann, lassen sich nach verschiedenen Kriterien kategorisieren. Im Rahmen des folgenden Versuchs, einen ersten Eindruck von den Bemühungen und Ergebnissen motivationspsychologischer Forschungen zu vermitteln, unterscheiden wir in Anlehnung an Campbell et al. (1970) in **Inhalts- und Prozesstheorien der Motivation**. Die Ausführungen zur Leistungsmotivation werden aufgrund ihrer herausragenden Bedeutung für das betriebliche Personal-Management in einem eigenen Unterpunkt zusammengefasst. An näheren Einzelheiten Interessierte werden auf die jeweils angegebenen Literaturquellen verwiesen.

Während sich die unter dem Stichwort »Inhaltstheorien« zusammengefassten Ansätze primär mit der Frage nach Art, Anzahl und Bedeutung der einem Verhalten zugrunde lie-

11 Vgl. March/Simon (1976); Cyert/March (1995); Ridder (1999); Schanz (2000).

genden Motive beschäftigen, konzentrieren sich die Prozesstheorien verstärkt auf den kognitiven Aspekt von Phänomenen der Motivation. Obwohl im Zusammenhang mit den unter »Prozesstheorien« zusammengefassten Ansätzen eine vergleichsweise große Anzahl empirischer Untersuchungen vorliegt, die sich mit der Aktualisierung von Motiven, dem Ablauf motivationaler Prozesse usw. beschäftigen, haben die auf einer wesentlich schwächeren empirischen Basis fundierten Inhaltstheorien in der betrieblichen Praxis eine weitaus größere Resonanz gefunden. Unter anderem lässt sich diese Tatsache auch dadurch erklären, dass der Versuch, Verhalten auf einzelne Motive zurückzuführen (Inhaltstheorien), unserem alltäglichen, naiven Motivationsverständnis wesentlich eher entspricht, als die komplexen, dafür aber differenzierteren Ansätze aus dem Bereich der Prozesstheorien.

a) Inhaltstheorien der Motivation

aa) Maslows Bedürfnishierarchie

Der in der Managementliteratur sicherlich am weitesten verbreitete motivationstheoretische Ansatz, ist die Bedürfnistheorie von Abraham H. Maslow (1954), einem klinischen Psychologen und Mitbegründer der »Humanistischen Psychologie«.[12] Maslows Ansatz war nicht als Beitrag zur Theorie der Arbeitsmotivation gedacht, sondern ist ein Produkt seiner klinischen Erfahrungen. Erst McGregor übertrug die allgemeinen motivationstheoretischen Überlegungen Maslows auf die Arbeitsmotivation und postulierte – im Gegensatz zu diesem – deren universelle Gültigkeit. Im Zuge der Human Resources-Bewegung wurde Maslows Ansatz einer breiten Öffentlichkeit bekannt, hat einen nachhaltigen Einfluss auf die Diskussion um die Humanisierung der Arbeit ausgeübt und bildet die motivationstheoretische Basis einer Vielzahl von Führungsrichtlinien und Management-Konzeptionen.

Maslow geht von der grundlegenden These aus, dass ein Bedürfnis nur dann und nur so lange verhaltensbestimmende Kraft hat, wie es nicht (vollständig) befriedigt ist. Er unterscheidet fünf Klassen von Bedürfnissen von unterschiedlicher Wertigkeit: die **Bedürfnishierarchie**. Verdeutlicht wird dies mithilfe einer Pyramide, an deren Basis die zuerst erstrebte Bedürfnisklasse eingezeichnet wird. Die unteren vier Bedürfnisklassen umfassen so genannte Mangelbedürfnisse, die oberste Bedürfnisklasse so genannte Wachstumsbedürfnisse (vgl. Abbildung 5).

Den einzelnen Bedürfnisklassen exemplarisch zugeordnete Ziele sind die Folgenden:

- **Physiologische Bedürfnisse**: Nahrung, Schlaf, Witterungsschutz;
- **Sicherheitsbedürfnisse**: Schutz vor Gefahren, wirtschaftliche Sicherheit, geordnete beherrschbare Lebensumstände;
- **Soziale Bedürfnisse**: Zuneigung (Äußerung, Erhalt), Freundschaft, Gruppenzugehörigkeit, -anerkennung;
- **Achtungsbedürfnisse**: Selbstvertrauen, Kompetenz, Unabhängigkeit, Status, Beachtung, Respekt;
- **Selbstverwirklichungsbedürfnisse**: Nutzung und Entwicklung der eigenen Anlagen, Bestleistungen, anspruchsvolle Betätigung.

12 Vgl. Maslow (1970), (1977). Die Humanistische Psychologie trat quasi als dritte Kraft neben den Behaviorismus und die Psychoanalyse. Im Ggs. zu diesen Ansätzen formuliert sie ein deutlich positives Bild des Menschen, dem sie grundsätzlich ein Streben nach Wachstum oder Selbstverwirklichung unterstellt. Vertreter waren u. a. Rogers, Goldstein, Fromm und Allport.

Abb. 5: Motiv-Pyramide nach Maslow

Eine zentrale Bedeutung hat die von Maslow vertretene **Rangfolgethese**, nach der höhere Bedürfnisklassen nur dann aktualisiert und damit verhaltensbestimmend werden, wenn die Bedürfnisse der niedrigeren Ebene weitgehend erfüllt sind. Mit der Befriedigung »niederer« Bedürfnisse geht also automatisch eine Steigerung der Ansprüche (»Streben nach Höherem«) einher. Dabei darf nicht von starren Grundgegebenheiten ausgegangen werden. Änderungen von Bedürfnisinhalten und von Anspruchsniveaus im Zeitablauf (Lernprozesse!), und damit auch Überlappungen der Bedürfnisklassen, dürfen nicht ausgeschlossen werden. Speziell letzteren Sachverhalt versucht die nachfolgende Abbildung 6 darzustellen.

Der motivationstheoretische Erklärungsansatz von Maslow hat neben starker Beachtung auch scharfe Kritik erfahren. Maslow selbst hat sich kritisch zur Popularisierung und Übernahme seiner Ergebnisse in die Theorie der Arbeitsmotivation geäußert.[13] Als **Kritik** sei hervorgehoben:[14]

- Die verwendeten Begriffe sind nicht operationalisierbar und es besteht eine wenig trennscharfe Abgrenzung der einzelnen Bedürfnisklassen (»amöbenartige Begrifflichkeiten«). Beispielhaft sollen hier Schwierigkeiten bei der Abgrenzung der »sozialen Bedürfnisse« von »Achtungsbedürfnissen« sowie die vage Definition des Begriffs der »Selbstverwirklichung«, der quasi eine Leerformel darstellt, angeführt werden.

13 »My work on motivations came from the clinic, from a study of neurotic people. The carry-over of this theory to the industrial situation has come support from industrial studies, but certainly I would like to see a lot more studies of this kind before feeling finally convinced that the carry-over from the study of neurosis to the study of labor and factories is legitimate.« Maslow (1965) 55 f.

14 Vgl. Hall/Nougaim (1968); Lawler/Suttle (1972); Neuberger (1974) 107 ff.; v. Rosenstiel (1975) 142 ff.; Wiswede (1980) 98 f.; Weinert (1998) 145 f.

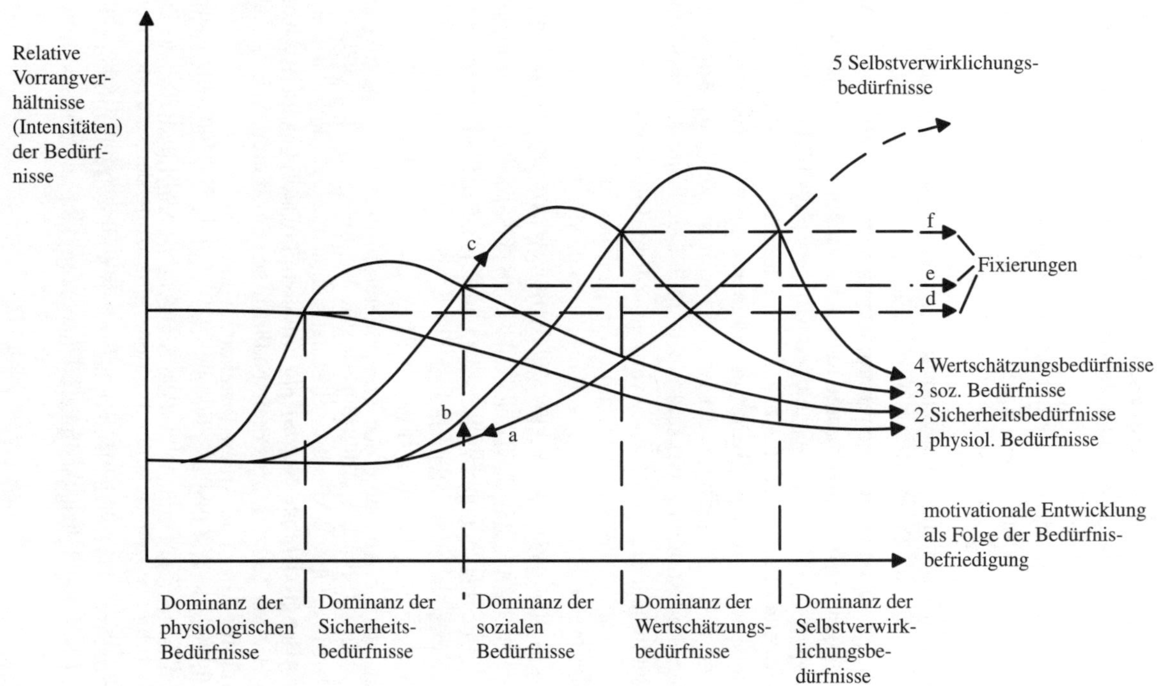

Quelle: Nick (1974) 31.

Abb. 6: Dynamische Betrachtung der Bedürfnisklassen Maslows

- Der Ansatz Maslows basiert nicht auf empirischen Untersuchungen und es liegen auch keine empirischen Bestätigungen weder der Inhalte der Bedürfnisklassen noch ihrer postulierten Abfolge vor.
- Die empirisch nicht bestätigte Rangfolgethese muss bezweifelt werden. So ist vor dem Hintergrund alltäglicher Erfahrungen durchaus vorstellbar, dass gleichzeitig Bedürfnisse mehrerer Bedürfnisklassen handlungsleitend sein können.
- Die Bedingungen, unter denen ein bestimmtes Bedürfnis vorliegt oder nicht, bzw. wann es handlungsleitend wirkt, werden nicht angegeben. Situative und gesellschaftliche Faktoren bleiben somit vernachlässigt.
- Über die Auswahl und Gewichtung der Bedürfnisse spiegelt der Ansatz die Ideale der damaligen amerikanischen Mittelschicht sowie des bürgerlich-humanistischen Menschenbildes wider.

Zusammenfassend handelt es sich um einen normativen, nicht jedoch um einen deskriptiv-empirischen Erklärungsansatz. Das Vorhandensein einer Bedürfnispyramide nach dem beschriebenen Modell gilt als empirisch nicht hinreichend gestützt. Vielfach besteht jedoch Einigkeit über die folgende **Tendenzaussage**, deren Informationsgehalt jedoch als eher bescheiden einzustufen ist: Bevor die Grundbedürfnisse (physiologische und z. T. Sicherheitsbedürfnisse) einer Person nicht befriedigt sind, können Bedürfnisse höherer Ordnung nicht handlungsleitend werden. Bedürfnisse höherer Ordnung lassen sich dabei jedoch nicht in eine spezifische Rangfolge oder Priorität bringen, sondern sie existieren vielfach nebeneinander, sind simultan wirksam sowie individuell und situationsspezifisch durchaus unterschiedlich.[15]

bb) Alderfers ERG-Theorie

In Anlehnung an Maslow hat Clayton P. Alderfer 1969 die so genannte **ERG-Theorie** als motivationstheoretischen Erklärungsansatz entwickelt.[16] Dabei legte er besonderen Wert auf die Offenlegung der Beziehungen zwischen Bedürfnisbefriedigung und -aktivierung und die empirische Stützung seiner Hypothesen.

Alderfer reduziert die fünf Bedürfnisklassen Maslows – allerdings willkürlich – auf insgesamt drei und gibt die Annahme der streng hierarchischen Ordnung zwischen den Bedürfnisklassen sowie die Rangfolgethese auf. Im Einzelnen unterscheidet er:

- **Existenzbedürfnisse (Existence Needs)**; sie umfassen physiologische Bedürfnisse sowie den v.a. materiellen Teil der Sicherheitsbedürfnisse (Bezahlung, Schutz vor Krankheit, Versicherung für Alter und Arbeitslosigkeit, Wohnung);
- **Beziehungsbedürfnisse (Relatedness Needs)**; hier sind die sozialen Bedürfnisse, das Bedürfnis nach Anerkennung und ein Teil der Sicherheitsbedürfnisse (Schutz vor anderen) zu nennen;
- **Wachstumsbedürfnisse (Growth Needs)**; hierzu zählen die Bedürfnisse nach Selbstverwirklichung, Leistung, Selbstständigkeit, Unabhängigkeit und Selbstvertrauen.

15 Vgl. Hall/Nougaim (1968) 12 ff.; Lawler/Suttle (1972) 285 f.; Wahba/Bridwell (1976) 212 ff.; Conrad (1983); Hefftner (1981); Baumgarten (1975).

16 Vgl. Alderfer (1969), (1972).

Die ERG-Theorie basiert auf einer Reihe von Annahmen, die dem Ansatz von Maslow entgegenstehen:

- So kann die Verhinderung der Befriedigung höherwertiger Bedürfnisse zu Frustrationen und zur Dominanz niederer Bedürfnisse führen. Die Verstärkung des höheren Bedürfnisses bei Befriedigung des niedrigeren wird aber als Regelfall angenommen.
- Auch nach ihrer Befriedigung können Bedürfnisse noch aktivierend wirken.
- Die Nichtbefriedigung eines Bedürfnisses durch Misserfolgserlebnisse kann Wachstum bewirken; alle Bedürfnisklassen können simultan wirken.

Empirische Überprüfungsversuche deuten zwar darauf hin, dass die ERG-Theorie eine geringfügig größere Erklärungskraft hat als die Bedürfnistheorie von Maslow, eine Allgemeingültigkeit der Grundaussagen ließ sich jedoch nicht feststellen.[17]

cc) Herzbergs Zwei-Faktoren-Theorie

Ebenfalls in der humanistischen Tradition steht die aufgrund empirischer Erhebungen entstandene »Zwei-Faktoren-Theorie« von Frederick Herzberg und Mitarbeitern (1959), bei der es sich streng genommen um einen Erklärungsansatz zur Arbeitszufriedenheit handelt.[18]

Im Rahmen der so genannten **Pittsburgh-Studie** wurden ca. 200 Techniker und Buchhalter mit teilstrukturierten Interviews über angenehme und unangenehme Arbeitssituationen (»Methode der kritischen Ereignisse«) befragt. Dabei stellte sich heraus, dass im Zusammenhang mit besonders angenehmen und besonders unangenehmen Erlebnissen häufig unterschiedliche Ursachen bzw. Faktoren angegeben wurden:

- Faktoren, mit denen **Arbeitszufriedenheit** erreicht werden kann, so genannte **Motivatoren** (auch Satisfaktoren oder intrinsische Faktoren genannt). Als wichtigste Motivatoren zur Erreichung der Arbeitszufriedenheit werden u. a. Leistungserfolg, Anerkennung, Arbeitsinhalt, Verantwortung, Aufstieg, Entfaltungsmöglichkeiten genannt. Diese Faktoren stehen in unmittelbarem Zusammenhang mit der Arbeitsdurchführung und entsprechen eher den Wachstumsbedürfnissen Maslows.
- Faktoren, welche die **Arbeitsunzufriedenheit** verhindern können, so genannte **Hygienefaktoren** (auch Dissatisfaktoren oder extrinsische Faktoren genannt). Als Hygienefaktoren werden Bezahlung, interpersonelle Beziehungen mit Mitarbeitern, Vorgesetzten und Kollegen, Status und Ansehen, Unternehmungspolitik und -verwaltung, physische Arbeitsbedingungen, Arbeitsplatzsicherheit u. a. genannt. Sie stehen in keiner unmittelbaren Beziehung zur Arbeit selbst, sondern stellen Begleitumstände der Arbeit dar und zeigen deutliche Parallelen zu Maslows Mangelbedürfnissen.

Entsprechend dieser Ergebnisse beschreibt Herzberg Arbeitszufriedenheit nicht auf einem eindimensionalen Kontinuum, welches von »Arbeitsunzufriedenheit« bis »Arbeitszufriedenheit« reicht, sondern entwirft im Rahmen seines Ansatzes ein **zweidimensionales Kon-**

---

17 Vgl. Alderfer (1972) 25.

18 Vgl. insgesamt zum Folgenden Herzberg/Mausner/Snyderman (1959); Herzberg (1972); Herzberg u. a. (1957).

zept. Dabei unterscheidet er zwischen den Dimensionen »**Arbeitszufriedenheit (AZ) – Nicht-Arbeitszufriedenheit (N-AZ)**« und »**Arbeitsunzufriedenheit (AUZ) – Nicht-Arbeitsunzufriedenheit (N-AUZ)**«.

In der Konsequenz bedeutet dies, dass (nach Herzberg) Motivation in Unternehmen über intrinsische Faktoren zu erfolgen hat, weil nur über diese die Arbeitszufriedenheit und damit indirekt die Leistungsbereitschaft von Mitarbeitern gefördert werden kann. Extrinsische Faktoren führen im günstigsten Fall zum Zustand der Nicht-Arbeitsunzufriedenheit, über den sich keine Steigerung der Leistungsbereitschaft von Mitarbeitern erzielen lässt.

Die Ergebnisse der Herzbergschen Studien haben dadurch weitreichende organisationsgestaltende Konsequenzen gehabt, dass sie sowohl zur Begründung für die Einführung von Job-Enrichment-Maßnahmen angeführt wurden als auch die Bemühungen zur Humanisierung der Arbeit maßgeblich mitbeeinflusst haben.

Die **Kritik** an der Zwei-Faktoren-Theorie sei im Folgenden kurz skizziert:[19]

- Der überwiegende Teil des Erklärungsansatzes ist nur vage formuliert, so dass eine empirische Widerlegung der Aussagen nicht möglich ist. Insbesondere der Begriff der Arbeitszufriedenheit wird nicht ausdrücklich definiert. »Die ganze Auseinandersetzung gewinnt (dadurch) etwas Geisterhaftes«.[20]
- Die Unterteilung in die zwei Dimensionen der Arbeitszufriedenheit wird bestritten.[21]
- Situative Bedingungen zur Bedeutung der Faktoren werden außer acht gelassen.[22]
- Kritisiert wird ferner die Auswahl der Befragten, die verwendete »Methode der kritischen Ereignisse«, die Erhebung lediglich früherer Erfahrungen sowie das Fehlen einer Erklärung dafür, warum die verschiedenen Motivatoren und Hygienefaktoren die Leistungsbereitschaft positiv oder negativ beeinflussen.

Die große Resonanz, die Herzberg mit seinem Erklärungsansatz trotz der schon frühzeitig geäußerten Kritik gefunden hat, ist wohl auf die einfachen Grundannahmen, die leicht nachvollziehbare Erhebungsmethode, den humanistischen Zeitgeist und die unmittelbare »Einsichtigkeit« seiner Schlussfolgerungen, mit der sich direkt betriebliche Gestaltungsmaßnahmen durchführen ließen, zurückzuführen.

b) Prozesstheorien der Motivation

Für die Autoren der referierten Inhaltstheorien der Motivation stand die Frage im Vordergrund, **welche** Motive es sind, die Menschen zu bestimmtem Verhalten veranlassen. Anders bei den nun folgenden Ansätzen. Die Frage nach den Motivinhalten wird nicht gestellt; es interessiert vielmehr, in welcher Weise das Motivationsgeschehen abläuft und insbesondere, mit welchen **kognitiven Vorgängen** dieses verbunden ist.

---

19 Vgl. auch Neuberger (1974) 126 ff.; Wunderer/Grunwald (1980), Bd. 1, 194 f.; aber auch Zink (1975).

20 Neuberger (1985) 201.

21 Vgl. z. B. Wiswede (1980) 107.

22 Insgesamt lassen die vorliegenden empirischen Ergebnisse weder eine eindeutige Bestätigung noch eine eindeutige Falsifizierung der Theorie zu. Vgl. Walter-Busch (1977) 40 u. House/Wigdor (1967). Eine Bestätigung der Aussagen Herzbergs ergab sich nur bei der Anwendung der Methode der kritischen Ereignisse (Ergebnisse als »Kunstprodukt der Methode«).

Kognition ist der Sammelbegriff für alle Erkenntnisleistungen (z. B. Wahrnehmung, Gedächtnis, Denken etc.) eines Individuums, die seiner Orientierung in der Umwelt dienen. Die zusätzliche Berücksichtigung kognitiver Variablen in Motivationstheorien schwächt die rein emotionalen bzw. energetischen Aspekte (Motive, Bedürfnisse) ab.

Die in diesem Abschnitt abgehandelten Theorien stehen alle in der Tradition der Erwartungs-Wert-Ansätze. Im Rahmen dieser Ansätze geht man von einem rationalen, zielorientiert handelnden Menschen aus, dessen Verhaltenstendenzen (Motivationen) zum einen von der eingeschätzten **Erwartung** (Wahrscheinlichkeit), ein bestimmtes Verhaltensziel zu erreichen und zum anderen von dem subjektiv wahrgenommenen **Wert** (Attraktivität) des dadurch realisierten Sachverhaltes abhängig sind. Die entwickelten Modelle beruhen nicht auf empirischen Studien, sondern lediglich auf abstrakten Überlegungen der jeweiligen Autoren.

aa) Vrooms Erwartungs-Valenz-Modell

In der von Victor H. Vroom 1964 publizierten VIE-Theorie der Motivation lassen sich drei zentrale Begriffe unterscheiden:[23]

(1) Valenz,
(2) Instrumentalität und
(3) Erwartung.

Zu (1): **Valenz**
Unter Valenz versteht Vroom den wahrgenommenen Wert eines Handlungsergebnisses oder einer Handlungsfolge im Sinne einer positiven oder negativen affektiven Einstellung. Ergebnisse, die für eine Person eine positive Valenz besitzen, werden von dieser potenziell angestrebt, solche mit negativer Valenz gemieden.

Zu (2): **Instrumentalität**
Die Instrumentalität drückt den Verknüpfungsgrad zwischen einem Handlungsergebnis und einer Handlungsfolge aus. Sie kann einen Wert von –1 bis +1 annehmen. Ist z. B. ein Mitarbeiter an einem höheren Einkommen interessiert, kann er dieses Ziel u. a. dadurch zu erreichen suchen, dass er eine Beförderung anstrebt. Diese Beförderung ist das Handlungsergebnis und hat nur einen instrumentellen Wert zur Erreichung einer Einkommenssteigerung, die eine Handlungsfolge darstellt. Entsprechend lassen sich Valenzen der ersten und der zweiten Ebene unterscheiden:

- Die **Valenz der ersten Ebene** bezeichnet den Wert eines Handlungs**ergebnisses**. Sie ergibt sich aus der Summe der Produkte der Valenzen aller Handlungsfolgen und der subjektiven Einschätzung der Instrumentalität des Handlungsergebnisses für diese.
- Die **Valenz der zweiten Ebene** bezeichnet den Wert bestimmter Handlungs**folgen** als des eigentlichen Handlungsziels (im o. g. Beispiel die Einkommenssteigerung).

Zu (3): **Erwartung**
Unter Erwartung wird die subjektiv wahrgenommene Wahrscheinlichkeit verstanden, dass eine Handlung zum gewünschten Handlungsergebnis führen wird. Die Erwartung kann Werte von 0 bis +1 annehmen.

23 Vgl. zum Nachfolgenden Vroom (1964).

Die Stärke einer Handlungstendenz (HT), die Vroom in Anlehnung an Lewin »force« (psychologische Kraft) nennt, wird bestimmt durch das Produkt der Valenzen (V) der Handlungsergebnisse und der Stärke der Erwartung (E) darüber, dass diese Handlungsergebnisse erreicht werden können:

Handlungstendenz = Valenzen der Handlungsergebnisse x Erwartungen.

Dabei impliziert die multiplikative Verknüpfung, dass keine Handlungstendenz entsteht, wenn eine der genannten Größen gleich Null ist. Je höher die erwartete Wahrscheinlichkeit, dass eine bestimmte Handlung zu einem positiv bewerteten Ergebnis führt, desto eher wird diese Handlung vollzogen. Dabei ist zu beachten, dass die HT nur Aussagen über den Anstrengungsgrad ermöglicht. Aussagen über bzw. Vorhersagen von Handlungsergebnissen (z. B. Leistungen von Mitarbeitern im Betrieb) sind nur dann möglich, wenn zusätzliche Variablen wie Fähigkeiten, soziokulturelle Realisierungsmöglichkeiten usw. berücksichtigt werden.

Das Erwartungs-Valenz-Modell betont die Bedeutung von antizipativen Vorstellungen von künftigen Ergebnissen, die in einer Mittel-Zweck-Beziehung stehen. »Das ist der springende Punkt in der Theorie. Damit ist gesagt, dass (beispielsweise im Rahmen der Mitarbeiterführung) ein erwünschtes Mitarbeiterverhalten nicht zwangsläufig herbeigeführt wird, indem man es mit einer erstrebenswerten Belohnung (wie Geld) koppelt. So kann die Leistung neben der Bezahlung auch unerwünschte Handlungsfolgen wie Müdigkeit oder Ablehnung innerhalb der Arbeitsgruppe nach sich ziehen. Wurden dem Mitarbeiter in der Vergangenheit bereits Gehaltsversprechungen gemacht und nicht eingehalten, ist es möglich, dass dieser die aktuellen Versprechungen seines Vorgesetzten nicht als verbindlich ansieht und seiner (Mehr-)Leistung keine Instrumentalität für die Erreichung der Belohnung zuspricht. Da aber die Valenzen alle Handlungsfolgen und auch die wahrgenommene Instrumentalität des Handlungsergebnisses in die Valenz der ersten Ebene (V) einfließen, hat dies nach der Verhaltensgleichung Vrooms zur Folge, dass die Tendenz des Mitarbeiters, das erwünschte Verhalten zu zeigen (HT), trotzt der gemachten Gehaltsversprechung gering ist. Entsprechendes gilt, wenn der Mitarbeiter beispielsweise der Auffassung ist, dass die Rahmenbedingungen es gar nicht zulassen, das erwünschte Verhalten zu zeigen, also die Erwartung (E) gering ausgeprägt ist.

Die Grundannahmen der VIE-Theorie konnten in empirischen Untersuchungen weitgehend bestätigt werden, obgleich die Operationalisierung der einzelnen Variablen große Schwierigkeiten bereitet. Doch gilt die grundsätzliche **Kritik** an den Erwartungs-Valenz-Ansätzen auch für das Modell Vrooms.[24] Unter anderem bezieht sich diese auf die multiplikative Verknüpfung der Variablen »Valenz«, »Erwartung« und »Instumentalität« die eigentlich eine wechselseitige Unabhängigkeit der Variablen impliziert, welche nach unseren alltäglichen Erfahrungen aber nicht als gegeben angenommen werden kann. Angezweifelt werden muss außerdem, dass das handelnde Individuum in der Tat alle relevanten Informationen in ausreichendem Maße berücksichtigen und rein rational verarbeiten kann, wie es die Theorie unterstellt. Fraglich ist auch, inwieweit die beschriebenen Prozesse generalisiert, also für alle Menschen gleichermaßen gültig dargestellt werden können.

24 Vgl. ausführlich zur Kritik an den Erwartungs-Valenz-Ansätzen Campbell/Pritchard (1976) 91 f., die 34 Studien zur Erwartungs-Valenz-Theorie einer ausführlichen Analyse unterzogen haben.

bb) Das Modell von Porter/Lawler

In Betrieben ist die Frage von besonderem Interesse, wie Motivation, Leistung und (Arbeits-)Zufriedenheit zusammenhängen. Der Versuch einer Antwort auf diese Frage ist das Modell von Lyman W. Porter und Edward E. Lawler (1968), das ebenfalls von den Begriffen »Valenz« und »Erwartung« ausgeht. Zentrale Variablen des Modells sind (vgl. dazu Abbildung 7):[25]

- Anstrengung (effort),
- Leistung (performance),
- Belohnung (rewards) und
- Zufriedenheit (satisfaction).

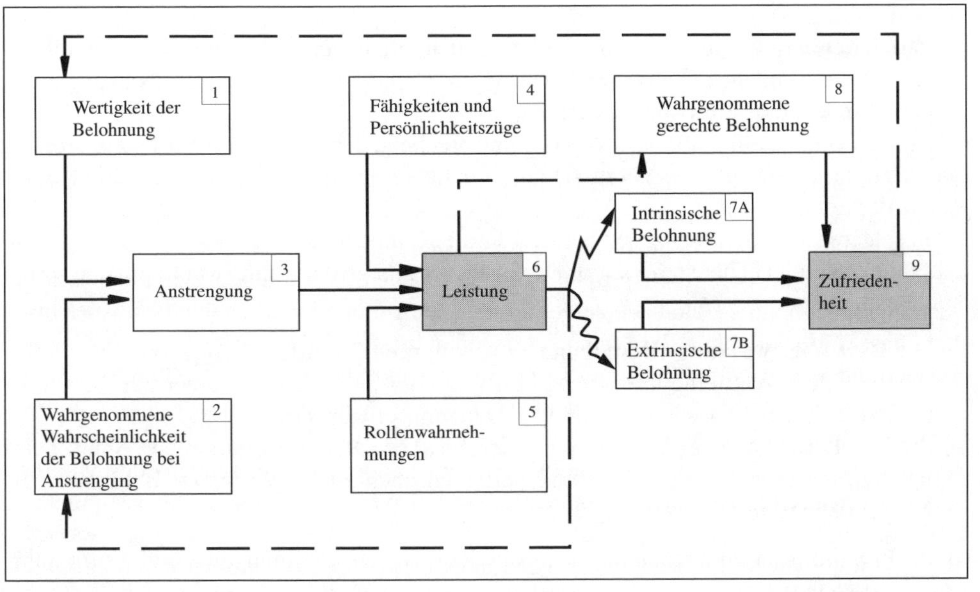

Quelle: Porter/Lawler (1968) 165; entnommen aus Staehle (1999) 238.

Abb. 7: Die Motivationstheorie von Porter/Lawler

Dabei bezeichnet **Anstrengung** ③ die Intensität des Einsatzes, die ein Mitarbeiter der Erfüllung seiner Aufgabe widmet. Sie hängt von der **Wertigkeit der Belohnung** (Valenz) ab ① sowie von der wahrgenommenen **Wahrscheinlichkeit**, dass eine definierte Belohnung einer aufgewandten **Anstrengung** folgt ②.

Leistung ⑥ ist das (messbare) Ergebnis einer Arbeitshandlung und wird neben der Anstrengung durch die **Fähigkeiten und Persönlichkeitszüge** des Mitarbeiters ④ und die Art und Weise, wie dieser seine **Rolle in der Arbeitssituation** wahrnimmt ⑤ determiniert. Die Kompensationsmöglichkeiten zwischen diesen drei Variablen sind gering, so dass beispielsweise ein Mitarbeiter mit unzureichenden arbeitsbezogenen Fähigkeiten und

25 Vgl. zum Nachfolgenden Porter/Lawler (1968); Lawler (1971).

einem unzutreffenden Rollenverständnis auch mit großen Anstrengungen keine guten Leistungen erbringen kann.

Belohnungen ⑦ folgen auf die Leistung; sie sind aufgespalten in **intrinsische** und **extrinsische**. Die Unterscheidung zwischen intrinsischer und extrinsischer Motivation bezieht sich auf die Quelle der Bedürfnisbefriedigung. Intrinsisch motiviert sind Handlungen und Handlungsergebnisse, die um ihrer selbst willen angestrebt werden und Befriedigung aus sich selbst heraus bieten. Extrinsisch motiviert ist dagegen ein Verhalten, das über außerhalb der Tätigkeit liegende Anreize (z. B. Bezahlung) ausgelöst bzw. aufrechterhalten wird. Für das Ausmaß der letztlich empfundenen Zufriedenheit ist zusätzlich von Bedeutung, ob der Mitarbeiter seine **Belohnung** als **gerecht wahrnimmt** ⑧, was eine Vergleichsvorstellung darüber notwendig macht, was ihm als angemessene Belohnung erscheint (z. B. im Vergleich zu anderen Leistungen bzw. zu anderen Mitarbeitern, die gleiche Leistungen erbringen).

Zufriedenheit ⑨ tritt ein, wenn die tatsächlich erhaltenen Belohnungen ⑦ den als angemessen empfundenen ⑧ entsprechen bzw. sie übersteigen. Werden sie als unangemessen empfunden, entsteht Unzufriedenheit.

Zufriedenheit stellt in diesem Ansatz – entsprechend den Annahmen der Human Relations-Vertreter – sowohl eine Voraussetzung für Leistung (⑨ → ①), als auch eine Konsequenz der Leistung dar.

In späteren Veröffentlichungen hat Lawler die Komponente 2 in der Darstellung gemäß Abbildung 8 und 9 näher spezifiziert. Der Erwartungsbegriff wird in zwei Erwartungsarten aufgespalten:

- Die **B → A-Erwartung** (Bemühung → Ausführung) betrifft die angenommene Wahrscheinlichkeit, dass eine intendierte Leistung vom Individuum in einer gegebenen Situation auch erbracht werden kann (Anstrengungserwartung);
- die **A → E-Erwartung** (Ausführung → Ergebnis) betrifft die angenommene Wahrscheinlichkeit, dass das gezeigte Leistungsverhalten auch zur angestrebten Belohnung als Konsequenz führt (Konsequenzerwartung).

Beide Erwartungsarten werden ihrerseits durch die in den Abbildungen 8 und 9 aufgeführten Faktoren bestimmt.

Der Vorteil des Ansatzes von Porter/Lawler liegt insbesondere in der Tatsache, dass – basierend auf dem Versuch einer differenzierten Sichtweise von Motivationsprozessen – im Zusammenhang mit Arbeitshandlungen konkrete Gestaltungsvorschläge für die betriebliche Praxis entwickelt werden können. Auch ist die Tatsache positiv zu werten, dass über die Rückkopplung die Einbeziehung von Lernprozessen ermöglicht wird, und dass zudem neben der Anstrengung weitere Determinanten beruflicher Leistung berücksichtigt werden. Geht man aber über die deskriptive und heuristische Bedeutung des Modells (z. B. im Rahmen einer empirischen Überprüfung) hinaus, finden sich auch hier die grundsätzlichen Schwächen der formalen Erwartungs-Valenz-Ansätze, nämlich Probleme bei der Operationalisierung und fehlende Aussagen hinsichtlich der inhaltlichen Ausprägung der einzelnen Variablen usw.

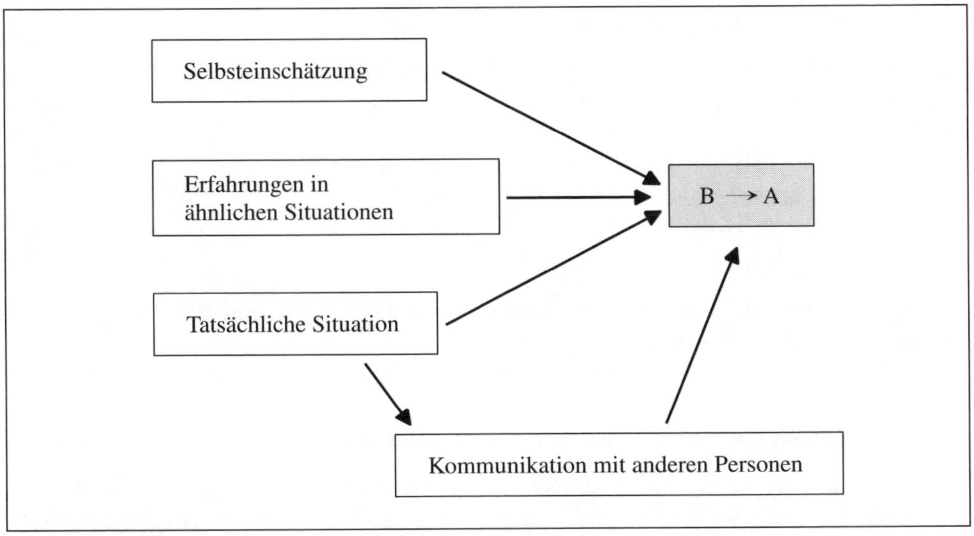

Quelle: Lawler (1977) 84.

Abb. 8: Determinanten der B → A-Erwartungen

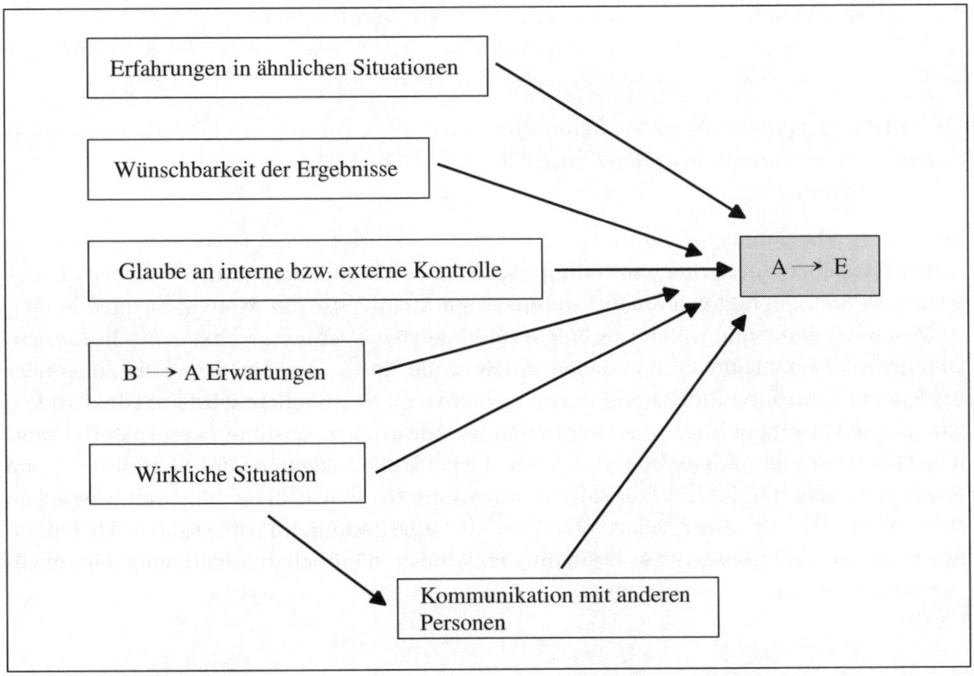

Quelle: Lawler (1977) 88.

Abb. 9: Determinanten der A → E-Erwartungen

c) Ansätze zur Leistungsmotivation

Begriffe wie Leistungsprinzip, Leistungsbeurteilung oder Leistungsgrad verdeutlichen, welche Bedeutung dem Leistungsbegriff in unserer Gesellschaft und hier insbesondere im Wirtschaftsleben zukommt.

Entsprechend stellt die Frage nach dem individuellen »Wollen zur Leistung« und in diesem Zusammenhang das Konstrukt der »Leistungsmotivation« ein zentrales Problemfeld betrieblichen Personal-Management dar. Die nachfolgend dargestellten Ansätze sind ein Versuch, (auch am Arbeitsplatz alltäglich zu beobachtende) Phänomene wie:

- die individuelle Ausdauer und Selbstverpflichtung bei der Bearbeitung unterschiedlicher Aufgaben oder Arbeiten;
- die Setzung oder Veränderung personenspezifischer Anspruchsniveaus bzgl. der eigenen Arbeit;
- die Beurteilung und Bewertung eigener Arbeitsergebnisse; usw.

in ihrer Entstehung und ihrem Bezug zur Leistung zu erklären.

Zu beachten ist, dass im Folgenden unter Leistungsmotiven und Leistungsmotivation jeweils ganz spezifische Begriffsinhalte angesprochen sind. Sie unterscheiden sich von den eher situationsspezifischen Verständnissen im Alltag vor allem durch ihren kulturellen, situationsindifferenten Hintergrund.

aa) McClellands Theorie der gelernten Bedürfnisse

Als Pionier der Leistungsmotivationsforschung gilt David C. McClelland, der z. T. gemeinsam mit Mitarbeitern,[26] eine Vielzahl wichtiger Veröffentlichungen vorlegte.

Auf der Basis einer sehr umfassenden Bedürfnisliste von Murray (1938) formulierte McClelland (1953) drei zentrale menschliche Motive[27]:

- das Leistungsmotiv (Need for Achievement),
- das Zugehörigkeitsmotiv (Need for Affiliation) und
- das Machtmotiv (Need for Power).

Dabei ging McClelland grundsätzlich davon aus, dass Motive auf Lernerfahrungen beruhen, insbesondere im Rahmen frühkindlicher Sozialisationsprozesse (speziell durch Familie und Schule) geprägt werden und demnach stark kulturspezifisch sind.[28]

McClelland versteht unter Leistungsmotivation »die Auseinandersetzung mit einem Gütemaßstab« (concern with a standard of excellence)[29]. Das mit dem Leistungsmotiv verbundene Handlungsziel besteht in einer positiven Bewertung erzielter Handlungsresultate gegenüber einem internalisierten, zumindest aber akzeptierten Gütemaßstab. Damit wird unterstellt, dass Menschen ihr (Arbeits-)Handeln an eigenen Gütestandards messen und bereits während der Handlungsausführung bestrebt sind, diesem »eigenen Anspruch« zu genügen. Welches Anspruchsniveau sie dabei zugrunde legen und als wie verbindlich die jeweiligen Gütestandards wahrgenommen werden, ist interindividuell unterschiedlich.

---

26 U. a. J.W. Atkinson, N.T. Feather, R.A. Clark, E.L. Lowell.
27 Entsprechend wird der Ansatz von McClelland i. d. R. den Inhaltstheorien der Motivation zugeordnet.
28 Vgl. McClelland (1951), (1961), (1962) und McClelland u. a. (1953).
29 Vgl. McClelland u. a. (1953).

Auch läuft dieser Prozess nicht bei allen Handlungen gleichermaßen ab. So ist es möglich, dass ein Mensch hohe selbstbezogene Ansprüche an sich als Modellbauer stellt, dem ebenfalls als Freizeitbeschäftigung betriebenen Radfahren aber keinerlei »leistungsthematischen Aspekt« zuspricht.

Das eigentlich Motivierende stellt nach der Theorie McClellands ein möglicher Affektwechsel dar. Im Zuge seiner individuellen Entwicklung macht der einzelne Mensch die (Lern-)Erfahrung, dass unter bestimmten Bedingungen ein relativ neutraler Affektzustand positiv verändert werden kann. Dieser Affektwechsel wird an eine identifizierbare Situation gekoppelt, und eine Vielzahl solchermaßen gebildeter Assoziationen bildet affektiv gefärbte Netzwerke.

Führt beispielsweise eine leistungsthematische Handlung (also eine Handlung, die dem Handelnden »wichtig« ist und deren Ergebnis er deshalb an seinen persönlichen Gütestandards beurteilt) zu einem befriedigenden Resultat, führt dies beim Handelnden zu einem »guten Gefühl«. Entsteht später eine adäquate Situation, die erkennen lässt, dass ein dem eigenen Anspruchsniveau entsprechendes Handlungsergebnis zu erreichen oder nicht zu erreichen ist, werden die in der Vergangenheit mit diesen Tatbeständen verbundenen positiven bzw. negativen Affekte »erinnert« und es entsteht die Tendenz, diese Affekte und damit die entsprechenden leistungsbezogenen Handlungsziele aufzusuchen oder zu vermeiden.

Entsprechend sind leistungsthematische Handlungen immer intrinsisch motiviert, da sie primär um ihrer selbst willen (bzw. wegen der damit verbundenen Erwartungsaffekte) und nicht für soziale oder materielle Belohnungen erbracht werden.

bb) Atkinsons Risiko-Wahl-Modell

Aufbauend auf den Arbeiten McClellands entwickelte dessen ehemaliger Mitarbeiter John W. Atkinson 1957 ein Modell leistungsmotivierten Verhaltens, welches neben personalen auch situationale Variablen berücksichtigt.

Atkinsons Forschungen ergaben, dass sich das Leistungsmotiv in zwei Verhaltensdispositionen manifestiert, nämlich der Tendenz, Erfolg aufzusuchen (Erfolgsmotiv = Me) sowie der Tendenz, Misserfolg zu vermeiden (Misserfolgsmotiv = Mm). In Abhängigkeit von der Dominanz eines dieser beiden Motive wird zwischen **erfolgsmotivierten** und **misserfolgsmotivierten** Personen unterschieden. Während Erstere insbesondere nach dem Erleben von positiven leistungsbezogenen Affekten streben, besteht das primäre Interesse von misserfolgsmotivierten Personen darin, negative leistungsbezogene Affekte zu vermeiden.

Neben diesen beiden Motiven als personalen Größen unterscheidet Atkinson zwei situationale Variablen, zwischen denen er – den Wert-Erwartungs-Ansätzen entsprechend – eine multiplikative Verknüpfung konstatiert. **Anreize** bezeichnen die im Zusammenhang mit Erfolg bzw. Misserfolg antizipierten (Erwartungs-) Affekte (A_e/A_m). Sie stellen eine Funktion der Schwierigkeit einer Aufgabe oder Handlung dar. Daneben unterscheidet Atkinson noch zwischen der **Erfolgs-** und **Misserfolgserwartung** als der subjektiven Wahrscheinlichkeit, mit der ein Individuum den Eintritt von Erfolg bzw. Misserfolg erwartet.

Leistungsmotivation und leistungsmotiviertes Verhalten wird erklärt als die Differenz aus der Erfolg aufsuchenden ($T_e = M_e \text{ x } A_e \text{ x } W_e$) und der Misserfolg meidenden Tendenz ($T_m = M_m \text{ x } A_m \text{ x } W_m$). Indem Atkinson zwischen den personalen und situationalen Variablen eine multiplikative Verknüpfung unterstellt, schlägt er einen Bogen zwischen den Inhalts- und den Prozesstheorien der Motivation.

Besteht für eine Person z. B. die Möglichkeit einer Wahl zwischen unterschiedlichen Aufgaben, so wird diese bestimmt durch:

1. die dispositionalen Voraussetzungen der Person selbst (Dominanz des Erfolgs- oder Misserfolgsmotivs),
2. die Erwartungsaffekte (positiver oder negativer Art), die mit einer erfolgreichen oder nicht erfolgreichen Bearbeitung der Aufgabe verbunden sind,
3. der subjektiven Wahrscheinlichkeit, die einer erfolgreichen bzw. nicht erfolgreichen Aufgabenbearbeitung zugeordnet wird.

Entsprechend lassen sich folgende zentrale Hypothesen zur Aufgabenwahl formulieren:

- **Erfolgsmotivierte Personen** ($M_e > M_m$) präferieren Aufgaben mit einem mittleren Schwierigkeitsgrad bzw. einer subjektiven Erfolgswahrscheinlichkeit von etwa 0,5, die als realistisch beurteilt wird. Es ist zu erwarten, dass diese Personen bei solchen Aufgaben eine maximale Anstrengung und Ausdauer zeigen.
- **Misserfolgsmotivierte Personen** ($M_e < M_m$) bevorzugen dagegen Aufgaben mit besonders niedrigem oder besonders hohem Schwierigkeitsgrad. Indem sie auf die Extrembereiche ausweichen, lassen sich negative leistungsbezogene Affekte am ehesten vermeiden. Bei Aufgaben mit mittlerer Schwierigkeit zeigten die misserfolgsmotivierten Versuchspersonen ihr Meidungsmaximum.[30]

Eine Umsetzung solcher Befunde in der betrieblichen Praxis erscheint nur auf den ersten Blick relativ unproblematisch möglich zu sein. Selbst wenn man dem Erfolgs- bzw. Misserfolgsmotiv eine relative intersituative und zeitliche Stabilität zusprechen will, dürfte eine trennscharfe Unterscheidung zwischen erfolgs- und misserfolgsmotivierten Personen schwer fallen. Das gleiche gilt für die beiden situativen Variablen. Als wie schwer eine Aufgabe von einem Mitarbeiter wirklich wahrgenommen wird, lässt sich im betrieblichen Alltag ebenso wenig ermitteln wie die subjektive Wertigkeit, die ein Mitarbeiter Aufgaben verschiedener Klassen zuspricht. Letztlich bezieht sich das Risiko-Wahl-Modell nur auf die Aufgabenwahl unter leistungsthematischen Aspekten. Dies entspricht aber in keiner Weise der betrieblichen Realität, da hier immer auch extrinsische Motivationen oder der instrumentelle Wert bestimmter Handlungsziele (Karriereaussichten usw.) die Aufgabenwahl eines Mitarbeiters bestimmen werden.

cc) Attributionstheoretisches Modell von Weiner

Eine Erweiterung der die Leistungsmotivationsforschung bis in die 70er Jahre hinein dominierenden Risiko-Wahl-Modelle stellt der Ansatz von Bernhard Weiner[31] dar, der in seiner Theorie zur Leistungsmotivation zusätzliche kognitive Variablen formuliert: vor allem **Zurechnungen** oder **Zuschreibungen** von Ursachen über das Zustandekommen von Erfolg oder Misserfolg (**Kausalattribuierungen**).

30 Da das Misserfolgsmotiv von Atkinson ausschließlich als hemmende Kraft definiert wurde, lässt sich die Tatsache, dass misserfolgsmotivierte Personen überhaupt eine Leistungsaufgabe wählen und bei der Bearbeitung dieser Anstrengung und Ausdauer zeigen, nur durch zusätzliche extrinsische Motivation erklären. Vgl. Schneider (1976).

31 Vgl. Weiner (1970), (1973), (1975); Weiner/Kukla (1970); Weiner u. a. (1971).

Den Aussagen der sozialpsychologischen Attributionstheorien zufolge begnügen sich Individuen im Allgemeinen nicht damit, Ereignisse in ihrer Umwelt wahrzunehmen. Sie sind zudem bestrebt, diese Ereignisse auf bestimmte Ursachen zurückzuführen. Erst solche Kausalattribuierungen gestatten es, eine Vorhersage über zukünftige Ereignisse zu machen und das Verhalten daraufhin auszurichten.[32] Insbesondere im Zusammenhang mit der Erklärung leistungsmotivierten Verhaltens kommen solchen Kausalattribuierungen nach Weiner entscheidende Bedeutung zu. Dabei unterscheidet er zwischen den beiden grundsätzlichen Möglichkeiten, ein Handlungsresultat auf interne (personale) oder externe (ökologische) Faktoren sowie auf zeitlich stabile oder veränderliche Faktoren zurückzuführen. So ergeben sich insgesamt **vier Ursachenfaktoren**: Begabung/Fähigkeiten (zeitlich stabil) und Anstrengung (zeitlich instabil) als Personenmerkmale bzw. internale Faktoren sowie Aufgabenschwierigkeit (zeitlich stabil) und Zufall bzw. Glück/Pech (zeitlich instabil) als Situationsmerkmale bzw. externale Faktoren (vgl. Abbildung 10).

Personenabhängigkeit / Stabilität über Zeit	internal	external
stabil	Begabung/Fähigkeiten	Aufgabenschwierigkeit
instabil	Anstrengung	Zufall (Glück/Pech)

Quelle: Weiner (1976) 82.

Abb. 10: Klassifikationsschema wahrgenommener Determinanten leistungsbezogenen Verhaltens

Die Erweiterung des Risiko-Wahl-Modells von Atkinson besteht nun insbesondere darin, dass die Parameter »Wahrscheinlichkeit« und »Anreiz« durch die kognitive Determinante **Kausalattribuierung** beeinflusst werden:

- Die Auswirkung von erlebtem Erfolg oder Misserfolg auf die Erfolgs- oder Misserfolgserwartung einer Person hängt davon ab, inwieweit die Ergebnisse mit stabilen oder instabilen Faktoren in ursächlichen Zusammenhang gebracht werden. Wird Erfolg auf stabile Faktoren wie eigene Fähigkeiten zurückgeführt, geht damit eine erhöhte Erfolgserwartung für entsprechende zukünftige Situationen einher. Werden aber instabile Faktoren wie großes Glück für die Erklärung herangezogen, wird mit dem positiven Verhaltensresultat kein Ansteigen der Wahrscheinlichkeit einhergehen.

32 Vgl. Heider (1958); Rotter u. a. (1962); Kelley (1967), (1973).

- Das Ausmaß der im Zusammenhang mit Erfolg und Misserfolg erlebten Affekte ist primär davon abhängig, ob die erzielten Verhaltensresultate internal oder external attribuiert werden. Nach Weiner führt internale Attribuierung (und hier die Anstrengungsattribuierung) zu den stärksten Affektkonsequenzen. Über die kurzfristigen im direkten Zusammenhang mit Erfolg oder Misserfolg erlebten Affekte (Zufriedenheit/Enttäuschung) hinaus gehen mit dem Prozess der Kausalattribuierung Selbstwertüberlegungen einher, die mit starken und langlebigen Affekten verbunden sind.

Bei der Attribuierung von Erfolg und Misserfolg lassen sich bestimmte Asymmetrien oder interindividuelle Unterschiede beobachten. So zeigt sich, dass Erfolg tendenziell eher der eigenen Person zugeschrieben, also internal attribuiert wird, während bei Misserfolg eine externale Attribuierung überwiegt (hedonistische Verzerrung). Unterscheidet man nach Atkinson zwischen **erfolgsmotivierten** und **misserfolgsmotivierten** Personen, lassen sich für beide Gruppen unterschiedliche Attribuierungsmuster beobachten:

- Erfolgsmotivierte führen Erfolg primär auf eigene Fähigkeiten und Misserfolg auf zu geringe Anstrengung zurück.
- Misserfolgsmotivierte attribuieren Erfolg seltener internal und führen Misserfolg primär auf mangelnde Fähigkeiten zurück.[33]

Das Erfolgs- und Misserfolgsmotiv wandelt sich vor dem Hintergrund dieser Erkenntnisse von einer Affektdisposition zu einer **Attribuierungsdisposition**. Entsprechend erfolgt eine Neudefinition des Leistungsmotivs, das nun als das »Vermögen, Erfolg als durch internale Faktoren verursacht zu erleben, insbesondere durch Anstrengung« bezeichnet wird.[34]

Die Bedeutung des Ansatzes von Weiner liegt insbesondere darin, dass er mit der Kausalattribuierung einen neuen zentralen Aspekt in die Erklärung leistungsmotivierten Verhaltens eingebracht hat. Dies hat zu einer Neudefinition des Begriffs des Leistungsmotivs im Sinne eines Selbstbekräftigungssystems geführt und das Bedingungsvorfeld der für die Risiko-Wahl-Modelle zentralen Parameter »Anreiz« und »Erwartung« aufgeklärt. Damit markiert der attributionstheoretische Ansatz Weiners eine kognitive Wende in der Leistungsmotivationsforschung.[35]

d) Rubikon-Modell

Das sog. Rubikon-Modell ist in dem thematischen Zusammenhang des Motivationsprozesses einzuordnen. Es illustriert dabei den Unterschied zwischen Motivation und **Volition** (s. Kap B.I.2). Der Prozess der Willensbildung lässt sich demnach in vier Phasen unterteilen.[36] Siehe Abb. 11.

- Die **prädezisionale Motivationsphase** betrifft die motivational beeinflusste Phase, in der auf Basis der Erwartungs-Valenz-Modelle der prinzipielle Bereitschaftsgrad zum Handeln entsteht. Handeln entsteht aber erst, wenn nach Abwägung aller als relevant

33 Vgl. Miller/Ross (1975); Bradley (1978); Zuckerman (1979); Schmalt (1978); Meyer (1973) sowie zu weiteren Studien Schneider/Schmalt (1981) 201 ff.; Heckhausen (1989) 431 f.
34 Weiner u. a. (1971) 18.
35 Vgl. Heckhausen (1989) 452 ff. sowie zur empirischen Forschung im Rahmen der attributionstheoretischen Leistungsmotivationsforschung Schneider/Schmalt (1981) 201 ff.
36 Vgl. Heckhausen (1989); Nerdinger (1995); Ridder (1999); Weibler (2001).

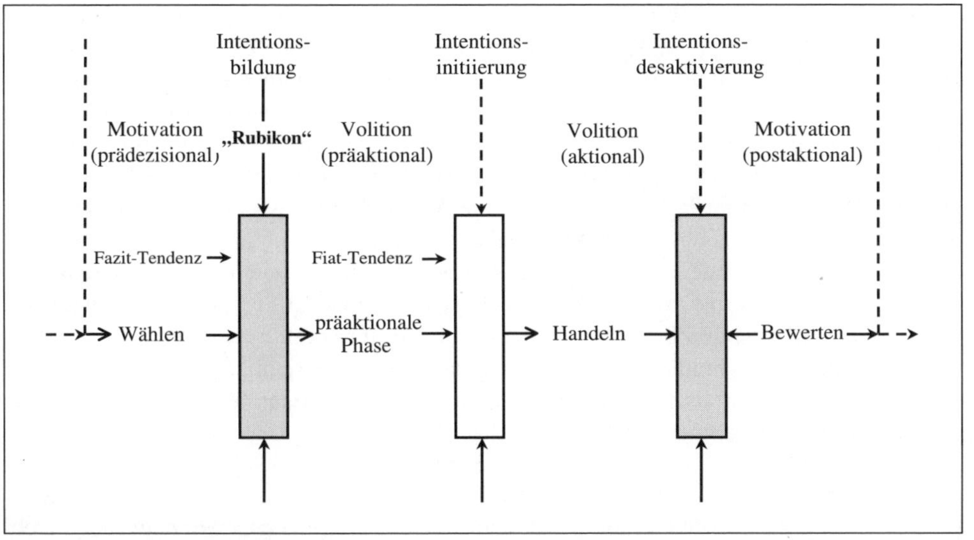

Abb. 11: Rubikon-Modell

angenommenen Aspekte ein Entschluss gefällt werden kann (sog. Fazit-Tendenz). Je bedeutender die Konsequenzen, desto schwerer fällt die Entscheidung. Die Phase endet mit der Bildung einer Handlungsabsicht (= Überqueren des Rubikons).

- In der **präaktionalen Phase** wartet das Individuum auf die Zeit und die Gelegenheit, die beabsichtigte Handlung auszuführen. Bei mehreren Intentionen unterschiedlicher Stärke setzt sich diejenige durch, die am frühesten auf eine günstige Situation trifft.
- Die **aktionale Phase** betrifft die Realisierung der beabsichtigten Handlung.
- In der **postaktionalen Phase** erfolgt eine rückblickende Bewertung, um Schlussfolgerungen für zukünftiges Handeln ziehen zu können. Geprüft werden u. a. die Attraktivität des Ziels sowie die Ursachen für Erfolg und Misserfolg.

Das Rubikon-Modell ist dazu geeignet, viele Einzelbefunde der Motivationsforschung einzuordnen und in einem Zusammenhang zu bringen.

II. Konzeption der Synthese

1. Das Leistungsdeterminanten-Konzept

Arbeit in Betrieben stellt einen spezifischen Ausschnitt aus der Gesamtheit menschlichen Verhaltens dar. Erkenntnisse der allgemeinen Motivationspsychologie müssen für den Betriebswirt daher ergänzt werden durch spezielle Aussagen, die sich auf das leistungsrelevante Verhalten in Betrieben beziehen. Von Interesse sind vor allem diejenigen Zielsetzungen, deren Erreichung mit betrieblicher Tätigkeit erstrebt wird. Ihre Kenntnis ist für Betriebe notwendig, wenn der Versuch gemacht wird, durch konkrete betriebliche Gegebenheiten (auch) individuelle Zielerreichung zu ermöglichen.

In der Geschichte der Betriebswirtschaftslehre sind die oben kurz referierten Ansätze oftmals verabsolutiert als gültig unterstellt worden; dies gilt auch für Teildisziplinen. So wurde oben bereits darauf hingewiesen, dass das Menschenbild des Scientific Management etwa zu einer Ausgangsannahme der klassischen Organisationstheorie (»rational man«) wurde. Das Gedankengut der Human Relations-Bewegung fand Eingang in die neoklassische Organisationstheorie (»social man«). Erkennbar ist weder das eine noch das andere als hinreichender Erklärungsansatz anzusehen: An die Stelle des Entweder-oder-Denkens muss die Sowohl-als-auch-Betrachtung rücken. Bei dem Versuch einer Synthese der miteinander zu vereinbarenden Elemente dieser Ansätze stoßen wir auf einen »**complex man**«.[37] Aus heutiger Perspektive muss er den Ausgangspunkt einer differenzierten Herangehensweise bei der Analyse und Bewältigung der Probleme eines praktischen Personal-Management darstellen. Der Komplexität und Vielschichtigkeit des betrieblichen Alltags kann nicht mit dem Reduktionismus in sich geschlossener aber mehr oder weniger monokausaler Aussagensysteme begegnet werden.

Die **Notwendigkeit** eines **Konzeptes der Synthese** der oben kurz dargestellten Ansätze wird deutlich, wenn man von der folgenden Evidenz ausgeht: Dass und wie eine ganz bestimmte Leistung zustande kommt, hängt davon ab, ob einerseits die dazu notwendigen objektiven Arbeitsbedingungen (Raum, Material, Werkzeug etc.) und bei demjenigen, der die Leistung erbringen soll, zudem die erforderlichen »fachlichen« Fähigkeiten vorhanden sind, m. a. W., ob die Leistung erbracht werden kann. Des Weiteren aber muss andererseits hinzukommen, dass der so dazu Befähigte das ihm zur Verfügung stehende Potenzial auch zu aktivieren bereit ist – ob er die Leistung erbringen will. Letzteres hat erkennbar die Motivationskomponente zum Inhalt. Sie allein reicht offensichtlich nicht aus, ebenso wenig lediglich die Könnenskomponente. **Können und Wollen** müssen zusammenkommen, damit eine konkrete Leistung entsteht. Sie machen gemeinsam die leistungsnotwendige **Qualifikation** aus.

Ein ganz anderes Problem ist es, dass diese Zusammenhänge leichter beschrieben als exakt nachgewiesen sind: Denn beobachtbar ist immer nur, was jemand de facto tut (resp. nicht tut). Für die Unterscheidung, ob und inwieweit für ein bestimmtes (Fehl-)Verhalten (mangelndes) Können oder/und Wollen maßgebliche Ursachen sind, ist der Einsatz z. T. komplizierter Analyse- und Identifikationsinstrumente erforderlich.

Wir gehen also davon aus, dass es sowohl Determinanten des Könnens als auch des Wollens sind, die zusammenwirken müssen, damit menschliche Arbeitsleistungen in Betrieben erbracht werden.

Unter **Leistungsdeterminanten** sind all jene Faktoren zu verstehen, die:

– die Einsatzbereitschaft bzw. Einsatzintensität von Mitarbeitern sowie
– das **Leistungsverhalten** und das (quantitative und qualitative) **Leistungsergebnis** beeinflussen.

Als praxisnahes Modell des Zustandekommens beruflicher Leistungen kann und soll das Leistungsdeterminanten-Konzept (siehe Abbildung 12) den Trägern des betrieblichen Personal-Management im Sinne einer Denk- oder Strukturierungshilfe dienen. Denn nur, wer eine gleichermaßen differenzierte wie »greifbare« Vorstellung davon hat, welche Determi-

37 Vgl. zum »complex man« Schein (1965) 47 ff.

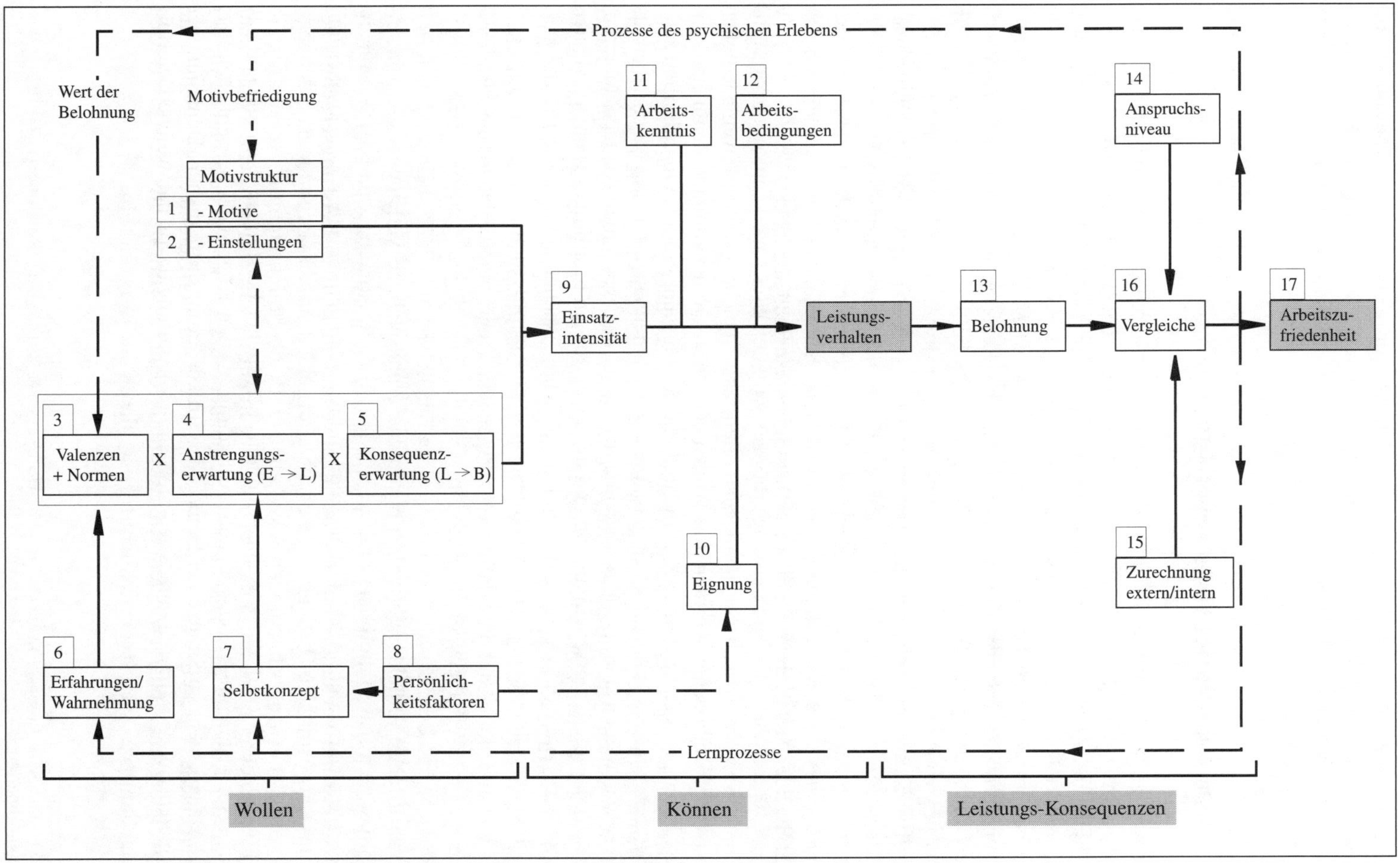

Abb. 12: Leistungsdeterminanten-Konzept

nanten menschliches Arbeitsverhalten in welcher Form beeinflussen, ist (beispielsweise als Vorgesetzter) in der Lage, das von Mitarbeitern gezeigte Leistungsverhalten zutreffend zu interpretieren und/oder (beispielsweise über die Gestaltung betrieblicher Anreizsysteme) gezielt zu steuern.

2. Determinanten des Wollens zur Leistung

Hier wird auf Erkenntnisse der im Teil B.I erläuterten motivationstheoretischen Ansätze zurückgegriffen, um letztlich zu einem Konzept zu gelangen, in dem die wichtigsten Bestandteile und Zusammenhänge des motivationalen Prozesses für das Zustandekommen von Arbeitsleistungen in Betrieben beschrieben und erklärt werden.

Es besteht verbreitete Übereinstimmung hinsichtlich der These, dass Motivation sowohl eine energetische (affektive) als auch eine kognitive Komponente enthält. Die **energetische Komponente** betrifft den Antriebsaspekt, d. h. die Antwort auf die Frage, warum Menschen eine Aufgabe mit einer bestimmten Intensität und Ausdauer bearbeiten. Die **kognitive Komponente** betrifft den Richtungsaspekt, d. h. die Antwort auf die Frage, warum Menschen unter bestimmten Bedingungen so und nicht anders arbeiten. Diese terminologische Trennung benennt vorerst nur, sie erklärt noch nichts. Beide Aspekte sind zur Erklärung des Leistungsverhaltens von Mitarbeitern heranzuziehen und werden von den nachfolgenden Determinanten in unterschiedlichem Ausmaß abgedeckt.

a) Motive (Leistungsdeterminante ①)

Motive wurden oben als (Wertungs-)Dispositionen bezeichnet, welche mit einer Verhaltensbereitschaft einhergehen, positive bzw. negative (Ziel-)Zustände erreichen bzw. vermeiden zu wollen. Aus betrieblicher Sicht interessieren Motive, die am Arbeitsplatz umgesetzt werden können bzw. solche, deren Befriedigung als Voraussetzung für die Bereitschaft eines Mitarbeiters angesehen wird, dem jeweiligen Unternehmen seine volle Leistungsfähigkeit zur Verfügung zu stellen. In diesem Zusammenhang ist eine Unterscheidung von Bedeutung, auf die bereits eingegangen wurde und welche sich für die Auseinandersetzung mit Verhaltensbereitschaften im Arbeitsprozess als nützlich erwiesen hat: die in intrinsische und extrinsische Motivation. Grundsätzlich ist die Unterscheidung, inwieweit ein spezifisches Verhalten oder auch bestimmte grundsätzliche Verhaltensweisen intrinsisch bzw. extrinsisch motiviert sind, schwierig und nicht situations- und personenunabhängig zu beantworten. Auch deshalb, weil die Beziehungen zwischen intrinsischer und extrinsischer Motivation bislang nicht zweifelsfrei geklärt sind. So ist es durchaus denkbar, dass zunächst extrinsisch motiviertes Verhalten (z. B. überdurchschnittliches Engagement in einer Projektgruppe) im Zeitablauf zunehmend intrinsisch motiviert wird. Nicht mehr die mit der Arbeit in der Projektgruppe verbundene bessere Entlohnung und damit der instrumentelle Aspekt des Leistungsverhaltens wird dann motivierend erlebt, sondern die Befriedigung von Motiven wie dem **Kontaktmotiv**, dem **Leistungsmotiv**, dem Motiv nach **Sinngebung** bzw. **Selbstverwirklichung** usw. durch die Tätigkeit selbst.[38]

---

38 Vgl. Rüttinger/v. Rosenstiel/Molt (1974) 84 ff.; Heckhausen (1989) 455 ff.; v. Rosenstiel (1973) 107 ff.; Wiswede (1980) 91 ff.

Damit bildet das extrinsisch motivierte Verhalten (engagierte Mitarbeit im Projekt) die Voraussetzung dafür, dass Interesse an der Tätigkeit selbst und damit intrinsische Motivation entstehen kann.

In der betrieblichen Praxis (wie in der experimentellen Forschung) ist aber auch der gegenläufige Effekt, also die Untergrabung intrinsischer Motivation durch extrinsische Anreize zu beobachten (so gen. »Verdrängungseffekt«). Ein Vertriebsmitarbeiter verhält sich bspw. serviceorientiert, weil dies zu einer Verbesserung des Kundenkontakts (Kontaktmotiv), qualitativ besseren Kundenlösungen (Sinngebung) etc. führt und für den Mitarbeiter damit der Wert der Tätigkeit an sich steigt. Eine Überbetonung extrinsischer Anreize (z. B. durch hohe Bonuszahlungen) kann nun dazu führen, dass sich das Interesse des Mitarbeiters von seinen ursprünglichen Zielen auf die extrinsischen Anreize verschiebt. Natürlich tritt dieser Verdrängungseffekt nicht in jedem Fall ein. Insbesondere können Belohnungen, die nicht automatisch erfolgen oder immaterieller Art sind, hinsichtlich ihrer Auswirkungen auf die intrinsische Motivation als unproblematisch angesehen werden.[39] So kann sogar im Gegenteil eine extrinsische (z. B. finanzielle Belohnung die Verstärkung) oder sogar den Aufbau einer intrinsischen Motivation bewirken – so etwa innerhalb des Management by Objectives-Konzeptes, wenn die Erreichung oder Überschreitung eines unterstreicht, dann die sachliche Bedeutsamkeit des vereinbarten Ziels sowie der erbrachten Leistung und verstärkt die Freude daran, sie zu erbringen.

Auf jeden Fall sollte die Anreizgestaltung der betrieblichen Praxis das Wechselspiel zwischen intrinsischer und extrinsischer Motivation berücksichtigen und darauf abzielen, ein gesundes Gleichgewicht zwischen beiden Motivationsaspekten zu erhalten.

Insbesondere im Zusammenhang mit der Gestaltung betrieblicher Anreizsysteme empfiehlt es sich, zwischen extrinsischen »Belohnungen« materieller und immaterieller Art zu unterscheiden. **Materielle Anreize** befriedigen den Wunsch nach monetär messbaren Belohnungen oder unterschiedlichen Konsumwünschen durch **Direktvergütung** (Gehalt, Prämien, Provisionen, Sozialleistungen), **Erfolgsbeteiligung**, **Sozialleistungen** (betriebliche Beiträge zur Lebensversicherung, private Nutzung von Dienstwagen, Clubbeiträge) usw.

Immaterielle Anreize wie Arbeitsplatzsicherheit, Einfluss, Büroausstattung, Dienstwagen usw. entsprechen dem Streben nach **Sicherheit, Karriere** und **Prestige**.[40]

Die Verwendung von weitgehend **generalisierten Anreizen** als Mittler für die Befriedigung vieler Motive liegt nahe. Geld kann zu dieser Befriedigung vielfältig und wesentlich besser als jeder andere Anreiz genutzt werden, weil Geld instrumentell, als »Mittel zum Zweck« dient: Zur allgemeinen Motivbefriedigung, wobei auch immaterielle Anreize (z. B. Statuszuwachs) über monetäre Zuwendungen gesetzt werden können (immaterielle Wirkung materieller Anreize). Geld selbst kommt dabei i. d. R. keine eigene Motivationskraft zu. Seine Anreizwirkung in Art, Richtung und Höhe ist heute allerdings umstritten. Es erweist sich daher als gutes Demonstrationsobjekt für die oben skizzierten Abhängigkeitswirkungen. Es finden sich Untersuchungsergebnisse für nahezu jede Art der Argumentation:

- »Geld hat den stärksten Anreiz in unserer Gesellschaft«;[41]
- »Geld ist ein wichtiger leistungsanreizender Faktor«;[42]

39 Vgl. ausführlich Frey/Osterloh (1997); Sprenger (2002).
40 In Anlehnung an Rüttinger/v. Rosenstiel/Molt (1974) 84 ff.; v. Rosenstiel (1979).
41 Haire/Ghiselli/Porter (1963) 3 ff.
42 Porter/Lawler (1968) 94 f.

- »Geld ist nicht der wichtigste leistungsanreizende Faktor«;[43]
- »unterbezahlte Mitarbeiter arbeiten intensiver als normal oder überbezahlte Mitarbeiter«.[44]

Durch seinen Instrumentalcharakter im Hinblick auf die Befriedigung einer großen Anzahl von Motiven kann die Vergütung leistungswirksame Anreize ausüben. Damit dies zustande kommt, muss allerdings eine direkte Beziehung zwischen Entgelt und Leistung wahrgenommen werden (leistungsbezogene Vergütung!).

Weiteren Forschungen auf diesem Feld müssen differenziertere Fragestellungen zugrunde gelegt werden. Jedenfalls ist evident, dass z. B. das Anfangsgehalt, unterschiedliche Lohnformen (Zeit-, Akkordlohn, Einzel-, Gruppenentlohnung), die absolute und die relative Lohnhöhe, Entgelterhöhungen, über die Kontraktzahlungen hinausgehende zusätzliche Leistungen (z. B. in Form von einer betrieblichen Altersversorgung) u. a. m. Aspekte der Vergütung sind, die bei Variationen u. U. gänzlich unterschiedliche Wirkungen zeitigen können.

b) Einstellungen ②

Die Einstellung (auch Werthaltung; Attitüde) stellt einen zentralen Begriff der Sozialpsychologie dar, der z. T. unterschiedlich definiert und verwendet wird. Zwischen Motiven (bzw. Motivation) und Einstellungen wird üblicherweise wie folgt unterschieden:[45]

- Im Gegensatz zu Motiven sind Einstellungen nicht auf Handlungs- bzw. Verhaltensziele, sondern auf (soziale) Objekte und Situationen bezogen. Entsprechend ist der Einstellungsbegriff weniger handlungsnah als der des Motivs.
- Das theoretische Konstrukt »Einstellung« bezeichnet erworbene, relativ überdauernde Dispositionen im Sinne von Wahrnehmungsorientierungen sowie entsprechenden Reaktions- und Handlungsbereitschaften.
- Einstellungen sind bewertend (evaluativ) auf Objekte und Situationen bezogen und stehen so als intervenierende Variable zwischen den situativen Bedingungen, unter denen und aus denen heraus eine Handlung erfolgt und der Handlung selbst. Es ist nahe liegend, dass die Einstellung, die ein Mitarbeiter z. B. hinsichtlich regelmäßiger Überstunden hat, dessen Arbeitsverhalten (-organisation) beeinflusst. Das genaue Ausmaß dieser Beeinflussung zu beschreiben, fällt allerdings schwer. Insgesamt muss die in empirischen Untersuchungen gefundene Einstellungs-Verhaltens-Konsistenz als relativ gering bezeichnet werden.[46]

Einstellungen können genereller Art (z. B. auf die Arbeit in Großbetrieben oder die Benutzung von EDV-Geräten bezogen) und auch spezieller Art sein: etwa bezogen auf einen bestimmten Vorgesetzten. Sie prägen jedenfalls die Bereitschaft und Intensität zur Leistungserbringung wesentlich mit.

---

43 Blum/Naylor (1968) 352.
44 Opsahl/Dunnette (1970) 130 f.
45 In Anlehnung an Neuberger (1978) 222.
46 Vgl. Ajzen/Fishbein (1973), (1977); Pieters (1988); Stapf (1982); Six (1975), (1979), (1980).

c) Valenz + Norm ③

Eine weitgehend vernachlässigte Komponente im Motivationsgeschehen stellt die **Sozialisation** dar. Unter Sozialisation versteht man die Übernahme der typischen und anerkannten Verhaltensweisen, Ansichten und Werthaltungen eines sozialen Umfeldes durch eine Person, insbesondere während des Erziehungsprozesses im Elternhaus und in der Schule, aber auch in Betrieben. Wie oben dargestellt, handelt es sich bei Motiven und Einstellungen um erworbene Dispositionen. Wie bei diesen wird auch die Herausbildung von Valenzen (Werte möglicher Handlungsergebnisse) maßgeblich durch die sozio-kulturellen Bedingungen beeinflusst, unter denen ein Individuum sich entwickelt und lebt.[47]

Auch im Betrieb unterliegen die Personen der Sozialisation. Entsprechende Effekte lassen sich insbesondere bei Mitarbeitern mit längerer Betriebszugehörigkeit beobachten, die typische Strukturen z. B. im Sinne konkreter Wertungsdispositionen entwickeln und zwar als Folge einer langjährigen Fokussierung auf spezifische materielle wie immaterielle Anreize, der regelmäßigen Teilnahme an betrieblichen Personalentwicklungsmaßnahmen, der Verinnerlichung bestimmter Grundsätze, Regeln usw. oder gruppendynamischer Effekte u. a. m. Nicht selten werden solche erworbenen Eigenschaften als typisch für Repräsentanten bestimmter Unternehmen, Branchen oder Bereiche unterstellt, was über deren (vermeintliche) Identifikation zu entsprechender Stereotypisierung führt.

Die aktuelle Leistungsbereitschaft einer Person wird aber nicht nur durch personale Faktoren wie Valenzen, sondern auch durch Rollenerwartungen und Normen beeinflusst, welche durch das soziale **interne betriebliche Umfeld** (v. a. die jeweilige Arbeitsgruppe) und das soziale **externe Umfeld** (Familie und Bekanntenkreis) an diese herangetragen werden. Im Zeitablauf können solche Erwartungen internalisiert bzw. habitualisiert werden.

Durch die **Erwartungen des sozialen Umfeldes** (Rollenerwartungen) innerhalb und außerhalb der Unternehmung können Verhaltensweisen ausgelöst und Ergebnisse erreicht werden, die der Einzelne persönlich nicht für wünschenswert hält bzw. die für ihn keinen (Befriedigungs-)Wert haben. In einer ausgeprägten Version sind diese Erwartungen als **Normen** zu verstehen, die von (fast) allen Gruppenmitgliedern geteilt werden und postulieren, wie die Mitglieder der Gruppe in spezifischen Situationen denken und v.a. sich verhalten sollen.

Einige Feldstudien in Industriebetrieben belegen, dass das Leistungsverhalten und die Leistungsbereitschaft entscheidend von den Leistungsnormen in der jeweiligen (Arbeits-) Gruppe und keineswegs allein von betrieblichen Anreizen abhängen.

Rollenerwartungen anderer, denen der Einzelne ausgesetzt ist und die er in spezifischer Weise wahrnimmt, geben daher der Norm als Bestandteil der Leistungsdeterminante »Valenz + Norm« ③ konkrete Gestalt. Sind die Rollenerwartungen (z. B. die Arbeitsanforderungen) nicht klar, so wird hierdurch auch die Valenz + Norm-Beziehung beeinflusst, indem die Norm lediglich als diffuse Größe in die Gleichung eingeht.[48]

Die **Valenz** oder der angenommene Nutzen der Zielerreichung bzw. des Verhaltens gibt hier die individuelle affektive (positive oder negative) Einstellung zu angestrebten Ergeb-

---

47 Vgl. Staehle (1999) 565 ff.; Wiswede (1980) 84, 108. Arbeit selbst ist in den westlichen Industriegesellschaften eine Norm. Vgl. zu einer weiteren Ausführung Rüttinger/v. Rosenstiel/Molt (1974) 82.

48 Vgl. Wiswede (1980) 105.

nissen an. Sie bezieht sich auf den erwarteten Belohnungswert und stellt insoweit eine ganz spezielle Kategorie aus der Gesamtheit der Einstellungen (Determinante ②) dar.

Valenzen beeinflussen die Wahrnehmung von Anreizen, ihre Auswahl, ihren Vergleich und ihre Vorzugswürdigkeit. Sie werden im Laufe des Sozialisationsprozesses aufgebaut und auf Dauer übernommen.[49] Sie sind zugleich Ausdruck sozialer Ansprüche und sorgen für innere Maßstäbe und Entscheidungskriterien.[50] Im Zuge der beruflichen Sozialisation werden sie insbesondere durch den erlebten Wert von Belohnungen nachhaltig verändert.

Die Bereitschaft eines Menschen, ein bestimmtes Leistungsverhalten an den Tag zu legen (seine Einsatzintensität = Determinante ⑨), lässt sich nicht ausschließlich mit den Valenzen der entsprechenden Handlungsfolgen erklären. Die Einsatzintensität hängt zusätzlich vom Ausmaß der Erwartungen ab. Entsprechend der Unterscheidung von Lawler lassen sich zwei Kategorien von Erwartungen differenzieren: zum einen die Erwartung, dass Leistung vom Einsatz abhängt (E → L bzw. Anstrengungserwartung), zum anderen die Erwartung, dass die Erreichung angestrebter Ziele (»Belohnungen«) von der eigenen Leistung abhängt (L → B bzw. Konsequenzerwartung).

d) Anstrengungserwartung ④

Die **Anstrengungserwartung** (die eigene Leistung/das Leistungsergebnis hängt vom individuellen Einsatz ab) kommt zustande, wenn der Einzelne seine Leistungen als Folge der Intensität seines Einsatzes, also der eigenen Anstrengung, sieht, sie also nicht auf andere Ursachen (etwa auf Hilfsmittel) zurückführt. Das Zustandekommen dieser Erwartung beruht zum einen auf der wahrgenommenen Aufgabenschwierigkeit und dem Selbstkonzept (d. h. dass die eigene Qualifikation als ausreichend für eine Leistungserbringung wahrgenommen wird); sie bezieht sich insoweit erst einmal darauf, ob eine Leistung überhaupt erbracht werden kann. Zum anderen bezieht sie sich auf das Ausmaß der Leistungsfähigkeit; insoweit beruht die Anstrengungserwartung auf eigenen und fremden Erfahrungen und einer entsprechenden Zurechnung der erbrachten Leistung auf den Einsatz.

e) Konsequenzerwartung ⑤

Die **Konsequenzerwartung** (Zielerreichung hängt von der eigenen Leistung ab) beschreibt die Annahme, dass Arbeitsleistungen im Betrieb geeignet sind, angestrebte Ziele (Belohnungen) zu erlangen. Ein z. B. auf vertikalen Aufstieg gerichtetes Karriereziel eines Mitarbeiters wird sich nur dann auf seine Leistung auswirken, wenn dieser davon ausgeht, dass als Konsequenz seiner Leistung die Beförderungschancen steigen. Die Konsequenzerwartung bezieht sich also auf den instrumentellen Charakter einer intendierten Leistung und setzt damit das Vorhandensein einer positiven Anstrengungserwartung voraus. In ihrer Ausprägung wird die Konsequenzerwartung insbesondere durch Wahrnehmungen und Erfahrungen bestimmt, welche sich auf die Art und Weise (nachvollziehbar, konsistent, verlässlich etc.) beziehen, wie im jeweiligen Handlungsfeld erbrachte Leistungen mit entsprechenden »Belohnungen« gekoppelt werden.

---

49 Vgl. Kmiecak (1976) 150; Hondrich (1975) 38.
50 Vgl. Kirsch (1977) 120; Gabele/Kirsch/Treffert (1977) 2 ff.

f) Wahrnehmungen/Erfahrungen ⑥

Erfahrungen stellen Informationen über die Vergangenheit dar und repräsentieren – in Betrieben – die Beschäftigungsgeschichte. Sie sind von besonderer Bedeutung für das Zustandekommen von Leistungsverhalten, denn in ihnen schlägt sich die individuelle Wahrnehmung und Verarbeitung des bisherigen Arbeitslebens, beeinflusst z. B. durch Berufsausbildung, besetzte Positionen, ausgeübte Rollen usw., nieder.

Wahrnehmungen mit Informationsaufnahme, -verarbeitung und -bewertung stellen einen »individuellen Filter-, Selektions- oder Strukturierungsprozess« dar. Sie haben Informationen bzw. Sinneserkenntnisse zum Gegenstand und münden in anschließende individuelle Hypothesenbildung über die Außenwelt. Wahrnehmungen beeinflussen Valenzen und Normen sowie die Erwartungsbildung.

Das Arbeitsverhalten ist wie alles menschliche Verhalten nur selten eine direkte Antwort des Individuums auf die objektive Realität. Es ist vielmehr eine Antwort auf jeweils diejenige Realität, welche es subjektiv wahrnimmt. Umgekehrt kommen auch Wahrnehmungen nicht unbeeinflusst zustande: Interessen, Motivstruktur, aktualisierte Motive, Erfahrungen, Werte, Einstellungen, Wissen u. a. m., aber auch die Auffälligkeit und Qualität eines Reizes üben Einflüsse auf die aktuellen Wahrnehmungen aus und bilden eine bestimmte Wahrnehmungsstruktur heraus.[51]

g) Selbstkonzept ⑦

Wenn sich die Wahrnehmung einer Person auf sich selbst, ihre eigenen Motive, Werte, Perspektiven, Fähigkeiten und Tätigkeiten richtet, entsteht mit der Zeit, v. a. durch Erfahrungen an und mit der eigenen Person ein **Selbstkonzept**, d. h. ein Selbstbild, eine Selbsteinschätzung (wie man sich selbst sieht).

Es verbindet die Bestimmungsgrößen der Erwartungen zu einem relativ stabilen Set von Annahmen über die Leistungsvergangenheit, -gegenwart und -zukunft.

h) Persönlichkeitsfaktoren ⑧

In welcher Weise Menschen Wahrnehmungen machen und verarbeiten, die zu berufsbezogenen Erfahrungen ≈ und zum Selbstkonzept Δ werden, wird in nicht geringem Maße auch von Merkmalen geprägt, welche die **Persönlichkeit** des Einzelnen ausmachen: eine optimistische (pessimistische, fatalistische) Grundhaltung, Aufgeschlossenheit (Verschlossenheit) gegenüber anderen Menschen, gegenüber neuen Erkenntnissen, Stärke der Risikobereitschaft u. a. m. sind erkennbare Persönlichkeitsfaktoren, die nicht unbeträchtlich dazu beitragen können, Wahrnehmungen zu verzerren, zu ermöglichen oder aber zu verhindern.

i) Einsatzintensität ⑨

Die Leistungsdeterminante »**Einsatzintensität**« ⑨ entsteht formal durch die multiplikative Verknüpfung von Valenz + Norm, Anstrengungs- und Konsequenzerwartung. Entspre-

51 Vgl. insgesamt zur Wahrnehmung v. Rosenstiel (1987) 162 f.; Heckhausen (1980) 12. Zu Wahrnehmungsverzerrungen besonders auch Staehle (1999) 202 ff.

chend den Grundannahmen der Prozesstheorien der Motivation impliziert dies, dass die Einsatzintensität umso größer ist, je höher die Valenz der angestrebten Handlungsfolgen, die individuelle Anstrengungserwartung und die individuelle Konsequenzerwartung sind. Wenn eine dieser drei Variablen gleich Null ist, dann ist auch die Einsatzintensität (Leistungsbereitschaft) gleich Null.

Zwischen diesen drei Variablen der Einsatzintensität können Beeinflussungsbeziehungen bestehen:

- Eine hohe Bewertung eines Ziels kann zu einer Fehleinschätzung der eigenen Leistungsfähigkeit führen.
- Die Erwartung hoher Leistungsfähigkeit kann auch zu einer hohen Bewertung (Valenz) von durch sie zu erreichenden Zielen führen und zudem die realistische Einschätzung der Zielerreichung (Konsequenzerwartung) verklären (verzerren).
- Durch die Erwartung, dass eine bestimmte Leistung zur Zielerreichung führt, kann andererseits auch die realistische Einschätzung der Leistungsfähigkeit (Anstrengungserwartung) beeinflusst werden.

Die Einsatzintensität wird zudem durch die Motivstruktur geprägt. Motive und Einstellungen determinieren die in Valenzen geschätzten Verhaltensergebnisse sowie die in Konsequenzerwartungen enthaltenen Belohnungen. Welche Inhalte sie annehmen und in welchen Prioritäten sie zueinander stehen, hängt von der Motivstruktur ab.

3. Determinanten des Könnens zur Leistung

Mit der Zunahme der Anforderungen zur Erfüllung komplizierter, anspruchsvoller Aufgaben erlangt im Prozess der Entstehung beruflicher Leistung das Können immer mehr an Bedeutung, auch als Ansatzpunkt für betriebliche Gestaltungsmaßnahmen. Mit **Könnensfaktoren** sind diejenigen Leistungsdeterminanten gemeint, die Einfluss auf die Quantität und Qualität des Leistungsverhaltens und der nachfolgenden Leistungsergebnisse nehmen. Sie liegen in der Person selbst (z. B. Eignungen, Arbeitskenntnisse), aber auch in den Arbeitsbedingungen (als Bestandteile der Arbeitssituation).

a) Eignung ⑩

Unter **Eignung** ist die Summe derjenigen persönlichen Merkmale zu verstehen, die einen Menschen dazu befähigen, eine bestimmte Tätigkeit (Arbeit, Leistung) erfolgreich zu vollziehen. Eine allgemeine Klassifizierung der eignungsrelevanten Merkmale ist schwierig und umstritten. Sinnvoll ist es sicherlich, die energetische Komponente (Wollensaspekt) auszuklammern, was sich durchaus mit der Forderung verträgt, auch diese Faktoren neben denen der Eignung in Qualifikationsdiagnosen einzubeziehen. Eine sinnvolle Eignungsklassifizierung muss von den Teilsystemen des Personal-Management ausgehen, innerhalb derer die Kenntnis differenzierter Eignung von Bedeutung ist: für die Personalplanung, -beschaffung, -entwicklung u. a. Daher sollen folgende Eignungsmerkmale unterschieden werden:

(1) Wissen: der Besitz von Kenntnissen;
(2) geistige Fähigkeiten: die Kombination von Wissen und von Know-how in der Wissensanwendung;

(3) körperliche Fähigkeiten: die Geschicklichkeit, die aus der Verbindung körperlicher Eigenschaften (z. B. Kraft) mit dem Know-how ihres richtigen Einsatzes resultiert;
(4) Persönlichkeitsmerkmale: spezielle Eigenschaften und Verhaltensweisen, die notwendig sind für eine bestimmte, d. h. aufgabenspezifisch determinierte Art und Weise des Einsatzes von (1) bis (3), z. B. Umsicht, Ausdauer, Geduld, Einfühlungs-, Reaktions-, Konzentrationsvermögen, Umgangsgewandtheit.

In allen vier Kategorien sind weitere Differenzierungen möglich und in praxi notwendig. Jeweils generell erschöpfende Aufzählungen sind wegen der Vielfalt von gegenwärtigen und auch zukünftigen Aufgabenstellungen nicht möglich.

Es wird bei dieser Betrachtungsweise deutlich, dass Eignungen in zwei unterschiedlichen Aspekten für Betriebe von Bedeutung sind: zum einen als **Soll-Eignung**, d. h. als Teil der Könnenskomponente von Anforderungen, die von einer **Aufgabe**, einem Arbeitsplatz ausgehen (Tätigkeitsorientierung); zum anderen als **Ist-Eignung**, d. h. als Summe der tatsächlich bei konkreten **Personen** (die einen Arbeitsplatz innehaben, auf ihn versetzt oder für ihn ausgebildet werden sollen) vorhandenen Merkmale (Personenorientierung). Auf diese beiden Bezugspunkte für Eignungen – auf die Aufgaben und auf Personen – sind demzufolge auch die Bedingungen zuzuschneiden, die Eignungsmerkmale erfüllen müssen, um brauchbar zu sein:

(1) Analysierbarkeit, d. h. eindeutige Abgrenzbarkeit und Zuordnungsmöglichkeit zu einer konkreten Aufgabe;
(2) Notwendigkeit; als generelles Prüfkriterium hierfür kann etwa die Frage dienen: Ist die Aufgabe nicht erfüllbar, wenn das Eignungsmerkmal fehlt?;
(3) Identifizierbarkeit des Ist-Eignungsmerkmals bei Personen. Nur solche Merkmale sind sinnvoll, für die es geeignete Feststellungsoperationen gibt: Tests, Beobachtungsverfahren, Interviews etc.;
(4) Trainierbarkeit, d. h. die Möglichkeit der Vermittlung an Personen, die bestimmte Eignungsmerkmale nicht haben: etwa durch Aus-, Fortbildung, Übung, Erfahrung.

Die tatsächliche Aufstellung und Handhabung von Eignungsmerkmals-Katalogen in der betrieblichen Praxis bringt eine Reihe von **Problemen** mit sich. Um nur einige zu nennen:

- Tests zur Feststellung personeller Ist-Eignungen sind oft auf Merkmalsbündel bezogen: So ermitteln z. B. Intelligenztests Eignungsmerkmale aus den Kategorien ①, ② und √ : z. B. Wortschatz, Sprachgewandtheit, Konzentrationsvermögen. Nicht diese Kombination ist das eigentliche Problem (sie mag oft sinnvoll, z. T. sogar notwendig sein), sondern die Tatsache, dass die untersuchten Merkmale nicht immer sämtlich für bestimmte Aufgaben notwendig sind, so dass solche Tests dann der Bedingung (b) widersprechen.
- Hinsichtlich der Bedingung zu (d) (Trainierbarkeit) fehlen ausreichend gesicherte Erkenntnisse. Dies bezieht sich auf zwei Punkte:
  - Einmal auf die **Erlernbarkeit** überhaupt. Der Streit darum, ob es angeborene Anlagen (traits) gibt, die nicht erlernbar sind und sich daher von den lernbaren Merkmalen (abilities) unterscheiden und welche dies sind, kann nicht als entschieden angesehen werden.[52] Dass Befunde hierzu (z. B. ob Intelligenz überwiegend erblich oder

52 Zum Zusammenspiel zwischen Anlage und Umwelt vgl. Brandstätter (1989).

aber erlernbar sei) auch erheblichen gesellschaftspolitischen Zündstoff in sich bergen (Chancengleichheit durch Bildung), sei nur am Rande erwähnt.

- Zum anderen bedarf die Frage näherer Klärung, welche **Formen der Personalentwicklung** für die Vermittlung welcher Eignungskategorien (z. B. als Trainingsinhalte) die besten Erfolge erbringen. Dies wird vermutlich nicht personenunabhängig (und losgelöst vom jeweils bereits vorhandenen Wissens- und Tätigkeitsfundus) zu sehen sein. (Näheres hierzu vgl. Kap. D.V.).

b) Arbeitskenntnis ⑪

Um eine Arbeitsleistung erfolgreich zu erbringen, genügt es nicht, allein die Merkmale aufzuweisen, die in der groben Eignungsklassifizierung aufgeführt wurden. Mit anderen Worten: Wenn jemand z. B. ein bestimmtes Wissen hat oder sich in bestimmter Weise verhalten kann, so muss er zusätzlich Klarheit darüber haben, **ob** und **wie** er seine Eignungen an einem ganz bestimmten Arbeitsplatz einzusetzen hat. Die so bezeichnete **Arbeitskenntnis** liegt auf einer Ebene über den zuvor genannten Eignungen. Es ist eine Art Meta-Wissen, das sich darauf bezieht, welche Wissens-, Fähigkeitsinhalte und Verhaltensweisen in welcher Anwendungsweise wesentlich sind und wie die erforderlichen Arbeitsbedingungen für eine erfolgreiche Aufgabenerfüllung gestaltet sein müssen.

Die Arbeitskenntnis hat die spezifische Art und Weise zum Inhalt, in der ein Mitarbeiter die ihm übertragene betriebliche Aufgabe definiert (»role perceptions«).[53] Sie beruht insoweit auf individuellen Erwartungen. Diese wiederum beziehen sich insbesondere auf die Notwendigkeit, Dringlichkeit und damit abgestufte Schwerpunktbildung innerhalb der einzelnen Teilaufgaben, die insgesamt den Aufgabenkomplex eines Mitarbeiters ausmachen. Erwartungen dieser Art können durch Einarbeitung und betriebliche Erfahrungen gebildet werden. Die damit erkennbar werdende Tatsache, dass Arbeitskenntnisse in anderer Weise erworben werden als die oben unter dem Stichwort »Eignung« zusammengefassten personalen Merkmale, ist ein weiterer Punkt, der ihre gesonderte Hervorhebung sinnvoll erscheinen lässt.

Sicherlich sind die in den Arbeitskenntnissen liegenden Erwartungen nicht unabhängig von den Einschätzungen derjenigen, die den Erfolg des Arbeitsvollzuges beurteilen. Die »Richtigkeit« der Arbeitskenntnisse jedoch ausschließlich davon abhängig zu machen, dass sie mit den Einschätzungen der die Arbeit Beurteilenden eng korrespondieren,[54] erscheint einseitig.

Nicht adäquate Arbeitskenntnisse über positionsbedingt notwendige Schwerpunkte unter den zu erfüllenden Teilaufgaben können eklatante Fehlleistungen zur Folge haben. Ein **Beispiel** kann dies leicht verdeutlichen: Dem Leiter eines Forschungsbereiches in einer Unternehmung der chemischen Industrie unterstehen mehrere Labors mit jeweils mehreren Chemikern und Laboranten. Er ist ein naturwissenschaftlich hoch qualifizierter Spezialist auf diesem Gebiet und hält seine Initiative und aktive Mitarbeit bei der Entwicklung, Durchführung und Kontrolle von Versuchen für den wichtigsten Teil seines Arbeitsbereiches. Aktivitäten der Mitarbeiterführung und der Verwaltung hält er dagegen für bedeutend

53 Vgl. Porter/Lawler (1968) 24 f., 32 f.
54 Vgl. Lawler/Porter (1967).

unwichtiger und widmet sich ihnen daher nur am Rande. Als Folge einer solchen fehlerhaften Arbeitskenntnis, die auf falscher Einschätzung seiner Rolle basiert, werden bei den eigenen Arbeitsaktivitäten Schwerpunkte falsch gesetzt, und letztlich stellen sich daher Überlastung der beschriebenen Führungskraft, ineffiziente Arbeit bei ihm wie auch bei seinen Mitarbeitern und schließlich Frustrationen bei letzteren ein: Denn sie sind unzureichend geführt und entsprechend mangelhaft motiviert. Ein Absinken der Leistungen unter das Niveau, das bei richtiger Arbeitskenntnis und entsprechender Aktivitätengewichtung erreichbar wäre, ist unausweichlich.

Schließlich spielt richtige Arbeitskenntnis auch eine wesentliche Rolle für die zutreffende Selbsteinschätzung der eigenen Eignungen, für das Erkennen des Stellenwertes etwa vorhandener Eignungslücken und damit auch für die Notwendigkeit von Maßnahmen, diese Lücken zu schließen (z. B. durch Training). Erkennt – im angeführten Beispiel – die Führungskraft die Bedeutung der Menschenführung für ein erfolgreiches Ausfüllen ihres Arbeitsplatzes und gleichzeitig eigene Mängel im Führungsverhalten, so kann dies ihre Entwicklungsbereitschaft beeinflussen.

c) Arbeitsbedingungen ⑫

Gerade der Begriff **Arbeitsbedingungen** benötigt als Leistungsdeterminante eine präzise Fassung. Denn in weiter Auslegung kann man unter Arbeitsbedingungen durchaus die Summe aller derjenigen Gegebenheiten verstehen, die den Menschen für seine Arbeit prägen und ihn bei ihrem Vollzug beeinflussen: seine **Arbeitswelt**. Dann fiele nicht nur seine nähere betriebliche Arbeitsumwelt darunter, sondern auch die weitere, d. h. die familiäre, die gesellschaftliche Umwelt etc. Das würde zu einem allumfassenden **Ansatz** führen, der in einer Totalbetrachtung sämtlicher auf die Leistung (die Leistungsfähigkeit, -bereitschaft und -intensität) einwirkenden Faktoren mündet.

An dieser Stelle verengen wir den Blickwinkel jedoch in zweifacher Hinsicht und wählen damit eine spezielle Begriffsfassung.

- Zum **einen** soll es hier um diejenigen Arbeitsbedingungen gehen, die das individuelle **Können** zur Leistung lenken. Mit dem **Wollen** zur Leistung, das in der Einsatzbereitschaft als Resultante zum Tragen kommt, werden die dem Individuum anhaftenden Faktoren des Könnens, die Eignungen und die Arbeitskenntnis in dem Grade aktiviert, in dem es sie einzusetzen gewillt ist. Inwieweit dieser gewollte Aktivierungsgrad nun tatsächlich zum Zuge kommt, ist zusätzlich von den »äußeren«, »objektiven« Arbeitsbedingungen, der konkret gestalteten Arbeitstechnologie, -ergonomie, -organisation abhängig: Sie können den Aktionswillen und die -befähigung hemmen oder aber fördern.
- Zum **anderen** sind hier diejenigen vom **Betrieb** direkt gestaltbaren äußeren Bedingungen gemeint, die unmittelbar auf den konkreten Arbeitsvollzug dadurch bezogen sind, dass sie seiner technisch-wirtschaftlichen Bestgestaltung dienen sollen, gekoppelt mit dem Versuch, die physischen und psychischen Belastungen der im Arbeitsvollzug eingesetzten Menschen zu minimieren.

Damit ist klargestellt, dass »Arbeitsbedingungen« als Leistungsdeterminante weder solche Gegebenheiten umfassen, die auf das Können einwirken, sich jedoch dem Einfluss des Betriebes entziehen, noch solche, die nur den leistungsbezogenen Willen beeinflussen. Eine Komplizierung ergibt sich dadurch, dass die so beschriebenen Arbeitsbedingungen auch

Inhalte subjektiver Wahrnehmungen und Erfahrungen der die Arbeitsleistungen Erbringenden werden und dadurch auch das Wollen zur Leistung mitbestimmen. Insofern haben die »objektiven« Arbeitsbedingungen zwei Wirkungen, die jedoch voneinander getrennt betrachtet werden sollen: Hier interessiert ihre »objektive« Gestalt und Wirkungsweise auf den Arbeitsvollzug; zusätzlich kann diese Wirkungsweise verstärkt/abgeschwächt werden, je nachdem, mit welcher »Einsatzfreude« (Wollens-Komponente) die Arbeitsbedingungen genutzt werden. Unterschiedliche Nutzenerwartung kann z. B. bei Gebrauch eines identischen technischen Hilfsmittels durch verschiedene Personen zu verschiedenen Leistungsresultaten führen.

Als Ziele der betrieblichen Gestaltung der Arbeitsbedingungen waren oben die technisch-wirtschaftliche Bestgestaltung des Arbeitsvollzuges und die individuelle Belastungsminimierung angeführt worden. Für Fälle, bei denen Nicht-Komplementarität dieser beiden Ziele konstatiert werden muss, taucht die Frage nach der Priorität auf. Sie wurde seit den 70er Jahren unter dem Stichwort der »Humanisierung des Arbeitsplatzes« diskutiert. Dieses Stichwort ist zwar näher erläuterungsbedürftig, jedoch ist generell anzunehmen, dass in einer humanitär verpflichteten Gesellschaft Humanitätsziele langfristig einen höher bewerteten Rang einnehmen dürften als etwa Rentabilitätsziele. Allerdings müssen auch hier Grenzen gesehen werden, wenn die Überlebensfähigkeit von Betrieben in Gefahr gerät (Wer soll humane Arbeitsplätze für völlig unrentable Produkte finanzieren?).

Was nun die Arbeitsbedingungen im Einzelnen angeht, so sind sie überschneidungsfrei nicht zu kategorisieren. Dies trifft auf alle Einteilungsversuche zu. In einer Unterscheidung nach gestaltbaren Arbeitsbedingungen ergeben sich: technologische, ergonomische und organisatorische Komponenten.

Gestaltungsinhalte und damit Kategorien von Arbeitsbedingungen. Sie alle jedoch sind interdependent. Wird z. B. als Arbeitstechnologie die straßenmäßige Verkettung von automatischen Maschinen gewählt, so liegen der Einsatz weiterer technischer Hilfsmittel und ergonomische Gestaltungsmöglichkeiten zumeist in relativ engen Grenzen fest, sind Spielräume für organisatorische Alternativen ebenfalls eng begrenzt.

Nimmt man die Ergebnisse, die sich aus technologischen, ergonomischen und organisatorischen Gestaltungen in betrieblichen Gegebenheiten niederschlagen, zum Einteilungskriterium, so ergibt sich die häufig verwendete Unterscheidung[55] von

- **Arbeitsverfahren** (in ihm manifestiert sich eine gewählte Technologie einschließlich technischer Hilfsmittel),
- **Arbeitsgruppe** (Möglichkeit resp. Notwendigkeit von Gruppenarbeit und Gruppengröße liegen mit dem Arbeitsverfahren, dem Grad der Arbeitsteilung i.V.m. dem anvisierten Output-Volumen fest),
- **Arbeitszeit** (auch sie liegt in einigen Determinanten aufgrund des gewählten Arbeitsverfahrens fest, wenngleich mehrere Aspekte weiterer Gestaltung zugänglich bleiben: z. B. Pausenlängen und -lagen, Beginn und Dauer der täglichen Arbeitszeit),

---

55 Vgl. z. B. Gutenberg (1976) 34 ff.

- **Arbeitsraum** (er macht die unmittelbare Arbeitsumgebung aus und ist seinerseits naturgemäß in einigen Aspekten durch das gewählte Arbeitsverfahren vorgeprägt).

Auf die einzelnen Arbeitsbedingungen wird später (vgl. Kap. D.VI) näher eingegangen.

4. Leistungskonsequenzen

a) Belohnungen ⑬

Belohnungen sind die allgemeine Bezeichnung für solche Folgen, die nach erfolgreichem Vollzug einer Leistung eintreten bzw. veranlasst werden und die Befriedigung eines Motivs oder mehrerer Motive bewirken.

- **Intrinsische Belohnungen** (z. B. Erfolgserlebnis) sind durch das Leistungsverhalten (Leistung als solche) selbst gegeben. Sie sind Bewusstseinszustände (z. B. Befriedigung), die aus der Arbeit selbst entspringen und die der Mitarbeiter an sich selbst und unmittelbar erlebt.
- **Extrinsische Belohnungen** (z. B. Bezahlung, Anerkennung, Beförderung) erfolgen nach dem Leistungsverhalten. Sie sind Konsequenz des Arbeitsvollzuges bzw. ergeben sich aus den Begleitumständen der Arbeit, wie z. B. dem Abschluss eines Auftrages nach erfolgreichen Verhandlungen mit einem Kunden. Sie werden durch andere Menschen (Vorgesetzte, Kollegen, Kunden, Abnehmer, andere Verhandlungspartner) vermittelt.

b) Anspruchsniveau ⑭

Jede Erwartung hat ein bestimmtes **Anspruchsniveau**, welches Art und Ausmaß der Erwartung beschreibt. Es ist gleichbedeutend mit einer konkreten Zielsetzung einer Person, deren Erreichen zu Zufriedenheit und deren Verfehlen zu Unzufriedenheit führt. Insofern ist für die Selbstbewertung eines erzielten Verhaltensergebnisses das Anspruchsniveau entscheidend. Personen vergleichen nach Belohnungseintritt sowohl ihre eigenen Anstrengungs- als auch ihre Konsequenzerwartungen mit den wahrgenommenen eingetretenen Wirkungen. Es gilt für sie zu klären, ob durch ihre Anstrengung (ihren Leistungseinsatz) wirklich die erwartete Leistung und durch diese die angestrebte Belohnung erreicht wurde.

Zudem werden die wahrgenommenen eigenen Einsatz-Leistungs-Belohnungs-Relationen mit denen von Referenzpersonen oder -gruppen verglichen. Bei den Vergleichen werden irgendwie geartete »Gerechtigkeitsansprüche« herangezogen.

Das jeweils aktuelle Anspruchsniveau wird von der vorangegangenen Leistung bzw. allgemeiner vom Ausmaß der früheren Bedürfnisbefriedigung und dem Anspruchsniveau der Vergangenheit bestimmt. »Das Anspruchsniveau ist nicht statisch. Das Erreichen des Anspruchsniveaus wird als Erfolg erlebt; es führt kurzfristig zu Zufriedenheit und langfristig zu seiner Erhöhung. Das Verfehlen des Anspruchsniveaus wird als Misserfolg erlebt; es führt kurzfristig zu Unzufriedenheit und langfristig zu seiner Senkung. Das Anspruchsniveau einer Person wird von der Leistung der Mitglieder ihrer Bezugsgruppe beeinflusst«.[56]

56 Rüttinger/v. Rosenstiel/Molt (1974) 158.

Wenn kognitive Widersprüche oder Ungleichgewichte in der Wahrnehmung von Personen entstanden sind, werden diese durch Anspruchsniveauanpassung an die Realität abgebaut. Eine gänzlich andere Reaktion aber ist der Versuch, die betriebliche Realität im Sinne der ursprünglichen Ansprüche zu verändern.

Wenn Personen Übereinstimmungen bzw. Diskrepanzen wahrgenommen haben, versuchen sie, die Ursachen dieser Ergebnisse zu erfassen. Aus der Ursachenzurechnung und dem Vergleich möglicher Alternativen ziehen die Personen dann (Lern-)Konsequenzen bezüglich der Erwartungen.

c) Zurechnung ⑮

Im Allgemeinen begnügen sich die Menschen nicht damit, Ereignisse in ihrer Umwelt nur zu registrieren. Insbesondere wenn sie sich selbst betroffen fühlen, sind sie bestrebt, diese Ereignisse (hier: Erfolg oder Misserfolg eines Leistungsverhaltens) auf bestimmte Ursachen (selbst bzw. fremd verursacht) zurückzuführen.

Solche kognitiven, subjektiven Ursachenzuschreibungen (**Kausalattributionen**) spielen eine mitentscheidende Rolle bei der Verhaltensentstehung und -erklärung: zum einen für die Erklärung und Bewertung eines Verhaltens bzw. dessen Ergebnisses, zum anderen für die Erwartungen im Hinblick auf zukünftige Handlungen, etwa über deren Ergebnisse oder den zu leistenden Einsatz. Im Allgemeinen wird angenommen, dass jede Person eine zeitlich relativ stabile, bestimmte Erklärungsstruktur für Ereignisse hat.[57]

Wichtig für das Leistungsverhalten am Arbeitsplatz ist weiterhin Folgendes: Ursachenerklärungen eines Verhaltensergebnisses mit stabilen Faktoren rufen größere Erwartungsänderungen hervor als Zuschreibungen auf instabile Faktoren, wobei Anstrengungsattribuierungen allerdings einflussreicher als Zufallsattribuierungen sind.

Interpretationen dieser allgemeinen Zusammenhänge liefern die folgenden Beispiele:

- Die Erwartung, ob die eigene Anstrengung zur angestrebten Leistung bzw. Konsequenz führt, ist in entscheidendem Maße davon bestimmt, inwieweit die Person annimmt, eigene Beeinflussungsmöglichkeiten zu besitzen (internale Personenabhängigkeit).
- Je mehr die eigene Fähigkeit und die eigene Anstrengung als ursächlich empfunden werden, desto positiver werden die Erwartungen beeinflusst und auch die Motivbefriedigung.
- Je stärker äußeren Faktoren (anderen Personen und/oder Situationsmerkmalen) ein – von der Person nicht kontrollierbarer – Einfluss zugesprochen (externale Personenabhängigkeit) wird, desto niedriger sind wahrscheinlich beide Erwartungen.
- Die Aufgabenschwierigkeit und die angenommene Fähigkeit, sie zu bewältigen, sind – je nach Höhe der Leistungsmotivation – positiv verstärkend.
- Werden mangelnde Fähigkeiten bei einem missglückten Leistungsverhalten angenommen, wird kaum ein weiterer Versuch unternommen werden.
- Desgleichen ist dann, wenn Zufälle (z. B. Pech für einen Misserfolg oder Glück bei einem Erfolg) verantwortlich gemacht werden, nicht mit weiteren Bemühungen bzw. kaum mit einer Änderung der subjektiven Erwartung zu rechnen.

57 Vgl. Weiner (1972) 81 ff.

Diese allgemeinen und vorläufigen Tendenzaussagen lassen sich präzise fassen, wenn Erfolg bzw. Misserfolg als konkrete Ergebnisse aus Vergleichen zwischen Erwartung und Arbeitsergebnis (Übereinstimmung bzw. Diskrepanz) auf ihre Folgen hin untersucht werden: Wird das Anspruchsniveau geändert und wenn ja, in welcher Richtung? Welche Auswirkungen ergeben sich auf die individuelle Arbeitszufriedenheit – welche Formen nimmt sie an und welche weiteren Folgen in Bezug auf daraufhin gezeigtes Arbeitsverhalten stellen sich ein? Antworten auf diese Fragen werden im folgenden Abschnitt zu geben versucht.

d) Arbeitszufriedenheit ⑯

Wenn die letzte Determinante des Leistungsdeterminanten-Konzeptes mit **Zufriedenheit** bezeichnet ist, so ist damit **Arbeitszufriedenheit** gemeint, die nicht mit den allgemeineren Begriffen der Berufs- oder sogar der Lebenszufriedenheit gleichzusetzen ist. Arbeitszufriedenheit ist ein emotionaler Zustand, der eintritt, wenn die Konsequenzen (»Belohnungen«) eines bestimmten, motivierten Verhaltens den gehegten Erwartungen entsprechen oder sie übertreffen. Umgekehrt entsteht Unzufriedenheit, wenn diese Erwartungen nicht erreicht wurden.

Erkennbar ist Arbeitszufriedenheit in diesem Sinne

- ein **motivationaler Begriff**: Motive sind mit Auslöser von Verhalten, das in emotionale Zustände mündet;
- ein **dynamischer Begriff**: Arbeitszufriedenheit ist an die jeweiligen Anspruchsniveaus der gehegten Erwartungen gekoppelt;
- ein **relationaler Begriff**: Arbeitszufriedenheit entsteht als Ergebnis aus individuellen Vergleichsprozessen.[58]

Es ist sicher unzulänglich, sich Arbeitszufriedenheit als ungeteilte Globalgröße vorzustellen. Einerseits ist sie auf unterschiedliche, motivational erstrebte Konsequenzen bezogen und durch entsprechend spezifische Belohnungen hervorgerufen. Andererseits tritt sie in differenzierten Erscheinungsformen auf, je nach den Ergebnissen der vorgelagerten Vergleichs- und Zurechnungsprozesse. Prozesscharakter hat nicht nur das Zustandekommen von Arbeitszufriedenheit, sondern haben auch die in ihrer Folge entstehenden Verhaltensmuster der Arbeitsleistung: Engagement, Innovation oder aber Erhaltung des Status quo, wie auch Widerspruch oder aber Abwanderung. Schematisch lassen sich diese Prozesse wie folgt darstellen (siehe Abbildung 13).

Vergleiche sind oben beschrieben: Sie beziehen erhaltene Belohnungen auf das Anspruchsniveau der jeweiligen Erwartung und schließen zudem Gerechtigkeitsvorstellungen in Relation zu anderen Personen oder Gruppen ein.

Die Ergebniskategorie »Übereinstimmung« bzw. »Überschreiten« (einer positiven Sollgröße) wird als Erfolg gewertet. »Diskrepanz« in Form des Unterschreitens einer positiven Sollgröße als Misserfolg.

Bei der Zurechnung ist entscheidend, ob die Ursachen für die wahrgenommenen Arbeitsergebnisse in der eigenen Person gesehen werden (interne Zurechnung), oder aber in

58 Vgl. Neuberger (1985a), der in seinem Sammelreferat zur Arbeitszufriedenheits-Forschung den Boom für diese auf 1974–1977 datiert hat.

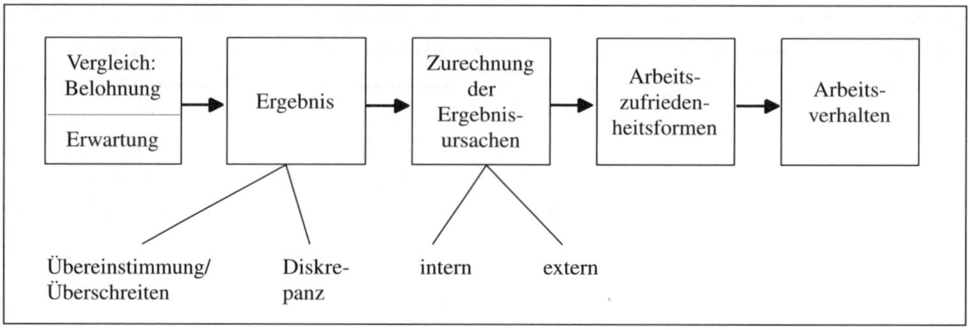

Abb. 13: Zustandekommen der Arbeitszufriedenheit

Faktoren, die außerhalb der eigenen Person liegen (externe Zurechnung). Die sich daraufhin jeweils einstellenden Formen der Arbeitszufriedenheit haben als erste Bruggemann u. a. systematisiert. Die von ihnen zusätzlich beschriebene Form der »Pseudo«-Arbeitszufriedenheit ist in der folgenden Abbildung nicht gesondert aufgeführt. Sie beruht auf Verfälschungen der Situationswahrnehmungen in Bezug auf unbefriedigte Bedingungen. Sie führt vermutlich zu Anspruchsniveau-Konstanz und ist als Abwehrmechanismus gegen Störungen des inneren Gleichgewichts oder des Selbstwertgefühls zu sehen.

Auf Typen möglicher Folgen in zukünftigem Arbeitsverhalten aufgrund zustande gekommener Arbeitszufriedenheits-Formen haben auch Neuberger/Allerbeck (unter Berufung auf Merton) hingewiesen.[59]

Gemäß Abbildung 14 werden die folgenden Prozessabläufe für wahrscheinlich gehalten:

- Intern zugerechnete Erfolge führen zu **progressiver Zufriedenheit**. Die erzielten Ergebnisse ermutigen dazu, noch bessere Leistungsresultate zu versuchen – ein erhöhtes Anspruchsniveau verlangt nach verstärkten Anstrengungen. Sie können in innovativem Verhalten liegen, jedenfalls im Engagement für die Arbeit.
- Extern zugerechnete Erfolge, die zu einer **stabilisierten Zufriedenheit** führen, leiten keine Änderung des Anspruchsniveaus ein. Daher genügen Versuche, das Erreichte, den Status quo, zu erhalten.
- Die interne Zurechnung wahrgenommenen Misserfolges löst zunächst Suche und Prüfung von Alternativen für Folgeverhalten aus; so könnte z. B. die Kündigung erwogen werden. Ein Ausscheiden solcher Alternativen, das Abfinden mit dem eigenen Fehlverhalten, mit seiner Misserfolgskonsequenz und mit seinen Ursachen (z. B. unzureichende Qualifikation) führt zu reduzierten Zukunftserwartungen und damit zu einer Senkung des Anspruchsniveaus. Diese Tendenz ist auch empirisch beobachtet worden. **Resignative Zufriedenheit** und der Versuch, Erreichtes zu bewahren, sind die wahrscheinlichsten Folgen.

Eine Selbstschutzhaltung wird aufgebaut, wenn die zu erreichenden, aber verfehlten Ziele in den Hintergrund gedrängt werden. Die eigenen Misserfolge werden dann weniger

59 Vgl. Neuberger/Allerbeck (1978).

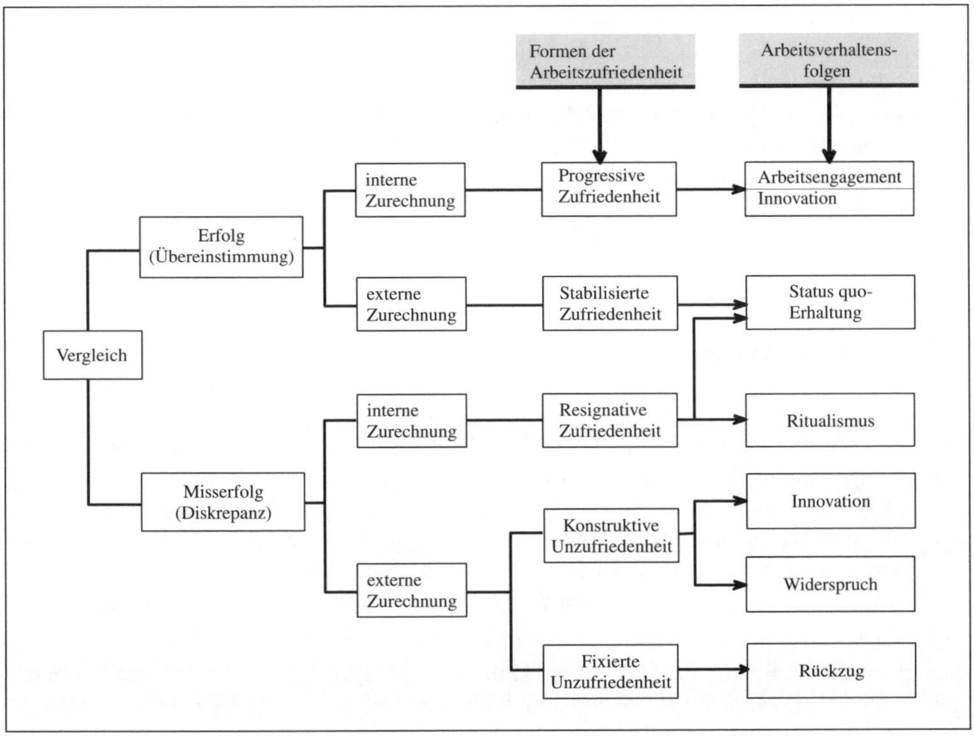

Abb. 14: Formen der Arbeitszufriedenheit und Arbeitsverhaltensfolgen

deutlich wahrgenommen, das Arbeitsverhalten wird schematisch routinisiert: »Ritualismus«.[60]

- Dass Arbeitsunzufriedenheit entsteht, wird in dieser Klassifikation auf die externe Zurechnung erlebter Misserfolge zurückgeführt. Ihre Formen werden entweder als fixierte oder als konstruktive Arbeitsunzufriedenheit bezeichnet, je nachdem, welche Verhaltensreaktionen und mit ihnen erzielbare Erfolge für möglich erachtet werden.
  - Ganz anders geartete Situationseinschätzungen sind mit **konstruktiver Arbeitsunzufriedenheit** verbunden. Werden Wege zu Veränderungen gesehen, so werden sie mit innovativem Verhalten zu begehen versucht. Gegebenenfalls fordern Widerstände Widerspruch (»Rebellion«) heraus; er ist auch möglich als Reaktion auf Behandlungen, die als ungerecht empfunden werden.
  - Bei **fixierter Arbeitsunzufriedenheit** werden Möglichkeiten zur Änderung der unbefriedigenden Situation nicht gesehen. Wenn das Anspruchsniveau dennoch aufrechterhalten wird, bleibt der Rückzug als konsequente Reaktion. Der Zusammenhang zwischen Unzufriedenheit und Fluktuation ist empirisch häufig nachgewiesen.[61]

60 Vgl. Wiswede (1980) 159.
61 Vgl. die Sammelreferate von Gaugler/Martin (1979) 93 ff.; Porter/Steers (1977) 338 ff.

Die beschriebenen Zufriedenheitsformen und Verhaltenskonsequenzen sind als möglich, nicht als generell notwendig anzusehen. Insbesondere können, wenn unerwünschte Folgen vermieden werden sollen, Versuche seitens der Betriebe ansetzen, in Prozessverläufe einzugreifen. So ist es z. B. prominentes Merkmal der Führungskonzeption Management by Objectives, resignative Zufriedenheit aufgrund intern zugerechneter Misserfolge nicht entstehen zu lassen (und auch Anspruchsniveau-Reduzierung zu verhindern). Ein Mitarbeiter, der eigene Misserfolge erlebt, würde positiv in dem Sinne beeinflusst, dass er als Ursachen erkannte Qualifikationsdefizite durch Fortbildungsmaßnahmen abzubauen beginnt.

5. Zusammenhänge

Das gesamte Leistungsdeterminanten-Konzept sollte nicht als komplette Theorie zur Erklärung menschlichen Verhaltens in Betrieben missverstanden werden. Zwar fügt es eine ganze Reihe theoretischer Ansätze (Erwartungs-Valenz-Modelle zur Motivation, Theorien zur Arbeitszufriedenheit, zum Anspruchsniveau) zu einem umfangreicheren Modell zusammen, aber gerade dies erschwert seine empirische Überprüfung. Es versteht sich daher – bescheidener – als **Orientierungsgerüst**, da es Einsichten vermitteln will in das komplizierte Zusammenwirken sehr vielfältiger und unterschiedlicher Faktoren, die ihrerseits ganz unterschiedlich geprägt werden und letztlich menschliches Arbeitsverhalten zustande kommen lassen. Dieses Orientierungsgerüst kann auch als **Heuristik** fungieren für Anregungen, aufgrund gewonnener Einsichten in Leistungsprozesse einzugreifen, um unerwünschte Ergebnisse oder Folgen zu verhindern, um präferierte Leistungen zu provozieren oder zu unterstützen.

Kurz zusammengefasst sind die **Hauptaussagen** des Leistungsdeterminanten-Konzeptes die folgenden:

(1) Es ist konzentriert auf **Arbeitsleistungen** in Betrieben und stellt die Faktoren, die diese maßgeblich bestimmen, in zwei Gruppen dar: in den Determinanten des **Wollens** (Bestandteile ① – ⑨ von Abbildung 12) und in denen des **Könnens** (Bestandteile ⑩ – ⑫). Sie sind gleichbedeutend mit den persönlichen **Qualifikationen** zur Leistungserbringung (Bestandteil ⑫ »Arbeitsbedingungen« ausgenommen).

(2) Damit wird auch deutlich, dass das Schaubild nicht auf einer Sichtweise beruht, die ausschließlich auf betriebliche Intentionen gerichtet ist. Die Einbeziehung **individueller** Interessenlagen wird unterstrichen durch:
- die Heraushebung der **Wollens**-Komponente sowohl für die Arbeitsleistung (via Einsatzintensität) wie auch für die Arbeitszufriedenheit (die im Ergebnis Einsatzbereitschaft mitbewirkt); und dadurch, dass
- das Kreislauf-Schema über den Grad der Erreichung individueller Zufriedenheit (Determinante ⑯) auf das Ausmaß der **Motivbefriedigung** durch Belohnungen (Determinante ⑬) abhebt und **Lernprozesse** mit einbezieht, die allerdings nur einen – der Einfachheit der Darstellung halber gewählten – Ausschnitt aller Lernprozesse darstellen, die in diesen Zusammenhängen ablaufen.

(3) **Nicht** explizit dargestellt (aber natürlich als de facto vorhanden und insoweit als wirksam unterstellt) ist die gesamte betriebliche **Umwelt** des arbeitenden Menschen: seine **Arbeitssituation**. Sie macht gewissermaßen den jeweils geltenden, konkretisierten Rahmen des Schaubildes aus. So bestimmt z. B. der Aufgabeninhalt eines Arbeitsplatzes

die Art der verlangten Leistung. Die der betrieblichen Situation innewohnende Aufforderung zur Aufgabenerfüllung ist als einer der Stimuli zur Leistungserbringung aufzufassen.

(4) Die Wollenskomponenten sind in einer Resultanten zusammengefasst: der Einsatzintensität (Determinante ⑨).

(5) Es ist davon auszugehen, dass die Determinanten des Wollens mit denen des Könnens **interaktiv** verbunden sind.[62] Drückt man das Bild ihrer Verkettung in einer mathematischen Formel aus, so heißt das, dass sie miteinander multiplikativ (nicht: additiv) verknüpft sind. Diese Art der Verknüpfung hat zum Ergebnis, dass ein positiver Wert für die Leistung nur zustande kommt, wenn kein Faktor Null wird. Anders ausgedrückt heißt das: **Alle** Determinanten müssen in leistungsrelevanten Ausprägungen vorhanden sein, sonst ist eine Leistungserbringung nicht möglich. Das ist wie folgt zu begründen:
- Einsatz muss ohne Eignungen sachlich richtungslos bleiben,
- vorhandene Eignungen werden ohne Einsatz nicht aktiviert,
- aus zutreffender Arbeitskenntnis resultiert der Umfang des Einsatzes, der für die Aufgabenerfüllung relevant ist,
- ohne zureichende Arbeitsbedingungen können die vorgenannten Faktoren nicht wirkungsvoll zur Entfaltung kommen.

(6) Werden vonseiten der Mitarbeiter oder des Betriebes Verbesserungen von Leistungen angestrebt, so kann an jeder einzelnen Determinante (oder auch an bestimmten Kombinationen) angesetzt werden. Denn Gründe für Leistungsmängel können sowohl in Qualifikationslücken als auch in unzureichenden Arbeitsbedingungen liegen.

Ein erster wichtiger Hinweis für eine praktische Nutzung des Modells ist der, dass die multiplikativ verknüpften Faktoren besondere Aufmerksamkeit verdienen. Wird nur einer von ihnen sehr klein, so sind im Endeffekt Erfolge auch starker Bemühungen zur Verbesserung anderer Faktoren drastisch gemindert. Als zentraler Faktor unter den Determinanten des Wollens werden die Konsequenz-Erwartungen gesehen, weil sie auf der tatsächlichen Arbeitssituation basieren und diese wiederum vom Betriebe kontrolliert werden kann. Mit dem Führungsstil, mit Karriere- und Entgeltsystemen, mit Kriterien zur Personalauswahl kann die Arbeitssituation beeinflusst und geändert werden. Der Konsequenz-Erwartung kommt insofern geradezu eine Hebelwirkung im Motivationsprozess zu. Daher ist es außerordentlich wichtig, dass betriebliche Anreizsysteme nicht nur mangelfrei konstruiert und gehandhabt werden, sondern dass ihr Funktionieren von den Mitarbeitern auch deutlich und zutreffend wahrgenommen wird.

Isoliert auf einzelne Faktoren wirkende Konsequenzen der betrieblichen Personalarbeit sind nur selten auszumachen. Als Beispiel dafür mag die Personal-Fortbildung gelten, welche primär auf die Verbesserung der Eignungen zielt – aber auch in beträchtlichem Ausmaß motivierende Wirkungen haben kann. In diesem Zusammenhang aller Leistungsdeterminanten liegt eine der wichtigsten Begründungen dafür, dass wirksame betriebliche Personalarbeit die Grundlage einer **geschlossenen Konzeption** zur Voraussetzung hat.

62 So nehmen Vroom und Lawler als »überzeugend« an, dass Einsatz (Vroom: »Motivation«, Lawler: »Effort«) und Eignungen interaktiv verbunden sind. Vgl. Vroom (1967) 203; Lawler (1970) 232 f.; Porter/Lawler (1968) 31 ff. behaupten das gleiche für die Verknüpfung von Einsatz (»Effort«) und Arbeitskenntnissen (»Role Perceptions).

III. Gruppenarbeit

1. Allgemeine Gruppenmodelle

Das Forschungsinteresse an kleinen Gruppen, das sich insbesondere auf die Analyse ihres Einflusses auf Produktivität und Zufriedenheit richtete, entstand im Zusammenhang mit dem Human-Relations-Ansatz (Hawthorne-Experiment, vgl. Kap. B.I.1.b). Zuvor dominierte die Analyse des Individuums sowie seiner physischen Arbeitsumwelt. Die anschließende intensive Erforschung von Gruppenphänomenen war stark soziologisch orientiert und hat auch in der Praxis des Management zu einer Abkehr von stark individualistischen Motivations- und Führungskonzepten geführt. Ausgelöst durch einen verschärften Wettbewerbsdruck werden seit einigen Jahren Managementkonzepte (wie z. B. Lean Production, KAIZEN, Total Quality Management, Business Reengineering oder Fraktale Unternehmung) diskutiert, die die Idee der Gruppenarbeit in verschiedener Form verstärkt aufgreifen.[63] Ansatzpunkt dieser Konzepte ist u. a. das Bestreben, durch Gruppenarbeit die Problemlösungsfähigkeit und das Innovationspotenzial der Mitarbeiter stärker zu nutzen.

Modelle und Theorien zur Beschreibung von Verhalten in Gruppen entstammen unterschiedlichen Forschungsperspektiven und lassen sich nach Forsyth[64] grundsätzlich vor allem in motivationale, behaviorale, systemische, biologische und kognitive Ansätze untergliedern. Diese Untergliederung ist zwar nicht trennscharf in dem Sinne, dass die im Folgenden für die jeweilige Forschungsrichtung beispielhaft vorgestellten Theorien nur jeweils auf Konstrukte der einen Forschungsrichtung zurückgreifen, Aspekten der anderen kein Einfluss unterstellt wird. Jedoch verdeutlichen sie den Rahmen für unterschiedliche Annahmen über die Ursachen von Gruppenverhalten.

Zu (1): **Motivationale Modelle**

Vertreter dieser Forschungsrichtungen konzentrieren ihre Untersuchungen auf die Verhaltensgrundlagen menschlichen Verhaltens in dem Sinne, als dass hier Fragen nach Motiven und Motivationen für Handlungen gestellt werden. Im Mittelpunkt stehen Ziele, Instinkte, Erwartungen oder auch Triebe des Menschen, die auch das Verhalten von Gruppenmitgliedern untereinander bestimmen.[65]

Die von Kurt Lewin entwickelte Anspruchsniveau-Theorie (level-of-aspiration-theory) gehört in diesem Kontext zu den einflussreichsten Forschungsarbeiten und wurde sowohl zur Erklärung von Individual- wie auch Gruppenverhalten herangezogen.[66] Die Theorie erläutert, wie von Einzelpersonen oder auch Gruppen in bestimmten Situationen Ziele gesetzt werden. Menschen haben demnach in Leistungssituationen Vorstellungen darüber, wie ideale Ergebnisse aussehen. Die Erfahrung aus ähnlichen Konstellationen, in welchen der Idealzustand erreicht oder auch verfehlt wurde, führt zu einer Veränderung der Erwartungen und Ziele und damit zu einer Änderung des Anspruchsniveaus (level of aspiration).

---

63 Vgl. Zink (1995) 11 ff.
64 Vgl. Forsyth (1999) 45 ff.
65 Vgl. Forsyth (1999) 46.
66 Vgl. Lewin/Dembo u. a. (1944) 333 ff.

Das Anspruchsniveau kann demnach als Kompromiss zwischen Idealziel und realistischer Einschätzung angesehen werden und ist abhängig von der wahrgenommenen Schwierigkeit des Ziels. Die empirische Forschung konnte zeigen, dass Erfolgs- und Misserfolgsgefühle vor allem abhängig von der Zielerreichungsdiskrepanz (die Differenz zwischen erwarteter und gezeigter Leistung) sind, nicht aber von dem objektiven Leistungsniveau.[67] Die Setzung des Leistungsniveaus kann dabei beeinflusst werden von Gruppenzielen und Gruppenleistung und führt zu einer Anpassung an diese.[68] Die typischen vier Phasen einer Ereignissequenz in einer Anspruchsniveau-Situation zeigt Abbildung 15.

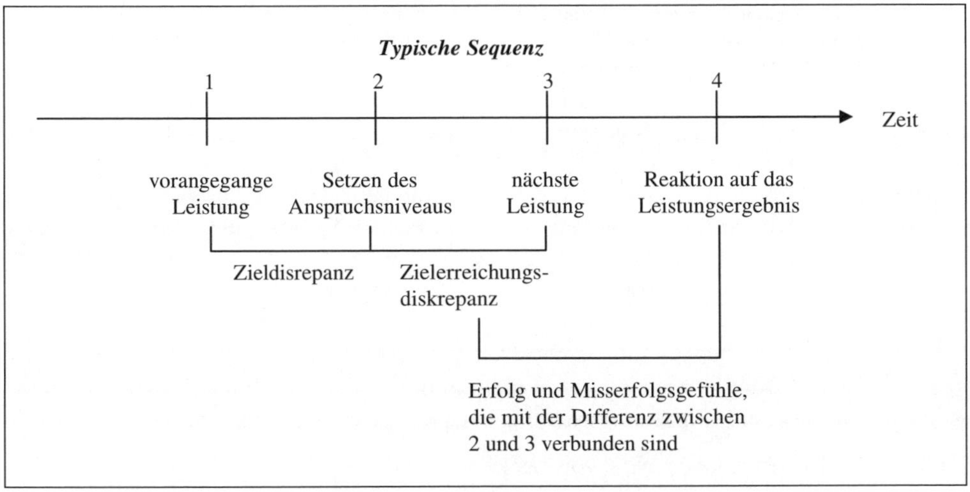

Quelle: In Anlehnung an Lewin/Dembo u. a. (1944) 334; aus Weiner (1994) 135.

Abb. 15: Hauptstadien einer typischen Ereignissequenz in einer Anspruchsniveausituation

Auf Gruppenebene wurde die Wirksamkeit der Theorie insbesondere von Zander[69] nachgewiesen, der in seinen Studien zeigte, dass nach einer Aufgabenerfüllung Energie darauf verwandt wurde, die Anstrengungen und zusammenhängende Ergebnisse zu reflektieren, um schließlich abschätzen zu können, inwiefern der Gruppenstandard bzw. das Gruppenanspruchsniveau erreicht wurde. Zu seinen Ergebnissen zählt ferner, dass das Anspruchsniveau seiner untersuchten Gruppen immer ein wenig über dem der Individuen lag, dieses nach Erfolg stärker anstieg als nach Misserfolg abfiel, und hohe Ziele resp. schwere Aufgaben zu einer Verstärkung der Einsatzintensität führen. In Gruppen mit permanentem Misserfolg kam es hingegen zu einem Absinken der Gruppenmoral und einer Steigerung der Mitgliederfluktuation.

In ähnlicher Weise kann auch der »high-performance cycle« (Abbildung 16) von Locke und Latham[70] als Motivationstheorie gesehen werden, die auf Gruppenebene Anwendung gefunden hat.[71]

67 Vgl. Weiner (1994) 134 f.
68 Vgl. Festinger (1942) 235 ff.
69 Vgl. Zander (1971).
70 Vgl. Locke/Latham (1990a) 253; (1990b) 3 ff.
71 Vgl. Locke/Shaw u. a. (1981) 125 ff.

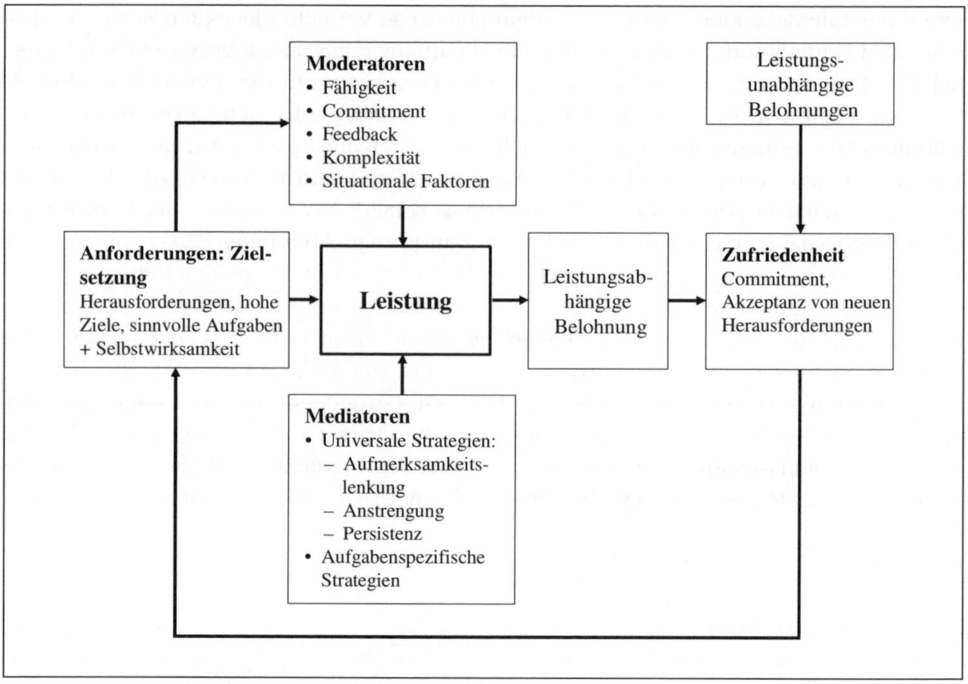

Quelle: In Anlehnung an Locke/Latham (1990a) 253; Darstellung nach Tschan (2000) 32.

Abb. 16: High-performance cycle von Locke und Latham

Das Konzept besagt, dass insbesondere hohe, spezifische und erreichbare Zielsetzungen zu außerordentlicher Leistung führen, diese hingegen wesentlich geringer bei Ziellosigkeit oder unspezifischen, nicht erreichbaren Zielen ausfällt. Innerhalb des Modells sind besonders Anforderungen und die Selbstwirksamkeitsüberzeugung.[72] Ausgangspunkte für die Leistung. Vermittelt wird diese Beziehung über verschiedene Moderatorvariablen wie Fähigkeit, Commitment u. a. Zusätzlich nennen Locke und Latham universale Strategien und aufgabenspezifische Strategien als Mediatoren der Zielsetzung. Belohnungen, die Folge der erbrachten Leistung sind, führen schließlich über die Zufriedenheit zu verbesserten Voraussetzungen zukünftiger Handlungen.[73]

Zu (2): **Behavioristischer Ansatz**

Eine der Forschungstradition des Behaviorismus entstammende Theorie ist die soziale Austauschtheorie von Thibaut und Kelley[74], deren Grundannahme übereinstimmend mit Skinners[75] behavioristischer Sichtweise von Individuen als hedonistische Belohnungsmaximierer und gleichzeitig Minimierer ihrer Kosten ausgeht. Bei Zugehörigkeit zu einer Gruppe entfällt die Möglichkeit für das Individuum, das Ergebnis zu kontrollieren, da auf-

72 Vgl. zur »*self-efficacy*« Bandura (1977) 191 ff., (1982) 122 ff., (1989) 19 ff.
73 Vgl. Locke/Latham (1990b) 3 ff.
74 Vgl. Thibaut/Kelley (1959) und Kelly/Thibaut (1978).
75 Vgl. Skinner (1953, 1971)

grund der Interdependenz der Gruppenmitglieder das Verhalten jedes Gruppenmitglieds potenziell Einfluss auf das Resultat und die Handlungen jedes anderen Gruppenmitglieds hat. Die Theorie skizziert, dass es in jeder Interaktionssituation für die beteiligten Individuen eine begrenzte Zahl möglicher Handlungsalternativen gibt, welche jeweils einen bestimmten Wert besitzen. Der Wert der Alternative setzt sich aus den mit ihr verbundenen Kosten bzw. dem verbundenen Lohn zusammen und ist für jede Person spezifisch. Aggressives Verhalten kann beispielsweise für eine Person innerhalb der Gruppe eine lohnenswerte Alternative darstellen, für andere hingegen sehr kostspielig werden. Wie hoch der Wert einer Alternative einzuschätzen ist, wird laut Thibaut und Kelley von den Individuen über verschiedene Situationen hinweg gelernt. Es bildet sich unter besonderem Einfluss der jüngeren Vergangenheit ein Vergleichsniveau (comparison level) aus vorangegangenen positiven oder negativen erlebten Reizen ab, welches einen Mittelwert für die Einordnung aktueller Ereignisse darstellt. Nach einer Häufung besonders positiver Ereignisse steigt dieses Vergleichsniveau an, und ein Individuum wird bei der Bewertung einer Situation oder von Ergebnissen umso anspruchsvoller. Umgekehrt verhält es sich bei der Erfahrung vieler negativer Reize. Das Vergleichsniveau für Alternativen bestimmt schließlich, wie eine Interaktion geführt wird bzw., ob es überhaupt lohnenswert erscheint, eine Alternative einzugehen.[76]

Zu (3): **Kognitive Ansätze**

Im Blickpunkt kognitiver Ansätze stehen die kognitiven Prozesse, die innerhalb jedes Gruppenmitglieds aktiv sind. Hierzu zählen die Wahrnehmung der anderen Mitglieder, der Abruf gespeicherter Informationen über die Gruppe und ihre Aufgaben oder auch die Bewertung der Handlungen anderer Gruppenmitglieder oder Gruppen bezüglich deren Motive und Handlungsauslöser. Besonderen Einfluss hat die Theorie der sozialen Identität (social identity theory) von Tajfel und Turner ausgeübt.[77] Aufbauend auf den Untersuchungen von Sherif,[78] der vor allem positive und negative Abhängigkeiten von Gruppen untersuchte, haben sich Tajfel und Turner in erster Linie mit negativen Beziehungen zwischen Gruppen befasst. Im Kern geht die Theorie von vier entscheidenden kognitiven Prozessen aus: soziale Kategorisierung, soziale Identität, sozialer Vergleich und soziale Distinktheit. Das Kategorisieren beschreibt das Zusammenfassen von Objekten zu Klassen durch Individuen. Das zuerst in optischen Wahrnehmungsexperimenten festgestellte Phänomen konnte auch in empirischen Untersuchungen zu sozialen Zusammenhängen festgestellt werden. So ist ein gesichertes Forschungsergebnis, dass zwischen Mitgliedern einer Gruppe verstärkt Ähnlichkeiten festgestellt werden, z. B. in Meinungen, Einstellungen, Verhalten und auch anderen Merkmalen. Entscheidend ist, dass dieser Effekt in erster Linie bei der Bewertung von Fremdgruppen (outgroup) zur Geltung kommt, die Beurteilung der eigenen Gruppenmitglieder (ingroup) dagegen wesentlich differenzierter ausfällt.[79] Mögliche Unterschiede zwischen der eigenen und einer fremden Gruppe werden wesentlich verstärkt empfunden und eingeschätzt und einseitig zugunsten der eigenen Gruppe ausgelegt, d. h. die Eigengruppe wird im Allgemeinen als besser angenommen. Der Kategorisierungseffekt tritt empirisch schon dann auf, wenn das Kriterium einer Gruppenzuteilung trivial oder gar

76 Vgl. Herkner (2001) 396 ff.
77 Vgl. Tajfel/Turner (1979) 33 ff., (1986) 7 ff.
78 Vgl. Sherif (1951) 388 ff., (1966).
79 Vgl. Herkner (2001) 490 ff.

willkürlich, d. h. zufällig ist (in diesem Zusammenhang spricht man auch vom »minimal group paradigm«)[80]. Die soziale Identität als Bestandteil des Selbstbildes, welches zudem aus der persönlichen Identität besteht, definiert sich über die eigene Gruppenzugehörigkeit und besitzt Einfluss auf den Selbstwert. Als Ursache des Letztgenannten ist ein Individuum bestrebt, die eigene Gruppe in der internalen Repräsentation möglichst positiv darzustellen und strebt in Folge nach sozialen Vergleichen, die für die eigene Gruppe möglichst günstig ausfallen, d. h. eine positive soziale Distinktheit entsteht. Eventuell negativ ausfallende Vergleiche können durch Mechanismen wie Wettbewerb, Abwertung durch verzerrte Wahrnehmung, Wechsel der Vergleichsdimension etc. korrigiert werden.[81]

Ein zweiter gruppentheoretischer Ansatz, der der kognitiven Ausrichtung zugeordnet werden kann und stärker die Produktivität von Gruppen in das Zentrum stellt, stammt von Mullen[82] und befasst sich anhand einer Übertragung der Selbstregulationstheorie von Carver und Scheier[83] mit der Leistung von Gruppen bzw. unter welchen Umständen Individuen in Gruppen überhaupt Leistung erbringen. Die Selbstregulationstheorie baut auf den drei Faktoren Selbstaufmerksamkeit, Verhaltensstandards und Ergebniserwartung auf, die in unterschiedlichen Kombinationen zu jeweils spezifischem Verhalten führen (Abbildung 17). Als Voraussetzungen für Handlungen werden innerhalb dieses Modells eine Aktivierung der Selbstaufmerksamkeit und die Wahrnehmung einer Diskrepanz zwischen Verhaltensstandards sowie aktuellem Verhalten postuliert. Weiterhin muss das angestrebte Ziel als erreichbar angesehen werden, da es ansonsten zu einem Rückzug aus der Handlung kommt. Auch die »absence of regulation«, d. h. fehlende oder zu geringe Selbstaufmerksamkeit, kann eine Ursache für nicht ausgeführte Handlungen sein, da eine Diskrepanz zwischen Verhaltensstandards und Ergebnissen gar nicht erst wahrgenommen wurde. Mullens Übertragung dieser Theorie auf Gruppen integriert in das Modell die verbreitete Erkenntnis, dass soziale Situationen Selbstaufmerksamkeit fördern oder auch hindern können[84] und erläutert den Einfluss unterschiedlicher Gruppenzusammensetzungen auf die Gruppenleistung. Demnach führen homogene Gruppen zu einer geringeren Selbstaufmerksamkeit, während heterogene Gruppen die Selbstaufmerksamkeit fördern.

Zu (4): **Biologische Modelle**

Im Zusammenhang der Gruppenarbeitskapitels von geringerer Bedeutung sind die Gruppentheorien, die auf evolutionären oder auch soziobiologischen Theorien basieren. Gemeinsame prinzipielle Annahme dieser Theorien ist, dass das heutige menschliche Verhalten auf jahrtausendealte menschliche Anpassung zurückgeht und sich aufgrund von Selektionsmechanismen, die bestimmte Verhaltensweisen als vorteilhaft beim Überleben gezeigt haben, gebildet hat. Gruppentheoretische Untersuchungen befassen sich in diesem Zusammenhang beispielsweise mit Copingstrategien des Körpers auf Stresssituationen in Gruppen, sozialen Verhaltensweisen aufgrund vormals evolutionär vorteilhafter Instinkte oder auch Territorialverhalten als Ursache von Konflikten.[85]

80 Vgl. Tajfel/Billig u. a. (1971) 149 ff.
81 Vgl. Herkner (2001) 490 ff.
82 Vgl. Mullen (1987) 125 ff.
83 Vgl. Carver/Scheier (1981) und Scheier/Carver (1988) 303 ff.
84 Vgl. Zajonc (1965) 269 ff.
85 Vgl. Forsyth (1999) 50 f.

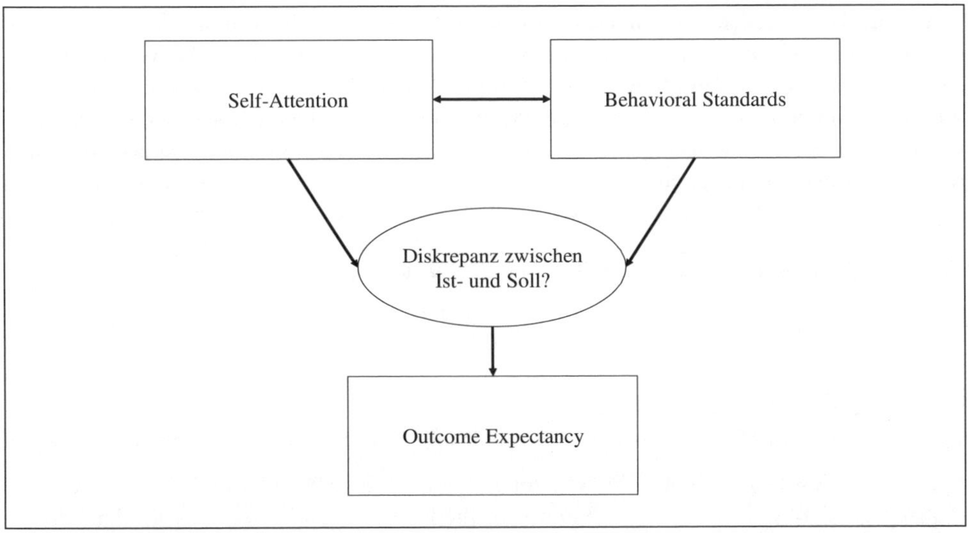

Quelle: Tschan (2000) 29.

Abb. 17: Selbstregulationstheorie

Zu (5): **Systemtheorien**

Aus einer systemtheoretischen Perspektive können Gruppen als Systeme interagierender Individuen angesehen werden. Das grundlegende Modell ist ein Input-Prozess-Output-System. Input erhält das System aus der Umwelt, diese Informationen werden durch internale Kommunikation weiterverarbeitet und schließlich wird als Ergebnis ein Produkt ausgeworfen. Gruppen sammeln Informationen, überprüfen diese und generieren Produkte. Ebenfalls können sie aber auch Ziele formulieren und anhand gemeinsamen Handelns zur Erreichung dieser beitragen. Dabei sind Gruppen gegenüber Feedback aus der Umwelt sensibel. Feedback kann von der Gruppe als ein regulatives Instrumentarium zur Einschätzung des eigenen Effizienzgrads genutzt werden. Wie in der Systemtheorie spielt auch innerhalb der Gruppe die Kommunikation von Informationen eine zentrale Rolle. Beispielsweise muss der Input analysiert werden, Mitglieder müssen Feedback erhalten und Entscheidungen, die die Gruppenhandlung betreffen, ausgesprochen werden.[86]

Zum Input gehören alle Faktoren, die zu Beginn einer Gruppenaufgabe präsent sind. Viele stehen dabei im Zusammenhang mit individuellen Charakteristiken der Mitglieder. Zusätzlich haben auch gruppenspezifische Faktoren wie die Struktur oder die Kohäsion und auch Einflüsse aus der Umwelt Auswirkungen darauf, wie eine Gruppe ihre Aufgabe erfüllt. Zu diesem Gruppenprozess gehören beispielsweise die Kommunikation der Mitglieder untereinander, die Führungsstrukturen oder auch der Umgang mit Konflikten. Zum Output gehören schließlich Aspekte wie die Gruppenleistung und Veränderungen der Faktoren, die auch wieder als Inputfaktoren dienen.

86 Vgl. Forsyth (1999) 47 f.

Der große Vorteil der Input-Prozess-Output-Modelle (in der Folge mit IPO-Modelle abgekürzt) besteht in der Benennung einer Vielzahl von Variablen und Faktoren, die Einfluss auf die gemeinsame Arbeit in der Gruppe haben. Nicht zuletzt deshalb wurde und wird das Modell in abgewandelter Form in einer Vielzahl von wissenschaftlichen Untersuchungen und Publikationen, vor allem im Bereich der Gruppenproduktivität als Grundlage des Erkenntnisgewinns genutzt.[87]

2. Begriff, Arten und Merkmale von Gruppen

Zum Begriff, zu den Arten und den Merkmalen von Gruppen ist Folgendes zu bemerken:

a) Begriff

Was genau unter dem Begriff Gruppe zu verstehen ist, lässt sich mit keiner allgemein gültigen Definition festmachen. Vielmehr zeigt eine ausführliche Literaturrecherche, dass in Abhängigkeit unterschiedlicher Autoren verschiedene Bedeutungen dieses aus der Alltagssprache entnommenen Begriffs vorliegen. Das Wort selbst geht auf das althochdeutsche »kropf« zurück, das soviel wie Knoten bzw. Verknotung von Lebenslinien mehrerer Personen bedeutet und ursprünglich vermutlich aus dem lateinischen »co« (mit) und einer Ableitung des fränkischen »rep« (Seil) gebildet wurde. Von Seiten der bildenden Kunst wurde der Begriff Gruppe schließlich zu Anfang des 18. Jahrhunderts zur Bezeichnung zusammengehöriger Objekte rückentlehnt.[88]

Statt nun eine allgemeingültige Definition der Gruppe zu postulieren, werden im Folgenden zentrale Merkmale aufgeführt, die im Zuge der Gruppenforschung herausgearbeitet wurden. Diese zeigen, wie Gruppen heute zumeist begrifflich abgegrenzt werden. Typische Kennzeichen sind:[89]

- direkte Interaktion zwischen Mitgliedern (face-to-face),
- physische Nähe,
- Mitglieder nehmen sich als Gruppe wahr (»Wir-Gefühl«),
- gemeinsame Ziele, Werte und Normen,
- Rollendifferenzierung, Statusverteilung,
- eigenes Handeln und Verhalten wird durch andere beeinflusst,
- relativ langfristiges Überdauern des Zusammenseins,
- Einbettung in eine übergreifende Institution (Prägung durch deren strukturelle, technologische, auch: kulturelle Besonderheiten).

b) Arten von Gruppen

Inhaltliche Ausprägungen einiger dieser begriffsprägenden Merkmale führen zu Unterscheidungskriterien, mit deren Hilfe verschiedene Arten von Gruppen gekennzeichnet werden können. Von den zahlreichen in der Literatur angeführten interessieren hier diejenigen, die für Gruppen in der betrieblichen Arbeitswelt von Bedeutung sind.

---

87 Vgl. Tschan (2000) 23 ff.
88 Vgl. Ruppel (2006) 30.
89 Vgl. Gebert/v. Rosenstiel (1996) 127; Staehle (1999) 267 f.; Neuberger (1991) 27 ff.; v. Rosenstiel (1993) 321 ff.

Wesentliche Gruppen-Charakteristika sind ihre Struktur, ihre Ziele, die ihren Mitgliedern zugewiesenen Rollen. Die Instanz, die diese Charakteristika autorisiert, liefert das erste Kriterium: die **Fremd**- oder aber **Selbstbestimmtheit** der Gruppe. Wie weit der Gruppe Ziele, Struktur und Rollenzuweisung von außen (z. B. von der Institution) vorgegeben werden oder aber von den Gruppenmitgliedern selbst bestimmt werden können, dürfte wesentlich nicht nur die Einstellung der Mitglieder gegenüber der Gruppe, sondern auch die Leistungsfähigkeit der Gruppe beeinflussen. Der hohe Grad der Selbstbestimmung ist **das** herausragende Kennzeichen (teil-)autonomer Arbeitsgruppen.

Insbesondere innerhalb der organisationspsychologisch geprägten Diskussion um Gruppenarbeit in Unternehmen unterscheiden einige Autoren zwischen **Teams** und **Gruppen**. Während die Leistung einer Gruppe innerhalb dieser Sichtweise gleichzusetzen ist mit der Summe der Einzelleistungen, die Personen zwar interagieren und in gegenseitiger Abhängigkeit stehen, jedoch ihren eigenen Verantwortungsbereich haben und die Zusammenarbeit durch häufige Konflikte und Machtkämpfe geprägt ist, soll bei Teams das Miteinander zentral sein. Das »Wir-Gefühl« soll in Teams besonders ausgeprägt sein und in Folge zu besonders effektiven gemeinsamem Arbeitsprozessen führen.[90] Die Trennung dieser Begriffe scheint vordergründig sinnvoll, wird aber in der Regel von Autoren der Gruppenforschung abgelehnt, da die Unterschiede wenig trennscharf und schon kaum verbindlich oder allgemein üblich sind. Aus diesen Gründen werden diese Begrifflichkeiten in dieser Arbeit nicht unterschieden resp. finden synonym Verwendung.[91, 92]

Abhängig von der Integration in die Arbeitsorganisation kann zwischen **temporären** und **dauerhaften** Gruppen unterschieden werden. Dauerhafte Gruppen sind integrierter Bestandteil der regulären Organisation und erfordern eine kontinuierliche Zusammenarbeit im Rahmen der täglichen Arbeit. Temporäre Gruppen existieren parallel zur bestehenden Organisationsstruktur. Ihre Mitglieder arbeiten nur von Zeit zu Zeit zusammen.[93]

Des Weiteren kann zwischen **offenen** und **geschlossenen** Gruppen unterschieden werden. In geschlossene Gruppen kann man nicht jederzeit ohne Schwierigkeiten ein- bzw. aus ihnen nicht jederzeit austreten. Ihre Strukturen sind stabiler als die von offenen Gruppen, ihre Zukunftsperspektive ist meist längerfristig angelegt. Geschlossene Gruppen haben für ihre Mitglieder eine insofern existenziellere Bedeutung als offene, als die Statuszuweisung nicht so leicht in Frage gestellt werden kann.[94]

Je nach Art der Entstehung und der Motive (Gründe), die mit der Bildung und Aufrechterhaltung von Gruppen verbunden sind, lassen sich **formale** und **informale** Gruppen unterscheiden. Formale Gruppen sind in Zusammensetzung, Ziel, Arbeitsinhalt und -ablauf durch die Institution offiziell autorisiert und organisatorisch verankert. Dabei können sie sowohl einen dauerhaften (z. B. Abteilungen, Stäbe) als auch einen zeitlich befristeten Charakter (z. B. Projektgruppen) haben. Neben den durch das Management vorgegebenen Zielsetzungen verfolgen formale Gruppen außerdem interne Ziele, die insbesondere der

---

90 Vgl. Mayrhofer (2003) 211 ff.; Katzenbach/Smith (2003) 68 ff.; Weinert (2004) 439 ff.

91 Vgl. Cohen/Bailey (1997) 241; Gemünden/Högl (1998) 281 f.; Guzzo (1996) 7 ff.; Sundstrom/De Meuse/Futrell (1990) 120 f.; Wegge (2001) 486 f.

92 Gebert (2004) 9 ff. diskutiert in diesem Kontext kritisch die Frage, ob die häufigere Verwendung des Wortes Team anstatt Gruppe, nicht zuletzt auch ein Wechsel vom ideologisch verbrämten Begriff »Gruppe« zu dem neuen, Glanz ausstrahlenden Begriff »Team« ist.

93 Vgl. Antoni/Hofmann/Bungard (1996) 490.

94 Vgl. Crott (1979) 216.

Aufrechterhaltung der Gruppe selbst dienen. Diese internen Ziele entwickeln sich mit der Gruppenreifung und beeinflussen die Einstellung der Gruppenmitglieder bezüglich der Erreichung der extern vorgegebenen Ziele.[95]

Innerhalb, aber auch neben formalen Gruppen entstehen in Betrieben Personen-Zusammenschlüsse sozusagen »von selbst«, aufgrund der vielschichtigen sozialen Beziehungen, die im Verlauf des Arbeitsalltags entstehen. Anlässe können sich im Betrieb ergeben, z. B. durch gemeinsames Verbringen von Pausen, oder auf privaten Interessen beruhen, die außerhalb des Betriebes gepflegt werden (Hobbys, Sport, Fahrgemeinschaften etc.). In dieser Weise entstandene Gruppen sind informale. Der Beitritt in solche informale Gruppen ermöglicht dem Einzelnen seine jeweils individuellen Bedürfnisse nach Sicherheit, sozialem Anschluss, Ansehen, Selbstverwirklichung etc. zu befriedigen (vgl. Abbildung 18).

Informale Gruppen wurden im Zusammenhang mit den Hawthorne-Experimenten erstmals »entdeckt«. Sie wurden lange Zeit überwiegend negativ, d. h. als Störfaktoren gesehen, die z. B. durch Hintertreiben von Institutionszielen, Ausstreuen von Gerüchten etc. dysfunktionale Wirkungen entfalten. Heute ist unbestritten, dass dies alles einerseits zwar möglich ist, dass andererseits aber Kontakte und Beziehungen, die auf informale Gruppenbildungen zurückgehen, für den reibungslosen betrieblich-formalen Arbeitsablauf bisweilen geradezu unverzichtbar sind: Unvorhergesehene, organisatorisch also weder geregelte noch regelbare Ereignisse (»Störungen«) können durch spontane, »unbürokratische« (!) Informationsbeziehungen informeller Art schnell und effizient bewältigt werden. Zudem fördern informale Gruppen Verständnis und Verständigung von Mitarbeitern untereinander, ermöglichen Lösungen persönlicher Konflikte und verstärken insgesamt den sozialen Zusammenhalt. Strukturen informaler Gruppen treten in großer Varietät auf und entziehen sich häufig der Kontrolle der Unternehmung. Dennoch haben Unternehmungen die Möglichkeit, durch organisatorische Maßnahmen den Aufbau und die Existenz informaler Gruppen zu fördern bzw. zu behindern und sie somit im Sinne der unternehmerischen Tätigkeit gestaltend zu beeinflussen.

Der Versuch, eine Gruppe eindeutig entweder als formal oder aber informal zu identifizieren und zu klassifizieren, muss scheitern: Beide Aspekte treten fast immer zusammen auf. So können ganze formale Gruppen (etwa Abteilungen) durch gemeinsame persönliche Hintergründe zugleich eine informale Gruppe bilden. Darüber hinaus entstehen oft in – vor allem großen – formalen Gruppen partiell informelle Gruppierungen (Cliquen), sie ragen zudem häufig auch in andere formale Gruppen hinein (»Netz informaler Beziehungen«).[96]

Des Weiteren können drei typische Gruppenarten differenziert werden, die Gegenstand empirischer Untersuchungen in der Gruppenforschung sind. Gruppen, die ohne den Einfluss eines Forschers bestehen, werden als **natürliche Gruppen** bezeichnet. Beispiele hierfür sind Familien, Orchester oder auch Arbeitsgruppen. Typischerweise sind diese besonders schwer resp. lediglich eingeschränkt experimentell untersuchbar.

Künstliche Gruppen (»concocted groups«) werden nur für die Untersuchung eines Forschers zusammengestellt. Zum einen unterscheiden sich Gruppen wie diese von natürlichen in ihrer Zusammensetzung und ihren Gruppenaufgaben, haben aber andererseits auch einen großen Ähnlichkeitsgrad, wie gemeinsame Interaktion, eventuelle gemeinsame Ziele oder auch ein Wir-Gefühl etc.

---

95 Vgl. Donnelly/Gibson/Ivancevich (1992) 360.

96 Vgl. z. B. Weinert (1987) 319 ff.; Staehle (1999) 269 f.

Der dritte Typ der **Quasi-Gruppen** beschreibt von Forschern für ihre Untersuchungen zusammengestellte Untersuchungen, die nur geringe Spielräume besitzen, so beispielsweise keine Kommunikationsmöglichkeiten miteinander haben oder auch stark strukturierte Aufgaben erledigen müssen.[97]

Dimension	Formale Gruppe	Informale Gruppe
Hauptziele	Gewinn, Effizienz, Service	Befriedigung individueller Bedürfnisse, Sicherheit
Ursprung	Planung der Unternehmung	Spontan
Einfluss auf Mitglieder	Autorität der Position, Einkommen	Persönlichkeit, Erfahrung
Kommunikation	Durch formale Strukturen -und Kanäle	Persönlich, unter Nutzung sämtlicher Kanäle; Ungezwungen
Führung	Durch Unternehmung eingesetzt	Aus der Gruppe herauskristallisiert
Beziehung zwischen den Mitgliedern	Ergibt sich aus Stelle/Position und Arbeitsfluss	Spontane Entwicklung
Kontrolle	Stützung durch Macht; Beeinflussung des Einkommens	Soziale Sanktionen

Abb. 18: Differenzierung von formaler und informaler Gruppe

c) Gruppen in der organisationalen Verhaltensforschung

Zentrales Merkmal einer Gruppe in Organisationen ist die Leistungsorientierung und damit verbunden auch die Bewältigung von Aufgaben.[98] Ein gemeinsam zu erledigender Arbeitsauftrag ist das wesentliche Merkmal, das Gruppen zu Arbeitsgruppen macht.[99] Gruppenarbeit innerhalb Deutschlands ist lange Zeit gleichgesetzt gewesen mit Gruppenarbeit auf der ausführenden Ebene innerhalb von Industriebetrieben. Basierend auf den Ergebnissen der Hawthorne-Studien[100], der gruppendynamischen Ansätze[101] und der folgenden Human-Relations-Bewegungen wurden in den 70er Jahren des zwanzigsten Jahrhunderts in Skandinavien und Deutschland erstmals teilautonome Arbeitsgruppen eingeführt, die u. a.

97 Vgl. McGrath (1984) 41 ff.
98 Vgl. Wiendieck (1992) 2375 ff.
99 Vgl. Wegge (2001) 485 f.
100 Vgl. Roethlisberger/Dickson (1939).
101 Vgl. Lewin (1947).

der Humanisierung und Demokratisierung der Arbeitswelt dienen sollten. Nicht zuletzt aufgrund tarif- und betriebspolitischer Kontroversen wurden diese Pilotversuche in Deutschland recht schnell wieder eingestellt, bis schließlich Anfang der 80er Jahre die Bedrohung durch japanische Autohersteller zur Einführung von Qualitätszirkeln in vielen Industriebetrieben führte.[102] Diese Qualitätszirkel, die den Mitarbeitern ein stärkeres Mitspracherecht einräumten und dazu animieren sollten, Probleme selbstständig zu lösen, zielten auf eine höhere Effizienz ab. Die MIT-Studie von Womack, Jones und Roos[103] zeigte nachhaltige Wirkungen und führte zu einem »Boom von Gruppenarbeit«.[104] Letztlich war die Einführung der Gruppenarbeit in weiten Teilen der Produktion eine Reaktion auf die Veränderungen der wirtschaftlichen Umweltsituation mit verschärften internationalem Wettbewerb, erhöhtem Kostendruck und wachsenden Qualitätsansprüchen bei gleichzeitigem Druck nach mehr Flexibilität. Zusätzlich wirkte der Wertewandel bei den Mitarbeitern, der sich in einem höheren Anspruch an den Arbeitsplatz und Wunsch nach sinnvolleren Tätigkeiten äußerte.[105]

Antoni bietet eine Übersicht über fünf verschiedene Grundtypen der Gruppenarbeit (Abbildung 19).

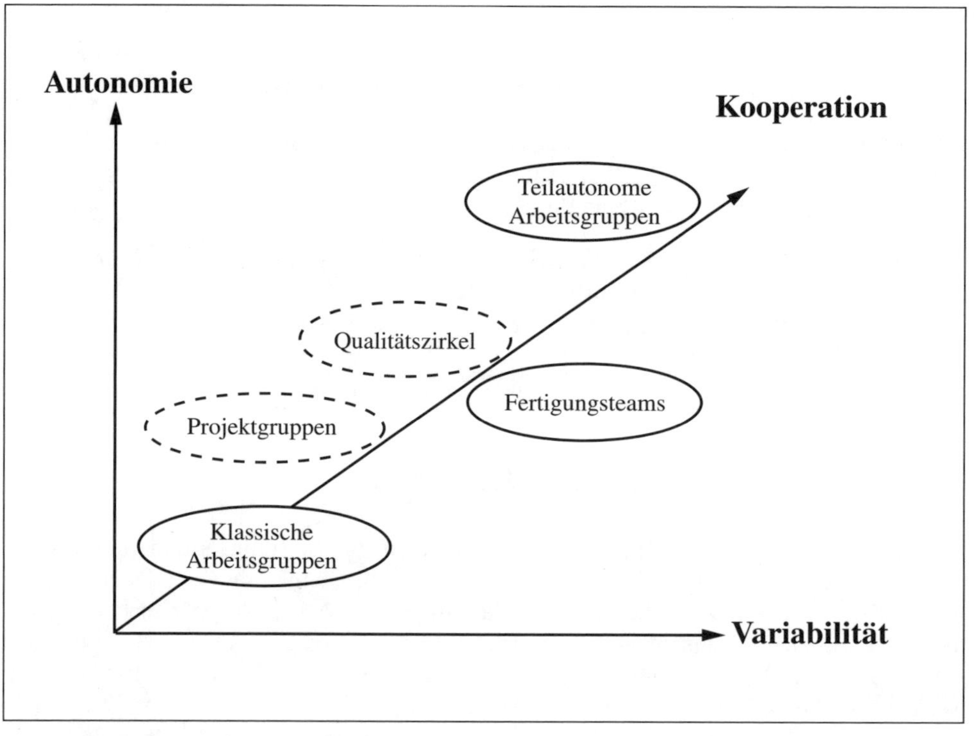

Quelle: In Anlehnung an Antoni (1994) 27.

Abb. 19: Grundtypen der Gruppenarbeit in Organisationen

102 Vgl. Ulich (2005) 213 ff.
103 Vgl. Womack/Jones/Roos (1990).
104 Vgl. Antoni (1994) 21.
105 Vgl. Antoni (2000) 201 ff.

Projektgruppen werden in erster Linie für temporäre und spezielle Aufgaben gebildet. Diese Gruppen stehen außerhalb der regulären Arbeitsorganisation. In Projektgruppen befinden sich in der Regel Fachexperten für die jeweils zu bearbeitenden Aufgaben, welche von hierarchisch höher stehenden Personen vorgegeben werden.[106]

Qualitätszirkel (synonym: Qualitätskreise, Qualitätsgruppe; Varianten: Werkstattzirkel, Bürozirkel) stellen eine Form der Kleingruppenarbeit im Betrieb dar. Das Ziel ist die Suche nach Verbesserungsmöglichkeiten der Arbeit der beteiligten Gruppenmitglieder bez. der Verbesserung der Produktqualität, der Effizienzsteigerung der Arbeitsverfahren, der Erleichterung der Aufgabenerfüllung u. a. In einem umfassenden Begriffsverständnis sollen neben Arbeitsverbesserungen auch Beiträge zur Humanisierung der Arbeit geleistet werden. Das ursprünglich auf die Qualitätssicherung der Produkte gerichtete Konzept ist auf alle Probleme des Arbeitsbereichs angewendet worden, so dass nun neben Produkt- und Verfahrensqualität auch auf »Sozialqualität« abgezielt wird. Eine einheitliche Definition hat sich bislang nicht herausgebildet, wenngleich über viele Merkmale weitgehend Einigkeit besteht. Die nachfolgend beschriebene Definition wird in der Praxis oft pragmatischer ausgelegt: Bei Qualitätszirkeln handelt es sich um eine (1) auf Dauer angelegte (2) Kleingruppe (ca. 3–10 Personen), in der (3) Mitarbeiter einer hierarchischen Ebene, mit einer (4) gemeinsamen Erfahrungsgrundlage in (5) regelmäßigen Abständen (ca. alle 14 Tage) (6) auf freiwilliger Basis zusammenkommen, um (7) Themen des eigenen Arbeitsbereichs zu analysieren und (8) unter Anleitung eines geschulten Moderators (9) mit Hilfe von Problemlösungs- und Kreativitätstechniken (10) Ursachen zu erkennen sowie Handhabungsvorschläge zu erarbeiten und zu präsentieren, (11) die Vorschläge selbstständig oder im Instanzenweg umzusetzen und (12) eine Ergebniskontrolle vorzunehmen. (13) Die Gruppe ist dabei idealerweise Bestandteil eines übergeordneten Qualitätszirkel-Systems. Dieses System besteht aus einem verantwortlichen Steuerungskomitee (Mitglieder der Geschäftsleitung, Betriebsratsmitglied, Koordinator) als oberstes Entscheidungsgremium, einem Koordinator (nachgeordnete Führungskraft) der betrieblichen Qualitätszirkelarbeit zur organisatorischen Abwicklung und der Schulung der Teilnehmer, eventuell Experten zur einzelfallspezifischen Ergänzung, Moderatoren (Vorgesetzte oder Gruppenmitglieder) zum Coaching der einzelnen Zirkelarbeit und den Qualitätszirkelmitgliedern. Qualitätszirkel können auch als Instrument der Personalentwicklung zur Qualifizierung eingesetzt werden. Im Rahmen eines Training-near-the-job können sie gezielt dazu beitragen, den beteiligten Mitarbeitern fachliche wie soziale Qualifikationen zu vermitteln.[107]

Klassische Arbeitsgruppen zeichnen sich durch recht geringe Freiheiten bzw. Autonomiegrade aus. Typisches Einsatzgebiet ist die Produktion, die innerhalb der Arbeitsgruppe arbeitsteilig und mit eingeschränkter Möglichkeit zu zwischenmenschlicher Kooperation während der Arbeitsaufgabe ausgeführt wird. Häufig werden solche Gruppen kontrollierend von einem Meister geführt, welcher jedoch auch nur geringen Einfluss auf die Arbeitsgestaltung an sich hat.[108]

In Fertigungsteams haben die Gruppenmitglieder einen größeren Handlungsspielraum als in den klassischen Arbeitsgruppen. Die Eigenverantwortung der Gruppe ist höher. Häufig finden sich Elemente der Selbstkontrolle hinsichtlich solcher Elemente wie der Quali-

106 Vgl. Antoni (1994) 33 f.
107 Vgl. Antoni (1994) 28 f.; Becker (2002) 474.
108 Vgl. Wegge (2004) 19 ff.; siehe hier auch für eine ausführliche Darstellung unterschiedlicher Einteilungen von Gruppenformen.

tätssicherung. Auch die Vielfältigkeit der Aufgaben nimmt zu. Gruppenmitglieder müssen in der Regel mehrere Schritte des Produktionsprozesses beherrschen, um auch an anderen Positionen eines Fließbandes eingesetzt werden zu können. Typisch ist jedoch auch der Fokus auf das Fließband und die hohe Taktgebundenheit der Arbeitsschritte.[109]

Teilautonome Arbeitsgruppen hingegen bezeichnen Gruppen, die auch einen gewissen Entscheidungsspielraum besitzen und in »Teilen« selbstständige Entscheidungen treffen dürfen. In den eigenständig zu gestaltenden Einflussbereich können die Koordination von Arbeitsabläufen gehören sowie die selbstständige Zuteilung von Ressourcen zum Arbeitsprozess. Die Arbeit soll die Gruppenmitglieder vielseitig beanspruchen und weg von der Monotonie einfacher Fließbandarbeit führen. Vielmehr soll die breite Einsetzbarkeit der gut ausgebildeten Mitglieder die Möglichkeit eröffnen auch flexibler auf neue Aufgabenanforderungen reagieren zu können. Es werden hier die Prinzipien des job enlargement, des job enrichment und des job rotation verbunden.[110]

In der US-amerikanischen Literatur finden sich andere Einteilungen von Gruppentypen und schon frühzeitig ein Einbezug von Entscheidungsgremien in die Gruppenforschung. Eine verbreitete Typologisierung geht auf Cohen und Bailey zurück.[111] Ihre Einteilung umfasst work teams, parallel teams, project teams und management teams.

- **work teams**
  Zu den work teams zählen die typischen Arbeitsgruppen, wie sie in Betrieben im verarbeitenden oder auch Servicebereich häufig vorkommen: »work teams are continuing work units responsible for producing goods or providing services«[112]. Zu ihnen zählen klassische Arbeitsgruppen, die von einem Vorgesetzten überwacht werden, aber auch (teil-)autonome oder auch selbstgesteuerte Arbeitsgruppen. Die Gruppenmitgliedschaft ist meist länger andauernd, nimmt häufig auch die volle Arbeitszeit ein und stellt sich als gut definiert dar.

- **parallel teams**
  Kennzeichnend für diese Art von Arbeitsgruppen ist ihre organisatorische Stellung außerhalb der formalen Organisationsstruktur eines Betriebes. Ihre Aufgaben sind das Finden von Problemlösungen oder auch Verbesserungen in Ablaufprozessen. Die Mitglieder können aus verschiedenen Abteilungen stammen und/oder Qualifikationen haben. Entscheidungsbefugnisse der Gruppen sind meist nur gering ausgeprägt. In vielen Fällen besitzen sie lediglich die Möglichkeit, den nächsthöheren Autoritäten Vorschläge zu unterbreiten. Beispiele für parallel teams sind Qualitätszirkel, Task Forces oder Qualitätsverbesserungsarbeitsgruppen.

- **project teams**
  Zentrales Merkmal von Projektgruppen ist die beschränkte Dauer des Gruppenbestands. Eingerichtet werden sie für die Bearbeitung einmaliger Aufgaben mit nicht-repetitivem Charakter. Vielfach ist die Zusammensetzung von Projektgruppen bezüglich der Qualifikation der Mitarbeiter sehr heterogen, aber im Schnitt hochqualifiziert. Der Abschluss

109 Vgl. Antoni (1994) 39 ff.
110 Vgl. Antoni (1994) 35 ff.
111 Vgl. Cohen/Bailey (1997) 241 ff.
112 Vgl. Cohen/Bailey (1997) 242.

eines Projekts markiert in der Regel auch den Abschluss der Arbeitsgruppe. Die Mitglieder kehren entweder zurück in ihre ursprünglichen Arbeitseinheiten oder werden Teil eines neuen Projektteams. Anlässe für die Bildung können neue Produkte, die Einführung dieser oder auch die Entwicklung neuer Konzepte sein.

- **management teams**
  Hierarchisch gesehen befinden sich Managementteams an der Spitze oder auch direkt unterhalb der Spitze der Organisation. In amerikanischen Betrieben gehören hier vor allem Top-Management-Teams in diese Einteilung, in welchen jedes Mitglied sich als selbstverantwortlich für das operative Geschäft einer Unternehmenseinheit auszeichnet. Top-Management-Teams (TMT) dienen der lateralen Integration interdependenter Geschäftseinheiten. Die Autorität, die sie ausüben, entstammt der hierarchischen Position ihrer Gruppenmitglieder.

3. Gruppenleistung

Bevor nun im restlichen Kapitel eine Darstellung wesentlicher Einflussfaktoren der Gruppenarbeit vorgenommen wird, seien Ausführungen zur abhängigen Variable, der , vorangestellt.

Den Ausführungen von Brodbeck folgend können in der angewandten Forschung unterschiedliche Dimensionen der Gruppenleistung unterschieden werden.[113] Zum einen wird mit Leistung einer Gruppe ihr Verhalten auf dem Weg zu einem Ziel bezeichnet, d. h. das Aggregat aller Verhaltensweisen, die zur Erledigung einer konkreten Aufgabe notwendig sind. Andererseits kann mit dem Begriff der Gruppenleistung auch der Erfolg der Gruppe bei der Bearbeitung einer Aufgabe beschrieben werden, d. h. inwiefern ein Gruppenziel von der Gruppe erreicht wird. Nicht immer werden diese Leistungsdimensionen trennscharf voneinander in der empirischen Forschung erhoben.

Auf Basis einer Analyse angewandter Gruppentheorien entwickelte Brodbeck ein Modell der Gruppenleistung, welches die wesentlichen zu unterscheidenden Dimensionen dieses Konstrukts darstellt (vgl. Abbildung 20)

Die Frage, ob und in welchem Maße Gruppen gegenüber isoliert arbeitenden Individuen Effizienzvorteile oder aber -nachteile besitzen, nimmt in der sozialpsychologisch orientierten Literatur (vor allem in der zur empirischen Kleingruppenforschung) einen breiten Raum ein. Das Kriterium der wirtschaftlichen Effizienz steht dabei eindeutig im Vordergrund, hierauf wird gleich näher einzugehen sein. Dem sollen jedoch einige Aussagen zur **sozialpsychologischen Effizienz** der Gruppenarbeit vorangestellt werden. Für sie ist eine Erhöhung dadurch tendenziell zu vermuten, dass Arbeit in Gruppen die Zufriedenheit der Mitglieder positiv beeinflusst. Als wesentliche **Gründe** hierfür werden die folgenden angesehen:[114]

- Formale und informale Gruppen sind in der Lage, eine Fülle von zentralen Bedürfnissen zu erfüllen, wie Bedürfnis nach sozialen Kontakten, Nähe, Geborgenheit, Sicherheit,

113 Vgl. Brodbeck (2004) 416 ff.
114 Vgl. Gebert/v. Rosenstiel (1996) 1442 f.; Weinert (1987) 320, 335; Staehle (1999) 285.

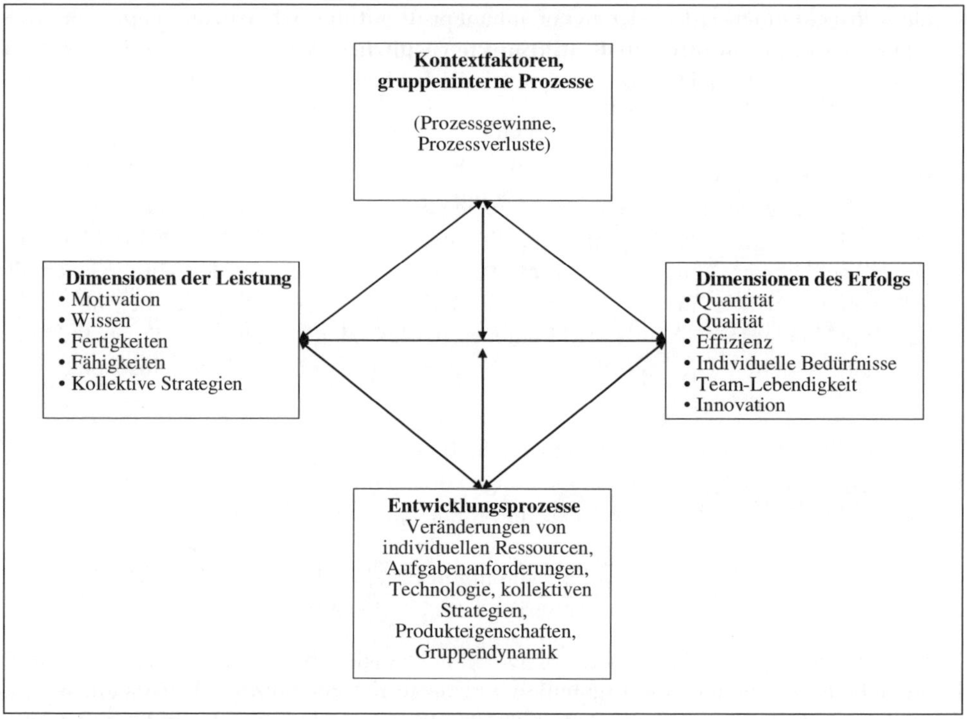

Quelle: Brodbeck (2004) 418.

Abb. 20: Kriterienmodell der Gruppenleistung

Anerkennung (Verstärkung durch Gruppenmitglieder) und Prestige (Mitgliedschaft in einer Gruppe mit hoher Reputation). Die Gruppe bietet Schutz nach außen (etwa gegenüber Vorgesetzten), verstärkt die Machtposition (Einigkeit macht stark), bewahrt vor Anonymität und verbessert die Realitätswahrnehmung (Rückkopplung von Gruppenmitgliedern).

- Allein die Anwesenheit anderer – vor allem akzeptierter oder notwendiger – Menschen kann Stress mindernd wirken.
- Gruppen gewähren »soziale Unterstützung«. Mitglieder von Arbeitsgruppen werden mit den Arbeitsbedingungen zumeist seelisch, geistig oder körperlich besser fertig, sie erleben weniger Frustration und mehr Arbeitszufriedenheit, sie klagen weniger über Stress. Andererseits ist die Widerstandskraft des Einzelnen gegenüber Beschwerden und Bedrohungen durch das Management gesteigert.

Hinsichtlich der **wirtschaftlichen Effizienz** sind einige kritische Anmerkungen voranzustellen. So kann von einer generellen Überlegenheit der Gruppe (die häufig unterstellt wird) nicht ausgegangen werden. Ein unreflektierter Gruppenenthusiasmus ist mithin fehl am Platze.

Die meisten Vorbehalte gegen die empirische (Kleingruppen-)Forschung gipfeln in dem Resümee, dass die Untersuchungsdesigns fast durchweg nur wenig Bezug zu realen Arbeitsgruppen der industriellen Wirtschaftspraxis haben. Weder könnten noch dürften daher

»anderswo« gefundene Effizienzaussagen ungeprüft auf die Arbeitswelt übertragen werden. Dies wird v. a. auf folgende **Kritikpunkte** gestützt:[115]

- Der empirischen Kleingruppenforschung kann nicht attestiert werden, dass sie den Versuch unternommen hätte, ihren Untersuchungsgruppen den Charakter von »echten Gruppen« zu verleihen. Die Gruppen wurden zumeist nur für die Dauer des Experiments und dazu oft auch nur aufs Geradewohl zusammengestellt. (Die leichte Verfügbarkeit von Probanden gab den Ausschlag.) Gruppeneffekte, die sich erst durch **längere** Interaktionen einstellen, bleiben so unberücksichtigt.
- Die meisten der Arbeiten genügen nicht den Standards heutigen Experimentierens: Die Laborexperimente wiesen nur geringe externe Validität auf, weil in ihnen Gruppenbedingungen hergestellt wurden, die mit der Alltagswirklichkeit nicht bis kaum vergleichbar waren.
- Zudem ist fraglich, ob die Ergebnisse miteinander vergleichbar sind, weil die Forscher mit viel Phantasie »Leistung« unterschiedlich operationalisierten.
- Zwar lässt sich die Quantität von Leistungen noch einigermaßen plausibel messen, was für die Qualität jedoch nicht zutrifft: Ihre Maße sind zumeist fragwürdig.
- Schließlich ergibt sich eine weitere Einschränkung aus dem Umstand, dass die Gruppenarbeit ausschließlich und isoliert von ihrem Ergebnis her beurteilt wurde. Alle weiteren Bedingungen des Zusammenwirkens der Gruppenmitglieder und die Konsequenzen, die aus der gemeinsamen Arbeit resultieren, blieben gänzlich außer Betracht.

Es ist zu konstatieren, dass die Ergebnisse immer nur für jede einzelne Untersuchung gelten, d. h. jeweils im Zusammenhang mit bestimmten Charakteristika der zu lösenden Aufgaben, der zusammengeführten Mitglieder und der (vorgegebenen oder gewählten) Gruppenstruktur. Statt einer generellen Aussage über den individuellen Leistungsgewinn in Gruppen an sich, kann es daher nur einzelne deskriptive Aussagen über spezielle Gruppenergebnisse geben, etwa nach dem Muster: »Eine Person kann bei schwierigen Aufgaben in einer Dreiergruppe dann einen Leistungsgewinn erzielen, wenn die anderen Mitglieder gleich intelligent (oder aber intelligenter) sind.«

Erfahrungsberichte einzelner Betriebe und Umfrageergebnisse, nach denen die Einführung von Gruppenarbeit z. B. zu Kostenreduzierung, Qualitätsverbesserung, Produktivitätssteigerung und Fehlzeitenverringerung führen sollen,[116] können zwar ein Indiz für die mögliche wirtschaftliche Effizienz von Gruppenarbeit geben, sind aber genauso vorsichtig zu bewerten wie die Ergebnisse der empirischen Kleingruppenforschung, da eine Verallgemeinerung solcher Befunde generell nicht möglich ist. Insbesondere vor dem Hintergrund, dass gerade in den 90er Jahren verschiedene Formen von Gruppenarbeit im Rahmen umfassender Reorganisationsmaßnahmen mit dem Ziel einer stärkeren Prozessorientierung eingeführt wurden, muss kritisch hinterfragt werden, ob die angesprochenen Effekte eindeutig und ausschließlich der Einführung von Gruppenarbeit zugeordnet werden können. Häufig wird gleichzeitig mit der Einführung von Gruppenarbeit der Prozessablauf neu strukturiert und der Entscheidungs-, Kontroll-, und Handlungsspielraum der Mitarbeiter verändert, so dass ein Effizienzvergleich zur Einzelarbeit nicht mehr möglich ist.

115 Vgl. Crott (1979) 120, 215; Bilitza (1984) 479 f.
116 Vgl. z. B. Becker, M. (1998) 11 ff.; Antoni (1995) 29 ff.

Damit ist ausgesagt, dass es eine Vielzahl von Faktoren gibt, die den Zusammenhang zwischen Gruppenarbeit und Leistung beeinflussen. Behandelt man die (wirtschaftliche, sozial-psychologische) Effizienz der Gruppe traditionellerweise als abhängige Variable, so gibt es nicht nur eine vielschichtige Gruppierung unabhängiger Variablen, sondern zudem intervenierende Variablen, wie die folgende Abbildung 21 zeigt. Die in der Abbildung gewählte Art der Gruppe als ein Input-Prozess-Output-System gilt als eine der gängigsten Vorgehensweisen bei der Erläuterung unterschiedlicher Einflussdimensionen der Gruppe. Für das Verständnis der Abbildung ist besonders wichtig, dass die dargestellten und im Folgenden noch weiter ausgeführten Gruppenaspekte keinesfalls umfassend, sondern allenfalls ausschnittsweise bestimmte Teilaspekte von Gruppen darstellen können.

Als vorläufiges **Fazit** ergibt sich an dieser Stelle, dass Überlegenheit der Gruppenleistung gegenüber der besten Individualleistung (oft als Synergie-Effekt bezeichnet) sich nicht generell und stets einstellt, vielmehr nur eine Möglichkeit ist, eine Chance, die bei positiver Gestaltung aller die Gruppenleistung beeinflussenden wichtigen Faktoren genutzt werden kann.

Auf der Basis der wichtigsten der genannten Gruppenmerkmale gelangt Franke in einer interessanten Zusammenfassung zur Unterscheidung von sechs mit der Gruppenarbeit generell verbundenen Effekten. Er unterscheidet sie in **integrierende Effekte**, die der Vereinheitlichung und Intensitätssteigerung der Gruppenaktivitäten dienen, und in **differenzierende Effekte**, die die Wirkungsbreite der Gruppe erweitern können.[117] Sie sind in der folgenden Abbildung 21 kurz überblicksartig zusammengestellt.

Diese genannten Effekte werden nach Franke umso wirksamer, je stärker sie durch Maßnahmen regulierender und organisatorischer Förderung unterstützt werden. Als Maßnahmen dieser Art listet er die folgenden auf:[118]

- Einordnung des Einzelnen in mehrere Gruppen, die bezüglich der personellen Zusammensetzung zum Teil homogen und zum Teil heterogen sind;
- feste Verankerung des Einzelnen in einer Stammgruppe;
- Überschaubarkeit der Gruppengröße und kleinstmögliche Anzahl der Gruppenmitglieder im Hinblick auf die gestellte Aufgabe;
- Abstimmung der personellen Eigenart der Gruppenmitglieder auf die jeweilige Aufgabe durch weitmögliche Flexibilität der Zuordnung von Personen zu Gruppen und durch ein gut fundiertes Beurteilungswesen;
- gezielte psychologische Eignungsuntersuchung zur Feststellung von Daten, die Voraussagen über Homogenität und Heterogenität in verschiedenen Bereichen gestatten;
- Gruppenpflegemaßnahmen;
- Erhöhung der Attraktivität der Gruppe;
- Anerkennung der Gruppe;
- Belohnung eines gemeinsamen Arbeitsergebnisses;
- Entwicklung eines gemeinsamen Feindbildes;
- Veröffentlichung der Leistungsergebnisse verschiedener Gruppen zum Vergleich;
- aufrichtige Darstellung bestehender Notsituationen;
- Steigerung der Häufigkeit der räumlichen Nähe der Gruppenmitglieder;

117 Vgl. Franke (1980) 126 ff.
118 Vgl. Franke (1980) 156.

- Entwicklung eines gruppenspezifischen Verständigungscodes;
- Ungezwungenheit des Informationsaustausches durch entsprechendes Führungsverhalten.

Integrierende Gruppeneffekte	Kennzeichnung	Übersteigerungsgefahren
Kraftzentrierungseffekt	Sammlung gleichgerichteter Kräfte	Konzentration auf betriebsfeindliche Ziele und Verhinderung geordneter Abläufe durch affektive Übersteigerung
Festlegungseffekt	Bestimmung von Gruppenzielen und Symbolwerten	Kreativitätshemmende Unbeweglichkeit der Gruppe
Anpassungseffekt	Kontrolle und Regulation des Verhaltens durch wechselseitige Einwirkung der Gruppenmitglieder aufeinander	Mangelhafte Situationsanpassung durch übertriebene Solidarisierung Sachziele des Betriebes treten in den Hintergrund
Differenzierende Gruppeneffekte	**Kennzeichnung**	**Übersteigerungsgefahren**
Ergänzungseffekt	Zusammenfassung verschiedener personeller Leistungsschwerpunkte	Verständigungs- und Kooperationsschwierigkeiten
Anregungseffekt	Beschleunigung geläufiger Denk- und Handlungsweisen	Unangemessene Risikobereitschaft, unnötig großer Zeitaufwand bei einfachen Aufgaben
Anerkennungseffekt	Befriedigung arbeitsrelevanter Bedürfnisse durch die Kollegen der Gruppe	Überbetonung informeller Beziehungen und Vernachlässigung der formellen Gruppenaufgabe

Abb. 21: Integrierende und differenzierende Gruppeneffekte

4. Einflussvariablen der Gruppenarbeit

Aus der sozial- und organisationspsychologischen Forschung sind mittlerweile eine Vielzahl von Variablen bekannt, die potenziell Einfluss auf die Arbeit in Gruppen und deren Leistung ausüben können. Neben Einzelvariablen wird auch immer wieder versucht, komplexe Wirkungsbeziehungen zwischen zentralen Variablen abzubilden. Die Komplexität der Thematik, nämlich zum einen die Auswahl der wirklich essentiellen Gruppenkriterien einerseits und der Darstellung der Verknüpfung dieser Variablen andererseits, erlaubt es jedoch kaum, allen Einflussfaktoren in einem Überblickskapitel zu Gruppen gerecht zu werden. Zu unterschiedlich sind die Ansätze und zu viele wichtige Faktoren spielen eine Rolle. Es darf zum Beispiel nicht vergessen, dass es sich bei konkreten Gruppen auch immer um dynamische Systeme handelt, in welchen Wirkungsbeziehungen immer Veränderungen und zeitlichen Einflüssen unterliegen. Angesichts dieser Komplexität der Materie sollen anhand der folgenden Abbildung 22, die eine typische Darstellung zur Analyse von Gruppeneinflussfaktoren innerhalb eines Input-Prozess-Output-Rahmens beinhaltet, sehr wichtige und häufig diskutierte Variablen diskutiert werden.

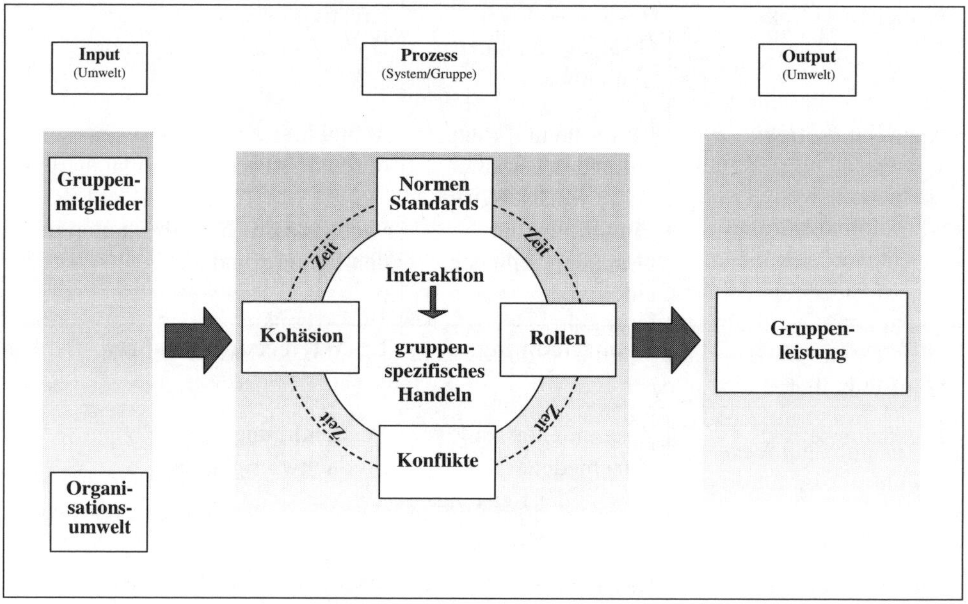

Abb. 22: Zentrale Einflussvariablen der Arbeit in Gruppen

Die Abbildung zeigt zwei zentrale Inputfaktoren, die innerhalb von Organisationen als Umweltfaktoren interpretiert werden, dies sind (a) die Organisationsumwelt und (b) die Gruppenmitglieder, aus welchen die Gruppe zusammengesetzt ist resp. wird. Diese gelten als Determinanten der Gruppenprozesse, die sich innerhalb der Gruppe abspielen. Ein zentrales Thema von Gruppenprozessen ist die Entwicklung einer spezifischen (c) Gruppenkohäsion, welche vereinfacht ein »Wir-Gefühl« der Gruppe ist. Auch die Entstehung von (d) Konflikten, spezifischen (e) Rollen innerhalb der Gruppenmitglieder und schließlich die Ausarbeitung von (f) Gruppennormen und -standards wird regelmäßig im Kontext von Gruppen thematisiert. Daneben entstehen in den Gruppeninteraktionen auch ganz spezifische (g) »Gruppenhandlungsmuster«. Im Folgenden sollen auch ausgewählte Erkenntnisse zu diesen Gruppenphänomenen erläutert werden.

a) Organisationsumwelt

Die Organisationsumwelt umfasst Einflussvariablen wie Aufgabenstellung und -struktur, die Technologie und die Organisationsstruktur, Anreizsysteme etc. Von ihr gehen entscheidende Impulse auf Interaktions- und Entscheidungsprozesse in der Gruppe aus. Dies soll nachfolgend beispielhaft erläutert werden.

Die eingesetzte Technologie kann Einfluss auf die Kommunikationsmöglichkeiten und die notwendige wie mögliche Interaktion der Personen an sich nehmen. Ein erhöhter Geräuschpegel kann die zwischenmenschliche Kommunikation zum Erliegen bringen, somit negativ auf die Entwicklung einer gemeinsamen emotionalen Basis wirken. Die Ausgestaltung der Anreizsysteme innerhalb der Organisation nehmen ebenfalls Einfluss auf das gewünschte Verhalten und die Ausprägung von Beziehungen innerhalb der Gruppe. So stellt sich beispielsweise die Frage, ob die Gruppe als Kollektiv für eine Gruppenleistung belohnt wird oder stärker Individualanstrengungen durch den Betrieb honoriert werden.[119]

Ein viel diskutiertes Thema ist neben diesen Aspekten jedoch insbesondere die *Art der Aufgabe*. So besteht heute Einigkeit darüber, dass die Effizienz von Gruppenarbeit je nach Art der zu bearbeitenden Aufgabe unterschiedlich beurteilt werden muss. Offensichtlich ist, dass sich im Zusammenhang mit körperlicher Arbeit durch einfache Addition der Kräfte bemerkenswerte Leistungsvorteile ergeben, die allerdings im Zuge der Mechanisierung und Automatisierung durch Zuhilfenahme technischer Hilfsmittel bedeutend rationeller erreicht werden können. Wenn also heute zunehmend die Erledigung körperlicher Arbeiten statt auf Einzelarbeitsplätzen in Gruppen organisiert wird, so soll dadurch auch ein Abbau von Monotonie durch Erweiterung und Bereicherung der Arbeitsinhalte erreicht werden.

Die Organisationsstruktur hat insbesondere Einfluss auf das Motivationspotenzial von Arbeitsaufgaben. Es ist in der Regel von einer leistungsförderlichen Wirkung von flachen im Gegensatz zu tiefen Hierarchien auszugehen. Zum einen verbessern flache Hierarchien die Zusammenarbeit zwischen den Führungskräften und den Mitarbeitern dergestalt, dass die Führungskraft durch ihre unmittelbare Nähe zum Produktionsprozess bessere Informationen über den Arbeitsablauf, die Arbeitsgruppe und ihre Mitglieder besitzt. Zum anderen werden motivationsförderliche Bedingungen wie größere Handlungsspielräume mit gesteigerter Eigenverantwortung für die eigene Tätigkeit seitens der Gruppe möglich. Positive Effekte werden insbesondere von der Möglichkeit, selbstständig die Ausführung von Aufgaben planen und durchführen zu können erwartet. Voraussetzung hierfür ist jedoch ein ausgereiftes Feedback-System, welches den Gruppen Informationen über die entscheidenden Messgrößen zur Beurteilung der eigenen Leistungsfähigkeit bereitstellt und somit einerseits kontrollierend wirkt, andererseits jedoch auch Orientierung für das Leistungsverhalten bietet.[120]

b) Gruppenmitglieder

Von großer Bedeutung für die Bildung von Gruppen sind die personalen Beziehungen der Gruppenmitglieder untereinander. Insbesondere die wahrgenommene Ähnlichkeit und die Kontaktfrequenz der Personen spielen hier eine entscheidende Rolle. Gerade formale organisationale Bedingungen, wie die Notwendigkeit in räumlicher Nähe zueinander zu Arbei-

119 Vgl. Steinmann/Schreyögg (2005) 601 f.
120 Vgl. Kleinbeck (2001) 521 ff.

ten, notwendiger regelmäßiger Informationsaustausch zwischen Personen oder gar die einfache Zusammenarbeit wirken förderlich auf die Entwicklung eines Wir-Gefühls und gegenseitiger Sympathie. Neben dem Kontakt der Personen erscheint essentiell, dass für die Einzelpersonen zudem instrumentelle Erwartungen mit diesen verknüpft sind, d. h. positive Konsequenzen für das Individuum.

Besondere Aufmerksamkeit wurde in Bezug auf die Zusammensetzung der Gruppe der Frage nach der Homogenität vs. Heterogenität bzw. der Diversität einer Gruppe zuteil. Obwohl eine Reihe von Untersuchungen zu der Fragestellung der Auswirkungen von heterogenen und homogenen Gruppen vorliegen, können die Ergebnisse allerdings kaum ein eindeutiges Bild vorweisen. Insbesondere die Multidimensionalität des Begriffs und eine uneinheitliche empirische Messung bzw. Berechnung erschweren die Interpretation der Auswirkungen von Heterogenität auf Basis der vorliegenden wissenschaftlichen Erkenntnisse. Gruppen können hinsichtlich einer Vielzahl von Merkmalen als heterogen beschrieben werden. Genannt seien hier beispielhaft das Alter, die Ethnie, Intelligenz, Fähigkeiten, Geschlecht etc. Besonders in der US-amerikanischen Literatur finden sich eine Reihe von Untersuchungen zu Unterschieden im kulturellen und ethnischen Hintergrund oder auch dem Geschlecht. Vielfach werden diesbezüglich heterogenen Gruppen bessere Leistungen in Kreativitätsaufgaben und auch anderen Leistungsaufgaben zugesprochen. Dies trifft auch und insbesondere auf Gruppen mit unterschiedlichem fachlichen Hintergrund zu. Einher mit der Diversität geht dagegen jedoch ebenfalls ein höheres Konfliktpotenzial, das wiederum zu Prozessverlusten und Leistungsminderung führen kann. Als Folgen der Heterogenität wurden auch höhere Fluktuationsraten, geringere Gruppenkohäsion und eine verminderte Kommunikationshäufigkeit beobachtet.[121]

Wegge[122] nennt in seiner aufschlussreichen Darstellung des Forschungsstands zur Zusammensetzung in Gruppen drei Hauptprobleme der Begriffe »Diversität oder Heterogenität« von Gruppen: Zum ersten sind letztlich alle Gruppen als divers hinsichtlich irgendwelcher Merkmale zu nennen. So können auch unterschiedliche Kleidung, unterschiedliche Haarfarben oder auch unterschiedliches Freizeitverhalten die Heterogenität einer Gruppe beschreiben. Ein zweites Problem liegt in der Dimensionierung des Begriffes Heterogenität, der prinzipiell unendlich viele Beschreibungsmerkmale enthalten kann, ohne diese näher zu spezifizieren. Zudem ist es auch immer fraglich, inwiefern diese Diversität oder die Homogenität von den Gruppenmitgliedern überhaupt bewusst wahrgenommen wird. Das dritte Problem befasst sich mit der nicht einheitlichen Methodik bei der Messung von Homo- vs. Heterogenität in Gruppen. Hier lassen sich eine Vielzahl von Ansätzen unterscheiden, von denen keine unstrittig hinsichtlich ihrer Anwendbarkeit ist. Reicht es beispielsweise aus, einfach die Varianz einer Verteilung hinsichtlich eines Merkmals zu betrachten oder müssen nicht gleichzeitig mehrere Merkmale betrachtet werden. Ist es überhaupt logisch sinnvoll, über mehrere Merkmale hinweg eine Unterschiedlichkeit oder Gleichheit innerhalb einer Kennzahl zu aggregieren?

Hinsichtlich unterschiedlicher Merkmale der Gruppenmitglieder kommt Wegge[123] in seiner Darstellung des aktuellen Forschungsstands auf folgende zentrale Erkenntnisse:

---

121 Vgl. v. Rosenstiel (2004) 403 f.
122 Vgl. Wegge (2001) 41 ff.
123 Vgl. Wegge (2001) 52 ff.

Fähigkeiten und Fertigkeiten

- Gruppen mit überwiegend hohen Ausprägungen allgemeiner Fähigkeiten und/oder aufgabenspezifischer Fertigkeiten leisten mehr als
- Gruppen, deren Mitglieder heterogen bezüglich allgemeiner Fähigkeiten und/oder aufgabenspezifischer Fertigkeiten sind. Diese leisten wiederum mehr als
- Gruppen, deren Mitglieder vor allem niedrige Ausprägungen der allgemeinen Fähigkeiten und/oder aufgabenspezifischer Fertigkeiten besitzen.

Gruppengröße

- Mit steigender Gruppengröße steigt das Ungleichgewicht der Interaktion der Gruppenmitglieder und umso stärker wiegen Koordinationsverluste, deren Folge Leistungsabfälle sind.
- In großen Gruppen kommt es eher zu Konflikten, verringerter Arbeitsmotivation, mehr Fehlverhalten und es wird weniger Hilfeverhalten gezeigt.
- Im Bereich von 2–10 Personen kommt es in größeren Gruppen zu einem stärkeren Fehlerausgleich und einer Steigerung der Kreativitätsrate.
- Desto größer eine Gruppe ist, desto mehr kann auf wichtige Ressourcen wie Wissen, Geld, Netzwerke der Einzelnen zurückgegriffen werden und diese genutzt werden.
- Größeren Gruppen wird im Vergleich zu kleineren Gruppen eine höhere Legitimität zugesprochen.
- Natürliche Gruppen überschreiten selten die Anzahl von fünf Personen.
- Die Mehrzahl von Personen fühlt sich in Gruppen bis zu fünf Mitgliedern am wohlsten.

Wissensverteilung

- Gruppenlösungen werden häufig erst dann erkannt, wenn mindestens zwei Mitglieder diese favorisieren (s. a. die Ausführungen zur Polarisierung unten).
- Gruppenentscheidungen sind qualitativ besser, je mehr ungeteiltes resp. Spezialwissen der Einzelgruppenmitglieder in den Diskussionsprozess hineingeführt wird (s. a. die Ausführungen zum Collective Information Sampling weiter unten).

Hinsichtlich der Gruppengröße gilt, dass es nicht die ideale Gruppengröße gibt, sondern diese vielmehr abhängig von den zu tätigen Aufgaben ist. Es gilt vielmehr, Gruppen »so klein wie möglich und so groß wie nötig« zu organisieren.

c) Gruppenkohäsion

Kohäsion ist ein Sammelbegriff für eine Reihe von Phänomenen und insofern ein zusammengesetztes (uneinheitliches) Konstrukt. Sie meint den Zusammenhalt einer Gruppe als Resultante aller Kräfte, die ein Verbleiben der Mitglieder in der Gruppe bewirken. Diese Kräfte basieren vor allem auf dem Ausmaß, in dem die Mitglieder einander Interesse entgegenbringen und Interesse an den Aktivitäten der Gruppe haben. Dies alles ist um so stärker ausgeprägt, je größer die Komplementarität der Bedürfnisse und die Ähnlichkeit der Interessen und Einstellungen unter den Mitgliedern der Gruppe sind. Umso größer ist dann nämlich letztlich die Attraktivität, die die Gruppe auf alte und neue Mitglieder ausübt, was wiederum in der Stabilität der Gruppe ihren Ausdruck findet. In der Gruppenattraktivität und -stabilität schlägt sich das Ausmaß nieder, in dem eine Gruppe für ihre Mitglieder instrumentellen Charakter zur Befriedigung individueller Bedürfnisse (»Instrumentalität«) in der und durch die Gruppe besitzt.

Die Grundlagen der wissenschaftlichen Auseinandersetzung zur Diskussion des Konzepts der Kohäsion liegen in den theoretischen und praktischen Erkenntnissen von Kurt Lewin und Leon Festinger, die gemeinsam mit ihren Kollegen am Research Center for Group Dynamics (Massachusetts Institute of Technology) zusammengearbeitet haben.[124] Aufbauend auf Arbeiten zur Feldtheorie Lewins erforschten Festinger und seine Kollegen die Bildung informeller Gruppen innerhalb einer neu erbauten Wohnsiedlung. In Abhängigkeit der Bebauung kam es zu unterschiedlichen Tendenzen in der Entwicklung von Freundschaften unter den Bewohnern. Räumliche und funktionale Nähe waren verantwortlich für die Entstehung informeller Gruppen, deren Mitglieder über die Interaktion eigene Werte und Normen annahmen und alsbald konformes Verhalten bezüglich dieser zeigten.[125]

Die Beobachtungen dieser sich entwickelnden Gruppenstrukturen führten Festinger dazu, auch das von ihnen wahrgenommene Phänomen der Gruppenkohäsion zu beschreiben.[126] Als Vorlage diente das naturwissenschaftliche Bild eines Atoms, welches mit seinen physikalischen Eigenschaften als Analogie der Gruppe gesehen wurde. Demnach wurde die Gruppe mit dem Atom und die Kohäsion mit der Gesamtheit der elektrostatischen Kräfte verglichen.[127] Vor diesem Hintergrund muss die weit verbreitete Beschreibung der Kohäsion als »... the total field of forces which act on members to remain in the group ...« [128] verstanden werden, die von einer Vielzahl von Forschern auf diesem Gebiet als Ausgangsposition für die Erforschung des Phänomens genommen wird. Die Kohäsion bezieht sich dabei auf die mittlere Stärke der in verschiedenen Teilen der Gruppe vorzufindenden Kräfte, die grundsätzlich, so die Annahme, auch in verschiedene Richtungen wirken können.

So plausibel sich das Phänomen der Kohäsion vordergründig erschließt, so problematisch hat sich in der Folge von Festingers und Lewins Untersuchungen die systematische Erforschung des Konstrukts dargestellt,[129] so fehlt nach wie vor eine einheitliche genaue Definition von Kohäsion, die eine gemeinsame Grundlage für die vielfältige Forschung zu dieser Thematik darstellen könnte. Vor allem in der älteren Literatur wird Kohäsion vielfach als ein unidimensionales Konstrukt verstanden, d. h. Kohäsion wird in erster Linie als eine Art »Wir-Gefühl« verstanden und bezieht sich vor allem auf die gegenseitige Sympathie der Gruppenmitglieder. Dieses einfache Verständnis hat in der Empirie jedoch Probleme hervorgerufen, da es in den verschiedenen Studien häufig zu einer unterschiedlichen Operationalisierung des Konstruktes kam. Entsprechend gab und gibt es immer wieder Versuche, Kohäsion neu und klarer zu definieren. Einflussreich sind vor allem die Ansätze, die Kohäsion als ein zweidimensionales Konstrukt entwerfen und neben einer sozio-emotionalen Ebene auch eine instrumentelle oder aufgabenorientierte Ebene der Kohäsion beschreiben. Während die erste Dimension das Streben nach einer emotionalen Befriedigung durch Anerkennung und Sicherheit in einer Gruppe beschreibt, ist die zweite Dimension Resultat der gegenseitigen Abhängigkeit der Gruppenmitglieder bei der Erlangung eines Ziels.[130]

124 Vgl. Hogg (1992) 6 f.; Zander (1979) 433.
125 Vgl. Festinger/Schachter/Back (1950).
126 Vgl. Festinger/Schachter/Back (1950) 163 ff.
127 Vgl. Arnscheid (1999) 26.
128 Vgl. Festinger/Schachter/Back (1950) 164 ff.
129 Vgl. Mudrack (1989) 771 ff.
130 Vgl. Ruppel (2006) 70 ff.; Tziner (1982).

Allgemein gilt, dass hohe Kohäsion beobachtbar ist an Verhaltensweisen wie offenem, ehrlichem, gegenseitig akzeptierendem Umgang der Mitglieder miteinander sowie der Bevorzugung von Themen persönlicher Bedeutung, an der Abschirmung einzelner Gruppenmitglieder gegen Angriffe oder Kritik von außen.

Bedingungen und Folgen von Gruppenkohäsion sind empirisch ausgiebig untersucht worden. Die wichtigsten Befunde sind:[131]

Höhere Kohäsion existiert tendenziell stärker in

- kleineren Gruppen,
- erfolgreicheren Gruppen,
- homogenen Gruppen (in Bezug auf Ausbildung, Einstellungen),
- Gruppen mit längerer Dauer des Zusammenseins.

Allerdings zeigt ein Blick auf diese Befunde, dass Gründe für höhere Kohäsion nicht selten identisch sind mit Merkmalen der Definition von Kohäsion, wie z. B. Homogenität, Erfolg. Insofern wird wohl von einer Ko-Variation zwischen Kohäsion und anderen Merkmalen auszugehen sein bzw. werden Interdependenzen anzunehmen sein. Dies ist leicht erklärbar mithilfe einer Beschreibung erfolgreicher teilautonomer Arbeitsgruppen. Eine in der Fertigung tätige teilautonome Arbeitsgruppe ist umso erfolgreicher, je bessere Möglichkeiten zur Kooperation im Rahmen der Aufgabenbewältigung gegeben sind. In Kleingruppen existieren bessere Möglichkeiten zu größerer Kontakthäufigkeit. Mit zunehmender Anzahl der Kontakte wächst zudem die wechselseitige Sympathie der Gruppenmitglieder zueinander. Dies fällt seinerseits verstärkend zurück auf die Kontakthäufigkeit. Für erfolgreiche Arbeit bestehen insofern günstige Bedingungen. Der Erfolg fördert die Kohäsion; umgekehrt fördert die Kohäsion den Erfolg.

Gerade für den Leistungskontext gilt, dass die Beziehung zwischen Kohäsion und Leistung bisher noch ungeklärt ist. Untersuchungen weisen so zum einen auf eine positive Wirkung der Kohäsion auf die Leistung hin, andererseits jedoch ebenfalls auf einen positiven Einfluss der Leistung auf die Entwicklung von Kohäsion in Gruppen. Entsprechend wird in der Regel zwischen einer Wechselbeziehung von Kohäsion und Leistung gesprochen.

Die Auswirkungen von Gruppenkohäsion können allgemein als zweischneidig angesehen werden. Positive wie negative Folgen können mit starker Kohäsion zusammenhängen.[132]

Eine Vielzahl von Studien von Gruppen in den unterschiedlichsten Kontexten, wie Industrie, Sport oder auch Bildung hat zu der Erkenntnis geführt, dass Gruppen mit hoher Kohäsion bei den Mitgliedern eine höhere Zufriedenheit auslösten als nicht-kohäsive Gruppen. Ebenso fördert Kohäsion psychologische Gesundheit in dem Sinne, dass Angstempfinden und Spannungsgefühle niedriger in diesen Gruppen ausgeprägt sind und der Umgang untereinander positiver. Zudem zeigt sich eine effektivere Verarbeitung von Stress in Gruppen mit einer höheren Kohäsion.

Mit wachsender Gruppenkohäsion intensiviert sich auch die Dynamik der Gruppe. Gruppenziele, -normen und -entscheidungen werden schneller anerkannt. Ebenfalls nimmt der Konformitätsdruck zu, während zugleich Widerstände gegen diese abnehmen. Mitglieder

131 Vgl. Gebert/v. Rosenstiel (1996) 128; Fengler (1984) 443 f.; Staehle (1999) 282 f.

132 Vgl. hier und im Folgenden Forsyth (1999) 160 ff.

von hoch kohäsiven Gruppen reagieren auf Verstöße gegen den Gruppenkonsens äußerst negativ und benutzen harte Methoden, um diejenigen, die gegen den Konsens gewirkt haben, wieder in Einklang mit der Gruppe zu bringen.

d) Normen, Standards

Unter (Gruppen-)Normen versteht man inhaltlich definierte, für obligatorisch erklärte sowie relativ konstante Regeln für Individual- wie Gruppenverhalten. Diese werden weitgehend von allen Gruppenmitgliedern akzeptiert und besitzen z.T. nicht nur Geltung am Arbeitsplatz selbst, sondern sogar darüber hinaus. In Gruppen wird entsprechend eine abnehmbare Varianz an Verhaltensweisen und Meinungen beobachtet. Gruppenmitglieder entwickeln gemeinsame Erwartungen daran, wie sich ein Gruppenmitglied in einer bestimmten Situation zu verhalten hat.

Unter Standards werden informelle operationalisierte Verhaltensweisen verstanden. Im Vergleich zu Normen sind Standards den Gruppenmitgliedern stärker bewusst. Steinmann und Schreyögg sprechen hier auch von »... operationalisierte[n] Verhaltensweisen, die in informellen Richtlinien und Richtwerten ihren Niederschlag finden.«[133] Beispiele für Standards können informelle Übereinstimmungen zwischen Gruppenmitgliedern über einen bestimmten Akkord bei der Leistungserbringung sein, oder noch tolerierte Pausen während der Arbeit oder Tage, an denen eine Gruppenmitglied »blau feiern« darf. Standards können bei der Einhaltung der Gruppennormen helfen.

Das Zusammenwirken von Normen und Standards kann regulativ für zwischenmenschliches Verhalten wirken. Zum einen manifestieren sie sich in konkreten Verhaltenserwartungen an die Rolleninhaber, zum anderen in Strategien der Aufgabenbearbeitung. Deren negative Konsequenzen können in der Einengung der eigenen Handlungsanweisungen gemäß den Erwartungen der anderen Gruppenmitglieder liegen, somit einen Zwang für Personen auferlegen. Im Positiven hingegen können Standards und Normen auch eine Entlastung gerade in schwierigen Situationen bedeuten. Zudem machen unter Umständen einheitliche Normen die Erlangung schwer erreichbarer Ziele erst möglich und können somit zum Vorteil für alle Gruppenmitglieder werden. Besonders in kohäsiven Gruppen wirkt die Verhaltensbeeinflussung durch Normen. In Arbeitsgruppen wirken entsprechend leistungsförderliche Normen gerade bei hohem Zusammenhalt besonders positiv bei der Leistungserbringung. Dieser Zusammenhang ist jedoch weniger eindeutig für Gruppen, welche hauptsächlich gemeinsame Probleme lösen und Entscheidungen fällen müssen. Normen können zu einer Starre im Denken führen, Kreativität und Innovationen verhindern, da innovative Ideen insbesondere von Außenseitern oder auch Minderheiten in Gruppen kommen können.[134]

Vielfach wird den Gruppennormen eine wichtige Rolle hinsichtlich der Wirkungsweise der Gruppenkohäsion zugesprochen. Demnach führt eine hohe Gruppenkohäsion allgemein zur Einhaltung von Gruppennormen und zwar unabhängig davon, ob diese auf die Gesamtleistung der Gruppe eine positiven oder aber negativen Einfluss haben. In unterschiedlichen Versuchen konnte dieser Zusammenhang zwischen Gruppenkohäsion und Leistung in Abhängigkeit der Gruppennorm dargestellt werden.[135] So wird angenommen,

---

133 Vgl. Steinmann/Schreyögg (2005) 606.
134 Vgl. v. Rosenstiel (2004) 403 ff.
135 Vgl. Berkowitz (1954) 509 ff.; Langfred (1998) 124 ff.; Schachter u. a. (1951) 229 ff.

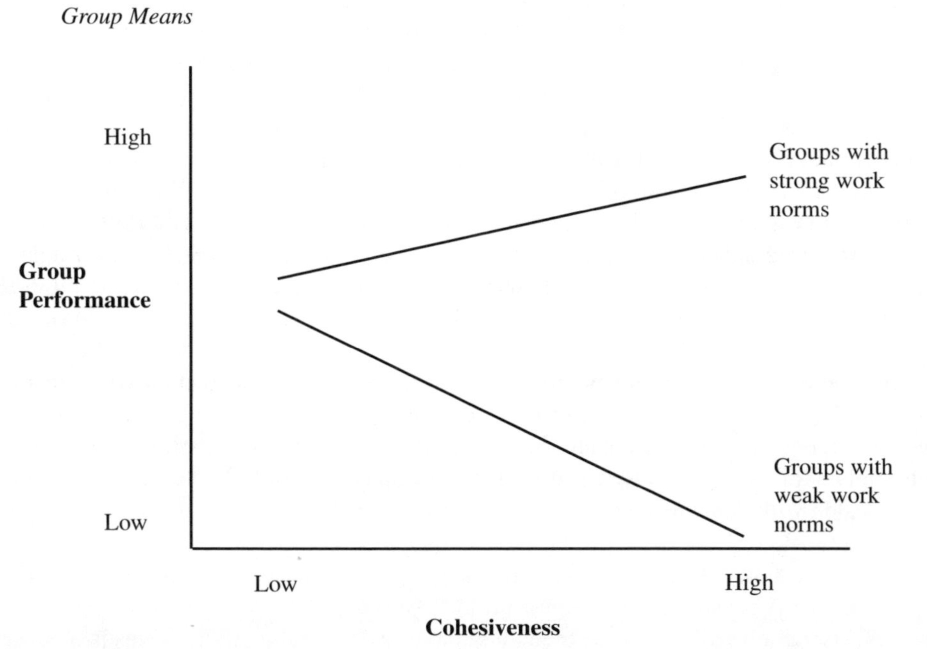

Quelle: Langfred (1998) 138.

Abb. 23: Zusammenhang zwischen Gruppenarbeit und Kohäsion unter Einbeziehung der Gruppennormen

dass in kohäsiven Gruppen durch entsprechende Leistungsnormen, sich eine Leistungszurückhaltung durch Gruppenmitglieder entwickeln kann. Normen können eine solche Bedeutung gewinnen, dass normabweichendes Verhalten Einzelner durch andere Gruppen gar bestraft wird. Eine typische Beziehung zwischen der Ausprägung der Gruppennorm, Gruppenkohäsion und Gruppenleistung fand Langfred[136] in einer Felduntersuchung (vgl. Abbildung 23). Demnach kam es bei hoch kohäsiven Gruppen mit stark ausgeprägten Arbeitsnormen zu der größten Gruppenleistung, hingegen bei Gruppen mit hoher Kohäsion und niedriger Arbeitsnorm umgekehrt zu tendenziell niedrigeren Leistungen. Wieweit solche Ergebnisse verallgemeinert werden können, ist noch offen.

e) Rollen

Rollen sind relativ konsistente, i. d. R. aber interpretationsbedürftige und -fähige Bündel von (normativen) Erwartungen, die an Arbeitsplätze und deren Inhaber (von außen oder durch die Inhaber selbst) gerichtet sind. Solche Erwartungen werden als zusammengehörig empfunden und entstammen v. a. kognitiven Prozessen der Stelleninhaber oder deren Umwelt. Eine Ähn-

136 Vgl. Langfred (1998).

lichkeit zu *sozialen Normen* (s. o.) besteht. Im Unterschied zu diesen richten sie sich jedoch auf ganz bestimmte Stellen. Betriebliche Rollen sind verhältnismäßig strukturierter und formalisierter, eher hierarchischer gegliedert sowie spezialisierter und abgegrenzter als andere Rollen. Sie sind um so eher verhaltenswirksam, je transparenter, einsichtiger und eindeutiger sie formuliert (wahrgenommen) werden, je eher sich der Mitarbeiter mit ihr identifizieren kann und mit dem verbleibenden Freiraum zufrieden ist sowie je stärker die Einhaltung mit positiven und/oder negativen Sanktionen abgesichert ist. Es ist durchaus möglich, dass die Erwartungen an die Rolle kein klares Bild vermitteln, unterschiedliche Vorstellungen vorherrschen bzw. sie unklar wahrgenommen werden. In diesen Fällen besteht *Rollenambiguität*. Sie ist manchmal durch Betriebe intendiert, um durch sie Freiräume (Rollenselbstgestaltung) und innovativen Druck zu ermöglichen. Hier kann man auch von einem *Rollenkonflikt* sprechen. Er kann sich als Intrarollenkonflikt durch verschiedenartige Erwartungen an einen Stelleninhaber zeigen (z. B. ungestörtes Mitarbeitsgespräch vs. dringender Anruf eines Vorstands) sowie auch als Interrollenkonflikt eines Mitarbeiters (z. B. Stelleninhaber vs. Familienvater, Meister vs. Betriebsrat). *Rollendruck* entsteht durch die den Mitarbeiter stark belastenden Komponenten der sozialen Rolle; der einzelne Mitarbeiter empfindet Stress. Beispielhaft wird in Abbildung 24 aufgezeigt, welche Rollenerwartungen gleichzeitig auf eine einzelne Person wirken können.[137]

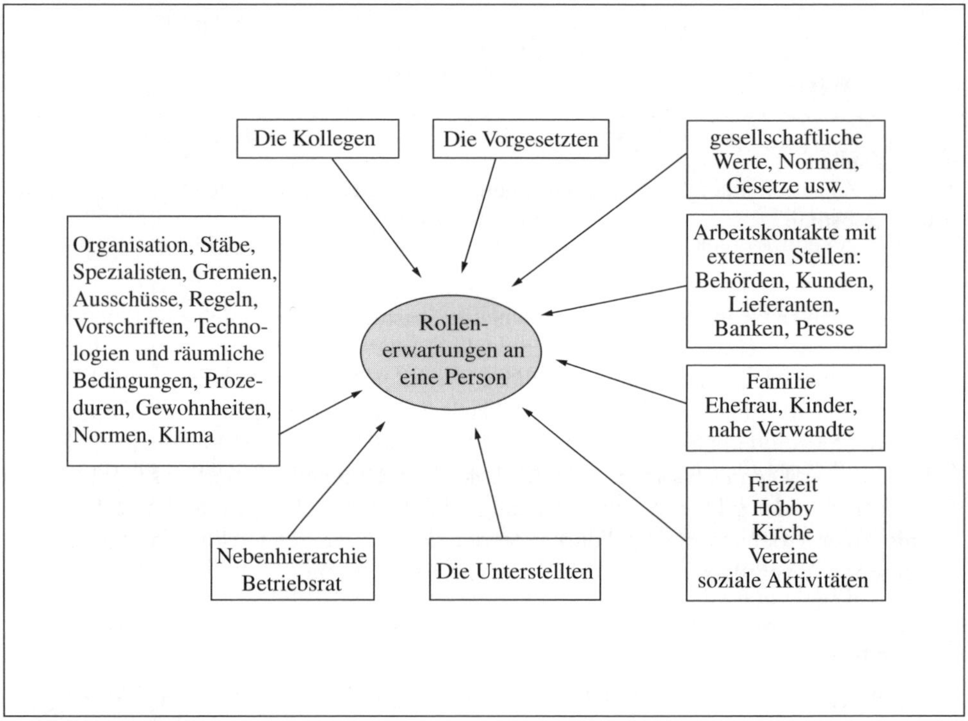

Quelle: Neuberger (2002) 320.

Abb. 24: Die Person im Zentrum verschiedener Rollenerwartungen

137 Vgl. Staehle (1999) 270 ff. u. 389 ff.

Kennzeichen von formalen Gruppen in Organisationen sind bestimmte Zuteilungen von Aufgaben und Arbeiten in der Gruppe. Formalisierte Strukturen wie Organigramm, Stellenbeschreibung, Arbeitsverträge etc. regeln und bestimmen die Rollen der Gruppenmitglieder aus Sicht der Organisation. Diese Differenzierung muss jedoch nicht zwangsweise mit den tatsächlich vorzufindenen Rollen übereinstimmen. Es kann als eine empirische gut erforschte Tatsache angesehen werden, dass es in praktisch jeder Gruppe zu einer Ausdifferenzierung unterschiedlicher Rollen kommt. Hier kann unterschieden werden zwischen vertikalen und horizontalen Unterscheidungen. Vertikal bezieht sich auf die hierarchische Stellung der Gruppenmitglieder zueinander. Vielfach ist die Entwicklung von sog. »Hackordnungen« zu beobachten, d. h. innerhalb einer Gruppe bildet sich eine Rangordnung in Bezug auf Einfluss auf und Macht über die unterschiedlichen Gruppenmitglieder aus. Häufig wird eine mehrdimensionale Sichtweise der vertikalen Differenzierung angenommen. So kamen Untersuchungen zu dem Schluss, dass innerhalb von Gruppen zum einen Kräfte hinsichtlich der Erlangung des Gruppenziels wirken, welche »Lokomotion« genannt werden, und zum anderen in Bezug auf den Zusammenhalt (»Kohäsion«). Beide Ziele, d. h. das Sachziel und das emotionale Ziel werden unter Umständen von verschiedenen Gruppenmitgliedern, d. h. Gruppenführern angeleitet. Der formale Führer wird in der Regel als »Tüchtigkeitsführer« verstanden, während der sich informell herausbildende Führer als »Beliebtheitsführer« angesehen wird und in der Praxis als Stellvertreter eingesetzt werden sollte.

Die horizontalen Dimensionen beziehen sich auf weitere spezifische Rollenausprägungen. Hierzu kann die Rolle eines Mitläufers, Sündenbocks, Außenseiters oder auch einfach die eines Aufgabenspezialisten gehören.[138]

f) Konflikte

Konflikte sind durch den Widerstreit zwischen verschiedenen Kognitionen, Emotionen bzw. Personen gekennzeichnet; dabei existieren in Betrieben verschiedene, nicht ganz überschneidungsfreie Arten von Konflikten: intrapersonelle Konflikte, interpersonelle Konflikte, Intra-Gruppenkonflikte sowie Inter-Gruppenkonflikte. Erstere beziehen sich auf innere Spannungen eines Individuums, bspw. im Rahmen der Dissonanztheorie. Unter interpersonellen Konflikten versteht man hingegen Spannungen zwischen Personen, die sich durch latente oder offensichtliche Gegensätzlichkeiten auszeichnen. Dasselbe gilt entsprechend auf Gruppenebene, einmal bezogen auf individuelle Mitglieder einer Gruppe, ein anderes Mal bezogen auf (fast) alle Mitglieder von zwei oder mehr Gruppen zueinander. Interpersonelle Konflikte sowie Gruppenkonflikte können unterschiedliche Intensitätsgrade und Erscheinungsformen (von leichter Meinungsverschiedenheit bis hin zum Kampf; Konfliktreaktionen) haben. Konflikte gehören zum Alltag eines Betriebes, sind normal, allgegenwärtig, permanent und entgegen allgemeinem Vorurteil oft nützlich für den Betrieb. Sie werden allerdings gewöhnlich negativ assoziiert mit Unannehmlichkeiten und als etwas eingestuft, das möglichst zu vermeiden ist.[139]

Ein Konflikt kann aber zwei verschiedene Wirkungsrichtungen haben: eine schädliche (destruktive) und eine nützliche (konstruktive); beide Kategorien können gleichzeitig in unterschiedlicher Intensität auftreten:

---

138 Vgl. v. Rosenstiel (2004) 402 f.
139 Vgl. Staehle (1999) 389 ff., Krüger (1972) 41 ff.

- Ein Konflikt wird meist dann konstruktiv sein, wenn alle Konfliktparteien und das Parteienumfeld mit der gefundenen Regelung zufrieden sind. Eine gleichmäßige Zufriedenheit ist eher anzustreben, als wenn einige zufrieden, andere dagegen unzufrieden sind. Nützliche Wirkungen können in der Klärung von Problemen, der Überwindung von Stagnationen und in der Auffindung neuer, potenzieller Probleme sowie Problemlösungen liegen. Dies setzt voraus, dass in den Konfliktepisoden die Entscheidungen durch Anhörung unterschiedlicher Ansichten fundiert, neue Ideen diskutiert oder traditionelle Abläufe in Frage gestellt werden. Konstruktiv ist auch die Steigerung der Zufriedenheit der Mitarbeiter. Konflikte fordern Meinungsaußerungen heraus, ermöglichen teilweise die Durchsetzung eigener Zielvorstellungen und fordern die Persönlichkeitsentfaltung des einzelnen. Sie stimulieren die Lösung von Problemen. Die nützlichen Wirkungen können jedoch nur bei kooperativ ausgetragenen Sachkonflikten entstehen.
- Destruktive Konflikte verhindern dagegen die Reibungslosigkeit der Aufgabenerfüllung. Die Zusammenarbeit wird gestört, verzögert oder gelähmt. Das Betriebsklima und auch die Qualität der Arbeit sinken. Die Fluktuation steigt. Suboptimale Kompromisse müssen zur Regelung von Konflikten unter Einsatz von Managementpotenzialen (Kosten) für die Konflikthandhabung eingesetzt werden.

Um konstruktive Wirkungen zu erreichen, bedarf es einer Konfliktsteuerung. Diese sollte davon ausgehen, dass man Konflikte in einem Betrieb nicht endgültig beseitigen oder lösen kann. Es geht demzufolge nicht um die Unterdrückung, Umgehung oder Verlängerung von Konflikten, sondern darum, die Chance der produktiven Nutzung dieser Spannungen zu ergreifen.[140]

Die Mitarbeiter und Organisationseinheiten tragen zum Entstehen von Spannungen bei Konflikten bei, geraten aber auch durch Systemzwänge selbst unter Druck. Es bilden sich sog. Konfliktfelder, die alle für ein Konfliktproblem wichtigen Variablen und deren Beziehungen zueinander umfassen. Sie lassen sich nach inhaltlichen und dynamischen Aspekten typisieren.

Inhaltliche Aspekte der Konfliktfelder betreffen drei verschiedene Dimensionen, die z. T. mit Konfliktursachen korrespondieren:

- Auf der *sachlich-intellektuellen Dimension* finden Sachkonflikte statt. Sie lassen sich unterscheiden in *Zielkonflikte* über die Art der zur Verfügung stehenden Aufgaben und ihrer Bewertung, in *Mittelkonflikte* über die Wege der Zielerfüllung und in *Informationskonflikte* durch den unterschiedlichen Informationsstand bzw. die unterschiedliche Informationsbewertung der Konfliktparteien. Prinzipiell dienen Konflikte auf dieser Ebene der sachlichen Auseinandersetzung über Fragen der Arbeitserfüllung. Mit ihnen sind am ehesten konstruktive Wirkungen zu erzielen.
- Die *sozio-emotionelle Dimension* bezieht sich auf die zwischenmenschlichen Beziehungen und die Emotionen der Konfliktparteien während der Ausübung von Sachkonflikten. Durch unterschiedliche Standpunkte können Gefühlserregungen wie Misstrauen, Abneigung, Hass, aber auch Sympathie entstehen. Damit wird nicht nur der konkrete Sachverhalt zusätzlich verschärft bzw. gemildert; auch zukünftige Interaktionen sind betroffen. Destruktive Konfliktwirkungen sind hier wahrscheinlich.

---

140 Vgl. Staehle (1999) 389 ff.

- Die *wertmäßig-kulturelle Dimension* spricht eine ganz andere Ebene an. Das Wertesystem des Betriebes besteht aus der Summe der Wertvorstellungen von Gruppen, einzelnen Personen sowie der Eigentümer. Diese Werte kommen in den Zielen und Maßnahmen des Betriebes zum Ausdruck. Die Unterschiede in den Wertesystemen, oft zwischen mehreren Mitarbeitern, führen zu Konflikten auf der wertmäßig-kulturellen Dimension. Sie sind selten »lösbar«, da die Konfliktursachen tief verwurzelt sind. Destruktive Wirkungen sind auch hier wahrscheinlich.

Die Mehrzahl der Konflikte tragen Bestandteile aller drei Konfliktdimensionen in sich. Zu beachten sind die zwischen den Ebenen bestehenden Wechselwirkungen. Die Dimensionen beeinflussen sich, schaukeln den Konfliktverhalt hoch (z. B. bei Antipathie) und lassen einen Ausgleich zu (z. B. bei Sympathie). Auch können Konflikte transformiert werden (*Konfliktumleitung*), so dass persönliche Reibereien oder sachliche Auseinandersetzungen im Grunde auf die unterschiedlichen Wertesysteme der Konfliktparteien beruhen. Nachfolgend werden die verschiedenen Konfliktdimensionen in Abbildung 25 veranschaulicht:[141]

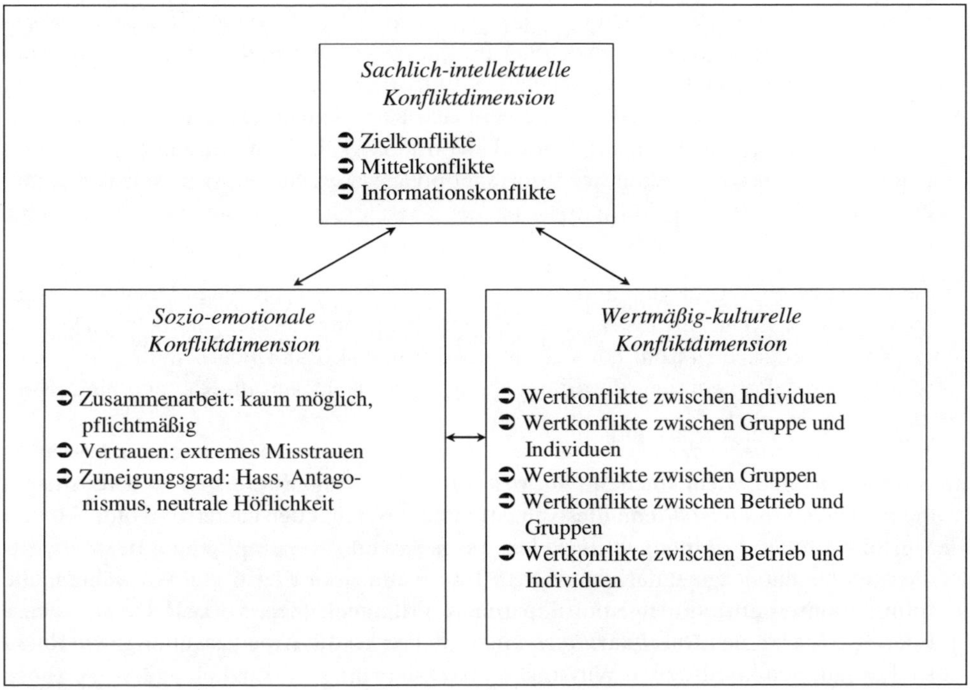

Quelle: Krüger (1972)

Abb. 25 : Konfliktdimensionen

Die möglichen Ursachen von Konflikten sind allein schon durch die Verschiedenartigkeit des Systems »Betrieb« sehr umfangreich und unterschiedlich. I. d. R. lassen sich aber alle speziellen Ursachen auf wenige generelle Ursachenarten zurückführen. Vier *Basisursa-*

141 Vgl. Krüger (1972) 35 ff.

chen werden hier differenziert, die z. T. mit inhaltlichen Aspekten der Konfliktfelder korrespondieren.

- *Spannungsverhältnis zwischen Zielen und Mitteln.* Die einem sozio-technischen System zur Verfügung stehenden Ressourcen reichen zu einer völligen Bedürfnisbefriedigung bzw. Zielerreichung der organisatorischen Teileinheiten und Mitarbeiter nicht aus. Dadurch ergeben sich Anspruchsüberschneidungen bzw. Verteilungskonflikte. Dies wird bspw. bei den Abteilungsauseinandersetzungen um knappe Budgets deutlich.
- *Multipersonalität und Komplexität des Systems »Betrieb«.* Die in Betrieben notwendige organisatorische Arbeitsteilung und Strukturierung führt zu Konfliktursachen. Ursächlich beruhen die Konflikte auf Abhängigkeitsbeziehungen, deren Interaktionen sowie den notwendigen Strukturierungen des Betriebes. Beispiele sind im Zusammenhang mit dem Organisationsaufbau und -ablauf, dem Auseinandergehen formaler und informaler Organisation, der Machtverteilung und der Herrschaftsstruktur zu finden.
- *Umweltverbundenheit des Betriebes.* Durch die Beziehungen des Betriebes zu dem betrieblichen Umsystem können Außenkonflikte entstehen und Innenkonflikte beeinflusst werden. Je nachdem, wie es dem Betrieb gelingt, sich der Abhängigkeit und den Beziehungen zu entziehen, verringert sich der Einfluss. Beispiele sind die Machtkämpfe mit Konkurrenten und die Einflussversuche der Öffentlichkeit.
- *Unvollkommenheit der Information.* Eine weitere Konfliktursache entsteht dadurch, dass Informationen oft mangelbehaftet sind (Unvollständigkeit, Unbestimmtheit, Unsicherheit). Die Unvollkommenheit der Information kann dazu führen, dass selbst bei gleichen Zielen Personen in Konflikt zueinander geraten. Sie beurteilen einfach Probleme unterschiedlich.

Diese vier generellen Ursachen und die daraus resultierenden speziellen Ursachen lassen sich zwar abschwächen, teilweise auch beseitigen, aber nicht vollständig aufheben. Dadurch sind auch die verursachten Konflikte i. S. einer endgültigen Lösung nicht sämtlich überwindbar. Es ist von daher lediglich die Handhabung dieser Konflikte im Rahmen einer Konfliktsteuerung möglich.[142]

Dynamische Aspekte der Konfliktfelder können anhand eines Phasenschemas erläutert werden. Zuerst bilden sich die Konfliktursachen heraus. Gegensätze sind so bereits latent vorhanden (*Latenzphase*). Wenn diese Gegensätze – richtig oder verzerrt – entdeckt werden, erfolgt die Wahrnehmung (*Wahrnehmungsphase*) oder die Empfindung (*Gefühlsphase*). Wahrnehmung bedeutet das ambivalente Entdecken eines Konfliktfeldes, während die Empfindung eine gefühlsmäßige Position zum Konfliktgegenstand voraussetzt. In der manifesten Konfliktphase (*Manifestationsphase*) entsteht konfliktäres Verhalten (bzw. Reaktion). Ein Individuum hindert bewusst, aber nicht unbedingt vorsätzlich andere Personen an ihrer Zielerreichung. Konfliktnachwirkungen (*Wirkungshorizont*) können je nach Austragung und Zufriedenheit der beteiligten Konfliktparteien zu intensiven Beschäftigungen mit anderen latenten Konflikten (im Bemühen um geordnete Verhältnisse) oder zu schärferen Auseinandersetzungen (bei unausgetragenen, personalisierten Konflikten) führen. Die skizzierten Phasen werden nicht kontinuierlich durchlaufen. Konflikte können in einer Phase verharren, sie überspringen oder alle Phasen fast gleichzeitig durchlaufen. Wechselwirkungen sind möglich (s. Abbildung 26).[143]

---

142 Vgl. Krüger (1972) 24 ff.
143 Vgl. Staehle (1999) 397 f.

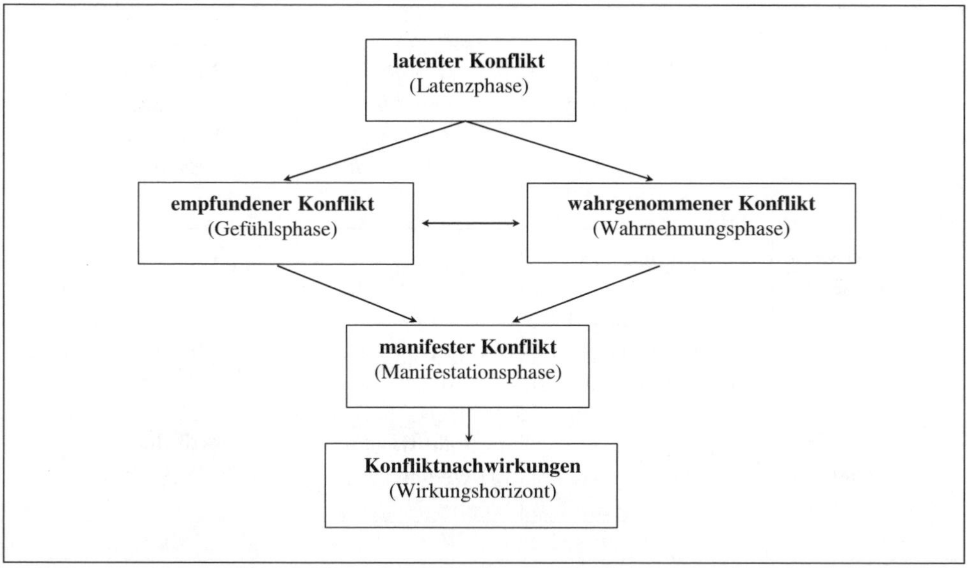

Quelle: in Anlehnung an Pondy (1967) 306.

Abb. 26: Dynamik einer Konfliktepisode

Die Konfliktreaktion kann nach der Wahrnehmung und/oder der Empfindung eines Konfliktes erfolgen. Dabei ist nicht die objektive Situation, sondern nur die subjektive Deutung einer Konfliktpartei maßgebend. Entspricht diese nicht (genau) den Tatsachen, so sind die aus dem Fehlurteil entstehenden Spannungen so genannte »Scheinkonflikte«. Sie unterscheiden sich in ihren Wirkungen nicht von den »richtigen« Konflikten. Grundsätzlich reagiert eine Person auf zwei verschiedene Arten auf einen Konflikt: rational und/oder emotional. Das erstere ist eine bewusste Reaktion, in der mit verstandesmäßigen Mitteln ein Konfliktverhalten entsteht. Das letztere ist eine eher unbewusste Reaktion. Beide Verhaltenskategorien sind eng miteinander verbunden. Eine Trennung ist meist nur analytisch möglich. Drei Entscheidungskriterien sind bei der (un-)bewussten Wahl der Reaktionsform durch die Person von Bedeutung: Zum ersten, welcher Konfliktsituation sich die Person gegenüber gestellt sieht, zum zweiten, welche Handlungsmöglichkeiten ihr zur Verfügung stehen, und drittens, wie sie den Erfolg ihrer Handlungen beurteilt. Zur Systematisierung der Konfliktreaktionen wird oft auf nachfolgendes Schema in Abbildung 27 zurückgegriffen.[144]

Quasi darauf aufbauend vermittelt die Abbildung 28 unterschiedliche bewusste Stile der Konfliktparteien bei der Konfliktreaktion. Die Wünsche nach Befriedigung eigener Interessen resp. gemeinsamer Interessen sind als Kontinua zu verstehen, die spezifische Verhaltensweisen in ihrer Kombination zur Folge haben.

Ob ein Konflikt (un-)umgehbar und ein Ausgleich (un-)möglich ist, hängt von der Auffassung der Konfliktparteien ab, ebenso die Intensität ihrer Reaktionen. Die angeführten

144 Vgl. Staehle (1999) 394 ff.

	Konflikt unumgehbar, Ausgleich unmöglich	*Konflikt umgehbar, Ausgleich unmöglich*	*Konflikt unumgehbar, Ausgleich möglich*
aktive Reaktion	Kämpfe	Rückzug	Problemlösen
↕	Vermittlung und Schlichtung (Drittparteienurteil)	Isolation	Kompromiss (Teilen)
passive Reaktion	Zufallsurteil	Indifferenz und Ignoranz	Friedliche Koexistenz

Quelle: In Anlehnung an Blake/Shepard/Mouton (1964) 13.

Abb. 27: Konfliktreaktionen bei interpersonellen Konflikten

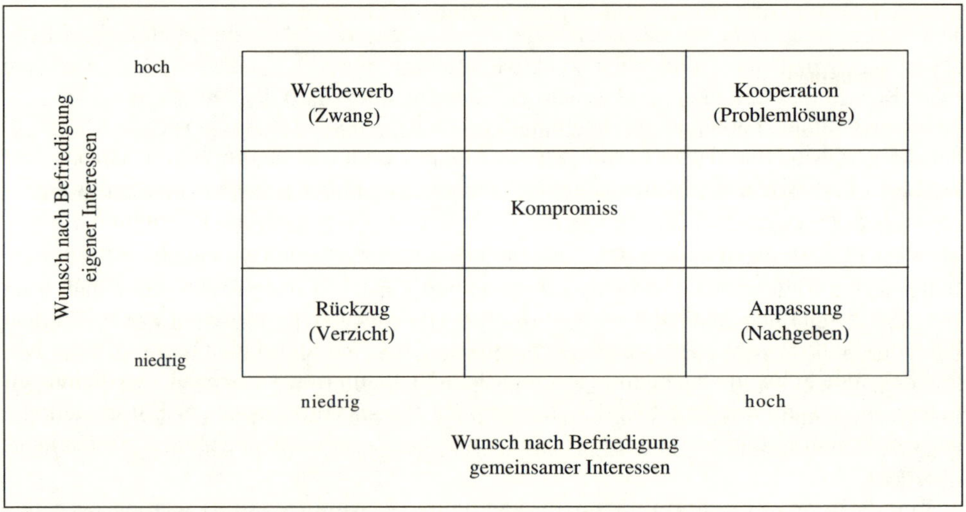

Quelle: Thomas (1976) 900.

Abb. 28: Konflikthandhabungsstile

Reaktionstypen sind lediglich als eine Serie von Momentaufnahmen aus einem dynamischen Prozess zu verstehen. Nach welchen Gesetzen dieser Verhaltenszyklus abläuft, gehört zu den Kernfragen der heutigen und künftigen Konfliktforschung. Es kann zu gemischten Reaktionsprozessen kommen. Wird z. B. bei einem unumgehbaren Konflikt eine abschließende Regelung zu treffen (Problem lösen) versucht, können sich die Parteien aber nicht über alle Teile des Konfliktobjekts einigen, so werden möglicherweise diese Teile bewusst ausgeklammert. Aus diesem Grunde ist eine allgemein gültige Aussage über den Verlauf eines Konfliktprozesses nicht möglich.[145]

g) Interaktion

Wie bereits in der Abbildung 22 verdeutlicht, können die bisher aufgeführten Aspekte Einfluss auf die gemeinsame Interaktion der Gruppenmitglieder nehmen oder ebenfalls von dieser beeinflusst werden. Die Beziehungen sind hier wechselseitig. Neben den hier genannten Aspekten der Gruppenarbeit gibt es zahllose weitere denkbare Einflussgrößen der Gruppeninteraktion. Zu nennen sind beispielsweise die Interaktionshäufigkeit, die Anerkennung von Bedürfnissen beim Empfänger, Status von Sendern und Empfänger in einer Interaktionssituation oder auch die allgemeine Art der menschlichen Beziehungen innerhalb einer Gruppe.

In der Interaktion können sich als Folge und Konsequenz von Gruppenrollen, Normen, Standards etc. bestimmte Gruppenphänomene oder kollektive Handlungsmuster entwickeln. In Abhängigkeit ihrer Ausprägung, kann die Leistungserbringung der Gruppe besonders positiv oder negativ sein. Im Folgenden werden beispielhaft zentrale Gruppenphänomene erläutert, die in den letzten Jahren und Jahrzehnten besonders intensiv erforscht worden sind. Dies sind (i) Groupthink, das (ii) Collective Information Sampling und die (iii) Gruppenpolarisierung. Allgemeiner diskutierte Themen sind dagegen die Gefahr von resp. die Möglichkeit für (iv) Prozessverluste und -gewinne in Gruppen.

aa) Groupthink

Neben den vielen Vorzügen, die heute in der Arbeitswelt Gruppen zugesprochen werden, hat die gruppendynamische Forschung seit langem auch auf die negativen Aspekte und Gefahren hingewiesen. Ein unangenehmes Nebenprodukt des Gruppenentscheidungsprozesses hat besonders viel Aufmerksamkeit erhalten: das **Groupthink-Phänomen**.

»Groupthink« kann als eines der bekanntesten und über unterschiedliche Forschungsrichtungen verbreitetes Phänomen zu Entscheidungsfehlern in Gruppen angesehen werden. Das Groupthink-Modell basiert auf Janis Analysen zu vier einflussreichen politischen Fehlentscheidungen der amerikanischen Außenpolitik, nämlich Pearl Harbour, dem Koreakrieg, der Schweinebucht-Invasion und dem Vietnamkrieg.[146] Seine Untersuchungen ließen ihn auf ein wiederkehrendes, fehlerhaftes Interaktionsmuster der Entscheidungsgruppen schließen und bestimmte Variablen sowie ihre Zusammenhänge untereinander identifizieren.

Innerhalb des Groupthink-Modells von Janis (s. Abbildung 29) werden drei, das Groupthink verursachende resp. verstärkende Bedingungen genannt: die hohe Gruppenkohäsion, strukturelle Fehler der Organisation und ein provokativer situativer Kontext. Die zunächst entscheidende Variable und im Modell auch wohl wichtigste ist die Ausprägung einer hohen Gruppenkohäsion.

145 Vgl. Staehle (1999) 394 ff.
146 Vgl. Janis (1972/1982 ergänzt um die Watergate-Affäre).

Eine weitere entscheidende Randbedingung sind fehlerhafte Strukturen in der Organisation. Diese sind gekennzeichnet durch eine Isolierung der Entscheidungsgruppe nach Außen, eine parteiische oder auch direkte Führung, ein Fehlen von spezifischen Entscheidungsprozeduren sowie die Homogenität der Gesamtgruppe. Die Isolierung der Gruppe führt demnach zu einer Verringerung konfrontativer alternativer Informationen von außerhalb, die das Einmütigkeitsstreben gefährden könnten. Von einem direktiven Führungsstil geht eine beschleunigte Konsensfindung im Sinne des Gruppenführers aus. Hierbei werden unter Ausübung verdeckter wie offener Machtmittel abweichende Äußerungen von Gruppenmitgliedern unterdrückt. Sind zudem keine festen Entscheidungsprozeduren vorhanden, werden soziale Prozesse noch ausschlaggebender für die Entscheidungsfindung als ein Abwägen sachlicher Inhalte. Ist eine Gruppe sozial und auch ideologisch sehr homogen zusammengesetzt, verstärkt dies ebenfalls das Einmütigkeitsstreben, da das Finden eines gemeinsamen Standpunktes vereinfacht ist.[147]

Janis bezeichnet einen provokativen situationalen Kontext als dritte ausschlaggebende Bedingung für das Auftreten des Groupthinks. Hauptkomponente des situationalen Kontextes ist zum einen ein hoher, aufgrund von äußerlichen Bedrohungen auftretender Druck bei gleichzeitig geringer Hoffnung auf eine bessere Situationslösung als der von dem Führer vorgeschlagenen Alternative, zum anderen ein temporär geringer Selbstwert, was wiederum ausgelöst wird durch vorangegangenes, fehlerhaftes Verhalten, hohe Schwierigkeiten bei der aktuellen Entscheidungsfindung und moralische Dilemmata. Externaler Druck oder Stress entstammt der Wahrnehmung der Gruppenmitglieder, dass im Grunde jede diskutierte Alternative verlustreich sein könnte. Das Streben nach Einmütigkeit im Sinne der vom Gruppenanführer vorgeschlagenen Alternative verhilft dazu, diesen Druck zu reduzieren. Bedingung ist jedoch das Fehlen der Hoffnung auf einen besseren Ausweg. Die zweite provokative situationale Bedingung ist ein temporär niedriger Selbstwert, welcher von drei Komponenten hervorgerufen werden kann. Jede einzelne dieser Komponenten kann ein Verursacher für intern evozierten Stress sein. Zu diesen drei Komponenten zählt zum einen, dass die Gruppenmitglieder entweder in der Vergangenheit Misserfolge erleiden mussten und entsprechende Inkompetenz empfinden, was wiederum zum Verlassen auf das Gruppenurteil einlädt. Des Weiteren kann eine Aufgabe von derartig empfundener Schwierigkeit sein, dass sich die Gruppenmitglieder dieser nicht gewachsen fühlen und die Einmütigkeit resp. die Gruppenharmonie diese persönliche Unsicherheit vertuschen hilft. Drittens können sich Gruppen vor einem moralischen Dilemma sehen, in welchem alle gangbaren Alternativen mit ethischen Verstößen einhergehen. Aufkeimende Schuldgefühle oder auch Gewissensbisse können aufgrund der Gruppeneinmütigkeit beruhigt werden, dadurch dass sich die Gruppenmitglieder einander bestätigen, dass die Handlung so schlimm nicht sei. Der über diese Komponenten induzierte Stress kann in Folge zu dem Bedürfnis führen, diesen über das Einmütigkeitsstreben abzumildern.[148]

Diese drei Randbedingungen, Kohäsion, strukturell fehlerhafte Organisation und der provokative situationale Kontext, können den zentralen vermittelnden Mechanismus hervorrufen, den Janis als das Groupthink bezeichnet, nämlich das Streben nach Einmütigkeit innerhalb der Gruppe. Diese Einmütigkeit, und die damit verbundene Loyalität zu der Gruppe, werden als wichtigstes Ziel betrachtet. Funktional ist das Einmütigkeitsstreben in dem

147 Vgl. Janis (1982) 248 ff.
148 Vgl. Janis (1982) ebd.

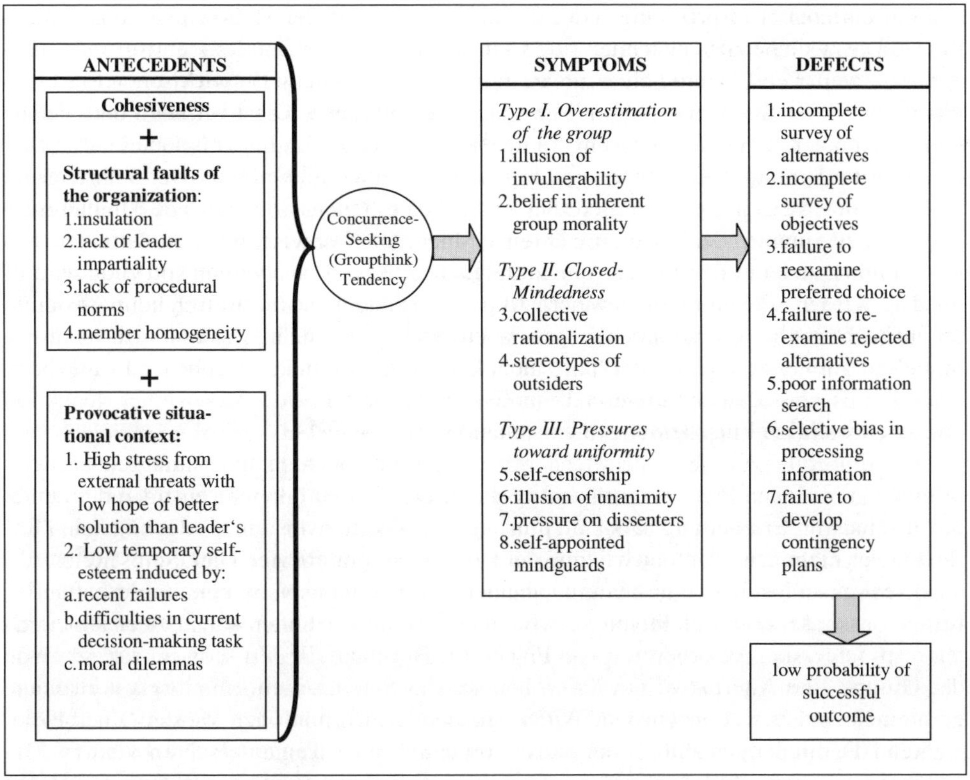

Quelle: In Anlehnung an Janis (1982) 244.

Abb. 29: Das Groupthink-Modell

Sinne, dass es für das Team eine Stress reduzierende Wirkung besitzt und somit im Umgang mit internalem wie externalem Druck im Entscheidungsprozess auf die Gruppenmitglieder erleichternd wirkt.[149] Die Kehrseite dieser Verhaltenstendenz besteht jedoch in einem kritiklosen Umgang mit denjenigen Informationen, die das Aufrechterhalten der Gruppenmeinung begünstigen resp. das Auffinden eines gemeinsamen Standpunktes ermöglichen.

In der weiteren Ausarbeitung des Groupthink-Modells nennt Janis acht verschiedene Symptome des Einmütigkeitsstrebens, die er nach drei Typen unterteilt. Der erste Typ zeigt sich in einer Selbstüberschätzung der Gruppe, welche sich in einer Unverwundbarkeitsillusion und dem Glauben an eine gruppeninhärente Moral widerspiegelt.[150] Die Unverwundbarkeitsillusion bezieht sich auf das Denken der Gruppenmitglieder, dass sich diesen nichts in den Weg stellen könne. Die Einschätzung der eigenen Moralität und der Glaube daran, ehrenwerte Standards zu vertreten, verhindern mögliche ethische Zweifel an den Gruppenentscheidungen. Der zweite Typ der Groupthinksymptome wird von Janis mit Engstirnig-

149 Vgl. Janis (1982) 255.
150 Vgl. Janis (1982) 174 ff.

keit umschrieben. Entsprechung findet dieser Typ in kollektiven Rationalisierungen durch die Gruppe, welche zur Unterdrückung konträrer resp. abweichender Informationen führen und Zweifel verhindern helfen, als auch in der gemeinsamen Entwicklung von Stereotypen über Personen oder Gremien, die sich außerhalb der Gruppe befinden und welche Objekt der eigenen Handlungen sein können. Druck auf die Mitglieder hin zur Uniformität ist das dritte Symptom. Dieser Druck zeigt sich zum einen im Verhalten der Selbstzensur, d. h. die einzelnen Gruppenmitglieder unterdrücken mögliche abweichende Meinungsäußerungen zu Gunsten der Harmonie in der Gruppe. Des Weiteren führt das Streben nach Einmütigkeit zu einer Illusion der Einstimmigkeit, d. h. z. B. Schweigen von Gruppenmitgliedern wird als Zustimmung gewertet. Aktiv wird zudem Druck auf mögliche Abweichler ausgeübt, nicht vom Gruppenkonsens abzuweichen, weshalb teilweise selbsternannte »mind-guards« oder »Geisteswächter« nicht konforme Mitglieder wieder »auf Linie bringen«. Die psychologische Funktion dieser Symptome besteht auch hier in einer Reduktion des durch wichtige Entscheidungen entstehenden Stresses.[151]

Die Konsequenzen des Auftretens von Groupthink werden innerhalb des Modells schließlich in sieben Punkten zusammengefasst. Das Einmütigkeitsstreben führt zu einer unvollständigen Erarbeitung und Überprüfung von Alternativen, einer ungenügenden Reflexion der Ziele, einer Unterschätzung der Risiken der präferierten Handlungsalternative, einer fehlenden Neubewertung einmal abgelehnter Alternativen, zu einer fehlerhaften Informationssuche, einer selektiven Verarbeitung von Informationen sowie einer fehlerhaften resp. fehlenden Ausarbeitung von Plänen für Eventualfälle. Zu schnell wird also von der Gruppe eine Alternative gewählt, ohne dass ausreichend Informationen vorhanden, gesammelt und bewertet wurden. Widersprechende Informationen werden abgeblockt, während die mit der gewählten Alternative vorhandenen Risiken unterschätzt werden. Pläne für einen Eventualfall, d. h. falls der Handlungsablauf nicht wie erhofft verläuft, werden hingegen nicht ausgearbeitet.[152]

Der Zusammenhang zwischen einem Entscheidungsprozess, der unter dem Einfluss des Groupthinks stattfindet, und der resultierenden Entscheidungsqualität ist probabilistisch. D. h. nicht zwangsläufig führt Groupthink zu Fehlentscheidungen, doch sind diese wahrscheinlicher, je ausgeprägter die Groupthinksymptomatik ist.[153]

Die Ausführungen Janis ließen ihn schließlich neun Ratschläge ausarbeiten, die das Auftreten von Groupthink verhindern sollten (s. Abbildung 30).

Diese Anti-Groupthink-Prozeduren sollten dazu beitragen, teilweise die Gefahr einer auftretenden Groupthink-Tendenz zu verhindern oder zumindest abzumildern.

Wenn auch umstritten ist, inwiefern Groupthink in der im Modell beschriebenen Art und Weise in der Realität auftritt, so können die Hinweise doch zumindest auf sensible Gruppenbedingungen und -prozesse hinweisen, welche besonderer Aufmerksamkeit bedürfen. Somit kann dem Modell zumindest ein heuristischer Wert beigemessen werden.[154]

151 Vgl. Janis (1982) 256 ff.
152 Vgl. Janis (1982) 175 f.
153 Vgl. Janis (1982) 245 ff.
154 Vgl. zur kritischen Auseinandersetzung Martin/Bartscher-Finzer (2004).

1. Jedes Gruppenmitglied muss die Rolle eines Kritikers hinsichtlich der Gruppenhandlungen übernehmen. Zu diesem Verhalten sollte der Gruppenführer ermuntern, u.a. dadurch, dass er Kritik an seinen eigenen Handlungen und Urteilen zulässt.
2. Gruppenführer sollten eine unparteiische Rolle einnehmen und davon absehen, persönliche Präferenzen zu Beginn der Gruppendiskussion zu nennen. Ziel muss es sein, eine offene Gesprächsatmosphäre zu schaffen, um eine große Anzahl von Entscheidungsalternativen zu generieren.
3. Dieselbe zu diskutierende Frage sollte von parallel installierten Bewertungs- und Planungsgruppen unter wechselnder Führung bearbeitet werden.
4. Innerhalb des Entscheidungsprozesses sollten sich von Zeit zu Zeit Subgruppen der Entscheider separat unter wechselndem Vorsitz bilden, um in der Folge etwaige Meinungsunterschiede zwischen diesen Subgruppen gemeinsam zu klären.
5. Jeder Entscheider sollte regelmäßig die in der Gruppe besprochenen Aspekte mit einem Vertrauten seiner Untereinheit diskutieren und die Rückmeldung in die Gruppendiskussion einbringen.
6. Zu jedem Treffen sollten auswärtige, dem Kernteam nicht angehörige Experten oder qualifizierte Kollegen eingeladen werden, um die Ansichten der Kernmitglieder herauszufordern.
7. Zumindest ein Mitglied sollte während jedes Gruppentreffens in die Rolle eines „Teufelsadvokaten" schlüpfen.
8. Sobald die Thematik auch die Beziehungen zu einer rivalisierenden Organisation betrifft, sollte eine bestimmte Zeit für die Analyse der Warnsignale dieser Organisation frei gehalten werden, in welcher versucht wird, die Absichten dieser alternativ zu erklären.
9. Nach Erlangen einer Entscheidung über die womöglich beste Alternative, sollte es ein „second chance meeting" geben. Darin sollten alle Mitglieder alle noch vorhandenen Restzweifel nennen und die gesamte Thematik noch einmal überdenken dürfen.

Quelle: Janis (1982) 262.

Abb. 30: Prozeduren zum Vermeiden von Groupthink

bb) Collective Information Sampling

Ausgehend von der Annahme, dass Gruppen bei der Entscheidungsfindung aufgrund der Mehrzahl von Personen eine breitere Informationsbasis zur Verfügung steht als Individuen, wird diesen häufig eine bessere Entscheidungsqualität zugesprochen als Einzelpersonen. Nicht zuletzt daher werden Entscheidungen von Bedeutung auch regelmäßig Gruppen resp. Gruppenorganen zugesprochen. Von Gruppen erhofft man sich, dass diese über eine gemeinsam geführte Diskussion einer Aufgabenstellung die jeweils vorhandenen Einzelinformationen zusammentragen und im Diskussionsprozess entsprechend neue Perspektiven zur Problemlösung entwickeln. Dies soll im Endeffekt dazu führen, dass die Gesamtgruppe als Ganzes zu verbesserten Entscheidungen kommt. Allgemein gibt es in Entscheidungsgruppen die Situation einer Verteilung unterschiedlicher Informationen auf unterschiedliche Personen. Dies kann der Fall sein, wenn die Gruppenmitglieder jeweils andere Informationsquellen besitzen oder auch verschiedene Rollen und Verantwortungsbereiche innerhalb der Gruppe einnehmen. Auf Basis einer solchen Vielfältigkeit der Kenntnisstände, der Kontext wird auch als *»distributed information system«* bezeichnet, muss eine Gruppe in bestimmten Situationen zu einem kollektiven Handlungsentschluss resp. einer gemeinsamen Entscheidung kommen. Ein solches distributed information system ist gekennzeichnet durch »geteilte Informationen«, in deren Besitz jedes Gruppenmitglied ist und »ungeteilte Informationen«, die nur einzelnen Personen vorbehalten sind. Sind Informationen, wie beschrieben, auf verschiedene Köpfe verteilt und soll auf Basis dieser eine gemeinsame

Entscheidung der Gruppe getroffen werden, besteht die Aufgabe eines Teams demnach in der Zusammenführung der Informationen und ihrer Verarbeitung zu einer möglichst optimalen Entscheidung resp. Problemlösung.[155] Die Gruppenforschung der vergangenen Jahre kommt in ihren Untersuchungen zu dem Ergebnis, dass konsistent Gruppen nicht die vorhandene breite Informationsbasis nutzen, sondern vielmehr suboptimale Entscheidungen treffen. Dieses Phänomen konnte in einer Vielzahl unterschiedlicher Experimente festgestellt werden. Nach bisherigem Erkenntnisstand kommt eine Reihe von Erklärungen für die fehlerhafte Informationsverarbeitung in Frage. Abbildung 31 zeigt die bisher identifizierten Prozesse.

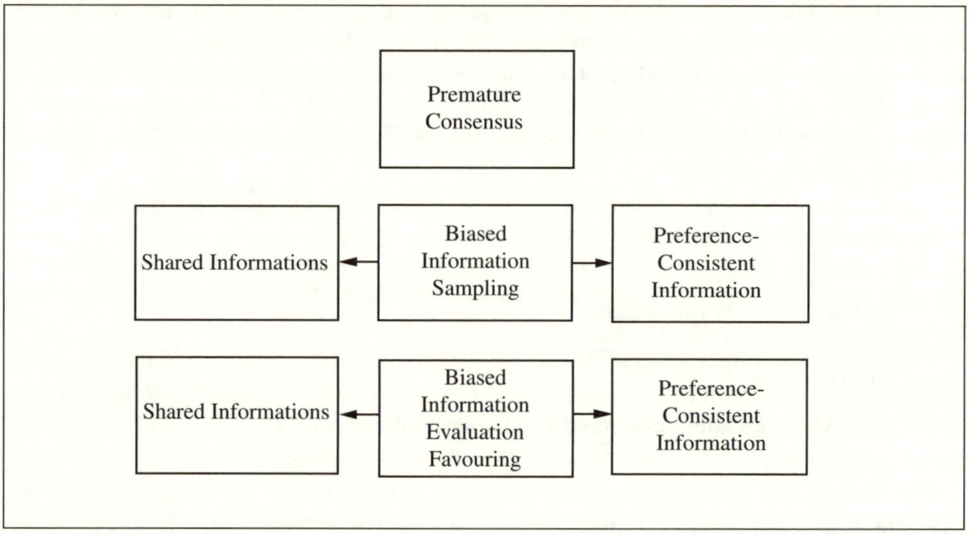

Quelle: Mojzisch/Schulz-Hardt (2006) 320.

Abb. 31: Informationsverarbeitungshinderliche Prozesse in Gruppen

Zum Ersten werden von den individuellen Gruppenmitgliedern im gemeinsamen Entscheidungsprozess unter Umständen nicht nur einfach Informationen ausgetauscht, sondern vielmehr Meinungen verglichen und ausgehandelt. D. h. jedes Gruppenmitglied hat aufgrund seiner eigenen Informationsbasis in der Regel bereits eine Präferenz hinsichtlich einer Entscheidungsalternative ausgebildet. Im Gruppenprozess werden entsprechend nicht mehr die Einzelinformationen ausgetauscht, sondern die Einzelpräferenzen. Dies kann zur Folge haben, dass bestimmte Kombinationen aus den der Gruppe vorliegenden Informationen nicht mehr gebildet werden können, nämlich die, die sich aus der Kombination aus unterschiedlichen Individualinformationen ergeben. Die Entscheidungsfindung über die Präferenzen der Einzelgruppenmitglieder entspricht daher einer unreifen, frühzeitigen Gruppenmeinung, die wichtige Informationskombinationen vernachlässigt. Ursache ist hierfür letztendlich die vorzeitige Entscheidung jedes Gruppenmitglieds aufgrund seiner Indivi-

155 Vgl. Stasser (1992) 55 ff.; Wittenbaum/Stasser (1996) 4.

dualinformationen. Die Folge ist ein voreiliger Konsens innerhalb der Gruppe zu Gunsten einer suboptimalen Entscheidungsalternative.[156]

Zum Zweiten zeigen sozialpsychologische Untersuchungen, dass es im Informationsaustauschprozess, d. h. in der Gruppendiskussion, zu einer verzerrten Wahrnehmung und Verarbeitung des potenziell vorhandenen Wissen kommt. So werden im Vergleich zu den ungeteilten Informationen vor allem geteilte Informationen diskutiert, d. h. Wissen, das bereits bei allen Gruppenmitgliedern vorhanden ist. Zudem werden vor allem Informationen in den Diskussionsprozess eingebracht, die den eigenen Präferenzen entsprechen. Es kommt also zu einer Verzerrung der Informationsverarbeitung im Informationsaustauschprozess der Gruppenmitglieder.

Als Drittes kommt es zu einer verzerrten Bewertung der in eine Diskussion eingebrachten Informationen. Wiederum konnte empirisch festgestellt werden, dass vor allem geteilte Informationen eine besonders hohe Gewichtung erfahren und des Weiteren, dass vor allem das den Präferenzen der Gruppenmitglieder entsprechende Wissen verarbeitet und als wichtig erachtet wird, wohingegen den individuellen Präferenzen widersprechende Informationen geringer geschätzt werden.

Jeder dieser drei Prozesse kann alleine für sich bereits dazu führen, dass innerhalb einer Gruppendiskussion nicht die optimale Entscheidungsqualität erlangt wird. Auch die Kombination aller drei Prozesse ist denkbar. Es kann demnach gefolgert werden, dass jeder der Einzelprozesse hinreichend, jedoch nicht notwendig für die Entstehung der verzerrten Informationsverarbeitung ist.

Untersuchungen zu möglichen Interventionen, die die Informationsverzerrung abmildern oder gar verhindern helfen, bestätigen die Robustheit des Phänomens. Bisher wurden nur wenige Möglichkeiten identifiziert, die eine Verbesserung der Entscheidungsqualität provozierten oder auch nur dazu führten, dass der Informationsaustausch angeregt wurde.

Die empirischen Erkenntnisse weisen auf den positiven Einfluss von Meinungsdivergenz hin. Liegen innerhalb der Gruppensituationen unterschiedliche Ansichten auf Seiten der einzelnen Gruppenmitglieder zu der besten Entscheidungsalternative vor, kann dies dazu führen, dass es zu einem verstärkten Austausch ungeteilter Informationen kommt und in Folge auch die Entscheidungsqualität zunimmt. Als ebenfalls erfolgreich hat sich eine bestimmte Prozedur bei der Entscheidungsfindung herausgestellt. Werden von den Gruppenmitgliedern Rangreihen hinsichtlich der möglichen Entscheidungsalternativen gebildet, scheint dies Gruppen dazu zu bewegen, die ihnen vorhandenen Informationen besser auszutauschen, als wenn diese lediglich die beste Entscheidungsalternative benennen sollen. Des Weiteren wurde festgestellt, dass auch Expertise bzw. das Wissen um das Expertentum einzelner Gruppenmitglieder förderlich für die Entscheidungsqualität sein kann. Es ist nicht ausreichend, eine Gruppe aus verschiedenen Experten für Spezialgebiete zusammenzusetzen, sondern dieses Expertentum muss auch jedem Gruppenmitglied bekannt sein. Nur wenn dieses »Metawissen« um die Spezialfähigkeiten bekannt ist, gehen die übrigen Gruppenmitglieder auch davon aus, dass dieser Experte seine besonderen, ungeteilten Informationen in den Diskussionsprozess einbringt.[157]

156 Vgl. hier und im Folgenden Mojzisch/Schulz-Hardt (2006) 299 ff.
157 Vgl. Kerschreiter/Mojzisch u. a. (2004) 108 ff.; Ruppel (2006) 170 ff.

cc) Polarisierung

Innerhalb der Diskussion um Entscheidungsprozesse in Gruppen hat im vergangenen Jahrhundert das *Risikoschub-Phänomen* eine besondere Aufmerksamkeit seitens einer Vielzahl von Forschern und Praktikern erhalten. Die Basis für die Forschung bildete eine nicht veröffentlichte Magisterarbeit von Stoner[158]. Innerhalb dieser empirischen Studie mussten die Probanden in vorgegebenen Entscheidungssituationen zu »Lebensdilemmata« zwischen zwei Alternativen unterscheiden, die mit unterschiedlicher Wahrscheinlichkeit eintreffen sollten. Die Antworten der Studenten lieferten Stoner einen Wert für die jeweilige Risikobereitschaft. Im folgenden Untersuchungsschritt mussten die Versuchsteilnehmer in Gruppen die gleichen Entscheidungssituationen diskutieren und abschließend die Entscheidungen noch einmal als Gruppe vollziehen. Im Ergebnis zeigte sich eine wesentlich erhöhte Risikobereitschaft der Gruppe im Vergleich zu den anfänglichen Individualurteilen.[159] Das Risikoschub-Phänomen (»risky shift«) war geboren.

Die Forschung zum Risikoschub-Phänomen erlebte darauf einen regelrechten Boom mit nahezu 200 Veröffentlichungen innerhalb der folgenden Dekade. Konsistent wurde die Risikoneigung von Gruppen wiederholt nachgewiesen, so dass in einer Reihe von Lehrbüchern die allgemeine und folgenreiche Ansicht vertreten wurde, dass von Gruppen prinzipiell risikoreichere Entscheidungen als von Einzelpersonen ausgingen. Vernachlässigt wurde jedoch eine systematische wissenschaftliche Aufarbeitung der psychologischen Prozesse, die verantwortlich für die Risikoneigung waren. Problematisch war in diesem Zusammenhang vor allem, dass die Methodik zur Erfassung des Phänomens kaum variiert wurde und die Motivation für die risikoreichen Einschätzungen bei den Probanden nicht wirklich hinterfragt wurde. Erst die Untersuchungen von Moscovici und Zavalloni[160] erweiterten das Wissen um das dem Risikoschub zu Grunde liegende Phänomen eines allgemeinen Polarisierungsprozesses innerhalb von Gruppen.[161] Moscovici und Zavalloni ließen in ihrer Untersuchung 140 französische Schüler im Alter von 18–19 Jahren in einer ersten Phase ihre persönlichen Einstellungen hinsichtlich ihrer Übereinstimmung mit ihnen vorgelegten Aussagen auf einer siebenstufigen Likert-Skala von +3 (starke Zustimmung) über 0 (neutraler Punkt) bis –3 (starke Ablehnung) beschreiben. Im ersten Experiment ging es um Einstellungen zu General de Gaulle, im zweiten Experiment um Einstellungen gegenüber US-Amerikanern. So wurde beispielsweise nach Meinung zu Sätzen wie »De Gaulle ist zu alt, um seine schwierige politische Aufgabe erfolgreich zu meistern« oder »Die amerikanische Wirtschaftshilfe wird immer dazu genutzt, um politischen Druck auszuüben« gefragt.[162] In der zweiten Phase der Untersuchung gab es eine Gruppendiskussion mit dem Ziel, bezüglich jeder Aussage eine konsensuale Gruppenbewertung vorzunehmen. Hiernach wiederum hatte jeder Proband noch einmal individuell seine Einstellung zu jedem Item abzugeben. Es zeigte sich, dass die Schüler in Folge der Diskussion eine extremere Position eingenommen hatten. Die vor der Diskussion gegenüber de Gaulle leicht positive Einstellung (mittlerer Wert von (.90) war nach der Gruppendiskussion positiver ausgeprägt (1.18), wie auch in der individuellen Bewertung nach der Diskussion (1.19). Die Einstel-

158 Vgl. Stoner (1961).
159 Vgl. Wallach/Kogan/Bem (1962) 75 ff.
160 Vgl. Moscovici/Zavalloni (1969) 125 ff.
161 Vgl. Sader (2002) 12 ff.
162 Vgl. Moscovici/Zavalloni (1969) 129.

lung gegenüber den Amerikanern, die in der ersten Phase im Schnitt leicht negativ war (–.61), wurde hingegen nach der Diskussion (–1.09) sowie in der Einzelbewertung (–1.04). Dass auch in der dritten Phase des Experiments, der abermaligen individuellen Bewertung der Aussagen, eine ähnliche Polarisierung gefunden wurde wie in der Gruppenkonsens-Phase, wies auf eine echte Einstellungsänderung durch die Gruppendiskussion hin (vgl. Abbildung 32).

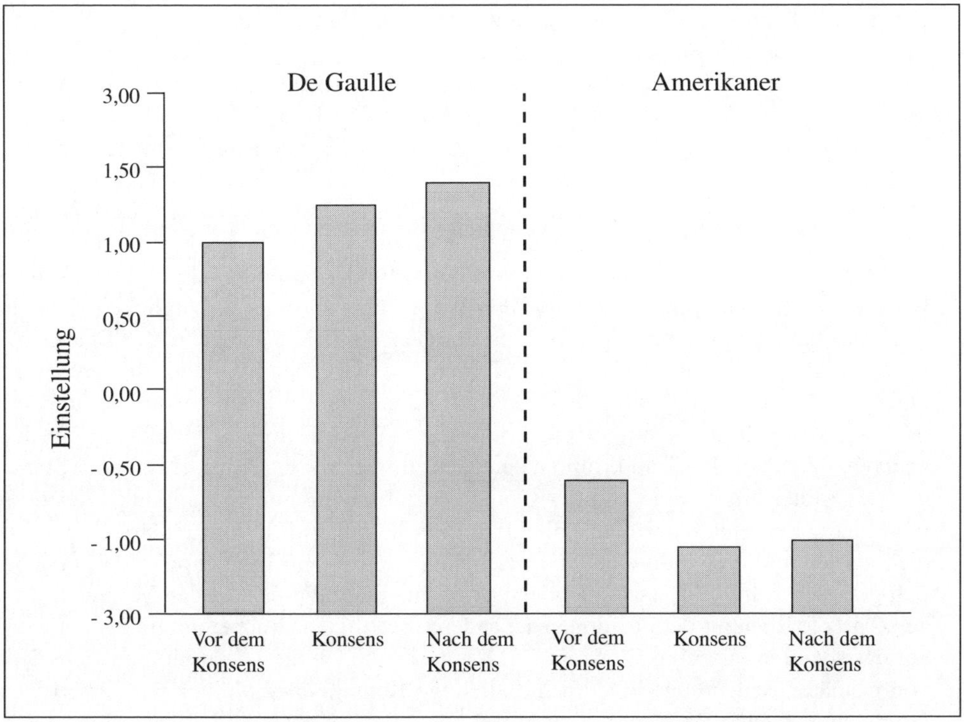

Quelle: Abbildung zu Versuch von Moscovici/Zavalloni (1969); in enger Anlehnung an die Darstellung von v. Avermaet (2003) 477.

Abb. 32: Polarisierung der Einstellungen gegenüber De Gaulle und Amerikanern

Unter dem Phänomen der Polarisierung wird entsprechend die beobachtete Extremisierung von Entscheidungen innerhalb von Gruppen gegenüber den gemittelten Individualentscheidungen verstanden. Gruppendiskussionen können demnach zu einer Gruppenpolarisierung führen. Die bereits vorher bei der Mehrzahl der Teammitglieder vorhandenen Einstellungen oder Meinungen werden verstärkt und prägnanter. Da diese Gruppenpolarisierung in einer Vielzahl unterschiedlicher Situationen belegt werden konnte,[163] kann es als sehr robustes und allgemein gültiges Gruppenphänomen interpretiert werden.[164]

163 Vgl. Myers/Lamm (1976) 602 ff.
164 Vgl. Ruppel (2006) 136 ff.

Vor allem drei Erklärungsmechanismen werden für das Auftreten des Polarisierungsphänomens angenommen; dies sind Prozesse sozialer Vergleiche, der Einfluss überzeugender Argumente und die soziale Kategorisierungstheorie.

- **Soziale Vergleiche als Ursachen einer Polarisierung**
  Nach der Theorie der sozialen Vergleiche sind Personen permanent motiviert, sich in einem sozial erwünschten Zustand wahrzunehmen und zu präsentieren. Dieses Ziel, ein positives Selbstbild aufrecht zu erhalten, sowie der Wunsch nach positiver Wahrnehmung durch andere Personen, führt zu einer andauernden Informationsverarbeitung darüber, wie sich andere Personen präsentieren, und in Reaktion darauf zu einer Anpassung der eigenen Selbstpräsentation. Zwei Aspekte sind für das Individuum von entscheidender Bedeutung: zum einen, sich bezogen auf eine anstrebenswerte Richtung von anderen Menschen zu unterscheiden (z. B. risikoreicher, mutiger etc. zu sein) und zum anderen, sich im Vergleich besser darzustellen als andere Personen. Entscheidungen in Gruppen sind für Individuen demnach immer verbunden mit bestimmten sozialen Werten, wie beispielsweise verantwortungsvoll oder besonders draufgängerisch zu wirken. Die Summierung dieser sozialen Werte führt zu einer anfänglichen sozialen Präferenz für ein bestimmtes, favorisiertes Gruppenentscheidungsergebnis.[165] Eine Gruppendiskussion kann entsprechend dazu führen, dass Gruppenmitglieder ihr Streben zu einer sozial wertvollen Position im Vergleich zu anderen Personen verstärken, um sich im Vergleich, selbst in eine bessere Position zu begeben. Soziale Vergleiche mit den anderen Individuen der Gruppe führen demnach zu einer Verschiebung des eigenen Standpunktes weiter hin zu dem von der Gruppe sozial erwünschten Standpunkt. Resultierend hieraus ist eine extremere kollektive Entscheidung, d. h. eine Polarisierung, als dies aus den mittleren individuellen Entscheidungen vor den Gruppenprozessen ersichtlich gewesen wäre.[166] Entscheidender Faktor innerhalb dieses sozialen Vergleichsprozesses ist die Kenntnis der Positionen der anderen beteiligten Gruppenmitglieder in Bezug auf das sozial erwünschte Ergebnis.[167] Demnach ist auch die Diskussion an sich nicht von primärer Bedeutung, sondern die alleinige Kenntnis der Meinungen der übrigen Gruppenmitglieder. Dies konnte empirisch als »mere-exposure«-Effekt nachgewiesen werden.[168] Der Polarisierungsprozess entstand in diesen Experimenten ohne jede Gruppendiskussion. Die Gruppenmitglieder hatten lediglich, z. B. über Schilder, ihre Ausgangsposition angedeutet.
  In ähnlicher Weise zeigten Versuche, dass Personen dann stärkere Veränderungen der eigenen Position vornehmen, wenn diese Veränderung in Richtung einer sozial erwünschten Eigenschaft weist, z. B. Zeichen einer höheren Intelligenz sind und somit einen hohen sozialen Wert aufweisen.[169]
  Im Fokus dieser Erklärung des Polarisierungseffekts stehen also Selbstpräsentations- resp. Selbsterhöhungsmotive, die aufgrund von Vergleichen mit anderen Personen stimuliert werden. In den Mittelpunkt von Diskussionen werden Beziehungen zu anderen Personen gestellt, weniger der Sachinhalt der Gespräche.

165 Vgl. Isenberg (1986) 1141 f.
166 Vgl. Brown (2004) 201 ff.; Sanders/Baron (1977) 303 ff.
167 Vgl. Brown (2004) 202.
168 Z. B. Blascovich/Ginsburg/Veach (1975) 422 ff.; Myers (1978) 554 ff.; Teger/Pruitt (1967) 189 ff.
169 Vgl. Baron/Roper (1976) 521 ff.

- **Überzeugende Argumente als Ursachen von Polarisierung**
Im Gegensatz dazu stehen Vertreter des Ansatzes »überzeugender Argumente«. Ausschlaggebend für eine Polarisierung ist nach diesen der inhaltliche Faktor einer Information. Grundsätzlich argumentieren Vertreter dieser Richtung, dass es in kaum einer Gruppe ein Gleichgewicht zwischen verschiedenen Standpunkten zu einer Entscheidung geben wird. Im Regelfall soll für eine Meinung zumindest ein leichtes Übergewicht unter den Gruppenmitgliedern vorhanden sein. Den einzelnen Individuen sind die unterschiedlichen Argumente jedoch vor einer gemeinsamen Diskussion nicht bekannt. Erst im Verlauf der Diskussion werden diese den Teilnehmern zugänglich und dabei in der Mehrzahl die Argumente, für die im Vorhinein über die Individuen hinweg dominante Positionen bestehen. Als rationale Informationsverarbeiter agieren die Gruppenmitglieder demnach, indem sie auf die zusätzlichen, ihre Meinung stützenden Argumente reagieren und eine Position einnehmen, die noch stärker in diese Richtung geht.[170]
Die von Burnstein und Vinokur[171] entwickelte »Persuasive Arguments Theory« (PAT) beschreibt den genannten Prozess und besagt, dass die individuelle Position letztlich eine Funktion aus der Zahl und Überzeugungskraft der Pro- und Kontraargumente ist, die eine Person aus ihrem Gedächtnis bei Formulierung der eigenen Position abrufen kann. Die Gruppendiskussion wiederum kann über überzeugende Argumente eine Einzelperson zu einem Wandel resp. Stärkung ihrer Position führen. Die Überzeugungskraft von Argumenten steigt mit ihrer Validität und Neuheit an.[172]

- **Soziale Entscheidungsschemata**
Folgt man den Annahmen der sozialen Entscheidungstheorie,[173] so besitzen Gruppen in der Regel eine Vorstellung darüber, wie die Gruppe Entscheidungen trifft. Diese Vorstellung basiert auf implizierten Normen und Regeln der Gruppe. Sind Gruppenmitglieder geneigt, Risiken einzugehen, so entwickelt sich ein Risiko-gewinnt-Schema. Sobald zwei Personen aus der Gruppe die risikohaftere Alternative favorisieren, wird dann die gesamte Gruppe nachziehen. Umgekehrt gelten diese Mechanismen auch für den Fall, dass die Gruppe ein eher risikoscheues Verhalten als Schema besitzt. Auch hier genügen zwei Personen einer Gruppe, damit die konservative Entscheidung getroffen wird.[174]
Da alle Ansätze empirische Bestätigung finden konnten, ist die Annahme plausibel, einen kombinierten Prozess anzunehmen. D. h. alle drei Ansätze können zur Polarisierung führen, für sich oder in Kombination miteinander. Entscheidend ist, dass die Theorie sozialer Vergleiche in erster Linie normative Einflüsse als Auslöser der Polarisierung ansieht, während die PAT und die Theorie sozialer Schemata stärker informale Einflussprozesse thematisiert.[175]

170 Vgl. Burnstein/Vinokur (1977) 315 ff.; Brown (2004) 203 ff.; v. Avermaet (2003) 478 ff.
171 Vgl. Burnstein/Vinokur (1975) 412 ff., (1977) 315 ff.
172 Vgl. Vinokur/Burnstein (1978) 335 ff.
173 Vgl. Davis (1982) 27 ff.
174 Vgl. Forsyth (1999) 324.
175 Vgl. Forsyth (1999) ebd.
176 Vgl. Steiner (1972) 9.

dd) Prozessverluste und -gewinne

Ein grundlegendes und weit verbreitetes Modell zur Leistungserbringung in Gruppen stammt von Steiner.[176] Demnach setzt sich die Leistung einer Gruppe wie folgt zusammen:

Aktuelle Produktivität = potenzielle Produktivität – Prozessverluste

Die potenzielle Produktivität einer Gruppe steht für die maximal erreichbare Leistungsfähigkeit einer Gruppe. Diese ergibt sich aus den Aufgabenanforderungen und den zugänglichen Ressourcen. Ressourcen können dabei zum einen die bei den Individuen vorhandenen Fähigkeiten und Qualifikationen sein, aber auch die für die Aufgabenerledigung notwendigen Werkzeuge und Instrumente. Zusätzlich zu diesen zwei Produktivitätsdeterminanten spielen aber auch Gruppenprozesse eine Rolle. Gruppenprozesse können als Transformation individueller Ressourcen in ein Produkt und die dafür notwendigen inter- und intrapersonellen Vorgänge verstanden werden. Dieser Kombinationsprozess individueller Ressourcen zu einer Gesamtleistung unterliegt jedoch der Gefahr von Prozessverlusten, die eine Produktivitätsminderung nach sich ziehen. Typischerweise werden für solche Prozessverluste Koordinations- und Motivationsverluste innerhalb der Gruppe verantwortlich gemacht.[177]

Im Folgenden soll detaillierter auf die Gefahren von *Motivationsverlusten* eingegangen werden.

Motivationsverluste bei der Aufgabenbearbeitung in Gruppen im Vergleich zu Individuen werden in vielen Fällen mit dem Phänomen des »*Social Loafing*« in Verbindung gebracht und können mit diesem gleichgesetzt werden.[178] Typischerweise werden bei Untersuchungen zum Social Loafing die Leistungserbringung bei kollektiven Aufgaben, bei denen einen Endprodukt über eine Kombination von Einzelleistungen zustande kommt und summierte Leistungen von Individuen bei Einzelaufgaben oder aber koaktiven Gruppenaufgaben verglichen.[179] Das Phänomen des Social Loafing beschreibt in diesem Bezug ganz allgemein die reduzierte aufgebrachte Anstrengung von Individuen innerhalb von Gruppensituationen.[180] Vielfach wird das Social Loafing auch als inverse Beziehung zwischen Gruppengröße und Motivation der Gruppenmitglieder beschrieben. Das bedeutet, dass je größer eine Gruppe ist, in der sich ein Individuum befindet, desto stärker wird seine Leistungsabnahme aufgrund von Motivationsverlusten sein. Eine zentrale Ursache für die reduzierte Anstrengung liegt in der fehlenden Identifikation von Individualbeiträgen zu einer Gesamtaufgabe. Mit zunehmender Gruppengröße verstärkt sich dieser Effekt der mangelnden Anrechenbarkeit von Individualanstrengungen und in Folge dessen die Ausprägung des Social Loafing.[181]

Eine Metaanalyse von Karau und Williams[182] führte zur Identifikation unterschiedlicher Bedingungen, die das Auftreten des Social Loafing beeinflussen resp. verstärken. Hierzu zählt, dass 1) die individuellen Leistungsergebnisse eines Gruppenmitglieds weder von den anderen Mitgliedern noch von einem Vorgesetzten bewertet werden können, 2) der zu bearbeitenden Gruppenaufgabe wenig Bedeutung zugeschrieben wird, 3) es keinen kla-

177 Vgl. Steiner (1972) 9 ff.
178 Vgl. Kerr/Tindale (2004) 628.
179 Vgl. Karau/Williams (1993) 681.
180 Vgl. Karau/Williams (1995) 134.
181 Vgl. Latané u. a. (1979) 822 ff.
182 Vgl. Karau/Williams (1993) 681 ff.

ren Standard gibt, mit welchem die Leistung verglichen werden kann, 4) die Gruppenarbeit mit unbekannten Personen verrichtet wird, 5) andere Personen der Gruppe eine hohe Leistung bringen, 6) die eigene Leistung als nicht relevant für das Gruppenergebnis erachtet wird und 7) je größer die Gruppe, desto wahrscheinlicher das Auftreten des Social Loafing ist. Zudem zeigte die Metaanalyse ein verstärktes Auftreten des Social Loafing in reinen Männergruppen im Vergleich zu Frauen- oder Mischgruppen.

Teilweise unterschieden vom Social Loafing werden der »*Free Rider*«- und der »*Sucker*«-Effekt. Während das Social Loafing stärker als ein unterbewusster Prozess angesehen wird, vollziehen sich Motivationsverluste beim Free Rider und Sucker-Phänomen bewusst. Free Riding entsteht, wenn Personen die eigene Leistung als überflüssig für den Gesamterfolg der Gruppe ansehen, da die Leistungserbringung der übrigen Gruppenmitglieder womöglich bereits ausreicht, um das Gruppenziel zu erlangen.[183]

Der Sucker-Effekt führt über die Vermutung, andere Gruppenmitglieder könnten auf Kosten der eigenen Leistung ihre Anstrengung zurückfahren, zu einer Reduktion der eigenen Mühen resp. zu Motivationsverlusten. Die Angst besteht, aufgrund des Free Rider-Verhaltens anderer ausgenutzt zu werden und die »Sucker-Position« inne zu haben.[184]

Der pessimistischen Sichtweise Steiners stehen Erkenntnisse gegenüber, die neben den Prozessverlusten auch die Möglichkeit von Prozessgewinnen berücksichtigen. In Anlehnung und Erweiterung an Steiners Modell[185] ergibt sich die Gruppenleistung demnach aus folgenden Komponenten:

Tatsächliche Gruppenleistung = Gruppenpotenzial + Prozessgewinne – Prozessverluste[186]

Im Vergleich zu Experimenten zu Prozessverlusten sind die Bedingungen und Möglichkeiten für Leistungsgewinne von Gruppen weniger stark erforscht. Erst in jüngerer Zeit wird dieser Thematik mehr Aufmerksamkeit geschenkt.[187] Die in diesem Zusammenhang häufig genannten und empirisch nachgewiesenen Gruppenphänomene sind das *Social Facilitation*, der *Köhler-Effekt* und das *Social Compensation*.

Social Facilitation tritt in Situationen auf, in welchen die Leistungserbringung eines Individuums offensichtlich von anderen Personen beobachtet wird oder aber die Leistungserbringung in einer Koaktions-Situation erbracht wird, d. h. andere Personen in Gegenwart die gleiche Aufgabe bearbeiten. Social Facilitation führt zu einer Leistungssteigerung bei den betroffenen Personen. Als Ursachen werden zum einen die Rivalität und zum anderen eine erhöhte Aktivität angesehen. Unter Umständen können diese Situationen jedoch auch leistungshemmend wirken. Entscheidend ist offensichtlich die Art der Aufgabe. Ist diese komplex, neu und schwierig, führen anwesende und koagierende Personen eher zu einer Leistungsminderung bei der betreffenden Person.[188]

Bereits 1926 entdeckte Otto Köhler Effekte der Motivations- bzw. Leistungssteigerung in einer gemeinschaftlichen Situation im Vergleich zur individuellen Anstrengung. Seine Experimente hatten als Grundlage Aufgaben konjunktiven Typs, in denen Sportler eines Berliner Ruderclubs eine Stange allein oder in Dyaden bis zur Erschöpfung heben soll-

183 Vgl. Kerr (1983) 820.
184 Vgl. Kerr (1983) 819 ff.
185 Vgl. Steiner (1972) 9.
186 Vgl. Schulz-Hardt u. a. (2002) 33; Tschan (2000) 19 f.
187 Vgl. Hertel (2000) 169 ff.
188 Vgl. Wegge (2001) 497 ff.

ten.[189] Der Versuchsaufbau ermöglichte die Identifikation der Kraft, mit welcher an dem Gegenstand gezogen wurde. Im Ergebnis zeigte sich ein kurvilinearer Zusammenhang zwischen der Anstrengung eines Individuums in der Gruppe, seiner Anstrengung in der Einzelsituation und der Differenz zwischen den Stärken der Gruppenmitglieder. Entsprechend kam es zu Motivationsgewinnen, d. h. Leistungssteigerungen, wenn die Unterschiede in den Leistungen zwischen Einzelpersonen in der Gruppe moderat ausgeprägt waren, nicht aber bei gleicher Leistungsstärke oder aber sehr großen Unterschieden.[190] Eine Wiederholung der Versuche Ringelmanns und eine verbundene detaillierte Analyse der Prozesse[191] identifizierten das schwächere Individuum als ausschlaggebend für diesen Leistungsgewinn. Dieses versucht, mit der Leistung der stärkeren Partner gleichzuziehen.[192]

Social Compensation steht für die Mehranstrengung eines Teammitglieds aufgrund dessen Wissen über die individuelle Gruppenleistung eines schwächeren Mitglieds. Die Erwartung dieser schwächeren Leistung kann unter Umständen eine diese Leistung kompensierende Mehranstrengung anderer Gruppenmitglieder resp. eines anderen Gruppenmitglieds zur Folge haben, um das gemeinsame Gruppenziel nicht zu gefährden. In unterschiedlichen Experimentalserien konnte wiederholt dieser Effekt nachgewiesen werden.[193] Ergebnisse zu Aufgaben, in denen entweder unter koaktiven oder kollektiven Bedingungen Ideen generiert werden mussten, zeigten ein Kompensationseffekt der schwachen Leistung eines offensichtlich schwachen weiteren Mitarbeiters auf Seiten der Probanden in den Fällen, in welchen die zu erfüllende Arbeit als besonders wichtig oder sinnvoll wahrgenommen wurde. Diese Kompensation der schwachen Leistung eines anderen Mitglieds durch stärkeren Einsatz trat hingegen nicht unter Bedingungen bedeutungsloser Aufgaben auf.[194]

Social Compensation und der Köhler-Effekt unterliegen letztlich ähnlichen Mechanismen. Jeweils ist die wahrgenommene Instrumentalität der eigenen Leistung von Bedeutung. Bei der Social Compensation wird die hohe Instrumentalität der individuellen Anstrengung auf Seiten des leistungsfähigeren Mitglieds empfunden, während beim Köhler-Effekt die Wahrnehmung der Instrumentalität der eigenen Anstrengung auf Seiten des schwächeren Gruppenmitglieds für die Leistungssteigerung verantwortlich ist.[195]

h) Gruppen im zeitlichen Ablauf

Im Laufe des Bestehens einer Gruppe können von Anbeginn des Zusammenseins bis zur dauerhaften Existenz derselben unterschiedliche Phasen der Gruppenentwicklung entschieden werden. Das bekannteste Modell zur Beschreibung dieser Phasen stammt von Tuckmann und differenziert zwischen vier zentralen Stufen der Gruppenentwicklung (s. Abbildung 33).[196]

Zu Anfang befindet sich die Gruppe in der so genannten Formierungs- oder Orientierungsphase (Forming), deren zentraler Prozess im Kennenlernen der Mitglieder untereinander besteht. Noch gilt für das Zusammensein eine gewisse Unsicherheit auf Seiten der

189 Vgl. Hertel/Kerr u. a. (2000) 205; Köhler (1926/1927); Stroebe/Diehl/Abakoumkin, (1996) 45 ff.
190 Vgl. Karau/Markus/Williams (2000) 183.
191 Vgl. Stroebe u. a. (1996) 51 ff.
192 Vgl. Stroebe u. a. (1996) 62.
193 Vgl. Hart/Bridgett/Karau (2001); Karau/Williams (1997); Williams/Karau (1991).
194 Vgl. Williams/Karau (1991) 570 ff.
195 Vgl. Karau u. a. (2000) 183.
196 Vgl. Tuckman (1965) 384 ff.

	Gruppenstruktur	Aufgabenverhalten
Formierung	Unsicherheit, Abhängigkeit Ausprobieren, welches Verhalten wann akzeptabel ist.	Mitglieder definieren die Aufgabe, Regeln und Methoden.
Storming	Konflikte, Aufstand, Polarisierung der Meinungen, Kontrolle wird abgelehnt.	Emotionale Ablehnung der Aufgabenanforderungen.
Norming	Entwicklung von Kohäsion, Normen, gegenseitiger Unterstützung, Konflikte werden bereinigt.	Offener Austausch von Meinungen und Gefühlen, Kooperation entsteht.
Performing	Interpersonale Probleme gelöst, Gruppenstruktur ist funktional, Rollenverhalten flexibel.	Problemlösungen möglich, Energie ist konstruktiv ganz auf die Aufgabe gerichtet.

Quelle: In enger Anlehnung an Tuckman (1965) 396, aus Staehle (1999) 281.

Abb. 33: Typische Gruppenphasen im Zeitablauf

Gruppenmitglieder. Ähnlichkeiten und Differenzierungen werden in den ersten Interaktionen untereinander beurteilt und in Folge auch erste Sympathien gebildet resp. nicht entwickelt.

Auf diese Anfangsphase folgt die Sturmphase (Storming), in welcher erste Koalitionen gesucht und geschlossen und Hierarchien innerhalb der Gruppe gebildet werden. Diese Prozesse implizieren eine gewisse Sensibilität der Gruppe. Am Ende dieser Phase steht nicht selten das Scheitern dieser als Ganzen.

Die dritte Stufe wird Normierungsphase (Norming) genannt. Die Gruppenmitglieder entwickeln eigene Normen und Standards der Gruppe, die die Interaktion regulieren und bestimmen. Die individuellen Rollen sind verteilt und den Mitgliedern bekannt. Die Normen und Standards sorgen für eine gewisse Harmonie der Gruppenmitglieder untereinander.

Zuletzt tritt eine Gruppe in die Reifephase ein (Performing). Die Normen und Standards sorgen für das reibungslose miteinander. Die Gruppenerfahrung führt zu Routinen. Die Mitglieder fokussieren auf die Gruppenziele.

In offenen Gruppen, wie sie in der Regel in Betrieben vorzufinden sind, kann es durch Fluktuation und neue Gruppenmitglieder für Gruppen, die sich bereits in der vierten Phase befunden haben, auch wieder eine Bewegung in die Formierungsphase geben. Letztendlich stellt dieser Phasenablauf keine unveränderliche Regelhaftigkeit dar. Vielmehr können Phasen in anderen Reihenfolgen durchlaufen oder auch ausgelassen werden. Ausschlaggebend sind vor allem die Umweltbedingungen, wie sich eine Gruppe in der Realität verhält.[197]

---

197 Vgl. Steinman/Schreyögg (2005) 632 f.

Die Dauerhaftigkeit von Gruppen spielt in Organisationen eine bedeutsame Rolle: Zum einen können Gruppen in ihrer Konstitution relativ dauerhaft sein, d. h. die Gruppenmitgliederkonstellation bleibt über einen längeren Zeitraum unverändert gleich. Diese Gruppen werden auch geschlossene Gruppen genannt. Zum anderen können Gruppen aber auch dahingehend offen sein, dass es durch regelmäßige Fluktuation, z. B. aufgrund von Projektarbeit oder auch systematischer Job Rotation der Mitarbeiter, zu einem ständigen Austausch der Mitglieder kommt. Gerade vor dem Hintergrund verstärkter Flexibilitätsanstrengungen in vielen Teilen der Industrie erscheint diese Gruppenschicksal heutzutage mehr die Regel als die Ausnahme zu sein. Gefahren, die typischerweise mit geschlossen Gruppen in Verbindung gebracht werden, sind starre Normen, geringe Innovationsfähigkeit und Missachtung von Informationen, die von außerhalb der Gruppe stammen. Offene Gruppen unterliegen hingegen dem Problem, immer wieder Prozessen gruppendynamischer Strukturbildung ausgesetzt zu sein und hierdurch Belastungen und Leistungsverluste zu erleben.[198]

---

198 Vgl. v. Rosenstiel (2004) 401 f.

C. Mitarbeiterführung

I. Grundprobleme der Führung

Das Phänomen der Führung durchzieht nahezu die gesamte Geschichte der Menschheit. So sind bereits aus der Antike Schriften überliefert, die sich mit der Führung von Arbeitern und Arbeitsgruppen (Sklaven) beschäftigen (z. B. Seneca).

Bezogen auf die Führung im Betrieb sind es heute vor allem folgende Problemfelder, mit denen sich die moderne Führungsforschung seit nunmehr fünf Jahrzehnten auseinander setzt:[1]

- Was ist Führung; durch welche Merkmale lässt sie sich charakterisieren?
- Wie wirkt Führung; was sind die Kategorien von Führungserfolg und wie lassen sich diese messen (Führungseffizienz)?
- Warum und wie werden bestimmte Personen zu (erfolgreichen) Führern?
- Wie verhalten sich (erfolgreiche) Führer?
- Wovon hängt Führungserfolg ab?

1. Begriff und Merkmale der Führung

In der Grundlegung ist der Begriff der Führung in einem weiten, betriebswirtschaftlich-allgemeinen Sinne bereits erläutert worden, um daraus Begriff und Inhalt des Personal-Management abzuleiten (vgl. Kap. A.II). Gegenstand dieses Kapitels ist nun derjenige Teilbereich des Personal-Management, der die Tätigkeiten der **Verhaltenssteuerung** zum Inhalt hat, und zwar davon wiederum derjenige Ausschnitt, der die **»Mitarbeiterführung«** im Sinne der Ausübung von Vorgesetztenfunktionen zum Gegenstand hat.

Bevor näher auf das im Folgenden zugrunde gelegte Verständnis der Mitarbeiterführung eingegangen wird, sind einige Ausführungen zur allgemeinen Thematisierung dieses Phänomens sinnvoll.

Der amerikanische Sprachgebrauch der Mitarbeiterführung (»*Leadership*«) ist traditionell auf die direkte Einflussbeziehung zwischen Führern und Geführten ausgerichtet. Dies hängt zum Ersten mit dieser Gesellschaftskultur zusammen, die als stark »boss-centered« charakterisiert werden kann. Zum Zweiten erklärt die Dominanz der Psychologen in der amerikanischen Managementforschung und -lehre den individual- und sozialpsychologischen Ansatz der Führung. Zum Dritten konzentriert sich auch die – von den USA gegen-

---

1 Einen guten Überblick über die mit Führung zusammenhängenden Fragen und ein ausführliches Literaturverzeichnis mit zahlreichen weiterführenden Quellen bieten Neuberger (1990); Staehle (1999); Bass (1981); Wunderer/Grunwald (1980), Bd. 1 und 2; Wunderer (2003); Seidel/Jung/Redel (1987); Weibler (2001).

wärtig stark beeinflusste – Führungspraxis und -publizistik gerne auf die Führungspersonen, ihre Eigenschaften, Funktionen und Wirkungen. Denn über Personen lässt sich Führung leichter erfassen, beschreiben und erklären.

Die Möglichkeiten und wertschöpfenden Funktionen der direkten Einflussnahme durch den »boss« sind und bleiben unbestreitbar. Ohne sie ist auch der beste Ansatz einer systematischen Verhaltenssteuerung nicht realisierbar, sie bleibt aber unvollständig, wenn die folgenden Teilphänomene in der Diskussion ausgeblendet bleiben:

- Dies betrifft zum einen die bereits angeführte **strukturelle Verhaltenssteuerung**. Denn sie soll den Rahmen, die Voraussetzungen, das fördernde Umfeld für das Wirken der Führungskräfte und zugleich für die eigenverantwortliche Leistung der Mitarbeiter schaffen. Sie steht in engem Zusammenhang zur **interaktionellen Verhaltenssteuerung**.
- I. Allg. wird in der Diskussion immer von der hierarchischen Mitarbeiterführung ausgegangen, d. h. der zielorientierten Einflussnahme eines Vorgesetzten auf einen Untergebenen. Daneben findet aber auch laterale Führung (zielorientierte, interpersonelle Verhaltensbeeinflussung von in etwa Gleichgestellten) und Führung von unten (gezielte Einflussnahme von Untergebenen via: Informationsverhalten, Dienst nach Vorschrift, innere Kündigung u. a. m. auf das Denken und Handeln ihrer Vorgesetzten) statt.

Im Nachfolgenden konzentrieren wir uns vornehmlich auf die hierarchische Führung. Auch der so angedeutete (engere) Begriff der Führung wird in der Literatur in vielfältiger, z. T. widersprüchlicher Weise definiert und kontrovers diskutiert.[2] Als gemeinsamer Nenner schält sich dabei heraus, dass Führung als ein irgendwie gearteter Versuch der Einflussnahme oder Einwirkung auf das Verhalten anderer Personen verstanden wird.

Dieser Ausgangspunkt soll um Merkmale angereichert werden, die für das Phänomen der Führung von Mitarbeitern im Betrieb wesentlich erscheinen und es näher kennzeichnen. Führung liegt demnach vor, wenn:

- mindestens zwei Personen existieren: **Führer** und **Geführter**;
- eine soziale **Interaktion** (gekennzeichnet durch die wechselseitige Bedingtheit des Verhaltens) stattfindet;
- diese Interaktionsbeziehung **asymmetrisch** verläuft, d. h. die Möglichkeit zur **Willensdurchsetzung** aufgrund unterschiedlicher Machtverteilung primär aufseiten des Führers liegt;
- die Einflussnahme des Führers **zielorientiert** erfolgt, also auf die Erreichung bestimmter Ergebnisse bzw. die Erfüllung bestimmter Aufgaben ausgerichtet ist;
- **Wirksamkeit** der Führung bezüglich Verhaltensauslösung und -steuerung vorliegt;
- die Willensdurchsetzung durch spezifische Aktivitäten der **Information**, **Instruktion**, **Entscheidung**, **Motivation**, **Konfliktlösung** erfolgt;
- im Führungsprozess eine **Ausbildung von Rollen** (Verhaltenserwartungen), **Werten** und **Normen** stattfindet;
- die **Interaktion dynamisch** ist, d. h. sich permanent entwickelt und Veränderungseinflüssen unterschiedlichster Art ausgesetzt ist.

Obwohl diese Merkmalsaufzählung recht umfangreich ist, kann sie nicht den Anspruch erheben, abschließend und vollständig zu sein; es mag durchaus Fragestellungen zur Füh-

---

2 Eine Zusammenstellung findet sich z. B. bei Seidel (1978) 69 f.; Neuberger (1990a) 2 f.

rung geben, für die weitere Facetten bedeutsam sind, einige der genannten Merkmale jedoch nicht interessieren.

2. Führungseffizienz

a) Effizienz-Kategorien und ihre Bestimmungsgrößen

Da Führung nicht zweckfrei erfolgt, durch sie vielmehr bestimmte Ziele erreicht werden sollen, stellt sich die Frage nach der Leistungsfähigkeit – oder Effizienz – eines praktizierten oder denkbaren Führungsverhaltens. Konkret bedeutet dies, dass sowohl für den betrieblichen Alltag, als auch für die wissenschaftliche Forschung Kriterien definiert werden müssen, durch die sich erfolgreiche bzw. effiziente Führung von nicht-erfolgreicher bzw. ineffizienter Führung in ihren Folgen unterscheidet. Grundsätzlich lässt sich Führungseffizienz in eine Vielzahl von Einzelvariablen aufspalten bzw. mit unterschiedlichsten Kriterien ausdrücken, wie die Systematisierung von Witte beispielhaft zeigt (vgl. Abbildung 34).

Im Folgenden wird hier zwischen zwei Kategorien der Führungseffizienz unterschieden:

- **wirtschaftliche** Effizienz, d. h. Grad der Erreichung institutioneller Ziele, als ökonomischer Aspekt,
- **sozial-psychologische** Effizienz, d. h. Grad der Befriedigung individueller Bedürfnisse der Institutions-Mitglieder (-Mitarbeiter), als humaner Aspekt.

aa) Wirtschaftliche Effizienz

Als Bestimmungsgrößen können für die wirtschaftliche Effizienz einzelne mengenmäßige oder auch wertmäßige Größen herangezogen werden wie Input-, Output-, Aufwands-, Ertragsziffern, aber auch Relationen oder kombinierte Kennzahlen. Zur Systematisierung bieten sich an:[4]

- Kennzahlen **mengenmäßiger** Ergiebigkeit, z. B. Mengenleistung pro Zeiteinheit (verkaufte Produkte, bearbeitete Werkstücke, erledigte Akten, erschienene Publikationen o. Ä.), Ausfallzeiten, Ausschussquoten;
- Kennzahlen **wertmäßiger** Ergiebigkeit, z. B. kostenwirtschaftliche Größen, Gewinn, Rentabilität, Kapazität, Beschäftigungsgrad, bewertete brauchbare Ideen einer Forschungsabteilung;
- Kombinationsmerkmale, z. B. Flexibilität, Stabilität, Wachstum, Marktstellung, Störanfälligkeit, Liquidität.

bb) Sozial-psychologische Effizienz

Die Darstellungen in Teil B machen deutlich, dass die Erreichung ökonomischer Ziele durch eine, die jeweiligen Bedürfnisse der Mitarbeiter außer Acht lassende Führung kaum möglich, zumindest aber stark beeinträchtigt sein wird.

Entsprechende Bedeutung muss also der, insbesondere durch verhaltenswissenschaftlich orientierte Autoren stark in den Mittelpunkt des Interesses gerückten, Führungseffizienz in sozial-psychologischer Hinsicht unterstellt werden.

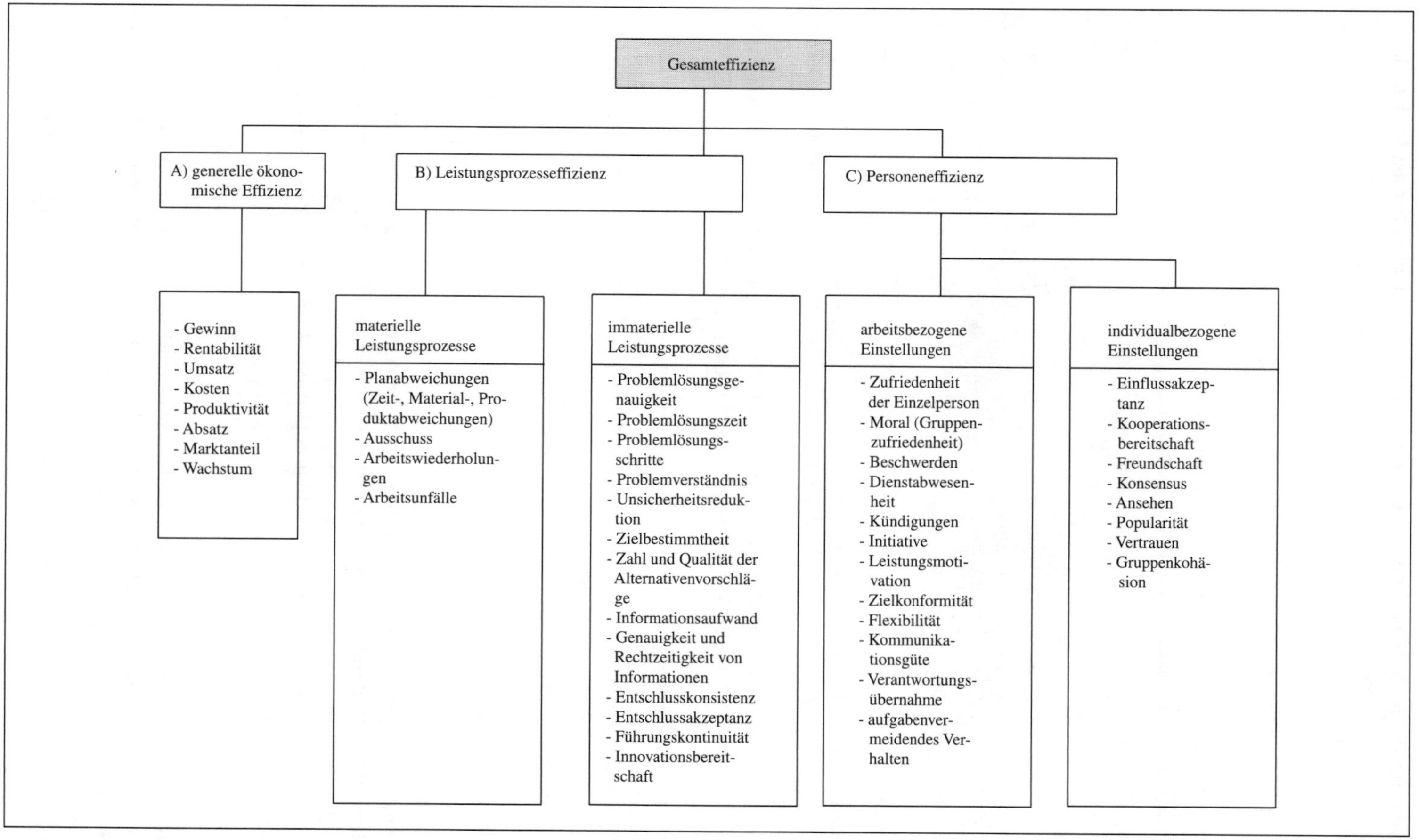

Quelle: Witte (1987) Sp. 165f.

Abb. 34: Effizienzvariablen der Führung

Als zentrale Bestimmungsgrößen der sozial-psychologischen Effizienz sind z. B. die Arbeitszufriedenheit, positive arbeits- und leistungsbezogene Einstellungen der Geführten oder der Grad ihrer Selbstverwirklichung bzw. -entwicklung zu nennen. Als Kriterien lassen sich aber auch besser quantifizierbare (indirekte) Bestimmungsgrößen heranziehen wie Absentismus, Fluktuation, Menge der vorgebrachten Verbesserungsvorschläge usw.

b) Probleme der Bestimmung von Führungseffizienz

Grundsätzlich muss unser alltägliches, am technisch-physikalischen Bereich orientiertes Messverständnis als nicht geeignet zur Erfassung sozialer Phänomene bezeichnet werden. Konkret bedeutet dies, dass die jeweiligen Methoden und Verfahren im Rahmen einer empirischen Sozialforschung nicht ohne weiteres übernommen werden können. Entsprechend stellt sich der Versuch, dem Input »Führung« einen irgendwie gearteten »Erfolg« als Output gegenüberzustellen, in Forschung und Praxis komplizierter dar, als gemeinhin angenommen wird. Im Folgenden wird auf die wichtigsten Grundprobleme bei der Erhebung von Führungseffizienz kurz eingegangen.

aa) Auswahl der Effizienz-Kriterien

Die Auswahl von Kriterien zur Erhebung von Führungseffizienz kann nicht willkürlich erfolgen, sondern hat sich an den jeweils zu definierenden Zielen der Personalführung zu orientieren. Diese können in Abhängigkeit von den jeweiligen Unternehmungszielen sowie den verschiedenen ausgeprägten Determinanten der Führungssituation (Qualifikationsniveau der Mitarbeiter, Schwierigkeit und Struktur der zu bewältigenden Aufgaben, vorherrschende organisatorische Rahmenbedingungen usw.) sehr unterschiedlich sein. Ein universales Set von Indikatoren einer erfolgreichen Führung lässt sich also nicht formulieren. Entsprechend muss die Relevanz eines Kriteriums für jede Studie oder jede Beurteilung eines Führungsphänomens neu überprüft werden.

Grundsätzlich kann man aber davon ausgehen, dass vor dem Hintergrund des heute dominierenden (oft als kooperativ beschriebenen) Führungsverständnisses wirtschaftliche und sozial-psychologische Effizienz **gleichermaßen** angestrebt wird (bzw. werden sollte!). Dabei ist die alte Frage nach der grundsätzlichen Vereinbarkeit von institutionellen Zielen (wie Produktivität) mit der Berücksichtigung von zentralen Mitarbeiterbedürfnissen (oft als individuelle Ziele bezeichnet) nicht nur zu bejahen, die Ausführungen in Teil B belegen vielmehr die unbedingte Notwendigkeit der Integration dieser beiden Zielbereiche. So oder so war diese Frage in mehrfacher Hinsicht falsch gestellt:

(1) Nicht **Ziele** per se können auf Verträglichkeit untersucht werden, sondern zielerreichende **Maßnahmen** daraufhin, ob ihre Wirkungen einander ergänzen bzw. fördern (»Ziel«-Komplementarität) oder aber behindern (»Ziel«-Konkurrenz).
(2) Ein zweifacher Unterschied in der **Zielsetzung** wird vorausgesetzt:
   - Die Ziele werden von unterschiedlichen Einheiten gesetzt und verfolgt: z. B. Produktivität von der Institution (Ziel des Betriebes) oder Zufriedenheit von den Menschen (Ziel der Mitarbeiter).
   - Die Einheiten verfolgen jeweils nur dieses eine Ziel und beachten das andere nicht bzw. wollen es auch nicht verfolgen.

Beides muss nicht zutreffen; jedenfalls dann nicht, wenn:

- der Betrieb erkennt, dass er seine ökonomischen Ziele auf die Dauer nicht erreichen kann, wenn er die zentralen Bedürfnisse seiner Mitarbeiter missachtet,
- die Mitarbeiter erkennen, dass (Unternehmungs-) zielkonformes Verhalten durchaus zu einer Befriedigung ihrer persönlichen Bedürfnisse beitragen kann, zumindest aber diesbezüglich nicht zu hohe Kosten verursacht.

bb) Zurechnungsproblematik

Generalisierbare Erkenntnisse über Bedingungen und Formen effizienten Führens sind es, die letztlich von Wissenschaft und Praxis gesucht werden. Dies bedeutet insbesondere die Klärung des Zustandekommens bestimmter, durch einzelne Kriterien beschriebener Folgen der Führung in Abhängigkeit von dieser. Dabei lassen sich eine theoretische und eine empirische Ebene unterscheiden.

Auf theoretischer Ebene wäre darzustellen, welcher (evtl. sogar kausale) Zusammenhang zwischen einem bestimmten Führungsverhalten, spezifischen Eigenschaften eines Führers, den jeweils vorhandenen Rahmenbedingungen der Führung etc. und dem definierten Führungserfolg besteht. Eine solche theoretische Fundierung versuchen die unterschiedlichen Führungstheorien, von denen einige nachstehend dargestellt und beurteilt werden. Insgesamt muss man jedoch feststellen, dass einzelne Ansätze zwar interessante Aspekte aufzeigen und durchaus heuristischen Wert besitzen, Zusammenhänge aber nicht in befriedigendem Maß aufzeigen können, die einer empirischen Überprüfung standhalten und in die betriebliche Praxis umgesetzt werden könnten.

Ein Großteil der Führungsforschung versucht, seine Aussagen auf die Ergebnisse empirischer Studien zu stützen, von denen ebenfalls einige im Folgenden dargestellt werden. Aber auch auf empirischer Ebene ist es außerordentlich schwierig, den Zusammenhang zwischen Führung und Führungserfolg aufzuzeigen. So sind die den Führungserfolg indizierenden Kriterien i. d. R. nicht monokausal bedingt. Führung stellt nur eine unter vielen das von Mitarbeitern gezeigte Leistungsverhalten sowie die Kriterien der sozial-psychologischen Effizienz beeinflussenden Determinanten dar. Und auch die mengen- oder wertmäßigen Kriterien aus der Kategorie der wirtschaftlichen Effizienz werden außer durch »Führung« durch andere Faktoren wie die konjunkturellen Rahmenbedingungen beeinflusst. Darüber hinaus lassen sich im Rahmen der üblichen korrelativen Auswertungen empirischer Studien keine kausalen, sondern nur raum-zeitliche Zusammenhänge aufdekken, so dass die Gefahr der Konfundierung von Einfluss- und Ergebnisvariablen immer gegeben ist. Eine eindeutige Zuordnung bestimmter Führungsfolgen zu einem bestimmten Führungsverhalten ist so nur über die Annahme der völligen Konstanz oder Vernachlässigbarkeit aller anderen, die Kriterien beeinflussenden, Faktoren zu erreichen, was einer völlig realitätsfernen Sichtweise entsprechen würde.

cc) Messprobleme

Während sich Kriterien zur Erhebung der wirtschaftlichen Effizienz zumeist aus dem betrieblichen Rechnungswesen gewinnen lassen und eindeutig quantifizierbar sind, gehen mit der Messung leistungsprozessbezogener (z. B. Problemlösungsverhalten) oder sozialpsychologischer Effizienzkriterien (z. B. Arbeitszufriedenheit) grundsätzliche Probleme einher. Zum einen handelt es sich oft um qualitative Daten, die auf ein bestimmtes Skalenniveau transformiert und damit »rechenbar« gemacht werden müssen. Zum anderen stellen die herangezogenen Kriterien oft hypothetische Konstrukte dar, die nicht direkt messbar sind und über einzelne (Test-)Verfahren operationalisiert werden müssen. Diese Messungen müssen insbesondere den Kriterien der Validität, Reliabilität und Objektivität entsprechen, was man über die Güte der verwendeten Verfahren (Fragebögen, Tests usw.) sicherzustellen versucht. Will man z. B. (vor dem Hintergrund des immer wieder konstatierten Zusammenhangs zwischen Zufriedenheit und Arbeitsleistung) die Arbeitszufriedenheit der Mitarbeiter als einen Indikator der Führungseffizienz erheben, muss davon ausgegangen werden, dass das verwendete Verfahren (z. B. ein Fragebogen):

- tatsächlich die Arbeitszufriedenheit und nicht das allgemeine, insbesondere durch die familiäre, gesundheitliche und finanzielle Situation des jeweiligen Mitarbeiters determinierte allgemeine Wohlbefinden oder etwas völlig anderes erhebt (Validität);
- eine gewisse Messgenauigkeit besitzt, was sich darin ausdrückt, dass in verschiedenen Situationen oder zu unterschiedlichen Zeiten für eine Person die gleichen Messergebnisse erhoben werden (Reliabilität);
- in Durchführung und Auswertung unabhängig vom Untersucher ist (Objektivität), (vgl. ausführlicher zu den Gütekriterien Objektivität, Reliabilität und Validität Kap. D.II.2.b.bb).

In der Regel muss davon ausgegangen werden, dass die Erfüllung dieser drei Gütekriterien bei Untersuchungen in der betrieblichen Praxis nicht voll gewährleistet werden kann. Dies liegt insbesondere in den mangelnden Kenntnissen über die verwendeten hypothetischen Konstrukte (bzw. in deren mangelnder theoretischer Fundierung) begründet sowie in der Tatsache, dass Reliabilität und Objektivität eine weitgehende Standardisierung von Untersuchungssituationen und -verfahren voraussetzen. Eine Forderung, die in der betrieblichen Untersuchungssituation nicht zu erfüllen ist und den, mit der Erhebung von komplexen sozialen Phänomenen einhergehenden, Anforderungen an Messtheorie und -instrumente grundsätzlich widerspricht.

II. Grundlegende Ansätze der Führungsforschung

1. Führungsstiltypologien

Die Art und Weise, in der Führungskräfte sich verhalten, d. h. ihre Führungsfunktionen ausüben, wird als Führungs**stil** bezeichnet. Es handelt sich dabei um ein zeitlich überdauerndes und in Bezug auf bestimmte Situationen konsistentes (Führungs-)Verhaltensmuster von Vorgesetzten gegenüber Mitarbeitern. Führungsstile können entweder aus Erkenntnissen aufgrund empirischer Untersuchungen unterschieden werden (Realtypen) oder aber sie basieren auf theoretischen Ableitungen (Idealtypen).[3]

3 Vgl. ausführlich zu Führungsstilen Steinle (1992); Staehle (1999) 334 f.

a) Theoretische Konzepte

In Anlehnung an Max Webers Herrschaftsformen (legale, traditionale, charismatische Herrschaft) unterscheidet Witte[4] vier traditionelle Führungsstile:

- **Patriarchalischer Führungsstil.** Er beruht auf dem absoluten Führungsanspruch des »Patriarchen« als alleiniger Führungsinstanz und seiner Anerkennung durch die Geführten. Für den Patriarchen ist sein Führungsanspruch mit einer Treue- und Versorgungspflicht gegenüber den Geführten gekoppelt, die umgekehrt zu folgsamer Treue und Unterordnung verpflichtet sind. Eine familiär-patriarchalische Art des Umgangs kennzeichnet diesen Führungsstil. Er findet sich insbesondere in Organisationsstrukturen, die einfach und direkt sind: sowohl was die Leitungsbeziehungen (da der Patriarch die vollständige, ungeteilte Gesamtkompetenz hat, existieren nur zwei Instanzen: er und die Gesamtheit der Untergebenen) als auch die direkten Kommunikationsbeziehungen angeht. Folglich lassen sich Elemente patriarchalischer Führung in Klein- und Mittelbetrieben (Personengesellschaften) beobachten. In Großunternehmungen würde eine (dem patriarchalischen Führungsstil entsprechende (nahezu ausschließliche)) Konzentration der Führungskompetenz auf die Person des Patriarchen zu einem nicht tolerierbaren Verlust an Aktions- und Reaktionsgeschwindigkeit der Unternehmung führen.
- **Charismatischer Führungsstil.** Auch der charismatische Führungsstil zeichnet sich dadurch aus, dass sich der Führungsanspruch auf eine Person konzentriert. Allerdings leitet sich dieser Anspruch nicht aus der Position, sondern der Person des Führenden ab. Der Charismatiker führt durch Ausstrahlung und Persönlichkeit, was insbesondere in unstrukturierten Situationen möglich ist, wie z. B. im Rahmen von Projekten, wo zu Beginn oft keine Regeln der Zusammenarbeit vorgegeben sind. Ein charismatischer Führer macht aber auch vor etablierten Strukturen nicht Halt, wenn eine Situation dies seiner Meinung nach erfordert. Diesem Führungsstil wird daher oft besondere Dynamik und Effektivität, gerade in Grenzsituationen zugesprochen. Grenzsituationen sind auch Situationen des Wandels, speziell dann, wenn es sich um (a) radikalen Wandel und (b) Wandel unter Zeitdruck handelt. Charismatische Führer dürften somit gut für die Rolle eines Change Agent geeignet sein.
- **Autokratischer Führungsstil.** Auch er kommt durch die Existenz zentraler Herrschaftsinstanzen bei strikter Trennung von Entscheidungs- und Durchführungsaufgaben zustande. Entscheidungsdurchsetzung und Kommunikation gelangen nicht mehr direkt an den durchführenden Auftragsempfänger, sondern sind an einen institutionalisierten Instanzenapparat (Hierarchie) mit exakt geregelten Kompetenz-, Subordinations- und Kontrollbereichen gebunden. Autokratische Führung enthält in starkem Maße disziplinierende und strukturierende Elemente, entstanden aus der Ansicht, dass große soziale Gebilde (staatliche Einrichtungen, Unternehmungen) straffer Organisation bedürften. Das dabei ausgefeilte Kompetenzsystem für Entscheidungsbefugnisse hat in der Leitungsorganisation der heutigen Führungspraxis noch relativ große Bedeutung.
- **Bürokratischer Führungsstil.** Er ist als Fortentwicklung autokratischer Führung zu betrachten, in dem die Institution die zentrale Größe ist. Nicht die Persönlichkeit, son-

4 Zum folgenden Abschnitt vgl. Witte (1969) 595 f. Kennzeichnend ist die Übertragung der von Max Weber für den gesellschaftlich-staatlichen Bereich entwickelten Grundideen auf Unternehmungen.

dern (im Idealfall) die fachbezogene Kompetenz dominiert. Organisations- und Formalisierungsgrad sind gesteigert: Das Instanzensystem ist verfeinert, die Befugnisse präzise definiert und abgegrenzt, die Arbeitsabläufe sind nach Möglichkeit streng reglementiert. Mit den Grundsätzen der »Nichtdelegierbarkeit von Verantwortung« und der »Gleichbehandlung aller Geführten« sollen mögliche Nachteile autokratischer Führung (Willkür) unterbunden werden. Der in der öffentlichen Verwaltung noch verbreiteten bürokratischen Führung scheint eine Tendenz zu Übersteigerungen der Reglementierungsgrundidee innezuwohnen. Überorganisation, Überformalisierung und Schematismus mit Unwirtschaftlichkeit als Resultat sind die Folge. Das erklärt die Versuche und das dabei an den Tag gelegte Engagement, Teilbereiche der öffentlichen Verwaltung durch abwandelnde Übernahme moderner Management-Konzeptionen aus der Wirtschaftspraxis zu rationalisieren.

Weite Verbreitung in der Management-Praxis hat die Darstellung von Führungsstilen auf einem **bipolaren Kontinuum** nach Tannenbaum/Schmidt[5] gefunden (Abbildung 35). Sie kann als Musterbeispiel für die Beschränkung auf das alleinige Merkmal der Verteilung der Entscheidungsaufgaben gelten.

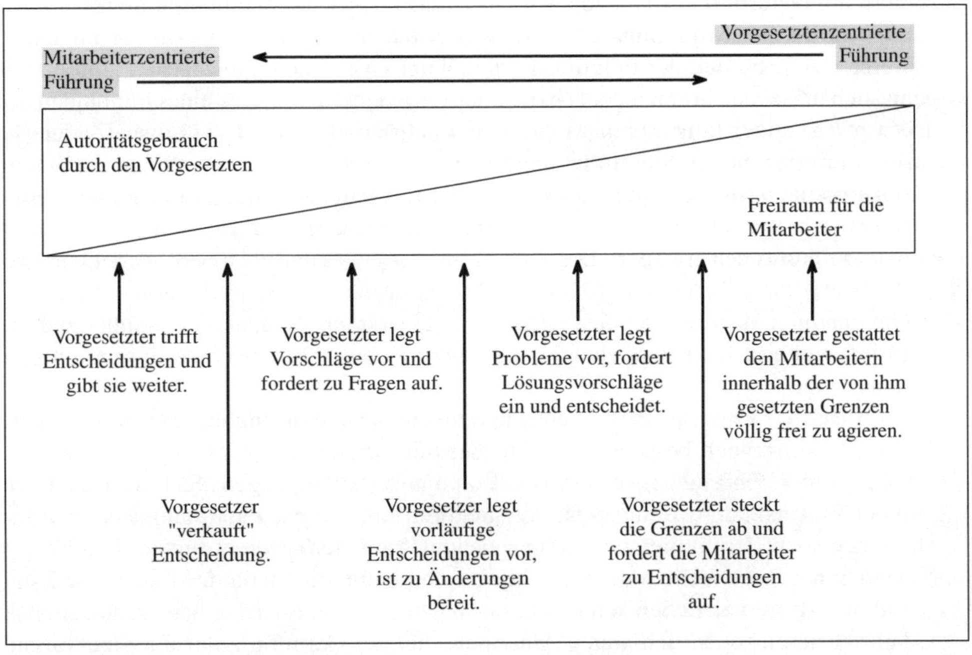

Quelle: Tannenbaum/Schmidt (1958) 96.

Abb. 35: Führungsstilkontinuum nach Tannenbaum/Schmidt

5 Vgl. Tannenbaum/Schmidt (1958).

Auf der Skala nimmt der Freiraum der Mitarbeiter und deren Möglichkeiten zur Entscheidungspartizipation von links nach rechts zu, was im Bild durch die Diagonale deutlich wird.

Eine differenziertere Analyse praktizierter und praktizierbarer Führungsstile ermöglicht das **Führungsformprofil** von Bleicher/Meyer[6]. Terminologisch unterscheiden die Autoren **Führungsstil** (»allgemeine raum- und zeit(epochen)spezifische Art der Ausübung von Führungsfunktionen«[7]), **Führungsform** (»die auf die einzelne Kooperationseinheit bezogene, situationsspezifische Ausprägung der Führungsbeziehungen«[8]) und **Führungselemente** (»alle Merkmale, mit deren Hilfe die Kooperationssituation in unmittelbaren Kooperationseinheiten handlungsbezogen exakt definiert werden kann«[9]).

Der besondere Wert dieser Typologie liegt darin, dass es mit ihrer Hilfe möglich wird, eine Führungsform detailliert zu beschreiben, und zwar mittels präzise definierter Führungselemente, die zu den vier Elementfeldern **Strukturkomponente**, **Willensbildung**, **Willensdurchsetzung** und **Willenssicherung** gruppiert sind. Sie bezeichnen die Spielräume, innerhalb derer Führung ausgeübt werden kann, wobei die Handlungskategorien der Willensbildung, -durchsetzung und -sicherung die **Führungsprozessphasen** sind.

Eine Führungsform ist dann hinreichend präzise charakterisiert, wenn über die Ausprägungen sämtlicher Führungselemente auf einer fünfstufigen Skala eine Aussage getroffen ist. Dabei stehen die Extrempunkte für die Beurteilung der Strukturkomponente tendenziell für eine starke Betonung **autoritärer** (unipolarer Organisationskompetenz und hoher Organisations-/Formalisierungsgrad) bzw. **kooperativer** Aspekte (multipolarer Organisationskompetenz und niedriger Organisations-/Formalisierungsgrad). Die übrigen Führungselemente sind hinsichtlich ihrer **unipolaren** (nur eine Stelle ist für die Erfüllung zuständig) bzw. **multipolaren** (mehrere Stellen sind für die Erfüllung zuständig) Ausrichtung einzuschätzen. Die graphische Verbindung der einzelnen Skaleneinstufungen führt zu einem Polaritätsprofil und hier im speziellen Fall zu Führungsformprofilen (vgl. Abbildung 36, S. 117).

Zu beachten ist, dass es sich hier insofern um eine komprimierte Darstellung handelt, als sich jedes Führungselement noch einmal durch mehrere Teilelemente (insgesamt 81) präzisieren lässt.

Nach Bleicher/Meyer lassen sich aufgrund einer Analyse der Führungsprozessphasen acht Führungsformtypen bestimmen, die tendenziell den Extremtypen autoritativer oder aber kooperativer Führung zugeordnet werden können (Abbildung 37, S. 118). Dabei übt die Art der Willensbildung einen dominierenden Einfluss auf die Zuordnung aus.

Die Analyse ist allerdings erst nach Einbeziehung der Strukturkomponenten abgeschlossen. Denn durch diese werden die Gestaltungsspielräume, innerhalb derer sich eine konkrete Führungsform vollziehen kann, abgesteckt. So engen z. B. ein hoher Organisations- bzw. Formalisierungsgrad und wenig Autonomie bei der Gestaltung der Kooperationssituation (Organisationskompetenz) den Gestaltungsspielraum deutlich ein. Mit Hilfe dieses

---

6 Vgl. Bleicher/Meyer (1976) 150 f.; Seidel (1978) 164 f. Ähnliche Ansätze liegen auch von Baumgarten (1977) 27 f. und Lattmann (1994) 1 f. vor. Vgl. dazu auch die kritische Übersicht bei Neuberger (1976) 98 f.

7 Bleicher (1974) 56.

8 Bleicher/Meyer (1976) 136.

9 Bleicher/Meyer (1976) 137; diese Unterscheidung hat sich in der Literatur bislang nicht in voller Breite durchsetzen können.

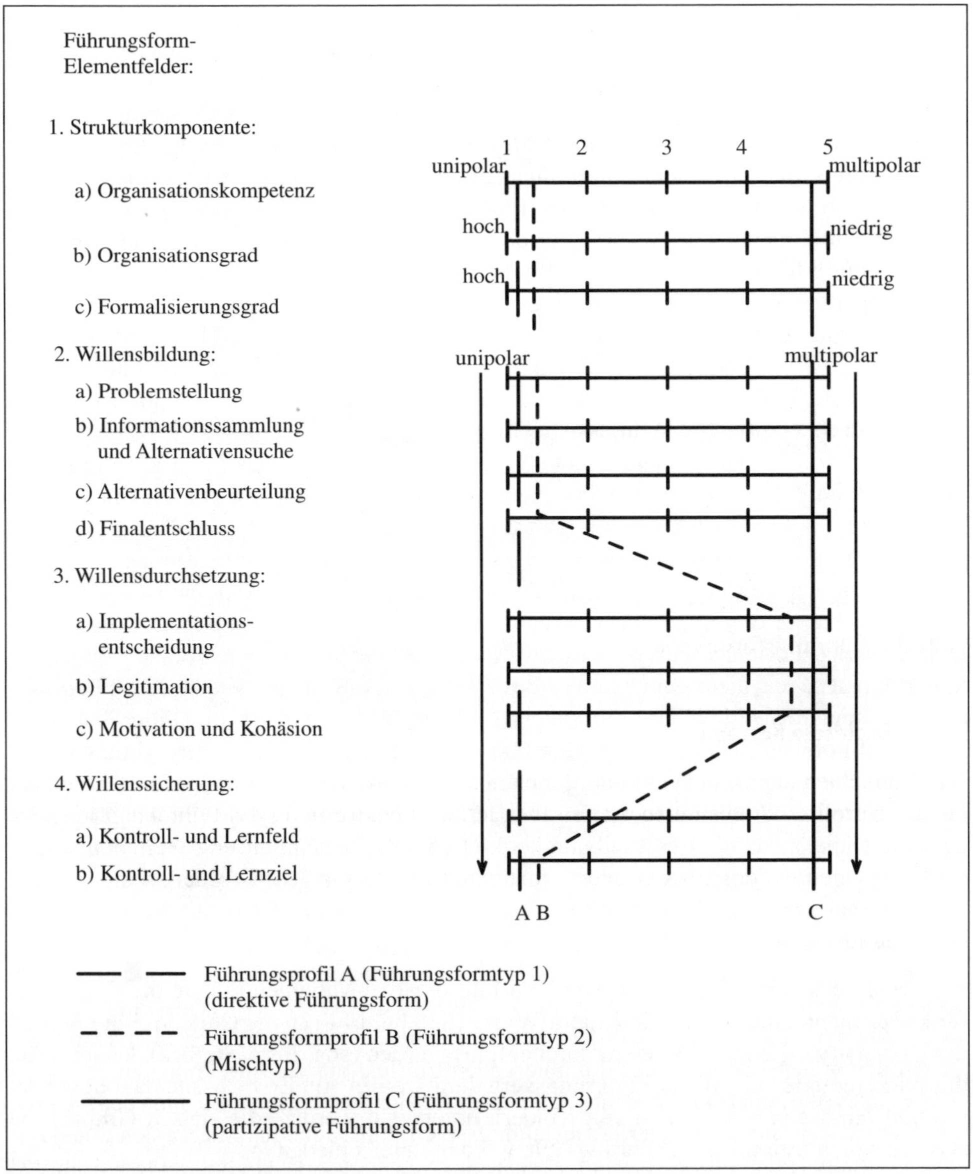

Quelle: In Anlehnung an Bleicher/Meyer (1976) 151 u. 257 ff.

Abb. 36: Führungsprofil

Instrumentariums ist es möglich, idealtypische Führungsformen detailliert zu beschreiben und zudem:

- real vorgefundene Führungsformen exakt abzubilden,
- durch Gruppierung realtypische Führungsformen zu bilden,
- die Gestaltungsdimensionen von Kooperationssituationen aufzudecken.

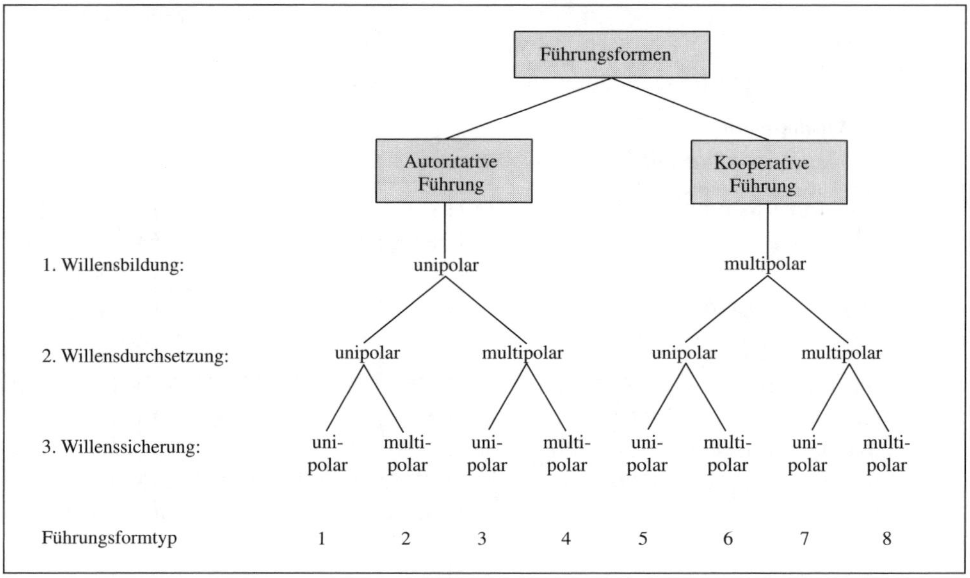

Quelle: In Anlehnung an Bleicher/Meyer (1976).

Abb. 37: Führungsformtypen

b) Empirische Konzepte

Im Unterschied zur Vorgehensweise der oben aufgeführten Ansätze wurde im Rahmen der nun dargestellten Studien eine empirische Herangehensweise an das Führungsphänomen gewählt. Dabei stand die Beschreibung konkret vorgefundenen Führungsverhaltens sowie die Untersuchung der Effizienz unterschiedlicher Führungsstile im Vordergrund.

aa) Iowa-Studien

Eine weit verbreitete Typologisierung von Führungsstil-Varianten bildete die Grundlage für Experimente, die von Lewin/Lippitt/White 1938 bis 1940 an der Child Welfare Station der University of Iowa an Kindern durchgeführt wurden (sog. Iowa-Studies). Dabei sollte die Wirkung unterschiedlicher Führungsverhaltensweisen von Erwachsenen auf aggressives und feindseliges Verhalten von Kindern untersucht werden, die sich in Gruppen zu Bastelarbeiten trafen.[10] Die Führungsstile wurden unterschieden in:

(1) **Autoritäre Führung** (authoritan leadership). Der Führende bestimmt die Regeln für die Handlungs- und Kommunikationsprozesse; in seiner Hand liegen Planung und Kontrolle der Arbeitsorganisation, das Erlassen von Durchführungsbestimmungen. Handlungsvollmacht bezieht er aus seiner Stellung im hierarchischen System.

(2) **Demokratische Führung** (democratic leadership). Sie ist gekennzeichnet durch Delegation von Entscheidungsbefugnissen: Die Gruppenmitglieder sind aktiv am Pro-

---

10 Vgl. Lewin/Lippitt (1938); Lippitt (1940); Lippitt/White (1943).

zess der Willensbildung beteiligt. Der Führende stellt Informationen bereit, fungiert als Initiator und Aktivator, er greift in Interaktions- und Handlungsprozesse nur ein, soweit er dabei ermutigend, unterstützend und/oder richtungsgebend wirken kann.

Eine dritte Variante entstand ungeplant, wurde aber trotzdem in die Forschung einbezogen, nachdem einem Erwachsenen die Gruppenführung entglitten war:

(3) **Laissez-faire-Führung** (laissez faire leadership). Der Führende greift in die Handlungsprozesse der Gruppe nicht ein. Er stellt lediglich die sachlichen Arbeitsbedingungen bereit. Die Gruppe und ihre Mitglieder haben völlige Aktionsfreiheit: Ziele, Entscheidungen, Kontrolle, Interaktionsbeziehungen und Arbeitsorganisation bestimmen sie selbst.

Diese Führungsstil-Varianten wurden auch vielen späteren führungsthematischen Untersuchungen zugrunde gelegt; die Iowa-Experimente sind der historische Ausgangspunkt der gesamten empirischen Führungsforschung geworden.

Unter Zugrundelegung der zuvor behandelten Kategorien von Effizienz-Kriterien sind die Ergebnisse der Iowa-Studien und darauf aufbauender Folgeuntersuchungen[11] wie folgt zu charakterisieren:

- Hinsichtlich der **Arbeitsproduktivität** ist weder die demokratische noch die autoritäre Führung eindeutig überlegen, jedoch ist zumeist wenig ausgesagt über die Art der Aufgaben. Jedenfalls zeigen sich bezüglich der Arbeits**quantität** keine deutlichen Unterschiede, wenngleich die Kinder unter autoritärer Leitung etwas mehr arbeiteten. Unter demokratischer Führung war jedoch die Motivation zur Arbeit stärker, was vielleicht eine Erklärung für hierbei bessere Qualität (im Hinblick auf Originalität) der Arbeiten ist.
- Dagegen zeigte sich, dass demokratische Führung im Allgemeinen zu einer höheren **Zufriedenheit** der Gruppenmitglieder führte. In autoritär geführten Gruppen waren mehr Feindseligkeit, Aggression und Unzufriedenheit zu beobachten. In den demokratisch geführten Gruppen dagegen wiesen freiwillig gebildete Untergruppen einen stärkeren Zusammenhalt auf, waren größer und überdauerten länger, waren gruppenbezogene und freundliche Äußerungen, gegenseitiges Lob häufiger.

Unter den Laissez-faire-Bedingungen waren die Gruppen sowohl weniger leistungseffizient (die Kinder arbeiteten weniger und weniger gut) als auch unzufriedener als bei demokratischer Führung. Darüber hinaus waren sie schlechter organisiert, zeigten sich mehr Anzeichen von Entmutigung, Frustration und Aggression.

Einige Punkte sind zu den Iowa-Studien kritisch anzumerken, so vor allem, dass die begriffliche Unterscheidung von autoritärer und demokratischer Führung werturteilsbeladen ist, dass die Produktivität subjektiv eingeschätzt wurde und dass es sich um eine Laborstudie an Kindern handelte. Eine Übertragung der Ergebnisse auf Wirtschaftsunternehmungen ist damit nur sehr bedingt möglich.

11 Vgl. die Übersicht bei Stogdill (1974) 365 f.

bb) Ohio-Studien

Im Zuge der Studien der Ohio State University[12] wurde vornehmlich versucht, Führungsverhalten zu **beschreiben** und somit differenziert, objektiv und standardisiert erfassbar zu machen. Dazu wurden mithilfe von Fragebögen Geführte und andere Personen hinsichtlich des Verhaltens von Vorgesetzten sowie diese hinsichtlich ihres eigenen Führungsverhaltens befragt. Die dafür am häufigsten verwendeten Fragebögen dürften zwei vom Ohio State Leadership Institute sein: der »Leader Behavior Description Questionnaire« (LBDQ), der benutzt wurde, um unterstellte Mitarbeiter und andere Personen über das Führungsverhalten von Vorgesetzten zu befragen, und der »Leadership Opinion Questionnaire« (LOQ),[13] mit dem Vorgesetzte zu ihren Meinungen über ihr eigenes Führungsverhalten befragt wurden. Erwartungsgemäß wurden teilweise unterschiedliche Antworten auf die gleichen Fragen ermittelt, wenn in Untersuchungen beide Fragebögen verwendet wurden.

Mittels der statistischen Methode der Faktorenanalyse gelang es, solche Verhaltenskategorien zu isolieren, mit deren Hilfe es möglich wird, Unterschiede im Führungsverhalten zu beschreiben. Dabei stellten sich die Faktoren »Consideration« und »Initiating Structure« als diejenigen mit dem größten Erklärungswert heraus:

- **»Consideration«** (Rücksichtnahme) umfasst dabei solche Vorgesetzten-Verhaltensweisen, die auf Gegenseitigkeit von Vertrauen und Achtung, auf einer gewissen Wärme und Enge der Beziehungen zwischen dem Vorgesetzten und der von ihm geführten Gruppe basieren, die mehr Partizipation an Entscheidungen und die Förderung zweiseitiger Kommunikation betonen.
- Unter **»Initiating Structure«** (Gestaltungs-Initiative) sind Verhaltensweisen subsumiert, mit denen der Vorgesetzte sowohl die Aktivitäten der Gruppe wie auch seine Beziehungen zu ihr definiert und organisiert. Er legt die Rollen fest, deren Übernahme er von den Gruppenmitgliedern erwartet, er plant und bestimmt Aufgabeninhalte, Durchführungsverfahren und zu erreichende Ziele und drängt insgesamt auf Leistungserbringung.

Die Vertreter der Ohio-Schule betonen die Unabhängigkeit der beiden Dimensionen. Grafisch führt diese Auffassung zur Darstellung beider Verhaltensweisen in einem **Koordinatensystem** anstatt auf einem **eindimensionalen Kontinuum** (Abbildung 38).

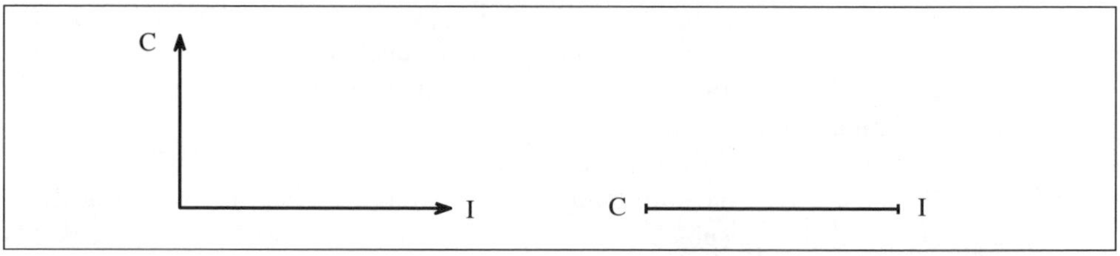

Abb. 38: Beziehungen zwischen »Consideration« und »Initiating Structure«

12 Vgl. Hemphill (1949); Stogdill (1974); Fleishman (1953); Halpin/Winer (1954); Hemphill/Koons (1950); Fleishman/Harris (1962).

13 Verschiedene Varianten, Erweiterungen, Kurzfassungen und Übersetzungen wurden entwickelt: So u. a. ein »Supervisor Behavior Description Questionnaire« (SBDQ), der den Verhältnissen speziell im Industriebereich angepasst war, ein LBDQ-X 11, der insgesamt zwölf Dimensionen des Führungsverhaltens erfassen soll (vgl. Stogdill (Form XII), und ein »Fragebogen zur Vorgesetzten-Verhaltens-Beschreibung« (FVVB) von Fittkau-Garthe (vgl. Fittkau-Garthe (1970)).

Es wird also angenommen, dass ein Führer sowohl hohe Rücksichtnahme als auch hohe Gestaltungsinitiative im Führungsverhalten realisieren kann und nicht ein »mehr« an »Consideration« durch ein »weniger« an »Initiating Structure« »erkaufen« muss et vice versa.

Unter **Effizienzgesichtspunkten** haben die Studien folgende Ergebnisse erbracht:

- »Initiating Structure« als primär **aufgabenorientiertes** Führungsverhalten kann
  - über die Klärung von Zielen und Ziel-/Mittelbeziehungen zu höheren Leistungen einer Gruppe führen;
  - in unklaren oder (von außen her) bedrohlich erscheinenden Situationen durch Erfüllung bestimmter individueller Ziele auch die Zufriedenheit von Gruppenmitgliedern erhöhen;
  - »Kosten« (durch Fehlzeiten, Fluktuation, geringe Arbeitsqualität etc.) verursachen, wenn nicht gleichzeitig in starkem Maße Verhaltensweisen aus der Consideration-Kategorie hinzukommen, die den Gruppenzusammenhalt unterstützen können.
- »Consideration«, als primär **personenbezogenes** Führungsverhalten interpretiert, kann
  - je stärker es betont wird, tendenziell um so höhere Zufriedenheit der Mitarbeiter bewirken, wohingegen zur Arbeitsproduktivität eine eindeutige Beziehung nicht nachgewiesen werden konnte;
  - Interaktionen lohnenswert erscheinen lassen, welche die Beliebtheit des Vorgesetzten steigern;
  - den Zusammenhalt einer Gruppe fördern, was bei interdependenter Aufgabenerfüllung von besonderer Bedeutung ist, und zwar – bei betontem Consideration-Verhalten – nahezu unabhängig von der Ausprägung des IS-Verhaltens.

Allerdings gibt es auch eine Reihe von Kritikpunkten gegen die Ergebnisse der Ohio-Studien:

- Ob »Initiating Structure« und »Consideration« voneinander **unabhängige** Verhaltensdimensionen sind, ist nicht abschließend geklärt. Die Befunde hierzu variieren auch, je nachdem, welcher Fragebogen verwendet wurde: Befragungen von Vorgesetzten (LOQ) ergaben größere Unabhängigkeit, Befragungen von Mitarbeitern hingegen größere Abhängigkeit beider Dimensionen. Man kann daraus den Schluss ziehen, dass Vorgesetzte ihr eigenes Verhalten der Idealvorstellung von Führung näher sehen, als dies entweder tatsächlich der Fall ist oder aber von den Mitarbeitern wahrgenommen wird.
- Dies ist nicht verwunderlich, wenn die methodischen Schwächen der Untersuchungen näher betrachtet werden:
  - So wird zum einen sowohl die Validität (Gültigkeit) der verwendeten Skalen infrage gestellt wie auch ihre Reliabilität (Zuverlässigkeit).
  - Zum anderen sind die einzelnen Messinstrumente – und damit die Ergebnisse unterschiedlicher Studien – nur schwer miteinander vergleichbar, dies jedenfalls umso mehr, je stärker die verwendeten Instrumente und ihre Kriteriumsmaße voneinander differierten.
- Mangelhafte Konsistenz der Befunde aufgrund methodischer Unterschiede verstärken die Bedenken gegen die Generalisierbarkeit einzelner und zusammengefasster Ergebnisse.
- Eine der Hauptbegründungen für die Widersprüchlichkeit der Befunde wird heute darin gesehen, dass wichtige intervenierende Situationsvariablen nicht beachtet und in ihrer

Wirksamkeit nicht herausgestellt wurden. Als solche Variablen wurden nicht herausgefunden:

- Aufgaben-, Zeit-, Gefahren-**Druck**: Er führt gegebenenfalls zu stärkerer Akzeptanz von »Initiating Structure«.
- Ausmaß der intrinsischen Motiviertheit durch die **Aufgabenstellung**.
- **Erwartungen** der unterstellten Mitarbeiter hinsichtlich des Ausmaßes von »Consideration« bzw. »Initiating Structure« beim Verhalten des Vorgesetzten.
- **Hierarchische Stellung** der Mitarbeiter, aber auch der Vorgesetzten; in Bezug auf Letztere ist auch für die Zufriedenheit der Mitarbeiter von Bedeutung, ob die durch Vorgesetzte auf unterschiedlichen Hierarchieebenen praktizierten Führungsstile übereinstimmen oder sich voneinander unterscheiden.

Trotz aller Einwendungen kann angenommen werden, dass es sich bei »Consideration« und »Initiating Structure« um fundamentale Führungsverhaltenskategorien handelt, denn auch eine Vielzahl nachfolgender Studien bestätigen tendenziell die Zweidimensionalität des Führungsverhaltens, auch wenn die Dimensionen z. T. anders benannt bzw. weiter aufgespalten wurden.

cc) Michigan-Studien

Mit den zeitlich parallelen Untersuchungen am Survey Research Center der University of Michigan wurde im Wesentlichen dasselbe Ziel angestrebt wie mit den Ohio-Studien: Das Erkennen von Verhaltensunterschieden, die **erfolgreiche** von weniger erfolgreichen Führungspersonen abheben.[14] Die Betrachtung von Effizienzkriterien stand dabei stärker im Vordergrund als bei den Ohio-Studien, die primär auf eine Beschreibung von Führungsverhalten abzielten. Eine Mehrzahl von Felduntersuchungen in Industrie und Verwaltung gewährleistet eher eine praktische Relevanz der Befunde.

Die durch die Michigan-Studien erhobenen Führungsstil-Varianten lassen sich auf einem eindimensionalen Kontinuum (Michigan-Stil-Kontinuum) den Gegenpolen

– **»Mitarbeiterorientierung«** (Betonung der zwischenmenschlichen Beziehungen bei der Aufgabenerfüllung)

und

– **»Aufgabenorientierung«** (Betonung der technischen Leistungsaspekte der Aufgabe)

zuordnen.

Später rückten die Michigan-Forscher allerdings von dieser Auffassung ab und sahen analog zur Ohio-Schule die Mitarbeiter- und Aufgabenorientierung als voneinander unabhängige Dimensionen.

Unter **Effizienzgesichtspunkten** ergaben die Studien folgenden Befund, wobei Zufriedenheit und Produktivität als voneinander getrennte, durch das jeweilige Verhalten des Führenden beeinflusste Variablen behandelt wurden: In keiner der Einzelstudien zeigte sich eine konsistente Beziehung zwischen Zufriedenheit und Produktivität. Wenn als Begründung dafür angegeben wurde, dass Produktivität unabhängig entweder durch auf-

14 Vgl. Katz/Maccoby/Morse (1950); Kahn/Katz (1972); Pelz (1974); Patchen (1962/63); Mann (1965).

gabenbezogenes oder aber durch mitarbeiterorientiertes Führungsverhalten bewirkt werden könne, so steht dies im Einklang mit den dargelegten motivationspsychologischen Erkenntnissen. In prinzipiell gleich gelagerter Weise ist der Befund[15] zu begründen, dass personenbezogenes Führungsverhalten nicht in allen Fällen mit hoher Zufriedenheit korreliert.

Es wird erkennbar, dass sich somit die **Situationsabhängigkeit von Führungsverhalten und -erfolg** herauskristallisiert: Hervorgehoben werden dabei die Situationsfaktoren »Hierarchieebene« und »organisatorisches Entwicklungsstadium«. Die Ergebnisse der Michigan-Studien lassen sich etwa wie folgt zusammenfassen:

- Unter Hierarchie-Gesichtspunkten
  - ist **aufgabenbezogenes** Führungsverhalten zur Förderung von Innovation und Abteilungskoordination insbesondere auf den **oberen** Führungsebenen erforderlich,
  - ist die **Kombination** von aufgaben- und personenbezogenem Verhalten auf den mittleren Führungsebenen wichtig,
  - nimmt **mitarbeiterorientiertes** Führungsverhalten auf den **unteren** hierarchischen Ebenen durch die dort notwendige »differenzierte Führungsrolle« an Bedeutung zu (in hochstrukturierten Situationen wird strukturiertes Führungsverhalten als Gängelei empfunden).
- Unter dem Aspekt der Organisationsentwicklung stehen aufgabenbezogene Führungsaktivitäten im Vordergrund
  - in frühen Phasen der organisatorischen Entwicklung,
  - bei organisatorischem Wandel,
  - bei raschem technischem Fortschritt.

dd) Kritik

So sehr es begrüßenswert ist, dass den Konzepten der autoritären/demokratischen Führung bzw. Mitarbeiter- und Aufgabenorientierung **empirische Forschungsdesigns** zugrunde liegen, so sehr ist dies gleichzeitig Ausgangspunkt für kritische Anmerkungen.

Schon allein die Auswahl der Verhaltensweisen, die beobachtet werden sollen, ist kritisch, weil stets – wenn auch unausgesprochen – hypothesengeleitet. Welche Aspekte des Phänomens Führung sind von Belang? Welches sind die **relevanten** Verhaltensmerkmale für Führungserfolg? Darüber hinaus sind es vor allem drei Annahmen, die den empirischen Führungsstudien zugrunde liegen, von denen jedoch jede einzelne sehr problematisch ist:

(1) Die befragten Mitarbeiter beschreiben in ihren Antworten das reale, objektiv existierende Verhalten ihres Vorgesetzten.
Indes: Die »Beschreibung« der Mitarbeiter ist eine Wiedergabe ihrer eigenen Wahrnehmungen sowie ihrer Interpretationen und Deutungen des wahrgenommenen Vorgesetzten-Verhaltens. Dies ist zwar für den konkreten Erfolg in einer bestimmten realen Führungssituation von Bedeutung, liefert jedoch keine »objektiven Fakten« für eine wissenschaftliche Untersuchung.

15 Vgl. Pelz (1974) 243 f.

(2) Jeder Vorgesetzte hat ein spezifisches, für ihn typisches Verhaltensmuster, das ihn charakterisiert und von anderen Vorgesetzten unterscheidet.
Indes: Vorgesetzte sind flexibel, sie haben mehrere Verhaltensmuster (ggf. viele: je nach Interaktionspartner), mit denen sie auf unterschiedliche Mitarbeiter durchaus in differenzierter Weise eingehen. Damit erweist sich im Übrigen die Vorstellung von einem jeweils einzigen, einheitlichen (eng definierten) Führungsstil als irrig.
(3) Mit dem verwendeten Fragebogen gelingt es, die jeweils spezifische Eigenart des Führungsverhaltens der einzelnen Vorgesetzten abzubilden.
(4) Indes: Die oben bereits angemeldeten Zweifel an der Validität wie auch an der Reliabilität der Instrumente lassen diese Annahme unwahrscheinlich werden; auch die Durchschnittsbildung über die unterschiedlichen Aussagen mehrerer Beobachter ein und desselben Vorgesetzten ist ein unsinniger Objektivierungsversuch.

Zusätzliche Kritik manifestiert sich an der in Kapitel C.I.2.b angesprochenen Problematik der Erhebung von Führungseffizienz. In der Vielzahl von Untersuchungen zur Führungseffizienz werden nur selten gleiche Effizienzmaße verwendet. Selbst wenn dies der Fall ist, kann i. d. R. nicht davon ausgegangen werden, dass die gleichen Effizienzmaße auch gleich operationalisiert wurden, es sich also um eine konsistente Begrifflichkeit handelt. Aus diesem Grund, aber auch weil hinreichend gleiche Untersuchungs- bzw. Anwendungssituationen in der Feldforschung nur selten vorzufinden sind, ist es schwierig, vergleichbare Studien zu finden. Für die untersuchten Fälle und Führungssituationen mögen gültige Befunde erhoben worden sein; welche Generalisierbarkeit (externe Validität) ihnen zukommt, ist damit nicht gleichzeitig gesagt.

2. Führungstheorien

Das Ziel der Formulierung von Führungstheorien besteht in der Beschreibung, Erklärung und Vorhersage der Bedingungen, Strukturen, Prozesse und Konsequenzen von Führung. Entsprechend müssen Führungstheorien Aussagen darüber ermöglichen, inwieweit Faktoren wie organisatorische Rahmenbedingungen, Merkmale von Führern und Geführten, Besonderheiten der zu bearbeitenden Aufgaben bzw. der verfolgten Ziele usw. Bedeutung für das Führungsgeschehen haben und in ihrer Ausprägung als Determinanten des Führungserfolges anzusehen sind.

a) Eigenschaftstheorien

Im Rahmen der Eigenschaftsansätze (trait approach, personality approach) geht man davon aus, dass Führungserfolg und damit auch der Erfolg allgemein und die Karriere einer Führungskraft primär durch deren **personale Merkmale** determiniert wird. Entsprechend dieser individualistischen Sichtweise reduziert sich die empirische Untersuchung des Führungsphänomens auf die Suche nach den »kritischen« Eigenschaften. Zu fragen ist:

1. Wodurch unterscheiden sich Führer von Geführten?
2. Wodurch unterscheiden sich erfolgreiche von weniger erfolgreichen Führungskräften?

Hierzu liegt eine Fülle von empirischen Untersuchungen und Eigenschaftsbeschreibungen vor, die vor allem in den USA (auch von Psychologen und Soziologen) angestellt wurden, und zwar mithilfe unterschiedlicher Methoden (z. B. Fallstudien, Verhaltensbeobachtungen, Biografien). Die Prüfung der dabei ermittelten Befunde in mehreren Sammelreferaten[16] ergab, dass die Zahl der identifizierten Führungseigenschaften zwischen 79 und 500 lag, von denen jedoch nur wenige übereinstimmend in einer Mehrzahl von Studien aufgeführt wurden.

Häufig genannt wurden Persönlichkeitsspezifika wie Energie, Ausdauer, Selbstbewusstsein, Intelligenz, Zielstrebigkeit, Menschenkenntnis, Wortgewandtheit, aber auch Alter, Größe oder Gewicht. Davon sind lediglich die letztgenannten eindeutig messbar, in ihrer Bedeutung für Führung allerdings unerfindlich. Die erstgenannten Merkmale sind dagegen in unterschiedlicher Weise interpretierbar und somit schwer operationalisierbar. In einer zusammenfassenden Beurteilung[17] der Eigenschaftsansätze, d. h. dem Versuch, erfolgreiche Führung mit einer Summe dafür notwendiger bzw. förderlicher Eigenschaften zu erklären, kann Folgendes festgehalten werden: Für das praktische Problem, **erfolgreiche** Führungskräfte zu **identifizieren** und **heranzubilden**, liefern sie allein **keine** ausreichend brauchbare Lösung, denn

- wissenschaftlich abgesicherte Aussagen über **generell erforderliche** Führungseigenschaften konnten nicht aufgestellt werden: Es mangelt sowohl an präzisen (und für die Messung von Eigenschaftsausprägungen operationalen) **Definitionen** als auch an übereinstimmendem Begriffsgebrauch;
- Aussagen über die relative **Wichtigkeit** einzelner Führungseigenschaften fehlen völlig;
- Eigenschaften, die zur **Erlangung** einer Führungsposition führen, sind nicht notwendigerweise identisch mit denen, die mit erfolgreicher Führung selbst zusammenhängen (bzw. im Führungsprozess noch erlernt werden);
- vieles deutet darauf hin, dass persönlichkeitsspezifische Merkmale der Führenden für die effiziente Aufgabenerfüllung der Geführten zwar eine Rolle spielen – sicherlich jedoch nicht die einzige: Sie können nicht aus dem Zusammenhang mit der **Führungssituation**, in der sie zum Tragen kommen, herausgenommen werden. Denn diese hat für bestimmte Führereigenschaften entweder fördernde oder aber hindernde Auswirkungen. Wichtige Merkmale der Situation sind z. B. Aufgabenart, Erwartungen der Interaktionspartner, Knappheit der verfügbaren Ressourcen.

b) Situationstheorien

Resümee aus den zuvor referierten Gruppen von Forschungsansätzen ist die Einsicht, dass es offenbar unmöglich ist, eine **Liste von Eigenschaften** eines Führers zu erstellen bzw. **spezifische Verhaltensweisen** zu beschreiben, mit denen man in der Lage ist, Führungserfolg hinreichend sicher zu prognostizieren. Daher setzte die Suche nach einem neuen Ansatz ein, der die uneinheitlichen Ergebnisse der bisherigen Forschung erklären konnte.

Mit der Entwicklung des **Kontingenzmodells** von Fiedler (zur Darstellung vgl. Kap. C.III.2.a) erlangten die Situationsansätze eine breite Akzeptanz. Mit ihnen wird die grundlegende Vorstellung aufgegeben, dass es möglich sei, generell gültige Gesetze auch in Aussagesystemen über menschliches Verhalten festzustellen. Denn solche Gesetzmäßigkeiten

16 Vgl. die Sammelreferate von Stogdill (1948); Mann (1959); Ghiselli (1959); Korman (1969) und die Übersichten bei Wunderer/Grunwald (1980), Bd. 1, 114 f.
17 Vgl. dazu auch Gibb (1969) 227; Gouldner (1965) 23 f.; Neuberger (1976) 44 f.; Delhees (1987) 748 f.

sind deswegen problematisch, weil sie zumeist eindeutige (oft einfache) Kausalrelationen unterstellen bzw. behaupten, die jedoch der **Komplexität realen menschlichen Handelns** nicht gerecht zu werden vermögen. Situationsansätze sind von dem Anliegen geprägt, statt genereller kausaler Erklärungssysteme »bescheidenere«, situationsbezogene Hypothesen zu erarbeiten.[18] Dies entspricht ganz dem wissenschaftstheoretischen Anspruch innerhalb der Betriebswirtschaftslehre, zu Theorien mit Quasi-Gesetzen zu gelangen, die lediglich eine **raum-zeitlich definierte Gültigkeit** beanspruchen. Mit ihrer Umformung in Handlungsempfehlungen hofft man, der prognostischen Gestaltungsaufgabe der Betriebswirtschaftslehre besser gerecht werden zu können.

Situations- (synonym auch Kontingenz-) Ansätze gehen übereinstimmend davon aus, dass es ein **einziges**, in **allen** Situationen **erfolgreiches** Führungshandeln nicht gibt, dass Führung vielmehr ein offenbar vielen Situationsfaktoren unterliegender Prozess ist. Daher suchen sie nach solchen Faktoren und nach Zusammenhängen zwischen ihnen und Führungshandeln und dessen Konsequenzen. Die Art und Zahl der Situationsfaktoren, die in das Design empirischer Untersuchungen Eingang fand und noch findet,[19] differiert sehr stark. Die in der folgenden Abbildung 39 zum Ausdruck kommende Kategorisierung möglicher Variablen erhebt keinen Anspruch auf Vollständigkeit.

In welcher Breite der Situationsansatz mittlerweile akzeptiert ist, dokumentiert auch eine Analyse des 1987 erschienenen Handwörterbuchs der Führung.[20] Eine Vielzahl von Beiträgen lässt schon im Titel erkennen, dass man explizit oder implizit von der Grundeinsicht ausgeht, dass Führung von bestimmten Rahmenbedingungen abhängt und diese somit zu berücksichtigen hat:

- **Individuelle Merkmale**: Führung von Behinderten und Leistungsgewandelten, von neuen Mitarbeitern, von älteren Mitarbeitern, Frauen, Männer und Führung, motivationale Eigenschaften der Geführten, Stress und Führung.
- **Verschiedene Betriebstypen**: Führung in multinationalen Unternehmungen, in Selbstverwaltungsbetrieben und Genossenschaften, in selbststeuernden Gruppen, in Lehr- und Forschungsinstitutionen, in Verbänden, in der Bürokratie, in der Öffentlichen Verwaltung, in Klein- und Mittelbetrieben, im Militär.
- **Verschiedene Funktionsbereiche der Unternehmung**: Führung in Materialwirtschaft, in Forschung und Entwicklung, im Marketingbereich, im Produktionsbereich.
- **Strukturmerkmale der Unternehmung**: Gruppengröße und Führung, Kontrolle, Führungsebene, Projektorganisation, Produktmanagement, Matrixorganisation und Führung.
- **Sonstige**: Führung und Organisationsklima, Organisationskultur und Führung, Führung bei Mitbestimmung, Humanisierung und Führung, Kommunikationspolitik und Führung.

18 Vgl. hierzu wie auch im Folgenden Staehle (1999) 347 f.

19 Speziell im US-amerikanischen Raum existiert eine Vielzahl von Feld- und Laborstudien von vornehmlich psychologisch und sozial-psychologisch orientierten Autoren, die mit den unterschiedlichsten Messinstrumenten die moderierende Wirkung von bestimmten Situationsfaktoren auf die Führungseffizienz untersucht. Vgl. dazu z. B. die Veröffentlichungen in den Zeitschriften »Organizational Behavior and Human Performance«, »Journal of Applied Psychology«, »Personnel Psychology«.

20 Vgl. Kieser/Reber/Wunderer (1987).

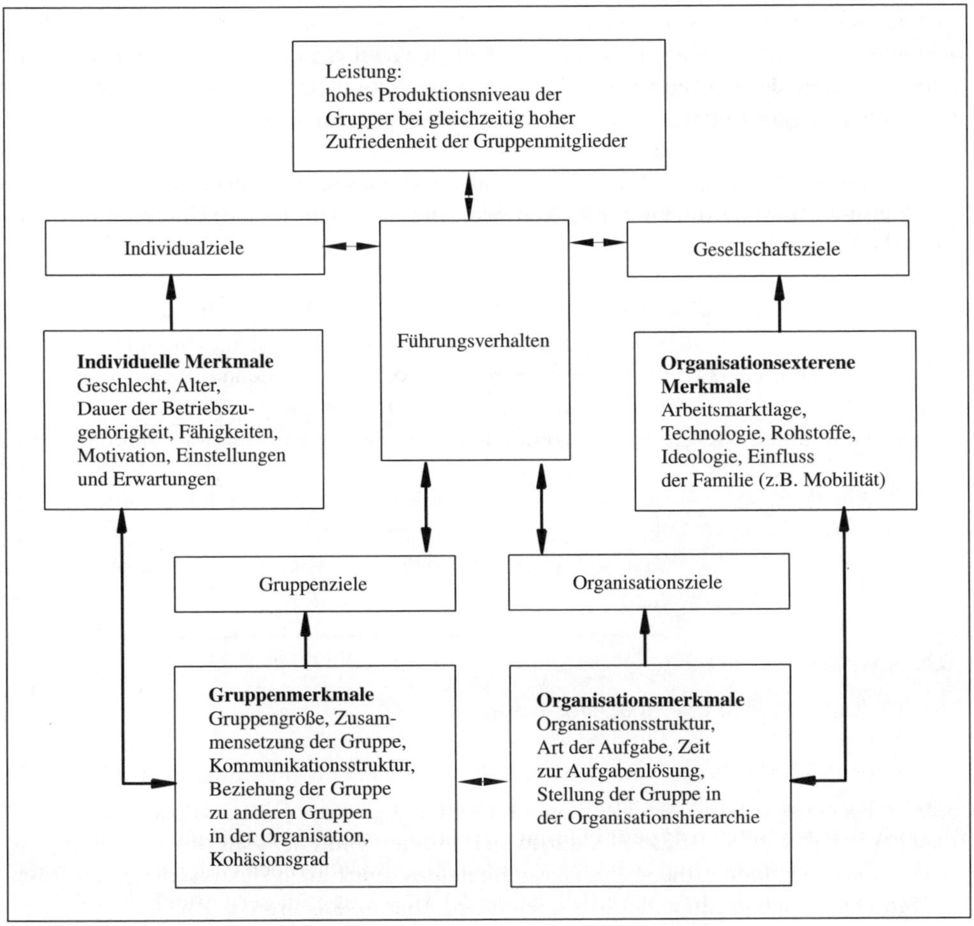

Quelle: In Anlehnung an Nieder/Naase (1977) 66; entnommen aus Staehle (1987) 630.

Abb. 39: Determinanten der Gruppenleistung

- **Gesellschaftliche Rahmenbedingungen**: Kulturabhängigkeit der Führung, Führung in Entwicklungsländern.
- **Spezialsituationen der Unternehmung**: Führung bei Reorganisation, Führungsaufgabe in der Sanierung, Führung bei Rückentwicklung von Organisationen, Führung in Krisensituationen, Organisationsentwicklung und Führung.
- **Technologie**: Fertigungstechnik, Bürokommunikationstechnik und Führung.

Der Versuch einer Klassifizierung der Situationsansätze[21] gelangt zu drei verschiedenen Ansatzweisen, wie die Situation in das Aussagengefüge einbezogen wird: (1) der **Moderator-Ansatz**, der die Situation als intervenierende Variable studiert, (2) der **situationsana-**

21 Vgl. Schreyögg (1987) Sp. 881 f.

lytische Ansatz, der sein Hauptaugenmerk auf eine Systematik der Situationserkundung richtet: In ihm sind das Führungshandeln und ausgewählte Situationsfaktoren die unabhängigen Variablen, die zusammen die Führungseffizienz als abhängige Variable kausal erklären sollen. Und schließlich (3) der **instrumentalistische Ansatz**, der den Führungsstil selbst als Situationselement begreift.

Im **Moderator-Ansatz** tritt die Situation als exogene Größe (intervenierende Variable) zwischen Führungsstil (unabhängige Variable) und Führungserfolg (abhängige Variable) (vgl. Abbildung 40).

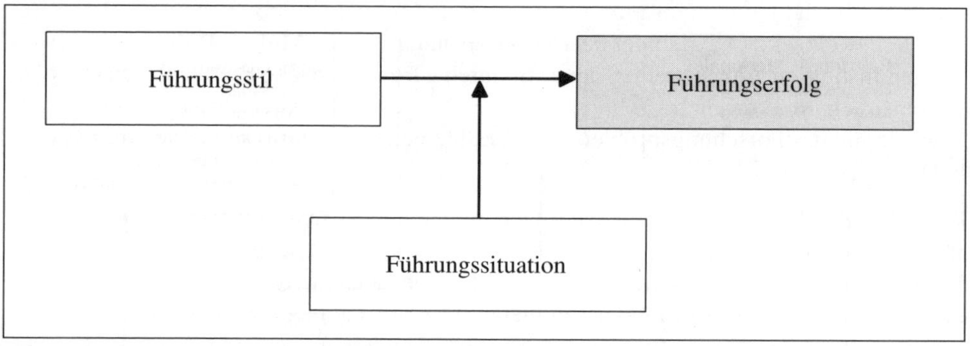

Quelle: Schreyögg (1987) 882.

Abb. 40: Kausalmodell des Moderator-Ansatzes

In diese Kategorien fallen die Modelle von Fiedler (vgl. Kap. C.III.2.a) und von Hersey/ Blanchard (vgl. Kap. C.III.2.c). Es dürfte sich hier auch um denjenigen Ansatz handeln, der den meisten situationstheoretisch ausgerichteten empirischen Untersuchungen zugrunde liegt. Die beiden anderen Ansätze spielen eine eher untergeordnete Rolle.

Dem **situationsanalytischen Ansatz** ist das **Vroom-Yetton-Modell** zuzuordnen. Sein Ziel ist es, den Führer im Sinne einer **Entscheidungsheuristik** dazu anzuleiten, die Führungssituation so zu strukturieren, dass sich aus einem gegebenen Satz von Führungsstilen der jeweils optimale bestimmen lässt (Näheres zu Vroom-Yetton vgl. Kap. C.III.2.b.).

Eine allgemeine Würdigung der Situationsansätze ergibt: Die Aussagensysteme situationstheoretischer Ansätze verdichten sich zu einem Beziehungsgeflecht, in das – gewollt – eine große **Vielzahl von Variablen**, Variablenausprägungen und -kombinationen eingeht. Das birgt die Gefahr in sich, dass die Übersicht verloren geht und greifbare, praktisch handhabbare Konsequenzen nicht erzielt bzw. nicht erkennbar werden.

Bei Einbezug zu vieler Situationsfaktoren geraten die Modelle zu Ansätzen der Erklärung **aller** Determinanten der Arbeitsleistung, unter denen Führung nur eine einzige ist, von der man noch nicht einmal weiß, eine wie gewichtige Rolle sie spielt. Zudem hilft die Einsicht wenig, dass – überspitzt formuliert – alles von allem abhängt. Darüber hinaus dürfen spezielle Kritikpunkte nicht verschwiegen werden:[22]

22 Vgl. Schreyögg (1987) 888 f.; des Weiteren Wunderer/Grunwald (1980), Bd. 1, 134 f.; Staehle (1999) 351 f.

- Es wird nach wie vor nach Bestlösungen gesucht: Zwar nun nicht mehr nach **einem generell optimalen** Führungsstil, sondern nach denjenigen Führungsverhaltensweisen, die **situationsspezifisch** angemessen sind. Damit wird verkannt, dass auch in einer bestimmten Situation Spielräume für die Wahl unter mehreren Führungsvarianten bestehen können.
- Das rührt möglicherweise daher, dass den Situationsansätzen grundsätzlich ein **statisches** Denken zugrunde liegt: Die Suche nach dem für eine gegebene Situation geeigneten Führungsstil lässt die Tatsache unberücksichtigt, dass sich Interaktionsstruktur und Führungsprozess fortlaufend entwickeln.
- Des Weiteren bleibt zumeist unbeachtet, dass Führung nicht lediglich eine »Mikro-Beziehung« einzelner handelnder Personen ist, sondern in den **Makro-Rahmen** der jeweiligen Institution eingebettet ist, der z. B. durch ganz spezifische Problemlagen (Innovationsdruck, Konkurrenzbedrohung o. Ä.) geprägt sein mag. Allerdings resultiert hieraus wiederum das Forschungsproblem der Verallgemeinerungsfähigkeit derart spezifischer Führungssituationen.

Trotz aller Kritik: Situationsansätze besitzen in forschungsstrategischer, aber auch in pragmatischer Sicht großes (Erklärungs-)potenzial. Vor allem auch deshalb, weil sie offen sind, d. h. die Möglichkeit zur Integration von komplexeren, auch interdisziplinären Forschungsansätzen und empirischen Ergebnissen bieten. Das Verständnis für das komplexe Phänomen Führung kann so schrittweise durch neue Erkenntnisse erweitert werden. Die Entwicklung eines Modells, das **alle** »relevanten« Situationsfaktoren (inkl. aller Abhängigkeiten untereinander) und deren Bezüge zu den Effizienzkriterien gleichzeitig berücksichtigt, dürfte ein utopisches Unterfangen sein. Als Forschungsziel wäre daher eine möglichst vollständige Systematisierung von Einflussfaktoren, möglicherweise kategorisiert nach ihrer Bedeutsamkeit für Realtypen von Führungssituationen, anzustreben. In einem zweiten Schritt wären dann die Einfluss**beziehungen** nach **Richtung** (Ursache-Wirkungs-Ketten) und **Stärke** zu klären:

- **Welche Situationsfaktoren** beeinflussen das Führungsverhalten (bzw. werden von ihm beeinflusst) **wie stark**?
- **Welche Situationsfaktoren** moderieren den Bezug zwischen Führungsverhalten und dessen Effizienz **wie stark**?
- Welche Situationsfaktoren beeinflussen sich in welcher Richtung und wie stark gegenseitig?

c) Attributionstheorien

Wie in den Ausführungen zur Leistungsmotivation schon dargestellt, beschäftigt sich die Attributionstheorie mit der Zuschreibung von Ursachen zu Handlungen oder sozialen Ereignissen. Die am weitesten verbreitete Attributionstheorie, stammt von Kelley und soll im Folgenden kurz dargestellt werden.[23] Als Ursachen für eigene oder beobachtete Handlungen lassen sich nach Kelley grundsätzlich anführen:

---

23 Vgl. Kelley (1967), (1972), (1972a).

- Eigenschaften der handelnden Person selbst (**Person-Attribution**);
- spezielle Eigenschaften der Zielobjekte der Handlung (**Entitäts-Attribution**);
- Besonderheiten der Situation bzw. Zufall (**Umstands-Attribution**).

Entsprechend dem varianzanalytischen Modell (Anova-Modell) lassen sich diese drei Klassen von Ursachen als Faktoren darstellen, denen ein bestimmter Varianzanteil einer abhängigen Variablen zugeordnet werden kann. Diese Zuordnung erfolgt auf der Basis des **Kovariationsprinzips**.

Verfügt eine Person über Informationen aus mehreren Beobachtungen, wird sie eine Handlung derjenigen Ursache zuschreiben, mit der sie über diese Beobachtungen hinweg kovariiert. Konkret geschieht dies über die Einschätzung folgender drei Kriterien:

- **Distinktheit** (Bei hoher Distinktheit lässt sich eine Handlung nur in Verbindung mit bestimmten Entitäten beobachten.);
- **Konsens** (Ein hoher Konsens bezeichnet die Übereinstimmung der beurteilten Handlung mit Handlungen anderer Personen.);
- **Konsistenz** (Eine hohe Konsistenz bezeichnet die zeitliche und situative Stabilität einer Handlung.).

Stellt z. B. der Manager einer Unternehmensberatung fest, dass die Projekte eines seiner Berater immer und bei allen Kunden gut ankommen, wird er dies auf die Person des Beraters bzw. dessen Qualifikation, Auftreten usw. zurückführen. In der Sprache Kelley's diagnostiziert er hinsichtlich des Phänomens »Akzeptanz des Kunden« eine geringe Distinktheit, einen geringen Konsens sowie eine hohe Konsistenz, woraus er eine Person-Attribution ableitet. Sind aber alle Berater (hoher Konsens) immer (hohe Konsistenz) bei einem ganz bestimmten Kunden erfolgreich (hohe Distinktheit), wird dies auf die Besonderheit des Kunden (z. B. dessen geringes Anspruchsniveau) zurückzuführen sein, was einer **Entitäts-Attribution** entspricht.

Auf die **Umstände** wird attribuiert, wenn sich zwar spezifische Effekte bez. eines bestimmten Objektes beobachten lassen (z. B. Kundenakzeptanz), sonst aber keine Regelmäßigkeiten im Sinne von Konsens oder Konsistenz zu beobachten sind, die eine Attribution auf die Größen Person oder Entität zulassen würde.

Ist eine Person nicht in der Lage, ausreichende Konsens-, Konsistenz- und Distinktheitsinformationen zu verarbeiten, kann sie keine vollständige Kausalanalyse durchführen. Dies kann z. B. der Fall sein, wenn nur Informationen aus einer Beobachtung vorliegen, aber auch, wenn nicht ausreichend Zeit zur Verfügung steht etc. In diesem Fall lässt sich auf kausale Schemata zurückgreifen, mit denen entweder unvollständige Informationen ergänzt werden oder die konkrete Annahmen über die Ursachen der betreffenden Handlungen liefern. Das in Kapitel B.I.2.c.cc dargestellte Klassifikationsschema von Weiner (internal vs. external/stabil vs. instabil) stellt ein solches kausales Schema dar.

Im Bereich der Attributionstheorien der Führung lassen sich zwei Forschungsrichtungen unterscheiden. Während sich die eine mit der Attribution von Führung beschäftigt, untersucht die andere den Einfluss von Vorgesetztenattributionen auf das Führungsverhalten dieser Vorgesetzten.

aa) Eigenschaftsorientierte Attributionstheorie von Calder

Calder[24] geht davon aus, dass ein Führer nicht durch seine tatsächlich vorhandenen Eigenschaften oder eine bestimmte Rollenzuweisung zum Führer wird, sondern dass ihm die persönliche Disposition des Führers **von den Geführten** zugeschrieben wird. Führung ist ein Wahrnehmungsphänomen, welches darin besteht, dass eine Person einer anderen aufgrund deren Verhalten Führung(-seigenschaften) attribuiert.

Dieser Prozess der Zuschreibung des hypothetischen Konstrukts »Führung« läuft nach Calder in vier Schritten ab. In einem ersten Schritt wird das Verhalten einer Person wahrgenommen oder bestimmte Effekte auf nicht beobachtetes Verhalten dieser Person zurückgeführt. In einem zweiten Schritt wird überprüft, ob sich die Person durch ihr Verhalten von anderen Personen absetzt, ob das gezeigte Verhalten eine gewisse Konsistenz aufweist und inwieweit es den eigenen Erwartungen an eine Führungskraft entspricht. Wird das gezeigte Verhalten außerdem als charakteristisch für eine Person eingeschätzt, kann es als Indiz für vorhandene Führungseigenschaften herangezogen werden. Dies aber nur, wenn in einem dritten Schritt festgestellt wird, dass zu dem gezeigten Verhalten überhaupt Alternativen existiert haben. Ist dies der Fall und damit deutlich geworden, dass die potenzielle Führungskraft spezifische Handlungen vollzieht, die sich von anderen möglichen Handlungen durch ihre Effekte positiv abheben, wird sich der Beobachter in einem vierten Schritt fragen, inwieweit er von den vollzogenen Handlungen direkt betroffen ist und ob sich diese mit den eigenen Zielen vereinbaren lassen. Je eindeutiger sich diese Fragen bejahen lassen, desto eher wird der Beobachter dem Handelnden Führungseigenschaften attribuieren.

Allerdings werden nicht immer solche komplizierten kognitiven Analysen angestellt, wenn einer Person Führungseigenschaften attribuiert werden. So konnte aufgrund systematischer Arbeiten gezeigt werden, dass Mitarbeiter konkrete Vorstellungen davon haben, was einen Führenden normalerweise auszeichnet.[25] Sie besitzen also eine Art **»Führungsprototypen«.** Stimmt eine Person mit diesem Prototypen in Dimensionen wie Verhalten, Auftreten, Art der Kleidung oder der kontextuellen Einbindung überein, kann sie als Führer klassifiziert werden, auch wenn ihr Führung im Sinne des oben beschriebenen vierstufigen Attributionsprozesses nicht zuzusprechen wäre.

bb) Verhaltensorientierte Attributionstheorie von Mitchell

Der Ansatz von Mitchell[26] beschäftigt sich mit Attributionen, die Führer hinsichtlich des Verhaltens der Geführten vornehmen sowie deren Einfluss auf das weitere Führungsverhalten der attribuierenden Personen. Dabei geht Mitchell von einem zweistufigen Prozess aus, der sich aus einer Diagnose- und einer Entscheidungsphase zusammensetzt.

Die **Diagnosephase** wird durch den eigentlichen Attributionsprozess gebildet, der nach dem oben dargestellten Kovariationsprinzip abläuft. In Anlehnung an die Aussagen Kelley's geht Mitchell davon aus, dass die Ursachen für das gezeigte Mitarbeiterverhalten bzw. dessen Leistungen in dessen Person, der Umwelt oder in Besonderheiten der Arbeitsaufgabe (Entität) begründet liegen können. Allerdings ist in der betrieblichen Praxis

24 Vgl. Calder (1977) 179 f.
25 Vgl. Lord/Foti/De Vader (1984) 343 f.
26 Vgl. Green/Mitchel (1979); Mitchell (1987) 703 f.

kaum davon auszugehen, dass der Vorgesetzte immer in der Lage sein wird, eine vollständige und differenzierte Kausalanalyse vorzunehmen. In diesem Fall wird er seine Ursachenzuschreibung unter Verwendung (vereinfachender und oft inadäquater) kausaler Schemata durchführen. Daneben ist auch mit individuellen Verzerrungen zu rechnen, wie die Erkenntnisse der Sozialpsychologie nahe legen. Im Einzelnen ist z. B. zu erwarten, dass[27]:

- Führungskräfte Misserfolg ihrer Mitarbeiter eher internal (Person) attribuieren, während die Mitarbeiter als Handelnde ihren Misserfolg primär external (Umstände/Aufgabe) attribuieren;
- sich mit abnehmender psychologischer Distanz der Vorgesetzte der Sichtweise des Mitarbeiters annähert, womit eine zunehmende Bereitschaft verbunden ist, negative Ergebnisse external zu attribuieren;
- viele Führungskräfte bei der Beurteilung spezifischer Leistungen ihrer Mitarbeiter nicht über realistische Vergleichsmöglichkeiten hinsichtlich der Leistungen anderer Mitarbeiter verfügen (Konsens) und so auf (zweifelhafte) Normen, eigene subjektive Erwartungen o. Ä. zurückgreifen müssen;
- sich Führungskräfte von Stereotypen und Vorurteilen leiten lassen, was z. B. dazu führt, dass Erfolg von Frauen eher external attribuiert wird, während der Erfolg bei Männern vergleichsweise eher der Person zugeschrieben wird.

Siehe zu diesen Zusammenhängen auch Abbildung 41.

In der **Entscheidungsphase** wählt der Führer aus der Menge des ihm zur Verfügung stehenden Führungsverhaltens eine Verhaltensweise aus. Diese Wahl hängt grundsätzlich davon ab, ob die spezifischen Verhaltensweisen positiv oder negativ beurteilt werden, wie schwerwiegend die durch das Verhalten erzielten Effekte einzuschätzen sind und ob diese durch die Person des Geführten verursacht wurden. Grundsätzlich ist nach den Hypothesen Mitchell's davon auszugehen, dass Vorgesetzte auf internal attribuierte Ergebnisse eher mit direktem Führungsverhalten (Belohnung/Bestrafung) und auf external attribuierte Ergebnisse eher mit indirektem Führungsverhalten (allgemeine Unterstützung, strukturelle Veränderungen usw.) reagieren.

Mit diesen **kognitiven Aspekten** der Wahrnehmung von Führung ist zweifellos ein wesentlicher Beitrag für die Erklärung der Determinanten von Führungsverhalten geleistet worden. Natürlich sehen auch die Attributionstheoretiker selbst, dass die Attributionen von Führenden und Geführten nur als eine unter vielen das praktische Führungsgeschehen beeinflussenden Determinanten anzusehen ist.[28] (Anmerkung: Kritik wurde abgeschwächt, weil in Kapitel C.IV auf die (angesichts der zunehmenden Unstrukturiertheit von Führungssituationen) zunehmende Bedeutung der Attributionstheorien hingewiesen wird.) So werden Attributionen häufig durch (personale, soziale, organisationale) Grundsatzentscheidungen (vgl. Abbildung 41) überflüssig. Zum anderen gibt es auch viele Führungssituationen, in denen die Aufgabe, soziale oder andere Kontext-Faktoren möglicherweise für bestimmte Führungsaktivitäten wichtiger sind. Trotzdem gilt es – vor allem im Zusammenhang mit Führungstraining – als nützlich, Einsichten in die kognitiven Prozesse der Attributionen zu gewinnen. Die Tatsache, dass neben dem Führungsverhalten des Vorgesetzten

27 Vgl. zum Folgenden Neuberger (1991) 205 f.
28 So z. B. deutlich Mitchell (1987) 710 f.

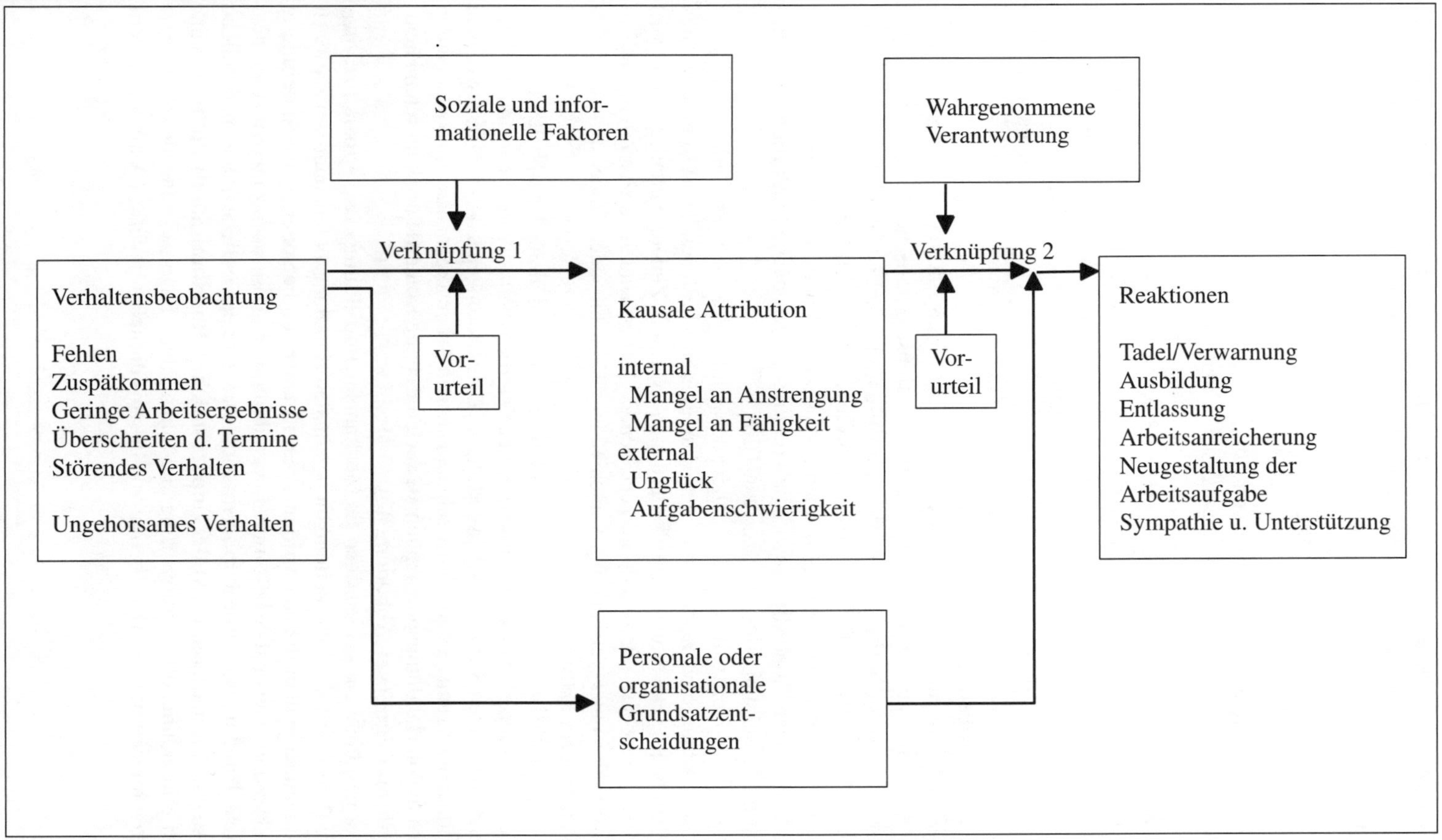

Quelle: Mitchell (1987) 703 f.

Abb. 41: Ein attributionstheoretisches Modell der Reaktionen eines Führers auf schlechte Leistungen eines Mitarbeiters

andere Faktoren (z. B. Mitarbeiter-, Aufgaben-, Organisationsmerkmale) das Mitarbeiterverhalten – z. T. sogar vorrangig – beeinflussen, ist Anlass für Überlegungen zur Führungssubstitution.

d) Substitutionstheorien

Im betrieblichen Alltag ist eine Reihe von Situationen zu beobachten und vorstellbar, in denen sich Mitarbeiter den Unternehmungszielen und -interessen entsprechend bzw. in spezifischer Weise zielorientiert verhalten, ohne dass dem ein Akt hierarchischer Führung (i. S. v. direkter, personaler Führer-Geführten-Interaktion) vorausgegangen ist. Neben der Personalführung müssen sich in Unternehmungen also weitere, das Verhalten von Mitarbeitern steuernde Faktoren identifizieren lassen (siehe auch die Ausführungen zur strukturellen Verhaltenssteuerung in Kap. A.II). Eine entsprechende Position vertreten die Ansätze zur Führungssubstitution, welche die Personalführung nur als ein Instrument unter vielen ansehen, die die Beeinflussung bzw. Steuerung des individuellen Arbeitshandelns der Mitglieder einer Arbeitsorganisation zum Ziel haben.

Den differenziertesten Ansatz aus diesem Bereich lieferte 1981 Türk, der sich dem Phänomen der Führung aus soziologischer und organisationstheoretischer Perspektive näherte und in einer Art **»Kontexttheorie der Personalführung«** die Bedeutung der organisatorischen Umfeldbedingungen für die Personalführung bzw. das Verhältnis dieser zu anderen organisationalen Mechanismen der Ausübung von sozialer Kontrolle aufzeigen wollte. Der Begriff der »sozialen Kontrolle« sowie die von dieser ausgehende konformierende Wirkung steht im Mittelpunkt des Ansatzes von Türk.

Unter **»sozialer Kontrolle«** werden dabei alle sozialen Prozesse verstanden, welche »... die Funktion haben, eine Konformität des Handelns mit bestehenden systembezogenen Handlungsmustern (Erwartungen, Anforderungen, Normen, Zielen, Werten, Rollen usw.) zu erreichen, zu sichern oder wiederherzustellen.«[29] Dabei handelt es sich um einen Einfluss-Prozess, der unter Verwendung verschiedener Kontroll- oder Steuerungsmittel von bestimmten Trägern aktiv ausgeübt wird.

Soziale Kontrolle bzw. die Sicherung von **Konformität** im Sinne der einheitlichen Ausrichtung des von den einzelnen Mitarbeitern gezeigten (Arbeits-) Verhaltens und den diesem zurunde liegenden Strukturen (Einstellungen, Orientierungen usw.) auf die jeweiligen organisationalen Ansprüche oder Gegebenheiten kann in Arbeitsorganisationen sowohl durch die Kontrolle von Handlungspotenzialen als auch durch die Kontrolle der konkreten Handlungen selbst erfolgen (vgl. Abbildung 42).

Ersteres geschieht zum einen über die Mechanismen »**Bildung**« und »**Sozialisation**«, womit die Prägung bzw. Modifikation von personalen Handlungspotenzialen umschrieben ist und zum anderen über die **Auswahl** und den **Einsatz** von Personal, wodurch definierte personale Handlungspotenziale bestimmten organisationalen Positionen zugeordnet werden.

Konkrete Handlungskontrolle vollzieht sich durch unpersönliche sowie persönliche Mechanismen. Als markanteste Mittel **unpersönlicher Handlungskontrolle** führt Türk die Stellenschneidung, die Technisierung und Standardisierung sowie die administrativen Regelungen hinsichtlich der Distribution von organisationalen Benefits (Anreizsystemen)

---

29 Türk (1981) 45.

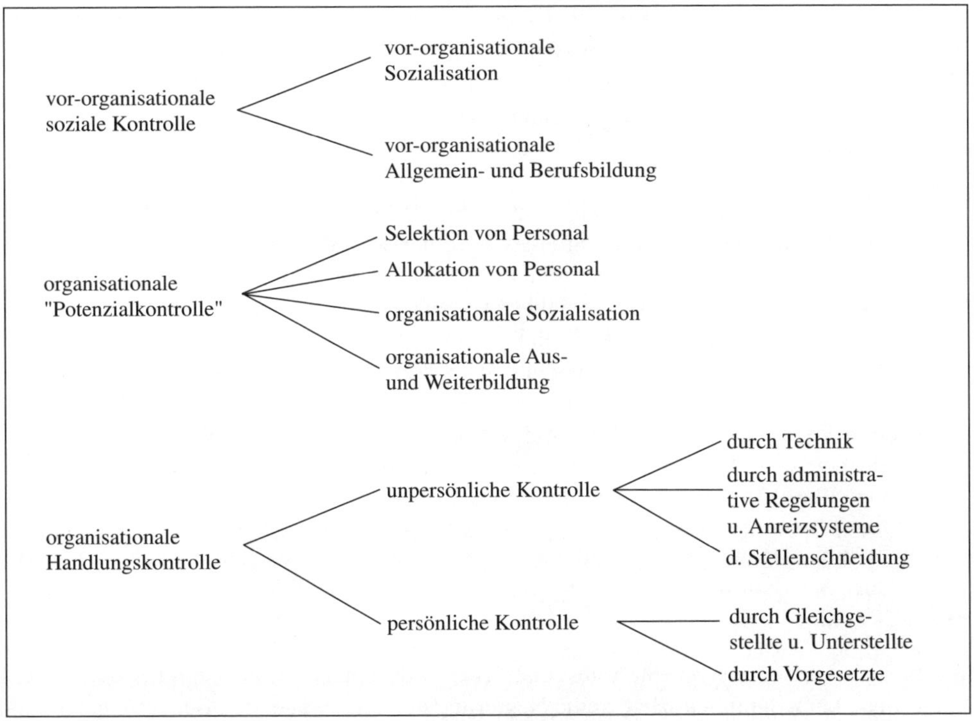

Quelle: Türk (1981) 46.

Abb. 42: Prozesse und Medien sozialer Kontrolle organisatorischen Handelns

an. Träger **persönlicher Handlungskontrolle** (hinsichtlich betrieblicher Leistungsziele, Loyalität usw.) sind Kollegen (peers) aufgrund deren reziproker Abhängigkeit voneinander (vgl. hierzu die Ausführungen zur Gruppenarbeit) und Vorgesetzte im Rahmen der Personalführung.

Nach der Auffassung Türks muss die Personalführung als **Residualfaktor** angesehen werden, der situationsspezifisch nur dann eingesetzt wird, wenn alternative Mechanismen der sozialen Kontrolle im Sinne der obigen Aufzählung nicht ausreichen oder nicht zum Einsatz gelangt sind. Als solcher gewinnt die Personalführung z. B. an Bedeutung, wenn es in der betrieblichen Praxis um die Einforderung von über die geforderten Kontraktleistungen hinausgehenden Leistungen geht, deren Nichterbringung für den Mitarbeiter weder mit Entgelteinbußen noch mit Regel- oder Vertragsverletzungen einhergeht.[30]

Die Möglichkeit, individuelles (Leistungs-)Verhalten außer durch direkte, interaktionelle auch durch strukturelle Führung zu lenken, wird auch von einer Vielzahl anderer Autoren postuliert. Dabei wird eine ganze Reihe potenzieller Führungssubstitute genannt wie z. B. professionelle Orientierung, Leistungsfeedback, Technologieeinsatz, Struktur der (Arbeits-)Aufgaben, Organisationsstrukturierung, kohäsive Arbeitsgruppen usw.[31] (vgl. Abbildung 43). Auf die ersten beiden soll im Folgenden kurz eingegangen werden.

30 Vgl. Türk (1981) 65 f.

31 Vgl. Kerr/Mathews (1987); Staehle (1999); Kerr/Jermier (1977).

- **»Professionelle Orientierung«** bedeutet, dass berufliche Experten spezifische Verhaltensweisen entwickeln. So schenken sie z. B. dem Urteil von Fachkollegen oft mehr Glauben, als dem Urteil des hierarchischen Vorgesetzten. Die Identifikation mit ihrem Beruf führt dazu, dass Leistungsnormen innerhalb der Gruppe von Fachkollegen, nicht aber durch den formalen Vorgesetzten, entwickelt und festgelegt werden (häufig bei Forschern).
  Professionalisierung beeinflusst außerdem den Prozess der Aufgabenerfüllung. So vermindern Ausbildung und Training eines Mitarbeiters i. d. R. dessen Abhängigkeit von anleitenden Aktivitäten des Führenden und ermöglichen es im Idealfall, dass der Mitarbeiter Zielvereinbarungen und aufgabenbezogene Informationen selbststeuernd im Sinne der Unternehmungsziele umsetzen kann.
- Aus der Arbeit selbst resultierendes **»Leistungsfeedback«** kann ein anderes potenzielles Substitut für interaktionelle Führung sein. Es gibt Aufgaben, die klare und objektive Daten in Bezug auf den Grad der Aufgabenerfüllung liefern. Als einleuchtendes Beispiel hierfür wird die Durchführung einer Herz-Bypass-Operation durch einen Chirurgen angeführt. Normalerweise wird der Chirurg innerhalb von Sekunden nach der durchgeführten Operation über den Erfolg oder Fehlschlag seiner Arbeit informiert sein. Diese und andere Gründe können die kritische Aufgaben-Feedback-Funktion des Führers unbedeutend werden lassen im Vergleich zu der Information, die von den Aufgaben selbst gegeben wird.

Auch wenn Türk seinen Ansatz selbst als lücken- oder interventionstheoretisches Modell bezeichnet, kann damit natürlich keine Negierung der herausragenden Bedeutung der Personalführung verbunden sein. Zwar wird z. B. der Anteil hoch qualifizierter bzw. professioneller Mitarbeiter immer größer oder breiten sich die mit dem Anwachsen der Arbeitsorganisationen verbundenen instrumentell ausgerichteten und funktional stabilisierenden Mechanismen sozialer Kontrolle aus. Dies führt nach den Aussagen Türks dazu, dass der Personalführungsbedarf in der modernen Systemgesellschaft ständig sinkt. Jedoch wird dadurch die Führungskraft nicht automatisch zum **»Lückenbüßer der Organisation«**[32] degradiert, der gänzlich durch Zwänge in seinem Handeln fremdbestimmt ist und lediglich im Notfall des Nichtfunktionierens einer gut geölten Maschinerie von Führungssubstituten einzugreifen hat. Es ist ein stark überzeichnetes Bild, weil suggeriert wird, dass Führer und Geführte durch ein übermächtiges System von Medien sozialer Kontrolle erdrückt würden, das umfassend und unentrinnbar sei. Möglicherweise zu Recht aber wird eine Verschiebung des Personalführungsbedarfs, z. B. hinsichtlich der Schließung von Motivationslücken unterstellt.

Aus Sicht der Unternehmung stellt die Möglichkeit, den sich in der betrieblichen Praxis immer wieder als kompliziert darstellenden Faktor »Führungskräfte« (bzw. deren Führungsverhalten) durch »verlässlichere« und »stabilere« Größen wie »Struktur«, »System« etc. ersetzen zu können, natürlich eine interessante Perspektive dar. Allerdings geht damit auch die Gefahr der Bürokratisierung, des Verlustes von Flexibilität oder Innovationsfähigkeit usw. einher. Entsprechende Entwicklungen (insbesondere in Großunternehmungen) haben bereits dazu geführt, dass vielerorts zugleich ein Übermaß an Management (by system) und ein Defizit an Führung beklagt wird, was in weiten Bereichen zu einer

32 Luhmann (1995).

Charakteristika	*Führt zur Neutralisierung von*	
	beziehungsorientierter, unterstützender, mitarbeiterorientierter Führung: Rücksichtnahme, Unterstützung und Interaktion, Förderung	*aufgabenorientierter, instrumentaler, arbeitszentrierter Führung: Zielbetonung und aufgabenbezogene Unterstützung*
des Mitarbeiters:		
1. Fähigkeit, Erfahrung, Training, Wissen		x
2. Bedarf an Unabhängigkeit	x	x
3. „professionelle" Orientierung	x	x
4. Gleichgültigkeit gegenüber organisationalen Belohnungen	x	x
der Aufgabe:		
5. nicht ambitioniert, routinemäßig		x
6. methodisch invariabel		x
7. liefert eigenes Feedback bzgl. Durchführung		x
8. intrinsisch befriedigend	x	
der Organisation:		
9. Formalisierung (klare Pläne, Ziele und Verantwortungsbereiche)		x
10. Inflexibilität (strenge, unbeugsame Regeln und Verfahren)		x
11. Hoch spezialisierte und aktiv beratende Stabsfunktionen		x
12. eng verbundene, kohäsive Arbeitsgruppen	x	x
13. Organisationale Belohnungen nicht innerhalb des Einflussbereiches des Führers	x	x
14. Räuml. Distanz zwischen Vorgesetzten und Mitarbeitern	x	x

Quelle: Kerr/Mathews (1987) 920.

Abb. 43: Substitute der Führung

»Re-Personalisierung der Führung« (z. B. Management by wandering around) geführt hat.[33]

Wunderer schlägt daher die **Theorie der Substitution struktureller Führung** vor. Sie plädiert – quasi umgekehrt – für die Ersetzung struktureller Steuerungsmechanismen durch interaktionelle Mitarbeiterführung).[34] Da die Koordination der Einzelhandlungen in Unternehmungen seines Erachtens nur durch das Zusammenwirken struktureller und interaktioneller Mitarbeiterführung bewerkstelligt werden kann, soll diese Theorie ein Gegengewicht zur populären Diskussion bilden.

Als **Gründe** für die Notwendigkeit einer solchen Diskussion führt er an:

- Unwägbarkeiten im Alltag: In heterogenen und dynamischen Umwelten kann auch ein sorgfältig ausgearbeitetes Regelwerk nie lückenlos sein, denn die Vielfalt potenzieller Anforderungen ist selten bis in alle Einzelheiten überschaubar; auch müssen zur Flexibilitätssicherung Vorschriften allgemein und interpretationsfähig gehalten werden.
- Besonderheit »Faktor Arbeit«: Mitarbeiter sind Subjekte mit eigenen, situativ wechselnden Motiven und Zielen, die nicht prinzipiell mit den Unternehmungszielen kompatibel sind. Die Mitarbeiter verfügen dabei über besondere Qualitäten, z. B. polyvalente Fähigkeiten, Erfahrungswissen, deren Nutzung für die Unternehmungen heute nötiger ist denn je.

Inwieweit sich die Substitution struktureller Führung als sinnvoll erweist, hängt von verschiedenen **Einflussgrößen** ab. Von zentraler Bedeutung gelten hierbei: Führungskultur (z. B. Bürokratieorientierung), Größe der Organisation (v.a. Beschäftigtenzahl), Qualifikation und Motivation von Vorgesetzten und Mitarbeitern, Führungsverfassung (z. B. zentralistisch vs. föderalistisch), allgemeiner Organisationsgrad (z. B. Formalisierung, Generalisierung, Standardisierung), Führungsstrategie (z. B. autokratischer vs. delegativer Führungsstil), Aufgabenkomplexität, individuelle Regelungsnotwendigkeit oder Sonderfälle, spezielle Situation (z. B. Krise, Transformationsprozess) und personale Konflikte.

Für die Führungsforschung und -praxis liefern die Theorien zur Substitution von Führung jedoch wichtige Denkanstöße, weil sie den Blick auf die Tatsachen lenken, dass

- sich Führung nicht im »luftleeren Raum« abspielt,
- Führung durch organisationale Strukturen und Prozesse, durch Mitarbeiter- und Aufgabenmerkmale deutlich geprägt (sowohl gefördert als aber auch eingeengt) und auch bis zu gewissen Graden substituiert werden kann,
- Führung auch mit anderen Teilsystemen des Personal-Management (Personalauswahl, -einführung, -versetzung, -fortbildung, Anreizsystemen etc.) interaktiv verwoben ist.

Gerade im Gesamtzusammenhang des Personal-Management wird deutlich, dass Führung in dem weiteren Sinne der Verhaltenssteuerung mehr ist als nur **direkte** Mitarbeiter-Führung:

Sie umfasst auch die Tätigkeiten der Handhabung von Personalsystemen, wie z. B. das Fällen von Entscheidungen über Mitarbeiter-Versetzungen, über Fortbildungsmaßnahmen u. a. m. (vgl. Abbildung 42), **indirekte** Führung also. Zu ihr gehören auch andere Ent-

---

33 Staehle (1999) 388.
34 S. Wunderer (2003) 316 f.

scheidungen, die Auswirkungen auf Aufgabeninhalte und Arbeitsabläufe haben. Führungstätigkeiten dieser Art aber befinden sich gar nicht im Blickfeld der Führungstheorien, auch nicht der Situationsansätze; denn diese beziehen »Situationsmerkmale« wie die genannten teilweise zwar ein, unterstellen sie aber nicht als gestaltbar, sondern als konstant. Das diesen Theorieansätzen zugrunde gelegte Führungsverständnis wird durch die Theorien zur Substitution von Führung insoweit in Frage gestellt.

e) Weitere Theorien zur Führung

Neben den oben dargestellten Führungstheorien existiert noch eine Vielzahl anderer Ansätze, die das Phänomen der Führung aus unterschiedlichen Perspektiven beleuchten und sich hinsichtlich ihres Abstraktionsgrades, ihrer empirischen Fundierung usw. stark unterscheiden.[35] Zu nennen sind hier z. B. die **Interaktionstheorien**, welche die Interaktion als den zentralen Prozess des Führungsgeschehens in den Mittelpunkt ihrer Betrachtungen stellen. Dies geschieht unter Rückgriff auf die Aussagen der Austausch-[36] und Gleichheitstheorien[37]. Danach wird die Interaktion zwischen zwei Personen so lange aufrechterhalten, wie die Interaktionspartner das Verhältnis von Kosten und Nutzen oder Leistung und Gegenleistung als positiv bzw. gerecht wahrnehmen. Führung stellt sich in diesem Zusammenhang als ein fortlaufender Verhandlungsprozess in der Führungsdyade oder Gruppe dar.

Als »positionsorientierte« Ansätze gehen die **Rollentheorien** von den Erwartungen aus, die von Mitarbeitern, Kollegen usw. an den Inhaber einer Führungsposition herangetragen werden. Fragen nach der Entwicklung der Rolle »Führungskraft« (Rollendifferenzierung), nach der (Un-)Vereinbarkeit unterschiedlicher Erwartungen (Rollenkonflikte), die an eine Führungskraft herangetragen werden, nach Problemen bei der Interpretation der Führungsrolle durch die Führungskraft selber (Rollenambiguität), sind charakteristisch für diese funktionsorientierte Sichtweise.

Mit der Beziehung zwischen Führungsverhalten und Motivation der Geführten beschäftigen sich die **Weg-Ziel-Theorien**, die auf den Erwartungs-Valenz-Ansätzen der Motivation aufbauen und oft zu den Situationstheorien der Führung gezählt werden. Unter Rückgriff auf die Terminologie Vrooms beschreiben sie es als Aufgabe des Führers, die »Valenzen« seiner Mitarbeiter sowie deren Wahrnehmung von »Instrumentalität« und »Erwartung« hinsichtlich möglicher Handlungsweisen zu beeinflussen. Die Weg-Ziel-Theorien setzen also am Verhalten der Geführten bzw. deren (grundsätzlich rationalen) Handlungsentscheidungen an.

Ebenfalls als »geführtenzentriert« lassen sich die **Lerntheorien** bezeichnen. Ausgehend von den Annahmen der psychologischen Lerntheorie, nach denen sich die Auftretenswahrscheinlichkeit für solches Verhalten erhöht, das durch positive Konsequenzen (Belohnung) verstärkt wird, verstehen sie unter Führung in erster Linie »Stimuluskontrolle« und »Kontingenzmanagement«. Konkret bedeutet dies, dass Vorgesetzte ihren Mitarbeitern Arbeitsbedingungen schaffen sollen, welche diese aufgrund ihrer in der Vergangenheit gemachten Lernerfahrungen als erfolgs- und damit belohnungsversprechend (wieder-)erkennen. Außerdem ist von den Führenden deutlich zu machen, welche Verhaltensweisen eine positive

35 Vgl. ausführlich Wunderer (2003) 269 ff.; Reber (1992) 981 f.; Staehle (1999) 347 f.
36 Vgl. Homans (1972); Thibaut/Kelley (1959).
37 Vgl. Adams (1965).

oder negative Verstärkung nach sich ziehen und im entsprechenden Fall belohnende oder bestrafende Reaktionen zu zeigen.

III. Ausgewählte Führungskonzepte

Die im Folgenden behandelten Konzepte zur Realisierung bestimmter Führungsstile in der Praxis wurden aufgrund der dargestellten theoretischen und empirischen Vorarbeiten entwickelt. Sie haben den Charakter von **Soll-Konzepten** und werden der Wirtschafts- und Verwaltungspraxis durchgängig im Zusammenhang mit Trainingskonzepten angeboten.[38]

1. Führungskonzepte auf verhaltenstheoretischer Basis

a) Das Verhaltensgitter (Managerial Grid) von Blake/Mouton

In den Ohio-Studien waren durch Faktorenanalyse zwei Dimensionen des Führungsverhaltens isoliert worden: »Consideration« und »Initiating Structure«. In Anlehnung an diese Ergebnisse entwickelten Blake/Mouton[39] das so genannte Verhaltensgitter (»Managerial Grid«), eine zweidimensionale Darstellung von möglichen bzw. erwünschten Kombinationen dieser Verhaltensdimensionen (Abbildung 44).[40] »Consideration« nennen Blake/Mouton »Concern for People« (Personenorientierung, Betonung humaner Aspekte, Zufriedenheit) und »Initiating Structure«, »Concern for Production« (Aufgabenorientierung, Betonung ökonomischer Aspekte, Leistung). Beide Dimensionen werden auf einer neunstufigen Skala abgebildet. Durch Kombination ergeben sich 81 Felder, die die Autoren als faktisch mögliche kennzeichnen. Einer eingehenden Untersuchung unterziehen sie jedoch nur die vier Eckfelder und das Mittelfeld des Gitters.

Die tatsächliche Realisierbarkeit der Kombinationen, die von den Feldern symbolisiert werden, ist davon abhängig, ob die (Bündel von) Führungsverhaltensweisen und -maßnahmen, die betont eine bestimmte Orientierung bewirken (sollen) – z. B. die Leistung –, in Bezug auf die jeweils andere Wirkungsweise – im Beispiel: die Zufriedenheit – fördernde oder wenigstens neutrale Eignungen besitzen. Dann nämlich könnte hinsichtlich der beiden Dimensionen (Leistung und Zufriedenheit) Zielkomplementarität bzw. -neutralität konstatiert werden. Auf eine spezifizierte Aufgliederung in einzelne Verhaltenskategorien oder Führungselemente, die je nach Ausprägung leistungs- oder/und zufriedenheitsbetont wirken und deren gemeinsam mögliche und verträgliche Praktizierung gehen die Autoren jedoch nicht näher ein. Dies war wohl auch nach damaligem Kenntnisstand mit empirisch zufriedenstellend abgesicherten Aussagen nicht möglich und ist es heute in ausreichender Differenzierung und Bestätigung immer noch nicht. Gleichwohl wird – als **normative Komponente** des Konzeptes – vereinfacht ein 9.9-Stil als universell effizient empfohlen, was mit den Resultaten der Ohio-Studien begründet wird.

---

38 Zusammenfassende kritische Darstellungen der folgenden, z. T. noch weiterer, Konzepte finden sich auch bei Staehle (1999) 839 f.; Neuberger (1984) 149 f.; Hentze/ Brose (1986) 103 f.

39 Blake/Mouton (1964), (1968).

40 Abb. Wurde entnommen Blake/Mouton (1968) 33.

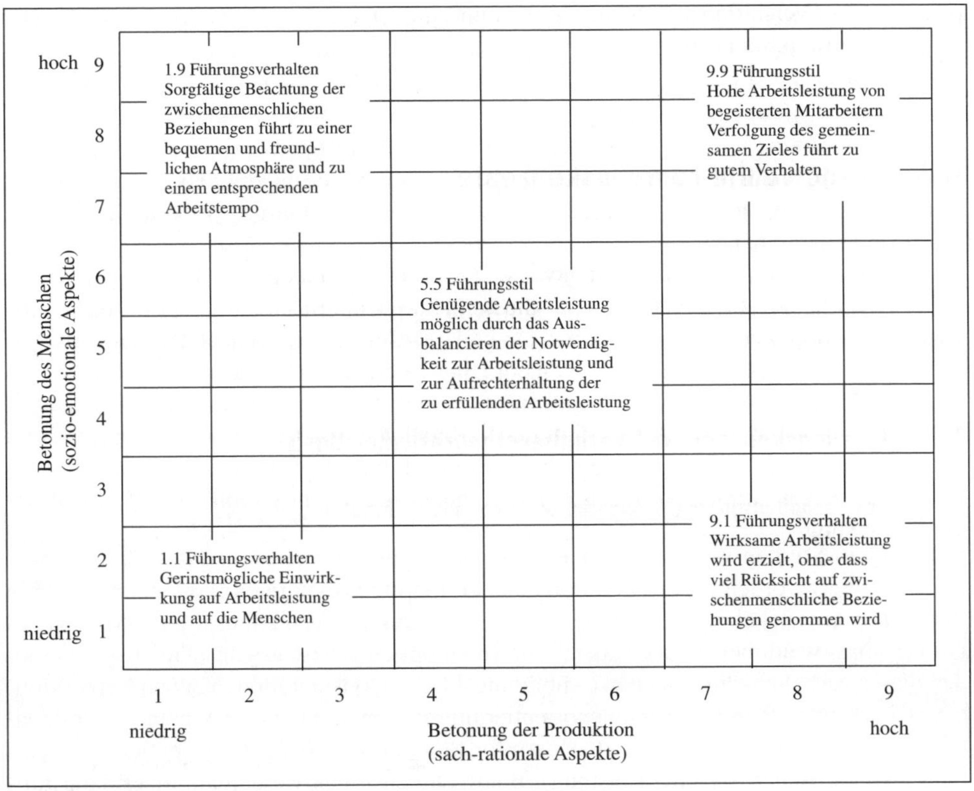

Quelle: Blake/Mouton (1968) 33.

Abb. 44: Das Verhaltensgitter

Neben den Kritikpunkten, die bereits zu den Ohio-Studien angeführt wurden, wird in der Literatur auf folgende Schwächen hingewiesen:[41]

- Es handelt sich bei dem Verhaltensgitter um ein relativ grobes, das zugrunde liegende Untersuchungsmaterial vereinfachendes Konzept.
- Von 81 möglichen Führungsstilen werden lediglich fünf behandelt.
- Konflikte werden verdeckt.
- Es erscheint zweifelhaft, ob jeder Führer in der Lage ist, gleichzeitig hoch aufgabenorientiert und personenorientiert zu führen.
- Es werden monokausale Zusammenhänge zwischen Führungsstil und Effizienz hergestellt; Einflüsse situativer Faktoren bleiben unberücksichtigt.
- Die Existenz von Hierarchien wird als typisch für alle Organisationen angesehen. Der propagierte 9.9-Stil gerät damit in Verdacht, lediglich ein Manipulationsinstrument zur Leistungssteigerung zu sein.

41 Vgl. Staehle (1999) 343; Wunderer/Grunwald (1980), Bd. 1, 227 f.

In neueren Veröffentlichungen betonen Blake/Mouton, dass »concern for people« und »concern for production« nicht als **unabhängig**, sondern als **interdependent** angesehen werden müssen. Analog einer chemischen Verbindung, bei der vorher eigenständige Komponenten ihre Identität verlieren und in der neuen Verbindung völlig neue Eigenschaften entwickeln, muss eine hohe Personenorientierung (9) sehr differenziert gesehen werden: In Verbindung mit einer hohen Aufgabenorientierung (9.9) ist sie anders zu beurteilen, als mit einer niedrigen Aufgabenorientierung (9.1). Somit ist die Führungsstilkombination ein unteilbares Phänomen.[42]

Weiterhin sollte eine isolierte Sichtweise des Grid's vermieden werden, wie sie häufig in der Literatur auftaucht. Vielmehr ist dieses Konzept als Bestandteil eines **Organisationsentwicklungsansatzes** aufzufassen. Durch Hinzufügen einer **dritten Dimension** (Motivation) wird das Verhaltensgitter zu einem **Diagnoseinstrument** ausgebaut, das die persönliche Motivation einer Führungskraft erkundet. Jede Führungsstilkombination ist danach mit einem bipolaren Motivationskontinuum verbunden, dessen Extrempunkte mit (+) und (–) bezeichnet sind. Das (+)-Ende beschreibt, wonach Führungskräfte streben, und das (–)-Ende, was sie zu vermeiden trachten. Die folgende Übersicht (Abbildung 45) dient der Verdeutlichung:

GRID STIL \ Ausprägung auf dem Motivationskontinuum	(+)	(-)
(9/1)	Es wird Erfüllung durch den Einsatz von Menschen als Werkzeuge bei der Erreichung von Leistungen angestrebt.	Furcht vor Versagen, Verfehlung bestimmter Leistungsergebnisse wird als Eingeständnis eigener Schwäche und persönlichen Versagens gesehen.
(1/9)	Liebe und Anerkennung von anderen Personen.	Furcht vor Zurückweisung.
(1/1)	Fortsetzung aller Aktivitäten, an der eine Führungskraft beteiligt ist, jedoch mit den geringsten Anstrengungen.	Vermeidung von Aktivitäten, die zur Aufdeckung der Teilnahmslosigkeit führen könnten und eine Kündigung wahrscheinlich machen.
(5/5)	Beliebt und akzeptiert sein. Status und Prestige, die das System bietet, werden angetrebt.	Furcht vor Kritik, Überwachung. »Nichtdazugehören« und Statusverlust.
(9/9)	Zusammenarbeit mit anderen zur Selbstverwirklichung aller und zur optimalen Erreichung von Unternehmungszielen.	Vermeiden von egoistischen Handlungen, die nur eigenen Vorteilen dienen.

Quelle: In Anlehnung an Blake/Mouton/Lux (1987) 2015 ff.

Abb. 45: Motivationale Dimension verschiedener Grid-Stile

42 Vgl. hierzu und im Folgenden Blake/Mouton/Lux (1987) Sp. 2019 f.

b) Das 3 D-Konzept von Reddin

Reddin[43] bezeichnet die vier Eckfelder des Verhaltensgitters von Blake/Mouton als Basisstile und nimmt sie als Grundlage für eine Erweiterung um die »Situationsadäquatheit« der Führung als dritte Dimension.

Die vier Basisstile sind:

- **Einsatzstil**: starke Aufgabenorientierung (9.1-Feld bei Blake/Mouton),
- **Kontaktstil**: starke Mitarbeiterorientierung (1.9-Feld),
- **Trennungsstil**: geringe Ausprägung beider Stilrichtungen (1.1-Feld),
- **Integrationsstil**: Kombination starker Aufgaben- und Mitarbeiterorientierung (9.9-Feld).

Ausgehend von der Grundeinsicht, dass die Führungseffizienz (»effectiveness«) von den zwei Komponenten des Führungsverhaltens und der situativen Bedingungen bestimmt wird, fügt er den beiden unabhängigen Dimensionen **Aufgabenorientierung** (»task Orientation«) und **Kontaktorientierung** (»relationship Orientation«) als dritte Dimension die **Situationsadäquatheit** der Führung hinzu (daher 3 D-Konzept).

Jeder Basisstil kann nun situationsadäquat (und damit effizient) oder situationsinadäquat (und damit ineffizient) eingesetzt werden. Insgesamt ergeben sich so acht verschiedene Führungsstile. Abbildung 46 verdeutlicht das Konzept.

situationsinadäquat genutzt (weniger effizient)		Basisstile		situationsadäquat genutzt (effizienter)
Kompromißler	⟵	integrieren	⟶	dynamische Führer
Deserteuer	⟵	sich heraushalten	⟶	Bürokrat
Autokrat	⟵	der Aufgabe verschreiben	⟶	wohlwollender Autokrat
Missionar	⟵	Verbindung halten	⟶	Förderer

Quelle: In Anlehnung an Reddin (1970) 61.

Abb. 46: Differenzierung der Basisstile nach der Effizienz der jeweiligen Verhaltensausprägungen

Als **Situationskomponenten** hebt Reddin die Organisation, die (Arbeits-)Technologie, Vorgesetzte, Mitarbeiter und Untergebene hervor, die in Abhängigkeit vom jeweiligen Basisstil unterschiedliche Anforderungen (»demands«) an die Führenden stellen.

Schließlich leitet Reddin aus seinem 3 D-Konzept drei **Führungsqualifikationen** ab, deren Vorhandensein für effiziente Führung notwendig sei:

- Offenheit für Situationsfaktoren: die Fähigkeit, die Bedingungen und Anforderungen einer Situation im Hinblick auf situationsadäquates Führungsverhalten richtig einzuschätzen,

43 Vgl. Reddin (1970), (1971).

- Führungsflexibilität: die Fähigkeit, den Führungsstil den situativen Bedingungen anzupassen,
- Gestaltungsfähigkeit: die Fähigkeit, die Situation bzw. einzelne Elemente gegebenenfalls zu verändern, zu gestalten.

Der Fortschritt gegenüber dem Verhaltensgitter liegt in der Verdeutlichung der Situationsabhängigkeit der Führung; Reddin nennt wichtige Situationsfaktoren. Allerdings ist das Modell wegen seiner Allgemeinheit kaum falsifizierbar.

c) Das System 1 – 4 von Likert

In Anlehnung an das **eindimensionale** Führungsstilkontinuum der Michigan-Studien entwickelte Likert ein »Führungssystem 1 – 4«[44] Er wollte durch gruppierende Zusammenfassung der Ausprägungen von 43 (später 51) Merkmalen eine geschlossene Darstellung des Führungsverhaltens vorlegen. Diese Einzelmerkmale sind zu sieben (später acht) Hauptkategorien zusammengefasst: Motivation, Kommunikation, Interaktion, Entscheidungsbildung, Zielsetzung und Befehlserteilung, Kontrolle, Leistung, zugrunde gelegte Führungsprozesse (»leadership processes used«).

Je nach Beantwortung von verschiedenen skalierten Fragen zu obigen Merkmalen wird das Führungsverhalten in das System 1 – 4 eingruppiert. Je niedriger der errechnete Punktwert ist, desto autoritärer, d. h. auf dem Kontinuum zum System 1 tendierend, wird das Führungsverhalten eingeschätzt. Kooperative Führung drückt sich in hohen Punktwerten aus (Abbildung 47).

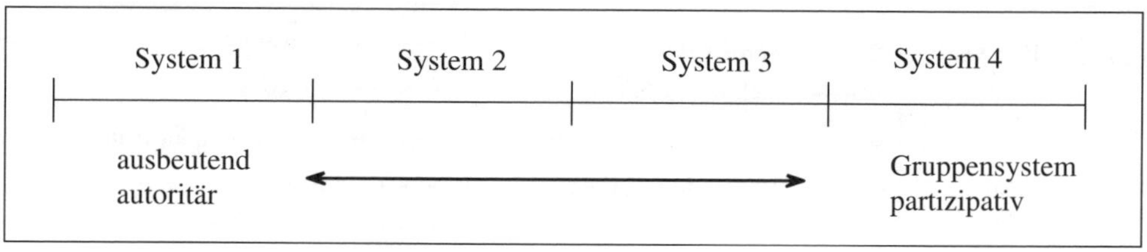

Abb. 47: Eingruppierung von Führungsverhalten in die Führungssysteme 1 – 4

In knapper Kennzeichnung kann System 1 als auf Strafandrohungen und System 2 als vorwiegend auf Belohnungen gestützt beschrieben werden. System 3 stellt eine Übergangsform zum System 4 dar: In letzterem manifestiert sich partizipative Führung. Ihr wird attestiert, dass sie durch effektive Führer bewirkt werde, deren Verhalten vor allem drei Grundsätze befolge:

(1) Beziehungen zu persönlicher Hilfestellung herstellen (»supportive relationships«),
(2) durch die Gruppen Entscheidungen treffen und überwachen lassen,
(3) hohe Leistungsziele setzen.

44 Vgl. Likert (1961/1972), (1967/1975).

Für den ersten Grundsatz sollen Führungs- und Organisationsprozesse so beschaffen sein, dass alle Handlungs- und Interaktionsprozesse von jedem Gruppenmitglied als für Selbstachtung und -entfaltung nützlich und förderlich angesehen werden.

Das zweite Prinzip ist unter dem Stichwort **»linking pin«** bekannt geworden: Eine überlappende Gruppen- und Organisationsstruktur wird dadurch erreicht, dass jede Arbeitsgruppe durch eines ihrer Mitglieder, das gleichzeitig mehreren Gruppen angehört, mit der gesamten Organisation verbunden ist. Diese Verbindungsmitglieder sind die »linking pins«. An Entscheidungsprozessen werden alle Gruppenmitglieder beteiligt.

Der dritte Grundsatz steht mit dem zweiten in engem Zusammenhang: Vorgesetzte und unterstellte Mitarbeiter sollen eine hohe Leistungsorientierung haben. Damit dies bei gleichzeitiger Befriedigung von Individual- und Gruppenbedürfnissen bewirkt wird, werden die Gruppenbeteiligung an Entscheidungsprozessen und die überlappende Gruppenstruktur zu notwendigen Systemprinzipien gemacht. Erkennbar muss dazu eine Integration der Ziele von Individuen, Gruppen und Institutionen versucht werden.

Likert's Systematik trägt durch die positive Betonung von System 4 **normative Züge**: Für dieses System nimmt er an, dass in ihm generell höhere Leistungen erreicht würden als in den anderen Führungssystemen.[45] Dass er über die allgemein gehaltenen Grundsätze hinaus keine konkreten Anhaltspunkte für näher spezifizierte Führungsverhaltensweisen liefert, ist ihm nicht anzulasten. Er erkennt, dass solche genaueren Regeln den Charakteristika der jeweiligen Situation und der beteiligten Personen angepasst werden müssen.

2. Führungskonzepte auf situationstheoretischer Basis

a) Das Kontingenzmodell von Fiedler

Die Entwicklung des Fiedlerschen Kontingenzmodells wird vielfach als Meilenstein der neueren Führungsforschung betrachtet. Es ist auf der Grundlage einer ganzen Reihe von Untersuchungen[46] an den verschiedensten Arbeitsgruppen (u. a. Stahlarbeiter, Supermarktpersonal, Landvermesser, Marinekadetten, Panzerbesatzungen, Sportmannschaften) entstanden und mehrfach modifiziert worden.

Effizienzkriterium des Modells ist die **Gruppenleistung** (in Abbildung 47 als Kurvenzug ersichtlich), die aus dem **Zusammenwirken zweier Haupt-Variablen** erklärt wird:

- Verhaltensweise des Führers (in Abbildung 48 auf der Vertikalen abgetragen),
- situative Günstigkeit der Führungssituation (in Abbildung 47 auf der Horizontalen abgetragen).

Zu den **Modellelementen** im Einzelnen:

- **Verhaltensweise des Führers** (Führungsstil): Sie wird mithilfe des Messwertes LPC (Least Preferred Coworker) differenziert und eruiert. Der LPC-Wert besagt

45 So auch Baumgarten (1977) 83, der zusätzlich bemängelt, dass die Größe Leistung begriffskonstituierendes Merkmal der Gesamtsystematik ist.

46 Vgl. Fiedler (1967), (1971), (1971a); Fiedler/Chemers (1974). Vgl. auch das an den Erfordernissen eines Selbsttrainings der Führungsqualifikation konzipierte Buch von Fiedler/Chemers/Mahar (1979). Vgl. auch die zahlreichen Studien zur Überprüfung des Kontingenzmodells (v.a. des LPG), z. B. Chemers/Rice (1974); Evans/Dermer (1974) und für eine Übersicht Arnold (1987) 190 f.

- in niedriger Ausprägung, dass der Führende den am wenigsten geschätzten Mitarbeiter distanziert, streng und abweisend beurteilt, was nach Fiedler als Indikator für ein aufgabenbezogenes Führungsverhalten anzusehen ist.
- Ein mittlerer bis hoher LPC-Wert zeigt ein personenorientiertes Führungsverhalten an und kommt zustande, wenn ein Mitarbeiter trotz grundsätzlicher Ablehnung durch den Führenden von diesem dennoch wohlwollend und verständnisvoll beurteilt wird.

– Grad der »situativen Günstigkeit« der **Führungssituation**: Sie wird in drei Aspekten beschrieben,
  - in den **Führer-Mitarbeiter-Beziehungen**: Der Führende charakterisiert sie für die Atmosphäre der Gruppe. Je positiver die Gruppen beschrieben sind, desto größer ist der Einflussspielraum des Führenden;
  - in der **Strukturiertheit der Aufgabe**: Bekanntheit der Aufgabe, Eindeutigkeit der Lösung und Erkennbarkeit ihrer Richtigkeit, Möglichkeit, sie auf verschiedenen Wegen zu finden; sie wurde meist durch Experten-Ratings bestimmt;
  - in der **Positionsmacht des Führenden**: Sie ist zusammengefasster Ausdruck der ihm zur Verfügung stehenden Möglichkeiten (mittels Prüfliste erfragt), die Gruppenstruktur zu bestimmen bzw. zu verändern, Gruppenmitglieder zu belohnen oder aber zu bestrafen etc.

Durch **kombinatorisches Zusammenfügen** der unterschiedlichen Ausprägungen dieser Situationsvariablen entsteht ein eindimensionales Kontinuum situativer Günstigkeit mit acht Abschnitten (I – VIII). Die Kombination der beiden Variablen »Führungsstil« (LPC-Werte) und »Situationscharakteristika« zu einer Tendenzaussage hinsichtlich der Gruppenleistung bzw. der Führungseffizienz ist in den Kurvenzügen von Abbildung 48 wiedergegeben.[47]

Die in diesem Kurvenzug zum Ausdruck kommende Kontingenzhypothese Fiedler's besagt:

– »Aufgabenorientierte« Führungspersönlichkeiten (mit niedrigen LPC-Werten) sind erfolgreich, d. h. erzielen hohe Gruppenleistungen in besonders »günstigen« (Felder I – III) und in (sehr) »ungünstigen« Situationen (Felder VII, VIII).
– »Personenorientierte« Führer mit hohen LPC-Werten bewirken eine höhere Effizienz in Situationen mittlerer Günstigkeit (Felder IV – VI).

In dem Kurvenverlauf sind nach Fiedler[48] **drei wesentliche Implikationen** des Modells enthalten:

(1) Beinahe jeder Führer ist wahrscheinlich effektiv in einigen Situationen, aber ineffektiv in anderen, d. h. es gibt weder »gute« noch »schlechte« Führer.
(2) Wenn es darum geht, die Leistung zu erhöhen, muss der Versuch unternommen werden, entweder die Persönlichkeitscharakteristika des Führers (die im LPC gemessen werden) zu ändern oder in der Führungssituation eine Änderung eintreten zu lassen. Aber – so Fiedler weiter –, da es schwierig, wenn nicht gar unmöglich ist, die Persönlichkeit zu ändern, und es relativ leicht ist, bestimmte Aspekte der Situation zu ändern, laufen die Empfehlungen zur Verbesserung des Führungserfolges darauf hinaus, letztere – wenn notwendig – anzupassen.

47 Sie entspricht Fiedler's jüngerer Version; vgl. Fiedler (1987) 811 f.
48 Vgl. Fiedler (1987) 815.

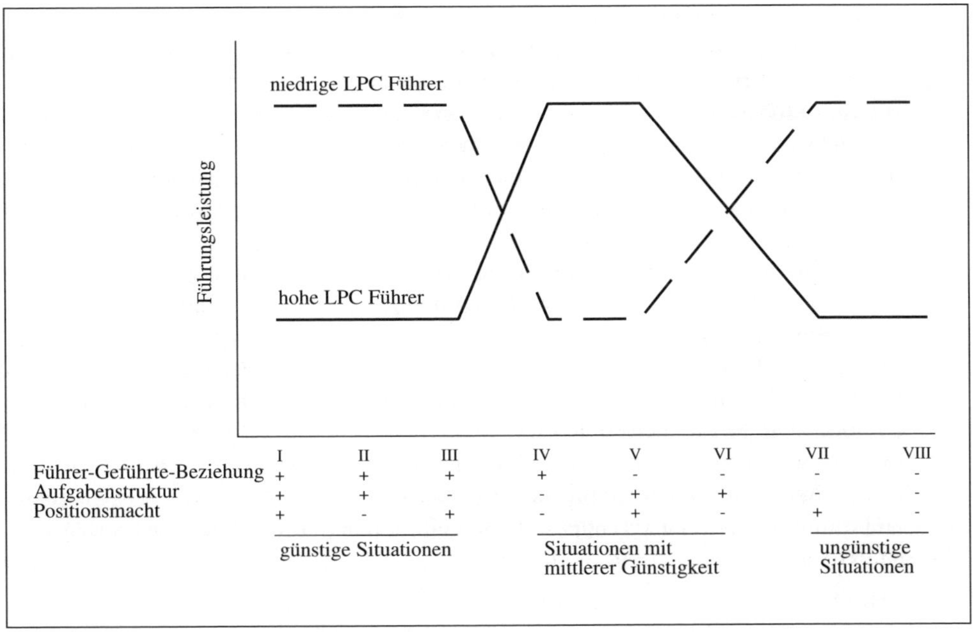

Quelle: Fiedler (1987) 811 f.

Abb. 48: Aussagen des Kontingenzmodells

(3) Eine Zunahme oder Abnahme der situativen Günstigkeit führt zu einer Veränderung der Leistungschancen von Führern mit hohen resp. niedrigen LPC-Werten.

Im Gegensatz zu klassischen Führungstrainings, in denen versucht wird, die Persönlichkeit bzw. das Verhalten von Führenden zu verändern, zielen Fiedler's Trainingskonzepte[49] auf die Fähigkeit ab, Führungssituationen diagnostizieren und ändern zu können, um so der Persönlichkeit des Führers gerecht zu werden.

Fiedler hat mit seinem Modell und seinen Hypothesen auch zahlreiche Kritiker[50] gefunden. Die wichtigsten Punkte, an denen sie ansetzen, sind die folgenden:

- Das **Effizienzkriterium**: Der Ansatz beschränkt sich auf die Gruppenleistung, rechnet diese nur dem Führenden zu und lässt andere Kriterien, z. B. die Zufriedenheit der Gruppenmitglieder, außer Betracht.
- Die Modell-Variablen:
  - Messgegenstand und Aussagekraft des **LPC-Wertes** sind nicht völlig geklärt. Das Führungsverhalten wird als **die** Erfolgsdeterminante herausgestellt, es wird zudem als stabil betrachtet: Da Fiedler den Möglichkeiten, Verhaltensänderungen bei den Vorgesetzten durch Training zu bewirken, skeptisch gegenübersteht, wird er als Anhänger der **Eigenschaftstheorie** bezeichnet. Hingegen wird nicht nur bestritten, dass

49 Vgl. Fiedler/Chemers (1974).
50 Vgl. vor allem Ashour (1973); Graen/Orris/Alvares (1971), (1971a); Sashkin (1972); im deutschsprachigen Raum Kupsch (1974); Schreyögg (1973); Neuberger/Roth (1974); Neuberger (1984) 158 f.

der LPC-Wert eine eindimensionale (auf einem Kontinuum erfassbare) Größe sei, sondern auch, dass er eine **Verhaltens**variable sei. So wird er vielfach in anderer Interpretation für eine **Einstellungs**variable gehalten.[51]

- Die drei **Situationsfaktoren** seien zu wenig, möglicherweise nicht immer relevant und nicht auf das soziale Umfeld der Gruppe bezogen. Überdies ist die Operationalisierung der Variablen »Günstigkeit der Situation« problematisch, dabei vor allem das Messkonzept für die drei Variablenkomplexe, das vorsieht, die Dimension »Führer-Mitarbeiter-Beziehung« doppelt so stark zu gewichten wie die »Aufgabenstruktur« und viermal stärker als die »Positionsmacht«. Situationen mit z. B. größerer Wichtigkeit der Positionsmacht sind denkbar, würden zu einer gänzlich anderen Oktanten-Einteilung und in der Folge zu einer veränderten Kontingenzhypothese führen. Die Gruppenmitglieder, ihre Rollen, inter- und intraindividuelle Prozesse sind nicht berücksichtigt, höchstens teilweise indirekt über den Umweg als Wahrnehmung (Einschätzung) durch den Führenden.

– Die **Methodik**: Techniken der Operationalisierungen der Kern-Variablen haben Widerspruch geerntet; durch die Kleinheit der Stichproben ist es Fiedler nicht gelungen, signifikante Rangkorrelationen zu finden. Die Korrelationen haben »nur« eine übereinstimmende Tendenz. Von seinen Befunden abweichende Korrelationen hat Fiedler als »unzulänglich erhoben« zurückgewiesen.

Einiges jedoch kann vor dem Hintergrund der immensen Vielfalt von Gegebenheiten, die in Situations-Ansätzen zusammengetragen werden, als positiver Befund gewertet werden. So gesehen werden immer Situationsvariablen in Untersuchungsdesigns **un**berücksichtigt bleiben **müssen**, werden Effizienz-Kriterien in Inhalt und Maßausdruck – je nach verfolgten Zielen – als nicht vordringlich oder nicht relevant bezeichnet werden. Schließlich sind – hinsichtlich der zu untersuchenden Grundgesamtheit – die so oft beschworenen Gegenpole Aktionsforschung am Einzelobjekt vs. Großzahlforschung mit einer »repräsentativen« Stichprobe keine wirklich wählbaren Alternativen. Für jeden Befund aus ersterer lassen sich Gegenbeispiele finden, vor letzterer müssen seriöse empirische Forscher die Waffen strecken. Denn: Es gibt weder **die** Führungssituation, noch **die** Arbeitsgruppe, daher gibt es auch nicht **den** Führenden, **das** Führungsverhalten, **die** Führungseffizienz. Die Devise kann deshalb nur lauten: Gangbare Mittelwege finden, die auf Parallelsituationen verallgemeinerungsfähige Befunde zu liefern versprechen. Fiedler hat Schritte in diese Richtung unternommen.

b) Das normative Entscheidungsmodell von Vroom/Yetton

Das Modell von Vroom und Yetton[52] ist mit »Entscheidungsmodell« korrekt benannt, denn es versteht sich als Hilfe für das Treffen von Entscheidungen – alle anderen der Entscheidung vor- und nachgelagerten Führungstätigkeiten bleiben außer Betracht.

Für die Antwort auf die Frage, auf welche Weise ein Entscheidungsproblem gelöst werden soll, stellt das Modell **fünf Vorgehensweisen** zur Wahl, die sich durch den unterschiedlichen Grad der Partizipation der Mitarbeiter voneinander unterscheiden:

---

51 Vgl. Staehle (1999) 352 f.

52 Der folgenden Darstellung wird die Version der neuesten Veröffentlichung zugrunde gelegt: Jago (1987) 931 f.; Ursprungsquelle: Vroom/Yetton (1973); Modellerweiterung für individuelle Probleme: Vroom/Jago (1974) 743 ff.; Modellentwicklung: Vroom/Jago (1984).

A I Autoritäre Alleinentscheidung. Der Vorgesetzte löst das Problem selbst auf der Grundlage der verfügbaren Informationen.
A II Autoritäre Entscheidung nach Beschaffung von Informationen durch Mitarbeiter.
B I Entscheidung nach vorheriger Beratung mit einzelnen Mitarbeitern.
B II Entscheidung nach vorheriger Beratung mit Mitarbeitern in einer Gruppenbesprechung.
G II Problemlösung und Entscheidung durch die Mitarbeiter als Gruppe.

Für die Lösung von Problemen, die nur einen Mitarbeiter des Vorgesetzten betreffen, so genannte »individuelle Probleme«, sind zusätzliche Verhaltensweisen beschrieben.[53] Welcher dieser Entscheidungsstile gewählt wird, hängt vom Typ der zu lösenden Problemsituation ab. Er kann bestimmt werden durch eine Situationsdiagnose, für die **sieben Fragen** beantwortet werden müssen, die das Vorhandensein oder aber Nicht-Vorhandensein von Problemmerkmalen oder Situationsaspekten betreffen. Sie sind in Abbildung 48 in der rechten Randspalte aufgeführt (A – G).

Quellen für diese sieben Entscheidungsbedingungen waren für die Autoren empirische (v.a. sozial-psychologische) Studien. Bei je zwei möglichen Antworten zu diesen sieben Fragen (ja oder nein) gibt es theoretisch $2^7 = 128$ Problemkonstellationen. 13 von ihnen halten Vroom/Yetton für praktisch von Belang. Welche dieser **13 Problemtypen** in einer konkreten Entscheidungssituation nun tatsächlich vorliegt, kann mithilfe eines **Entscheidungsbaumes** festgestellt werden, den die Autoren als Hilfsinstrument entwickelt haben und der in Abbildung 49 wiedergegeben ist.

Es gilt nun, für jeden dieser 13 Problemtypen von Entscheidungssituationen diejenige der fünf oben beschriebenen Vorgehensweisen zu finden, die zu einer optimalen Lösung führt. Die Endpunkte in dem Entscheidungsbaum zeigen alle zulässigen Vorgehensweisen an. Ersichtlich sind für sieben Problemtypen mehrere zulässig. Die zulässigen Entscheidungsstile haben die Autoren mittels **sieben Entscheidungsregeln** ermittelt, die sie aufgrund von Plausibilitätsüberlegungen entwickelt haben. Von diesen sieben Regeln, die in Abbildung 50 aufgeführt sind, dienen die ersten drei der Wahrung der Entscheidungs**qualität**, die restlichen vier der Sicherung der Entscheidungs**akzeptanz**. Qualität und Akzeptanz sind somit im Entscheidungsvorgang berücksichtigte **Effizienzkriterien**.

Um für diejenigen Fälle, für die mehrere zulässige Vorgehensweisen existieren, zu einer **eindeutigen** Endauswahl zu gelangen, haben Vroom/Yetton zwei Modelle (A und B) entwickelt. Modell A fügt als weiteres Effizienzkriterium den Zeitaufwand hinzu. Die hierfür zusätzlich eingebrachte achte Entscheidungsregel fordert von den möglichen Entscheidungsstilen den jeweils autokratischsten zu wählen: In Abbildung 49 ist dies der jeweils erstgenannte. Spielt Zeitdruck keine Rolle, empfiehlt Modell B, die jeweils partizipativste Lösung zu wählen: In Abbildung 49 ist dies die letztgenannte.

In einer Weiterentwicklung des Modells[54] wurde die Ja-Nein-Dichotomisierung der sieben Fragen zur Situationsdiagnose durch Fünfer-Skalen ersetzt, zwei weitere Situationsfaktoren sind hinzugefügt worden. Sie betreffen (1) die geografische Verteilung der Mitarbeiter und (2) den Zeitdruck des Entscheidenden. Die Konzepte des Entscheidungsbaumes und der zulässigen Verhaltensweisen wurden aufgegeben, ebenso die Möglichkeit der Wahl

53 Vgl. Jago (1987) 934 f.
54 Vgl. Vroom/Jago (1974).

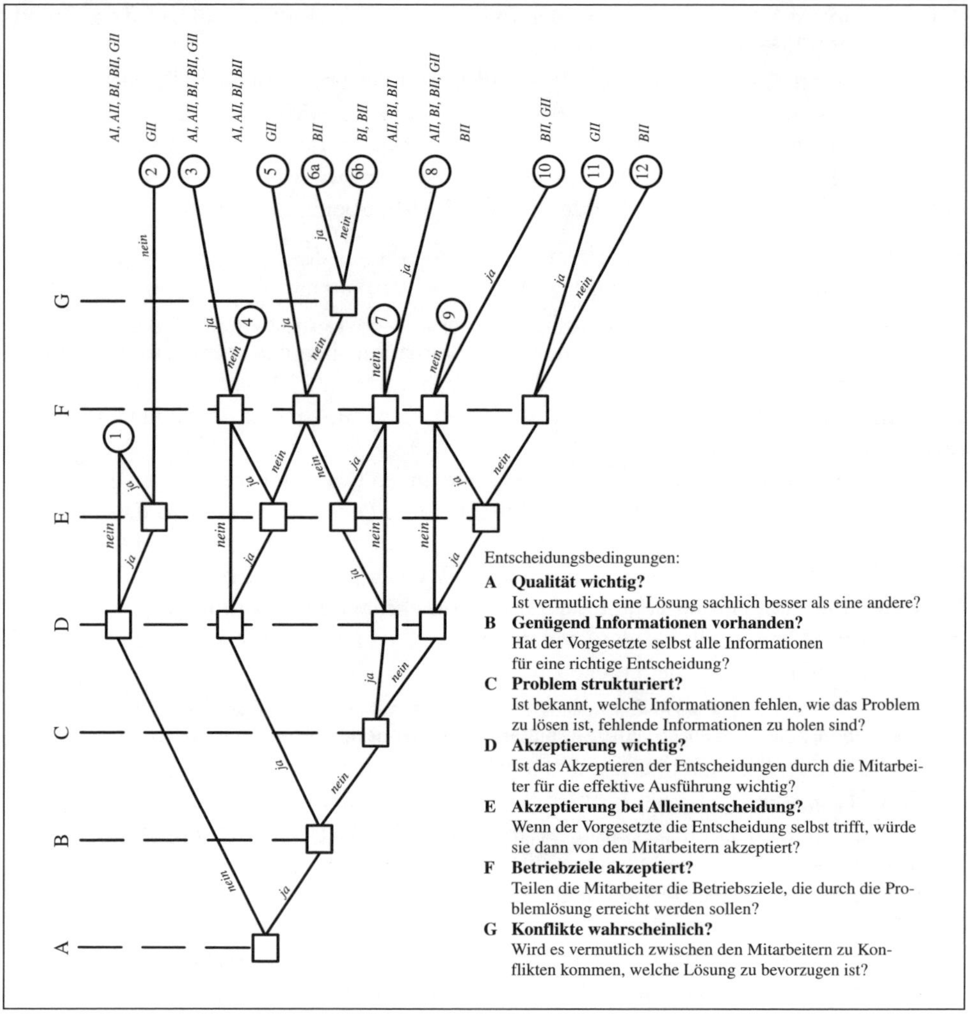

Quelle: In Anlehnung an Jago (1987) Sp. 937 f.

Abb. 49: Das Entscheidungsmodell von Vroom/Yetton

unter den Modellen A und B. An ihre Stelle wurden fünf simultane Gleichungen gesetzt, wodurch das Modell so kompliziert geworden ist, dass ein Design für ein Führungskräfte-Training noch nicht entwickelt werden konnte.

An dem oben dargestellten Modell ist mit vielfältigen Argumenten **Kritik** geübt worden.[55] Sie bezieht sich auf die zugrunde liegende Konzeption, auf die Gültigkeit des Modells sowie auf seine Relevanz für die Führungspraxis.

55 Vgl. v.a. Sydow (1981) 10 f.; Neuberger (1984) 153 f.; Staehle (1999) 861 f.

1. Informationsregel:

Wenn die Qualität der Entscheidung wichtig ist (A: ja), der Vorgesetzte jedoch nicht genügend Informationen oder Fachkenntnisse hat (B: nein), darf nicht nach A I vorgegangen werden.

2. Ziel-Übereinstimmungs-Regel:

Wenn die Qualität der Entscheidung wichtig ist (A: ja), die Mitarbeiter jedoch die Ziele der Institution nicht teilen (F: nein), so ist G II auszuschließen.

3. Regel für sehr unklare Probleme:

Es gibt Situationen, in denen die Qualität der Entscheidung wichtig ist (A: ja), der Vorgesetzte jedoch nicht genügend Informationen oder Sachkenntnis hat (B: nein), und zudem unklar ist, welche Informationen fehlen bzw. wo fehlende Informationen gefunden werden können (C: nein). Dann müssen Informationen auf möglichst günstige Art von den Mitarbeitern eingeholt werden. Daher entfallen sowohl A I wie auch (weil an Einzelgespräche gebunden) die Stile A II und B I als ineffizient.

4. Akzeptanzregel:

Wenn die Akzeptanz der Entscheidung durch die Mitarbeiter wichtig ist (D: ja), diese eine autokratische Entscheidung vermutlich nicht akzeptieren (E: nein), so scheiden A I und A II aus.

5. Konfliktregel:

Wenn die Akzeptanz der Entscheidung durch die Mitarbeiter wichtig ist (D: ja), eine Alleinentscheidung nicht akzeptiert würde (E: nein), die Mitarbeiter verschiedene Lösungen bevorzugen, die zu Konflikten zwischen ihnen führen werden (G: ja), so fallen die Vorgehensweisen A I, A II und B I aus.

6. Fairneßregel:

Wenn die Entscheidungsqualität unwichtig ist (keiner der möglichen Lösungsvarianten ist aus sachlichen Überlegungen heraus der Vorzug einzuräumen, A: nein), die Akzeptanz aber wichtig ist (D: ja), die Mitarbeiter eine Alleinentscheidung jedoch ablehnen würden (E: nein), so dürfte nicht nach den Stilen AI, A II, B I und B II vorgegangen werden; es verbleibt allein G II.

7. Akzeptanz-Vorrang-Regel:

Wenn die Akzeptanz einer Entscheidung wichtig ist (D: ja), die Mitarbeiter eine Alleinentscheidung jedoch nicht annehmen würden (E: nein), die Ziele der Institution jedoch nicht teilen (F: ja), dann sollten A I, A II, B I und B II nicht angewandt werden.

Quelle: In Anlehnung an Jago (1987) 939 f.

Abb. 50: Entscheidungsregeln

- Die **Modellkonzeption** wird als zu simpel kritisiert:
  - Die Situationsmerkmale beziehen sich ausschließlich auf die zu treffende Entscheidung. Andere, die reale Führungssituation kennzeichnende Merkmale (z. B. Organisationsstruktur), die den Entscheidungsspielraum ebenfalls beeinflussen können, bleiben unberücksichtigt.
  - Das grundsätzliche Präferieren von Partizipation bzw. das Legitimieren von autoritärem Verhalten bei Zeitdruck vereinfacht das Führungsproblem zu sehr: Die heute allgemein akzeptierten Konzepte der Beziehungs- und Aufgabenorientierung finden im Modell keinen Niederschlag.
  - Kriterien für den Führungserfolg sind die Qualität und die Akzeptanz der Entscheidung; sozialpsychologische Effizienzkriterien bleiben unbeachtet.
- Das Infragestellen der **Gültigkeit des Modells** ist gleichbedeutend mit Zweifeln, ob mit seiner Hilfe in der Führungspraxis tatsächlich Entscheidungen erfolgreich getroffen werden können:

  - Empirische Untersuchungen zur Validität sind ihrerseits methodisch kritisiert worden (Situations- und Erfolgsdiagnosen erfolgen subjektiv durch die Betroffenen und unterliegen daher Verzerrungsgefahren). Jedenfalls liegen die in ihnen berichteten Erfolgsquoten für Entscheidungen mit dem Modell mit im Schnitt 60 % weit von 100 % entfernt.
  - Führungskräfte halten sich nicht selten für partizipativer als sie es tatsächlich sind.
  - Es ist fraglich, ob Ergebnisse aus Studien, die aus den USA stammen, auf europäische Verhältnisse übertragbar sind.
- Bezüglich der **Praxisrelevanz** wird bemängelt, dass
  - die Modellhandhabung schwierig und zeitaufwändig sei,
  - das Wissen um den richtigen Entscheidungsstil nicht identisch sei mit der Fähigkeit, ihn zu praktizieren,
  - das Modell für Ausbildungszwecke besser geeignet sei als zur umfassenden Erklärung des komplexen Phänomens Führung.

c) Das situative Führungsmodell von Hersey/Blanchard

Basis dieses Modells[56] ist das 3 D-Konzept von Reddin. Auch Hersey/Blanchard unterscheiden vier Führungsstile (die sie allerdings anders nennen), und zwar als Kombinationen unterschiedlicher Ausprägungen der beiden Verhaltensdimensionen Aufgaben- und Personenorientierung (vgl. die vier Quadranten in Abbildung 51).

Auch diese Autoren behaupten nicht, ein einziger von diesen vier Stilen sei der optimale, sondern sie machen die Wahl einer »effektiven« Führung davon abhängig, wie der von ihnen hervorgehobene Situationsfaktor **Reifegrad der Mitarbeiter** beschaffen ist. Sie unterscheiden **vier Reifestadien** (M 1 bis M 4 in Abbildung 50) und ordnen ihnen die vier Führungsstile zu. Bei sehr »unreifen« Mitarbeitern (M 1) führt die Anwendung autoritärer Führung zu höherer Effektivität (i. S. v. institutioneller Zielerreichung, wobei die Zielinhalte beliebig bestimmt werden können). Zunehmende Reife der Mitarbeiter (M 2, M 3) macht Aufgabenorientierung immer entbehrlicher, Personenorientierung umso wichtiger, bis im höchsten Reifestadium M 4 Delegation, d. h. weitgehende Selbstständigkeit der »Geführten« angebracht ist. Die **Glockenkurve** veranschaulicht die empfohlene Verknüpfung zwischen Reifegrad und Führungsstil (normative Komponente).

Für die »Reife« werden – immer in Relation zur gestellten Aufgabe gesehen! – die beiden Kategorien **Funktionsreife** (Faktoren des Könnens: Fähigkeit, hohe, erreichbare Ziele zu setzen, Verantwortung zu übernehmen, Wissen und Erfahrung einzusetzen) und **psychologische Reife** unterschieden, wobei letztere motivationale Qualifikationen meint: Faktoren des Wollens wie Leistungsorientierung, Selbstvertrauen, Verantwortungsbereitschaft. Die vier Reifestadien sind wie folgt gekennzeichnet:

M 1 = geringe Reife (Motivation, Wissen und Fähigkeiten fehlen),
M 2 = geringe bis mäßige Reife (Motivation, aber fehlende Fähigkeiten),
M 3 = mäßige bis hohe Reife (Fähigkeiten, aber fehlende Motivation),
M 4 = hohe Reife (Motivation, Wissen und Fähigkeiten vorhanden).

---

56 Vgl. Hersey/Blanchard (1977); kurze Darstellungen mit z. T. kritischen Stellungnahmen finden sich bei Staehle (1999) 846 f.; Wunderer/Grunwald (1980), Bd. 1, 232 f.; Neuberger (1984) 165 f.

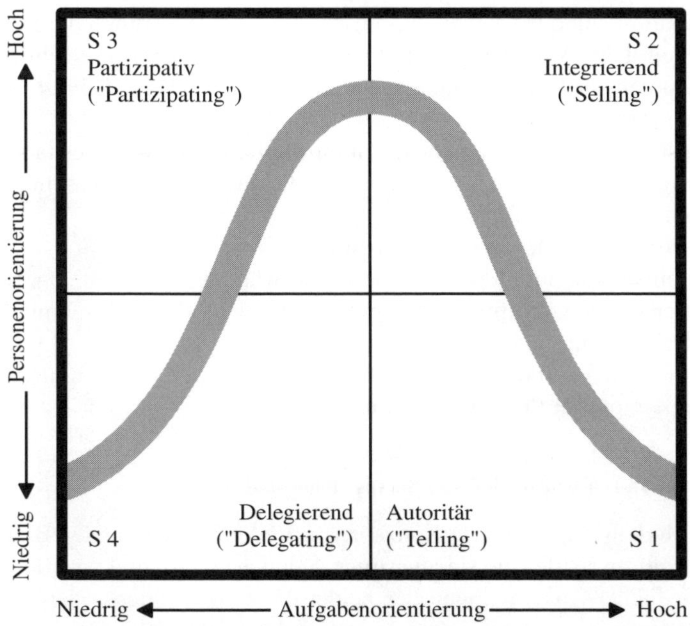

Reifegrad des Mitarbeiters

Hoch	Mittel		Niedrig
M 4	M 3	M 2	M 1

Quelle: Hersey/Blanchard (1977) 194.

Abb. 51: Das situative Führungsmodell von Hersey/Blanchard

Um stets höchste Führungseffizienz zu erreichen, müsste ein Vorgesetzter einen dem vorliegenden Reifegrad seiner Mitarbeiter jeweils entsprechenden Führungsstil praktizieren. Zudem soll er nach Hersey/Blanchard mithilfe von gezielter Belohnung und Förderung Personalentwicklung betreiben und den Reifegrad seiner Mitarbeiter kontinuierlich erhöhen: Damit soll der Vorgesetzte nicht nur passiv auf die Qualifikationen seiner Mitarbeiter **reagieren**, sondern sie **aktiv** beeinflussen. Auch dies sind **normative** Aussagen zum Führungsverhalten, die jedoch die Notwendigkeit einer systematischen und konzeptionell geschlossenen Personalarbeit zu verdeutlichen vermögen.

Auch gegenüber diesem Modell sind gleichwohl kritische Anmerkungen angebracht:

- Die Autoren reduzieren die Situationsfaktoren auf einen einzigen: den Reifegrad der Mitarbeiter.
- Effektivität der Führung wird nicht inhaltlich, sondern lediglich formal definiert, und zwar als situationsadäquat richtiges Vorgesetztenverhalten.
- Ob und wie die Varianten des Führungsverhaltens, also Kombinationen von Aufgaben- und Personenorientierung auch tatsächlich praktiziert werden können, wird nicht näher

Situationstheorie der Führung	*Führung*			*Situation*		*Erfolg*	*Empirie*	
	Führungsstil	*Fokus der Führung*	*Flexibel*	*Situations-merkmale*	*Einfluss der Führung a. Situation*	*Verwend. Maßstab*	*Tests*	*Resultate*
Kontingenzmodell (Fiedler)	*Aufgaben- vs. Personen-orientierung*	*Gruppe*	*nein*	*Positions-macht, Aufgaben-struktur, Gruppenklima*	*nein*	*Leistung*	*sehr viele*	*wider-sprüchlich*
Situative Führungstheorie (Hersey/Blan-chard)	*Aufgaben- und Personen-orientierung*	*Individuum*	*ja*	*Reife der Geführten*	*ja*	*Ziel-erreichung*	*keine*	-
Multiples Verknüp-fungsmodell (Yukl)	*offen*	*Gruppe*	*ja*	*Intervenieren-de/ moderierende Variablen*	*ja*	*Leistung*	*keine*	-
Entscheidungs-modell (Vroom/Yetton)	*autokratisch vs. partizipativ*	*Individuum/ Gruppe*	*ja*	*7 Merkmale (Qualitäts-/ Akzeptanz-sicherung)*	*nein*	*Ziel-erreichung*	*sehr wenig*	*strittig*
Weg-Ziel-Theorie (House)	*offen*	*Individuum*	*ja*	*offen (Aufgaben-struktur etc.)*	*nein*	*Motivation (Leistung/ Zufriedenheit)*	*viele indirekte*	*wider-sprüchlich*

Quelle: Schreyögg (1987) Sp. 889 f.

Abb. 52: Synopsis der Situationstheorien der Führungseffektivität

diskutiert. Allerdings haben Hersey und Keilty später[57] ein auf den Kommunikationsprozess zwischen Vorgesetzten und Mitarbeiter ausgerichtetes Trainingsprogramm entwickelt.

Die Abbildung 52 (S. 154) gibt einen zusammenfassenden Überblick über die dargestellten Situationsansätze.

IV. Führungstheorie und -praxis

1. Kritisches Resümee

Hinsichtlich des Standes, d. h. der wissenschaftlichen Leistungsfähigkeit und der pragmatischen Anwendbarkeit der heute vorliegenden Ergebnisse der Führungsforschung wird überwiegend Skepsis betont. Auch den hier vorangehenden Darlegungen zu Forschungsrichtungen und -ansätzen wie auch zu Führungsmodellen sind jeweils kritische Bemerkungen angefügt worden. Als Ergebnis einer Expertenbefragung (Delphi-Analyse) unter elf profilierten Vertretern der Führungsforschung zu den zukünftigen Entwicklungen in diesem Bereich formuliert Wunderer fünf Trends:[58]

(1) Erweiterung situativer Führungskonzepte, insbesondere um gruppen- und unternehmungssexterne Variablen wie z. B. gesellschaftliche Werte, ökonomische und technologische Rahmenbedingungen usw.
(2) Verstärkte Erforschung personaler Aspekte, wie es z. B. im Rahmen der Attributionstheorien geschieht (Attribuierung von Führungseigenschaften).
(3) Verstärkte Verwendung von Interaktionstheorien.
(4) Differenzierte Ermittlung von Führungsbedarf und Erfolg vor allem im Zusammenhang mit der Substitution direkter Personalführung durch strukturelle Steuerungsmöglichkeiten und veränderte Rahmenbedingungen der Führung.
(5) Zunehmende Bedeutung führungsethischer Forschung.

Fraglich ist aber, inwieweit innerhalb der Führungsforschung ein Paradigmenwechsel unabdingbar ist. Die bis heute dominierende, positivistische Perspektive ist durch die Trennung in unabhängige (z. B. Führungsverhalten) und abhängige Variablen (z. B. Führungseffizienz) und die Suche nach invarianten Gesetzmäßigkeiten bzw. basalen Führungsdimensionen gekennzeichnet. Diese Herangehensweise hat letztlich aber nicht zu befriedigenden, generalisierbaren und umsetzbaren Erkenntnissen geführt. Substanzielle Aussagen zum Führungsgeschehen, die über das Aufzeigen vorhandener Kontingenzen hinausgehen und empirischen Überprüfungen standhalten, finden sich kaum. Ansätze, die differenzierte Aussagen z. B. über die Wechselwirkungen zwischen Führungsverhalten und Leistungsverhalten der Geführten machen (wie z. B. die Weg-Ziel-Theorie), entziehen sich aufgrund der schwierigen Operationalisierbarkeit zentraler Begriffe einer empirischen Überprüfung in der betrieblichen Praxis weitgehend.

57 Vgl. Hersey/Keilty (1980).
58 Vgl. Wunderer (1993) 18 f.

Dass die klassische Herangehensweise dem facettenreichen und sozialen Phänomen »Führung« aus erkenntnistheoretischer Sicht nicht gerecht werden kann, dürfte in weiten Kreisen unstreitig sein. Entgegen dem allgemeinen Wunschdenken stellt sich Führung nämlich nicht als ein durch Rationalität und Zielorientierung geprägter Prozess dar, der durch bestimmte generalisierbare und konsistente Gesetzmäßigkeiten rekonstruierbar wird. Vielmehr handelt es sich um ein soziales Phänomen von hoher Komplexität, das geprägt ist durch Irrationalität, affektiv-emotionale Aspekte, nicht-personale Determinanten, individuelle Überzeugungen bzw. Vorstellungen usw.

Einem solchen Verständnis kommt z. B. eine konstruktivistische Herangehensweise entgegen, wonach Führung nicht als beschreib- und erklärbare objektive Wirklichkeit, sondern als soziale Konstruktion verstanden wird. Die Führungsrealität ist dann als eine Wirklichkeit anzusehen, »... die von den Beteiligten in einem aufeinander bezogenen gegenseitigen Interpretationsprozess aufgebaut wird. Aufgrund der Vorstellungen von der Realität werden Verhaltensweisen und interpersonelle Beziehungen wahrgenommen und von den an der Beziehung Beteiligten als Führung, respektive als Führungsbeziehung interpretiert. Die Vorstellungen von der Wirklichkeit sind kognitive Konstruktionen und betreffen die Beziehungen selbst, die Funktion der Beziehung und die sich aus den Beziehungen ergebenden Wirkungen im Rahmen einer Aufgabenerfüllung. Führung verstanden als soziale Konstruktion ergibt sich aus dem Zusammenwirken der Vorstellungen der an einer Beziehung beteiligten.«[59] Es liegt auf der Hand, dass durch die Rekonstruktion der individuellen Interpretationsprozesse der am Führungsprozess beteiligten Personen substanzielle Kenntnisse hinsichtlich des beobachteten Führungsgeschehens erlangt werden können. Ebenso klar ist aber auch, dass eine anwendungsorientierte Wissenschaft, von der Empfehlungen für die Gestaltung der tagtäglichen betrieblichen Führungspraxis erwartet wird, generalisierbare Aussagen formulieren muss und sich nicht auf die (aufwändige) Analyse des Einzelfalls beschränken kann.

So treffen vonseiten der Führungsforschung und der Führungspraxis **konträre** und z. T. miteinander **unvereinbare Forderungen** aufeinander.

Einerseits wird der Forschung vorgeworfen, sie orientiere sich zu sehr an den Bedürfnissen der Praxis, »Lösungen zu erarbeiten«. Sie entwickle daher stark vereinfachende Modelle, die für Führungskräfte verständlich und auch leicht zu vermitteln sind, denn diese wollen Konzepte, die

- klares Beurteilen und einheitliches Bewerten von Führungsverhalten möglich machen,
- allgemein anwendbare Gesetzmäßigkeiten enthalten,
- Erfolgsprognosen ermöglichen (zu diesem Zweck Ursachen von Wirkungen klar nachweisbar trennen).

Für solche Anliegen entworfene Modelle aber bilden die betriebliche Realität nur unzureichend ab. Sie taugen daher weder als brauchbare **Handlungsanleitungen** noch als theoretisch hinreichende **Erklärungsversuche**.

Andererseits erfüllen anspruchsvoller konstruierte, komplexere Modelle zwar theoretische Anforderungen besser, weil sie der Kompliziertheit der betrieblichen Wirklichkeit in höherem Maße entsprechen, aber für Führungskräfte sind sie schwer verständlich und daher nicht anwendbar. Gerade eher naturwissenschaftlich denkenden Menschen fällt es schwer

59 Biedermann (1989) 19 f.

nachzuvollziehen, dass ein Phänomen wie »Führung« aus oft nicht wiederholbaren Einzelerscheinungen besteht, dass es ein **sich ständig entwickelnder Prozess ist**, der nach immer neuen (durchaus nicht immer erfassbaren) Kriterien abläuft.

Die in Führungsforschung und -praxis unterschiedlichen Denk- und Handlungsweisen, die den Hintergrund für die beschriebenen Diskrepanzen bilden, sind in der folgenden Tabelle (Abbildung 53) zusammengestellt.[60]

	Tendenz Praxis	Tendenz Wissenschaft
1. Zeitperspektive	kurzfristig	langfristig
2. Wertorientierung	aktuelle, herrschende Wertströmungen; wertverhaftet, praktisch-normativ	vergangene und kommende Wertströmungen; wertdistanzierend, theoretisch
3. Komplexitätsbewältigung	Komplexitätsreduzierung	Komplexitätserweiterung
4. Reaktionsmuster	starke Signale	schwache Signale
5. Problembezug	starke persönliche Betroffenheit und individuelle Motive, begrenzte Distanzierungsmöglichkeit	geringe persönliche Betroffenheit und individuelle Motive, hohe Distanzierungsmöglichkeit
6. Problemwahrnehmung	integrativ, konstruierend	selektiv, rekonstruierend
7. Problemhandhabung	situativ, agierend, integrativ, gestaltungsorientiert	übersituativ, reflektiv-kritisch evaluierend, selektiv, erkenntnis- und vermittlungsorientiert

Beratung als Mittler zwischen praktischen und akademischen Dank- und Handlungsformen?

Quelle: Wunderer (1985) 347.

Abb. 53: Charakteristische Denk- und Handlungsmuster von Praxis und Wissenschaft

2. Rahmenbedingungen der Führung

Die in den Kapiteln C.II und C.III dargestellten Ansätze und Konzepte sind nicht nur hinsichtlich der grundsätzlichen Schwierigkeit, im führungsthematischen Zusammenhang universale Erklärungsmuster und/oder Handlungsempfehlungen formulieren zu können, kritisch zu beurteilen.

Über die Merkmale »Komplexität« und »Situationsabhängigkeit« hinaus zeichnet sich das Phänomen »Führung« in der betrieblichen Praxis dadurch aus, dass es in den vergangenen Jahrzehnten einen weitreichenden Wandel erfahren hat.[61] Die in modernen Unterneh-

60 Entnommen aus Wunderer (1985) 347.

61 Vgl. ausführlich Bickenbach/Soltwedel (1996). Einen Überblick vermittelt auch Wunderer (2003).

mungen heute dominierenden Rahmenbedingungen der Führung und die der Personalführung zugeschriebenen Funktionen lassen sich mit denen der 60er und 70er Jahre nur schwer oder gar nicht vergleichen. Entsprechend ist die Frage zu stellen, inwieweit die Ergebnisse der empirischen Führungsforschung überhaupt noch repliziert bzw. übertragen werden können.

Führungsthematisch bedeutsam sind vor allem die in der betrieblichen Praxis vorherrschenden Organisations- und Managementkonzepte wie »Lean-Management«, »Profit-Center-Orientierung«, über die versucht wird, der zunehmenden Komplexität und Dynamik des wirtschaftlichen Umfeldes von Unternehmungen zu begegnen.[62] Nach allgemeiner Auffassung setzt dies vor allem die Mobilisierung der in Unternehmungen grundsätzlich vorhandenen, aber nicht genutzten, Problemlösungs- und Innovationspotenziale voraus. Ohne Zweifel bilden die Problemlösungs- und Kreativitätspotenziale der Mitarbeiter hier die größte Nutzungsreserve, weshalb alle modernen Organisations- und Managementkonzepte im Kern auf eine intensivere Nutzung der Ressource »Humanpotenzial« abzielen. Dies soll ermöglicht werden dadurch, dass Mitarbeiter mit mehr (Entscheidungs-)Kompetenzen ausgestattet (Stichwort »Empowerment«) und von den Fesseln bürokratischer Strukturen befreit werden. In der Folge zeichnet sich die Führungssituation in Unternehmungen mehr und mehr dadurch aus, dass:

- aufgrund verflachter Hierarchien die Führungsspannen deutlich zunehmen, folglich also immer weniger Führungskräfte immer mehr Mitarbeiter führen;
- Mitarbeiter überhaupt erst zur Selbststeuerung befähigt und darüber hinaus auf die Ziele der Unternehmungen ausgerichtet werden müssen, ohne durch klassische Führungsformen wie Anweisung und Kontrolle den Aspekt der Selbststeuerung zu konterkarieren;
- neben Individuen auch interdisziplinär zusammengesetzte und selbststeuernde Teams oder (Projekt-)Gruppen geführt werden müssen.

Darüber hinaus kommt es zunehmend zu einer verstärkten Integration der Mitarbeiterführung in umfassendere Prozesse, wie den der Unternehmensführung und -entwicklung. So leitet sich aus der Notwendigkeit, sich als Unternehmung dynamischen Umwelten und Märkten anzupassen, ja diese sogar aktiv mitgestalten zu können, die Forderung nach einer kontinuierlichen Unternehmungsentwicklung ab. Die Gestaltung dieses Prozesses und auch die aktive Einbindung der Mitarbeiter in diesen ist heute als zentrale Führungsaufgabe anzusehen. Entsprechend hat der Vorgesetzte im Rahmen seiner Führungsfunktion:

- Mitarbeitern eine für diese attraktive Vision und damit eine Orientierung im Veränderungsprozess zu vermitteln;
- den einzelnen Mitarbeiter zur aktiven Mitgestaltung der Unternehmungsentwicklung nicht nur zu motivieren sondern auch zu befähigen;
- eine Unternehmungskultur (mit) zu entwickeln, welche organisatorische Veränderungen über die Förderung eines innovativen, unternehmerischen Verhaltens von Mitarbeitern, kontinuierlichen Lernens einzelner und von Gruppen etc. unterstützt.

Die in Kapitel C.III dargestellten Führungskonzepte geben diesbezüglich wenig Unterstützung.

---

62 Vgl. zusammenfassend Drumm (1996).

Nicht unabhängig von den bislang skizzierten Rahmenbedingungen der Führung haben sich auch zentrale Eigenschaften der am Führungsprozess beteiligten Personen gewandelt. Der durchschnittliche Mitarbeiter zeichnet sich heute außer durch wesentlich verbesserte individuelle Leistungsvoraussetzungen insbesondere durch veränderte arbeitsbezogene Werthaltungen aus. Den auf letztere bezogenen »Wertewandel« beschreibt Ingelhart in seinem 1977 erschienenen Buch »The Silent Revolution« als einen »Individualisierungsschub«, der sich in einem allgemeinen Rückgang der **Pflicht- und Akzeptanzwerte** (wie Gehorsam, Fremdsteuerung, Unterordnung usw.) und einer Zunahme der **Selbstentfaltungswerte** (wie Autonomie, Emanzipation, Partizipation usw.) manifestiert.[63] In Anlehnung an Maslow und dessen Unterscheidung in Mangel- und Wachstumsbedürfnisse geht Ingelhart im Rahmen seiner **Mangelhypothese** davon aus, dass zu Zeiten relativer materieller Sicherheit zunehmend die Befriedigung höherwertiger Bedürfnisse angestrebt wird. Die Tatsache, dass eine solche **postmaterialistische Orientierung** verstärkt bei der jüngeren Generation zu beobachten ist, erklärt er dadurch, dass Werte insbesondere durch frühe Sozialisation gebildet werden (**Sozialisationshypothese**), und die jüngere Generation ihre wertformative Phase zu Zeiten allgemeiner Prosperität durchlaufen hat.

Nachdem der erste Wertewandelschub Mitte der 70er Jahre endete und danach auch rückläufige Entwicklungen zu beobachten waren, setzte sich der Trend in den 80er Jahren fort. Trotz einiger Schwankungen konstatiert Klages 1993 eine Fortsetzung des Wertewandels für die 90er Jahre, der gekennzeichnet ist durch die weitere Entwicklung der Selbstentfaltungswerte und die Konservierung der Pflicht- und Akzeptanzwerte, welche die in den 70er Jahren erreichte Untergrenze nicht weiter unterschreiten werden.[64]

Selbstverständlich hat eine Betrachtung des Wertewandels differenziert und unter Beachtung der unterschiedlichen Ausprägung bestimmter Werte in den einzelnen Teilpopulationen unserer heterogenen Gesellschaft zu erfolgen. Aber auch wenn es eine grobe Vereinfachung wäre, von »dem« Mitarbeiter zu sprechen und der Trend zur Individualisierung mit heterogenen, interindividuell oder gruppenspezifisch (je nach Alter, Bildungsniveau, Einkommensklassen usw.) unterschiedlich ausgeprägten Werthaltungen verbunden ist, kann die Zunahme der Selbstentfaltungswerte und damit verbunden des Wunsches nach Selbstverwirklichung und Autonomie als Gruppen übergreifende, durchgängige Entwicklung unterstellt werden.

Im Gegensatz zu den Entstehungszeitpunkten der in Kapitel C.III dargestellten Führungskonzepte ist der durchschnittliche Mitarbeiter heute anspruchsvoller und zeichnet sich nicht mehr primär durch die klassischen Sekundärtugenden wie Fleiß, Pünktlichkeit, Ordnung usw. aus. Große Teile des Führungsnachwuchses sind alternativ oder professionell orientiert.[65] Ersteres ist mit einem Rückgang der Karriereorientierung verbunden, und Zweiteres äußert sich in einer primären Identifikation des Mitarbeiters mit seiner Aufgabe, nicht aber mit seinem Vorgesetzten, der Unternehmung bzw. den Unternehmungszielen. Allgemein hat die individualistische Orientierung zu einer Verringerung der Bereitschaft geführt sich einbinden oder verpflichten zu lassen.

63 Zu den Ergebnissen der Wertewandelforschung vgl. Klages (1984); Müller (1990); Strümpel (1985); Pawlowsky (1986); Noelle-Neumann (1978); IWG (1987); Klages/Hippler/Herbert (1992).

64 Vgl. Klages (1993) 7.

65 Zum Wertewandel bei Führungsnachwuchskräften vgl. Kaiser/Otto (1988); Nerdinger/Weber (1987); v. Rosenstiel (1989), (1992); v. Rosenstiel u. a. (1988), (1989); Stengel (1987).

Neben solch allgemeinen arbeitsbezogenen Werthaltungen hat sich aber auch die Erwartungshaltung gegenüber betrieblicher Führung verändert. Mit höherer Qualifikation geht i. d. R. nicht nur die Fähigkeit, sondern auch die Erwartung von Möglichkeiten zur Selbststeuerung, -entwicklung und -führung einher, die in der betrieblichen Arbeits- und Führungssituation umsetzbar sein müssen. Grundsätzlich ist davon auszugehen, dass sich der klassischerweise unterstellte Konflikt zwischen Unternehmungen und Individuum in dem Ausmaß verstärkt, wie die Diskrepanz zwischen dem sich wandelnden Wertesystem des Individuums und dem unveränderten – u. a. durch das Führungsverständnis und -verhalten repräsentierten – Wertesystem der Organisation zunimmt. Konsequenzen sind innere Kündigung, mangelnde Identifikation mit den Unternehmungszielen, Absentismus, Leistungsrückhaltung, negative Auswirkungen auf die Arbeitszufriedenheit usw. Folglich hat die betriebliche Führungspraxis den veränderten Werthaltungen zu entsprechen, indem sie z. B. die Selbststeuerungsmotivation der Mitarbeiter berücksichtigt und diesen im Rahmen ihrer Arbeitstätigkeit eine weitgehende Befriedigung auch postmaterialistischer Bedürfnisse ermöglicht.

Der Sachverhalt, dass sich das Phänomen »Führung« in Abhängigkeit von den jeweiligen Beschreibungs- und Erklärungszusammenhängen durchaus unterschiedlich darstellt, impliziert nicht nur die Berücksichtigung der jeweils vorhandenen Rahmenbedingungen der Führung, sondern wirkt sich auch auf die Übertragbarkeit einzelner Konzepte von einem kulturellen Raum in den anderen aus. Zwar dominieren innerhalb der Führungsforschung angloamerikanische Konzepte und in der betrieblichen Praxis war man lange Zeit bemüht, dem »Erfolgsgeheimnis« der Japaner auf die Spur zu kommen, doch muss man gerade von dem Hintergrund der zunehmenden Internationalisierung der Wirtschaft die Frage stellen, inwieweit Führungstheorien und -konzepte vor abweichendem kulturhistorischen Hintergrund ihre Aussagekraft behalten.

Wie die kulturvergleichende Führungsforschung zeigt, stellt die bedenkenlose und unreflektierte Übernahme von Führungskonzepten oder -theorien, die von anderen kulturhistorischen Bedingungen ausgehen, eine unzulässige Simplifizierung des Gedankengutes situationsspezifisch erfolgreichen Führens dar. So sind konkrete Erwartungen von Führungskräften und Geführten durch kulturelle Normen und Merkmale (Hintergrundfaktoren) im Nationalcharakter geprägt. Als Beispiele lassen sich anführen:[66]

- **Autoritarismus**: Die Akzeptanz autoritärer Verhaltensformen; sie hat in unterschiedlichen Kulturen sehr verschiedenartige Quellen.
- **Individuelle vs. kollektive Orientierung**: Im Gegensatz zu vielen europäischen Ländern und den USA gilt Japan als Prototyp für das Vorherrschen eines kollektiv orientierten Führungsverhaltens.
- **Selbstvertrauen vs. Fatalismus**: Der Glaube an die Eigenbestimmung der menschlichen Entwicklung führt zu höheren Partizipationserwartungen im Führungsprozess; er ist kennzeichnend v.a. für die protestantischen Gesellschaften der entwickelten westlichen Welt.
- **Zwischenmenschliches Vertrauen**: Je geringer es ist, umso zentralistischer und autoritärer wird das Führungsverhalten; häufig vorgefunden in traditionellen Gesellschaften (z. B. südamerikanischen Ländern).

---

66 Vgl. v. Keller (1987) Sp. 1289 f.; Hofstede (1980).

Abbildung 54 von Keller versucht eine grobe Klassifikation von Kulturen zwischen den beiden Polen autoritärer und partizipativer Führung.

partizipativer Führungsstil

Länder	Führungsstilmerkmale
USA	○ Führung durch gemeinsame Entscheidungsvorbereitung
Niederlande, Flamen Schweden	○ Entscheidungs- und Führungsinstanzen durch formale Normen am Machtmissbrauch weitgehend gehindert
Großbritannien	○ geringe Sicherheitsbedürfnisse bei den Unterstellten
Belgien, Frankreich	○ Führung überwiegend am Rat und Meinung der Mitarbeiter interessiert/orientiert
Dänemark, Norwegen Australien Japan	○ mittlerer Delegationsgrad
Spanien, Deutschland Italien	○ Unterstellte erwarten keinen hohen Grad an Entscheidungsautonomie
Griechenland, Türkei Südamerik. Länder	○ sehr geringer Delegationsgrad, zentralistische Entscheidungen
Malaysia, Indonesien Thailand, usw.	○ Statussymbole und Privilegien für Führungskräfte sichtbar und legitim
arabische Länder	○ Autorität wird nicht hinterfragt, sondern akzeptiert
Indien, Pakistan	○ kaum Informationen zwischen den Ebenen

autoritärer Führungsstil

Quelle: v. Keller (1987) 1287 f.

Abb. 54: Führungsstilpräferenzen in verschiedenen Kulturen

Wie die bisherigen Ausführungen deutlich machen, können einfache Verhaltensrezepte oder ein dichotomisiertes Führungsstildenken der Komplexität des Phänomens Führung keinesfalls gerecht werden. Dennoch werden Führungskonzepte und Theorien in der betrieblichen Praxis vielfach als universell gültig angesehen. Griffige in der Ausbildung oder in Trainings vermittelte Konzepte, wie die Führungsstil-Varianten von Lewin/Lippitt/White (Iowa-Studien) haben sich eingeprägt und sind in ihrer Bedeutung für das praktische Führungsgeschehen nicht zu unterschätzen, da sie die Grundlage der impliziten Führungstheorien der am betrieblichen Führungsprozess Beteiligten bilden. Trotz zunehmend kooperativ-partizipatorischer Tendenzen in der heutigen Führungspraxis sind entsprechende traditionelle Stilelemente immer noch weit verbreitet, wie eine Bestandsaufnahme der in der Literatur am häufigsten behandelten Führungsstil-Varianten zeigt.

(1) Es besteht die Tendenz zur Unterscheidung von nur zwei Führungsstil-Varianten: von autoritärer und kooperativer Führung.
(2) Die Mehrzahl der Zweiteilungen wird typologisch vorgenommen, wobei von der Vorstellung eines Kontinuums von Führungsstil-Varianten ausgegangen wird, das jeweils »rein« autoritäre oder aber kooperative Führung als polare Extremtypen enthält.
(3) Das häufigste Unterscheidungsmerkmal ist die Verteilung von Entscheidungsaufgaben. Es wird oftmals als Einziges herangezogen. In verschiedenen theoretischen und empirischen Untersuchungen wird eine Reihe weiterer Unterscheidungsmerkmale uneinheitlich verwandt.

3. »Dilemmata der Führung«

Wie der Abschlussbericht zum Schwerpunkt »Führung und Motivation« im Rahmen des Forschungsprogramms »Weiterentwicklung und Perspektiven der sozialen Marktwirtschaft« deutlich macht, werden die Vorstellungen von traditioneller Führung in Unternehmungen mehr und mehr durch ein neues Leitbild abgelöst. Ein Leitbild, nach dem das unternehmerische Denken und Handeln des einzelnen Mitarbeiters als Grundlage für die Flexibilität und Anpassungsfähigkeit angesehen wird, die Unternehmen in dynamischen Umwelten brauchen.[67] Mitarbeiterführung, die darauf abzielt, selbststeuernde Mitarbeiter verantwortlich in den Prozess der Unternehmungsführung und -entwicklung einzubinden, wird damit zum Erfolgsfaktor, insbesondere in sich schnell entwickelnden Märkten. Entsprechend kann sich Personalführung nicht auf die klassischen Managementfunktionen Planung, Anweisung und Kontrolle beschränken. Aufgabe von Führungskräften ist es vielmehr:

- Mitarbeitern über die Vermittlung einer lebendigen Vision und das Vorleben einer entsprechenden Unternehmungskultur ein Maß an Orientierung zu geben, damit diese die ihnen zur Verfügung stehenden Handlungsspielräume selbststeuernd im Sinne der Unternehmungsziele ausgestalten können;
- im Sinne eines Informationsmanagers dafür zu sorgen, dass alle Mitarbeiter mit dem Geschäftswissen, welches sie für unternehmerisches Handeln benötigen, ausgestattet sind;

67 Vgl. Bickenbach/Soltwedel (1996).

- die Entwicklungspotenziale ihrer Mitarbeiter zu diagnostizieren und umzusetzen und potenzialstarke Mitarbeiter aktiv an die Unternehmung zu binden;
- Mitarbeiter zu ermutigen, Probleme unternehmerisch aufzunehmen, Risiken einzugehen und diese im Sinne eines Coaches oder Mentors zu unterstützen;
- Gruppen und Teams zu entwickeln, zu führen sowie als Moderator und Konfliktmanager zu begleiten.

Diese und andere »neue« Aufgaben von Führungskräften, aber auch der Sachverhalt, dass Führungsbeziehungen und Motivationsproblematiken im Allgemeinen komplexer geworden sind, führen zu erhöhten Anforderungen an Führungskräfte.

Um so kritischer ist es, wenn man im Gespräch mit Führungskräften in Unternehmen immer wieder feststellt, dass Mitarbeiterführung nicht selten als Angelegenheit angesehen wird, die neben dem »eigentlichen Geschäft« wie dem Controlling oder dem Vertrieb miterledigt wird. Dabei war die Führung von Mitarbeitern immer schon eine »anspruchsvolle« Aufgabe. Nicht zuletzt deshalb, weil Führende nicht völlig autonom handeln können, sondern unterschiedlichen Beeinflussungen und Zwängen ausgesetzt sind. So können Führungskräfte ihr Führungsverhalten häufig nicht frei wählen und befinden sich in einem Dilemma zwischen divergierenden Zielen und Werten, zwischen Verstand und Gefühl. Von den 14, letztlich nie ganz aufzulösenden Dilemmata, die von Neuberger benannt und kommentiert worden sind, erscheinen uns die Folgenden als die bemerkenswertesten:[68]

(1) Objekt und Subjekt. Soll der Vorgesetzte den Mitarbeiter als Mittel oder Zweck, als Kostenfaktor (Einsatzgröße, Leistungsträger, Stelleninhaber, Instrument) oder als Mitmenschen und Partner betrachten? Soll er ihn verplanen, berechnen, gängeln, fremdbestimmen oder ihm Entscheidungsfreiheit, Eigeninitiative und Selbstbestimmung zuerkennen? Es ist zweifelhaft, ob unter den in westlichen Industrienationen gültigen Bedingungen (Arbeitsteilung, Zielvorgabe, Mittelknappheit, Marktkonkurrenz, Kooperationssicherung, öffentlicher Rechtfertigungsdruck) einer der beiden Pole vernachlässigt werden kann, wenn die wichtigsten Systemwirkungen gewährleistet sein sollen.

(2) Einzigartigkeit und Gleichartigkeit. Jeder Vorgesetzte hat es mit Menschen zu tun, von denen keiner dem anderen gleicht. Er hat diese Individualität zu respektieren, zu fördern und eventuell sogar zu nutzen. Er wird mit Einfühlungsvermögen auf die Besonderheiten des Einzelfalls einzugehen und die Würde des »ganzen« Menschen zu achten haben. Andererseits aber steht in Betrieben die Arbeitskraft, die für aufgabenbezogene Leistungen benötigt wird, im Mittelpunkt des Interesses: Man hat Arbeitskräfte gerufen, aber Menschen sind gekommen.

(3) Bewahrung und Veränderung. Für abgestimmtes Handeln in Betrieben muss man sich aufeinander verlassen und aus der Gegenwart in die Zukunft extrapolieren können. Dies bedeutet, dass handlungsbestimmende Regeln, Werte, Einstellungen, Strukturen erhalten und verankert werden müssen. Konstanz, Stabilität, Tradition schaffen Verhaltenssicherheit und Transparenz – aber sie gefährden dann Bestand und Entwicklung, wenn Menschen und Umwelten sich ändern und das Festhalten am Bewährten zur Verkrustung führt und zur Anpassung unfähig macht. Deshalb ist es gleichzeitige Aufgabe des Vorgesetzten zu erneuern, Veränderungen auch gegen Widerstand durch-

68 Vgl. Neuberger (1984) 53 f.

zusetzen und Entwicklungen einzuleiten, die Bestehendes entwerten – ganz im Sinne der Maxime der »schöpferischen Zerstörung«, die Schumpeter (1980) für den kapitalistischen Unternehmer geprägt hat.

(4) Herausforderung und Fürsorge. Ein strategisches Ziel von Führung ist Zufriedenheit der Mitarbeiter, ihr Wohlbefinden und ihre Bedürfnisbefriedigung. Wenn Zufriedenheit jedoch den Beigeschmack von Sattheit, Sich-Zufrieden-Geben, Sich-Abfinden und Desinteresse bekommt, dann ist es auch Führungsaufgabe, herauszufordern, zu belasten, vorübergehend unzufrieden zu machen. Damit ist bessere Gewähr gegeben, dass Mitarbeiter auch Innovationen ersinnen, Risiken eingehen, »zu neuen Ufern aufbrechen«.

(5) Zurückhaltung und Offenheit. Eines der Ziele gruppendynamischen Trainings ist es, unnötige Fassaden und Panzerungen abzubauen und die Beteiligten in die Lage zu versetzen, authentisch, unverstellt, frei und offen miteinander zu reden. Für den Vorgesetzten kann dies bedeuten, eigene Unwissenheit, Ratlosigkeit, Wünsche und Ängste zuzugeben. Er soll die ohnehin meist löcherige Maske des Starken, Allwissenden, Unfehlbaren ablegen und ein spontaneres, ungekünsteltes und partnerschaftliches Verhältnis zu seinen Mitarbeitern herstellen. Auf der anderen Seite läuft er dabei Gefahr, sich auszuliefern, erpressbar zu werden und – weil er den verbreiteten Kult der heroischen Selbstdarstellung nicht mitmacht – abgewertet zu werden. Hinzu kommt, dass Offenheit wie Verbergen Tauschgeschäfte sind: Wer viel gibt, bekommt viel vom gleichen. Es kann auch belastend sein, Privates oder zu viel Privates von Mitarbeitern zu erfahren.

(6) Einzelverantwortung und Gesamtverantwortung. Insbesondere bei der Verwirklichung des Delegationsprinzips (als Organisationsprinzip) wird unterstellt, der Mitarbeiter sei für die übertragenen Aufgaben selbst voll verantwortlich, der Vorgesetzte habe lediglich die Führungsverantwortung. In der Praxis lässt sich eine derart säuberliche Trennung nicht immer vollziehen; zumindest kann sie problematisch werden. Dies jedenfalls dann, wenn der Vorgesetzte (zumindest indirekt und langfristig) für ein Versagen seiner Mitarbeiter zur Rechenschaft gezogen wird. Häufig wird wenigstens erwartet, dass er sich für alle zu seinem Bereich gehörigen Entwicklungen und Ergebnisse verantwortlich fühlt.

(7) Kontrolle und Vertrauen. Diese plakative Gegenüberstellung ist so nicht ganz korrekt; sie müsste entweder heißen: »Misstrauen und Vertrauen« oder besser: »Kontrolle und Selbstständigkeit«. Gemeint ist: Ein Vorgesetzter prüft im Vertrauen auf Fähigkeiten, Einsatz und Loyalität seiner Mitarbeiter lediglich die vorgelegten Ergebnisse, ansonsten aber führt er Kontrollen nur auf Wunsch des Mitarbeiters zu dessen Entlastung und Beratung durch. Dieses Vorgehen setzt selbstständige, kompetente und verlässliche Mitarbeiter voraus, die sich selbst koordinieren oder vereinbarte Pläne zuverlässig einhalten. Solche Bedingungen sind für viele Vorgesetzte eine Utopie, weshalb sie häufiger und eingehender – auch im Prozess der Leistungserstellung – kontrollieren.

(8) Eigennutz und Gemeinnutz. Diese oft zum Entweder-Oder stilisierten Handlungsmotive bezeichnen – auf die unmittelbare Situation des Vorgesetzten angewandt – die polare Spannung zwischen egoistischer Vorteilssicherung und selbstlosem Beitrag für das Ganze.

Jedes Führungshandeln ist ein spezifisches Ergebnis von individuellen Versuchen, mit diesen Dilemmata fertig zu werden. Die Dilemmata sind ein Teil der Umweltkomplexität, die insgesamt im Grunde unüberschaubar ist. In ihr kann nur handeln, wer diese Komplexität reduziert. Das beginnt in den Wahrnehmungen (z. B. des Agierens eines Mitarbeiters), setzt sich in der Interpretation dieser Wahrnehmungen fort (Urteilsbildung über den Mitarbeiter: Attribuierungsprozesse) und endet vorläufig in einer Reaktion: Führungshandeln.

D. Handlungsfelder des Personal-Management

I. Grundsätzliches

In dem einleitenden begriffsklärenden Abschnitt A.II waren zwei unterschiedliche Tätigkeitskomplexe des Personal-Management unterschieden worden: Aktivitäten der Verhaltenssteuerung und der Systemgestaltung. Die **Verhaltenssteuerung** ihrerseits zerfällt wiederum in zwei Teilkategorien: Einerseits in die Mitarbeiterführung im Sinne der Ausübung von Vorgesetztentätigkeiten, die im vorigen Kapitel C behandelt wurde. Andererseits sind zur Verhaltenssteuerung auch alle diejenigen Führungstätigkeiten zu rechnen, mit denen Einstellungen, Versetzungen, Fortbildung von Personal etc. geplant, entschieden, kontrolliert werden. Sie sind ebenso Tätigkeiten der Führung **des** Personals, nicht aber gleichbedeutend mit der Ausübung von Vorgesetztenfunktionen »im täglichen Geschäft«; sie sind eher als Besonderheiten für den beruflichen Weg eines Mitarbeiters einzustufen.

Von diesen »besonderen« Führungstätigkeiten der Verhaltenssteuerung ist zu unterstellen, dass sie bei Ablauf unter Einhaltung weitgehend einheitlicher Regelungen und Bedingungen – d. h. bei **systematischem** Ablauf – effizienter geschehen. Das ist dann möglich, wenn solche **Systeme** existieren, die jeweils die Gesamtheit derjenigen Regelungen und Bedingungen darstellen, nach denen z. B. Einstellungen, Versetzungen oder Fortbildungsmaßnahmen insgesamt vollzogen werden sollen.

Die **Handhabung** eines solchen Systems, z. B. zur betrieblichen Fortbildung, umfasst neben den Führungstätigkeiten der Planung, Entscheidung und Kontrolle der Fortbildungsmaßnahmen auch deren Durchführung. Nur ist letztere nicht zu den Führungsaktivitäten der Verhaltenssteuerung zu rechnen, weil die Durchführung von Fortbildungsmaßnahmen gleichbedeutend mit einer direkten Transformation von Mitarbeiterqualifikationen ist.

Erkennbar liegt die **Systemgestaltung**, d. h. die Schaffung von Regelungen und Bedingungen für Änderungen des personellen Einsatzes und von betrieblichen Konditionen dafür auf einer anderen, vorgelagerten Ebene zur Systemhandhabung. Die Gestaltung eines Systems, nach dem z. B. betriebliche Fortbildung betrieben werden soll – das also u. a. festlegt, wer bei welchen Anlässen daran beteiligt wird, dass Entscheidungen über konkret durchzuführende Fortbildungsmaßnahmen gefällt werden – ist eine konzeptionelle, nur in größeren Zeitabständen vorkommende Tätigkeit, deren Ergebnis langfristig wirkenden Charakter hat. Sie ist zweifellos eine **Führungs**tätigkeit, weil mit ihr Systeme geschaffen werden, die **für das** Personal bestimmt sind.

Von den Systemen, die Konditionen für die (systemhandhabende) Verhaltenssteuerung festlegen, ist eines abzutrennen, und zwar das System der **Vergütung** (wie dies in Abbildung 2 geschehen ist). Es legt z. B. fest, nach welchen Lohnformen Entgelt gezahlt wird: Etwa für welche Leistungsmerkmale aufgrund welcher Nachweise wie geartete Prämien gewährt werden. Für Entscheidungen hierüber gibt es keinen Spielraum wie bei den anderen Systemen: Sie sind im Vergütungssystem unmittelbar vorprogrammiert, so dass im Zusammenhang mit der Entgeltzahlung selbst keine Führungsaufgaben gegenüber den Mitarbeitern, an die ausgezahlt wird, mehr entstehen. Eine Systemhandhabung im oben beschriebenen Sinne entfällt also. Die **Gestaltung** z. B. eines Vergütungssystems ist hingegen eine Führungsaufgabe, weil mit ihr eine betriebliche Kondition festgelegt wird, mit der das Leistungsverhalten der zu entgeltenden Mitarbeiter beeinflusst wird. Einflussrichtung und -stärke sind von den jeweiligen individuellen Motivstrukturen abhängig (vgl. Kap. B.II).

Personal-Management ist Schaffung **von** und Arbeit **in** zahlreichen Teilsystemen. Dies wird in dieser Schrift geschlossen dargestellt. Das darf jedoch nicht zu dem Schluss verleiten, dass diese Geschlossenheit auch die gesamte Personalarbeit in der Praxis kennzeichnet. Hingegen kann sie erreicht bzw. hergestellt werden, wenn eine gemeinsame Klammer benutzt wird; zu einer solchen kann die **Planung im Personalbereich** gemacht werden. Auch sie ist zwar nicht von vornherein ein geschlossenes Ganzes, kann aber dahin entwickelt werden, zumal in mehreren der verschiedenen Teilsysteme Planungen in gleichen Bestandteilen und Anforderungen benötigt bzw. durchgeführt werden (können). Die damit mögliche und für effiziente Personalarbeit in der Praxis notwendige geschlossene Systematik für die einzelnen Teilplanungen im Personal-Management zu einer, in einem sachlichen Verbund stehenden »Personalplanung«, begründet die gliederungstechnische Stellung und den Inhalt des folgenden Kapitels.

II. Personalplanung als Rahmen und Ausgangspunkt

1. Grundlagen

a) Begriff und Inhalt

Planung ist in allen Arbeitsfeldern des Personal-Management Voraussetzung für dort jeweils systematischen und vorbereiteten Vollzug. Je nachdem, was als Arbeits- bzw. Problemfeld des Personal-Management und zugehöriger Planungen bezeichnet wird, unterscheidet sich die Spannweite der in der Literatur verwendeten Definitionen für Personalplanung. Auch Benennungen für größere Einheiten, zu denen mehrere Teilplanungen zusammengefasst sind, werden benutzt: So z. B. »Personalbedarfsdeckungsplanung«, die sich an die Personalbedarfsplanung anschließt und die Planungen der Personalbeschaffung, des -einsatzes und der -entwicklung zusammenschließend umfasst.

Aus den oben genannten Gründen erscheint hier eine weitere Begriffsfassung zweckmäßig und fruchtbar. Unter Personalplanung soll daher im weiteren die **Planung** (gedankliche Vorbereitung zukünftigen tatsächlichen Handelns) in den Arbeitsfeldern des Personal-Management verstanden werden, in denen Personalbedarfsermittlung, Personalbeschaffung bzw. -freisetzung, Personaleinsatz und Personalentwicklung geschieht. Personalplanung ist hierbei als integrativer Bestandteil der Unternehmungsplanung zu begreifen, bei der neben der Abstimmung der Interdependenzen innerhalb einer so verstandenen Personalplanung die Abstimmung mit anderen Teilplänen einer betrieblichen Planung im Vordergrund steht.

b) Stellung der Personalplanung im betrieblichen Planungssystem

Personalplanung galt bisher als relativ vernachlässigter Teil der betrieblichen Planung; sie dürfte auch heute noch der am wenigsten entwickelte Planungssektor sein. Unter den Gründen dafür wird hervorgehoben, dass die Personalplanung in alle anderen Planungsbereiche übergreife, diese durchdringe und daher kaum isolierbar sei.

Ob diese Schlussfolgerung zutrifft, ist die Frage einer zweckmäßigen Planungsmethodik. Zutreffend ist auf jeden Fall, dass mit Personalplanung höhere (zumindest besser abgesicherte) Grade der Erreichung der betrieblichen Zielkonzeption nur dann bewirkt werden können, wenn sie an dieser – zusammen mit der Planung aller anderen Einzelaktivitäten – ausgerichtet wird. Dies wiederum bedingt die **Integration** der Personalplanung in das betriebliche **Planungssystem**.[1]

Eine solche Integration hat unterschiedliche Konsequenzen:

- Die Personalplanung ist von den Ergebnissen der Teilplanungen in anderen Betriebsbereichen abhängig: So bestimmt z. B. eine neue Produktionsplanung Umfang und Art des durch Personalbeschaffung zu schließenden Personalbedarfs. Personalplanung hat insofern **derivativen** Charakter.
- Allerdings besteht die Planabhängigkeit nicht lediglich in dieser Richtung. Vielmehr werden auch **umgekehrt** die übrigen Teilpläne von den Ergebnissen der Personalplanung beeinflusst. Sie hat insofern **originären** Charakter.[2]
  - Dies ist zum einen unumgänglich, wenn sich der Personalbereich als **Engpass-Sektor** erweist (etwa durch Arbeitskräfteverknappung auf dem Arbeitsmarkt beschränkte Ermöglichung von Kapazitätserweiterungen). Der Engpass bestimmt dann die Gesamtplanung.
  - Das kann zum anderen durch spezielle Willensentscheidungen herbeigeführt werden: Zum Beispiel durch die Durchführung von personalseitig veranlassten (motivational begründeten) Job Enrichment-Programmen, die veränderte Arbeitsteilung, -verfahren sowie Kapazitätsauslastungs-Verteilungen zur Folge haben.

Insgesamt erscheint die wechselseitige Durchdringung von Personalbereich und anderen betrieblichen Funktionsbereichen auf der Güterebene als (gedanklich vorweggenommenes) Spiegelbild auf der Planungsebene.

Dass im Übrigen auch die Personalplanung selbst integrationsbedürftig ist, zeigt die folgende Abbildung 55.

Gegenstand dieses Kapitels wird die Personalplanung nur insoweit sein, als sie sich nicht auf spezifische Arbeitsbereiche des Personal-Management bezieht. Hier interessieren die in verschiedenen Teilsystemen gleichermaßen notwendigen Planungsbestandteile. Sie wie andere Teilaktivitäten bedürfen einer gründlichen informatorischen Fundierung.

---

1 Vgl. Gaugler/Huber/Rummel (1974) 30 ff.; Kossbiel (1975) Sp. 1626.
2 Vgl. Becker (1988).

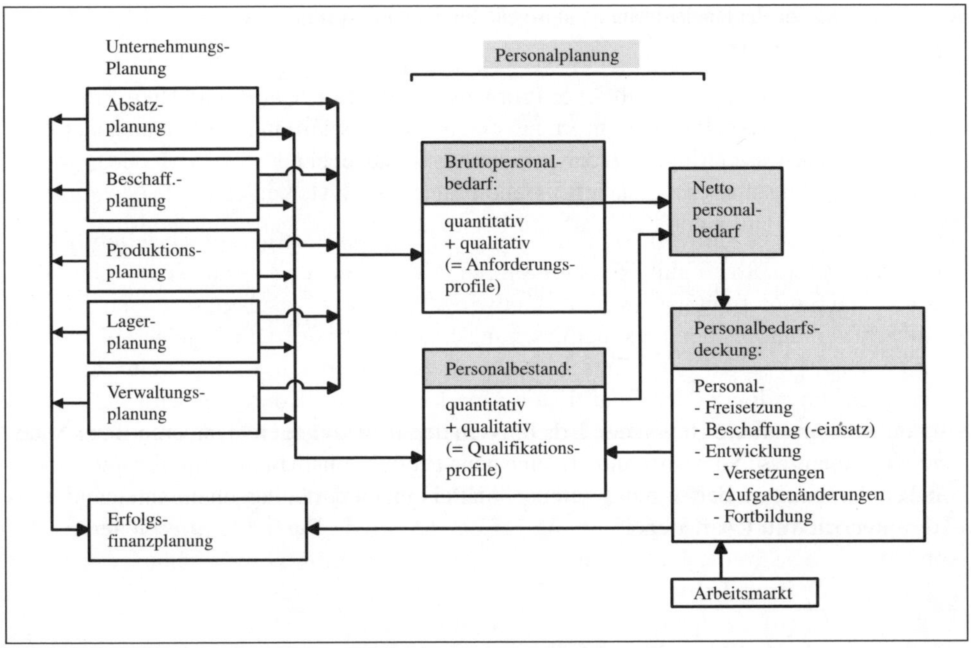

Quelle: Berthel (1980) 57.

Abb. 55: Integrierte Personalplanung

2. Informatorische Fundierung (Betriebliche Personalforschung)

a) Relevanz und Einordnung

Personalbezogene Aktivitäten einer Unternehmung werden im betrieblichen Entscheidungsprozess festgelegt. Dieser Prozess der Gewinnung, Verarbeitung und Bewertung von erhebbaren, zulässigen und sinnvollen Informationen ist in seiner Güte v. a. determiniert durch die verwendete Informationsbasis. Aufgrund begrenzter Ressourcen und oft auch fehlendem Verständnis stehen den Personalverantwortlichen zum Entscheidungszeitpunkt aber nur selten alle entscheidungsrelevanten Informationen zur Verfügung. Dies kann eine Gefährdung erfolgreicher Personalarbeit und die Fehlallokation von Ressourcen bei der Suche, dem Aufbau und der Pflege eines Mitarbeiterpools zur Folge haben. Daher gilt es, durch systematische Erhebung entscheidungsrelevanter Informationen »optimale« Entscheidungsprozesse zu fördern. Die betriebliche Personalforschung stellt hierzu das **informatorische Fundament** zur Verfügung.

Der **Zielbezug**, konstitutives Merkmal von Unternehmungen, dominiert auch die informatorische Fundierung: Sie ist auf die Gewinnung solcher Informationen über das (zukünftige) Personal und über die Aufgabenstruktur gerichtet, die Handlungen im Zusammenhang mit der Sicherstellung der betrieblichen Aufgabenerfüllung betreffen. Für personalwirtschaftliche Entscheidungen ist somit eine problemadäquate Informationsbasis zu erarbeiten.[3] Ihre Ziele sind:

- Ermittlung personalwirtschaftlicher Problemstellungen (Chancen und Risiken),
- Gewinnung und Analyse von Informationen zur Durchführung aller Personalaufgaben,
- Prognose voraussichtlicher Folgen personalwirtschaftlicher Maßnahmen und
- Bewertung personalwirtschaftlicher Handlungen und Systeme.

Im Anschluss ist es sinnvoll, sich mit den verschiedenen **Aufgabenbereichen** der betrieblichen Personalforschung zu beschäftigen. Sie stellen den Ausgangspunkt der informatorischen Fundierung wie auch personalwirtschaftlicher Entscheidungen dar. Ein einheitliches Verständnis der Personalforschung liegt nicht vor.[4] Die Objekte zur Fundierung personalwirtschaftlicher Entscheidungsprozesse sind v. a. in der Breite vielfältig. Sie reichen von individuellen Qualifikationsmerkmalen über Kontrollaspekte bis hin zum Humanvermögen eines Betriebes. I. d. R. werden nur einzelne Objekte unter dem Stichwort »Personalforschung« behandelt. Dies wird der informatorischen Bedeutung der Personalarbeit in seiner Breite nicht gerecht. Mittels einer systematischen, entscheidungs- und objektorientierten Kategorisierung lassen sich sechs Bereiche differenzieren (vgl. Abb. 56).

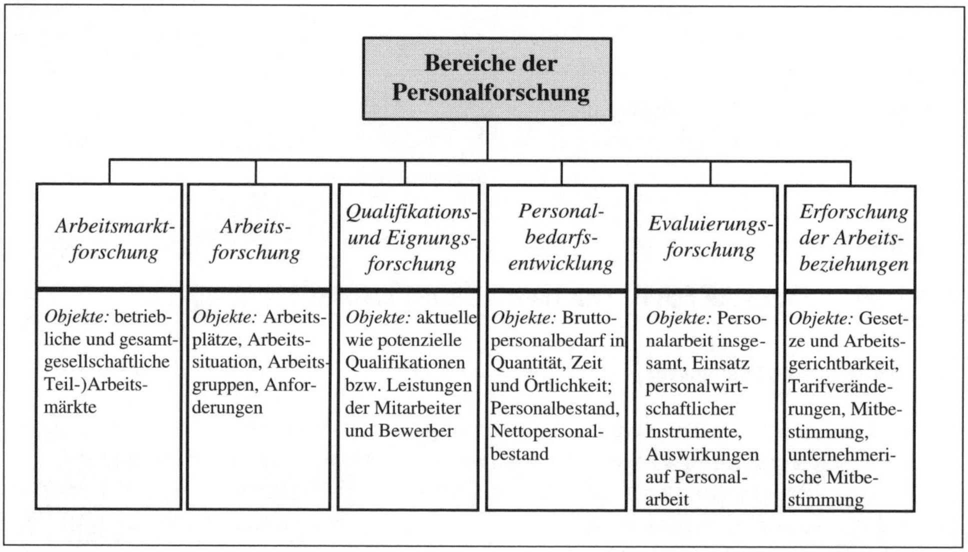

Quelle: Becker, F. G. (2002) 423.

Abb. 56: Bereiche und Objekte der betrieblichen Personalforschung

3 Vgl. Weber (1992) 1690 f.
4 Vgl. z. B. Weber (1992) 1690 ff.; Becker/Martin (1993); Martin (1994); Drumm (2000) 81 ff.

Entsprechend lässt sich definieren: Bei der betrieblichen Personalforschung handelt es sich um eine wissenschaftlich gestützte, i. W. systematische Informationsgewinnung und -verarbeitung im Bereich des Personal-Management, v. a. über Personen (Mitarbeiter und Bewerber), Arbeitsplätze und -situationen, Arbeitsmärkte, Arbeitsbeziehungen, Personalbedarf sowie die Personalarbeit selbst durch betriebliche Stellen bzw. in deren Auftrag zur zielbezogenen Fundierung personalwirtschaftlicher Entscheidungen.

Die Unterschiede zwischen betrieblicher und wissenschaftlicher Personalforschung liegen im Erkenntnisinteresse und oft im Erkenntnisobjekt. Die **wissenschaftliche Personalforschung** geschieht durch Wissenschaftler im eigenen Auftrag und ist hauptsächlich Grundlagenforschung (i. S. relativ allgemeiner, weitreichender, oft abstrakter Fragestellungen). Für die **betriebliche Personalforschung** besteht dagegen ein eindeutiger Interessenbezug. Sie ist auf die Anforderungen einer Unternehmung sowie zur Verbesserung von Effektivität und Effizienz konzipiert, kann durch interne wie externe Forscher resp. Personen durchgeführt werden und sollte nicht im wissenschaftsfreien Raum verlaufen. Leitbilder wie das Postulat theoriegeleiteter Forschung, Interdisziplinarität und Seriosität gepaart mit Pragmatismus helfen, sinnvolle Informationen zu beschaffen.

Die verschiedenen **Arten von Fragestellungen**, mit denen sich die betriebliche Personalforschung in diesem Sinne beschäftigt, illustriert Abbildung 57.

Problemtyp	*Beschreibung*	*Ursachenforschung*	*Wirkungs-/ Evaluationsforschung*	*Prognose*	*Hypothesentests (i. e. S.)*
Fragestellung	Was ist der Fall?	Warum? Was ist die Ursache von X?	Wie wirkt Sachverhalt X?	Was wird zum Zeitpunkt t_x der Fall sein?	Stimmt die (wissenschaftliche) Aussage: A bewirkt B?
Beispiele	Wie hoch sind die Fehlzeiten in der Abteilung A?	Woher resultieren die relativ hohen Fehlzeiten in Abteilung A?	Wie wirkt sich Gruppenarbeit und/oder wirken sich Rückkehrgespräche auf die Fehlzeiten aus?	Wie hoch werden die Fehlzeiten nach der Einführung von Gruppenarbeit im Jahr 2002 sein?	Stimmt die These, dass die Zunahme postmaterieller Werte bei den Mitarbeitern der Abteilung A zu einer verstärkten Freizeitorientierung führt?

Quelle: In enger Anlehnung an Nienhüser/Becker, C. (2001).

Abb. 57: Typen von Fragestellungen der betrieblichen Personalforschung

Dabei kommt es darauf an, dass aufbauend auf wissenschaftlichen Erkenntnissen Methoden und Verfahren generiert und verwendet werden, die für personalwirtschaftlich relevante Entscheidungen notwendige Informationen aufdecken, analysieren und prognostizieren helfen. Dies sollte laufend erfolgen, sich auf relevante Informationsquellen konzentrieren und Informationen zugriffsgünstig abspeichern. Selten benötigte Informationen sind situationsspezifisch zu ermitteln.

Das **methodologische Instrumentarium** ist wegen der heterogenen Objekte breit angelegt. Es reicht von quantitativen (bspw. standardisierte Mitarbeiterbefragungen) und qualitativen Methoden der Datengewinnung (bspw. Mitarbeitergespräche) bis zu quantitativen (bspw. beschreibende Statistik, Zeitreihenverfahren) und hermeneutischen Methoden der Datenauswertung (bzw. Interpretation von Zeugnissen und Motivationen).[5] Die messtheoretischen Gütekriterien für die empirische Forschung – v. a. Validität, Reliabilität und Objektivität – die für weite Teile der wissenschaftlichen Personalforschung angelegt werden, sind in der betrieblichen Personalforschung i. d. R. nicht erreichbar. Sie können nur Orientierungspunkt der Gestaltung und des Einsatzes von Instrumenten sein.

b) Arbeitsmarktforschung

Informationen über bereits in der Unternehmung vorhandene bzw. auf dem Beschaffungsmarkt verfügbare Personalressourcen liefert die (überbetriebliche und betriebliche resp. die inner- und außerbetriebliche) Arbeitsmarktforschung.

- Die **überbetriebliche Arbeitsmarktforschung** durch das Institut für Arbeitsmarkt- und Berufsforschung der Bundesanstalt für Arbeit analysiert auf der Angebotsseite Erwerbs-, Arbeitsmarkt-, Beschäftigten- und Arbeitslosenstatistiken sowie auf der Nachfrageseite das Angebot offener Stellen, Arbeitskräftebedarfsprognosen und Arbeitsmarktkonkurrenzanalysen. Da durch die gesamtwirtschaftliche Ausrichtung der Daten keine betriebsspezifische Aufbereitung erfolgt, muss der Betrieb seinen arbeitsmarktbezogenen Informationsbedarf selbst decken und die eigenständige, zielbezogene Interpretation der Informationen vornehmen.
- Unter **betrieblicher Arbeitsmarktforschung** wird die Erschließung, Aufbereitung und Auswertung arbeitsmarktbezogener Informationen, die für Entscheidungen im Rahmen der Personalarbeit relevant sind, verstanden. Gewonnen werden sollen Informationen darüber, in welcher Anzahl, mit welcher Qualifikation, wo und wann Arbeitnehmer am externen und am internen Arbeitsmarkt für die Erfüllung verschiedener Aufgaben zur Verfügung stehen.[6]

Ziel der betrieblichen Arbeitsmarktforschung ist die möglichst frühzeitige Exploration betrieblich relevanter Arbeitsmärkte, um so antizipativ gegenwärtige und zukünftige Arbeitskräfteangebots- und -nachfragepotenziale aufzudecken (Arbeitsmarktanalyse) sowie relevante Veränderungen von Rahmenbedingungen und Einflussfaktoren des Arbeitsmarktes zu erkennen (Arbeitsmarktprognose). Die Informationen beeinflussen v. a. Personalbeschaffung, -auswahl, -entwicklung, Entgeltverträge sowie das in diesem Fall übergreifende Personalmarketing zur Generierung und Ausnutzung vorhandener akquisitorischer Potenziale. Auch die Mitarbeiterführung erhält Impulse durch die Analysen.

Nach einer vorherigen Segmentierung der betrieblichen Arbeitsmärkte werden die für die Unternehmung relevanten Ausschnitte untersucht und zwar

(1) des betriebsinternen Arbeitsmarktes als auch
(2) des externen Arbeitsmarktes.

---

5 Vgl. Martin (1994); Drumm (2000) 97 ff.; Nienhüser/Becker, C. (2001); allgemein auch Kromrey (2000); Mayring (1999).

6 Vgl. Scherm (1990) und Drumm (2000) 84 ff. auch zum Folgenden.

Siehe zu einem Überblick über Arbeitsmarktdifferenzierungen Abbildung 58.

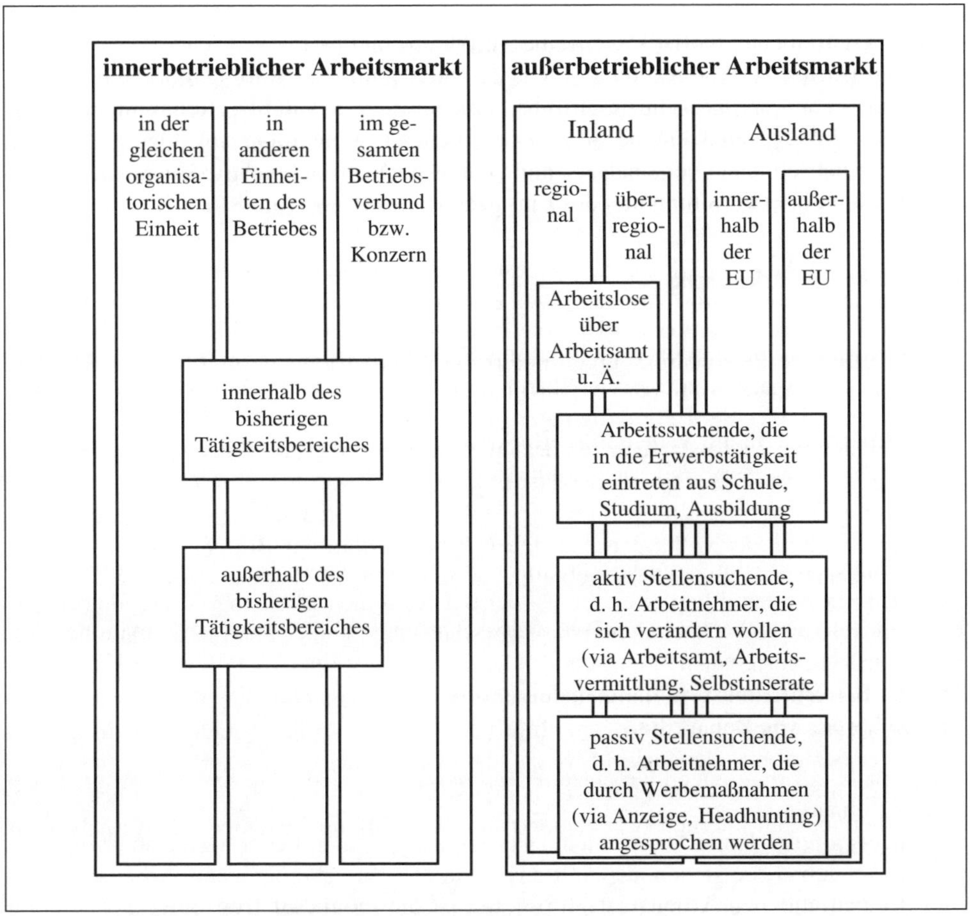

Quelle: In Anlehnung an Domsch in Diller (1992) 865.

Abb. 58: Differenzierung der Arbeitsmärkte

Ad (1): **Analyse des internen Arbeitsbeschaffungsmarktes**

Unter betriebsinternen Arbeitsmärkten ist die Menge der veränderungswilligen Beschäftigten der Unternehmung und/oder die Menge (zukünftig) vakanter Stellen zu verstehen, differenziert nach den o. g. Segmenten. Für Entscheidungen darüber, ob Mitarbeiter intern oder aber extern am Arbeitsmarkt beschafft werden sollen, sind Informationen über den internen Personalbestand und seine (geplante) Entwicklung notwendig. Dies ist auch sinnvoll, um ggf. eine Analyse motivationsbedingter Arbeitsbedingungen bez. Fluktuation und Fehlzeiten vornehmen zu können. Als gesonderter Bereich ist die innerbetriebliche Meinungsforschung zu nennen. Sie versucht, Arbeitszufriedenheit, Meinungen der Mitarbeiter, aber auch Karrieremuster für bestimmte Personalsegmente wie für die Gesamtbelegschaft zu erfassen. Arbeitsforschung sowie Qualifikations- und Eignungsforschung stehen in enger Beziehung zu diesem Forschungsobjekt. Die interne Arbeitsmarktforschung ist im Unterschied zu den genannten Bereichen aber stärker auf aggregierte Informationen ausgelegt.

Ad (2): **Analyse des externen Arbeitsbeschaffungsmarktes**
Als betriebsexterne Arbeitsmärkte gelten die Ausschnitte aus dem Gesamtarbeitsmarkt, auf dem die Unternehmung als Nachfrager auftreten will. Die Arbeitsmarktsegmente werden funktional (einzelne Berufs- oder Personengruppen), räumlich (lokal bis global) und zeitlich (Analyse- und Prognosehorizont) gebildet. Quantitative Ausprägungen, Wanderungsbewegungen, Mobilitätsbarrieren, Entgeltstrukturen, rechtliche Restriktionen sind zu beachten.

Die externe Arbeitsmarktforschung besteht in der Beschaffung und Aufbereitung arbeitsmarktbezogener Informationen. Zwei Kategorien können unterschieden werden:

- **Allgemeine** Informationen, die aus gut zugänglichen statistischen Quellen beziehbar sind:
  - gegenwärtige, zukünftige Bevölkerungsstruktur, allgemeine Arbeitsmarktsituation,
  - Veränderungen der Beschäftigungsstruktur (Mobilitätsforschung),
  - Veränderungen der Präferenzen bezüglich Arbeitszeit (z. B. Teilzeitarbeit, Job Sharing) und -ort (z. B. Telearbeitsplätze),
  - Auslandsarbeitsmärkte: vorhandenes, zukünftiges Potenzial,
  - Entwicklung der volkswirtschaftlichen Produktivität, der Bildungsstruktur, der arbeitsmarktrelevanten Gesetzgebung u. a. m.

Für Entscheidungen betrieblicher Personalbeschaffungspolitik können Informationen dieser Art jedoch nur einen Hintergrund bilden, vor dem weitaus detailliertere Kenntnisse verarbeitet werden müssen, insbesondere solche über diejenigen Teilmärkte, die für den Betrieb jeweils von Belang sind.

- **Spezielle** Informationen über einzelne Teilmärkte erfordern eine sinnvolle Abgrenzung von Teilmärkten:
  - in **regionaler** Hinsicht eine nicht zu grobflächige Untergliederung, da sonst regionale Teilgebiete entstehen, die ein Betrieb nur z. T. ausschöpfen kann; Arbeitsmarktinformationen aber könnten dann überwiegend – unerkannt – denjenigen Teilsektor betreffen, der dem Betriebe unzugänglich ist;
  - in **qualitativer** Hinsicht, d. h. nach Zielgruppen; dabei dürfte heute neben einer Untergliederung nach Wirtschaftszweigen vor allem eine solche nach Berufsgruppen von Interesse sein.

Allerdings bestehen Interdependenzen zwischen regionalen und qualitativen Teilarbeitsmärkten. So hängt die für einen Betrieb sinnvolle regionale Ausdehnung von seinen personellen Interessenlagen, d. h. von Art und Anzahl gesuchter Arbeitskräfte ab: z. B. für Führungskräfte der überregionale Markt, für Teilzeitbeschäftigte hingegen i. d. R. nur der regional eng begrenzte Teilmarkt.

An Informationen über so abgegrenzte Teilmärkte interessieren vor allem solche, aus denen die gegenwärtige wie auch für die Zukunft zu erwartende Situation des jeweiligen Teilmarktes hervorgeht, d. h. z. B. Informationen über

- die Größe des Arbeitskräftepotenzials,
- die Struktur des Arbeitskräftepotenzials: Altersschichtung, Geschlechterverteilung, Anteil latenten Potenzials etc.,

- Aufstiegs-, Anpassungs-, regionale Mobilität,
- repräsentative Daten über gebotene und/oder individuell erwartete Arbeitsbedingungen wie Arbeitsplatzausstattung, Entgelt, Arbeitszeit usw.

Dass Erkenntnisse aus allgemeiner und aus Teil-Arbeitsmarktforschung durchaus nicht immer gleich gewichtet sein müssen, zeigt sich z. B. dann, wenn trotz generell großen Arbeitskräfteangebots (hohe Arbeitslosenquote) dringender und kurzfristig nicht zu deckender Bedarf an speziell qualifizierten Arbeitskräften besteht (z. B. an Facharbeitern bestimmter Spezialisierungen). Dieser Bedarf ist überdies oft latent, weil viele Betriebe ihre Nachfrage aus Kenntnis der Arbeitsmarktlage gar nicht mehr artikulieren.

Für eine erfolgreiche Personalbeschaffungspolitik ist es bspw. generell notwendig, dass Ergebnisse von Arbeitsmarktforschungen rechtzeitig, regelmäßig und kurzfristig zur Verfügung stehen und Prognosen enthalten. Mit den Instrumenten der Arbeitsmarkt-Analyse sind einige Probleme verbunden: Verfügbares statistisches Material (z. B. die amtlichen Nachrichten der Statistischen Ämter, Veröffentlichungen von Verbänden) ist häufig – zumeist wegen Berufsaggregationen – nur wenig brauchbar; methodisch einwandfreie, zielgerichtete Befragungen durch kommerzielle Institute sind wegen der damit verbundenen Kosten i. d. R. nur Großunternehmungen möglich; quantitative Prognosemethoden (Trendextrapolationen, Regressionsanalysen u. a. m.) leiden oft unter dem Mangel an detaillierten Informationen und erbringen nur Näherungslösungen.

Als einfach zu beschreitende Auswege bieten sich an: eine Nutzung der Arbeitsämter als Informationsquellen, ständige Marktbeobachtung in eigener Regie durch Sammeln und Verarbeiten aller verfügbaren Informationen, Analyse der Erfolge von Personalbeschaffungen, differenziert nach unterschiedlichen Methoden.

Als allgemeine **Probleme** der Arbeitsmarktforschung gelten u. a. die adäquate Nutzung aussagekräftiger Informationen (Sekundäranalyse), generelle Erhebungs- und Bewertungsprobleme sowie die Aufgabenverteilung (dezentral vs. zentral, regional vs. überregional).

c) Arbeitsforschung

Die betriebliche Arbeitsforschung beschäftigt sich nun zunächst mit der Analyse und Prognose der Arbeitssituation, den vom Arbeitsplatz ausgehenden **Anforderungen** an die Qualifikation sowie der Bewertung des Schwierigkeitsgrads der Aufgabenerfüllung.

Eine zweckmäßige Zuordnung von Personen und Stellen in Gegenwart und Zukunft benötigt Informationen über Anforderungen und Qualifikationen in ihren **gegenwärtigen** wie auch **zukünftigen** Ausprägungen, damit gleichzeitig in ihren Ähnlichkeiten und ihren Unterschieden. Solche Informationen geben das Fundament aller Planungsbemühungen im Personal-Management ab, weil davon ausgegangen wird, dass mit zunehmender Übereinstimmung der Anforderungen eines Arbeitsplatzes mit den Leistungsvoraussetzungen des Arbeitsplatzinhabers dessen Bewährungswahrscheinlichkeit an diesem Arbeitsplatz zunimmt. Entsprechend richteten sich personalwirtschaftliche Maßnahmen wie die Auswahl und Platzierung von Bewerbern oder die Fortbildung von Mitarbeitern an dieser »Passung« aus.

aa) Anforderungsprofil

(1) Begriff

»Unter **Anforderungen**[7] werden **Soll-Vorstellungen** über diejenigen Voraussetzungen verstanden, die von einer Aufgabenstellung und der zugehörigen Arbeitssituation ausgehen und die von einer Person (Arbeitsplatzinhaber) erfüllt sein müssen, die diese Aufgabe zureichend bewältigen soll.« Sie stellen das Bindeglied zwischen Stellen- und Personen-Merkmalen dar und lassen sich durch zwei Aspekte kennzeichnen: Einerseits gehen von Arbeitsplätzen bestimmte Erfordernisse an diejenigen Personen aus, die sie besetzen (sollen). Andererseits liegen in den Personen bestimmte Möglichkeiten (Potenziale, Voraussetzungen), diesen Erfordernissen zu genügen. Das verdeutlicht die wichtige Schlussfolgerung, dass es nur sinnvoll ist, solche Anforderungen zu formulieren, die auch als persönliche Qualifikationsmerkmale im Sinne von Soll-Qualifikationen festgestellt werden können. Erkennbar bieten sich in diesem Zusammenhang zur Kategorisierung der Anforderungsinhalte (-merkmale) vorerst zum einen die personengebundenen Determinanten menschlicher Arbeitsleistungen an: Faktoren des Wollens und des Könnens. Zum anderen gehen auch von den Arbeitsbedingungen Anforderungen aus, die z. B. als Belastungen verkraftet werden müssen.

Wird für jedes Anforderungsmerkmal ein Kontinuum möglicher Ausprägungen (u. U. skaliert) definiert, so könnten die für eine konkrete Aufgabenstellung faktisch festgelegten Merkmalsausprägungen grafisch verbunden werden. Damit würde – in Anlehnung an die bekannten Polaritätsprofile – ein Anforderungsprofil entstehen. Seine Ermittlung setzt eine Analyse der Arbeitssituation und eine Anforderungsbewertung voraus.

(2) Inhaltliche und methodische Ansprüche und Probleme

An die Formulierung von Anforderungen lassen sich verschiedene Ansprüche formulieren. Deren Erfüllung ist wiederum mit bestimmten Problemen verbunden. Nachfolgend wird auf diese, getrennt nach inhaltlichen und methodischen Aspekten eingegangen.

Inhaltliche Ansprüche und Probleme

Erfordernisse, die ein Arbeitsplatz stellt, gehen aus von

- den zu erreichenden Zielen (Leistungsergebnissen),
- den zu ihrer Erreichung notwendigen Aktivitäten (Aufgaben),
- dem dazu erforderlichen Leistungsverhalten,
- den zur Aufgabenerfüllung notwendigen Kontakten (Interaktionsbeziehungen) zu anderen Personen.

Diese Erfordernisse werden beeinflusst durch die Arbeitsbedingungen (z. B. räumlicher, klimatischer Art) und sind eingebunden in die Arbeitsorganisation (z. B. hierarchische Einordnung der Stelle). Alle diese Komponenten lassen sich unter dem Begriff **Arbeitssituation** zusammenfassen.[8]

---

7 Der Begriff der Anforderungen wird in der Literatur vieldeutig gebraucht, weil sich verschiedene wissenschaftliche Teildisziplinen mit unterschiedlichen Fragestellungen und Interessen der Problematik der Anforderungen beschäftigen: Forscher aus der Arbeitswissenschaft, der Berufsforschung, der Organisationslehre, Arbeitsmediziner und Arbeitspsychologen. Vgl. Trebeck (1970) 223; Bürgi (1976) 153; Karg/Staehle (1982) 7.

8 Zu Begriff und Inhalt der Arbeitssituation vgl. Staehle (1977) 226 ff.

Damit sind die Komponenten und Bestimmungsgrößen von Anforderungen benannt, die die inhaltlichen Ansprüche an die informatorische Fundierung von Anforderungsprofilen begründen (vgl. Abbildung 59).

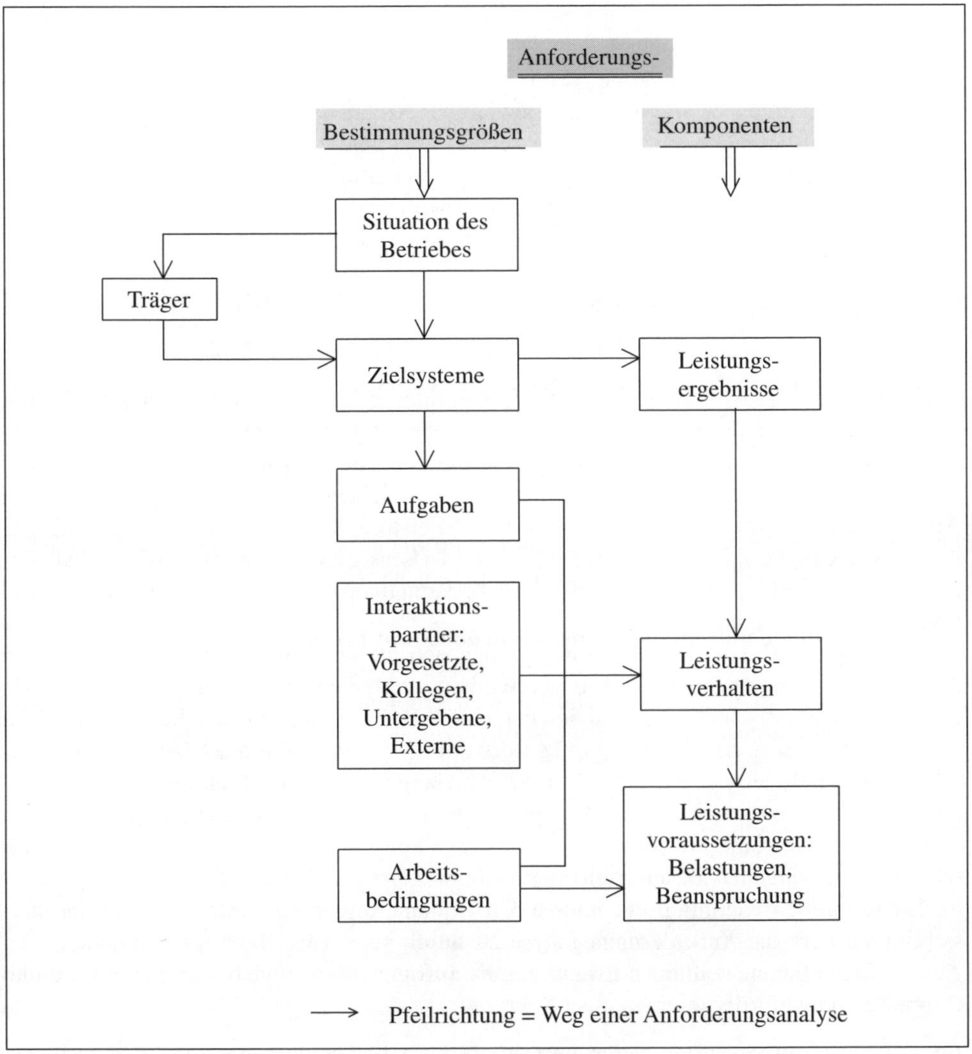

Quelle: Berthel/Koch (1982) 338.

Abb. 59: Bestimmungsgrößen und Komponenten von Anforderungen

Die Anforderungen eines Arbeitsplatzes können und müssen außer als sachbezogene Erfordernisse auch in Form individueller **Leistungsvoraussetzungen** ausgedrückt werden, also in Form von Verhaltensdeterminanten wie Fähigkeiten, Fertigkeiten, Wissen, Motiven und Erwartungen. Denn die Belastung und Beanspruchung des Individuums durch Aufgabenerfüllung am Arbeitsplatz resultiert aus dem Ausmaß der Inanspruchnahme dieser Leistungsvoraussetzungen. Insofern müssen Aussagen über die Arbeitssituation mit solchen über die Leistungsvoraussetzungen verknüpft sein (s. u.).

An Arbeitsplätzen sind bestimmte **Leistungsergebnisse** zu erbringen: Sie sind Teilziele in Form von Soll-Vorstellungen. Sie drücken den gewünschten Anteil an der Erbringung der betrieblichen Gesamtleistung aus und sollten zur betrieblichen Zielkonzeption in einem Ableitungsverhältnis stehen.

Aufgaben der Stelle bezeichnen die zur Erreichung der Teilziele erforderlichen Aktivitäten der Stelleninhaber, die unter den jeweiligen Arbeitsbedingungen ablaufen. Die betriebswirtschaftliche Organisationslehre verfügt über analytische Instrumente für die Untersuchung der Stellenziele und -aufgaben **(Aufgabenanalyse)**.

Aufgaben einer Stelle werden im arbeitsteiligen Handlungszusammenhang des Betriebes nicht isoliert und losgelöst von anderen Stellen erfüllt. Sie erfordern die Aufnahme und Aufrechterhaltung von **Interaktionsbeziehungen** mit internen und externen Partnern. Die Ergänzung der Aufgaben- und Arbeitsanalyse durch eine Rollenanalyse erscheint angeraten. Eine **Rollenanalyse** hebt die Interaktionsbeziehungen zwischen den Arbeitsplätzen hervor.

Aufgabenerfüllung kommt durch ein bestimmtes beobachtbares **Leistungsverhalten** zustande, das durch die erwarteten Leistungsergebnisse und die genannten Bestimmungsgrößen determiniert ist. Die Verbindung zwischen den von den Stellen ausgehenden Sacherfordernissen und entsprechenden Verhaltensweisen leisten Ansätze der psychologischen Arbeitsanalyse. Für das Zustandekommen des Leistungsverhaltens (und entsprechender Leistungsergebnisse) ist das Vorhandensein von **Leistungsvoraussetzungen** innerhalb der Person als Persönlichkeitsvariable erforderlich, deren Inanspruchnahme zu Belastungs- und Beanspruchungsfolgen führt.

Schritte der **Anforderungsanalyse** beziehen sich auf den Zusammenhang zwischen den Anforderungskomponenten (Leistungsergebnisse, -verhalten und -voraussetzungen) untereinander sowie zwischen ihnen und den genannten Bestimmungsgrößen. Instrumente dazu sollten eine schrittweise Umsetzung in **notwendige** Leistungsvoraussetzungs- und -verhaltensmerkmale leisten. Sie sind dazu aber bislang kaum in der Lage, weil sie sich zumeist auf bestimmte Anforderungskomponenten in isolierter Betrachtung beschränken.

Anforderungen sind im Zeitablauf keineswegs konstant, sie unterliegen vielmehr vielfältigen Änderungen z. B. aufgrund von technologischem Wandel. Bei langfristiger Betrachtung müssen Richtung und Intensität von Änderungen der Anforderungen berücksichtigt werden; die Anforderungsanalyse ist durch eine **Anforderungsprognose** zu ergänzen. Den eben gewonnenen Erkenntnissen zufolge vollzieht sich eine Ermittlung und Prognose von Anforderungen in zwei Schritten:

(a) **Analyse und Prognose** der **Arbeitssituation**, um Informationen über Erfordernisse der Arbeitsplätze zu erhalten,
(b) **Analyse und Prognose** der persönlichen **Leistungsvoraussetzungen**, diesen Erfordernissen zu genügen.

Diese Schritte einer Anforderungsanalyse und -prognose sind notwendig, um Antworten auf die folgenden Fragen zu erhalten:

- Welche Leistungsergebnisse werden durch welche Aktivitäten bewirkt?
- Durch welches Leistungsverhalten werden sie bewerkstelligt?
- Wie wird das Leistungsverhalten durch die gegebenen Arbeitsbedingungen, durch die

Arbeitsorganisation und durch die Interaktionen (mit internen und externen Partnern) beeinflusst?
- Welche persönlichen Dispositionen erlauben ein bestimmtes Leistungsverhalten?
- Wie wirken die Erfordernisse der Arbeitssituation auf die Personen als Belastung und Beanspruchung?

Methodische Ansprüche und Probleme

Über die wichtigsten **Ansprüche** theoretischer und pragmatischer Art an die Sammlung und Auswertung von Informationen über Arbeitsplatzanforderungen herrscht weitgehend Einigkeit:

a) Zugrundelegung eines theoretisch und empirisch begründeten Modells der Informationssammlung und -auswertung,
b) Zielorientierung der Informationssammlung und -auswertung, d. h. eine dem Verwendungszweck angemessene Vorgehensweise,
c) Wirtschaftlichkeit der Informationssammlung und -auswertung.

Die Informationssammlung mündet praktisch in die Aufstellung von Anforderungskatalogen.

Zu a): Modell

Ein theoretisch und empirisch begründetes Modell ist der Informationssammlung und -auswertung dann zugrunde gelegt, wenn die Anforderungsanalyse bei solchen Tätigkeiten ihren Ausgang nimmt, die in der Wirklichkeit beobachtbar und erhebbar sind. Persönliche Leistungsvoraussetzungen können dem Ergebnis einer solchen Tätigkeitsanalyse zuerst lediglich hypothetisch zugeordnet werden. Diese Zuordnungen sind im Anschluss empirisch zu bestätigen. Eine solche Modellverwendung schließt Vorgehensweisen aus, in denen auf subjektive Annahmen gestützte (und damit intersubjektiv nicht prüfbare) Kataloge aufgestellt werden, die behaupten, alle diejenigen menschlichen Eigenschaften zu enthalten, die für eine erfolgreiche Aufgabenerfüllung erforderlich seien. Die Vielfalt und Vielzahl von Arbeitsplätzen macht vielmehr eine Erarbeitung differenzierter Anforderungskategorien notwendig, d. h. die Entwicklung von **Taxonomien** (vgl. Kap. D.II.2.a.cc).

Anforderungsmerkmale kommen in unterschiedlichen Dimensionen zum Ausdruck (z. B. Geldbeträge für verantwortete Sachmittel, Zeiträume für erworbene Berufserfahrung, geschätzte Stärkegrade für bestimmte Belastungskategorien). Daher treten bei der Konstruktion von Taxonomien vor allem Operationalisierungsprobleme und bei der Anwendung von Taxonomien in der Folge Messprobleme auf.[9]

Inhaltlich bedeutet die Zugrundelegung eines begründeten Modells, dass nach Möglichkeit alle Komponenten von Anforderungen erfasst werden: Also alle diejenigen, die von der Arbeitssituation ausgehen und Leistungsvoraussetzungen begründen. Die Verknüpfung dieser beiden Kategorien (Arbeitssituation, Leistungsvoraussetzungen) ist ein bisher kaum gelöstes **Transformationsproblem**.[10] Eine solche Verknüpfung bedeutet,

9 Für komparative Merkmale kommen Ordinalskalen in Betracht, die Stufungen der Anforderungen (z. B. in niedrige, mittlere, höhere Ausprägungen) und damit auch Vergleiche ermöglichen. Genauer sind metrische Merkmale, für die Intervallskalen mit genauen Abstandsdifferenzierungen zwischen den Stufen benutzt werden können.

10 Es wird »Transformationsproblem« genannt und hat die Inhalts-Kongruenz von Arbeitsplatz- und Anforderungsanalyse zum Gegenstand. Vgl. dazu Volpert (1974) 63 ff.; Hoyos (1974) 53 ff.; Mickler u. a. (1977) Bd. II, 1 ff.; Brinkmann (1978) 39; Flohr/Niederfeichtner (1982) 19 ff.

dass den Aktivitätsmerkmalen Verhaltensmerkmale zugeordnet werden und letzteren wiederum Persönlichkeitsmerkmale. Diese Verkettung ist deswegen notwendig, weil eine losgelöste – z. B. allein auf Persönlichkeitsmerkmale gerichtete – Sichtweise zu einer Formulierung von Anforderungsmerkmalen führen würde, die ohne Arbeitsbezug bleiben müsste.

Die Taxonomie-Entwicklung ist der **Grundstein** für die Sammlung derjenigen Informationen, die für die Aufstellung von Anforderungskatalogen erforderlich sind. Daran schließt sich eine **betriebsindividuelle Spezifizierung** an: Für sie ist zu erheben, welche Anforderungsmerkmale in welchen Ausprägungen für die einzelnen Arbeitsplätze kennzeichnend sind. Für eine solche Erhebung stehen grundsätzlich die bekannten Techniken der empirischen Sozialforschung zur Verfügung wie direkte Beobachtung, Selbstdurchführung, Interview (frei oder strukturiert). Das bedeutet, dass Anforderungen nicht autonom und subjektiv (etwa durch den »Chef«) festgelegt, sondern – durch Berücksichtigung mehrerer Ansatzpunkte – möglichst »objektiv« erhoben werden.

Bei der Erhebung von Anforderungen haben sich strukturierte Interviews unter Zuhilfenahme standardisierter Fragebögen weitgehend durchgesetzt. Sie erlauben am ehesten die geforderte Objektivität bei der Erhebung und die Zusammenarbeit mehrerer Personen; zudem genügen sie – wie noch zu zeigen sein wird – in weitaus höherem Ausmaß den Ansprüchen an die Zielorientierung und die Wirtschaftlichkeit der Informationssammlung und -auswertung.

Zu b): Zielorientierung
Zielorientierung der Informationssammlung und -auswertung heißt in diesem Zusammenhang, dass Anforderungskataloge den **spezifischen** Zwecken der Personalarbeit dienen sollen. Eine Taxonomie von Arbeitsplatzanforderungen muss daher die Tätigkeiten von Mitarbeitern vollständig und ihrer Bedeutung entsprechend erfassen. Unter pragmatischen Gesichtspunkten wird gefordert, dass eine Taxonomie entweder für einen bestimmten Betrieb speziell entwickelt oder aber eine allgemeinere auf ihn zugeschnitten wird.

Zu c): Wirtschaftlichkeit
Bei der Sammlung und Auswertung von Informationen über Arbeitsplatzanforderungen das Gebot der Wirtschaftlichkeit zu beachten, ist besonders für diejenigen Management-Techniken praktisch bedeutsam, deren Anwendungserfolge sich nicht sofort und unmittelbar zeigen und auch nur höchst ungenau in Geld zu bemessen sind. Techniken des Personal-Management gehören dazu. Die für die Aufstellung und Anwendung von Anforderungskatalogen eingesetzten Verfahren dürfen daher nicht zu viele Daten beschaffen und verarbeiten; die Datenbeschaffung und -verarbeitung darf ihrerseits nicht zu aufwändig sein.

bb) Ermittlung von Anforderungen (Arbeitsplatzanalyse)

Die Arbeitssituation eines Mitarbeiters im Betrieb ist zum einen durch die gestellte **Aufgabe**, die zu ihrer Erledigung angewandten **Arbeitsverfahren** und die dabei einzusetzenden **Hilfsmittel** gekennzeichnet, darüber hinaus aber auch durch eine Vielzahl weiterer »situativer« Faktoren: Betriebliches Umfeld (z. B. organisatorische Bedingungen, Führungsstil, Marktbeziehungen, Ausstattung), Arbeitskontakt-Personen, d. h. intern: Vorgesetzte, gleichgestellte und unterstellte Mitarbeiter, extern: Kunden, Lieferanten etc. (Persönlichkeitsmerkmale, Verhalten, Erwartungen).

Aufgaben und damit Anforderungen, die mit einem Arbeitsplatz verbunden sind, stehen hierbei in Abhängigkeit von verschiedenen Kombinationen von Prognose- und Planungshorizonten mit Ausprägungen unterschiedlicher Variabilität von Unternehmungsumfeld und -struktur. Drumm unterscheidet drei Fälle, die unterschiedliche Vorgehensweisen erfordern:[11]

(1) Bei weitgehender Konstanz von Unternehmungsumfeld und -struktur, gepaart mit kurzem Planungshorizont, genügt eine Fortschreibung einzelner Stellen sowie deren Aufgaben.
(2) Befinden sich Unternehmungsumfeld und -struktur in stetiger Entwicklung ohne Strukturbrüche, so kann zumindest mit mittelfristigem Prognose- und Planungshorizont eine Fortschreibung bestehender Stellen und ihrer Anforderungen vorgenommen werden. Veränderte Randaufgaben und ihre Anforderungen sind hierbei ebenso zu berücksichtigen.
(3) Treten Strukturbrüche auf, wie tiefgreifende Veränderungen in Absatz- und/oder Beschaffungsmärkten, Technologien, Ressourcenversorgung, Organisationsstruktur oder Wirtschaftsverfassung, lässt sich unabhängig vom zeitlichen Horizont die Aufgabenanalyse am geeignetsten mit einer »... szenariogestützten Prognose und Planung zukünftiger Tätigkeitsfelder, Arbeitsbedingungen und Anforderungen...«[12] vornehmen.

Beim ersten Fall, der weitgehenden Konstanz von Unternehmungsumfeld und -struktur kann direkt zur Analyse der Arbeitssituation übergegangen werden.

Die Analyse der Arbeitssituation (oder des Arbeitssystems) wird im Folgenden als **Arbeitsplatzanalyse** bezeichnet. Die Arbeitsplatzanalyse dient als Oberbegriff für vier Teilanalysen: die Aufgaben-, Arbeits-, Rollen- und Anforderungsanalyse.

Abbildung 60 (S. 182) visualisiert die nachfolgend skizzierten Teilbereiche der Arbeitsplatzanalyse und der nachfolgenden Anforderungsbewertung.

Bei der Analyse des Arbeitsplatzes geht es darum, wer was, wann, wie, wo und mit wem macht.

Traditioneller Ausgangspunkt einer Analyse der Arbeitssituation ist eine **Aufgabenanalyse** unter organisatorischem Gesichtspunkt. Sie ist hier insoweit interessant, als mit ihrer Hilfe eine komplexe Aufgabenstellung (synthetisches Teilaufgabengesamt einer Stelle)[13] in solche Teilaufgaben zerlegt werden kann, von denen spezifische Anforderungen im Sinne von Leistungsvoraussetzungen ausgehen. Dazu können unterschiedliche Analyse-Merkmale herangezogen werden:[14]

- der Zweckaspekt (Leistungsaufgaben, Verwaltungsaufgaben);
- der Substanzaspekt (materielle Aufgaben, informationelle Aufgaben);
- der Phasenaspekt (Planungsaufgaben, Realisationsaufgaben, Kontrollaufgaben);
- der Rangaspekt (Führungsaufgaben, Ausführungsaufgaben).

---

11 Vgl. Drumm (1987) 959 ff.; Drumm (2000) 231 f.
12 Drumm (2000) 233.
13 Vgl. Kosiol (1962) 80.
14 Vgl. Kosiol (1962) 62 f.

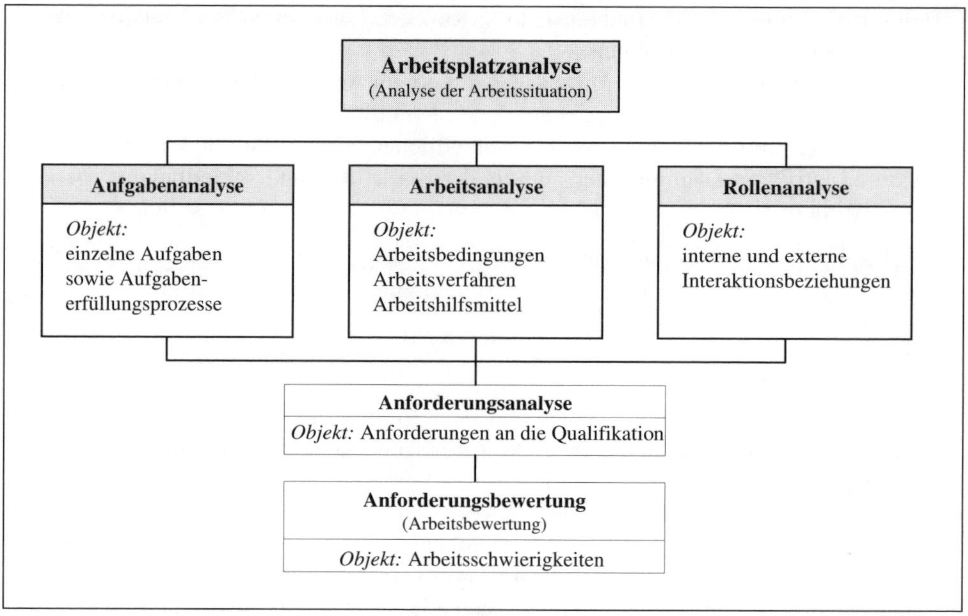

Quelle: Becker, F. G. (2002) 45.

Abb. 60: Teilbereiche der Arbeitsplatzanalyse

Zu diesen Beschreibungsmerkmalen treten die Erfüllungsmerkmale Zeit, Ort, Hilfsmittel und Träger. Ihre erfüllungsbezogene Verlängerung findet die Aufgabenanalyse in der **Arbeitsanalyse**, einer Schnittstelle zwischen Organisation und Arbeitsbewertung. Die Arbeitsanalyse richtet sich auf die Gliederung der Erfüllungsvorgänge (Arbeitsverfahren), die Analyse der Arbeitsbedingungen und die Analyse der Mittel zur Aufgabenerledigung (Arbeitshilfsmittel).[15] Die Ergänzung der Aufgaben- und Arbeitsanalyse durch eine **Rollenanalyse** erscheint angeraten. Sie hebt die personellen Interaktionsbeziehungen zwischen den Arbeitsplätzen hervor.

Aufgaben-, Arbeits- und Rollenanalysen haben Grenzen darin, dass eine vollständige, d. h. eine alle relevanten Merkmale umfassende und über eine längere Zeit gültige Erfassung der Arbeitsplätze kaum möglich erscheint. Zudem sind insbesondere geistige Tätigkeiten nur schwer analysierbar und beschreibbar. Das hat vor allem drei Gründe:

(1) Ihre Zweckbestimmung, der Ermittlung von Anforderungen zu dienen, ist nicht operational definierbar, solange der korrespondierende Begriff der persönlichen Qualifikation (im Schrifttum meist »Eignung«) nicht hinreichend präzise abgegrenzt ist. Dies wiederum ist davon abhängig, wie viele und welche Determinanten der Leistung einbezogen werden und welches Modell der Leistungserbringung zugrunde gelegt wird. Darüber besteht bis heute weithin keine Einigkeit.

15 Vgl. z. B. Blohm (1975) 283; Kosiol (1962) 89 ff.; Schweitzer (1969) 89 ff.

(2) Mit dem technologischen und arbeitsprozessualen Wandel verschieben sich die zu fordernden individuellen Leistungsvoraussetzungen: Abnahme körperlicher, Zunahme geistiger Belastungen, steigende Bedeutung von Kooperationsfähigkeit, von Einsatzflexibilität etc.
(3) Die neben der Aufgabe oben andeutungsweise genannten Faktoren der Arbeitssituation sind im Hinblick auf ihre Relevanz als Leistungsvoraussetzungen und insofern auch im Hinblick auf ihre Bedeutung als Begründung für Anforderungsarten weitgehend ununtersucht. Das betrifft sowohl das betriebliche Umfeld wie auch die Arbeitskontakt-Personen, obwohl in der Praxis der Personalauslese (insbesondere für Führungskräfte) heute auf diese Faktoren zunehmend Wert gelegt wird. Die Einsicht in die Bedeutung der Situationsansätze für die Führungsforschung (vgl. Kap. C.II.2.b) hat insofern bislang nur wenig Verlängerung in die Gebiete der Anforderungs- und Qualifikationsuntersuchung und -Feststellung erfahren.

Bei stetiger Entwicklung und insbesondere bei tief greifenden Veränderungen mit Strukturbrüchen (Fall 2 und 3) ist der Anforderungsanalyse eine Situationsanalyse in Verbindung mit einer Entwicklungsprognose voranzustellen. Für hierbei erkannte zukünftige Aufgaben besteht grundsätzlich noch keine stellenbezogene Zuordnung, so dass die übliche stellenbezogene Anforderungsanalyse zu kurz greift. Drumm schlägt deshalb eine Vorgehensweise vor, die im Wesentlichen aus folgenden sieben Schritten besteht:

(1) Analyse des Unternehmungsumfeldes und Festlegung strategischer Ziele und Pläne,
(2) Entwurf entsprechender Szenarien zukünftiger Tätigkeitsfelder,
(3) Ermittlung der Aufgaben, die in zukünftigen Tätigkeitsfeldern gelöst werden müssen,
(4) Ableitung von Anforderungen an Fähigkeiten, Kenntnisse und das Verhalten der Mitarbeiter (Qualifikationen) aus tätigkeitsfeldbezogenen Aufgaben,
(5) Bündelung dieser Anforderungen zu Stellen,[16]
(6) Bestimmung des quantitativen Bedarfs an diesen neuen Stellen,[17]
(7) Prämissenkontrolle zur rechtzeitigen Erkennung von Veränderungen des Umfeldes und strategischer Ziele.

Die Durchführung einer **Anforderungsanalyse** bedingt zweierlei:

(1) Kenntnis von Verfahren (Heuristiken), mit denen es möglich ist, die mit einem Arbeitsplatz verbundenen Anforderungen aufzufinden. Die Analyse der Arbeitssituation bietet dafür zwar wichtige Anhaltspunkte, enthält jedoch selbst keine Brücke, über die von festgestellten Situationsmerkmalen aus ein Katalog notwendiger und hinreichender Anforderungsmerkmale formuliert werden könnte. Ein Verfahren, das dies leistet, ist bis heute nicht bekannt; Anforderungen werden vielmehr in eher autonomer Weise benannt.
(2) Kenntnis von begrifflichen Kategorien, in denen Arbeits-, -prozess- und -situationsaspekte sowie Aspekte der Persönlichkeit und ihres Verhaltens erfasst, beschrieben

16 Bündelungskriterien sind z. B. Berufsbilder, Spezialisierung vs. Generalisierung, die Ganzheitlichkeit eines Aufgabenkomplexes, Ähnlichkeit und Synergie vgl. hierzu die Ausführungen bei Drumm (1987) 968 ff.; Drumm (2000) 243 ff. sowie Berthel/Koch (1985) 70 ff.
17 Vgl. im Einzelnen die Ausführungen bei Drumm (2000) 250 ff.; Scholz (2000) 309 ff.

und einander zugeordnet werden könnten, und zwar so, dass ihre Summe im Ergebnis die »notwendigen Leistungsvoraussetzungen« ausmacht.

Als Methoden/Instrumente der Arbeitsplatzanalyse werden eingesetzt:

- unstandardisierte Methoden (vorliegende Arbeitsplatzbeschreibungen, freie Berichte von Stelleninhabern, frei formulierte Berichte von Arbeitsanalytikern und Vorgesetzten, Arbeitsdurchführung durch den Arbeitsanalytiker, Dokumentenanalyse),
- halbstandardisierte Methoden (Methode der kritischen Ereignisse, Arbeitstagebuch, Beobachtung, Interview),
- standardisierte Methoden (Fragebogen, Beobachtungsinterview, Checklisten).

Diese verschiedenen Methoden werden nun – einzeln oder kombiniert – in unterschiedlichen Verfahren zur Arbeitsplatzanalyse eingesetzt, für die eine Gliederung in (1) nichtpsychologisch, technisch-arbeitswissenschaftlich ausgerichtete Verfahren und (2) psychologisch orientierte Verfahren üblich ist.

- Unter den **nicht-psychologischen, technisch-arbeitswissenschaftlich ausgerichteten Analysen** (arbeits-/verrichtungs-orientierte Analysen) werden solche verstanden, die z. B. mittels Arbeitsablauf-, Arbeitsplatz-, Bewegungs-, Kosten-, Anforderungs- und Belastungsstudien versuchen, Arbeitsvorgänge zu vereinfachen, Belastungen abzubauen, technische Ausrüstungen zu verbessern und Umgebungseinflüsse auf ihre Stärke und ihre Auswirkungen hin zu untersuchen. Im Vordergrund stehen die Arbeitsbedingungen und die technologisch-organisatorischen Arbeitsinhalte.
- Unter **psychologisch-orientierten Analysen** (personen-orientierte Analysen) werden solche verstanden, mit denen versucht wird, das beobachtbare und abfragbare Verhalten der arbeitenden Person am Arbeitsplatz systematisch und psychologisch sinnvoll festzustellen. Sie konzentrieren sich auf die allgemeine Beschreibung des menschlichen Verhaltens und der Verhaltensmuster am Arbeitsplatz und orientieren sich weniger an technischen Aspekten der spezifischen Arbeit. Gleichzeitig gilt es, ein möglichst vollständiges Bild der Arbeitssituation, der Arbeitsaufgaben und der Arbeitsmittel zu erstellen.

Die psychologisch-orientierten Verfahren lassen sich weiter unterteilen in:

- Aufgaben- oder aktivitätsorientierte Ansätze (task oriented), die von sachbezogenen Arbeitsplatz-Erfordernissen ausgehen,[18]
- verhaltensorientierte Ansätze (worker oriented), die an dem bei der Aufgabenerfüllung beobachteten Verhalten anknüpfen,[19]

---

18 Instrumente für aufgabenorientierte Verfahren sind z. B. (s. Becker, F. G. 2002):
- Supervisor Task Description Questionnaire (STDQ), Dowell/Wexley (1978);
- Supervisor Position Description Questionnaire (SPDQ), Preen (1963);
- Job Analysis Questionnaire (JAQ), Krzystotiak/Newman/Anderson u. a. (1979);
- Management Position Description Questionnaire (MPDQ), Tornow/Pinto (1976);
- Executive Position Description Questionnaire (EPDQ), Hemphill (1959).

19 Instrumente für verhaltensorientierte Verfahren sind z. B. (s. Becker, F. G. 2002):
- Position Analysis Questionnaire (PAQ), McCormick (1976);
- Fragebogen zur Arbeitsanalyse (FAA), Frieling/Hoyos (1978);
- Arbeitswissenschaftliches Verfahren zur Tätigkeitsanalyse (AET), Rohmert/Landau (1979);
- Behaviour Expectation Scales (BES), Smith/Kendall (1963).

– persönlichkeitsorientierte Ansätze (trait/ability oriented), die die Persönlichkeitsvoraussetzungen für eine erfolgreiche Aufgabenerfüllung zur Grundlage nehmen.[20]

Die Anforderungskataloge (Taxonomien), die unter Zugrundelegung dieser Ansätze entwickelt worden sind, zeigen erhebliche Unterschiede. Mithilfe der oben genannten Beurteilungskriterien lässt sich eine Reihe von Gründen formulieren, die dafür sprechen, Anforderungskataloge zu entwickeln, die der **aufgaben**orientierten Gruppe entstammen. **Verhaltensorientierte** Verfahren sind trotz ihres anerkannt hohen theoretischen und empirischen Niveaus entweder zu breit, wenn sie (wie »Position Analysis Questionnaire«, »Fragebogen zur Arbeitsanalyse« und »Arbeitswissenschaftliches Erhebungsverfahren zur Tätigkeitsanalyse«) die ganze Palette menschlichen Leistungsverhaltens zu erfassen versuchen: Sie enthalten damit speziell für Führungstätigkeiten zu wenig prägnante Merkmale. Oder aber sie sind zu eng, wenn sie (wie der »Job Diagnostic Survey«) nur einen Aspekt (hier: den motivationalen) menschlichen Verhaltens berücksichtigen.

Persönlichkeitsorientierten Verfahren fehlt in aller Regel der Arbeitsplatzbezug; damit sind sie nicht ausreichend praxisorientiert. Sie lassen sich höchstens indirekt mit Aufgabenanforderungen koppeln. Von den **aufgabenorientierten Verfahren** kann das von Tornow/Pinto auf allen (auch höheren) Management-Ebenen und -Funktionen angewandt und auf die jeweiligen Verhältnisse eines konkreten Betriebes zugeschnitten werden.[21] Die anderen Verfahren (»Supervisor Position Description Questionnaire«; »Job Analysis Questionnaire«) sind eher für die unteren Management-Ebenen (Meister, Vorarbeiter) geeignet, weil sie ihren Schwerpunkt auf die technische Seite der Aufgaben legen.

Profile der **Einzelpositionen** sind für ganz bestimmte Zwecke auswertbar, z. B. für Leistungsbeurteilungen, -beratungen u. Ä. Aber auch bei Verwendungszwecken dieser Art erhöhen ergänzende Auswertungen – wie Gegenüberstellungen und Vergleiche mit anderen Einzelprofilen – die Aussagekraft.

Die oben beschriebenen Verfahren der Arbeitsplatzanalyse werden vornehmlich als Grundlage für Arbeitsbewertungen zum Zwecke der Lohn- und Gehaltsfindung verwendet. Das grundsätzliche Vorgehen einer solchen Anforderungsanalyse wird im Folgenden erläutert: Eine immer wieder anzutreffende Unterscheidung ist die in die Grundkategorien psychischer und physischer Anforderungen. Beide sind jedoch nicht grundsätzlich trennbar: Physikalische Umgebungseinflüsse wie z. B. Lärm haben auch psychische Auswirkungen, der Einsatz physischen Leistungspotenzials erfordert psychische Leistungen (Mobilisierung). Es könnte höchstens die Frage nach dem Überwiegen der einen oder anderen Kategorie für eine bestimmte Arbeit gestellt werden.

Gleichwohl beruht auch die Grundeinteilung des so genannten **Genfer Schemas** auf dieser Unterscheidung. Auf der Genfer Konferenz, die 1950 zwecks Standortbestimmung und Bestandsaufnahme der Arbeitsbewertung stattfand, einigte man sich auf einen Katalog, der zum einen in die Merkmalsklassen »Können« (Kenntnisse, Fähigkeiten) und »Be-

20 Instrumente für persönlichkeitsorientierte Verfahren sind z. B. (s. Becker, F. G. 2002):
- Minnesota Job Requirements Questionnaire (MJRQ), Desmond/Weiss (1973);
- Taxonomy of Human Performance, Fleishman (1975);
- Job Diagnostic Survey (JDS), Hackman/Oldham (1975).

21 Vgl. Tornow/Pinto (1976) 417.

lastungen« trennte und diese auf die zum anderen gefundenen Kategorien »Körperliches«, »Geistiges« und »Umgebungseinflüsse« anwandte.

Auch die Unterscheidung von Können und Belastung ist problematisch, weil beide Kategorien nicht voneinander unabhängig sind: Geringer entwickelte Fähigkeiten (z. B. körperliche Geschicklichkeit) lassen die Belastung beim Arbeitsvollzug steigen, etwa gegenüber einem anderen Mitarbeiter, der mehr Geschicklichkeit einbringt.

Nichtsdestoweniger basieren die meisten der heute in der Bundesrepublik Deutschland für Arbeitsbewertungen in Gebrauch befindlichen Anforderungsklassifikationen auf dem Genfer Schema.[22]

Die besonders verbreiteten **REFA-Arbeiten** belegen dies deutlich, was mit den in Abbildung 61 angegebenen Erläuterungen für die aus dem Genfer Schema abgeleiteten sechs Anforderungsarten demonstriert werden kann.[23] Überdies liegen gerade auf dem Gebiet physischer Belastungen, d. h. Schweregrad von Arbeiten, hervorgerufen durch »Umge-

	Anforderungsarten	Ausprägungen
1	Kenntnisse	Ausbildung Erfahrung Denkfähigkeit
2	Geschicklichkeit	Handfertigkeit Körpergewandheit
3	Verantwortung	für die eigene Arbeit für die Arbeit anderer für die Sicherheit anderer
4	geistige Belastung	Aufmerksamkeit Denktätigkeit
5	muskelmäßige Belastung	dynamische Muskelarbeit statische Muskelarbeit einseitige Muskelarbeit
6	Umgebungseinflüsse	Klima Nässe Öl, Fett, Schmutz Staub Gase, Dämpfe Lärm Erschütterung Blendung oder Lichtmangel Erkältungsgefahr Schutzkleidung Unfallgefährdung

Quelle: REFA (1985) 49.

Abb. 61: Definition der Anforderungsarten nach REFA

22 Vgl. z. B. Böhrs (1959) 50 f.; Möller (1974) 26 ff.
23 Vgl. REFA (1985) 49.

bungseinflüsse« wie Beleuchtung, Lärm, Staub, Dämpfe etc. besonders viele Untersuchungen vor. Man hat sich also intensiv denjenigen Anforderungsarten zugewandt, die organisatorisch und messtechnisch vergleichsweise gut zugänglich waren. Befunde über psychische Belastungen durch vorwiegend geistige Tätigkeiten liegen keineswegs in annähernd großem Umfang vor.

Insbesondere in Bezug auf Arbeiten der letztgenannten Art (z. B. Führungskräfte-Tätigkeiten) wird deutlich, dass Aufgaben- und Arbeitsanalyse nicht ausreichen, um alle wichtigen Anforderungsmerkmale zu eruieren. Zeidler entwickelte unter zusätzlicher Zuhilfenahme einer Rollenanalyse (Erwartungen über Verhalten und Persönlichkeitsmerkmale) ein erweitertes **Anforderungsschema für Führungskräfte**.[24]

(1) Anforderungen an die Merkmale eines Positionsinhabers
  a) Anforderungen an die Fachkenntnisse (Wissen, Können)
    – allgemeine funktionsunabhängige Fachkenntnisse
      • Berufsausbildung
      • Berufserfahrung (Art: Bereiche, Branchen; Dauer; Umfang: Befugnisse, Verantwortung)
    – spezielle Fachkenntnisse (funktionsabhängige)
  b) Anforderungen an die Fähigkeiten
    – administrative
    – konzeptuelle
    – fachbezogene
    – soziale
(2) Anforderungen an das Verhalten (Führungsverhalten)
  a) überwachungsorientiert
  b) vorschriftenorientiert
  c) mitarbeiterorientiert
  d) informationsorientiert

Die bis hierher geschilderten Versuche von Anforderungsanalysen waren überwiegend den Faktoren des **Könnens** gewidmet. Auch innerhalb dieses Rahmens blieben einige situative Faktoren unberücksichtigt; vollends trifft dies jedoch auf die Faktoren des **Wollens** zu. Auch die Arbeitspsychologie hat sich mit ihnen nur sehr am Rande beschäftigt. Aus dieser Disziplin kommende Anforderungsanalysen sind an **beobachtbarem** Verhalten orientiert; motivationale Gesichtspunkte bleiben zumeist ausgespart.

Um diesem Defizit entgegenzuwirken, sind in einer empirischen Studie diejenigen Anforderungen an Führungskräfte erhoben worden, die Spitzen-Manager der Wirtschaft in Bezug auf Generalisten-Qualifikationen erwarten.[25] Dies sind neben fachlichen Kenntnissen Qualifikationen, die in ihren Positionen erfolgreiche und für weiteren Aufstieg prä-

24 Zeidler (1972), der dabei auf seit längerem bekannten Konzepten anderer Autoren aufbaut: Vgl. Gross/Mason/McEachern (1958) 63 ff.; Katz (1955). Dass die Aufgabe und ihre Analyse nicht ausreicht, um alle relevanten situativen Faktoren zu erfassen, aus denen Anforderungen resultieren können, wird in der neueren Literatur (insbesondere von den dem Situationsansatz verpflichteten Autoren) durchaus gesehen; vgl. Kubicek (1975) 34 f.; Kieser/Kubicek (1977) 324. Einen aus einer empirischen Untersuchung erstellten Anforderungskatalog an Führungskräfte kleinerer Unternehmen präsentieren Brinkmann u. a. (1982) 53 ff.

25 Vgl. Berthel (1992a) 206 ff. und Berthel (1992b) 279 ff. sowie ausführlich Berthel/Herzhoff/Schmitz (1990). In persönlichen Interviews wurden 66 Führungskräfte aus 28 Unternehmungen verschiedener Branchen und Unternehmungsgrößenklassen befragt.

destinierte Führungskräfte aufweisen sollten. Als Ergebnis der explorativen Studie konnten, in der Rangfolge geordnet nach Anzahl der nennenden Führungskräfte, folgende Anforderungen im Sinne von (Soll-)Qualifikationen herausgearbeitet werden[26] (vgl. Abbildung 62).

Soll-Qualifikationen
1. Interdisziplinäres Denken und Handeln
2. Konzeptionelle Gesamtsicht a) Unternehmerisches Denken und Handeln b) Strategisches Denken und Handeln c) Konzeptionelles Denken und Handeln
3. Menschenführung und Motivation a) Motivationsfähigkeit im Hinblick auf Ziele b) Umgang mit Mitarbeitern
4. Kommunikationsfähigkeit und –bereitschaft a) Kommunikationsfähigkeit (intern – extern) b) Kommunikationsbereitschaft c) Fähigkeit zur Informationshandhabung
5. Marktorientierung
6. Sachkompetenz
7. Wirtschaftliches Grundverständnis
8. Kreativität für neue Lösungen
9. Lernfähigkeit und Flexibilität
10. Entscheidungen treffen / Verantwortung übernehmen
11. Kooperations- und Kompromissfähigkeit
12. Organisationsfähigkeit
13. Technologisch vorausdenken
14. Methodenwissen
15. (persönliche Eigenschaften)

Quelle: Berthel/Herzhoff/Schmitz (1990) 197.

Abb. 62: Übersicht über die wichtigsten genannten Führungskräfte-Qualifikationen, erfragt in Bezug auf die Einbindung des F&E-Management in die strategische Unternehmungsführung

26 Vgl. Berthel/Herzhoff/Schmitz (1990), insbes. 193 ff.

Der Befund stützt die Annahmen Ansoffs über die Führungskraft (der Zukunft) als »T-shaped individual«[27], das fachliche Spezialisten- (Stamm des T) und Generalisten-Qualifikationen (Querbalken des T) in sich vereine, wobei letztere zunehmend stärkere Bedeutung erfahren.

cc) Anforderungsbewertung

Der von einem Arbeitsplatzinhaber zu bewältigende Schwierigkeitsgrad lässt sich durch die Summe der Ausprägungen aller festgestellten Anforderungsarten pro Arbeitsplatz ausdrücken. Mit Verfahren der **Arbeitsbewertung** wird der Versuch unternommen, diese Schwierigkeitsgrade zahlenmäßig zu erfassen. Dazu werden unterschiedliche Methoden und Prinzipien angewandt, die wechselseitig miteinander kombinierbar sind.

Unter **Bewertungsmethode** wird die Art und Weise des Vorgehens bei der Arbeitsbeurteilung verstanden:

- **Summarische** Arbeitsbewertung: Ungeteilte Beurteilung der gesamten Arbeitsschwierigkeit eines Arbeitsplatzes,
- **Analytische** Arbeitsbewertung: Die Arbeitsplatz-Schwierigkeit wird in einzelne Anforderungsarten zerlegt, deren Ausprägungen werden beurteilt.

Bewertungsprinzipien dienen der Einordnung der Arbeitsplätze nach Maßgabe der für sie ermittelten Schwierigkeitswerte:

- **Reihung**: Stufenlose Rangordnung in Abhängigkeit von der Schwierigkeit,
- **Stufung**: Schwierigkeitsspezifische Einordnung in vorher definierte Stufen.

Die Standardverfahren der Arbeitsbewertung lassen sich dann, wie in Abbildung 63 dargestellt, einordnen.

Bewertungsprinzipien / Bewertungsmethoden	summarisch	analytisch
Reihung	Rangfolgeverfahren	Rangreihenverfahren
Stufung	Lohngruppenverfahren	Stufenwertzahlverfahren

Abb. 63: Standardverfahren der Arbeitsbewertung

Im Einzelnen sind die Arbeitsbewertungs-Verfahren wie folgt zu kennzeichnen:[28]

- Summarische Arbeitsbewertungen:
  - **Rangfolgeverfahren:** Jede einzelne Arbeit wird global mit allen anderen Tätigkeiten in einem Betrieb verglichen und in eine Rangfolge eingeordnet, die den geschätzten Schwierigkeitsgraden entspricht.

27 Vgl. Ansoff (1976).
28 Nähere Einzelheiten vgl. bei Wibbe (1966) 31 ff.; Möller (1974) 35 ff.; Kaminsky (1980) 384 ff.

- **Lohngruppenverfahren:** Es wird eine bestimmte, nach Schwierigkeitsgraden abgestufte Anzahl von Lohngruppen definiert. Die Arbeitsplätze werden mit Hilfe von Richtbeispielen beurteilt und in die Lohngruppen eingeordnet.

– Analytische Arbeitsbewertungen:

- **Rangreihenverfahren:** Jede Arbeit wird pro Anforderungsart durch Vergleich mit allen anderen Arbeiten in eine Rangreihe gebracht. Es entstehen also so viele Rangreihen, wie Anforderungsarten unterschieden werden. In jeder Rangreihe steht die Arbeit mit der niedrigsten Ausprägung an unterster, diejenige mit der höchsten Ausprägung an oberster Stelle. Eine in mehreren Anforderungsarten schwierige Arbeit wird dadurch mehrfach hoch eingeordnet.
- **Stufenwertzahlverfahren:** Die Anforderungsmerkmale werden durch Gewichtungen in eine Rangskala der relativen Bedeutung zueinander gebracht. Darüber hinaus wird jedes Merkmal in Ausprägungsstufen unterteilt und mit Punktbewertungen versehen. Die Arbeitsplätze eines Betriebes (Betriebsteiles) sind daraufhin einzustufen, welche Anforderungsart einem Arbeitsplatzinhaber welche Beanspruchungshöhe abverlangt. Die dabei aufgefundenen Punktzahlen werden addiert; hohe Punktzahlen sind Ausdruck für hoch eingeschätzte Arbeitsschwierigkeiten.

Speziell für die Arbeitsbewertung für Führungskräftepositionen wird oft auf das Hay-Verfahren zur Erstellung von Stellenwert-Profilen zurückgegriffen.[29] Es stellt eine Weiterentwicklung des Rangreihenverfahrens dar. In mehreren Schritten werden die unterschiedlichen Stelleninhalte erfasst, verglichen und analytisch oder summarisch bewertet. Bei der Analyse verwendet man die drei Dimensionen »Wissen« (als Input), »Denkleistung« und »Verantwortung« (als Output). Differenzierte Bewertungsregeln helfen, diese weiter untergliederten Dimensionen (4 – 8 Stufen) sowie die sich ergebenden Anforderungen jeder Stelle festzustellen. Es ergeben sich zunächst für jede Stufe, Dimension und Stelle Punktwerte. Die angewendete Methodik wird teilweise stark kritisiert. Zur Darstellung der Bewertung siehe Abbildung 64.

Analytische Arbeitsbewertungen zeichnen sich gegenüber den summarischen Verfahren durch größere Genauigkeit und dadurch aus, dass mit ihnen ein höheres Maß an Objektivität erreicht werden kann. Stufenwertzahlverfahren sind die komplizierteren Techniken; an ihnen können die einzelnen Schritte der Anforderungsbewertung am besten verdeutlicht werden.

Aufgrund einer Anforderungsanalyse werden die **Anforderungsarten (-merkmale**) festgelegt, gegebenenfalls je nach betriebsindividuellen Besonderheiten in Untermerkmale zerlegt. Pro (Unter-)Merkmal werden dann Ausprägungsskalen (-stufen) zugeordnet, in denen die Stärke der Beanspruchung durch das Anforderungsmerkmal zum Ausdruck kommt.

Um alle Arbeitsplätze über die Gesamtheit ihrer Schwierigkeitsinhalte und Beanspruchungsstufen hinweg vergleichbar zu machen, ist eine **Wertzahl-Zumessung** erforderlich. Diese geschieht durch Vergabe dimensionsloser Punkte, die zu einem Gesamt-Arbeitswert pro Arbeitsplatz additionsfähig sind.

Die Anforderungsmerkmale sind in ihrer Bedeutung für eine wirksame Aufgabenerfüllung und in der Schwere, mit der ihre Erfüllung einen Arbeitsplatzinhaber beansprucht,

29 Vgl. bspw. Schettgen (1996).

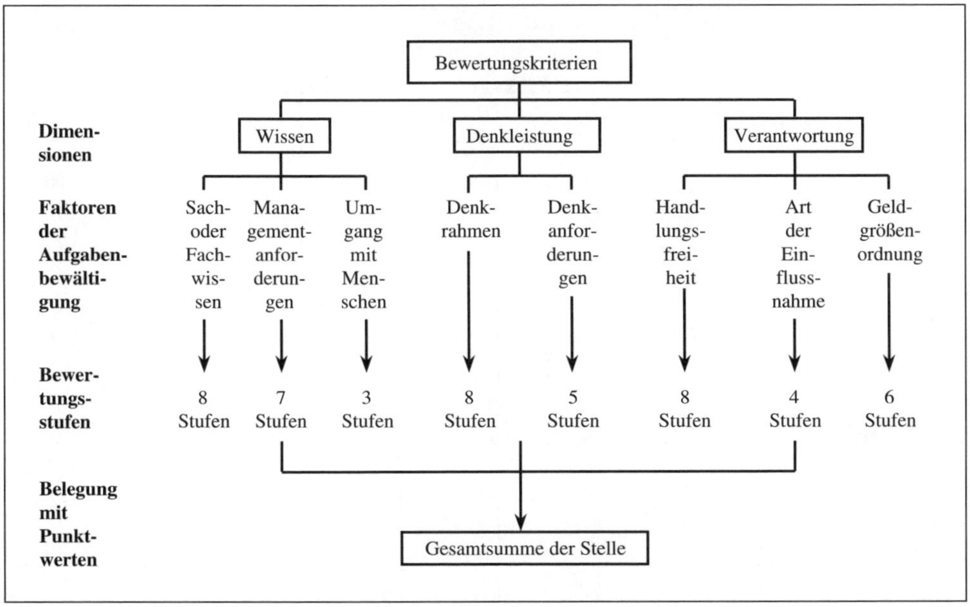

Abb. 64: Bewertungskriterien nach Hay

nicht gleichwertig. Daher werden sie **gewichtet**. Hinzu kommen **Punktwerte für die Beanspruchungsstufen** pro Anforderungs(unter)merkmal. Dies lässt subjektiven, interessengeleiteten Einflüssen Raum. Völlige Objektivität ist nicht erreichbar; sie kann näherungsweise erzielt werden, wenn in einer Bewertungsgruppe Interessenausgleich herbeigeführt wird, in die z. B. Kaufleute und Techniker, Vertreter der Geschäftsleitung und der Arbeitnehmer sowie Bewertungsspezialisten entsandt werden. Das Ergebnis einer so vollzogenen Anforderungsbewertung demonstriert in einem formalen Zahlenbeispiel die folgende Tabelle (Abbildung 65).

Die mittels eines Stufenwertzahlverfahrens für einen Arbeitsplatz ermittelten Arbeitswerte pro Anforderungsart können auch als dessen **Anforderungsprofil** bezeichnet werden.

Auf die **Schwierigkeiten** und **Unzulänglichkeiten** der heutigen Praxis der Anforderungsanalyse und -formulierung wurde bereits hingewiesen. In Gebrauch befindliche Arbeitsbewertungsverfahren beschränken sich überwiegend auf einige arbeitsplatzbezogene Faktoren des Könnens. Darüber hinausgehende situative Anforderungsfaktoren und Determinanten des Wollens zur Leistungserbringung bleiben dabei außer Betracht.

Anforderungsprofile werden heute in der Praxis überwiegend – in Form von Arbeitsbewertungen – unabhängig von Qualifikationsprofilen (für Arbeitsplatzinhaber) verwendet:

- für eine anforderungsgerechte Lohn- und Gehaltsdifferenzierung,
- für Arbeitsgestaltungen und Rationalisierungen von Arbeitsabläufen.

Darüber hinaus sind Anforderungsprofile zusammen mit Qualifikationsprofilen in allen Bereichen des Personal-Management notwendig, wenn auch Aussagen über Mitarbeiter-Soll-Qualifikationen benötigt werden, also für die Personalbedarfsermittlung, die Personalbeschaffung, den Personaleinsatz, die Personalentwicklung.

Haupt-anforde-rungsart	Gewicht	Unter-merk-male	Stellen					
			I Punkte		II Punkte		III Punkte	
			abs.	gew.	abs.	gew.	abs.	gew.
A	30	A_1	3	90	1	30	2	60
		A_2	4	120	1	30	3	90
		A_3	1	30	1	30	1	30
			8	240	3	90	6	180
B	50	B_1	0	0	2	100	1	50
		B_2	3	150	2	100	3	150
		B_3	2	100	1	50	0	0
			5	250	5	250	4	200
C	10	C_1	1	10	2	20	4	40
		C_2	1	10	0	0	3	30
		C_3	2	20	2	20	4	40
			4	40	4	40	11	110
D	10	D_1	2	20	3	30	1	10
		D_2	2	20	3	30	2	20
		D_3	1	10	2	20	1	10
			5	50	8	80	4	40
	100		22	580	20	460	25	530

Quelle: v. Eckardstein/Schnellinger (1973) 257.

Abb. 65: Schema einer Arbeitsbewertung (für 3 Stellen) nach dem Stufenwertzahlverfahren

Die generelle **Problematik** der Arbeitsforschung besteht durch die Vielschichtigkeit menschlicher Arbeit. Diese induziert eine interdisziplinäre Arbeit von Arbeitsmedizinern, -psychologen, -wissenschaftlern, Ingenieuren und Betriebswirten. Eine solche Interdisziplinarität ist in Unternehmungen kaum herstellbar. Hier können allerdings interdisziplinär ausgebildete Arbeitsforscher ansetzen.). Die Problematik besteht des Weiteren v. a. darin, dass es kein hinreichendes theoretisches Modell gibt, um die Anforderungen aus Arbeitsaufgaben abzuleiten. Zudem lassen sich die oft verwendeten Anforderungen vielfach kaum voneinander abgrenzen sowie in ihren Ausprägungen nur unzuverlässig messen. Es zeigt sich bei der Ermittlung von Anforderungen, dass sie weniger eine objektive Ableitung darstellen, sondern Ergebnis eines auch mikropolitisch geführten Verhandlungsprozesses sind.

d) Qualifikations- und Eignungsforschung

aa) Begriff

Die Qualifikations- und Eignungsforschung dient der Erhebung, Beschreibung und Beurteilung der Qualifikationen bzw. der Eignungen von Mitarbeitern wie Bewerbern. Zur Informationsgewinnung werden die verschiedenen Formen der personalen Eignungsprüfung und speziell der Eignungsbeurteilung eingesetzt. Als Oberbegriff für alle Beurteilungen von Personen in Unternehmungen dient die **personale Eignungsprüfung**[30] als informato-

30 Vgl. Lössl (1992); Becker, F. G. (2003); Grubitzsch (1999).

rische Fundierung für alle diesbezüglichen Entscheidungen des Personal-Management.[31] Sie ist in mehrere spezielle Formen zu differenzieren (siehe auch Abbildung 66):

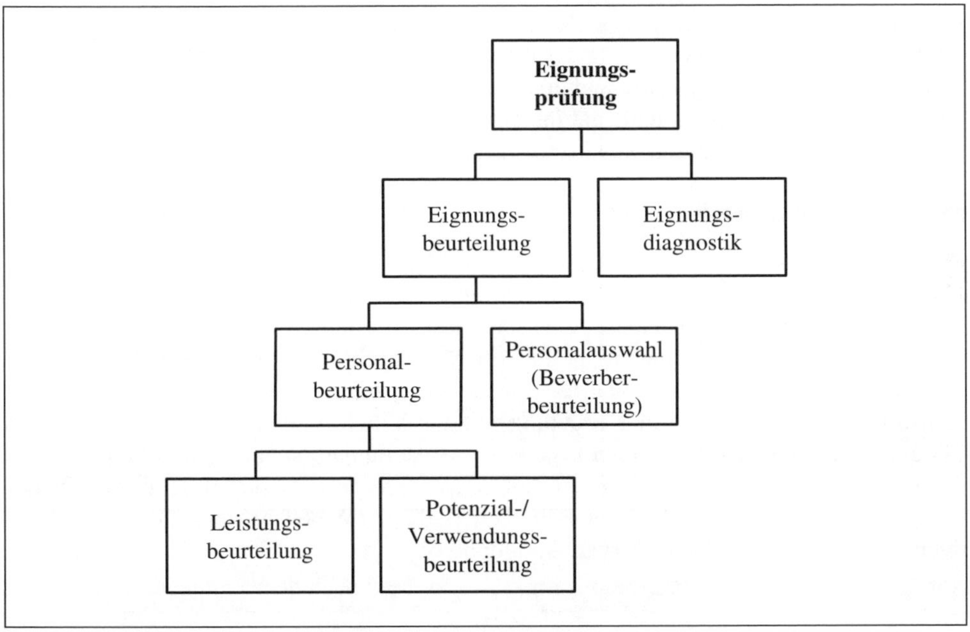

Quelle: Wunderer (1978) 193.

Abb. 66: Formen der personalen Eignungsprüfung

- Die **Eignungsdiagnostik** wird von Fachleuten (i. d. R. Psychologen) mittels eignungsdiagnostischer Verfahren (z. B. Leistungs- und Persönlichkeitstests) angewendet. Sie kann zwar auch im betrieblichen Umfeld zu vielerlei Zwecken eingesetzt werden, wird i. d. R. jedoch außerhalb von Betrieben durchgeführt. Ihr Aussagewert ist zumindest für betriebliche Zwecke zumeist sehr gering.
- Die **Eignungsbeurteilung** ist dagegen eine »Laienbeurteilung«, die von Mitarbeitern der Unternehmung durchgeführt wird. Sie lässt sich differenzieren in Bewerberbeurteilung und Personalbeurteilung.
  - Die Bewerberbeurteilung betrifft die Feststellung der voraussichtlichen Eignung von externen wie internen Bewerbern für vakante Stellen hinsichtlich der jeweiligen Stellenanforderungen im Rahmen der Personalauswahl.
  - Die Personalbeurteilung bezieht sich dagegen ausschließlich auf bereits im Betrieb beschäftigte Mitarbeiter. Die Beurteilung findet hinsichtlich der Objekte Eignung, Leistung und Potenzial statt.

31 Die verschiedenen Instrumente sind dabei v. a. auf einzelne Personen ausgerichtet. Darüber hinaus kann die Qualifikations- und Eignungsforschung sich aber auch mit den Objekten »Arbeitsgruppe« und »Belegschaft« auseinander setzen.

Als **Ziele** gelten die Aufdeckung und Bewertung vergangener Leistungen sowie gegenwärtiger Eignung, die Prognose von Qualifikationspotenzialen sowie die Kontrolle der Qualifikations-/Potenzialnutzung. Die durch sie ermittelten Informationen sind unabdingbar für Personalauswahl, -einsatz, -entwicklung, Anreizsysteme, Entgeltdifferenzierung, Karriereplanung und/oder die Gestaltung der Arbeitsbedingungen, wenngleich die Instrumente nur Hilfestellungen für die Entscheidungsprozesse darstellen können. Sie bieten keine »objektiven« Informationen an und sind insofern durch die verantwortlichen Entscheidungsträger im Gesamtzusammenhang einzuordnen.

bb) Qualifikationsprofile

(1) Verständnis

Unter Qualifikation wird das auf einen konkreten Arbeitsplatz bezogene **Leistungspotenzial** eines Mitarbeiters verstanden: seine spezifische Eignung, seine Arbeitskenntnisse sowie seine motivational bedingten, an die Arbeitssituation geknüpften individuellen Ziele und Erwartungen. Damit sind Qualifikationen nicht als universale, sondern als relationale Konstrukte anzusehen, die ihre Bedeutung erst durch die Zuordnung zu einer bestimmten Tätigkeit erhalten. Als personenbezogene Ist-Vorstellungen stellen Qualifikationen den Gegenbegriff zu arbeitsplatzbezogenen Anforderungen dar und lassen sich mit Kern/Schumann auffassen als »... menschliche Fähigkeiten, die der Arbeitsprozess [für seine erfolgreiche Abwicklung] verlangt«[32] (vgl. Abbildung 67).

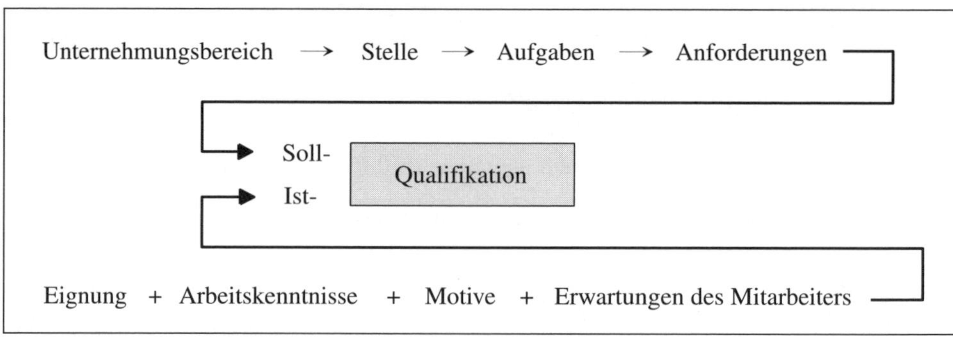

Abb. 67: Zusammenhang zwischen Soll- und Ist-Qualifikationen

Angaben über Qualifikationen von Mitarbeitern besagen, inwieweit diese den Anforderungen eines bestimmten Arbeitsplatzes entsprechen können und wollen. Wie bei der arbeitsplatzbezogenen Perspektive (Anforderungsanalyse und -Prognose) auch, muss dabei zwischen einer gegenwarts- und zukunftsorientierten Betrachtungsweise unterschieden werden.

- **Qualifikationsdiagnosen** zielen auf das aktuelle, also das gegenwärtig realisierte und realisierbare Leistungspotenzial eines Mitarbeiters ab. Sie liefern eine deskriptiv-statische Betrachtung im Sinne einer Ist-Beschreibung und dienen der informatorischen Fun-

32 Kern/Schumann (1970) 67.

dierung von personalwirtschaftlichen Selektionsentscheidungen, die darauf abzielen, aktuell eine Passung zwischen einer bestimmten Stelle und einer Person sicherzustellen. Entsprechend werden Qualifikationsdiagnosen beispielsweise im Rahmen von Stellenbesetzungen, also der Personalauswahl und -platzierung durchgeführt. I. d. R. sind sie als Leistungsbeurteilung konzipiert.

- **Qualifikationsprognosen** (Potenzialbeurteilung) richten sich dagegen auf das potenzielle, d. h. erst noch zu realisierende Leistungspotenzial eines Mitarbeiters und dienen vor allem der informatorischen Fundierung von Personalentwicklungsaktivitäten. Um aber über Qualifikationsprognosen etwa die Frage zu beantworten, inwieweit ein Mitarbeiter die einem bestimmten Arbeitsplatz entsprechenden Leistungsvoraussetzungen entwickeln kann, reicht eine rein statische Betrachtung nicht aus. Vielmehr müssen Qualifikationen auch einen dynamischen Aspekt aufweisen, wenn durch sie (Personal-) Entwicklung abgebildet und gesteuert werden soll.

Grundsätzlich sind Qualifikationsprofile sowohl die Basis für die Beurteilung von potenziellen neuen Mitarbeitern im Rahmen der Bewerberbeurteilung als auch die Grundlage für die Beurteilung bereits beschäftigter Mitarbeiter im Rahmen der Personalbeurteilung. Die jeweilige Informationsgrundlage ist jedoch eine andere. Während sich das Verhalten, die persönlichen Eigenschaften und die Erreichung (betrieblicher) Ziele eines bereits beschäftigten Mitarbeiters über einen längeren Zeitraum unter »echten« Arbeitsbedingungen beobachten und erfassen lässt, lassen sich Beobachtungen im Rahmen der Personalauswahl nur zeitlich eng begrenzt vornehmen, wobei sich die potenziellen neuen Mitarbeiter zudem in einer mehr oder weniger künstlichen »Bewerbersituation« befinden.

Spezielle Verfahren zur Bewerberbeurteilung werden weiter hinten (vgl. Kap. D.III.3) diskutiert, während im Folgenden allgemein auf Probleme und Verfahren der Qualifikationsdiagnose und Qualifikationsprognose eingegangen wird.

(2) Inhaltliche und methodische Ansprüche und Probleme

Verfahren zur Qualifikationsdiagnose und -prognose sind in verschiedenen Disziplinen, z. B. in der psychologischen Diagnostik oder in den Arbeitswissenschaften entwickelt worden.[33] In erheblichem Umfange liegen auch eigenständige Entwürfe aus der Praxis der Personalführung vor, d. h. aus der Wirtschaft, aus der Verwaltung, aus dem militärischen Bereich u. a. Die wichtigsten Ansprüche an die Erhebung und Auswertung von Qualifikationsdaten werden hier in gleichen Kriterienklassen wie für Anforderungsdaten skizziert. Diesen Ansprüchen genügen die Verfahren der Qualifikationsdiagnose und -prognose oft nur unzureichend. Es entstehen **Erhebungs-, Mess- und Auswertungsprobleme** ähnlich wie bei der Anforderungsanalyse.

Als Gütekriterien für Qualifikationsdiagnosen und -prognosen liegen – ähnlich wie auf der Anforderungsseite – folgende Einzelansprüche nahe:[34]

a) Zugrundelegung eines theoretisch und empirisch begründeten Modells,
b) Praktikabilität,
c) Wirtschaftlichkeit.

33 Zu einem kurzen geschichtlichen Abriss vgl. Lattmann (1994) 1 ff.
34 Vgl. hierzu Bartölke (1972) 630 ff.; Schuler (1978) 155f.; Lienert (1969) 13 ff.

Zu a): **Zugrundelegung eines theoretisch und empirisch begründeten Modells**
Dies bedeutet, dass

- Qualifikationsmerkmale auf Anforderungsmerkmale bezogen sein müssen und dass sie und ihre Erhebungsverfahren den sozialwissenschaftlichen Gütekriterien genügen müssen,
- die zwischen Beurteilenden und Beurteilten entstehenden sozialen Beziehungen zu beachten sind,
- in Rechnung gestellt wird, dass der Prozess der Personalbeurteilung motivationale Wirkungen ausübt.

Die Qualifikationsdiagnose geht von den durch die Anforderungsanalyse erhobenen personalen Leistungsvoraussetzungen aus. Nur so kann die Anforderungs- und Arbeitsplatzbezogenheit von Qualifikationsdiagnosen und – darauf aufbauend – von -Prognosen sichergestellt werden. Die Qualität der Beurteilungsverfahren wird anhand der drei in der empirischen Sozialforschung hinreichend bekannten Gütekriterien Validität, Reliabilität und Objektivität bestimmt.[35]

Bei der Validität wird unterschieden zwischen **Inhalts-**, **Konstrukt-** und **Kriteriumsvalidität**. Ein Messverfahren wird als inhaltsvalide bezeichnet, wenn die einzelnen Aufgaben/Items des Verfahrens mit den Aufgaben am Arbeitsplatz identisch sind. Das in der Mess-Situation und am Arbeitsplatz erwartete/erforderliche Verhalten entsprechen sich (z. B. Arbeitsprobe). Die Konstruktvalidität stellt ein Kriterium dafür dar, dass ein Messverfahren tatsächlich das misst, was es messen soll. Konkret geht es um die psychologisch-inhaltliche Aufklärung dessen, was ein eignungsdiagnostisches Verfahren misst. So muss z. B. ein Intelligenztest tatsächlich das abbilden, was in der Theorie als eignungsdiagnostisches Konstrukt »Intelligenz« beschrieben ist. Die Kriteriumsvalidität bezieht sich auf die Verwertbarkeit diagnostischer Aussagen und gibt den Zusammenhang zwischen dem in der Testsituation gezeigten und im Mess- bzw. Testergebnis manifestierten Verhalten und einem Kriterium (z. B. dem Berufserfolg) wieder. Je nachdem, ob das Kriterium zeitgleich mit dem Test oder zu einem späteren Zeitpunkt als dieser erhoben wird, spricht man von Übereinstimmungs- bzw. Prognosevalidität. Insbesondere letztere ist in der betrieblichen Eignungsdiagnostik von vorrangigem Interesse. Beispielsweise kann die Testleistung als Entscheidungskriterium für die Wahl eines Ausbildungsberufes herangezogen werden, wenn ein positiver (korrelativer) Zusammenhang zwischen dem Ergebnis eines Berufseignungstests und dem späteren Ausbildungserfolg konstatiert werden kann.

Der Begriff der **Reliabilität** bezieht sich auf die Messgenauigkeit eines Verfahrens. Reliabilität wird unterstellt, wenn ein Diagnose- bzw. Prognose-Verfahren bei mehreren Messungen übereinstimmende Ergebnisse produziert. **Objektivität** ist der Grad, in dem die Ergebnisse eines Beurteilungsverfahrens unabhängig vom Untersuchenden sind. Es lassen sich unterscheiden, die **Durchführungsobjektivität**, als Unabhängigkeitsgrad der Beurteilungsergebnisse von Variationen im Verhalten der Beurteilenden, die **Auswertungsobjektivität**, als Unabhängigkeitsgrad vom Beurteilenden bei der Kategorisierung bzw. Erfassung von Ergebnissen und die **Interpretationsobjektivität**, als Grad der Unabhängigkeit vom Beurteilenden bei der Interpretation der Ergebnisse eines Beurteilungsverfahrens.[36]

35 Vgl. Lienert (1998); Wiggins (1973).
36 Vgl. Lienert (1969) 13f.; Becker, F. G. (2003) 169 f.

Der zur Qualifikationsdiagnose wie auch -prognose führende Urteilsprozess kommt bei zahlreichen Verfahren durch persönliche Kontakte zwischen Beurteilendem und Beurteiltem zustande. Dadurch fließen persönliche Einstellungen, Wahrnehmungen, Fähigkeiten in die Urteile ein, möglicherweise auch Sympathie oder Antipathie. So entstehen leicht Urteilstaktiken, -tendenzen und vor allem bewusste oder unbewusste Urteilsfehler. Solche Beurteilungsfehler betreffen bewusste und v. a. unbewusste Verfälschungen der Beurteiler (Könnens-Probleme) im Rahmen der Personalbeurteilung und teilweise der Personalauswahl. Sie lassen sich in drei Kategorien differenzieren, die weitere Unterformen aufweisen, siehe Abbildung 68:

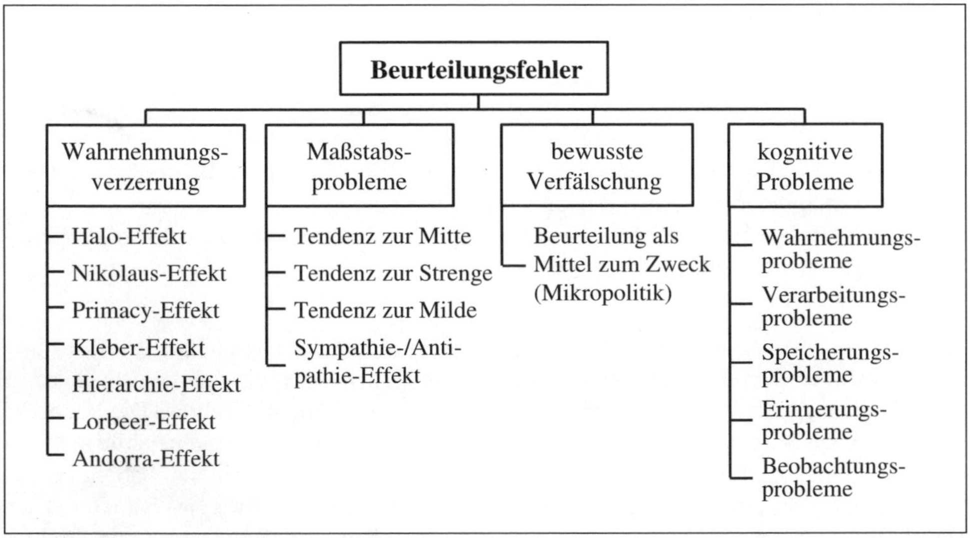

Abb. 68: Überblick über Beurteilungsfehler

Wahrnehmungsverzerrungen stellen unbewusste Übertreibungen eines Beurteilers dar, die sich in verschiedene Richtungen entwickeln.

- Der Halo-Effekt kommt dadurch zum Tragen, dass ein Beurteilungsmerkmal (z. B.: Wortgewandtheit) durch eine (unbewusste) Überbewertung durch den Beurteiler auf mehrere andere (z. B. Integrität, Sozialverhalten, Zuverlässigkeit) ausstrahlt, so dass der Beurteiler letztendlich nur ein Merkmal tatsächlich bewertet.
- Der Nikolaus-Effekt (synonym: »Recency-Effekt«) drückt aus, dass der Beurteiler bei der Bewertung speziell auf Ereignisse, die erst kürzlich stattgefunden haben, abstellt.
- Mit dem Primacy-Effekt (synonym: »First-Impression-Effekt«) wird ausgedrückt, dass die in einer Beurteilungsperiode bzw. -sequenz zuerst erhaltenen Informationen bzw. Eindrücke auf den Beurteiler größere Wirkung erzielen als später erhaltene und von daher unbewusst bei der Bewertung übergewichtet werden.
- Der Kleber-Effekt hat zur Folge, dass längere Zeit nicht beförderte Mitarbeiter von Beurteilern unbewusst unterschätzt und entsprechend schlecht bewertet werden.
- Der Hierarchie-Effekt kommt dadurch zum Ausdruck, dass die Beurteiler solche Mitarbeiter besser bewerten, die höher als andere in der Hierarchie eingeordnet sind.

- Unter dem Lorbeereffekt ist ein Beurteilungsfehler zu verstehen, bei dem der Beurteiler insbes. die in der Vergangenheit erreichten »Lorbeeren« berücksichtigt, ohne dass ein unmittelbarer Bezug zur aktuellen Beurteilung gegeben ist.
- Der Andorra-Effekt (nach dem Roman von Max Frisch) betrifft eine sich-selbst-erfüllende Prophezeiung des Beurteilers bez. des zu Beurteilenden: die Prognose trifft ein.

Maßstabsprobleme beziehen sich auf unbewusste Verzerrungen der Beurteiler durch verschiedene Anspruchsniveaus bzw. Maßstäbe:

- Bei der Tendenz zur Mitte geschieht eine unzutreffende Maßstabsanwendung dadurch, dass überproportional häufig mittlere Urteilswerte auf den Skalen von den Beurteilern gewählt werden.
- Bei der Tendenz zur Milde erfolgt eine unzutreffende Maßstabsanwendung, indem die Beurteiler in ihren Beurteilungen auf Skalen durchschnittlich im Vergleich zu anderen Beurteilern nach oben abweichen. Ihr Anspruchsniveau ist faktisch niedriger.
- Bei der Tendenz zur Strenge verwenden Beurteiler einen unzutreffenden Maßstab durch ein zu hohes Anspruchsniveau. Dies führt im Vergleich zu anderen Beurteilern zu überproportional niedrigen Einstufungen auf den Skalen.
- Beim Sympathiefehler erfolgt eine verzerrte Maßstabsanwendung, indem auf die Beurteiler besonders sympathisch wirkende Mitarbeiter unbewusst besser bewertet werden als andere. Umgekehrtes Verhalten stellt einen Antipathie-Effekt dar.

Daneben bestehen noch verschiedene **kognitive Probleme der Beurteilung**, die zu kaum beeinflussbaren Verzerrungen bei der Wahrnehmung, der Verarbeitung, der Speicherung, der Erinnerung und der Beobachtung von Informationen/Verhalten führen. Die kognitive Beurteilungspsychologie beschäftigt sich mit den prinzipiellen Möglichkeiten, die menschliche Beurteiler im Rahmen des kognitiven Umganges mit Informationen haben. Solche Aspekte sind insofern von Bedeutung für Eignungsprüfungen, als dass sie charakteristisch für die Informationsverarbeitung von Menschen (beruhend auf deren kognitiven Strukturen) und somit auch von Beurteilern sind. Die kognitive Beurteilungspsychologie hat speziell die Prozesse der Attribution und Stereotypisierung durch die Beurteiler im Beurteilungsprozess sowie deren Einfluss auf die Beurteilung zum Gegenstand. Demnach ist die Eignungsbeurteilung in entscheidendem Maße insbes. von den jeweiligen Beobachtungs- und Erinnerungsmöglichkeiten der Beurteiler abhängig. Der komplexe Prozess der Erfassung, Speicherung, Verarbeitung, Interpretation und Erinnerung von beurteilungsrelevanten Informationen bietet vielfältige Ansatzpunkte, die zu Verzerrungen führen. Die jeweils individuell begrenzte kognitive Komplexität führt bspw. zu Folgendem: Unterschätzung der Informationsfaktoren, Bestätigung von Vorurteilen und Vorinformationen, Betrachtung vornehmlich herausragender Merkmale, Verfälschung der Personen- bzw. Situationsabhängigkeit, Beobachtung nur unter bestimmten, nicht so genau zu rekonstruierenden, unterschiedlichen Bedingungen, individuelle Wahl der Maßstäbe, sprachliche Probleme u. a. m.[37]

Bei **bewussten Verfälschungen** (Wollensprobleme) schließlich erfolgen die Beurteilungen als Mittel zum Zweck, z. B. um Mitarbeitern eine bestimmte Entgeltzulage zuzuspielen oder sie wegzuloben, um bestimmte Bewerber zu bevorzugen u. Ä. m. Im Prinzip

---

37 Vgl. Ilgen/Feldman (1983); Lueger (1992); Becker, F. G. (2003).

ist jeder Entscheidungsprozess in Unternehmungen mit mikropolitischen Aktivitäten der Beteiligten, d. h. mit rein interessengeleiteten Aktivitäten der Mitarbeiter für sich selbst oder andere, durchwoben. Alle Entscheidungsprozesse – auch die der Beurteilung – sind politische Prozesse. Nicht, dass alle Mitarbeiter zu jeder Zeit betriebliche Entscheidungen, immer durch eigene Interessen geleitet, im Wesentlichen Umfang mikropolitisch determinieren. Je stärker bspw. Machtmotiv und Dominanzstreben der Mitarbeiter verschiedener Hierarchieebenen ausgeprägt sind, desto eher wird dies der Fall sein. Mikropolitik ist dabei nicht durchweg negativ zu sehen. Vom individuellen Standpunkt aus ergeben sich direkte und indirekte Bedürfnisbefriedigungsmöglichkeiten. Von der betrieblichen Perspektive aus werden dadurch Entscheidungsprozesse initiiert und in Gang gehalten, Kommunikationsstrukturen jenseits der formalen Organisation geschaffen, Mitarbeiter besser geführt, u. U. sogar »bessere« Beurteilungen durchgeführt. Es wäre unrealistisch davon auszugehen, dass die Mitarbeiter »lediglich« aufgabenbezogenes Verhalten zeigen und betriebliche Ziele verfolgen. Fast jeder ist zu Teilen auch Politiker im Eigeninteresse, in der Verfolgung individueller, aber auch gruppenbezogener Zielsetzungen. Dies betrifft auch die Personalbeurteilung.[38]

Solche Fehler soweit wie möglich zu vermeiden, ist umso eher möglich, je besser es gelingt, den folgenden Forderungen Genüge zu tun.

- Die Beurteilungsverfahren sollen **transparent** sein.
- Die Beurteilenden müssen für diese verantwortungsvolle Tätigkeit ausreichend **geschult** sein.
- Den am Beurteilungsprozess Beteiligten müssen Mechanismen zur Verfügung stehen, die eine **vorurteilsfreie** Verständigung und Einigung ermöglichen.

Die Verfahren zur Beurteilung von Qualifikationen werden **transparent** gemacht durch Offenlegung der

- Leistungserfassung (Wer wird beurteilt? Was wird beurteilt? Wer urteilt? Wann wird beurteilt?),
- Leistungsdimensionen (Welche Faktoren verursachen und welche beeinflussen die Leistung?),
- Maßnahmen (Welche Konsequenzen haben die Beurteilungsergebnisse?).

Eine **Schulung** der Beurteilenden verhilft diesen dazu, die Beurteilungsverfahren zu beherrschen, eigene Urteilsfehler zu erkennen, zu überwinden und Urteile mit hinreichender Sicherheit abzugeben.[39]

Beurteilungsvorgänge bzw. -ergebnisse lösen immer wieder Konflikte aus. Diese lassen sich nur vermeiden, wenigstens verringern, wenn alle Beteiligten regelmäßig und offen miteinander sprechen. Daher ist es sinnvoll, dies durch bestimmte Gesprächsregeln (z. B. Gesprächszeiten oder -abstände) zu sichern. Diesen Beurteilungsgesprächen kommt im Rahmen der informatorischen Fundierung besondere Bedeutung zu. In ihnen können u. a. Informationen über persönliche Ziele, Situationsveränderungen, Leistungsprobleme individueller oder organisatorischer Art an die Personalverantwortlichen weitergegeben wer-

38 Vgl. Küpper/Ortmann (1986); Bosetzky (1995); Lorson (1996); Neuberger (1999); Becker, F. G. (2003).
39 Vgl. hierzu u. a. Franke/French (1981) und Schuler (1980).

den.[40] Es ist daher sinnvoll, ein anschließendes **Mitarbeitergespräch** zum festen Bestandteil jeder Personalbeurteilung zu machen.

Dadurch, dass ein Betrieb bestimmte Qualifikationsmerkmale wählt und in seinen Diagnoseverfahren verwendet, legt er fest, **was** als Leistung anerkannt und gegebenenfalls »belohnt« wird. Insofern gehen von Verfahren der Qualifikationsdiagnose steuernde Einflüsse auf die Motivation der Mitarbeiter aus. Diese kann nur untermauert werden, wenn Beurteilungsergebnisse als Informationen an die Beurteilten zurückfließen und bei diesen Lernprozesse auslösen.

Zu b): **Praktikabilität**

Qualifikationsdiagnosen und -prognosen genügen dem Anspruch der **Praktikabilität**, wenn sie ihren Verwendungszwecken entsprechend angewendet werden. Das jedoch wird vor allem dadurch erschwert, dass Qualifikationsdaten häufig verschiedenen Zwecken dienen. So stehen neben den Zwecken der Karriereplanung z. B. auch solche der Feststellung der Entwicklungsnotwendigkeit, -fähigkeit und -würdigkeit der Mitarbeiter (für Fortbildung, Beförderungen, Entlassungen) sowie der Entgeltfindung. Für letztere werden Daten benötigt, die den Vergleich aller Mitarbeiter untereinander ermöglichen. Der jeweils zweckentsprechende Einsatz derselben Qualifikationsdaten wird vor allem dann problematisch, wenn zahlreiche Arbeitsplätze voneinander völlig unterschiedliche Anforderungsbündel haben, andererseits aber die verwendeten Qualifikationsmerkmale den Anforderungsmerkmalen entsprechen. Der Druck dieses Problems kann verringert werden durch eine Vorgehensweise, die man mit stufenweiser Individualisierung von Qualifikationsdiagnose und -prognose umschreiben kann.[41] Sie nimmt ihren Ausgangspunkt in Positionsfamilien.

Zur Praktikabilität der Erhebung und Auswertung von Qualifikationsinformationen gehört nicht zuletzt, dass mit den in der Unternehmung angewandten Verfahren die bestehenden gesetzlichen Vorschriften, insbesondere des Betriebsverfassungsgesetzes, eingehalten werden.

Zu c): **Wirtschaftlichkeit**

Für die **Wirtschaftlichkeit** von Qualifikationsdiagnose und -prognose gilt Ähnliches wie für die Erhebung und Auswertung von Anforderungsinformationen.

cc) Personalbeurteilung

(1) Verständnis

Allgemein ist unter Personalbeurteilung[42] (synonym: Mitarbeiterbeurteilung) als Teil der Eignungsprüfung ein institutionalisierter Prozess zu verstehen, in dem planmäßig und formalisiert Informationen über die Leistungen und/oder die Potenziale von Mitarbeitern durch dazu beauftragte Mitarbeiter hinsichtlich arbeitsplatzbezogener, entweder vergangenheits-, gegenwarts- oder zukunftsorientierter Kriterien gewonnen, verarbeitet und ausgewertet werden. Sie bezieht sich auf unterschiedliche Objekte (Leistungsergebnis-, Leistungsverhalten- und/oder Potenzialkriterien) und lässt sich durch verschiedene Mitarbeiter durchführen.

---

40 Vgl. Kellog (1971); Neuberger (1981), (1998); Kempe (1977); Rischar (1994) 66 ff.; Knecht (1983).
41 Vgl. Berthel/Koch (1985) 84 f.
42 Vgl. Domsch/Gerpott (1992); Schettgen (1996); Becker, F. G. (2003); Breisig (1998).

Nach dem letztgenannten Untergliederungskriterium ist die Personalbeurteilung wie folgt zu differenzieren:

- Die **Untergebenenbeurteilung** (synonym: Nachgeordnetenbeurteilung) ist die typische Form der Personalbeurteilung. Vorgesetzte beurteilen die ihnen direkt unterstellten Mitarbeiter bez. deren Leistungen bzw. Qualifikationspotenziale.
- Die **Gleichgestelltenbeurteilung** (synonym: Kollegenbeurteilung) stellt eine spezifische Variante der Personalbeurteilung dar. Als Beurteiler fungieren die hierarchisch in etwa gleichgestellten und im gleichen organisatorischen Bereich tätigen Kollegen eines zu beurteilenden Mitarbeiters. Dies geschieht mithilfe eines spezifischen Beurteilungsformulars. Ziel ist es, die Kenntnisse der Kollegen zur Einschätzung der Leistung und/oder Qualifikation der Mitarbeiter zu nutzen. Die Beurteilung wird i. d. R. so durchgeführt, dass alle Kollegen von Kollegen gleichzeitig beurteilt werden.[43]
- Bei der **Vorgesetztenbeurteilung** beurteilten Mitarbeiter ihre unmittelbaren Vorgesetzten insbes. bezüglich ihres Führungsverhaltens, aber z. T. auch bez. anderer Qualifikations- bzw. Leistungsmerkmale i. d. R. anhand vorgegebener Kriterien. Je nachdem, ob diese Informationen nur an die Vorgesetzten selbst oder die Personalabteilung weitergegeben werden bzw. die Angaben anonym sind oder nicht, erhalten die Vorgesetzten Rückkopplungsinformationen über ihr von den Mitarbeitern wahrgenommenes Verhalten und/oder die Personalabteilungen Informationen über die Qualifikationen der Vorgesetzten.[44]
- Bei der **Selbstbeurteilung** sind die Mitarbeiter bei der Beurteilung ihrer Leistung oder ihres Potenzials zugleich Objekt der Beurteilung wie auch Beurteiler. Man versucht durch die Einbeziehung der betroffenen Mitarbeiter Entwicklungsprozesse zu fördern, die Akzeptanz der letztendlichen Urteile zu erhöhen sowie ein besseres Verständnis der Leistungserbringung bzw. der Qualifikation zu fördern.
- Die **360°-Beurteilung** stellt die umfassendste Form der Personalbeurteilung dar. Insbesondere das Leistungsverhalten der Führungskräfte soll aus unterschiedlichen Perspektiven (Vorgesetzte, Kollegen, Mitarbeiter, Kunden) eingeschätzt werden. Siehe hierzu die Abbildung 69. Die systematische Interpretation dieser Bewertungsinformationen soll ein umfassendes individuelles Feedback und eine damit verbundene Verhaltenssteuerung ermöglichen. Der damit verbundene Arbeitsumfang trägt aber zur Kritik einer sinnvollen Verwendung bei.[45]

Die Personalbeurteilung wird zur Verfolgung unterschiedlicher **Funktionen** eingesetzt. Die möglichen **manifesten**, d. h. offiziell verfolgten personal- und führungspolitischen Funktionen wie auch die **latenten**, d. h. tatsächlich, aber nicht offiziell verfolgen Funktionen einer Personalbeurteilung lassen sich schaubildlich wie in Abbildung 70 darstellen.

Bei den *manifesten* Funktionen handelt es sich um solche, die »offiziell« von Systembetreibern genannt werden. Sie sind in zwei Hauptgruppen zu differenzieren:

- *Führungspolitische Funktionen* zielen auf eine effizientere strukturelle wie interaktionelle Mitarbeiterführung (strukturelle Führung = Mitarbeiterführung durch die spezifische Gestaltung von Organisations-, Aufgaben- und Hierarchiestrukturen; interaktionelle Führung = direkte Mitarbeiterführung im Vorgesetzten-Mitarbeiter-Verhältnis) v. a.

43 Vgl. Jochum (1987); Sarges(2000); Wunderer (2000).
44 Vgl. Reinecke (1983); Ebner/Krell (1991); Domsch (1999); Sarges (2000).
45 Vgl. hierzu Gerpott (2000), Neuberger (2000); Marcus/Schuler(2001).

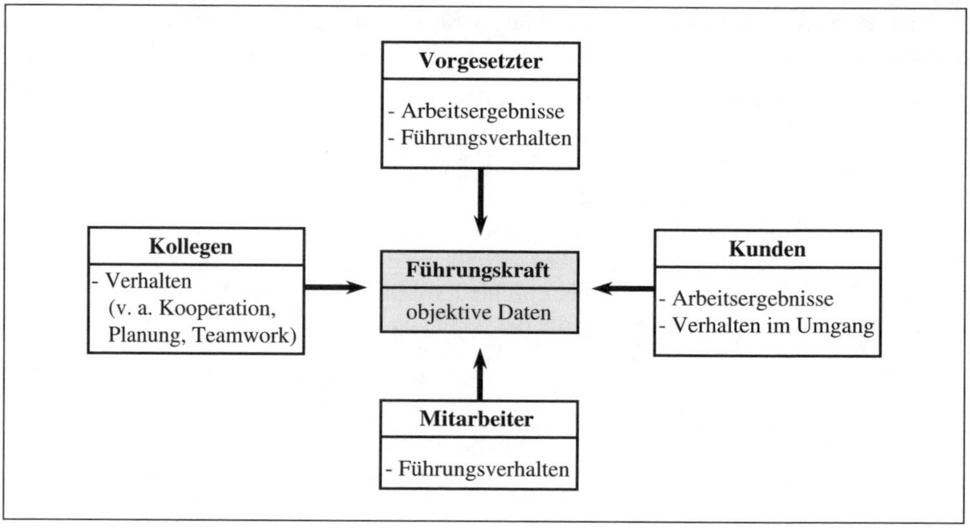

Quelle: London/Beatty (1993) 355; aus: Marcus/Schüler(2001) S. 409.

Abb. 69: 360°-Beurteilung

Manifeste Funktionen		Latente Funktionen	
Führungspolitische Funktionen	*Personalpolitische Funktionen*	*...gegenüber Beurteilern*	*...gegenüber Beurteilten*
• Individuelle Personalförderung • Leistungsstimulierung • Individuelle Potenzialermittung • Individuelle Leistungsinventur • Koordinationsfunktion	• Organisationale Leistungsinventur • Evaluierung von Personalinstrumenten • Analyse von Qualifizierungsbedarf • Begründung von Karriereentscheidungen • Begründung von Entgeltdifferenzierungen	• Steuerungsfunktion zur Mitarbeiterführung • Steuerungsfunktion zum Arbeitsverhalten	• Disziplinierungsinstrument • Sozialisationsfunktion • Nachträgliche Legitimation von Entscheidungen • Steuerungsfunktion zum Arbeitsverhalten

Quelle: Becker, F. G. (2003) 268.

Abb. 70: Funktionen einer Personalbeurteilung

durch die beurteilenden Vorgesetzten ab. Die Leistungsbeurteilung soll bspw. in diesem Zusammenhang den Mitarbeitern die Vorgesetzteneinschätzung zur gezeigten Leistung in der Vergangenheit wiedergeben, letztendlich die individuelle Leistungsbereitschaft (weiter) stimulieren und zur Personalförderung mittels Qualifikationsentwicklung beitragen. Gleichzeitig wird damit vielfach verbunden, eine ausreichende Basis für die Potenzialbeurteilung zu haben.

- *Personalpolitische Funktionen* zielen auf die Feststellung der organisationalen Leistungsfähigkeit (also des Gesamtbetriebes bzw. einer Organisationseinheit) in der Vergangenheit, die generelle Evaluierung der Wirkungen des Einsatzes personalpolitischer Maßnahmen (z. B. Einführung einer neuen Arbeitsorganisation) sowie zusätzlich auf die Begründung und Legitimation von Karriereentscheidungen und Entgeltdifferenzierungen ab.

Neben diesen Zielsetzungen bestehen *latente Funktionen*, d. h. keineswegs von den Systembetreibern offiziell genannte Funktionen. Sie sind auf die Verhaltensbeeinflussung sowohl der Beurteiler als auch der zu beurteilenden Mitarbeiter gerichtet.

- Die Beurteiler werden in ihrem Führungsverhalten angehalten, die Mitarbeiter systematisch (i. S. vorgegebener Kriterien) zu bewerten und ein Beurteilungsgespräch zu führen. Daneben wird durch die Wahl des Beurteilungsverfahrens z. T. auch das sonstige Arbeitsverhalten inhaltlich in eine grobe Richtung gesteuert.
- Auf die zu beurteilenden Mitarbeiter üben die eventuell mit einer Leistungsbeurteilung erwarteten Konsequenzen eine Disziplinierungsfunktion aus. Zudem kommt den normativ gesetzten Erwartungen in der Leistungsbeurteilung eine Sozialisationsfunktion zu.

Nicht alle angegebenen Funktionen sind gleichzeitig erreichbar, wenngleich in der betrieblichen Praxis vielfach hiervon ausgegangen wird. Als problematisch erweist sich bei der Umsetzung von Personalbeurteilungen normalerweise die Verfolgung von mehreren Funktionen gleichzeitig.[46]

Im Nachfolgenden konzentrieren wir uns auf die Nachgeordnetenbeurteilung. Objekt sind dabei die untergebenen Mitarbeiter in ihrer Rolle als beschäftigte Entscheidungs- und/oder Aufgabenträger. Ihr (möglicher) Beitrag zur Erreichung der betrieblichen Ziele wird betrachtet. Differenziert wird das *Objekt* insofern, als dass das zwischen *Leistungsbeurteilung* (vergangenheits- und gegenwartsorientiert auf Leistungen der Mitarbeiter) und *Potenzialbeurteilung* (zukunftsorientiert auf Qualifikationspotenziale und Eignungen der Mitarbeiter) unterschieden wird.

(2) Leistungsbeurteilung

Die Leistungsbeurteilung[47] stellt einen institutionalisierten Prozess zur planmäßigen und formalisierten Gewinnung, Verarbeitung und Auswertung von Informationen über die in einer bestimmten Periode erbrachte Leistung (im Gegensatz zur Potenzialbeurteilung) eines Mitarbeiters durch dazu beauftragte Mitarbeiter bez. vereinbarter Leistungskriterien dar. In einer weiten **Begriffsfassung** zählt zur Leistungsbeurteilung:

1. Auswahl der Funktion(en),
2. Bestimmung des Beurteilungsverfahrens,
3. Objektspezifikation (v. a. Eigenschaften, Verhalten, Aufgaben und/oder Ziele),
4. Objektrepräsentation, Auswahl der Methodik,
5. die Leistungsbewertung in zwei Phasen: (5a) Bewertung I: Erhebung der Leistungsergebnisse, Beobachtung des Leistungsverhaltens, Dokumentation der Leistungsbedin-

46 Vgl. Neuberger (1980); Becker (2003).
47 Vgl. Brandstätter (1970); Becker, F. G. (2003); Breisig (1998).

gungen, Ausfüllen des Beurteilungsformulars; (5b) Bewertung II: Analyse der positions-, zeit-, situations- und funktionsspezifischen Leistungskomponenten, Beurteilungsgespräch, Urteilsfindung, Konsequenzvorschlag; sowie
6. ergänzend Schlussfolgerungen für die nachfolgende Beurteilungsperiode.[48]

Die **Grundidee** besteht darin, ein tatsächlich beobacht- und beschreibbares Ist-Leistungsergebnis mit einem Soll-Leistungsergebnis zu vergleichen. Der Übereinstimmungsgrad von Ist- und Soll-Ergebnis wird dabei als Indikator für die Leistung bzw. den Erfolg von Mitarbeitern gewertet. Sind Soll- oder Ist-Ergebnisse nicht bestimm- oder erfassbar, so basiert die Leistungsbeurteilung auf der Hypothese, dass Leistungsergebnisse durch Leistungsverhalten zustande kommen. Ist dieses tatsächlich beobachtbar und auch als Soll-Verhalten beschreibbar, so gründet die Leistungsbeurteilung auf dem Vergleich von Soll- und Ist-Verhalten. Die zu erwartenden wie geltenden Leistungsbedingungen sind zusätzlich zu berücksichtigen.

Um die Leistungsbeurteilung durchzuführen sind Verfahren notwendig. **Beurteilungsverfahren** sind dabei methodische Hilfsmittel, mit deren Hilfe die Beobachtungen der Beurteiler in schriftliche und meist auf einem wertenden Kontinuum eingeordnete Aussagen ausgedrückt werden. Sie ermöglichen es dadurch, beobachtete Beurteilungsobjekte strukturiert zu erfassen und einer Auswertung zugänglich zu machen. Bei ihrer Anwendung handelt es sich dabei um einen institutionalisierten Prozess, bei dem planmäßig und formalisiert Informationen über die in einem bestimmten Zeitraum erbrachte Leistung des zu beurteilenden Mitarbeiters gesammelt und ausgewertet werden. Die Beurteilung erfolgt jeweils durch speziell dazu beauftragte Organisationsmitglieder und wird anhand vorher vereinbarter Kriterien durchgeführt.

Die **Verfahren der Leistungsbeurteilung** lassen sich unterschiedlich klassifizieren, je nachdem, welches Gruppierungsmerkmal verwendet wird:

- nach dem Strukturierungsgrad in freie und gebundene Verfahren,
- nach dem Objekt in eigenschafts-, verhaltens-, tätigkeits-/aufgaben- und zielorientierte Verfahren,
- nach den Beurteilern in Untergebenen-, Vorgesetzten-, Gleichgestellten-, Selbst- und Teambeurteilungsverfahren (s. o.),
- nach der Genauigkeit der Methode in summarische und analytische Verfahren,
- nach ihrem Ursprung in sozialpsychologische, psychometrische und betriebswirtschaftlich pragmatische Verfahren sowie
- nach ihrem Vorgehen bei der Bewertung in freie Beurteilungen, Rangordnungs-, Kennzeichnungs-, Einstufungsverfahren, aufgabenorientierte Verfahren und zielorientierte Verfahren.

Diese Differenzierung verwenden wir auch hier. Siehe dazu Abbildung 71:

Nachfolgend sind die Verfahren beschrieben:[49]

(1) Freie Beurteilungen sehen keine formalen und inhaltlichen Einengungen der Beurteiler, außer des Beurteilungszeitraumes, vor.

48 Die vier erstgenannten Begriffskomponenten werden in der Wirtschaftspraxis allerdings zumeist vorab von den Systembetreibern inhaltlich bestimmt.
49 Vgl. insgesamt zur Darstellung wie Kritik v. a. Becker, F. G. (2003).

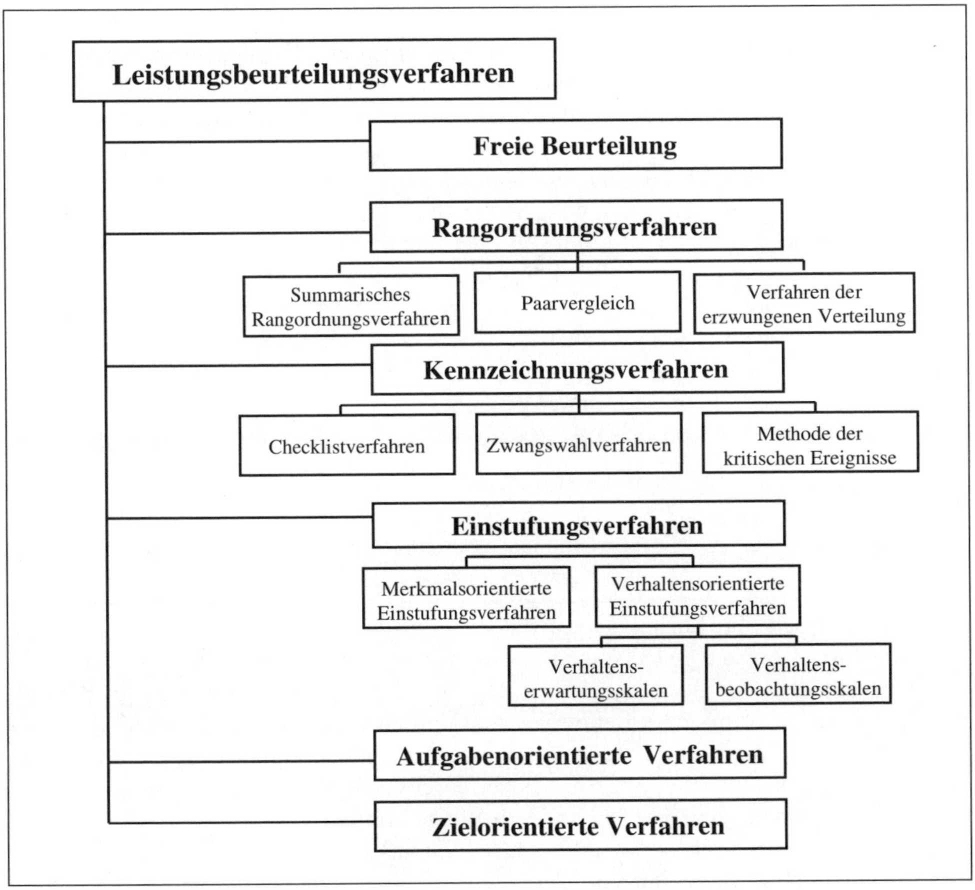

Quelle: Becker, F. G. (2002) 325.

Abb. 71: Leistungsbeurteilungsverfahren

(2) Rangordnungsverfahren versuchen, die zu Beurteilenden einer definierten Arbeitsgruppe unmittelbar miteinander zu vergleichen.

(3) Bei Kennzeichnungsverfahren sind vorab Beurteilungsaussagen definiert, deren Wert den Beurteilern aber nicht bekannt ist. Sie vergleichen nur, ob sie beobachtbar waren oder nicht.

(4) Merkmalsorientierte Einstufungsverfahren prüfen das Vorhandensein und die Ausprägung vorab und allgemein festgelegter Beurteilungsmerkmale, oft auch von Persönlichkeitseigenschaften.

(5) Mit verhaltensorientierten Einstufungsverfahren wird – vorab kategorial definiertes – Leistungsverhalten eingeschätzt.

(6) Aufgabenorientierte Verfahren stellen das positions- und mitarbeiterspezifische Zustandekommen von Leistung in den Mittelpunkt.

(7) Ziel-(Ergebnis-)orientierte Verfahren gehen von den erwarteten, vorab definierten Leistungen aus.

Zu (1): **Freie Beurteilung**
Die freie Beurteilung basiert auf der Idee, Erfahrungen und Fachwissen von geschulten »Beurteilungsexperten« für die Personalbeurteilung nutzbar zu machen. Gerade die weitgehende Unstrukturiertheit des Verfahrens soll es ermöglichen, genauer auf Arbeitsplatz- und Mitarbeiterspezifika einzugehen. Die freie Beurteilung wird in zwei verschiedenen Varianten praktiziert: (1) Im Rahmen der Beurteilung beschreiben die Beurteiler ihre Eindrücke auf einem formlosen Beurteilungsbogen über die vergangenen, von den zu beurteilenden Mitarbeitern gezeigten Leistungen oder Qualifikationspotenziale, in erzählender Form, ohne an eine bestimmte Systematik gebunden zu sein (völlig unstrukturierte Beurteilung). (2) Manchmal erfolgen jedoch Vorgaben, Fragen und andere Hilfestellungen, als dass nach bestimmten Leistungsinhalten (z. B. Arbeitsquantität, -qualität, Fachwissen) und/oder besonderen Stärken/Schwächen gefragt wird (teilstrukturierte Beurteilung). Wenngleich die freie Beurteilung wegen ihrer Willkür, der Beurteilerüberforderung und i. d. R. unsystematischen Vorgehensweise zu Recht sehr umstritten ist, hat sie den Vorteil, dass arbeitsplatz- und zeitspezifische Bedingungen prinzipiell leicht berücksichtigt und subjektiv bewertet werden können.

Zu (2): **Rangordnungsverfahren**
Mithilfe von Rangordnungsverfahren werden v. a. im Rahmen der Leistungsbeurteilung die Beurteilten bzw. ihre Leistungen entweder analytisch hinsichtlich bestimmter Kriterien oder summarisch anhand eines Gesamtkriteriums miteinander verglichen und in eine auf- bzw. absteigende Rangfolge eingegliedert. Dadurch ergibt sich aus der Sicht des Beurteilers die relative Stellung jedes Beurteilten hinsichtlich der jeweiligen Leistung (bzw. als Äquivalent angenommener Bezugsgrößen) auf einer Ordinalskala. I. Allg. werden die in der Abbildung genannten drei Arten dieses Verfahrens diskutiert. Insgesamt gesehen haben die Verfahren jedoch heute ihre frühere Bedeutung verloren.[50]

Zu (3) **Kennzeichnungsverfahren**
In Rahmen von Kennzeichnungsverfahren geben die Beurteiler jeweils an, ob bestimmte vorgegebene Beurteilungskriterien bzw. bestimmte Aussagen auf die Beurteilten zutreffen oder nicht. Die Merkmalskriterien sind in ihrer Reihenfolge i. d. R. beliebig gemischt oder nach dem Anschein gleicher Erwünschtheit gruppiert. Die mit diesem Verfahren von den Beurteilern geforderten dichotomen Aussagen anhand von Skalen mit binär messbaren Merkmalsausprägungen (ja für »Aussage trifft zu«, nein für »Aussage trifft nicht zu«) erlauben eine direkte Auswertung und eine nachfolgende Skalierung der einzelnen Items, ohne allerdings (zunächst) etwas über die Rangordnung oder gar die Differenz zwischen den Beurteilten hinsichtlich eines Merkmals auszusagen. Man unterscheidet insbes. drei Arten:

- Das **Check-List-Verfahren** operiert mit einer Liste von Beschreibungen über Verhaltensweisen, die für die Leistung förderlich oder aber hinderlich sind und aus der eine Wahl zu treffen ist, ohne dass Bewertungen abzugeben sind.[51]

---

50 Vgl. Becker, F. G. (2003); Marcus/Schuler (2001).
51 Vgl. Brandstätter (1970) 678 f.; Bartölke (1972) 654; Lattmann (1994) 50 f.

- Ähnlich steht das **Zwangswahl-Verfahren** (Forced Choice-Methode) auf der Grundlage der vorgegebenen, gruppierten Verhaltensbeschreibungen über erfolgreiche und erfolglose Mitarbeiter, denen das Verhalten der zu Beurteilenden zuzuordnen ist.[52]
- Mit der **Methode kritischer Ereignisse** (Critical Incidents) werden auf einer Liste von Verhaltensweisen kritische, d. h. Erfolg oder Misserfolg begründende Ereignisse (Tätigkeiten, auch Ergebnisse) verzeichnet. Aufgrund von Beobachtungen werden Häufigkeitsverteilungen ermittelt, auf deren Grundlage zusammenfassende Beurteilungen gebildet werden.[53]

Auch diese Verfahren haben ihre Bedeutung mittlerweile eingebüßt.

Zu (4): **Merkmalsorientierte Einstufungsverfahren**
In der überwiegenden Anzahl von Unternehmen haben sich merkmalsorientierte Einstufungsverfahren[54] (oft als analytische Einstufungsverfahren bezeichnet) der Leistungsbeurteilung durchgesetzt. Sie sehen eine jährliche Beurteilung mit einem vorgegebenen Kriterienkatalog (durchschnittlich 12–15 Kriterienmerkmale) und vorgegebener Stufenzahl (durchschnittlich 7) vor.

Bei diesen Verfahren sind weiter in den Beurteilungsformularen je Kriterium nach dem Ausprägungsgrad geordnete, verbal oder numerisch bezeichnete Skalenstufen zur Bewertung vorgegeben. Die verschiedenen Ausprägungsgrade sollen die Kriterien bzw. die Güte der Leistungen individuell ausdrücken. Die damit verbundenen Vorstellungen sind mehr oder weniger präzisiert. Die durch die Beurteiler wahrgenommene Ausprägung der Kriterien bei den zu beurteilenden Mitarbeitern ist mit den zu den verschiedenen Beurteilungsmerkmalen vorgegebenen Kriterien- bzw. Skalenausprägungen zu vergleichen, die treffendste Ausprägung ist zu wählen. Die Kriterienausprägungen werden bei der letztendlichen Bewertung im Endeffekt oft numerisch erfasst, ihrer angenommenen Bedeutung gemäß gewichtet und zu einem Leistungswert (aus dem sich eine eventuelle Leistungszulage ergibt) zusammengefasst. Normalerweise werden *Standardkriterienkataloge* über verschiedene Funktionsbereiche und -ebenen hinweg verwendet. Eine Differenzierung findet selten statt. Zusätzliche Merkmale sind bei Führungskräften üblich. Bei den Kriterien handelt es sich um solche, denen ein Leistungsbezug unterstellt wird, wie z. B. Arbeitsquantität, Arbeitsqualität, Kreativität, Führungsverhalten.

Obwohl solche Verfahren am wenigsten den oben formulierten Ansprüchen an die Qualifikationsdiagnose genügen, sind sie in der Wirtschaftspraxis sehr weit verbreitet[55] (vgl. auch das Beispiel für ein Bewertungsformular für Angestellte in Abbildung 72).

Im Einzelnen sind gegen diese Verfahren die folgenden Haupteinwände zu erheben:[56]

- Die Anforderungsseite bleibt weitgehend unberücksichtigt,
- gültige, zuverlässige und objektive Urteile sind kaum möglich,
- ein situationsspezifischer oder individueller Zuschnitt ist (wenn überhaupt) nur schwer praktizierbar,

52 Vgl. Sisson (1948); Brandstätter (1970) 679 ff.
53 Vgl. Flanagan (1954) 336 ff.; Bartölke (1972).
54 Vgl. zur Darstellung wie Kritik Neuberger (1980); Becker, F. G. (2003); Breisig (1998).
55 Vgl. z. B. Grunow (1976) 14 ff.; Gaugler u. a. (1978) 46 ff.; oder Becker, F. G. (2003) 307 und die dort angegebene Literatur.
56 Vgl. v. a. Neuberger (1998); Becker, F. G. (2003).

Bewertungsmerkmale	Gewichtung	Bewertungsskala				
		1	2	3	4	5
I. Anwendung der Kenntnisse Darunter ist z.B. zu verstehen: - Beweglichkeit des Denkens oder - Erkennen des Wesentlichen oder - gezeigte Selbständigkeit	1	entspricht selten der Erwartung 0	entspricht im Allgemeinen der Erwartung 2	entspricht voll der Erwartung 4	liegt über der Erwartung 6	liegt weit über der Erwartung 8
II. Arbeitseinsatz Darunter ist z. B. zu verstehen: - Initiative oder - Ausdauer oder - Zuverlässigkeit	1	0	2	4	6	8
III. Arbeitsquantität Darunter ist z.B. zu verstehen: - Intensität der Arbeitsausführung oder - Umfang des erzielten Arbeitsergebnisses	2	0	4	8	12	16
IV. Arbeitsqualität Darunter ist z.B. zu verstehen: - Genauigkeit der Arbeitsausführung oder - Fehlerfreiheit des Arbeitsergebnisses	2	0	4	8	12	16
V. Zusammenarbeit und persönliche Wirksamkeit Darunter ist z.B. zu verstehen: - Informationsaustausch oder - Zusammenarbeit oder - Mitarbeiter anzuweisen oder anzuleiten oder zu beurteilen oder zu fördern	1	0	2	4	6	8

Quelle: Becker, F. G. (2003) 310.

Abb. 72: Bewertungsformular eines merkmalsorientierten Einstufungsverfahrens

- es ist möglich, dass die Verfahrensanwendung negative motivationale Effekte nach sich zieht, die die Leistungsbereitschaft und/oder Leistungsintensität beeinträchtigen, wenn nicht positiv ausgerichtete Aktivitäten (z. B. Mitarbeitergespräche) begleitend eingesetzt werden.
- Die Auswahl der Kriterien basiert zumeist auf Usancen sowie Plausibilitätsüberlegungen und nicht auf empirischen Studien arbeitsplatzspezifischer Leistungsinhalte. Die Erfahrung zeigt dabei, dass vielfältige eigenschaftsorientierte Kriterien (z. B. Initiative, Zuverlässigkeit, Flexibilität) als Standardmerkmale ausgewählt werden. Diese Kriteri-

en sind für die Leistungsbeurteilung ungeeignet. Die übliche Verwendung offener oder versteckter eigenschaftsorientierter Kriterien steht dabei in keinem bekannten Zusammenhang zur Leistung. Auf ihr basierende Beurteilungen übersehen zudem die Bedeutung der Arbeitssituation. Bei Routinetätigkeiten werden bspw. »Kreativität« und »Initiative« kaum zugelassen. Zudem wird die Vorgesetzten/Mitarbeiter-Beziehung bei der fruchtlosen Diskussion um (versteckte) Eigenschaften nicht verbessert, sondern unnötig belastet.

Zu (5): **Verhaltensorientierte Einstufungsverfahren**
Verhaltensorientierte Einstufungsverfahren[57] stellen Einstufungsskalen dar, die auf empirisch-systematisch ermittelten, stellentypischen Verhaltensbeschreibungen basieren. Speziell in Nordamerika finden solche Verfahren die größte Akzeptanz. Ziel der Verfahren ist es – neben der Gewinnung der Verhaltensaussagen für jeden Stellentyp – unterscheidbare Leistungsdimensionen für die Arbeitsplätze zu identifizieren. Eine Position wird dazu in ihre einzelnen Aufgabenbereiche (Dimensionen) zerlegt. Diese Dimensionen stellen die Beurteilungskriterien dar. Jede Dimension erhält eine separate Skala. Diese Skalen enthalten Skalenwerte in Form von aufgabenbezogenen Verhaltensbeschreibungen je Stufe. Die Stufen werden durch Kurzbeschreibungen stellentypischen Verhaltens (und ihrer Güte) definiert. Die Verfahren bestehen schließlich aus einem Set verschiedener Beurteilungsskalen. Ein Beurteiler muss jede Dimension lesen und sich jeweils für eine bestimmte Verhaltensbeschreibung entscheiden. Die Entwicklung des Beurteilungsformulars erfolgt i. d. R. in Zusammenarbeit mit zukünftigen Beurteilern. Verschiedene Verfahrensvarianten liegen vor, v. a. Verhaltenserwartungsskalen, Verhaltensbeobachtungsskalen und Verhaltenssummenskalen.

- Die **Verhaltenserwartungsskala** (VES) ist eine besondere Form einer Leistungsbeurteilung.[58] Sie ist unter der Bezeichnung »Behavioral Anchored Rating Scales – BARS« von Smith/Kendall entwickelt und im Zeitablauf v. a. als »Behavioral Expectation Scale« bezeichnet worden. Bei den Verhaltenserwartungsskalen handelt es sich um ein empirisch unter Beteiligung von zukünftigen Beurteilern entwickeltes, auf spezifische Arbeitsplatztypen bezogenes Beurteilungsinstrument, das sich durch verhaltensorientierte Beschreibungen (Verhaltensitems) im Beurteilungsformular auszeichnet. Smith/Kendall hatten die Idee, dass verschiedene Leistungslevel in Beurteilungsskalen durch Verhaltensbeispiele der Positionsinhaber »verankert« werden könnten. Das Beurteilungsformular der Verhaltenserwartungsskalen besteht schließlich aus einem Set verschiedener Beurteilungsskalen. Sie beruhen auf der stufenweisen Entwicklung und Definition von Arbeitsbereichen (Leistungsdimensionen) sowie kriterienspezifischen Einstufungsskalen, die als Beurteilungskriterien dienen sollen. Abgezielt wird auf eine Standardisierung des Beurteilungsprozesses zur Verbesserung der Vergleichbarkeit verschiedener Beurteilungen (durch die Formulierung gemeinsamer Bezugssysteme, Kriterien, Verhaltensaussagen, Leistungsdimensionen), die Reduzierung von Beurteilungsfehlern sowie auf eine Verbesserung von Beurteilungsgesprächen mithilfe verhaltensspezifischer Feedbacks für die Beurteilten. Durch die Partizipation einer Vielzahl von Arbeitsplatz-

57 Vgl. Domsch/Gerpott (1985); Becker, F. G. (2003); Marcus/Schuler (2001).
58 Vgl. Smith/Kendall (1963); Campbell u. a. (1973); Domsch/Gerpott (1985); Becker, F. G. (2003); Weinert (1998).

Vermittelt dem Verkaufspersonal klare Vorstellungen über dessen Aufgaben und Verantwortungsbereiche; arbeitet taktvoll und freundlich mit Untergebenen zusammen; nimmt effiziente und gerechte Arbeitseinteilung vor und ergänzt formale Trainingsmaßnahmen durch persönliche Anleitung; hält sich laufend informiert über das, was sein Verkaufspersonal am Arbeitsplatz tut und hält sich bei Vereinbarungen mit Untergebenen an die Unternehmenspolitik.

Leitet sein Personal durchweg effektiv an und erreicht durch gezielte Förderung und geschickte Motivierung Spitzenleistungen seiner Mitarbeiter.	9	Man könnte von diesem Abteilungsleiter erwarten, dass er für zwei neue Mitglieder ein ganztägiges Verkaufspraktikum durchführt und sie so in die Gruppe der besten Verkaufsmitarbeiter der Abteilung führt.
	8	Man könnte von diesem Abteilungsleiter erwarten, dass er seinen Mitarbeitern ein starkes Gefühl des Vertrauens und der Verantwortlichkeit vermittelt, indem er viele wichtige Aufgaben an sie delegiert.
	7	Man könnte von diesem Abteilungsleiter erwarten, dass er es nie versäumt, wöchentliche Trainingsveranstaltungen mit seinen Mitarbeitern zu festgelegten Terminen durchzuführen und ihnen genau mitzuteilen, was er von ihnen erwartet.
	6	Man könnte von diesem Abteilungsleiter erwarten, dass er sich gegenüber seinen Mitarbeitern höflich und korrekt verhält.
Leitet sein Personal überwiegend befriedigend an und fördert und motiviert seine Mitarbeiter so, dass sie ihre Aufgaben zumeist befriedigend bewältigen.	5	Man könnte von diesem Abteilungsleiter erwarten, dass er Verkaufspersonal daran erinnert, auf Kunden zu warten, anstatt sich miteinander zu unterhalten.
	4	Man könnte von diesem Abteilungsleiter erwarten, dass er sich vor seinen eigenen Mitarbeitern kritisch über die Qualität des Kaufhauses äußert und so die Entwicklung negativer Einstellungen bei den Mitarbeitern riskiert.
	3	Man könnte von diesem Abteilungsleiter erwarten, dass er einen Mitarbeiter auch dann auffordert, zur Arbeit zu kommen, wenn dieser angerufen hat, um mitzuteilen, dass er krank sei.
Verhält sich gegenüber seinem Personal so, dass dessen Leistungsbereitschaft und -fähigkeit durch ihn eher verschlechtert wird.	2	Man könnte von diesem Abteilungsleiter erwarten, dass er die einem Mitarbeiter gemachte Zusage, dass dieser in seine frühere Abteilung zurückkehren könnte, wenn es ihm in der neuen Abteilung nicht gefällt, nicht einhält.
	1	Man könnte von diesem Abteilungsleiter erwarten, dass er einem Mitarbeiter eine umsatzorientierte Gehaltsfestsetzung verspricht, obwohl er weiß, dass ein solches Verfahren gegen die Unternehmenspolitik verstößt.

Bitte geben Sie von Ihnen tatsächlich beobachtete Verhaltensbeispiele auf einer Liste an, und stufen Sie diese unter Zugrundelegung der obigen Skala ein.

Quelle: Domsch/Gerpott (1985) 671.

Abb. 73: Beispiel einer Verhaltenserwartungsskala

experten und späteren Anwendern erwartet man die Entwicklung stark positionsbezogener Skalen. Sie sollen es den Beurteilern zudem erlauben, Verhalten – und nicht diffuse Eigenschaften oder Zielerreichungen – zu bewerten. Siehe zu einem Beispiel Abbildung 73.
- Die **Verhaltensbeobachtungsskalen** (VBS; »*behavioral observation scale/BOS*«) sind v. a. durch *Latham/Wexley* zur Leistungsbeurteilung entwickelt worden.[59] Bei dieser Verfahrensart werden mithilfe der Methode der kritischen Ereignisse durch Arbeitsplatzexperten (Beurteiler wie Beurteilte) leistungsdifferenzierende Verhaltensaussagen generiert. Die VBS unterscheiden sich wie folgt von den Verhaltenserwartungsskalen: Sie basieren auf tatsächlich beobachteten Verhaltensweisen und fordern von den Beurteilern nicht, von ihren allgemeinen Eindrücken auf vorgegebene Verhaltensitems zu schließen. Mit dem Verhaltensbeobachtungsansatz werden Informationen über das tatsächlich erwünschte Verhalten am Arbeitsplatz generiert sowie den Beurteilern beobachtbare Verhaltensaussagen präsentiert. Auf einer 5-Punkte-Likert-Skala (0 – 4 bzw. sehr oft, oft, gelegentlich, selten, nie) müssen sie für jedes im Beurteilungsformular angegebene Verhaltensitem bewerten, inwieweit dieses Verhalten von »fast nie« bis »fast immer« gezeigt bzw. beobachtet wurde. Die summierten Skalenwerte gelten als nummerisches Äquivalent für die von den Mitarbeitern in einer arbeitsplatzspezifischen Leistungsdimension gezeigte Leistung. Gesamtleistungsziffern für Mitarbeiter werden durch die Addition dieser Skalenwerte berechnet. Siehe zu einem Beispiel Abbildung 74.

Diese starren und aufwändigen Verfahren haben zumindest im deutschsprachigen Bereich eine geringe Praxisrelevanz.[60]

Zu (6): **Aufgabenorientierte Verfahren**

Unter aufgabenorientierten Einstufungsverfahren sind solche Verfahren zu verstehen, die ausgehend von den in einer bestimmten Leistungsperiode von Mitarbeitern zu erfüllenden, positionsspezifischen Aufgaben eine darauf zugeschnittene Leistungsbeurteilung der Aufgabenerfüllung durchführen. Das bekannteste aufgabenorientierte Verfahren ist das »Konzept der ganzheitlichen Qualifikation« nach Capol.[61] Mit der Methode wird bewusst auf die interindividuelle Vergleichbarkeit der Leistungen verzichtet. Stattdessen wird das Verstehen des Zustandekommens einer individuellen Leistung, also subjektives Beurteilen, bewusst zum wesentlichen Prinzip des Verfahrens erhoben. Zudem soll das Verfahren Hinweise zu Qualifikationsentwicklungen geben. Im Einzelnen ist das Verfahren wie folgt aufgebaut:

- Zunächst erfolgt gemeinsam und vorab eine Untersuchung, Differenzierung und schriftliche Festlegung der konkreten und wesentlichen Aufgabenstellungen des spezifischen Positionsinhabers.
- Die Beurteilung des Arbeitsverhaltens wird anhand der speziellen Aufgabenliste mithilfe von vier Stufen (ausgezeichnet, gut, befriedigend, unbefriedigend) sowie der Beschreibung des Sozialverhaltens vorgenommen. Jede Bewertung ist jeweils mit Angabe von Beobachtungen und belegbaren Tatsachen verbal zu begründen.

59 Vgl. Latham/Wexley (1994); Domsch/Gerpott (1985); Becker, F. G. (2003); Weinert (1998).
60 Vgl. zur Kritik auch Becker, F. G. (2003).
61 Vgl. Capol (1965) 90 ff.

Beispiel eines BOS-Kriteriums oder Leistungsdimension für bewertende Führungskräfte *

I. Beseitigung von Widerstand gegenüber Veränderungen

(1) Beschreibt den Untergebenen die Einzelheiten der Veränderung

Fast nie 1 2 3 4 5 Fast immer

(2) Erklärt, warum die Veränderung notwendig ist

Fast nie 1 2 3 4 5 Fast immer

(3) Erläutert, wie die Veränderung die Mitarbeiter betreffen wird

Fast nie 1 2 3 4 5 Fast immer

(4) Hört die Bedenken der Mitarbeiter an

Fast nie 1 2 3 4 5 Fast immer

(5) Bittet die Mitarbeiter um Mithilfe, die Veränderung zum Laufen zu bringen

Fast nie 1 2 3 4 5 Fast immer

(6) Falls erforderlich, setzt einen Termin für eine Nachfolge-Besprechung an, in der auf die Bedenken der Mitarbeiter eingegangen wird

Fast nie 1 2 3 4 5 Fast immer

Summe = ______________

Nicht ausreichend	Ausreichend	Ordentlich	Ausgezeichnet	Hervorragend
6-10	11-15	16-20	21-25	26-30

*Punkte werden durch die Leitungsebene festgelegt.

Quelle: In Anlehnung an Latham/Wexley (1994) 85.

Abb. 74: Beispiel einer Verhaltensbeobachtungsskala

– Jede Einstufung soll den Erfüllungsgrad der geforderten Leistung einer spezifischen Teilaufgabe wiedergeben. Die Einstufungen dienen nur als methodisches Hilfsmittel für die Beurteiler und nicht statistischen Auswertungen. Nachfolgend ist die Frage nach den jeweiligen Ursachen der beschriebenen Verhaltensweisen zu beantworten. Hiermit wird eine Möglichkeit geschaffen, individuelle Qualifikationen wie auch externe Leistungsbedingungen als Ursachen mit in die Begründung für gut oder schlecht bewertete Aufgabenerfüllungen einzubeziehen.

Tätigkeiten	U	B	G	A	Begründung/Tatsachen/Ursachen	**Maßnahmen**	Wer Termin
Auf dieser Seite werden die einzelnen Funktionsbestimmungen der individuellen Aufgabenkataloge umschrieben und beurteilt mit:					Der Vorgesetzte wird angehalten, unter den obenstehenden Titeln seine Beurteilung kurz *tatbeständlich und ursächlich* zu begründen. Die *subjektive Ursachenbegründung* des Vorgesetzten hat als *Annahme* zu gelten, nach der, mit gezielter Auswahl und Verwirklichung von *Führungsmaßnahmen*, das individuelle Leistungsverhalten des qualifizierten Mitarbeiters *positiv beeinflusst* werden kann und soll. In der letzten Kolonne werden die mit der Durchführung dieser Maßnahme beauftragten Vorgesetzten durch die Angabe ihres Kurzzeichens gekennzeichnet. Gleichzeitig wird hier der voraussichtliche Termin der erwarteten Wirkungen dieser Führungsmaßnahmen eingetragen.		
unbefriedigend → befriedigend → gut → ausgezeichnet →	x	x	x	x			
Dabei wird die individuell zugewiesene Aufgabe (Ist) mit der auf eine ideale Norm bezogenen individuellen Aufgabenerfüllung (Soll) verglichen.							

Quelle: Capol (1965) 146 ff.

Abb. 75: Bewertungsformular eines aufgabenorientierten Verfahrens

- Schließlich erfolgt in einer weiteren Rubrik ein Vorschlag, der aufgrund der Leistungsbeurteilung einzuleitende Maßnahmen (z. B. Förderung, Qualifizierung, Arbeitsplatzveränderung, Leistungszulagen) erfasst.

Zu einem Bewertungsbeispiel siehe die Abbildung 75.

Kritisch ist insbesondere anzumerken, dass ein solches Verfahren einen hohen Entwicklungsaufwand erfordert und mangels interindividueller Vergleichbarkeit der Ergebnisse nicht ohne erhebliche subjektive Einflüsse zur Lohndifferenzierung herangezogen werden kann. Aufgabenorientierte Einstufungsverfahren stellen trotz aller treffender Einzelkritik eine äußerst fruchtbare Idee zur Entwicklung aufgaben-, zeit-, situations- und personenspezifischer Beurteilungsverfahren dar, zumindest für solche Positionen, an denen eine Zielformulierung nur schwer möglich ist.

Zu (7): **Zielorientierte Verfahren**

Das zielorientierte Verfahren der Leistungsbeurteilung[62] ist eine relativ moderne Verfahrensart der Leistungsbeurteilung. Sie geht in erster Linie von den erwarteten Leistungsergebnissen bzw. den gestellten Zielen sowie den diesbezüglich erreichten Ergebnissen eines Verantwortungsbereiches aus. Die Leistungsbeurteilung ist in diesem Sinne gleich Zielerreichungskontrolle im Planungs- bzw. Führungssystem. Im Rahmen der bei der zielorientierten Unternehmungsführung normalerweise angeführten Konzeption eines Management by Objectives (MbO)[63] wird die Leistungsbeurteilung allerdings i. d. R. vernachlässigt.

Wesentliches, vorgelagertes Element des MbO ist die Ableitung und Bestimmung von Unternehmungszielen (bis hin zu Stellenzielen).

- Das MbO sieht vor, eine wechselseitige Zielabstimmung zwischen Vorgesetzten und Untergebenen aufzunehmen und die vereinbarten Ziele zur Grundlage von Leistungsbeurteilungen zu machen. Der erste Vorgang einer vorläufigen Zielableitung hierarchieabwärts gehört dabei zur Anforderungsseite, während bei der Zielbestätigung hierarchieaufwärts in das Zielvereinbarungsgespräch zwischen Vorgesetztem und Untergebenem auch Leistungsvermögen und -bereitschaft des letzteren Eingang finden. Damit kommt auch im MbO der Einfluss der Positionsinhaber auf die Aufgaben und damit auf deren Anforderungen zum Tragen.
- Beurteilungsobjekte sind also v. a. der Zielerreichungsgrad eines Geschäftsbereiches, der Abteilung oder auch der einzelnen Mitarbeiter, eventuelle Verhaltensziele sowie die Ursachen möglicher Zielabweichungen. Die Zieldefinition dient insofern als Basis für die Leistungsbeurteilung, wobei die jeweiligen Leistungsziele vorab hinsichtlich ihrer Kriterien und Standards festzulegen sind. Die Beurteilung erfolgt durch einen Soll-Ist-Vergleich am Ende der Beurteilungsperiode. Die im MbO vorgesehene Abweichungsanalyse deckt u. a. mögliche Leistungslücken und deren Ursachen auf. Weitere Instrumente wie Beurteilungsgespräche ermöglichen Qualifikationsdiagnosen und Verlängerungen zu Qualifikationsprognosen sowie weiteren Maßnahmen.

Siehe zu einer integrierten Darstellung von Leistungsbeurteilung und MbO die Abbildung 76.

62 Vgl. Mungenast (1990); Fallgatter (1996); Becker, F. G. (2003); Breisig (1998); Becker, M. (1999):
63 Vgl. speziell Kill (1972) 118 ff. sowie Lattmann (1994) 63 ff.

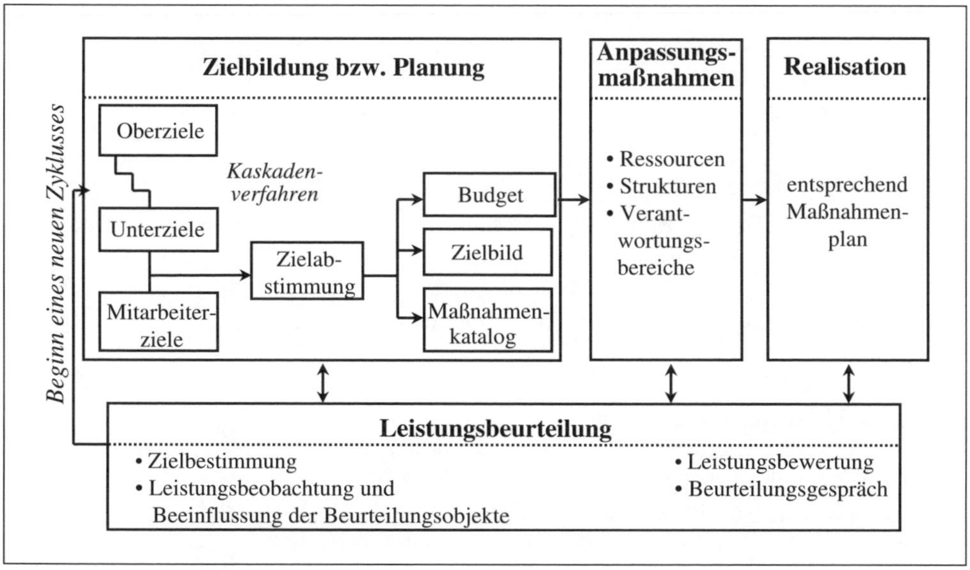

Quelle: Fallgatter (1996) 189.

Abb. 76: MbO und integrierte Leistungsbeurteilung

Solche Verfahren sind i. d. R. nur für Führungspositionen anwendbar. Der Vorteil von zielorientierten Leistungsbeurteilungen liegt v. a. in der vom administrativen Standpunkt aus einfachen Berechnung von variablen Entgelten. Diese sind an den jeweiligen Zielerreichungsgrad gekoppelt. Problematisch ist jedoch, dass keine anderen Determinanten als die individuelle Leistung berücksichtigt werden (z. B. tatsächlicher Schwierigkeitsgrad der Zielerreichung). Diese lassen sich nur mit zusätzlichen subjektiven Beurteilungen erfassen. Teilweise wird im Rahmen der zielorientierten Beurteilung eine zusätzliche sog. *Weganalyse* ergänzend vorgeschlagen, um für die Zielabweichungsanalyse genaue Ursacheninfomationen zu erhalten.[64] Hiermit soll der Weg der Zielabweichung bzw. das Leistungsverhalten sowie teilweise auch das Wirken externer Leistungsbedingungen erfasst werden, um beides bei den Leistungsurteilen berücksichtigen zu können. Nur mit der damit verbundenen Berücksichtigung geltender Leistungsbedingungen lässt sich angemessen die individuelle Leistung bewerten. Abbildung 77 zeigt beispielhaft ein Bewertungsformular.

Bisher angestellte Langzeitstudien zeigen insgesamt positive Folgen sowohl für den Betrieb als auch für die Mitarbeiter, wenn Diagnoseverfahren in der oben skizzierten Form angewendet wurden.[65] Das sonst oft als Manko beobachtete Phänomen einer Beurteilungstendenz zur Mitte (zum Durchschnitt) verminderte sich rapide. Die Beurteilungen wurden insgesamt kritischer, die Zufriedenheit der Mitarbeiter mit dem Beurteilungssystem war trotzdem sehr groß.

64 Vgl. Müller (1974).
65 Vgl. Bartölke (1972) 638 f.; Schuler (1978) 153.

Zielsetzungen						
Ziel Nr.	Aufgaben gem. Stellenbeschreibung	Ziel	Randbedingungen	Maß- bzw. Bewertungsvorschriften	Informationsgrundlagen	Gewicht
	Allgemeine Aufgaben					
1	Planung	Einhaltung des Budgets des unterstellten Bereichs bei Durchführung aller geplanten Aktivitäten oder bei a.o. Umständen sofort nach Kenntnisnahme Bericht erstattet.	Keine neuen Aufgaben.	Abweichung in % des Budgetbetrages.	Budgetberichte	6
2	Personalführung	Einhaltung von Arbeitszeiten und allg. Weisungen durch direktunterstellte Mitarbeiter	Technische Voraussetzungen für korrekte Gleitzeiterfassung gegeben.	Korrektheit der Gleitzeitdaten.	Gleitzeitabrechg. Reklamationen.	3
3	Information und Koordination	Laufende Information des Stellvertreters, sodass dieser in der Lage ist, die Aufgaben des Stelleninhabers in dessen Abwesenheit wahrzunehmen.	Mitarbeiter, der die Stellvertreterfunktion übernimmt, wird gem. Abmachung mit Abt. X auf Anfang der Periode in die Personalabt. versetzt.	Führung der Geschäfte bei Abwesenheit Stelleninhaber.	Korrespondenz Aktennotizen usw.	8
	Sachaufgaben					
4	Personalbeschaffg. und -einsatz	Besetzung freiwerdender Stellen innerhalb minimaler Frist, 50% innerhalb von 6 Monaten besetzt. Alle Anforderungen aus der letzten Periode bis Ende Bewertungsperiode besetzt.	Gleichbleibende Arbeitsmarktsituation.	Schnelligkeit der Besetzung zu gewünschten Bedingungen.	Personalanforderg. Stellenplan.	10
5		Eingestellte Mitarbeiter erfüllen die Anforderungen der Stelle.	Anforderungen der Stellen durch die betr. Vorgesetzten genügend klar definiert.	Zahl der Austritte in den ersten 3 Monaten bzw. Zahl der Versetzungen.	Rapporte, sonst. Berichte.	10
6		Personalumschlag: pro Monat nicht mehr als 10 Austritte.	Einhaltung der vorhandenen Führungsrichtlinien durch Vorgesetzte.	Zahl der Austritte.	Personalstatistik	10
7		Mit neuen Mitarbeitern am ersten Tag und mindestens einmal in der Probezeit Kontakt aufgenommen.		Erfassung der Probleme neuer Mitarbeiter.	Besuchsnotizen, Berichte	8

Quelle: In Anlehnung an Müller (1974).

Abb. 77: Bewertungsformular für einen Personalleiter im Rahmen eines zielorientierten Verfahrens

Bewertung der Zielerreichung		
Ziel Nr.	Ergebnis	Kommentar zur Zielerreichung (Begründung von Abweichungen)
1	Budget – 10% eingehalten	Personalwerbespesen wesentlich unter geplanten Ausgaben. Begründung: Einsparung durch Reduktion Zahl der Werbeträger, keine laufenden Serien mehr.
2	Am Ende der Bewertungsperiode Einhaltung der Vorschriften durch alle Mitarbeiter.	Am Anfang der Periode z.T. Nicheinhaltung der Blockzeiten durch Mitarbeiter. Nach Gespräch keine Abweichungen mehr.
3	Kein Stellvertreter vorhanden. Platzhalterschaft gesichert.	Bei Planung zu optimistisch, dass neuer Mitarbeiter rechtzeitig von der anderen Abteilung freigegeben werde. Als Ersatzlösung Platzhalterschaft durch Hr.... Funktioniert zufriedenstellend.
4	70% der freiwerdenden Stellen innerhalb von 6 Monaten besetzt. 10% der Anforderungen aus der letzten Periode noch offen.	Ziel angesichts der rel. guten Arbeitsmarktlage eher zu tief gesetzt (ungenügende Grundlagen bei der Zielfestlegung). Standortänderung einer Abteilung gegenüber letzter Periode hatte unbesetzte Stellen zur Folge.
5	Bei 3 von 85 Besetzungen Anforderungen nicht erfüllt, bei 2 davon interne Versetzungen möglich.	In einem Fall Fehleinschätzung Bewerber, in 2 Fällen von vornherein als Versuch betrachtet.
6	Zwischen 12 und 17 Austritte pro Monat.	Zuwenig direkte Einflussmöglichkeiten durch Personalabteilung. Ziel zu hoch. Stelleninhaber überblickte Situation zu Beginn der Bewertungsperiode infolge kurzer Einarbeitungszeit nicht völlig. Insbesondere Problem, inwieweit GL Einflussnahme der Personalabteilung unterstütze, unklar. Zielerreichung in Anbetracht der Sachlage gut.
7	Nur etwa 50% der Mitarbeiter am Eintrittstag gesehen. 90% während der Probezeit gesehen.	Häufige Terminüberschneidungen mit anderen Verpflichtungen. Kapazität falsch eingeschätzt, insbesondere, da kein Stellvertreter vorhanden.

Quelle: In Anlehnung an Müller (1974).

Abb. 77: Bewertungsformular für einen Personalleiter im Rahmen eines zielorientierten Verfahrens (Fortsetzung)

Zielorientierte Diagnoseverfahren werden nicht nur zustimmend beschrieben und kommentiert. Gegen sie werden vielmehr auch Einwände vorgebracht. In der Hauptsache sind es die folgenden:[66]

- Die Verfahren seien unvollständig, da eine Analyse der Ursachen von Leistungsdefiziten Hypothesen über das hierfür verantwortliche Leistungsverhalten, über die persönlichen Voraussetzungen sowie über die Leistungsbedingungen erforderlich mache.
- Die Verfahren setzten voraus, dass die Leistungsergebnisse eindeutig auf bestimmte Personen zuzurechnen seien, was in der Realität häufig nicht möglich sei (z. B. bei der Teamarbeit).

66 Vgl. insgesamt Schuler (1978) 153; Bartölke (1972) 638 f.

- Die Verfahren konzentrierten sich auf die Bewertung messbarer Anforderungselemente (insbesondere basierend auf quantifizierbaren Zielsetzungen), wodurch ein nicht geringer Teil weiterer Beurteilungskriterien außer Betracht bliebe.
- Allgemeine und vergleichbare Standards bei der Zielformulierung lägen im Rahmen des Instruments nicht vor und müssten einzelfallspezifisch definiert werden.
- Die Verfahren vernachlässigten die Leistungsbedingungen und -voraussetzungen.

Wenn man die hier dargestellten Verfahren anhand der formulierten Gütekriterien für Qualifikationsdiagnosen beurteilt und daraufhin einem Vor- und Nachteilsvergleich unterzieht, so liegt nach unserem Dafürhalten eine Verwendung zielorientierter Verfahren nahe. Denn sie versprechen am ehesten eine zumindest zufrieden stellende Erfüllung der Ansprüche. Besonders wichtig erscheint uns, dass bei der Prüfung letztlich solchen Verfahren der Vorzug gegeben wird, mit denen es ohne Schwierigkeiten möglich ist,

- dass offene und ungezwungene Gespräche (Beurteilungsgespräche) zwischen allen am Urteilsprozess beteiligten Personen (besonders: Vorgesetzte und Untergebene) geführt werden, und zwar regelmäßig zu Vorgehensweisen, Ergebnissen und Folgen der Beurteilungen,
- ein informatives und gründliches Feedback der Beurteilungsergebnisse sicherzustellen,
- die Beurteilenden systematisch, regelmäßig und gründlich zu trainieren.

Bei Qualifikationsdiagnosen der beschriebenen Art sind Beteiligungsrechte des Betriebsrats zu beachten (vgl. Kap. E.IV.2.a).

Bei den bislang kurz vorgestellten Verfahren handelt es sich um die Beurteilung eines Mitarbeiters durch den direkten Vorgesetzten.

(3) Potenzialbeurteilung

Wie bereits dargestellt handelt es sich bei Leistungsbeurteilungen um vergangenheitsbezogene Qualifikationsdiagnosen. Vielfach besteht in der betrieblichen Praxis jedoch die Notwendigkeit zur Formulierung von Qualifikationsprognosen. Dies ist immer dann der Fall, wenn für Arbeitsplätze (deren Aufgabeninhalte) oder deren personelle Besetzung Veränderungen geplant werden. Ist abzusehen, dass Aufgabeninhalte von Arbeitsplätzen sich ändern werden (z. B. im Gefolge von technologischem Wandel oder von geplanten Job Enrichment-Maßnahmen), während die derzeitigen Arbeitsplatzinhaber sie auch in Zukunft besetzen wollen (sollen), so wird eine Aussage darüber notwendig, ob und in welchem Ausmaß sie die geänderten Anforderungen erfüllen werden. Qualifikationen zu prognostizieren ist ebenso erforderlich für Mitarbeiter, die in einem späteren Zeitpunkt einen anderen als den gegenwärtigen Arbeitsplatz besetzen sollen (Nachwuchs-Einsatz, Personalentwicklung). Die Qualifikationsprognose resp. die Potenzialbeurteilung versucht für einzelne Mitarbeiter die Frage zu beantworten, inwieweit diese in der Lage sein werden, zukünftig gleichen oder veränderten Anforderungen zu genügen.[67]

Beurteilungsobjekt ist das **Qualifikationspotenzial** (oft synonym: latente oder potenzielle Qualifikationen, Leistungs-, Eignungs-, Fähigkeitspotenzial).[68] Es betrifft das potenzielle Arbeitsvermögen einer Person im Sinne von realisierbaren individuellen Leistungs-

67 Vgl. auch Berthel/Koch (1985); Becker (1992a); Touet (1997); Lattmann (1994).
68 Vgl. auch Becker, F. G.(1991), (1992).

voraussetzungen. Es steht also für jene Qualifikationsmerkmale, die auf Basis der jeweils aktuell gegebenen Qualifikation im Zeitablauf in ihrer Ausprägung beibehalten werden oder sich verändern können. Unterscheiden kann man wie folgt (s. auch Abbildung 78):

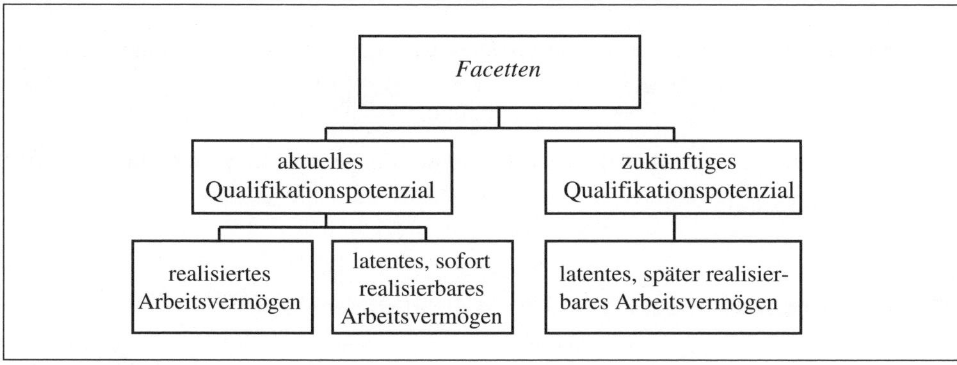

Quelle: Becker, F. G. (2002) 472.

Abb. 78: Differenzierung des Qualifikationspotenzials

- Das aktuelle Qualifikationspotenzial setzt sich aus zwei Komponenten zusammen: Zum einen existiert das aktuell eingesetzte Qualifikationspotenzial. Dieses bezieht sich auf all die Qualifikationsmerkmale, die Mitarbeiter in ihrer aktuellen Position realisieren (realisiertes Arbeitsvermögen). Das aktuell-latente Qualifikationspotenzial steht zum anderen für vorhandene Qualifikationsmerkmale, die aktivierbar sind, aktuell in der Position aber nicht eingesetzt werden (latentes, sofort realisierbares Arbeitsvermögen).
- Das latente zukünftige bzw. potenzielle Qualifikationspotenzial bezieht sich darüber hinaus auf die Qualifikationsmerkmale, die von einer Person nicht aktuell realisierbar sind, aber von denen man annimmt, dass sie im Zeitablauf nach entsprechender Selbst- und/oder Personalentwicklung aktualisiert werden können (latentes, später realisierbares Arbeitsvermögen). In manchen Publikationen wird nur das latente Arbeitsvermögen als Qualifikationspotenzial bezeichnet.

Unter **Potenzialbeurteilung**[69] (oft synonym: Entwicklungs-, Eignungs-, Karrierebeurteilung) ist letztendlich der planmäßige Versuch zu verstehen, für einzelne Mitarbeiter durch die Erfassung a) der einzelnen realisierten und b) der aktuell vorhandenen, aber noch nicht realisierten Qualifikationsmerkmale sowie c) deren jeweilige Entwicklungschancen systematisch und regelmäßig die Frage zu beantworten, inwieweit sie – unter Berücksichtigung von bestimmten Qualifizierungsmaßnahmen – in der Lage sein werden, prognostizierten (Arbeits-) Anforderungen in der Zukunft zu genügen.

- Im Ergebnis handelt es sich bei der Potenzialbeurteilung um eine Prognose über **relative Eignungsaussagen**, d. h. prognostizierte Anforderungen bestimmter Aufgaben werden auf prognostizierte Qualifikationen von Mitarbeitern bezogen. Von der inhaltlich

69 Vgl. auch Becker, F. G. (1991), (1992); Touet (1997).

ähnlichen Personalauswahl wird sie zumeist abgegrenzt, weil ihr genaue Informationen über den zu Beurteilenden zur Verfügung stehen (können).

- Hinsichtlich der **Reichweite** wird unterschieden:
  - Eine sequenzielle Potenzialbeurteilung bezieht sich dabei auf die nächste hierarchische Stufe.
  - Eine absolute Potenzialbeurteilung erfasst alle Einsatzmöglichkeiten für mehrere Jahre. Sie ergibt dann ein prognostisches Bewegungsprofil für die Mitarbeiter, mit einer bestimmten qualifikationsgemäßen Aufeinanderfolge der Positionen.

Als **Verfahren** werden in der betrieblichen Praxis v. a. eingesetzt (siehe auch Abbildung 79):

(1) diagnoseorientierte Verfahren,
(2) biografische Verfahren,
(3) Assessment Center und
(4) psychologische Tests.

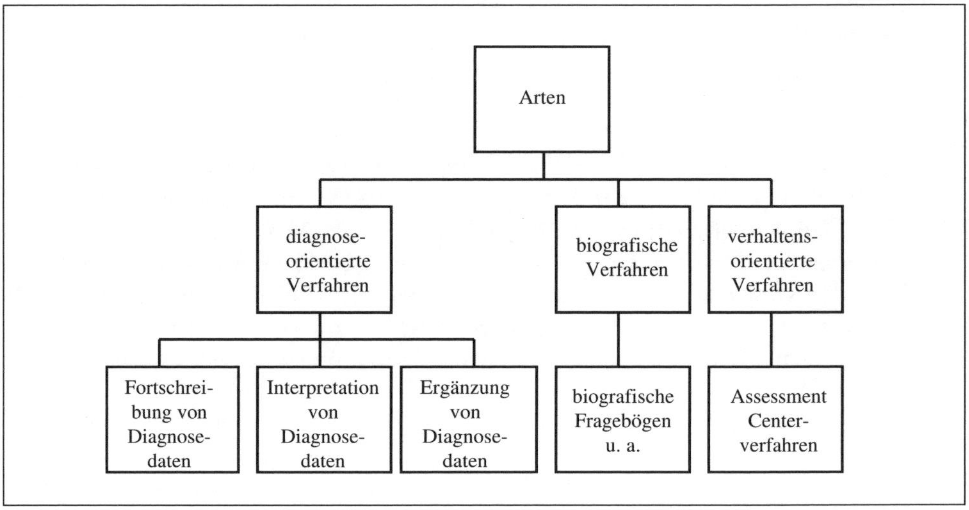

Quelle: Becker, F G. (2002) 456.

Abb. 79: Verfahren zur Potenzialbeurteilung

Zu (1):
Bei den **diagnoseorientierten Verfahren** handelt es sich um die üblicherweise angewendeten Verfahren der Potenzialbeurteilung. Sie basieren i. d. R. auf einer vorgenommenen Leistungsbeurteilung. In Unternehmungen werden solche Qualifikationsprognosen im Rahmen der Personalbeurteilung und damit auf Daten basierend formuliert, die dem Arbeitsalltag des Mitarbeiters entstammen.

In der Regel formuliert der Vorgesetzte im Anschluss an eine Leistungsbeurteilung weitere Verwendungs- und Entwicklungsmöglichkeiten für seine Mitarbeiter. Dies kann global geschehen, oder aber durch die Bewertung spezifischer Merkmale (**Meta-Qualifikationen**), von denen angenommen wird, dass sie besondere Bedeutung für die Entwicklung von Mitarbeitern besitzen wie Lernbereitschaft und -fähigkeit, Mobilitätsbereitschaft und

-fähigkeit. Je nachdem, ob Leistungsergebnisse, Leistungsverhalten oder aber Eigenschaften Gegenstand der Qualifikationsdiagnose waren, wird versucht, Verhaltensformen oder Eigenschaften zu identifizieren, die für neue Aufgaben wichtig erscheinen. So lassen sich z. B. Aussagen über beobachtetes Leistungsverhalten dahingehend ergänzen, dass Verhaltensformen danach unterschieden werden, in welchem Grade sie für eine andere Stelle verwendbar sind.

Im Rahmen solch diagnoseorientierter Verfahren stellt sich die Qualifikationsprognose im Kern als Fortschreibung, Interpretation und/oder Ergänzung einer Qualifikationsdiagnose dar:

- Mit der **Fortschreibung** von Diagnosedaten, die i. d. R durch merkmalsorientierte Einstufungsverfahren ermittelt wurden, wird – quasi in der Form von Trendextrapolationen – versucht, Trends der bis dahin erhobenen Qualifikationsmerkmale in die Zukunft zu extrapolieren. Prognostiziert wird eine zeitabhängige Änderung des Merkmals bei gegebener Tätigkeit durch Erwerb von Erfahrung oder Routine. Eine solche **Fortschreibung** setzt voraus, dass aussagekräftige und konsistente Diagnosen über einen längeren Zeitraum hinweg vorliegen. Nur dann lassen sich Entwicklungstendenzen für Qualifikationsmerkmale erkennen und begründen. Gleichwohl kann über ihr Fortexistieren in der Zukunft keine sichere Aussage gemacht werden, da Fortschreibungen ex definitione von unveränderten Rahmenbedingungen ausgehen. Gerade diese Annahme erscheint aber in einer dynamischen Umwelt als höchst problematisch.
- Eine **Interpretation** von Diagnosedaten greift besonders typische oder augenfällige Kennzeichen der Zusammensetzung und Entwicklung von Qualifikationen heraus. Man versucht bspw. (Dis-)Kontinuität der Qualifikationsentwicklung, die zeitliche Dauer dieser Entwicklung, die Ausprägungsstärken einzelner Merkmale sowie v. a. deren Änderungstendenz auf Basis vergangener Leistungsbeurteilungen zu prognostizieren:[70]
  - die Kontinuität (Diskontinuität) der Leistungsentwicklung: z. B. eine stetige Steigerung der Leistungsergebnisse im Laufe eines längeren Beobachtungszeitraumes,
  - die zeitliche Dauer von Entwicklungsfortschritten: z. B. der Zeitraum, den jemand vom Eintritt in den Betrieb bis hin zur vollwertigen Aufgabenerfüllung benötigt,
  - der Entwicklungsaufwand, d. h. die unternommenen Anstrengungen zur Erreichung eines bestimmten Leistungsniveaus: z. B. die Art und die Anzahl der von einem bestimmten Mitarbeiter genutzten Personalentwicklungsmaßnahmen.
- Die **Ergänzung** der Leistungsbeurteilung bezieht sich mehr auf die Beurteilung individueller Entwicklungsmöglichkeiten. Sie wird global (durch offene Fragen bez. des Potenzials der zu beurteilenden Mitarbeiter, zusätzlich zu den Fragen zur Leistung) oder anhand spezifischer Qualifikationsmerkmale (durch willkürliche Auswahl vorgegebener, teilstrukturierter Fragen), von denen angenommen wird, dass sie von Bedeutung für das Potenzial sind, vorgenommen. Auch die Wirkungen von möglichen Qualifizierungsmaßnahmen sollen im Hinblick auf mögliche Zielpositionen durch die Vorgesetzten antizipiert werden.

  Eine Analyse der Zusammensetzung der Qualifikationsmerkmale kann weitere Auffälligkeiten der individuellen Qualifikation aufzeigen:

70 Vgl. Müller (1974) 256.

- das Gefälle zwischen den Ausprägungsstärken der einzelnen Anforderungs- und Qualifikationsmerkmale sowie zwischen dem Anforderungs- und Qualifikationsprofil insgesamt; dadurch wird beispielsweise deutlich, ob ein Mitarbeiter eine Spezialqualifikation besitzt oder aber über breit gestreute Leistungspotenziale verfügt,
- die Einstufung der vorhandenen Ausprägungsstärken in den Qualifikationsmerkmalen nach ihrer Wichtigkeit für die Erbringung der Gesamtleistung: Dadurch werden z. B. Qualifikationsüberschüsse bei besonders bedeutsamen Anforderungselementen sichtbar.

Die **Probleme** der Prognosen auf der Grundlage von Diagnosedaten liegen in ihrer Vergangenheitsorientierung. Ihre Grundlage ist stets die Annahme, dass sich Qualifikationen weder stark im Umfang, noch abrupt ändern und/oder die in der Vergangenheit beobachteten Änderungsrichtungen auch beibehalten werden. Diese Annahme erscheint gewagt, weil sich nicht nur Anforderungen, sondern auch Qualifikationen in bisweilen recht kurzen Zeiträumen ändern können. I. d. R. fehlt auch der direkte Bezug zu einer bestimmten Stelle und deren Anforderungen. Zudem sind Beurteiler bei der freien Beurteilung überfordert. Insgesamt gesehen ist die Gefahr des Peter-Prinzips außerordentlich groß. Trotzdem kann man sagen, dass für Mitarbeiterqualifikationen ein Zusammenhang von Vergangenheit, Gegenwart und Zukunft im Regelfall besteht; eine konstante resp. regelmäßige Entwicklung von Mitarbeitern über einen längeren Zeitraum ist in der Realität nicht untypisch. Dafür spricht auch die Beobachtung, dass die Karriereentwicklung eines Mitarbeiters von den Erfahrungen abhängt, die dieser in den einzelnen Phasen seiner Karriere gemacht hat.

Die anderen unter (2) bis (4) genannten Verfahren haben eine andere Qualität, da sie außerhalb des Arbeitsplatzes positioniert sind. Grundlage ihrer Potenzialeinschätzung ist nicht das gezeigte Leistungsverhalten am Arbeitsplatz, sondern dies sind die Persönlichkeit bzw. Persönlichkeitsmerkmale, biografische Daten und/oder Verhaltenseinschätzungen in Testsituationen. Die Verfahren werden daher als eignungsdiagnostische Verfahren i. e. s. im nachfolgenden Teilkapital dargestellt.

dd) Eignungsdiagnostische Verfahren i. e. S.

Verschiedene Verfahren werden zur Diagnose von aktuellen und potenziellen Eignung eingesetzt. Nachfolgenden werden vorgestellt: Testverfahren, Assessment Center und biographische Fragebogen.

(1) Testverfahren

Allgemein versteht man unter Tests jede Datenerhebungsmethode, bei der individuelle Reaktionen unter **standardisierten** Bedingungen erfasst werden, wobei sich die Standardisierung auf Inhalt und Form der Instrumente, Datenauswertung und -interpretation u. Ä. bezieht.[90]

Unter psychologischen Tests versteht man dann solche diagnostischen Verfahren, bei denen Verhaltensweisen bzw. Persönlichkeitsmerkmale von Personen unter standardisierten Bedingungen erfasst werden. Die Standardisierung bezieht sich dabei auf Inhalt und Form der Instrumente, Datenauswertung, Interpretation u. ä. Psychologische Tests werden im betrieblichen Umfeld zur informatorischen Fundierung zumeist im Rahmen der Personalauswahl und der Analyse des Personalentwicklungsbedarfs eingesetzt, und zwar dort, wo fast ständig größere Bewerber- bzw. Mitarbeiterzahlen anfallen.

Aus der Sicht betrieblicher Personalarbeit wichtigste Voraussetzung für ihren sinnvollen Einsatz ist, dass diejenigen Verhaltensweisen ermittelt werden, die für eine erfolgreiche Berufsausübung an einem bestimmten zu besetzenden Arbeitsplatz (gegebenenfalls an mehreren vorgesehenen Positionen) wichtig sind. Diese erfolgsrelevanten Kriterien müssen dann in Testverfahren umgesetzt und messbar gemacht werden. Die Überprüfung von Auswahlverfahren hinsichtlich ihrer Qualität erfolgt anhand der bereits weiter vorn erläuterten Gütekriterien der empirischen Sozialforschung (vgl. Kap. D.II.2.b.bb). Objektive, valide und reliable Kriterien und v. a. Prädikatoren zu finden, gehört zu den schwierigsten und oft nicht gelösten Problemen der informatorischen Fundierung.

Psychologische Tests werden unterschiedlich klassifiziert, wobei hinsichtlich der *Klassifikation* Uneinigkeit besteht.[71] So können Testverfahren aufgrund formaler Klassifikationsaspekte als auch nach inhaltlichen Gesichtspunkten unterteilt werden. Zweckmäßig für das Personal-Management erscheint eine Klassifikation, die primär inhaltliche und sekundär formale Aspekte betont und wie folgt einordnet:[72] Leistungstests sowie die beiden Formen der Persönlichkeitstests: psychometrische Tests und projektive Tests:

- **Leistungstests** sind eine spezifische Form psychologischer Tests zur Analyse der – wie auch immer verstandenen – »Leistung«. Ausgangspunkt ist die Überlegung, dass die Positionsinhaber bei der Erfüllung ihrer spezifischen Arbeitsplatzaufgaben auch Ansprüchen an Konzentration, Intelligenz, Aufmerksamkeit u. Ä. (als spezifische Leistungskriterien) genügen müssen. So wird z. B. bei Konzentrations-Leistungs-Tests die maximale Leistungsfähigkeit eines Individuums in bestimmten Situationen (Zeitdruck, Stress u. Ä.) zu erfassen versucht. Zu einzelnen allgemeinen Leistungstests gehören bspw. der Pauli-Test, der Durchstreiche-Test sowie die Intelligenztests.
  Intelligenztests sind als Instrumente der Personalauswahl in der Praxis besonders weit verbreitet. Schwierigkeiten bereitet dabei allerdings bereits die Frage, was Intelligenz überhaupt ist. In der Literatur wird dieses Phänomen nur vage umschrieben. Es gibt eine große Bandbreite von Definitionen. Sie reicht von dem vereinfachenden, etwas spöttisch-resignativen Zusammenfassungsversuch, der besagt, dass Intelligenz sei, was ein Intelligenztest eben messe, bis zu komplexen Aussagen, die Intelligenz als »die den innerhalb einer bestimmten Kultur Erfolgreichen gemeinsamen Fähigkeiten«[73] beschreiben. Fest steht, dass Intelligenz sich nicht direkt beobachten lässt. Zu beobachten sind nur verschiedene Verhaltensweisen von Personen in verschiedenen Situationen. In diesem Verhalten kann nach gemeinsamen Faktoren gesucht werden, welche die Bezeichnung »Intelligenz« verdienen. Der bekannteste deutschsprachige Intelligenztest ist der Hamburg-Wechsler-Intelligenztest für Erwachsene (HAWIE), ein Individualtest, der nur im Einzelversuch durchgeführt werden kann. Zu den bekanntesten deutschsprachigen Gruppenintelligenztests zählt der Intelligenz-Struktur-Test nach Amthauer. Intelligenz wird stets ein theoretisches Konstrukt sein, das zur operationalen Definition an Messoperationen gebunden werden muss. Dabei beinhaltet Intelligenz Faktorenbündel, die

71 Vgl. dazu z. B. Brickenkamp (1997) oder auch Lössl (1992).
72 Vgl. Brickenkamp (1997); Grubitzsch (1999); Sarges (2000).
73 Vgl. Hofstätter (1957) 173.

aus einzelnen Aufgabenbereichen bzw. Fähigkeiten wie Raumvorstellung, Wahrnehmungsvermögen, Wortverständnis, Rechenvermögen, Gedächtnis, Sprachgeläufigkeit induktives und deduktives Denken bestehen.[74] U. a. interessiert auch die Frage, ob es eine »allgemeine Intelligenz« gibt, die in allen verschiedenen Messungen der Intelligenz (»g«-Faktor) gemeinsam auftritt. Diese allgemeine Intelligenz kann mit Fähigkeit zum abstrakten Denken und Problemlösen umschrieben werden und wird von allen gängigen Intelligenztests gemessen. Wird das Gesamtergebnis eines Intelligenztests auf die Normalverteilung der Bezugspopulation bezogen und umgerechnet, ergibt sich ein Intelligenzquotient (IQ).
Zusätzlich können spezielle Fähigkeitstests sensorische (z. B. Gehörsinn) oder motorische Funktionen (z. B. Muskelkraft) prüfen. Ihr Einsatz als zusätzliches Instrument der betrieblichen Personalauswahl oder Bedarfsermittlung ist nur dann sinnvoll, wenn tatsächlich die zur Erfüllung des Arbeitsplatzes notwendigen Qualifikationen ermittelt werden. Dies setzt die arbeitsplatzspezifische Auswahl oder Modifikation einer Vielzahl von Testverfahren voraus sowie die kompetente Betreuung und Auswertung i. d. R. durch Psychologen.[75]

– Mit **Persönlichkeitstests** versucht man, einzelne Teilaspekte der Persönlichkeit oder die Persönlichkeit als Ganzes (Charakterbild), auf jeden Fall aber relativ stabile, den Zeitablauf überdauernde Verhaltensmerkmale der Bewerber zu erfassen und vergleichbar zu machen. Die Tests sind dabei auf Interessen, Einstellungen und Wahrnehmungen gerichtet. Persönlichkeitstests können in zwei verschiedenen Formen durchgeführt werden:[76]
  - **Projektive Tests** (synonym: Projektive Verfahren, Persönlichkeits-Entfaltungs-Verfahren) zielen auf die Erfassung von Persönlichkeitsstrukturen und -dynamiken ab. Letztere suchen die Persönlichkeit des Bewerbers ohne dessen Wissen und Wollen abzubilden: Deutungsaufgaben (Tintenkleckse: Rohrschach-Test, Bilder: Thematic Apperception Test), Sympathiewahl von Reizen (Portraitfotos: Szondi-Test, Farben: Lüscher-Test). Im Gegensatz zu den sog. psychometrischen Tests sind projektive Tests nicht auf vorher festgelegte Merkmale einer Person gerichtet, sondern lassen ein weites Reaktions- und Interpretationsspektrum zu. Die Versuchspersonen sollen anhand von Deutungen oder Gestaltungen von Reizen angeregt werden, ihre Ideen, Phantasien, Wünsche etc. auf den Reiz zu projizieren. Diese Projektion ist dann Gegenstand der Interpretation durch den durchführenden Psychologen. Die Auswertung beruht auf heterogenen, meist qualitativen Deutekonzeptionen. Da projektive Verfahren insbes. zur Erfassung tiefer liegender psychischer Strukturen bei Fragestellungen der klinischen Psychologie konstruiert wurden, ist deren Einsatz im betrieblichen Umfeld bedenklich und sollte – wenn überhaupt – nur von speziell geschulten Psychologen durchgeführt werden. Die Problematik dieser Tests liegt neben rechtlichen Erwägungen insbes. darin, dass sie die Probanden zwingen, in ihre Intimsphäre Einblick zu

74 Vgl. Zimmer (1975) 23 ff.; Groffmann (1971) 190 betont, dass der Einbezug und die Gewichtung in einzelnen Intelligenztests unterschiedlich und insgesamt kulturbedingt ist. Das stellt die Kulturneutralität der Testanwendung allerdings nicht in Frage.

75 Vgl. insgesamt Sarges (2000); Becker, F. G. (2003). Brickenkamp (1997); Grubitzsch (1999).

76 Vgl. zu Persönlichkeitstests allg. Mittenecker (1971) und Fahrenberg (1971); zu »projektiven Tests« speziell Lienert (1998).

geben und dass sie ursprünglich als diagnostische Hilfsmittel für therapeutische Maßnahmen kranker Menschen dienten. Beides hat bspw. mit der informatorischen Fundierung in Betrieben wenig zu tun.

- Mit **psychometrischen** (Persönlichkeits-)**Tests** wird mithilfe von Personalfragebögen versucht, jeweils bestimmte Teilaspekte der Persönlichkeit der Bewerber zu erfassen. Ihr Ziel ist somit nicht die Abbildung der gesamten Persönlichkeit wie bei den projektiven Verfahren, sondern sie konzentrieren sich auf die typische Performanz oder Selbsteinschätzung einer Person bzw. eines Probanden – und dies in quantifizierbarer Form; die zu analysierenden Verhaltensmerkmale sind vorher festgelegt. Der Einsatz psychometrischer Tests als Personalauswahlinstrument ist, wie der aller Persönlichkeitstests, sehr kritisch zu betrachten.

Der Einsatz der einzelnen Testverfahren ist zunächst aus rechtlicher Sicht problematisch, da durch solche Tests, insbes. aber durch projektive Tests, Persönlichkeitsrechte der Bewerber verletzt werden können. Ihr Einsatz ist daher nur mit deren ausdrücklicher Zustimmung möglich und darüber hinaus nur durch einen kompetenten Psychologen – wenn überhaupt – sinnvoll. Problematisch ist der Einsatz von Persönlichkeitstests aber auch dadurch, dass die erfasste »Persönlichkeit« kaum in einer bekannten Beziehung zur vakanten Position steht und insofern keine anforderungsbezogene Auswahlentscheidung getroffen werden kann.

(2) Assessment Center

Werden in Unternehmungen Qualifikationsdiagnosen und -prognosen im Rahmen spezieller eignungsdiagnostischer Situationen formuliert, geschieht dies nicht selten über die Assessment Center-Technik und im Rahmen von Veranstaltungen, die als »Management Audit«, »Förderseminar« oder »Personalentwicklungsseminar« bezeichnet werden. Obwohl solche **Assessment Center** im Einzelnen unterschiedlich ausgestaltet sein können, folgen sie im Grundsatz immer dem gleichen Schema:[77]

- Die Teilnehmer durchlaufen in einer ein- bis dreitägigen workshop-ähnlichen Veranstaltung mehrere eignungsdiagnostische Übungen (Verfahrensprinzip »**Methodenvielfalt«**);
- dabei werden sie von mehreren Führungskräften der Unternehmung und/oder internen bzw. externen »Experten« beurteilt (Verfahrensprinzip »**Mehrfachbeurteilung«**);
- es werden primär eignungsdiagnostische Verfahren eingesetzt, die Qualifikationen über die Beobachtung von Verhalten »messbar« machen sollen. (Verfahrensprinzip »**Verhaltensorientierung«**);
- die beurteilten (Verhaltens-)Anforderungen werden aus einer differenzierten Anforderungsanalyse abgeleitet (Verfahrensprinzip »**Anforderungsbezogenheit«**).

Assessment Center entstammen ursprünglich dem militärischen Bereich und haben allgemeine Beachtung und weite Anerkennung durch die Ergebnisse der »Management Progress Study« erlangt, einer 1956 begonnenen Langzeitstudie bei AT&T.[78] Heute kommt die Assessment Center-Technik in der Mehrzahl der großen Unternehmungen zum Einsatz. Dabei haben sich die Zusammenhänge, in denen Assessment Center eingesetzt werden, in den letzten 30 Jahren verschoben. Während ursprünglich die Beurteilung von Orga-

77 Vgl. Neubauer (1980) 125 sowie allgemein zur Assessment Center-Technik Kleinmann (1997); Sarges (1996).
78 Vgl. dazu v. a. Bray/Grant (1966) 1 ff.; Bray/Campbell (1968) 36 ff.; Bray/Campbell/Grant (1974) 17 ff.

nisationsmitgliedern im Zusammenhang mit der informatorischen Fundierung anstehender Beförderungsentscheidungen im Vordergrund stand, wurde die Assessment Center-Technik später auch angewendet, um externe Bewerber (insbesondere Führungsnachwuchskräfte und Verkäufer) zu beurteilen. Seit Mitte der 80er Jahre ist eine deutliche Schwerpunktverlagerung der AC-Anwendung in den Bereich der Personalentwicklung zu erkennen.[79] Heute werden Assessment Center mehrheitlich zur Potenzialbeurteilung durchgeführt, also immer dann, wenn es darum geht Führungs(nachwuchs)kräfte zu identifizieren, die Potenzial für höherwertige Aufgaben besitzen.

Die herausragenden Merkmale der Assessment Center sind darin begründet, dass man diejenigen Fehler zu vermeiden sucht, die sich durch Einzelpersonen als Beurteilende und die Anwendung nur jeweils eines diagnostischen Verfahrens einschleichen können. Von daher rührt, dass für Assessment Center der Einsatz jeweils einer **Mehrzahl** von

- teilnehmenden, zu beurteilenden Kandidaten,
- urteilenden Beobachtern und
- angewandten Methoden

zentrales Kennzeichen ist (»Mehrfach-Prinzip«).

Die zu beurteilenden Personen unterziehen sich nicht einzeln, sondern in Gruppen (i. d. R. sechs bis 15 Kandidaten) dem Bewertungsprozess. Die Beurteilungen nehmen speziell vorbereitete und trainierte Beobachter vor (i. d. R. drei bis sechs Personen). Eine endgültige Qualifikationsdiagnose oder -prognose kommt erst nach gemeinsamer Diskussion und Urteilsabstimmung durch die Beobachter zustande. Die Grundphasen, in denen Assessment Center ablaufen, sind die Folgenden (wobei die erste der Assessment Center-Vorbereitung dient):

(1) Entwicklung von Bewertungskriterien und -dimensionen unter Mitwirkung der späteren Beobachter,
(2) Beobachtung der Kandidaten,
(3) Bewertung
  - schriftliche Berichte der Beobachter zu den Prüfungsergebnissen,
  - individuelle Einstufungen (Ratings) durch die Beobachter,
  - endgültiger Konsens durch Diskussionen zwischen den Beobachtern.

Die folgende Abbildung 80 zeigt den Ablaufplan eines Assessment Centers.

Die für Assessment Center gebräuchlichen Methoden sind außerordentlich vielgestaltig. Zu den wichtigsten zählen:

- Postkorbübungen, in denen die Teilnehmer in einem begrenzten Zeitrahmen einen Satz von Schriftstücken bearbeiten und die diesbezüglich relevanten Zusammenhänge erkennen und strukturieren sollen;
- Führerlose Gruppendiskussionen, in denen die Teilnehmer mit oder ohne Rollenvorgaben unterschiedliche Themen diskutieren und beispielsweise einen Gruppenkonsens formulieren sollen;
- Interviews, Befragungen und Präsentationen zu unterschiedlichen Themen.
- Simulationen von Arbeitssituationen, z. B. Besprechungen leiten, Fallbearbeitungen, Plan-, Rollenspiele.

79 Vgl. Jeserich (1995) 719.

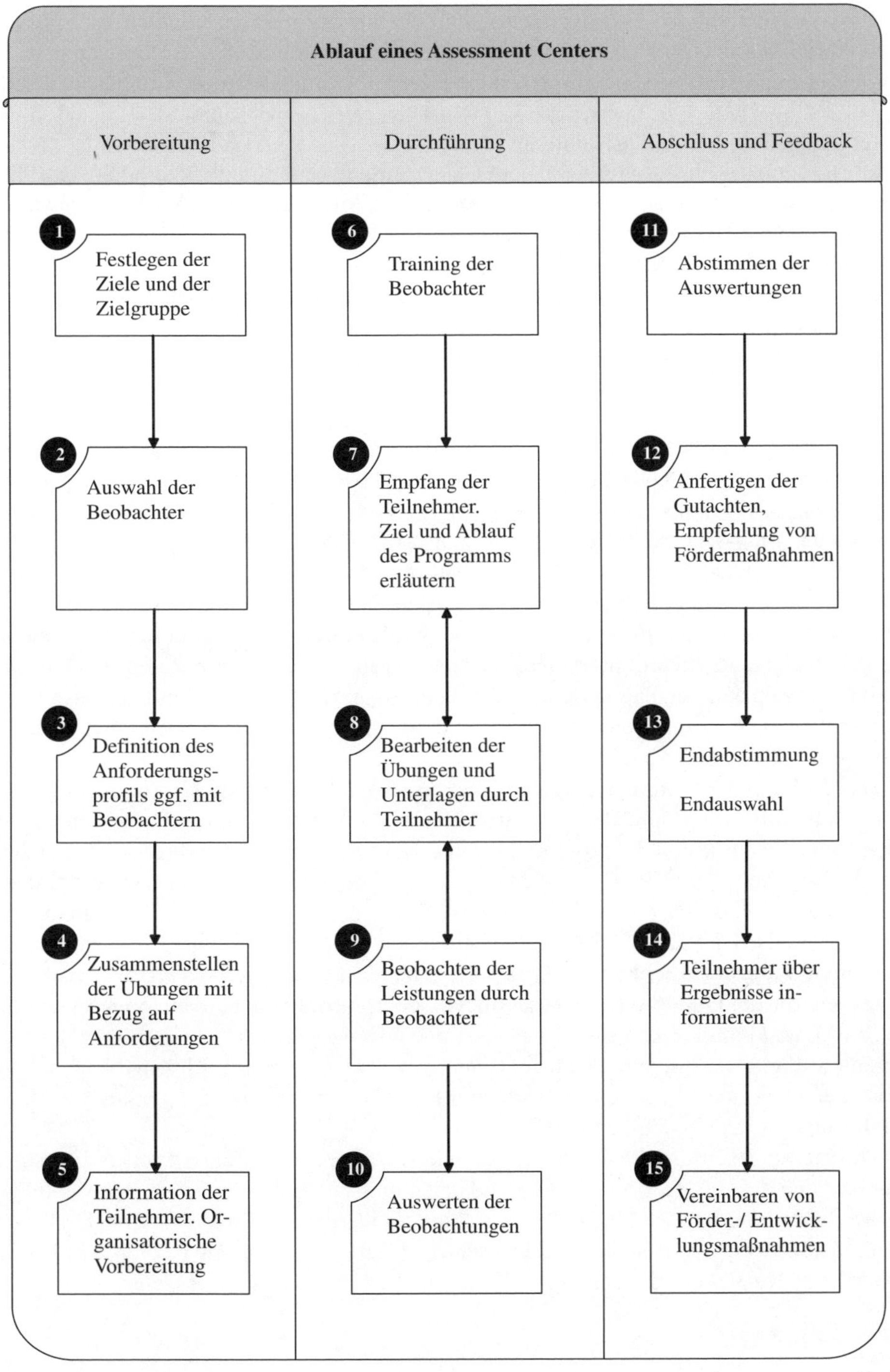

Quelle: Jeserich (1981) 35.

Abb. 80: Ablauf eines Assessment Centers

Mit der Vielzahl und der Verschiedenartigkeit der angewendeten Methoden wird mit großem Nachdruck der Versuch gemacht, das Qualifikationspotenzial von Personen in seiner Gesamtheit zu erfassen. Als Schwerpunkt gilt dabei die Simulation von Arbeitssituationen.

Die Befürworter von Assessment Centern belegen deren Gültigkeit i. d. R. durch den Voraussageerfolg (»Prognosevalidität«). Nach der klassischen AT&T-Studie korrelieren die Erfolgsprognosen für durch Assessment Center ausgelesene Kandidaten hoch signifikant mit deren späterem Erfolg (operationalisiert durch Aufstieg und Einkommenszuwachs). Weniger subjektive Einzelbeurteilungen und eher objektive Urteile werden – so die Befürworter – dadurch erreicht, dass geschulte Bewertergruppen die Urteile in gemeinsamer Urteilsfindung treffen. Auch die Zuverlässigkeit erscheint herkömmlichen Verfahren überlegen. Zusätzlich ergeben sich positive Motivations- und Lerneffekte sowohl für die Kandidaten wie auch für die Bewerter. Wenn es sich bei den Bewertern um Linienvorgesetzte handelt, lassen sich auch positive Wirkungen auf ihr Führungsverhalten im Alltag erwarten.

Trotz der offensichtlichen Vorteile gegenüber traditionellen Beurteilungsverfahren haben auch Assessment Center Schwachstellen.[80] Sie liegen in Inhalt, Messung und Anforderungsbezug der Qualifikationsermittlung, im Problem der Kriterienverschmelzung und in den Kosten, die Assessment Center insgesamt verursachen.

Assessment Center gehen i. d. R. nicht betont und vorwiegend von empirisch ermittelten Anforderungskategorien aus. Der Anforderungsbezug wird durch Simulation von Arbeitssituationen hergestellt, kann aber nur dann als einigermaßen hinreichend betrachtet werden, wenn die Simulationsbeispiele aus realen Situationen im jeweiligen Anwenderbetrieb gewonnen wurden. Das spricht für den betriebsspezifischen Zuschnitt der Assessment Center (tailor-made) und gegen den Kauf und die unabgewandelte Anwendung genereller Assessment Center (pre-packaged).

Das Problem der Kriterienverschmelzung besteht für Assessment Center in der Gefahr, dass »self fulfilling prophecies« produziert bzw. vorbereitet werden. Diese Gefahr entsteht, wenn die aufgrund der abschließenden Bewertung gewonnenen Prognosedaten über die Qualifikation eines Mitarbeiters an diejenigen Stellen in der Unternehmung weitergegeben werden, welche über die Karriere dieses Mitarbeiters entscheiden. Werden die Prognosedaten als Kriterien für diese Entscheidungen genommen, so steigt gleichzeitig die Eintreffenswahrscheinlichkeit der Prognose. Ein z. B. auf dem Karriereerfolg beruhender Nachweis für die Gültigkeit des Assessment Center-Verfahrens ist dann augenscheinlich wertlos. Zum Gültigkeitsnachweis für Assessment Center ist daher die Trennung der Qualifikationsdiagnosen durch Assessment Center von der Fundierung und vom Zustandekommen späterer Auswahl(karriere-)entscheidungen erforderlich, was die klassische AT&T-Studie auch streng eingehalten hat.

Vorbereitung, Einführung und Durchführung von Assessment Centern verursachen nicht unerhebliche Kosten. Beobachter und Kandidaten müssen für die Dauer des Beobachtungs-, Beurteilungs- und Bewertungsprozesses freigestellt werden, es werden Räume, Geräte und Methoden benötigt. Die Kosten lassen sich rechtfertigen, wenn der Nutzen beträchtlich höher liegt. Nutzen drückt sich durch Überlegenheit von Assessment Centern gegenüber

80 Vgl. zur Kritik an Assessment-Centers v. a. Kompa (1999); Kleinmann (1997); Berthel/Touet (1992) 15 f. insbesondere 17 ff.

alternativen Verfahren aus. Zusätzlich von Belang ist, die oben aufgeführten Kriterien einzuhalten. Dass der Zuwachs an Voraussageerfolg durch Assessment Center mit ihren höheren Kosten gegenüber anderen Verfahren generell Schritt hält, ist jedoch umstritten, weil Untersuchungen dazu widersprüchliche Ergebnisse brachten.

Derzeit praktizierte Assessment Center weisen inhaltliche **Schwächen** auf, von denen die Folgenden als die wichtigsten anzusehen sind:[81]

- Es findet eine Anhäufung von isolierten Einzelübungen statt, die keinen Bezug zueinander haben. Diese sind häufig realitätsfern und zu wenig auf den Kontext einer Wirtschaftsunternehmung bezogen.
- Es werden zu wenig Führungsfähigkeiten abgeprüft, da die Übungen i. d. R. keinen Kontakt zwischen Führungskräften und ihren Mitarbeitern erfordern.
- Es erfolgt eine zu starke Konzentration auf die zu beobachtenden Handlungen, die vorab definiert wurden. Viele wertvolle Beobachtungsinformationen werden dadurch ausgeblendet.
- Wegen der isolierten Einzelübungen können keine Handlungsstrategien der Teilnehmer beobachtet werden. Lernfähigkeit und Verhaltensflexibilität der Teilnehmer können somit nicht systematisch beobachtet und bewertet werden.
- Da die Teilnehmer ihre Handlungen i. d. R. nur planen, nicht aber realisieren können, erfahren sie nicht die möglichen Auswirkungen realisierter Pläne. Sie erhalten somit kein »Feedback«, aus dem sie Folgerungen für ihre weiteren Handlungen ziehen können.

Um diesen Schwächen zu begegnen und die Assessment Center-Technik inhaltlich und methodisch voranzutreiben, entwickelte ein interdisziplinäres Team von Betriebswirten und Psychologen aus Wissenschaft und Praxis ein Verhaltensplanspiel, das als **»Dynamisches Assessment Center«** zu bezeichnen ist. Aufgrund einer bestimmten Organisationsstruktur der dabei simulierten Unternehmung wurde eine größere Komplexität im Unternehmungsgeschehen und die zwingende Notwendigkeit zur Lösung von Personalführungsproblemen hergestellt. Der Inhalt des Verhaltensplanspiels wurde durch die Spielleitung strukturiert. Dazu standen diverse Steuerungsinstrumente zur Verfügung; durch Interventionen konnte lenkend in das Spielgeschehen eingegriffen werden, um zielgerichtet das Vorhandensein bestimmter Qualifikationen zu prüfen.

Es ist möglich, einige der oben genannten Schwächen des herkömmlichen Assessment Center-Verfahrens durch die geschilderte Vorgehensweise – zumindest teilweise – zu beseitigen:

- Es ist eine realitätsnahe Simulation von konkretem Unternehmungsgeschehen möglich.
- Es finden viele personelle Interaktionen mit Führungscharakter statt, die u. a. auch die Anwendung verschiedener Personalführungsinstrumente erfordern (z. B. Leistungsbeurteilungen, Fördergespräche). Dabei besteht weitestgehend Handlungsspielraum für die Teilnehmer (Selbststeuerung).

81 Vgl. Berthel u .a. (1988) 111 ff.

- Es ist abteilungsübergreifende Kooperation und Kommunikation erforderlich.
- Es kann beobachtet werden, ob und welche situationsübergreifenden, durchgängigen Handlungsstrategien von den Teilnehmern verfolgt werden.

(3) Biografische Fragebogen

Biografische Verfahren – v. a. biografische Fragebögen – sind standardisierte Instrumente zur systematischen Gewinnung, psychometrischen Auswertung und Interpretation von Vergangenheits- und Hintergrunddaten von Mitarbeitern bzw. Bewerbern. Sie werden v. a. bei der Personalauswahl und der Potenzialbeurteilung eingesetzt, d. h. es erfolgt der Versuch, bisherige Verhaltensweisen zur Prognose zukünftigen Verhaltens zu nutzen. Daher unterscheiden sich biografische Verfahren sowohl von Selbstbeschreibungen (durch den prognostischen Anspruch) als auch von standardisierten Interviewleitfäden (durch die Systematisierung der Auswertung). Der Einsatz bedarf der Zustimmung des Betriebsrates.[82]

Als Basisthese gilt: Die besten Vorhersagekriterien für zukünftiges, erfolgreiches Arbeitsverhalten – und damit für (Miss-)Erfolg – sind Persönlichkeitsmerkmale und Verhaltensmuster in der Vergangenheit. Man nimmt Bezug auf Persönlichkeitsmerkmale, die als relativ überdauernd und nicht situationsspezifisch gelten und die eine Prognosekraft für den Berufserfolg bei bestimmten Aufgabenstellungen haben sollen. Es handelt sich z. B. um: Eltern/Kinder-Beziehungen, soziale Introvertiertheit, sozio-ökonomischen Status, positive Studieneinstellung, religiöses Engagement, Mitgliedschaft in Parteien und Vereinen.

In den USA, dem Herkunftsland dieser Verfahren, sind v. a. zwei **Formen** von biografischen Verfahren verbreitet: Der sog. »Weighted-Application Blank« (WAB) und der »Biographical Information Blank« (BIB), die beide auf *Cascio* zurückgehen.

- Beim WAB werden mittels eines Fragebogens die biografischen Daten der Mitarbeiter ermittelt. Vergleichbare Personen aus dem eigenen oder aus anderen Betrieben werden ebenfalls mit dem Fragebogen konfrontiert und anhand von ordinal skalierten Erfolgskriterien in erfolgreiche und nicht erfolgreiche Personengruppen sowie in Erhebungs- und Kontrollgruppen dichotom eingeteilt. Diese Personen werden zuvor aufgrund ihrer Aufgaben einer Positionsfamilie zugeordnet. Sofern es gelingt, zentrale verhaltensprägende Dimensionen zu erkennen, werden aus Personen mit ähnlichen Persönlichkeitsmerkmalen Subgruppen (Cluster) gebildet, für die jeweils ähnliche Verhaltensweisen prognostiziert werden können. Erwartet werden signifikant unterschiedliche biografische Daten der beiden Erhebungsgruppen. Vergleichbare Persönlichkeitsmerkmale und Erfahrungsmuster von Erhebungs- und Kontrollgruppe gelten als Validierung und führen dann zur Bewertung des individuellen Qualifikationspotenzials für die korrespondierenden Positionsfamilien und zu einer Entscheidung bez. der Eignung.
- Der BIB ist von der Vorgehensweise dem WAB ähnlich, jedoch werden hier biografische Daten erhoben, die bewusst extrem auf subjektive Einstellungen und Eigenbeurteilungen des Bewerbers abstellen. So würde der WAB bspw. nach dem Ausbildungsabschluss fragen, der BIB hingegen, womit man am liebsten unterhalten würde, wäre man Entertainer.

Folgendes ist zur **Kritik** festzuhalten: Die prognostische Validität von biografischen Daten ist möglicherweise, so zeigen Studien, im Vergleich zu anderen Methoden zumindest der

82 Vgl. Stehle (1980); Weinert (1998); Schuler/Marcus (2001).

Personalauswahl relativ hoch. Kritisch ist zu bemerken: Die Zusammenhänge zwischen einem bestimmten Lebenslauf und dem späteren Erfolg im Beruf sind theoretisch kaum geklärt (ein theoretisches Konzept fehlt). Es ist z. B. nicht bekannt, warum frühere Hauptschüler mit Ferienjobs im Versicherungsaußendienst weniger erfolgreich sind als Hauptschüler ohne Ferienjobs, während es bei ehemaligen Realschülern genau umgekehrt ist. Einen anderen Kritikpunkt stellen die einzelnen, oft intimen Fragen an die Bewerber bzw. Mitarbeiter dar. Hier liegen ethische Probleme vor. Zudem darf die relativ hohe prognostische Validität nicht darüber hinwegtäuschen, dass nur ein relativ geringer Teil der Faktoren, die für den späteren Berufserfolg sprechen, betrachtet werden. Weitere Probleme biografischer Verfahren bestehen v. a. in dem fehlenden Anforderungsbezug, in der Bildung angemessener Kontrollgruppen, den eher willkürlich ausgewählten biografischen Daten, den kulturspezifischen Leistungsindikatoren, den möglicherweise falschen Antworten der Bewerber, dem Diskriminierungspotenzial und der konservativen Fortschreibung von sozialen und anderen Gegebenheiten.

e) Personalbedarfsermittlung

aa) Begriff und Inhalt

Unter der **Planung des betrieblichen Personalbedarfs** ist die Ermittlung des gegenwärtigen und zukünftigen Personal-Sollbestandes zu verstehen, der zur Erreichung der betrieblichen Ziele erforderlich ist, spezifiziert in quantitativer, qualitativer und zeitlicher Hinsicht. Sie weist gleichzeitig die (Über-, Unter-)Deckung dieses Sollbestandes aus und kann sich auf einzelne Teilbereiche oder/und den gesamten Betrieb beziehen.

Eine so verstandene Personalbedarfsplanung ist Voraussetzung für die Entwicklung von Maßnahmen und Programmen zur Beseitigung von Sollbestands-Über- bzw. -Unterdeckungen. Der Personalbedarfsplan als Planungsergebnis hat **abgeleiteten** (derivativen) Charakter; denn in aller Regel (außer etwa in Arbeitslagern, Strafkolonien o. Ä., wenn man diese als »Betriebe« bezeichnen will) geschieht der Einsatz menschlicher Arbeitskraft nicht um ihrer selbst willen, sondern zur Erreichung bestimmter betrieblicher (Teil-) Ziele.

Unmittelbar darauf bezogene Pläne sind einer Personalbedarfsplanung vorgelagert und enthalten ihr Ausgangsmaterial; jedoch kann das Zusammentragen aller erforderlichen Informationen für einen bestehenden und zukünftigen Personalbedarf durchaus als **eigenständige** Planung bezeichnet werden. Sie fällt nicht automatisch als »Abfallprodukt« vorgelagerter Pläne an, sondern muss vielmehr durch systematische Informationssammlung der (qualitativen, quantitativen, zeitlichen) Bedarfskomponenten gezielt betrieben werden.

Der sprachlichen Präzisierung dient die Unterscheidung von **Brutto-Personalbedarf** (Bb, Gesamtheit der benötigten Quantität und Qualität an Arbeitskräften = Soll-Personalbestand) und **Netto-Personalbedarf** (Nb, zu beschaffende bzw. freizusetzende Arbeitskräfte), der durch Abzug des **Personal-Ist-Bestandes** (I, vorhandene Arbeitskräfte) ermittelt werden kann:

$$Bb\ ./.\ I = Nb \text{ (Voraussetzung: } Bb > I)$$

Liegt letztere Voraussetzung nicht vor, ist also I > Bb, so ergibt sich ein negativer Nettobedarf, d. h. ein **Personalfreisetzungsvolumen** (F): I ./. Bb = F.

Die **Komponenten des Personalbedarfs** sind bereits in der eingangs gegebenen Definition enthalten: Quantität, Qualität und Terminierung des Personalbedarfs.

(1) Die Quantität eines Personalbedarfs ist abhängig von der zugrunde liegenden Begriffsfassung: Beim Bruttobedarf ist sie identisch mit der Summe der erforderlichen Arbeitskräfte, beim Nettobedarf identisch mit der durch Vergleich mit dem Ist-Bestand festgestellten (Unterdeckungs-)Lücke bzw. mit dem (Überdeckungs-)Freisetzungsvolumen.
Die Bedarfsquantität ist eher eine statistische Größe, die für konkrete Bedarfsdeckungs-(Abbau)-Maßnahmen jedoch ohne ausreichende Aussagekraft bleibt, solange sie nicht durch zusätzliche Angaben hinsichtlich des zu beschaffenden (freizusetzenden) Personals angereichert wird.

(2) Die Qualität des Brutto-Personalbedarfs ist gedanklich gleichzusetzen mit der Summe der für die Arbeitsplätze eines Betriebes existierenden Anforderungsprofile. Für den Netto-Personalbedarf kommt die qualitative Kennzeichnung des Ist-Bestandes – mithin die Summe der Qualifikationsprofile der vorhandenen Arbeitskräfte – hinzu. Die Güte, die »Treffsicherheit« betrieblicher Personalpolitik, die dafür sorgen soll, dass der »richtige Mann am richtigen Platz« sitzt, ist abhängig von einer sorgfältigen und zutreffenden Planung der Personalbedarfs-Qualität. Insofern ist an dieser Stelle mit Nachdruck auf die obigen Ausführungen (D.II.2) zu verweisen.

(3) Die zeitliche Komponente einer Personalbedarfsplanung betrifft in der Hauptsache die Länge des Planungshorizontes. Die allgemeine Unterteilung in kurz-, mittel- und langfristige Planung hilft ohne nähere Präzisierungen auch hier nicht weiter, weil – je nach Variabilität der Grundarten – ein 2- bis 3-Jahresplan in einer Branche, die durch raschen technologischen (modischen) Wandel gekennzeichnet ist, bereits als langfristig gelten kann. Die sinnvolle Mindestlänge für eine Personalbedarfsplanungs-Periode hängt zuerst davon ab, wofür (für welche Teilsysteme des Personal-Management) die Planung aufgestellt und herangezogen wird. Hinzu kommt die zeitliche Reichweite der Unternehmungsplanung, in welche die Personalplanung eingebettet ist. Ausschlaggebend ist in jedem Falle die Zeitspanne, die zwischen dem planerischen Erkennen eines quantitativ und qualitativ präzisierten Personalbedarfs und dem Wirkungserfolg derjenigen Maßnahmen liegt, die zu seiner Beseitigung ergriffen werden können. So wird eine Personalbedarfsplanung, die primär oder einzig dem Aufdecken von Arbeitskräftebestands-Lücken dient, die durch Personalbeschaffung vom externen Arbeitsmarkt geschlossen werden können, der seinerseits keine Verknappungstendenzen aufweist, sich auf eine wesentlich kürzere Frist erstrecken können als in dem Fall, in dem sie Teil einer Personalplanung für hoch qualifizierte Führungskräfte ist, die durch Fortbildungsmaßnahmen »herangezüchtet« werden sollen. Hierfür veranschlagt z. B. Schönfeld die Planungsmindestreichweite auf fünf Jahre.[83] Für Führungskräfte-Personalplanung wird i. d. R. mit längeren Zeiträumen (15–20 Jahre) gerechnet.

83 Vgl. Schönfeld (1963) 149.

Eine jede praktisch aufgestellte Personalbedarfsplanung kann nur so gut sein wie die verarbeiteten Informationen über die Einflussgrößen des Personalbedarfs. Deren vollständige Aufzählung und Systematisierung, vor allem allgemein gültige Bedeutungsgewichtung, ist wegen der Vielfalt der betrieblichen Besonderheiten nicht möglich. Dennoch soll ein Mindestkatalog von häufig als wichtig genannten **Determinanten des Personalbedarfs** knapp angedeutet werden (vgl. Abbildung 81). Dabei sind die aufgelisteten Einflussfaktoren weder stets in Bezug auf die Bedarfskomponenten überschneidungsfrei, noch auf deren Spezifizierungen, d. h. die Planungsgegenstände (letzte Spalte).

Personalbedarfs-komponente	*Einflussfaktoren* auf den Personalbedarf, wirken i. d. Hauptsache auf ⟶	Planungs-*gegenstand*
Quantität	1) Wirtschaftslage, Konjuktur i. V. m. geplantem Absatz	Arbeitsvolumen
	2) Arbeitsdauer	
	3) Technisierungs-(Mechanisierungs-) grad i. V. m. Arbeitsproduktivität	Arbeitsteilung (-inhalte)
	4) Fluktuation	Ersatzhäufigkeit
	5) Niveau der Betriebsorganisation	u.a. Führungs-kräftebedarf
Qualität	6) Produktions- (Arbeits-) Verfahren	Aufgabeninhalte
	7) Rationalisierungsvorhaben	Aufgabenwandel
	8) Anforderungsprofile (Arbeitsplätze)	Soll-Bestands-Qualifikation
	9) Qualifikationsprofile (Mitarbeiter)	Ist-Bestands-Qualifikation
	10) Qualifikationslücken	Trainingsinhalte
	11) Aus-, Fortbildungsprogramme	Änderungen der Ist-Bestands-Qualifikationen
Zeit	12) Altersaufbau	Zeitpunkt für Versetzung, Ersatz etc.

Abb. 81: Haupteinflussgrößen auf den Personalbedarf

bb) Ermittlung des Brutto-Personalbedarfs

Es gibt eine Reihe von Modellen und methodischen Ansätzen, mit denen versucht wird, funktionale Beziehungen zwischen Einflussfaktoren und dem Personalbedarf abzubilden, um daraus Berechnungsmodi für die Ermittlung des Personalbedarfs herzuleiten.

Es versteht sich von selbst, dass die theoretische Maximalforderung, sämtliche Einflussfaktoren einzubeziehen, nicht erfüllt werden kann. Zumeist werden daher abstrahierende Schwerpunkte in Bezug auf bestimmte zu berücksichtigende Gruppen von Faktoren gesetzt, die jedoch auch in praxi **Ermittlungsprobleme** aufweisen. Dabei bleiben jeweils zwei Arten von Schwierigkeiten:

- die Ermittlung konkreten und korrekten Zahlenmaterials für die Modell-Parameter,
- die Abstraktion von weiteren Bedarfsdeterminanten infolge der fiktiven Reduzierung auf die einbezogenen Parameter.

Es lassen sich grundsätzlich zwei Gruppen von **Ermittlungs-Methoden** unterscheiden, die wiederum jeweils genauer gekennzeichnet werden können:

(1) Methoden zur detaillierten Ermittlung des gegenwärtigen und kurzfristigen Brutto-Personalbedarfs
  - Modellansätze der Organisationslehre,
  - Modellansätze der Unternehmungsforschung.

(2) Methoden zur **globalen** Schätzung des langfristigen Brutto-Personalbedarfs
  - vergangenheitsbezogene Modelle,
  - nicht vergangenheitsbezogene Modelle.

Zu (1): **Detaillierte Ermittlungsmethoden**
Detaillierte Bedarfsermittlungen, in die zusätzlich qualitative Aspekte einbezogen werden, können als Verfeinerungen für kurz- oder mittelfristige Planungszeiträume angestellt werden.

- Modellansätze der **Organisationslehre**:
  Grundlage können hier **Organisationspläne** sein, welche die für die Aufbauorganisation getroffenen Regelungen schaubildlich fixieren.Das heißt, Organisationspläne geben Aufgabenkomplexe gleichartiger und gleicher Aufgaben an. Diese müssen zur Erfüllung auf einzelne Personen übertragen werden. Die Menge der Aufgaben erfordert eine bestimmte Menge an einzusetzenden Menschen.
  Die Kriterien zur Quantitätsbestimmung werden häufig unter dem Stichwort **»Personalbemessung«** diskutiert. Deren einfache Grundformel lautet:[84] Die Zeit, die die Bewältigung einer Arbeit in Anspruch nimmt, dividiert durch die Zeit, die eine Person zur Verfügung stellt, ist gleich der Zahl der einzusetzenden Personen.
  So erlangt die zur Erfüllung eines ermittelten Arbeitsvolumens erforderliche Arbeits**zeit** besondere Bedeutung, weil sie als eine der Hauptdeterminanten für den Personalbedarf herangezogen wird.

84 Rosenkranz (1969) 1590.

Mit dem Problem der Zeitermittlung beschäftigen sich eingehend die arbeitswissenschaftlichen Zeitstudien. Kritische Punkte sind dabei:

- Bezüglich der Zugrundelegung von Durchschnittszeiten die bislang offene Frage, ob individuelle Abweichungen hinsichtlich benötigter Arbeitszeit (möglichem Arbeitstempo) unproblematisch sind, weil sie sich gegenseitig kompensieren, oder aber dies im Gegenteil nicht der Fall ist, weil sie sich kumulieren.
- Der Sachverhalt, dass eine exakte Zeitermittlung nur bei Routinearbeiten möglich ist, weshalb eine exakte Zeitschätzung immer schwieriger wird, je weiter oben die jeweilige Stelle in der Organisationshierarchie angesiedelt ist.

Nicht nur auf unterschiedlichen Hierarchieebenen, sondern auch in den verschiedenen betrieblichen **Funktionsbereichen** sind spezielle Gegebenheiten anzutreffen. Deshalb sind in der Praxis problemspezifische Verfahren entwickelt worden:

Sie sind für den **Fertigungsbereich** industrieller Betriebe auf arbeitswissenschaftlichen Grundlagen mit Hilfe von Arbeitsstudien derzeit am weitesten gediehen. Die entscheidende Größe der Arbeitszeit wird nach der Grundformel ermittelt:

$$\text{Arbeitszeit} = \text{Bemessungswert} \times \text{Erfüllungshäufigkeit} + \text{sonstige Zeiten}$$

$$\text{Darin ist der Bemessungswert} = \frac{\text{Zeitbedarf bei Regelleistung}}{\text{Einmalige Erfüllung der Bezugsaufgabe}}$$

Die »Erfüllungshäufigkeit« bildet dann die Schlüsselgröße für die Umrechnung auf den personellen Kräftebedarf, wobei zusätzliche Annahmen über Arbeitstempo und -dauer eingehen müssen.

Darüber hinaus wird mit Methoden der mathematischen Unternehmungsforschung (s.u.) bereits versucht, optimale Personalbestandszahlen für die spezielle Produktionsweise der Fließfertigung zu ermitteln, wobei qualitative Unterschiede durch Lernraten Berücksichtigung finden.

Auf den **Verwaltungs-**(»Büro«-)Bereich sind die bisher entwickelten arbeitswissenschaftlichen Methoden kaum anwendbar: Die entsprechenden Ausführungen im Zusammenhang mit der Ermittlung von Anforderungsprofilen greifen hier nochmals. Für Routinetätigkeiten wurden spezielle Zeitermittlungsmethoden erarbeitet, z. B. die **Multimoment-Aufahme**, mit der **Normalzeiten** für einen bestimmten Prozentsatz der Tätigkeiten exakt ermittelt werden und auf den Zeitbedarf für die restlichen Aktivitäten per Analogie geschlossen wird.[85] Dagegen kann in Bezug auf den zeitlichen und qualitativen Aufwand für Führungstätigkeiten überwiegend nur mit Schätzwerten operiert werden, die aufgrund von Befragungen sachkundiger Führungskräfte zu gewinnen sind.

Weitere Besonderheiten für Personalbedarfsplanungen sind im **Dienstleistungsbereich**, vor allem in dem – von der Zahl der dort Beschäftigten her – bedeutsamen Wirtschaftszweig des **Handels**.

---

85 Für nähere Einzelheiten vgl. Duschek (1967/68); den Ansatz von Rosenkranz (1968); umfangreiche Literaturangaben bei Wächter (1974) 50 f.

Durch die Personalbemessung wird also die Anzahl der Stellen genau festgelegt, die für die Ausführung der Einzelaufgaben notwendig ist. Wird nun der Organisationsplan um diese Stellen erweitert, ergibt sich der **Stellenplan**, der grafisch oder tabellarisch dargestellt werden kann.

Stellenpläne sind in der Praxis allerdings sowohl Ergebnis von Arbeitsinhalts- und -volumina-Planungen im Zusammenhang mit organisatorischen Strukturierungen, aber auch beeinflusst durch »belegschaftspolitische« Verhandlungen, z. B. mit Betriebsräten. Stellenpläne enthalten zumindest zahlenmäßige Angaben über die Personalentwicklung, differenziert nach Arbeitsplätzen (Arbeitsplatzgruppen), d. h. Stellen. Der quantitative Brutto-Personalbedarf besteht dann aus der Summe der im Stellenplan aufgeführten Stellen.

Stellenpläne können um qualitative Aspekte erweitert werden, die aus **Stellenbeschreibungen** hervorgehen, und zwar solche, die nähere Beschreibungen der an den einzelnen Arbeitsplätzen zu erfüllenden Aufgabeninhalte liefern, ergänzt um Angaben über Kompetenzen, Verantwortungen, Über- und Unterstellungsverhältnisse. Die zu erfüllenden Aufgaben sind eine der Grundlagen für die Formulierung der Anforderungen eines Arbeitsplatzes. Daher ist es ebenso möglich wie – zwecks Dokumentation auch dieser qualitativen Informationen für den Personalbedarf – sinnvoll, Stellenbeschreibungen um Anforderungen an den Stelleninhaber zu ergänzen.

Sollen Stellenbeschreibungen für detailliertere Bedarfsermittlungen im Rahmen von Brutto-Personalbedarfsplanungen (d. h. des Soll-Bestandes) brauchbar sein, müssen sie in der Weise gehandhabt werden, dass sie nicht nur – stets aktualisiert – den Arbeitsplätze-Ist-Zustand zutreffend beschreiben, sondern darüber hinaus auch als gesonderter Planungsteil existieren: Für zukünftig neue Arbeitsplätze und für geplante Änderungen derzeit bestehender Stellen. Dieser Forderung genügen Stellenbeschreibungs-Systeme in der Praxis nur selten.

- In der **Unternehmungsforschung** sind Modellansätze verschiedener Ausgangspunkte entwickelt worden. Es können drei Kategorien von Modellen unterschieden werden:
  - **Produktionsprogrammorientierte Modelle**. In ihnen wird der Personalbedarf mittels verschiedener Produktionsfunktionen ermittelt, und zwar nach dem Grundschema, in dem ein bestimmtes »Produktionsprogramm« als unabhängige Variable, der Personalbedarf als abhängige Variable fungiert. Andere Daten können wahlweise als Parameter in Form von intervenierenden Variablen eingegeben werden. Als sinnvoll erweist es sich, Produktionsfunktionen differenziert nach Aufgabenarten aufzustellen und in ihnen arbeitsspezifische Besonderheiten der einzelnen Stellen (etwa: Intensitätsgrad, Technisierungsgrad, Ausbringungsmenge) zu berücksichtigen. Über eine Aggregation der Produktionsfunktionen kann dann der gesamte Personalbedarf ermittelt werden.[86]
  - **Ablauforientierte Modelle** versuchen, z. B. mit Hilfe von Netzplänen, Lösungen für die Frage zu finden, zu welchen Zeiten welche Arbeitskräfte an welchen Stellen einzusetzen sind. Als Hilfsmittel dazu werden Terminübersichten, Terminkarteien

86 In dieser Weise geht z. B. Kloock (1969) vor. Vgl. auch Mensch (1968); Küching (1973).

u. a. m. benötigt. Erkennbar handelt es sich hierbei also um sehr exakte, auf engere Arbeitsbereiche bzw. genau spezifizierte Arbeitsabläufe zugeschnittene kurzfristige Personalbedarfsrechnungen in der Kategorie operativer Planungen.

- **Organisationstheoretisch orientierte Modelle** sind vor allem solche, die auf eine Bestimmung des Bedarfs an Führungskräften zielen. Sie gehen zumeist innerhalb der Mitarbeiterpyramide von Realisationsebenen aus und ermitteln mit Hilfe von **Leitungsspannen** (Span of Control: Zahl der einem Vorgesetzten zu unterstellenden Mitarbeiter) sukzessive »von unten nach oben« den Führungskräftebedarf.[87] Kritisch ist allerdings anzumerken, dass immer dann, wenn von pauschalierten Vorstellungen hinsichtlich der Leitungsspannen-Größe ausgegangen wird, sowohl unternehmungsspezifische Besonderheiten (Branche, Größe, Spezialisierungsgrad etc.) wie auch individuelle Differenzierungen (z. B. Qualifikationsniveau) außer Betracht bleiben. Ein zusätzliches Problem entsteht, wenn Stabsstellen keine Berücksichtigung finden.

Zu (2): **Globale Ermittlungs-Methoden**
Globale Bedarfsschätzungen können nur grobe quantitative, d. h. nicht um qualitative Konkretisierungen verfeinerte Aussagen liefern. Sie sind daher in der Hauptsache für längerfristige Globalplanungen geeignet. Das aber nur dann, wenn Betriebe, die solche Methoden anwenden, mit Schätzungen dieser Art (insbesondere mit der Treffsicherheit der Ergebnisse) einige Erfahrungen gesammelt haben. Denn die Verlässlichkeit so globaler Schätzwerte, die zumeist auf der Grundlage von Produktions- bzw. Umsatz-Volumina erarbeitet werden, ist stark von dem jeweiligen Grad der Stabilität der Ausgangsdaten (z. B. der Märkte) abhängig: Insofern ergeben sich branchenmäßige Unterschiede ihrer Brauchbarkeit.

- **Vergangenheitsbezogene** Modelle arbeiten mit statistischen Methoden oder – für bestimmte Planungsgrößen – mit speziellen Ansätzen. Allgemein gehen sie davon aus, dass sich Erfahrungswerte auf die Zukunft übertragen lassen.
  - Zu den für globale Personalbedarfsschätzungen herangezogenen statistischen Methoden sind **Trendextrapolationen** und Regressions- (Korrelations-)Rechnungen zu zählen, die häufig auf der Grundlage von Relationen von Output-Ziffern (Produktionsvolumen, Absatzhöhe) zu dafür eingesetzter Personalstärke operieren. Die umfangreicheren Ansätze ökonometrischer Modelle bauen zumeist auf **Regressionsmodellen** auf und erfassen die Bedarfs-Einflussgrößen über Kennzahlen mithilfe mehrerer Gleichungen. Ihre Anwendung ist aufwändiger und daher eine Frage der Wirtschaftlichkeit (Relation des Nutzens bei vorhandenem Treffsicherheitsrisiko zu notwendigem Aufwand).
  - Eine Variante statistischer Modelle sind Prognosen bestimmter **Kennzahlen**, z. B. der Arbeitsproduktivität, aufgrund von Vergangenheitszahlen. Hierzu kann auch das (wegen Mangels spezifizierender Informationen u. U. erzwungene) stark vereinfachende Verfahren der linearen Verknüpfung von Produktionsausstoß und Personalbe-

87 Modelle dieses Typs haben entwickelt: Kossbiel (1972); Domsch (1970) 91 ff. Vgl. auch Frese (1976) 2948; Secker (1972) 30 f.; Wächter (1974) 52.

darf über einen konstanten Personalkoeffizienten[88] gezählt werden: B = Personalbedarf; a = Personalkoeffizient; x = Einheit eines Fertigungsprodukts

$$B = a \cdot x$$

Eine solche Kennziffer ist sehr global, denn nicht für alle Betriebsbereiche besteht Proportionalität zum Produktionsausstoß. So müssten theoretisch für jeden Funktionsbereich eigene Kennziffern gebildet werden, z. B. für den Lagerbereich die Umschlagshäufigkeit, für die Bauabteilung der umbaute Raum.

– **Nicht vergangenheitsbezogene** Modelle werden häufig in Form von **Identitätsgleichungen** (Balancing Equations) oder als Formeln, in die statistische Erfahrungswerte nicht eingehen, formuliert.[89] Dabei wird der Personalbedarf zu anderen Größen in Beziehung gesetzt, die als Determinanten des Personalbedarfs vorrangig erscheinen.
  So werden Größen verknüpft wie:
  - Gesamtoutput,
  - fremdbezogene Zwischengüter,
  - Arbeitsstunden,
  - Änderungsraten des Output/Arbeitsstunden-Verhältnisses (Arbeitsproduktivität).

  Diese Variablen können auch in Simulationsmodelle eingehen, die dann auf EDV-Anlagen durchgerechnet werden.

cc) Ermittlung des Personalbestandes

Auch die Ermittlung des Personalbestandes kann für unterschiedliche Zeitpunkte angestellt werden: sowohl für gegenwärtige (t_o) wie auch für zukünftige (t_x).

– Die Feststellung des **gegenwärtig** in einem Betrieb vorhandenen Personalbestandes:
  - **Quantitativ** bereitet sie in aller Regel keinerlei Schwierigkeiten, denn der Stellenplan muss nur um die Namen der gegenwärtigen Stelleninhaber erweitert werden **(Stellenbesetzungsplan)**.
    Anders ist dies schon mit der Aussage über das mit dem »vorhandenen« Personal zu bewältigende Arbeitsvolumen: Dazu werden (aufgrund von Vergangenheitsdaten statistisch aufbereiteten Materials) Angaben über Abwesenheitsraten, durchschnittliche (evtl. saisonal schwankende) Krankenstände, über Arbeitspensen etc. benötigt.
  - Eine Personalbedarfsplanung, die in einem ausgebauten System des Personal-Management Grundlage der Personalbedarfsdeckung und -entwicklung sein soll, erfordert **qualitative** Merkmale. So wird es unumgänglich, Angaben über Berufserfahrung, bewiesene Leistungsfähigkeit (Qualifikations-Profile, gemessen an Anforderungsprofilen etwa aufgrund von Personalbeurteilungen), vorhandenes (evtl. nicht genutztes und insofern latentes) Leistungspotenzial, über Berufsziele, Aufstiegserwartungen, d. h. über die relevanten Komponenten des Könnens wie auch des Wollens zur Leistung aufzunehmen bzw. zu erarbeiten.

88 Vgl. Frese (1976) 2947 f.; Kossbiel (1975) Sp. 1617.

89 Vgl. Doeringer/Piore/Scoville (1968) 39 f.; Walker (1969) 156 ff. und die Berichte hierüber bei Gaugler/Huber/Rummel (1974) 56 ff.

Sicherlich ist die vielfach de facto geübte Praxis wenig sinnvoll (zumindest überprüfungsbedürftig), alles das aufzunehmen, worüber problemlos aufgrund der Personalpapiere und eventuell bei der Einstellung ausgegebener Fragebögen (Alter, Geschlecht, Nationalität, Vorbildung etc.) Informationen zu bekommen sind.

Für ein mit sinnvollen bzw. notwendigen Inhalten gefülltes **Personalinformationssystem** ist allerdings zu beachten, dass hinsichtlich der Zwecke, denen dies dienen soll, zwei Kategorien existieren: Zum einen extern vorgegebene, gesetzlich vorgeschriebene, mit Kammern, Verbänden u. a. Institutionen vereinbarte Informationslieferpflichten der Betriebe, zum anderen intern aus der Ausgestaltung des Personal-Management als Anforderungen resultierende Zwecke.

Angaben über qualitative Personalmerkmale für externe wie interne Zwecke können sich in günstigen Fällen vielfach decken bzw. überschneiden. Zurzeit ist in der Praxis eine gewisse Unsicherheit aufgrund gesetzlicher Bestimmungen über den Datenschutz zu verzeichnen.

Jedenfalls ist festzuhalten, dass mit der Gründlichkeit der Eruierung und Deckung des Informationsbedarfs für Personalplanungen, die für Teilsysteme des Personal-Management nötig sind, deren Güte und Schlagkraft steht und fällt. Gesetzliche Vorschriften, die hier betriebliche Spielräume einengen, können daher – aus einzelbetrieblicher Sicht – von Schaden sein.

- Hinsichtlich der Entwicklung des Personalbestandes **zukünftiger Zeitpunkte** ergeben sich folgende Probleme:
  - Veränderungen des Personalbestandes resultieren aus **Mitarbeiterabgängen** wegen Erreichens der Altersgrenze, Invalidität, Tod, Beurlaubung (z. B. Wehrdienst, weitere Ausbildung), Kündigungen durch Mitarbeiter, Entlassungen durch den Betrieb; **Mitarbeiterzugängen** wegen verbindlicher Einstellungszusage, Übertritt vom Ausbildungs- ins Arbeitsverhältnis, Rückkehr von Beurlaubten. Diese Zu- und Abgänge sind einerseits mit unterschiedlichen Sicherheitsgraden zu erwarten und andererseits von personalpolitischen Maßnahmen abhängig (»dispositionsabhängig«). Kurzfristig ist ein Teil der Größen als relativ sicher voraussehbar anzusehen (z. B. Pensionierungen). Andere Größen lassen sich lediglich aufgrund betrieblicher Statistiken schätzen (z. B. Fluktuationsquote). Langfristig ist man nur noch auf Schätzungen angewiesen, die sich auf Statistiken wie Altersstruktur der Bevölkerung und des Betriebes (Vergleichsmaßstab) sowie Erwerbslebenserwartung stützen müssen.
  - Um von bloßen Personalbestandszahlen auf Angaben über zu bewältigende Arbeitsvolumina zu kommen, sind – ebenso wie für den Brutto-Personalbedarf – Prognosen über Arbeitszeitentwicklungen (-veränderungen) und ihre Auswirkungen erforderlich. Insofern sind die entsprechenden Konsequenzen von Arbeitszeit-, Urlaubsregelungen, Überstundenpolitik abzuschätzen und in die Planung mit aufzunehmen.
  - Sollten für den Netto-Personalbedarf brauchbare Unterlagen zur Verfügung stehen, sind auch die eben erwähnten qualitativen Merkmale des vorhandenen Personals im Hinblick auf diejenigen Veränderungen zu prognostizieren, die bis zu dem Zeitpunkt t_x zu erwarten sind. Dabei bereiten Voraussagen über die Entwicklung der Mitarbeiter-Qualifikationen die größten Schwierigkeiten, sind aber für die Planung zukünftiger Vakanzen-Besetzungen, Versetzungen, Beförderungen und Fortbildungsprogram-

me dann notwendig, wenn man Anpassungsfriktionen und Überraschungen nicht hinnehmen will. In diesem Zusammenhang ist auf die Ausführungen über Qualifikationsprognosen (vgl. Kap. D.II.2.b.cc) zu verweisen.

dd) Ermittlung des Netto-Personalbedarfs (Soll/Ist-Vergleich)

Der letzte Schritt einer Personalbedarfsplanung besteht in einer Gegenüberstellung des Sollbestandes mit dem Istbestand, und zwar für jeden geplanten Zeitraum.

Einer **kurzfristigen** Planung des Netto-Personalbedarfs kann folgendes Schema zugrunde gelegt werden:

(1) Brutto-Personalbedarf
./. (2) Personalbestand im Zeitpunkt t_o
\+ (3) Abgänge
- o sichere Abgänge: z. B. bei Pensionierung, durch Wehrdienst;
- o statistisch erfassbare Abgänge: Fluktuation, Invalidität, Tod;
- o Abgänge als Auswirkungen getroffener Dispositionen: Beförderungen, Versetzungen;

./. (4) feststehende Zugänge: z. B. durch vertragliche Verpflichtungen, durch Beförderungen, Übernahmen aus dem Ausbildungsverhältnis

---

= (5) Netto-Personalbedarf
→ Ersatzbedarf bei Unterdeckung
→ Freistellungsbedarf bei Überdeckung

Dieses Schema kann auf einzelne Organisationseinheiten (Abteilungen, Hauptabteilungen, Sparten, Hierarchieebenen usw.) differenziert angewandt, zu größeren betrieblichen Einheiten bis hin zum Gesamtbetrieb aggregiert werden. Seine rechnerische Einfachheit darf über die erheblichen Ermittlungs- und Handhabungsschwierigkeiten nicht hinwegtäuschen, die sich auf die Eingangsgrößen und auf die Voraussetzungen beziehen.

Bei einer **langfristigen** Planung kompliziert sich das Schema erheblich:

(1) Brutto-Personalbedarf
± (2) Bedarfsveränderungen
z. B. infolge von Erweiterungsinvestitionen, gleichzeitig Änderungen der Organisationsstruktur, Rationalisierungsmaßnahmen (zeitlich parallel)

= (3) Brutto-Personalbedarf im Zeitpunkt t_n
(4) Personalbestand
± (5) Bestandsveränderungen
(wie kurzfristig)

= (6) Netto-Personalbedarf im Zeitpunkt t_n
→ Ersatzbedarf
→ Neubedarf bei Unterdeckung
(Erweiterungsbedarf)
→ Freistellungsbedarf bei Überdeckung

Kurzfristig geht der Netto-Personalbedarf nur auf Veränderungen im Personalbestand zurück. Er besteht somit nur aus Ersatz- bzw. Freistellungsbedarf. Langfristig hängt er sowohl von Veränderungen des Personalbestandes als auch des Brutto-Personalbedarfs ab (in Abhängigkeit von den oben genannten Determinanten des Personalbedarfs). Damit ergibt sich Ersatz- und/oder Neubedarf bzw. Freistellungsbedarf.

Eine Dokumentation dieses Gegenüberstellungs-Ergebnisses wird unterschiedlich ausfallen, je nachdem, ob sie im Wege einer Gesamtbetrachtung erfolgt oder aber auf einzelne Tätigkeitsbereiche bezogen werden soll. Für globale Bedarfsaussagen dürfte das Schwergewicht auf quantitativen Planinhalten liegen, schon deshalb, weil Angaben über qualitative Mitarbeiter-Merkmale nur in beschränktem Rahmen aggregationsbedürftig und -fähig sind.

ee) Netto-Personalbedarf im Planungszusammenhang

Die anzuschließende Planung von Maßnahmen zur Beseitigung der ermittelten Differenz(-en) (Netto-Personalbedarf) bezieht sich im Falle eines »negativen Bedarfs« auf die Freisetzung von Personal, im »positiven Bedarfsfalle« auf die Beschaffung von Personal.

Ein Personalbeschaffungsbedarf wie auch ein Personalfreisetzungsbedarf kann jeweils unternehmungsintern oder -extern (am Arbeitsmarkt) gedeckt bzw. abgebaut werden.

Unternehmungsintern kann ein Personalbeschaffungsbedarf nur gedeckt werden, wenn ein Personalfreisetzungsbedarf besteht, der durch Einsatz geeigneter Personalentwicklungsmaßnahmen in qualitativer, quantitativer und zeitlicher Hinsicht zum Ausgleich gebracht werden kann. Im Rahmen der Personalbedarfsplanung besitzt die Personalentwicklung somit zwei Aufgaben:

- Zum einen soll die Entstehung von Personalfreisetzungs- und (externem) Personalbeschaffungsbedarf durch den Einsatz von Personalentwicklungs-Maßnahmen vermieden werden.
- Zum anderen soll entstandener Freisetzungsbedarf durch Einsatz von Arbeitstrukturierungs- oder Bildungsmaßnahmen in seinen qualitativen, quantitativen und zeitlichen Ausprägungen so verändert werden, dass er zur Deckung bestehenden Personalbeschaffungsbedarfs eingesetzt werden kann.

Neben den negativen individuellen Auswirkungen für die Mitarbeiter, die auf den externen Arbeitsmarkt freigesetzt werden, ist jede auf den externen Arbeitsmarkt gerichtete Personalbeschaffung oder -freisetzung mit hohen Kosten verbunden. Schon allein aus betriebswirtschaftlichen Kosten-Nutzen-Überlegungen heraus ist es für den Betrieb nahe liegend, auf dem »unternehmungsinternen Arbeitmarkt« – unterstützt durch Personalentwicklungs-Maßnahmen – einen Ausgleich herbeizuführen, zumindest solange, wie die hiermit verbundenen Personalentwicklungskosten die Kosten für extern gerichtete Maßnahmen des Personalabbaus und der Personalrekrutierung nicht übersteigen.

Auf die einzelnen Schritte und Maßnahmen der Personalbeschaffung, -freisetzung und -entwicklung wird im Einzelnen im weiteren Verlauf dieser Schrift ausführlich eingegangen (vgl. auch Abbildung 82).

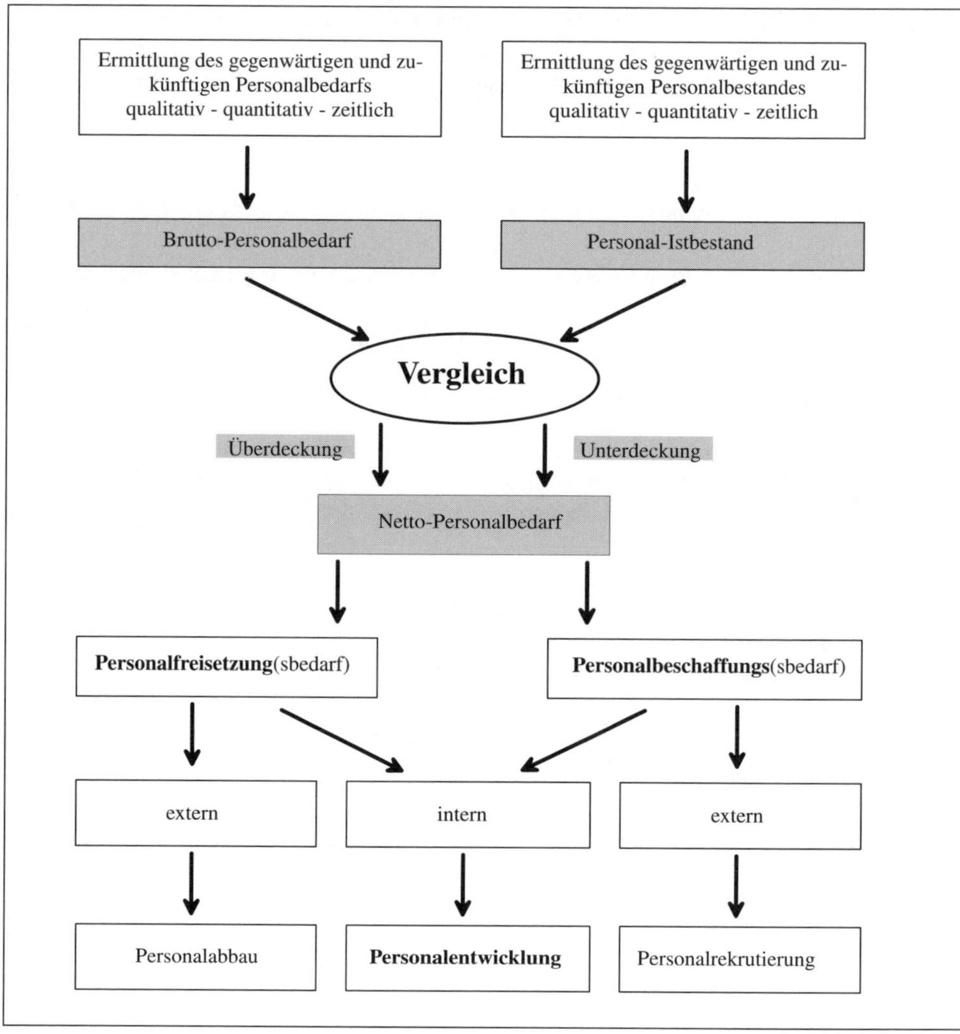

Abb. 82: Ablauf der Personalbedarfsplanung

ff) Probleme und Grenzen der Bedarfsplanung

An dieser Stelle sollen einige Punkte zusammengetragen werden, die über die allgemeine Planungs- und Informationsgewinnungs-Problematik hinausgehen und zu den im obigen Text angeführten Einzelproblemen hinzutreten. Man kann diese Probleme gliedern in solche der quantitativen, der qualitativen, der zeitlichen Bedarfsermittlung und in weitere spezielle Probleme.

- **Quantitative** Voraussagen können insbesondere durch statistisches Erfahrungsmaterial gestützt werden. Diese statistische Stütze wird umso schwächer, je kleiner die zugrunde liegenden statistischen Massen sind, was hierarchieaufwärts mehr und mehr der Fall ist. Für Ausfälle und Kündigungen liegt dann kaum noch Erfahrungsmaterial vor. Für die

oberen Hierarchieebenen wäre die Personalbedarfsplanung daher tendenziell eher auf Einzelpersonen zuzuschneiden.
Erkenntnisse aus Personalbewegungen aufgrund statistischen Erfahrungsmaterials können mit einiger Wahrscheinlichkeit nicht von der zugrunde liegenden Grundgesamtheit losgelöst und auf andere Personengruppen übertragen werden. So sind vermutlich die Abgangsraten um so höher, je niedriger die hierarchischen Ränge und die Qualifikations-Niveaus der Tätigkeiten der hierzu erfassten Personen sind.

– Was die Planung der **qualitativen** Komponenten des Personalbedarfs angeht, so kommt zu den an den entsprechenden Stellen bereits aufgeführten Problemen noch eine Reihe weiterer hinzu. Denn je weiter oben die zu planenden Stellen in der Unternehmungshierarchie angesiedelt sind, desto
  - mehr gewinnt das qualitative Moment der Personalplanung insgesamt an Bedeutung,
  - mehr nimmt die für die Einarbeitung und innerbetriebliche Fortbildung notwendige Zeit wie auch Vorbildung zu,
  - stärker nimmt die Auswechselbarkeit der Mitarbeiter ab.
– Planungen mit unterschiedlichen **zeitlichen** Horizonten bedürfen spezifischer Ausgestaltungen. So ist die für kurzfristige Pläne mögliche und auch notwendige Detailliertheit für längerfristige Pläne tendenziell abzubauen, weil sonst die Gefahr eines Missverhältnisses zwischen dem mit den Plänen erzielbaren Nutzen und dem für ihre Aufstellung erforderlichen Aufwand wächst.
  Zu dem Problem abnehmender Überschaubarkeit der Gegebenheiten zur Planrealisierung bei wachsendem Planungshorizont kommt hinzu, dass die Unsicherheitsquellen je nach Planungsinhalt unterschiedlich sind:
  - Für Neubedarf an Personal sind diese Quellen auch in den Teilplänen zu suchen, aus denen er abgeleitet wird, wohingegen
  - mit der Planung des Personal-Ersatzbedarfs autonome Probleme der **Personal**planung verbunden sind.
– Mit der Personalbedarfsplanung sind **spezielle** Probleme insofern verbunden, als Interdependenzen in den Aktivitäten einzelner Stellen nur schwer erfassbar sind und daher unberücksichtigt bleiben müssen. In der Folge ist die Gefahr eines zu hohen Personalbedarfs-Ausweises nicht zu übersehen, weil
  - sie nicht ohne Beteiligung des Betriebsrates durchgeführt werden darf (§ 92 BetrVG), der auch nicht ohne Einfluss für die Personalbedarfsdeckung ist;
  - sie Sinnvollerweise durch eine Personalkostenplanung zu ergänzen ist, damit auch die Erfolgsseite des gesamten Unternehmungs-Zielsystems berücksichtigt wird, Mitarbeiterleistung und -kosten auch ex ante vergleichbar werden, die Bedarfsdeckungsmöglichkeiten auch von ihren finanziellen Konsequenzen her im Vorgriff exakter erkannt werden können.

Weder die Grenzen noch die aufgezeigte Problematik einer Personalbedarfsplanung aber dürfen zur vorschnellen Resignation verleiten: Inhalt und Sorgfalt eines Plans, der den Personalbedarf verzeichnet, sind maßgeblich bestimmend für den Erfolg von Maßnahmen zur **Deckung** des Personalbedarfs. Die Schlussfolgerung, eine Personalbedarfsplanung zu unterlassen, weil man den Anforderungen an eine optimale Ausgestaltung nicht ausreichend Rechnung zu tragen in der Lage ist, kann demnach nur als höchst gefährlich bezeichnet werden. Richtiger wäre es daher, den Personalbedarf zunächst nach Maßgabe vorhandener Informationen und Mittel zu planen und auf schrittweise Verbesserungen hinzuarbeiten.

f) Erforschung der Arbeitsbeziehungen

Die Erforschung der Arbeitsbeziehungen (»Industrial Relations«) betrifft die analytische und prognostische Auseinandersetzung mit den Personen(-Gruppen) und Objekten der Mitbestimmung: Gesetzgebung und Arbeitsgerichtsbarkeit, Tarifpartner und Tarifverträge, Mitbestimmung und ihre Organe.

Ziele sind die Untersuchung der Absichten der beteiligten Mitbestimmungspartner, der Inhalte, der Auswirkungen für personalwirtschaftliche Entscheidungen sowie der gesamtbetrieblichen Auswirkungen. Die Informationen dienen als Basis v. a. für die Gestaltung von Arbeitsverträgen, personellen Einzelmaßnahmen, Entgeltsystemen und Arbeitszeitgestaltung, die Personalplanung sowie das Verhalten zum Betriebsrat.

Die meisten der o. g. Objekte beziehen sich auf rechtlich festgelegte Inhalte. Darüber hinaus ist das Verhältnis von Personalforschung und Betriebsrat zu thematisieren. Es kann auf drei **Ebenen** diskutiert werden:

- Im Rahmen der Personalforschung hat der Betriebsrat Mitwirkungsrechte. Er ist insofern **Mitgestalter** einzelner Aufgabenbereiche: Arbeitsmarktforschung (Mitbestimmungsrechte bei der Ermittlung von Arbeitszufriedenheit u. Ä.), Arbeitsforschung (ggf. Mitentscheidungsrechte über die Wahl der Methode zur Bestimmung von Vorgabezeiten; Informations- und Beratungsrechte bez. der Folgen geplanter Änderungen der strukturellen, technischen wie prozessualen Arbeitsorganisation), Qualifikations- und Eignungsforschung (Mitbestimmungsrechte auf der konzeptionellen Ebene z. B. bei der Aufstellung von Beurteilungsgrundsätzen und Auswahlrichtlinien), Personalbedarfsermittlung (Informations-, Beratungsrechte und teilweise Vorschlagsrecht bei Einführung und Durchführung). Kenntnisse über diese Mitwirkungsrechte sind notwendig, um sie bei der Planung und Durchführung von Maßnahmen einbeziehen zu können.
- Als »**Kunde**« nutzt der Betriebsrat die Personalforschung, indem er manche ihrer Ergebnisse (z. B. via Arbeitsplatzanalyse, Meinungsbefragung) für seine Arbeit zugrunde legt.
- Als »**Objekt**« der Personalforschung wird der Betriebsrat vielfach tabuisiert, d. h. als solches oft nicht wahrgenommen. Kenntnisse über Ziele, Verhaltensweisen u. Ä. der Betriebsräte sind jedoch hinsichtlich einer antizipativen und reaktiven Auseinandersetzung für die Personalarbeit sinnvoll. Nur so lassen sich Verhandlungsspielräume und Reaktionsweisen vorhersehen.

Als **Instrumente** werden vornehmlich Dokumentenanalysen, Sekundäranalysen und Gespräche eingesetzt.

Die **Problematik** besteht v. a. in den vielfach vorliegenden regionalen Unterschieden, der Vielzahl an Urteilen der Arbeitsgerichtsbarkeit, dem Interessenbezug der Arbeitgeber und der Erhaltung des Vertrauens.

g) Evaluierungsforschung

Die Evaluierungsforschung betrifft die Standortbestimmung der Personalarbeit (Wie gut sind wir?) und deren Zukunftsorientierung (Was können wir besser machen?).[90] **Ziele** sind die systematische Erarbeitung von Rückmeldungen über die Güte der Personalarbeit und deren ggf. notwendigen Verbesserung. Die gewonnenen Informationen sind Basis v. a. für die Personalstrategie, die Personalorganisation, die Definition personalwirtschaftlicher Probleme, die Personalentwicklung, den Instrumenteneinsatz u. Ä.

Die **Objekte** der Evaluationsforschung sind:

- **Personalarbeit insgesamt bzw. von Teilaufgaben** (z. B. Outsourcing von Personalaufgaben, Humanvermögen, direkte und indirekte Personalkosten, Effektivität personalwirtschaftlicher Leistungen),[91]
- Einsatz **personalwirtschaftlicher Instrumente** (z. B. Einsatz vorzeitiger Pensionierungen, Prognose von Problemfeldern und Wirkungen des Instrumenteneinsatzes, Effizienz personalwirtschaftlicher Leistungen, Bewertung alternativer Personalauswahlverfahren, Evaluierung der Personalentwicklung[92]) und
- **Personalarbeit aufgrund betrieblicher Entscheidungen** (z. B. Folgewirkungen von Sachinvestitionen, Untersuchung des Erfolgs von Total Quality Management).

Zu den **instrumentellen Bausteinen** einer Beurteilung der Personalarbeit zählen Sozialbilanzen, die Humanvermögensrechnung, Kosten-Nutzen-Analysen, Nutzwertanalysen, Organisationsanalysen und die Modellbildung.[93]

Die **Problematik** der Evaluierungsforschung besteht v. a. in generellen Mess-/Bewertungsschwierigkeiten, der unterschiedlichen Rollen des Personalbereichs und der Einbeziehung strategischer Wirkungen personalwirtschaftlicher Maßnahmen.[94]

III. Personalbedarfsdeckung

1. Begriff, Inhalt und Determinanten der Personalbedarfsdeckung

Unter **Personalbedarfsdeckung** sind alle diejenigen Aktivitäten zu verstehen, die auf Gewinnung und Einsatz von personellen Kapazitäten gerichtet sind, die im Betrieb benötigt werden.

Mit den Worten »im Betriebe benötigt« ist die Bedarfsorientierung verdeutlicht, »Gewinnung und Einsatz« führen zur Unterscheidung von drei (ggf. vier) **Teilaufgaben (-phasen)** des gesamten Personalbedarfsdeckungs-Prozesses. Es sind dies:

- die **Personalbeschaffung**, die die Suche und die Bereitstellung menschlicher Arbeitskräfte umfasst, nach Maßgabe des in einer Bedarfsplanung ermittelten Personalbedarfs

90 Vgl. auch Becker/Günther (1999).
91 S. zu dem hierauf basierenden Personal-Controlling Kap. E.III., auch Fleer (2001).
92 S. hierzu Kap. D.V.3.d.
93 Vgl. zu den einzelnen Bausteinen Becker, F. G. (2002).
94 Vgl. Fleer (2001).

in quantitativer, qualitativer, zeitlicher und räumlicher Hinsicht. Zur Personalgewinnung gehört neben der Beschaffung auch

- die **Personalauswahl**, ein Entscheidungsprozess, an dessen Ende die Bestimmung derjenigen Kandidaten steht, die sich für bestimmte Positionen aus einem Kreise von Bewerbern als die »bestqualifizierten« herausgestellt haben.
- Erst mit dem Einsatz des neu gewonnen Personals, d. h. seiner Einführung in den betrieblichen Leistungsprozess, ist der Personalbedarf in Bezug auf die Besetzung einer vakanten Stelle für einen Betrieb gedeckt. Der Prozess der **Personaleinführung** beginnt im engeren Sinne mit dem ersten Arbeitstag; neben fachlichen Einarbeitungshilfen umfasst er auch mehr soziale Integrationsaspekte.
- Versteht man unter Personalbedarfsdeckung auch Schließung einer qualitativen Personalbedarfslücke, so stellt auch die **Personalentwicklung** einer ihrer Teilaufgaben dar. Wegen der besonderen, auch nach Eintritt in den Betrieb sich fortsetzenden Bedeutung der Personalentwicklung behandeln wir diese Personalaufgabe gesondert (vgl. D.V). Abbildung 83 stellt die Abfolge schaubildlich dar.

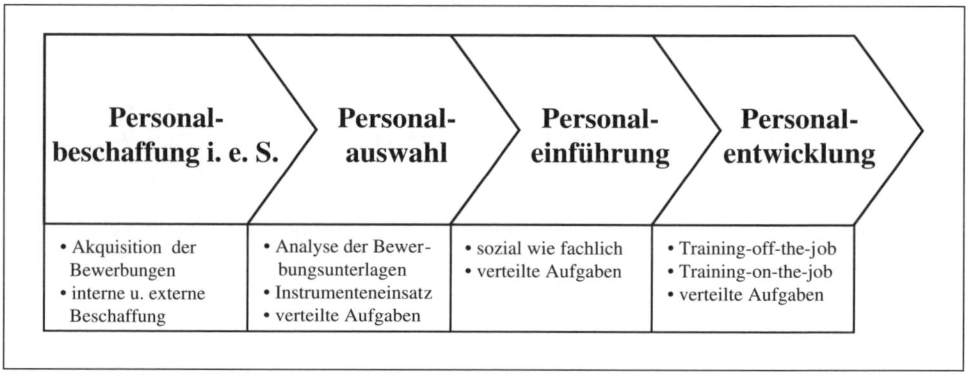

Abb. 83: Personalbedarfsdeckungskette

Unter **Determinanten der Personalbedarfsdeckung** sollen alle diejenigen Einflussgrößen verstanden werden, von deren Ausprägungen der Erfolg der Bemühungen zur Personalbeschaffung, -auswahl und zum -einsatz abhängt. Es sind dies vor allem:

- die Qualität der Informationen, die das Ergebnis der Personalbedarfsplanung ausmachen, nämlich über die **Bedarfskomponenten**:
  - Bedarfsquantität (Zahl der zu besetzenden Stellen),
  - Bedarfsqualität (die Anforderungen der Stellen),
  - Bedarfsterminierung und
  - Bedarfsorte.

Auf sie ist oben (vgl. Kap. D.II.2) bereits näher eingegangen worden;

- vom Betriebe aus mit dem Bedarfsdeckungsprozess verbundene **Ziele und Bedingungen**, die in der Regel auch ökonomische Konsequenzen betreffen, wie z. B. die entstehenden Kosten der Personalbeschaffung und -auswahl, die zu minimieren versucht werden;

– der **externe Arbeitsmarkt** beeinflusst Möglichkeiten und Erfolge der Personalbedarfsdeckung insofern, als er etwa durch die starke **Heterogenität** gesuchter und vermittelter Arbeitsleistungen, den Grad der **Mobilität** von Arbeitskräften u. a. m. die Auswahl von Beschaffungsmethoden und -instrumenten mitbeeinflusst. Hinderlich ist dabei oft die geringe **Transparenz** des Arbeitsmarktes;
– **arbeitsrechtliche Regelungen** können oft einschneidende Restriktionen darstellen.

2. Personalbeschaffung

a) Methoden der Personalbeschaffung

Unter Personalbeschaffung ist die Suche und Bereitstellung von Personalressourcen zu verstehen, die der Deckung von Personalbedarf (entweder Ersatz- oder Neubedarf) dient. Betrieblicherseits wird versucht, potenzielle und qualifizierte Bewerber zu einer Bewerbung für im Betrieb vakante Positionen zu bewegen. Die Aufgabe – zumindest im engeren Sinne – ist dann beendet, wenn Bewerbungsunterlagen der zuständigen Stelle für die Personalauswahl zugehen. (In einem weiteren Sinne wird unter Personalbeschaffung auch die Personalauswahl verstanden. Dieser Sichtweise wird hier nicht gefolgt.) Die dabei anzuwendenden Methoden und Instrumente unterscheiden sich vor allem danach, ob sich aktivierbare Personalressourcen innerhalb oder aber außerhalb des Betriebes mit einem Personaldefizit befinden. In Abhängigkeit der Nutzung des betrieblichen oder überbetrieblichen Arbeitsmarktes lassen sich die Methoden der Personalbeschaffung wie in Abbildung 84 dargestellt unterscheiden.

Personalbeschaffung			
intern		extern (Personalmarketing)	
mit Änderung bestehender Arbeitsverhältnisse: • Versetzung • Umschulungen • Übernahme von Auszubildenden • Umwandlung von Teilzeit- in Vollzeitarbeitsplätze bzw. befristeter in unbefristete Arbeitsverhältnisse	ohne Änderung bestehender Arbeitsverhältnisse: • Überstunden • Sonderschichten • Urlaubsverschiebungen • Erhöhung des Qualifikationsniveaus (Personalentwicklung)	Abschluss neuer Verträge: • Arbeitsvermittlung • Anwerbung • Nutzung des Internet als Stellenbörse	Arbeitnehmerüberlassung

Quelle: In Anlehnung an Hentze (1994) 238.

Abb. 84: Externe und interne Personalbeschaffung

In der Praxis werden häufig Maßnahmen der Aktivierung internen **und** externen Beschaffungspotenzials

- **parallel** eingesetzt, um die vorhandenen Ressourcen voll auszuschöpfen und um Mitarbeiter mit dem Herausforderungscharakter einer Stellenbesetzung anzureizen bzw. auch
- **sukzessive** eingesetzt, etwa wenn nach Versetzungen Stellen frei werden, die intern nicht mehr zu besetzen sind.

aa) Interne Personalbeschaffung

Eine **Besetzung vakanter Stellen aus den eigenen Reihen** kann entweder mit oder ohne Änderung bestehender Arbeitsverhältnisse einhergehen: Maßnahmen, bei denen sich das bisherige Beschäftigungsverhältnis ändert, sind beispielsweise Versetzungen, Umschulungen, die Übernahme von Auszubildenden oder die Umwandlung von Teilzeit- in Vollzeitarbeitsverträge bzw. befristeten in unbefristete Arbeitsverhältnisse; wohingegen Überstunden und Sonderschichten, Urlaubsverschiebungen oder die Erhöhung des Qualifikationsniveaus an dem bestehenden Beschäftigungsverhältnis festhalten.

Die **Instrumente einer internen Personalbeschaffung** können danach unterschieden werden, ob sie sich zur Deckung eines eher kurzfristigen oder eines eher mittel- bis langfristigen Personalbedarfs eignen.

Recht flexibel können personelle Engpässe durch entwicklungsfähige Mitarbeiter aufgefangen werden, die sich entweder aus eigenem Antrieb auf offene Stellen bewerben oder auf Vorschlag durch direkte oder andere Vorgesetzte (Beförderungsvorschläge) für die zu besetzende Stelle in Frage kommen. **Interne Stellenausschreibungen** fallen somit unter die kurzfristigen Beschaffungsinstrumente.

Die (Ein)Führung so genannter **Nachwuchskarteien**, die die Eignung entwicklungsfähiger Mitarbeiter dokumentieren helfen, die **betriebliche Erstausbildung** oder **individuelle Laufbahnplanungen** versprechen hingegen nicht unmittelbar, sondern erst in absehbarer Zeit Erfolge; hier werden systematisch Informationen gesammelt und gezielt Potenziale aufgebaut. Da diese langfristigen Maßnahmen im Rahmen der Personalentwicklung (vgl. Kap. D.V) stattfinden, ist hier nur die innerbetriebliche Stellenausschreibung darzustellen:

- Innerbetriebliche **Stellenausschreibungen** dienen der direkten Gewinnung von Stellenanwärtern aus den eigenen Reihen und der Information über das innerbetriebliche Beschaffungspotenzial (u. a. mitbestimmt und veränderbar durch Karrierewünsche von Mitarbeitern). Sie können vom Betriebsrat verlangt werden (§ 93 BetrVG), der bei Unterlassen die Zustimmung zur Einstellung externer Bewerber u. U. verweigern kann. Sie enthalten Beschreibungen der vakanten Stellen und ihrer Anforderungen und werden der Belegschaft durch Anschlag am »Schwarzen Brett«, Anzeige in der Werkszeitung oder im unternehmungsinternen Intranet, Handzettel oder in anderer geeigneter Form bekannt gemacht.

  Innerbetriebliche Stellenausschreibungen bringen einige Probleme mit sich, auch wenn parallel externe Beschaffungsversuche unternommen werden:
  - Sinnvoll sind sie überhaupt nur, wenn genügend geeignete Bewerber zu erwarten sind; andernfalls verzögern sie den Prozess der Personalbeschaffung.
  - Es ergeben sich häufig Differenzen zwischen dem Arbeitgeber und dem Betriebsrat darüber, welche Positionen ausgeschrieben werden sollen.

- Zwar erhöhen innerbetriebliche Stellenausschreibungen die Transparenz des internen Arbeitsmarktes, jedoch sind sowohl die bisweilen erwünschte – wenigstens temporäre – Geheimhaltung der Vakanz bzw. Besetzung einer Stelle wie auch die Vertraulichkeit von Bewerbungen erschwert.
- Das »Recht« eines Vorgesetzten, Mitarbeiter (u. U. auch Nachfolger) vorzuschlagen, kann beschnitten werden.

Als Vorteile lassen sich demgegenüber die eingesparten Kosten einer externen Suche sowie die i. d. R. verkürzten Einarbeitungszeiten anführen. Berichte über positive Erfahrungen mit innerbetrieblichen Stellenausschreibungen entstammen zumeist Großunternehmungen.

bb) Externe Personalbeschaffung

Die nachstehenden externen Beschaffungsalternativen dienen einem zweifachen Zweck:

– zum einen sollen sie die kurzfristige Deckung des aktuellen Bedarfes an Mitarbeitern,
– zum anderen aber auch ein langfristiges Erschließen externer Mitarbeiterpotenziale ermöglichen.

Während die Verfolgung des ersten Zweckes mit einem »werbetechnisch gestützten »Verkaufen« der Vorteile des Arbeitsplatzes« einhergeht (gezielte Personal(an)werbung, Bewerberansprache); ist der zweite Zweck weiter gefasst: Mit Blick nicht nur auf den aktuellen, sondern auch den künftigen Personalbedarf betreibt eine Unternehmung qualifizierte (externe) Personalbeschaffung im Sinne eines »**Personalmarketing**« (s. u.).

Das externe Beschaffungspotenzial, das für eine Personalrekrutierung zur Verfügung steht, ist sowohl in Arbeitskräften zu sehen, die bereits im Arbeitsprozess stehen, als auch in solchen, die entweder noch nicht oder nicht mehr beschäftigt sind: z. B. Ausbildungsabgänger, Arbeitslose, Pensionäre. Vom Spezialfall der Arbeitnehmerüberlassung abgesehen schöpfen die Methoden der externen Personalbeschaffung jeweils prinzipiell nur aus den gleichen Quellen.

(1) Beschaffungswege

(a) **Arbeitsvermittlung** in Anspruch zu nehmen heißt, dass der Betrieb mit Personalbedarf sich Institutionen bedient, die ihrerseits den direkten Zugang zu externem Beschaffungspotenzial suchen. Solche Institutionen sind:

– **Arbeitsämter**: Innerhalb der Bundesanstalt für Arbeit sowie ihrer regionalen Arbeitsämter übernimmt die Zentralstelle für Arbeitsvermittlung (ZAV) in Frankfurt/M. – und hier die ihr unterstellten Vermittlungsagenturen »Management Vermittlung National« und »Management Vermittlung International« – besondere Beratungs- und Vermittlungsaufgaben zur Besetzung von Positionen der obersten und oberen Leitungsebene.
– **Private Arbeitsvermittler**: Dienstleister, die Unternehmungen im Rahmen konkreter Beratungsaufträge bei der Suche und Auswahl von Arbeitskräften gewerbsmäßig unterstützen, unterliegen einer Zulassung durch das zuständige Landesarbeitsamt. Private

Arbeitsvermittlungsdienste werden u. a. durch **Personalberatungen** angeboten,[95] deren Leistungen i. d. R. wie folgt aussehen:

- Analyse der zu besetzenden Position: Aufgabenstellung, Anforderungen, organisatorische Einordnung, sachliches und personelles Umfeld;
- Formulierungen von Anzeigentexten, in denen der Auftraggeber in aller Regel nicht genannt wird. Der Personalberater inseriert unter seinem Namen (gleichzeitig indirekte Eigenwerbung) oder unter Chiffre;
- seit einigen Jahren verstärkt »direct oder executive search« (sog. »headhunting«), nicht mehr nur auf der Ebene des Topmanagement, sondern auch auf der zweiten und dritten Führungsebene;
- Gegenüberstellung und Bewertung der eingegangenen Bewerbungsunterlagen, Besprechung der Ergebnisse mit dem Auftraggeber;
- Durchführung der Grobselektion;
- Einholung von Auskünften und Referenzen;
- umfassende Beurteilung, Auswahl eines engeren Kreises ernsthaft in Frage kommender Bewerber;
- Mitwirkung bei der Vorstellung beim Auftraggeber;
- Beratung bei der Auswahlentscheidung, evtl. auch bei der Gestaltung von Arbeitsverträgen.

Somit reichen die Leistungen von Personalberatern oft über den eigentlichen Vorgang der Personalbeschaffung im engeren Sinne hinaus und umfassen auch eine Mitwirkung bei der Personalauswahl (vgl. Kap. D.III.3). Die Gründe ihrer Inanspruchnahme sind verschieden (sie liegen z. T. auch sämtlich vor): Wunsch nach Diskretion und Anonymität des Personal suchenden Betriebes – besonders bei Spitzenpositionen –; unzureichende Kapazitäten der eigenen Personalabteilung (Arbeitsentlastung); Erwartung größerer Erfolgschancen durch Nutzung der spezifischen Informationen und Beziehungen sowie eine unterstellte Neutralität und Unvoreingenommenheit des Personalberaters. Allerdings ist angesichts recht hoher Kosten und eventuell mangelnder Kenntnisse externer Berater bezüglich unternehmungsinterner Gegebenheiten auch das Wider ins Kalkül zu ziehen.

(b) **Anwerbung** (direkte Personalwerbung) kann sich verschiedener Suchmedien bedienen. Praktisch in Anspruch genommen werden vor allem:

– **Inserate** in Zeitungen und Zeitschriften (regional/überregional; Fachpublikationen) oder anderen Werbeträgern (z. B. Informationsbroschüren, Plakate). Als Alternative zu Stellenanzeigen in den konventionellen Printmedien werden zunehmend auch elektronische Medien wie das Inter- bzw. Intranet (Formen des so genannten Online-Stel-

95 Aus dem vorstehend zitierten Forschungsprojekt ergibt sich, dass die private Arbeitsvermittlung von drei Betriebstypen dominiert wird: Reine Arbeitsvermittlungsagenturen ohne weitere Geschäftsfelder (48,1 %), Zeitarbeitsunternehmen mit angeschlossener Arbeitsvermittlung (28,2 %) sowie Unternehmungs- bzw. Personalberatungen, die auch Arbeitsvermittlung betreiben (8,8 %); vgl. Dincher/Ambs (1997) 307.

lenmarktes) oder CD-ROM (Möglichkeit des so genannten Offline-Stellenmarktes)[96] eingesetzt;[97]

- bestehende oder herzustellende **Kontakte** zu Institutionen, die über Personalpotenziale verfügen bzw. zu Aspiranten Zugang besitzen:
  - Berufs-, Fach-, Hochschulen (»Campus Recruiting«). Gerade das Hochschulmarketing hat sich durch die unterschiedlichsten Formen der Kontaktaufnahme als attraktive Beschaffungsquelle direkter und indirekter Anwerbung erwiesen: Fachvorträge an Hochschulen, Anzeigen in Hochschulpublikationen, Schenkungen an Hochschulen, Einladungen von Studenten und Lehrpersonal zu Betriebsbesichtigungen, Unterstützung von Dissertationen und Diplomarbeiten, Bereitstellen von Praktikantenplätzen, Broschüren über die Personal suchende Unternehmung: Betätigungsfeld, Ziele, Aufstiegschancen etc.;
  - Betriebe, die Personal mit gesuchter Qualifikation beschäftigen. Diese Form der Anwerbung wird auch »Abwerbung« genannt. Sie gilt in Deutschland zumeist als wenig seriös und wird z. B. durch u. U. stillschweigende Übereinkünfte zwischen (örtlich benachbarten) Unternehmungen, sich Arbeitskräfte gegenseitig nicht aktiv abzuwerben, und durch gesetzliche Wettbewerbsverbote für bestimmte Berufsgruppen (vgl. z. B. §§ 74 ff. HGB) zu vermindern gesucht. Dennoch stellt sie oft den »letzten Versuch« der Personalbeschaffung dar: vor allem bei großer Knappheit an speziell qualifizierten Arbeitskräften, die durchaus auch bei hoher Arbeitslosenquote bestehen kann;
  - Mitarbeiter, die Zugang zu Personen mit den gesuchten Qualifikationen (z. B. Familienangehörige) haben. Die Nutzung informeller Netzwerke oder persönlicher Kontakte kann jedoch als Beschaffungsweg nicht unerhebliche Probleme aufwerfen: Gefährdung des Betriebsklimas, »Vetternwirtschaft« u. a. m.;
  - Überbetriebliche Institutionen, wie z. B. Industrie- und Handelskammern, Verbände (branchenspezifische, z. B. Einzelhandelsverband, Arbeitgeberverbände, Gewerkschaften, die z. B. in den USA bei der Beschaffung von Lohnempfängern eine Rolle spielen);
  - Präsenz und persönliche Kontakte bei Industrie- oder Computermessen bzw. speziellen Rekrutierungsveranstaltungen (z. B. dem Deutschen Absolventen-Kongress in Köln).

(c) Eine Zwitterstellung zwischen Arbeitsvermittlung und Anwerbung nimmt die seit Mitte der 90er Jahre stetig zunehmende Nutzung des **Internet als Stellenbörse** ein. Hier lassen sich vier Gruppen von Jobanbietern unterscheiden:

- Kommerzielle Stellenanbieter (Internet- und Personalmarketing-Agenturen);
- Nicht-kommerzielle Stellenanbieter (öffentliche Institutionen wie Verbände, Behörden und Hochschulen);

---

96 Vgl. zu den elektronischen Stellenmärkten Stehr (1998) 50.

97 Der Frage, ob Stellenangebote im Internet oder in Printmedien platziert werden sollten, gehen Martin/Nowak mittels eines Vergleiches beider Wege der Personalwerbung hinsichtlich der Kriterien Informationsverbreitung, Aktivierung potentieller Bewerber und Wirtschaftlichkeit nach. Obwohl zum momentanen Zeitpunkt »keine eindeutige Entscheidung für die ausschließliche Nutzung nur eines Mediums« getroffen werden kann, weisen Martin/Nowak jedoch auf das immense Potential des Internet hin – Martin/Nowak (1997) 116.

- Tageszeitungs- und Zeitschriftenverlage, die z. T. für die von ihnen veröffentlichten Stellenanzeigen eine Parallelschaltung in einem eigenen Online-Stellenmarkt anbieten;
- Unternehmungen mit eigenem Internet-Service (unternehmungseigene Homepages mit personalbezogenen Unterseiten).[98]

Im Gegensatz zu den beiden letztgenannten, die im Wesentlichen nur eine andere Form der Platzierung von Stellenangeboten bieten, fungieren die beiden ersteren Anbieter als regelrechte »**Jobbörsen**«. Der Kern ihrer Dienstleistung liegt in der Gestaltung und Pflege von Datenbanken mit aktuellen Stellengesuchen und Stellenangeboten; individuell aufbereitete Informationen und nach Schlagworten geordnete Anzeigen – z. T. verbunden mit umfangreichen Unternehmungsportraits oder Links auf die jeweilige Unternehmungshomepage – erleichtern eine Vorselektion. Manche Anbieter bieten neben einer Kontaktaufnahme auch Mithilfe am Rekrutierungsprozess an und schließen so die Lücke zwischen Anwerbung und Arbeitsvermittlung. Das Internet als Stellenbörse zu nutzen ist vor allem durch seine Aktualität und Schnelligkeit sowie die vergleichsweise kostengünstige globale Verbreitung attraktiv. Allerdings führen sowohl die streckenweise Intransparenz und unzureichenden Zugangsmöglichkeiten als auch die noch nicht flächendeckende Nutzung derzeit eher zu einer Koexistenz konventioneller und moderner Methoden der Personalgewinnung denn zu einer ausschließlichen Nutzung elektronischer Medien.

(d) Das **Personalleasing** (auch Arbeitnehmerüberlassung oder Zeit- bzw. Leiharbeit) stellt eine spezielle Methode der temporären Personalbeschaffung insofern dar, als mit ihm nicht Mitarbeiter gewonnen werden, die vertraglich ständig an die jeweils beschäftigende Unternehmung gebunden sind, sondern diesem vielmehr aufgrund von **Arbeitnehmer-Überlassungsverträgen** (vorübergehend) zur Verfügung gestellt werden. Es kommen dabei Rechtsbeziehungen zwischen **drei Parteien** zustande: zwischen dem Verleiher, dem Entleiher und dem Leiharbeitnehmer.

Der »**Verleiher**« ist ein selbstständiger Betrieb, der vorübergehend Arbeitnehmer »verleiht«, deren Arbeitsverträge zu ihm weiter fortbestehen. Die Personalleasing-Unternehmung schließt mit dem Zeitarbeitnehmer einen **Dienstvertrag** ab, zahlt diesem den Nettolohn und führt Steuern und Sozialabgaben ab. Der »Verleiher« hat das volle **Weisungsrecht** über den Leiharbeitnehmer und schließt mit dem »Entleiher« einen Arbeitnehmer-Überlassungsvertrag. »**Entleiher**« ist der die Arbeitsüberlassung in Anspruch nehmende Betrieb: Er bedingt sich gegenüber dem »Verleiher« i. d. R. das Recht aus, den »geliehenen« Mitarbeitern für die Zeit der Beschäftigung für seinen Betrieb Weisungen zu erteilen. Die »entleihende« Unternehmung zahlt die vereinbarte Gebühr und gibt dem Zeitarbeitnehmer lediglich Arbeitsanweisungen am Arbeitsplatz. Die rechtlichen und ökonomischen Beziehungen zwischen den drei Parteien verdeutlicht folgende Abbildung 85.

Die gewerbsmäßige Arbeitnehmerüberlassung ist durch das **Arbeitnehmerüberlassungsgesetz** geregelt: Es bedarf einer Erlaubnis des zuständigen Landesarbeitsamtes (§§ 1 ff. AÜG), der Verleiher sollte die Arbeitnehmer grundsätzlich unbefristet einstellen (zu Ausnahmen vgl. § 3 Abs. 1 Nr. 3, § 9 Nr. 2 AÜG), darf diese nicht länger als zwölf Monate bei demselben Entleiher belassen (§ 1 Abs. 2, § 3 Abs. 1 Nr. 6, § 16 Abs. 1 Nr. 9 AÜG) und hat

98 Zu Erfahrungen mit dieser speziellen Form eines Beschaffungsweges vgl. auch die empirischen Untersuchungen von Jäger/Straub (1997).

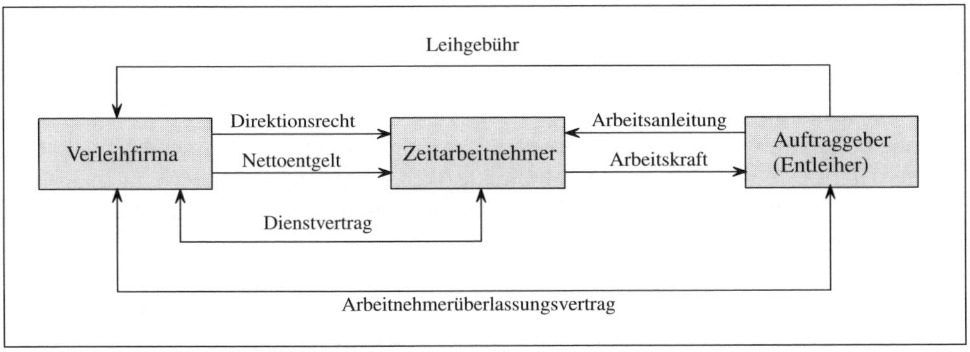

Quelle: In Anlehnung an Stopp (1997) 55.

Abb. 85: Beziehungen der Personalleasing-Beteiligten

die üblichen Arbeitgeberpflichten, während der Entleiher vornehmlich Schutzpflichten gegenüber dem Arbeitnehmer hat (vgl. § 11 Abs. 4 AÜG).

Zur Beurteilung der Bedeutung der Arbeitnehmerüberlassung können die Bedarfskomponenten herangezogen werden:

- In **zeitlicher** Hinsicht steht die Beseitigung von Personalbedarfs-Deckungslücken über **kurze Fristen** im Vordergrund; so etwa, wenn für Arbeitsausfälle aufgrund von Krankheit, überraschender Kündigung, Tod, Urlaub vorerst Zwischenlösungen gefunden werden müssen. Personalleasing wird auch zur Deckung saisonal (durch Auftragsspitzen) bedingten Personalbedarfs, der das sonst übliche Arbeitsvolumen überschreitet, herangezogen.
- Dieser Aspekt der **vorübergehenden** Bedarfsdeckung, der Personalleasing als Bestandteil der **kurzfristigen** Personalplanung ausweist, wird als wesentlich angesehen. Bei langfristiger, leihweiser Überlassung von Mitarbeitern werden Probleme gesehen: mangelhafte Kontinuität der Besetzung bestimmter Arbeitsplätze, soziale Probleme für die Leiharbeitnehmer im Zusammenhang mit ihrer Eingliederung, Mehrkosten gegenüber dauerhafter Besetzung.
- Im Hinblick auf die **qualitative** Komponente können zwei Gesichtspunkte Bedeutung erlangen: die wertvolle Ergänzung des eigenen Arbeitskräftereservoirs durch betriebsexterne Spezialisten und die Möglichkeit, auf das Halten eigener Personalreserven verzichten zu können – Personalleasing-Unternehmungen nehmen diese Notwendigkeit ab.
- Ein **quantitativer** Aspekt erlangt überbetriebliche Bedeutung dann, wenn es Personalleasing-Betrieben gelingt, latentes Arbeitskräftepotenzial (Arbeitsmarktreserven) zu mobilisieren und einzugliedern und damit die Gesamtbeschäftigung zu erhöhen.
- In **erfolgswirtschaftliche**r Hinsicht ist zu beachten, dass die verleihenden Betriebe ihre Kosten in Form von Gebühren überwälzen. Sie sind daher in einer Vergleichsrechnung den Personalbeschaffungs-, -einstellungs-, -verwaltungs-, Lohn- und Sozialleistungskosten gegenüberzustellen. In einer solchen Rechnung müssten zusätzlich einerseits die Leerkosten der Unterbeschäftigung ständig eingestellter Mitarbeiter und andererseits die zusätzlichen Kosten für die Anpassung und Einarbeitung der bei wie-

derkehrender Arbeitnehmerüberlassung wechselnden Mitarbeiter berücksichtigt werden.

(2) Beschaffungsinstrumente

Personalbeschaffung aus externem Potenzial benötigt zur Akquisition geeignete **Instrumente**. Hierfür kommen direkte und indirekte Werbemittel infrage, die je nach Art des Bedarfs (Zielgruppen, s. u.) und darauf abgestimmten, einschlägigen Beschaffungswegen gewählt werden können wie z. B. Inserate, Plakate, Broschüren, Informationsgespräche, Vorträge, Betriebsbesichtigungen, Rundfunk- oder Fernsehwerbung.

Ein effizienter Instrumenteneinsatz verlangt vor allem eine **zielgruppengerechte Bewerberansprache**, um unter Berücksichtigung vertretbarer Beschaffungsdauern und -kosten die relativ höchstqualifizierten Mitarbeiter gewinnen zu können. Das bedeutet, dass **Teilarbeitsmärkte** qualitativ (nach Berufsgruppen) und regional unterschieden werden müssen, letzteres insbesondere für solche Berufsgruppen, bei denen größere Mobilität nicht erwartet werden kann. Das trifft allerdings auf Führungskräfte in Spitzenpositionen nicht zu: Dieser Teilarbeitsmarkt benötigt daher keine regionale Differenzierung (es sei denn nach Ländern für multinationale Konzerne).

Eine in dieser Hinsicht gezielte Instrumentenwahl und -nutzung erfordert Informationen über zu erwartende Instrumentenwirkungen. Sie hängen von betriebsinternen wie auch externen Faktoren ab, die ihrerseits in unterschiedlichem Maße durch den Personal suchenden Betrieb beeinflussbar sind (s.u.). Zwei **Funktionen** sind es in erster Linie, die Personalbeschaffungsinstrumente erfüllen sollen,[99] die aber nicht unabhängig voneinander sind:

a) Personalwerbung soll eine **Informationsfunktion** erfüllen; mit ihr soll
b) eine Akquisition und Selektion aus vorhandenem Personalpotenzial bewirkt werden. Man kann dies insofern auch als **Verhaltensbeeinflussungsfunktion** der Instrumente bezeichnen, als sie geeignete Personen zu Bewerbungen veranlassen sollen.

Dabei ist die Erfüllung der ersten Funktion Voraussetzung dafür, dass auch die zweite erreicht wird, auf die die Maßnahmen der Personalbeschaffung letztendlich hinzielen.

Zu (a): Die **Informationsfunktion** ist erfüllt, wenn ein Beschaffungsinstrument, z. B. ein Inserat, mindestens alle diejenigen Informationen enthält, die ein potenzieller Bewerber erwartet und ihn schließlich zur Bewerbung bewegen. Dies sind:

- Informationen über den **Betrieb** selbst: Branche, Größe und Bedeutung, Standort (evtl. »Freizeitwert«), Führungsstil u. a. m.;
- Informationen über den zu besetzenden **Arbeitsplatz**: Aufgaben, Kompetenzen und Verantwortungen, hierarchische Einordnung, das sachliche und persönliche Arbeitsumfeld, die Arbeitszeit;
- Informationen über die **Anforderungen** an den gesuchten Stelleninhaber: erforderliche Kenntnisse, Fähigkeiten (evtl. Ausbildungsgänge), persönliche Eigenschaften etc.;

99 Vgl. Arnold/Wächter (1975) 1507; v. Eckardstein/Schnellinger (1975) 1592 ff.; Wunderer (1975) 1691 ff.; Kreklau (1974) 757.

- Informationen über die **Leistungen** des Betriebes: Entgelt, soziale Leistungen, Fortbildungs-, Aufstiegsmöglichkeiten;
- Informationen über die **Art der Kontaktaufnahme**, z. B. telefonische Erkundigungen am Wochenende;
- Informationen über erwünschte **Inhalte** und **Form** der **Bewerbung**: benötigte Unterlagen, Vorstellungen etc.

Zu (b): Die **Verhaltensbeeinflussungsfunktion** erlangt besondere Wichtigkeit, wenn ein wesentlicher, den Erfolg der Unternehmung beeinflussender Faktor (strategisches Erfolgspotenzial) darin liegt, dass bereits in der Unternehmung tätige Mitarbeiter bleiben bzw. neue Mitarbeiter von außen hinzugewonnen werden können. Ist der Arbeitsmarkt für (strategisch) wichtige Positionen vom Arbeitskräfteangebot her sehr eng, so liegt ein dem »Käufermarkt« auf der Absatzseite entsprechendes Phänomen vor: Die relativ größere Marktmacht besitzen die Nachfrager, in diesem Falle nach Arbeitsplätzen, weil das Angebot seitens der Unternehmungen die Nachfrage übersteigt. Bezüglich der Arbeitsleistung allerdings ist der Arbeitsmarkt für die Unternehmung ein Beschaffungsmarkt, wie zuvor deutlich wurde.

Insofern ist auch die Verwendung des Terminus »**Personal-Marketing**« angebracht.[100] Besonders angesichts enger externer Arbeitsmärkte steht die Idee des Schaffens von Präferenzen für eine Unternehmung, die Arbeitskräfte sucht, d. h. gleichzeitig Arbeitsplätze anzubieten hat, bzw. die Idee des Steigerns ihrer Attraktivität im Vordergrund. Denn sie lenkt die Aufmerksamkeit der für die Unternehmungsführung und das Personal Verantwortlichen auf die Notwendigkeit des Einsatzes von Marketing-Instrumenten zum Akquirieren von Arbeitskräften im Wege des »Vermarktens« von Arbeitsplätzen (deren Nicht-Besetzung fatale Folgen haben könnte).

Es gilt infolgedessen, Wettbewerbsvorteile auf dem Arbeitsmarkt zu erlangen, um potenzielle Anbieter von Arbeitsleistungen zu veranlassen, die eigene Unternehmung statt anderer als Arbeitgeber zu präferieren. Will sich die Unternehmung für potenzielle Mitarbeiter gegenüber Wettbewerbern profilieren – und dazu auf den relevanten Arbeitsmärkten ein positives Image aufbauen –, sind diejenigen Vorteile zu ermitteln, die eine Unternehmung möglichen Arbeitsplatz-Interessenten bieten könnte. Die folgenden Kriterien können dabei hilfreich sein:[101]

---

100 Personalwirtschaftliche Literatur und betriebliche Praxis verwenden diesen Begriff nicht einheitlich. Im Hinblick auf seinen Begriffsumfang wird er zumeist dreifach ausgelegt – je nachdem, ob er sich auf die externe Personalbeschaffung beschränkt, die interne Personalbeschaffung mit einbezieht oder das gesamte Personalmanagement aus Marketingsicht betrachtet. Die Verwendung des Personalmarketing-Begriffs in einem weiteren Sinne – wie sie seit Mitte der 70er Jahre bisweilen versucht wird – erscheint abwegig. Denn Unternehmungs- und Personalpolitik auf Erwartungen und Bedürfnisse von vorhandenen und potentiellen Mitarbeitern abzustellen, ist entweder eine Übertreibung der Analogie der Idee von der Kundenorientierung; oder aber diese ist – in der ausbalancierten Form des Versuchs der Erreichung von institutionellen und individuellen Zielen – gleichbedeutend mit den Grundmaximen des Personal-Managements, für die sich ein neuer Begriff erübrigt. Aus diesem Grunde wird hier der Personalmarketing-Begriff im Sinne einer (qualifizierten) externen Personalerschließung verstanden. Aus der zahlreichen Literatur zum Personalmarketing vgl. z. B. Hunziger (1973); v. Eckardstein/Schnellinger (1975); Marr/Stitzel (1979) 308; Fröhlich (1987), (1987a); Staude (1989); Strutz (1989), (1992); Wunderer (1991a); Scholz (1992); Rastetter (1996); Weibler (1996).

101 Vgl. Drumm (2000) 336.

- gegenwärtige und zukünftige Aufgabenfelder,
- gegenwärtiges und zukünftiges Leistungsprogramm,
- gegenwärtige und zukünftige Angebote zur Perioden- und Lebensarbeitszeit,
- gegenwärtige und zukünftige Möglichkeiten der Ausbildung, des Aufstiegs und der Personalentwicklung, der regionalen, nationalen und internationalen Mobilität,
- gegenwärtige und zukünftige Bedingungen der Vergütung, Erfolgs- und Vermögensbeteiligung sowie sonstigen Sozialpolitik,
- gegenwärtige und zukünftige Konzepte der Personalführung und Einbindung von Mitarbeitern, Autonomie,
- gegenwärtige Werthaltungen,
- gegenwärtige infrastrukturelle und kulturelle Standortfaktoren,
- Haltung gegenüber ökologischen Problemen.

Vorteile sind Bedingungen in Erfüllung dieser Kriterien aber im Sinne von **Beschäftigungsvorteilen** nur dann, wenn Arbeitnehmer Interesse an ihnen haben, d. h. sie individuelle Zielsetzungen und Bedürfnisse befriedigen bzw. Werthaltungen entsprechen. Nicht auszuschließen ist jedoch auch das Wecken neuer oder Verstärken latenter Bedürfnisse. Insofern kommt einer gezielten Personalforschung erhebliche Bedeutung zu, die verwertbare Erkenntnisse über Einstellungen, Erwartungen, Verhaltensweisen von Berufstätigen (auch: Berufsstartern) zutage fördert. Meinungs-, Berufs-, Mobilitäts-, Arbeitsmarktforschung gehören in dieses Feld.

Beschäftigungsvorteile sind aber erst dann gleichzeitig **Wettbewerbsvorteile**, wenn bekannt ist, dass Arbeitsmarkt-Konkurrenten sie nicht (nicht so gut) bieten, wie die eigene Unternehmung. Insofern ist zudem eine Konkurrentenanalyse anzustellen, die mithin Teil der Arbeitsmarktforschung sein muss. Sie hat Informationen zu liefern über das Nachfrage- und Akquisitionsverhalten von Arbeitsmarkt-Wettbewerbern sowie über ihr (gegebenenfalls noch nicht per Werbung verwertetes) akquisitorisches Potenzial.

Hauptproblem einer solchen Konkurrentenanalyse ist die Ermittlung und Erschließung entsprechender Informationsquellen (Stellenanzeigen, Geschäftsberichte, Firmenportraits, Anwesenheit auf Fachtagungen, Präsentation in Fachzeitschriften u. a. m.). Die informationssuchende Unternehmung kann selbst aktiv werden, indem es in Einstellungsinterviews gezielte Fragen stellt und auswertet nach Konkurrenz-Unternehmungen, wenn Bewerber bei ihnen gearbeitet haben.[102]

Neben der Darstellung und zielgruppengerechten Vermittlung der spezifischen Attraktivität der Unternehmung als Arbeitsplatz nach außen hat das Personalmarketing noch weitere Probleme zu lösen:[103]

- Auswahl und Nutzung effektiver Personalbeschaffungswege und -maßnahmen, z. B. professionelle Personalberatung, Personalleasing,
- konkrete Einstiegsangebote bedarfsgerecht, zielgruppengerecht und zeitgemäß zu entwickeln und formulieren – darunter fallen z. B. Aufgaben von der Gestaltung und Platzierung einer Stellenanzeige bis hin zur Entwicklung besonderer Ausbildungsprogramme und -angebote.

---

102 Vgl. Drumm (2000) 338 f.
103 Strutz (1989) 8 f.

Auch aus der Grundposition eines Personalmarketings im engeren Sinne heraus ist auf die Notwendigkeit eines ganzheitlichen Personalmanagement (im Sinne eines erweiterten Personalmarketing-Begriffs) hinzuweisen: Die Bemühungen eines (extern orientierten) Personalmarketing dürfen nicht mit Eintritt neuer Mitarbeiter in die Unternehmung enden; auch das interne Personal muss »umworben« werden, was bedeutet, dass die Maßnahmen des Personalmarketing ihre Fortführung in denjenigen der Personalentwicklung finden. Damit verschränken sich (externes) Personalmarketing, (interne) Personalentwicklung und andere personalpolitische Instrumente (wie Motivation und Führung, Vergütung und Sozialpolitik einschließlich Erfolgs- und Vermögensbeteiligung)[104] zu einem ganzheitlichen Personalmanagement.

b) Kriterien zur Auswahl von Methoden der Personalbeschaffung

Welche der unterschiedlichen Instrumente der Personalbeschaffung in der Unternehmung zum Einsatz kommen, ist von einer Reihe von Rahmendaten bzw. Voraussetzungen abhängig: Kenntnisse über den Bedarf an beschaffungsrelevanten Informationen sind dabei ebenso wichtig wie die Bewertung der verschiedenen Methoden im unternehmungsspezifischen Kontext.

Informationen über bereits in der Unternehmung vorhandene bzw. auf dem Beschaffungsmarkt verfügbare Personalressourcen liefert die (inner- und außerbetriebliche) Arbeitsmarktforschung (vgl. D.II.2.b).

Eine Bewertung der verschiedenen Beschaffungsmethoden darf sich nicht nur auf einen bloßen Vorteils-Nachteils-Vergleich beschränken, sondern muss immer auch situationsadäquat ausgerichtet sein.

(1) Die **Vor- und Nachteile** der Personalbeschaffung aus externen und internen Potenzialen werden in der folgenden Tabelle (vgl. Abbildung 86, S. 258) gegenübergestellt:

Ob eine Stelle intern oder extern besetzt werden soll, ist von verschiedenen Faktoren abhängig. Einer liegt in den Merkmalen der zu besetzenden Position: So wird in der Praxis bei der Beschaffung von Führungskräften dem Versuch, die internen Ressourcen auszuschöpfen, der Vorzug gegeben.

(2) Differenzierung nach **Zielgruppen**

Für die Entscheidung, welche Methoden der Personalbeschaffung angewandt, welche Instrumente wie gestaltet und eingesetzt werden sollen, ist die auf diesen Zweck zugeschnittene Eingrenzung derjenigen Zielgruppe(n), die angesprochen werden soll(en), eine der wichtigsten Vorbedingungen, denn umso selektiver kann die Akquisitionswirkung erwartet werden. Mit der Bestimmung der richtigen Zielgruppe(n) wird eine Vorauswahl getroffen, aus der heraus dann die engere Auswahl für das spezifische Anforderungsprofil der vakanten Stelle erst möglich wird.

Die Bestimmung derjenigen Kriterien, die zur Zielgruppenabgrenzung heranzuziehen sind, ist deshalb eine Zweckmäßigkeitsfrage, deren Beantwortung von der Sicherheit der

---

104 Vgl. Drumm (2000) 334.

	Interne Personalbeschaffung	Externe Personalbeschaffung
Ökonomische Vorteile	• geringe Informationskosten • geringe Zeitverluste der Stellenbesetzung • geringe Verhandlungs-, Einarbeitungs- und Fluktuationskosten • geringe Entgelterwartungen der Arbeitskraft in den ersten Einsatzjahren • geringe Kontrollkosten	• größere Auswahlmöglichkeiten • höhere Leistungsbereitschaft, da die subjektiv eingeschätzte Arbeitsplatzsicherheit geringer ist • geringere Kosten bei Personalabbau • insgesamt niedrigeres Lohnniveau • Personalentwicklungsaufwand wird als externe Vorleistung „miteingestellt“
Aktivierungsausweitende Aspekte	**Motivationswirkung:** • Motivationspotentiale sind bereits bekannt • geringere Frustationsgefahr durch unerfüllte Erwartungen • allgemeines Signal für Aufstiegschancen • Anreize durch offene Konkurrenz um knappe Aufstiegschancen, sofern diese erreichbar scheinen; dadurch auch geringere Gefahr unerwünschter Solidarisierung gegen Unternehmensziele • geringere Wahrscheinlichkeit ungeplanter Individualstrategien auf dem Karriereweg **Qualifikationswirkung:** • Qualifikationspotenziale bereits bekannt • Qualifikationen sind leichter unmittelbar betriebsspezifisch nutzbar • Erhaltung betriebsspezifischer Qualifikationen • Unabhängigkeit von extern verfügbaren Qualifikationen	**Motivationswirkung:** • Anpassung der Motivationspotenziale an aktuell wirksame Umweltentwicklungen • Größere Disziplinierungsmöglichkeiten des Personals durch externe Alternativen • Aufbrechen bestehender Deutungs- und Wertmuster • Dispositionsspielraum in der Altersstruktur mit lebensalterspezifischen Motivationen • Verhinderung von Beförderungsautomatismus und Seilschaftenbildung **Qualifikationswirkung:** • Erwerb neuartiger Qualifikationspotentiale, die betriebsintern nicht erzeugt werden können • Verhinderung von Betriebsblindheit • Chance zur Gewinnung von Informationen über direkte Konkurrenten bzw. mögliche Kooperationspartner
	tendenziell <u>stabilisierend</u>	tendenziell <u>flexibilisierend</u>
Aktivierungs-beschränkende Aspekte	**Motivationswirkung:** • Möglicher Rückgang der Leistungsbereitschaft durch geringe externe Konkurrenz **Qualifikationswirkung:** • Gefahr der Veralterung fachspezifischer Qualifikationen durch fehlende Anreize zur Weiterqualifizierung • Förderung von Betriebsblindheit	**Motivationswirkung:** • Demotivierung des internen Personals durch fehlende Aufstiegsperspektiven **Qualifikationswirkung:** • Höhere Fluktuation verbunden mit der Abwanderung aufgebauter Qualifikationen

Quelle: Klimecki/Gmür (1998) 159.

Abb. 86: Interne und externe Personalbeschaffung im Vergleich

Erwartung abhängt, mit der Zielgruppe eine ausreichende Zahl von nach Möglichkeit bestqualifizierten Bewerbern zu erhalten. Als solche Kriterien haben sich z. B. bewährt:

- Wirtschaftszweige (Metallindustrie, Einzelhandel),
- Berufsgruppen (Schlosser, Verkäuferinnen),
- Vorbildung (Schultyp, Fach-, Hochschulstudium),

- Berufsbildung (Lehre, Berufserfahrung),
- Alter, Geschlecht, Arbeitszeit (unter Berücksichtigung der betrieblichen Belegschaftsstruktur).

Zielgruppen können durch Betonung eines Kriteriums, aber auch durch Mischung mehrerer Kriterien bestimmt werden; von ihnen hängt dann ab, welche Beschaffungsmethoden und -instrumente Aussicht auf Erfolg haben. Die Tabelle (vgl. Abbildung 87) verdeutlicht diese Zusammenhänge beispielhaft.

Für den konkreten Zusammenhang zwischen der Art der zu besetzenden Stelle (hier nach den Berufsgruppen Führungskräfte und Facharbeiter) und internen/ externen Personalbeschaffungsmethoden vgl. Abbildung 88, S. 260.

Bestimmte Beschaffungsmethoden und Arten der Informationsgestaltung bedingen sich häufig gegenseitig. So werden z. B. über so genannte **informelle Beschaffungswege** (z. B. über das soziale Netzwerk der Belegschaft) andere Informationen über ein Stellenangebot übertragen werden als über **formelle** (z. B. Stellenanzeigen). Verschiedene Untersuchungen haben ergeben, dass durch informelle Methoden qualifiziertere Arbeitskräfte (gemessen v.a. an Leistungs- und Fluktuationskriterien) gewonnen werden als auf formellem Wege. Als Begründung dafür erscheint plausibel, dass über informelle Wege offensichtlich realistischere Informationen über den Arbeitsplatz übermittelt werden. Sie führen zu einer Selbstselektion jener Bewerber, die nicht erwarten, ihre persönlichen Ziele an dem Arbeitsplatz erreichen zu können.

(3) Personalbeschaffungs-**Zeitraum**

Dieses Kriterium erlangt insofern Bedeutung, als eine Abstimmung zwischen den Terminen der erforderlichen Personalbedarfsdeckung und dem Zeitbedarf der einsetzbaren Beschaffungsinstrumente herbeizuführen ist. So kommt z. B. eine mehrere Monate dauernde

Zielgruppenkriterien	**Zielgruppe**	**Personalbeschaffungsmethoden, -instrumente**
Berufsgruppe, -bildung	Auszubildende	Kontakt zu Berufsschulen, Arbeitsamt
Arbeitszeit, Geschlecht	teilzeitbeschäftigte Frauen	Belegschaftsmitglieder, Arbeitsamt
Berufsgruppe, -bildung	Facharbeiter-Nachwuchskräfte	Berufsschule, Arbeitsamt, lokale Presse, Branchenwerbung
Berufsgruppe, Vorbildung	Wissenschaftler	Kontakte zu Hochschulen (Hochschulmarketing), überregionale Zeitungen, wissenschaftliche Zeitschriften, Internet-Jobbörsen, Absolventenkongresse, Personalberater
Berufsgruppe, Vorbildung, Alter	Führungskräfte	Interne Ressourcen, Inserate in überregionalen Zeitungen, dto. in Fachzeitschriften, Internet-Jobbörsen, Kontakte zu Banken etc., Personalberater

Abb. 87: Zusammenhänge zwischen der Bestimmung von Zielgruppen und der Wahl von Personalbeschaffungsmethoden und -instrumenten

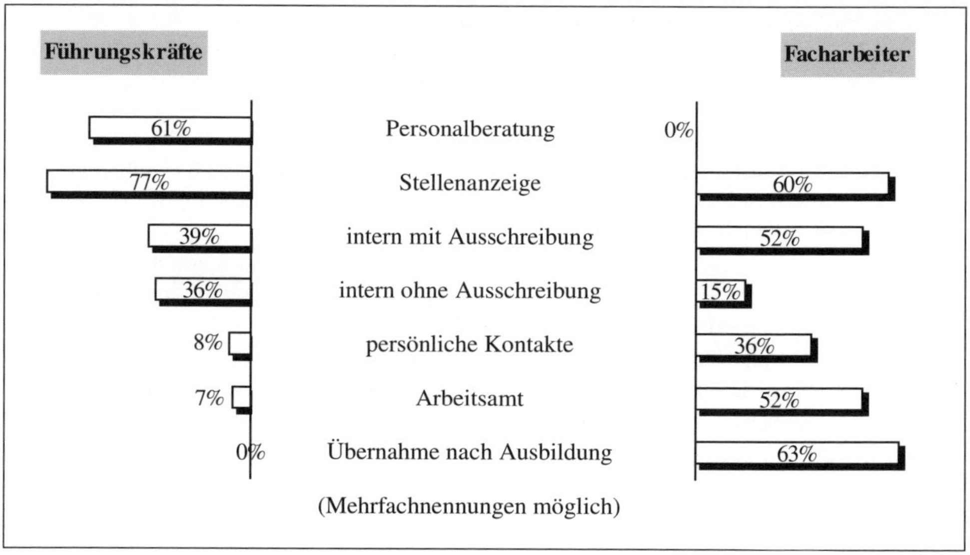

Quelle: Gaugler/Wiltz (1993) 11. Entnommen aus Klimecki/Gmür (1998) 170.

Abb. 88: Methoden der Personalbeschaffung

Spezialausbildung für bereits im Betriebe beschäftigte Mitarbeiter nicht für die Besetzung einer überraschend frei gewordenen Stelle infrage, die sofort wiederbesetzt werden muss (kurzfristiger Bedarf). Tendenziell kann gesagt werden, dass

- für **kurzfristigen** Bedarf neben der Arbeitnehmerüberlassung für Spitzenbedarf vor allem die Nutzung interner Ressourcen (durch Versetzung, u. U. auch Mehrarbeit) und Inserate (in regionaler Presse) infrage kommen (Personalmarketing im Sinne der Personalwerbung), während
- **langfristiger** Bedarf durch eine innerbetriebliche Personalentwicklung, durch arbeitsmarktbezogene Pflege des Firmenimages und andere, längere Zeiträume in Anspruch nehmende Beschaffungsmethoden und -instrumente (Personalmarketing) gedeckt werden kann.

(4) **Wirtschaftlichkeit** der Personalbeschaffung
Dass bei gleichem erzielbarem Nutzen alternativer Personalbeschaffungsmethoden bzw. -instrumente diejenigen zu wählen sind, die geringere Kosten verursachen, gehört zu den nicht weiter begründungsbedürftigen betriebswirtschaftlichen Grundeinsichten. Allerdings bereitet schon die exakte Kostenerfassung z. T. nicht unerhebliche Schwierigkeiten. Zu den **Kostenarten** der Personalbeschaffung zählen: Anwerbungs-, Auswahl-, Einstellungs- und Übergangskosten als direkte Akquisitionskosten, wohingegen z. B. Aus- und Fortbildungskosten (vgl. Kap. D.V) direkte aber auch indirekte Kosten enthalten, die nicht zweifelsfrei abgrenzbar und ermittelbar sind.

Die größeren Probleme jedoch liegen bei dem Ansatz von **Nutzengrößen**. Angenommen, die Fortbildung eines bestimmten Mitarbeiters für eine Führungsposition würde das gleiche kosten wie eine relativ aufwändige Kampagne der Beschaffung einer Führungskraft vom externen Arbeitsmarkt, angenommen auch, Gleichqualifizierung sei gewährleistet, ist dann gleicher »Nutzen« unterstellbar? Wie ist der Wert des Vorteils langjähriger Betriebserfahrung gegen den alternativen Zusatznutzen einer »Personalauffrischung« von außen abzuwägen?

Sollen demnach Beschaffungsalternativen unter wirtschaftlichen Gesichtspunkten beurteilt werden, ist es notwendig, die oben aufgeführten, qualitativen Aspekte der Konsequenzen unterschiedlicher Beschaffungsmaßnahmen zu quantifizieren (also z. B. Vor- und Nachteile zu bewerten), um zu Aussagen mit vergleichbaren Größen zu gelangen. Die bekannten Grundprobleme der Nutzenerfassung, -bewertung und -prognose treten auch hier sämtlich und unvermindert auf.

c) Hilfsmittel zur Personalbeschaffung

Besonders unter praxisorientiertem Blickwinkel interessiert es – neben den Grundinformationen, **welche** Maßnahmen der Personalbeschaffung **warum** durchzuführen und zuvor zu planen sind – auch zu wissen, **wie** eine solche Maßnahmenplanung praktisch vor sich gehen kann. Das ist die Frage nach einem technischen Instrumentarium der für eine systematische Personalbeschaffung unabdingbaren Maßnahmenplanung.

Ein solches Instrumentarium ist vor allem notwendig für zwei Gruppen von Planungsphasen oder -schritten:

- für den Vorgang der **Auswahl** geeigneter Beschaffungsalternativen und
- für die Planung der **Reihenfolge** derjenigen Teilaktivitäten, die im Zuge der Personalbeschaffung nacheinander (teilweise auch parallel) durchzuführen sind (Ablaufplanung).

Für Instrumente zur systematischen **Auswahl** von Alternativen bietet der Problemkomplex der Personalbeschaffung keine Anhaltspunkte für Besonderheiten, die über die Überlegungen zum allgemeinen Einsatz von Planungsinstrumenten hinausgingen. Von der Aufgabe her liegen gleiche Grundstrukturen vor. Zuerst sind Alternativen zu suchen (dafür können Kreativitätstechniken herangezogen werden), anschließend die zu erwartenden Konsequenzen der aufgefundenen Alternativen zu prognostizieren (Instrumente: z. B. Extrapolations-, Simulations-, Delphi-Methoden), letztlich sind die Alternativen zu bewerten (s. o.: Kosten-Nutzen-Analyse).

Das ist anders in Bezug auf Instrumente zur **Ablauf-**(und Termin-)**Planung**: Mit einem **Flussdiagramm** können die einzelnen Teilphasen, in denen die Beschaffungsprozesse ablaufen, schaubildlich dargestellt werden. Ein solches Diagramm fungiert dann als bildhafte **Checkliste**, mit deren Hilfe auf analytischer Grundlage faktisch anstehende Beschaffungsmaßnahmen projektiert werden können.

Eine andere Technik, die unter Einbeziehung der Zeit-Komponente verwendet werden kann, ist das **Balken-Diagramm** (vgl. Abbildung 89), das ein in vielfältigen Abwandlungen (Veränderungen der Randspalten-Inhalte, Verfeinerungen der Zeiteinteilung in der Kopfleiste) variierbares Planungshilfsmittel ist.

Aus der gesamten Palette des methodischen Instrumentariums der Betriebswirtschaftslehre verdient für die hier vorliegende Problemstellung, die Netzplantechnik hervorgehoben zu werden. Dass sie als Planungstechnik auch in den Sektor der Personalbeschaffung Eingang gefunden hat, ist durch die Vielzahl, Kompliziertheit und z. T. schwer überschaubare Verzahnung der notwendigen Einzelphasen begründet. Vor allem hat dic richtige Bestimmung, Abstimmung und exakte Einhaltung von Terminen hier besondere Bedeutung. Der Veranschaulichung dient Abbildung 90.

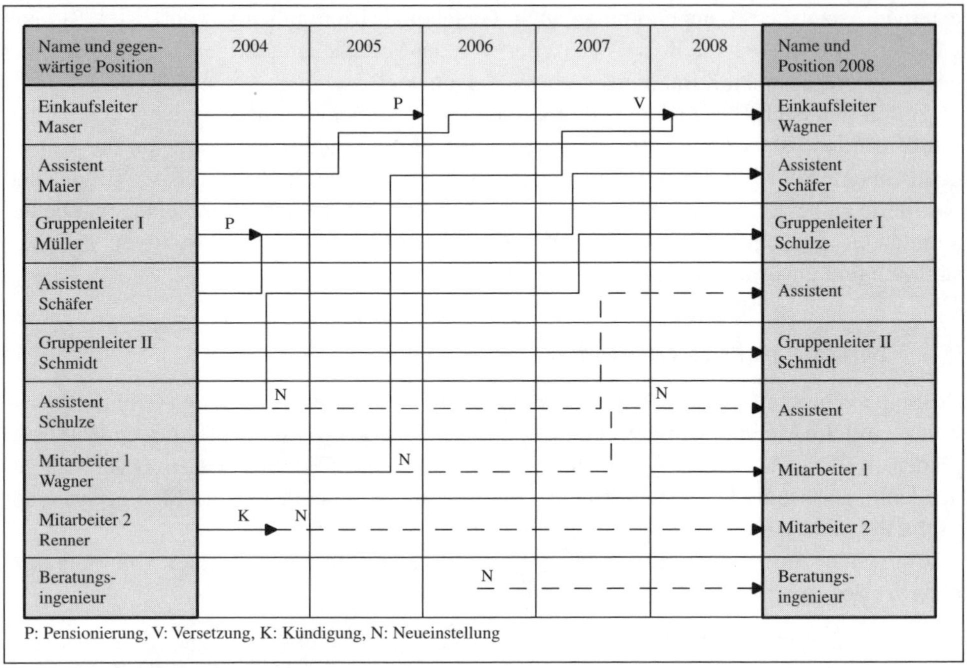

Quelle: Weber (1975) 100.

Abb. 89: Balkendiagramm zur Stellenbesetzungsplanung

3. Personalauswahl

a) Bedeutung und Problematik der Personalauswahl

Die Personalauswahl wurde oben als ein Entscheidungsprozess beschrieben, der eine Auslese unter den Bewerbern für eine vakante Stelle zum Gegenstand hat. Der Kreis der Bewerber ist das Resultat von Maßnahmen der Personalbeschaffung. Diese determiniert insoweit die Alternativen der Auswahlentscheidung, deren Ziel letztlich die Bestimmung des Bestqualifizierten unter den Kandidaten ist. Eine Reihe von Bedingungen (z. B. ökonomische: angemessene Gehaltshöhe) ist i. d. R. zusätzlich zu berücksichtigen.

Die Bestimmung des »Bestqualifizierten« macht Feststellungen von Bewerber-Qualifikationen erforderlich und setzt Kenntnisse der Stellen-Anforderungen voraus, denen die Qualifikationen entsprechen sollen. Die Güte der Auswahlentscheidung hängt insofern auch von der Präzision der Formulierung der Arbeitsanforderungen, von den Möglichkeiten zureichender Qualifikationsdiagnosen und -prognosen und der Vergleichbarkeit ihrer Ergebnisse mit den Anforderungen ab. Die grundsätzlichen Ausführungen zu Problemkreisen der Eignungsbeurteilung (vgl. Kap. D.II.2.b.cc) gelten auch hier. Im Rahmen der Personalauswahl wird hier analog von Bewerberbeurteilung gesprochen.

Ein umfassender Auswahlprozess lässt sich in Form einer Personalauswahlkette darstellen: Ausgangspunkt ist die Ermittlung der aktuellen und vermutlich zukünftigen Anforderungen, die von einer guten bis ausreichenden Erfüllung der Arbeitsaufgaben ausgehen. Die so ermittelten Anforderungen sollten durch die Qualifikation der geeigneten Bewerber

Abkürzungen:

i = Symbol für das Anfangsereignis eines Vorganges
j = Symbol für das Endereignis eines Vorganges
D = Zeitspanne vom Anfang bis zum Ende eines Vorganges (z.B. in Tagen)
FA = frühester Anfang
FE = frühestes Ende
SA = spätester Anfang
SE = spätestes Ende
GP = Gesamte Pufferzeit (Zeitspanne zwischen dem frühesten und spätesten Anfang bzw. Ende eines Vorganges)
FP = Freie Pufferzeit (Zeitspanne zwischen dem frühesten Ende eines Vorganges und dem frühesten Anfang der unmittelbar nach geordneten Vorgänge)

Liste der Vorgänge:

i	j	D	Vorgang	FA	FE	SA	SE	GP	FP
1	2	2	Auftrag	25/5	27/5	25/5	27/5	-	-
2	3	7	Inserate - Zeitungen	27/5	8/6	27/5	8/6	-	-
3	5	9	Bewerbungen empfangen	8/6	22/6	8/6	22/6	-	-
5	6	1	Vorauswahl	22/6	23/6	22/6	23/6	-	-
6	7	15	Vorstellung	23/6	14/7	23/6	14/7	-	-
7	9	-	Scheintätigkeit	14/7	14/7	14/7	14/7	-	-
9	10	35	Kündigungsfristen	14/7	1/9	14/7	1/9	-	-
10	11	1	Einstellungsformalitäten	1/9	2/9	1/9	2/9	-	-
11	14	30	Ausbildung	2/9	14/10	2/9	14/10	-	-
6	9	2	Eignungsuntersuchung	23/6	27/6	12/7	14/7	13	13
2	4	2	innerbetriebliche Stellenausschreibung	27/5	1/6	20/6	22/6	14	-
4	5	-	Scheintätigkeit	1/6	1/6	22/6	22/6	14	14
6	8	1	ärztliche Untersuchung	23/6	24/6	13/7	14/7	14	-
8	9	-	Scheintätigkeit	24/6	24/6	14/7	14/7	14	14
11	12	2	Wohnungssuche	2/9	6/9	10/10	12/10	26	-
12	13	2	Umzugsurlaub	6/9	8/9	12/10	14/10	26	-
13	14	-	Scheintätigkeit	8/9	8/9	12/10	14/10	26	26

Grafische Darstellung des Netzplans:

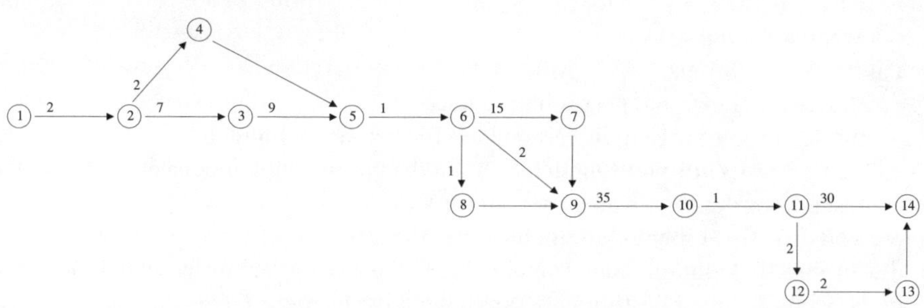

Quelle: Weber (1975) 102.

Abb. 90: Einfaches Beispiel für die Anwendung der Netzplantechnik – Einstellung eines Mitarbeiters

erfüllt werden. Zunächst geschieht dies durch eine Vorselektion auf Basis der vorliegenden Bewerbungsunterlagen. Danach wird versucht, die jeweilige Qualifikation der Bewerber durch verschiedene, durchaus parallel eingesetzte Verfahren zu erfassen. Zum Abschluss erfolgt die Gesamtbewertung, der Vergleich der engeren Kandidaten, und dann die Auswahlentscheidung. Siehe hierzu die Abbildung 91.

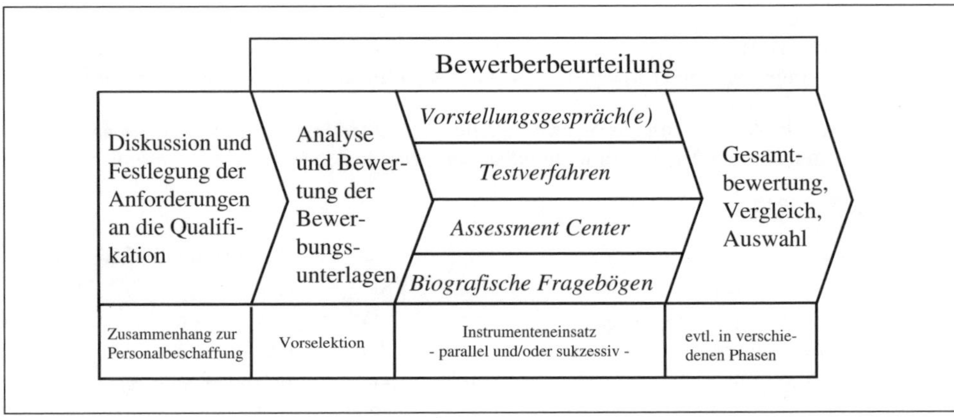

Abb. 91: Personalauswahlkette

Die Idealvorstellung über ein »richtiges« Vorgehen bei der Feststellung der Bewerberqualifikationen ist die, mit der Summe aller Beurteilungsverfahren ein Prüfergebnis zu erzielen, aus dem hervorgeht, in welchen Graden die Arbeitsplatz-Anforderungen von den einzelnen Bewerbern erfüllt werden. Ohne exakte Anforderungsprofile sind zweckgerichtete Qualifikationsüberprüfungen nicht möglich.

Für die Praxis der Personalauswahl gilt es, in diesem Zusammenhang eine Mehrzahl von **Schwierigkeiten** zu bewältigen, die aus folgenden Tatsachen resultieren:

- Es existiert stets eine Mehrzahl von Anforderungskategorien:
  - Faktoren des Könnens:
    - Eignungen (Wissen, geistige, körperliche Fähigkeiten, Persönlichkeitsmerkmale: z. B. Ausdauer, Konzentrationsvermögen),
    - Arbeitskenntnisse
  - Faktoren des Wollens:
    - im Beruf angestrebte persönliche Ziele,
    - mit der Arbeit im Betrieb verbundene Erwartungshaltungen.
- Es gibt eine **Mehrzahl von Quellen**, auf die die Notwendigkeit zurückgeht, die Erfüllung dieser Anforderungs-Kategorien zu fordern:
  - die von dem Bewerber zu übernehmende Aufgabe,
  - die zu ihrer Erledigung angewandten Arbeitsverfahren und eingesetzten Hilfsmittel (z. B. EDV-Anlagen bestimmten Typs); situative Kontext-Faktoren, wie:
  - das unmittelbare, betriebsinterne Arbeitsumfeld: gleichgestellte Kollegen, Vorgesetzte, unterstellte Mitarbeiter,
  - das betriebsexterne Arbeitsumfeld: z. B. Mitarbeiter bestimmter Lieferanten- oder auch Abnehmer-Firmen, zu denen ständige Kontakte zu pflegen sind.

- Die bei Bewerbern vorhandenen Ist-Qualifikationen werden mit einer **Mehrzahl von Verfahren** zu eruieren versucht: z. B.
  - Auswertung der Bewerbungsunterlagen (s. u.),
  - Befragungen (Interviews, Vorstellungsgespräche),
  - Gutachten (Referenzen),
  - Tests,
  - Beobachtungen,
  - für interne Bewerber: z. B. Leistungsbeurteilungsergebnisse der Vergangenheit,
  - für externe Bewerber: z. B. Arbeitsproben, Verhaltensbeobachtungen.

Hierbei liegt das Problem darin, dass alle Verfahren Ergebnisse zu jeweils mehreren Anforderungsarten (z. T. auch -kategorien) liefern, m. a. W. die einzelnen Instrumente nicht jeweils anforderungsspezifisch sind, sondern Bausteine liefern, die mosaikartig zusammenzusetzen sind.

Für eine Entscheidung, die eine Auswahl unter mehreren Bewerbern nach Maßgabe der bei ihnen festgestellten Qualifikationen treffen soll, sind die einzelnen Ergebnisse der Qualifikationsüberprüfungen den Anforderungsarten in der Weise zuzuordnen, dass eine Aussage darüber möglich ist, in welchen Graden sie im Einzelnen erfüllt sind.

Formal könnte eine solche Ergebniszusammenfassung wie in Abbildung 92 aussehen. Das praktische Hauptproblem dabei ist, dass die »Feststellung« der Bewerber-Qualifikation eher eine »Beurteilung« ist. So muss z. B. die Bewertung »normal (befriedigend)«, die zu dem Multiplikator 1 führt, für die Anforderungsart »geistige Fähigkeiten« aus den Resultaten aus Zeugnisauswertungen, Test-Teilergebnissen und persönlich gewonnenen Beobachtungen »zusammengebastelt« werden. Sie nähert sich der Idealvorstellung nach Objektivität umso mehr, je besser sie überprüfbar und interpersonal nachvollziehbar ist.

Davor liegt das Problem einer Schichtung und der Gewichtung der Anforderungsarten. Hauptsächlich verwandtes **Schichtungsmerkmal** ist naturgemäß das der Anforderungsinhalte, etwa gemäß der oben wiedergegebenen Mindest-(Grob-)Gliederung. Es erscheint darüber hinaus aber durchaus sinnvoll, zusätzliche Schichtungsmerkmale anzuwenden. So ist heute in der Praxis der Personalauslese zunehmend zu beobachten, dass das Merkmal der »Quellen« für die Bestimmung der Anforderungen herangezogen wird, und zwar insofern, als situativen Kontext-Faktoren, dabei vor allem dem Arbeitsumfeld, besondere Beachtung geschenkt wird. Dies findet z. T. seinen Niederschlag auch darin, dass bei Anforderungs**gewichtungen** entsprechend differenziert wird. Dann wird etwa neben:

- aufgaben- und arbeitsprozessbezogenen Fach- und Persönlichkeitsqualifikationen auch
- umfeldbezogenen Qualifikationen ein gesonderter Anteil (z. B. als Prozentsatz) der insgesamt vergebenen Gewichte zugemessen. Solche Gewichtungsanteile werden je nach Position, Hierarchieebene, Unternehmung unterschiedlich ausfallen.

b) Bewerberbeurteilung

Von den Kandidaten für eine Stellenbesetzung liegt dem (den) am Auswahlprozess Beteiligten i. d. R. eine Reihe von Unterlagen vor, die angefordert waren, und/oder zur Stützung der Bewerbung mit eingereicht wurden. Dies sind z. B.: Bewerbungsschreiben, Lebenslauf, Schul-, Ausbildungsabschluss-, Prüfungs-, Berufszeugnisse, Referenzen, polizeiliches Führungs-

Anforderungsarten	Arbeitswert-Ziffer	Bewertungsmultiplikator: ungenügend 0,7	ausreichend 0,85	normal (befried.) 1,00	gut 1,15	sehr gut 1,30	Spitzenleistung 1,45	Teilwert
1 Fachkenntnisse								
2 Geistige Fähigkeiten								
3 Fachkönnen (Geschicklichkeit)								
4 Belastungen durch geistige Tätigkeit								
5 Belastungen durch körperliche Tätigkeit								
6 Verantwortung für Betriebsmittel								
7 Verantwortung für Sicherheit								
8 Verantwortung für Arbeitsablauf								
9 Führungsaufgaben								
10 Umwelteinflüsse								
Summe								

Abb. 92: Bewertung der Qualifikationen

zeugnis, amtsärztliche Bescheinigungen, eventuell ein firmeninterner Fragebogen, ein Foto. Diesen Unterlagen sind **Basisinformationen** zu entnehmen, die die Bewerber kennzeichnen und drei Funktionen dienen: Zum einen ist es möglich, in einer ersten Vor-Auswahl völlig ungeeignete Bewerber auszuschließen, zum Zweiten bieten sie erste Anhaltspunkte für eine Qualifikationsbeurteilung und zum Dritten ermöglichen sie es, offene Fragen für ein Vorstellungsgespräch zu erkennen. Solche Basisinformationen sind:

- Daten zur Person (Alter, Familienstand, Wohnort),
- Ausbildungsgang (erworbene Kenntnisse und Fähigkeiten),

- bisherige berufliche Laufbahn (Art, Zahl der Betriebe und der innegehabten Positionen, Zeiträume der einzelnen Betriebszugehörigkeiten),
- Ausdrucksgewandtheit, Wortschatz, äußere Form,
- Lückenlosigkeit des Lebenslaufes.

Die Wirtschaftspraxis ist an der Entwicklung geeigneter Instrumente zur Qualifikationsdiagnose sehr interessiert: Fehlentscheidungen bei der Personalauswahl haben Störungen bei der Betriebszielerreichung, oft auch des »Betriebsklimas« zur Folge, sie sind dazu stets mit zusätzlichen Kosten verbunden (Personalbeschaffungs-, -auswahl-, Einarbeitungskosten). Daher ist es verständlich, dass z. T. in der Regie einzelner Unternehmungen »maßgeschneiderte« Diagnose-Inhalte und -Verfahren ausgearbeitet und angewendet werden. Ihnen wird oft einiger Stellenwert in punkto Konkurrenzvorsprung beigemessen; aufgrund des daraus folgenden Geheimhaltungsstrebens sind sie in der wissenschaftlichen Literatur zumeist nicht – jedenfalls nicht zusammenfassend – bekannt. Die nachfolgenden Ausführungen können sich daher nur auf punktuell gewonnene Einzelerfahrungen stützen.

Zur Personalauswahl werden in der Praxis in der Hauptsache folgende Instrumente eingesetzt (vgl. Abbildung 93); die genannten Verfahren sind im Einzelnen wie folgt zu erläutern:

Instrumente der Personalauswahl

Analyse und Bewertung der Bewerbungsunterlagen	Vorstellungsgespräch	Testverfahren	Assessment Center
• Analyse des Bewerbungsschreibens • Lebenslaufanalyse • Zeugnisanalyse • Prüfung der Referenzen • Lichtbildanalyse • Grafologische Gutachten • Prüfung des biografischen Fragebogens • Analyse von Arbeitsproben	• Analyse des Ausdrucksverhaltens • Analyse des Leistungsverhaltens • Analyse des Sozialverhaltens	• Leistungstests • Intelligenztests • Charakter- und Persönlichkeitstests	• Arbeitsversuch in Laborsituation • Festlegung von Bewertungsdimensionen • Beurteilung durch erfahrene Führungskräfte

Quelle: In Anlehnung an Oechsler (1997) 172.

Abb. 93: Instrumente der Personalauswahl

aa) Analyse und Bewertung der Bewerbungsunterlagen

Das **Bewerbungsschreiben** kann im Hinblick auf äußere Form und Stil analysiert werden. Gegenstand der Formanalyse sind Sauberkeit und Gestaltung des Schreibens, während sich die Stilanalyse auf Ausdrucksgewandtheit, Wortschatz usw. bezieht. Daraus sucht man auf die Beweggründe der Bewerbung, Motivation, Selbsteinschätzung u. Ä. zu schließen.[105]

Der **Lebenslauf**[106] gibt einen Überblick über die Gesamtentwicklung des Bewerbers. Eine Analyse erstreckt sich auf Zeitfolge (Arbeitsplatzwechsel, Zeitlücken), Positionsfolge (Aufstieg, Abstieg, Berufswechsel, Wechsel der Aufgabenbereiche) und Branchen. Durch deren Untersuchung sollen sich Hinweise auf die allgemeine Entwicklungstendenz, das soziale Niveau (sozio-kultureller Hintergrund) und die typische Thematik des Schicksals sowie Anhaltspunkte für das Vorstellungsgespräch ergeben.

- Im Rahmen der *Zeitfolgenanalyse* wird geprüft, ob der Lebenslauf vollständig ist und wie häufig vom Bewerber die Stelle gewechselt wurde, ob Zeitlücken vorhanden sind u. Ä. Bei der Bewertung ist besonders das Alter des Bewerbers zu berücksichtigen; es lässt durchaus unterschiedliche Bewertungen von Positions- und Arbeitgeberwechseln zu. So können häufige Wechsel bei einem jüngeren Bewerber auf Orientierungsstreben und Energie hinweisen, wären also positiv zu bewerten. Anders bei einem älteren Bewerber: Erst kurz zurückliegende Arbeitsplatzwechsel fallen eher negativ ins Gewicht, da zunehmendes Alter mit zunehmender Konstanz des Arbeitsverlaufsprozesses übereinstimmen sollte. Bei manchen Tätigkeiten (z. B. Köchen) und bei Nachwuchskräften ist ein häufiger Wechsel vertretbar.
- Mit der *Positionsanalyse* (synonym: Entwicklungsanalyse) wird geprüft, ob der bisherige Berufsweg einen sinnvollen Ablauf (Wechsel und Aufbau der Aufgabenbereiche) aufweist, einen Wechsel des Berufs beinhaltet oder ob auch ein Trend nach oben oder unten (Aufstieg, Abstieg) zu erkennen ist.
- Die *Branchen-/Firmenanalyse* prüft, ob der Bewerber aus der gleichen, einer vor- oder nachgelagerten Branche verwertbares Wissen mitbringt. Ebenso wird analysiert, ob der Bewerber aus einem Groß- oder Kleinbetrieb stammt und diesbezüglich Vor- bzw. Nachteile für die Integration in den eigenen Betrieb abzuleiten sind.

Durch die Lebenslaufanalyse sollen sich Hinweise auf die allgemeine Entwicklungstendenz und das soziale Niveau (sozio-kultureller Hintergrund) sowie Anhaltspunkte für das Vorstellungsgespräch ergeben. Problematisch für die Auswertung ist die Tendenz zur Selbstidealisierung bei Bewerbern und die Vergleichbarkeit verschiedener Lebensläufe anhand eines standardisierten Schemas.

Schulzeugnisse geben Auskunft über die Allgemeinbildung, einzelne Kenntnisse und Fähigkeiten, wobei Noten auf die Anpassungsfähigkeit des Bewerbers hinweisen. Allerdings ist ihre Aussagefähigkeit wegen der relativen Ferne zu betrieblichen Arbeitsbedingungen und wegen des großen zeitlichen Abstands bei älteren Bewerbern deutlich beschränkt.

---

105 Eine ausführliche Beschreibung zur Auswertung des Bewerbungsschreibens bringt z. B. Pillat (1990); vgl. auch Olfert/Steinbuch (1987) 108f.; Stopp (1997) 59 ff.; allgemein zur Bewerbungsanalyse Mell (1989). Auf die so genannte »Online-Bewerbung« (per E-Mail oder elektronischem Bewerberfragebogen) gehen Jäger/Jäger (1997); Jäger (1998); Stehr (1998); Styppa/Vogel (1998) und Giesen/Jüde (1999) ein. Die Erfahrungen mit einer multimedialen und interaktiven Personalauswahl schildert Reichert (1999).

106 Vgl. Raschke/Knebel (1983); Becker, M. (1999).

Arbeitszeugnisse erstrecken sich i. d. R. auf die Tätigkeit und ihre Beurteilung durch die vorhergehenden Arbeitgeber. Dabei sind abgestufte Umschreibungen der Leistung üblich. Inhaltlich lassen sich zwei Arten von Betriebs- oder Arbeitszeugnissen unterscheiden:

- Das **einfache Zeugnis** enthält Angaben über die Person des Arbeitsnehmers sowie Angaben über Art und Dauer der Beschäftigung.
- Das **qualifizierte Zeugnis** erstreckt sich – nur auf Verlangen des Arbeitnehmers – über die Angaben des einfachen Zeugnisses hinaus auch auf seine Führung und seine Leistungen im Dienste. Indikationen für Führung können vor allem das Sozialverhalten sein, Indikatoren für Leistungen sind z. B. Arbeitsumfang, -bereitschaft, Fachkenntnisse etc.

Bei dem letzten Punkt ist zu beachten, dass der Beurteiler vor der Schwierigkeit steht, zum einen über Leistung und Verhaltensweisen wahrheitsgemäß auszusagen, andererseits jedoch gesetzliche Vorschriften über den Inhalt eines Zeugnisses berücksichtigen zu müssen. Nach einem Grundsatzurteil des BAG sollen Zeugnisaussagen »vom verständigen Wohlwollen für den Arbeitnehmer getragen sein und ihm sein weiteres Fortkommen nicht erschweren«.

In der Folge haben sich in der Praxis »indirekte« Zeugnisaussagen gebildet, die für den Bewerber ungünstige Vorkommnisse verschlüsselt ausweisen. So steht z. B. die Passage »... hat die ihm übertragenen Arbeiten im Großen und Ganzen zu unserer Zufriedenheit erledigt« für mangelhafte Leistungen des Beurteilten.[107]

Referenzen von Privatpersonen und ehemaligen Vorgesetzten werden zur Bestätigung bestimmter Charakteristika und Entwicklungen herangezogen. Dabei hängt ihre Wirkung oftmals von der Bekanntheit und Besonderheit der angegebenen Referenzperson ab. Nicht selten sind allerdings Gefälligkeitsgutachten und »Wegloben«.

Vom Format und Ausdruck (Pose, Kleidung) des **Fotos** eines Bewerbers wird oftmals auf Lebensniveau und -einstellung geschlossen. Grundsätzlich jedoch wird ein Lichtbild aber nur vage Anhaltspunkte liefern können. Alle Versuche physiognomischer Deutung auf Intelligenz, auf Leistungsfähigkeit oder Charakter des Bewerbers haben sich als fragwürdig erwiesen.[108] Manchmal lässt allerdings die Art des Bildes (farbig, schwarz/weiß) Rückschlüsse auf den Bewerber zu.

Viele Betriebe lassen aufgrund des handschriftlichen Lebenslaufes oder einer Handschriftprobe ein **grafologisches Gutachten** anfertigen. Die Grafologie versucht, von Merkmalen des Schriftbildes auf Persönlichkeitsmerkmale zu schließen. Es wird vielfach bestritten, dass diese Methode aufgrund ihrer mehrdeutigen und unsicheren Ergebnisse dem Anspruch auf Wissenschaftlichkeit genügen könne.[109]

Viele Unternehmungen verlangen von ihren Bewerbern ausgefüllte **Personalfragebögen**. Diese sollen die für die Unternehmungen wichtigen Daten wie z. B. Angaben zur Person, Schul- und Berufsausbildung, beruflicher Werdegang, spezielle Berufskenntnisse und Erfahrungen erfassen. Personalfragebögen sollen diese Daten in systematischer und einfach auswertbarer Form darstellen.

---

107 Vgl. Stopp (1997) 66.
108 Vgl. Pillat (1990).
109 Vgl. zur Grafologie z. B. Cobbert (1982); Wiesendanger (1987); Michel/Wiese (1988). Dosch/Schmidt führen an, dass in Deutschland etwa 15 % der Wirtschaftsunternehmungen die Erkenntnismöglichkeiten der Schriftpsychologie als Hilfsmittel für die Bewertung von Führungspositionen nutzen; vgl. Dosch/Schmidt (1998) 54.

Je nach zu besetzender Stelle ist auch eine Anforderung von **Arbeitsproben** möglich. Hier kann der Bewerber genau auf seinen zukünftigen Arbeitsplatz zugeschnittene Aufgabenfelder kennen lernen bzw. die Unternehmung einen Einblick in die Leistungsfähigkeit des Kandidaten gewinnen.

Welche der vorstehend erläuterten Kriterien in der betrieblichen Praxis als wichtig für eine erste Auswahl der Bewerbungsunterlagen angesehen werden, zeigt Abbildung 94.

Vorauswahlkriterium	**in %**
Lebenslauf	94,3
Zeugnisse	86,0
Alter	45,2
Fächerkombination	40,8
Fächer	38,2
Personalfragebogen	24,2
Referenzen	18,5
Lichtbild	13,4
Berufserfahrung	9,6
Geschlecht	5,7
Gesamteindruck der Unterlagen	5,7
Sonstige	35,0
n = 157; Mehrfachnennungen möglich	

Quelle: Knoll/Dotzel (1996) 349.

Abb. 94: Bedeutung einzelner Vorauswahlkriterien

bb) Vorstellungsgespräch

Das Vorstellungsgespräch (synonym: u. a. Einstellungsgespräch, Bewerberinterview u. Ä.) ist das in der Praxis verbreitetste Auswahlinstrument.[110] Es ist zumeist ein Baustein eines mehrstufigen Prozesses der Personalauswahl, an dessen Beginn i. d. R. die Analyse von Bewerbungsunterlagen steht. Hier schließt sich normalerweise ein Gespräch mit den in die engere Wahl genommenen Bewerbern an.

Als **Ziele** eines Vorstellungsgesprächs sind aus Unternehmungssicht folgende zu nennen:

- Gewinnung eines persönlichen Eindrucks über den Bewerber,
- Ermittlung fehlender Daten zur Person, zum Leistungsstand und zur Einsatzfähigkeit des Bewerbers,
- Vergleich schriftlicher und mündlicher Aussagen des Bewerbers und Klärung eventueller Differenzen,
- Ermittlung des Grades der lntegrationsfähigkeit des Bewerbers, d. h. seiner Fähigkeit, sich in die ihm zugedachte Arbeitsgruppe einzuordnen,

110 Vgl. dazu z. B. Pillat (1990); Kompa (1984) 159 ff.; Hornthal (1985) 26 ff.; Stopp (1997) 78 ff.; Weuster (1989a); Weinert (1998). Auch Knoll/Dotzel (1996) bestätigen in ihrer empirischen Untersuchung die Dominanz des Einstellungsgespräches als Auswahlkriterium.

– Ermittlung der Erwartungen und Zielvorstellungen des Bewerbers,
– Gegebenenfalls Korrekturen unrealistischer Erwartungen des Bewerbers.

Verschiedene Formen des Vorstellungsgesprächs kommen in Frage (siehe auch Abbildung 95):

Gesprächsformen		**Freiheitsgrad des Gesprächs** *strukturiertes Interview*	*halbstrukturiertes Interview*	*unstrukturiertes Interview*
Einzelgespräch	*Informationsgespräch*			
	Stressinterview			
	Tiefeninterview			
	situatives Interview			
Mehrfachinterview	*serielles Interview*			
	Jury-interview			
	Gruppeninterview			

Abb. 95: Formen von Vorstellungsgesprächen

– Nach den Freiheitsgraden für die Interviewer kann zunächst zwischen völlig strukturierten (standardisierten) und völlig unstrukturierten (unstandardisierten bzw. freien) sowie halb- bzw. teilstrukturierten Interviews differenziert werden.
– Nach der Anzahl der beteiligten Personen kann differenziert werden in das Einzelgespräch (ein einzelner Interviewer und ein einzelner Bewerber) und in das Mehrfachgespräch (mehrere Interviewer). Beim Einzelgespräch handelt es sich i. Allg. um ein Informationsgespräch zur Gewinnung zusätzlicher Daten und Eindrücke über die Eignung. Als Sonderformen existieren insbes. bei den Einzelgesprächen Stressinterviews (Bewerber werden gezielt unter Druck gesetzt, um ihre Belastungsfähigkeit zu testen), Tiefeninterview (unbewusste Einstellungen, Werte, Motive der Bewerber sollen aufgedeckt werden) und situative Interviews (Fragen an die Bewerber, wie sie sich in bestimmten Situationen verhalten würden). Insbes. die Aussagekraft von Stress- und Tiefeninterviews ist bei betrieblichen Einstellungsinterviews sehr zweifelhaft. Beim Mehrfachinterview ist in folgende Unterformen zu differenzieren: serielles Interview (mehrere Interviewer interviewen hintereinander einen Bewerber), Jury-Interview (mehrere Interviewer befragen einen Bewerber gleichzeitig) und Gruppeninterview (ein oder mehrere Interviewer interviewen mehrere Bewerber gleichzeitig).
– Zweckmäßig durchgeführte Einstellungsgespräche erfordern eine sorgfältige Vorbereitung. Als wichtige Punkte sind zu nennen: Auswertung der Bewerbungsunterlagen, Vorbereitung des Ablaufs und der Fragen des Gespräches auf der Basis der Anforderungen

der vakanten Stelle, i. d. R. schriftliche Einladungen, ggf. mit der Bitte, fehlende Unterlagen oder noch einen zuzusendenden Personalfragebogen zu beantworten bzw. der Bitte um Terminbestätigung, Informationen von anderen Gesprächsteilnehmern im Betrieb, Schaffung von ungestörten Gesprächsgelegenheiten und angenehmen äußeren Bedingungen, Vorbereitung der Unterlagen und von Schreibmaterial, eventuell Sicherstellung der Bewirtung.

Durch ein Vorstellungsgespräch können Informationen aus anderen Quellen ergänzt werden. Vor allem die persönliche Ausstrahlung, die für viele Tätigkeiten eine wichtige Anforderung ist, lässt sich noch am ehesten durch dieses Instrument beurteilen. Allerdings wird die Qualität der aus einem Einstellungsgespräch gewonnenen Informationen in der Praxis häufig überschätzt.

Die prognostische Validität des – unstrukturierten – Einstellungsgesprächs wird, folgt man empirischen Studien, als nicht besonders hoch eingeschätzt, sie schwankt zudem extrem.[111] Eine Ausnahme stellen die sog. strukturierten Interviews dar. Ihnen wird eine relativ hohe Validität zugesprochen. Gravierendster Nachteil der »normalen« Interviews ist die mögliche Verfälschung der Beurteilung durch das subjektive Empfinden des Interviewers. Speziell im US-amerikanischen Raum existiert eine Vielzahl von psychologisch orientierten empirischen Studien, die die Einflüsse von Vorurteilen, Kleidung, Sprachstil, physische Attraktivität, Körpersprache u. v. m. auf die Dynamik der Interaktion im Vorstellungsgespräch untersuchen. Eine ganze Reihe von verzerrenden Einflüssen kann dabei als nachgewiesen gelten.

Die Ergebnisse von empirischen Studien sind aber insofern zu relativieren, als dass sie sich lediglich auf die real untersuchten Gespräche beziehen und nicht idealisierte Formen zum Mittelpunkt ihrer Untersuchung gemacht haben. Da mit dem Vorstellungsgespräch aber auch mehrere Ziele verknüpft sind, ist ein Gespräch selbst dann empirischer Bestandteil des Personalauswahlprozesses, wenn eine prognostische Validität zu Wünschen übrig lässt. Zudem gibt es eine Reihe von Möglichkeiten, Interviews methodisch zu verbessern. Im Folgenden sind einige dieser Möglichkeiten der methodischen Verbesserung skizziert:[112]

- strikte anforderungsbezogene Gestaltung des Interviews,
- Beschränkung auf das Registrieren von Aspekten, Anforderungen, Merkmalen, die durch andere Maßnahmen nicht zuverlässiger gesammelt werden können (bspw. durch Arbeitszeugnisse, Tests),
- Interviewdurchführung in strukturierter und (teil-)standardisierter Form,
- Verwendung geprüfter und verankerter (v. a. verhaltensorientierter) Skalen während des Gesprächs,
- bei geringerer Standardisierung Einsatz zusätzlicher Beurteiler, vorzugsweise im Rahmen weiterer unabhängig geführter Gespräche; allerdings lässt sich dies auch bei (teil-) standardisierten Interviews über eine gemeinsame oder getrennte Gesprächsführung bewerkstelligen;
- weiterhin können Gruppengespräche ergänzende Beiträge zur Eignungsprognose bieten,
- strikte Trennung von Informationssammlung und Entscheidung der Personalauswahl,

---

111 Vgl. Stehle (1986) 17; vgl. auch Kompa (1984) 173 ff.
112 Vgl. bspw. Weinert (1998); Ridder (1999); Sarges (2000).

- eine standardisierte Durchführung der Gewichtungs- und Entscheidungsprozesse sowie
- die Vorbereitung der Interviewer durch ein sorgfältig konzipiertes und durchgeführtes Interviewertraining sind weitere Ansatzpunkte zur Verbesserung der prognostischen Validität.

Als **Ziele** eines Vorstellungsgesprächs sind aus Unternehmungssicht folgende zu nennen:

- Gewinnung eines persönlichen Eindrucks über den Bewerber,
- Ermittlung fehlender Daten zur Person, zum Leistungsstand und zur Einsatzfähigkeit des Bewerbers,
- Vergleich schriftlicher und mündlicher Aussagen des Bewerbers und Klärung eventueller Differenzen,
- Ermittlung des Grades der Integrationsfähigkeit des Bewerbers, d. h. seiner Fähigkeit, sich in die ihm zugedachte Arbeitsgruppe einzuordnen,
- Ermittlung der Erwartungen und Zielvorstellungen des Bewerbers,
- Gegebenenfalls Korrekturen unrealistischer Erwartungen des Bewerbers.

cc) Testverfahren

Zum Themenbereich der Testverfahren sei auf die Diskussion in Kap. D.II.2.d.dd verwiesen.

dd) Assessment Center

Zum Themenbereich der Assessment Center sei auf die Ausführungen in Kap. D.II.2.d.dd verwiesen.

ee) Biografische Fragebogen

Auch die biografischen Fragebogen wurden bereits in Kap. D.II.2.d.dd thematisiert.

c) Partizipation der »Stammbelegschaft«?

Der Partizipationsgedanke im Sinne einer Beteiligung der Mitarbeiter nimmt in der personalwirtschaftlichen Forschung und Praxis inzwischen einen immer breiteren Raum ein. Es wäre daher nicht abwegig zu prüfen, ob und inwieweit eine Partizipation der von einer Personalauswahl-Entscheidung »Betroffenen« an dem Auswahlvorgang sinnvoll sein kann.[113] Die Qualität eines Personalauswahl-Verfahrens bemisst sich u. a. nach seiner Fähigkeit, den späteren Berufserfolg eines Bewerbers zu prognostizieren. Vornehmlich geht es also um die Prognose-Validität der Personalauswahl. Betrachtet man die Validitätskoeffizienten bisheriger Methodiken der Personalauswahl, dann ist die aufwendige Assessment-Center-Methode die am wenigsten schlechte.

Durch **Einbeziehung der Mitarbeiter** besteht die Möglichkeit, die Validität des Personalauswahlverfahrens zu steigern. Denn diese kennen die Anforderungen eines konkreten Arbeitsplatzes meist besser als die mit der Personalauswahl betrauten Personen, die sich oft nur auf (meist) veraltete Stellenbeschreibungen oder Anforderungsprofile (sofern solche überhaupt vorliegen) stützen können.

113 Vgl. hierzu ausführlicher Watzka (1988).

Neben einer »fachlichen Passung« gibt es aber anerkanntermaßen auch eine »soziale Passung«, bei deren Fehlen die Eingliederung eines neuen Mitarbeiters zum Scheitern verurteilt ist. Doch welches Personalauswahlverfahren überprüft in ausreichendem Maße die »soziale Passung«? Hierzu könnte sich eine verstärkte Beteiligung der Mitarbeiter an der Auswahl ihres zukünftigen Kollegen anbieten.[114] Zumindest in groben Zügen kann dann die menschliche Übereinstimmung geprüft werden. Der spätere Erfolg des Bewerbers kann zuverlässiger prognostiziert werden; die Validität des Auswahlverfahrens steigt.

Der Eintritt in eine Unternehmung ist für einen neuen Mitarbeiter mit vielfältigen Anpassungs- und Orientierungsproblemen verbunden (vgl. Kap. D.III.5). Es kann davon ausgegangen werden, dass die Bereitschaft der Stammbelegschaft, einem neuen Kollegen Hilfestellung zu gewähren, durch eine Mitwirkung bei dessen Auswahl deutlich ansteigt. Das wäre dann der Fall, wenn auch hier der bekannte Effekt wirken würde, dass die Beteiligung an einer Entscheidung zu einer erhöhten Identifikation mit dieser Entscheidung führt. Die alteingesessenen Mitarbeiter werden stärker in die Verantwortung für einen erfolgreichen Verlauf des Eingliederungsprozesses eingebunden. Um das Scheitern einer unter ihrer Mitwirkung getroffenen Auswahlentscheidung zu verhindern, werden sie ihr Engagement erhöhen.

Ein nahe liegender Ansatzpunkt wäre zum Beispiel, bei der Verwendung eines Assessment Center in die einzelnen Übungen als Probanden nicht nur Stellenbewerber, sondern auch diejenigen Mitarbeiter einer Unternehmung einzubeziehen, die später mit dem Neuen zusammenarbeiten sollen. In Rollenspielen, Gruppendiskussionen und ähnlichen Übungen kann unter relativ realitätsnahen Bedingungen eine erste Prüfung der »sozialen Passung« vorgenommen werden.

4. Rechtliche Aspekte

Bei der externen Personalbeschaffung sowie bei der Personalauswahl sind zahlreiche kollektiv- und individualrechtliche Bestimmungen zu beachten, die den Gestaltungsspielraum des Arbeitgebers stark einengen (können).

Abbildung 96 gibt einen Überblick über die zentralen rechtlichen Aspekte, die vom Arbeitgeber bei der Anbahnung des Arbeitsverhältnisses zu beachten sind, wobei die Darstellung sich am zeitlichen Ablauf der Anbahnungsphase orientiert.

Die Beteiligungsrechte des Betriebsrats bei der externen Personalbeschaffung und der Personalauswahl werden in Kap. E.IV.2.a kurz skizziert. Nachfolgend wird das **Fragerecht des Arbeitgebers** als **ein** wichtiger individualrechtlicher Aspekt, der sowohl für die Gestaltung von Personalfragebogen als auch für Vorstellungsgespräche von Bedeutung ist, kurz erläutert.

Vor allem bei einer für sie schwierigen Arbeitsmarktlage versuchen die Bewerber, so wenig wie möglich bestehende oder auch nur vermutete negative Informationen über sich preiszugeben. Der Arbeitgeber hingegen hat ein hohes Interesse, möglichst umfassende Informationen über die Bewerber zu erhalten, um so eine zuverlässige Entscheidungsbasis zu gewinnen und das Risiko von »personellen Fehlinvestitionen« zu minimieren.

Die ständige Rechtsprechung des Bundesarbeitsgerichts seit 1957 hat sich wiederholt mit dem Interessenkonflikt zwischen dem Persönlichkeitsrecht des Bewerbers und dem

---

114 Vgl. hierzu auch Hanft (1992).

Externe Personalbeschaffung und Personalauswahl - Zentrale rechtliche Aspekte -

Zentrale rechtliche Regelungen, die sich auf den *gesamten* Prozess der externen Personalbeschaffung und der Personalauswahl beziehen

- **Individualrechtliche Ebene**

  Generell gilt der *Grundsatz der allgemeinen Vertragsfreiheit* (= Abschluss, Auswahl-, Form- und Inhaltsfreiheit), aber:

  - Beschränkung des Auswahlermessens durch
    - *Abschluss- und Beschäftigungsverbote* für bestimmte Mitarbeiter(gruppen) z.B. nach 16 AZO, 5, 7 JArbSchG, 3, 4, 6, 8 MuSchG, 2, 3, 8 AuslG, 19 AFG.
    - *Abschlussgebote* vor allem für Behinderte nach §5 SchwbG
    - (geschlechtsbezogenes) *Benachteiligungsverbot* nach 611a BGB
  - Beschränkung der Handlungsfreiheit durch das gesetzliche Schuldverhältnis nach dem Grundsatz von "Treu und Glauben" (242 BGB), so daß zwischen den Parteien die gewohnheitsrechtlich anerkannten Grundsätze der *culpa in contrahendo* (c.i.c.) Anwendung finden
  - Beschränkung des Informationsstrebens des Arbeitgebers aufgrund des Persönlichkeitsrechts des Bewerbers

- **Kollektivrechtliche Ebene (Beteiligung des Betriebsrats bei allgemeinen personellen Angelegenheiten)[1]**

  Beteiligungsrechte
  - bei der Personal(beschaffungs)planung (§92 BetrVG)
  - bei Personalfragebogen (§94 I BetrVG)
  - bei der Aufstellung allgemeiner Beurteilungsgrundsätze (§94 II BetrVG)
  - bei Auswahlrichtlinien (§95 BetrVG)
  - in Bezug auf das Auswahlergebnis (§99 BetrVG)

Externe Personalbeschaffung - Zentrale rechtliche Regelungen

- **Stellenanzeige**

  Die Stellenanzeige ist kein Angebot i.S. von §145 BGB, sondern soll potenzielle Bewerber informieren und sie zur Abgabe eines Vertragsangebots auffordern. Der Arbeitgeber darf jedoch keine falschen Erwartungen bei den Bewerbern wecken, da er sonst zum Ersatz des Vertrauensschadens verpflichtet sein kann. Zudem sind Stellenanzeigen nach §611 b BGB geschlechtsneutral auszuschreiben.

- **Abwerbung von Mitarbeitern**

  Die Abwerbung von Mitarbeitern durch den Arbeitgeber ist in der Regel zulässig, wenn er dabei nicht gegen die guten Sitten verstößt oder die Abwerbung sich nicht als unlauterer Wettbewerb i.S. des §1 UWG darstellt.

- **Staatliche Arbeitsvermittlung**

  Die Grundsätze zur Arbeitsvermittlung sind im AFG sowie in der Satzung, der Geschäftsordnung und in Richtlinien der Bundesanstalt für Arbeit geregelt, so z.B. unparteiische und unentgeltliche Ausführung ihrer Dienste (§20, 21 AFG).

- **Private Arbeitsvermittlung**

  Seit Wegfall des Arbeitsvermittlungsmonopols der Bundesanstalt für Arbeit zum 1. Juli 1994 sind auf Erlaubnis des zuständigen Landesarbeitsgerichtes auch private Arbeitsvermittler zugelassen. Die Zulassungskriterien, die ein Antragsteller erfüllen und das Landesarbeitsamt prüfen muß, sind in §23 AFG geregelt. Weiterhin gelten für private Arbeitsvermittler die Bestimmungen der Verordnung über Arbeitsvermittlung durch private Arbeitsvermittler (AVermV).

Personalauswahl - Zentrale rechtliche Regelungen[2]

- **Bewerbungsunterlagen**

  Aus dem gesetzlichen Schuldverhältnis resultiert für den Arbeitgeber die Pflicht zur sorgfältigen Behandlung und Aufbewahrung der Unterlagen. Zudem ist er verpflichtet, für eine vertrauliche Behandlung der Unterlagen zu sorgen. Bei der **Analyse** der Bewerbungsunterlagen **können** Beteiligungsrechte des Betriebsrats nach §94 II und §99 BetrVG bestehen.

- **Einstellungsfragebogen**

  Bei der inhaltlichen Gestaltung des Fragebogens können das **Persönlichkeitsrecht** der Bewerber sowie die Bestimmungen des BDSG zu Beschränkungen des Frage- und Erhebungsrechts führen. Der Arbeitgeber ist verpflichtet, die Daten erfolgloser Bewerber zu löschen. Die Gestaltung von Einstellungsfragebogen kann zudem der Mitbestimmung des Betriebsrats nach §94 I und II sowie §95 BetrVG unterliegen.

- **Vorstellungsgespräch**

  Das Fragerecht des Arbeitgebers wird insbesondere durch das allgemeine **Persönlichkeitsrecht** begrenzt. Der Arbeitgeber darf nur solche Fragen stellen, die einen unmittelbaren Bezug zur Stelle (und deren Anforderungsprofil) aufweisen. Für Gruppendiskussionen ist die Zustimmung der Bewerber einzuholen. Zudem bestehen Offenbarungspflichten sowohl für die Bewerber, als auch für den Arbeitgeber. Es **können** - je nach Art des Vorstellungsgesprächs) Beteiligungsrechte des Betriebsrats nach §94 I und II sowie §95 BetrVG bestehen.

- **Psychologische Tests**

  Wegen des arbeitsrechtlichen Prinzips, daß nur Eigenschaften des Bewerbers erfragt oder geprüft werden dürfen, die einen unmittelbaren Bezug zur Stelle aufweisen, sind psychologische Tests nur dann zulässig, wenn sie sich auf diese anforderungspezifische Persönlichkeitsmerkmale beschränken. Zudem muß der Bewerber auch bei einem rechtlich zulässigen Test die Möglichkeit haben, die Teilnahme zu verweigern. Der Arbeitgeber ist somit verpflichtet, den Bewerber umfassend über den Test aufzuklären und dessen Zustimmung einzuholen. Es **können** Beteiligungsrechte des Betriebsrats nach §94 I und II sowie §95 BetrVG bestehen.

- **Assessment Center**

  Für das Assessment Center gelten die gleichen Regelungen wie für Vorstellungsgespräche **und** psychologische Tests.

- **Biographische Fragebogen**

  Der Einsatz biographischer Fragebogen ist rechtlich problematischer als der Einsatz von Einstellungsfragebogen, da wegen der Art der Fragen die Gefahr zunimmt, dass die Grenzen des Fragerechts überschritten werden. Bei der Konstruktion biographischer Fragebogen ist besonders zu beachten, dass bestimmte Bewerbergruppen weder durch Inhalt noch durch Formulierungen der Items diskriminiert werden. Zudem tangiert die Konstruktion solcher Fragebogen (wegen der Bildung von Extremgruppen) auch die anderen Mitarbeiter des Unternehmens, sodass sich nach §82 und §84 BetrVG rechtliche Konsequenzen für den Arbeitgeber ergeben können. Es **können** Beteiligungsrechte des Betriebsrats nach §94 I und II sowie §95 BetrVG bestehen.

- **Ärztliche Einstellungsuntersuchungen**

  Bei jeder ärztlichen Einstellungsuntersuchung, die auf Veranlassung und im Interesse des Arbeitgebers erfolgt, liegt ein Eingriff in das Persönlichkeitsrecht des Bewerbers vor. Daher finden Untersuchungen auf den Gesundheitszustand und die Arbeitsfähigkeit dort ihre Grenzen, wo sie keinen Bezug mehr zu den Erfordernissen der Stelle aufweisen. Um beurteilen zu können, ob und in welchem Umfang ein Bewerber beschäftigt werden kann, bedarf der Arbeitgeber keiner einzelnen gesundheitlichen Daten und Untersuchungsbefunde, sondern lediglich des **Ergebnisses** einer ärztlichen Beurteilung. Damit der Arzt dem Arbeitgeber überhaupt ein Ergebnis mitteilen kann, muß der Bewerber den Arzt von der Schweigepflicht entbinden. Diese Regelungen sind auch auf Zusatzuntersuchungen (HIV-Infektion/ AIDS-Erkrankung und Genomanalysen) anzuwenden. Beteiligungsrechte des Betriebsrats können nach den §9-11 ASiG und den §87 I Nr. 7, §94 I und II und §95 BetrVG ergeben.

1 Die Beteiligungsrechte des Personalrats und des Sprecherausschusses werden nicht dargestellt.

2 Nachfolgend werden nur die zentralen rechtlichen Regelungen für **ausgewählte** Instrumente der Personalauswahl skizziert. Die Beteiligungsrechte des Betriebsrats werden nicht in der Abbildung, sondern in Kap. E.IV erläutert.

Abb. 96: Externe Personalbeschaffung und Personalauswahl – Zentrale rechtliche Aspekte

Informationsstreben des Arbeitgebers beschäftigt. Als Ergebnis lassen sich drei Fallgruppen unterscheiden:

(1) Der Bewerber hat die Pflicht, Umstände, die ihn erkennbar hindern werden, die konkret vorgesehene Aufgabe zu erfüllen, von sich aus zu offenbaren.
(2) Auf zulässige Fragen des Arbeitgebers hat der Bewerber wahrheitsgemäß und vollständig zu antworten. Andernfalls kann der Arbeitgeber den Arbeitsvertrag später nach §§ 119, 123 BGB anfechten.
(3) Unzulässige Fragen kann der Arbeitnehmer verweigern oder falsch beantworten, ohne dass dies für ihn rechtlich negative Konsequenzen hat.

Da die Abgrenzung zwischen zulässigen und unzulässigen Fragen problematisch ist, ergeben sich für den Arbeitgeber somit zwei Probleme: Er stellt nicht alle zulässigen Fragen, so dass wichtige Informationen für die Bewerberbeurteilung fehlen können. Falls er aber unzulässige Fragen stellt, haben die Bewerber ein »Lügerecht«, so dass u. U. falsche Informationen erhoben werden.

Durch Lehre und Rechtsprechung hat sich als Grenze des Fragerechts ergeben, dass die Fragen des Arbeitgebers einen **unmittelbaren** Bezug zur Stelle (und damit zu deren Anforderungsprofil) aufweisen müssen. Abbildung 97 gibt einen Überblick über wichtige Fragen und ihre rechtliche Beurteilung:

5. Einführung neuer Mitarbeiter

a) Begründung und Verständnis

Die Deckung eines Personalbedarfs kann erst als abgeschlossen betrachtet werden, wenn die stabile Integration des neuen Mitarbeiters in den Betrieb gelungen ist. Die ersten Wochen und Monate der Betriebszugehörigkeit stellen dabei den kritischen Zeitraum dar. Untersuchungen bestätigen immer wieder die hohe Fluktuationsrate während dieser Zeit; sie kann während des ersten Jahres oder sogar innerhalb der ersten sechs Monate zwischen 30 % und 60 % liegen. Die für solche **Frühfluktuationen** geschätzten Kosten bewegen sich zwischen € 17.500 (für einen qualifizierten Facharbeiter) und € 130.000 (für eine Führungskraft). Diese Kosten entstehen u. a. aus folgenden Gründen: Minderleistung des Mitarbeiters vor, während und nach der Entscheidung, wieder zu kündigen, seine Entlassung, die Anwerbung, Auswahl und Einstellung eines neuen Mitarbeiters, dessen Anlernen und Einarbeiten; für die übrigen Mitarbeiter erhöhte Arbeitsbelastungen, Verluste von Sozialkontakten, die Notwendigkeit der Sozialisation neuer Mitarbeiter, Störungen der Arbeitsabläufe und Gruppenprozesse, Änderungen von Rollenverteilungen und Kommunikationsnetzen.

Hohe Fluktuation ist ein Indikator für besondere Probleme in der Einführungsphase, die näherer Analyse bedürfen. Hinzuzufügen sind allerdings auch Argumente zur Vermeidung einer **stillen Kündigung**, die ähnliche Auswirkungen wie die oben geschilderten haben können. Sie treten insbesondere dann auf, wenn die Arbeitnehmer trotz ihrer Unzufriedenheit bei der neuen Arbeitsstelle für sich keine Alternative am Arbeitsmarkt sehen. Die **Nichtausnutzung des Leistungspotenzials** zu Beginn der Tätigkeit hat ebenfalls eine Kostenauswirkung. Zusätzlich kann es zu immateriellen Kosten kommen, dadurch, dass Imageschäden nach außen entstehen, dass eine Belastung der Arbeitsgruppe bis hin zur Störung

	Offenbarungspflicht des Bewerbers	Zulässige Frage und wahrheitsgemäße Beantwortung	Unzulässige Frage und „Lügerecht“
Wettbewerbsverbot	ja	ja	nein
Schwerbehinderteneigenschaft chronische Krankheiten	wenn der Bewerber erkennen muss, dass er wegen der Behinderung die vorgesehene Arbeit nicht leisten kann oder eine deswegen beschränkte Leistungsfähigkeit für die vorgesehene Arbeit von ausschlaggebender Bedeutung ist	soweit für die Stelle von Bedeutung	wenn kein Einfluss auf die vertragsgemäße Leistung
beruflicher Werde- einschließlich Wehr-/Zivildienst	nein	ja	nein
Schwangerschaft	nein	i.d.R. nein	ja
letztes Einkommen	nein	wenn bisheriges Einkommen Schlüsse auf Eignung für angestrebte Position zulässt	wenn nicht aufschlussreich für die erforderliche Qualifikation
Vorstrafen	bei höherer Stellung z.B. Lehrer mit Sittlichkeitsvorstrafen	soweit für die Stelle von Bedeutung, z.B. Eigentumsdelikt bei Kassierer, Verkehrsdelikt bei Fahrer	
Vermögensverhältnisse	nein	zulässig bei leitenden Angestellten, Bankkassierern u.Ä.	ja
Religions- und Parteizugehörigkeit	nein	ausnahmsweise konfessionelle Krankenhäuser/Kindergärten, religions-/parteigebundene Verlage	(Ausnahme siehe vorangegangene Spalte)
Gewerkschaftszugehörigkeit		allenfalls wegen Tarifbindung oder betrieblichem Beitragseinzug	
Heiratsabsichten, insbesondere bei Frauen	nein	nein	ja

Quelle: Watzka (1991) 15f.

Abb. 97: Fragerecht des Arbeitgebers

eines Betriebsklimas die Folge ist. Die damit jeweils verbundenen vielfältigen negativen Konsequenzen rechtfertigen den Einsatz spezieller Maßnahmen einer Personaleinführung.

Jährlich wechseln Millionen von Arbeitnehmern ihren Arbeitsplatz bzw. treten ihren ersten Arbeitsplatz an. Es handelt sich um Berufseinsteiger, Stellen- und Berufswechsler. Die Thematik der Personaleinführung ist insofern ein »persistentes **Massenphänomen**«[115]. Aus ökonomischer Sicht ist insbesondere in betrieblichen Arbeitsmarkt- bzw. Personalsegmenten, in denen aus betrieblicher Sicht Probleme bestehen, die Investition in eine Personaleinführung angeraten. Ansonsten stellen der kostenintensive Rekrutierungsprozess und eine nachfolgend fehlende Einbindung in den Betrieb den Beginn einer Fehlinvestition dar.[116]

In der Literatur werden unterschiedliche, wenn auch ähnliche **Definitionen** zur Personaleinführung (alternative Termini: Integration; Induktionsprogramme, Inplacement-Training, Personalentwicklung into-the-job).[117] Personaleinführung umfasst zum einen den Qualifizierungsprozess für die neue Position (»tätigkeitsbezogene Einarbeitung«) und zum anderen den Sozialisierungsprozess in der Organisation und Arbeitsgruppe (»soziale Eingliederung«, »Integration«).

Der »psychologische Teil« der beginnenden neuen Arbeitstätigkeit macht es notwendig, v. a. eine verhaltenswissenschaftlich gestützte Analyse und Beschäftigung (mit) der Thematik zu forcieren. Die Eingliederung in das »neue« soziale System ist dabei Teilphase des betrieblichen Sozialisationsprozesses[118] resp. eines »personalizations« anzugehen.[119] Eine Integration der neuen Mitarbeiter beinhaltet insofern auch die Vermittlung der sozialen Normen, der Verhaltensweisen, der Rollenmuster, Einstellungen resp. die gegenseitige Annäherung.

b) Problemfelder

Die Situation eines neuen Mitarbeiters im Betrieb lässt sich global mit »**Orientierungslosigkeit**« kennzeichnen. Ein zwischenbetrieblicher Arbeitsplatzwechsel macht das Vertrautmachen mit neuen Arbeitssituationen erforderlich. Für den neuen Mitarbeiter sind die betrieblichen Besonderheiten nicht wie für die alteingesessenen Belegschaftsmitglieder Selbstverständlichkeiten; sie stellen vielmehr Neuland, z. T. sogar Barrieren dar, deren Überwindung für ihn mit erhöhten Belastungen einhergeht.[120] Die an ihn gerichteten Verhaltenserwartungen (Rollen) entschlüsselt und interpretiert der neue Mitarbeiter aufgrund seiner früheren Erfahrungen. Je mehr Elemente sich aber gegenüber seiner alten Stelle geändert haben, desto größer ist die Gefahr, dass er bestimmte Verhaltenserwartungen überhaupt

---

115 S. Schneider (1999) 9.

116 Indizien zur Notwendigkeit einer Personaleinführung und zur Formulierung der Ziele liefern auch eine Handvoll empirischer Studien: vgl. Graen/Orris/Johnson (1973); Graen (1976); Kieser u. a. (1980/1990); Wanous (1980), (1977), Louis/Posner/Powel (1983), Domsch/Grosser (1986); Rehn (1990); Hanft (1992); Bauer/Green (1994); Maier/Spieß (1994); Harms u. a. (1998); Klein/Weaver (2000); Becker/Probst (2002).

117 Vgl. Türk (1978); Kolb/Wiedmann (1997); Stiefel (1979); Brenner (2001); Conradi (1983); Huber (1992); Bisani (1995); Kieser/Stegmüller (1995); Kieser (1999). Im Zusammenhang mit der Thematik der Personaleinführung muss auch der Begriff »neuer Mitarbeiter« thematisiert werden. Der Begriff des neuen Mitarbeiters ist uneindeutig und enthält verschiedene, heterogene Gruppen: Berufsanfänger, Berufswechsler, Firmenwechsler, innerorganische Stellenwechsler. Die Dauer der Personaleinführung ist je nach Gruppe verschieden, bedingt durch Berufs-, Branchenerfahrung, aber auch durch konkrete Erfahrungen.

118 S. hierzu Althauser (1982); Louis (1980); Rehn (1990); Feldmann (1981).

119 S. Wanous (1992) S. 187.

120 Vgl. Bosch (1978) 149; Louis (1980) 241 f.

nicht oder verzerrt wahrnimmt oder glaubt, Erwartungen nachkommen zu müssen, die gar nicht an ihn gerichtet werden.[121] Die Entschlüsselung der Rollen wird zum einen durch die Tatsache erschwert, dass sich in Unternehmungen und auch in Arbeitsgruppen mit der Zeit Routinen und Selbstverständlichkeiten der Verständigung herausbilden, bei denen weniger verbale Kommunikation, dagegen mehr Mimik und Gestik eingesetzt wird.[122] Zum anderen ist der neue Mitarbeiter zunächst ein Außenseiter, der nur schrittweise in die Arbeitsgruppe integriert und in ihre »Geheimnisse« eingeweiht wird. Er muss sich in gewachsene Sozialstrukturen einpassen und sich eine Statusposition sichern. Je besser und gefestigter die gruppendynamischen Beziehungen in der Gruppe sind, desto stärker wird der Neue als Eindringling empfunden. Die Gruppe nimmt dann eine reservierte Haltung ein.[123]

In der nachfolgenden Übersicht (vgl. Abbildung 98) sind wichtige Aspekte der neuen Arbeitssituation aufgeführt, hinsichtlich derer sich der neue Mitarbeiter orientieren muss. Zum Teil spiegelt sich in ihnen auch die **Unternehmungskultur** (geteilte Normen und Werte), die zu erlernen ist, wider.[124]

In einer empirischen Studie wurden 50 neue Mitarbeiter von Großunternehmungen (Sachbearbeiter sowie unteres und mittleres Management) über einen 15-Monats-Zeitraum über Einarbeitungsprobleme befragt. Als Hauptprobleme wurden ein **Realitätsschock** aufgrund enttäuschter Erwartungen, **quantitative Rollenüberlastung** (Aufgaben sind in der zur Verfügung stehenden Zeit nicht lösbar), **qualitative Unterforderung** (Anforderungen liegen unter den Qualifikationen des Mitarbeiters), **Rollenunklarheit** (zu wenig Informationen über das erwartete Verhalten), **Feedback-Defizite** und **Führungsdefizite** genannt. Dabei wirkte sich die qualitative Unterforderung am schädlichsten auf die Motivation und Bindung an die Unternehmung aus. Quantitative Rollenüberlastungen dagegen stoßen – sofern sie nicht hoffnungslos sind – auf die Bereitschaft des Mitarbeiters, »Reserven zu mobilisieren«.[125]

In diesem Zusammenhang findet der in jüngerer Zeit häufiger diskutierte Begriff des »**Commitment**« Verbreitung.[126] Unter Commitment versteht man eine »psychologische Bindung« zwischen Individuum und Unternehmung und beinhaltet[127]

- die Loyalität zur Unternehmung,
- die Bereitschaft, hohe Anstrengungen zu erbringen,
- die fehlende Bereitschaft, selbst gegen bessere Bezahlung, höheren Status oder professionelle Freiheiten, die Unternehmung zu verlassen.

Zur Förderung des Erhalts neuer Mitarbeiter in der Unternehmung sollte bereits in der Rekrutierungs- und Eintrittsphase das Commitment zwischen Unternehmung und Bewerber durch eine gezielte Informationspolitik[128] und geeignete Einarbeitungsprogramme aufgebaut und gestärkt werden.

---

121 Vgl. Althauser (1982) 101.
122 Vgl. Neidhardt (1979) 646.
123 Vgl. Kaufmann (1985) 240; Freimuth (1985).
124 Vgl. Sathe (1985) 99 ff.; Levinson (1972) 520 ff.
125 Vgl. Krüger (1983) 132 ff.; Kieser/Nagel (1986) 957 f. Theoretische Fundierungen zu dieser Studie finden sich bei Althauser (1982) und Krüger (1983). Weitere theoretische Grundlagen bei van Maanen (1976); van Maanen/Schein (1979).
126 Zum Konstrukt des Commitment vgl. die Übersichten bei Weinert (1987) 439 ff.; Mowday/Porter/Steers (1982) 27 ff.
127 Nach Rastetter (1998) 626.
128 Rastetter fordert so z. B. transparente, offene, vollständige und realistische Informationen im Zuge der Einarbeitungsphase neuer Mitarbeiter; vgl. Rastetter (1998) 626 ff.

(1)	Welches sind die wichtigsten Gradmesser für Leistung und darauf bezogene Belohnungen/ Bestrafungen?
(2)	Wie findet man heraus, auf welche Art und Weise man die geforderte Leistung erbringen kann, und wie sieht das Feedback aus?
(3)	Von welchen Schlüsselpersonen ist man abhängig, wenn man die Arbeit erfolgreich bewältigen will? (Gibt es Widersacher/Saboteure?)
(4)	Welches sind die größten Hürden bei der Aufgabenbewältigung, technische, logistische, interpersonelle, mikropolitische?
(5)	Welche Quellen für welche Hilfen gibt es?
(6)	Welches sind die wichtigsten unausgesprochenen Annahmen über Arbeit, Menschen, interpersonelle Beziehungen?
(7)	Was braucht man, um im Unternehmen erfolgreich zu sein; welche Personen werden am meisten respektiert; was wird als heldenhaft angesehen?
(8)	Was wird als ernste Strafe angesehen; welche Fehler werden nicht verziehen?
(9)	Welche Rituale, Symbole, Zeremonien spiegeln am ehesten den Charakter des Unternehmens wider?
(10)	Welchen Hauptregeln hat jeder im Unternehmen zu folgen (z.B. Kleidung, Lebensstil, was sagt oder tut man bzw. sagt oder tut man nicht, wen kritisiert man nicht öffentlich etc.)?

Quelle: In Anlehnung an Sathe (1985) 99 ff.

Abb. 98: Orientierungsnotwendigkeiten neuer Mitarbeiter

c) Einführungsstrategien

Um mit den skizzierten Problemsituationen umzugehen, werden in der Literatur unterschiedliche Strategien (i. S. von expliziten oder impliziten Vorgehensmustern) der Personaleinführung aus betrieblicher Sicht diskutiert.

Populär sind folgende Einführungsstrategien:[129]

- Mit der »Schon-Strategie« werden bewusst niedrige Leistungsansprüche an neue Mitarbeiter gestellt, um sie nicht zu überfordern. Die Gefahr dieser Vorgehensweise liegt in einer Unterforderung und in Folge in einer Frustration aller beteiligten Seiten.
- Mit der »Wirf-ins-kalte-Wasser-Strategie« entfällt eine Personaleinführung. Nach anfänglich weitergegebenen Informationen wird unmittelbar mit dem »normalen« Arbeitsprozess begonnen. Die neuen Mitarbeiter sind selbstverantwortlich für die Aufgabenerfüllung und die für sie ggf. notwendige Informationseinholung. Auch hier können – diesmal durch eine Überforderung – Frustrationen leicht entstehen.
- Mit der »Entwurzelungs-Strategie« werden quasi unlösbare Aufgaben gestellt, die ohne Hilfe des Vorgesetzten nicht gehandhabt werden können. Den Mitarbeitern werden ihre Grenzen aufgezeigt und so bewusst verunsichert. Dadurch zeigt der Vorgesetzte die Machtverhältnisse auf.

Die Bedürfnislage der Mitarbeiter wird bei diesen Strategiearten ignoriert. Sinnvoller für die Diskussion ist die Differenzierung von Stiefel. Er diskutiert – in Anlehnung an Schein – »ins Wasser werfen«, »Grenzen aufzeigen«, »arbeitsbegleitendes Training«, »trainingsbegleitende Aufgabenübernahme« und »vollzeitliches Einführungstraining«, als unterschied-

129 S. auch zur Kritik Kieser/Nagel (1986) 958; Stiefel (1979) 132 ff.

liche, abgestufte Vorgehensweisen.[130] Mit dieser Differenzierung ist die gesamte Breite möglicher Ausprägungen erfasst.

Von einer anderen Betrachtungsebene aus kann man zudem differenzieren in:[131]

- institutionalisierte Einführungsstrategien (eher kollektiv ohne spezifische Ausrichtung auf einzelne neue Organisationsmitglieder) und
- individualisierte Einführungsstrategien (eher individuell auf die einzelnen neuen Organisationsmitglieder konzipiert).

d) Phasen

Der Ablauf der Personaleinführung ist bei näherer Betrachtung umfangreicher als i. d. R. auf den ersten Blick angenommen. Es macht Sinn, sich näher mit ihm zu beschäftigen, da Hinweise zum Verständnis wie zu Handlungsweisen generiert werden können. In Anlehnung an rollentheoretische Phasenmodelle unterscheiden wir fünf Phasen der Personaleinführung:[132]

(1) die Vor-Eintrittsphase,
(2) die Vorbereitungs- und Entscheidungsphase,
(3) die Konfrontationsphase,
(4) die Einarbeitungsphase und – parallel dazu –
(5) die Integrationsphase.

Zu (1): Vor-Eintrittsphase

Die organisationale Sozialisation im Rahmen der Personaleinführung, d. h. die soziale Integration der neuen Mitarbeiter als wechselseitiger Anpassungsprozess an die Organisation, beginnt mit der antizipatorischen Sozialisation[133] resp. mit den Sozialisationsprozessen vor Eintritt in den Betrieb.[134] Ein neuer Mitarbeiter kommt nicht als unbeschriebenes Blatt. Es sind eine Vielzahl Sozialisationsprozesse durchlebt worden. Auf diese hat der neue Arbeitgeber keinen Einfluss, aber auf sie kann er im Rahmen des Personalauswahlprozesses Bezug nehmen. Verschiedene formale Sozialisationsphasen im Elternhaus, Kindergarten, Schule, Ausbildung usw. vermitteln bestimmte Verhaltensweisen, Werte und Einstellungen. Diese sind i. d. R. schichtenspezifisch anders ausgeprägt. Dementsprechend können solche Werte und Normen, die mit denen der Organisation übereinstimmen, einen komplikationsloseren Eingliederungsprozess gestatten.[135] Bei der Personalauswahlentscheidung ist insofern hierauf zu achten, inwieweit möglicherweise die individuelle Personaleinführung betroffen ist. Daneben ist in dieser Phase auch die Entwicklung einer – zielgruppenspezifischen – Konzeption der Personaleinführung durchzuführen, die dann in den folgend skizzierten Teilphasen angewendet werden kann. Zu diesem Zeitpunkt ist noch eine vorausschauende und ganzheitliche Konzeptionierung möglich.

---

130 S. Stiefel (1979) 31 f., Neuberger (1994) 126 ff.
131 S. van Maanen/Schein (1979).
132 S. als Basis Kieser u. a. (1990) 6 ff.; Althauser (1982) 24 ff.; Rehn (1990) 19; Neuberger (1994) 123 f.
133 S. van Maanen (1976); Feldmann (1981)
134 S. auch Schanz (2000) 377 ff. zu einzelnen Determinanten.
135 S. Kieser u. a. (1990) 61; auch van Maanen (1975); Jablin (1984); Neuberger (1994) 122 ff., s. dort auch zur Problematik des zweiseitigen Sozialisationsprozesses.

Zu (2): Vorbereitungs- und Entscheidungsphase

Die aktive Personaleinführung selbst beginnt bereits mit der Stellenausschreibung. Sie setzt sich über den Auswahlprozess mit der abschließenden beiderseitigen Entscheidung bis zum ersten Arbeitstag fort. Während des skizzierten Zeitraums der Vorbereitung und der Entscheidung werden Erwartungen an den zukünftigen Arbeitsplatz gebildet.[136]

- Die zunächst genannten Teilphasen bis zur Entscheidung lassen sich unter dem Begriff der »**Realistischen Rekrutierung**« zusammenfassen.[137] Der auf Wanous zurückgehende Ansatz nimmt an, dass es bei Arbeitsbeginn zu vielen enttäuschten Erwartungen kommt. »Hohe« Erwartungen sind in der Rekrutierungsphase durch positiv verzerrte Informationen entstanden. Die eine überzogene Erwartungshaltung zur Folge haben. Die Erwartungen sind dabei Basis der vertraglichen Entscheidungen beider Seiten. Die Problematik der unzutreffenden Erwartungsbilder hängt damit zusammen, dass eine Partei im Personalauswahlprozess unvollständige resp. nicht ganz zutreffende Informationen erhält. Realistische Vorinformationen senken die Erwartungen auf ein Maß, das den tatsächlichen Gegebenheiten entspricht. Treffende und vollständige Informationen über Arbeitsplatz und Arbeitgeber – auch über für die neuen Mitarbeiter ggf. unangenehme Seiten der Organisation – persönliches In-Augenschein-Nehmen vom Tätigkeitsplatz und Interaktionspartner nivelliert somit ggf. unrealistische Annahmen, fördert die Selbstselektion, mildert einen eventuellen Realitätsschock durch die damit verbundene »Schutzimpfung«.[138] Die anfängliche Bindung wird dabei auch dissonanztheoretisch begründet: Wenn man sich trotz abträglicher Aspekte für eine Stelle entscheidet, benötigt man später »sehr gute« Gründe für eine Enttäuschung. Das Individuum wird stattdessen eher nach Argumenten für seine Entscheidung suchen und dadurch die Bindung noch erhöhen.
- Auch der Zeitabschnitt zwischen Vertragsunterzeichnung und erstem Arbeitstag kann für die Personaleinführung genutzt werden. Vor Antritt der Stelle ist die Motivation zur Informationsaufnahme bei neuen Mitarbeitern als besonders hoch anzusehen. Betreuungstätigkeiten während dieses Zeitraumes haben meist positive Wirkungen auf die baldigen Mitarbeiter – sowohl für die fachliche wie die soziale Komponente. Wichtige Inhalte sind bspw. Organisationsleitbild, formelle Regelungen und ein Verzeichnis relevanter Stellen und Kontaktpersonen. Der konkrete – aktuelle – Inhalt sollte sich nach der Zielgruppe, der Größe und Art der Organisation und nach dem Umfang anderer, bereits existierender, schriftlicher Hilfen, wie z. B. Stellenbeschreibungen, richten. Ebenso in diese Phase fällt die Vorbereitung der internen Verantwortlichen für die Personaleinführung von der generellen Schulung der Betroffenen über die Entwicklung und Bereitstellung von Checklisten bis hin zur Informationsweitergabe an Mitarbeiter im speziellen Fall.

---

136 S. auch Neuberger (1994) 124 ff.

137 S. Wanous (1980/1992); (1977) 601 ff.; Premack/Wanous (1985) 706 ff.; Wanous/Reichers (2000) 435 ff. Die empirischen Befunde sind allerdings nicht ganz eindeutig. Neben der eher passiv ausgerichteten »realistischen Tätigkeitsvorschau« sind »tätigkeitsbezogene Auswahlverfahren« eher aktiv ausgerichtet. Verfahren wie Arbeitsproben, AC u. Ä. repräsentieren Ausschnitte künftiger Tätigkeiten, so dass sich sowohl die Unternehmung als auch der Bewerber von einer potentiellen Eignung bzw. einem potenziellen Interesse überzeugen können; vgl. Rastetter (1998) 628, die sich auf Wanous (1992) bezieht.

138 Schutzimpfungseffekt: Sich auf negative Aspekte einstellen und »innere Widerstandskräfte« aufbauen. Vgl. Kieser/Nagel (1986) 960

Zu (3): Konfrontationsphase

Mit dem Eintritt in die Organisation am ersten Arbeitstag (resp. der ersten Arbeitstage) werden die Neuen mit ihrem Arbeitsplatz, den Kollegen, ihren Aufgaben, der Organisationskultur usw. konfrontiert. Vielfach wird während dieser ersten Begegnungsphase die Grundeinstellung zur Organisation für die Beschäftigungsdauer entscheidend geprägt.

Die Begegnung mit der neuen Arbeitssituation zeichnet sich für die neuen Mitarbeiter durch ein hohes Informationsinteresse, aber auch durch ein hohes Informationsangebot des Arbeitgebers (systematisch wie unsystematisch, bewusst geplant wie auch unbedacht) aus. Die bisherigen Erwartungen werden mit der Realität der Organisation konfrontiert. Vorhandener Arbeitsplatz (oder nicht), Aufnahmerituale, Zeit des Vorgesetzten und von Kollegen (oder nicht, systematisches Feedback) u. a. vermitteln Informationen darüber, wie weit man willkommen ist oder eben nicht. Die ggf. vorliegende Diskrepanz zwischen Erwartungen und den vorgefundenen resp. wahrgenommenen Gegebenheiten ist zu bewältigen.

Louis differenziert vier **Formen der Überraschung**:[139]

- Das betriebliche Arbeitsumfeld wird nicht so vorgefunden, wie der neue Arbeitnehmer sich das vorgestellt hat.
- Der neue Mitarbeiter empfindet eine Andersartigkeit der Person insofern, als dass er sich nicht passend zur Arbeitsumgebung empfindet.
- Unbewusste Erwartungen werden nicht erfüllt.
- Es entsteht eine nicht erwartete emotionale Reaktion auf die erwarteten rationalen Arbeitsbedingungen.
- Der neue Mitarbeiter erlebt einen Kulturschock, seine bisher erworbenen Normen und Werte sind am neuen Arbeitsplatz nicht mehr gültig.

Bei einer starken Ausprägung der Desillusionierung ist die Einführung gefährdet. Es kann in dieser Phase der Orientierung – vor allem bei Berufsanfängern – zu einem »Realitätsschock« aufgrund von nicht erfüllten oder erfüllbaren Erwartungen kommen. Möglichkeiten zum Erwartungs- und Meinungsaustausch wirken dabei stabilisierend.[140]

Zu (4): Einarbeitungsphase

Im sich unmittelbar anschließenden Zeitraum entwickeln neue Mitarbeiter Strategien zur Bewältigung von mit der Stelle und dem Betrieb verbundenen Aufgaben und Anforderungen. Dies können sie erst, wenn die Anforderungen für sie verständlich sind. Ebenso muss eine Lösung für solche Erwartungen, die während der Konfrontationsphase unerfüllt blieben, gefunden werden. Um Lösungsstrategien entwickeln zu können, müssen die Neuen ihre Rolle in der Organisation eindeutig ausmachen können. Rollen-Unklarheit und -konflikte sollten daher weitgehend vermieden bzw. gelöst werden.[141] Die Arbeitsaufgabe gilt es mithilfe der Organisation (u. a. Stellenbeschreibungen) bestmöglich und rasch zu bewältigen, um die fachlichen Anforderungen zu erfüllen. Hier findet auch die sachliche Anpassung der Arbeitsvorstellungen der neuen Mitarbeiter mit den Bedingungen der Organisation (bspw. Karriere-/Entwicklungschancen, Vergütungspraktiken, Kultur) statt. Der in der Auswahlphase vorformulierte psychologische Vertrag wird nun konkretisiert.

---

139 S. Louis (1980) 226 ff.
140 Vgl. Rehn (1993) 81 ff.; s. auch Huber (1992) 767.
141 Vgl. Kieser u. a. (1990) 29 ff.

Die Mitarbeiter gehen diese Problematik unterschiedlich an. Van Maanen und Schein beschreiben drei mögliche alternative **Rollentypen**:[142]

- Konformist/Verwalter. Dem neuen Mitarbeiter erscheint es am sinnvollsten, durch die Anpassung an die Vorgaben akzeptiert zu werden.
- Kreativer Individualist. Der neue Mitarbeiter akzeptiert die organisatorische Zielsetzung, er behält sich jedoch einen kritischen Blick auf die Arbeitsumgebungen auch sich selbst vor. Dadurch stellt er erhebliche Anforderungen an sein Arbeitsumfeld.
- Rebell. Der neue Mitarbeiter stellt die an ihn gerichteten Erwartungen prinzipiell in Frage.

Im Hinblick auf die genannten Rollentypen erscheint vielfach der kreative Individualist als das anzustrebende Ergebnis einer erfolgreichen Personaleinführung.[143]

Zu (5): Integrationsphase
Die soziale Eingliederung in den Arbeitsbereich und in die Organisation erfolgt parallel. Ihr Ziel ist erreicht, wenn die Probleme der Konfrontation und Einarbeitung erfolgreich bewältigt wurden. Wichtig in diesem Zusammenhang ist die innere Bindung der neuen Mitarbeiter an die Organisation, folglich die Identifikation mit ihr und die Einsatzbereitschaft für diese.

Die »Entschlüsselung« der neuen Rollen wird dadurch erschwert, dass sich im Zeitablauf in Betrieben und ihren Bereichen spezifische Routinen und Selbstverständlichkeiten entwickeln, die so einfach nicht zu durchschauen sind. Diese »Geheimnisse« werden oft nur schrittweise preisgegeben. Dies geschieht umso langsamer, je gewachsener und gefestigter die vorherigen Sozialstrukturen sind, sowie je eher der Neue als Eindringling empfunden wird. Beides verschärft die Orientierungslosigkeit und das Problem der Integration.[144] Die an den Neuen gerichteten Verhaltenserwartungen entschlüsselt er auf Basis seiner früheren Erfahrungen. Je größer die Diskrepanz zu den aktuellen Anforderungen, je größer ist die Gefahr einer verzerrten Wahrnehmung und nachfolgenden Problemen.

e) Einarbeitungsprogramme

Der Eingliederungsprozess ist dann erfolgreich abgeschlossen, wenn der neue Mitarbeiter in seinem Verlauf eine starke Bindung an die Unternehmung entwickelt hat, wenn er die zentrale Aufgabe versteht, beherrschen lernt und Motivation in sie einbringt, als kreativer Individualist jedoch an Verbesserung betrieblicher Prozesse interessiert bleibt.[145] Um dieses Ziel zu erreichen, bietet sich der Einsatz spezieller Einarbeitungsprogramme an. Deren genaue Ausgestaltung muss die Besonderheiten der Unternehmung und der einzugliedernden Mitarbeiter berücksichtigen; Standardlösungen gibt es insofern nicht. Die wichtigsten möglichen Bausteine eines solchen »**Induktionsprogramms**« werden nachfolgend kurz skizziert.[146]

Es ist sinnvoll, **Einführungsschriften** vor Arbeitsantritt auszugeben: Die Motivation zur Informationsaufnahme ist dann besonders hoch. Sie dienen einer ersten Orientierung des Mitarbeiters, indem sie z. B. die Unternehmung als Produktionsstätte (Geschichte, Pro-

142 S. van Maanen/Schein (1979) 228 ff.
143 S. Kieser u. a. (1990) 5; Kolb/Wiedmann (1997) S. 205.
144 Vgl. Neidhardt (1979) 546; Kaufmann (1985) 240; Louis (1980) 241 f.
145 Vgl. Kieser u. a. (1990) 45.
146 Vgl. dazu auch Stiefel (1979); Feldman (1976).

duktprogramm, Marktposition etc.), als Arbeitsstätte (Führungsgrundsätze, Personalpolitik, Arbeitszeit, Sozialleistungen, Vorschlagswesen etc.), als Aus- und Weiterbildungsstätte (Weiterbildungsangebot, Teilnahmevoraussetzungen, Ansprechpartner) und als Erfahrungsraum (Wo findet man was bzw. wen?) vorstellen. Der konkrete Inhalt, die Länge (Faustformel: 20 Seiten) und die Ausgestaltung richtet sich nach der Zielgruppe, nach der Größe und Art der Unternehmung und vor allem nach Art und Umfang anderer, bereits existierender, schriftlicher Hilfen wie z. B. Stellenbeschreibungen. Für ihre Erarbeitung gilt, dass sie grundsätzlich aktualisierbar, erweiterbar und leicht mit anderen schriftlichen Hilfen kombinierbar sein sollten. Vorteile von Einführungsschriften liegen vor allem in ihrer jederzeitigen Verfügbarkeit, in der Anregung zur Information und in der Möglichkeit zur spannungsfreien Informationsaufnahme ohne Zwang zur Stellungnahme.[147] Allerdings darf die Wirkung von Einführungsschriften wegen einer gewissen Abstumpfung gegen informatorische Überschwemmungen auch nicht überschätzt werden. Sie sind als sinnvolle Ergänzung zu anderen Bausteinen eines Induktionsprogramms zu sehen.[148]

Checklisten, die alle wichtigen Aktivitäten und Informationsnotwendigkeiten enthalten, können für den neuen Mitarbeiter und den für seine Einführung Verantwortlichen gleichermaßen eine nützliche Hilfe sein.[149]

Initiationsrituale sind Aufnahmezeremonien mit offiziellem Charakter (z. B. Lehrlingsbegrüßung durch den Vorstand). Sie entfalten ihre Wirkungen auf der psychologischen Ebene, indem sie dem neuen Mitarbeiter Aufmerksamkeit und Akzeptanz durch die neue Umgebung signalisieren. Das Publikmachen seiner Beitrittsentscheidung bewirkt, dass sich der Mitarbeiter stärker an seine Entscheidung gebunden fühlt.

Orientierungsveranstaltungen liefern dem neuen Mitarbeiter erste Informationen nach seinem Unternehmungseintritt. In der Praxis bietet sich eine Koppelung mit den Initiationsritualen an. Als Inhalte kommen alle für eine Einführungsschrift geeigneten Themen in Frage.[150]

Einführungsseminare finden im Gegensatz zu Orientierungsveranstaltungen für eine Gruppe neuer Mitarbeiter mehrfach, d. h. über die ersten Monate in der Unternehmung verteilt, statt. Sie dienen zum einen dem Informationsaustausch zwischen der Unternehmung und den Mitarbeitern und zum anderen dem Informationsaustausch neuer Mitarbeiter untereinander. Einarbeitungsprobleme können so intensiv diskutiert und gegebenenfalls sogleich gelöst werden. Dem einzelnen Mitarbeiter wird durch den Kontakt mit »Leidensgenossen« die Normalität seiner Probleme verdeutlicht, was beim Abbau von Frustrationen hilft. Daneben können Einführungsseminare zum gezielten weiteren Informationsausbau genutzt werden. Voraussetzung für ihre Durchführung sind eine ausreichende Unternehmungsgröße und die Existenz einer homogenen Gruppe neuer Mitarbeiter.[151]

Patenkonzepte sehen die Betreuung eines neuen Mitarbeiters durch einen **gleichgestellten** Kollegen vor. Die möglichen Aufgaben eines Paten sind außerordentlich vielfältig. Er soll den Neuen in die Arbeitsgruppe einführen und mit allen wichtigen Kontaktpersonen bekannt machen. Er soll die fachliche Einarbeitung übernehmen, mit geschriebenen und ungeschriebenen Gesetzen der Unternehmung vertraut machen, bei fachlichen und persön-

148 Vgl. Kieser u. a. (1990) 147 f.
149 Für Beispiele vgl. Möhl (1985) 130f.; Michels (1978) 271 f.
150 Vgl. Kieser u. a. (1990) 147 f.; Kieser/Nagel (1986) 961.
151 Vgl. Kieser u. a. (1990) 171 ff.; Kieser/Nagel (1986) 961 f.; für einen Vorschlag zu einem Seminarablauf vgl. Bohlen (1982) 36.

lichen Problemen beraten, Bezugsperson/Anlaufstelle sein, bei guten Leistungen loben, bei schlechten Leistungen aufbauend kritisieren, zu selbstständigem Handeln anleiten u. v. m. Für diese Aufgaben muss der Pate überdurchschnittliche menschliche Qualifikationen (Zuverlässigkeit, Verschwiegenheit, Ausgeglichenheit etc.), fachliche und pädagogische Fähigkeiten aufweisen. Erkennbar ist somit nicht jeder Mitarbeiter für diese Aufgabe geeignet; intensive und regelmäßige Schulungen sind wichtige Voraussetzungen.

Das Patenkonzept wird z. T. sehr kritisch gesehen: Neben der Gefahr der Überforderung des Paten entsteht vor allem die Frage, ob die Einführung neuer Mitarbeiter nicht eine echte Führungsaufgabe ist, die der Vorgesetzte wahrnehmen muss und die nicht an einen Paten delegierbar ist. Folgende mögliche Nachteile sind mit Patenkonzepten verbunden:

- Der Kontakt zum Vorgesetzten wird abgeschnitten. Dieser aber hat letztlich Leistungsbeurteilungen zu erstellen und Belohnungen zu gewähren.
- Für den Vorgesetzten ist die Möglichkeit verringert, innovatorische Impulse von einem noch nicht betriebsblinden Mitarbeiter aufzunehmen.
- Für den Betreuten entstehen u. U. Irritationen, da im Paten (als eine Art Ersatz-Vorgesetztem) eine weitere Instanz existiert, an der er sich orientieren muss.
- Durch verbesserte fachliche und pädagogische Fähigkeiten entsteht ein Konkurrenzverhältnis zwischen Paten und Vorgesetzten.
- Die Patenaufgabe kollidiert mit der Erfüllung der eigentlichen Sachaufgabe des Paten.
- Der Pate zieht höherwertige Aufgaben an sich und delegiert nur Randaufgaben seiner Stelle an den neuen Mitarbeiter.
- Der Pate kann aus seiner neuen Aufgabe Ansprüche auf Einkommenssteigerung und Beförderung geltend machen. Seine Aufgabe führt zu Neid bei den unberücksichtigten Mitarbeitern.[152]

Mentorenkonzepte sehen die Betreuung durch einen hierarchisch **höher gestellten** Mitarbeiter vor. Folgende Mentorfunktionen sind zu nennen: Lehrer/Coach/Trainer, positives Rollenmodell, Talentförderer, Türöffner, Beschützer, der negative Konsequenzen von Fehlern abwehrt, Sponsor, der für eine »gute Presse« sorgt, erfolgreicher Führer, der Akzente setzt.[153] Der größte Nachteil dieses Konzepts liegt in der Gefahr des Aufbaus einer »Kronprinzenmentalität« beim Betreuten. Vom Anwendungsbereich her ist es eher auf den Führungsnachwuchs zugeschnitten.

Der **Mitarbeiterführung** kommt in der Integrationsphase große Bedeutung zu. Der Vorgesetzte soll das Einarbeitungsprogramm bezüglich Inhalt und Terminierung zusammen mit dem Mitarbeiter erstellen, damit Über- und Unterforderungen vermieden werden können; das Tempo des Lernfortschritts bestimmt der Mitarbeiter. Um die Verhaltenssicherheit zu stärken, sind häufiges spontanes Feedback, aber auch institutionalisierte Feedback-Gespräche in kurzen Abständen sinnvoll.

Als angemessene Basisstrategien der Einführung gelten weder die »Schonstrategie« (lange in Ruhe lassen) noch die »Wirf-ins-kalte-Wasser-Strategie« oder die schärfere Form der »Entwurzelungsstrategie«, bei denen der Mitarbeiter gleich mit schwierigen oder gar unlösbaren Aufgaben konfrontiert wird, um ihn zu testen oder gezielt zu verunsichern. Angezeigt ist vielmehr eine fordernde, aber zugleich lösbare Aufgabenstellung.[154]

---

152 Vgl. Brettschneider (1979) 325 ff.; Möhl (1985) 132; Althauser (1982) 222 f.; Kieser u. a. (1990) 154 ff.
153 Vgl. Schein (1978) 178; ausführlich zum Mentor-Konzept: Kram (1985).
154 Vgl. Kieser/Nagel (1986) 958 f.

In der betrieblichen Praxis werden die Einführungsinstrumente zumeist nur auf ihre individuellen Stärken und Schwächen hin untersucht und die als am effektivsten Erachteten einzeln angewandt oder in einem beliebigen Instrumenten-Mix zusammengefasst. Sinnvoller wäre jedoch eine systematische und weitgehend begründete Auswahl sowie eine Integration in die Unternehmungsziele und -strategien.

Bausteine für **Eingliederungsprogramme** existieren zwar in der Theorie, werden aber in Deutschland – im Gegensatz zu den USA – nur selten eingesetzt.[155] In einer Untersuchung gaben von 296 Führungskräften fast die Hälfte an, keine Einarbeitung erhalten zu haben. Nach der Wichtigkeit einzelner Maßnahmen befragt, wurde das Gespräch mit dem direkten Vorgesetzten zu 86% als wichtig eingestuft. Für andere Maßnahmen ergaben sich folgende Prozentzahlen (vgl. Abbildung 99):[156]

- Gespräche mit unterstellten Mitarbeitern	68,9 %	- gezieltes on-the-job-Programm	39,2 %
- Gespräche mit Kollegen	60,4 %	- Gespräche mit Vorgängern	38,1 %
- regelmäßige Gespräche über Zielvereinbarungen	60,1 %	- schriftliche Unterlagen	36,5 %
- Gespräche mit der Geschäftsleitung	55 %	- Einarbeitungsseminare	24,7 %
		- Gespräche mit externen Personen	23,3 %
		- Benennung eines Paten	11,8 %

Quelle: Domsch/Grosser (1985) 102.

Abb. 99: Bedeutung einzelner Eingliederungsmaßnahmen

Die Inhalte eines Personaleinarbeitungsprogramms sollten sich jedoch nicht nur auf das Vermitteln »formaler« Regeln oder Vorschriften (wie z. B. Organigramme oder Stellenbeschreibungen) beschränken.[157] Ein zusätzlicher Einblick in eher »informale« Kommunikationsregeln bzw. -wege und Interaktionsstrukturen kann die soziale Integration neuer Mitarbeiter erleichtern.

Daneben können auch Methoden des (externen) Personalmarketing dazu beitragen, schon in der Rekrutierungsphase ein »Fit« zwischen Bewerber und Unternehmung herzustellen und auszubauen. Erfolg versprechende Integrationsprogramme beginnen demnach nicht erst mit Eintritt neuer Mitarbeiter in die Unternehmung, sondern bereits bei der Personalauswahl.

155 Vgl. Louis u. a. (1983) 861, die einen Überblick über die in den USA praktizierten Einarbeitungsprogramme und deren Wichtigkeit in der Wahrnehmung von Hochschulabsolventen geben. Als (deutsche) Ausnahme kann der von Kolb/Wiedmann (1997) beschriebene industrielle Großkonzern gelten. Hier hat sich beispielsweise die kombinierte Anwendung von Einführungs- und Orientierungsgespräch, Einarbeitungsplan, Feedbackgesprächen und Patensystem als optimal erwiesen; vgl. Kolb/Wiedmann (1997) 210 f.

156 Vgl. Domsch/Grosser (1985) 100, 102.

157 Vgl. hierzu und im Folgenden Hanft (1992).

IV. Personalfreisetzung

1. Begriff, Objekte und Ziele der Personalfreisetzung

Sowohl aus Entwicklungen des Umfeldes als auch aus unternehmungsinternen Faktoren können Veränderungen des Aufgabenvolumens und/oder der Anforderungen an die Mitarbeiter und damit eine Veränderung des Nettopersonalbedarfs resultieren. Dies kann sowohl zur (externen oder internen) Beschaffung (Kap. D.III.2.a) als auch zur Freisetzung von Personal führen.

Personalfreisetzung bedeutet die Reduzierung einer Personalüberdeckung (= negativer Nettopersonalbedarf), die in quantitativer, qualitativer, zeitlicher und örtlicher Hinsicht zu spezifizieren ist.

Sie kann – analog zur Personalbeschaffung – sowohl **intern** durch qualitative, zeitliche oder örtliche Anpassung als auch **extern** durch die Abgabe von Personal an den Arbeitsmarkt erfolgen.

Objekte der Personalfreisetzung sind nicht nur die Mitarbeiter einer Unternehmung (die Arbeitnehmer i.S. des Arbeitsrechts sind), sondern **alle** Personen, die einer Unternehmung ihr Leistungspotenzial auf der Basis eines Arbeits- oder arbeitsähnlichen Vertrages zur Verfügung stellen und eine Vergütung erhalten (also zum Beispiel auch Auszubildende, Praktikanten, Leihmitarbeiter, freie Mitarbeiter).

Personalfreisetzungen haben

- für die Unternehmungen sowohl positive (vor allem ökonomische) als auch negative Wirkungen (z. B. auf Betriebsklima oder Unternehmungsimage) und
- für die Mitarbeiter vor allem negative Wirkungen (z. B. Gefährdung der materiellen Existenzgrundlage, Statusverlust, reduziertes Selbstwertgefühl).

Aus diesen Wirkungen in Verbindung mit der für das Personal-Management postulierten Dualität von institutionellen und individuellen Zielen kann als Ziel der Personalfreisetzung die hinreichende Reduzierung einer Personalüberdeckung bei gleichzeitiger Minimierung der negativen Folgen für die Unternehmung und die Mitarbeiter formuliert werden.[158]

2. Ursachen der Personalfreisetzung

Die im Rahmen dieses Lehrbuches geforderte Integration des Personal-Management in die Gesamtunternehmungsführung (vgl. auch Kap. F) ist auch für die Personalfreisetzung von Bedeutung. Die in der (strategischen) Unternehmungsplanung durch eine Umfeld- und Unternehmungsanalyse erhobenen (Frühwarn-)Informationen für die Formulierung von (Unternehmungs- und Funktional-) Strategien bilden die informationelle Basis für eine differenzierte Analyse und Prognose potenzieller Ursachen der Personalfreisetzung im Rahmen der Personalplanung.

Nachfolgend werden **einige** wichtige Ursachen aufgelistet, wobei zum Teil bestehende sachliche und zeitliche Interdependenzen vernachlässigt werden:

---

158 Vgl. Becker/Meurer (1988) 273 und Hamel (1994) 6.

- Eine rückläufige **konjunkturelle** Entwicklung wirkt sich auf die Branchen und Unternehmungen einer Volkswirtschaft unterschiedlich aus und kann zu einem Rückgang des Absatzes und der Produktion führen.
- Konjunkturelle Entwicklungen werden häufig durch **strukturelle** Änderungen (z. B. Änderung von Bedarfsstrukturen) in und zwischen den Wirtschaftszweigen, Regionen oder Unternehmungsgrößenklassen einer Volkswirtschaft überlagert. So ist in entwickelten Wirtschaftsnationen seit längerem ein tief greifender Wandel zu beobachten dergestalt, dass sog. »alte Industrien« an Bedeutung verlieren, Dienstleistungen hingegen deutlich und mit als steigend prognostizierter Tendenz hinzugewinnen. »Bedeutung« meint dabei auch den Umfang der gebotenen Arbeitsplätze. Zum anderen ist derzeit in Branchen, in denen besonders hoher Wettbewerbsdruck herrscht (z. B. Automobilbau, Banken, Datenübertragung) ein Trend zu (globalen) Groß- und Größtunternehmungen unübersehbar. Mit den als Wachstumsstrategien eingesetzten Fusionen und Konzernierungen geht regelmäßig massiver Stellenabbau einher.
- In vielen Branchen und Unternehmungen ergeben sich aus der Art des Produktions- und Absatzprogramms **saisonale** Schwankungen der Beschäftigung.
- **Technologischer** Wandel kann sowohl das Aufgabenvolumen (z. B. durch Substitution von menschlicher Arbeit durch den Einsatz neuer Technologien) als auch die Anforderungen an die Mitarbeiter beeinflussen.
- **Management- und Planungsfehler** bei der Reaktion auf die vorab skizzierten Entwicklungen des Unternehmungsumfeldes.
- **Strategische Neuorientierung** der Unternehmung (oder von Geschäftsfeldern) und daraus resultierende tief greifende Veränderungen des Leistungsprogramms, wie etwa massive Verringerungen der Produktlinien (»Konzernumbau«) und/oder der Fertigungstiefe (»Outsourcing«) führen ebenfalls in den meisten Fällen zu Personalabbau.
- **Stilllegung** oder **Vernichtung** von Unternehmungsbereichen.
- **Standortverlagerungen**.
- Mangelnde Leistungsbereitschaft oder Leistungsfähigkeit von Mitarbeitern.
- **Änderungen der Aufbau- oder Ablauforganisation** (z. B. Abbau von Hierarchien im Rahmen von »Lean-Management«).

Diese Ursachen sind erkennbar von ganz unterschiedlicher Qualität, u. a. was ihre Herkunft (unternehmungsextern oder -intern) und damit auch ihre Gestaltbarkeit angeht. Eine Resultante mehrerer Ursachen dürfte der grundlegende Wandel der gesamten Konfiguration der Erwerbsarbeit sein, der seit längerem beobachtet und für die Zukunft als immer weiter fortschreitend prognostiziert wird, und der den Abschied von seit Generationen in Deutschland als selbstverständlich Gewohntem bedeutet: Unbefristete Dauerbeschäftigungsverhältnisse dürften immer mehr eher die Ausnahme als die Regel sein, was zur Folge haben wird, dass Wechsel von Arbeitsplatz, Unternehmung und sogar Beruf nichts Ungewöhnliches sein wird. Die Praxis von betrieblichen Personalfreisetzungen erscheint dann ebenfalls in neuem Licht.

Wichtiger als die Vorhersagbarkeit der genannten Ursachen (ein gut ausgebautes und funktionierendes Informationssystem kann »Überraschungen« und »Zufälle« reduzieren) ist das Ausmaß ihrer Beeinflussbarkeit und die unternehmungspolitische Intention ihrer tatsächlichen Beeinflussung. So könnten z. B. Stilllegungen von Unternehmungsbereichen, Standortverlagerungen, Organisationsänderungen »ohne Rücksicht auf personelle Konsequenzen durchgezogen« oder aber ganz anders angegangen werden: etwa unter Einschluss ernsthafter Versuche, solche Konsequenzen sozialverträglich abzufedern oder gänzlich zu vermeiden. Ausschlaggebend hierfür sind die »Grundlegenden Orientierungen der Unternehmungspolitik« und die aus ihnen resultierenden Grundhaltungen: hier diejenigen, die sich auf die personellen Ressourcen der Unternehmung beziehen (vgl. hierzu ausführlicher die Darlegung in Kap. F).

Den oben angesprochenen Wandel der Beschäftigungsverhältnisse in der Arbeitswelt können Unternehmungen mit entsprechenden Gestaltungen ihres Personal-Management positiv begleiten: Ein integratives Betreiben von Personalfreisetzung und Personalentwicklung (vgl. dazu das nächste Kapitel D.V) wäre eine Innovation, die z. B. eine berufliche Neuorientierung von Mitarbeitern fördern könnte (vgl. weiter unten D.IV.4.d.bb.7); sie würde neben betrieblichem auch individuellen wie auch gesellschaftlichen Nutzen stiften.

3. Planung der Personalfreisetzung

Die Personalfreisetzungsplanung beinhaltet die gedankliche Erfassung und Reduzierung einer Personalüberdeckung spezifiziert nach quantitativen, qualitativen, zeitlichen und örtlichen Aspekten[159] und wird in zwei Planungsformen[160] unterschieden:

- Die **antizipative** Personalfreisetzungsplanung wird als integrativer Bestandteil der Unternehmungs- und Personalplanung verstanden. Sie versucht durch die Analyse und Prognose möglicher Ursachen und die Ableitung von unternehmungs- und personalpolitischen Strategien Personalüberdeckungen zu vermeiden oder diese durch den rechtzeitigen Einsatz »weicher« Freisetzungsmaßnahmen (z. B. Nutzung der natürlichen Fluktuation, Urlaubsgestaltung) zu reduzieren.
- Die **reaktive** Personalfreisetzungsplanung beginnt erst, wenn bereits eine Personalüberdeckung besteht, so dass der Einsatz von »harten« Freisetzungsmaßnahmen (vor allem Kündigungen) in der Regel nicht mehr zu vermeiden ist.

Die Planung der Personalfreisetzung besteht aus einer Vielzahl von Einzelaktivitäten, zwischen denen sachliche und zeitliche Beziehungen bestehen. Die Strukturierung dieser Beziehungen kann durch die in der Literatur vorgeschlagenen Phasenschemata erfolgen.[161] Diese sind jedoch nur als »Orientierungshilfe« für eine unternehmungsindividuelle Gestaltung zu verstehen.

Abbildung 100 zeigt ein mögliches Phasenschema, das auch die der Planung nachgelagerten Phasen der Durchführung und Kontrolle umfasst.

159 Vgl. Becker/Meurer (1988) 273.
160 Vgl. z. B. Drumm/Scholz (1988) 146 f.
161 Vgl. z. B. Hentze (1991) 261 oder Schreiber (1992) 53.

Phasen der Personalfreisetzung

(1) Problemerkennung und Problemanalyse

Ermittlung und/oder Prognose von (möglichen) Ursachen einer bestehenden oder zukünftigen Personalüberdeckung (»Freisetzungsbedarf«) durch

- Analyse des Unternehmungsumfeldes
- Unternehmungsanalyse

als Basis für die

- Quantitative und qualitative Personalbedarfsplanung
- Quantitative und qualitative Personalbestandsplanung

⇒ Spezifikation der Personalüberdeckung nach
  - Quantität
  - Qualität
  - Zeit
  - Ort

(2) Suche, Auswahl und Bewertung von Alternativen

- Suche nach und (Vor-)Auswahl von Alternativen
  - Alternativen zur Vermeidung von Personalfreisetzung
  (z.B. staatliche Beschäftigungsgarantien, Lagerproduktion, Flexibilisierungsstrategien)
  - Alternativen der Personalfreisetzung
    - Interne Personalfreisetzung (=ohne Reduktion des Personalbestandes) durch
      - Qualitativ orientierte Maßnahmen
      - Örtlich orientierte Maßnahmen
      - Zeitlich orientierte Maßnahmen
  - Externe Personalfreisetzung (=mit Reduktion des Personalbestandes)
- Bewertung der Alternativen
- Bestimmung der Weiterverwendungs- und Anpassungsmöglichkeiten für die intern freizusetzenden Mitarbeiter
- Bestimmungen der an den externen Arbeitsmarkt freizusetzenden Mitarbeiter

⇒ Alternativen-Mix (Optimales Alternativenbündel)

(3) Durchführung

- Festlegung der Informationspolitik gegenüber
  - dem Betriebsrat/Sprecherausschuss
  - den extern und intern freizusetzenden Mitarbeitern
  - den nicht betroffenen Mitarbeitern
- Angebot fluktuations- und mobilitätsfördernder Anreize
- Aufstellung von Sozialplänen

(4) Kontrolle

- Kontrolle des Planungsprozesses
- Kontrolle der Ergebnisse

Quelle: In Anlehnung an Hentze (1991) 261.

Abb. 100: Phasen der Personalfreisetzung

4. Alternativen (zur Vermeidung) der Personalfreisetzung

a) Überblick

Die Menge der Alternativen, die einer Unternehmung zur (Vermeidung der) Personalfreisetzung zur Verfügung stehen, hängt von der Planungsform (antizipativ oder reaktiv) ab, die somit gleichzeitig als Kriterium für die Systematisierung von Maßnahmen (zur Vermeidung) der Personalfreisetzung dienen könnte.[162] Ein Teil der nachfolgend dargestellten Maßnahmen kann jedoch sowohl antizipativ als auch reaktiv eingesetzt werden, so dass hier eine andere Systematisierung gewählt wird.

Zunächst wird in Alternativen zur Vermeidung von Personalfreisetzung und Alternativen der Personalfreisetzung differenziert. Die Alternativen der Personalfreisetzung lassen sich weiter nach den Determinanten des Personalbedarfs in quantitativ, qualitativ, zeitlich und örtlich orientierte Maßnahmen differenzieren. Die Bezeichnung »quantitativ, qualitativ, zeitlich oder örtlich orientierte Maßnahmen« bedeutet jedoch nicht, dass diese stets und direkt mit einem quantitativen, qualitativen, zeitlichen oder örtlichem Freisetzungsbedarf verbunden sind.

Nach der Wirkung auf den Personalbestand lassen sie sich jedoch wieder zu zwei Gruppen zusammenfassen, so dass sich die nachfolgende Systematisierung ergibt:

- Alternativen zur Vermeidung von Personalfreisetzung
- Alternativen der Personalfreisetzung
  - Alternativen der Personalfreisetzung **ohne** Reduktion des Personalbestandes (»Interne Freisetzung«) differenziert in
    - qualitativ orientierte Maßnahmen
    - örtlich orientierte Maßnahmen
    - zeitlich orientierte Maßnahmen.
  - Alternativen der Personalfreisetzung **mit** Reduktion des Personalbestandes (»Externe Freisetzung«).

b) Vermeidung von Personalfreisetzung

Aus dem Ziel der Personalfreisetzung ergibt sich, dass ihre Vermeidung in der Regel jeder noch so »weichen« Freisetzungsalternative vorzuziehen ist. Nachfolgend werden einige »Vermeidungsstrategien« skizziert:

Zu den unternehmungspolitischen Vermeidungsstrategien zählen

- zum einen alle Unternehmungsstrategien, die dem Aufbau neuer und dem Erhalt und Ausbau bestehender Wettbewerbsvorteile dienen und die gleichzeitig die Beschäftigungsentwicklung (und damit den Bruttopersonalbedarf) positiv beeinflussen sowie
- zum anderen alle Maßnahmen, die zur Erlangung staatlicher Beschäftigungsgarantien führen sowie
- u. U. die Verschiebung von Rationalisierungsinvestitionen.

Daneben gibt es noch eine Reihe anderer Maßnahmen, die insbesondere bei zeitlich begrenzten und/oder saisonalen Personalüberdeckungen sowie im Vorfeld von bestandsredu-

162 Vgl. Drumm/Scholz (1988) 146 ff. und Schreiber (1992) 323 ff.

zierenden Maßnahmen ergriffen werden können, so z. B. Lagerproduktion, Übernahme von Fremdaufträgen oder Vorziehen von Reparatur- und Wartungsarbeiten.

In der Wirtschaftspraxis wird die Personalfreisetzung (unter Vernachlässigung der dualen Zielsetzung) zum Teil auch als eine Strategie zur Senkung von (zu hohen Personal-) Kosten gesehen. Die kostenreduzierenden Wirkungen von Personalfreisetzungen sind jedoch vor allem bei mittel- und langfristiger Betrachtung nicht unumstritten. Zur Vermeidung der so genannten »ökonomischen Freisetzung« könnten zunächst folgende Maßnahmen ergriffen werden: Reduzierung freiwilliger sozialer Leistungen, »Einfrieren« von Vergütungsbestandteilen und Kürzung von Vergütungsbestandteilen – und zwar als absolute Kürzungen mit unmittelbarer Wirkung oder als relative Kürzungen über Auslaufregelungen durch partielle Anrechnung künftiger Steigerungen der Vergütung. Zudem sollte kritisch geprüft werden, ob vergleichbare Kostenreduktionen nicht auch durch die Ausschöpfung von Kostensenkungspotenzialen in anderen Bereichen (z. B. bei Unternehmungen mit materialintensiver Produktion in der Beschaffung) erzielt werden können.

Durch personalpolitische Flexibilierungsstrategien können generell in den Teilsystemen des Personal-Management z. B. durch

- die Förderung von Schlüsselqualifikationen (vgl. auch qualitätsorientierte Maßnahmen),
- die Gestaltung flexibler Perioden- und Lebensarbeitszeitmodelle (vgl. auch zeitorientierte Maßnahmen),
- die Gestaltung flexibler Vergütungssysteme oder
- den Aufbau einer Stamm- und Randbelegschaft

Flexibilitätspotenziale aufgebaut werden, die zumindest eine kurz- bis mittelfristige Anpassung an eine neue Beschäftigungsentwicklung (und/oder eine Milderung von Folgen der Personalfreisetzung für Unternehmung und Mitarbeiter) ermöglichen.

c) Kriterien zur Beurteilung von Alternativen der Personalfreisetzung

Möglicherweise zu erwartende und faktisch existierende Personalfreisetzungserfordernisse stellen das Personal-Management vor schwerwiegende Entscheidungen. Sie können nur selten ganz frei gefällt werden, sondern erfordern ein sorgfältiges Abwägen der an sie anzulegenden Beurteilungskriterien (erhoffte positive Wirkungen, zu vermeidende/vermindernde negative Konsequenzen). Nachfolgend werden einige dieser Beurteilungskriterien skizziert.

- **Quantitative Aspekte:** Diese beziehen sich auf das mögliche **Ausmaß** von Freisetzungsalternativen (z. B. sind vorzeitige Pensionierungen nur für einen Teil des Personals zu realisieren).
- **Qualitative Aspekte:** Hier ist die Wirkung von Alternativen auf die Qualifikationsstruktur zu beachten. So sind z. B. oft die Mitarbeiter, die sich aus formalen Gründen (Lebensalter, soziale Auswahl) anbieten würden, wichtige Leistungsträger.
- **Zeitliche Aspekte:** Zum einen sind die **Wirkungsdauer** von Alternativen und zum anderen die **zeitlichen Restriktionen**, wie z. B. Kündigungsfristen oder die Dauer des noch nicht in Anspruch genommenen Urlaubs, zu beachten.
- **Rechtliche Bedingungen:** Der Gestaltungsspielraum der Unternehmung wird durch eine Vielzahl von Regelungen des individuellen (z. B. Kündigungsschutzgesetz) und kollektiven Arbeitsrechts (z. B. Betriebsverfassungsgesetz) begrenzt, deren Nichtbeachtung zu

arbeitsgerichtlichen Verfahren und z. B. zur Rücknahme von Freisetzungsentscheidungen und/oder zu erheblichen Kosten führen kann. Kap. E.IV gibt einen Überblick über wichtige **gesetzliche** Regelungen, die den Gestaltungsspielraum der Unternehmung bei der Personalfreisetzung begrenzen. Bei der nachfolgenden Darstellung von Alternativen der Personalfreisetzung werden ausgewählte Regelungen näher erläutert.

- **Zustimmungserfordernisse:** Für zahlreiche Freisetzungsalternativen (z. B. Aufhebungsverträge) ist die Zustimmung der betroffenen Mitarbeiter erforderlich. Ihre Realisierung ist somit fraglich, kann aber u. U. durch die Gewährung von (materiellen) Anreizen gefördert werden.
- **Ökonomische Wirkungen:** Bei der Analyse der ökonomischen Folgen sind positive (z. B. Reduzierung der Personalkosten) und negative Wirkungen (z. B. Zahlung von Abfindungen, Sozialplanzahlungen) abzuwägen.
- **Wirkungen auf das Unternehmungsimage:** Personalfreisetzungen und damit u. U. verbundene öffentliche Aktionen von Arbeitnehmern, wie z. B. Straßenblockaden oder Hungerstreik, können das Image einer Unternehmung nachhaltig beeinflussen. Dies kann z. B. zu negativen Einstellungen bei potenziellen Bewerbern führen und damit als »Bewerbungshindernis« wirken.
- **Folgen für die Gesellschaft:** In Zeiten hoher Arbeitslosigkeit führen vor allem Personalfreisetzungen mit Reduktion des Personalbestandes zu negativen Folgen für die Gesellschaft (z. B. höhere Ausgaben für soziale Leistungen, Kaufkraftverluste, sinkende Steuereinnahmen).
- **Folgen für die freizusetzenden Mitarbeiter:** Die Folgen für die Mitarbeiter sind vor allem bei Kündigungen gravierend, da diese u. a. zur Gefährdung der materiellen Existenzgrundlage oder zu destabilisierten Familienbeziehungen führen können.
- **Wirkungen auf die nicht betroffenen Mitarbeiter:** Bei der Auswahl von Alternativen sind auch die Wirkung auf die Mobilitätsbereitschaft und das Fluktuationsverhalten zu beachten. So neigen vor allem besonders qualifizierte Mitarbeiter dazu, sich in anderen Unternehmungen einen neuen (sicheren) Arbeitsplatz zu suchen, während die weniger qualifizierten Mitarbeiter in der Unternehmung verbleiben.

d) Alternativen der Personalfreisetzung

Abbildung 101 gibt zunächst einen Überblick über die Alternativen der Personalfreisetzung.

aa) Personalfreisetzung ohne Reduktion des Personalbestandes

Die Personalfreisetzung **ohne** Reduktion des Personalbestandes kann durch die Änderung von Qualifikationen der Mitarbeiter durch Personalentwicklung, die Änderung der Arbeitszeit oder die Änderung von Arbeitsorten durch horizontale oder vertikale Versetzung erfolgen und wirkt somit auf bestehende Beschäftigungsverhältnisse ein.

(1) Qualitativ orientierte Maßnahmen

Die Änderung von Qualifikationen im Rahmen der internen Freisetzungsproblematik erfolgt in den Teilsystemen der Personalentwicklung (insbesondere durch Maßnahmen der Anpassungs- und Aufstiegsfortbildung sowie Umschulung). Diese werden im nachfolgenden Kapitel D.V. erläutert. Zu den Teilsystemen der Personalentwicklung zählt auch die

Alternativen der Personalfreisetzung

* **Personalfreisetzung ohne Reduktion des Personalbestandes (»Interne Personalfreisetzung«)**
* Qualitativ orientierte Maßnahmen (Personalentwicklung)
* Örtlich orientierte Maßnahmen (horizontale oder vertikale Versetzung)
* Zeitlich orientierte Maßnahmen
  * Urlaubsgestaltung
  * Abbau von Mehrarbeit/Überstunden
  * Allgemeine Verkürzung der Arbeitszeit
  * Angebot individueller Arbeitszeitverkürzungen
 	
* **Personalfreisetzungen mit Reduktion des Personalbestandes (»Externe Personalfreisetzung«)**
* Nutzung der natürlichen Fluktuation (mit Einstellungsstop)
* Nichtverlängerung oder Kündigung von Personalleasingverträgen
* Aufhebungsverträge
* Vorzeitige Pensionierung
* Kündigungen
* Outplacement

Abb. 101: Überblick über die Alternativen der Personalfreisetzung

Versetzung. Im Rahmen der Personalfreisetzung dient sie jedoch vor allem der örtlichen Anpassung, also dem Kapazitätsausgleich zwischen Unternehmungsbereichen, und wird daher gesondert behandelt.

Der Erfolg qualitativ orientierter Maßnahmen hängt in erster Linie von der Entwicklungsbereitschaft und -fähigkeit der Mitarbeiter sowie dem Ausmaß der sachlichen und zeitlichen Divergenzen zwischen den »alten« und den »neuen« Anforderungen ab. Die qualitative Anpassung ist für die Unternehmung u. U. mit hohen Kosten und hohem Zeitbedarf verbunden. Unter bestimmten Voraussetzungen (z. B. bei Umschulung) kann jedoch den betroffenen Mitarbeitern durch die Bundesanstalt für Arbeit finanzielle Unterstützung (§§ 47–50 AFG) gewährt werden. Für die betroffenen Mitarbeiter führt die qualitative Anpassung zur Erhöhung ihrer Beschäftigungschancen (u. U. auch in anderen Unternehmungen). Bei der Planung von Maßnahmen der Personalentwicklung sind zudem die Beteiligungsrechte des Betriebsrats zu beachten (vgl. Kap. E.IV.2.a).

(2) Örtlich orientierte Maßnahmen

Örtliche Maßnahmen in Form von horizontalen und/oder vertikalen Versetzungen dienen einem Kapazitätsausgleich innerhalb einer Unternehmung, so dass lokale Personalüberdeckungen in schrumpfenden u. U. durch lokale Personalunterdeckungen in wachsenden Unternehmungsbereichen kompensiert werden können. Dabei sind vor allem die folgenden arbeitsrechtlichen Aspekte zu beachten:

- Nach der Legaldefinition in § 95 III BetrVG ist **Versetzung** die Zuweisung eines anderen Arbeitsbereichs, die voraussichtlich die Dauer von einem Monat überschreitet oder die mit einer erheblichen Änderung der Umstände verbunden ist, unter denen die Arbeit zu leisten ist. Sie können sowohl horizontal (auf einer Hierarchieebene) als auch vertikal (hierarchischer Aufstieg oder Abstieg) erfolgen.

- Falls die Versetzungen nicht mehr kraft Weisungsrecht des Arbeitgebers erfolgen können, kann der Arbeitgeber **Änderungskündigungen** (i. S. des § 2 KSchG) aussprechen. Eine Änderungskündigung liegt vor, wenn der Kündigende (i. d. R. der Arbeitgeber) das Arbeitsverhältnis kündigt und dem Kündigungsempfänger die Fortsetzung des Arbeitsverhältnisses unter geänderten Arbeitsbedingungen anbietet.[163]
  Dem Betriebsrat stehen sowohl bei Versetzungen als auch bei Änderungskündigungen verschiedene Beteiligungsrechte zu (vgl. Kap. E.IV.2.a).

Für die Unternehmung lassen sich durch Versetzungen externe Personalfreisetzungen und damit vor allem Kündigungen vermeiden. Zudem ergeben sich die generell für die interne Beschaffung geltenden positiven Effekte (vgl. Kap. D.III.2.b.bb). Probleme können aber zum einen entstehen, wenn Versetzungen nicht auf nahezu identische Positionen erfolgen, sondern die betroffenen Mitarbeiter erhebliche Qualifikationsdefizite haben, die auch durch Personalentwicklung nicht behoben werden können. Zum anderen können zeitliche Divergenzen zwischen Freisetzungs- und Beschaffungsbedarf bestehen. Weitere Nachteile für die Unternehmung können sich aber z. B. auch dadurch ergeben, dass der Bestand von eingespielten Gruppen oder Teams (und damit von u. U. wichtigen informellen Strukturen) gefährdet wird.

Auch für den einzelnen Mitarbeiter können Versetzungen erhebliche negative Folgen haben (z. B. hierarchischer Abstieg, Prestigeverlust, längere Anfahrtswege oder Wohnungswechsel).

(3) Zeitlich orientierte Maßnahmen

Die Änderungen der Arbeitszeit sollen durch Reduktion der quantitativen Leistung – bei Konstanz des quantitativen und qualitativen Personalbestandes – zu einer Anpassung an ein (kurz- oder langfristig) reduziertes Aufgabenvolumen führen.

(31) Urlaubsgestaltung

Die Urlaubsgestaltung dient dem Ausgleich von kurzfristigen, zeitlich vorhersehbaren und/oder saisonalen Beschäftigungsschwankungen durch die Anwendung der folgenden Maßnahmen:

- Verlagerung und/oder Verlängerung der Betriebsferien,
- Gewährung von unbezahltem Urlaub,
- Verlagerung von individuellen Urlaubsansprüchen in beschäftigungsschwache Zeiten (durch Schaffung geeigneter Anreize),
- Gewährung von Langzeiturlauben (Sabbaticals).

Dabei sind insbesondere die Beteiligungsrechte des Betriebsrats nach § 87 I Nr. 5 BetrVG zu beachten.

Die Wirkung von Maßnahmen der Urlaubsgestaltung wird vor allem durch die festliegenden Jahresurlaubsansprüche, die Höhe der vorhandenen (Rest-)Urlaubsansprüche und die Bereitschaft der Mitarbeiter zur Inanspruchnahme von unbezahltem Urlaub und Sabbaticals sowie zur Änderung der individuellen Urlaubsplanung und damit zur Verlagerung von Urlaubsansprüchen bestimmt.

---

163 Vgl. § 2 S. 1 KSchG sowie Schaub (2000) 1285 f.

(32) Abbau von Mehrarbeit/Überstunden

Mit dem Abbau von Mehrarbeit/Überstunden kann eine Personalüberdeckung relativ kurzfristig reduziert werden. Die Rückkehr zur Normalarbeitszeit ist relativ problemlos, da es sich genau genommen um die Rücknahme einer speziellen Form der Deckung von kurzfristig erhöhtem Personalbedarf handelt. Sie führt zu einem überproportionalen Rückgang der Personalkosten (durch den Wegfall von tariflichen Zuschlägen). Im Gegensatz zur Einführung von Mehrarbeit/Überstunden (§ 87 I Nr. 3 BetrVG) bestehen bei deren Rücknahme keine Beteiligungsrechte des Betriebsrats.

Für die Mitarbeiter ist der Abbau von Mehrarbeit/Überstunden zwar einerseits mit mehr Freizeit und geringeren gesundheitlichen Belastungen verbunden, andererseits führt er jedoch zu einer realen Einkommensminderung. Daraus können u. U. Konflikte resultieren, insbesondere dann, wenn die Mitarbeiter das »Zusatzeinkommen« bereits über einen längeren Zeitraum bezogen und als Bestandteil der »normalen« Vergütung angesehen haben.

Ähnliche zeitliche – nicht jedoch Kosten reduzierende – Wirkungen können generell auch durch den **Aufbau von Zeitschulden** der Mitarbeiter im Rahmen von Gleitzeitmodellen erzielt werden.

(33) Kurzarbeit

Die der Mitbestimmung des Betriebsrats unterliegende (§ 87 I Nr. 3 BetrVG) Einführung von Kurzarbeit für einen gesamten Betrieb oder einzelne Betriebsteile bietet der Unternehmung die Möglichkeit, sich flexibel an einen zeitlichen Personalüberhang anzupassen. Es handelt sich um eine **vorübergehende** Verkürzung der betriebsüblichen Arbeitszeit mit der Intention, so bald wie möglich zur Normalarbeitszeit zurückzukehren und zwar auch dann, wenn der Zeitraum der Kurzarbeit noch nicht genau bestimmt werden kann.

Für die Unternehmung ist die Kurzarbeit vor allem vorteilhaft, weil der Mitarbeiterbestand dann erhalten bleibt, die Personalkosten sinken und der Einkommensausfall der Mitarbeiter durch die Gewährung von »Kurzarbeitergeld« durch die Bundesanstalt für Arbeit teilweise kompensiert werden kann (§§ 63–73 AFG).

Bei der Einführung der Kurzarbeit spielen jedoch nicht nur die ökonomischen Wirkungen und die Regelungen des AFG, sondern auch weitere unternehmungsindividuelle Besonderheiten eine Rolle. So können z. B. Handelsunternehmungen ihre Öffnungszeiten in der Regel nicht (oder nicht kurzfristig) verändern, so dass die Einführung von Kurzarbeit nahezu unmöglich oder nur unter erheblichem Planungsaufwand zu realisieren ist.

(34) Allgemeine Verkürzung der Arbeitszeit

Eine Verkürzung der täglichen, wöchentlichen, monatlichen oder jährlichen Arbeitszeit **aller** Mitarbeiter führt entweder zu einem Rekrutierungsbedarf oder zur Reduktion der quantitativen Leistung bei Erhalt des Personalbestandes. Rechtliche Grundlagen können sowohl (Haus-)Tarifverträge oder Betriebsvereinbarungen, aber auch der individuelle Arbeitsvertrag sein.

Eine allgemeine Verkürzung der Arbeitszeit führt – wenn sie nicht oder nur teilweise mit Lohnausgleich verbunden ist – für die Unternehmung vor allem zu einer Senkung der Personalkosten und für die Mitarbeiter zu Einkommensverlusten. Dieses Vorgehen wird daher – bei Arbeitgebern und Arbeitnehmern sowie deren Verbänden – kontrovers diskutiert.

In der Vergangenheit war eine allgemeine Arbeitszeitverkürzung ohne vollen Lohnausgleich für die (tarifgebundenen) Unternehmungen kaum zu realisieren. Aufgrund der zunehmenden Arbeitslosigkeit in der Bundesrepublik Deutschland sind jedoch zur Zeit in einigen Unternehmungen Haustarifverträge oder Betriebsvereinbarungen über Arbeitszeitverkürzungen mit nur noch teilweisem Lohnausgleich und gleichzeitigen zeitlich befristeten Arbeitsplatzgarantien geschlossen worden.

(35) Angebot individueller Arbeitszeitverkürzungen
Die Unternehmung kann zwar allen oder ausgewählten Mitarbeitern oder Mitarbeitergruppen individuelle dauerhafte oder zeitlich begrenzte Verkürzungen der täglichen, wöchentlichen, monatlichen oder jährlichen Arbeitszeit anbieten. Sie sind jedoch in der Regel nur mit Zustimmung der Mitarbeiter (oder eventuell durch eine Änderungskündigung) zu realisieren. Daneben sind weitere sachliche Aspekte (z. B. Teilbarkeit von Aufgaben und Stellen) und rechtliche Restriktionen zu beachten.

Eine individuelle Arbeitszeitverkürzung kann z. B. in Form von Job Sharing, Kapazitätsorientierter variabler Arbeitszeit (vgl. Kap. D.VI.2.b.bb) oder Umwandlung von Voll- in Teilzeitstellen erfolgen. Eine besondere Form der vorzeitigen Pensionierung, der **gleitende Übergang in den Ruhestand**, zählt eigentlich auch zu den individuellen Arbeitszeitverkürzungen. Er wird jedoch weiter unten bei der Darstellung der vorzeitigen Pensionierung behandelt.

Bei der Verkürzung individueller Arbeitszeiten bestehen – außer bei Änderungskündigungen – keine Beteiligungsrechte des Betriebsrats.

bb) Personalfreisetzung mit Reduktion des Personalbestandes

Falls eine Reduktion der Mitarbeiterzahl nicht zu vermeiden ist, kann die Unternehmung zunächst Maßnahmen wie die Nichtverlängerung befristeter Arbeitsverträge oder die Nichtverlängerung/Kündigung von Personalleasingverträgen ergreifen. Diese zielen vor allem auf den Abbau der »Randbelegschaft« zugunsten der »Stammbelegschaft«. Zudem kann der Personalbestand durch die Nutzung der natürlichen Fluktuation (in Verbindung mit einem Einstellungsstopp) reduziert werden.

Die Unternehmung kann aber auch versuchen, die Beendigung des Arbeitsverhältnisses seitens der Mitarbeiter zu fördern, und zwar zum einen durch spezielle Anreize wie das Angebot von Aufhebungsverträgen mit Abfindungen und/oder Outplacement sowie Angebote zur vorzeitigen Pensionierung. Zum anderen kann die Bereitschaft der Mitarbeiter zur Beendigung des Arbeitsverhältnisses durch das Ausüben von »sozialem Druck« auf bestimmte Mitarbeiter(gruppen) oder auch die Rücknahme bisheriger Anreize (z. B. freiwilliger sozialer Leistungen) gefördert werden. Die zuletzt genannten Maßnahmen sind wegen ihrer schwer abzuschätzenden ökonomischen und sozialen Folgen zwar umstritten, werden in der Wirtschaftspraxis aber durchaus ergriffen.

Oftmals ist jedoch die Beendigung bestehender Arbeitsverhältnisse durch Kündigung seitens des Arbeitgebers unvermeidlich, wobei auch hier die Folgen betrieblicherseits »abgefedert« werden können, bestenfalls durch Konzepte einer Integration von Personalfreisetzung und Personalentwicklung (vgl. unten D.IV.4.d.bb.7).

Nachfolgend werden die wichtigsten Freisetzungsalternativen, die zu einer Reduktion des Personalbestandes führen, dargestellt.

(1) Nutzung der natürlichen Fluktuation (mit Einstellungsstopp)

Mit der Einführung von Einstellungsstopps wird versucht, die »natürliche Fluktuation« der Mitarbeiter (z. B. Kündigung seitens der Mitarbeiter, Pensionierung, Invalidität, Tod) durch den Verzicht auf Ersatz- und/oder Neueinstellungen auszunutzen und so eine quantitative Reduktion des Personalbestandes im Zeitablauf zu erreichen. Zudem kann die Wirkung von Einstellungsstopps durch das Angebot fluktuationsfördernder Anreize positiv beeinflusst werden.

Es sind verschiedene Arten von Einstellungsstopps denkbar:

- Bei einem **generellen Einstellungsstopp** erfolgen in allen Unternehmungsbereichen weder Ersatz- noch Neueinstellungen. Neben den möglichen positiven Wirkungen auf die Personalkosten ergeben sich gravierende Nachteile, da eine Steuerung der Personalstruktur nicht mehr möglich ist.
- Bei einem **relativen Einstellungsstopp** erfolgen nur Ersatzeinstellungen, so dass die quantitative Wirkung auf den Personalbestand sehr gering ist.
- Bei einem **qualifizierten Einstellungsstopp** erfolgen die Einstellungen nur noch für ausgewählte Mitarbeitergruppen (z. B. Fach- und Führungskräfte, Auszubildende) oder Unternehmungsbereiche, sodass personelle Engpässe und negative Wirkungen auf die Personalstruktur u. U. vermieden werden können.
- Bei einem **modifizierten Einstellungsstopp** werden Ersatz- und/oder Neubedarf **intensiv** geprüft. Diese Variante ist zwar mit hohem Kontrollaufwand verbunden, kann aber inhaltlich auf die Besonderheiten einer personellen Überdeckung am besten abgestimmt werden.
- Bei einem **befristeten Einstellungsstopp** werden in einem bestimmten Zeitraum keine Einstellungen mehr vorgenommen. Diese Variante kann vor allem in den Unternehmungsbereichen sinnvoll sein, in denen zeitlich überschaubare Personalüberdeckungen bestehen.

Die Wirkungen von Einstellungsstopps hängen von der Zahl der ausscheidenden Mitarbeiter und damit vor allem von der **Personalstruktur** und der **Arbeitsmarktlage** ab. Daneben sind auch die Beteiligungsrechte des Betriebsrats zu beachten (vgl. Kap. E.IV.2.a).

(2) Nichtverlängerung befristeter Arbeitsverträge

Ein befristeter Arbeitsvertrag liegt dann vor, wenn das Arbeitsverhältnis durch Zeitablauf (Zeit-/Datumsbefristung oder Erreichen eines vereinbarten Zweckes (Zweckbefristung) endet. Während des befristeten Arbeitsverhältnisses ist eine ordentliche Kündigung nur möglich, wenn dies im Arbeitsvertrag vereinbart wurde. Eine außerordentliche Kündigung aus wichtigen Gründen kann jederzeit ausgesprochen werden. Die Reduktion des Personalbestandes kann daher u. U. durch die Nichtverlängerung dieser Arbeitsverhältnisse erfolgen. Generell sollte bereits vor Abschluss befristeter Arbeitsverträge zur Deckung eines zeitlich begrenzten Einstellungsbedarfs eine bedarfsadäquate Befristung erfolgen. Der Abschluss befristeter Arbeitsverträge kann der Unternehmung somit einen erheblichen Flexibilitätsspielraum eröffnen; von ihm macht die Praxis daher in zunehmendem Maße Gebrauch, beispielsweise durch Anstellung »freier Mitarbeiter« etwa für spezifische Projekte. Wie gut dabei die Befristungsdauer planbar ist, hängt davon ab, ob und wie präzise das Arbeitsvolumen (z. B. eines Projektes) in Inhalt und Zeitbedarf abgeschätzt werden kann.

Befristete Arbeitsverhältnisse sind in Betrieben unter bestimmten Voraussetzungen zulässig.

Der Grund für diese Einschränkungen besteht darin, dass durch den mehrfachen Abschluss von befristeten Arbeitsverträgen der gesetzliche Kündigungsschutz nach dem Kündigungsschutzgesetz umgangen werden kann.

Für das Berufsausbildungsverhältnis ist der befristete Vertragsabschluss gesetzlich vorgeschrieben (§§ 14, 18 BBiG). Die **Nichtübernahme von Auszubildenden** stellt somit einen Sonderfall der Nichtverlängerung befristeter Arbeitsverhältnisse dar.

(3) Nichtverlängerung oder Kündigung von Personalleasingverträgen

Durch Personalleasing kann ein kurzfristiger, zeitlich begrenzter Personalbedarf gedeckt werden, der durch Fehlzeiten (z. B. wegen Urlaub oder Krankheit) von Mitarbeitern der »Stammbelegschaft« oder durch eine unvorhersehbare oder saisonal bedingte Erhöhung des Arbeitsvolumens entstanden ist. Die Substitution von »normalen Beschäftigten« durch Leihmitarbeiter ist jedoch sowohl aus sachlichen Erwägungen als auch durch die Bestimmungen des Arbeitnehmerüberlassungsgesetzes (AÜG) nur begrenzt möglich (vgl. Kap. D.III.2.a.bb). So beträgt z. B. die zulässige Höchstdauer der Arbeitnehmerüberlassung neun Monate (§§ 1 II, 3 I Nr. 6 AÜG).

Die Kündigung oder Nichtverlängerung von Personalleasingverträgen ist eine für die Unternehmung relativ problemlose Möglichkeit zum Abbau einer Personalüberdeckung. Die Wirkung auf den Personalbestand wird dabei vom Ausmaß des Einsatzes von Leihmitarbeitern bestimmt. Auch die Kündigung eines Personalleasingvertrages ist in der Regel ohne Angabe von Gründen kurzfristig möglich und führt zu einer sofort wirksamen Kostensenkung. Die Maßnahme betrifft nur die nicht durch einen Arbeitsvertrag direkt an die Unternehmung gebundenen Mitarbeiter und führt in der Regel auch nicht zur Freisetzung der Leihmitarbeiter durch den Verleiher.

(4) Angebot von Aufhebungsverträgen

Der (Dienst-)Aufhebungsvertrag ist ein Vertrag, mit dem ein Arbeitgeber und ein Arbeitnehmer – im Rahmen der allgemeinen Vertragsfreiheit (§ 305 BGB) – jederzeit für die Zukunft einvernehmlich die Beendigung des Arbeitsverhältnisses vereinbaren können. Dabei spielen weder die Kündigungsschutzbestimmungen noch die Beteiligungsrechte des Betriebsrats eine Rolle. Bei der inhaltlichen Gestaltung von Aufhebungsverträgen sollten jedoch die zum Teil komplizierten steuer- und sozialversicherungsrechtlichen Regelungen und deren Folgen für Arbeitgeber und Arbeitnehmer beachtet werden.

Die Vorteile von Aufhebungsverträgen für die Unternehmung – vor allem im Gegensatz zu Kündigungen – liegen zum einen in den guten Steuerungsmöglichkeiten und zum anderen in der hohen bestandsreduzierenden Wirkung:

- So kann die Unternehmung Aufhebungsverträge – im Gegensatz zur Kündigung – **gezielt** ausgewählten Mitarbeiter(gruppen) anbieten und so die mit Kündigungen verbundenen negativen Folgen wie z. B. Verlust oder Fluktuation besonders qualifizierter Mitarbeiter und die daraus resultierenden Wirkungen auf die Alters- und Qualifikationsstruktur weitgehend vermeiden.
- Aufhebungsverträge sind u. U. mit geringeren Kosten verbunden als Individualkündigungen oder Massenentlassungen, da die Personalkosten mit sofortiger Wirkung ohne Beachtung von (Kündigungs-)Fristen reduziert werden können. Auch die Kosten für Abfindungen sind in der Regel geringer als Sozialplanzahlungen.

Die Wirkung von Aufhebungsverträgen hängt letztlich davon ab, ob die Mitarbeiter den angebotenen Aufhebungsverträgen zustimmen. Für diese können Aufhebungsverträge zum einen mit ähnlichen Folgen wie Kündigungen (Verlust der materiellen Existenzgrundlage, längere Arbeitslosigkeit) verbunden sein. Zum anderen kann eine einvernehmliche Trennung (u. U. in Verbindung mit Outplacement-Maßnahmen) sowohl materiell als auch für die weitere berufliche Entwicklung Vorteile bieten.

(5) Vorzeitige Pensionierung

Unter **Pensionierung** wird die formalisierte, endgültige altersbedingte Beendigung der Berufsausübung (von Arbeitnehmern) verstanden. Die Unternehmung kann somit durch die Beeinflussung der (individuellen) Pensionierungszeitpunkte die Reduktion (oder Erhaltung) des Personalbestandes fördern. Im Gegensatz zu Kündigungen (und anderen Alternativen zur Reduktion des Personalbestandes) führen vorzeitige Pensionierungen auch nicht zu einer »Überalterung« der Belegschaft, sondern u. U. (wieder) zu einer ausgewogenen Altersstruktur.

Die vorzeitige Pensionierung kann in **zwei** Formen erfolgen, die nachfolgend kurz skizziert werden:

Die **einstufige Pensionierung** erfolgt zu einem bestimmten Zeitpunkt (abrupt von einem Tag zum anderen). Seit einiger Zeit ist eine Flexibilisierung dieser Pensionierungsform zu beobachten und zwar chronometrisch durch Veränderung der Lebensarbeitszeit. Der Einsatz der einstufigen Frühpensionierung zum Abbau von Personalüberdeckungen war bislang in der Wirtschaftspraxis üblich. Sie galt als eine »weiche« Freisetzungsalternative, die eine problemlose Trennung von (u. U. leistungsgewandelten oder -geminderten) älteren Mitarbeitern ermöglichte. Durch das Vorruhestandsgesetz (VRG) wollte der Gesetzgeber durch eine Förderung der vorzeitigen Pensionierung der Arbeitnehmer beschäftigungspolitische Anreize schaffen und die so genannte »59er-Regelung« verteuern. Ziel war es, eine Verbesserung der Altersstruktur der Unternehmungen auf Kosten der Solidargemeinschaft der Sozialversicherungspflichtigen zu verhindern. Das VRG kann ab 1. Januar 1989 nur noch angewendet werden, wenn die Voraussetzungen für den Anspruch erstmals vor diesem Stichtag erfüllt waren.

Aufgrund der angespannten finanziellen Situation der gesetzlichen Rentenversicherung und der Debatte um die hohen Lohnnebenkosten am Standort Deutschland wird die vorzeitige Pensionierung als Freisetzungsalternative von vielen politischen Entscheidungsträgern mittlerweile anders bewertet als noch vor einigen Jahren. Zurzeit gelten folgende Bestimmungen des Sozialgesetzbuches (SGB):

Männer können mit vollendetem 65. (§ 35 SGB VI) oder 63. (§ 36 SGB VI), Frauen (§ 39 SGB VI) und Schwerbehinderte (§ 37 SGB VI) Altersrente beziehen. Diese Altersgrenze von 60 Jahren wird bei Altersrenten wegen Arbeitslosigkeit und für Frauen für Versicherte, die nach dem 31. Dezember 1940 geboren sind (§ 41 I SGB VI) und die Altersgrenze von 63 Jahren für Versicherte, die nach dem 31. Dezember 1937 geboren sind (§ 41 I SGB VI), stufenweise angehoben. Eine vorzeitige Inanspruchnahme ist grundsätzlich möglich.

Die **gleitende (mehrstufige und stufenweise) Pensionierung** (synonym gleitender Übergang in den Ruhestand) wird an dieser Stelle nur aus didaktischen Erwägungen behandelt. Sachlich ist diese Maßnahme der zeitlich orientierten Anpassung (s. o.) zuzuordnen. Die gleitende Pensionierung erfolgt nicht abrupt, sondern in einem u. U. mehrere Jahre umfassenden Zeitraum (»Gleitphase«), in dem die Arbeitszeit chronologisch durch Variation von Tages- und/oder Wochenarbeitszeiten sukzessive reduziert wird und zum

Teil auch andere Komponenten der Arbeit (z. B. Belastungen oder Arbeitsbedingungen) reduziert oder geändert werden. Bis zum 31. Dezember 1992 hat der Gesetzgeber diese Form der Pensionierung durch das so genannte »Altersteilzeitgesetz« gefördert. In der Zeit danach gab es keine besonderen Bestimmungen mehr. Seit dem 23. Juli 1996 gibt es ein neues Altersteilzeitgesetz. (AltersteilzeitG). Erklärtes Ziel des Gesetzes ist es, älteren Arbeitnehmern den gleitenden Übergang in den Ruhestand zu ermöglichen (§1 I AltersteilzeitG). Die Bundesanstalt für Arbeit fördert durch Leistungen nach diesem Gesetz die Teilzeitarbeit älterer Arbeitnehmer, die ihre Arbeitszeit ab Vollendung des 55. Lebensjahres spätestens ab 31. Juli 2001 vermindern und damit die Einstellung eines sonst arbeitslosen Arbeitnehmers ermöglichen (§ 1 I AltersteilzeitG). Aufgrund dieser arbeitsmarktpolitischen Zielsetzung ist die Altersteilzeit i. S. des Gesetzes für die einzelne Unternehmung nicht als Instrument zur Reduktion des Personalbestandes einsetzbar.

(6) Kündigungen

Falls die bisher dargestellten Alternativen der Personalfreisetzung nicht zu einer hinreichenden Reduktion des Personalbestandes führen, ist die Beendigung bestehender Arbeitsverhältnisse durch Kündigung unvermeidlich. Eine Kündigung ist eine einseitige, empfangsbedürftige und rechtsgestaltende Willenserklärung einer der beiden Parteien des Arbeitsvertrages (hier: Arbeitgeber), durch die das Arbeitsverhältnis für die Zukunft aufgelöst werden soll. Bei Kündigungen sind zahlreiche arbeitsrechtliche Regelungen zu beachten.

Hauptformen der Kündigung sind die ordentliche und die außerordentliche. Die ordentliche Kündigung erfolgt unter Beachtung der gesetzlichen[164], kollektiv- oder individualvertraglich vereinbarten Kündigungsfristen. Die außerordentliche Kündigung erfolgt in der Regel fristlos.[165]

Für die Unternehmung sind neben den Beteiligungsrechten des Betriebsrates (vgl. Kap. E.IV) vor allem die in zahlreichen Gesetzen enthaltenen Kündigungsbeschränkungen von Bedeutung, da diese den Gestaltungsspielraum der Unternehmung erheblich begrenzen (können).

Die Kündigungsbeschränkungen umfassen

- den **allgemeinen Kündigungsschutz** für alle unter den Geltungsbereich des Kündigungsschutzgesetzes fallenden Arbeitnehmer und
- den darüber hinausgehenden **besonderen Kündigungsschutz** für bestimmte Mitarbeitergruppen, die als besonders schutzbedürftig gelten, und zwar z. B. für:
  - Schwerbehinderte (Schwerbehindertengesetz),
  - Auszubildende (Berufsbildungsgesetz),
  - Schwangere Frauen, Mütter und Erziehungsurlauber(innen) (Mutterschutz- und Bundeserziehungsgeldgesetz),

164 Vgl. zu den gesetzlichen Kündigungsfristen § 622 BGB. Neben den Fristen sind die Regelungen über Inhalt, Form, Zugang, Rücknahme, Mängel und Umdeutung von Kündigungen sowie über die Angabe der Kündigungsgründe zu beachten.

165 Vgl. Schaub (2000) 1284. Die außerordentliche Kündigung kann nur aus wichtigem Grund (§ 626 BGB) erfolgen. Dies bedeutet, dass dem Arbeitgeber die Fortsetzung des Arbeitsverhältnisses bis zum Ablauf der Kündigungsfrist nicht zugemutet werden kann. Wegen dieser rechtlichen Voraussetzung ist die außerordentliche Kündigung in der Regel keine »echte« Alternative der Personalfreisetzung und wird nachfolgend nicht erläutert.

- Mitglieder der Betriebsverfassungsorgane (Kündigungsschutzgesetz) und
- Wehr- und Zivildienstleistende (Arbeitsplatzschutzgesetz).

Zudem können weitere individual- und kollektivvertragliche (z. B. Rationalisierungsschutzabkommen) Restriktionen bestehen.

Nachfolgend werden die Grundzüge des allgemeinen Kündigungsschutzes nach dem Kündigungsschutzgesetz (KSchG) kurz skizziert.

Der allgemeine Kündigungsschutz nach dem KSchG bezieht sich auf ordentliche Kündigungen. Er gilt nur für

- Arbeitnehmer[166], deren Arbeitsverhältnis in demselben Betrieb oder derselben Unternehmung im Zeitpunkt des Ausspruchs der Kündigung ununterbrochen mehr als sechs Monate besteht (§ 1 I KSchG) und
- Betriebe, in denen in der Regel mehr als zehn Arbeitnehmer beschäftigt sind. Bei der Ermittlung der Anzahl der regelmäßig beschäftigten Arbeitnehmer werden die Auszubildenden nicht berücksichtigt (§ 23 I S. 2 KSchG). Teilzeitbeschäftigte mit einer regelmäßigen wöchentlichen Arbeitszeit von nicht mehr als 10 Stunden sind mit 0,25, von nicht mehr als 20 Stunden mit 0,5 und von nicht mehr als 30 Stunden mit 0,75 zu berücksichtigen (§ 23 I S. 3 KSchG).

Ist das KSchG anwendbar, kann der Arbeitgeber dem Arbeitnehmer nur dann wirksam ordentlich kündigen, wenn die Kündigung sozial gerechtfertigt ist. Eine Kündigung des Arbeitgebers kann nach § 1 II KSchG sozial gerechtfertigt sein, wenn sie durch Gründe[167] bedingt ist, die

(a) in der Person des Arbeitnehmers oder
(b) im Verhalten des Arbeitnehmers liegen oder
(c) dringende betriebliche Erfordernisse einer Weiterbeschäftigung des Arbeitnehmers in diesem Betrieb entgegenstehen.

Zu (a): **Personenbedingte Kündigung**

Personenbedingte Kündigungsgründe beruhen auf persönlichen Eigenschaften und Fähigkeiten des Arbeitnehmers. Dazu zählen z. B. mangelnde körperliche oder geistige Eignung sowie Erkrankungen, die die Einsatzfähigkeit des Arbeitnehmers erheblich beeinträchtigen, wobei die Abgrenzung zu verhaltensbedingten Kündigungsgründen u. U. problematisch sein kann. In jedem Einzelfall sind die Interessen des Arbeitnehmers und des Betriebes sorgfältig gegeneinander abzuwägen. Dabei sind auch die Möglichkeiten einer anderen Beschäftigung im Betrieb zu berücksichtigen.

Zu (b): **Verhaltensbedingte Kündigung**

Verhaltensbedingte Kündigungsgründe beruhen vor allem auf Vertragsverletzungen des Arbeitnehmers, wobei nur solche Gründe eine Kündigung rechtfertigen, die es dem Arbeitgeber unzumutbar machen, das Arbeitsverhältnis fortzusetzen. Bei verhaltensbedingten Kündigungen ist zu beachten, dass der Kündigung in der Regel eine Abmahnung vorausgehen muss.

---

166 Vgl. zum (arbeitsrechtlichen) Begriff des Arbeitnehmers Kap. E.IV.1.c.
167 Vgl. zur sozialen Rechtfertigung von ordentlichen Kündigungen Schaub (2000) 1373 ff.

Zu (c): **Betriebsbedingte Kündigung**
Eine betriebsbedingte Kündigung ist sozial gerechtfertigt, wenn eine unternehmerische Entscheidung vorliegt, durch die aufgrund innerbetrieblicher (z. B. Rationalisierung) oder außerbetrieblicher Ursachen (z. B. Auftragsmangel, Umsatzrückgang) das Aufgabenvolumen reduziert wird und Kündigungen unvermeidbar (also nicht durch andere Maßnahmen substituierbar) sind. Hat der Arbeitgeber die Absicht, mehreren Arbeitnehmern aus betriebsbedingten Gründen zu kündigen, muss er bei der Auswahl der zu kündigenden Arbeitnehmer soziale Gründe berücksichtigen (§ 1 III KSchG). In diese so genannte soziale Auswahl sind alle vergleichbaren Arbeitnehmer einzubeziehen, wobei die Kündigung dann denjenigen trifft, der davon am wenigsten hart betroffen wird. Einzubeziehende soziale Gesichtspunkte sind nach § 1 III S. 1 KSchG die Dauer der Betriebszugehörigkeit, das Lebensalter und die Unterhaltspflichten. Diese Regelung gilt nicht für Arbeitnehmer, deren Weiterbeschäftigung, insbesondere wegen ihrer Kenntnisse, Fähigkeiten und Leistungen oder zur Sicherung einer ausgewogenen Personalstruktur[167] des Betriebes, im berechtigten betrieblichen Interesse liegt (§ 1 III S. 2 KSchG). Diese durch Gesetz vom 25. September 1996 geschaffene Neuregelung der betriebsbedingten Kündigung bedeutet für die Unternehmungen – im Vergleich zur alten Regelung – eine erhebliche Erleichterung, da nun bei der sozialen Auswahl auch betriebliche Interessen berücksichtigt werden müssen.

Den möglichen positiven (ökonomischen) Wirkungen von Kündigungen für die Unternehmung stehen auch negative Aspekte gegenüber. So können u. U. die Kosten senkenden Wirkungen durch Sozialplanzahlungen nach §§ 112 und 112a BetrVG (über)kompensiert werden. Kündigungen können jedoch auch zu Imageverlust, Verschlechterung des Betriebsklimas oder einer erhöhten Fluktuation nicht betroffener, aber besonders mobiler und qualifizierter Mitarbeiter führen.

Für die betroffenen Mitarbeiter können Kündigungen z. B. zu langfristiger Arbeitslosigkeit und damit sinkenden Wiederbeschäftigungsmöglichkeiten, zu einer Gefährdung der materiellen Existenzgrundlage, zu einer Reduktion des sozialen Kontaktfeldes oder zu einer Destabilisierung der Familienbeziehungen führen.[168]

Diese negativen Aspekte des Personalabbaues wenn auch nicht gänzlich zu verhindern, so doch aber nach Möglichkeit zu vermindern, liegt u. a. der Idee zugrunde, betrieblicherseits spezifische Konzepte der Personalentwicklung einzusetzen, mit deren Hilfe z. B. eine berufliche Neuorientierung (potenziell) freizusetzender Mitarbeiter gefördert werden kann. Dieser positive Umgang mit Personalabbau (bzw. aus der Sicht der Betroffenen: mit Arbeitslosigkeit) wird im Folgenden skizziert.

(7) Integration von Personalabbau und Personalentwicklung

Die Praxis des Personalabbaues in der Vergangenheit war geprägt durch Entlassungen mit finanzieller Entschädigung (Abfindungen, »passive« Sozialpläne). Die deutsche Gesetzgebung will hier einen Wandel bewirken durch Änderungen des Arbeitsförderungsrechts (z. B. im Sozialgesetzbuch III, nicht zuletzt auch aus dem Zwang zur Entlastung der sozialen Sicherungssysteme heraus). Wichtige Regelungen sehen Unterstützungen »aktiver« Sozialpläne vor, in denen Geld- in Dienstleistungen umgewandelt werden. Ziel ist Vermeidung von Arbeitslosigkeit statt Entschädigung für Arbeitsplatzverlust.

---

168 Zur Ermittlung einer »ausgewogenen Personalstruktur« vgl. Berthel/Berscheid (1996) 5 ff.

169 Vgl. Watzka (1989) 64 ff., nachfolgend zahlreiche Gerichtsurteile. Zur eventuellen Modifikation des KSchG ist derzeit eine politische Diskussion im Gange.

Solche Dienstleistungen, angeboten von Personal abbauenden Betrieben, bestehen aus Maßnahmen und Instrumenten, die konzeptionell eine spezifische Form von Personalentwicklung darstellen. »Spezifische Form« deswegen, weil damit die traditionelle interne Sichtweise von Personalentwicklung verlassen wird, die ausschließlich auf Verbesserungen der innerbetrieblichen Aufgabenerfüllung gerichtet war (die Darlegungen im Kap. D.V folgen dieser Ausrichtung überwiegend). Nachfolgend skizzierte Instrumente sind anders, nämlich extern ausgerichtet. D. h. sie beinhalten die Erlangung/Verbesserung von Qualifikationen, die auch und im Wesentlichen auf die Bewältigung überbetrieblicher Anforderungen gerichtet sind, auf neue Arbeitsinhalte zumeist, die in anderen Positionen und in anderen Betrieben erbracht werden können.[170] Instrumente, die dies leisten, können entsprechend den Teilsystemen der Personalentwicklung: von der Bildung über die Arbeitsstrukturierung bis hin zur Karriereplanung eingesetzt werden.

- **Bildung**
  - Maßnahmen der Fortbildung können auch dafür eingesetzt werden, berufliche Kenntnisse und Fertigkeiten von Mitarbeitern zu erhalten, zu verbessern, neuen Entwicklungen anzupassen mit dem Ziel, sie für die Weiterbeschäftigung in anderen Betrieben verbessert zu befähigen.
  - Mit einer Umschulung kann ein Berufswechsel vorbereitet werden: Der Erwerb neuer Qualifikationen ist dem Nachholen einer Ausbildung gleichzusetzen.
  - Auch Beratungsleistungen können für Veränderungen in der Beschäftigungssituation von freizusetzenden Mitarbeitern eine wichtige Rolle spielen: Sie helfen beim Aufbau einer Berufsperspektive, klären über die Arbeitsmarktsituation, über Möglichkeiten zur Existenzgründung auf, befähigen zu erfolgreicher Stellensuche und Bewerbung, informieren über Fortbildungs- und Umschulungsangebote.
- **Arbeitsstrukturierung**
  Typische Formen der Arbeitsstrukturierung wie Job Enlargement, Job Rotation, Gruppenarbeit (Näheres vgl. in Kap. D.V.) können speziell dafür eingesetzt werden, im Learning-on-the-job solche Qualifikationen zu vermitteln, die auch für außerbetriebliche Weiterbeschäftigungen von besonderem Rang sind. Die Einbindung in Projektarbeit könnte hierfür eine interessante Variante sein.
- **Karriereplanung**
  Geplante innerbetriebliche Karrieren verbessern (quasi-automatisch) auch die externen Beschäftigungschancen der versetzten Mitarbeiter – ein betrieblicherseits eher hingenommener als gewollter Aspekt. Anders bei gezielt eingesetzten Maßnahmen zur Hilfe für überbetriebliche Karrieren, wie etwa ein planmäßiges Job Hunting. Es geht von der Tatsache aus, dass es in anderen Unternehmungen vakante Stellen gibt, die nicht extern ausgeschrieben werden (sog. grauer Arbeitsmarkt). Sie gilt es ausfindig und freizusetzenden Mitarbeitern bekannt zu machen, latentes Arbeitsangebot und existierende Arbeitsnachfrage in geeigneter Weise zusammenzuführen.

170 Vgl. ausführlicher Berthel/Kneerich (1998) 78 ff., zur Konzeption grundsätzlich 34 ff. und Stricker (1999).

V. Personalentwicklung

1. Begriff, Objekte und Ziele

a) Begriff

Der Begriff der Personalentwicklung wird nicht einheitlich gebraucht. Hier soll den bereits existierenden Definitionen keine gänzlich neue hinzugefügt, sondern vielmehr eine Begriffsfassung gewählt werden, die die meisten der übereinstimmend benutzten Merkmale enthält und sich im Rahmen der Gesamtkonzeption dieser Schrift als zweckmäßig erweist.

Unter Personalentwicklung ist eine Summe von Tätigkeiten zu verstehen, die für das Personal nach einem einheitlichen Konzept systematisch vollzogen werden. Sie haben in Bezug auf einzelne Mitarbeiter aller Hierarchieebenen eines Betriebes Veränderungen ihrer Qualifikationen und/oder Leistungen durch Bildung, Karriereplanung und Arbeitsstrukturierung zum Gegenstand. Sie geschehen unter Berücksichtigung des Arbeitskontextes, wobei ihre Orientierungsrichtung die Erreichung (Erhöhung des Erreichungsgrades) von betrieblichen und persönlichen Zielen ist. Bereits diese Orientierung legt eine spezifische Art und Weise der Erfüllung der Personalentwicklungsaufgaben nahe: die Zusammenarbeit der Betroffenen bei der Bedarfsermittlung, Programmplanung und -durchführung sowie Kontrolle.

Die Personalentwicklung wirkt auf das **Qualifikationspotenzial** ein. Unter diesem wird das potenziell realisierbare Arbeitsvermögen eines jeden Mitarbeiters verstanden. Das Arbeitsvermögen seinerseits wird determiniert durch die individuell verschiedenen Lebens- und Arbeitsbiografien. Zur Entfaltung der Wirksamkeit des potenziell realisierbaren Arbeitsvermögens eines jeden Mitarbeiters bedarf es daher einer **individuellen** Aktivierung des Potenzials.[171] Gleichzeitig wird hiermit ausgedrückt, dass Qualifikationspotenzial immer auch individuelles Entwicklungspotenzial ist und, da individuelle Qualifikationen Determinanten des menschlichen Leistungsverhaltens sind, Personalentwicklung immer auch auf **Verhaltensentwicklung** abzielt.[172]

Mit einigen näheren Erläuterungen zu den Begriffsmerkmalen wird auch zugleich der Inhalt der Personalentwicklung beschrieben:

- Durch Ausrichtung auf die **Mitarbeiter** wird Personalentwicklung von der Organisationsentwicklung abgegrenzt: Letztere bezieht zusätzlich zur personellen auch die strukturelle Seite des Arbeitsvollzuges und deren Veränderungen mit ein. Dennoch sind enge, korrespondierende Rückwirkungen gegeben.
- Durch den Bezug auf Mitarbeiter **aller** Hierarchieebenen wird keine Mitarbeitergruppe von der Personalentwicklung ausgeschlossen, wie dies etwa der Fall wäre, wenn ausschließlich auf Führungskräfte abgehoben würde (»Management« Development).
- Mit **Qualifikationsverbesserungen** ist der Versuch angesprochen, Stellenanforderungen mit persönlicher Qualifikation in Übereinstimmung zu bringen. Dabei werden alle Qualifikationsmerkmale des Leistungsdeterminanten-Konzeptes einbezogen: sowohl

171 Ähnlich definiert Neuberger, der Personalentwicklung als die Umformung des unter Verwertungsabsicht zusammengefassten Arbeitsvermögens versteht. Vgl. Neuberger (1991) 3.

172 Vgl. Hungenberg (1990) 29.

Komponenten des Könnens als auch des Wollens,[173] jeweils in Bezug auf gegenwärtige wie auch zukünftige Stellenanforderungen.

- Unter **Lernort** ist in einem weiteren Sinne jeder Ort zu verstehen, an dem sich Lernprozesse in einem Lernfeld vollziehen. Dies kann ein Schulungsort, aber auch ein Arbeitsplatz sein, an dem gezielt Qualifikationen vermittelt oder verbessert werden sollen. Lediglich in einer engeren Fassung versteht man unter einem Lernort eine Stätte geplanten und organisierten Lernens. **Veränderungen von Mitarbeiterleistungen** können – außer durch Aus- und Fortbildung – bewirkt werden durch **Variation der Aufgabeninhalte** einer Stelle (Aufgabenerweiterung/-bereicherung) und durch **Versetzung** auf andere als die bisher innegehabten Stellen. Letzteres ist erkennbar eine eigenständige Form der Personalentwicklung, die aber auch mit den beiden zuvor genannten kombinierbar ist.[174]
- Die Organisationseinheiten und interne wie externe Arbeitsbedingungen, in denen bzw. durch die gelernt werden kann und zum Lernern angeregt wird bzw. Qualifikationen sich verändern können, sind als **Lernfelder** eines Betriebes zu verstehen. Der Lernort stellt dabei lediglich einen von mehreren Stimuli dar. Die Beeinflussung durch Sozialisationsprozesse geht dabei nicht allein vom Betrieb aus, sondern auch von den Personen, die in ihm beschäftigt sind und Autorität haben, sowie von den Signalen, die von formalen wie informalen Arbeitsbedingungen eines Arbeitsbereiches ausgehen. Durch die Berücksichtigung des **Arbeitskontextes** werden die interdependenten Wirkungen von Personalentwicklung und Kontextfaktoren beachtet, ausgehend von der Grunderkenntnis, dass Personalentwicklungssysteme bestimmter Ausprägung ihre Wirkungen nicht unabhängig von Personal-, Organisations-, Umgebungssituationen entfalten (Kontingenz-Ansatz). Es gilt daher, den spezifischen Handlungsrahmen konkreter Personalentwicklungssysteme zu identifizieren (vgl. Kap. F).
- So sind z. B. **Organisationsstruktur** und **Produktionstechnologie** (im weitesten Sinne) mit Sicherheit Kontextfaktoren, die sowohl erheblich sein dürften als auch erhebbar sind. Sie bestimmen Spielräume für Maßnahmen der Personalentwicklung, können ihrerseits aber auch umgekehrt durch Personalentwicklungs-Maßnahmen verändert werden. **Entwicklungsbedürfnisse** der Mitarbeiter sind sicherlich erhebliche Kontextfaktoren. Sie hängen von individuellen Motiven, Einstellungen und Erwartungen ab, die wiederum nicht ohne weiteres erhebbar sind und zudem von nur schwer (wenn überhaupt) beeinflussbaren, externen Bedingungen (gesellschaftliche, sozio-kulturelle Einflüsse) abhängen.
- **Ein »entwicklungsfreundliches« Klima** wird als wichtiger betrieblicher Kontextfaktor bezeichnet.[175] Damit ist gemeint, dass Personalentwicklung als Vorgesetztenaufgabe akzeptiert, durch das Top-Management unterstützt, durch interpersonale Beziehungen gefördert und durch ein adäquates Führungsmodell konstituiert und vorangebracht werden sollte.[176]
- Der Zusatz, dass Personalentwicklung **eine doppelte zielbezogene Orientierungsrichtung** hat, stellt ihren Beitrag zum Personal-Management heraus, wie es hier mit der

---

173 Conradi unterscheidet hier zwischen direkter und indirekter Personalentwicklung. Vgl. Conradi (1983) 7.

174 Weiter geht Ulich, für den Personalentwicklung »vor allem« in der Arbeitstätigkeit und durch Gestaltung von Arbeitstätigkeiten stattfindet. Vgl. Ulich (1999) 123.

175 Vgl. Sonntag (1999a) 19.

176 Vgl. Wunderer (1990) 189.

Grundmaxime als Instrument zur institutionellen und individuellen Zielerreichung verstanden wird.

- Tätigkeiten der Personalentwicklung können sporadisch und/oder punktuell, d. h. ohne Konzeption (ohne System) geschehen. Ihr Zielverbesserungsbeitrag wäre dann – wenn er eintritt – zufällig. Sollen Erfolge betrieblicher Führung nicht von Zufällen abhängen, sondern aufgrund geplanter Aktionen zustande kommen, so wird es unabdingbar, auch die Personalentwicklung in Inhalt und Abläufen Regelungen zu unterwerfen, die in ihrer Gesamtheit die Personalentwicklung zu einem System zusammenschließen: Ordnung und Kombination der verschiedenen Maßnahmen **nach Maßgabe eines geschlossenen ziel- und problemorientierten Konzeptes**.

Der Inhalt der Personalentwicklung wird also nicht beschränkt auf explizite Qualifizierungsmaßnahmen, wie sie z. B. Gegenstand betrieblicher Fortbildungsmaßnahmen sind. Dies würde den Blickwinkel zu stark einengen und bestehenden inhaltlichen Interdependenzen und funktionalen Beziehungen nicht gerecht werden.[177] In der oben vorgestellten Definition von Personalentwicklung sind vielmehr auch solche Maßnahmen eingeschlossen, die implizit Qualifikationsveränderungen bewirken (Karriereplanung, Arbeitsstrukturierung) und solche, die auf Leistungsänderungen zielen (unter Inanspruchnahme bisher nicht genutzter Qualifikationen) sowie solche, die Selbst-Qualifizierungsprozesse beeinflussen.

Die Abbildung 102 demonstriert anschaulich, dass die Person(al)entwicklung in andere Entwicklungsbereiche automatisch eingebunden ist. Sie visualisiert individuelle, interpersonelle und apersonale (organisatorische) Ansatzpunkte der Personalentwicklung.[178] Für Neuberger stellt in diesem Zusammenhang prinzipiell jede Maßnahme im Betrieb gewollt oder ungewollt auch Personalentwicklung dar, da jegliche Veränderung der Arbeitsbedingungen individuelle, interpersonelle und/oder organisatorische Anpassungsreaktionen in allen Systemkomponenten der Arbeitsorganisation nach sich zieht.

In einer idealisierten Vorstellung löst sich die systematisch initiierte Personalentwicklung in einer **lernenden Organisation** auf. Diese ist als (normatives) Idealmodell einer Unternehmung zu verstehen, in der organisationales Lernen insoweit institutionalisiert ist, als dass zu jeder Zeit – quasi automatisch – alle zukünftig und aktuell notwendigen, individuellen wie gruppenbezogenen Qualifikationen entwickelt werden resp. vorhanden sind. Die Entwicklungsfähigkeit einer solchen Unternehmung ist besonders hoch ausgeprägt.[179] In der Literatur im Allgemeinen und in der Lerntheorie im Besonderen ist die Begriffe »Lernende Organisation« und »Organisationales Lernen« eher unscharf verwendete Begriffe und zwar vor dem Hintergrund, ob Lernen einer Organisation überhaupt möglich ist. Im allgemeinen Verständnis handelt es sich auch beim **Organisationalen Lernen** um eine Metapher, die für den Übergang von individuellem Wissen (Werte, Annahmen u. a.) auf andere Organisationsmitglieder insofern gelingt, als dass dann gemeinsames Wissen mit betrieblichen Folgen vorliegt. Durch die Wechselwirkung von lernenden Personen und lernender Organisation entsteht ein Wissensspeicher des Betriebes. Er enthält Facetten, die nicht allen Organisationsmitgliedern bekannt sind. Ziel des organisationalen Lernens ist

177 Sonntag konstatiert eine solche enge Ausrichtung als typisch für die angelsächsische Forschungstradition. Vgl. Sonntag (1999a) 17.

178 Vgl. Neuberger (1994) 12 f.

179 Vgl. Senge (1990); Sattelberger (1996).

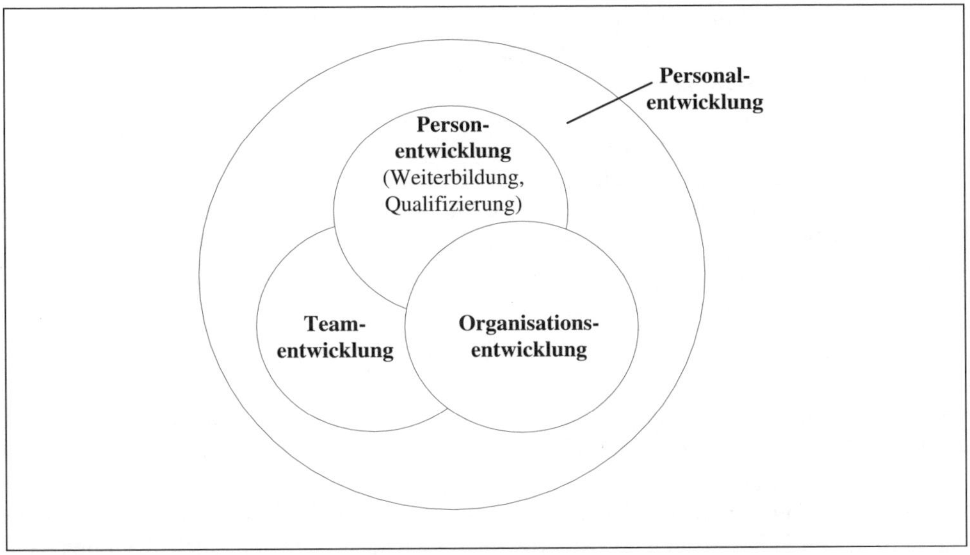

Quelle: Neuberger (1994) 13.

Abb. 102: Einordnung der Personalentwicklung

aber weniger dieses Ergebnis als vielmehr der Lernprozess, der zur Organisationsentwicklung (i. S. verbesserter Handlungskompetenz) beitragen soll.[180]

Im Rahmen des organisationalen Lernens besteht die betriebliche Absicht, organisationale Lernprozesse zu institutionalisieren. Die gesamte Wissensbasis soll verbreitet werden. Als solches ist es eingebettet in ein **Wissensmanagement**. Unter diesem Stichwort werden verschiedene Formen und Aufgaben – jenseits der traditionellen Organisations- und Personalentwicklung – diskutiert: Management (1) der Wissens- und Informationsquellen, (2) der Wissensträger- und Informationsressourcen, (3) des Wissensangebots, (4) des Wissensbedarfs und (5) der Infrastrukturen der Wissens- und Informationsverarbeitung.[181]

Die Prozesse des organisationalen Lernens unterscheiden sich von individuellen Lernprozessen und auch von Betrieb zu Betrieb. Lernen wird dabei i. d. R. als Austausch- resp. Lernprozess verstanden. Für Argyris/Schön entsteht bspw. organisationales Lernen durch die Entstehung und Verbreitung sog. Handlungstheorien. Verschiedene **Lernformen** werden thematisiert:

- Single-loop-learning: Lernen findet hier wie folgt statt: Mitarbeiter eines Betriebes reagieren auf internen und externen Wandel insoweit, als dass sie ihre Handlungsstrategien ändern, wenn diese nicht mehr zu den erwarteten Ergebnissen führen. Dieser Lernprozess funktioniert dabei wie bei einer thermostatgesteuerten Maschine (i. S. v. Anpassungslernen).

180 Vgl. Conrad (1998); Ridder (1999).
181 Vgl. Pawlowsky/Reinhardt (1996); Rehäuser/Krcmar (1996); Ridder (1999).

- Double-loop-learning stellt dagegen eine Lernform dar, bei der das »mismatch« zwischen realen und erwarteten Konsequenzen zu einer Entwicklung der Zielvorstellungen führt. Gerade in sich verändernden Welten ist die Fähigkeit zur Infragestellung des Gewohnten und ein Lernen zu einem adäquateren Ziel stärker gefragt. Gleichzeitig kann so die Voraussetzung für ein effizientes Single-loop-learning geschaffen werden.
- Mit Deutero-learning ist schließlich die Fähigkeit von Betrieben angesprochen, ihre Lernfähigkeit selbst zu verbessern. Die Reflexion der Lernprozesse in einem weiteren Sinne hinsichtlich fördernder und hindernder Determinanten sowie ineffizienter Phasen kann zu diesem organisationalen Lernen führen.

b) Objekte

Mit Personalentwicklung kann ein inhaltlich weites Spektrum von Qualifikationen abgedeckt werden zur Erfüllung von Anforderungen sowohl jetziger wie auch zukünftiger Arbeitsplätze bis hin zur Entwicklung von Qualifikationen, die helfen, zukünftige Anforderungen zu definieren bzw. zu finden und damit die zukünftige Entwicklung der Unternehmung bzw. von Teilbereichen der Unternehmung zu steuern.[182] Von Qualifikationen bzw. ihrem Einsatz für Arbeitsleistungen ist bereits an mehreren Stellen dieses Buches zuvor die Rede gewesen: So im Zusammenhang mit dem Leistungsdeterminanten-Konzept (vgl. Kap. B.II), so im Kapitel über die informatorische Fundierung der Personalplanung (vgl. Kap. D.II.2).

Jetzt erlangen Qualifikationen erneut Bedeutung, und zwar aus dem Blickwinkel ihres Einsatzes, ihrer Vermittlung bzw. ihrer Verbesserung – also als Personalentwicklungsinhalte. Aus dieser Sicht gibt es eine Mehrzahl von Versuchen, sie in Kategorien einzuteilen und näher zu kennzeichnen.

So unterscheidet in Gleichsetzung der Termini »Qualifikation« und »Kompetenz« eine erste (pädagogisch-didaktisch geprägte) Klassifikation in eher anwendungsorientierter Sichtweise Fachkompetenzen, Methodenkompetenzen und Sozialkompetenzen.

- Mit **Fachkompetenzen** sind Breiten- und Tiefenwissen und ihr Anwendungs-Know-how gemeint, die für die fachliche Bewältigung der Berufsaufgaben benötigt werden.
- **Methodenkompetenzen** umfassen die Fähigkeiten, zu analysieren, Konzepte zu entwickeln, zu entscheiden und zu steuern, was gleichbedeutend ist mit einer gedanklichen Antizipation derjenigen Arbeitsschritte, die für eine Tätigkeit erforderlich sind.
- **Sozialkompetenzen** befähigen zur Tätigkeit in Gruppen unterschiedlicher sozialer Strukturen (hinsichtlich Alter, sozialer Herkunft, Hierarchieebene): Sie ermöglichen es, erfolgreich zur Problemerkennung und Lösung sowie zur Handhabung von sach- und personenbezogenen Konflikten beizutragen.

Eine andere Systematisierung zur Beschreibung von Qualifikationen unterscheidet zwischen sensomotorischen, kognitiven und affektiv-motivationalen Qualifikationselementen.

- **Sensomotorische** Qualifikationselemente umfassen solche Fertigkeiten und Fähigkeiten, die einer Koordination zwischen Sinnesorganen und Motorik bedürfen.

182 Vgl. auch die Ausführungen zu Lehrzielen in Kap. D.V.3.b.aa.2.

- **Kognitive** Qualifikationselemente legen bewusste Wahrnehmungsprozesse, Kenntnisse und Wissensstrukturen zugrunde. Sie schließen neben speziellen Kenntnissen auch generelle Fähigkeiten wie z. B. Verstehen von Zusammenhängen und Regeln, analytisches und systematisches Denken und Bewerten von Zusammenhängen ein.
- **Affektiv-motivationale** Qualifikationselemente umfassen Motive, Einstellungen und normative Orientierungen.

Wie aus den Ausführungen erkennbar ist, überschneiden sich beide Einteilungen: So enthalten z. B. die Fachkompetenzen sowohl sensomotorische als auch kognitive Qualifikationselemente.

Zunehmende Bedeutung gewinnt eine weitere Gruppe von Klassifikationen, welche auf den Arbeitsplatzbezug abheben. Unterschieden wird zwischen:[183]

- auf die (technischen) Erfordernisse eines bestimmten Arbeitsplatzes ausgerichteten **funktionalen** (auch: prozessgebundenen, technisch-fachlichen, Spezialisten-) Qualifikationen und
- auf andere Arbeitsplätze/-bereiche transferierbare **extrafunktionale** (auch: prozessunabhängige, überfachliche, Generalisten-) Qualifikationen.

Auch wenn sich in der Literatur eine gewisse Beliebigkeit in der Abgrenzung dieser beiden Kategorien eingestellt hat, lässt sich als gemeinsamer Nenner konstatieren, dass unter ersteren berufsfachliche Kenntnisse und Fertigkeiten verstanden werden, die sich aus den inhaltlichen Anforderungen von abgegrenzten Sachaufgabenbereichen ergeben. Extrafunktionale Qualifikationen hingegen haben eine gewisse Universalität der Einsetzbarkeit, beziehen sich auch auf die Art und Weise des Arbeitsvollzuges und umfassen auch allgemeine, d. h. intellektuelle, kreative, soziale, wertebezogene Einstellungen und Befähigungen. Es geht also nicht nur um die Beseitigung bestehender Qualifikationslücken, um veränderten Anforderungen zu genügen, sondern auch um Qualifikationen, die einen Mitarbeiter in die Lage versetzen, solche Anforderungen für seinen Arbeitsplatz und letztendlich für die Unternehmungszukunft zu definieren.[184] Mithin sind es zwei Gruppen von Anforderungen, deren Bewältigung extrafunktionale Qualifikationen dienen sollen: Zum einen befähigen sie zum **Einsatz in verschiedenartigen Tätigkeitsfeldern** und zum anderen dienen sie der individuellen **Entwicklungsfähigkeit** und damit letztlich der Entwicklungsfähigkeit der Unternehmung.

Eine Auseinandersetzung mit solchen extrafunktionalen Qualifikationen stellt die Konzeption der **Schlüsselqualifikationen** nach Mertens dar. Charakterisierend für diese ist, dass sie keinen »unmittelbaren und begrenzten Bezug zu bestimmten disparaten praktischen Tätigkeiten erbringen, sondern vielmehr a) die Eignung für eine große Zahl von Positionen und Funktionen als alternative Optionen zum gleichen Zeitpunkt, und b) die Eignung für die Bewältigung einer Sequenz von (meist unvorhersehbaren) Änderungen von Anforderungen im Laufe des Lebens«[185] haben und damit die Entwicklungsfähigkeit

183 Basisquellen dieser Differenzierungen sind die Arbeiten Dahrendorf (1956) und Kern/Schumann (1970). Vgl. Touet (1997) 82 und die dort angegebene Literatur.

184 Ersteres wird auch als »Single-Loop-learning« und letzteres als »Double-Loop-learning« bezeichnet. Vgl. Wunderer (1990) 182; Argyris (1991) 95 f.

185 Mertens (1974) 40.

entscheidend determinieren. Mertens unterscheidet vier Typen von Schlüsselqualifikationen:[186]

- **Basisqualifikationen**, welche als ›Qualifikation höherer Ordnung‹ einen vertikalen Transfer auf spezielle Anwendungsfelder erlauben. Dies sind z. B. logisches, kritisches, strukturiertes und dispositives Denken, analytisches Vorgehen und Lernfähigkeit.
- **Horizontalqualifikationen** eröffnen durch den raschen Abruf andernorts gespeicherten Wissens einen horizontalen Transfer. Diese ›Informiertheit über Informationen‹ unterscheidet Mertens in die Dimensionen:
  - Wissen über das Wesen von Informationen,
  - Gewinnung von Informationen,
  - Verstehen von Informationen,
  - Verarbeiten von Informationen.
- **Breitenelemente** sind praktische Arbeitsplatzanforderungen, die für breite Tätigkeitsfelder relevant sind, wie z. B. Kenntnisse über Messtechnik in Metallberufen.
- **Vintage-Faktoren**, worunter Mertens von Generation zu Generation unterschiedliche Bildungsinhalte versteht, die z. B. durch die Weiterentwicklung von Schulungsinhalten entstehen können.

Aus der Beschreibung ergibt sich, dass Schlüsselqualifikationen sich eher auf kognitive und affektiv-emotionale und weniger auf sensomotorische Qualifikationselemente beziehen.

c) Ziele

Die Grundmaxime des Personal-Management, die Erreichung individueller und auch institutioneller Ziele gleichermaßen zu ermöglichen bzw. zu fördern, gilt selbstverständlich auch für die Personalentwicklung. Unter dieser Maxime ist es Ziel der Personalentwicklung, sicherzustellen, dass arbeitsplatzbezogene Anforderungen und personenbezogene Qualifikationen übereinstimmen und sich kongruent entwickeln, d. h. Qualifikationen aufgebaut werden und Qualifikationsabbau vermieden wird.[187] An dieses generelle Personalentwicklungsziel anknüpfend lassen sich nach den Interessenten differenzierte Zielsetzungen der Unternehmung, der Mitarbeiter und der Gesellschaft unterscheiden, auf die im Folgenden näher eingegangen wird.

– Gesellschaftliche Ziele

Die Gesellschaft bildet nicht nur den kontextualen Rahmen für die innerbetriebliche Personalarbeit, sondern hat eigenständige Erwartungen an die Personalentwicklung.

In ökonomischer Sicht geht es um die Erhaltung und Verbesserung des gesellschaftlichen Humanvermögens, das notwendig ist, um den wirtschaftlich-technischen und gesellschaftlich-sozialen Wandel zu gestalten. Betriebe sollen einen Beitrag leisten zur Verringerung der Arbeitslosigkeit und zur optimalen Allokation der humanen Ressourcen.

---

186 Zu dem Konzept vgl. auch die kritische Auseinandersetzung bei De Grave (1991) 124 ff. und Touet (1997) 83 ff.

187 Vgl. Hungenberg (1990) 29

In politischer Sicht kann Personalentwicklung einen Beitrag leisten zur Gewährung des Grundrechts auf freie Entfaltung einer verantwortungsvollen, kritikfähigen und selbstbewussten Persönlichkeit, zur Aufrechterhaltung von Handlungswillen, Lebensoptimismus, Zukunftsbejahung und Fortschrittshoffnung; sie kann des Weiteren durch die betriebliche Sozialisation Unterstützung leisten bei der Erziehung zum mündigen Staatsbürger in einer Demokratie, oder, wie Gaugler formuliert, zur »geistigen, immateriellen Entproletarisierung beitragen«[188]. So verständlich wie diese Zielsetzungen auch sind, sie müssen letztlich aus einzelwirtschaftlicher Sicht auch für den Betrieb von ersichtlichem Nutzen und finanzierbar sein.

– Ziele der Unternehmung

Personalentwicklung, als Instrument der Unternehmungsführung, trägt in letzter Konsequenz dazu bei, die obersten Unternehmungsziele zu erreichen. Konkreter ausgedrückt strebt Personalentwicklung die effiziente Entwicklung der Personalausstattung derart an, dass der Personalbedarf in quantitativer, qualitativer und zeitlicher Hinsicht langfristig optimal gedeckt wird. Es geht insoweit um die langfristige Erhaltung und Verstärkung des betrieblichen Humanvermögens. Diese Formulierung ist nicht ausreichend operational, um aus ihr konkrete betriebliche Maßnahmen der Personalentwicklung abzuleiten. Dies wird erst möglich, wenn speziellere Ziele der Personalentwicklung formuliert werden. Für sie kann es ebenso wenig Allgemeingültigkeit geben wie für individuelle Ziele. Sie können nur aufgrund der speziellen betrieblichen Situation, auch hinsichtlich des bestehenden Personalbedarfs und seiner Entwicklung, in der Zukunft konkret bestimmt werden.

– Ziele der Mitarbeiter

Personalentwicklung kann dazu beitragen, Wünsche und Erwartungen, die einzelne Mitarbeiter im Hinblick auf ihre persönliche Entfaltung und ihr berufliches Weiterkommen haben, zu erfüllen. Dies ist umso besser möglich, je genauer die von den Mitarbeitern verfolgten Ziele bekannt sind. Dazu ist es für jeden Einzelnen erforderlich, sich zuerst über seine eigenen beruflichen Zielsetzungen Klarheit zu verschaffen: Wie steht er zur Unternehmung, zu ihren Aufgaben, zu den daraus resultierenden Anforderungen, welche Aufgaben kann er bewältigen, will er übernehmen? Dies ist gleichbedeutend mit einer Art Selbstanalyse (näheres vgl. unten unter Karriereplanung Kap. D.V.3.b.cc), die auch die eigenen vorhandenen Fähigkeiten, Anlagen und Neigungen einzuschließen hat.

Die Ziele der Mitarbeiter sind aufgrund unterschiedlicher Werte, Normen, Erwartungen und Motive individuell verschieden, so dass eine abschließende Aufzählung nicht möglich sein kann. Trotzdem soll der Versuch unternommen werden, sich mit individuellen Zielen auseinander zu setzen, da ansonsten das bloße Konstatieren von deren Berücksichtigung ohne ihre inhaltliche Kenntnis zu einer Verschleierung von Konfliktpotenzialen führt.

Abbildung 103 listet beispielhaft allgemeine Personalentwicklungsziele auf.[189] Erkennbar sind dies z. T. gegensätzliche, d. h. nicht durch ein und dieselbe Person verfolgbare Zielsetzungen. Das schließt aber nicht aus, dass sie – im Grenzfall sämtlich – durch eine Vielzahl von betrieblichen Maßnahmen der Personalentwicklung erfüllbar wären.

---

188 Gaugler (1989) 40.

189 Vgl. Remer (1978) 319 u. 324; Marr/Stitzel (1979) 335 f.; Domsch/Reinecke (1982) 65 f.; Flohr/Niederfeichtner (1982) 14; Heymann/Müller (1982) 152; Kitzmann/Zimmer (1982) 27 f.; Conradi (1983) 4 ff.; Thom/Winkelmann (1984) 363; Mentzel (1985) 30.

• Ermöglichung einer eignungs- und neigungsgerechten Aufgabenzuweisung • Anpassung der persönlichen Qualifikation an die Ansprüche des Arbeitsplatzes durch Aufrechterhaltung und Verbesserung der fachlichen Qualifikation • Verbesserung der Selbstverwirklichungschancen durch Übernahme qualifizierterer Aufgaben • Entfaltung der Persönlichkeit durch Bildung • Übertragung neuer, erweiterter Aufgaben • Erhöhung des persönlichen Prestiges	• Erhöhung der Arbeitsplatzsicherheit, Schaffung karrierebezogener Voraussetzungen für den beruflichen Aufstieg • Sicherung eines ausreichenden-/Erhöhung des bestehenden Einkommens • Erhöhung der individuellen Mobilität auf den Arbeitsmärkten • verbesserte Verwendungs- und Laufbahnmöglichkeiten • Vermeidung von Überforderung • Realisierung von Chancengleichheit

Abb. 103: Personalentwicklungsziele der Mitarbeiter

Ein Versuch einer empirisch begründeten Systematisierung potenzieller Zielsetzungen stellt die Klassifizierung von Karriereorientierungen – auch als Karriereanker bezeichnet – dar, wie sie Schein aufgrund einer Langfriststudie ermittelt hat. Schein unterscheidet folgende fünf Orientierungsmuster, von denen eines bei einer Person jeweils dominiert, und auf die alle wesentlichen Entscheidungen einer individuellen Karriere zurückzuführen seien:[190]

- **Aufwärts**-orientierte Personen streben nach höheren Positionen mit Führungskompetenz und Verantwortung.
- **Technisch**-funktional orientierte Personen suchen herausfordernde Aufgaben innerhalb ihres Fachgebietes und treffen Karriere-Entscheidungen danach, ob diese solche Herausforderungen eröffnen.
- **Sicherheits**-orientierte Personen sind mit den erreichten Situationen eher zufrieden und versuchen diese tendenziell abzusichern. Aufstiegsgelegenheiten sind von geringerer Bedeutung.
- **Kreativitäts**-orientierte Personen wollen etwas Neues schaffen. Sie suchen nach einer Karriere, in der sie eigene Ideen einbringen, ihre Kreativität entfalten und sich selbst verwirklichen können.
- **Autonomie**-orientierte Personen streben nach größtmöglicher Freiheit von Beschränkungen und Unabhängigkeit in ihrem Arbeitsbereich.

Diese Anker sind nicht direkt bei den Personen beobachtbar, sondern können nur anhand von Begründungen über Entscheidungen und aus Selbsterkenntnissen der betroffenen Personen abgeleitet werden. Weitere Zielsetzungen (Anker) sind vorzufinden, wie etwa das Streben nach sozialen Kontakten im Beruf u. a. m.

190 Vgl. Schein (1975), (1980).

– Interessenausgleich

Die Frage nach dem Ausgleich der Interessen von Mitarbeitern und der Unternehmung wird durchaus kontrovers gesehen. Während die eine Seite die Beziehung der beiden Interessengruppen als relativ problemlos darstellt, konstatiert die andere Seite, dass Mitarbeiterziele in der Regel nur insoweit Berücksichtigung finden, wie sie Unternehmungszielen nicht entgegenstehen.

Die mögliche Zielkonkurrenz wird an folgenden Beispielen deutlich: Als ungelernt eingestufte Arbeitskräfte erhalten zumeist keine Verbesserung ihres qualifikatorischen Status, da ausreichend qualifizierte Arbeitskräfte auf dem Arbeitsmarkt zur Verfügung stehen. Weitere Konflikte sind zu erwarten, wenn im Falle von Aufwärtsorientierung der Personalentwicklung als nicht-beförderbar eingestuftes Personal typischerweise auch nicht entwickelt wird.

Erfolge betrieblicher Personalentwicklung im Sinne positiver Wirkungen durchgeführter Maßnahmen lassen sich in ökonomischen wie in außerökonomischen Kategorien leichter erzielen, wenn bestimmte, auf die persönlichen Belange der weiterentwickelten Mitarbeiter gerichtete **Bedingungen** vorliegen. Zu ihnen gehört, dass

- den institutionellen Personalentwicklungszielen nicht anders gerichtete individuelle Ziele entgegenstehen: Erforderlich ist also zumindest Zieltoleranz bzw. -neutralität, nicht unbedingt -akzeptanz.
- auch das System betrieblicher Fortbildung unter Zuhilfenahme solcher Konditionen gehandhabt wird, die positiv auf die individuellen Faktoren des Könnens und Wollens zur Leistung und/oder auf zufriedenheitsorientierte Motive und Erwartungen wirken. Zu solchen Konditionen zählen z. B. die Partizipation an der Ermittlung von Fortbildungsbedarf, an der Formulierung von Trainingszielen, bei der Maßnahmenplanung.
- mit betrieblicher Fortbildung auch individuell gewollte Erfolge erzielt werden. Gerade dies wird als besonders wichtig angesehen, weil andernfalls Fehlentscheidungen wahrscheinlich seien. Als Erfolge dieser Art werden überwiegend solche genannt, die sich direkt oder indirekt als Konsequenz von Qualifikationsverbesserungen einstellen können:
  - Verringerung der Ermüdung am Arbeitsplatz infolge verbesserter Kenntnisse und Fähigkeiten, Verringerung von Spannungen aufgrund vergrößerter Sachkompetenz;
  - Vergrößerung der Arbeitsplatz-Sicherheit sowie der Chancen, angestrebte Arbeitsplätze übertragen zu bekommen (Beförderungsmöglichkeiten);
  - Erweiterung von Entscheidungs- und Mitentscheidungsbefugnissen, Möglichkeiten zu verstärkt selbstständigen und eigenverantwortlichen Tätigkeiten;
  - Erfüllung von Prestigebedürfnissen, gegebenenfalls auch Vergrößerung der Chancen zu Betriebswechsel durch allgemein anerkannte Zeugnisse, durch das Recht, erworbene Titel führen zu dürfen u. a. m.

Ein Projekt, welches sich mit diesem Spannungsverhältnis auseinander gesetzt hat und Möglichkeiten zur Berücksichtigung individueller Ziele in der betrieblichen Praxis zum Ziel hatte, ist das Forschungsvorhaben zur »Humanisierung der Arbeit«, welches an anderer Stelle noch genauer erörtert wird (vgl. Kap. D.V.3.b.bb).

2. Stellenwert konzeptioneller Personalentwicklung für die Unternehmung

a) Änderungstendenzen im Umfeld der Personalentwicklungsarbeit

Die zunehmende Erfahrung, dass Innovationen in Produkte, Technik und Unternehmungsführung eine regelmäßige und systematische Weiterentwicklung des Personals voraussetzt,[329] führte zu der Erkenntnis, dass, je weitergehender die Personalentwicklung in einer Unternehmung betrieben wird, desto wertvoller der Nutzen hieraus für die Unternehmung ist. Ein weithin zu beobachtendes Zeichen für diese Entwicklung ist die Umkehrung des Trends zur Arbeitsteilung. Letzteres wird sichtbar an erheblichen Veränderungen der Arbeitsabläufe und Organisationsstrukturen in Unternehmungen, wie sie unter Stichworten wie »lean management«, »lean production«, »total quality management« u. Ä. auch Eingang in wissenschaftliche bzw. wissenschaftsnahe Publikationen gefunden haben.[191] In Bezug auf die personalwirtschaftlichen Konsequenzen dieser Entwicklung, lassen sich zwei gemeinsame Grundgedanken festhalten:[192]

- Zum Ersten, dass durch eine verstärkte Vernetzung einzelner Arbeitsschritte der gesamte Arbeitsprozess effizienter gestaltet werden kann. Das hat Auswirkungen auf die Menschen in Unternehmungen und zwar bedingt durch die zunehmende Technisierung der Informationsverarbeitung und Kommunikation, die damit einhergehende Entkoppelung des Menschen von Papier- und Materialflüssen und durch das Denken in komplexen Strukturen und ganzheitlichen Prozessen. Sie fordern Qualifikationen, die durch einfache Fortbildungsveranstaltungen ungenügend gelehrt werden können und stattdessen konzeptionelle Personalentwicklungsarbeit fordern. Damit nimmt auch die Beeinflussung des Qualifikationspotenzials der Mitarbeiter an Bedeutung zu: Sie ist zum zentralen Aspekt des Human Resource Management geworden.[193]
- Zum Zweiten, dass die Überlebensfähigkeit der Unternehmung von deren Entwicklungsfähigkeit und letztendlich von der Entwicklungsfähigkeit der Mitarbeiter abhängt. Eine Unternehmung ist permanent gezwungen sich weiterzuentwickeln, und zwar entweder reaktiv auf Grund von Veränderungen des Unternehmungsumfeldes oder aktiv gestaltend ›von innen heraus‹. Im ersteren Falle müssen die Mitarbeiter zumindest in der Lage sein, den Wandel zu vollziehen. Der letztere Fall bezieht sich darauf, dass organisationsstrukturelle Änderungen durch Personen in Gang gesetzt werden, die die Änderungsanlässe bzw. -notwendigkeiten erkennen und die Änderungsprozesse selbst in die Wege leiten, vollziehen und sichern. Gefordert ist mithin ein »Mitunternehmertum«.[194] Dies ist der personelle Aspekt von Entwicklungsvorgängen in Unternehmungen.

Erkennbar sind beide Aspekte weder voneinander trennbar, noch ist es möglich, generell einen der Aspekte zum stets richtigen/notwendigen Ausgangspunkt zu nehmen. Die hier geforderte Veränderungsfähigkeit beeinflusst die Arbeitsinhalte und Ablaufprozesse, was wiederum zu Änderungen der Stellenanforderungen führt, die an die sie besetzenden Personen zu richten sind. Zur personellen Bewältigung der veränderten Anforderungen sind

---

191 Vgl. Daum/Piepel (1992) 41 f.; Hirschhorn/Gilmore (1993). Ausführlich über die personalwirtschaftlichen Konsequenzen dieser Entwicklung vgl. Hardes (1999), insb. 276 ff.

192 Vgl. auch die Ausführungen zu Trends bei Technologie, Organisation und Mitarbeitern bei Scholz/Herz (1998) 43 ff. u. 58 ff.

193 Vgl. Sattelberger (1995) 17; Staehle (1988).

194 Vgl. Wunderer (1999); Ziegler (1994) 27 ff.

eigenständige Qualifikationen und Leistungen der im Betriebe tätigen Mitarbeiter erforderlich, die weiter oben bereits unter dem Stichwort extrafunktionaler Qualifikationen eingeführt wurden. Über die inhaltliche Komponente der Personalentwicklung hinaus, ist hier auch die »Intensität« der Entwicklungsprogramme, die von rein kognitiven Maßnahmen bis zu teilnehmerspezifischen kognitiven und sozialen bzw. strategieumsetzenden Kompetenzerweiterungen reichen können, angesprochen. Erstere beziehen sich auf die Vermittlung von Lerninhalten, während letztere Verhaltensänderungen, bezogen auf teilnehmerindividuelle Entwicklungsziele bzw. unternehmungsspezifische Anforderungen, zum Gegenstand haben.

Neben diesem **strategischen Zusammenhang** gibt es noch eine Reihe weiterer Tendenzen, welche sich in der betrieblichen Praxis beobachten lassen.[195] Die zunehmende Dynamik der Wirtschaft hat zum einen zur Folge, dass die erforderlichen Leistungsbeiträge permanenten Veränderungen unterliegen. Im Gegensatz zu dem oben angeführten individuellen Beitrag zur Unternehmungsentwicklung ist hier eine Flexibilität in der tagtäglichen Arbeitsbewältigung gemeint. Zum anderen führt sie zu einer abnehmenden Arbeitsplatzsicherheit, die ein verstärktes Eigeninteresse der Mitarbeiter an ihrer Beschäftigungsfähigkeit auch außerhalb des jetzigen Arbeitsplatzes bzw. Arbeitgebers hervorruft.[196] Überbetriebliche, insb. zertifizierte Qualifikationen können sich für die Individuen in diesem Sinne vorteilhaft auswirken. Zu beobachten ist weiterhin eine zunehmende Dezentralisierung der Personalentwicklungsarbeit. Während die Konzeption, Koordination und Abwicklung von Entwicklungsmaßnahmen weiterhin von zentralen Stellen übernommen wird, liegen deren Initiierung und Verantwortung zunehmend im Bereich der betroffenen Mitarbeiter bzw. deren Führungskräfte. Zunehmende Bedeutung erlangt die Personalentwicklungsarbeit auch für das Personal-Marketing. Bei gleichzeitig abnehmender absoluter Zahl an benötigten Arbeitskräften, sind Unternehmungen zunehmend darauf angewiesen, die (wenigen) besten zur Verfügung stehenden Arbeitskräfte an sich zu binden. Gerade bei diesen »High-Potentials« kann jedoch ein starkes Aufstiegs- und Fortbildungsbedürfnis unterstellt werden, welchem bei der Wahl einer Unternehmung ein hoher Stellenwert zukommt.

Insofern erhält Personalentwicklung als zusätzliches Ziel, neben Qualifikationsverbesserungen auch Personalbindung zu bewirken. Denn letztere kommt mittels Personalentwicklungsmaßnahmen eher (und besser) zustande als mit speziellen Bindungsmaßnahmen und -programmen. Dies vor allem deswegen, weil ein erkennbar kontinuierliches Human Relations Management im Sinne eines bewusst gestalteten Loyalitätsäquivalents (Attraktivitäts-»Ersatz« für den Sicherheitsverlust) bei den Adressaten glaubwürdiger ankommen dürfte als gezielte Versuche, bestimmte Personen(Gruppen) in Unternehmen zu halten. Eine gleichzeitig bindungswirksame Personalentwicklung bedarf allerdings einer besonderen Unterstützung: durch Pflege bzw. Entwicklung einer stimmigen Unternehmungskultur.[197]

Als Fazit lässt sich festhalten, dass unterschiedlichste Motivationen die Ausgestaltung des oben angeführten »Interessensausgleichs« unterschiedlich ausfallen lassen. Gemeinsame Tendenz ist jedoch, dass fachliche Qualifikationen als unverzichtbare Grundvorausset-

---

195 Vgl. Drumm (2000) 380; Gaugler (1989) 37; Heitger (1994) 4 ff.; Regnet (1994) 40 ff. Vgl. auch die empirische Studie bei Weber (1986) 121 f.

196 Vgl. Scholz/Herz (1998) 67 ff. Über die Anwendung und Verbreitung von Rückzahlungsklauseln zur Minimierung des Abwanderungsrisikos nach Weiterbildungsmaßnahmen vgl. Alewell (1998); Küpper/Pawlik (1996).

197 Näheres siehe bei Berthel (2002a) 308 ff.

zung immer weniger in Frage gestellt und verstärkt in der Verantwortung der Mitarbeiter liegend gesehen werden. Andererseits sind dann den Mitarbeitern entsprechende Freiräume zur eigenen und eigenverantwortlichen Gestaltung der für Personalentwicklung relevanten Parameter seines betrieblichen Umfeldes zu gewähren. Aspekte, wie z. B. die Persönlichkeitsentwicklung durch Selbstentwicklung oder die Entwicklung von Lernfähigkeit durch motivationsanregende Arbeitsstrukturierung, rücken in den Vordergrund.

Obwohl in der Praxis die Wichtigkeit der Personalentwicklung erkannt wird, folgt sie systematischen Vorstellungen nur sehr zögerlich und dann im Wesentlichen auf einer operativen Ebene mit unkoordinierten instrumentellen Einsätzen. Dies bestätigt eine 1986/87 von Kettgen in Deutschland durchgeführte Untersuchung. An der Umfrage beteiligten sich 142 Unternehmungen mit mehr als 1000 Mitarbeitern, die von sich behaupten, ein Personalentwicklungs-Konzept zu haben bzw. eines zu planen. Die Ergebnisse zeigten, dass nicht von einer allgemein progressiven Einstellung zur Entwicklungsarbeit gesprochen werden kann.[198]

Gründe hierfür können sein:

- Investitionen in Mitarbeiter werden als Betriebs- und nicht als Investitionskosten angesehen, und Betriebskosten gilt es zu minimieren.
- Personal-Management wird mit kurzfristigem Zeithorizont betrieben und nicht an strategischen Geschäftsausrichtungen orientiert, so dass die Entwicklungsnotwendigkeit falsch bzw. unzureichend eingeschätzt wird.
- Personal-Management wird ohne strategische Planung auf Grund von Notständen und unter Zeitdruck aktionistisch betrieben, obwohl es die Ressource mit den längsten zeitlichen Reichweiten ist, was den Aufbau und die Wirkungsdauer angeht.

In der Folge droht Personalentwicklung – nicht in ein systematisches Personal-Management integriert (was sich in Ordnung und Kombination der verschiedenen Maßnahmen nach Maßgabe eines geschlossenen ziel- und problemorientierten Konzeptes niederschlägt) – kontraproduktiv zu wirken. Beispielsweise bedarf eine Entwicklungsmaßnahme zur Förderung von kooperativen Führungsstilen auch solcher Beurteilungs- und Anreizsysteme, die diese Führungsstile belohnen oder ihnen zumindest nicht entgegenstehen, da sonst die beabsichtigte Wirkung ausbleibt.[199]

In neuester Zeit allerdings zeichnet sich ein Wandel in der Einschätzung des Stellenwertes von Personalentwicklung durch die Wirtschaft ab. Als Indikator dafür kann die beobachtete Zunahme von Gründungen so genannter Corporate Universities gesehen werden, besonders in den USA, aber nunmehr auch in Deutschland. Initiatoren sind vornehmlich Großunternehmungen (Beispiel: Allianz AG, Bertelsmann AG, DaimlerChrysler AG, Deutsche Lufthansa AG, Merck KGaA, SAP AG, Siemens AG u. v. a m.). Es wird erwartet, dass ihre Zahl in den nächsten Jahren steigen wird.[200]

Die mit ihnen verfolgten Ziele sind vor allem: die Verknüpfung von Fortbildung mit den Unternehmungszielen und -strategien, eine deutliche und sichtbare Förderung der Personalentwicklung generell sowie die Steigerung der Effizienz von Fortbildung.[201] Dass der Name »Corporate Universities« irreführend ist (eine Bezeichnung wie »Firmenakademie« zumeist eher zutreffend sein dürfte), sei nur am Rade vermerkt.

198 Vgl. auch die Studie bei Berthel/Touet (1997).
199 Vgl. Wunderer (1990) 189 ff.; Becker (1988) 206.
201 Hierzu und zu weiteren Aspekten siehe den Sammelband von Kraemer/Müller (2001).

b) Gestaltbarkeit personaler Entwicklung

Qualifikationsänderungen geschehen an und in Personen und sind ohne deren Mitwirkung nicht erfolgreich zu bewirken. Dabei sollen solche Formen ausgeschlossen werden, die vom Betroffenen unbemerkt und ungewollt vor sich gehen. So gesehen geschieht jede Personalentwicklung im Wege von Selbstentwicklung in einem weiten Sinne. Auch das Beispiel, dass jemand (wenigstens anfangs) gegen seinen Willen eine Position übernimmt, dann aber »in ihr wächst«, eventuell sogar »über sich hinaus wächst«, beschreibt eine Entwicklung, die nicht ohne »Selbstbeteiligung« funktioniert – letztendlich also auch Selbstentwicklung einschließt.

Selbstentwicklung in diesem weiten Sinne ist demnach stets Voraussetzung bzw. Grundlage von Personalentwicklung gewesen. Denn sie ist stets ein Prozess von Änderungen

- von sich selbst,
- durch sich selbst, letztlich auch
- für sich selbst.[202]

Selbstentwicklung in diesem weiten Sinne also ist unverzichtbar. Allerdings geschieht sie nicht immer von selbst, d. h. aus eigenem Antrieb bzw. mit erwünschten Inhalten und Ergebnissen. Insofern entsteht für betriebliche Personalentwicklung die zusätzliche Aufgabe, Selbstentwicklung zu fördern.

Vielfach wird Selbstentwicklung aber auch in einem zweiten, und zwar wesentlich engeren Sinne gesehen: als ein Erreichen von und als Durchbruch zu »höheren« Entwicklungsstufen, etwa in der Dimension von Persönlichkeitsreife, -potenzialen (Entwicklung in diesem Sinne liegt auch den Termini »Entwicklungspsychologie«, »Kinder-Entwicklung« zugrunde). Dies ist immer dann der Fall, wenn über die Schließung von Qualifikationslükken hinaus auch die Entwicklungsfähigkeit der Mitarbeiter und damit die extrafunktionalen Qualifikationen angesprochen werden, welche sich auf das selbstständige Erkennen, Analysieren und (antizipative) Bewältigen von, eventuell noch nicht vorhandenen, Problemen beziehen und damit das Potenzial für aktive Entwicklungsprozesse schaffen. Diese Qualifikationen spiegeln sich in der Persönlichkeit eines Individuums wider und können erst durch dessen aktive Bemühungen selbst und durch günstige Kontextbedingungen realisiert werden. Damit wird auch deutlich, dass eine solche »Persönlichkeitsentwicklung« wesentlich komplexer ist, als eine fachliche Höherqualifizierung.[203] Aus entwicklungspsychologischer Sicht lassen sich folgende Aussagen zusammenfassen:[204]

Menschliche Entwicklung ist ein **lebenslanger Prozess**, welcher kontinuierlich (kumulativ) und/oder diskontinuierlich (innovativ bzw. destruktiv) sein kann. Beispiel für eine kontinuierliche Entwicklung ist die permanente Erweiterung des Wissens, welche auf vergangenem Wissen aufbaut. Sie vollzieht sich **multidirektional** zwischen verschiedenen Personen und zwischen verschiedenen Handlungsbereichen einer Person. Entwicklung ist weiterhin durch permanente **Gewinne und Verluste** gekennzeichnet, wobei die Bilanz mit dem Alter tendenziell zunehmend negativ wird. Menschliche Entwicklung ist formbar, was

202 Vgl. Berthel (1990) 223.

203 Brandstätter verweist auf eine Reihe widersprüchlicher empirischer Untersuchungen, die sich mit der Stabilität bzw. Veränderbarkeit von so genannten Persönlichkeitseigenschaften auseinandersetzen, und die hierdurch bedingte Verunsicherung über die Frage, was Persönlichkeit ist und ob sich diese verändern lässt. Vgl. Brandstätter (1999) 51 ff.

204 Vgl. Oerter (1999) 34 ff. und die dort angegebene Literatur.

in dem Begriff der **Plastizität** Ausdruck findet. Abhängig ist das Ausmaß der Plastizität zum einen von den bisherigen Lebenserfahrungen, der Lernvergangenheit und der Lebensgeschichte, andererseits, was für die betriebliche Personalarbeit noch wichtiger ist, auch von der Günstigkeit der Kontextbedingungen, welche das Individuum vorfindet. Hiermit wird Abhängigkeit der menschlichen Entwicklung von deren **historischer Einbettung** als eine Determinante angeführt. Die historische Einbettung der menschlichen Entwicklung bezieht sich nicht nur auf die Prägung von Persönlichkeitsmerkmalen und Werthaltungen, sondern auch auf Intelligenzleistungen in verschiedenen Bereichen. Baltes erfasst die Kontextabhängigkeit der menschlichen Entwicklung durch die Wechselwirkung von drei Systemen: Biologische und Umweltdeterminanten, wie biologische Reifungsvorgänge oder Sozialisationseinflüsse (z. B. Pensionierung), welche an das chronologische Alter gekoppelt und deren struktureller Einfluss vorhersehbar sind. Weiterhin historische Ereignisse, wie politische Umschwünge oder Wirtschaftsdepressionen. Drittens so genannte nonnormative Einflüsse, welche dadurch gekennzeichnet sind, dass sie den Einzelnen und weniger eine ganze Altersgruppe betreffen und dadurch, dass sie unerwartet auftreten.

Für die betriebliche Personalarbeit lässt sich aus diesen Kennzeichen schlussfolgern, dass Persönlichkeitsentwicklung maßgeblich von dem Individuum als Gestalter seiner Entwicklung abhängig ist und zu weiten Teilen der betrieblichen Personalentwicklung vorenthalten bleibt. Aus jedem der einzelnen Charakteristika lässt sich jedoch die Vorteilhaftigkeit der für die Selbstentwicklung maßgeblichen Rahmenbedingungen einschätzen, welche als aktive Gestaltungsparameter der betrieblichen Personalpolitik verbleiben. So bedingen beispielsweise kumulative Entwicklungsprozesse einen wesentlich längeren Vorlauf als diskontinuierliche, die Multidirektionalität lässt eine Informationspolitik seitens der Unternehmung vorteilhaft erscheinen, die eine antizipierbare Selbstentwicklung **fördert**.

c) Förderung von Selbstentwicklung

»Alle Entwicklung ist letzten Endes Selbst-Entwicklung, die nur von außen angestoßen werden muss«.[205] Ein Individuum sucht demnach diejenige Umgebung, welche seiner Vorstellung nach ihm die besten Entwicklungsmöglichkeiten bietet, also zu seiner eigenen Ausstattung passt. Andererseits ist jeder auch Akteur in seiner Umwelt und beeinflusst diese. Neben diesem zirkulären Zusammenhang zwischen Passung und Umgestaltung der Umwelt, können herausragende Entwicklungschancen den persönlichen Lebenslauf beeinflussen und die Gesamtentwicklung verändern. Ebenso können extrem negative Ereignisse, wie z. B. plötzlich eintretende gesundheitliche Probleme, Ausgangspunkt permanenter Anstrengungen zur Erreichung zentraler Identitätsziele sein, wenn das Individuum in ihnen einen Aufforderungscharakter sieht.

Der betrieblichen Personalentwicklung kommt also bei der Selbstentwicklung die Aufgabe der Hilfe zur Selbsthilfe zu. Die Förderung der Selbstentwicklung hat demzufolge an den Komponenten einer Selbstentwicklung anzusetzen und kann über die positive Stimulierung von Anstrengungs- und Konsequenzerwartungen des Mitarbeiters in Bezug auf die eigene Lern-Leistung und dessen Ergebnis sich vorteilhaft auf das Selbstverständnis und damit die Bereitschaft zur Eigeninitiative auswirken.[206] Angesprochen sind hier sowohl Wollens- als auch Könnens-Komponenten der Leistungsdeterminanten (vgl. Kap. B.II).

---

205 Neuberger (1991) 310.

206 Zum Folgenden vgl. Berthel (1990) 224 f.; ähnlich auch Becker, F. G. (1992a).

Eine Förderung der **Wollens-Komponenten** von Selbstentwicklung sowohl im erst wie auch im zweit genannten Sinne müsste zuerst auf Aktivitäten gerichtet werden, von denen ein Anstoß zu einem individuellen beruflichen Lebensplan ausgeht. Dies kann etwa geschehen durch geeignete Formen einer Aufforderung zu einer Selbstanalyse und -bewertung.

Ergebnis eines solchen Prozesses wäre:

- Offenlegung eigener Motive, Werte, Einstellungen und Fähigkeiten,
- Gewinnung von Einsichten über Selbstverantwortung und Selbststeuerung/Steuerbarkeit der eigenen Karriere,
- Resultate der Selbstanalyse und -bewertung können offen diskutiert werden.

Am Ende steht die Definition und Offenlegung eines Selbstkonzeptes.

Eine kooperationsförderliche Einstellung als Wollens-Komponente kann nur entstehen, wenn Motive von Mitarbeitern am Arbeitsplatz häufiger befriedigt als frustriert werden.[207] Dazu gehört auch, dass positive und negative Arbeitssituationen auseinander gehalten werden können. Neben expliziten Qualifizierungsmaßnahmen kann dies auch durch Parameter der Arbeitssituation bewirkt werden. Abbildung 104 führt Merkmale von Arbeitssituationen an, die in diesem Sinne positiv zu werten sind, so dass unterstellt werden kann, dass sie auch von Mitarbeitern angestrebt werden.

- Komplexe und abwechslungsreiche Tätigkeit
- Experimentierchancen; Möglichkeit des Lernens aus Versuch und Irrtum
- Häufige Nutzung vielfältiger und kollegialer Kommunikations- und Interaktionsformen
- Demokratische Entscheidungsverfahren
- Erfahrungen und realistische Erwartungen individuellen Weiterkommens und gesellschaftlichen Fortschritts
- Ausbildung und Anwendung einer ganzheitlichen Handlungskompetenz
- Aufgabenspezifische Integration von Handlungsplanung und -ausführung
- technischer Fortschritt
- Periodischer Wechsel von Arbeitshandlungen in bekannten und Lernhandlungen in neuen Handlungssystemen
- Variable Abstimmung der Aufgabenstruktur mit der lernphasenbedingten Erweiterung der Arbeitskompetenzen und mit entwicklungsspezifischen Lernprozessen
- Eingriffspunkte in, sowie Freiheitsgrade und Möglichkeiten der differenzierenden Gestaltung der Aufgaben- und Sozialstruktur
- Unvorhergesehene Probleme und Störungen, für die ohne Zeitdruck und mit Unterstützung des Vorgesetzten Lösungen gesucht werden können.

Abb. 104: Persönlichkeits- und lernfördernde Merkmale von Arbeitssituationen[208]

207 Vgl. Brandstätter (1999) 62.
208 Vgl. Conradi (1983) 67; Flohr/Niederfeichtner (1982) 39.

Selbstentwicklung im engeren Sinne bedarf zusätzlicher Stimulierungen, die eine erkennbare Herausforderung ergeben und damit Problemdruck erzeugen. Erreicht wird dies z. B. durch:

- exzessive Delegation unterschiedlicher und schwieriger Aufgaben,
- offene Konfrontation als »normale« Kommunikations- und Interaktionsform,
- Setzen anspruchsvoller Ziele,
- häufige Rollen-, Aufgaben- und Funktionswechsel,
- Ambiguität und Unsicherheit als erklärte Aufgabenmerkmale.

Hier beginnen sich die Grenzen zur Organisationsentwicklung und Führung, auch zur Kulturgestaltung zu verwischen.

Die Förderung der Selbstentwicklung über die **Könnens-Komponenten** richtet sich auf die eigentliche Lernfähigkeit sowie das Qualifikationsrepertoire spezifischer Fähigkeiten/Verhaltensweisen/Einstellungen. Dabei kann sich eine Förderung von Selbstentwicklung im weiteren Sinne z. B. auf Führungskräfte-Nachwuchs beziehen, etwa mit dem Ziel, ein spezifisches Repertoire von Generalisten-Qualifikationen zu vermitteln, um so einen Pool von qualifizierten Aspiranten für zukünftige Vakanzen in bestimmten Hierarchieebenen zu erhalten oder aufzufüllen (»Goldfischteich«). Hierfür wäre das Personalentwicklungssystem der betrieblichen Weiterbildung geeignet.

Aus Sicht der Unternehmung ist es sinnvoll, die Förderung von Selbstentwicklung im engeren Sinne gezielt auf bestimmte, als geeignet angesehene Einzelpersonen auszurichten, welche die erforderlichen Entwicklungssprünge tatsächlich auch machen (können). Bei diesen Aspiranten wäre dann nach Bedingungen zu suchen wie:

- Neigung, Herausforderung zu suchen und zu bewältigen,
- Einsatz der gesamten Persönlichkeit bei der Bewältigung der Herausforderung,
- Bereitschaft, persönliche Risiken einzugehen,
- Fähigkeit, die eigene Abhängigkeit von beeinflussbaren und nicht-beeinflussbaren Bedingungen einzuschätzen,
- Bereitschaft und Fähigkeit, bewusst an der eigenen Entwicklung zu arbeiten.

Die Hilfe manifestiert sich in den Rahmenbedingungen und der Vermittlung von Qualifikationen zur Selbstentwicklung. **Rahmenbedingungen** sind in diesem Zusammenhang alle Einflussfaktoren, die das Umfeld selbstentwicklungsfreundlich beeinflussen können. Wichtige Faktoren dabei sind die Aufgabenstrukturen und die Unternehmungskultur. Von der **Aufgabenstruktur** gehen wesentliche Impulse für das Selbstverständnis aus, wobei in der Literatur solche Parameter als positiv angeführt werden, die sich allgemein förderlich auf die intellektuelle Leistung auswirken. Diese Faktoren sind z. B.:

- abwechslungsreich und ganzheitlich gestaltete Aufgaben,
- Anregung und Stimulation durch die Arbeitsumgebung,
- Soziale Kontakte,
- Wichtigkeit, Bedeutung der Aufgabe, wobei dies auch dem Mitarbeiter vermittelt wird,
- Autonomie bei der Durchführung,
- Rückkoppelung bzw. Bewertung über das Arbeitsergebnis.

Ein weiteres Moment ist, dass Förderung oder Verhinderung von Selbstentwicklung durch die Unternehmung und dessen Organe einen eigenständigen Wert darstellt und somit Ausdruck der Unternehmungskultur ist. Aus den Überlegungen zur Integration von Personalentwicklung und Organisationsentwicklung wird die Stellung der **Unternehmungskultur** für die Selbstentwicklung deutlich (vgl. Kap. D.V.2).

Die Initiierung und Durchführung der Selbstentwicklung setzt das Vorhandensein bestimmter Qualifikationen voraus. Diese Entwicklungsqualifikationen sind dem Bereich der Schlüsselqualifikationen zuzuordnen. De Grave nennt in diesem Zusammenhang die in Abbildung 105 genannten Qualifikationen.[209]

Geforderte Qualifikation	Beschreibung
Lernmotivation, -fähigkeit, -bereitschaft	Einsicht in die Selbststeuerung der eigenen Entwicklung; Einsicht in die Selbstverantwortung; Ergänzen der aktuellen Potenziale durch Aneignen von Wissen, Fähigkeiten und Verhaltensweisen
Fähigkeit zur Selbstanalyse	Reflexion von Stärken/Schwächen; Analyse eigener Selbstentwicklungsziele; Nutzung anderer Individuen zur Selbstanalyse (sozialer Vergleich)
Rollendistanz	Hinterfragen gelernter Normen; Verhaltenserwartungen zurückweisen können.
Zukunftsorientierung	Positive Einstellung gegenüber Veränderungen von Objekten, Personen, Situationen, Zielen; Offenheit gegenüber neuen Ideen, Konzeptionen, Strukturen; Bereitschaft für neue Erfahrungen
Fähigkeit zur Setzung von Selbstentwicklungszielen	Vorhandensein bzw. Entwicklung eines Selbstkonzeptes mit Kriterien für eine Selbstbeurteilung
Lernen aus Erfahrung	Aufsuchen und Erkennen von Lernsituationen; Identifizierung von Lernmöglichkeiten
Berufliches Selbstverständnis	Identifikation mit der Arbeit und Fähigkeit zum Aufbau einer eigenen beruflichen Identität

Quelle: In Anlehnung an de Grave (1991) 140.

Abb. 105: Qualifikationen für Selbstentwicklung

209 De Grave bezieht sich nur auf die berufliche Erstausbildung.

3. Das System der Personalentwicklung

Systemtheoretisch betrachtet bilden Personen bzw. deren Potenziale und Aktionen bzw. Prozesse der Entwicklung die Elemente eines Personalentwicklungssystems. Der **institutionelle Aspekt** steht im Vordergrund, wenn die Personen, differenziert nach Art und Anzahl sowie Strukturierung und Einbindung in übergeordnete Systeme, betrachtet werden. Interessieren die Aktionen bzw. Prozesse, die zur Entwicklung beitragen, steht der **funktionale Aspekt** im Vordergrund.[210] Im Folgenden werden anhand einer phasenorientierten Betrachtung beide Aspekte näher erläutert.

Konzeptionelle Personalentwicklung ist durch das in der folgenden Abbildung 106 angedeutete Phasenmodell gekennzeichnet. Das in der Abbildung vorgestellte Modell wird häufig als didaktisch orientiertes Handlungsmodell in der betrieblichen Praxis zugrunde gelegt.[211]

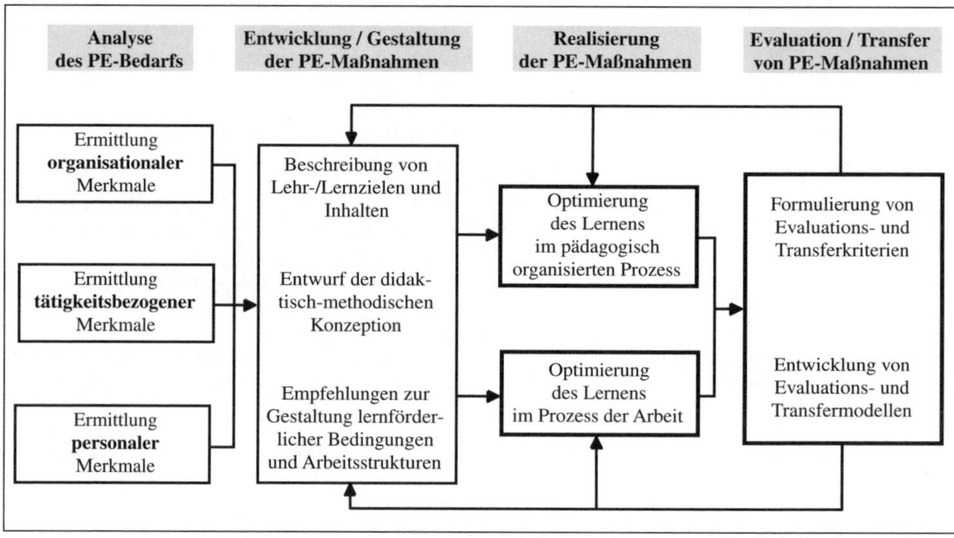

Quelle: Sonntag (1999a) 21.

Abb. 106: Phasenmodell der Aufgaben und Strategien personaler Förderung

Für die einzelnen Phasen liegen zahlreiche Instrumente, Methoden und Techniken vor. Es soll jedoch nicht der Eindruck erweckt werden, dass systematische und erfolgreiche Personalentwicklung lediglich eine Funktion der Auswahl und des Einsatzes der richtigen Entwicklungsinstrumente ist. Dies funktioniert schon aus drei Gründen nicht:[212] Zum Ersten kann zwar im klassischen Führungstraining auf erprobte Instrumente zurückgegriffen werden, jedoch bestehen im Facharbeiter- und Angestelltenbereich trainingsmethodische Defizite, welche häufig in einseitigen Verhaltensentwicklungen und begrenzter fachspezifi-

210 Vgl. Hungenberg (1990) 41.
211 Zu dem Phasenmodell vgl. auch Gaugler (1989) 39 f.
212 Vgl. Sonntag (1999a) 24.

scher Kompetenz münden. Zum Zweiten existiert kein »Set« von Instrumenten, für dessen Auswahl ein hinreichend begründetes theoretisches Fundament zur Verfügung stünde und das daher unschwer operational einsetzbar wäre. Zum Dritten ist ein wichtiger Aspekt bei der praktischen Personalarbeit die Methodenakzeptanz, und zwar seitens der Unternehmungsleitung und auch der betroffenen Mitarbeiter, was eine stark subjektive Komponente in die Personalentwicklungsarbeit einbringt.[213] Vor allem aber ist Personalentwicklung immer vor dem Hintergrund unternehmungsspezifischer Kontextfaktoren zu gestalten. Sie unterliegt damit dynamischen Anpassungsprozessen, wie die weiteren Ausführungen noch zeigen werden (vgl. Kap. F).

Dies bedeutet jedoch nicht das »Aus« für konzeptionelle Personalentwicklung, sondern stellt eine Herausforderung an die Entscheidungskompetenz der Verantwortlichen dar, da diese in der Lage sein sollten, aus einem Pool von Instrumenten und Methoden heraus unternehmungs- und situationsadäquat zu wählen.

a) Entwicklungsbedarf

Voraussetzung für eine systematische Personalentwicklung ist eine detaillierte qualitative, auf die Zukunft gerichtete **Personalbedarfsplanung** und auf die Gegenwart bezogene **Personalbestandsplanung**, mit deren Hilfe, aufbauend auf prognostizierten Veränderungen der Unternehmungsstruktur und deren Umfeld, zukünftige Aufgaben und Anforderungen im Tätigkeitsfeld der Mitarbeiter analysiert werden.

Bei Praktizierung einer Personalentwicklung nach dem **Lückenkonzept** werden gegenwärtige Qualifikationen einer Person den Anforderungen einer Stelle gegenübergestellt und damit **Deckungslücken** offen gelegt, die durch Personalentwicklung zu schließen sind. Damit bilden Änderungsprozesse in der Unternehmung den Ausgangspunkt für den Einsatz der Personalentwicklung. Die Aufgabe der Personalentwicklung ist es dann, sicherzustellen, dass diese Änderungen möglichst konfliktfrei und reibungslos durchgeführt werden, weshalb auch der in Kap. D.V.1 angesprochene Zielpluralismus zu berücksichtigen ist.

Entwicklungsbedarf entsteht bei Abweichungen vom Idealzustand der Stellenbesetzung, d. h., wenn Mitarbeiter im Sinne der Erreichung betrieblicher und individueller Ziele nicht optimal eingesetzt sind. Ein **Einsatzoptimum** ist dann vorhanden, wenn

- **bestehende** Arbeitsplätze derart besetzt sind, dass
  - die Mitarbeiterqualifikationen den Stellenanforderungen entsprechen,
  - Qualifikationen entsprechend sich wandelnden Anforderungen verändert werden,
  - die vorhandenen Qualifikationen im Zuge der Aufgabenerfüllung genutzt werden,
- für derzeit und zukünftige **freie** Arbeitsplätze (Vakanzen)
  - eine ausreichende Zahl von Nachwuchskräften bzw. Positionsaspiranten vorhanden ist,
  - die Positionsaspiranten auf ihre künftigen Aufgaben so vorbereitet sind, dass ihre Qualifikationen bei Übernahme der Stelle ausreichen.

---

213 Vgl. auch die Bemerkungen zu den subjektiven Prägungen in Kap. D.V.3.a.aa und die Ausführungen zum Akzeptanztheorem bei Drumm (2000) 419 ff. Vgl. auch die Analyse auf Basis des Vroom/Yetton-Modells bei v. Rosenstiel (1994).

Damit wird deutlich, welche **Voraussetzungen** erfüllt sein müssen, damit Abweichungen von diesem Optimum erkannt und Entwicklungsmaßnahmen inhaltlich konkretisiert werden können. Es sind erforderlich:

- Kenntnisse der Aufgaben- und Stellenveränderungen (Inhalte der Organisations-, Stellenplanung);
- Kenntnisse der Stellenanforderungen und ihrer Veränderungen;
- Kenntnisse der Mitarbeiterqualifikationen und ihrer voraussichtlichen Entwicklungen und
- Kenntnisse der Entwicklungsbedürftigkeit der Mitarbeiter.

Das Vorliegen dieser Informationen ist notwendig, um den Bedarf an Personalentwicklung feststellen zu können. In systematischer Betrachtung liegt Entwicklungsbedarf dann vor, wenn

- **Deckungslücken** zwischen Arbeitsplätzen und Mitarbeitern bestehen, die sich beziehen auf
  (1) die Quantität der Stellenbesetzung: **Vakanzen** und/oder
  (2) die Qualität der Stellenbesetzung (Anforderungs-Qualifikations-Diskrepanzen). Diese können in zwei Formen auftreten: Als **Qualifikationslücken**, wenn Qualifikationen die Anforderungen unterschreiten, sowie als **Anforderungslücken**, wenn die Anforderungen unter den vorhandenen Qualifikationen liegen.
- Diese drei Arten von Deckungslücken kann man als den primären betrieblichen Personalentwicklungsbedarf bezeichnen. Er wird durch Entwicklungsprogramme planerisch fundiert zu beheben versucht. Gelingt dies (in einer ersten Planungsrunde) nicht vollständig, so entsteht ein weiterer, sekundärer Entwicklungsbedarf.
- Er besteht aus Deckungslücken zwischen den betrieblichen Entwicklungsmöglichkeiten und den persönlichen Entwicklungswünschen. Sie können auftreten als
  (1) Gelegenheitslücken, wenn weniger Entwicklungsmöglichkeiten vorhanden sind, als diesbezüglich Wünsche geäußert wurden,
  (2) Ziellücken, wenn die Entwicklungswünsche hinter den vorhandenen (geplanten) Entwicklungsmöglichkeiten zurückbleiben.

Solche Deckungslücken können gegenwärtig bestehen und/oder zukünftig entstehen. In Bezug auf gegenwärtigen Entwicklungsbedarf ist es eher möglich, ihn detailliert, d. h. arbeitsplatz- und mitarbeiterspezifisch, zu formulieren. Bedarfsprognosen sind mit den üblichen Planungsunsicherheiten behaftet, zu denen zusätzliche Schwierigkeiten treten, die mit – vor allem längerfristigen – Voraussagen über zukünftige Arbeitsplatz-Anforderungsveränderungen und Mitarbeiter-Qualifikationspotenziale verbunden sind.

Personalentwicklungsbedarf hat zwei Komponenten:

- Die **sachliche** Komponente sagt aus, wofür und wohin entwickelt werden soll. Es geht hierbei um das Schließen der Deckungslücken i.S. des Definierens von Entwicklungszielen und -inhalten.
- In der **personellen** Komponente kommt zum Ausdruck, wer entwickelt werden soll. Es geht also um die Mitarbeiter(-Gruppen), für die Entwicklungsmaßnahmen geplant und durchgeführt werden sollen.

Abbildung 107 stellt diese Zusammenhänge dar.

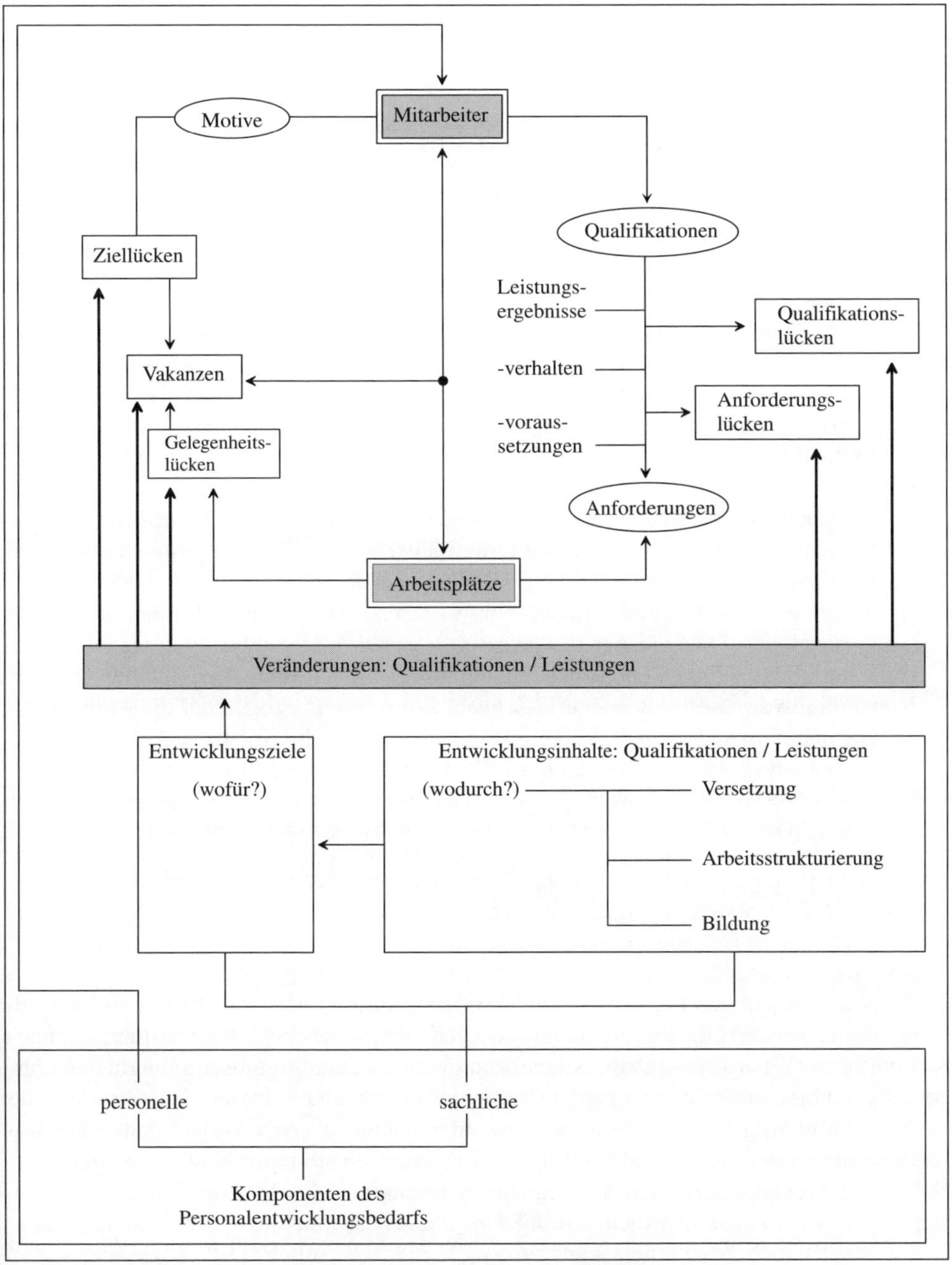

Abb. 107: Bestimmungsgrößen und Komponenten des Entwicklungsbedarfs

Geht Personalentwicklung über die Schließung von Deckungslücken hinaus und hat auch die Entwicklungsfähigkeit der Unternehmung zum Ziel, reicht eine solche technische Betrachtung der Erhebung von zurzeit vorhandenen Defiziten in der Aufgabenerfüllung nicht mehr aus. Entsprechend den Ausführungen zu extrafunktionalen Qualifikationen ist dann an der Entwicklungsfähigkeit der Mitarbeiter anzusetzen, welche es zu fördern gilt.

aa) Erhebung des betrieblichen Entwicklungsbedarfs

Basis für die Personalentwicklung bildet die Identifikation des **betrieblichen Entwicklungsbedarfs.** Grundlegende Komponenten der Bedarfsermittlung zur Reduzierung von Unsicherheit und Unbestimmtheit bei der Gestaltung von Entwicklungsmaßnahmen sind[214]

- Organisationsanalyse. Diese dient zur Ableitung von Zielvorgaben aus der Unternehmungs- und Führungsphilosophie bzw. -grundsätzen und aus den Daten der strategischen Personal-Management-Planung. Weiterhin lassen sich so beispielsweise spezifische Kompetenzen aus der geplanten Einführung neuer Techniken oder sprachliche und kulturelle Kompetenzen aus der geplanten Fusion mit ausländischen Unternehmung ableiten.
- Subjektive Bildungsbedarfsanalyse. Hinweise auf aktuellen oder künftigen Entwicklungsbedarf können auch die einzelnen Mitarbeiter selber geben, wenn diese eine Chance bekommen, ihren subjektiv erlebten Bedarf zu artikulieren.
- Arbeitsplatzanalyse mit den Teilanalysen Aufgaben-, Arbeitsplatz-, Rollen- und Anforderungsanalysen. Diese dienen der Erfassung der zur Aufgabenbewältigung erforderlichen Kenntnisse, Fähigkeiten und Einstellungen eines (eventuellen) Stelleninhabers, wobei diese von zwei Seiten zu erfassen sind: zum einen bezogen auf die Aufgabenerfüllung und zum anderen auf die Tätigkeiten an einem Arbeitsplatz.
- Personenanalyse (Personalbeurteilung). Diese dient der Ermittlung individueller Leistungs- und Verhaltensdefizite. Eingesetzt werden hierzu standardisierte Leistungsbeurteilungen, Testverfahren, Arbeitsproben und auch Assessment Center-Verfahren.

Dieses sehr grobe Schema bedarf einer Konkretisierung bezüglich einzelner Kompetenzen, wie sie Entwicklungsmaßnahmen zugänglich sind. So ist es z. B. nicht hinreichend konkret, jemanden von einer unerfahrenen zu einer erfahrenen Marketing-Führungskraft entwickeln zu wollen. Zu differenzieren ist auch nach der Dringlichkeit der Behebung des Defizits und danach, ob die Person bzw. das Arbeitsumfeld dieses Defizit nicht kompensiert. Während ersteres die unternehmungsbezogene Tragweite des Defizits anspricht, können sich mit letzterem vorhersehbare Adaptionsprobleme in der Organisation vermeiden lassen, die in Folge einer Anpassung der Qualifikation notwendig würde.[215]

Aus Abbildung 107 geht hervor, dass sowohl aufgaben- als auch personenbezogene Daten zu erheben sind. Ausgangspunkt für die Erhebung bilden typischerweise von der methodischen Seite her bezüglich der Aufgabe die **formale Stellenbeschreibung** und bezüglich der Person die **Leistungsbeurteilung**. Die Stellenbeschreibung wird primär unter funktional-organisatorischen Gesichtspunkten erstellt. Eine wesentliche Differenzierung besteht zwischen den Arbeitsinhalten von Fach- und Führungsfunktionen dahingehend, dass Füh-

---

214 Vgl. Sonntag (1999a) 22; v. Rosenstiel (1999) 110 f. und die dort angegebenen Quellen.

215 Stiefel spricht in diesem Zusammenhang von »Korridorthemen«, die strategische Bedeutung haben. Vgl. Stiefel (1995) 54 f. Vgl. auch die bei Krapp/Weidemann angeführten Längsschnittstudien bzgl. der Kompensation kognitiver Subsysteme. Vgl. Krapp/Weidemann (1999) 82.

rungsaufgaben typischerweise sehr unstrukturiert und bezüglich der Inhalte relativ vielseitig sind.

Wie in Kapitel D.II.2.a und b bereits ausgeführt, existieren bei der Ermittlung von Anforderungs- und Qualifikationsprofilen zahlreiche methodische Probleme. Diese treffen auch auf die Erhebung des Entwicklungsbedarfs zu. Grundlegend kritisch ist bei einer aufgabenanalytischen bzw. funktionsorientierten Erhebung vor allem die Transformation verrichtungsbezogener menschlicher Verhaltensweisen in die diesen zugrunde liegenden ausführenden Tätigkeiten zu sehen. Bei extrafunktionalen Qualifikationen behilft man sich mit einer ›Zuordnung‹, ohne dass hierfür ein methodenadäquates Modell existieren würde. Geht man hingegen umgekehrt von den physischen Prozessen der Aufgabenbewältigung aus, so lassen sich hieraus in der Regel keine inhaltlich-fachlichen Qualifikationen ableiten. Diese Probleme wurden bereits unter dem Aspekt der ›Informatorischen Fundierung‹ im Rahmen der Personalbedarfsplanung angeführt (Kap. D.II.2) Hinzu kommt hier das Problem der Transformation analytisch ermittelter Anforderungen in didaktisch-methodische Lehr-/Lernkonzepte, welches bisher nicht befriedigend gelöst ist.[216]

Von der methodischen Seite her kann ebenfalls auf die Ausführungen in den Kapiteln D.II und D.III verwiesen werden, weshalb hier nur ergänzende Anmerkungen folgen.

– Mitarbeiterbefragungen

Durch die Mitarbeiterbefragung können Informationen über Einstellungen, Erwartungen und Bedürfnisse der Mitarbeiter, bezogen auf den Arbeitsplatz, das betriebliche Arbeitsumfeld und die Umwelt erhoben werden. Die Qualität der Informationen aus Befragungen hängt neben der Qualität der Fragen auch von der Handhabung der Durchführung und weiteren situativen Faktoren ab.

Sporadische Befragungen in rezessiven Zeiten können beispielsweise Unruhe bei den Befragten auslösen. Als Reaktion darauf können diese dazu tendieren, solche Antworten zu geben, die vermeintlicher Weise eher der Sicherung des Arbeitsplatzes dienen und damit nicht zur Erhöhung der Förderungs- und Entwicklungsperspektiven beitragen.

Über Qualifikationslücken, die bei bestimmten Mitarbeitern vorhanden sind, können solche Personen Aussagen machen, die zum einen über arbeitsplatzbezogene praktische Erfahrungen und/oder theoretische Kenntnisse verfügen, d. h. über die Aufgabeninhalte, den Arbeitsvollzug und dessen Anforderungen, und die zum anderen diejenigen Mitarbeiter kennen, für die eventuell benötigte Fortbildungsinhalte ermittelt werden sollen. Als zu Befragende kommen Mitglieder der Unternehmungsleitung, Vorgesetzte der zu beurteilenden Mitarbeiter, Trainer und vor allem die Mitarbeiter selbst in Betracht. Als Interviewer werden selten bestimmte Personen genannt, es sei denn die sog. Bildungsbeauftragten der Unternehmung, über die in letzter Zeit verstärkt diskutiert wird.

Als Befragungsmethoden kommen Expertenbefragungen, z. B. durch Interviews, Fragebogen-Erhebungen, strukturierte Rollenanalysen oder ähnliche Techniken in Betracht.

- Expertenbefragungen durch **Interviews** können sich einmal an Arbeitsplatzexperten richten, zum anderen durch Personalentwicklungsexperten durchgeführt werden. Ersteres ist der Fall, wenn Mitarbeiter selbst und/oder deren Vorgesetzte befragt werden.

216 Eine Auseinandersetzung mit dem Beitrag der Aufgabenanalyse für die Erhebung speziell des Personal-Entwicklungsbedarfs findet sich bei Sonntag (1999).

Mitarbeiterbefragungen lassen auch individuelle Interessen und Neigungen erkennen, in ihnen werden unabhängig vom Vorgesetzten Qualifikationslücken und Trainingswünsche mitgeteilt. Vorgesetztenbefragungen können in Ergänzung zu Mitarbeiterbefragungen eine Beurteilung realistisch abrunden. Ein Personalentwicklungsexperte wird beteiligt, wenn Bildungsbeauftragte Bedarfserhebungen durchführen bzw. als Informationssammelstelle für Personalentwicklungsbedarf fungieren. Werden Bildungsbeauftragte für die einzelnen Funktionsbereiche eines Betriebes eingesetzt, so wird es möglich, bereichsspezifische Entwicklungssignale dezentral zusammenzufassen und in Maßnahmen umzusetzen. In solchen Expertenbefragungen liegen aber auch Gefahren: Sie erbringen oft unvollständige Ergebnisse, in starkem Maße Meinungen neben und statt Fakten, teilweise Problemlisten der Befragten, wenn der Interviewer als Beschwerdestelle missverstanden wurde. Bei schriftlichen Befragungen kommen Missverständnis- und Fehlinterpretationsgefahren hinzu. Oft zögern Vorgesetzte auch, ihre Meinungen und Urteile über Mitarbeiter schriftlich abzugeben. Diese Gefahren können durch spezielle Vorkehrungen, wie z. B. Art der Frageformulierung, Antwortvorgabe, Hilfestellung beim Ausfüllen des Fragebogens u. a. m., gemindert werden. Andererseits liegen in solchen »Hilfen« oft wiederum neue Gefahren: so bei sog. »geschlossenen« Fragen mit vorgegebenen multiple choice-Antwortkategorien die des Aufzwingens des theoretischen Referenzrahmens, der zur Fragebogen-Konstruktion benutzt wurde.

- Ausschließliche **Fragebogen-Erhebungen** erbringen im Vergleich zu Interviews schnellere Ergebnisse, sie sind kostengünstiger, die in der Person des Interviewers liegenden Fehlerquellen fallen fort. Auch ist ein größeres Spektrum der im Betrieb vorhandenen Vorstellungen über den Entwicklungsbedarf durch Mehrfachbefragungen, d. h. sowohl der Mitarbeiter selbst wie auch deren Vorgesetzte und der Geschäftsleitung, leichter zu erheben. Gerade dann aber, wenn Kataloge über Tätigkeiten oder Wissensgebiete zugrunde gelegt werden, die durch Ankreuzen zu bearbeiten sind, ist die oben genannte Gefahr besonders groß, dass ein fester Rahmen aufgezwängt wird.
- In **strukturierten Rollenanalysen**[217] werden Mitarbeiter über ihre Erwartungen und Vorstellungen befragt, die sie von den (Einzel-)Funktionen ihrer Stelle und deren relativen Bedeutung zueinander sowie von den Faktoren haben, die die Aufgabenerfüllung beeinflussen. Schließlich geht es um ihre Einschätzung der Qualifikationslücken, die – durch Gewichtungen abgestuft – bei ihnen selbst vorhanden sind. Solche Selbsteinschätzungen sind nicht immer leicht beurteilbar, weil in Bezug auf die Antwortqualität zumindest zwei Zweifel bestehen:
  a) Sind die wirklichen Mitarbeitererwartungen und nicht nur abstrahierte Meinungsbilder über sie gewonnen worden?
  b) Stimmen die angegebenen, notwendigerweise allgemeinen Erwartungen mit den besonderen und konkreten im jeweiligen Aufgabenerfüllungsfall überein?
- Auch mit der sog. »**Critical Incident**«-Methode kann der Inhalt von Entwicklungsbedarf ermittelt werden. Kritische Vorfälle oder Schwierigkeiten beim Aufgabenvollzug können entweder durch die Mitarbeiter selbst mithilfe tagebuchartiger Aufzeichnungen

217 Vgl. hierzu Zeidler (1972); Stiefel (1974) 445; Lattmann (1974) 30.

oder aber mittels Arbeitsablaufanalyse entdeckt werden.[218] Unabhängig davon, in welcher Form Arbeitsmängel festgestellt wurden, schließt sich eine Untersuchung darüber an, ob sie in unzureichenden Mitarbeiterqualifikationen ihren Grund haben, und ob diese durch Personalentwicklungsmaßnahmen verbessert werden können.

- Mit **Gruppengesprächen** unterschiedlicher Formen kann Trainingsbedarf schließlich ebenfalls ermittelt werden. Dazu gehören Brainstorming-Sitzungen, Übungen zu Problemidentifizierungen, direktes Erfragen genau konkretisierter Trainingsinhalte z. B. am Beginn von Seminaren. Durch diese Formen der Teilnehmeraktivierungen können gruppendynamische Prozesse eingeleitet werden an Problemen, die durch Erkennen von einer Personenmehrheit legitimiert sind.

– Dokumentenanalyse

Die wichtigsten zur Aufdeckung von Entwicklungsbedarf zu analysierenden Dokumente sind Aufzeichnungen über **Leistungsbeurteilungen.** Auf dieses Instrument einer globalen Qualifikations-Diagnose wurde oben schon im Zusammenhang mit dem informatorischen Fundament der Personalplanung und -entwicklung (vgl. Kap. D.II.2) eingegangen. Den dort skizzierten Vorteilen objektivierter und akzeptierter Beurteilungskriterien stehen aber durchaus auch Nachteile gegenüber, die sich vor allem auf die Handhabung und auf Schlussfolgerungen aus den Beurteilungsergebnissen beziehen: Dem Schluss von mangelhaften Leistungen (Zielverfehlung) auf Ursachen, die in der Person des Stelleninhabers liegen und nicht etwa auf solche Gründe, die nicht von ihm beeinflussbar waren, liegen zumindest auch subjektive Einschätzungen zugrunde. Insofern gehören auch Mechanismen zur Bewältigung von Konflikten zwischen Beurteiltem und Vorgesetzten über diesen Punkt zu einem ausgebauten Beurteilungssystem. Auch der Schluss von Fehlleistungen auf bestimmte Qualifikationsmerkmale, die in nur unzureichendem Maße ausgeprägt und daher trainierbedürftig sind, ist keineswegs stets zwingend. Schließlich ist besondere Vorsicht bei der prognostischen Beurteilung von Persönlichkeits- und Verhaltensmerkmalen karrierefähiger Mitarbeiter gerade durch Laien geboten.

Die gleichen Schwierigkeiten hinsichtlich der Ursachenanalysen und des Sicherheitsgrades gezogener Schlussfolgerungen ergeben sich bei der Auswertung von **Personalakten**, um so genannte »**Skills Inventories**«[219] anzufertigen, oder von anderen Unterlagen und Kennziffern. Sie können u. U. wertvolle Indikatoren liefern, auf denen weitere Recherchen und Gespräche gezielt aufbauen können.

Dieser eher heuristische Charakter, z. B. von Kennzahlen, wird bei einer Durchsicht diesbezüglicher Vorschläge[220] deutlich. So werden z. B. genannt: steigende Fluktuationsraten, Krankenquoten, Überstunden, Kundenreklamationen, Inventurdifferenzen, sinkende Abteilungsdeckungsbeiträge, Personalproduktivität, Zahl von Verbesserungsvorschlägen u. a. m.

– Verhaltensbeobachtungen

Qualifikationen prägen die Disponiertheit eines Mitarbeiters, Arbeit vollziehen zu können. Aus der Beobachtung des Arbeitsverhaltens können Rückschlüsse auf vorhandene oder aber nicht vorhandene Qualifikationen gezogen werden.

218 Vgl. für nähere Einzelheiten Rayfield (1971) 26 f.; Nadler (1971) 54 ff.; Stiefel (1974) 445; Wessman (1975) 112.

219 Vgl. Wessman (1975) 113.

220 Vgl. Tavernier (1971) 10 f.; Morano (1971) 486 f.; Zimmer (1974) 95.

Verhaltensbeobachtungen sind in verschiedenen Formen möglich:

- als Beobachtungen durch Dritte in »Originalsituationen«, z. B. als Dauerbeobachtungen am Arbeitsplatz, als Multimomentstudien, als Mikro-Momentaufnahmen.[221]
- Eine andere Form sind Beobachtungen in »Sondersituationen«, z. B. in Rollenspielen, Prüfungen, psychologischen Tests (z. B. sog. Achievement Tests).[222] Mit ihnen sind allerdings besondere Schwierigkeiten verbunden, vor allem hinsichtlich der »Echtheit« des Beobachteten. Insbesondere einem mit Tests Versierten dürfte es nicht schwer fallen, nach einem zurechtgelegten Konzept oder auch so zu agieren, wie er meint, dass es dem Beurteilenden zusagt.

Alle Beobachtungsformen können sich nur dann als wertvolle Quelle für Zusatzinformationen über Mitarbeiterqualifikationen erweisen, wenn die beobachtenden Personen mit den Tätigkeiten, die sie beobachten, ausreichend vertraut sind. Andernfalls sind Fehlkonstruktionen über das jeweils »richtige Musterverhalten« wahrscheinlich, die auf Missverständnissen über (etwa technisch) notwendige Teiltätigkeiten beruhen können.

– Mitarbeitergespräch

Mitarbeitergespräche haben im Rahmen der Personalentwicklung drei Funktionen: Zum Ersten geben sie dem Mitarbeiter Rückmeldung über die Einschätzung seiner Vorgesetzten über das gezeigte Leistungsverhalten. Zum Zweiten dienen sie dazu, Entwicklungserfordernisse und -möglichkeiten aufzuzeigen und zum Dritten können verbindliche Zielsetzungen für den nächsten Beurteilungszeitraum vereinbart werden.[223] Mitarbeitergespräche dienen darüber hinaus auch der Beratung und Orientierung in Karrierefragen. Weitere Funktionen liegen in der Ermöglichung von Partizipation und der Schaffung von Transparenz in Leistungsbeurteilungs- und Entlohnungsfragen.

Eine typische Vorgehensweise bei der Erhebung personenorientierter Daten ist – wie bereits skizziert (Kap. D. II. 2. d) – es, auf Grundlage einer Leistungsbeurteilung Stärken und Schwächen einer Person zu beurteilen und darauf aufbauend das Entwicklungspotenzial einzuschätzen (diagnoseorientierte Potenzialbeurteilung). Nachteil sowohl von der (personenbezogenen) Leistungsbeurteilung als auch von der (aufgabenbezogenen) Stellenbeschreibung ist die retrospektive bzw. Status quo Orientierung, weshalb sie keine methodisch gesicherte Grundlage für Prognosen sind. Damit ist die beschriebene Vorgehensweise nicht nur fehlerhaft, sondern kann auch das so genannte Peter-Prinzip auslösen, nach dem jemand solange befördert wird, bis er die Stufe seiner Inkompetenz erreicht hat.[224]

– Assessment Center

Geeigneter zur informatorischen Fundierung ist das **Assessment Center** (AC), bei dessen Einsatz Anforderungen künftiger Arbeitssituationen mit in die Testsituation eingebracht werden können. Damit können Personen in Situationen beobachtet werden, die künftigen Anforderungen entsprechen, so dass hier eine relativ höhere Prognosevalidität im Vergleich zu anderen Erhebungsinstrumenten erzielbar ist. Unter anderem in Zusammenhang mit der

221 Vgl. Johnson (1967) 16 ff.; Schmidt, G. (1994) 172 ff.; Lattmann (1974) 32 ff.
222 Vgl. Wessmann (1975) 113.
223 Vgl. Schuler/Prochaska (1999) 191.
224 Vgl. Oechsler (2000) 573.

Personalauswahl ist dieses Instrument oben näher beschrieben worden. Abbildung 108 gibt den theoretisch unterstellten idealtypischen Erkenntnisfortschritt durch ein Assessment Center skizzenhaft wieder.

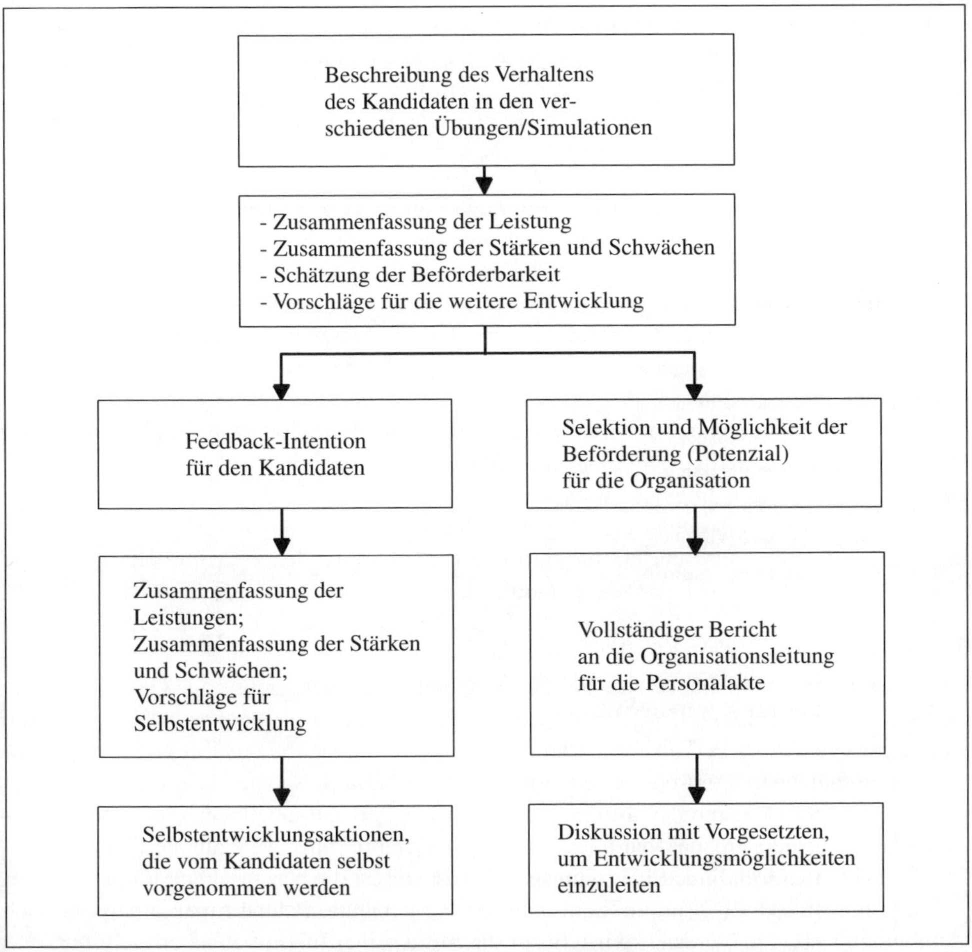

Quelle: In Anlehnung an Oechsler (1992) 329.

Abb. 108: Assessment Center innerhalb der Personalentwicklung

Problematisch im Zusammenhang der Personalentwicklung ist das Assessment-Center dann, wenn es weniger als Analyseinstrument für ein Feedback an den einzelnen Mitarbeiter, als »Nadelöhr« der High Potentials für die Führungslaufbahn (**A**ssassination **C**enter) eingesetzt wird.

– Weitere Verfahren

Für weitere Verfahren zur Ermittlung von Personalentwicklungsbedarf ist zum einen auf die informatorische Fundierung der Personalplanung zu verweisen. Die dort benötigten und ermittelten Informationen können auch in dem hier zur Diskussion stehenden Zusammenhang herangezogen werden. Dies belegt den sachlichen Zusammenhang eines systematisch und konzeptionell betriebenen Personal-Management. Zum anderen sind die Instrumente, die bei der Personalauswahl Anwendung finden, prinzipiell auch geeignet, um personenbezogene Informationen für die Personalentwicklung zu erheben.

In der weiter oben schon angeführten Befragung größerer Unternehmungen in Deutschland wurde auch nach den Grundlagen der Personalentwicklung gefragt. Abbildung 109 gibt das Ergebnis wieder, in dem sich zeigt, dass personenbezogene Informationsquellen die höchste Bedeutung in den befragten Unternehmungen haben. Dies ist eine Bestätigung der Erkenntnis, dass Personalentwicklung eine hohe Bedeutung als Aufstiegshilfe zukommt.

Informationsquelle	Rangwert
personenbezogen	
Nachfolgepläne	3,3
Leistungsbeurteilung	3,5
Stellenbeschreibung	2,3
Mitarbeiterstand	2,6
Zielvereinbarung	2,7
Erwartungen der Mitarbeiter	2,7
funktionsbezogen	
Anforderungsprofile	3,1
Revisionsberichte u. Ä.	1,6
Empfehlungen vom Bildungswesen	2,7
Empfehlungen vom Personalwesen	3,3
Ergebnisse von Arbeitskreisen	2,2
Individuelle Problemanalysen	2,6
unternehmensbezogen	
Rationalisierungsvorhaben	2,6
Investitionsprogramme	3,0
Entwicklungsdaten des Betriebs	3,0
Betriebsvergleiche	1,7
Organisationsentwicklung	2,7
Klimaanalyse im Unternehmen	1,6

Rangwert: 5 = hohe Bedeutung
1 = geringe Bedeutung

Quelle: Kettgen (1989) 139.

Abb. 109: Informationsstruktur der Personalentwicklung

Zur (zumindest teilweisen) Überwindung der oben angeführten Erhebungsproblematik schlagen Schuler/Prochaska eine Unterscheidung von drei Beurteilungsebenen vor:[225]

- Direkten Einfluss auf Verhaltenssteuerung und die Erzielung von Lerneffekten erreicht man günstigerweise auf einer 1. Ebene durch Day-to-day-Feedback. Je unmittelbarer das Feedback an der zugrunde liegenden Handlung liegt, desto einfacher ist es, die Verknüpfung von Verhalten und Ergebnis kenntlich zu machen. Die methodischen Ansprüche sind eher gering, jedoch ist sicherzustellen, dass der Vorgesetzte in der Lage ist, das Feedback konstruktiv zu gestalten.
- Auf einer 2. Ebene erfolgt eine systematische Leistungsbeurteilung, die sowohl der Leistungseinschätzung, als auch der Zielvereinbarung dient. Die methodischen Ansprüche sind höher, da für Vergleichszwecke zielgruppenorientierte Aspekte über Skalenkonstruktionen zu erheben sind.
- Der 3. Ebene kommt insbesondere eine prognostische Funktion zu. Die hier angesiedelte Potenzialbeurteilung zielt auf Fähigkeiten und andere erfolgsrelevante Faktoren ab. Die hohen methodischen Ansprüche wurden weiter oben bereits angeführt.

Schuler/Prochaska weisen darauf hin, dass häufige Praxisfehler in der Vermischung dieser drei Ebenen bzw. in der Konzentration auf nur eine Ebene begründet liegen.

bb) Identifizierung der Entwicklungsadressaten

Nach Feststellung des betrieblichen Entwicklungsbedarfs sind **Entwicklungsadressaten** auszuwählen, womit die **personelle Komponente** des Personalentwicklungsbedarfs angesprochen ist. Auswahlkriterium der Praxis ist vielfach die gegenwärtige Funktion und Position. Personalentwicklung zielt jedoch nicht nur auf die Erhaltung der Eignung für gegenwärtige Aufgaben ab, sondern auch auf den Eignungsaufbau für zukünftige Anforderungen. Rational gesehen ist daher entscheidender, ob ein Mitarbeiter entwickelt werden möchte und ob er ein entsprechendes Entwicklungspotenzial besitzt.

Hinsichtlich der Entwicklungsbedürfnisse der Mitarbeiter darf nicht verkannt werden, dass sie zum einen nicht einfach zu ermitteln sind und zum anderen Mitarbeiter nicht selten Schwierigkeiten haben, sie deutlich und hinreichend informiert zu artikulieren. In mehreren Leistungsdeterminanten liegen Komponenten verborgen, die gemeinsam zu Entwicklungsbedürfnissen führen: in Motiven, Einstellungen, Valenzen, Anordnungen, Erwartungen – sämtlich durch Erfahrungen und Lernprozesse aus der Arbeitsumwelt geprägt. Zwar gibt es etliche Instrumente, die als Artikulationshilfen betrachtet werden können; gleichwohl bleibt, dass in möglicherweise nicht wenigen Einzelfällen Erwartungs- und Erfahrungshorizonte von Mitarbeitern sehr eng sind, daher Entwicklungschancen nicht erkannt werden und der Entwicklungswille nicht sehr ausgeprägt ist.

Entwicklungsziele der Adressaten können in Mitarbeitergesprächen erhoben werden. Zu beobachten ist, dass neben Sicherheit, finanziellen Gründen, Aufstieg und anderen generellen Zielen im Zuge des Wertewandels individuelle Entwicklungsziele wie Selbstbestimmung, Individualität, Selbstverwirklichung, u. Ä. an Bedeutung zunehmen, was bei der Ermittlung die Wichtigkeit der **individuellen** Erhebung deutlich macht. Pragmatisch

225 Vgl. Schuler/Prochaska (1999) 202 f.

gesehen ist hierfür eine Selbstanalyse der Mitarbeiter notwendig, mit deren Hilfe der Mitarbeiter sich über seine persönlichen Entwicklungswünsche und -ziele klar wird. Die unverkennbaren methodischen Parallelen zur Erhebung des betrieblichen Entwicklungsbedarfs zeigen, dass sich diese beiden Bereiche vielfach überschneiden.

Beim Abbau von Bewusstseins- und Kenntnis-Defiziten können Mitarbeiter-Beratungs- und Mitarbeiter-Fördergespräche, z. B. durch die unmittelbaren Vorgesetzten, hilfreich sein.

Ist eine entsprechende Entwicklungsbereitschaft bei den Mitarbeitern nicht vorhanden, verbleiben nur externe Deckungsmöglichkeiten. Dem Personal-Management kommt hier eine zentrale Koordinationsfunktion zu, die sich aus den Überschneidungen von Beschaffungs-, Einsatz- und Entwicklungssystemen ergibt.

Die Erhebung von **Entwicklungspotenzialen** gestaltet sich ungleich schwieriger. Um Potenziale analysieren zu können, sind Anforderungen auf der einen Seite und Qualifikationen auf der anderen Seite merkmalsgleich zu formulieren, wobei eine Leistungsbeurteilung hier alleine nicht ausreicht, da diese nur eine Einschätzung der gegenwärtigen Leistungsfähigkeit wiedergibt. Ist die Erhebung gegenwärtiger Qualifikationen von der methodischen Seite her schon problematisch, so ist die Erhebung von Potenzialen mit noch größeren methodischen Unwägbarkeiten bzw. Unschärfen verbunden, was allein schon darin begründet liegt, dass Informationen über das Potenzial bezogen auf die Erfüllung neuer, d. h. anderer oder gestiegener Anforderungen benötigt werden. Auf Grund dieser Faktenlage wundert es auch nicht, wenn Krapp/Wiedemann auf Grund einer Auswertung empirischer Studien zu dem Ergebnis kommen, dass zurzeit eine auch nur annähernd vollständige Vorhersage nicht möglich ist und selbst unter günstigen Voraussetzungen in der Regel nicht mehr als 50 % der Leistungsvarianz statistisch vorhergesagt werden können.[226]

Alternativ zu einer systematischen Erhebung von Potenzialen mit ihren Mängeln könnte man noch die subjektiven Werturteile der direkten Vorgesetzten zugrunde legen. Das wäre im Zweifelsfall jedoch die schlechtere Alternative, da neben persönlichen Wertschätzungen für oder gegen einzelne Adressaten vor allem die Gefahr besteht, dass systematische Verzerrungen zugunsten stabilisierender Qualifikationen (wie etwa Überbetonung der Anpassungsfähigkeit an etablierte Systeme) zu einem Stillstand der Entwicklungsfähigkeit der Unternehmung führen.

Das Entwicklungspotenzial kann von der **Deckungslücke** nach oben oder unten abweichen, wobei unabhängig von dem Problem der Ermittlung des Potenzials, nur solche Mitarbeiter zu den Entwicklungsadressaten gehören können, deren Potenzial größer oder gleich der Deckungslücke ist.

Häufig findet eine Auswahl von Entwicklungsadressaten auch aufgrund weniger rationaler Kriterien statt. Subjektiver und mit (persönlichen) Werturteilen verbunden sind folgende Auswahlregeln:[227]

- **Chancengleichheit** für alle Mitarbeiter als potenzielle Entwicklungsadressaten,
- **Privilegierung** bestimmter Mitarbeitergruppen, mit den Unterfällen
  - **Begabtenförderung** solcher Mitarbeiter mit hohem Entwicklungspotenzial,
  - Senioritätsprinzip bevorteilt Mitarbeiter mit langer Betriebszugehörigkeit und Erfahrung,
  - Juvenilitätsprinzip als Bevorzugung jugendlicher Mitarbeiter.

226 Vgl. Krapp/Weidemann (1999) 82.
227 Vgl. Drumm (2000) 397.

cc) Faktische Bedarfsermittlung

Die Entwicklung der Mitarbeiter verursacht Kosten und unterliegt demzufolge ökonomischen Restriktionen, wie sie für jede Ressourcenverwendung gelten. In der Literatur werden zwei Regeln zur Bewältigung dieser Restriktion diskutiert:[228]

- **Linearisierung** des Entwicklungsaufwands pro Entwicklungsadressat,
- **Begrenzung** des Aufwands bei Maximierung des zu erwartenden Entwicklungsnutzens (sog. »Budgetregel«).

Die Linearisierung kommt dem Chancengleichheitsprinzip nahe.

Faktisch stellen bestehende oder latent vorhandene Defizite die wichtigsten Auslöser für Personalentwicklungsmaßnahmen und damit der Personalentwicklungsplanung dar, so dass sich der hier theoretisch deduzierte Anlass von Deckungslücken auch in der Praxis wiederfindet. Gabele stellte für den Bereich der Fortbildung empirisch fest, dass Impulse für neue Bildungsinhalte von folgenden Faktoren ausgehen:[229]

- **institutionell-unternehmerische Faktoren**
  - technologische Veränderungen: Neue Technologien und Produktionsverfahren,
  - Änderungen der Marktverhältnisse: Absatzmarkt, gesamtwirtschaftliche Lage, Konkurrenzdruck,
  - Veränderungen im Managementbereich: Änderungen der Unternehmungsgröße, der -ziele, personelle Veränderungen in der Geschäftsleitung.

- **personell-politische Faktoren**
  - Veränderungen im Betriebsklima: Mitarbeiterfluktuation, Arbeitszufriedenheit, -klima,
  - bildungspolitische Entwicklungen: Vorschriften und Richtlinien, Angebote an außer- und überbetrieblichen Bildungseinrichtungen, Planungen im schulischen Bereich.

Weber konnte in mehreren empirischen Untersuchungen nachweisen, dass das Ausmaß (quantitativ) von Fortbildungsaktivitäten abhängig ist von der unternehmungsspezifischen Ausprägung von Faktoren wie Wirtschaftsbereich, Beschäftigtenzahl, Betreuungsintensität der Produkte, Forschungsintensität, Anteil von Hochschulabsolventen, Umfang betrieblicher Fortbildungsziele, Existenz entscheidungsunterstützender Instrumente (Fortbildungspläne, Personalentwicklungspläne, Fortbildungsgrundsätze), Unternehmungsphilosophien und der Aktivität des Betriebsrates.

Sind obige Untersuchungen auf die situationsspezifischen Determinanten derjenigen Faktoren ausgelegt, die in einer speziellen Unternehmung und für eine spezielle Situation gelten, so wird in der Qualifikationsforschung die längerfristige Qualifikationsentwicklung, als generell zu unterstellende Entwicklungstendenz, anhand folgender Thesen diskutiert:[230]

---

228 Vgl. Drumm (2000) 397 f.
229 Vgl. Staehle (1999) 874 f. und die dort angegebene Literatur.
230 Vgl. Conradi (1983) 18 ff.; Schlaffke (1989) 14 ff.

- **Höherqualifizierungsthese**: Technischer Wandel und die Hinwendung zu automatisierter Arbeit bedingen einen Trend zur Höherqualifizierung.
- **Dequalifizierungsthese**: Bei zunehmender Mechanisierung steigen zunächst die Qualifikationsanforderungen an, sinken dann aber wieder, da die prozessgebundenen Qualifikationen die handwerklichen Fertigkeiten entwerten.
- **Differenzierungs- und Polarisierungsthese**: Die zunehmende Technologisierung und damit Automatisierung bewirkt eine Abwertung der Qualifikation für die technischen Erfordernisse eines konkreten Arbeitsplatzes (prozessgebundene Qualifikationen) und gleichzeitig eine Steigerung der Bedeutung prozessunabhängiger Qualifikationen.[231]

Das Nebeneinanderbestehen dieser widersprüchlichen Thesen ist erklärbar durch den Einfluss individueller Einstellungen des Management gegenüber der Nutzung organisatorischer Spielräume. Das hat eine Vielfalt von faktisch existierenden Strukturen zur Folge, die ihrerseits die Qualifikationsanforderungen an die Arbeitsplätze determinieren.[232]

Weiteres subjektives Moment ist nach Staehle die Management- bzw. unternehmungsphilosophische Einstellung gegenüber Sinn und Zweck von Personalentwicklung. In diesem Sinne lassen sich folgende Personalentwicklungs-Strategien unterscheiden:[233]

- **Purchasing Method**: Personalentwicklung findet nicht statt, Mitarbeiter werden nach Qualifikationsbedarf eingestellt und bei nicht ausreichender Leistung entlassen.
- **Jungle Method**: Personalentwicklung findet nicht statt, auftretende personelle Engpässe werden durch Neueinstellungen oder zufällig vorhandenes Personal beseitigt.
- **Manufacturing Method**: Personalentwicklung findet selektiv und nur bei Bedarf statt, halb ausgebildete Mitarbeiter mit Berufserfahrung werden in Abhängigkeit von ihrer Qualifikation eingesetzt und auf verschiedenen Positionen ausprobiert.
- **Agricultural Method**: Personalentwicklung findet auf allen Ebenen statt, es werden junge Nachwuchskräfte mit hohem Wachstumspotenzial eingestellt und systematisch qualifiziert.

Die beiden ersten auswahlorientierten Strategien sind gekennzeichnet durch komplexe, optimierte Selektionssysteme, Nutzung externer Vorselektion, breiter Einsatz von Assessment Center zur Beurteilung, Heranziehung von Zusatzgutachten zur Absicherung persönlicher Meinungen über Mitarbeiter, schnellen Einsatz von Freisetzungsmaßnahmen und eine Förderung der Mitarbeiter nach persönlichen Kriterien der direkten Vorgesetzten. In den beiden letzteren entwicklungsorientierten Strategien finden sich komplexe und optimierte Entwicklungssysteme, strukturierte Trainee-Programme, langfristig angelegte Förderkonzepte, Förderung von Zusatzqualifikationen, seltener Einsatz von Probezeiten und Kündigungen. Die drei erstgenannten Methoden dürften vor allem bei Unternehmungen anzutreffen sein, die die unternehmungspolitische Grundorientierung einer Bestandssicherung erfolgreich betreiben, d. h. Produkte ohne Innovationsbedarf in stabilen Märkten ohne Wettbewerbsdruck vertreiben und auch für die Zukunft keine nennenswerten Änderungen dieser Situation erwarten. Die letztgenannte Methode allerdings ist typisch bis notwendig

---

231 Vgl. Kern/Schumann (1970) 71.
232 Vgl. Staehle (1999) 877 f.
233 Vgl. Taylor/Lippitt (1983), zitiert nach Staehle (1999) 878.

in entwicklungsorientierten Unternehmungen, die in turbulenten Umwelten unter Innovations- und Wettbewerbsdruck stehen und nach neuen Erfolgspotenzialen suchen (vgl. Kap. F).

b) Personalentwicklungsarten

Diejenigen Tätigkeiten, in denen Personalentwicklung im Sinne von Veränderungen von Mitarbeiterqualifikationen bzw. -Leistungen bewirkt werden kann, sind oben in die drei Arten Bildung, Arbeitsstrukturierung und Versetzung (Karriereplanung) unterteilt worden. In dieser Reihenfolge sind sie Gegenstand der anschließenden Erörterungen.

Aus methodischer Sicht steht für diese Personalentwicklungsarten eine Vielzahl von Maßnahmen zur Verfügung, die entweder nur für eine oder aber auch für mehrere dieser Arten eingesetzt werden können. Sie werden in dem anschließenden Kapitel c) im Einzelnen dargestellt.

aa) Bildung

Bildung ist ein sowohl in der Alltagssprache als auch in zahlreichen Disziplinen wie Anthropologie, Philosophie, Pädagogik, Didaktik u. a. gebrauchter Begriff. Bildung als Vorgang ist mit Lernen gleichzusetzen, das zumeist über theoretische Einsicht vollzogen wird.

Vom Inhalt her wird Bildung in vielfacher Hinsicht unterschieden, so z. B. als ästhetische, musische, sprachliche, technische, religiöse Bildung. Der Versuch, allgemein gültige Schlüsselqualifikationen in dem spezifischen Sinne von »stoff- und situationsübergreifenden allgemein gültigen Lernfähigkeiten« zu trainieren, ist auf Basis der zur Zeit vorliegenden empirischen Befundlage als umstritten anzusehen. Es scheint vielmehr so, dass Lernende domänenspezifische, d. h. auf die jeweiligen Inhalte bezogene, Lern- und Studienstrategien entwickeln.[234]

Verschiedene Bildungskategorien zu unterscheiden ist auch nötig im Zusammenhang mit gesetzlichen Regelungen. So teilt z. B. das Weiterbildungsgesetz des Landes Nordrhein-Westfalen Bildung in Sachbereiche auf: personenbezogene Bildung; Eltern- und Familienbildung; freizeitorientierte und kreativitätsfördernde Bildung; politische Bildung; wissenschaftliche Bildung; nichtberufliche, abschlussbezogene Bildung; berufliche Bildung.

Die hier angesprochene berufliche resp. betriebliche Bildung ist von der Allgemeinbildung abzugrenzen. Dies ist auch mit dem Arbeitsförderungsgesetz (AFG) konform, in dem es heißt, man versteht unter beruflicher Fortbildung alle Maßnahmen, die das Ziel haben, berufliche Kenntnisse und Fertigkeiten festzustellen, zu erhalten oder der technischen Entwicklung anzupassen oder einen beruflichen Aufstieg zu ermöglichen und eine abgeschlossene Berufsausbildung oder eine angemessene Berufserfahrung voraussetzen (§ 41 AFG). Die berufliche Bildung ihrerseits wird unterteilt in berufliche Ausbildung und Fortbildung; Fortbildung setzt Ausbildung in der Regel voraus.

234 Vgl. Krapp/Weidemann (1999) 89.

Die begriffliche Abgrenzung lässt sich auch aus einer inhaltlichen Orientierung der Bildungsziele ableiten. Berufliche Bildung lässt sich zusammenfassend unterteilen in:

- berufliche Erstausbildung Erwachsener,
- Ergänzungs- und Anpassungsfortbildung bei technischen Veränderungen im Arbeitsprozess,
- Aufstiegsfortbildung zur Vorbereitung auf die Übernahme höherwertiger Tätigkeiten innerhalb der Unternehmung,
- berufliche Umschulung als nachgeholte Ausbildung zum Erwerb neuer Fähigkeiten und Kenntnisse,
- berufliche Rehabilitation, Resozialisation und berufliche Reaktivierung.

Durch diese Einteilung wird auch die Abgrenzung der Fortbildung in dem 2. und 3. Punkt von den weiteren beruflichen Bildungsbereichen deutlich. Im Folgenden wird nur eine Einteilung in Aus- und Fortbildung vorgenommen, da sowohl die Umschulung als auch die berufliche Rehabilitation etc. lediglich gesellschaftspolitische Aspekte ergänzend beinhalten, die bei der hier verfolgten betriebswirtschaftlichen Betrachtung unberücksichtigt bleiben.

(1) Ausbildung

Obiger Einteilung folgend versteht man unter Ausbildung alle betrieblich initiierten Bildungsmaßnahmen, mit denen Mitarbeitern einer Unternehmung, die für bestimmte Tätigkeiten oder Berufe erforderlichen Qualifikationen vermittelt werden. Darunter fallen im Wesentlichen:

- die Berufsausbildung nach dem Berufsbildungsgesetz (BBiG),
- die Trainee-Ausbildung auszubildender Hochschulabsolventen und
- die Anlernausbildung.

(11) Berufsausbildung

In der Berufsausbildung werden erstmalig und systematisch berufliche Kenntnisse und Fähigkeiten erworben. Aufgabe der beruflichen Erstausbildung nach BBiG ist die Vermittlung einer breit angelegten beruflichen Grundbildung und der für die Ausübung einer qualifizierten Tätigkeit notwendigen fachlichen Fertigkeiten und Kenntnisse. Ferner hat sie den Erwerb der erforderlichen Berufserfahrungen zu ermöglichen (§ 1 Abs. 2 BBiG). In der Bundesrepublik Deutschland wird die Berufsausbildung überwiegend im Rahmen des so genannten dualen Systems durchgeführt, d. h. in kooperativer Form in den beiden Lernorten Betrieb und Berufsschule. Gemäß **Berufsbildungsgesetz (BBiG)** darf die Ausbildung Jugendlicher unter 18 Jahren nur in anerkannten Ausbildungsberufen stattfinden, die vom Bundesminister für Bildung und Wissenschaft in einem Verzeichnis geführt werden. Das BBiG regelt die Verteilung der Ausbildungskompetenzen, die Rechte und Pflichten von Ausbildern und Auszubildenden, das Prüfungswesen und den Erlass von Ausbildungsordnungen. Mit diesem Gesetz besteht eine gewisse Normierung der Ausbildung und Einhaltung von Mindeststandards; obwohl es nicht derart restriktiv ist, dass es nicht gleichzeitig Freiräume für die Unternehmungen zur Gestaltung der Ausbildungsinhalte gemäß unternehmerischer Anforderungen und Anpassung an Entwicklungen sichert. Neben dem angeführten BBiG ist für die Berufsausbildung das BetrVG von Bedeutung, da dem Betriebsrat durch dieses Gesetz Einfluss auf die Errichtung und Ausstattung von Berufsbildungseinrichtungen und die Durchführung der eigentlichen Maßnahmen gewährt wird.

– Ziele

Die **gesellschaftlich-staatliche** Motivation bezüglich der Ausgestaltung des Ausbildungssystems ist die Umsetzung des bildungspolitischen Anspruchs der Chancengleichheit nach Abschluss der Ausbildung, die Steigerung der Wiederbeschäftigungschance bei Arbeitslosigkeit und die Erhöhung von Mobilität und Aufstieg.

Von **betriebswirtschaftlicher** Seite können zwei »Triebfedern« das Ausmaß der Ausbildungspolitik prägen:

- unternehmungspolitisch gesehen dient sie der bedarfsgerechten Bereitstellung relevanter Fähigkeits- und Kenntnispotenziale,
- personalpolitisch betrachtet erhöht sie darüber hinaus das interne Beschaffungspotenzial.

Erreicht werden kann damit eine weitgehende Abkoppelung vom externen Arbeitsmarkt. Mit einer derartigen Ausbildungspolitik können für die Unternehmungen folgende Vorteile verbunden sein:

- Vermittlung branchen- und unternehmungsspezifischer Qualifikationen,
- Minimierung der Beschaffungskosten,
- Sicherung des Nachwuchsbedarfs an kaufmännischen und gewerblichen Nachwuchskräften.

Diese potenziellen Vorteile ergeben sich nur im systematischen Zusammenhang von Personalentwicklung und Personalauswahl, der über die personalpolitischen Ziele besteht und auf der Personalplanungsebene vollzogen wird.

Zwischen den betrieblichen und staatlichen Zielen der Ausbildung im dualen System besteht ein Zielkonflikt, da die staatlichen Intentionen tendenziell zu Generalisierung, demgegenüber jedoch die betrieblichen Intentionen eher zu Spezialisierung führen. Der Ausgleich erfolgt bei dem in der Bundesrepublik Deutschland bestehenden **dualen System der Berufsausbildung** durch Kombination berufsschulischen Unterrichts und praktischer Ausbildung in den Unternehmungen. Erstere dient zur Vermittlung allgemeiner, theoretisch geprägter Kenntnisse und Fertigkeiten, wodurch bezüglich der staatlichen Anliegen an die Ausbildung eine weitgehende Normierung erfolgt; Letztere dient der spezifischen Ausbildung am Arbeitsplatz oder einer Lehrwerkstatt, wobei diese durch weitere, jedoch unternehmungsspezifische, theoretische Schulungen ergänzt sein kann.

– Das duale System der beruflichen Ausbildung

Abbildung 110 zeigt die wichtigsten Elemente der beruflichen Ausbildung, die in ihrer Kombination die Dualität ausmachen.

Kennzeichen der Dualität und damit Strukturmerkmale von Abstimmungsproblemen sind:[235]

- **Institutionelle Dualität**: Sie besteht in der Kompetenzzuweisung für die theoretische und allgemeine Ausbildung bei den öffentlichen Berufsschulen und für die praktische Ausbildung bei den Unternehmungen.

235 Zu den Abstimmungsproblemen vgl. Conradi (1983) 46 ff.

Elemente der Berufsausbildung	Dualität	
Institution	Ausbildungsbetrieb	Berufsschule
Lehrender	Ausbilder nach der Ausbildereignungs-verordnung	Berufsschullehrer mit Abschluss gemäß Studien- und Prüfungsordnung
Lernender	Auszubildender	Berufsschüler
Ausbildungsvorschriften	Ausbildungsordnung	Rahmenlehrplan
Aufsicht	zuständige Stellen der Kammern	staatliche Behörden
Finanzierung	Unternehmungen	öffentliche Hand
Planung	Unternehmungen und Selbstverwaltungsorganisation der Wirtschaft*	staatliche Behörden
Ordnungskompetenz	Bund	Länder

* z.B. IHK's für alle Dienstleistungs-, Handels- und Industrieunternehmungen (§ 44 BbiG).

Quelle: Drumm (2000) 370.

Abb. 110: Das duale System der Berufsausbildung

- **Dualität der Ausbildungsregelungen**: Die Aufstellung der Lehrpläne der Berufsschulen obliegt den Kultusministerien der Länder, für die betrieblichen Lehrpläne gibt es eine bundeseinheitliche Rechtsverordnung, die Schulpflicht besteht auf der Grundlage eines öffentlichen Rechts; die betriebliche Ausbildung hingegen richtet sich nach privatrechtlichen Berufsausbildungsverträgen.
- **Dualität der Ordnungskompetenzen**: Die berufsschulische Ausbildung richtet sich nach dem Ordnungsrecht der Landesregierung, die gesamte Berufsausbildung nach dem Ordnungsrecht der Bundesregierung.

– Gestaltung der betrieblichen Berufsausbildung

Planungsgegenstände der Berufsausbildung sind:

- die Planung der **Ausbildungsgänge und -inhalte**, die am zukünftigen qualitativen Personalbedarf anknüpfen,
- die Planung der **Ausbildungskapazitäten**, die von dem quantitativen Personalbedarf ausgehen und zwar sowohl von den Ausbildungsplätzen als auch von den -kosten her.

Inhalt und Ablauf der Ausbildung unterliegen dem Einfluss des jeweiligen Auszubildenden und der Unternehmung.

Entwicklungen in der Technik und Veränderungen in der Arbeitsweise von Unternehmungen machten in den letzten Jahren auch eine Anpassung der Ausbildungsinhalte der Berufsausbildung notwendig, die in diesen jedoch nur verzögert umgesetzt wurden.[236] Die

236 Vgl. Scholz/Herz (1998) 80 ff.

daraus entstandene Lücke zwischen gelehrtem und benötigtem Wissen ließ insbesondere bei größeren Unternehmungen einen zusätzlichen Qualifizierungsbedarf entstehen. Erst in jüngerer Zeit sind Neuordnungsverfahren von bestehenden Berufen und auch gänzlich neue Ausbildungsberufe entwickelt worden. So sind 1996 und 1997 insgesamt 70 Ausbildungsordnungen erlassen worden, davon 17 vollkommen neue und 53 Neuordnungen vorhandener Ausbildungsberufe.[237]

Neben dem Angebot an **Zusatzqualifikationen** durch Industrie- und Handelskammern, privaten Bildungseinrichtungen, etc. wurde das duale System durch die duale Ausbildung des tertiären Bereichs (als akademische berufliche Erstausbildung) ergänzt, wobei sich dieses Angebot lediglich an Abiturienten richtet. Träger dieser berufsbegleitenden Ausbildung sind meistens Berufs-, Wirtschafts- und Verwaltungsakademien.

Zur **Verbesserung der Qualifikationen** der Auszubildenden im Hinblick auf ihre Funktion als potenzielle Mitarbeiter bietet sich die Gestaltung folgender Parameter an:

- Wahl und **Gestaltung der Lehr- und Lernorte**, z. B. durch Ergänzung des Arbeitsplatzes als Lernort durch eine Lehrwerkstatt,
- Wahl der **Ausbilder** bezüglich ihrer fachlichen und pädagogischen Qualifikationen,
- Präzisierung und Aktualisierung der **Lernziele und -inhalte** durch Ausbildungspläne. Dadurch wird die Transparenz für den Auszubildenden erhöht sowie die Möglichkeit der Anhebung des Ausbildungsniveaus und der Anpassung der Ausbildung an unternehmungsspezifische Anforderungen eröffnet,
- Ergänzung der praktischen Ausbildung durch **theoretischen Unterricht** von der Unternehmung aus,
- Erhöhung der tatsächlichen **Ausbildungszeit** durch Verkürzung der »produktiven« Zeit,
- Abschluss von **Kooperationsverträgen** mit anderen Unternehmungen zur Verbesserung der Ausbildungsbedingungen,
- Nutzung **überbetrieblicher Lehrwerkstätten**,
- Wahl der **Lehrmethoden und -mittel**, die nach BBiG keiner Regelung unterliegen.

(12) Trainee-Ausbildung

Trainee-Programme sind spezielle betriebliche Einarbeitungsprogramme, in denen Hochschulabsolventen systematisch mit dem gesamtbetrieblichen Geschehen (Unternehmungsphilosophie und -politik), den strukturellen Zusammenhängen und konkreten Arbeitsanforderungen der Unternehmung vertraut gemacht werden, indem sie nach ihrem Hochschulabschluss ihre berufliche Laufbahn beginnen. Die Trainees durchlaufen in den Programmen, welche zumeist 6 bis maximal 24 Monate dauern mehrere Ausbildungsstationen, in denen sie z. T. auch praktisch mitarbeiten. Sie nehmen oftmals an zusätzlichen Fortbildungsmaßnahmen teil.

Die Programme können auf ein Ressort bzw. auf eine Abteilung beschränkt oder ressortübergreifend sein und auch Auslandsaufenthalte beinhalten.[238] Welche Ziele mit Trainee-Programmen verfolgt werden, die von großen Unternehmungen mit unterschiedlichem

237 Vgl. Becker, M. (1999) 150 und die Tabelle auf S. 154.
238 Vgl. die Beispiele bei Becker, M. (1999) 321.

zeitlichem Umfang angeboten werden, in denen sowohl die Anzahl der durchlaufenen Betriebsbereiche wie auch die Verweildauern in ihnen unterschiedlich ausgestaltet sind, zeigt die folgende Abbildung 111.

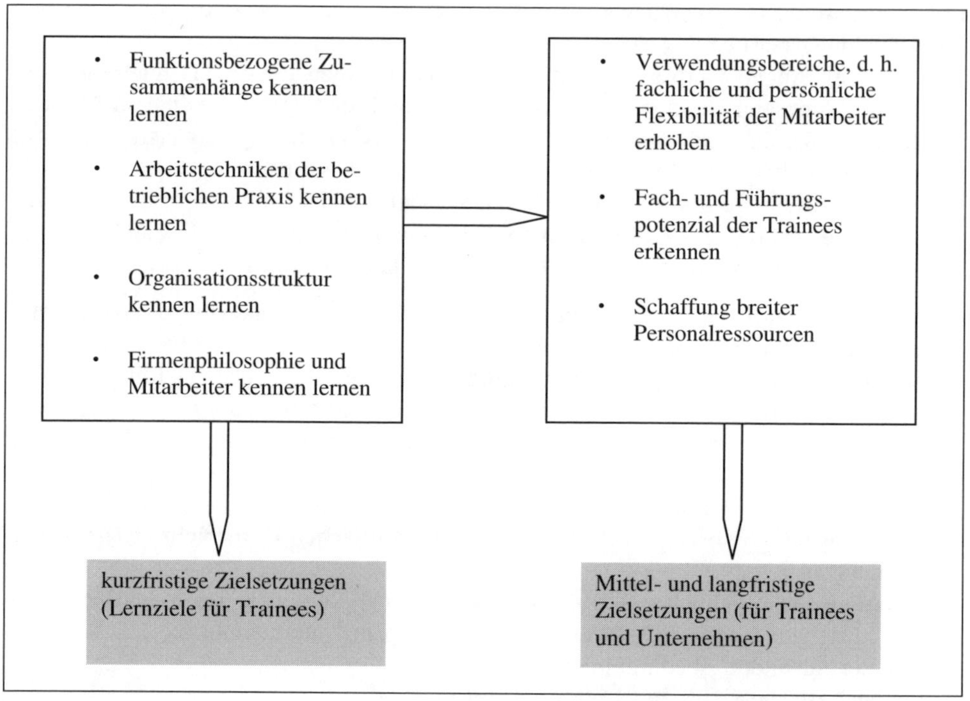

Quelle: Ferring/Thom (1981) 23.

Abb. 111: Aufgaben und Ziele von Trainee-Programmen

Mit Trainee-Programmen werden unterschiedliche Funktionen zu erfüllen versucht: solche der Ausbildung und Förderung der Trainees, solche der Beschaffung von Arbeitskräften und der Versorgung des Betriebes mit Mitarbeitern und solche, imagebildend zu wirken und Anreize auszuüben. Im Einzelnen sind diese Funktionen der folgenden Abbildung 112 zu entnehmen.

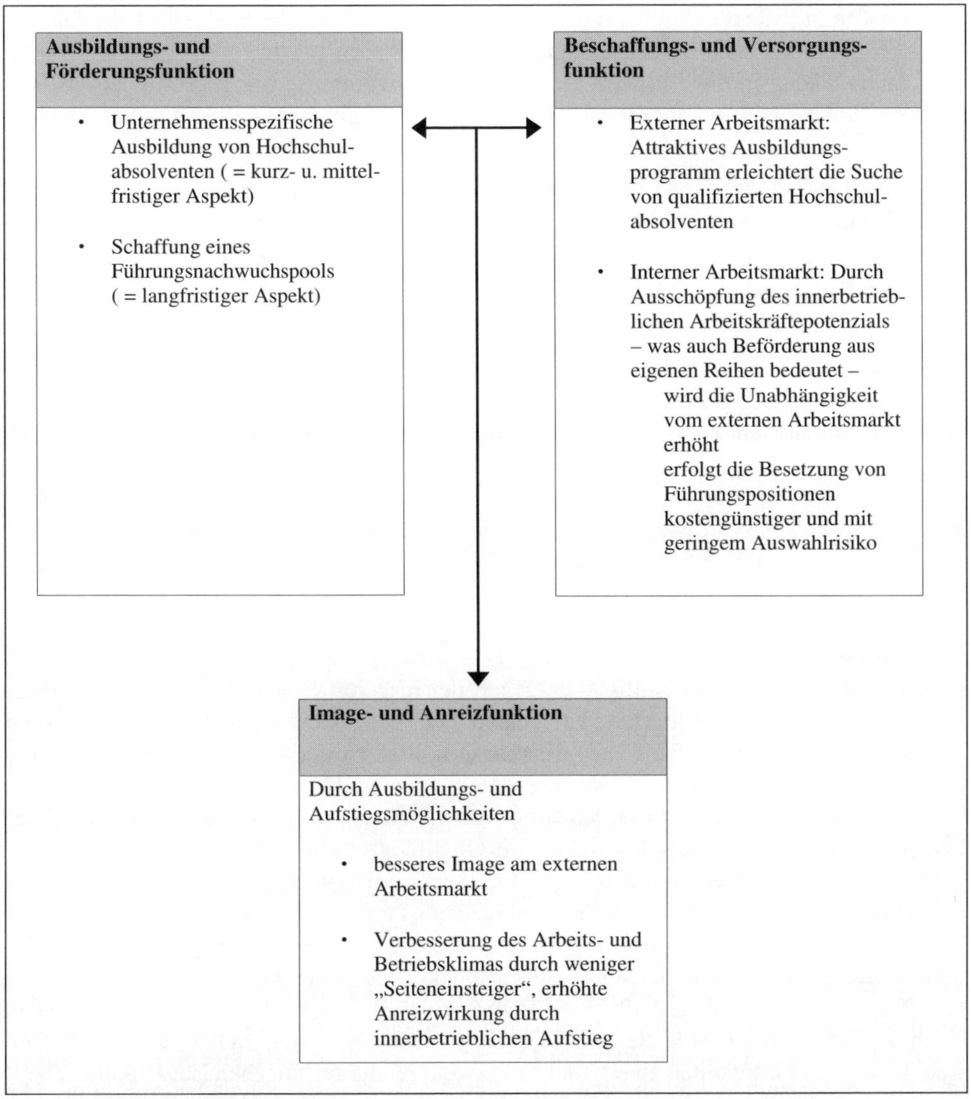

Quelle: Ferring/Thom (1981) 22.

Abb. 112: Funktionen von Trainee-Programmen

(13) Anlernausbildung

Nicht alle Schulabgänger oder auch Erwachsene, die eine neue Berufstätigkeit anstreben, wollen sich der Mühe einer länger dauernden Berufsausbildung unterziehen. Schnelle Verdienstmöglichkeiten erscheinen ihnen wichtiger. Auch Betriebe sind oft interessiert, neue Mitarbeiter schnell an bestimmten Arbeitsplätzen einsatzfähig zu haben. Die zunehmende Automatisierung, gerade in gewerblichen Bereichen, in denen Ungelernte häufig eingesetzt werden, führt jedoch zu gravierenden Veränderungen, die ein systematisches Anlernen erforderlich machen. So hat die Automatisierung häufig eine Zunahme des Umfangs und der Komplexität der durchzuführenden Arbeiten zur Folge.[239] Spezielle Anlernausbildungsprogramme bieten sich deshalb auch für diese Arbeitsplätze an, in denen eine einfache Unterweisung in die Tätigkeit nicht ausreichen würde. Becker führt hierzu das Beispiel der Adam Opel AG an, die spezielle Anlernwerkstätten eingerichtet hat, die sich in räumlicher Nähe zu den Produktionsstätten befinden. Gegenüber einer Berufsausbildung nach BBiG sind solche Anlernausbildungen

- von relativ kurzer Dauer (bis zu einigen Monaten),
- auf spezielle Anforderungen eines Arbeitsplatzes zugeschnitten, d. h. sie erfordern keine berufliche Grundausbildung,
- nicht mit einem staatlich anerkannten Abschluss verbunden.

Anlernausbildungen finden häufig in Form von **praktischen Unterweisungen** statt, wobei die Entwicklung von Fertigkeiten im Vordergrund steht. Für den Anzulernenden hat die Anlernausbildung den Vorteil, dass sie die Arbeitsplatzsicherheit, wenn auch nur geringfügig, erhöht. Bildungsmaßnahmen sollten praktischerweise problemnah gestaltet werden, um deren Notwendigkeit zu vermitteln. Da man in der Regel von lernungewohnten Teilnehmern ausgehen kann, stellen Anlernausbildungen auf kurze Lern-Module, möglichst kombiniert mit praktischen Anwendungen ab.

(2) Fortbildung

(21) Begriff

Personalentwicklung wird häufig – entgegen der hier vertretenen Auffassung – verengt lediglich im Sinne von Fortbildung verstanden. Dies liegt sicherlich u. a. daran, dass durch Fortbildung eine explizite oder auch **direkte Qualifizierung** (Vermittlung von Qualifikationen) erfolgt und sie somit den Kern der Personalentwicklungsarten darstellt.[240]

Unter Fortbildung wird die Vermittlung von Kenntnissen und Fähigkeiten einschließlich Verhaltensweisen verstanden, mit der die Qualifikation eines Mitarbeiters erhalten oder durch Erweiterung und/oder Vertiefung verbessert werden kann. Fortbildung soll hier auf bewusste, planmäßige und gezielte Maßnahmen eingegrenzt werden (d. h. Bildung als Folge und ohne besondere Absicht durch die Sozialisation in Unternehmungen wird hier nicht berücksichtigt). Berufliche Fortbildung ist also von allgemeiner Fortbildung (z. B. Besuch von Bildungsveranstaltungen allgemeiner Art, wie z. B. Sprachkursen) zu unterscheiden. Nach § 1 Abs. 3 BBiG soll die berufliche Fortbildung »es ermöglichen, die beruflichen Kenntnisse und Fertigkeiten zu erhalten, zu erweitern, der technischen Entwicklung anzupassen oder beruflich aufzusteigen«. Fortbildung setzt eine Ausbildung oder eine längere berufliche Tätigkeit voraus. Es ist zwischen Anpassungs- und Aufstiegsweiterbildung zu unterscheiden. Dabei soll die **Anpassungsfortbildung** der Erhaltung der horizontalen, die **Aufstiegsfortbildung** der Förderung der vertikalen Mobilität dienen.[241]

Die Begriffe Fort- und Weiterbildung werden weitestgehend synonym verwandt. Differenzierungen bestehen dahingehend, dass unter Fortbildung eine Fortsetzung der fachlich-

239 Vgl. auch zum folgenden Becker, M. (1999) 184.
240 Zur Unterscheidung direkter vs. indirekter Qualifizierung vgl. Conradi (1983) 7 f.
241 Vgl. Becker, M. (1999) 173.

beruflichen Ausbildung und Weiterbildung darüber hinaus ein vertiefendes Verständnis komplexer Probleme zum Gegenstand hat. Diese inhaltliche Differenzierung ist jedoch zum einen von lediglich marginaler Bedeutung, zum anderen ermöglichen die methodischen Gemeinsamkeiten aufgrund veränderter Problemstellungen und Innovationstendenzen keine konzeptionell differenzierten Aussagen. Aus diesem Grunde wird im Folgenden nur der Begriff Fortbildung verwandt.[242]

(22) Adressaten

Abbildung 113 gibt einen Eindruck vom Adressatenschwerpunkt betrieblicher Fortbildungsaktivitäten:

Mitarbeitergruppen	Anteil an gesamten Fortbildungskosten	Anteil an Teilnehmern betriebl. Fortbildung	Anteil an Beschäftigten
Führungskräfte	16,0 %	14,8 %	4,4 %
kfm. Angestellte	28,9 %	30,3 %	15,0 %
techn. Angestellte	43,9 %	37,8 %	18,2 %
Facharbeiter	9,0 %	13,0 %	31,6 %
An- und Ungelernte	2,2 %	4,1 %	30,8 %

Quelle: Bardeleben/Böll/Kühn 56 und 105. Entnommen aus Staehle (1999) 879.

Abb. 113: Adressaten betrieblicher Fortbildung

Die angesprochenen Entwicklungsziele konzeptioneller Personalentwicklung können zu der Ansicht verleiten, dass dieses personalpolitische Instrument vor allem im Führungsbereich relevant ist. Die Abbildung zeigt jedoch, dass Personalentwicklung nicht etwa gleichbedeutend mit einem »Management Development« ist, sondern für Mitarbeiter aller Hierarchieebenen Anwendung findet.

Qualifikationsverbesserungen durch Fortbildung können – je nach instrumentalem Einsatz der Personalentwicklungsmaßnahmen – auf Herstellung der Übereinstimmung mit den Anforderungen

- eines gegenwärtigen durch den Mitarbeiter besetzten Arbeitsplatzes oder
- eines zukünftig zur Besetzung vorgesehenen Arbeitsplatzes zielen. In diesem Falle würde Fortbildung Versetzungsmaßnahmen unterstützen, und zwar sowohl zur Erleichterung horizontaler wie auch vertikaler Mobilität der Mitarbeiter.

(23) Konzepte

Es ist kritisch zu vermerken, dass die didaktisch/pädagogische Ebene von Fortbildungsprogrammen (also die Optimierung von Lehr-/Lernprozessen) recht gut erforscht ist, jedoch dem Management von Rahmenbedingungen der (organisierten) Lehr-/Lernprozesse bisher nur unzureichende Aufmerksamkeit gewidmet wurde.[243] Entsprechend sind Aussa-

242 Vgl. Oechsler (2000) 589 f.

243 Vgl. in eben diesem Sinne Bäumer (1999) 2 und 6.

gen zur Konzeption betrieblicher Fortbildungsprogramme gegenwärtig nur in begrenzten Umfang vorhanden.

Reaktive Fortbildungsmaßnahmen haben ihren Ursprung in einer instrumentalistischen Entwicklungsphilosophie. Bei diesem Ansatz sollen mithilfe geeigneter Methoden und Instrumente solche Kenntnisse und Fähigkeiten an bestimmte Mitarbeiter vermittelt werden, die als Lücken in ihren Qualifikationen ermittelt wurden und deren Deckung auch die Mitarbeiter selbst anstreben. Fortbildung erweist sich auch in diesem klassischen Sinne als ein komplexer Prozess mit einer Vielzahl miteinander verbundener und aufeinander abzustimmender Elemente:

- fortzubildende Mitarbeiter,
- Fortbildungsinhalte,
- Fortbildungsziele,
- Fortbildungsmethoden und -hilfsmittel.

Eine solche »klassische« Weiterbildung nach dem **Lückenkonzept** (»Schließung von Qualifikationslücken« als Teil des primären betrieblichen Personalentwicklungsbedarfs) ist Gegenstand der drei ersten von Stiefel aufgelisteten Entwicklungsstufen der Weiterbildung. Er datiert sie bis zur Mitte der 70er Jahre (vgl. folgende Abbildung 114).

Gegen Ende der 70er Jahre setzten Entwicklungen ein, in denen der betrieblichen Fortbildung zunehmend auch aktive Rollen zuerkannt wurden, z. B. mit der Intention, Problembewusstsein (z. B. für im Betrieb vorhandene Stärken und Schwächen, für erforderliche Innovationen) zu wecken, zur Weiterbildung der gesamten Unternehmung beizutragen. In der Abbildung 114 sind die »problemlösungsorientierte« und die »werteorientierte« Weiterbildung als solche eher aktive Formen zu sehen, die der angesprochenen Entwicklungsphilosophie der Vermittlung von Schlüsselqualifikationen entspricht. Deutlich sprechen auch Bronner/Schröder den Wandel zur »katalytischen« Fortbildung an.[244] Welchen Änderungen in den Zielen, im Bildungsbedarf etc. sie Rechnung trägt, zeigt die folgende Abbildung 115. Seitdem hat es zahlreiche weitere Typisierungen in der Weiterbildungsforschung gegeben, welche gleichfalls auf Idealtypen, jedoch auch auf Realtypen abstellen.[245]

Erkennbar wird hierbei die individuelle Ebene der Ermittlung von Fortbildungsbedarf verlassen. Es ist nicht nur zu fragen, welche Qualifikationsdefizite die einzelnen Mitarbeiter haben, sondern auch, welche Qualifikationen für interpersonale Beziehungen in Gruppen und für Interaktionen in und von Gruppen erforderlich sind und schließlich: Welche Phänomene sind es aus der Makro-Sicht der Unternehmung, die Anlässe für Fortbildungsaktivitäten begründen können, die aber ihrerseits nicht (direkt) auf individuelle oder gruppenbezogene Defizite zurückgeführt werden können?

Konsequenterweise ist demnach eine Analyse des Personalentwicklungsbedarfs auf den drei Ebenen (Mehrebenenanalyse)

244 Vgl. Bronner/Schröder (1983) 27 ff.
245 Vgl. Bäumer (1999) 41 ff., insb. die Übersicht auf S. 42.

Historischer Zeitraum	50er Jahre	60er Jahre	Bis Mitte der 70er Jahre	Ende der 70er Jahre	Seit Anfang der 80er Jahre
Entwicklungsstufen	Lehrorientierte Weiterbildung	Lernorientierte Weiterbildung	Transferorientierte Weiterbildung	Problemlösungsorientierte Weiterbildung	Werteorientierte Weiterbildung
Dominante Fragestellung	„Was sind die richtigen Lehrinhalte, die in der Weiterbildung unterrichtet werden sollen?"	„Welche Effizienz haben einzelne aktivitätspädagogische Lehrmethoden der Weiterbildung?"	„Wie kann der Teilnehmer bei der Übertragung des Gelernten an den Arbeitsplatz unterstützt werden?"	„Welcher Teil des als echt und valide erkannten Problems kann mit Weiterbildung in Angriff genommen werden, und wo müssen andere Änderungsmaßnahmen vorgeschaltet, flankierend und/oder nachgeschaltet werden?"	„Welche Werte und Normen können wir in unserer Organisation identifizieren, die dazu geführt haben, dass wir dieses Problem haben?"
Typische Weiterbildungsaktionen	Aneinanderreihung von Themenblöcken in durchstrukturierten Seminaren	Aktivitätspädagogischer Lehrmethoden-Mix in Seminaren	Unterrichtseinheiten für den teilnehmerindividuellen Erwerb von Einführungsfähigkeiten einschließlich unterstützender Transferberatung	Problemklärungsseminare und Kontrahierung des Veränderungsauftrages mit den am Problem Beteiligten	Problemklärungsseminare; jetzt neu strukturiert mit der Frage nach den problembegründenden Normen und Werten
Rolle des Vorgesetzten des Seminarteilnehmers	Keine	Keine	Vor- und Nachbereitungsgespräche mit dem Teilnehmer	Zentrale Rolle des Vorgesetzten in der Weiterbildung	Zentrale Rolle als Schlüsselperson für Sozialisationsprozesse („Cultural Hero")
Rolle(n) des Trainers	Experte von Lehrinhalten	Experten von Lehrinhalten und Experte im Methodeneinsatz	Experte von Lehrinhalten, Experte im Methodeneinsatz und Experte in der Vorbereitung von Innovationsprozessen	Experte von Lehrinhalten, Experte im Methodeneinsatz, Experte in der Vorbereitung von Innovationsprozessen und Experte von Lern- und Problemlösungsprozessen	Wie bisher, doch erweitert um Kompetenz der Normen- und Werteidentifizierung. Neu gefordert: sozialanthropologische Ausrichtung

Quelle: Stiefel (1983) 3.

Abb. 114: Entwicklungsstufen der Weiterbildung

Unterscheidungs-kriterien	Deterministische Fortbildung	Katalytische Fortbildung
Ziele	Institution: Aufgaben-erfüllung Person: Qualifikation	Institution: Anpassungsfähig-keit Person: Lernfähigkeit
Bildungsbedarf	konkret erkennbarer und definierter Bildungsbedarf	nicht eindeutig definierter, sondern auch vom Teilnehmer artikulierbarer Bildungsbedarf
Instrumente	Institution: Gezielte Bildung Person: Defizit-Minderung	Institution: Projektive Bildung Person: Potenzial-Verstärkung
Bekanntheitsgrad der Funktionszusammen-hänge	eindeutig bestimmbare, weit-gehend konstante Funktions-zusammenhänge zwischen den Problemlöse-Potenzialen	komplexe und variable Funktionszusammenhänge zwischen den Problemlöse-Potenzialen
Erfolgsermittlung	Institution: Leistung Person: Eignung	Institution: Potenziale Person: Kompetenz
Erfolgsprognosen	zuverlässig vorhersehbare Wirkungen einer gezielten Defizit-Minderung	nur sehr begrenzt vorhersehbare Wirkungen einer Potenzial-verstärkung
Erfolgssteuerung	ein in hohem Maße programmierbarer Erfolg von Bildungsmaßnahmen	ein nur in geringerem Maße programmierbarer, wenn auch durchaus steuerbarer Erfolg der Bildungsmaßnahmen

Quelle: Fritsch (1985) 35.

Abb. 115: Kennzeichen deterministischer und katalytischer Weiterbildung nach Bronner/ Schröder

- Individuum,
- Gruppe und
- Gesamtunternehmung

durchzuführen.[246]

Fortbildungskonzepte, die allein auf dem traditionellen Lückenkonzept basieren, sind ausschließlich auf der Individualebene des einzelnen Mitarbeiters angesiedelt. Bei ihnen geraten Probleme nicht ins Blickfeld, die von der Unternehmungsebene herrühren und einen Fortbildungsbedarf erzeugen, der nicht unmittelbar mit der Erfüllung einzelner Aufgaben zusammenhängt. Formulierung und Implementierung einer neuen Unternehmungspolitik, Abbau von Informations-, von Organisationspathologien sind Beispiele hierfür.

Zentrale Ansatzpunkte für Fortbildungsaktivitäten aus der Makroperspektive zeigt die folgende Abbildung 116, in der Unternehmungspolitik als Input-Output-Modell dargestellt ist.

246 Vgl. Fritsch (1985) 46 ff.

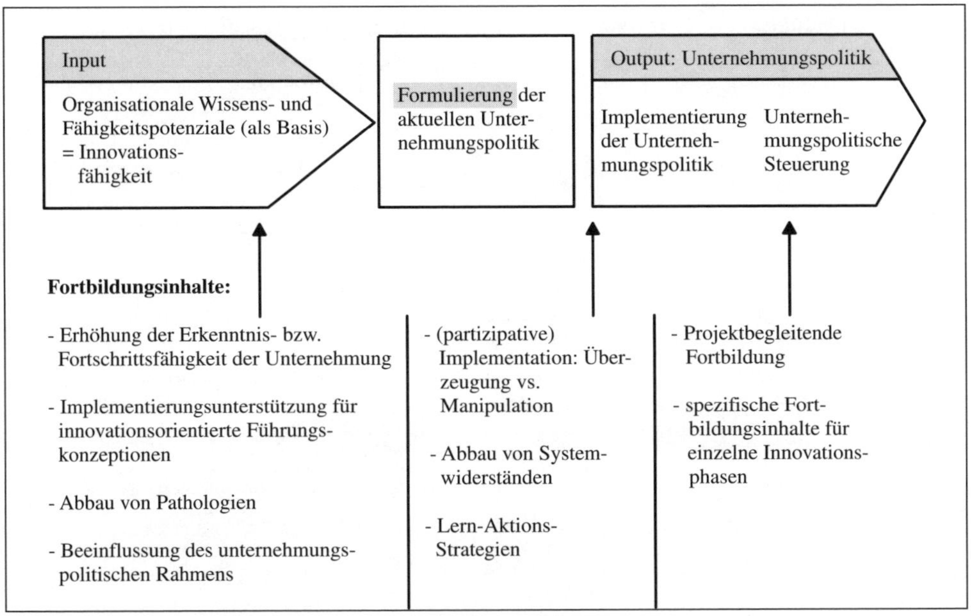

Quelle: Fritsch (1985) 174.

Abb. 116: Ansatzpunkte für Entwicklungsinhalte auf der Gesamtunternehmungsebene

(24) Fortbildungsprogramme

Voraussetzung für den **Erfolg** einer Fortbildungsmaßnahme ist die lehrziel- und adressatenadäquate Kombination der didaktischen Variablen Lehrstoff, Lehrmethode und Lernumwelt.[247] Um dies leisten zu können, ist eine detaillierte Analyse der Einflussfaktoren auf die Trainingssituation notwendig, also der Faktoren, die Lehrstoff, -methode und -umwelt determinieren. Abbildung 117 gibt einen groben Überblick über den Zusammenhang zwischen den wichtigsten Variablen der Lehr-Lern-Situation.

Ein idealtypischer Ablauf der Programmentwicklung einer Fortbildungsmaßnahme könnte wie folgt aussehen:[248]

1. Bedarfsanalyse der Unternehmung und des Trainers,
2. Anforderungsanalyse,
3. Analyse der gegenwärtigen Qualifikationen und Definitionen von Auswahlkriterien für Teilnehmer,
4. Definition von Lehr- und Lernzielen,
5. Entwicklung von Curricula (Inhalt und Ablauf),
6. Wahl der Lehrmethoden und des Lernmaterials,
7. Bereitstellung von Ressourcen (Budget, Räume, Zeit, Personal),

247 Vgl. Staehle (1999) 881 f.
248 Vgl. Conradi (1983) 77 ff.; Staehle (1999) 882. Für die Inhalte eines »Bedarfsklärungsworkshop« vgl. Stiefel (1995b).

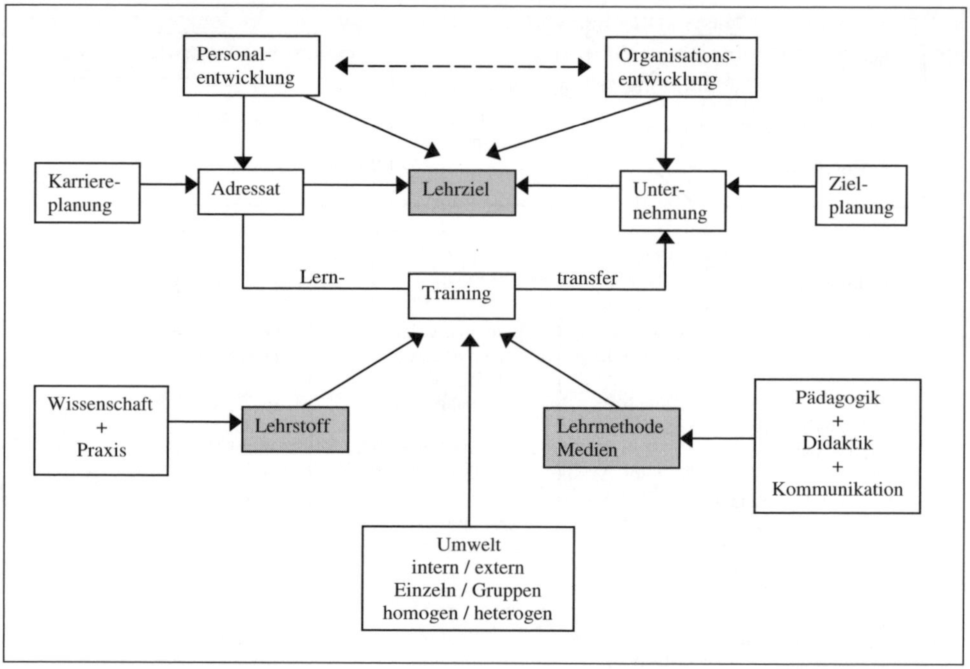

Quelle: Staehle (1999) 882.

Abb. 117: Determinanten der Lehr-Lern-Situation

8. Durchführung des Trainingsprogramms,
9. Evaluation und Feedback.

Inwieweit eine solche geplante Gestaltung der Praxis entspricht oder überhaupt entsprechen kann, wird von Bäumer kritisch eingeschätzt. Zum einen zeigen empirische Untersuchungen, dass sich die Praxis nicht »theoriekonform« verhält, zum anderen sind die Entscheidungen über Fortbildungsmaßnahmen in ein derart komplexes Geflecht von Einflussgrößen eingebunden, dass sie sich kaum in ein konventionelles Phasenschema einpassen lassen dürften.[249] Somit ist obiges Schema »nur« geeignet, einen groben Überblick über wichtige Aspekte der Programmgestaltung zu geben.

Gibt obige Liste das »was« und »wann« der Programmentwicklung wieder, so stellt sich die Frage nach dem »wie«, also der Gestaltung des Prozesses der Programmentwicklung. Dem Wunsch nach Kooperation bei der Personalentwicklung in deren Vorbereitungsstadien kann durch Vorgehensweisen entsprochen werden, die Domsch am Beispiel der Fortbildung aufgezeigt und insgesamt »**partizipative Bildungsplanung**« genannt hat; sie sind in der folgenden Abbildung 118 zusammengestellt. Einzelne Methoden dürften auch geeignet sein, Fortbildungsbedarf der Unternehmungsebene festzustellen, wie z. B. die »Be-

249 Vgl. Bäumer (1999) 14 ff.

darfsplanung auf der Basis kritischer Vorfälle«. Dem kommt die Tendenz zur Verlagerung von Entscheidungskompetenzen über die Teilnahme an Fortbildungsveranstaltungen in die Linie entgegen, wie sie zunehmend zu beobachten ist.

Methode	Vorgehen
1. Bedarfsplanung mit Hilfe gemeinsam erarbeiteter Lernzielkataloge	• Erstellung eines detaillierten Lernzielkataloges mit Beteiligung der betroffenen Mitarbeiter und Festlegung von Prioritäten • Basis in der Regel: Arbeitsplatzbeschreibungen/Arbeitsplatzanalysen/ geplante Vorhaben/absehbare Veränderungen der Anforderungen etc. • Transfer der Lernziele in die Planung konkreter Bildungsmaßnahmen nach Prioritäten • Zentrale Erfassung/Auswertung/Feedback
2. Bedarfsplanung mit Hilfe vorgegebener Lernzielkataloge	• Erstellung eines detaillierten Lernzielkataloges ohne Beteiligung der betroffenen Mitarbeiter • Basis in der Regel: Arbeitsplatzbeschreibungen/Arbeitsplatzanalysen/ geplante Vorhaben/absehbare Veränderungen der Anforderungen etc. • Besprechung des Lernzielkataloges mit betroffenen Mitarbeitern und gemeinsame Festlegung von Prioritäten • Transfer der Lernziele in die Planung konkreter Bildungsmaßnahmen nach Prioritäten • Zentrale Erfassung/Auswertung/Feedback
3. Bedarfsplanung auf der Basis kritischer Vorfälle und Ereignisse	• Schilderung von gewesenen und vorhersehbaren positiven Erlebnissen, kritischen Problemen, Vorfällen, Ereignissen, Situationen etc. durch die betroffenen Mitarbeiter • Selbstanalyse durch die Mitarbeiter und Empfehlung gezielter Bildungsmaßnahmen • Gruppendiskussion und Empfehlung konkreter Bildungsmaßnahmen • Zentrale Erfassung/Auswertung/Feedback
4. Bedarfsplanung mit Hilfe gegenseitiger Interviews	• Vorbereitung der Interviews und des Erfassungsbogens/Schulung in Interviewtechnik • Mitarbeiter mit vergleichbaren Tätigkeiten sprechen über ihre Tätigkeit und Bildungsbedürfnisse • Protokollierung konkreter Bildungsmaßnahmen • Zentrale Erfassung/Auswertung/Feedback
5. Bedarfsplanung mit Hilfe von Beurteilungs- und Förderungsgesprächen	• Gespräche zwischen Vorgesetzten und Mitarbeitern über bisherige Zeit (Leistungen, Verhalten, Anforderungen etc.) und zukünftige Anforderungen/Entwicklungsmöglichkeiten • Gemeinsame Erarbeitung von konkreten Bildungsmaßnahmen/Aufnahme spezieller Mitarbeiterwünsche • Zentrale Erfassung/Auswertung/Feedback
6. Bedarfsplanung mit Hilfe von Mitarbeiterbefragungen	• Entwicklung eines Fragebogens zur Erfassung des Bildungsbedarfs • Erfassung des Bedarfs mit Hilfe des Fragebogens (und evtl. zusätzlichen Interviews) • Diskussion der Ergebnisse und Prioritätensetzung • Zentrale Erfassung/Auswertung/Feedback

Quelle: Domsch (1983) 103.

Abb. 118: Methoden partizipativer Bildungsplanung

Hinsichtlich der **Auswahl von Teilnehmern** sind auf die Zukunft gerichtete Auswahlkriterien aussagekräftiger als vergangenheitsorientierte. Unter letztere fallen Aspekte wie Ausbildung, Alter, Aufgabenbereich, hierarchische Stellung im Betrieb, während mit ersteren Fortbildungsbedürfnis, Lernmotivation, Qualifizierungspotenzial u. Ä. gemeint sind. Faktisch richten sich jedoch Fortbildungsmaßnahmen primär an diejenigen, die bereits hoch qualifiziert sind, wie auch Abbildung 113 tendenziell zeigt.

Der Anspruch an die Qualität von konzeptioneller Personalentwicklungs-Arbeit von Unternehmungen zeigt sich deutlich in den Lehrzielen der Fortbildungsprogramme. Die Palette reicht hier von Belohungsveranstaltungen (Einzelseminare zur Stressvorbeugung und zum Zeitmanagement), Veranstaltungen zu reaktiven, nicht strategischen Anpassungsqualifizierungen (EDV-Anwenderschulungen) über karrierebegleitende Nachwuchsentwicklungsprogramme zur Vermittlung von Qualifikationen der Persönlichkeit bis zur Umsetzung einer »lernenden« Organisation, in der dispositive Prozesse der Weiterentwicklung der Unternehmung stattfinden. Finden »Veranstaltungen« mit ersterer Motivation eher als Einzelveranstaltungen statt, so lassen sich letztere Ziele tendenziell effektiver dann erreichen, wenn der Gedanke der »Verstetigung der Lernprozesse«[250] den konzeptionellen Rahmen bilden. Abbildung 119 zeigt anhand der Ergebnisse von drei empirischen Studien die Vielseitigkeit der Ziele, welche Unternehmungen mit Fortbildung verfolgen. Die Tabelle ist so aufgebaut, dass nach unten hin die Bedeutung abnimmt.

Martin stellte in einer Untersuchung fest, dass Fortbildung für den Adressaten einen eigenen Wert besitzen kann bzw. durch Motive gesteuert wird, die er in folgende Motivgruppen zusammenfasst, wobei die Prozentangaben die relative Gewichtung der individuellen Zielsetzungen angibt:[251]

1.	Sicherheitserwägungen	63 %,
2.	Finanzielle Gründe	52 %,
3.	Aufstieg	58 %.

Idealtypisch ergibt sich das Lehrziel aus der Abstimmung der individuellen Karriereplanung und der institutionellen Zielplanung. Letztere bedarf einer Konkretisierung durch eine Organisationsanalyse, als deren Ergebnis die organisatorischen Regelungen in Bezug auf die unternehmerische Zielerreichung überprüft werden. In der Personalentwicklungsplanung können dann »**objektiv**« ermittelte Qualifikationsdefizite, also eventuell vorhandene Diskrepanzen zwischen Anforderungen und Qualifikationen erhoben werden, die, wie oben erwähnt, in Abstimmung mit den individuellen Karriereplanungen, den **subjektiv** geäußerten Qualifikationsbedürfnissen, die Lehrziele ergeben.

Ausgehend von der spezifischen Situation der Teilnehmer, deren Qualifikation und dem zu vermittelnden Bildungsinhalt erfolgt idealtypischerweise die Festlegung des Lehrstoffes. Die als Lernziel formulierten Inhalte werden in einer Situationsanalyse hinsichtlich der durch sie bestimmten, notwendigen bzw. angestrebten Qualifikationen konkretisiert.

---

250 Dynamische Veränderungen der Umwelt führen zu einer Verkürzung der Halbwertzeit des Wissens, was zu einer raschen Veralterung des bestehenden Wissens und dem Zwang zu stetigem Lernen führt.

251 Vgl. Martin (1987) 10, 15 f., zitiert nach Drumm (2000) 394.

Kailer (1990)	Weiss (1990)	Hofstätter u.a. (1986)
Behebung von Qualifikationsdefiziten Anpassungsqualifizierung Einführung neuer Technologien Förderung der allgemeinen Persönlichkeitsbildung Vorbereitung auf beruflichen Aufstieg Steigerung der Identifikation mit Unternehmen Verbesserung des Kontaktes der Mitarbeiter untereinander Anpassungsqualifizierung Training sozialer Fertigkeiten Erhöhung der Bereitschaft für organisatorische Veränderungen Verminderung von Personalfluktuation Andere Ziele Belohnung für gute Leistung	Einführung neuer Technologien Deckung des Fachkräftebedarfs Erhöhung der Arbeitsmotivation Einführung neuer Produkte Steigerung der Produktivität/ Erhöhung des Leistungsvermögens Vorbereitung auf Führungsaufgaben Erschließung neuer Märkte/Festigung der Marktstellung Aufstiegsqualifizierung Förderung der Persönlichkeit der Mitarbeiter Unterstützung organisatorischer Maßnahmen Belohnung der Mitarbeiter	Anpassungsqualifikation Führungskräfteentwicklung Verbesserung des Leistungsverhaltens Aufstiegsqualifizierung Sicherung der gegenwärtigen Qualifikation Erhöhung der Änderungsbereitschaft Sicherung des notwendigen Bestands an Fachkräften Verbesserung des Sozialverhaltens Förderung der Persönlichkeit des Einzelnen Zusatzqualifizierung zur Erhöhung der Einsatzflexibilität Erhöhung der Identifikation mit dem Unternehmen Belohnung für gute Leistungen Erhöhung der Attraktivität des Unternehmens auf dem Arbeitsmarkt Ersatz für andere Leistungen
n = 1000 österreichische Unternehmungen	n = 435 deutsche Unternehmungen	n = keine Angaben

Quelle: In Anlehnung an Neuberger (1991) 7.

Abb. 119: Ergebnisse von empirischen Studien über Fortbildungsziele von Unternehmungen

Sind alle Qualifikationen für die Bewältigung bestimmter Aufgaben erfasst, können die Curriculum-Elemente zusammengestellt werden.[252]

Faktisch richtet sich die Festlegung des Lehrstoffes jedoch häufig nach fachspezifischen Wissensbereichen und nicht nach anwendungsorientierten Problemen. Fachspezifische Ausschnittsbetrachtungen von Problemen decken sich typischerweise nicht mit anwen-

252 Curriculum bezieht sich auf die Planung des Programms, während der Begriff Didaktik lediglich die Planung einer einzelnen Veranstaltung umfasst.

dungsorientierten Arbeitsfeldern, so dass die Größe der Schnittmenge von Lehrstoff und anforderungsspezifischen Lernzielen bei dieser Vorgehensweise eher dem Zufall überlassen bleibt.[253]

Die eingesetzten Lehrmethoden ihrerseits hängen wiederum von den Lehrstoffen und -zielen ab, wie Abbildung 120 zeigt.

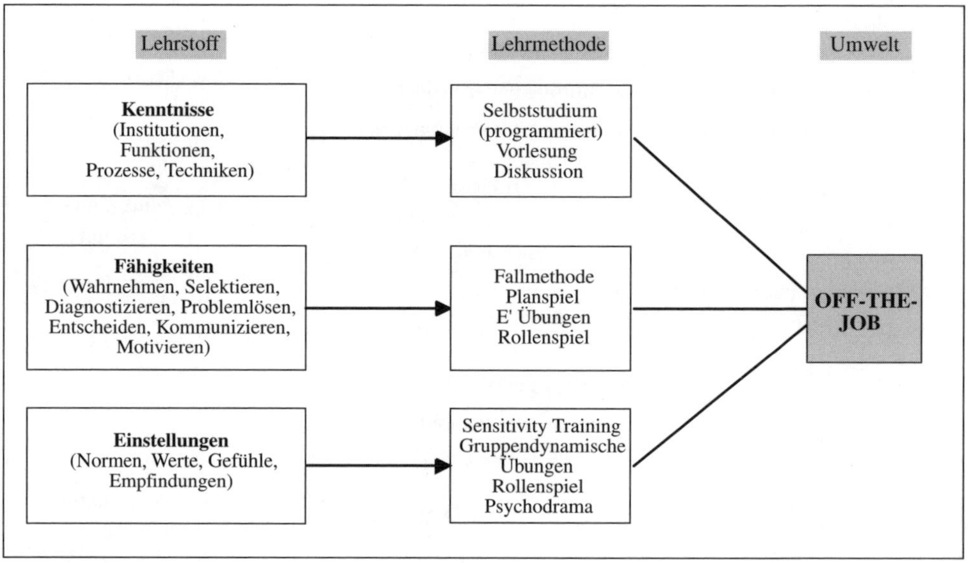

Quelle: Staehle (1999) 886.

Abb. 120: Zusammenhang zwischen Lehrstoff, Lehrmethode und Lernumwelt

Die Lehrumwelt wird faktisch durch den Träger der Maßnahme bestimmt, also je nachdem, ob die Unternehmung selbst oder eine externe Organisation die Maßnahme durchführt.

bb) Arbeitsstrukturierung

(1) Inhalt und Ziele

Unter Arbeitsstrukturierung ist die »Gestaltung von Inhalt, Umfeld und Bedingungen der Arbeit auf der Ebene eines Arbeitssystems zu verstehen«[254]. Ein Arbeitssystem ist das Teilsystem eines Betriebes (Arbeitsfeld), in dem eindeutig abgegrenzte Teilaufgaben durch einzelne Personen oder Arbeitsgruppen erledigt werden.

Grundsätzlich gehören zur Arbeitsstrukturierung alle Maßnahmen, die eine Veränderung des Arbeitsfeldes zum Gegenstand haben, neben der Arbeitsfeldvergrößerung also auch eine Verkleinerung sowohl in quantitativer als auch in qualitativer Hinsicht (vgl. auch Abbildung 121). Die Arbeitsfeldverkleinerung gehört aber nicht zur Personalentwicklung;

253 Vgl. Staehle (1999) 885.
254 Staehle (1999) 894.

sie ist eher als deren Auslöser anzusehen, denn sie ist eine mögliche Spielart der Arbeitsteilung. Gegenstand der Personalentwicklung ist somit die Gestaltung der **Arbeitsinhalte** und **Handlungsspielräume** von Tätigkeiten durch Arbeitsfeldvergrößerung.

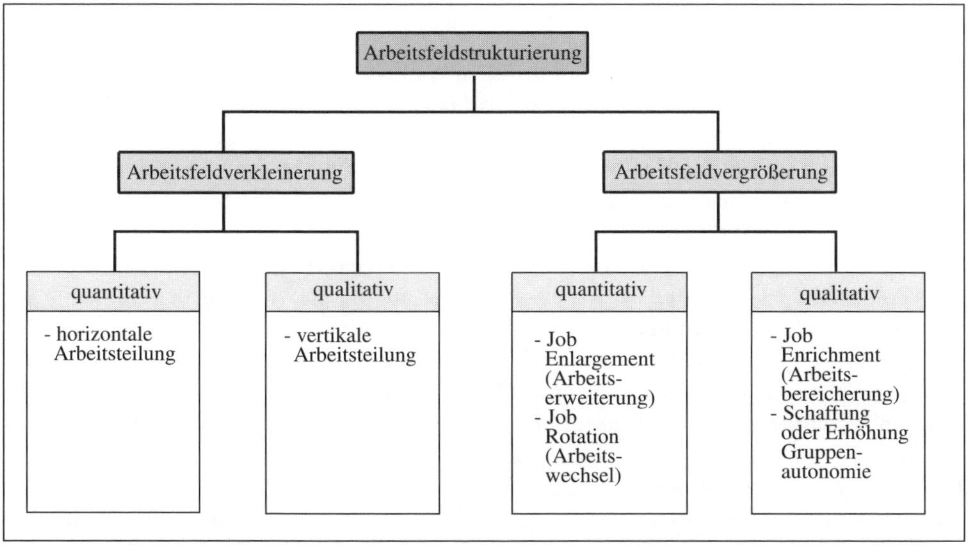

Quelle: Hahn/Link (1975) 68.

Abb. 121: Grundformen der Arbeitsfeldstrukturierung

Bei **horizontaler Arbeitsteilung** wird unter Beibehaltung der Arbeitsqualität, d. h. des Verhältnisses von Durchführungs- zu Entscheidungsaufgaben, die Zahl der verschiedenen Arbeiten, die in einer Stelle zu verrichten sind, verringert. **Vertikale Arbeitsteilung** führt zu Veränderungen des Verhältnisses von Durchführungs- zu Entscheidungsaufgaben i. d. R. in der Weise, dass letztere abgetrennt und übergeordneten Stellen übertragen werden.

Beide Formen der Arbeitsteilung führen durch die Verringerung der Zahl unterschiedlicher Arbeiten zu jeweils stärkerer **Spezialisierung**. In der Annahme, dass die damit verbundene, technisch orientierte Perfektion des Arbeitsvollzuges stets zu Leistungssteigerungen führen müsse, ist das Grundkonzept für den »technischen Fortschritt« durch Arbeitsgestaltung zu sehen, der seit Beginn der Industrialisierung zu realisieren versucht wurde.

Ein intensives Betreiben beider Arbeitsteilungsformen kann jedoch zu Spezialisierungsgraden der Arbeit führen, die als überhöht – weil mit negativen Konsequenzen verbunden – behauptet werden: Im Gegensatz zum beabsichtigten Effekt kann sinkende Arbeitsproduktivität, darüber hinaus auch abnehmende Arbeitszufriedenheit die Folge sein. Dafür gibt es empirische Belege.

Begründungen für diese negativen Konsequenzen wurden vor allem darin gesehen, dass ein in Art und Tempo fremdbestimmter, monoton repetitiver Arbeitsvollzug mit nur geringen Anforderungen nicht den Vorstellungen entspricht, die die Menschen von einem positiv zu beurteilenden Arbeitsplatz haben. Hierin ist der Anlass für Versuche zu sehen, mit gegensteuernden Maßnahmen – d. h. solchen der Arbeitsfeldvergrößerung – einen »optimalen« Spezialisierungsgrad zu finden. Aufgabenerweiterung als quantitative Arbeitsfeldvergrößerung und Aufgabenbereicherung als qualitative Arbeitsfeldvergrößerung haben beide die gleiche Grundidee: eine stärkere Erfüllung der Erwartungen, die die Mitarbeiter in Bezug auf die Art der zu erfüllenden Aufgaben haben. Daher werden diese beiden Formen der Spezialisierungsverringerung zu den Maßnahmen der Personalentwicklung gezählt.

Der Einfluss der Arbeitssituation auf die Persönlichkeitsentwicklung war Gegenstand wissenschaftlicher Untersuchungen der beruflichen Sozialisationsforschung. Rosenstiel führt eine Reihe von empirischen Längsschnittuntersuchungen an, die zeigen, dass die Arbeit in Organisationen sich auf Werthaltungen auswirkt, Kontrollüberzeugungen wandelt, Depressivität und psychosomatische Erkrankungen bedingen, die Sozialibität verändern und die intellektuelle Flexibilität entwickeln bzw. reduzieren kann.[255]

Die Forschungsarbeiten zur **Humanisierung der Arbeit (HdA)** machten deutlich, welches Potenzial die Gestaltung der Arbeitsstrukturen auf die Entwicklung des Humanpotenzials, insbesondere auf die Persönlichkeitsförderung, hat.[256]

Aufgegriffen wurden die Ergebnisse dieser Forschungsarbeiten von den Unternehmungen, vor allem, weil deutlich wurde, dass mit den Maßnahmen auch bezüglich Flexibilisierung und Qualifizierung Fortschritte erzielbar sind. Die Nutzung dieses Potenzials war demzufolge auch sinnvoll wegen des zunehmenden Wettbewerbsdrucks, der flexible Systeme und Mitarbeiter notwendig macht, die – entgegen der tayloristischen Maxime der Arbeitsteilung und Spezialisierung – ganzheitliches Denken und Arbeiten erfordern.[257]

Abbildung 122 listet wichtige Vorteile auf, die sich aus den Handlungsspielräumen zum einen im Interesse der Unternehmungen, zum anderen in dem der Mitarbeiter ergeben können.

Potenzielle Vorteile für Arbeitgeber	Potenzielle Vorteile für Mitarbeiter
• Flexibilisierung und Segmentierung des Arbeitskräftepotenzials • Entkoppelung von Betriebszeit und Arbeitszeit • Ausweitung der Betriebsnutzungszeiten • Anpassung der Arbeit an Auftrags- und Produktionsrhythmen • Deregulierung im Bereich des Arbeits- und Mitbestimmungsrechts	• Höherqualifikation • Mehrfachqualifikation • indiv. Wahl von Dauer und Lage der Arbeitszeit • indiv. Wahl von Arbeitsplätzen in Abhängigkeit von Anforderungensniveaus und Entwicklungsstand

Quelle: In Anlehnung an Staehle (1999) 896.

Abb. 122: Vorteile der personalentwicklungsorientierten Arbeitsstrukturierung

255 Vgl. v. Rosenstiel (1999) 106 f.
256 Vgl. Frieling/Sonntag (1987) 85.
257 Vgl. hierzu Staehle (1999) 56 ff.

Aufbauend auf Herzbergs motivationspsychologischen Schlussfolgerungen über die Bedeutung der Sinnhaftigkeit von Arbeit (vgl. Kap. D.V.3.b.bb.23), haben Hackman u. a. Dimensionen zur Beschreibung von Arbeitsinhalten aufgestellt. Es sind dies:[258]

- Die **Tätigkeitsvielfalt**, die es den Mitarbeitern erlaubt verschiedene Handlungen durchzuführen, hierbei verschiedene Arbeitsabläufe zu durchlaufen und eventuell verschiedene Werkzeuge/Hilfsmittel zu benutzen. Somit wirkt sich die Vielfalt direkt auf die Quantität der anzuwendenden Fähigkeiten aus, wovon eine positive Wirkung erhofft wird.
- Die **Ganzheitlichkeit der Aufgabe** bezieht sich darauf, inwieweit die Aktivitäten eines Einzelnen zu einem nachvollziehbaren Ergebnis führen. Spezialisierung von Stellen führt tendenziell dazu, dass einzelne Mitarbeiter nur relativ kleine Beiträge zum Gesamtvollzug einer Aufgabe beitragen und damit der Sinn der Arbeit in den Augen desjenigen, der sie erledigt, verloren geht.
- Die **Bedeutung der Aufgabe** für andere, innerhalb oder außerhalb der Unternehmung, determiniert den Wert der Arbeit und damit auch die Wichtigkeit, die man ihr selber beimisst.
- Der **Entscheidungsspielraum**, den man für die selbstständige Aufgabenerfüllung zugebilligt bekommt, wirkt sich auf die Verantwortlichkeit aus, die man der eigenen Arbeit entgegenbringt. Im Management by objectives bietet man den Mitarbeitern die Möglichkeit, persönliche und arbeitsbezogene Ziele zu setzen, um systematisch diese persönliche Verantwortung für den Arbeitsvollzug zu nutzen.
- **Informationen über Arbeitsergebnisse** dienen den Mitarbeitern sowohl zur Bestätigung über die Qualität der eigenen Leistung, als auch zur Möglichkeit einer Verbesserung. Psychologisch gesehen stimuliert die Bestätigung durch Dritte nachhaltiger als eine Selbstbestätigung.

Personen mit ausgeprägten Wachstumsbedürfnissen reagieren auf Aufgaben, in denen diese Kerndimensionen stärker ausgeprägt sind, positiver als andere Personen. Die folgende Abbildung 123 verdeutlicht die Zusammenhänge.

Arbeitsstrukturierungsmaßnahmen haben ihren Ursprung im Bereich ausführender Tätigkeiten. Hauptgrund hierfür ist, dass dispositive Tätigkeiten per definitionem unstrukturiert und für strukturierende Maßnahmen schlecht zugänglich sind. Ein weiterer, eher pragmatischer Grund ist, dass die Forschungsbemühungen zu diesem Bereich dazu dienen, der Monotonie am Arbeitsplatz entgegenzuwirken und die Arbeit durch ihre Struktur humaner zu gestalten. Diese Faktoren spielen bei Management-Arbeitsplätzen eine untergeordnete Rolle, da diese durch den hohen Anteil dispositiver Tätigkeiten und die relativ großen Freiräume bei der Aufgabenerfüllung weniger an Monotonie oder Mangel an Selbstverwirklichungsmöglichkeiten leiden. Wenn es bezüglich der Arbeitsstrukturierung im Management zu Schwierigkeiten kommt, so ist dies vielmehr häufig auf ein organisatorisches oder personelles Problem zurückzuführen, so z. B. bei quantitativer Rollenüberlastung oder qualitativer Überforderung bezüglich der übertragenen Aufgabe.

Daher sind Arbeitsstrukturierungsmaßnahmen, wenn sie im dispositiven Bereich Anwendung finden, bezüglich der Zielsetzung ihres Einsatzes verstärkt unter situationsspezifischen Gesichtspunkten zu bewerten.

258 Vgl. Hackman u. a. (1975).

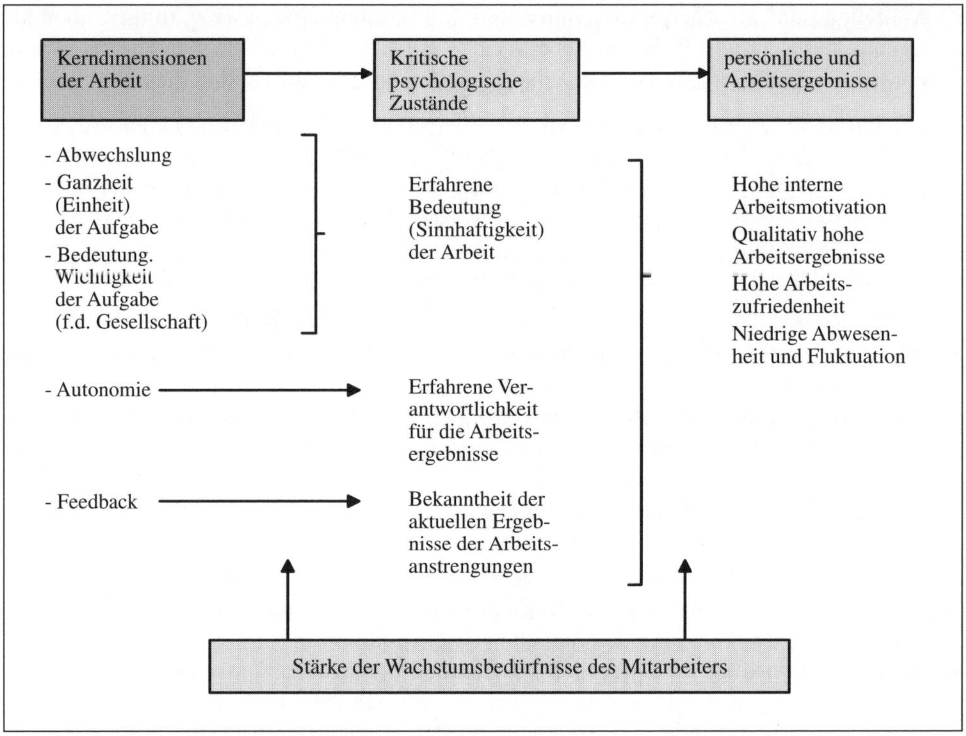

Quelle: Heidack (1983) 158.

Abb. 123: Kerndimensionen der Arbeit nach Hackman/Oldham

(2) Personalentwicklungs-orientierte Ausgestaltungsformen

Zwei Voraussetzungen müssen nach Ulich erfüllt sein, damit die Arbeitsaufgabe das Interesse und Engagement und die daraus resultierende Motivation positiv beeinflusst: Zum einen muss die arbeitende Person sowohl die Möglichkeit der Kontrolle über die Arbeitsabläufe als auch über die benötigten Hilfsmittel haben, und zum anderen müssen die strukturellen Merkmale der Aufgabe so beschaffen sein, dass diese in der Person Kräfte zur Fortführung und Vollendung der Arbeit auslösen. Unter den strukturellen Merkmalen kommt der Ganzheitlichkeit bzw. Vollständigkeit von Aufgaben eine besondere Bedeutung zu.[259] Merkmale der Vollständigkeit wiederum sind:[260]

- das selbstständige Setzen von Zielen, die in übergeordneten Zielen eingebettet werden können,
- selbstständige Handlungsvorbereitungen im Sinne der Wahrnehmung von Planungsfunktionen,
- die Auswahl der Mittel einschließlich der erforderlichen Interaktionen zur adäquaten Zielerreichung,

259 Vgl. Ulich (1999) 124.
260 Vgl. Ulich (1999) 125 und die dort angegebene Literatur.

- Wahrnehmung der Ausführungsfunktionen mit Ablauffeedback zur allfälligen Handlungskorrektur und
- Kontrolle mit Resultatfeedback und der Möglichkeit, Ergebnisse der eigenen Handlungen auf Übereinstimmung mit den gesetzten Zielen zu überprüfen.

Für die konkrete Realisierung dieser Prinzipien folgert Ulich dreierlei:

- In zahlreichen Fällen sind vollständige Aufgaben nur als Gruppenaufgabe gestaltbar,
- vollständige Aufgaben erfordern u. U. eine weitgehende Integration primärer und sekundärer Funktionen,
- die Restrukturierung von Arbeitsaufgaben gemäß den Prinzipien, insbesondere wenn sie als Gruppenaufgaben umgesetzt werden, erfordern ein umfassendes Konzept.

Bezogen auf den einzelnen Arbeitsplatz findet sich neben den weiter oben bereits angeführten Ausgestaltungsformen der quantitativen und qualitativen Arbeitsfeldvergrößerung in der Praxis auch der periodische Wechsel der Arbeitsfelder zur gezielten Personalentwicklung. Demnach lassen sich die Interventionskonzepte:

- Job Rotation,
- Job Enlargement und
- Job Enrichment

unterscheiden, die ursprünglich als »**Neue Formen der Arbeitsorganisation (NFA)**« bekannt geworden sind, welche im Folgenden dargestellt werden. Entsprechend der dargestellten Bedeutung wird im Anschluss auf **Gruppenarbeit** eingegangen.

(21) Job Rotation

Grundidee des Job Rotation ist die individuelle Qualifizierung eines Mitarbeiters durch den planmäßigen Wechsel von Arbeitsplätzen. Dieser Arbeitsplatzwechsel schließt Veränderungen sowohl hinsichtlich **Aufgabe**, **Kompetenzen** als auch **Verantwortung** mit ein, bezieht sich also auf die gesamte Arbeitssituation und unterscheidet sich insofern nicht von einer regulären Versetzung. Sie geschieht, damit die Mitarbeiter durch Hinzugewinnen neuer Fach- und Führungserfahrungen ihre Erfahrungsbasis verbreitern und durch Qualifikationsausweitung ihre Flexibilität erhöhen.

Der wesentliche Unterschied zu »normalen« Versetzungen ist, dass der Entwicklungsaspekt sich nicht nur auf die, mit einer neuen Stelle verbundenen Anforderungen an den Mitarbeiter bezieht, sondern in erster Linie auf die **Abfolge des Rotationsprogramms** und den damit verbundenen Wechsel bzw. den Aufbau neuartiger Aufgaben und Anforderungen.[261]

Gestaltungsparameter des Job Rotation sind der funktionale Horizont, die geografische Reichweite und die einbezogenen hierarchischen Ebenen. Abbildung 124 deutet diese Dimensionen in ihren Ausprägungen skizzenhaft an.

Die Entwicklung bezieht sich auf unternehmungsbezogenes Wissen über weitere Tätigkeitsfelder und, je nach Ausgestaltung, auf bereichsübergreifende Sachverhalte. Unter dem Gesichtspunkt der Persönlichkeitsentwicklung sind es konzeptionelle Fähigkeiten, Anpassungsfähigkeit, Flexibilität und Fähigkeiten zur Bewältigung von Problemlösungsprozessen, welche in Rotationsprogrammen im Vordergrund stehen.

---

261 Zu Job Rotation vgl. Hungenberg (1990) 212 ff.

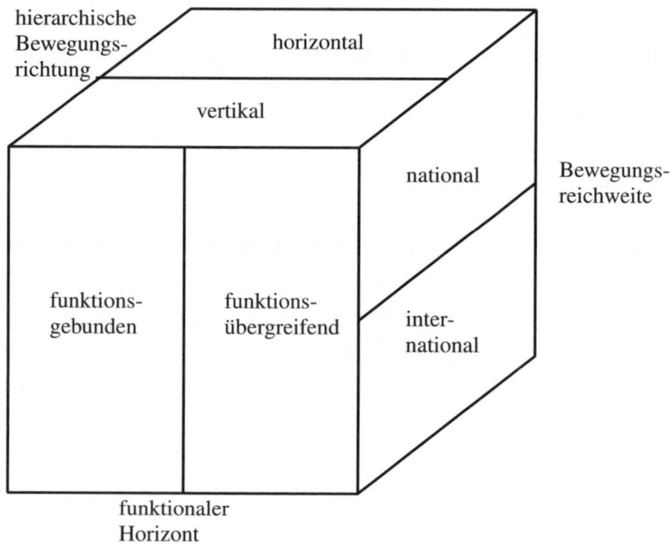

Quelle: In Anlehnung an Hungenberg (1990) 214.

Abb. 124: Gestaltungsparameter des Job Rotation

Die **funktionsgebundene Rotation**, also innerhalb eines Funktionsbereichs, dient der Entwicklung von Fachkräften. Ein solches Programm kann hierarchisch sowohl horizontal als auch vertikal ausgestaltet sein. Vorteilhaft ist ein funktionsgebundenes Rotationsprogramm bei Fach- und Führungskräften in mittleren Karrierephasen, da diese in der Regel durch Anforderungen ihrer Stelle keine Herausforderung mehr finden und für Monotonie, Unterforderung und Demotivierung besonders anfällig sind (vgl. Kap. D.V.3.b.cc.6).

Die Entwicklung von Generalisten zur Übernahme von Aufgaben mit verschiedenartigen Anforderungen ist Ziel **funktionsübergreifender Rotation**. Vertikale Programme führen hier wegen der Belastung mit fachfremder Materie und neuen »höheren« Führungsaufgaben leicht zur Überforderung des Mitarbeiters. Tendenziell wird funktionsübergreifenden Programmen im Führungskräftebereich eine stärkere Bedeutung zugesprochen, da Aufgaben mit übergreifendem Charakter auf Führungsebenen zukünftig eher zunehmen werden.

Grundsätzlich sind **Stellen** danach zu selektieren, inwieweit extremes Spezialwissen für die Aufgabe benötigt wird, wie unterschiedlich sie von den Aufgabeninhalten her sind, wie lange potenzielle Einarbeitungszeiten sein können und inwieweit die geforderten und geförderten Qualifikationen mit den individuellen Entwicklungszielen des Mitarbeiters übereinstimmen. Von der **Mitarbeiterseite** her sind bisher vorhandene Qualifikationen und das Qualifikationspotenzial zu beachten und zwar in dem Sinne, dass vorhandene Qualifikationen systematisch genutzt und ausgebaut werden und Qualifikationspotenzial zielorientiert realisiert wird.

Bezüglich der Verweildauer lassen sich keine konkreten und allgemein gültigen Aussagen für die optimale Gestaltung treffen. Generell gilt, dass sowohl die Aufgaben als auch der zu entwickelnde Mitarbeiter determinierend für die Verweildauer sind. Von der Stelle her sollte der Mitarbeiter in der Lage sein, alle einzelnen Funktionen wahrzunehmen und die Konsequenzen der eigenen Entscheidung zu erkennen, um den vollen Qualifizierungserfolg zu erreichen. Auf der anderen Seite sollte eine Stelle längstens bis zur Ausschöpfung vorhandener Herausforderungen beibehalten bleiben, um Monotonie und Unterforderung entgegenzuwirken.

An diesem Punkt kommt es zu einem **latenten Konflikt** zwischen Personalentwicklungszielen und unternehmerischen Gewinninteressen, da qualifizierte Mitarbeiter tendenziell effektiver eine Aufgabe erledigen können als solche, für die eine Aufgabe stets eine Herausforderung ist. Dieser Aspekt kommt insbesondere bei funktionsübergreifender Rotation zum Tragen, wo ein Leistungsabfall, zumindest in der Anfangsphase mit einzukalkulieren ist und somit bereichsübergreifende Abstimmungen sowohl organisationsstruktureller Art als auch mit der Stellenbesetzungsplanung erforderlich werden.

Als wichtigste **Vorteile** systematischer Rotationsprogramme werden zumeist die folgenden genannt:

- Es werden keine Spezialisten, sondern vielmehr Generalisten herangezogen.
- Die Betroffenen werden mit Herausforderungen konfrontiert: Der Zwang zur Bewältigung neuer Problemstellungen verhindert ein »Einrosten«.
- In die Arbeitsumgebung, in die jemand aufgrund eines Rotationsprogramms versetzt wird, kommt mit neuen Ideen und unbefangenen Standpunkten »frischer Wind«.
- Die Flexibilität der Mitarbeiter durch ihren wechselnden Einsatz fördert zweierlei:
  - Für die Mitarbeiter wachsen Karriere-Chancen (Sie können ihre Qualifikationen mehrfach und in unterschiedlichen Positionen unter Beweis stellen).
  - Für den Betrieb verringert sich das Risiko, bei plötzlich auftauchendem Arbeitszuwachs keine geeignete personelle Besetzung zur Verfügung zu haben.
- Mitarbeiter werden in wechselnden Positionen auch dann eingesetzt, wenn im Betrieb keine Aufstiegschancen bestehen bzw. Mitarbeiter selbst nicht aufstiegswillig und/oder -befähigt sind.
- Von Bedeutung für die Durchsetzung kooperativer Führung kann die Konsequenz sein, dass mit Zunahme des Generalistentums Kooperations- und Delegationsbereitschaft wachsen. Das Bewusstsein fehlender Detailkenntnisse und der daraus resultierende Zwang zur Zusammenarbeit mit Spezialisten können dies fördern.

Neben diesen Vorteilen als Personalentwicklungsmethode bietet Job Rotation noch eine Reihe weiterer positiver Effekte für die Zusammenarbeit, wie z. B. einen erheblichen Beitrag zum Transfer von Know-how und Unternehmungskultur innerhalb der Unternehmung, Verbesserung der Kommunikationsbeziehungen usw.

Auf der anderen Seite gibt es auch mit Rotationsprogrammen verbundene **problematische** Punkte:

- Gefahr von Verzögerungen und Stockungen in betrieblichen Arbeitsabläufen während der Einarbeitungszeiten,
- langsam (an)wachsende Probleme, für deren Erkennen ›Erfahrung‹ am Arbeitsplatz notwendig ist, können eventuell unerkannt bleiben,
- der Aufbau unternehmungsbezogenen Wissens durch Job Rotation setzt eine binnenorientierte Stellenbesetzungspolitik voraus, wodurch es wiederum zu »Betriebsblindheit« kommen kann,

- reservierte Einstellung zum Programm (u. U. sogar Ablehnung) durch Vorgesetzte, die fürchten, gute Mitarbeiter zu verlieren,
- Ablehnung des Programms durch Versetzungsaspiranten, die Tätigkeitswechsel als störend empfinden: Da die Durchführung eines Rotationsprogramms einerseits nur sinnvoll, weil erfolgsversprechend mit versetzungswilligen Mitarbeitern ist, andererseits aber eine bestimmte Mindestzahl von Kandidaten einem reibungslosen Ablauf förderlich ist, liegt hierin eine grundsätzliche Gefährdungsmöglichkeit.

(22) Job Enlargement

Mit Job Enlargement (Aufgabenerweiterung, Horizontal Job Loading) wird das Arbeitsfeld einer Stelle dadurch vergrößert, dass neue, **qualitativ** etwa **gleichartige** Aufgaben hinzugefügt werden. Insofern wird eine neue Stelle gebildet; das kann bis hin zur Zusammenlegung ganzer ehemals eigenständiger Stellen zu einer Einzigen neuen gehen.

Es gibt mehrere Gesichtspunkte, nach denen die zusätzlichen Aufgaben bestimmt werden können, die einer Stelle zur Erweiterung ihres Arbeitsfeldes hinzugefügt werden sollen. So können nach dem organisatorischen Aufgabenanalyse-Kriterium des **Ranges** der in einer Stelle zu vollziehenden Tätigkeiten solche der Entscheidung von denen der Ausführung unterschieden werden. Ein nach diesem Merkmal vorgehendes Job Enlargement wird als **sachorientiert** bezeichnet; es würde entweder auf der Entscheidungsebene andere Entscheidungstatbestände hinzufügen oder aber auf der Ausführungsebene zusätzliche Einzeloperationen.

Ein anderer Gesichtspunkt ist der der **Phasen**, in denen die Handlungen zur betrieblichen Aufgabenerfüllung ablaufen: Im einfachen Falle werden die Phasen der Planung, der Realisation und der Kontrolle unterschieden. Ein hieran anknüpfendes **phasenorientiertes** Job Enlargement würde den in einer Stelle zu vollziehenden Phasen weitere (Teil-)Phasen hinzufügen und damit z. B. den Umfang der insgesamt zu erfüllenden Kontrolltätigkeiten erweitern.

Insgesamt ist für Maßnahmen des Job Enlargement kennzeichnend, dass »alte« und »neue« Stellenaufgaben qualitativ-strukturelle Ähnlichkeiten besitzen, d. h. Entscheidungs- und Ausführungsaktivitäten ein etwa gleich bleibendes Mischungsverhältnis beibehalten und damit insgesamt ein annähernd **unverändertes Anforderungsniveau** erhalten bleibt.

Mit Job Enlargement wird in der Hauptsache der **Arbeitszyklus** einer Stelle **verlängert**, d. h. die Anzahl aller Tätigkeiten zur Erfüllung einer Stellenaufgabe und gleichzeitig die für sie durchschnittlich aufzuwendende Arbeitszeit werden erhöht. Damit sollen die mit kurzzyklischen Belastungen verbundenen Monotonie-, Ermüdungs- und Sättigungserscheinungen abgebaut und die aus ihnen resultierenden negativen Folgen der Abwesenheit vom Arbeitsplatz, Leistungsrestriktionen und Fluktuation vermieden werden. Trifft es zu, dass letztere Indikatoren für individuelle Unzufriedenheit mit dem Arbeitsplatz sind, so kann mit Job Enlargement auch diese vermindert werden. Das Ziel dieser Personalentwicklungsmaßnahme wäre erreicht: individuell erwartungsadäquate Aufgabeninhalte und Anforderungshöhen.

Trotz empirischer Belege dafür, dass diese Wirkungen erzielt wurden,[262] können eindeutige Zusammenhänge des Job Enlargement weder mit der Arbeitszufriedenheit noch

262 Vgl. Walker (1950) 344 ff.; Biggane/Stewart (1972) 270 ff.

mit der Arbeitsproduktivität gefolgert werden.[263] So enthielten die Untersuchungen zum einen **methodische Mängel**: z. B. Vermischungen mit Job Enrichment-Elementen, fehlende Kontrollen des Hawthorne-Effektes, d. h. von Verhaltensänderungen der beobachteten Personen, die ihren Grund in der Tatsache der Beobachtungen selbst haben, die während der Untersuchungen stattfanden.

Zum anderen ist der Hauptgrund dafür, dass die Konsequenzen aus Job Enlargement-Programmen nicht mit Sicherheit prognostiziert werden können, in den folgenden Tatsachen zu sehen: Die Möglichkeiten für unterschiedliche Aufgabenerweiterungen sind zumeist sehr zahlreich, desgleichen können die Erwartungen an einen akzeptablen Arbeitsplatz sehr verschiedenartig sein. Man kann also nicht von bekannten, gleichartigen Erwartungshaltungen an diesen mit Sicherheit auszurichtenden Programm-Alternativen für Aufgabenerweiterungen und mit diesen letztlich eindeutig erzielbaren Wirkungen ausgehen. Die betrieblichen Anlässe für Aufgabenerweiterungs-Programme stellen vielmehr meist Einzelfälle schlecht strukturierter Entscheidungsprobleme dar, für die **individuelle Lösungen** gefunden werden müssen. Eine statistische Aufbereitung von Befunden über Job Enlargement Programme in der Praxis ist daher für sehr detaillierte Angaben über Einzelheiten des Vorgehens nicht sinnvoll.

Die im Folgenden kurz referierten Ergebnisse vermitteln einige illustrative Einblicke in **Art**, **Anlässe**, **Vor- und Nachteile** in der Praxis betriebener Personalentwicklungsarbeit.

Unter den **Gründen** für die Durchführung von Job Enlargement wurden Kostensenkungen an erster Stelle genannt, gefolgt von den Zielen, die Aufgaben für die Mitarbeiter interessanter zu gestalten, den Spezialisierungsgrad zu senken, die Qualität anzuheben, die Monotonie zu reduzieren. Dies wurde mit Maßnahmen zu realisieren versucht, durch die im Ergebnis eine relativ große Zahl ursprünglicher Stellen (drei, vier, fünf und mehr) zu neuen kombiniert wurden und mit denen überwiegend jeweils mehrere hundert Mitarbeiter erfasst wurden.

Als erreichte **Vorteile** durchgeführter Job Enlargement-Programme wurden gleich oft erhöhte Arbeitszufriedenheit und Kostensenkungen genannt, dicht gefolgt von Anstieg der Arbeitsqualität, der Ausstoßquantität, Verminderung der Monotonie. Als **Nachteile** wurden an erster Stelle Widerstände gegen Veränderungen – und zwar einzelner Mitarbeiter, aber auch der Gewerkschaften – berichtet, des Weiteren, dass einige Mitarbeiter nicht zum »Wachsen mit der Aufgabe« fähig sind, dass Fortbildungszeiten anstiegen. Schließlich war auch nach den **Problemen** gefragt worden, die sich für die Mitarbeiter beim Einstellen auf die erweiterten Aufgaben herausgestellt hatten. Dazu wurden mit Abstand an erster Stelle Schwierigkeiten genannt, die mit der Anpassung an die vermehrten Pflichten entstanden; vergleichsweise viel seltener wurde Widerstand gegen Veränderungen angegeben.

(23) Job Enrichment

Herzberg sieht in der Anreicherung der Arbeit mit sinnvollen Inhalten den Schlüssel zur Motivation von Mitarbeitern, womit er den Unterschied zwischen Job Enrichment und Job Enlargement betont. Während Job Enlargement primär eine quantitative Zunahme einzelner Aktivitäten bei der Arbeit bedeutet, bezieht sich Job Enrichment darüber hinaus auf die Autonomie, die Verantwortung und die Abgeschlossenheit bzw. Kontrolle von Aufgaben. Job Enrichment führt zu einer Erhöhung der motivationalen Wirkung einer Arbeit, wäh-

263 So auch Kupsch (1975) 1081.

rend Job Enlargement eher die Monotonie reduziert, jedoch nur begrenzte Motivationswirkungen besitzt.

Job Enrichment gibt den Mitarbeitern die Gelegenheit, interessantere Tätigkeiten zu vollziehen und letztendlich damit mehr Möglichkeiten für persönliche Entwicklung und Wachstum zu haben. Herzberg hat damit, aufbauend auf seinen motivationspsychologischen Überlegungen, die interdependenten bzw. gleichgerichteten Wirkungen, wie sie in Abbildung 123 zum Ausdruck kommen, zum Ausgangspunkt für Überlegungen zur Gestaltung der Arbeit gemacht und eine Wirkungskette hergestellt: Mehr Sinn in der Arbeit führt zu einer höheren Zufriedenheit bei den Mitarbeitern, die sich deshalb zur Weiterentwicklung angeregt fühlen und insgesamt bessere Arbeitsergebnisse hervorbringen.

Mit Maßnahmen des Job Enrichment (Aufgabenbereicherung, Vertical Job Loading) werden einer Stelle neue, und zwar qualitativ von den ursprünglichen Stellenaufgaben unterschiedliche Aufgaben, hinzugefügt. Dabei geht der Unterschied grundsätzlich in die Richtung auf ein **höheres Anforderungsniveau**. Das Wort »Bereicherung« soll dies andeuten: Eine Anreicherung um schwierigere, anspruchsvollere Aufgaben ist gemeint. Die angelsächsische Begriffsfassung des »Vertical« Job Loading macht darauf aufmerksam, dass überwiegend an eine Anreicherung um Aufgaben gedacht ist, die zuvor auf höheren Ebenen der organisatorischen Hierarchie erfüllt worden waren. Durch Job Enrichment werden also Führungsaufgaben wie Planungs- und/oder Kontrollaktivitäten hinzugefügt.

Das Konzept der Aufgabenbereicherung hat einen normativen Ausgangspunkt: Erklärtes **Ziel**[264] ist es, Mitarbeitern ein Wachsen ihrer Persönlichkeit durch Selbstverwirklichung zu ermöglichen; dem mit anspruchsvolleren Aufgabeninhalten verbundenen Anforderungsanstieg wurde dabei die Rolle eines Motivators zugesprochen. Job Enrichment geht damit von intrinsischer Motivation durch die Arbeit selbst aus. Dass diese Intention dem Konzept eine einseitige Rolle zuweist, wird durch Rückverweis auf die oben referierten motivationspsychologischen Erkenntnisse (vgl. Kap. B.I.2.a.aa) deutlich. Es kann durchaus als nicht allgemein gültig unterstellt werden, dass jedermann am Arbeitsplatz Selbstverwirklichung anstrebt; es ist durchaus möglich und jedenfalls legitim, im Beruf extrinsisch motiviert zu sein.

Wird als allgemeine Maxime des Personal-Management akzeptiert, individuelle und institutionelle Ziele gleichermaßen erreichen zu wollen, so wird man auch extrinsische Motivation durch Job Enrichment »zulassen« müssen. Ein solchermaßen **individueller Zuschnitt** jedoch ist nur unter folgenden **Voraussetzungen** möglich:

- Bekanntheit der tatsächlich vorhandenen Motivationsstruktur derjenigen Mitarbeiter, denen man mit Aufgabenanreicherung positive Motivationskonditionen schaffen will,
- Kenntnis der anreicherungsbedürftigen und -fähigen Stellen, abhängig sowohl von der Persönlichkeit des Stelleninhabers als auch vom sachlichen Aufgabeninhalt;
- Klarheit über die Beschaffenheit der jeweils hinzufügungsfähigen (Teil)Aufgaben sowie deren motivationale Wirkung. So wird z. B. intrinsisch motivierende Wirkung solchen Tätigkeiten zugesprochen, die folgende Merkmale aufweisen:
    - Autonomie: Aufgaben, zu deren Erfüllung verantwortliche Wahl zwischen alternativen Handlungen nötig und möglich ist;

264 Vgl. Herzberg (1972) 35.

- Varietät: Aufgaben, deren Erfüllung verschiedenartige und abwechslungsreiche Aktivitäten bedingen, so dass auch die Anforderungen variieren;
- Rückkoppelung: Aufgaben müssen so beschaffen sein, dass Informationen über die Tatsache und das Ausmaß ihrer Erfüllung möglich sind;
- Identität: Aufgaben müssen erkennbare Bedeutung innerhalb eines größeren Zusammenhanges besitzen.

– Vorhandensein und Anwendung eines Konzeptes zur kooperativen Führung. Bei einer Umverteilung von Führungsaufgaben müsste sonst mit dysfunktionalen Folgen gerechnet werden.
– Die organisatorischen Konsequenzen von Job Enrichment-Programmen müssen in das gesamtbetriebliche Entwicklungskonzept passen, zumindest ohne erhebliche Zielerreichungs-Einbußen verkraftbar sein. Diese Konsequenzen beziehen sich auf
  - die Aufbauorganisation: Mit einer Delegation von Führungsaufgaben
    - geht (zumindest partiell) eine Verrichtungs-Dezentralisation einher,
    - sind Kapazitätsfreisetzungseffekte bei Leitungsstellen (Instanzen) verbunden,
    - ergeben sich größere Leitungsspannen,
    - werden weniger Hierarchieebenen benötigt, so dass sich eine insgesamt flachere Organisationspyramide ergibt; ihr wird größere Aktions- wie Reaktionsflexibilität zugesprochen.
  - den Informationsbedarf: Für ihn wird aufgrund der stärkeren Führungsaufgaben-Dezentralisation eine Steigerung erwartet.
  - die Änderungshäufigkeit der Organisationsstruktur: Da Personalentwicklung durch Aufgabenanreicherung ein Konzept der Organisation ad personam ist, muss mit nahezu kontinuierlicher Reorganisationsnotwendigkeit gerechnet werden.
– Die Implementierung von Aufgabenanreicherungsprogrammen muss nach einem abgestimmten Konzept erfolgen, damit z. B. Einführungswiderstände überwunden werden können.

Eine Koppelung von Programmen der Aufgabenanreicherung mit Personal-Fortbildung kann zu einem kontinuierlichen Prozess der Dynamisierung von Aufgaben-, Anforderungs- und Qualifikationsentwicklung sowie Stellenbesetzung führen: Stellenaufgaben »wachsen« mit den Stelleninhabern, die Mitarbeiter erhalten von Zeit zu Zeit anspruchsvollere Aufgaben.

Die Gründe, die im Zusammenhang mit Job Enlargement dafür genannt wurden, dass Konsequenzen und Wirkungen nicht mit Sicherheit prognostiziert werden können, gelten in gleicher Weise auch für Aufgabenbereicherungsprogramme: Vielzahl und Unterschiedlichkeit der Anreicherungsmöglichkeiten und der Erwartungen und Motive der in (geplante) Programme involvierten Mitarbeiter machen Prognosen auch hier schwierig.

(24) Teilautonome Arbeitsgruppen

Prinzipiell lassen sich arbeitsplatzübergreifende Interventionen ebenfalls in den Dimensionen quantitative und qualitative Erweiterung bzw. inhaltliche Veränderung beschreiben. Dies betrifft vor allem die oben angeführten motivationalen Merkmale der Autonomie, Varietät, Rückkoppelung und Identität. Im Unterschied zu den einzelarbeitsplatzbezogenen Maßnahmen wirken sich diese hier jedoch vor allem über die Kommunikation der einzelnen Stelleninhaber untereinander bzw. über die Abstimmung von deren Arbeitsabläufen und -inhalten untereinander aus. Bedingungen für das Entstehen einer gemeinsamen Aufgabenorientierung, wie sie weiter oben als vorteilhaft im Sinne der Personalentwicklung dargelegt wurden, können in einer Arbeitsgruppe nur dann entstehen, wenn die Gruppe eine gemeinsame Aufgabe hat, für die sie auch verantwortlich ist und wenn die Gruppe die Arbeitsabläufe selbst kontrollieren kann.[265] Dieses sind Merkmale teilautonomer Arbeitsgruppen, die im Folgenden dargestellt werden.

Als teilautonom werden solche Arbeitsgruppen bezeichnet, in denen Aufgaben gemeinsam, meist teamartig, erledigt werden unter gleichzeitiger Übertragung von Befugnissen für Planungs-, Regelungs- und Kontrollfunktionen. Von deren Inhalten und Umfang hängt der Autonomiegrad der Gruppen ab, die ihren Aufgabenbereich gesamthaft zur kollektiven Verantwortung übertragen bekommen.

Für die Bildung von teilautonomen Arbeitsgruppen, die im Sinne institutioneller wie auch individueller Zielsetzungen funktionstüchtig sind, ist das Vorliegen oder die Schaffung einer Reihe von **Voraussetzungen** förderlich. Zu ihnen gehört die Überschaubarkeit der auf solche Gruppen übertragungsfähigen Aufgaben, ein innerer Zusammenhang der Gruppen-Arbeitsplätze, festgelegte bzw. vereinbarte Produktionsziele, ein hinreichender Dispositionsspielraum für die Arbeitsgruppe, das Vorliegen von Regeln für die gruppeninterne Kommunikation.

Auf zwei Ebenen entstehen **Gestaltungs-** und **Koordinationsprobleme**: zum einen auf der Ebene des Betriebes, zum anderen innerhalb der Gruppen selbst. Die Übertragung der Autonomie für die Arbeitsverteilung an die Gruppe bringt es mit sich, dass sie den Arbeitsablauf selbst gestalten und koordinieren muss, d. h. dass den einzelnen Mitgliedern durch Gruppenentscheidungen Aufgabeninhalte und Arbeitspensen zugeordnet und dass auch soziale Rollen verteilt werden.

Das Haupt-Gestaltungsproblem auf der **Betriebsebene** entsteht in Bezug auf die Bestimmung des Autonomiegrades und der Größe der Gruppen (von letzterer hängt auch die Zahl teilautonomer Gruppen in einem Betrieb ab). Je mehr Freiheitsgrade die Gruppen erhalten, um so weniger Probleme ständiger Arbeitsgestaltung verbleiben auf der Betriebsebene. Andererseits wächst dann der Koordinationsaufwand auf dieser Ebene: Er ist umso größer, je mehr Gruppen es gibt und je größer ihre Freiheitsspielräume sind. Eine solche Koordination kann z. B. über (u. U. mit den Arbeitsgruppen überlappende) Planungsgruppen erfolgen.

Als Hauptproblem des Einführens und Funktionierens teilautonomer Arbeitsgruppen werden auf der **Gruppenebene** die Änderungsbedürftigkeit des Vorgesetzten-Selbstverständnisses, auf der Betriebsebene die Handhabung geeigneter Anreizsysteme bezeichnet; denn materielle Anreizsysteme werden dann unbrauchbar, wenn befürchtet werden muss, dass sie die Bereitschaft der Gruppenmitglieder zur Zusammenarbeit behindern.

Aus der Praxis der Gestaltung der Arbeitsbedingungen soll als **Beispiel** der inzwischen berühmt gewordene Versuch des schwedischen Automobilkonzerns Volvo mit teilautonomen Gruppen herausgegriffen werden, nicht um ihn als Vorbild hinzustellen, sondern weil in ihm eine besonders große Vielzahl von Gestaltungsbereichen in Angriff genommen wurde.

Als **Ausgangsbasis** stellten sich folgende Verhältnisse in dem schwedischen Automobilkonzern Volvo dar: Eine Suche nach den Ursachen für sehr hohe Abwesenheits- und Fluktuationsraten und für ein seit längerem beobachtetes »Job hopping« der Mitarbeiter förderte zutage, was wie eine neue industrielle Krankheit aussah: psychischer Stress, Gleichgültigkeit, Feindseligkeit, Aufsässigkeit von Belegschaftsmitgliedern, insbesondere im Pro-

265 Vgl. Ulich (1999) 127.

duktionsbereich. Als Ursache hierfür wurde vor allem ein als eklatant gewerteter Widerspruch gesehen: Die Mitarbeiter sind einerseits »mündige Bürger« mit einem generell hohen Ausbildungsniveau in einer relativ homogenen Gesamtbevölkerung, in der ein beachtenswertes kulturelles Klima herrscht. Andererseits aber finden sie diese Lebensqualität des privaten, des Freizeitbereiches im Beruf nicht vor, wenn überwiegend repetitive Routinearbeiten abverlangt werden, deren Inhalte und Ziele – vom Arbeitenden aus gesehen – fremdbestimmt sind, wenn eine Arbeitsatmosphäre der Anonymität, des Gefühls als »Rad im Betrieb« herrscht.

Um diesen unerwünschten Zuständen zu begegnen, schlug Volvo eine Änderungsstrategie mit vier Komponenten ein, von denen die ersten zwei den Arbeitsbedingungen im hier dargelegten Sinne zugehören, während letztere Personalentwicklung im hier verstandenen Sinne betreffen:

(1) technologische Veränderungen (andere Arbeitsverfahren);
(2) Verbesserungen der physiologischen Arbeitsbedingungen;
(3) neuartige Arbeitsstrukturen: selbststeuernde Gruppen in Verbindung mit Job-Rotation, -Enrichment, -Enlargement;
(4) konsequente Personalentwicklung;

dies alles gemeinsam im Rahmen eines umfassenden institutionalisierten Mitsprachewesens.

Diese weitgehende Änderungsstrategie erforderte den Bau einer neuen Auto-Produktionsstätte (Werk Kalmar) für 600 Beschäftigte, die ein höheres Investitionsvolumen notwendig machte als ein Werk mit gleichem Ausstoß in herkömmlicher Fertigungsweise. In Kalmar wird nicht am Fließband, sondern in 25 Arbeitsgruppen mit je rund 15 Beschäftigten gefertigt; diese Gruppen sind autonom in Bezug auf eine selbstständige, flexible Aufgabeneinteilung, auf Kontrollen der Arbeitsergebnisse, auf Bestimmung über eigene Budgets. Sie haben je einen werkstattähnlichen Arbeitsbereich, sind für einen bestimmten Fahrzeugabschnitt verantwortlich, haben eigene »Pufferzonen« und daneben Sozialräume mit eigenen Rekreations- und Meetingbereichen. Die Gruppenmitglieder können darüber befinden, ob sie einzeln oder in Untergruppen arbeiten wollen, sie verrichten – im Gegensatz zu früher – mehr als einen Arbeitsgang.

Die höheren Investitionskosten begannen sich zu amortisieren: Die gestiegene Zufriedenheit der Mitarbeiter ließ die Fluktuationsrate und die damit verbundenen Kosten rapide sinken, die Produktivität wurde als sehr gut bezeichnet, was sich allerdings in der Folgezeit nicht fortsetzte.[266]

Auf der anderen Seite fordert eine solche weitgehende Umstellung in so vielen Gebieten der Betriebsarbeit auch einen Wandel im Führungsstil und in den Management-Funktionen, dies sowohl bei der Unternehmungsleitung als auch auf den unteren Management-Ebenen unter Einschluss der Meister. Sie müssen in den Arbeitsgruppen nunmehr neue Rollen ausfüllen, sich auch als »gute Menschenführer« bewähren. Es gibt bereits Berichte, aus denen hervorgeht, dass eine solche weitgehende Kooperationsbereitschaft und -fähigkeit erfordernde Demokratisierung teilweise von denen als unbequem empfunden wird, die von ihr profitieren sollen.

266 Volvo hat trotz aller positiven Effekte bereits 1992 beschlossen, das Werk Kalmar zu schließen. Vgl. Berggren (1993) 64 ff.

Zudem können Selbstkontrollen und durch Gruppen selbst gesetzte Normen anspruchsvoller sein als die Hierarchie-Vorgesetzten: Sie können sogar zur Diskriminierung von leistungsschwächeren und weniger beliebten Gruppenmitgliedern führen. »Selbststeuerung« von Gruppen wird dann zu einer »Selbstreinigung«.[267]

Der **Autonomiegrad einer Gruppe** kann mithilfe folgender Kriterien bestimmt werden (in der folgenden Liste nimmt der Autonomiegrad von unten nach oben kumulativ zu, vgl. dazu Abbildung 125).

Entscheidungsobjekt	**Autonomiegrad**
Die Gruppe hat Einfluss auf die qualitativen Ziele.	hoch
Die Guppe hat Einfluss auf die quantitativen Ziele.	↑
Die Gruppe entscheidet mit über externe Führungsfragen.	
Die Gruppe entscheidet über die Übernahme zusätzlicher Aufgaben.	
Die Gruppe entscheidet, wann sie arbeitet.	
Die Gruppe entscheidet über die Produktionsmethode.	
Die Gruppe regelt die interne Aufgabenverteilung.	
Die Gruppe entscheidet darüber, wer Mitglied wird.	
Die Gruppe entscheidet über interne Führungsfragen.	↓
Die Gruppenmitglieder entscheiden selbst über ihre individuelle Aufgabenbewältigung.	niedrig

Quelle: Staehle (1987) 471.

Abb. 125: Autonomiegrad einer Gruppe

(3) Folgen

Mit den beschriebenen Formen der Arbeitsstrukturierung (vor allem mit Job Enrichment und teilautonomen Arbeitsgruppen) werden Verbesserungen von Arbeitsproduktivität und -zufriedenheit angestrebt. Dass beides mit ihnen generell erreichbar sei, gilt durchaus nicht als sicher.

Eine wesentliche Voraussetzung für das Erreichen dieser beabsichtigten Folgen dürfte der Stellenwert sein, den Arbeit überhaupt und der Arbeitsinhalt speziell in der Motivationsstruktur der Betroffenen hat. Besteht etwa für bestimmte Arbeitnehmer das zentrale Lebensinteresse nicht in einer Bestätigung in der Arbeitswelt, sondern in anderen Lebensbereichen, so spielt Arbeit nur die Rolle eines Mittels zum Zweck des Gelderwerbs. Von ihnen würden Job Enrichment-Programme, die erhöhte Aufmerksamkeit und Verantwortung erfordern, eher als Belastung oder sogar als Verschlechterung der Arbeitssituation empfunden werden (vor allem, wenn mit ihnen keine Lohnerhöhungen einhergingen).

Daher gehen Porter/Lawler/Hackman von der Annahme aus, dass Leistung und Zufriedenheit nicht nur von der Organisation und von der (entweder einfachen oder aber berei-

267 Vgl. Altmann u. a. (1982) 144.

cherten) Arbeitsstruktur abhängen, sondern zudem von den individuell empfundenen Mitarbeitermotiven (insbesondere vom Ausmaß des »Wachstumsbedürfnisses«).[268] Empirische Untersuchungen haben diese Zusammenhänge prinzipiell bestätigt.[269] Als erfolgskritisch bei der Einführung neuerer Arbeitsstrukturen hat sich auch die Unterstützung durch längere Lern- und Einarbeitungsprozesse herausgestellt, die vor allem dadurch notwendig wurden, dass anfänglich ablehnende Haltungen vonseiten der betroffenen Mitarbeiter zu überwinden waren.

Zu den wichtigsten Voraussetzungen einer arbeitsimmanenten Qualifizierung gehört weiterhin die Wahrnehmung der Veränderbarkeit von Arbeitsaufgaben durch den Beschäftigten. Ulich führt eine Studie an, der zufolge es für eine Bereitschaft zur Qualifizierung nicht ausreicht, dass das Angebot von Arbeitsinhalten und Arbeitsstrukturen subjektiv wahrgenommen wird. Vielmehr löst erst die aktive Mitwirkung der Beteiligten an dem Prozess der Veränderung eine solche Bereitschaft aus.[270]

Aus Studien zu Folgewirkungen von Maßnahmen der Arbeitsstrukturierung geht hervor, dass individuellen Eigenschaften von (potenziellen) Stelleninhabern eine erhebliche Bedeutung zukommt. Dies sind vor allem:

- personale Faktoren (wie z. B. Alter, Geschlecht, Schulbildung, Religion),
- außerbetriebliche Lebensumstände (wie z. B. die soziale Schicht, städtische oder ländliche Umgebung),
- berufliche und betriebliche Faktoren (wie z. B. Position in der Hierarchie, Dauer der Betriebszugehörigkeit).

Empirische Untersuchungen hierüber lassen den Schluss zu, dass den Variablen Schulbildung, soziale Schicht und organisatorische Hierarchie größte Bedeutung zukommt.[271] Daher liegt es für Staehle nahe, »der Entwicklung von Arbeitsorientierungen durch Sozialisation (vor allem durch Arbeit, Kollegen und Vorgesetzte) besonderes Augenmerk zu schenken«.[272]

Darin ist eine Abkehr von universellen und eine Hinwendung zu stärker individuell differenzierenden Ansätzen zu erkennen. Ulich beschreibt drei **Prinzipien**, deren Anwendung bei der Arbeitsgestaltung persönlichkeitsförderliche Folgen habe:

- Bei **flexibler** Arbeitsgestaltung ist es den Mitarbeitern möglich, ihre eigenen spezifischen Arbeitsweisen einzusetzen.
- Im Wege **differenzieller** Arbeitsgestaltung werden unterschiedliche Arbeitsfelder angeboten, aus denen dasjenige ausgewählt werden kann, das am meisten zusagt.
- Durch **dynamische** Arbeitsgestaltung werden bestehende Arbeitssysteme verändert, und zwar nach Maßgabe der (gewachsenen) Ansprüche der Mitarbeiter; im Grenzfall kommt es zur Schaffung ganz neuer Arbeitssysteme.[273]

Ein solches pointiertes Eingehen auf individuelle Belange durch Maßnahmen der Arbeitsstrukturierung wird von Steinmann/Schreyögg kritisiert, und zwar nicht mit dem Argu-

268 Vgl. Porter/Lawler/Hackman (1975) 274 ff.
269 Vgl. Pierce/Dunham/Blackburn (1979).
270 Ulich beruft sich hierbei auf eine Längsschnittuntersuchung von Baitsch (1985). Vgl. Ulich (1998) 381.
271 Vgl. Niederfeichtner (1982) 158 ff.
272 Staehle (1999) 697 f.
273 Vgl. seine Beiträge in Frei/Ulich (1981) (vgl. auch Kap. D.V.2.c).

ment, dass dies angesichts der in der Wirtschaftspraxis verfolgten Zielvorstellungen und dafür favorisierten Maßnahmen unrealistisch sei. Sie entdecken vielmehr in den Ansätzen zu individuell differenzierender Arbeitsgestaltung die liberalistische Idee, Freiheit als formale Freiheit der Wahl zu begreifen. Dem setzten sie – unter Berufung auf Habermas – entgegen, dass einer solchen freien Wahl ein gesellschaftlicher Aufklärungsprozess vorausgehen müsse über das, was die einzelnen Personen »wollen würden, wenn sie wüssten, was sie wollen könnten«.[274]

cc) Karriereplanung (Versetzungen)

(1) Begriff

Der individuelle berufliche Werdegang ist Gegenstand der Karriereplanung. Dabei wird hier unter **Karriere** jede beliebige Stellenfolge einer Person im betrieblichen Stellengefüge verstanden.

Die oft vorgenommene Einschränkung auf Aufwärtsbewegungen beim Stellenwechsel wird dabei nicht gemacht – »Karriere« ist damit ihres einseitigen Aufstiegsbezugs entkleidet. Zum einen bestehen Positionswechsel nicht nur aus Beförderungen und enden nicht stets mit einer ranghierarchisch höheren Position als zu Beginn. Von Bedeutung ist zum anderen ein weiterer Aspekt: eine personalpolitisch sinnvolle Umorientierung individueller Karriereerwartungen in Richtung auf eine realistische Einbeziehung der heute und in Zukunft in den Betrieben bestehenden Versetzungsmöglichkeiten, aber auch -anforderungen. Zumindest von individueller Seite her kann ist es daher auch sinnvoll sein, die Sicht nur auf einen Betrieb einzuschränken, sondern Unternehmungswechsel mit einzubeziehen.

Mit zunehmender Verjüngung der Führungsspitze und/oder langsamerem Wirtschaftswachstum vermindern sich die Aufstiegsmöglichkeiten. Mit der größeren Dynamik und Komplexität der heutigen Arbeitswelt steigt gleichzeitig die Notwendigkeit, Mitarbeiter häufiger auf Stellen mit anderen (auch höheren) Anforderungen zu versetzen, ohne dass dies stets »Beförderung«, d. h. ranghierarchischer Aufstieg im herkömmlichen Sinne sein kann. Durch solche »horizontalen« Versetzungen lassen sich sowohl betriebliche als auch persönliche Ziele erreichen. Für den Betrieb ist ein flexibel einsetzbarer und leistungsfähiger Mitarbeiter besonders wertvoll. Auf die Führungskraft wirkt sich die mit einer anderen Position verbundene Abwechslung positiv motivierend aus.

Mit Positionswechseln in der betrieblichen Hierarchie ist der **objektive** oder auch **strukturelle** Aspekt der Karriere angesprochen. Daneben tritt auch ein **subjektiver Aspekt**: Für die einzelne Person bedeutet Karriere der auf wirtschaftliche Tätigkeiten bezogene Ausschnitt des gesamten Lebenslaufes. Auch in Karrieren also bringen Personen Motive, Ziele, Fähigkeiten, Erwartungen u. a. m. ein, die sich während des Karriereverlaufs wandeln können. Karriere geht dadurch mit persönlicher Entwicklung einher. Insoweit werden Karrieren meist in größeren Zusammenhängen, d. h. als Kette von Positionsfolgen oder sogar als Ganzes gesehen, bewertet und interpretiert. Damit wird auch deutlich, dass Karriere sich nicht nur auf den kleinen Kreis der Inhaber von Spitzenpositionen bezieht, sondern dass jeder Mitarbeiter eine Karriere hat.

---

274 Steinmann/Schreyögg (1980) 76.

Eine gleichzeitige Berücksichtigung beider Aspekte bei der Planung von Karrieren erfordert daher die Einbeziehung des Entwicklungsprozesses der einzelnen Personen. Karriereplanung nimmt zukünftige tatsächliche Stellenfolgen gedanklich vorweg. Insoweit ist **Karriereplanung** Teil einer umfassenden Personalentwicklung, die sämtliche betrieblichen Einflussmaßnahmen auf die individuelle Entwicklung umfasst: neben der Karrieresteuerung auch die betriebliche Fortbildung und die personenorientierte Arbeitsstrukturierung.

(2) Karrieresystem

Dass in einer Unternehmung Karriereplanung systematisch betrieben wird – also ein betriebliches Karrieresystem existiert – ist ein Zeichen dafür, dass nach dem personalpolitischen Grundsatz verfahren wird, vakante Positionen aus den Reihen der im Betriebe bereits beschäftigten Mitarbeiter zu besetzen (interne Personalbeschaffung): entweder wann immer es möglich ist, oder aber wenigstens bezogen auf einen spezifisch definierten Teil von Vakanzen (z. B. in bestimmten Funktionsbereichen, auf bestimmten Hierarchieebenen o. Ä.).

Die Struktur eines betrieblichen Karrieresystems ist durch sechs **Merkmale** gekennzeichnet:

(1) Der **Bewegungsraum** eines Karrieresystems ist gleichbedeutend mit dem Stellen-(Positionen-)Gefüge, das die Besetzungs-(Versetzungs-)möglichkeiten liefert. Er ist durch die Organisationsstruktur geprägt unter Einschluss der (zusätzlichen) Laufbahnformen (Fachlaufbahn, Projektgruppen), die als Karriereangebote bereitgestellt werden (vgl. unten (5)).

(2) **Bewegungsanlässe** sind besetzungsbedürftige Vakanzen. Sie entstehen durch Freiwerden von vorhandenen oder aber durch Einrichten zusätzlicher Stellen. Der letztgenannte Anlass stellt eine der möglichen Formen dar, in denen originäre Personalplanung betrieben werden kann; sekundärer Personalentwicklungsbedarf mit »Gelegenheitslücken« (vgl. oben Abbildung 107, S. 327) ist ein möglicher Grund hierfür.

(3) Es gibt maximal drei **Bewegungsrichtungen**: vertikale Versetzungen aufwärts, aber auch abwärts, die durch den Wechsel auf jeweils eine andere Ebene mit Kompetenzänderungen verbunden sind, und horizontale, d. h. Versetzungen auf gleicher Hierarchieebene. Eine Sonderform, jedoch mit zunehmender Bedeutung, – eher horizontalen Versetzungen zuzurechnen – ist die Abordnung von Mitarbeitern in Projektgruppen.

(4) Die **Bewegungshäufigkeit** (-geschwindigkeit) wird bestimmt durch die Verweildauer der Mitarbeiter auf ihren Positionen. Sie hängt vor allem ab von Barrieren, die als Randgrenzen zwischen Hierarchieebenen wirksam sind, als Funktionsgrenzen zwischen Aufgabenbereichen existieren bzw. durch Zugehörigkeitsgrenzen entstehen können, die Gruppen und Cliquen um sich aufrichten.

(5) **Bewegungsprofile** entstehen, wenn sich charakteristische Positionenfolgen herausbilden, die über längere Zeit konstant bleiben. Sie können durch bewusste Gestaltungsentscheidungen entstehen und werden dann als **Karrierepfade** bezeichnet. Möglich ist dies in größeren Unternehmungen mit ausreichend zahlreichen und homogenen Stellen in stabilen Hierarchien (kennzeichnend z. B. für Warenhauskonzerne). Karrierepfade unterscheiden sich voneinander durch die Länge, d. h. die Anzahl der zugehörigen Positionen, deren Aufeinanderfolge, ihre Steighöhe (die höchste zuletzt erreichte hierarchische Position). Hat sich eine Unternehmung für bestimmte Karrierepfade in definierten Laufbahnformen strategisch entschieden, so ist damit ein generalisierter

Versetzungsmodus festgelegt. Seine grundsätzliche Geltung heißt jedoch nicht, dass Abweichungen unzulässig seien. Darüber, ob auch Varianten für andersartige Stellenfolgen ermöglicht werden sollen, ist jeweils im Bedarfsfall zu entscheiden. Solche Verfahren können entweder vom Betrieb offeriert werden (vorzugsweise stellenspezifisch bei Entstehung entsprechender Vakanzen) oder aber in Ansehung bestimmter Personen zugelassen werden, auf deren spezielle Begabungen oder Neigungen eine Unternehmung eingehen will, etwa um einen bewährten Mitarbeiter zu halten. Hier liegt auch eine Koppelung mit anderen Maßnahmen der Managemententwicklung nahe, wie z. B. Aufgabenstrukturierungen (individueller Zuschnitt von Stelleninhalten).
In kleineren Betrieben und in solchen, die ein von den Anforderungen sehr stark heterogenes Stellengefüge aufweisen, sind Karrierepfade in aller Regel nicht möglich. Hier löst jede frei werdende Führungsposition individuelle Nachfolgeüberlegungen aus.

(6) Das **Aktivitätsniveau** eines Karrieresystems ist gleichbedeutend mit der Summe derjenigen Gestaltungsmaßnahmen, mit denen auf die Ausprägungen dieser Merkmale Einfluss genommen wird. Es wir durch drei Bedingungen beeinflusst: durch rechtliche Regelungen, die Betriebsgröße, Größenänderungen (Wachstum, Schrumpfung).

Einen Ansatz zur Systematisierung von potenziellen Karrierebewegungen bietet das **Human Resource Portfolio**. Aufbauend auf einer Befragung von 55 Managern in unterschiedlichen Karrierephasen haben Ference/Stoner/Warren mithilfe der Kriterien »gegenwärtige Leistung« und »Entwicklungspotenzial« vier Typen unterschieden, die in Abbildung 126 wiedergegeben werden.

	Entwicklungspotenzial	
gegenwärtige Leistung	**niedrig**	**hoch**
hoch	Leistungsträger (effizient platziert)	Spitzenkräfte (nicht platziert)
niedrig	Mitläufer (ineffizient platziert)	Fragezeichen (nicht platziert)

Quelle: In Anlehnung an Ference/Stoner/Warren (1977) 603.

Abb. 126: Human Resource Portfolio

Vonseiten der Unternehmung bedeutet ein ausgeglichenes Portfolio, dass genügend

- Spitzenkräfte auf verantwortlichen Stellen vorhanden sind, die mit genügend unternehmerischen Gestaltungsfreiheiten und -chancen ausgestattet sind,
- Fragezeichen für die zukünftige Entwicklung aufgebaut werden können und dass in diese auch investiert wird,
- Leistungsträger existieren und diese auch Entwicklungsperspektiven sehen und dementsprechend gefördert werden,
- Aufmerksamkeit den Mitläufern geschenkt wird und diese entweder bewusst eingesetzt oder umorientiert werden.[275]

275 Vgl. Beutel/Fischer (1995) 63 f.

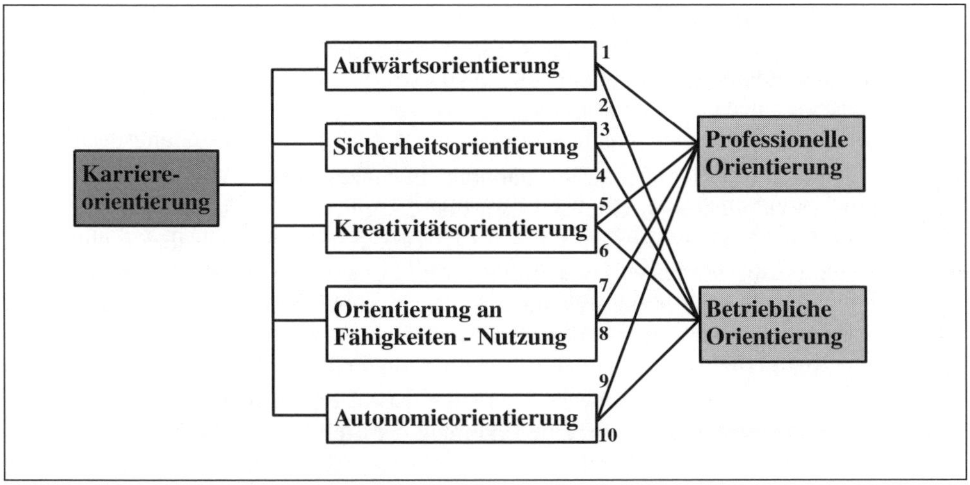

Quelle: Berthel/Koch (1985) 25.

Abb. 127: Karriereorientierungen

Für einen Mitarbeiter auf einer Karriereplatzierung (vgl. Abbildung 127) ist es sinnvoll, sich die Ursachen für seine Situation zu verdeutlichen. Im für ihn positivsten Fall ist seine Karriereplatzierung eine eigene gezielte Entscheidung als Ergebnis einer individuellen Karriereplanung. Liegen Karriere- oder Entwicklungsrestriktionen der Unternehmung vor, so ist bei darüber hinaus liegenden Karrierezielen für den Mitarbeiter eventuell ein Unternehmungswechsel sinnvoll. Hat man die Grenzen des eigenen Potenzials erreicht, stellt sich die Frage nach einem Karrierewechsel, einem Ausweichen auf außerberufliche Ziele oder dem Abfinden mit der gegenwärtigen Situation. Zu Recht gewarnt wird vor einer Über-Simplifizierung des Portfolio-Ansatzes im Personalbereich, in dem Sinne einer eigenschaftsorientierten Kategorisierung der Mitarbeiter und damit verbundenen vorschnellen Schlussfolgerungen, wie: »We polish the stars, fix the problems, feed the workhorses plenty of hay, and shoot the dogs«.[276]

Gerpott hat aufbauend auf dem obigen Konzept die Variable **Positionsimmobilität** bzw. Positionsstehzeit vorgeschlagen.[277] Diese Überlegungen beinhalten zum einen eine am Potenzial orientierte Richtung der Karriereberatung für die so typisierten Manager und zum anderen eine besondere Aufmerksamkeit, die den immobilen Managern zu widmen ist. Ausgehend von einer Analyse der Gründe der Immobilität bedarf es verstärkter Entwicklungsmaßnahmen, um z. B. unzureichende Fähigkeiten oder obsoletes Wissen auszugleichen oder bei Fehlbesetzungen Versetzungen oder eventuell die Kündigung in Betracht zu ziehen.

276 Odiorne (1984) 68. Ähnlich Fopp, der sogar von einer »Unkraft« spricht. Vgl. Fopp (1982) 333 ff. Unter dem Eindruck dieser Problematik weisen Ference/Stoner/Warren auf die Notwendigkeit hin, sich »neutral« mit Karriereperspektiven auseinander zu setzen, bevor es zu Frustration kommt und sehen das Human Resource Portfolio eher als weiterführendes Analyseinstrument, z. B. in Ergänzung zum Karrieremodell von Schein. Vgl. Ference/Stoner/Warren (1977) 602 f. u. 610 f. Zur Kritik der Übertragung des Portfolio-Gedankens auf das Personal-Management vgl. Conrad (1991) 438 f.

277 Vgl. Gerpott (1988) 80 ff.

(3) Ziele der Karriereplanung

Ein Karrieresystem ist stets zielorientiert: Es gehen betriebliche und individuelle Ziele in die Planung ein, wenn sie konsequent gehandhabt wird.

– Betriebliche Ziele

Generell können die betrieblichen Ziele dadurch gekennzeichnet werden, dass mit Karriereplanung eine sachliche und eine ökonomische Optimierung versucht wird. Sachliche Optimierung kann bewirkt werden durch Karriereentscheidungen, mit denen eine bestmögliche Übereinstimmung zwischen Stellenanforderungen und Mitarbeiter-Qualifikationen erreicht wird. Stehen für eine vakante Stelle mehrere Aspiranten zur Verfügung, so ist eine Auswahl in dem genannten Sinne zu treffen. Wenn es gelingt, Probleme der Stellenbesetzung wie auch der Nachfolgersuche sowohl in qualitativer Hinsicht als auch zu den erforderlichen Zeitpunkten überwiegend zu lösen, so wird eine Kontinuität in der Personalbereitstellung erreicht und damit eine Erhöhung der Stabilität des Betriebes.

Die Lösung des qualitativen Problems der Personalbereitstellung trägt gleichzeitig zur ökonomischen Optimierung bei: Eine bessere Übereinstimmung von Arbeitsplatz-Anforderungen und Mitarbeiter-Qualifikationen ermöglicht eine bessere Nutzung des menschlichen Leistungspotenzials und mündet insoweit in Steigerungen des betrieblichen Erfolges.

Zur weiteren Steigerung der Arbeitsproduktivität und -wirtschaftlichkeit kann Karriereplanung zudem beitragen, wenn es mit ihrer Hilfe gelingt, die Motivationen und persönliche Entwicklung der Mitarbeiter zu verbessern. Motivierend wirkt Karriereplanung dann, wenn Mitarbeiter die mit Karriere verbundenen Anreize schätzen und die vom Betrieb aus ergriffenen Karrieremaßnahmen als Folgen individuellen Leistungsverhaltens wahrnehmen. Als relativ sicheres Mittel, Mitarbeiter zum Verbleib im Betriebe und zu langfristig kontinuierlicher Leistungsabgabe zu bewegen, wird angesehen, ihnen die Erreichung ihrer persönlichen, auf den Arbeitsplatz bezogenen Ziele – soweit es aus betrieblicher Sicht als durchführbar erscheint – zu ermöglichen:

– Individuelle Ziele

Karriereziele als Ausschnitt des **individuellen Zielbündels** können vielerlei Gestalt annehmen. Weiter oben wurde bereits die Zielsystematik von Schein vorgestellt. Über die Fünfer-Klassifizierung lässt sich eine weitere, empirisch nachgewiesene Typisierung stülpen.[278] Jede der fünf genannten Orientierungen kann von Mitarbeitern angestrebt werden, die sich entweder professionell oder aber institutionell, d. h. betrieblich gebunden fühlen. Erstere (»Cosmopolitans«) empfinden sich nicht einem bestimmten Betrieb verpflichtet. Bei einer ausgeprägten Neigung zu zwischenbetrieblicher Mobilität orientieren sie ihre Aktivitäten an Angehörigen ihrer Berufsgruppe. Letztere (»Locals«) hingegen verspüren eine hohe Verpflichtung gegenüber »ihrem« Betrieb. Wenn sie einen Positionswechsel anstreben, dann zuerst innerhalb des Betriebes. Damit ergeben sich insgesamt zehn mögliche Typen für Karriereorientierungen (vgl. Abbildung 127).

Für die Bundesrepublik Deutschland liegen Untersuchungen über die von Führungskräften angestrebten Karriereziele und Karrieremotivationen allgemein vor. Auf die Frage »Was bewegt Sie zu einer Veränderung Ihrer gegenwärtigen Position?« nannten ca. 2.500

---

278 Vgl. Gouldner (1957/58) 281 ff.; Rippe (1974) 255 ff.; Klingemann (1979) 240 ff.

befragte Führungskräfte die folgenden Karrieremotive[279] (die sich in den Karriereankern von Schein wiederfinden[280]):

- höheres Einkommen (42 %),
- mehr Kompetenz und Einfluss (38 %),
- größere Selbstständigkeit (31 %),
- die Tätigkeit selbst (26 %),
- bessere Entwicklungsmöglichkeiten (23 %),
- größere Sicherheit des Arbeitsplatzes (11 %).

Eine Forschergruppe um von Rosenstiel ist u. a. der Frage nachgegangen, inwieweit sich Führungsnachwuchskräfte bezüglich der Karriereorientierung (definiert wie folgt: »der berufliche Aufstieg ist zentrales Lebensinteresse«) von tätigen Führungskräften der älteren Generation unterscheiden. Die Befragungsergebnisse erbrachten deutliche Unterschiede: 50 % Karriereorientierung der Älteren standen 23 % beim Nachwuchs gegenüber.[281]

(4) Karriereangebote (Laufbahnformen)

Karrieremöglichkeiten nehmen durch den hierarchischen Aufbau von Unternehmungen nach oben hin prinzipiell ab. Ein weiterer Einflussfaktor auf die Karriere ist die wirtschaftliche Lage einer Unternehmung: Unternehmungen tendieren in prosperitären Phasen zu einer Aufblähung der Führungsmannschaft, mit dem Ziel der Reduktion von Kontrollspannen und um eventuell zusätzlich eingestelltes Personal in Unternehmungshierarchien einzugliedern. In rezessiven Phasen besteht dann typischerweise jedoch die Tendenz zum Abbau von Hierarchieebenen, so dass die motivierende Wirkung, die wegen der zusätzlich geschaffenen Aufstiegsmöglichkeiten bestanden hat, durch andere **Anreize** zu kompensieren ist. Solche Anreize können sein:

- Delegation von Kompetenz und Verantwortung auf tiefere Ebenen, Bildung teilautonomer Arbeitsgruppen,
- Einführung von Fachlaufbahnen als alternativer Entwicklungspfad neben dem Führungskräfteaufstieg,
- Forcierung von horizontalen Versetzungen,
- Abordnung in Projektgruppen.

Im Allgemeinen lassen sich folgende Laufbahnformen unterscheiden:

– Führungslaufbahn

Versetzungen innerhalb der Linienorganisation (Hierarchie) sind die traditionelle Karriereform; ihre Abfolge wird auch »**Führungslaufbahn**« genannt. Es überwiegen dabei neben horizontalen Versetzungen (Stellenwechsel auf gleicher Hierarchieebene) solche vertikal aufwärts: der Aufstieg. Er ist in aller Regel mit Zuwachs an Kompetenz, Verantwortung, Status, Macht, Entgelt verbunden. Versetzungen hierarchieabwärts sind in der Praxis

279 Vgl. Witte/Kallmann/Sachs (1981) 10.

280 Eine Auflistung weiterer Klassifizierungen von »Karriere-Typen« findet sich bei Lehnert (1996) 65 ff. insb. Tabelle auf Seite 68.

281 Vgl. Einsiedler/Rau/v. Rosenstiel (1987). Weitere Veröffentlichungen vgl. vorn in Kap. C.IV.2. Vgl. auch die Bemerkungen zur Karrieremotivation bei Weitbrecht (1992) 1116 f.

eher Ausnahmen (zumeist aus persönlicher Rücksichtnahme); häufig verlässt der Abstiegs-»Bedrohte« die Unternehmung.

Karriereangebote in Führungslaufbahnen werden tendenziell mit Verlangsamung des Wirtschaftswachstums, auch mit organisatorischem Wandel und Schaffung flacherer Hierarchien geringer. Ein Dilemma für Unternehmungen besteht nun darin, dass gerade solche Führungs(nachwuchs)kräfte, die stärker karriereorientiert sind, eine zunehmend ausgeprägte professionale Orientierung aufweisen und eine Karriere auch über Unternehmungsgrenzen hinweg ins Kalkül ziehen. Diese Orientierung trifft nun auf die abnehmenden horizontalen Karriereoptionen flach organisierter Unternehmungen. Soll dennoch eine Mitarbeiterbindung an die Unternehmung erreicht werden, wird es erforderlich, zusätzlich weitere Karrieremöglichkeiten anzubieten.

– Fachlaufbahn

Eine Möglichkeit, Karrierestationen besonderer Art zu bieten, ist die Einrichtung von »**Fachlaufbahnen**« (synonym: Spezialistenlaufbahn, Parallelhierarchie). Sie existieren neben der traditionellen Leitungshierarchie (mit Führungslaufbahn) und haben als Charakteristikum einen hohen Anteil an Fachaufgaben bei sehr geringem Umfang an administrativen Aufgaben. Grundgedanke der Fachlaufbahnen ist es, Aufstiegsmöglichkeiten für solche Mitarbeiter zu schaffen, die nicht geeignet oder bereit sind, Positionen in Führungslaufbahnen zu übernehmen. Daneben dienen sie der:

- Förderung, Anerkennung und Belohnung besonderer fachlicher Leistungen,
- Dokumentation der Anerkennung,
- Übertragung eines höheren Freiheitsgrades,
- Verringerung der Fluktuation und
- Erhaltung/Steigerung der fachlichen Leistung.

Damit Fachlaufbahnen eine echte Alternative darstellen, müssen diese sowohl unternehmungsintern als auch -extern der Führungslaufbahn als gleichwertig erkannt werden (Akzeptanzproblem). Damit dieses Problem gelöst werden kann, wird versucht, die Struktur der Fachlaufbahn an die Führungslaufbahn anzulehnen, was die Positionen jeder Laufbahn, hinsichtlich ihrer »Höhe«, formeller und informeller Gewichtung in der Organisation, Anerkennung und der Distanz zwischen den einzelnen Karriereschritten betrifft. Glaubwürdigkeit und Akzeptanz werden umso eher erreicht, wenn die Besonderheiten der Auswahlkriterien für Fachlaufbahnen deutlich und nachvollziehbar sind: fachliche Befähigung auf Gebieten, die für die Unternehmung von Bedeutung sind: durch Erfindungen, durch Veröffentlichungen bewiesenes Renommee u. a. m. Nachteilig an Fachlaufbahnen ist zum einen, dass mit ihnen tendenziell eine einseitige Spezialisierung hervorgerufen wird, die inner- und zwischenbetriebliche Wechsel erschwert. Zum anderen ist der Konkurrenzkampf innerhalb von Fachlaufbahnen tendenziell größer, da hier Beförderungen aufgrund individueller Leistungen erfolgen.

Häufigste Einsatzbereiche für Fachlaufbahnen in der Praxis sind bisher der Forschungs- und Entwicklungsbereich, der Vertrieb, der Organisations-/EDV-Bereich.

– Projektgruppen

Zu einer immer wichtiger werdenden Alternative für Karriereentscheidungen wird die Besetzung von **Projektgruppen** durch »Abordnung«, Entsendung von Mitarbeitern.

Projektgruppen haben im Gesamtkonzept der Personalentwicklung einen erheblichen, in letzter Zeit allem Anschein nach steigenden Stellenwert: Sie treten als vorübergehende

Arbeitsform neben die ständige Linienorganisation und verbreitern durch Hinzukommen von Leitungsstellen die Führungsebenen. Sie vergrößern die Palette der Entwicklungsmöglichkeiten, was vor allem dann bedeutsam ist, wenn den Aufstiegsgelegenheiten (z. B. durch relativ niedriges Lebensalter von Führungskräften) Grenzen gesetzt sind. Aufstiegswünschen von Mitarbeitern kann u. U. nicht in angestrebten Zeiträumen Rechnung getragen werden; »motivationale Ausweichstrategien« werden nötig – sie können z. B. im Streben nach Versetzung in Projektgruppen bestehen. Obwohl das Arbeiten in Projektgruppen an Bedeutung zunimmt und die hiermit einhergehende Problematik von »Projekt-Karrieren« auch erkannt wird, finden sich in der Literatur keine Lösungen.[282]

Da eine Versetzung in eine Projektgruppe grundsätzlich die Übernahme einer befristeten Arbeit bedeutet, wird für die Planung mitarbeiterbezogener Entwicklungsprogramme eine Abstimmung mit den übrigen vorgesehenen bzw. möglichen Versetzungs- und Fortbildungsmaßnahmen notwendig. Die damit verbundenen Aspekte werden in Kap. D.V.3.c.bb.6 ausführlicher erörtert.

Mit Projektgruppenorganisation können indessen auch durchaus Gefahren verbunden sein:

- Insbesondere bei länger dauernden Projekten und solchen, deren Beendigungstermin nicht von vorneherein exakt absehbar ist, entsteht für die Gruppenmitglieder nicht selten erhebliche Unsicherheit bezüglich der Positionen, die bei Rückkehr in die Linie übernommen werden sollen.
- Daraus kann eine allgemeine Furcht vor dem Verpassen von Chancen zur Beförderung innerhalb der Linie während der Projektdauer resultieren.
- Eine Aufteilung von Kompetenzen zwischen Linienvorgesetzten und Projektleitern (z. B. bei Matrix-Projektgruppen) bringt das Risiko von Konflikten mit sich.

Mit der Versetzung in Projektgruppen weitgehend identisch ist die Zuweisung von Sonderaufgaben (Special Assignments), die zumeist neben den normalen Pflichten übernommen werden müssen. Auch sie kann als Maßnahme in den Katalog der Personalentwicklungs-Alternativen aufgenommen werden. Eine Versetzung in eine Projektgruppe bzw. die Übertragung einer einzelnen Sonderaufgabe wird jedoch zumeist nicht dem dynamischen Charakter ausreichend gerecht, welcher sich mit dem Begriff Karriere verbindet. Erst eine Aufeinanderfolge von mehreren Projekten bzw. Sonderaufgaben kann die hierdurch intendierten Karriere-Effekte begründen.

Es stellt sich jedoch generell die Frage, inwieweit die bereits mehrfach angeführten Entwicklungen im betriebswirtschaftlichen und organisatorischen Umfeld einer längerfristigen Planung entgegenstehen. So ist das Arbeiten in virtuellen Unternehmungsverbünden durch weitestgehende Hierarchielosigkeit und laufende Veränderungen von Strukturen und Abläufen geprägt. Prozessorientierte Arbeitsstrukturen verlangen ein Arbeiten und Denken über den eigenen (Kern-)Arbeitsbereich und eventuell auch über die Unternehmungsgrenzen hinaus, in die Arbeitsbereiche von Abnehmern und Zulieferern hinein. Daraus ergibt sich, dass soziale Distanzen abnehmen, andererseits jedoch auch die soziale Integrität der Organisation und die damit einhergehenden motivationalen Effekte, wie Zugehörigkeitsgefühl, Sicherheit, Identifikation oder Status schwinden bzw. im Grenzfall nicht mehr vorhanden sind. Auch lässt sich schwerlich vorstellen, dass Mitarbeiter, die den Anforde-

282 Vgl. Lehnert (1996) 36 ff. insb. 47.

rungen an Flexibilität und Teamorientierung genügen, die in virtuellen oder prozessorientierten Verbünden arbeiten, eine strukturierte und vorgeplante Karriere anstreben. In flexibleren inner- und zwischenbetrieblichen Strukturen muss größere Verantwortung für die eigenen Karrieren akzeptiert werden, für das Finden von geeigneten Betätigungsfeldern für wachsende Kenntnisse und Fähigkeiten durch Positionenwechsel in der eigenen Unternehmung, gegebenenfalls aber auch in anderen Organisationen.[283]

Herkömmliche Karrieren greifen dann nicht mehr und werden ersetzt durch eine Abfolge leistungsorientierter Verstandes- und Geldgemeinschaften[284]. Die motivationalen Effekte einer Karriere finden ihr Substitut durch größere Projektvolumen, wachsende Budgetverantwortung, ausweitende Komplexität von Projekten oder quantitative bzw. qualitative Personalverantwortung, welche professionell orientierten Mitarbeitern ein »Aufstiegsbewusstsein« vermitteln.[285]

(5) Ablauf und Gestaltung der Karriereplanung

Eine Übereinstimmung der betrieblichen und individuellen Ziele ist beispielsweise dann gegeben, wenn ein Mitarbeiter wünscht, an die Spitze der betrieblichen Hierarchie zu gelangen und der Betrieb ihn gleichzeitig für entsprechend entwicklungsbereit und -fähig hält und ihn auch für die Erreichung dieser Position entwickeln will. Diesem Idealfall stehen in der Realität oft große Hindernisse entgegen, die nicht selten von einer fehlenden planerischen Fundierung der Karriereentscheidungen herrühren. Derartige **Hindernisse** ergeben sich, wenn

- weniger Aufstiegspositionen vorhanden sind als Personen, die nach Aufstieg streben;
- Betriebe ihre Mitarbeiter für Positionen vorsehen, die diese gar nicht anstreben;
- Betriebe das Karrierepotenzial von Mitarbeitern nicht erkennen bzw. falsch einschätzen;
- der Aufstieg nach Kriterien erfolgt, die die Mitarbeiter nicht durchschauen und/oder nicht akzeptieren;
- Mitarbeiter ihr eigenes Karrierepotenzial falsch einschätzen, so dass sie unrealistische Karriereziele und Erwartungen hegen;
- Mitarbeiter verschiedene Ziele haben, diese sich auch noch im Zeitablauf ändern.

Wenn die individuellen Karriereintentionen und die Ausformungen des betrieblichen Karrieresystems so weit auseinander gehen, kann das für beide Seiten negative Folgen zeigen: Durch unterschätzte Karrierepotenziale werden vorhandene Ressourcen nicht genutzt. Durch überschätzte Karrierepotenziale entstehen Fehlleistungen, die für die Mitarbeiter und für den Betrieb verhängnisvolle Folgen haben können. Enttäuschte Karriereerwartungen haben Unzufriedenheit zur Folge, die sich auf die Leistungs- und/oder Bleibebereitschaft auswirkt. Konkurrenz und Neid der Mitarbeiter untereinander führen zu mangelnder Kooperation und effiziente Teamarbeit wird zumeist unmöglich.

Die genannten negativen Folgen können vermieden – wenigstens gemildert – werden, wenn die Ziele der Mitarbeiter und des Betriebes identifiziert und aufeinander abgestimmt

283 So auch Miles/Snow (1994) 150 f., die für Arbeiten in Netzwerken eine neue »Human Investment Philosophy« entwickeln.

284 Vgl. Füchtner (1998) 602 f.

285 Fuchs spricht hier plakativ von Werde-Gang statt Lauf-Bahn. Vgl. Fuchs (1998) 596.

werden. Nur dann können Maßnahmen geplant werden, die unter Berücksichtigung betrieblicher Erfordernisse individuelle Ziele weitgehend mit einbeziehen. Hierfür bietet sich eine Vorgehensweise an, die die Karriereplanung zum **integrierten Bestandteil** der Personalplanung (speziell: der Personalentwicklungsplanung) macht, wie dies Abbildung 128 veranschaulichen will.

Kooperativer Ablauf der Karriereplanung heißt nicht nur, dass der Einzelne in der Lage und bereit sein muss, seine Karriereziele offen zu legen und zu formulieren. Er muss darüber hinaus auch Verantwortung für die Maßnahmenplanung mit übernehmen und selbst alles tun, um die Ziele zu erreichen. Die wichtigsten Einflüsse auf die Personalentwicklung gehen von den eingenommenen Stellen und ihrer zeitlichen Abfolge aus. So wirkt jeder Arbeitsplatz – neben seiner Leistungsfunktion – auch als Sozialisations- und Lernfeld. An jedem neuen Arbeitsplatz werden neue Verhaltensweisen erworben und die Verhaltensdeterminanten beeinflusst. Stellen sind im Laufe der Karriere Entwicklungsschritte, die auf die weitere Karrierezukunft der Mitarbeiter Auswirkungen haben: Sie erweitern oder beschränken die Möglichkeiten, andere Stellen einzunehmen. Eine ungeplante Stellenfolge nutzt die vergangenen Erfahrungen für gegenwärtige und zukünftige Tätigkeiten kaum oder nur unzulänglich, wodurch Lerneffekte verloren gehen. Karrieremaßnahmen sollten eine sinnvolle Verknüpfung von Vergangenheit, Gegenwart und Zukunft leisten. Dies ist dann möglich, wenn Mitarbeiter in systematischer Weise eine Reihe von Positio-

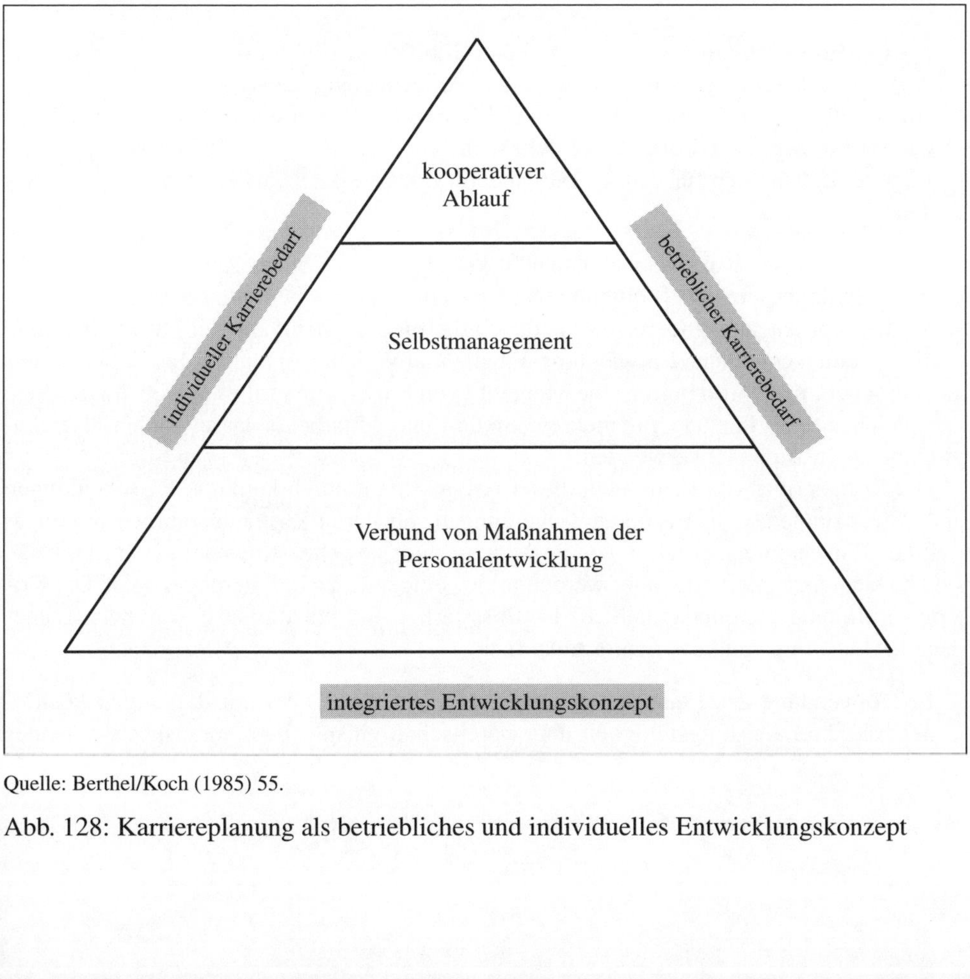

Quelle: Berthel/Koch (1985) 55.

Abb. 128: Karriereplanung als betriebliches und individuelles Entwicklungskonzept

nen durchlaufen, deren Zusammenhang in Bezug auf die mit ihnen verbundenen Lerneffekte konsistent ist. Bei der Festlegung von individuellen Karrieren bestimmen die Planungshorizonte den erforderlichen Detaillierungsgrad: Mittel- bis kurzfristig müssen die Positionen und die für sie vorgesehenen Anwärter exakt feststehen. Dies ist dann umso notwendiger, wenn mit zunehmenden Stellenanforderungen auch die Fortbildungszeiten für die Anwärter länger werden. Langfristig dagegen genügt es oft, wenn lediglich relativ grob festliegt, welcher Aspirant sich in welchem Funktionsbereich auf welcher Führungsebene befinden wird. Das Ausmaß, in dem eine systematische Karriereplanung in der Praxis betrieben wird, lässt sich aus einer empirischen Studie von Wittmann u. a. ableiten. Eine Befragung von Hochschulabsolventen aus dem Jahre 1993 ergab, dass lediglich 18 % von diesen im 2. Jahr ihrer Unternehmungszugehörigkeit an Beurteilungs- oder Fördergesprächen teilgenommen haben und weit weniger als 10 % eine Laufbahn- bzw. Entwicklungsberatung erfahren hatten.[286]

Gegen Karriereplanung werden **Vorwürfe** erhoben: In die Praxis der Stellenbesetzung kann Starrheit geraten, die bei unvorhergesehenem Personalbedarf mangelnde Anpassungsfähigkeit zur Folge haben kann (vergleichbar etwa mit der öffentlichen Verwaltung). Außerdem entstehe die Gefahr, dass sich bei designierten Nachfolgern eine Art »Kronprinzenmentalität« einstelle, die sich in Nachlässigkeit, Minder- und Fehlleistungen äußern könne.

Diese Gefahren sind in der Tat nicht zu unterschätzen. Sie werden dann vermindert bzw. treten erst gar nicht auf, wenn

- das **Leistungsprinzip** erkennbar und kontrolliert praktiziert wird,
- in Bezug auf Aufstieg **Chancen**, nicht aber Anrechte eingeräumt werden,
- eine Laufbahnplanung nur **ein bis zwei Ebenen** der betrieblichen Hierarchie umfasst und für **kürzere Zeiträume** aufgestellt wird,
- vakante Stellen auch für den Einsatz anderer (externer) Anwärter offen gehalten werden.

Karrierepläne sind in mehrfacher Hinsicht komplizierte Gebilde: Zum einen kann jede geplante Stellenbesetzung als ein mit einer Vielzahl von Unsicherheiten behaftetes Projekt angesehen werden, zum anderen ist es notwendig, für eine Mehrzahl von Mitarbeitern und Stellen je unterschiedliche Entwicklungsinhalte und Verläufe zu planen. Schließlich ist es auch möglich, **pro Mitarbeiter** eine Mehrzahl von Entwicklungsalternativen vorzusehen. Zur gleichzeitigen Planung für mehrere Stellen und Mitarbeiter lassen sich Balkendiagramme als Instrumente verwenden.

Die Realisierung von Planungen dieser Art geschieht durch konkrete Entscheidungen über Versetzungen, d. h. Karriereentscheidungen, für deren Zustandekommen die angewandten Entscheidungskriterien von Bedeutung sind; sie gelten entweder generell formal, sind de facto akzeptiert oder aber werden im jeweiligen Einzelfall herangezogen. Die Kriterien eröffnen auch unterschiedliche Einflussstärken und -inhalte; zwei sind hervorzuheben: das Leistungs- und das Senioritätsprinzip.

- Bei Anwendung des **Leistungsprinzips** gelangen Mitarbeiter auf diejenigen Positionen, die ihrer Leistungsfähigkeit und -bereitschaft entsprechen, vorausgesetzt, beides

286 Vgl. Wittmann/Kaschube (1998) 148 f.

ist mit ausreichender Sicherheit feststellbar bzw. festgestellt worden. Darin liegen auch die bekannten Schwierigkeiten einer Leistungsorientierung: nämlich Mess-, Bewertungs-, Prognoseprobleme. Sie erfahren im Zusammenhang mit Karriereentscheidungen noch eine Steigerung. Denn Versuche objektivierter Leistungsfeststellungen beziehen sich in der Regel auf bisher gezeigte, d. h. vergangene Leistungen. Für Karriereentscheidungen dagegen ist zumeist die zukünftig erwartete Leistung – das Leistungspotenzial – von Bedeutung (vgl. Kap. D.V.3.a.bb). Die fatale Folge einer »Beförderung der Falschen« würde sich einstellen, wenn in neuen Positionen – was die Regel ist – andere zusätzliche Qualifikationen erforderlich sind, die von den Beförderungsaspiranten in der Vergangenheit nicht gezeigt werden konnten und deren Vorhandensein nicht überprüft wurde. Gelingt es – soweit möglich –, dem Leistungsprinzip zur Geltung zu verhelfen, so ist es am ehesten wahrscheinlich, dass die Deckung von Anforderungen und Qualifikationen und damit die Förderung der oben genannten betrieblichen Ziele erreicht wird.

– Nach dem **Senioritätsprinzip** werden Mitarbeiter nach Maßgabe ihres Lebensalters und/oder der Dauer ihrer Betriebszugehörigkeit versetzt: bei Beförderungen hierarchieaufwärts zumeist der Älteste, bei Bewegungen hierarchieabwärts oder -seitwärts auch – in Umkehrung – der jüngste Mitarbeiter. Die Handhabung diese Prinzips ist denkbar einfach; es findet in der öffentlichen Verwaltung und in hochbürokratisierten Betrieben starke Verbreitung. Die Erreichung der genannten betrieblichen Ziele stellt sich jedoch nur dann ein, wenn die Annahme eines gleichsinnigen Steigens von Lebens-(Dienst-)alter einerseits und Qualifikationen andererseits zutrifft. Wenn dies nicht der Fall ist, so werden leistungsorientierte Mitarbeiter eher abwanderungsbereit sein; das Senioritätsprinzip begünstigt sicherheitsorientierte Mitarbeiter.
– Die Ergebnisse von empirischen Untersuchungen zur Geltung von Kriterien für Karriereentscheidungen vermitteln kein einheitliches Bild. Das ist sicherlich z. T. auch auf die unterschiedlichen verwendeten Erhebungsdesigns zurückzuführen. Zum einen wird die Geltung des Leistungsprinzips weit verbreitet behauptet. Dem widerspricht, dass seine Wirksamkeit weniger deutlich nachweisbar ist. Zudem muss überraschen, dass beförderte Mitarbeiter in überproportionalem Umfange Merkmale besitzen, die in keinerlei Zusammenhang mit dem Leistungs- oder Senioritätsprinzip stehen, wie etwa soziale Herkunft, Mitgliedschaften in Parteien, Religionen, Clubs u. a.

Das legt die Annahme nahe, dass für Karriereentscheidungen auch andere Kriterien herangezogen werden, wenn nicht sogar ausschlaggebend sind. Die **Beförderungs-Konformitäts-Hypothese** behauptet, dass die Anpassung an herrschende betriebliche Normen belohnt werde.[287] Die erwähnte Beförderung nach Kriterien wie Mitgliedschaften in Parteien, Religionszugehörigkeit u. Ä. wird unter dem Begriff der **Mikropolitikthese** diskutiert.[288] Gleichzeitig ist nicht unwahrscheinlich, dass weiter verbreitet sein könnte, was vereinzelt beobachtet wurde: In Institutionen rekrutieren Eliten sich ihre eigenen Nachfolger durch Kooptation. Damit wird gleichzeitig das bestehende Machtgefüge stabilisiert. Bestärkungen hierfür können Berichten entnommen werden, nach denen für Einstellungen und Versetzungen Konformität mit der Unternehmungskultur ein wichtiges Kriterium bildet.

287 Vgl. Zetterberg (1973).
288 Vgl. Neuberger (1990a) 261 ff.

Dass Aufstieg ein für eine Vielzahl von Menschen geltendes Ziel im Berufsleben ist und dann die Rolle eines Motivators zur Leistung darstellt, ist durch empirische Befunde belegt und oben dargelegt worden. Allerdings wird man davon ausgehen müssen, dass die motivatorische Wirksamkeit des Aufstiegs von entsprechend positiven **Erwartungen** der Mitarbeiter abhängt. Auf diese Erwartungen wiederum hat die Ausgestaltung der Karriereplanung positiven Einfluss, und zwar dann, wenn folgende **Anforderungen** erfüllt sind:[289]

- **Objektivität** der Versetzungsbegründungen: Sie wird zumeist dann als begründet angesehen, wenn als wichtigstes Beförderungskriterium die Leistung genommen und durch Qualifikationsdiagnosen überprüft wird.
- **Übereinstimmung** der geplanten Versetzungen mit den persönlichen Entwicklungszielen der Mitarbeiter; gemeinsame Planung mit den Betroffenen.
- **Transparenz** der Karriereplanung: Bekanntheit und Nachvollziehbarkeit der individuellen Karrierelinien und der Aufstiegskriterien.
- **Kontinuität**: weitgehende Einhaltung der Pläne, wenn die Versetzungsvoraussetzungen und übrigen Planprämissen erfüllt sind.

(6) Karriere- und Lebensphasen

Für eine systematische Karriereplanung ist das Angebot von Beratungsleistungen notwendig, um die Realisierbarkeit der individuellen Erwartungen zu prüfen und unrealistische Karrierevorstellungen zu vermeiden. Dazu ist die Kenntnis typischer Entwicklungsphasen im Leben eines Menschen hilfreich. Bezogen auf das Berufsleben lassen sich diese in Karrierephasen aufteilen.[290] Die folgende Abbildung 129 verdeutlicht in einer knappen Übersicht, welche Ereignisse in den einzelnen Lebenssphären die drei Karrierephasen prägen.

Die Unterscheidung in diese drei Karrierephasen kann – da interindividuelle Unterschiede Realität sind – nur idealtypischen Charakter haben; sie hat daher vor allem heuristischen Wert. Aus jeder Phase sollen für die folgende Darstellung einige Besonderheiten herausgegriffen werden.

In der **frühen Karrierephase** stehen Berufsanfänger im Mittelpunkt der Karriereplanungsaktivitäten. Nach Berufswahl und Ausbildung erfolgt der Eintritt in einen Betrieb, der nicht selten mit hohen Erwartungen an eine anspruchsvolle Tätigkeit verbunden wird. Werden die Berufsstarter dann jedoch mit einer restriktiven und kompetenzarmen Arbeitssituation konfrontiert, so entsteht eine subjektiv wahrgenommene Diskrepanz zwischen Anspruch und Wirklichkeit, die zu einem **Praxis- und Realitätsschock** führt. Er wirkt sich auf die Leistung und Zufriedenheit der Nachwuchskräfte oft bis in die mittlere Karrierephase hinein aus. Als Folgen des Realitätsschocks wurden bei Zurechnung seiner Ursachen durch den Berufsanfänger auf sich selbst (interne Zurechnung) Senkung seines Anspruchsniveaus und Verringerung von Einsatzbereitschaft und Leistung beobachtet. Bei externer Zurechnung (d. h. auf außerhalb seiner selbst liegenden Ursachen) steigen Widerspruchshaltung aufgrund von Unzufriedenheit und die Abwanderungsneigung. Die Fluktuationsquote ist am Berufsanfang als besonders hoch ermittelt worden.

---

289 Vgl. z. B. Morgan (1977) 26.

290 Vgl. Schein (1978). Aufbauend auf die Unterteilung in Karrierephasen hat Pazy 1990 eine qualitative empirische Studie durchgeführt, die ähnliche Schlussfolgerungen, jedoch bezogen auf die Karriere und die Obsoleszenz-Gefahr, zulässt. Vgl. Pazy (1990), insb. die Abb. auf S. 260.

	Lebenssphären		
	Arbeitssphären (Karrierezyklus)	Soziale Sphäre (Familie, Freunde, Gemeinde)	Biopsychische Sphäre
Frühe Karriere-phase (15-35)	Berufswahl Ausbildung Eintritt in Betrieb Realitätsschock reguläre Leistungs-beiträge oder Austritt	Kindschaft Heirat Elternschaft	Entwicklung eines Lebensstils Entwicklung einer Karriereorientierung
Mittlere Karriere-phase (35-50)	reguläre Leistungs-beiträge Beförderungen „Mid Career Crisis" Umorientierung reguläre Leistungs-beiträge	erwachsene Kinder verlassen Elternhaus Verantwortung für eigene Eltern neue Freunde	Bewusstsein der Disparität zwischen Traum und Realität Bilanz
Späte Karriere-phase (50-65)	reguläre Leistungs-beiträge Beförderungen Ruhestandskrise Austritt	Tod von Freunden Ehepartner Übernahme von Gemeinschafts-aufgaben	Rückblick Ungewissheit

Quelle: In Anlehnung an Schein (1978) 36.

Abb. 129: Der Zusammenhang von Karrierephasen und Lebenssphären

Weiterhin treten nicht selten Diskrepanzen zwischen den erwarteten und den tatsächlich erreichten sozialen Beziehungen auf, vor allem zum Vorgesetzten und dessen Rollenausfüllung. Im Rahmen einer systematischen **Personaleinführung** (vgl. Kap. D.III.5) werden daher dem neuen Mitarbeiter Informationen über die Unternehmung, die Abteilung und den Arbeitsplatz zur Verfügung gestellt, um ihn bei der Orientierung über seine Funktion und den erwarteten Leistungsbeitrag zu unterstützen. Gleichzeitig können bereits in dieser Phase die für die jeweilige Position realistischen Karriereperspektiven offen gelegt werden, so dass der Mitarbeiter keine falschen Erwartungen mit der Position verbindet.

Nach der Einführungsphase beginnt ein Mitarbeiter sich typischerweise zu etablieren und über den wachsenden Autonomieraum, den er sich »erarbeitet«, erste Karriereschritte zu planen. Zur Absicherung dieser Pläne und zu deren Umsetzung bietet sich ein Mentor an, der wiederum im Rahmen einer systematischen Personalentwicklung für diese Aufgabe vorbereitet sein sollte.

An diesem Punkt wird die enge Verflechtung zwischen Personalentwicklung und Mitarbeiter-Führung deutlich: Ein solches Mentorenkonzept verlangt von den Mentoren eine gewisse fürsorgliche Einstellung gegenüber jungen Mitarbeitern. Um dies in einer Unternehmung zu etablieren, ist es wichtig, sowohl diese Einstellung aktiv zu fördern als auch die Mentoren bezüglich dieser Arbeit zu unterstützen und anzuerkennen, was in die Werte und Normen in einer Unternehmung Eingang findet. Sonntag/Schaper führen eine Reihe von empirischen Untersuchungen an, welche die positive Auswirkung von Mentorenkonzepten auf Faktoren wie Arbeitszufriedenheit, Rollenidentität, Arbeitsleistung u. Ä. des Protegés belegen.[291]

In der **mittleren Karrierephase** findet oft eine kritische Überprüfung des eigenen Standortes – persönlich wie auch beruflich – statt: Erfolgsorientierte Personen suchen verstärkt Managementaufgaben und betreiben eine gezielte Karrierepolitik. Personen mit Erfolgsängsten oder privaten Problemen tendieren hingegen zur Resignation oder steigen aus und versuchen eine zweite Karriere.[292] Besonders kritisch ist für diese Personen das Gewahrwerden der Gefahr einer »stuck-in-the-middle« Position. Dies ist der Fall, wenn einerseits jüngere, qualifiziertere Mitarbeiter zu Konkurrenten um die eigene Position werden, andererseits jedoch ein Aufstieg mangels fachübergreifender Kompetenzen und aktuellem Wissen nicht möglich ist. Dabei auftretende Gefühle der Unsicherheit können sich dramatisch zur »**Krise der Lebensmitte**« zuspitzen. Sie erzeugt Umorientierungen auch in karrierebezogenen Wahrnehmungen, Zielen und Werten. Folgen müssen durchaus nicht stets Karriereabbruch, »Aussteigen«, »Umsteigen« sein; oftmals gelingt es auch, zu veränderten Motiven eine positive Einstellung zu finden und ihre Befriedigung im Betrieb zu erlangen, etwa durch Wandel vom Spezialisten zu einer Führungskraft, die eine mehr allgemeine Fähigkeiten erfordernde Rolle übernimmt oder auch durch Übernahme einer Mentorrolle für jüngere Führungskräfte.

Hier kommt der Personalentwicklung die Aufgabe zu, den Mitarbeiter bei der Einschätzung von Entwicklungspotenzialen und Wachstumschancen und bei der Überwindung von Karriereplatzierungen zu helfen.

In der **späten Karrierephase** gelangen erfolgreiche Führungskräfte i. d. R. in die Spitze der betrieblichen Hierarchie. Die Vielzahl der gesammelten Erfahrungen, die gute Kenntnis der Unternehmung und ihrer Philosophie sind häufige Berufungsgründe. Andere versuchen dagegen lediglich, ihren Status quo zu halten. Weitere Erscheinungen der späten Karrierephase sind die Wahrnehmungen des eigenen biologischen Alterns, der Verringerung und des Obsoletwerdens der Fähigkeiten, was zu einem Disengagement bis hin zur so genannten **Ruhestandskrise** führen kann. Angst vor sozialen und finanziellen Verlusten, der Verlust der Möglichkeit, sich selbst durch die Arbeit zu verwirklichen und das Gefühl der Nutzlosigkeit prägen diese Zeit. Kompensationsmöglichkeiten stecken im Einbringen von Erfahrungen, Wortschatz, Sprachvermögen u. a. m., die im Vergleich zu jüngeren Führungskräften größer und reicher sind.

Im Rahmen der Karriereplanung besteht die Möglichkeit, durch den Einsatz verschiedener Workshops, Seminare etc. einen gleitenden Übergang vom Erwerbsleben in den Ruhestand zu ermöglichen und somit diese schwierige Phase abzumildern.

Unter Beachtung der Erkenntnisse aus den obigen Phasenzusammenhängen kann innerhalb der Karriereplanung auf wesentlich längerfristigere Entwicklungslinien bewusst ge-

291 Vgl. Sonntag/Schaper (1999) 231.

292 Zur Bedeutung vergangenheitsorientierter Aspekte wie z. B. Erfahrungen und bis dahin genossenes Training für die weitere Karriere vgl. Hill/Elias (1990), insb. 212.

		Orientierung der Entwicklung	
		Aufgabe	Person
Zeithorizont	kurzfristig	Leistung	Einstellung
	langfristig	Anpassungsfähigkeit	Selbstbild

Quelle: In Anlehnung an Hall/Goodale (1986) 304.

Abb. 130: Entwicklungsziele in Abhängigkeit vom Zeithorizont und Objektorientierung

staltend eingewirkt und können Qualifizierungsmaßnahmen an den individuellen Bedürfnissen besser ausgerichtet werden. Abbildung 130 zeigt, wie sich Maßnahmen auf Grund dieser beiden Planungsdimensionen bezüglich der Ziele unterscheiden können.

Häufig wird Karriereplanung von Vorgesetzten (bisweilen implizit und unbewusst) betrieben. Ist dies der Fall, so bedeutet die Einführung einer systematischen Karriereplanung im Rahmen einer konzeptionellen und damit eventuell auch zentralisierten Personalentwicklung den Verlust der alleinigen Entscheidungsbefugnis über Positionsbesetzungen für den entsprechenden Vorgesetzten. Daraus ergibt sich, dass die Einführung eines Karriereplanungssystems flankierender Organisationsentwicklungsmaßnahmen bedarf und einer entsprechenden unternehmungskulturellen Orientierung.

c) Personalentwicklungsmethoden

Bildung, Arbeitsstrukturierung und Karriereplanung als Teilbereiche der Personalentwicklung können nicht isoliert voneinander gesehen werden. Vielfach ist die praktische Personalarbeit in diesem Felde nur sinnvoll als Kombination von Maßnahmen aus allen drei Bereichen. So wird z. B. für einen Mitarbeiter die Versetzung auf eine durch Aufgabenbereicherung veränderte Position vorgesehen; als Vorbereitung darauf wird er spezielle Fortbildungsmaßnahmen absolvieren.

Diese mitunter sehr enge **Verzahnung** der Personalentwicklungsbereiche findet sich auch in einigen Personalentwicklungsmethoden wieder, für die eine eindeutige Zuordnung zu einem einzigen Personalentwicklungsbereich dann schwierig wird. So ist das Instrument des Qualitätszirkels beispielsweise nicht lediglich ein Fortbildungsinstrument, sondern gleichzeitig eine Umstrukturierung des Arbeitsfeldes für jedes Gruppenmitglied. Die bereits im Zusammenhang mit der Arbeitsstrukturierung behandelte Methode des Job Rotation enthält auch Elemente eines On-the-Job-Training, sie kann bei längerfristiger Betrachtung einer Mehrzahl von Positionen, die durchlaufen werden, zudem als spezielle Form einer Folge von geplanten Versetzungen gesehen werden (Karriereplanung).

Dies ist der Grund, warum die folgenden Methoden als solche der Personalentwicklung, zusammengefasst nach der Darstellung der Personalentwicklungsbereiche, behandelt werden. In Bezug auf die meisten der Methoden außerhalb des Arbeitsplatzes ist ihr Charakter als Bildungsmethoden am ehesten deutlich.

Während im operativen Bereich einer Unternehmung sensomotorische, kognitive und auch affektiv-motivationale Qualifikationselemente vermittelt werden, liegen die Schwerpunkte im Management in den letzten beiden Feldern.

Die Vermittlung sensormotorischer Fertigkeiten erfolgt häufig in Bezug auf konkrete Tätigkeitsabläufe während der Arbeitsausführung. Unabhängig von der Struktur der Arbeitstätigkeit finden alle Tätigkeiten unter dem Einfluss von Denkvorgängen statt. Durch die komplexer werdenden Arbeitsinhalte, den verstärkten Einfluss von Informations- und Kommunikationstechniken und den zunehmenden Einsatz von gruppenorientierten bzw. vernetzten Arbeitsstrukturen, wächst die Bedeutung kognitiver Anforderungen auch für Mitarbeiter in Nicht-Managementbereichen.[293] Aus diesem Grunde rücken immer mehr solche Personalentwicklungsmethoden in den Vordergrund, welche der Förderung der Denkleistung und der Wissensaneignung dienen.[294] Im Managementbereich lassen sich nur wesentlich schwieriger bestimmten Tätigkeiten die dafür notwendigen Qualifikationen zuordnen. Infolgedessen lassen sich auch Personalentwicklungsmaßnahmen hier nur sehr viel schwieriger einzelnen Kompetenzbereichen zuordnen. Zum einen gehören hierzu Grundlagenkenntnisse und generelle Fähigkeiten. Ein weiterer Bereich setzt sich aus Maßnahmen für spezifische Führungstätigkeiten, wie sie im organisatorischen Kontext notwendig sind, und aus Maßnahmen der Persönlichkeitsentwicklung zusammen. Ein drittes Maßnahmenbündel dient der Gewinnung von Erfahrungen in der Bewältigung der täglichen Führungsaufgaben vor Ort.[295]

aa) Auswahl der Personalentwicklungsmethoden

Neben Entscheidungen bezüglich der Anwendung und Ausgestaltung einzelner Maßnahmen sind, wegen ihrer zeitlichen und strategischen Reichweite, Fragen der konzeptionellen Gestaltung und der Rahmenbedingungen, in denen Personalentwicklung vonstatten gehen sollen von Bedeutung. Angesprochen sind z. B.:

- **institutionelle** Entscheidungen, wie die Einrichtung von Lehrwerkstätten und Bildungszentren,
- **organisatorische** Entscheidungen, wie der Einsatz von Arbeitsgruppen,
- **systemische** Entscheidungen, wie die Einrichtung von Fachlaufbahnen o. Ä.

Erfolgskritisch für eine strategieorientierte Personalentwicklung ist, einer explorativen Untersuchung folgend, die Einbindung des Management in der Konzeptionierung und auch Durchführung der Personalentwicklungsmaßnahmen, was sich in der Programmgestaltung, dem Einsatz als Trainer und dem Vertrauensverhältnis zwischen Management und Personalentwicklungs-Programmverantwortlichen niederschlägt.

Die Personalentwicklungsbedarfsplanung stellt den konzeptionellen Rahmen für die Wahl der Maßnahmen in den Teilbereichen der Personalentwicklung dar. Daraus ergeben sich zwei Gestaltungsaspekte: zum einen die Ausgestaltung der einzelnen Maßnahme an sich und zum anderen die Abstimmung der Maßnahmen untereinander, innerhalb der Teilbereiche und zwischen diesen. Die Ausgestaltung der Maßnahmen an sich ist primär eine pädagogisch-technische Fragestellung und wird in der Folge nur am Rande angesprochen.

---

293 Vgl. Kluwe (1997) 14 f.
294 Vgl. Sonntag/Schaper (1999) 213.
295 Vgl. Sonntag/Schaper (1999) 222.

Von personalpolitischer Bedeutung dagegen ist die Gestaltung des Systems, wie sie in der zielorientierten Abstimmung der Maßnahmen untereinander zum Ausdruck kommt. Aus diesem Grunde stehen im Mittelpunkt der nachfolgenden Ausführungen die Aspekte, die für die Abstimmung der Maßnahmen und Ausgestaltung der Teilbereiche von Bedeutung sind.

Während bei der instrumentalistischen Personalentwicklung tendenziell funktionelle Kriterien durch die Verantwortlichen, quasi von oben, anwendbar sind, steht der Entwicklung von Qualifikationen der Persönlichkeitsbildung eine dirigistische Auswahl und Festlegung entgegen. Mit anderen Worten können Qualifikationen, die zur Gestaltung der Unternehmungszukunft erforderlich sind, nicht entwickelt werden, wenn dem Adressaten ein »Maßnahmen-Mix« von außen vorgegeben wird.

Unabhängig von der Vorgehensweise bilden folgende drei Kriterien die gröbsten Richtlinien für die Auswahl von Maßnahmen:[296]

- Maximaler Abbau von Deckungslücken (soweit vorhanden),
- Erfüllung der Entwicklungsziele der Mitarbeiter,
- Tragfähigkeit des Entwicklungsaufwands durch die Unternehmung.

Bei der Umsetzung dieser und weiterer, ähnlich gelagerter Kriterien besteht die Gefahr, dass es durch Übernahme theoretisch fundierter Quantifizierungsmodelle zu systematischen Verzerrungen kommt, so dass subjektive Wahrscheinlichkeitsurteile eine geeignetere Grundlage bilden. Die Anwendung von Punktbewertungsverfahren trägt demgegenüber zur Verbesserung der Entscheidung bei, da dieses Instrument vor allem den Entscheidungsprozess unterstützt und die Kommunikation zwischen den am Prozess Beteiligten erleichtert.

Über die genannten »Richtlinien« hinaus hängt die Wahl einzelner Maßnahmen u. a. ab von:[297]

- der Struktur der Deckungslücke (soweit vorhanden),
- Transparenz potenzieller Maßnahmen bezüglich Entwicklungszielen, -inhalten, -methoden und Vermittlungserfolg,
- Zeitbedarf und Kosten,
- Träger der Maßnahme und dessen Ruf.

Nach der räumlichen und zeitlichen Nähe zum Arbeitsplatz unterscheidet Conradi Personalentwicklungsmaßnahmen in:[298]

- **Personalentwicklung into-the-job**: umfasst Maßnahmen, die in zeitlicher, z. T. auch räumlicher Entfernung, jedoch weitgehender inhaltlicher Nähe auf die Übernahme einer Position vorbereiten.
- **Personalentwicklung on-the-job**: bezeichnen Maßnahmen, die unmittelbar am Arbeitsplatz im Vollzug der Arbeit stattfinden.
- **Personalentwicklung off-the-job**: bezieht sich auf die Weiterbildung, die üblicherweise in räumlicher, zeitlicher (bisweilen auch inhaltlicher) Distanz zur Position stattfindet.
- **Laufbahnbezogene Personalentwicklung**: befasst sich mit dem systematischen Wechsel von Arbeitsplätzen.

296 Vgl. Drumm (2000) 399 f.
297 Vgl. Drumm (2000) 400 f.
298 Vgl. Conradi (1983) 22 ff.

– **Personalentwicklung out-of-the-job**: meint Maßnahmen, die den Übergang vom Erwerbsleben in den Ruhestand erleichtern sollen.

Die Systematisierung von Conradi bietet den Vorteil, dass sie sich auf das Verhältnis der Maßnahme zur Position des Aspiranten bezieht und damit die Richtung der Qualifizierung unter technisch-instrumentellem Aspekt betont. Die Differenzierung in »on-the-job« und »off-the-job« deckt den mit Abstand größten Teil der gängigen Maßnahmen ab, weshalb sie der folgenden Darstellung zugrunde liegt, die übrigen Bereiche stellen lediglich »Orchideen«[299] dar.

bb) Personalentwicklung am Arbeitsplatz

Bei der Personalentwicklung am Arbeitsplatz (Training on the job) erfolgt eine individuelle Qualifizierung im Rahmen der betrieblichen Aufgabenerfüllung. Im Einzelnen werden Komponenten der individuellen Arbeitssituationen entwicklungsorientiert gestaltet, so dass sie zur zielorientierten Vermittlung und/oder Aktivierung von Qualifikationen beitragen. Die **permanente Konfrontation** mit zu bewältigenden Aufgaben, wie sie während der gesamten Berufstätigkeit am Arbeitsplatz stattfindet, beeinflusst nachhaltig die individuelle berufliche Entwicklung, wobei herausfordernde Aufgaben diese Entwicklung besonders fördern. Damit steht diese Form der Personalentwicklung in einer ständigen Wechselbeziehung von Entwicklung und Einsatz, woraus ein prinzipieller Vorteil bezüglich der **Praxisrelevanz** resultiert. Für die Unternehmung fallen relativ **geringe Kosten** an, da der zusätzlich zu betreibende Aufwand gering ist. Der Mitarbeiter kann das **Lerntempo** seinen individuellen Bedürfnissen anpassen, wobei andererseits das Erlernen von Aufgaben unter realistischen Bedingungen geschieht, was Störungen, Verantwortung und vor allem Zeitdruck betrifft. Das Lernen in und an **realen Arbeitssituationen** lässt auch die Problematik des Transfers gelernter Inhalte von der Lernsituation auf die Arbeitssituation weitgehend entfallen (vgl. Kap. D.V.3.c.bb).

Prinzipiell nachteilig ist bei allen Maßnahmen on-the-job die eher **unsystematische** Lernsituation, die sich aus dem Zusammenspiel von Zeitdruck und mangelnder Ausbildung der Führungskräfte (der Ausbilder) für die Entwicklungstätigkeit ergibt. Weiterhin besteht die Neigung zu übermäßig stark betriebsbezogener Wissensaneignung, wobei selbst innerhalb eines Betriebes die **Übertragbarkeit** auf andere Arbeitsplätze dann schwierig ist, wenn spezielle verrichtungsorientierte Qualifikationen vermittelt wurden. Isoliert betrieben fehlt auch eine breite, grundlagenorientierte **Wissensbasis**. Dieser Aspekt limitiert dann auch die Entwicklungsmöglichkeiten der betroffenen Mitarbeiter, da sie relativ wenig Einblick in Zusammenhänge bekommen und auch Anforderungsveränderungen nicht ohne weiteres bewältigen können. Für die Mitarbeiter selbst haben diese Maßnahmen noch den Nachteil, dass sie sich typischerweise nicht oder nicht hinreichend zertifizieren lassen.

Die Gegenüberstellung der Vor- und Nachteile macht deutlich, dass ein aktionistisch betriebener Einsatz isolierter Entwicklungsmaßnahmen zu sub-optimalen oder auch kontra-produktiven Ergebnissen führt und erst die konzeptionelle Einbindung in eine systematische Personalentwicklung, mit aufeinander abgestimmtem Instrumente-Einsatz, die Entwicklung bzw. Aktivierung von Qualifikationen ermöglicht, die für die Bewältigung komplexer, dispositiver, planender o. Ä. Aufgaben notwendig sind.

299 Vgl. Mag (1998) 151.

zeitliche Reichweite \ Anzahl eingebundener Mitarbeiter	einer (individuell)	mehrere (kollektiv)
befristet	Sonderaufgaben Unterweisung am Arbeitsplatz	Projektarbeit
unbefristet	Einsatz als Assistent, Stellvertreter, Nachfolger	Gremienarbeit Qualitätszirkel

Quelle: In Anlehnung an Hungenberg (1990) 195.

Abb. 131: Grundlegende Alternativen der Personalentwicklung am Arbeitsplatz

Grundlegende Gestaltungsalternativen lassen sich nach ihrer zeitlichen Reichweite und nach der Anzahl eingebundener Mitarbeiter charakterisieren. Abbildung 131 gibt einen Überblick über die unterschiedlichen Methoden der Personalentwicklung am Arbeitsplatz.

(1) Einsatz als Assistent, Stellvertreter, Nachfolger (Understudy-Arbeit)

Gemeinsames Merkmal der Personalentwicklung durch Understudy-Arbeit ist die systematische Aufgabenerweiterung am Arbeitsplatz in Verbindung mit einer planmäßigen Anleitung, Betreuung und Rückkoppelung (»Coaching«). Vorteil dieser Personalentwicklungsmethoden ist, dass Mitarbeiter frühzeitig herausfordernde Tätigkeiten übertragen bekommen, wobei gleichzeitig die Gefahr der Überforderung oder ungenügender Aufgabenerfüllung durch den Coach kompensiert werden kann. Damit ist diese Form der Entwicklung geeignet für die Vermittlung tätigkeitsspezifischer Fähigkeiten und die Aneignung von Qualifikationen für die Bewältigung von – im Wesentlichen – bekannten Aufgaben und Arbeitssituationen.

Besondere Anforderungen werden an die Führungsperson, den Coach, gestellt, da dieser sehr eng mit dem zu entwickelnden Mitarbeiter zusammenarbeiten muss und von ihm als Vorbild ein wesentlicher Einfluss auf das Verhalten und die Entwicklung des Mitarbeiters ausgeht. Das bedeutet, dass der Coach die Entwicklung des Mitarbeiters als Bestandteil seiner Aufgaben wahrnehmen und seinerseits für das Coaching qualifiziert sein muss.[300] Die Anforderungen an den Coach verändern sich zum einen mit der Entwicklung des zu Betreuenden, andererseits auch mit der Veränderung der Aufgabe an sich, so dass diese Arbeit insgesamt gesehen ein **doppelt gerichtetes Entwicklungsverfahren** darstellt.

Damit werden auch schon die potenziellen **Gefahren** der Entwicklung durch Understudy-Arbeit angesprochen. Vielfach sind Führungskräfte zeitlich stark in das Tagesgeschäft eingebunden und methodisch überfordert, worunter das Coaching sowohl inhaltlich als

300 Vgl. Hungenberg (1990) 197 f.

auch von der Intensität her leidet. Die zweite systematische Gefahr besteht darin, dass bei diesen Methoden tradierte Denkschemata von den Coaches fortgeschrieben werden. Aus diesem Grunde ist es sinnvoll, die Personalentwicklung am Arbeitsplatz nicht isoliert, sondern konzeptionell eingebunden mit weiteren Methoden anzuwenden, um im Endeffekt die Gefahren zu kompensieren und eine für die jeweiligen individuellen und situationsspezifischen Erfordernisse ausgerichtete Qualifizierung zu erreichen. Der hiermit verbundene Aufwand ist der Grund dafür, dass diese Form der Personalentwicklung meistens bei Führungsnachwuchskräften Anwendung findet (zumindest in seiner systematischen Ausprägung), während im gewerblichen Bereich eher die kurzfristige und unsystematische Unterweisung am Arbeitsplatz Anwendung findet. Evaluative Studien über die Effektivität von Coachingmaßnahmen liegen zurzeit noch nicht vor.[301]

Zu den Maßnahmen im Einzelnen gehören das Arbeiten in Assistentenpositionen, als Stellvertreter und als Nachfolger. Bezüglich dieser Erscheinungsformen sei nochmals darauf hingewiesen, dass nur dann von Personalentwicklung gesprochen werden kann, wenn mit diesen Positionen eine

- gezielte Auswahl der Arbeitsplätze,
- sorgfältige Auswahl der Vorgesetzten,
- Planung der Lernziele, -inhalte und Zeitvorgaben und
- eine geplante und systematische Anleitung und Betreuung während des Lernprozesses verbunden ist.

Ein **Assistent** wird an der Erfüllung der Aufgaben – auch von Leitungsaufgaben – seines Vorgesetzten **aktiv beteiligt**; Beratungstätigkeiten und Entscheidungsvorbereitung bilden dabei den Kern. Dient der Assistent lediglich der Entlastung des Vorgesetzten, handelt es sich nicht um systematische Personalentwicklung. Um diese zu erreichen, bedarf es einer expliziten Entwicklungszielsetzung und Vorbereitung für eine zukünftige Stellenbesetzung durch den Assistenten.

Die Entwicklung des Assistenten kann in zweifacher Weise vorangetrieben werden: durch Zunahme des Anspruchsniveaus bezüglich der Komplexität der Aufgaben oder durch Erweiterung des Problemhorizonts von stark strukturierten abgegrenzten Aufgaben, die sich auf einen relativ kleinen Bereich beziehen, bis hin zu Problemen der obersten Unternehmungsebene.

Für den Erfolg des Einsatzes als Assistent als Entwicklungsmaßnahme ist der persönliche Einsatz des Vorgesetzten von entscheidender Bedeutung, da ihm als Vorbild eine herausragende Bedeutung zukommt und er es praktisch in der Hand hat, ob der Assistent ihn »nur« entlastet und als Prestigeobjekt dient oder ob dieser sich dabei fortentwickeln kann.

Charakteristisch für den **Stellvertreter** ist, dass dieser **Aufgaben, Kompetenzen und Verantwortlichkeiten einer Stelle** teilweise oder vollständig übernimmt. Wesentlich hierbei ist nicht, ob der Stelleninhaber abwesend ist, sondern dass der Stellvertreter dessen Aufgaben in seinem Sinne und Namen, jedoch in eigener Verantwortung übernimmt. Die Stellvertretung dient primär der **Sicherung der Führungskontinuität** und ist damit in erster Linie eine organisatorische Regelung. Darüber hinaus kann sie jedoch auch der Entwicklung des Stellvertreters dienen und zwar sowohl bei Stellvertretung einer ranghierar-

---

301 Vgl. Sonntag/Schaper (1999) 232.

chisch höheren als auch gleichgestellten Stelle mit einem für diese Stelle spezifischen Aufgabenspektrum.

Entscheidende Bedeutung für den Erfolg der Stellvertretung wird dem **Informationsfluss** zugesprochen, soll die Vertretungsfähigkeit eines Aufgabenbereichs jederzeit gegeben sein.[302] Diese Bereitschaft zum offenen Informationsaustausch stellt eine **besondere Anforderung** dar, die nicht ohne weiteres von jedem erfüllt wird. Sie wird ergänzt durch die Forderung nach der Bereitschaft, den Stellvertreter aktiv an der Aufgabenerfüllung zu beteiligen. Zweite erfolgskritische Anforderung an den Stelleninhaber ist die Bereitschaft zur Förderung des Stellvertreters. Vom Stellvertreter wird zusätzlich zu den weiter oben angeführten Anforderungen noch – sozusagen als Gegenzug für den offenen Informationsfluss – ein hohes Maß an **Loyalität** erwartet.

Als **Nachteile** der Stellvertretung werden genannt:

- Es ist nicht möglich, Stellvertretungstätigkeiten zum festen Bestandteil von Fortbildungsprogrammen zu machen, weil sie wegen ihrer Seltenheit und der zeitlichen Unbestimmtheit nicht systematisch vorgeplant und angewendet werden können.
- Die Vertretungsdauer ist meist unzureichend, um sämtliche vorkommenden Aufgaben kennen zu lernen und in ihrer Erfüllung Geübtheit zu erlangen.
- Weil der Stelleninhaber abwesend ist, die Vertretung also sachverständig nicht beobachtet werden kann, ist eine Leistungsbeurteilung nicht möglich.
- Die Stellvertretung ist selten wirklich voll verantwortlich, da wegen ihrer kurzen Dauer Entscheidungen verschoben und nicht immer abschließend getroffen werden können.
- Stellvertreterfurcht gründet sich auf die Angst vor Prestige- und Einflussverlust und auf eine Beeinträchtigung des Gefühls der Unersetzlichkeit.

Die Stellvertretung wird häufig mit **Nachfolgeregelungen** verbunden, bzw. als solche von den Stellvertretern interpretiert. Die oben genannten Anforderungen stehen jedoch teilweise im latenten Widerspruch zu den Karriereabsichten eines Nachfolgers, was bei offiziellem Nachfolgestatus in »Kronprinzenmentalität« münden kann. **Rivalität und Konflikte** entstehen, wenn sich ein designierter Nachfolger »durchsetzen« möchte, bzw. der Stelleninhaber »seine« Stelle in Gefahr sieht, während die Verfolgung von Qualifizierungszielen Loyalität und Förderungsbereitschaft verlangt. Dieses latente Problem lässt sich dadurch vermeiden, indem man von vorneherein die Qualifizierungsabsicht einer Stellvertretung in den Vordergrund stellt. In diesem Falle kann der wesentliche Vorteil der Stellvertretung gegenüber dem Einsatz als Assistent ausgeschöpft werden, der darin besteht, dass die Entwicklung in zeitlicher und inhaltlicher Sicht dem Horizont der Gesamtaufgabe, der Komplexität der Einzelaufgaben, den Kompetenzen und dem »Lern«-Tempo angepasst werden kann.

(2) Unterweisung am Arbeitsplatz

Als Form der gelenkten Vermittlung von Erfahrungen ist die Unterweisung am Arbeitsplatz eine vom Vorgesetzten kontrollierbare Vorbereitung auf die Durchführung exakt definierter Aufgaben; sie kann auch der Verbesserung der Aufgabenerfüllung dienen. Das ist umso eher und besser möglich, wenn individuelle Bildungspläne vorliegen, Stellenbeschreibungen mit Aufgabendefinitionen und Anforderungsprofilen vorhanden sind und ein Beurteilungssystem angewandt wird, das Lernfortschrittskontrollen ermöglicht.

---

302 Vgl. Hungenberg (1990) 200 und die dort angegebene Literatur.

1. Stufe: Vorbereitung
- Eigene Vorbereitung des Unterweisenden
- Vorbereitung des Unterweisungsvorgangs
- Vorbereitung des Mitarbeiters

2. Stufe: Vorführen und Erklären durch den Unterweisenden
- Vorführen und Erklären in geraffter Form
- Zweite Vorführung: Detailliertes Vormachen, Erklären und Begründen
- Dritte Vorführung: Vormachen und Kernpunkte wiederholen

3. Stufe: Ausführen (Nachmachen) durch den Mitarbeiter
- Erster Ausführungsversuch: Nachmachen durch den Mitarbeiter, ohne zu sprechen
- Zweite Ausführung: Wiederholen mit detaillierter Erklärung und Begründung durch den Mitarbeiter
- Dritte Auusführung: Nachmachen und Kernpunkte wiederholen lassen

4. Stufe: Abschluss und Übung
- Mitarbeiter selbstständig üben lassen
- Erfahrene Mitarbeiter für Rückfragen benennen
- Übungsfortschritte beobachten und kontrollieren

Quelle: In Anlehnung an Schanz (1979) 133.

Abb. 132: Unterweisung nach der Vier-Stufen-Methode

Eine bewährte Methode mit zielgerichtetem Ablauf ist die **Vier-Stufen-Methode**. Sie ging aus der amerikanischen TWI-Methode (Training Within Industry) hervor und ist heute Teil der »Methodenlehre des Arbeitsstudiums«. Sie sieht die folgenden Stufen vor (vgl. Abbildung 132).

Bevor Entscheidungen über anzuwendende Lehrmethoden herbeigeführt werden, ist es nützlich, deren Vor- und Nachteile daraufhin zu prüfen, ob sie auf den Betrieb und konkrete Arbeitsplätze bzw. Mitarbeiter zutreffen, um sie gegeneinander abwägen zu können. Für Übungen am Arbeitsplatz werden folgende **Vorteile** genannt:

- praxisnahe Aufgabenlösung;
- Möglichkeit der Anpassung der Fortbildungsinhaltspräsentation (Definition der Lernschritte), der Trainingszeiten usw. an die Bedürfnisse und Umstände des Trainee;
- geringe Kosten: Es wird nur ein Teil der Arbeitszeit beansprucht, Fehler sind schnell korrigierbar.

Dem stehen u. U. folgende Mängel oder **Nachteile** gegenüber:

- geringe Bereitschaft, unzureichende Fähigkeit zum Training bei dem mit dieser Fortbildung Beauftragten (z. B. Vorgesetzten);
- mangelnder Trainingswille aufseiten des Trainee, wenn dieser die zu vermittelnden Kenntnisse bereits zu haben glaubt; dies ist insbesondere dann umso eher der Fall, wenn
- die Mitarbeiterbeurteilungen unzureichend durchgeführt werden; Training unter Zeitdruck erfolgt; ist dies der Fall, so ist das ein Manko insbesondere bei Verhaltenstraining.

Erreichen einer Lernstufe mit der Leittextmethode:

Deckblatt durchlesen	=	Aufgaben kennenlernen
Leitfragen bearbeiten	=	Aufgaben durchdenken im Team
Kenntnis-Checkliste ausfüllen	=	Fachkenntnisse erwerben
Leitfragen und Kenntnis-Checklisten durchsprechen	=	Gelerntes kontrollieren mit Ausbilder
Übungshilfe bearbeiten	=	neue Fertigkeiten allein üben
Arbeiten am Projekt ausführen	=	Fertigkeiten anwenden und vertiefen
ausgeführte Arbeiten kontrollieren und bewerten	=	angemessene Gütekriterien entwickeln mit Ausbilder

Quelle: Rottluff (1986) 50.

Abb. 133: Erreichen einer Lernstufe mit der Leittext-Methode

(3) Leittextmethode

Eine innerhalb der beruflichen Erstausbildung entwickelte Ausbildungsmethodik ist die Leittextmethode. Ihre **Grundintention** ist es, den Lernenden so anzuleiten, dass er möglichst selbstständig lernt. Dazu wird eine Arbeitsmappe erstellt, welche sämtliche Arbeiten an einem bestimmten Projekt anleitet: Sie ist der so genannte Leittext. Das gesamte Projekt (z. B. Fertigung einer Pumpe) ist dabei in Lernstufen untergliedert. Die Materialien zu jeder Lernstufe bestehen aus einem Deckblatt, Leitfragen und einer Kenntnis-Checkliste (vgl. Abbildung 133).

Das Deckblatt enthält Angaben zu Lernzielen der Lernstufe, benötigten Materialien, verfügbaren Medien zur Informationsbeschaffung und zusätzlichen Übungshilfen. Nach seinem Durchlesen ist der Lernende über die Art der praktischen Aufgabe informiert und weiß, welche Kenntnisse und Fertigkeiten es zu erwerben gilt. Das anschließende Durcharbeiten der Leitfragen trägt zum Verständnis der Aufgabe und zum Erkennen von Schwierigkeiten bei.

Die Leitfragen werden in einem Team von drei oder vier Personen bearbeitet. Die Bearbeitung der Kenntnis-Checkliste in der nächsten Stufe regt den Lernenden zum Erwerb von Kenntnissen an. Da diese Fragen nur zum Teil aus Vorkenntnissen beantwortet werden können, müssen Medien (Bücher, Kataloge, Handbücher, Filme usw.) zur Informationsbeschaffung bereitgestellt werden.

Im Anschluss an die Bearbeitung des Leittextes werden die Antworten mit dem Ausbilder besprochen; erst danach wird die gedankliche Vorbereitung in die praktische Arbeit umgesetzt. Nach dieser erfolgt zuerst eine Selbst-, dann eine Fremdkontrolle. Bei Abweichungen beeinflusst der Ausbilder die Gütemaßstäbe des Lernenden. Hierauf folgt die nächste Lernstufe.

Im Gegensatz zu einer Unterweisung am Arbeitsplatz kann der Auszubildende den Leittext in einem seinem Lernvermögen angepassten Tempo bearbeiten, d. h. Über- und Unterforderung vermeiden. Während in einer Unterweisung alle Informationen gestellt werden, muss sich der Auszubildende diese hier selbstständig erarbeiten. Die Bearbeitung der Leitfragen im Team macht Kooperation erforderlich. Die Leittextmethode gewährt Entscheidungsfreiheit und eröffnet Gestaltungsmöglichkeiten, aber es wird auch Verantwortung übertragen. Vor allem werden Selbstständigkeit und Kooperationsfähigkeit gefördert. Letztere sind in der jüngeren Bildungsdiskussion immer wieder geforderte Schlüsselqualifikationen. Dabei braucht die Leittextmethode nicht auf den Bereich der beruflichen Erstausbildung beschränkt zu bleiben. Sie kann vielmehr ebenso in der Erwachsenenausbildung (z. B. Anlernen, Umschulen) oder auch in modifizierter Form für Trainees eingesetzt werden.

(4) Übertragung von Sonderaufgaben

Sonderaufgaben gehen über die tägliche Routinearbeit hinaus und stehen typischerweise nicht in unmittelbarem Zusammenhang mit dem Aufgabenfeld eines Arbeitsplatzes. Der Qualifizierungscharakter entsteht dadurch, dass die Person diese Aufgabe **selbstständig**, **allein** und **eigenverantwortlich** durchführt.

Wie weiter oben schon erwähnt, hat die Übertragung von Sonderaufgaben an sich keinen Entwicklungscharakter. Hierzu kommt es erst durch eine gezielte **Auswahl der Aufgabe** hinsichtlich der Anforderung an den und der individuellen Qualifikation des Aspiranten. So sind beispielsweise nur Aufgaben ohne Standardlösungen zur Förderung von Kreativität und Motivation geeignet.[303] Zweitens sind während der Durchführung **Feedback**-Möglichkeiten, wie z. B. Diskussionen von Zwischenergebnissen oder weitere Vorgehensweisen, für die persönliche Entwicklung sinnvoll. Für Führungskräfte aus dem mittleren Management kann die Übertragung von Sonderaufgaben zur Förderung der Motivation und zum Abbau von Monotonie bzw. Unterforderung eingesetzt werden, was zwar primär nicht unbedingt dem Erkenntnisfortschritt dient, zumindest jedoch den Qualifikationsabbau vermeidet.

(5) Gremienarbeit

Die Auseinandersetzung mit entwicklungsrelevanten Arbeitssituationen steht im Mittelpunkt der stellengebundenen Qualifizierung. Es ist jedoch nicht immer möglich, Mitarbeiter innerhalb ihrer täglichen Arbeit mit Situationen zu konfrontieren, die dieses Merkmal in einer geeigneten Ausprägung besitzen und zudem auch noch in das Umfeld des Aspiranten passen. Anders ausgedrückt: Es gibt nicht immer die entsprechenden Probleme für alle zu entwickelnden Mitarbeiter. In diesen Situationen ist es sinnvoll, dem Mitarbeiter zusätzliche nebenamtliche Aufgaben außerhalb des unmittelbaren Arbeitsplatzes zu übertragen. Für den Führungskräftebereich steht hier die Mitarbeit in spezifischen Unternehmungsgremien zur Verfügung, in denen höherwertige Führungsaufgaben schrittweise, kontrollierbar, reversibel übertragen werden können, **ohne** dass dies zwingend zu einem hierarchischen Aufstieg führen muss.

Typische Erscheinungsformen solcher Gremien sind Ausschüsse oder Komitees, Aufsichtsrats- oder Beiratsgremien und Junior-Boards.

Ein **Komitee** ist eine Gruppe von Mitarbeitern, die im Rahmen regelmäßiger Zusammenkünfte eine spezifische, übergreifende Problemstellung und/oder Koordinationsaufgabe löst. Typische Aufgaben von Komitees sind auf Entscheidungsvorbereitung, Koordinationsverbesserung und Konfliktbewältigung gerichtet.

Bei der Arbeit in Komitees gilt wiederum, dass primär die Aufgabenerfüllung im Vordergrund steht und Entwicklungsmöglichkeiten »lediglich« begleitenden Charakter haben.

---

303 Vgl. Hungenberg (1990) 202.

Was verbessert werden kann, sind vor allem die interpersonale Zusammenarbeit und Kooperationen zur Lösung übergreifender Aufgabenstellungen.[304] Durch die Arbeit in einem Komitee erhält der Mitarbeiter die Möglichkeit des Feedbacks bezüglich des eigenen Verhaltens und dessen Zweckmäßigkeit bei der Vorgehensweise und Kommunikation von Problemen und deren Lösungen. Angesprochen sind hier in erster Linie Qualifikationen der Teamfähigkeit, sachlicher und konzeptioneller Kompetenz und persönlicher Verhaltensweisen. Daneben kann unter Umständen auch das (bereichsübergreifende) Sachwissen und damit die Problemlösungskapazität erweitert werden. Unter Entwicklungsaspekten nachteilig an Komitees ist die begrenzte Möglichkeit der Abstimmung der Arbeit mit den individuellen Entwicklungspotenzialen und -zielen der einzelnen Mitarbeiter bzw. Mitglieder.

Bei der Übernahme von Mandaten in **Aufsichts- oder Beiratsgremien** eröffnen sich für Führungskräfte die Möglichkeit, gesamtunternehmungsbezogene Führungsprobleme mit allen Aufgaben, Kompetenzen und Verantwortlichkeiten selbstständig zu übernehmen. Entwicklungsmöglichkeiten bestehen hier vor allem durch die Erweiterung des persönlichen Horizonts von bereichsspezifischen- zu gesamtunternehmungsbezogenen Sichtweisen bei gleichzeitiger Partizipation an Entscheidungsprozessen, wodurch die Motivation positiv beeinflusst wird.

Junior Boards sind eine Spezialform von Gremien, die parallel zu dem obersten Führungsgremium einer Unternehmung institutionalisiert sind. Ihnen werden teilweise bzw. vollständig die Aufgabenstellungen dieses Organs zur Bearbeitung vorgetragen. Typischerweise sind die Aufgaben dieser Instanzen sehr unstrukturiert und relativ komplexer Natur, so dass hier das **Problemlösungsverhalten** im Mittelpunkt von Entwicklungsanliegen steht. Im Gegensatz zu den vorher vorgestellten Methoden steht bei Junior Boards die Personalentwicklung im Vordergrund. Die Unternehmungsleitung erhält zwar unter Umständen Anregungen und Unterstützung, jedoch ist typischerweise der Aufwand durch hohen Kommunikationsbedarf der Board-Mitglieder für den notwendigen Informationsfluss sowie die notwendigen Feedback-Gespräche weitaus höher als der »Ertrag«. Junior Boards werden in der Literatur zwar intensiv diskutiert, sind in der Praxis jedoch nur von untergeordneter Bedeutung.[305]

(6) Projektarbeit

Projekte sind komplexe und zumeist umfangreiche, einmalige und damit jeweils neuartige Aufgabenstellungen, deren Erledigung i. d. R. zeitlich befristet ist und Mitarbeitern aus verschiedenartigen Stellen übertragen wird (funktionsübergreifendes Team aus Spezialisten). Augenfällige Beispiele für Projekte sind die Planung, Gestaltung und Inbetriebnahme von Großanlagen (Neubauten, Montagestraßen u. a.), die Entwicklung und Einführung neuer Produkte, die Einführung neuer Arbeitsmethoden (z. B. EDV).

Projektarbeit wird – sicherlich zu Recht – besonders herausragende Bedeutung für die Personalentwicklung attestiert. Sie liegt nicht zuletzt darin, dass in Projektgruppen Mitarbeiter mit neuartigen Aufgaben konfrontiert werden, die inhaltlich sowohl mit ihrer bisherigen Arbeit in Beziehung stehen oder davon abweichen können. Unter Personalentwicklungsgesichtspunkten ist wesentlich, dass die Aufgabe im **Team** und innerhalb eines vorgegebenen **Zeitrahmens** zu bewältigen ist. Überragenden Stellenwert hat im Team-As-

---

304 Vgl. Hungenberg (1990) 205 und die dort angegebene Literatur.
305 Vgl. Mag (1998) 153.

pekt die Tatsache der funktionsübergreifenden Herkunft der Team-Mitglieder, was zu interdisziplinärem (abteilungs-, bereichsübergreifendem) Denken und Handeln geradezu zwingt. Dies war innerhalb eines Repertoires an Generalisten-Qualifikationen an erster Stelle genannt worden (offenbar ebenso wichtig wie nur unzureichend vorhanden (vgl. oben Kap. D.II)).

Allgemein ist Projektarbeit besonders geeignet, Generalisten-Qualifikationen zu entwickeln, u. a. **Einstellungen** und **Verhaltensweisen**. So fordert Teamarbeit die Kommunikations- und Kooperationsfähigkeit. Die enge Zusammenarbeit mit anderen Mitarbeitern ergibt zudem die Möglichkeit der Selbsteinschätzung und das Erkennen eigener Stärken und Schwächen. Die zeitliche Befristung führt dazu, dass die Konsequenzen eigenen Leistungsverhaltens, und das der Projektgruppe, ersichtlich werden, wodurch Anpassungsfähigkeit und Flexibilität gefördert werden.[306]

Im Führungskräftebereich werden unter Personalentwicklungsgesichtspunkten solche Aufgaben präferiert, die komplexe, interdependente und zumeist schwer prognostizierbare Problemlösungsprozesse erwarten lassen. Entwickelt werden sollen damit **Fähigkeiten** bezüglich des Erkennens unternehmerischer Zusammenhänge und der Erweiterung von Problemlösungsperspektiven und das **Wissen** über bereichsübergreifende Sachverhalte.

Eine (vermehrte) Formulierung und Übertragung von Projektarbeiten kann einerseits für den Betrieb eine Notwendigkeit darstellen: Es wird eine arbeitsmäßig größere **Flexibilität** erreicht als durch Hinzufügung neuer oder Umformulierung bestehender Stellenaufgaben der Linienorganisation; man kann der Erstarrung des Personalsystems trotz verminderter Aufstiegsmöglichkeiten infolge zeitlicher Stabilisierung der Besetzung von Führungspositionen entgehen. Es wird somit ein hohes Maß an individuellen Entwicklungsmöglichkeiten geboten, ohne dass hiermit zwingend hierarchischer Aufstieg verbunden wäre, was gerade in Zeiten betrieblicher Konsolidierung wichtig ist. Andererseits sind mit einer solchen Versetzungspraxis für den betroffenen Mitarbeiter entstehende Besonderheiten und Konsequenzen unübersehbar:

- Durch den Zwang
  - zum Vertrautmachen mit **neuen** Aufgaben, die zumeist mit einer Vielfalt von Arbeitsbeziehungen verbunden sind, sowie
  - zur Teamarbeit wird die **Anpassungsfähigkeit** der in Projektbearbeitungen einbezogenen Mitarbeiter in starkem Maße gefördert.
- Fähigkeiten zu **kreativen** Leistungen werden genutzt und gefördert.
- Es wird ein Zwang zur Übernahme von **Verantwortung** ausgeübt.
- Alles zusammen bedeutet eine Möglichkeit zur Bewährung über die Routineaufgaben der Linie hinaus und damit eine Vergrößerung der Chancen und Vorbereitungen für späteren **Aufstieg**.
- **Schwierig** kann sich die Reintegration der Projektgruppenmitglieder in die primäre Unternehmungsorganisation gestalten. Hier ist vor allem die Einbindung in die individuelle Karriereplanung wichtig.

Wenn den Projektgruppen auch eine Bedeutung als »motivationale Ausweichstrategie« zukommt, so ist doch der primäre Grund für ihre Einrichtung die Bearbeitung einer kom-

---

306 Vgl. Hungenberg (1990) 210.

plexen Aufgabe. Alternative Ausgestaltungsformen hängen deshalb auch in erster Linie von Determinanten der Aufgabe bzw. der Aufgabenerfüllung ab.[307]

(7) Qualitätszirkel, Lernstatt

Qualitätszirkel und Lernstatt sind artverwandte Formen der Kleingruppenarbeit, mit deren Hilfe Mitarbeiter, vorwiegend der unteren hierarchischen Ebenen, in den betrieblichen Problemlösungs-, Entscheidungs- und Innovationsprozess einbezogen werden sollen. Gemeinsam ist diesen neueren Gruppenarbeitsformen, dass sie **neben** dem normalen Arbeitsablauf, also zu dessen Ergänzung, eingerichtet werden.[308]

Die Lernstatt ist dem Qualitätszirkel in der Art der Arbeitsbewältigung und deren Organisation durchaus ähnlich. Der **Unterschied** besteht vor allem in der Zielsetzung: Nicht die Realisation von Problemlösungen und die daraus resultierende Verbesserung der Kosten-/ Nutzen-Relation steht im Vordergrund, sondern vielmehr das Definieren von Problemen aller Art (nicht nur also von Qualitätsproblemen) und das gemeinsame Lernen und letztlich Erarbeiten von Lösungsvorschlägen.

– Qualitätszirkel

Den Ursprung von Qualitätszirkeln sieht Deppe 1890 bei Zeiss in Jena. Die größten Promotoren waren und sind ab dem 2. Weltkrieg die Japaner, bei denen gegenwärtig jeder 3. Arbeitnehmer Mitglied eines Qualitätszirkels ist. In den USA fanden ab 1977 Qualitätszirkel eine weitere Verbreitung, während dies für Europa erst ca. 5 Jahre später begann. Die Bedeutung dieser Maßnahmen kann man daran abschätzen, dass in einer Umfrage aus dem Jahre 1993 immerhin 8 % der befragten Nachwuchs-Ingenieurwissenschaftler angaben, an Qualitätszirkeln teilzunehmen.[309] Qualitätszirkel sind auf Dauer angelegte Kleingruppen, in denen Mitarbeiter einer hierarchischen Ebene mit einer gemeinsamen Erfahrungsgrundlage in regelmäßigen Abständen auf freiwilliger Basis zusammenkommen, um Themen des eigenen Arbeitsbereichs zu analysieren und unter Anleitung eines geschulten Moderators mithilfe spezieller, erlernter Problemlösungs- und Kreativitätstechniken Lösungsvorschläge zu erarbeiten und zu präsentieren, diese Vorschläge selbstständig oder im Instanzenweg umzusetzen und eine Ergebniskontrolle vorzunehmen, wobei die Gruppe als Bestandteil in den organisatorischen Rahmen des Qualitätszirkel-Systems eingebunden ist und zu den anderen Elementen Kommunikationsbeziehungen unterhält.[310]

Der Einrichtung von Qualitätszirkeln liegt die **Idee** zugrunde, Problemlösungspotenzial von Mitarbeitern, das bisher weitgehend ungenutzt war, zu aktivieren. Der Mitarbeiter wird angeregt, seine Erfahrungen, sein Wissen und auch sein Engagement einzubringen, um an der Lösung seiner Problemsituation mitzuarbeiten, die seinem eigenen Arbeitsfeld entstammt. Der Grundgedanke ist, dass Probleme am besten dort erkannt und beseitigt werden können, wo sie auftreten – daher wird der vom Problem Betroffene an der Problemlösung beteiligt. Damit soll eine veränderte Einstellung der Mitarbeiter zu ihrer eigenen Arbeit erzeugt werden: Ihr Qualitätsinteresse soll geweckt, ihr Qualitätsbewusstsein und auch die Qualitätsverantwortung ausgebaut werden.

---

307 Vgl. ausführlich zur Projektorganisation Frese (1998) 472 ff.

308 Vgl. Deppe (1989) 14 f.

309 Vgl. Wittmann/Kaschube (1998) 149.

310 Deppe weist explizit darauf hin, dass diese konstituierenden Merkmale in verschiedenen technischen Ausprägungen vorliegen können. Vgl. Deppe (1989) 41 f.

Bezüglich der Organisation von Qualitätszirkeln wird zwischen der organisatorischen **Anbindung** des Systems Qualitätszirkel, welches typischerweise aus mehreren Kleingruppen besteht, und der **Aufbauorganisation** dieses Systems unterschieden.

Abbildung 134 gibt einen Überblick über die Struktur der Aufbauorganisation, deren zentrale Determinante der Umfang des Qualitätszirkel-Programms ist.

Das **Steuerungsteam** hat als Entscheidungs- und Informationsgremium eine herausragende Stellung für die Bedeutung der Qualitätszirkelorganisation und des -programms in der Gesamtunternehmung, weshalb ihr unbedingt Mitglieder der Unternehmungsführung angehören sollten. Für die Auswahl der Mitglieder ist neben der Qualifikation zur Leitung einer Gruppe aus Repräsentanzgründen ein Querschnitt aller Funktionsbereiche wichtig.[311]

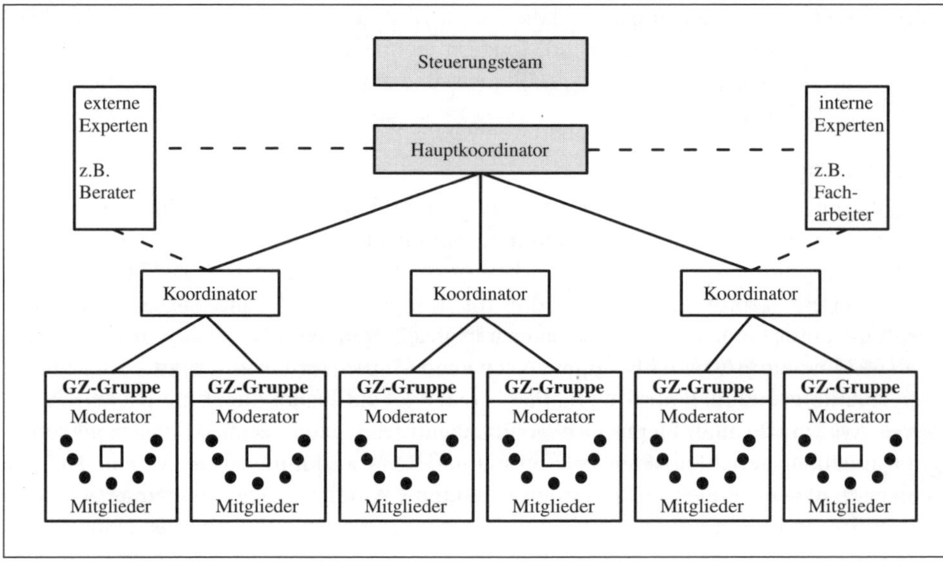

Quelle: Deppe (1989) 50.

Abb. 134: Grundmodell der Aufbauorganisation des Systems »Qualitätszirkel«

Dem **Hauptkoordinator** obliegt die operative Verwaltung des Programms und die Supervision der Koordinatoren. Kennzeichnend für ihn ist seine »Servicefunktion« der Koordination einzelner Gruppenaktivitäten, Schaffung von Kontakten und als Ansprechpartner für alle Qualitätszirkel-Aktivitäten nach innen und außen.

Die **Koordinatoren** sind zum einen Bindeglied zum Management, Linienpersonal und den Stäben der Unternehmung und zum anderen Vertraute und Förderer der ihnen unterstellten Zirkel. Ihnen obliegt z. B. die Auswahl der Moderatoren oder auch das Programm-Management zur Planung und Realisation der praktischen Zirkelarbeit.

Der **Moderator** ist das zentrale Element des Zirkels. Er fungiert nach kurzer Ausbildung als »Coach« seiner Gruppe. Seine Aufgabe ist es, die Gruppe zusammenzustellen,

311 Vgl. Beriger (1989) 17; Deppe (1989) 51 ff.

den Gruppenmitgliedern Techniken der Problemfindung und -definition zu vermitteln, sie zur Mitarbeit zu motivieren und die Gruppe insgesamt zu leiten. Nach einiger Zeit zieht er sich zumeist in die Rolle eines Betreuers oder Anregers zurück. Der Moderator kann, muss jedoch nicht Vorgesetzter der Mitglieder sein. Auf der einen Seite werden die Duplizität der normalen Unternehmungshierarchie und die Kompetenz und Autorität als Leiter vorteilhaft für den Vorgesetzten angeführt, jedoch ist die Akzeptanz durch die Gruppenmitglieder entscheidender, was für die Wahl eines Moderators aus der Hierarchieebene der Gruppenmitglieder spricht.

Experten treten typischerweise nur spontan mit den anderen Elementen des Systems in Kontakt und haben dann vorwiegend unterstützende und beratende Funktionen.

Die grundsätzlichen **Aufgaben**bereiche von Qualitätszirkel liegen im

- Erkennen von Schwachstellen im eigenen Arbeitsbereich,
- Ermitteln von deren Ursachen,
- Entwickeln von Problemlösungen,
- Präsentieren der Ergebnisse vor dem Management,
- Realisieren der Lösung und laufender Überwachung.

Neben diesem sicherlich idealtypischen Konzept finden sich in der Praxis zahlreiche andere Organisationsformen, die zum Teil erheblich einfacher strukturiert sind.

– Lernstatt

Entwickelt wurde die Lernstatt von den beiden Sozialwissenschaftlern Cloyd und Kasprzik, die für die Beratungsfirmen Metaplan und später cad arbeiteten, Anfang der 70er Jahre bei einem Beratungsauftrag der Firma BMW.[312] Die Konzeption war ursprünglich auf die Behebung von Sprach- und Integrationsproblemen ausländischer Arbeitskräfte im gewerblichen Bereich ausgerichtet und wurde im Laufe der Entwicklung für die Vermittlung von Fachwissen umgestaltet. 1989 konstatiert Deppe eine untergeordnete Bedeutung von Lernstatt, da es – der Literatur folgend – lediglich von 6 Unternehmungen in Deutschland angewendet wurde. Es wird hier trotzdem aufgeführt, weil es von der Konzeption her eine sinnvolle Entwicklungsalternative für bestimmte Qualifikationen darstellt.

Der Lernstatt liegt ein **Konzept** zugrunde, mit dem das Grundwissen der Mitarbeiter erweitert, Erfahrungen gegenseitig ausgetauscht, die Kommunikation verbessert werden sollte bis hin zu dem Ziel, zur Persönlichkeitsentfaltung beizutragen. Idealtypisch wird Lernstatt als zeitlich begrenzte Kleingruppe von Arbeitern definiert, die einen gemeinsamen Bezugspunkt haben und sich in regelmäßigen Abständen freiwillig in einem der jeweiligen Produktionsstätte nahe gelegenen Raum zum Zweck des gemeinsamen Erfahrungsaustausches, zur Erweiterung des Grundwissens über betriebliche Zusammenhänge und zur Verbesserung und Vertiefung der Kommunikation und der Zusammenarbeit in der Unternehmung unter Anleitung und Koordination von zwei ausgebildeten Moderatoren treffen, wobei die Gruppe in den organisatorischen Rahmen des auf Dauer angelegten Lernstatt-Systems eingebunden ist und zu den anderen Elementen Kommunikationsbeziehungen unterhält.

Die Gruppengröße beträgt etwa 10 Mitglieder, die sich regelmäßig in größeren Abständen (ca. alle 14 Tage) während der Arbeitszeit treffen. In einem Lernstattzentrum – es fungiert als geistige Zentrale des gesamten Systems – werden die Lerngruppen initiiert,

312 Vgl. Deppe (1989) 82.

bisweilen Ehemalige reaktiviert und die Moderatoren unterstützt. Jeder Gruppe hilft ein Moderator, der zumeist Facharbeiter ist und auf seine Arbeit durch ein Grundtraining sowie eine länger dauernde Intensivübung vorbereitet wird. Die von der Gruppe zu bearbeitenden Themen werden entweder aus dem eigenen Arbeitsbereich heraus oder aber von außen vorgeschlagen. Angestrebtes Ziel ist das Lösen der an die Lernstatt herangetragenen Probleme und ihr Erreichen in Form von Vorschlägen. Nach Erledigung einer Problemstellung wird eine Lernstattrunde aufgelöst. Die Moderatoren treffen sich regelmäßig in Moderatorenrunden, in denen sie die bei ihrer Arbeit in der Lernstatt gemachten Erfahrungen austauschen. Zudem existiert ein Beraterkreis (er entspricht etwa der Steuergruppe in der Qualitätszirkelorganisation), der sich aus Mitgliedern der Geschäftsführung zusammensetzt (Werkleiter, Personalleiter, Ausbildungsleiter, Betriebsratsvorsitzender). Er vermittelt gegebenenfalls den Moderatorenrunden Fachleute als Gesprächspartner und ist es letztlich auch, der die aus der Lernstattarbeit kommenden Problemlösungen weiterleitet.

Rosenstiel beschreibt, dass Lernstatt heutzutage auch gezielt zur Verbesserung interpersonaler Kompetenz eingesetzt wird und dass die gemeinsam erarbeiteten Verbesserungsvorschläge stärker in den Mittelpunkt rücken, weshalb Lernstatt von Qualitätszirkeln kaum noch zu unterscheiden ist.[313] Eine Überprüfung der Wirksamkeit von lernstattadaptierten Verfahren auf die Förderung solcher Kompetenzen wurde bisher jedoch vernachlässigt.[314]

cc) Personalentwicklung außerhalb des Arbeitsplatzes

Nach dem Träger der Fortbildungsmaßnahme lassen sich Training-off-the-job-Maßnahmen differenzieren nach deren Umsetzung durch

- innerbetriebliche eigene Einrichtungen: z. B. Ausbildungszentren,
- innerbetriebliche fremde Einrichtungen: z. B. Herstellerschulungen,
- überbetriebliche Einrichtungen: z. B. IHK-Bildungswerke,
- außerbetriebliche Einrichtungen: z. B. Fortbildungsinstitute.

In der Praxis nutzen Unternehmungen gleichmäßig sowohl interne als auch externe Schulungen. Wenn Maßnahmen durch innerbetriebliche Einrichtungen durchgeführt werden, bieten sie den Vorteil, dass sie unternehmungsspezifisch ausgerichtet und auf die Nutzung vorhandener Betriebsmittel abgestellt werden können, was beides zur Förderung der Akzeptanz beiträgt. Ein Nebeneffekt ist der positive Einfluss auf den Gedanken- und Erfahrungsaustausch und damit auf die innerbetriebliche Kooperationsbereitschaft. Die **über- und außerbetrieblichen** Träger ermöglichen eine kritische Distanz zu der entsendenden Institution, über den Kontakt zu Kollegen aus anderen Institutionen eröffnen sie einen erweiterten Sichtkreis und vor allem ermöglichen sie eine bessere Erreichung individueller Fortbildungsziele der Teilnehmer. Darüber hinaus können durch externe Träger differenziertere und gezieltere Angebote erfolgen, was sich bei speziellen Problemstellungen und für kleinere und mittlere Unternehmungen vorteilhaft auswirkt. »Erkauft« wird dieser Vorteil jedoch durch größere Probleme beim Lerntransfer.

Mit Lerntransfer ist gemeint, dass mit zunehmender physischer, zeitlicher und inhaltlicher Entfernung des Lernfeldes vom Arbeitsfeld, die Übertragung neu gelernter Kenntnis-

313 Vgl. v. Rosenstiel (1999) 115.
314 Vgl. Sonntag/Schaper (1999) 220.

se, Fähigkeiten, Einstellungen auf die konkrete Berufssituation schwieriger wird.[315] Dieser Transfer eines erfolgreich gelernten Aspektes in eine Verhaltensänderung am Arbeitsplatz ist jedoch Voraussetzung für eine Effizienzsteigerung von Organisation und Management und für individuelle Höherqualifizierung. Hierbei wird deutlich, dass Bildungsmaßnahmen keinen Selbstzweck haben. Endziel ist es, dass den Teilnehmern an einer Entwicklungsmaßnahme die Übertragung des Gelernten auf ihre berufliche Situation gelingt. Diese Übertragung bezeichnet die Fähigkeit, Kenntnisse, Erfahrungen und Verhaltensweisen in Situationen anzuwenden, die von der Lernsituation verschieden sind. Während die Lernerfolge im Lernfeld stattfinden (Phase Input, Prozess und Output), erfolgt der Transfer im Funktionsfeld (Phase Output). So kann z. B. eine Führungskraft zwar an einem Seminar über Menschenführung erfolgreich teilnehmen (erfolgreich z. B. durch das Bestehen einer schriftlichen oder mündlichen Abschlussprüfung). Ob sie allerdings im Umgang mit ihren Mitarbeitern das gewünschte Verhalten zeigt, kann damit nicht gleichzeitig und selbstverständlich unterstellt werden. Zur Erfassung dieser Problematik wurden Transfertheorien entwickelt, aus denen einzelne Determinanten des Transfererfolges abgeleitet werden können.

Es gibt eine Vielzahl von **Transferhemmnissen**, z. B.:

- Verschiedenheit der Lernaufgaben in Schulung und Arbeitsplatz,
- ungenügende Lernübung,
- innovationsfeindliches Organisationsklima,
- Vorgesetztenverhalten,
- mangelnde Anwendungsmöglichkeit der gelernten Erkenntnisse,
- Diskrepanz in der Lernintensität zwischen Lehrziel und Arbeitsplatzanforderung.

Insbesondere, wenn die Maßnahme der Führungskräfteförderung dienen soll, können bei ausbleibendem Lerntransfer folgende Gefahren entstehen:[316]

- mangelnde Führungskompetenz führt zu unterlassener Nutzung von wettbewerblichen Möglichkeiten und zu Entwicklungskrisen der Unternehmung,
- Klimaverschlechterungen innerhalb der Unternehmung, wenn ausbleibender Erfolg die Rechtfertigung für Fördermaßnahmen vereitelt,
- Abgang von Mitarbeitern mit Qualifizierungspotenzial, wenn diese mangels Transfer zu Verlierern werden,
- hohe Entwicklungsausgaben ohne entsprechenden Nutzen.

Empirische Untersuchungen ergaben, dass der Transfer erleichtert wird, wenn:[317]

1. das Lern- und Arbeitsfeld gleiche Strukturen aufweisen,[318]
2. die Lehrenden eine fundierte Kenntnis des Arbeitsfeldes haben,
3. die Lerninhalte auf verschiedene Situationen bezogen werden, um Generalisierungen anzuregen.

Die Transferproblematik betrifft auch das »Klima« am Arbeitsplatz, da hier eine Bereitschaft für eine Neuerung (von den Vorgesetzten, Mitarbeitern) vorhanden sein muss, soll

315 Vgl. Staehle (1999) 887.
316 Vgl. Stiefel (1995a) 82.
317 Vgl. Staehle (1999) 887.
318 Stiefel nennt diesen Aspekt die »Theorie der identischen Elemente«. Vgl. Stiefel (1995a) 81.

eine Änderung stattfinden.[319] Findet kein Transfer statt, kann gegebenenfalls zumindest bezüglich anders gearteter Aspekte, wie Auszeichnung, Anerkennung, Belohnung, Kontaktpflege, Klimaverbesserung etc. ein (Fortbildungs-)Erfolg konstatiert werden.

Bei der Durchführung von Personalentwicklung außerhalb des Arbeitsplatzes ist sowohl die Auswahl der Methode, die Veranstaltungsform, als auch deren Gestaltung festzulegen. Wichtige Bedingungsfaktoren über die Methodenwahl sind, neben den in den Folgekapiteln angeführten Parametern,

- didaktische Entscheidungen (Partizipation der Teilnehmer),
- Art und Tiefe der angestrebten Lernziele (Kenntnisse, Fertigkeiten, Überblick, Beherrschung),
- Teilnehmervoraussetzungen (Lerntrainingszustand, Vorwissen),
- zur Verfügung stehende Finanzmittel und räumliche Gegebenheiten.

Die Methoden lassen sich je nach dem, ob die Teilnehmer sie einzeln oder in Gruppen durchführen in individuelle und kollektive Methoden unterscheiden. Abbildung 135 gibt einen Überblick. Im Folgenden werden die individuellen Methoden nur kurz vorgestellt, da bei diesen vor allem lern-pädagogische Aspekte im Vordergrund stehen, die hier nicht erörtert werden sollen.[320]

Individuelle Methoden	Kollektive Methoden
Selbststudium	Vortrag
Programmierte Unterweisung	Lehrgespräch (-konferenz)
In-Basket-Methode	Fallstudie
	Planspiel
	Rollenspiel
	Gruppendynamische Trainingsformen

Abb. 135: Methoden der Personalentwicklung außerhalb des Arbeitsplatzes

(1) Individuelle Methoden

Bei **kognitiven Verfahren** werden Denkleistungen, wie gedankliches Problemhandeln, Planen und Entscheiden geübt.[321] Diese Verfahren beruhen auf der Anwendung lernpsychologischer Prinzipien. Die Gestaltung verschiedener Phasen und Etappen der Lernhandlungen sind Gegenstand der »Theorie der etappenweisen Ausbildung geistiger Handlungen«, die sich vor allem auf die Ausführung der Lernhandlung bezieht. Sie wird nach genau beschriebenen Verallgemeinerungs-, Verkürzungs- und Verbalisierungsregeln strukturiert. Ähnlich soll der Einsatz »heuristischer Regeln« zur möglichst präzisen Situations-

---

319 Anders Staehle, der dieses Problem nicht unter Transferproblemen subsumiert. Vgl. Staehle (1999) 887.
320 Zu den Methoden der Personalentwicklung am Arbeitsplatz vgl. Hungenberg (1990) 234 ff.
321 Vgl. zum Folgenden Sonntag/Schaper (1999) 214 ff.

analyse anregen, indem sie möglichst knappe, jedoch eindeutige Anweisungen vorgeben. »Selbstreflexionstechniken« dienen der Reflexion und Modifikation eigenen Denkens und Handelns. »Selbstinstruktionstechniken« unterstützen die selbstständige Aneignung aufgabenrelevanter Kenntnisse, indem sie eigene Arbeitsvollzüge oder auch die von erfahrenen Kollegen protokollieren und bewerten.

Diese kurze Aufzählung macht deutlich, dass kognitive Methoden auf die Art des Wissenserwerbs, also auf die Strukturierung der dahinter stehenden Denkleistung ausgerichtet sind.

Ebenso ist die **programmierte Unterweisung** ist eine nach lerntheoretischen Gesichtspunkten gestaltete Form des Selbststudiums, welche auf einer planmäßigen Abfolge von Information, Frage, Antwort, Kontrolle und Rückinformation aufbaut. Diese spezielle Trainingsform ist meist an den Einsatz bestimmter Hilfsmittel, wie z. B. Lehrbücher, audiovisuelle Techniken, gekoppelt. Dabei wird der gesamte Lernprozess nach dem Prinzip des Regelkreises strukturiert. Der Lernstoff wird in kleinste Lerneinheiten aufgegliedert, von denen jede immer in derselben Schrittfolge absolviert wird: Information-Frage-Antwort-Kontrolle.

Für die Vermittlung einfacher Fakten-Wissensbestände reichen lineare Lern- oder Drillprogramme, wie sie eben beschrieben wurden, in der Regel aus. Mit dem verstärkten Aufkommen von **multimedialen Lehr- und Lernmitteln** hat sich jedoch die Auffassung über die Nutzung von Medien im Trainingsbereich gewandelt, so dass die Grundprinzipien klassischer medialer Instruktion in Frage gestellt werden.[322] Die oben angeführten Methoden hatten zum Ziel, durch fest vorgegebene Strukturen die Wissensaufnahme bzw. -verarbeitung zu erleichtern. Demgegenüber beruhen modernere Instruktionssysteme in Verbindung mit audiovisuellen Medien auf einer Flexibilisierung und vor allem differenzierten Anpassung von Lernprozessen. Veränderungen beim Lernenden durch die Nutzung medialer Angebote sind schwer vorhersehbar, so dass diese, vor allem wenn es um die Vermittlung komplexer Sachverhalte geht, offen, adaptiv und flexibel zu gestalten sind. Genau dieses erlauben multimediale Anwendungen. Infolgedessen lässt sich ein Wandel von »instruktionistischen« zu »konstruktivistischen« Lernprogrammen beobachten, welche eine selbst gesteuerte Bearbeitung möglichst authentischer Probleme ermöglichen. Stuft man die vorhandenen Systeme nach ihrer Komplexität ab, so lassen sich folgende Formen unterscheiden:[323]

Trainingssysteme oder auch **Übungsprogramme** erlauben ein Lernen in Form von Wiederholen und Memorieren. Diese Systeme sind noch stark an den Prinzipien der programmierten Unterweisung ausgerichtet. Anwendungsbeispiele sind Vokabel- oder Grammatiktrainern, jedoch auch Programme zur Vorbereitung auf Prüfungen.

Tutorielle Systeme eröffnen interaktive und konstruktive Lernprozesse. Durch Überprüfung von Lernerfolgen und anschließende Anpassung der Förderung, lassen sie eine individuelle Abstimmung der Stoffvermittlung zu. Intelligente tutorielle Systeme haben zusätzlich eine Diagnosekomponente, welche ein Modell der kognitiven Prozesse des Lernenden aufbaut und dieses fortlaufend ausdifferenziert. Hierdurch besteht die Möglichkeit, individuelle Schwächen zu erkennen und auf diese einzugehen.

322 Vgl. Krapp/Weidemann (1999) 90 f.
323 Vgl. zum folgenden Sonntag/Schaper (1999) 216 f. und die dort angegebene Literatur.

Simulationsprogramme zielen auf explorative und entdeckende Lernprozesse ab. Grundlage dieser Programme ist die Beschreibung eines bestimmten Ausschnitts der Realität, dessen Elemente und Relationen der Lernende für sich entdecken und kontrollieren soll. Der Einsatz von Simulatoren bietet sich bei Abläufen an, die in der Realität mit hohen Risiken und Gefahren verbunden sind oder die bei Fehlbehandlungen zu kosten- und/oder zeitintensiven Ausfällen führen.

(2) Kollektive Methoden

Der Begriff »Methode« wird recht weit gefasst, da auch einzelne technische Hilfsmittel mit eingeschlossen werden. Es zeigt sich, dass aktiven Formen, die tendenziell auf Umsetzung von Wissen und Aktivität am Arbeitsplatz zielen, eine höhere Bedeutung zukommt als passiven Formen.

Eine grobe Unterscheidung differenziert nach eher inhaltsorientierten und nach eher prozessorientierten Methoden. Inhaltsorientierte Methoden dienen vor allem dem Vermitteln von Faktenwissen, während prozessorientierte Methoden direkt auf Verhaltensänderungen, z. B. durch Beeinflussung der sozialen Kompetenz, abzielen.[324] Zu den inhaltsorientierten Vorgehensweisen zählen Vorträge, Videofilme etc. Diese sind zwar prinzipiell auch geeignet, handlungsrelevantes Wissen zu vermitteln und können richtiges und falsches Sozialverhalten visualisieren. Eine stärkere Instrumentierung von Handlungsabläufen findet jedoch bei den prozessorientierten Methoden statt, wie z. B. in Lehrgesprächen oder Plenumsveranstaltungen, Fallstudien, Rollenspielen oder den gruppendynamischen Trainingsformen. Sie sprechen vor allem Emotion und Handeln an.

– Vortrag

Vorträge bieten sich an, wenn ein umfangreiches Stoffgebiet in relativ kurzer Zeit vermittelt werden soll. Anwendung findet der Vortrag bei der Vermittlung von Wissen, speziell nicht-tätigkeitsspezifischem Wissen. Seinen **Vorteilen** einer systematischen Stoffvermittlung und der Möglichkeit, in relativ kurzer Zeit konzentrierte Aussagen über die zentralen Punkte eines Wissensbereichs zu machen, stehen jedoch **Nachteile** gegenüber, die als erheblich angesehen werden: Die Teilnehmer müssen Abstraktionsvermögen, d. h. entsprechendes Mindest-Bildungsniveau besitzen, es besteht die Gefahr hoher Transferverluste, wenn die Teilnehmer infolge der notwendigen Permanenz der Aufmerksamkeit ermüden; dem kann mit geschicktem Medieneinsatz (Dia-, Overhead-Projektoren, Flipchart, Tafel etc.) begegnet werden. Durch konzentrierte Stoffdarstellung können zwar viele Problemaspekte angesprochen, aber auch das Verständnis der Themenbreite und -tragweite für die Zuhörer erschwert oder sogar verhindert werden.[325]

– Lehrgespräch (-konferenz)

Das **Lehrgespräch** ist heute eine in Seminaren häufig eingesetzte Methode. An die Stelle des Monologs tritt das Gespräch zwischen dem Dozenten und den Teilnehmern; diese werden dadurch aktiv in die Erarbeitung des zu vermittelnden Inhalts einbezogen. Die Verantwortung für den Gesprächsablauf liegt bei dem Dozenten. Der ständige Wechsel zwischen

324 Vgl. v. Rosenstiel (1999) 112.
325 Vgl. ebenda.

Frage und Antwort zwingt die Teilnehmer, dem Gedankengang des Dozenten zu folgen. Damit wird zum einen die notwendige Systematik im Ablauf des Gesprächs sichergestellt, zum anderen aber auch genügend Raum für die aktive Betätigung der Teilnehmer gelassen. Auf den Erfolg von Konferenzen wirkt sich die sozio-strukturelle Umgebung, wie Teilnehmerzahl, -zusammensetzung, Vorbildung und Interessenlage sehr stark aus. Es werden hohe Anforderungen an den Konferenzleiter gestellt, um Phänomene wie Dominanz einzelner Teilnehmer oder das Ausbrechen von Gruppenkonflikten zu verhindern.

Die Lehrkonferenz dient vor allem einer **Festigung und Vertiefung bereits vorhandener Kenntnisse**; dagegen kommt sie nicht in Betracht, wenn ein völlig neues Wissensgebiet erschlossen werden soll, bei dem die Teilnehmer noch über keinerlei Erfahrungen und Kenntnisse verfügen.

– **Fallstudie/Planspiel**

Mit Fällen werden konkrete Entscheidungssituationen und Probleme aus der betrieblichen Praxis simuliert. Die Gruppe, der sie präsentiert werden, muss in einer vorgegebenen Frist einen Lösungsvorschlag ausarbeiten; sie bekommt dazu einen genau begrenzten Informationsstand mitgeteilt und versucht unter aktiver Mitarbeit aller, das gesamte Wissen der Gruppe zu nutzen. Typischerweise sind die vorgegebenen Informationen jedoch nicht so spezifisch, als dass es eine optimale Lösung gäbe. Vielmehr sind von den Teilnehmern weitere Annahmen zu unterstellen, so dass im Endeffekt eine Entscheidung unter Ungewissheit zu fällen ist. **Anwendung** findet die Fallmethode nicht so sehr bei der Wissensvermittlung, als vielmehr beim Training der Umsetzung von theoretischem Wissen in praktisches Arbeiten. Gefördert werden vor allem die Anwendung theoretischen Wissens, Entschlussfähigkeit, Urteilsbildung und selbstständiges Arbeiten. Die Aufgabe, einen praktischen Fall zu lösen, kann auch an einen Vortrag angeschlossen werden, um die Anwendung erworbenen theoretischen Wissens unter Hinzuziehung eigener Erfahrungen auf praktische Probleme zu üben. Durch fortgesetzte Teilnahme an Falllösungen können die Teilnehmer analytische Fähigkeiten entwickeln und ausgeprägt vertiefen. Mit Gruppenarbeit an Fallbeispielen können auch motivationale Wirkungen erzeugt werden, und zwar insbesondere mit dem Ergebnis des Erzeugens oder Verstärkens der Bereitschaft zu kooperativem Handeln im Management. Die Einsicht in dessen Notwendigkeit und arbeitsunterstützende Wirkung wird durch den Zwang zum aktiven Mitarbeiten, zum ständigen Erfahrungsaustausch und zur gemeinsamen Entscheidungsfindung herbeigeführt.

Man kann das **Plan-(Unternehmungs-)spiel** als Variante der Fallmethode ansehen, da in ihm Entscheidungsprozesse simuliert werden, und zwar in stärker formalisierter Weise mithilfe mehrgliedriger Modelle. Im Vergleich zu Fallstudien werden hier zusätzlich interaktive Problemlösungsaspekte mitberücksichtigt und damit die Dynamik und Komplexität praktischer Probleme mit in den Lösungsprozess einbezogen. Sie verlaufen über mehrere Perioden, enthalten den Entscheidungsrahmen und die Bereiche, in denen die Spieler Entscheidungen treffen können (z. B. Beschäftigungs-, Produktions-, Absatz-, Finanzierungs-, Personalbereiche) sowie Annahmen über die Entscheidungswirkungen als Modellreaktionen auf Spieleraktionen. Als Aktionsgrundlagen werden von der Spielleitung interne und externe Daten vorgegeben, Entscheidungsergebnisse aus früheren Perioden eingespeist und Spielregeln bekannt gegeben, die während des Spielablaufs einzuhalten sind. Die Unterstützung durch audiovisuelle Medien und anspruchsvolle Software ermöglicht die Berücksichtigung explorativer Lernprozesse, indem Lernziele, -inhalte und -zeit an die individuellen kognitiven und motivationalen Lernvoraussetzungen der Teilnehmer angepasst werden.[326] Auch erlauben solche anspruchsvollen Planspiele den Teilnehmern, dynamische Aspekte ihres Verhaltens zu entdecken und weiterzuentwickeln.[327]

Planspiele eignen sich vorwiegend zur Schulung interpersonaler Qualifikationen, wie z. B. Einstellungen und kommunikative Fähigkeiten, Fähigkeiten bei der Durchführung interaktiver Problemlösungsprozesse, Umsetzung von Wissen und das Beurteilungsvermögen über komplexe Probleme, weniger dagegen zur Vermittlung von Wissen. Die Teilnehmer werden zu systematischer Planung gezwungen, sie lernen, aus den vorhandenen und darüber hinaus angebotenen Informationen zu wählen und stets eine Vielzahl von Parametern zu berücksichtigen. Sie erkennen dadurch die Notwendigkeit gründlicher und analytischer Entscheidungsvorbereitung und die Bedeutung eines funktionsfähigen Informations- und Kommunikationssystems. Die Teilnehmer lernen sowohl die Ergebnisse ihrer eigenen Entscheidungen kennen wie auch deren Abhängigkeit von den Entscheidungen anderer; diese müssen also in den Überlegungsprozess einbezogen werden.

Generelle Spiele müssen jedoch einen relativ hohen Abstraktionsgrad haben; daher können in ihnen Einzelfragen nicht intensiv behandelt werden. Unternehmungsspiele zeigen auch nicht, dass in praktischen Situationen die Originalität einer Entscheidung besonders wichtig ist. Da ihre Teilnehmer stets gegen das – sich nicht verändernde – Modell spielen, werden sie zu einer eher vereinheitlichten Strategie verleitet.

– Rollenspiel

Rollenspiele zielen auf eine **Beeinflussung des Verhaltens**, das bei zwischenmenschlichen Kontakten an den Tag gelegt wird. Rolle als Spielgegenstand ist dabei die Bewältigung einer konkreten Problemsituation, die allen Beteiligten ausführlich beschrieben und vom Spielleiter erläutert wird. »Bewältigung« heißt dabei, sowohl ein Sachproblem zu lösen, das mit einer betrieblichen Aufgabenstellung zusammenhängt, als auch mit den persönlichen und zwischenmenschlichen Aspekten fertig zu werden, die sich dadurch ergeben, dass die Aufgabe unter Zusammenwirken mit anderen Personen, die ihrerseits festgelegte und beschriebene Rollen haben, zu lösen ist. Ein Vorteil von Rollenspielen ist, dass das Verhalten der Teilnehmer – im Vergleich zu anderen Lehrmethoden – nachhaltiger geändert werden kann, weil das Selbst-Handeln an die Stelle des Nachdenkens und Sprechens über Situationen und ihre Bewältigung tritt. Fehler oder Ungeschicklichkeiten im Verhalten provozieren unmittelbar Gegenreaktionen der Mitspieler, sie werden sofort und unmittelbar erlebt **(unmittelbares Feedback)**. Rollenspiele verlangen die Fähigkeit, sich in die Standpunkte anderer hineinzudenken und auf sie einzugehen. Sie bieten Gelegenheit, diese Fähigkeit zu demonstrieren. Um dies zu erreichen, muss der Rolleninhalt eine Handlung sein, die in der zur Verfügung stehenden Zeit entwickelt werden kann und mit großer Praxisnähe eine reale Begebenheit (nicht also einen konstruierten Fall) darstellt. Die Verhaltensweisen der Teilnehmer während des Spiels werden im Anschluss mithilfe eines Protokolls analysiert und diskutiert. Hierdurch erhält jeder Teilnehmer die Möglichkeit zur Selbstreflexion und zur bewussten Analyse von Verhaltensweisen auch der anderen Teilnehmer. Erkennbar stellen Rollenspiele hohe Anforderungen an den Trainer. Zum einen ist typischerweise die Akzeptanz und damit die Bereitschaft, emotionales Verhalten zu zeigen, am Anfang sehr gering. Zum anderen kann ein Rollenspiel leicht eskalieren,

---

326 Vgl. Sonntag (1998) 91.
327 Vgl. Sonntag/Schaper (1999) 224 f.

wenn die Teilnehmer sich emotional verausgaben und Rollenspiel und Wirklichkeit nicht mehr trennen können.

– Gruppendynamische Trainingsformen (Sensitivity Training)

Gruppendynamische Trainingsformen haben eine Vielzahl von Trainingszielen und -inhalten. Gemeinsam ist den unterschiedlichen Formen, dass es sich bei ihnen um verhaltensorientierte, gruppendynamische Trainingsmethoden handelt, die im Kern auf den Arbeiten der Aktionsforscher Lewin und Moreno aufbauen.[328] Sie konzentrieren sich auf ungelenkte Gruppensituationen, die durch das stattfindende Verhalten geprägt werden. Die Analyse von Interaktionsbeziehungen und Vermittlung von Lehrerfahrungen nutzt die dort aufkommenden Gefühle aus. Die Gesprächs- und Lernatmosphäre wird offen gestaltet und sollte von den Beteiligten akzeptiert werden. Ziel ist der Aufbau eines realistischen und differenzierten Selbstbildes, welches durch permanente Rückmeldungen über das eigene Verhalten zu erreichen versucht wird.[329]

Starke Verbreitung fanden sie im Zusammenhang mit neuen Organisationsformen (z. B. Projektorganisation), mit dem Prozess der Organisationsentwicklung (Organizational Development) und mit neuen Führungskonzeptionen, für die sie als notwendig bezeichnet wurden. Der Grund dafür ist, dass diese neueren Entwicklungen der Betriebsführung zu Arbeit auf der Basis verstärkter Kooperation tendieren, die wesentlich mehr als zuvor Qualifikationen der Menschenkenntnis, -erkenntnis und -behandlung verlangt. Der Unterstützung des dafür notwendigen Prozesses eines Wandels von »Einzelkämpfer-Naturen« zu betont kooperationswilligen und -fähigen Mitarbeitern soll das Sensitivity Training dienen. Diese Sensibilisierung ist **Gegenstand** des Sensitivity Trainings, das auf der Erkenntnis beruht, dass Personen im Arbeitsalltag kein inhaltlich differenziertes Feedback über ihre Handlungsweisen bekommen und deshalb keine Fortschritte bezüglich der Bewältigung von Problemsituationen machen können. Beim Sensitivity Training spielen die Probanden deshalb in Laborsituationen der Realität entlehnte Handlungsweisen durch, die dann mit inhaltlichem Feedback analysiert werden.

Es wird beschrieben als eine Lernmethode, die primär Erfahrungen vermitteln will, die die Teilnehmer in verschiedenen Begegnungssituationen selbst sammeln. Der Trainer hat bei diesem Training die Aufgabe, die Konfliktkapazität der Teilnehmer anzusteuern: Bleibt er unterhalb dieser Grenze, kommt es zu keinen Fortschritten, überschreitet er sie, fühlen sich die Teilnehmer schnell überfordert, scheuen die Situation und resignieren. Fortschritt bedeutet, dass man in die Lage versetzt wird, seine Verhaltensweisen so zu verändern, dass man beim Umgang mit Konfliktsituationen eine **grundsätzliche Sicherheit** erlangt, die einem auch die Bewältigung einer Situation erlaubt, die man vorher nicht kannte.[330] Das inhaltliche Feedback erlaubt den Teilnehmern, emotionale Auswirkungen eigenen und fremden Interaktionsverhaltens zu reflektieren. Man zielt auf solche Erfahrungen ab, mit denen Einstellungen beeinflusst und Fähigkeiten des Lernens aus Interaktionen und über zwischenmenschliche Beziehungen entwickelt werden. Diese Einstellungen und Lerninhalte sollen die folgenden Komponenten menschlichen Zusammenlebens und -arbeitens betreffen – sie stellen gleichzeitig **Ziele** des Sensitivity Training dar:

---

328 Für einen geschichtlichen Abriss vgl. Rechtien (1990).
329 Vgl. Sonntag/Schaper (1999) 229 f.
330 Vgl. Oechsler (2000) 542.

- Selbsterkenntnis,
- Fähigkeit zur Diagnose der Persönlichkeit und des Verhaltens von anderen Individuen, von Gruppen, von Organisationen,
- Fähigkeit, die Diagnosen der eigenen Person durch andere hinzunehmen,
- Verständnis für zwischenmenschliche Beziehungen in Gruppen,
- Kennenlernen von Bedingungen, die Gruppenarbeit fördern bzw. hemmen.

Weniger geeignet ist das Sensitivity Training für die Vermittlung sachlicher Entwicklungskomponenten.

In der Praxis scheint die Arbeit in Selbsterfahrungsgruppen inzwischen durchaus verbreitet zu sein. Vereinzelten Untersuchungsberichten ist zu entnehmen, dass die überwiegende Zielgruppe dem mittleren und oberen Management angehört und dass die Häufigkeit der Durchführung dieses Trainings mit wachsender Firmengröße (gemessen an der Zahl der Beschäftigten) zunimmt, aber über die Frequenz »gelegentlich« nicht hinauskommt. Trotzdem gibt es bisher keine Berichte über spezifizierte Inhalte konkret erreichter Erfolge und präzise definierter Vorteile, die mit Selbsterfahrungsgruppen erreicht wurden. Erfolgsmeldungen sind zumeist global formuliert: »größere Offenheit gegenüber den Ansichten anderer, höhere Empfindsamkeit und besseres Verstehen der zwischenmenschlichen Kontakte«.[331]

Angesichts dieser Sachlage erscheint es angebracht, die Leistungsfähigkeit des Sensitivity Training eher vorsichtig zu beurteilen, seine Ziele nicht als bewiesene Erfolge zu nehmen und auch auf mögliche Mängel und **Nachteile** hinzuweisen:

- Es kann nicht als gesichert gelten, dass es möglich ist, mit einem Training von drei Tagen bis zwei Wochen Dauer Persönlichkeitsstrukturen und Verhalten von Mitarbeitern dauerhaft und tief greifend zu ändern. Trainingswiederholungen erscheinen zumindest angebracht, wenn nicht sogar notwendig.
- Der geringe Grad der Strukturiertheit der Gruppe und der Interaktionssituationen im Zusammenhang mit einem hohen Grad an Konfrontation, dem die Gruppenmitglieder ausgesetzt sind (kaum gefiltertes Feedback durch andere), bergen das Risiko dramatischer Reaktionen, explosionsartiger Ausbrüche von Emotionen, evtl. schädigender Störungen der Persönlichkeitsstruktur. Die Risiken sind umso größer, wenn sie nicht von einem erfahrenen Trainer erkannt und gemindert werden: Seine Person spielt eine zentrale Rolle.
- Schließlich ist die Gefahr nicht zu übersehen, dass in der späteren Zusammenarbeit im Betriebe Mitarbeiter, die gemeinsam Teilnehmer in einer Selbsterfahrungsgruppe waren, die in der schonungslosen Offenheit der Konfrontationssitzungen zutage geförderten Schwächen des anderen bewusst ausnutzen.
- Die Akzeptanz des Sensitivity Trainings ist eher gering, was an der mangelnden Bereitschaft liegen könnte, bei dem Erreichen persönlicher Grenzen Emotionen und Schwächen zu offenbaren.

Hungenberg hat eine Übersicht entwickelt, in der er die wesentlichen Stärken und Schwächen der von ihm vorgestellten Personalentwicklungs-Methoden zusammenfasst. Bei der Interpretation ist zu beachten, dass keine eindeutige Rangfolge über die Vorteilhaftigkeit

331 Zimmer (1974) 119. Eine umfassende Vergleichsstudie hat Smith (1975) angestellt. Überzeugende empirische Belege für die Leistungsfähigkeit dieser Methode stehen noch bei Staehle (1999) 947 f.

besteht, sondern immer die spezifischen Vor- und Nachteile in Hinblick auf eine Zielsetzung zu beachten sind und deswegen dieser Überblick, der in Abbildung 136 teilweise wiedergegeben wird, nur Anhaltspunkte liefern kann. Zudem bezieht Hungenberg seine Wertung lediglich auf Personalentwicklung im Führungskräftebereich.

d) Evaluation

aa) Notwendigkeit der Evaluation

Als spezifisches Element der Evaluierungsforschung der informatorischen Fundierung (s. Kap. D.II.2.g) gilt die Evaluation der Personalentwicklung.

Rosenstiel stellt fest, dass offensichtlich in vielen Unternehmungen nur ein geringes Interesse an der Evaluation von Personalentwicklungsmaßnahmen (wie auch anderer Personalmaßnahmen) besteht und dass dort, wo diese durchgeführt werden, häufig methodische Mängel anzutreffen sind.[332] Gegen eine systematische Untersuchung von Personalentwicklungsmaßnahmen werden als Argumente angeführt:[333]

- Evaluation ist **nicht nötig**, da Personalentwicklungsmaßnahmen unumgängliche »Sozialleistungen« sind, die dazugehören.
- Evaluation ist **schwierig** und übersteigt, will man zu eindeutigen Aussagen kommen, die sachlichen und personellen Möglichkeiten einer Unternehmung.
- Evaluation ist **teuer** und die Summe des personellen, sachlichen und zeitlichen Aufwands überschreitet den Nutzen aus einer systematischen Untersuchung.

Diese Argumente sind nicht grundsätzlich falsch, zeigen jedoch eine einseitige und kurzsichtige Auffassung von Personalentwicklung. Grundsätzlich gilt, dass die Bewertung von Handlungsalternativen eine wesentliche Voraussetzung zielgerichteten Handelns ist. Demzufolge gilt auch für die Evaluation von Personalentwicklungsmaßnahmen, dass sie sowohl in Bezug auf die Zielsetzungen als auch unabhängig davon, notwendig, wenigstens sinnvoll ist. Gründe für letzteres basieren auf der **interdependenten Wirkung** von Personalentwicklung mit den Arbeitsprozessen, weshalb sowohl die Durchführung von Personalentwicklungsmaßnahmen als auch deren Wirkung nach ihrem Vollzug, erhebliche Störungen in der Unternehmung verursachen kann. Ersteres trifft verstärkt auf die Arbeitsstrukturierung zu, die sich direkt auf die Arbeitsprozesse auswirkt. Letzteres tritt beispielsweise in Form von Frustration beim Adressaten auf, wenn er z. B. Lerninhalte unternehmungsextern durchgeführter Seminare am Arbeitsplatz nicht umsetzen kann.

Personalentwicklung erfordert auch **Ressourceneinsatz**, so dass eine Rechtfertigung für die wirtschaftliche Verwendung und für Verbesserungsmöglichkeiten der Maßnahmen sinnvoll ist. Neben dem direkten Aufwand, der bei externen Lehrveranstaltungen am offensichtlichsten ist, kommt es zu indirektem Aufwand in Form von »verlorener« Arbeitszeit der Adressaten, Vorgesetzten u. a. bei der Planung und Durchführung von Personalentwicklungsmaßnahmen.

Die **Unternehmungszukunft** wird in erheblichem Umfang durch Personalentwicklung beeinflusst. Im ausgeprägten Fall der Zukunftsgestaltung einer Unternehmung als Zielset-

---

332 Vgl. v. Rosenstiel (1999) 116; s. v. a. auch Becker (2005).

333 Vgl. Conradi (1983) 109. Vgl. auch die ausführliche Liste von echten und vorgeschobenen Hinderungsgründen, mit denen der Verzicht auf Evaluationen zu legitimieren versucht wird bei Thierau-Brunner/Stangel-Meseke/Wottawa (1999) 263 f.

Eignungs-kriterien	Under-study-Arbeit	Sonder-aufgaben	Gremien-arbeit	Projekt-arbeit	Selbst-studium	Progr. Unter-weisung	In-basket	Vortrag	Konferenz	Fall-studie	Planspiel	Rollen-spiel	Sensiti-vity Training
Wissens-vermittlung	0	0	0	0	+	++	0	+	0	0	0	0	0
Fähigkeits-vermittlung	+	+	++	++	0	0	+	0	+	++	++	+	+
Haltungs-vermittlung	+	+	+	+	0	0	+	0	+	++	++	+	+
Anpassungs-vermögen/ Einsatzbreite	0	+	+	+	0	0	0	0	0	+	+	+	0
Kosten/Zeiten	++	++	++	++	+	+	0	0	0	0	0	0	0
Relevanz	++	++	++	++	0	0	+	0	0	+	+	+	0
Individualisier-barkeit	++	++	+	+	++	+	+	0	0	0	0	+	+
Rückkoppelung	++	+	+	+	0	+	+	0	+	++	++	++	++
Akzeptanz	++	++	++	++	+	+	+	0	+	++	++	0	0

Eignung zur Erreichung der Ziele/Beurteilungsmerkmale der Führungskräfteentwicklung

0 eher ungeeignet
+ eher geeignet
++ herausragend geeignet

Quelle: In Anlehnung an Hungenberg (1990).

Abb. 136: Vergleich alternativer Personalentwicklungsmaßnahmen

zung von Personalentwicklungsmaßnahmen wird deutlich, dass durch die vermittelten Qualifikationen auch der zukünftige Ressourceneinsatz determiniert wird. Dies ist nicht nur auf die finanziellen Ressourcen bezogen, sondern auch auf die vorhandenen Kompetenzen und damit auf den Unternehmungserfolg. Letzteres erscheint wesentlich bedeutender, da Personalentwicklung durch ihre Wirkung auf die in einer Unternehmung vorhandenen Kompetenzen einen direkten Einfluss auf die zukünftige Wettbewerbsfähigkeit einer Unternehmung hat.

Insgesamt bleibt festzuhalten, dass Evaluation der Personalentwicklung neben der Kontrollfunktion zusätzlich eine Entscheidungsfunktion hat zur Fundierung von Zielperspektiven der Personalentwicklung und zur Anpassung von Personalentwicklungskonzeptionen.[334]

bb) Ziele der Evaluation

Oben wurde Evaluation im Rahmen der Personalentwicklung als eine Kontrolle des Entwicklungserfolgs vorgestellt. Bei der Festlegung, was unter dem Begriff **Erfolg** verstanden werden kann, ist anhand der unterschiedlichen Zielsetzungen der Personalentwicklung zu differenzieren. Die oben angeführten Funktionen von Evaluationen für Kontrollen und Entscheidungen werden bezüglich folgender **Ziele** konkretisiert:[335]

- Ermittlung, ob das Ergebnis einer Maßnahme auch zum Erreichen der Unternehmungszielsetzung beiträgt (**Legitimationsfunktion**);
- Analyse von Ursachen für eventuell festgestellte Abweichungen von den Entwicklungszielen. Damit soll für die Planung zukünftiger Programme herausgefunden werden, ob nicht erreichte Fortschritte oder/und Ziele ihre Ursachen in beispielsweise mangelnder Leistungsbereitschaft oder -fähigkeit von Mitarbeitern hatten, in unzureichender Eignung gewählter Entwicklungsmethoden, in Trainer-Qualifikationsmängeln, im Ablauf des Personalentwicklungsprogramms, ob organisatorische Hemmnisse die Wirkung von Personalentwicklungsmaßnahmen beeinträchtigt haben oder diese in der Transferphase begründet liegen (**Entwicklungsfunktion**).
- Ergreifen, Einleiten und Versuchen von unmittelbaren Hilfen und Korrekturmaßnahmen aufgrund bekannter Abweichungsursachen. Diese beziehen sich auf Entwicklungsprogramme, die gerade durchgeführt werden, um Zielverfehlungen vorzubeugen (**Aktionsfunktion**).

Mit den unterschiedlichen Zielen sind unterschiedliche Vorstellungen über die Vorgehensweisen bei der Evaluation verbunden:[336]

- Eine Identifikation und Erhebung von kritischen Verlaufsinformationen im Entwicklungsprozess dient der Beeinflussung und Formung einer Maßnahme, während sie noch durchgeführt wird. In diesem Falle spricht man von einer **formativen Evaluierung**. Diese kann zwei Funktionen haben: Zum einen gibt sie den Lernenden Feedback über ihren Lernfortschritt, und zum Zweiten liefert sie den Lehrenden (Verantwortlichen) Feedback über die jeweilige Lernsequenz. Aus dieser Information können Anhaltspunk-

334 Zu den Funktionen von Personalentwicklungs-Evaluationen vgl. auch Neuberger (1991) 274 ff. und die dort angegebene Literatur.
335 Vgl. Sonntag (1998) 184.
336 Vgl. Götz (1993) 114 f.; Touet (1997) 59. Bei Götz finden sich noch weitere Differenzierungen.

te über auftauchende Probleme bzw. Schwachstellen abgeleitet werden. Formative Evaluierung ist als Korrektiv von Lehr- und Lernprozessen zu verstehen.

- Im Gegensatz dazu versteht sich die **summative Evaluierung** als abschließende Bewertung einer Bildungsmaßnahme. Gegenstand der Evaluierung kann entweder das Curriculum Material oder das Verhalten des Teilnehmers nach der Maßnahme sein. Sie dient als Entscheidungshilfe über fertig gestellte Curricula oder zur Bewertung der Realisation von Entwicklungszielen bei den Teilnehmern.

Im Gegensatz zu dieser pragmatischen Differenzierung zielt eine zweite Unterscheidung auf den Gegenstand der Evaluation ab: **Pädagogisch-psychologische Evaluationsansätze** setzen beim Nachweis der Wirksamkeiten einzelner Maßnahmen bzw. einzelner Variablen im Änderungsprozess der Teilnehmer von Personalentwicklungsmaßnahmen an. Je nach Evaluationsziel umfassen sie sämtliche Aspekte, von der Erhebung des Weiterbildungsbedarfs, über die Festlegung pädagogischer Zielvorgaben, Überprüfung der Lehrmittel u. Ä., des Lernerfolges bis hin zur Verhaltensänderung der Teilnehmer am Arbeitsplatz. Entsprechend lassen sich ergebnis-, prozess-, ebenen- und handlungsorientierte Ansätze unterscheiden, wobei letztere noch die Besonderheit aufweisen, dass sie auf die Mitwirkung der Betroffenen abstellen, um einen hohen Praxisbezug und eine hohe Akzeptanz der Beteiligten sicherzustellen.[337] **Ökonomische Evaluationsansätze** stellen demgegenüber auf messbare, zumindest objektiv erfassbare personalwirtschaftliche Daten ab. Hierzu werden Plandaten Kontrolldaten gegenübergestellt. Die Ergebnisse dienen als Grundlage für Abweichungsanalysen, Entwicklung neuer und Optimierung bestehender Maßnahmen. Es lassen sich kostenanalytische, investitionsorientierte und kennzahlenorientierte Ansätze unterscheiden. Während Erstere lediglich auf die Erfassung, Verteilung, Zurechnung und Kontrolle der Kosten abstellen, stellen investitionsorientierte Verfahren auf den Vorteil einer Maßnahme im Vergleich zu den Vorteilen von Investitionsalternativen ab. Kennzahlenorientierte Verfahren beziehen sich auf Aspekte wie Wirtschaftlichkeit, Struktur oder Zeitinvestition in eine Maßnahme.

Pädagogisch-psychologische Ansätze setzen direkt an dem Lernprozess an und vernachlässigen tendenziell die ökonomischen Konsequenzen einer Maßnahme. Ökonomische Verfahren haben demgegenüber zwar keinen direkten Bezug zu den theoretischer Grundlagen eines Curriculums und der Qualität von dessen konkreter Umsetzung, dennoch stellt die Weiterentwicklung ökonomischer Verfahren zunehmend auf die Umsetzung formativer Evaluationsziele ab.

cc) Ansatzpunkte

Evaluation richtet sich nicht nur auf die Ergebnisse, sondern auf den gesamten **Entwicklungsprozess**, in dem der angestrebte Zustand als Ergebnis (Output) eines sich im Teilsystem Personalentwicklung vollziehenden Änderungsprozesses angesehen werden kann. Dieser Prozess wiederum setzt den Input betrieblicher Faktoren (z. B. Lernziele, Bildungsinhalte, Teilnehmer, Referenten) voraus. **Evaluation** ist demnach Überprüfung von Entwicklungsmaßnahmen hinsichtlich ihres Einsatzes (Input), ihres Prozesses und ihrer Ergebnisse (Output). Für die Aktions- und Entwicklungsfunktion interessieren hier Verbesserungsmöglichkeiten in dem gesamten Prozess der Problemanalyse, Zielanalyse, Planung,

337 Beispiele für die einzelnen Ansätze finden sich bei Thierau-Brunner/Stangel-Meseke/Wottawa (1999) 267.

Durchführung und Anwendung. Von der pragmatischen Seite her ist es deshalb wichtig, dass Konsens über die Ziele der Evaluation und über die Verwendungsabsicht der Ergebnisse zwischen den Beteiligten besteht. So sind Beurteilungen beispielsweise dahingehend zu unterscheiden, ob sie der intersubjektiv vergleichenden Leistungsbewertung der Teilnehmer dienen oder ob die Teilnehmer eine Rückmeldung über ihre Lernfortschritte erhalten sollen. In der Praxis zeigt sich jedoch, dass die Ziele und Aufgaben einer Beurteilung oft nicht hinreichend spezifiziert werden. [583]

Der Gruppierung der Entwicklungsmaßnahmen in Bildung einerseits, Karriereplanung und Arbeitsstrukturierung andererseits folgend können grundsätzlich **zwei Gruppen** von Entwicklungszielen unterschieden werden, deren Erreichung zum Kontrollgegenstand zu machen wäre: **Trainings**- und **Anforderungserfüllungsziele**. Auf erstere wird im Folgenden näher eingegangen, letztere sind identisch mit der Grundmaxime, dass im Personal-Management die Kongruenz von Stellenanforderungen und Mitarbeiterqualifikationen zu erreichen versucht wird: Sie soll auch nach der Versetzung von Mitarbeitern bzw. der Änderung von Aufgabeninhalten erhalten bleiben.

Damit stellt sich heraus, dass Kontrollen des Erfolges von Maßnahmen der Personalentwicklung (Karriereplanung, Arbeitsstrukturierung) in das Feld der Qualifikationsdiagnosen (resp. Leistungsüberprüfungen) gehören, die nunmehr nach Beendigung von Entwicklungsmaßnahmen durchzuführen wären. Eine solche Erfolgsüberprüfung stellt sich insofern als **Bewährungskontrolle** dar: Jede Personalentwicklungsmaßnahme kann als Probe angesehen werden, für die der Mitarbeiter in seiner neuen Tätigkeit sich zu bewähren hat. Ob diese Bewährungsproben bestanden wurden, kann mit Qualifikationsdiagnosen (u. U. auch im Wege des Vergleichs mit früheren Qualifikationsdiagnosen) kontrolliert werden.

Im Einzelnen finden die Methoden und Instrumente der klassischen Sozialforschung bei der Evaluation von Entwicklungsprogrammen Anwendung, jedoch werden diese für oben angeführte Funktionen in mehrstufige Kontrollmechanismen umgesetzt. Im Einzelnen lässt sich unterscheiden zwischen **Prämissenkontrolle** vor einer Maßnahme, einer **Inputkontrolle** während der Initialisierung, der **Fortschrittskontrolle** während der Maßnahme, der **Ergebniskontrolle** nach Abschluss einer Maßnahme und der für die betriebliche Zielsetzung besonders bedeutsame **Transferkontrolle** bezüglich des Umsetzungserfolgs. Abbildung 137 gibt einen Überblick.

Würde eine Evaluation lediglich am Ende von Entwicklungsmaßnahmen als Ergebniskontrolle durchgeführt (summative Evaluation), könnte dies dazu führen, dass Fehlentwicklungen nicht rechtzeitig erkannt werden. Eine Änderung von laufenden Bildungsprogrammen zur Korrektur von Abweichungen wäre dann nicht möglich.

Die Evaluation vor Bildungsmaßnahmen ist die **Prämissen-Kontrolle**. Hier wird z. B. die Homogenität des Teilnehmerkreises sichergestellt, da ohne diese Homogenität kein vom gesamten Teilnehmerkreis akzeptiertes Problemfeld vorliegt, welches aber für einen erfolgreichen Lerntransfer zumindest sehr förderlich ist.[339] Weiterhin ist zu untersuchen, ob das Ziel der Entwicklungsmaßnahmen mit den übergeordneten Unternehmungszielen vereinbar ist. Eine Beurteilung der Lehrmittel und Lehrmethoden im Hinblick auf die Zielsetzung und eine sorgfältige Auswahl der Dozenten sind Gegenstand einer **Input-Kontrolle** betrieblicher Bildung.

---

338 Vgl. Krapp/Weidemann (1999) 91.
339 Vgl. Stiefel (1978) 71; s. auch Becker, M. (2002).

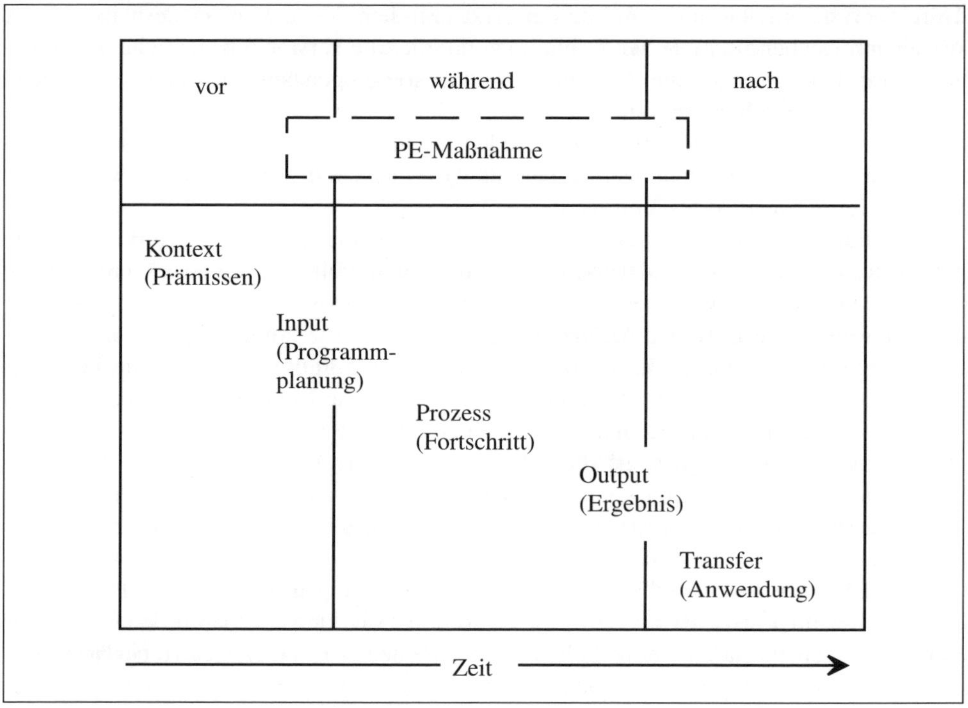

Quelle: In Anlehnung an Oechsler (2000) 598.

Abb. 137: Systematische Personalentwicklungskontrolle

Während der Bildungsmaßnahme erfolgt die **Prozess-Evaluation**. Hier wird u. a. auf individuelle Probleme und Erwartungen der Teilnehmer eingegangen. **Kontrollen im Lernfeld** dienen der Überprüfung der Rezeption von Lerninhalten. Nachteilig ist, dass Wirkungen einzelner Entwicklungsmaßnahmen sich überlagern können, eine Zuordnung von Lernerfolgen auf einzelne Deckungslücken mit der Schärfe der Formulierung dieser Lücken variiert. So können mögliche Missverständnisse zwischen Teilnehmern und Dozenten über Programminhalte festgestellt und eventuell korrigiert werden. Wenn Teilnehmer »Feedback« über ihr Lernen erhalten, so ist es möglich, Schwächen aufzuzeigen; gegebenenfalls kann auch der Programmablauf geändert werden. Hierzu können die Teilnehmer eventuell Lernpartnerschaften bilden, in denen sie ihre Lernfortschritte überprüfen. Die Lernpartner übernehmen hierbei die Kontrollfunktion.[340] Kontrollen des Lernprozesses können zum einen der Überprüfung formulierter Teillernziele, zum anderen auch der ständigen Rückkoppelung zwischen den an der Planung und Durchführung beteiligten Personen dienen.

Nach der Bildungsmaßnahme soll durch die **Output-Evaluation** ermittelt werden, inwieweit die Lernziele einer Bildungsmaßnahme erreicht wurden. Umgesetzt werden kann diese durch eine **Kontrolle der Bedürfnisbefriedigung**, bei der nach Abschluss einer Maßnahme z. B. der Adressat nach dem Ausmaß der Zielerreichung befragt wird. Nachtei-

340 Vgl. dazu Stiefel (1978) 72; zu Lernpartnerschaft vgl. speziell Stiefel (1980).

lig ist die Subjektivität in der Beurteilung und ggf. dem Zusammenhang zum faktischen Abbau von Deckungslücken. Weiterhin kann hierfür eine Rückmeldung an die Bildungsverantwortlichen oder die Durchführung von **Transfergesprächen** zwischen Teilnehmern und deren Vorgesetzten erfolgen.

Ein zufrieden stellender Erfolg im Lernfeld führt nicht zwangsläufig zu einem positiven Anwendungserfolg im Funktionsfeld, weshalb nach Erreichung der Lernziele in der **Transfer-Evaluation** die Übertragung in das Funktionsfeld zu überprüfen ist. **Kontrollen im Tätigkeitsfeld** nach Abschluss einer Maßnahme setzen die Anwendbarkeit der erworbenen Qualifikationen voraus. Unterstellt wird bei dieser Form von Kontrolle ein Zusammenhang zwischen Entwicklungserfolg und Anwendungserfolg. Dies ist jedoch nur dann der Fall, wenn keine Transferprobleme existieren, die Arbeitsbedingungen sich nicht geändert haben und die Deckungslücke vor der Maßnahme scharf umrissen war. Die Kontrolle des »Fähigkeitsvektors« nach der Maßnahme, z. B. durch ein Assessment Center, ist zwar sehr aufwendig, überwindet jedoch überwiegend die oben genannten Nachteile. Nach Wexlex/Latham ist es so möglich, sowohl Qualifikationen, Transferprobleme als auch Fortschritte im Ausbau von Entwicklungspotenzialen zu analysieren.[341]

Wesentlich anspruchsvoller sind hier Kontrollen, die sich auf die Anwendung des durch den Probanden Gelernten bzw. Angeeigneten in der Praxis beziehen. Hierbei sind sowohl die Entwicklungssituation als auch die Anwendungsvoraussetzungen in die Kontrolle mit einzubeziehen. Diese Problematik wurde im Rahmen der Transferproblematik bei Personalentwicklungsmaßnahmen außerhalb des Arbeitsplatzes, also »klassischen« Fortbildungsveranstaltungen, dargestellt (vgl. Kap. D.V.3.c.cc).

Sonntag/Schaper führen, unter Verweis auf eine Studie von Baldwin/Ford kritisch an, dass in der Praxis eine Konzeptualisierung und Operationalisierung von Transferkriterien häufig schon deshalb nur mangelhaft erfolgt, weil Kenntnisse über Arbeitsplatz- und Tätigkeitsmerkmale nur in unzureichendem Maße vorliegen.[342]

In der Praxis wird der Erfolg von Entwicklungsmaßnahmen teilweise durch Indikatoren wie Absentismus, Fluktuationsrate oder (etwas anspruchsvoller) durch Erfolgsbeurteilungen der Adressaten erhoben. Der dadurch unterstellte monokausale Zusammenhang, ohne Beachtung von Lern- und Tätigkeitsfeld oder maßnahmenexternen Faktoren, ist jedoch prinzipiell so nicht gegeben. Derartige Kontrollen sind **Pseudo-Kontrollen**, die dann kontraproduktive Effekte bewirken, wenn systematisch Erfolg anhand von Kriterien gemessen wird, die entgegengesetzt zu den Lernzielen stehen.

Abbildung 138 gibt Gründe für Erfolgskontrollen bei Seminaren wieder, geordnet nach der von Unternehmungen eingeschätzten Wichtigkeit ihrer Durchführung.
Dass Kosten-Nutzen-Überlegungen an letzter Stelle kommen, kann so interpretiert werden, dass die Unternehmungen, die konzeptionelle Personalentwicklung betreiben, Aufwand in Personalentwicklung als **langfristige** Investitionen betrachten und nicht als **kurzfristige** Betriebskosten. Im Vordergrund stehen berufspädagogische Aspekte und die Nutzenorientierung.

341 Vgl. Drumm (2000) 406.
342 Vgl. Sonntag/Schaper (1999) 234.

Kontrollzweck	Nennungen Zahl	in %
Sicherung des Lernerfolgs im Seminar	100	80
Optimierung von Seminaraufbau und Methodeneinsatz	91	71
Begünstigung des Transfers am Arbeitsplatz	86	67
Förderung der Lernprozesse und Personalentwicklungswirkung	62	48
Verbesserung der Kosten-Nutzen-Relation	59	46

n = 142

Quelle: In Anlehnung an Kettgen (1989) 140.

Abb. 138: Prioritäten bei der Evaluation von Personalentwicklungsseminaren

dd) Voraussetzungen

Die Evaluation hängt entscheidend von der Konzeption des Personalentwicklungsprogramms ab. Es ist ein Unterschied, ob ein kurzes, spezifisches, genau definiertes eingliedriges Programm, wie z. B. ein Trainingsfilm, zu beurteilen ist, oder ein Programm, welches auf der Kombination mehrerer Maßnahmen und der Abstimmung interdependenter Bereiche der Personalentwicklung beruht. Die Komplexität der Evaluation hängt ab von:

- dem **Umfang** des Programms: ob es individuell ausgelegt ist, eine Abteilung oder die gesamte Unternehmung betrifft,
- der **Anzahl** der Teilnehmer,
- der **Dauer**: ob es wenige Minuten dauert oder ein kontinuierliches Programm ist,
- der **Klarheit** und **Spezifität** des Programm-Input: dies kann sowohl die Zielvorgaben, die Programmbeschreibung als auch die Mitarbeiter betreffen,
- der **Komplexität** und dem **zeitlichen Horizont** der Ziele: ersteres betrifft die Operationalisierung der Zielvorgabe, die im einfachen Fall aus einem Einzelziel bestehen kann, welches direkt angehbar ist, und im komplexen Fall aus einem Zielsystem mit Subzielen, für das mehrstufige Programme erforderlich sind. Ebenso vereinfacht es eine Evaluation, wenn ein Ziel schnell sichtbar und dessen Erreichung alsbaldig absehbar wird, als wenn dies erst zum Ende langer Entfaltungs- und Wirkungsprozesse geschieht.
- der **Innovativität** des Ziels: inwieweit etwas vollkommen Neuartiges vermittelt werden soll, oder ob zum wiederholten Male eine etablierte Sache Gegenstand des Programms ist.

Allgemeine Durchführungsvoraussetzungen sind solche, die prinzipiell bei jeder Art von Erfolgskontrolle erfüllt sein müssen; sie sind aus der allgemeinen Kontrolldefinition einer Soll/Ist-Messung herzuleiten und betreffen deren Komponenten: Formulierung eines Zielinhaltes, Angabe von Maßgrößen, Erreichungsgrad und die Erfolgsmessung selbst, d. h. eine Aussage, ob bzw. in welchem Grade das angestrebte Soll faktisch erreicht wurde. Für die Messung von Ist-Ergebnissen (und dies gilt durchaus nicht nur für quantitative Feststellungsoperationen) müssen Messinstrumente, Messvorschriften für ihre Anwendung und

Messoperationen vorhanden sein, mit denen die Instrumente vorschriftsgemäß gehandhabt werden können. Faktisch erreichte Lernerfolge müssen durch Messungen in der gleichen Dimension und Präzision, in der Zielgrößen formuliert sind, überprüfbar sein, was auch eine (wenigstens näherungsweise) Lösung des Zielerreichungsproblems hinsichtlich der Erfolgsursachen voraussetzt. Die Verlässlichkeit von Erfolgsmessungen und die Gültigkeit der Messergebnisse sind allgemeine, auf betriebliche Belange ebenfalls anwendungsbedürftige Anforderungen der empirischen Sozialforschung.

Praktische Bedingungen zur Durchführung von Erfolgskontrollen müssen mit bedacht werden, um die Abläufe der Kontrollvorgänge und auch ihre Ergebnisse zu präzisieren, zu systematisieren und zu organisieren.

Die wichtigsten **Randbedingungen**, unter denen Kontrollvorgänge ablaufen, sind zu analysieren und gegebenenfalls durch konkrete Festlegungen in den Griff zu bekommen. Dazu gehört die Verteilung der Kontrollkompetenzen, die Bestimmung derjenigen Personen, die Zugang zu den Kontrollergebnissen erhalten etc.

Diejenigen **Personen(gruppen)**, die an der Durchführung von Erfolgskontrollen zu Fortbildungsmaßnahmen beteiligt werden sollen, müssen bestimmt werden. Dafür kommt grundsätzlich ein relativ großer Kreis von Personen in Frage, und zwar durchaus nicht lediglich als alternative Kontrollträger, sondern – zumindest teilweise – auch gemeinsam: Trainees, Trainer, Vorgesetzte, neutrale Dritte aus dem Bildungsbereich.[343] Ebenso ist zu entscheiden, ob überhaupt Mitarbeiter der Unternehmung oder unternehmungsexterne Personen herangezogen werden. Kriterien, die für diese Entscheidung relevant sind, betreffen:

- das Vertrauen in die Kompetenz der Auswertung durch die Nutzer der Auswertungsergebnisse,
- die Objektivität bzw. Unabhängigkeit von Interessengruppen,
- das Programmverständnis,
- die Interpretationsfähigkeit der Evaluationsergebnisse und
- die Autonomie.

Wichtig ist hier auch die **organisatorische** Einbindung des Evaluationspersonals in die Unternehmung, die auf einem Level erfolgen soll, der mit der Bedeutung des Entwicklungsprogramms in Einklang steht. So entsteht z. B. automatisch Konfliktpotenzial, wenn die Evaluation die Effektivität eines Entwicklungsprogramms in Frage stellt, dies jedoch dem dafür verantwortlichen Programm-Manager mitgeteilt wird und nicht einer höheren Instanz. Umgekehrt würden Budgetentscheidungen zur Lösung operativer Probleme bei dieser übergeordneten Instanz falsch angesiedelt sein.

Kontrollvorgänge müssen terminiert werden: Das bedeutet eine Festlegung der **Kontrollzeitpunkte** vor und/oder während und/oder nach Fortbildungsmaßnahmen.

Es sollte versucht werden, die **Konsequenzen** zu antizipieren, die die Betroffenen aus den Kontrollergebnissen ziehen können. Dies deshalb, um eventuell unerwünschten Schlussfolgerungen, die möglicherweise Konflikte nach sich ziehen können, vorzubeugen.

Auch Erfolgskontrollen auf dem Fortbildungssektor unterliegen dem **Wirtschaftlichkeitsgebot**. Der mit ihnen erzielbare Nutzen, dessen Quantifizierung zweifelsohne auf Schwierigkeiten stoßen wird, sollte die für sie geschätzten Kosten rechtfertigen.

343 Vgl. hierzu auch die Ausführungen zum handlungsorientierten Ansatz bei Thierau-Brunner/Stangel-Meseke/Wottawa (1999) 268 ff.

ee) Kontrollinstrumente

Eine Auswahl unter mehreren Kontrollinstrumenten muss gleichzeitig deren Einsatz spezifizieren. Dies geschieht, wenn Antworten auf alle der folgenden fünf Fragen gefunden werden, was im Übrigen instrumentenorientierten Festlegungen hinsichtlich der oben erörterten praktischen Bedingungen gleichkommt:

- **Was** wird gemessen? Am Erfolg welcher Fortbildungsphase soll angesetzt werden: am Input, am Prozess oder am Ergebnis (Output)? An einer, an mehreren, an allen?
- **Bei wem** wird der Erfolg gemessen: Nur bei den Trainees oder werden auch Kontrollgruppen benutzt?[344] Wer nimmt zum Ergebnis Stellung: die Vorgesetzten, die unterstellten Mitarbeiter der Trainees?
- **Wer** führt die Erfolgskontrolle durch (vgl. oben)?
- Wie werden die Kontrollvorgänge **terminiert** (vgl. oben)?
- Welche **Instrumente** zur Datenerhebung werden eingesetzt? Die Beantwortung dieser Frage hängt wiederum von der Fortbildungsebene ab, d. h. von der Antwort auf die erste Frage. Die Instrumente sind weithin bekannt und hinreichend beschrieben; daher genügen hier knappe Antworten:[345]
  - **Beobachtungen** können sich nur auf beobachtbare Vorgänge, z. B. Verhalten, beziehen, nicht jedoch direkt auf die Feststellung von Wissen, Fähigkeiten o. Ä. Sie erfordern systematische Beobachtungspläne, die zu beobachtende Gegenstände, die Art ihrer Erfassung, ihrer Dokumentation etc. vorschreiben, um intersubjektiv gleiche Handhabung sicherzustellen.
  - **Befragungen** sind ebenfalls zwecks Erlangung verlässlicher Ergebnisse zu strukturieren, z. B. mit Hilfe von Fragebögen. Subjektive Verzerrungen und Wertungen beim Erheben, Dokumentieren und Interpretieren können ausgeschaltet werden, wenn die Befragenden intensiv geschult werden (z. B. für die übereinstimmende Handhabung eines Beurteilungssystems, vgl. oben).
  - **Psychologische Testverfahren**, die als Kombination von Befragungen und Beobachtungen auftreten können, sind relativ aufwendige Instrumente, so dass ihr Einsatz nur bei besonderen Anlässen, z. B. dem Training von Qualifikationen, die für einen Arbeitsplatz einen besonders hohen Stellenwert haben (etwa in Verbindung mit erwogenen Stellenbesetzungsänderungen), sinnvoll erscheint.
  - Zu den so genannten klassischen **Prüfungsverfahren** sind, bezogen auf Fortbildungsmaßnahmen, z. B. Wissens-, Fertigkeits-, Arbeitsproben zu zählen. Sie können dann angewandt werden, wenn mit ihnen die Prüfinhalte auf die Prüfergebnisse abgestellt werden können, die erzielt werden sollen, und möglichst zweifelsfrei handhabbare Bewertungskriterien zur Verfügung stehen.
  - **Statistiken und Kennziffern**, die vom betrieblichen Rechnungswesen oder von speziellen, Statistiken aufbereitenden Stellen geliefert werden. Als Beispiele können Angaben über Fluktuation, Absentismus, Ausschussprodukte, Produktionsmenge usw. gelten. Kennziffern sind allerdings für die Kontrolle von Erfolgen nur selten geeignet. Häufiger werden sie zur Messung von Leistungsveränderungen herangezogen (Auftrags-, Kostenentwicklung etc.). Als alleiniges Prüfinstrument erscheinen sie –

344 Vgl. dazu Modelle der Erfolgsermittlung (-messung) bei Bronner/Schröder (1983).
345 Eine Zusammenstellung von praxisrelevanten Instrumenten findet sich bei Thierau-Brunner/Stangel-Meseke/Wottawa (1999) 274.

insbesondere infolge des Problems der nicht bzw. nur annäherungsweise möglichen Erfolgszurechenbarkeit – zweifelhaft.

- Mithilfe von plan- oder routinemäßig durchgeführter Personalbeurteilung in Form einer **Leistungsbeurteilung** kann die Anwendungswirkung von Personalentwicklungsmaßnahmen im Funktionsfeld überprüft werden. Dies empfiehlt sich besonders, wenn die Entwicklungsmaßnahmen aufgrund einer Defizitfeststellung bei einer vorhergehenden Personalbeurteilung veranlasst wurden.
- Darüber hinaus können Interviews, psychometrische Tests (über Einstellungen, Werte, Persönlichkeit, Präferenzen etc.), Unternehmungsdaten (z. B. Finanzdaten), persönliche Aufzeichnungen und physische Tests für die Evaluation herangezogen werden.[605]

ff) Probleme

Zu den größten Problemen von Erfolgskontrollen gehört sicherlich, dass der ökonomische Erfolg von Personalentwicklungsmaßnahmen nur schwer messbar ist, wie sich aus den Ausführungen in Kap. D.V.2. unmittelbar ergibt. Die Nutzenmessung ist nur über Umwege und höchst unzuverlässig zu erreichen. Hauptgrund dafür ist, dass es außerordentlich schwierig (wenn nicht unmöglich) ist, einen festgestellten Erfolg (z. B. in Form verbesserter Leistungen eines Mitarbeiters) einer bestimmten Personalentwicklungsmaßnahme **zuzurechnen**.

Hinzu kommen **Operationalisierungsschwierigkeiten**: Erfolg kann bei berufsfachlichen Qualifikationen durch die erreichte Qualifikation, gemessen an der Erfüllung von Anforderungen, operationalisiert werden. Diese Operationalisierungsmöglichkeit fehlt jedoch bei fachübergreifenden Qualifikationen, welche sich vielmehr in einem qualifizierten Bewusstsein und differenzierenden Verständnis für Vorgänge und in geänderten Verhaltensweisen bei der Ausübung von Aktivitäten niederschlagen, die auf Erfahrung als Ergebnis von Interaktionsprozessen beruhen. Diese Parameter können zwar durch Personalentwicklung beeinflusst werden, jedoch ist eine Zurückführung von Veränderungen auf einzelne Personalentwicklungsmaßnahmen nicht möglich; dies ist eine weitere spezielle Variante des allgemeinen Zurechnungsproblems. Die Vermittlung von Qualifikationen der Persönlichkeit entzieht sich ganz der Möglichkeit der Operationalisierung, da von diesen kein direkter Zusammenhang zu konkret formulierten Anforderungen oder Aufgaben hergestellt werden kann. Dies aber trifft für bestimmte Personalentwicklungsmaßnahmen, vor allem für solche, die auf Verhaltensänderungen abzielen zu. Das Kontrasttypen-Modell von Bronner/Schröder unterscheidet zwischen deterministischer und katalytischer Weiterbildung. Ziel der katalytischen Weiterbildung ist vor allem die Erhaltung der funktionalen und sozialen Kompetenz von Personen und Förderung der Lernfähigkeit.[346] Sie ist also im Kern auf Verhalten ausgerichtet und kann damit in einem Seminar oder im direkten Anschluss an eine Personalentwicklungsmaßnahme nicht auf Erreichung formaler Lernziele überprüft werden, da Verhaltensänderungen Zeit brauchen. Hinzu kommt, dass die alleinige Anerkennung operationaler Lernziele für Maßnahmen der Personalentwicklung, die u. a. auch zur Erhaltung der Flexibilität sowohl der Unternehmung wie auch der Mitarbeiter beitragen soll, weder praktikabel noch wünschenswert ist.

346 Vgl. Bronner/Schröder (1983) 31 ff.

Der Anlass für **Bewährungschancen** im Funktionsfeld, in denen sich ein eventueller Erfolg zeigen könnte, ist auch nicht eindeutig vorhersehbar, sondern auch von der jeweiligen Arbeitssituation abhängig.

Einen weiteren Grund für den Verzicht auf Evaluationen sehen Thierau-Brunner/Stangel-Meseke/Wottawa in folgendem Umstand: Wenn vor der Entwicklungsmaßnahme nicht bereits die Voraussetzungen für eine Evaluation geschaffen werden, wenn also weder die Entwicklungsziele und die Indikatoren für deren Beobachtung festgelegt, noch alternative Maßnahmen ins Kalkül gezogen oder Kriterien für eine Kosten-/Nutzengegenüberstellung bestimmt wurden, dann wird der nachträgliche, häufig erhöhte Aufwand für diese notwendigen Schritte gescheut; darüber hinaus geraten die Verantwortlichen in einen **emotionalen Konflikt**, da sie sich fehlendes Zielbewusstsein eingestehen müssten.[347]

VI. Arbeitsbedingungen

Die Arbeitsbedingungen gehören zu den Determinanten menschlicher Arbeitsleistungen im Betrieb; sie wurden oben (vgl. Kap. B.II.3.c) unter die Faktoren des Könnens eingereiht und bereits enger eingegrenzt: Die vom Betriebe beeinflussbaren, d. h. betrieblichen Gestaltungsmaßnahmen zugänglichen Arbeitsbedingungen sind hier von Interesse. Sie sind Gegenstand der Arbeitswissenschaften, die durchaus nicht eindeutig abgegrenzt sind und sich in einer konsolidierenden Entwicklungsphase befinden, so dass das Betriebsverfassungsgesetz, wenn es in § 90 von »den gesicherten Erkenntnissen der Arbeitswissenschaften« spricht, im Vorgriff auf Ergebnisse längst noch nicht abgeschlossener Erkenntnisprozesse verweist.

1. Gestaltungsziele

Die Grundmaxime des Personal-Management, dass mit seinen Tätigkeiten institutionelle und individuelle Ziele gleichzeitig erreicht werden sollen, bedarf an dieser Stelle keiner wiederholten Begründung. Für Maßnahmen der Gestaltung der Arbeitsbedingungen erfährt sie in der Literatur die Spezifizierung, dass mit ihnen sowohl **Wirtschaftlichkeit** der Arbeitsprozesse als auch **Humanität** des Arbeitsplatzes erreicht werden solle.

Erhaltung, nach Möglichkeit Verbesserung der Wirtschaftlichkeit war zur Zeit des Scientific Management einziges Ziel von Maßnahmen der Gestaltung der Arbeitsbedingungen (»Taylorismus«). Mit ihnen wurde versucht, das Arbeitstempo zu erhöhen, die Mengenleistung und die Arbeitsqualität zu steigern sowie die Kosten zu senken.

Demgegenüber ist seit den 70er Jahren vermehrt zu beobachten, dass Überlegungen zu Veränderungen der Arbeitsbedingungen von dem Willen bzw. von Forderungen nach stärkerer Humanisierung der Arbeit ihren Ausgang nehmen. Wird durch so initiierte Gestaltungsmaßnahmen die Wirtschaftlichkeit des Arbeitsvollzuges nicht beeinträchtigt, sondern sogar gesteigert, ist ihre Durchsetzung unproblematisch. Dies ist nicht mehr der Fall, wenn

347 Vgl. Thierau-Brunner/Stangel-Meseke/Wottawa (1999) 262.

ökonomische Einbußen in der Folge von humaner gestalteten Arbeitsplätzen hingenommen werden müssten. Die Grenze des Verkraftens von Konsequenzen der Konkurrenz beider Ziele liegt dort, wo Kostensteigerungen vom Absatzmarkt nicht mehr honoriert werden. Humanität der Arbeit als vorrangiges Ziel dürfte in den Bereich utopischer Vorstellungen zu verweisen sein.

Allerdings ist ein Ziel »Humanität der Arbeit« nicht operational, wenn es nicht näher konkretisiert wird. REFA hat dazu ein Konzept von drei aufeinander aufbauenden Stufen zur Beurteilung menschengerechter Arbeit entwickelt: Schutz vor Überforderung ist auf der ersten Stufe grundlegendes Gestaltungsziel; auf der zweiten Stufe soll Arbeit zur Erhaltung der Fähigkeiten der Mitarbeiter beitragen; auf der dritten Stufe schließlich soll Arbeit zur Entwicklung des Menschen beitragen.

Die Tatsache, dass eine einheitliche Arbeitswissenschaft noch nicht sehr lange existiert und Einigkeit über ihren Gegenstandsbereich nicht besteht, bringt es auch mit sich, dass es unterschiedliche und – trotz teilweise gleicher Benennungen – unterschiedlich abgegrenzte **Gestaltungsbereiche** für die betrieblichen Arbeitsbedingungen gibt.

Der jeweils trennbaren Problemgehalte und verschiedenartigen Problemlösungsansätze wegen bietet sich die Grobunterteilung in ergonomische, organisatorische und technologische Gestaltungsbereiche an, die in sich noch weiter aufgeteilt werden können. Sie beziehen sich vorwiegend auf einzelne Arbeitsplätze; Gruppenarbeit hat spezielle, zusätzliche Probleme. Auf sie wird daher gesondert eingegangen.

2. Bedingungen für Einzelarbeit

a) Ergonomische Arbeitsplatzgestaltung

Der Begriff der Ergonomie existiert noch nicht lange.[348] Mit ihm ist die komplexe Erforschung und Gestaltung der Arbeitstätigkeit unter Einbeziehung von Arbeitsinstrumenten und -hilfsmitteln gemeint. **Ziel** ist eine Optimierung von Arbeitsprozessen, -bedingungen und -instrumenten im Sinne der beiden genannten Gestaltungsziele, durch Gestaltungsmaßnahmen also, mit denen Zielkomplementarität für Wirtschaftlichkeit und Humanität erreicht werden kann. Dabei wird hervorgehoben, dass Technik und Technologien nicht in der Weise verselbstständigt zu denken seien, dass die Menschen sich ihnen (z. B. Maschinen) anzupassen hätten, sondern dass vielmehr umgekehrt technische Instrumentarien so zu konzipieren seien, dass sie unter Beachtung menschlicher Fähigkeiten echte Unterstützungsfunktionen erfüllen können. Aus der folgenden Darstellung wird erkennbar, dass die Ergonomie eine Mehrzahl spezieller Teildisziplinen einschließt.[349]

Anthropometrische Arbeitsplatzgestaltung

Die **Anthropometrie** ist die Lehre von den Maßen, Messverhältnissen und der Messung des menschlichen Körpers. Sie strebt die Anpassung des Arbeitsplatzes an die Abmessungen des Menschen an und bildet die Grundlage für weitere Aspekte der Arbeitsplatzgestal-

---

348 Griech.: ergon = Arbeit; nomos = Gesetz. Der polnische Naturforscher Wojtech Jastrzembowski hat den Begriff 1957 in einer wissenschaftlichen Fachzeitschrift vorgeschlagen. Vgl. Sintschenko u. a. (1976) 13 ff.

349 Zu den folgenden Ausführungen vgl. nähere Einzelheiten bei Luczak (1998) 587 ff.; Luczak/Springer (1996); Hettinger/Strasser (1993); REFA (1993) 194 ff.

tung, z. B. der informationstechnischen Arbeitsplatzgestaltung. Anthropometrische Gestaltungsmaßnahmen zielen darauf hin, einen möglichst belastungs- und ermüdungsarmen Arbeitsplatz zu schaffen. Er verlangt eine durchdachte und präzise Abstimmung von Wahrnehmungs-, Bewegungsabständen und -räumen, von Bedienungselementen in Funktion, Anordnung etc. Das wiederum ist wichtig z. B. für die am Arbeitsplatz einzunehmende, teilweise für den Arbeitsvorgang erzwungene Körperhaltung. Günstig in Bezug auf Verringerung der Ermüdungsgefahren sind Bewegungen einschließende, Abwechslungen ermöglichende, eher sitzende als stehende Arbeitshaltungen.

Physiologische Arbeitsplatzgestaltung

Die **Arbeitsphysiologie** untersucht mit physikalischen, physikchemischen und biochemischen Methoden die Möglichkeiten der Abstimmung von Arbeitsmethoden und -bedingungen auf die menschliche Leistungsfähigkeit und Belastbarkeit. Zweck einer angemessenen physiologischen Arbeitsplatzgestaltung ist es, die individuelle Leistungsfähigkeit des Menschen über das ganze Arbeitsleben zu erhalten, krankheitsbedingte Ausfälle zu verringern und eine effiziente Ausführung des Arbeitsprozesses zu gewährleisten. Ansatzpunkt ist die Wahl eines Arbeitsverfahrens mit günstigem **Wirkungsgrad** unter Vermeidung energetisch ungünstiger Arbeitsformen. Der Wirkungsgrad menschlicher Arbeit ist definiert als Quotient aus

$$\frac{\text{Arbeitsergebnis}}{\text{Beanspruchung}}.$$

Dabei kann die Schaffung arbeitsspezifisch und individuell günstiger **Umgebungseinflüsse** sowohl die Leistungsfähigkeit wie auch die Belastbarkeit steigern. Der Quotient erfährt also in jedem Falle eine positive Änderung: Das Arbeitsergebnis (Zähler) wird erhöht oder/ und die Beanspruchung (Nenner) wird gesenkt.

- Aussagen über den Wirkungsgrad liegen in der Hauptsache für solche Arbeiten vor, deren Ergebnis mit Art und Ausmaß **körperlicher** Beanspruchungen verglichen wurde; psychomentale Beanspruchungen sind weitaus schwieriger erfassbar. Beispielhafte Grundaussagen sind etwa,
  - dass Muskeln für statische Haltearbeiten weniger geeignet sind als dynamische, d. h. für Bewegungsarbeiten,
  - dass möglichst große Muskelgruppen zur Krafterzeugung herangezogen werden sollten,
  - dass die Ermüdung des schwächsten Gliedes einer Muskelkette die Leistung bestimmt,
  - dass die Körperhaltung u. a. die Gelenkstellung und damit den optimalen Hebelansatz bestimmt.
- Sie können zur Gestaltung von Arbeitsverfahren, -plätzen und -mitteln herangezogen werden mit den Ergebnissen,
  - bei gleicher Beanspruchungsintensität die Leistungsfähigkeit zu steigern, oder
  - unter Erhaltung der Leistungsfähigkeit die Beanspruchung zu senken, oder sogar
  - mit Leistungssteigerungen gleichzeitig Beanspruchungsminderungen zu erreichen.
- Unter **Umgebungseinflüssen** werden solche Bedingungen verstanden, die
  - die Arbeitsausführungen direkt unterstützen (Beleuchtung),
  - für eine angenehme Arbeitssituation sorgen und den Arbeitsvollzug damit indirekt erleichtern (Klima, Farben),

- störende oder schädliche Einflüsse ausüben (Lärm, Staub, Schwingungen, Gase, Dämpfe).

Die Bemühungen zur Gestaltung dieser Bedingungen gehen dahin, positive Wirkungsrichtungen und -ausmaße in den beiden ersten Kategorien wirkungsgraderhöhend zu nutzen bzw. negative Einflüsse nach Möglichkeit auszuschalten, wenigstens zu mindern. Zu den wichtigsten Einflussfaktoren sollen beispielhaft einige Erkenntnisse wiedergegeben werden, deren Berücksichtigung bei der Arbeitsplatzgestaltung zu einer Erhöhung des Wirkungsgrades dort vollzogener Arbeiten beitragen kann.

- Die **Beleuchtung** eines Arbeitsplatzes in Art und Stärke beeinflusst die Leistung des dort Arbeitenden, und zwar positiv durch Erhöhung der Beleuchtungsstärke, je kleiner die Details und je geringer die Kontraste der wahrzunehmenden Objekte sind. Genormte Stufen der »Kennbeleuchtungsstärke« (nach DIN 5035) empfehlen für bestimmte Sehaufgaben bestimmte Lux-Werte (vgl. Abbildung 139, die einen Ausschnitt wiedergibt; für spezielle Empfehlungen zur Beleuchtung von Arbeitsräumen ist DIN 5035, Blatt 2, entwickelt worden).
  Die in der Tabelle angegebenen Werte sind Mittelwerte; von ihnen muss gegebenenfalls nach Maßgabe des Lichtbedarfs der an den Arbeitsplätzen jeweils Arbeitenden abgewichen werden.
  Dieser ist u. a. vom Lebensalter abhängig: Mit zunehmendem Alter wird der Lichtbedarf größer, und zwar in einem nichtlinearen Verhältnis. Belegt man z. B. den Lichtbedarf zum Lesen eines gut gedruckten Buches für das Alter von 40 Jahren mit der Basismesszahl 1, so wäre diese für das Alter von 20 Jahren mit dem Faktor $^1/_2$, für das Alter von 60 Jahren mit dem Faktor 5 zu multiplizieren. Darüber hinaus spielen für die Gestaltung der Arbeitsplatzbeleuchtung noch weitere Merkmale eine Rolle, wie z. B. die Blendfreiheit, die Gleichmäßigkeit, schließlich auch die Farbe des Lichts.

Stufe	Kennbeleuchtungsstärke: Lux	Sehaufgabe allgemein	Beispiel
4	120	leichte Sehaufgaben: große Details mit hohen Kontrasten	
6	500	normale Sehaufgaben: mittelgroße Details mit mittleren Kontrasten	normale Büroarbeiten
8	1000	schwierige Sehaufgaben: kleine Details mit geringen Kontrasten	Großraumbüro, Techn. Zeichnen Feinstmontage
10	2000	sehr schwierige Sehaufgaben: sehr kleine Details mit sehr geringen Kontrasten	

Quelle: In Anlehnung an Kaminsky (1980) 131.

Abb. 139: Kennbeleuchtungsstärken für bestimmte Sehaufgaben (nach DIN 5035)

- Das **Klima** mit seinen vier Faktoren Lufttemperatur, -feuchtigkeit, -bewegung und Strahlungstemperatur der Umgebung beeinflusst nicht nur das individuelle Wohlbefinden (»Behaglichkeit«), sondern auch die menschliche Leistungsfähigkeit. So entzieht z. B. Hitze durch die mit ihr verbundenen erhöhten Hautdurchblutung den Muskeln Blut, was die Dauerleistungsgrenze für körperliche Arbeit absenkt.
  Für die Luftfeuchtigkeit wird innerhalb einer Bandbreite zwischen 30 und 70 % das Optimum mit 50 % angesetzt, wohingegen die optimalen Temperaturwerte je nach zu verrichtender Arbeit schwanken. Die Grenze der Belastung durch Wärme sinkt mit zunehmender Schwere der Arbeit, wie Abbildung 140 zeigt, die Richtwerte für die Klimagestaltung enthält.

Art der Tätigkeit	Lufttemperatur in °C Optimum	Schwankungsbereich Min.	Max.
Büroarbeit, leichte Handarbeit im Sitzen	20	18	24
Leichte Arbeit im Stehen	18	17	22
Schwerarbeit	17	15	21
Schwerstarbeit	16	14	20

Abb. 140: Arbeitstypische Temperatur-Richtwerte

- Auch für den **Lärm** als akustischen Störfaktor gilt, dass er sowohl das Wohlbefinden als auch die Leistungsfähigkeit beeinträchtigt. Gestaltungsmaßnahmen zur Lärmverhinderung oder -bekämpfung sind am wirkungsvollsten, wenn sie an den Lärmursachen ansetzen können. Zu ihnen gehört die Beseitigung von Lärmquellen oder die Minderung von Störfrequenzen, Phonstärke und/oder Lärmrhythmus; sie sind jedoch nicht immer möglich. Dann kommen als zweite Maßnahmenkategorie Versuche zur Bekämpfung der Lärmfolgen in Frage: z. B. die Isolierung von Lärmquellen, Lärmschutz für unmittelbar Betroffene (Gehörschutz für Flugzeug-Einweiser, für Arbeiter am Presslufthammer).
  Die Grenze, bis zu der Geräusche nicht als störend empfunden werden, wird bei 40 – 55 Dezibel (db) (A) angesetzt. Sehr viele Arbeitsplätze, vor allem im industriellen Werkstattbereich sind jedoch durch höhere Schallpegel gekennzeichnet: z. B. Werkzeugmaschinen mit 65 – 90 db (A), Sägewerke, Turbinengebläse mit 90 – 120 db (A), Motorenprüfstände mit über 120 db (A). Jahrelange Arbeit in den beiden letztgenannten Lärmkategorien kann zu ernsthaften gesundheitlichen Schädigungen führen, u. U. auch zu Schwerhörigkeit bis Taubheit.

Psychologische Arbeitsplatzgestaltung

Die psychologische Arbeitsplatzgestaltung verfolgt das Ziel, eine angenehme Umwelt zu schaffen. Ihr stehen die folgenden, von der Ergonomie untersuchten Gestaltungsobjekte zur Verfügung:

– **Optische** Annehmlichkeiten können einen Behaglichkeitseindruck vermitteln. Neben dem Anbringen von Bildern, dem Aufstellen von Pflanzen, von Plastiken steht hierbei die Farbgestaltung des engeren Arbeitsplatzes wie auch des weiteren Arbeitsraumes im Vordergrund. Denn Farben üben allgemein bestimmte psychologische Wirkungen aus: Einige werden als angenehm, andere als beunruhigend empfunden; zudem gehen von ihnen Wirkungen in Bezug auf Temperaturvorstellungen aus.

Anhaltspunkte vermittelt die folgende Abbildung 141.

Farbe	Distanzwirkung	Temperaturwirkung	Psychische Stimmung
Blau	Entfernung	kalt	beruhigend
Grün	Entfernung	kalt bis neutral	sehr beruhigend
Rot	Nähe	warm	sehr aufreizend und beunruhigend
Orange	sehr nahe	sehr warm	anregend
Gelb	Nähe	sehr warm	anregend
Braun	sehr nahe, einengend	neutral	anregend
Violett	sehr nahe	kalt	aggressiv, beunruhigend, entmutigend

Quelle: Grandjean (1987) 332.

Abb. 141: Psychische Farbwirkungen

- Ein psychischer Zustand der Arbeitenden, der mit geeigneten Gestaltungsmaßnahmen zu mildern versucht wird, ist der der **Monotonie:** ein ermüdungsähnlicher Bewusstseinszustand, der mit Schläfrigkeit, Gleichgültigkeit, Abstumpfung verbunden ist, hervorgerufen durch physisch/psychische Belastungen, die von gleichförmigen Tätigkeiten ausgehen (»Fließbandmonotonie«). In der Folge sind meist Aufmerksamkeit und Reaktionsfähigkeit vermindert.
  An den Monotonie-Ursachen ansetzende Gestaltungsversuche müssen die Arbeitsvorgänge von der Gleichförmigkeit entlasten. Ist das (kurzfristig) nicht möglich, können nur noch die Monotonieerscheinungen und -folgen bekämpft werden: Abwechslung in der Raumgestaltung (optisch, akustisch), Pausenprogramme usw.

Informationstechnische Arbeitsplatzgestaltung

Maßnahmen informationstechnischer Arbeitsplatzgestaltung betreffen Erleichterungen für die menschlichen Sinnesorgane in ihrem Einsatz zur Informationsaufnahme, ohne die Beginn und Vollzug von Arbeitstätigkeiten nicht möglich sind. Denn erst aufgrund von Wahrnehmungen (= Informationsaufnahme) durch Sehen, Hören, Tasten und deren Verarbeitung kann im Betriebe gearbeitet werden.

Hierauf gerichtete Gestaltungsmaßnahmen haben die Erleichterung oder die Beschleunigung des Wahrnehmungsvorganges selbst und die Verringerung der Fehlermöglichkeiten bei der Wahrnehmungsverarbeitung zum Ziel, um damit wiederum den Wirkungsgrad der Arbeit zu erhöhen.

Zu den Bereichen der informationstechnischen Arbeitsplatzgestaltung gehören:

- die Gestaltung optischer Informationsträger, etwa von Anzeigeinstrumenten, deren Beschaffenheit mit Zahlen, Zeigern, Skalen ihre Ablesbarkeit beeinflusst,
- die Benutzung von akustischen Signalen zur Sicherung des Arbeitsfortschritts oder zur Warnung,
- die Gestaltung von Stellteilen, die es dem Menschen ermöglichen den Arbeitsablauf zu beeinflussen (z. B. Griffarten, Stellwiderstand, Anordnung, Bewegungsrichtung von Stellteilen) und

– die ergonomische Softwaregestaltung, die sich u. a. mit den verwendeten Werkzeugen im Computersystem, der Ein- und Ausgabe von Informationen an der Schnittstelle zwischen System und Benutzer, sowie der Struktur des Dialogs im Mensch-Computer-System beschäftigt.

Sicherheitstechnische Arbeitsplatzgestaltung
Gegenstand der sicherheitstechnischen Arbeitsplatzgestaltung sind Maßnahmen zur Erhöhung des Arbeitsschutzes, zur Verringerung und zur Verhütung von Unfällen. Solche Maßnahmen sind Hauptaufgabe einer Vielzahl spezieller Fachkräfte für Arbeitssicherheit (Sicherheitsingenieure, Betriebsärzte), deren Vorgehen i. d. R. nach folgendem **Schema** abläuft:

– Analysieren tatsächlicher und potenzieller Gefährdungen,
– Festlegen von Schutzzielen (für technische Arbeitsmittel z. B. besteht dann höchste Schutzgüte, wenn eine Gefährdung der Benutzer oder Dritter bei Bedienung, Wartung, Instandsetzung von vornherein ausgeschlossen ist),
– Ableiten von Maßnahmen zur Erhöhung des Arbeitsschutzes,
– Kontrollieren der Wirksamkeit.

Welche Bedeutung der Arbeitssicherheit in unserem Gesellschafts- und Rechtssystem beigemessen wird, wird deutlich, wenn man sich die Vielzahl von diesbezüglichen Vorschriften, Verordnungen und Gesetzen vor Augen führt; als Beispiel mag das Bundesgesetz über technische Arbeitsmittel (Maschinenschutzgesetz) dienen.

Als sicherheitstechnische **Gestaltungsbereiche** gelten die folgenden vier:

– Gefahrenausschaltung (Sie muss bereits im Stadium der Konstruktion von technischen Hilfsmitteln angestrebt werden.);
– Verhinderung des Wirksamwerdens von Gefahr;
– Verhaltensmäßige Kompensation der Gefahr;
– Erhöhen der Widerstandsfähigkeit des menschlichen Körpers (Schutzkleidung und -mittel).

b) Organisatorische Arbeitsgestaltung

Unter organisatorischer Arbeitsgestaltung sollen hier Maßnahmen verstanden werden, die sich zum einen auf die Aufgabenteilung und -verteilung, zum anderen auf den zeitlichen Aspekt des Arbeitsablaufs beziehen, dessen Bedeutung als unternehmungspolitisches Gestaltungsinstrument in den vergangenen Jahren beständig gestiegen ist.[350]

aa) Aufgabengestaltung

Im Sinne der klassischen Organisationslehre, d. h. in strukturell-organisatorischer Sicht, ist Aufgabengestaltung gleichbedeutend mit der Aufgabensynthese, d. h. der Problemstellung der Bildung von Teilaufgabengesamten, die auf potenzielle Stelleninhaber übertragungsfähig sind. Die Aufgabengestaltung bestimmt wesentlich den **Arbeitsinhalt** einer

350 Die organisatorische Arbeitsgestaltung wird in der Literatur auch unter den Begriffen »Arbeitsstrukturierung« und »Arbeitsorganisation« diskutiert. Vgl. beispielsweise REFA (1993) 169; Schreyögg/Reuther (1997) 319; Heeg (1991) 16 ff.

Stelle und den **Arbeitsablauf**; dadurch hat sie wesentlichen Einfluss auf die Effektivität des Ablaufs sowie die Belastung und die Persönlichkeitsentwicklung der Stelleninhaber.[351]

Unter dem Blickwinkel des Personal-Management interessieren in erster Linie die Wirkungen der Aufgabengestaltung auf die Stelleninhaber. Ein zentrales Kriterium zur Gestaltung von Arbeitstätigkeiten ist in dann – neben der physischen Schädigungsfreiheit, der psychosozialen Beeinträchtigungslosigkeit und der Zumutbarkeit – die **Persönlichkeitsförderlichkeit**.[352] Wesentliches Ziel der persönlichkeitsfördernden Aufgabengestaltung ist es, die dysfunktionale Konsequenzen der tayloristischen Aufgabengestaltung zu korrigieren, indem die extreme horizontale und vertikale Arbeitsteilung aufgehoben wird und ganzheitliche Tätigkeiten ermöglicht werden.[353]

Mit Ulich lassen sich drei unterschiedliche Strategien der Arbeitsgestaltung unterscheiden:[354]

- Die **korrektive Arbeitsgestaltung** bezeichnet die nachträgliche Korrektur von Arbeitsplätzen und Systemen, wenn z. B. ergonomische, physiologische, psychologische, sicherheitstechnische oder rechtliche Erfordernisse bei der ursprünglichen Gestaltung ungenügend berücksichtigt wurden.
- Bei der **präventiven Arbeitsgestaltung** werden arbeitswissenschaftliche Erkenntnisse bereits im Stadium der Planung von Arbeitsplätzen und -systemen eingebracht, um gesundheitliche Schädigungen und Beeinträchtigungen zu vermeiden.
- Während die korrektive und präventive Arbeitsgestaltung Strategien zur Vermeidung von Beeinträchtigungen sind, geht die **prospektive Arbeitsgestaltung** darüber hinaus: sie beinhaltet die bewusste Schaffung von Möglichkeiten der Persönlichkeitsentwicklung bereits im Stadium der Planung eines Arbeitssystems durch das Erzeugen objektiver Handlungs- und Gestaltungsspielräume.

Ausgehend von dem Gestaltungsziel einer persönlichkeitsförderlichen Arbeitsgestaltung erweitert Ulich die Strategie der prospektiven Arbeitsgestaltung durch zwei Prinzipien, die die Berücksichtigung der Eigenarten unterschiedlicher Personen bei der Gestaltung von Arbeitstätigkeiten gewährleisten sollen:[355]

- Das Prinzip der **differenziellen Arbeitsgestaltung** postuliert – unter bewusster Abhebung von der tayloristischen Sichtweise des »one best way« – das gleichzeitige Angebot verschiedener Arbeitsstrukturen, zwischen denen die Arbeitenden wählen können. Dieses Prinzip soll durch die Auseinandersetzung mit der Arbeitsaufgabe die Persönlichkeitsentwicklung fördern und dabei interindividuellen Unterschieden der Mitarbeiter Rechnung tragen.[356]

---

351 Vgl. Dunckel/Volpert (1997) 791.

352 Vgl. zu diesen und weiteren Kriterien der Bewertung von Arbeitstätigkeiten die Diskussion bei Ulich (1994) 113 ff.

353 Vgl. Dunckel/Volpert (1997) 792; Ulich (1994) 121 ff. Vgl. auch die Ausführungen zur Arbeitsstrukturierung, insbesondere das Job-Characteristics-Modell von Hackman/Oldham (1975), sowie die »Neuen Formen der Arbeitsorganisation« in Kap. D.V.3.b.bb. Einen ausführlichen Überblick über die geschichtliche Entwicklung der Arbeitsorganisation bieten z. B. Betzel (1996) 29 ff.; Schreyögg/Reuther (1997); Pornschlegel (1985).

354 Vgl. Ulich (1994) 144 ff., (1980), (1978).

355 Vgl. Ulich (1997), (1994) 226 ff., (1980), (1978).

356 Vgl. auch den Ansatz der »individualisierten Organisation« bei Schanz (1977). Zur kritischen Auseinandersetzung mit dem Prinzip der differentiellen Arbeitsgestaltung vgl. Steinmann/Schreyögg (1980) sowie Ulich (1983).

– Ergänzt wird dieses Prinzip durch die **dynamische Arbeitsgestaltung**. Sie soll gewährleisten, dass dem Prozess der Persönlichkeitsentwicklung – also dem intraindividuellen Werdegang über die Zeit – Rechnung getragen wird, indem der Wechsel zwischen verschiedenen Arbeitsstrukturen ermöglicht wird sowie bestehende Arbeitsstrukturen erweitert und neue Arbeitsstrukturen geschaffen werden.

Seit Anfang der 90er Jahre ist auch unter rein wirtschaftlichen Gesichtspunkten eine Tendenz weg von der tayloristischen Arbeitsteilung hin zu einer ganzheitlichen, integrierten Arbeitsgestaltung nach dem Prinzip der Mengenteilung festzustellen. Mit dem Ziel einer gemeinsamen Optimierung der Zielgrößen Kosten, Zeit und Qualität wird eine stärkere **Prozessorientierung** in der Organisationsgestaltung verfolgt. Durch die Prozessorientierung (im Gegensatz zur bisherigen Funktionsorientierung) sollen Schnittstellen minimiert und Durchlaufzeiten verkürzt werden. Für die Gestaltung der Arbeitsinhalte hat die Prozessorientierung zur Konsequenz, dass zumindest in den so genannten prozessnahen Bereichen ganzheitliche Arbeitsinhalte entstehen. Diese bündeln planende, steuernde, ausführende, administrative und kontrollierende Funktionen. Gleichzeitig steigen die zeitlichen Arbeitsumfänge und die qualifikatorischen Anforderungen an die Mitarbeiter.[357]

Durch diese aktuellen Tendenzen in der Aufgabengestaltung wird die Zielkonkurrenz zwischen den Zielen Wirtschaftlichkeit und Humanität scheinbar verringert. Es bleibt jedoch zu berücksichtigen, dass ganzheitliche Arbeitsinhalte verbunden mit gestiegenen Anforderungen an fachliche, soziale und kommunikative Fähigkeiten und mit der Notwendigkeit einer permanenten Kompetenzentwicklung nicht durch alle Mitarbeiter als motivierend und human empfunden werden. Vor allem extrinsisch motivierte Mitarbeiter mit niedrigen Qualifikationsniveaus sowie mangelnder Lernbereitschaft und/oder -fähigkeit werden durch solcherart anspruchsvolle Arbeitsinhalte leicht überfordert.[358]

Auch im Lichte neuer Managementkonzepte muss die betriebliche Aufgabengestaltung inter- und intraindividuelle Unterschiede in der Fähigkeit und Motivation der Mitarbeiter berücksichtigen. So gibt es z. B. Belege dafür, dass zwischen Mitarbeiterqualifikationen und Aufgabenanforderungen Zusammenhänge bestehen, die deutlich machen, dass ihre Nichtberücksichtigung negative Folgen für den Betrieb haben kann. Die folgende Abbildung 142 veranschaulicht in formalisierter Weise, dass sowohl unterforderte wie auch überforderte Mitarbeiter verstärkt zur Aufgabe des Arbeitsplatzes neigen.

Darauf, dass für eine motivationsorientierte Aufgabengestaltung auch gruppendynamische Aspekte Bedeutung gewinnen können, wird weiter unten eingegangen (vgl. Kap.D.VI.3).

bb) Arbeitszeit-Gestaltung

Arbeitszeit ist die Zeit vom Beginn bis zum Ende der Arbeit ohne die Ruhepausen (§ 2 I Arbeitszeitgesetz (ArbZG)). Bei der Arbeitszeit wirken technologische, organisatorische und ergonomische Komponenten zusammen. So erfordern bestimmte Technologien der industriellen Herstellung unterbrechungslose Arbeit (z. B. Eisenverhüttung), begrenzen gesetzliche und tarifvertragliche Regelungen, aber auch arbeitsprozessuale Erfordernisse

---

357 Vgl. Braun (1996). Zur Prozessorientierung und zu aktuellen Managementkonzepten vgl. z. B. Betzl (1996).

358 Zu einer kritische Auseinandersetzung mit den neuen Management-Konzepten aus der Perspektiven des Personal-Management vgl. Drumm (1996).

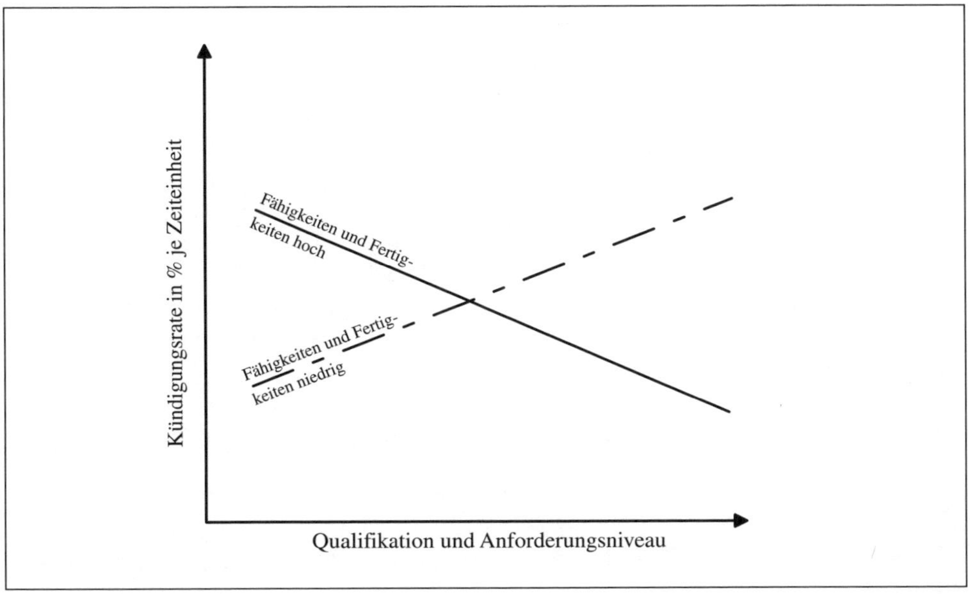

Quelle: v. Rosenstiel (1973) 108.

Abb. 142: Zusammenhang zwischen Qualifikation, Anforderungsniveau und Kündigungsrate

eine völlig freie Zeitgestaltung. Zudem gibt es biologisch-medizinische u. a. Faktoren, die z. B. für die Pausendauer und -terminierung eine Rolle spielen. Wenn von Gestaltung der Arbeitszeit gesprochen wird, so steht überwiegend der Grundgedanke im Vordergrund, die Arbeitszeit nicht für sämtliche Arbeitnehmer starr zu regeln, sondern – gegebenenfalls arbeitnehmergruppenspezifische – flexible Regelungen zu finden, wobei sowohl die Betriebe als auch die Mitarbeiter Spielräume für die Wahl zwischen mehreren Regelungen haben können. Dieser relativ »junge« Gedanke ändert die Auffassung von **Zeit als Begrenzungsfaktor** ökonomischer Prozesse zu **Zeit als ökonomische Gestaltungsvariable**. So nennen auch Kilz/Reh neuere Produktionskonzepte als einen Hauptgrund für die Implementierung flexibler Arbeitszeitmodelle. Innerhalb starrer Arbeitszeitregelungen wurden in der Vergangenheit tayloristische Produktionskonzepte optimiert; einer flexiblen, an den Kundenwünschen orientierten und kostengünstigen Güterproduktion können sie nur noch bedingt entsprechen. Flexible Produktionskonzepte zur Erreichung kürzerer Wertschöpfungszeiten bei weitgehender Vermeidung von Lagerhaltung (Just-in-time) und unter Einhaltung kürzerer Reaktionszeiten können nur realisiert werden, wenn Flexibilitätsoptionen bezüglich des Faktors Arbeit vorhanden sind.[359]

359 Kilz/Reh stützen sich auf die Auswertung von Betriebsfallstudien. Weitere Gründe aus betrieblicher Sicht sind die Ausdehnung bzw. Erhaltung der Betriebsnutzungszeiten und eine verschärfte Wettbewerbssituation. Vgl. Kilz/Reh (1993) 1210.

Als Gestaltungsfaktoren der Arbeitszeitgestaltung sind

- die Dauer der Arbeitszeit (**Chronometrie**: z. B. 8 Stunden pro Tag) und
- die Lage der Arbeitszeit (**Chronologie**: z. B. von 8 bis 16 Uhr)

festzulegen, jeweils bezogen auf einen oder mehrere **Bezugszeiträume**. Mögliche Bezugszeiträume sind ein oder mehrere Tage, Wochen, Monate, Quartale, Jahre oder die Lebensarbeitszeit eines Mitarbeiters. Es sei ausdrücklich darauf hingewiesen, dass sich in der Praxis Arbeitszeitregelungen entwickelt haben, die verschiedene Bezugszeiträume miteinander kombinieren; deshalb können Probleme auftauchen, wenn der Versuch unternommen wird, Arbeitszeitregelungen eindeutig einem Bezugszeitraum zuzuordnen.

Bei flexiblen Arbeitszeitmodellen stellt der **Dispositionsspielraum** eine weitere Gestaltungskategorie dar. Der Dispositionsspielraum ermöglicht, dass ein flexibles Arbeitszeitmodell an geänderte Unternehmungs- oder Umweltbedingungen angepasst werden kann. Eine einmalige Anpassung an geänderte unternehmungsspezifische bzw. mitarbeiterspezifische Interessenlagen stellt somit keine Arbeitszeit-Flexibilisierung dar. Als Gestaltungsoptionen ist vor allem festzulegen, wem die Dispositionsmacht übertragen wird (Unternehmungsleitung, Vorgesetzter, Mitarbeiter oder Arbeitsgruppe) und wie groß der Dispositionsspielraum sein soll, d. h. welche Elemente des Modells kurzfristig angepasst werden können.[360]

Es existiert eine Vielzahl von Möglichkeiten für die Arbeitszeit-Gestaltung. Welche dieser Arbeitszeitmodelle letztlich akzeptiert und eingesetzt werden, ist zum einen davon abhängig, ob sie sich in dem durch **Begrenzungsfaktoren** (z. B. gesetzlicher, tarifvertraglicher Art) gesteckten Rahmen bewegen und welchen Beitrag sie zur Erreichung der mit Arbeitszeitregelungen verfolgten Gestaltungsziele zu leisten vermögen.

Für die Verfolgung von **Gestaltungszielen** kommt eine Mehrzahl von Interessen in Betracht: Neben dem Mitarbeiter und Betrieb auch die Gesellschaft und Gesamtwirtschaft, da die Zeit, in der faktisch gearbeitet wird, auch erhebliche gesamtgesellschaftliche und -wirtschaftliche Folgen haben kann.

Mit Arbeitszeitregelungen können im Übrigen für die gesamte Lebensgestaltung weitreichende Konsequenzen verbunden sein: Gleitende Arbeitszeit kann Stress durch Hetze infolge Pünktlichkeitszwang beseitigen, zum Abbau von Verkehrsspitzen (»rush hours«) in großstädtischen Ballungsräumen und von Unfallgefahren beitragen. Eine Verteilung der arbeitsfreien Tage über die Woche kann die Zusammenballung von Menschen und Verkehrsmitteln an den Wochenenden verringern und damit den Erholungswert der freien Tage steigern. Abbildung 143 fasst wesentliche Vorteile, welche gleichzeitig Gestaltungsziele sein können, und mögliche Nachteile von Arbeitszeit-Flexibilisierung zusammen.

Die derzeit meist diskutierten Arbeitszeitmodelle sehen im Einzelnen Folgendes vor:

Die **tägliche** Arbeitszeit kann in der einfachsten Form dadurch flexibler gestaltet werden, dass dem Mitarbeiter mehrere festgelegte Normalarbeitszeiten zur Wahl angeboten werden (z. B. 8.00 bis 16.00 Uhr oder 9.00 bis 17.00 Uhr). Man spricht auch von **Staffel-Arbeitszeit.** Dieses Arbeitszeitmodell stellt lediglich eine **starre Arbeitszeit-Variation**

---

360 Beyer unterscheidet hier zwischen starren und flexiblen Arbeitszeitmodellen. Schuh/Schultes-Jaskolla/Stitzel differenzieren zwischen starrer und flexibler Arbeitszeit-Variation bzw. synonym für letzteres auch Flexibilisierung. Hamel versteht unter Flexibilität der Arbeit eine permanente Eigenschaft, sich häufigen Änderungen der Inwelt- und Umweltbedingungen präventiv und reaktiv anpassen zu können. Vgl. Beyer (1992) Sp. 459; Schuh/Schultes-Jaskolla/Stitzel (1993) 140; Hamel (1985) 377.

	Vorteile	Nachteile
UNTER-NEH-MUNGS-PERSPEK-TIVE	• zunehmendes Selbstverantwortungsbewusstsein • Rückgang der Absenzrate • weniger Verspätungen • weniger Überstundenzuschläge • Arbeitsqualität tendenziell besser • höhere Arbeitszufriedenheit • besseres Arbeitsklima • Förderung von Teamarbeit • bessere Anpassung an Kapazitätsauslastung (Reduzierung der Produktionskosten) • Anpassung an neuere Produktionskonzepte • bessere Kapitalnutzung • Ausdehnung der Betriebszeiten • Sicherung der Servicefunktion • Sicherung des Betriebsablaufs • geringerer Bedarf an Mietarbeitskräften • Verringerung der Lagerkosten • Attraktivität auf dem Arbeitsmarkt • geringere Fluktuation	• Schaffung von Konfliktpotenzialen um die Arbeitszeit • Missbrauchsrisiko • Implementationskosten • zusätzlicher Verwaltungsaufwand (Personalwesen und Linie) • Kosten für die Zeiterfassung • evtl. höhere Personalzusatzkosten • Weiterbildungsaufwand für Führungskräfte • evtl. Wegfall bisher stillschweigend geleisteter Überzeit
ARBEIT-NEHMER-PERSPEK-TIVE	• Einräumen begrenzter Zeitsouveränität (Autonomiebewusstsein) • Möglichkeit zur besseren Abstimmung von Beruf und Privatleben • Abstimmung mit Verkehrsmitteln • evtl. mehr persönliche Kontakte am Arbeitsplatz • evtl. bessere Anpassung an den pers. Biorhythmus (Tag, Woche, Jahr, Lebenszeit) • breitere Qualifikationsprofile werden gefördert (Weiterbildungsmöglichkeiten) • keine unbezahlten Überzeiten mehr (da meist vollständige Zeiterfassung) • Anpassung an den Arbeitsanfall (kein schlechtes Gewissen bei Unterlast) • kein Pünktlichkeitsgebot mehr	• Selbstorganisationszwang • evtl. Selbstbestimmungsverlust zugunsten des Arbeitgebers • evtl. weniger soziale Kontakte im Betrieb • Pünktlichkeitsrisiko für den Arbeitnehmer • weniger Überstundenzuschläge • im allgemeinen keine Beteiligung an den Produktivitätsgewinnen • Arbeitsverdichtung und Stresszunahme • „spill over“ durch Verwischen der Grenze von Arbeits- und Freizeit • Konflikte bei Arbeitszeitmodellen, in die mehrere Personen involviert sind • evtl. Entwertung der Freizeit durch Arbeitsbereitschaft • evtl. Ausweitung der Betriebszeiten • evtl. Ausnahmeregelungen für bestimmte Personenkreise • zusätzliche Kontrollen
GESELL-SCHAFTS-PERSPEK-TIVE	• Humanisierung der Arbeit durch Autonomiebewusstsein • evtl. Abbau von Arbeitslosigkeit • gesellschaftspolitische Bedeutung, z.B. flexibler Einsteig in das und schrittweiser Ausstieg aus dem Berufsleben	

Quelle: In Anlehnung an Fritz (1985) 165; Gmür (1991); Kilz/Reh (1993).

Abb. 143: Vor- und Nachteile flexibler Arbeitszeitstrukturen

dar und hat keinen Einfluss auf das Flexibilitätspotenzial. Von Arbeitszeit-Flexibilisierung wird erst dann gesprochen, wenn die Normalarbeitszeiten zur ständigen Disposition stehen und somit ein Entscheidungsspielraum geschaffen wird.

Besondere Beachtung verdient das Konzept der **gleitenden Arbeitszeit.** Es existieren dafür mehrere Modelle; die meisten enthalten eine so genannte Kernzeit mit Anwesenheitspflicht und Bandbreiten für morgendliche und abendliche Gleitzeiten, in denen Arbeitsbeginn und -ende individuell gewählt werden können. Ansatzpunkte zur Gestaltung bieten die Länge und Lage der Gleitphasen (eventuell auch um die Mittagspause), die Möglichkeit, Zeitguthaben bzw. -schulden aufzubauen (in der Praxis oft +/– 10 Stunden pro Monat) und die Möglichkeit, Zeitguthaben in die nächste Abrechnungsperiode zu übertragen und zu »verbrauchen« (stundenweise, als halbe oder sogar ganze Urlaubstage; mit oder ohne Vorgesetztenzustimmung).

Im Grenzfall maximaler Flexibilität wird aus der Gleitzeit eine **variable Arbeitszeit:** Es existiert dann keine Kernzeit mehr. Der Mitarbeiter hat lediglich ein bestimmtes Arbeitspensum zu bewältigen. Mit welchem zeitlichen Einsatz dies geschieht, steht in seiner freien Entscheidung.

Große Gestaltungsspielräume bietet auch die **Schichtarbeit**. Traditioneller Dreischichtbetrieb mit den täglichen Schichtwechselzeiten 6.00, 14.00 und 22.00 Uhr und mit wöchentlichem Wechsel der **Schichtart** stellt heute längst nicht mehr die einzige Lösung dar.

- Arbeit im Zwei-, Drei-, Vierschichtbetrieb,
- unterschiedliche Längen der einzelnen Schichtarten (speziell verkürzte Nachtschicht),
- Änderung der Schichtwechselzeiten, Vorwärtswechsel (Frühschicht-Spätschicht-Nachtschicht versus Rückwärtswechsel (Frühschicht-Nachtschicht-Spätschicht),
- Verkürzung bzw. Verlängerung der Wechselrhythmen zwischen den Schichtarten

sind nur einige der zur Verfügung stehenden Möglichkeiten. Wie bei der Staffel-Arbeitszeit gilt auch hier, dass erst dann Arbeitszeit-Flexibilisierung vorliegt, wenn durch die konkrete Ausgestaltung ein Entscheidungsspielraum geschaffen und nicht, wenn ein »starrer« Schichtbetrieb einmalig festgelegt wurde. Eine Einrichtung von so genannten Arbeitszeit-Tauschbörsen oder Kombinationen mit Gleitzeitregelungen erhöhen die Flexibilität.

Auf die **wöchentliche** Arbeitszeit zielen üblicherweise **Teilzeitregelungen** (Teilzeitarbeit) ab. Es handelt sich dabei um **alle** Arbeitszeiten, die kürzer als die übliche betriebliche oder tarifliche Arbeitszeit sind. 20 Wochenstunden halbtags sind dabei ebenso denkbar wie sechs Stunden an fünf Tagen oder jeweils acht Stunden an drei Tagen.

Ein spezielles Modell der variablen Arbeitszeit in Bezug auf die **monatliche** Normalarbeitszeit ist die so genannte **kapazitätsorientierte variable Arbeitszeit** (»KAPOVAZ«). Sie sieht vor, dass mit dem Arbeitnehmer eine Sollarbeitsmenge, die pro Monat oder Jahr festgelegt wird und die abzuleistende Arbeitszeit je nach Arbeitsanfall – i. d. R. durch den Arbeitgeber – kurzfristig festgesetzt wird. Da der Dispositionsspielraum idealtypisch allein der Unternehmung zukommt, wird dieses Modell in der Bundesrepublik nur in Einzelfällen praktiziert.

Bei der jährlichen Arbeitszeit werden **Jahresarbeitszeitverträge** viel beachtet. Sie bieten sich besonders an, um die Personalkapazität dem saisonal schwankenden Personalbedarf anzupassen. Der Jahresarbeitszeitvertrag enthält im Gegensatz zu einem normalen Arbeitsvertrag einen variablen Teil. In ihm werden Arbeitssollwerte (z. B. 60, 70, 80, 90 und 100 % der Regelarbeitszeit) zwischen Arbeitgeber und Arbeitnehmer zu Beginn eines jeden Arbeitsjahres vereinbart. Das Jahreseinkommen wird in 12 gleichen Monatsraten ausbezahlt; der Mitarbeiter verpflichtet sich jedoch, seine individuelle Arbeitszeit in vorgegebenen Grenzen dem Kapazitätsbedarf der Unternehmung anzupassen. Aufgrund dieser Konstruktion ist der Mitarbeiter während des ganzen Jahres im System der Sozialversicherung eingebunden, auch wenn er – im Grenzfall – in einigen Monaten überhaupt nicht anwesend sein sollte. Der Jahresarbeitsvertrag bietet ein Höchstmaß an individueller Arbeitszeitflexibilität, denn jeder Mitarbeiter kann die Arbeitszeitmenge wählen, die er wünscht; teilweise wird das Modell durch Anreizinstrumente zur Wahl unattraktiver, aber betrieblich erforderlicher Arbeitszeitlagen unterstützt. Durch die Orientierung am Kapazitätsbedarf wird eine beachtenswerte Betriebszeitflexibilisierung ermöglicht.

Bei der **Lebensarbeitszeit** stehen flexiblere Übergänge zwischen den drei Lebensphasen Ausbildung – Berufstätigkeit – Ruhestand (gleitender Ruhestand, vorzeitige Pensionierung) im Vordergrund der Diskussion (vgl. auch Kap. D.IV.4.c). Speziell flexible Pensionierungsmodelle spielen in einigen westeuropäischen Ländern eine erhebliche Rolle und sind auch in der Bundesrepublik Deutschland schon realisiert worden. Im Kern wird dabei eine stufenweise Verkürzung von täglicher, wöchentlicher Arbeitszeit bzw. eine stufenweise Verlängerung des Jahresurlaubs praktiziert. Wesentliche Gestaltungsparameter von gleitenden Übergängen sind:

- die Gesamtlänge des Gleitprozesses,
- die Lage der Gleitphase im Verhältnis zum üblichen Normzeitpunkt der Veränderung,
- Anzahl der Stufen innerhalb des Gleitprozesses und
- Mit- bzw. Selbstbestimmungsmöglichkeiten des Mitarbeiters.

Dies geschieht bei vollem oder auch stufenweisem Lohnausgleich. Aber auch eine mögliche Verlängerung der Lebensarbeitszeit wird in die Betrachtung einbezogen. Wenn der Mitarbeiter dies wünscht und auch physisch und psychisch dazu in der Lage ist, stellt eine Arbeitsverlängerung über die Pensionierungsgrenze hinaus einen Beitrag zur Humanisierung dar.

Eine besondere Form von **Urlaub** sind »Sabbaticals«. Sie können als eine Art Langzeiturlaub charakterisiert werden. Dieses ursprünglich aus den USA stammende Modell sieht eine längere Periode der Nichterwerbstätigkeit bei Aufrechterhaltung des Arbeitsvertrages vor. Gestaltbar sind z. B.:

- die Wartezeiten, nach denen ein Mitarbeiter erstmals das Anrecht auf einen Sabbatical erwirbt,
- dessen Länge (sechs Wochen bis hin zu einem Jahr),
- der Lohnausgleich (voll oder teilweise),
- der Verwendungszweck (freie Verfügung des Mitarbeiters, Fortbildungszwecke, soziale Dienste).

Arbeitspausen dienen primär der Erholung von den physischen und psychischen Arbeitsbelastungen. Einerseits wird durch Pausen die Regeneration der Leistungsfähigkeit ermöglicht, andererseits entsteht Arbeitsstillstand während der Pausendauer und Arbeitsverzögerung durch Einarbeitung nach Pausenbeginn. Es liegen arbeitswissenschaftliche Ergebnisse darüber vor, welche Komponenten dazu führen, dass eine Pause im ökonomischen Sinne »lohnend« ist, d. h. dass der Leistungsausfall durch den Erholungswert überkompensiert wird. Allgemein gültige Aussagen darüber, ob häufigere Pausen vorteilhafter sind als weniger, aber längere Pausen, sind nicht möglich. Dies hängt von den jeweiligen Besonderheiten des Arbeitsplatzes (Arbeitsinhalt, Arbeitsverfahren, eingesetzte Hilfsmittel) und auch des Arbeitsplatzinhabers (Alter, Kondition) ab. Jedenfalls ist auch durch Gestaltung der Pausen eine Flexibilisierung der Arbeitszeit möglich. Sie könnte dadurch erreicht werden, dass dem Mitarbeiter überlassen wird, die Zahl der Pausen, Länge und Lage innerhalb vorab definierter Grenzen frei zu wählen. Bei maximaler individueller Flexibilisierung würde von einem Mitarbeiter lediglich ein bestimmtes Arbeitspensum gefordert – die Pausengestaltung unterliegt dann keiner Reglementierung mehr.

Mit den dargelegten Beispielen wurde die Fülle der Flexibilisierungsmöglichkeiten nur knapp angedeutet. Durch Variation einzelner Modelle und Kombination mehrerer Modelle entstehen nahezu unbegrenzte weitere Modellvarianten. Durch Kombination mehrerer Flexibilitätsmerkmale und Nutzung hoher Freiheitsgrade bzgl. der Ausprägung dieser Merkmale entsteht tendenziell eher die Möglichkeit eines Ausgleichs betrieblicher und individueller Optionen, wie Abbildung 144 für das Beispiel der Gleitzeit zeigt.

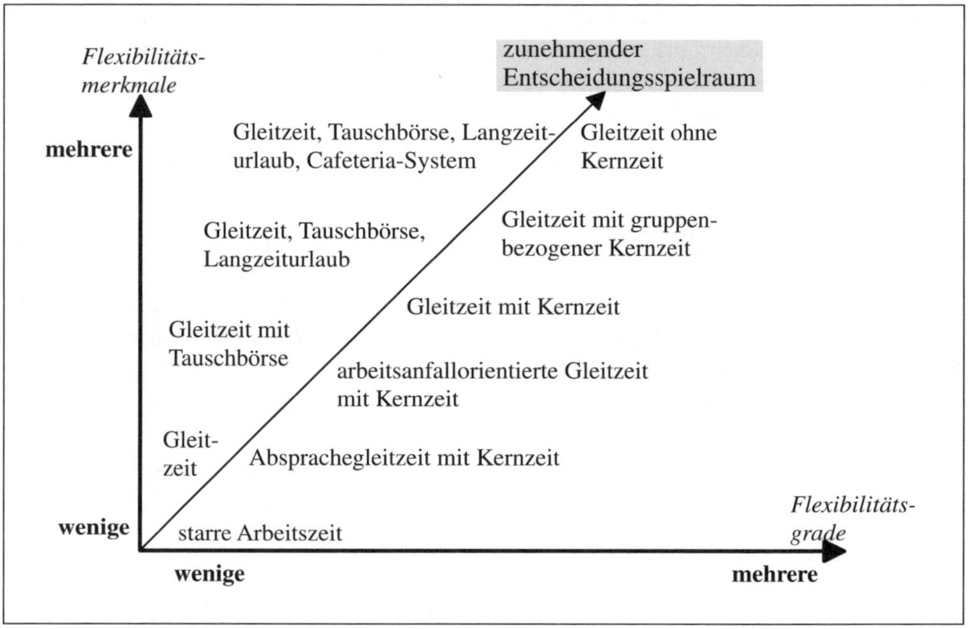

Quelle: Beyer (1992) 467.

Abb. 144: Wachsender zeitlicher Dispositionsspielraum von Gleitzeit-Arbeitnehmern.

1993 nutzten über drei Viertel der im Betriebspanel des Instituts für Arbeitsmarkt- und Berufsforschung befragten Unternehmungen Formen flexibler Arbeitszeitgestaltung.[361] In der betrieblichen Praxis hat sich vor allem die Teilzeitarbeit als zeitliche Flexibilisierungsform in den letzten Jahren stark ausgebreitet. 1995 waren 22 % aller Beschäftigungsverhältnisse sozialversicherte oder geringfügige Teilzeitbeschäftigungsverhältnisse. An der

361 Vgl. Bellmann u. a. (1996) 23. Im IAB-Betriebspanel wurden 0,3 % aller 1,6 Mio. westdeutscher Betriebe, die rd. 11 % aller Beschäftigten stellen, zwischen 1993 und 1995 befragt.

sozialversicherten Beschäftigung hatte die Teilzeitarbeit 1995 einen Anteil von 14 %.[362] Zur Entkopplung von Betriebszeit und Arbeitszeit werden vor allem Überstunden, versetzte Arbeitszeiten und Wochenendarbeit angewandt.[363] 1993 wurde 24 % aller Beschäftigten in den alten Bundesländern Zeitsouveränität durch Gleitzeitvereinbarungen eingeräumt.[364]

Eine Sonderstellung unter den Flexibilisierungsmodellen nimmt, auch wenn es in der Bundesrepublik Deutschland bislang noch selten praktiziert wird, das **Job Sharing** ein: Es hat konzeptionelle Besonderheiten, weil es von bestimmten Arbeitsplätzen und deren Teilungsmöglichkeiten ausgeht, wobei der Zeitaspekt durchaus nicht immer im Vordergrund steht. Beim Job Sharing teilen sich mindestens zwei Arbeitskräfte Pflichten und Rechte eines Vollzeitarbeitsplatzes. Sie übernehmen damit gemeinsam die Verantwortung für die Erfüllung der jeweiligen Arbeitsaufgabe und stellen dem Arbeitgeber gegenüber ein Team dar. Es gibt einen grundsätzlichen Unterschied zwischen funktionaler und zeitlicher Teilung. Bei funktionaler Teilung wird eine Vollzeitarbeitsaufgabe in zwei inhaltlich unterschiedliche Teile aufgeteilt; bei zeitlicher Teilung hingegen wird die Gesamtaufgabe in inhaltlich gleiche Teile zerlegt, deren Erledigung zeitlich aufgespalten wird. Bei Überlegungen zur Konzipierung und Realisierung von Job Sharing-Modellen stehen überwiegend die in ihnen steckenden Gelegenheiten zur Arbeitsstrukturierung und zur differenzierten personellen Aufgabenzuweisung im Zentrum des Interesses. Auf Job Sharing wird daher unten nochmals eingegangen: im Zusammenhang mit der Arbeitszeitflexibilisierung und ihren Querverbindungen zur Personalentwicklung.

Diverse **Beschränkungsfaktoren** engen den Gestaltungsspielraum der Arbeitszeit-Flexibilisierung ein. Sie wirken in unterschiedlichem Grade zwingend. Einige wichtige sind die folgenden:

Rechtliche Beschränkungen ergeben sich aus Gesetzen, Tarifverträgen oder Betriebsvereinbarungen. Wichtige gesetzliche Regelungen, die der Freiheit der Arbeitszeit-Gestaltung Grenzen setzen, finden sich im Arbeitszeitgesetz, in der Gewerbeordnung, im Beschäftigungsförderungsgesetz, im Altersteilzeitgesetz, im Jugendarbeitsschutzgesetz, im Mutterschutzgesetz und im Bundesurlaubsgesetz. In ihnen sind Höchstarbeitszeiten, Mindestruhepausen, relative Beschäftigungsverbote für bestimmte Mitarbeitergruppen (z. B. Mehrarbeit-, Nacht- und Sonntagsarbeitsverbot für werdende und stillende Mütter nach § 8 MuSchG) u. a. m. festgelegt. Das Betriebsverfassungsgesetz gibt dem Betriebsrat in Arbeitszeitfragen ein Mitbestimmungsrecht. Vorschriften im Sozialversicherungsrecht engen die Möglichkeiten zur Praktizierung von Teilzeitarbeit, Job Sharing oder flexibler Pensionierung ein, da die soziale Absicherung des Mitarbeiters (Kranken-, Arbeitslosen-, Rentenversicherung) oftmals an bestimmte Mindestarbeits- oder Anwartschaftszeiten geknüpft ist.

Technische/organisatorische Restriktionen können sich aus dem Einsatz bestimmter Technologien ergeben, die unterbrechungslose Arbeit erfordern (z. B. Chip-Produktion, Eisenverhüttung). Bei Fließbandfertigung sind die Möglichkeiten zu Gleitzeit-Regelungen stark eingeengt. Prinzipiell bestehen jedoch zwei Möglichkeiten zur Erhöhung des arbeitszeitlichen Dispositionsspielraumes: durch Bildung teilautonomer Arbeitsgruppen, die für eine gruppeninterne Abstimmung der individuellen Arbeitszeiten unter Beachtung betrieb-

362 Vgl. Bellmann u. a. (1996) 25 ff.
363 Vgl. Bellmann u. a. (1996) 44 ff.
364 Vgl. Bellmann u. a. (1996) 22.

licher Restriktionen Sorge tragen oder durch Zusammenfassung relativ autonom vollziehbarer Aufgabenteile (so genannte »Aufgabenmodule«), die flexibel einzelnen Mitarbeitern geschlossen übertragen werden können.

Generell lassen sich im Verwaltungsbereich Arbeitszeiten wesentlich leichter flexibilisieren als im Produktionsbereich. Eine Ungleichbehandlung zwischen betrieblichen Teilbereichen kann jedoch zu ernsten Konflikten in der Unternehmung führen. Allerdings ist die Behauptung von der Undurchführbarkeit von Gleitzeit in der Produktion durch Lösungswege wie »Aufbau von Pufferlägern« oder »abgesprochene Gleitzeit« längst widerlegt.

Die betriebliche Praxis scheint sich vielfach noch selbst Fesseln anzulegen, indem sie unreflektiert von der unbedingten Bindung der Arbeitszeit der Mitarbeiter an die Betriebszeit der Unternehmung ausgeht. Diese Koppelung ist jedoch, neben der Uniformität der Arbeitszeit für alle Arbeitnehmer der Gleichzeitigkeit und Pünktlichkeit und der Fremdbestimmtheit charakterisierendes Merkmal nur der **starren Arbeitszeit**. Dass sie jedoch überwindbar ist – Arbeitszeit und Betriebszeit also entkoppelt werden können – ist durch vielfältige Beispiele inzwischen hinlänglich bewiesen: In Krankenhäusern, bei der Flugsicherung, im Hotel- und Gaststättengewerbe sind Arbeits- und Betriebszeit seit langem mit Erfolg entkoppelt. Diese Beispiele repräsentieren im Übrigen äußerst unterschiedliche Betriebstypen und Felder qualitativ-inhaltlicher Arbeitsleistungen.

Mit einer **Entkoppelung** von Arbeitszeit und Betriebszeit kann vielerlei erreicht werden:

- Gegenüber der Arbeitszeit kann nicht nur die tägliche Betriebszeit erhöht werden, sondern auch die wöchentliche (Einbeziehung des Wochenendes). Daraus resultieren Rentabilitätssteigerungen infolge besserer Auslastung kostenintensiver Produktionsanlagen – gleich welcher Art und auf welchem Wirtschaftssektor.
- Positive beschäftigungspolitische Effekte (Abbau von Arbeitslosigkeit) ergeben sich, wenn Arbeitszeitverkürzungen mit Betriebszeitverlängerungen einhergehen: Dies kann nur durch Neueinstellungen verwirklicht werden.

Biologisch-medizinische Restriktionen liegen in den Mitarbeitern selbst. So unterliegt bekanntlich die menschliche Leistungsfähigkeit im Tagesverlauf deutlichen Schwankungen. Als gut abgesichert gilt vom tendenziellen Verlauf her die Kurve in Abbildung 145. Ein weiteres Beispiel sind die oben erwähnten Arbeitspausen mit ihren gegenläufigen Effekten der Regeneration der Leistungsfähigkeit einerseits und der Entübung durch die Pause andererseits.

Es wäre eine zu enge Sicht, Variationen der Arbeitszeit lediglich als Maßnahme zur Gestaltung von Arbeitsbedingungen zu betrachten. Vielmehr gehen mit ihnen gleichzeitig Konsequenzen einher, die für andere Teilsysteme des Personal-Management von – teilweise erheblicher – Bedeutung sind, wie für die Personalbeschaffung, die Personalfreisetzung, die Personalplanung, die Personalentwicklung, die Entlohnung. Auf diese Zusammenhänge ist nunmehr einzugehen.

Flexible Arbeitszeiten können ein Instrument zur **Personalbeschaffung** sein, wenn eine Unternehmung spezialisierte Arbeitskräfte sucht, in seiner Branche die erste oder eine der wenigen ist, die flexible Arbeitszeiten praktizieren und sich dadurch einen Attraktivitätsvorteil im Wettbewerb um knappe Arbeitskräfte verschaffen kann. Arbeitszeit-Flexibilisierung nimmt dann den Charakter einer Sozialinnovation an, die zu einem Wettbewerbsvorsprung auf dem Arbeitsmarkt verhilft, wenn sie auf entsprechende Erwartungen der Mitarbeiter trifft. Dann können durch sie Eintritts- bzw. Verbleibeentscheidungen potenzieller bzw. aktueller Mitarbeiter positiv beeinflusst werden.

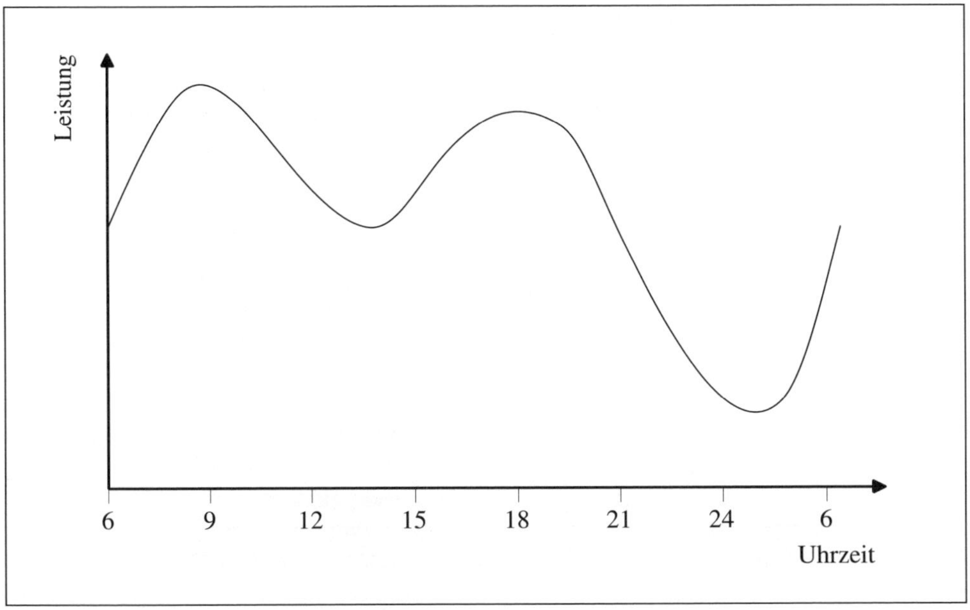

Quelle: In Anlehnung an Hardenacke/Peetz/Wichardt (1985) 289.

Abb. 145: Menschliche Leistungsfähigkeit im Tagesablauf

Im Rahmen der **Personalfreisetzung** lässt sich eine Arbeitszeitgestaltung zum Abbau von personellen Überkapazitäten einsetzen, ohne dass es zu einer Reduktion der Beschäftigtenzahl kommt.

Eine **Personalplanung,** die z. B. für Beschaffungsänderungen der Unternehmung Vorkehrungen der personellen Kapazitätsanpassung treffen soll, steht vor unterschiedlichen Situationen, je nachdem, ob in konventionellen oder aber flexiblen Arbeitszeitstrukturen gearbeitet wird. Dies machen die beiden folgenden Abbildungen 146 und 147 deutlich:

Sie enthalten vor allem die drei folgenden wesentlichen **Grundbehauptungen:**

- Bei flexiblen Arbeitszeitstrukturen kann die Personalkapazität kleiner und die gesamte Leistung größer sein als bei konventionellen Arbeitszeitstrukturen.
- Innerhalb des Rahmens flexibler Arbeitszeitregelungen sind sowohl größere Kapazitätsabbau- wie auch -zuwachs-Volumina möglich, wie die größere gepunktete Fläche in der Abbildung 146 zeigt.
- Mit der schrumpfenden Notwendigkeit, »harte« Anpassungsmaßnahmen (Entlassungen und Einstellungen) zu ergreifen, wachsen die Möglichkeiten des Einsatzes »weicher« Maßnahmen, wie vor allem Teilzeit-Variationen. (Auch Anpassungen durch Überstunden bzw. Kurzarbeit können verringert werden.)

Allerdings darf aus den Darstellungen nicht gefolgert werden, dass dies notwendige Konsequenzen flexibler Arbeitszeiten seien. Sie sind vielmehr möglich, wenn die dafür erforderlichen personellen und arbeitsorganisatorischen Bedingungen vorliegen und entsprechende Regelungen auch durchgesetzt werden können.

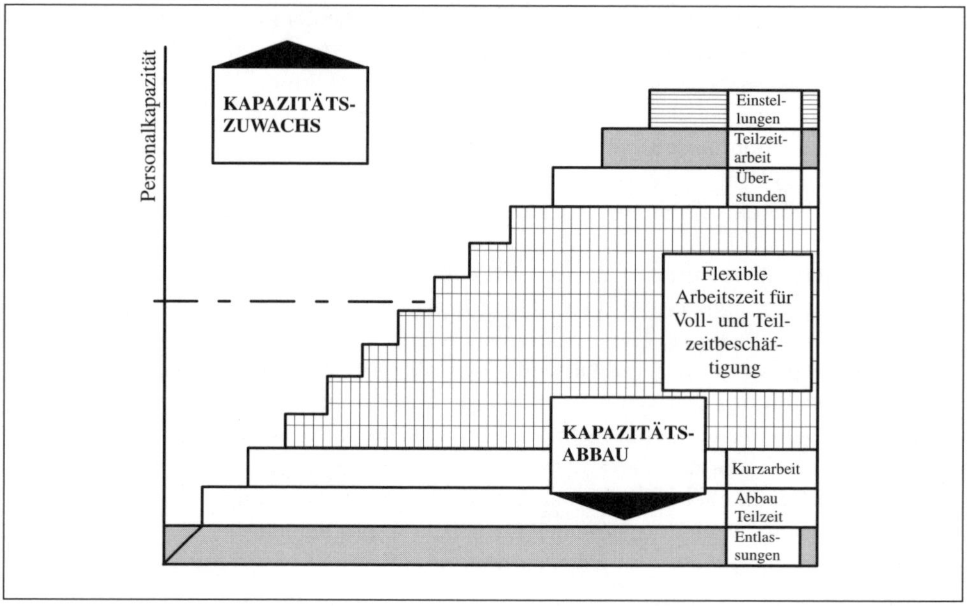

Quelle: Fritz (1985) 166.

Abb. 146: Maßnahmen zur Personalkapazitätsanpassung bei flexiblen Arbeitszeitstrukturen

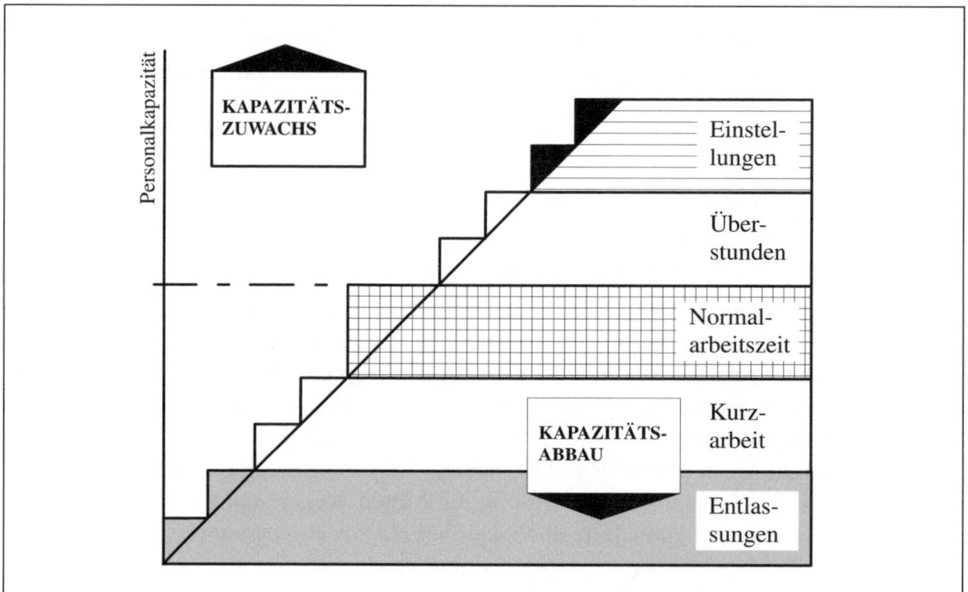

Quelle: Fritz (1985) 166.

Abb. 147: Maßnahmen zur Personalkapazitätsanpassung bei konventionellen Arbeitszeitstrukturen

Die Einführung von neuen Arbeitszeitmodellen ist einerseits oft gleichbedeutend mit Maßnahmen der **Personalentwicklung** (z. B. beim Job Sharing) und zieht andererseits häufig die Notwendigkeit nach sich, parallel weitere Entwicklungsmaßnahmen (wie z. B. Fortbildung) einzusetzen. Letzteres ist dann der Fall, wenn ein Modell flexibler Arbeitszeit eine Sozialinnovation darstellt, die mit Arbeitsplatz-Anforderungen verbunden ist, denen nicht in gleichem Umfange entsprechende Qualifikationen der Mitarbeiter gegenüberstehen. Hier die Übereinstimmung zwischen Anforderungen und Qualifikationen herzustellen, ist Voraussetzung für den Erfolg von Arbeitszeit-Innovationen. Am **Beispiel des Job Sharing** können diese Zusammenhänge verdeutlicht werden.

Job Sharing erzeugt Lernprozesse (Qualifizierungsprozesse) durch die verstärkt notwendige Kooperation und Kommunikation mit dem jeweiligen Job Sharing-Partner. Diese können sich wechselseitig neue Qualifikationsinhalte oder höhere -niveaus vermitteln. Andernfalls wären sie durch spezielles Training zu verbessern. Daneben ergeben sich Qualifizierungsmöglichkeiten durch mehr Freizeit, z. B. durch Aufnahme eines nebenberuflichen Universitätsstudiums.

Des Weiteren ermöglicht Job Sharing eine zusätzliche Spezialisierung (mit ihren Rationalisierungsvorteilen) bei sich ergänzenden Qualifikationsprofilen der Job Sharing-Partner.

Eine personenorientierte Aufgabenstrukturierung weist eine Reihe von potenziellen Vorteilen auf:

- Anforderungen und Qualifikationen können im Sinne eines langfristigen Entwicklungsprozesses »aufgeschaukelt«, d. h. auf höhere Niveaus gehoben werden.
- Der motivationale Gehalt des Arbeitsinhaltes (gekennzeichnet durch die Merkmale Varietät, Geschlossenheit, Wichtigkeit und Autonomie der Aufgabenerfüllung, Rückkoppelung der Ergebnisse und Fähigkeitennutzung und -entwicklung) steigt.

Daneben wirft eine personenorientierte Aufgabenstrukturierung aber auch **Probleme** auf:

- wachsende Abhängigkeit des Betriebes von den vorhandenen Mitarbeitern;
- ständige Reorganisationsnotwendigkeiten (Instabilität).

Job Sharing ist ein gutes Beispiel, dass ein Modell für flexible Arbeitszeit mit gleichzeitiger Personalentwicklung in allen individuellen Karrierephasen Sinn machen kann, weil es beiden Partnern individuelle Vorteile (die einander nicht widersprechen, sondern sich vielmehr ergänzen können) zu erbringen vermag.

Ältere Mitarbeiter in der **späten Karrierephase** weisen oftmals Qualifikationsprofile auf, die den Anforderungsprofilen nicht mehr entsprechen, aber für den Betrieb trotzdem von unschätzbarem Wert sind. Ihre Qualifikationen sind anders, nicht grundsätzlich geringer oder obsolet. Die körperliche Leistungsfähigkeit genügt beispielsweise häufig nicht mehr den Anforderungen eines Acht-Stunden-Tages. Eine zeitliche Kürzung im Rahmen eines Job Sharing koppelt dann die leistungsschwachen Tagesphasen ab. Dies wäre eine mögliche Form für einen gleitenden Übergang in den Ruhestand: Als Job Sharing-Partner eignen sich durchaus jüngere Mitarbeiter in der **frühen Karrierephase,** z. B. »frischgebackene« Hochschulabsolventen. Während der ältere Mitarbeiter über reichhaltige und umfangreiche Betriebskenntnisse verfügt, kennt der jüngere die neuesten Verfahren und Techniken des jeweiligen Tätigkeitsfeldes. Die Bildung eines solchen **»Promotorengespanns«**[365] verbindet Anwendungserfahrungen mit neuartigen Verfahrenskenntnissen.

---

365 Vgl. Sadowski (1977) 51 f.

Dadurch kann eine Reihe **positiver Entwicklungseffekte** entstehen:

- Die spezifischen Qualifikationen älterer und jüngerer Mitarbeiter werden genutzt und Versagensfolgen vermieden.
- Neu eingetretene Mitarbeiter erhalten trotz mangelnder Erfahrungen anspruchsvolle Aufgaben (in Kooperation); dadurch lassen sich negative Folgen von Erwartungsdiskrepanzen (»Realitätsschock«) vermeiden.
- Wechselseitige Lernprozesse werden durch unterschiedliche Qualifikationen in Gang gesetzt.
- Der ältere Mitarbeiter kann als Mentor und Sponsor (Förderbeziehungen) fungieren und die Karriere des jüngeren beeinflussen.
- Personalfreisetzungen werden möglich.

Mitarbeiter in der **mittleren Karrierephase** revidieren oftmals ihre Karriereentscheidungen: Andere Lebensbereiche gewinnen eine wesentlich größere Bedeutung als der Arbeitssektor, eine gravierende Umstellung der Tätigkeit wird angestrebt u. Ä. Für diese Mitarbeiter bietet Job Sharing ein Medium, zeitlich divergierende Interessen zu vereinbaren, z. B. zwei Teilzeitbeschäftigungen, Ausweitung der Freizeit (Hobbies), und eine neue Karriereperspektive zu gewinnen. Dem Betrieb bleiben diese Mitarbeiter mit ihren Qualifikationen dann erhalten.

Weiterhin können Zusammenhänge zwischen Arbeitzeit-Flexibilisierung und **Vergütung** bestehen. Dabei ist es wichtig, die Lohnform so auf die jeweilige Form der Arbeitszeit-Flexibilisierung abzustimmen, dass im Vergleich zur Vollzeitarbeit keine Benachteiligungen für den betreffenden Arbeitnehmer entstehen und die besonderen Arbeitsbedingungen verkürzter und darüber hinaus manchmal auch **schwankender** Arbeitszeiten angemessen berücksichtigt werden. So wäre z. B. die Vereinbarung eines **Pensumlohnes** dann sinnvoll, wenn ein bestimmtes Auftragsvolumen zu erledigen ist, wozu ein bestimmter Bedarf an Arbeitszeit erforderlich ist. Es wäre dann Aufgabe der betroffenen Arbeitnehmer, die entsprechende Arbeitszeit selbst festzulegen und in Anspruch zu nehmen, bis die Aufgabe, das Projekt erfüllt ist. Pensumlohn könnte auch bei **schwankendem Arbeitszeiteinsatz** eingesetzt werden, z. B. um der saisonal bedingten Dringlichkeit einer Aufgabe gerecht zu werden. Auch bestünde die Möglichkeit, für Zeiten erhöhter Belastung einen Zuschlag zu gewähren und z. B. die geleistete Stunde mit mehr als 60 Minuten abzurechnen.

Auf mögliche nachteilige Auswirkungen bei unzureichender Beachtung sozialversicherungsrechtlicher Aspekte ist schon hingewiesen worden. Als Lösung bietet es sich grundsätzlich an, bei der Entgeltabrechnung möglichst konstante Auszahlungen anzustreben, um dadurch die Abrechnung von zeitlich unterschiedlich langen, u. U. auch schwankenden Arbeitsleistungen möglichst zu vereinfachen. Dies bedeutet z. B., dass Arbeitszeiten vertraglich vereinbart werden, die sich auf einen längeren Zeitraum beziehen und insofern Durchschnittswerte als Basis für die Entgeltabrechnung darstellen. Gleichzeitig sind in vielen Fällen moderne Zeiterfassungsgeräte erforderlich, die sowohl für die Arbeitnehmer als auch für den Arbeitgeber einen leicht nachvollziehbaren Überblick über das »Arbeitszeitkonto« ermöglichen. Bei der Einrichtung von **Zeitsparmodellen** unter Verwendung so genannter »Langzeitkonten«, die Zeitgutschriften über mehrere Jahre – bis hin zur Lebensarbeitszeit – verwalten, müssen die Verzinsung der Sparbeiträge und monetäre Abgeltungen bei vorzeitiger Auflösung des Arbeitsverhältnisses geregelt werden.

c) Technologische Gestaltung

Die Technologie eines Arbeitsplatzes ist durch den Grad seiner **Mechanisierung** bestimmt. Die existierenden technologischen Gestaltungsergebnisse sind die Summe der Ingenieurleistungen aus Wissenschaft und Praxis. Anlass für sie, erbracht zu werden, waren zumeist und sind auch heute noch vielfach Bestrebungen zur Verbesserung der Wirtschaftlichkeit von Arbeitsprozessen und der Qualität der Arbeitsergebnisse. Mehr und mehr kommt heute hinzu, von der Erleichterungs- und u. U. sogar Ersetzungsbedürftigkeit menschlicher Arbeit auszugehen und technologischen Wandel in diese Richtung zu lenken. Die Ergonomie geht bereits Schritte auf diesem Wege.

In die Wahl eines geeigneten **Arbeitsverfahrens** gehen in der Hauptsache Überlegungen ein, die die zur Verfügung stehenden **Technologien** betreffen, worunter Art und Grad der Kombination menschlicher und maschineller Arbeit zu verstehen ist. Danach können Arbeitssysteme unterschiedlicher **Automatisierungs-** und **Mechanisierungsgrade** unterschieden werden. Das Extrem höchster Automation liegt vor, wenn dem Menschen lediglich noch die Bedienung eines Arbeitssystems obliegt, in dem Führung der Arbeitsmittel, die Steuerung des Arbeitsprozesses und die Kontrolle des Arbeitsergebnisses (einschließlich Korrektur) von maschinellen Aggregaten übernommen werden. Im anderen Extremfall liegt die Durchführung aller dieser Teilaufgaben beim Menschen. Dazwischen befindet sich ein weitgespanntes Kontinuum unterschiedlicher Mechanisierungs- und Automatisierungsgrade.

Unter ihnen kann nicht immer frei gewählt werden. Der Grad der erreichbaren resp. erwünschten **Arbeitsteilung** bildet einen Bestimmungsfaktor, der seinerseits nicht unabhängig vom realisierbaren **Produktionsvolumen** ist. Andererseits sind bestimmte Produktionsmengen bisweilen nur einzig und allein mit ganz bestimmten Verfahren und technischen Einrichtungen realisierbar; Beispiele hierfür finden sich in der Stahl erzeugenden, in der chemischen Industrie.

Insgesamt konnten mit den bis heute entwickelten Technologien weitgehende **Erleichterungen menschlicher Arbeit** erreicht werden: So konnten auf vielen Gebieten schwere, gefährliche Routine-Arbeiten abgebaut werden; Arbeitsprozesse und -ergebnisse konnten erheblich verbessert werden; die manuell nie erreichbare Schnelligkeit und Genauigkeit der Informationsverarbeitung in modernen EDV-Systemen liefert hierfür ein eindrucksvolles Beispiel. Aber mit neuen Technologien sind auch häufig Veränderungen in der Aufgabengestaltung verbunden, die unter humanen Gesichtspunkten nicht immer positiv zu bewerten sind. Auch hierfür liefern moderne EDV-Systeme ein Beispiel: Durch die Einführung so genannter integrierter Standardsoftware (z. B. SAP) wird im Vergleich zur vorherigen Situation bei einigen Stellen der Handlungsspielraum stark eingeschränkt und der Anteil an Routine-Arbeiten wesentlich vergrößert. Diese Beobachtung gilt insbesondere für Bereiche, deren Aufgaben am Anfang der betrieblichen Prozesskette stehen, und ist durch die dortige starke Zunahme von Datenerfassungs- und -pflegetätigkeiten zu erklären. Zudem wird für viele Mitarbeiter durch die konsequente Vermeidung von Medienbrüchen der Bildschirm zum dominanten Arbeitsmittel.[366]

Die Entwicklung immer neuer Technologien darf nicht in gefährlicher Perfektionismus-Euphorie und blinder Fortschrittsgläubigkeit enden. Eine Abkehr hiervon zeigt sich in dem

---

366 Vgl. zu den Auswirkungen von integrierter Standardsoftware auf die Arbeitsorganisation AFOS (1996) 55 ff.

Wandel an, mit dem Abstimmungen der Erfordernisse für menschliche und maschinelle Arbeitsvorgänge zunehmend versucht werden. Von einer einseitigen Anpassung des Menschen und seiner Fähigkeiten an Maschinen, die unter rein natur- und ingenieurwissenschaftlichen Gesichtspunkten entwickelt wurden, über eine wechselseitige Abstimmung geht heute die Entwicklung mehr und mehr dahin, dass ernsthafte Versuche einer Anpassung maschineller Aggregate an die mit ihnen arbeitenden, ihre Arbeitsergebnisse benutzenden Menschen unternommen werden (in diesem Sinne versteht sich die moderne Ergonomie als eine auch vom Ausgangspunkt her gewandelte Arbeitswissenschaft).

Trotzdem kann nicht behauptet werden, dass **gravierende Probleme,** die die moderne Arbeitswelt mit sich bringt, heute als endgültig oder auch nur überwiegend gelöst angesehen werden könnten: wie etwa das Problem der Entfremdung des Menschen von seiner Arbeit (bei sehr weit getriebener Arbeitsteilung, wenn die Einsicht in die Sinnhaftigkeit des eigenen Tuns erschwert oder sogar verwehrt wird), der Monotonie aufgrund stets wiederkehrender, gleichförmiger Verrichtungen. An dieser Stelle wird deutlich, dass die Einflussrichtungen von Problemen dieser Art nicht mehr immer zweifelsfrei zu orten sind: Wirkungen auf das Wollen und auf das Können zur Leistung verschränken sich oft in schwer durchschaubare Weise.

3. Gruppenarbeit

Die Gruppe ist insofern eine objektive Komponente der Arbeitsbedingungen, als sie das Können der Arbeitenden beeinflusst. Möglichkeit, Quantität und Qualität der Leistungserbringung können variieren, je nachdem, ob in Gruppen gearbeitet wird oder nicht.

Die obigen Ausführungen über Bedingungen für Einzelarbeitsplätze gelten dabei für die Arbeitsplätze innerhalb einer Gruppe ebenfalls (physiologische Belastungen, Umgebungseinflüsse etc.), es sei denn, bestimmte Bedingungen (etwa psychologische Wirkungen wie z. B. Monotonie) werden durch die Tatsache, dass die Arbeit in Gruppen vollzogen wird, verändert oder aufgehoben.

Es darf allerdings nicht übersehen werden, dass Gruppenarbeit auch Wirkungen auf die Komponente des Wollens entfalten kann, da bestimmte Motive des Individuums gerade durch diese Arbeitsbedingung angesprochen werden.

VII. Anreizsysteme

1. Verständnis und Differenzierung

Anreizsysteme sind Bestandteil jedweder Managementkonzeption und dienen als deren Teilelement instrumentell zur Erreichung der betrieblichen Ziele. Mit ihnen wird versucht, direkt oder indirekt Mitarbeiter zu motivieren, zielgerichtetes Verhalten zu zeigen. Die bewusste Gestaltung eines Anreizsystems stellt eine Reaktion auf die wahrgenommenen Grenzen der Einsatz- und Leistungsbereitschaft der Mitarbeiter dar. Eintrittsanreize an qualifizierte Positionsinteressenten und Bleibeanreize an qualifizierte Mitarbeiter sowie Leistungsanreize zu spezifischem Arbeitsverhalten sollen deren Bereitschaft fördern.[367]

Beschäftigt man sich grundsätzlich mit einem betrieblichen Anreizsystem, so sind verschiedene **Ebenen** zu differenzieren:[368]

- **Anreizsystem im weitesten Sinne**. Verhaltensbeeinflussende Stimuli gehen stets von den vorhandenen innerbetrieblichen Bedingungen aus. Auf dieser Ebene konstituiert sich ein Anreizsystem unbedingt durch jede strukturelle, prozessuale und operative Entscheidung sowie deren Umsetzung – und das unabhängig davon, ob die damit verbundenen Anreizwirkungen bewusst oder unbewusst bzw. gewollt oder ungewollt sind: Der Betrieb ist ein Anreizsystem!
- **Anreizsystem im weiteren Sinne**. Aus analytischer Sicht vollzieht sich die Führung eines Betriebes innerhalb eines Führungssystems (vgl. hierzu auch Kap. A.II). Es lässt sich entlang der Managementfunktionen in Subsysteme aufspalten: Planungs- und Kontroll-, Organisations- sowie Personal- und Anreizsystem.[369] Diese wirken als Führungsinstrumente auch mittels zielgerichteter Gestaltung auf die Motivation der Mitarbeiter: Der Betrieb hat ein Anreizsystem!
- **Anreizsystem im engeren Sinne**. Aus der generellen Systemgestaltung werden zeitspezifisch individuelle Anreizpläne auf die einzelnen Mitarbeiter abgeleitet. Sie stellen das Anreizsystem dar, welches sich konkret auf einzelne Mitarbeiter richtet: Der Betrieb setzt individuelle Anreizsysteme ein!

Die Überlegungen in diesem Lehrbuch beschäftigen sich inhaltlich v. a. mit Anreizsystemen im weiteren Sinne; diese unterliegen der Gestaltung des Managements, sie berücksichtigen alle relevanten Anreize und stellen ein Führungsinstrument dar.

Unter **Anreizsystemen** wird in diesem Sinne die Summe aller im Wirkungsverbund bewusst gestalteten und aufeinander abgestimmte Stimuli (Arbeitsbedingungen i. w. S.), die bestimmte Verhaltensweisen (durch positive Anreize, Belohnungen) auslösen bzw. verstärken, die Wahrscheinlichkeit des Auftretens unerwünschter Verhaltensweisen dagegen mindern (durch negative Anreize, Sanktionen), sowie die damit verbundene Administration verstanden. Dieses Verständnis erfasst die Gesamtheit der von Vorgesetzten und dem Betrieb gewährten materiellen und immateriellen Anreize, die für Mitarbeiter einen subjektiven Wert besitzen.

---

367 Vgl. Schanz (1991a); March/Simon (1976).
368 Vgl. zu folgenden Ausführungen auch Becker, F. G. (1990), (1995).
369 Vgl. grundlegend Wild (1974); Steinmann/Schreyögg (2000); Becker/Fallgatter (2002) 43 ff.

Ein solch umfassendes Anreizsystem ist ein fiktives Gebilde. Es löst sich in den einzelnen, o. g. **Subsystemen der Führungskonzeption** auf, falls bei deren sachgerechter Gestaltung auch die Anreizwirkung der jeweilig angestrebten Subsystemstruktur mit als Nebenbedingung beachtet wird. Der Zusammenhang der Anreizsysteme mit anderen Führungssubsystemen macht es notwendig, sich mit den instrumentellen Beziehungen auseinander zu setzen, denn einzelne Subsysteme lassen sich z. T. als funktional-äquivalente Führungsinstrumente verstehen. Funktionale Äquivalenz von Subsystemen und Planungs- bzw. Organisationssystemen bedeutet z. B., dass die Funktion der Mitarbeitersteuerung u. U. durch andere Subsysteme erfüllt werden kann, da bspw. Anreizsysteme im Prinzip eine Kontroll-, eine Planungs- und eine Organisationsfunktion leisten können. Auch die Gestaltung der Subsysteme hat neben ihren anvisierten Zwecken mittel- oder unmittelbare Anreizwirkungen. Gewissermaßen erfolgt die Gestaltung bspw. des Planungs- und Organisationssystems unter anreizpolitischen Maßstäben, sofern dies explizit beachtet wird. Im Hinblick auf Unternehmungs- und Personalstrategien ist die konsistente Ausgestaltung aller Subsysteme sinnvoll. Das Anreizsystem wird in der Umsetzung erleichtert oder erschwert, je nachdem, wie gut die jeweils anderen Subsysteme auf die anreizpolitischen Grundsätze abgestimmt sind. Je besser bspw. Mitarbeiterqualifikationen mit Arbeitsinhalten übereinstimmen, desto weniger Bemühungen muss das Anreizsystem zusätzlich zur Steuerung zielgerechten Verhaltens unternehmen. Allerdings kann im Einzelfall auch das Gegenteil von Vorteil sein, wenn bspw. »Konformität« im Planungs- und »Widerspruch« im Organisationssystem implementiert werden soll.

Um Anreizsysteme als Führungsinstrument einsetzen zu können, bedarf es einer Kenntnis des individuellen **Motivationsprozesses** und des Zustandekommens von Arbeitsergebnissen (vgl. Kap. B.II). Motivations- und führungstheoretische Ansätze sprechen für eine individuelle Verhaltensbeeinflussung entsprechend der jeweiligen Mitarbeitermotive und damit für eine Individualisierung des Anreizsystems. Dadurch, dass standardisierte personalwirtschaftliche Instrumente quasi von genormten Mitarbeitern ausgehen, bleibt die Individualität kaum berücksichtigt. Entsprechend der Heterogenität der Belegschaft sind differenzierte Anreizmodelle zu erarbeiten. **Individualisierung** bedeutet dabei, dass ein Betrieb stärker von individuellen Motiven, Valenzen und Fähigkeiten ausgeht, soweit dadurch der betriebliche Erfolg nicht anderweitig gefährdet ist.[370] Die Berücksichtigung individueller Motive wirkt bereits tendenziell motivierend; die Wirkung wird noch verstärkt, wenn eine Befriedigung erzielt werden kann. Trotzdem liegt die Verwendung von generalisierten Anreizen als Mittel für die Befriedigung vieler Motive wegen der Vielfalt und Veränderlichkeit von Motiven sowie ökonomischer Zwänge nahe. Geld kann zur Motivbefriedigung vielfältig genutzt werden; es wirkt instrumentell, wobei auch immaterielle Motive mit ihm befriedigt werden können (immaterielle Wirkung materieller Anreize, z. B. Statussymbol). Sein Einsatz muss davon abhängig gemacht werden, ob es mit den individuellen Motiven korrespondiert. Nur ein Anreizsystem, welches trotz des Konflikts »Standardisierung vs. Differenzierung« vielfältige Anreizarten berücksichtigt, ist in der Lage, eine Verhaltensbeeinflussung zu bewirken.

---

370 Vgl. hierzu Lawler (1974); Schanz (1978); Drumm (1989), (1993), Scholz (1997).

Mit dem Angebot eines Wirkungsverbundes von Anreizen und der Gewährung von Belohnungen wird versucht, die Mitarbeiter zu mehr oder weniger bestimmtem Arbeits- und Leistungsverhalten anzuregen. Im Einzelnen kommen dem Anreizsystem dabei als Führungsinstrument v. a. folgende, nicht ganz überschneidungsfreie **Funktionen** zu:

- **Aktivierungsfunktion**. Die vorhandenen Mitarbeitermotive sollen aktiviert und die kognitiven Komponenten positiv beeinflusst sowie letztendlich in eine aktuell wirkende Motivation (Leistungsbereitschaft) umgesetzt werden, um die gesamte Qualifikation der Mitarbeiter besser zu nutzen.
- **Steuerungsfunktion**. Prinzipiell besteht bei verschiedenen Elementen eines Anreizsystems (z. B. variable Entgelte, Karrierekriterien) die Möglichkeit, eine direkte Verknüpfung zu betrieblichen Zielen vorzunehmen. Anreize können dadurch Art und Intensität des Mitarbeiterverhaltens antizipativ und nachhaltig beeinflussen (zu versuchen), indem sie dieses entsprechend positiv oder negativ sanktionieren.
- **Informationsfunktion**. Anreizsysteme vermitteln mit ihren Elementen Informationen über die Führungspolitik, die Strategie, die Unternehmungskultur u. a. Es werden explizit formulierte wie hintergründige Signale gesendet, die den Mitarbeitern vermitteln, was angesehen ist oder nicht und entsprechend positiv bzw. negativ sanktioniert wird.
- **Veränderungsfunktion**. Im Rahmen von Veränderungsstrategien (Organisationsentwicklung, Neuorientierung) können Anreizsysteme dazu genutzt werden, veränderte Anforderungen an die Mitarbeiter zu verdeutlichen. Anreize können an die intendierten Veränderungen angepasst werden, um so einen Beitrag zur Umsetzung zu leisten.

Welche der Funktionen nun durch ein spezielles Anreizsystem erfüllt werden soll, liegt in den Intentionen der betrieblichen Systemgestalter begründet.

Jegliches Anreizsystem nimmt Bezug auf verschiedene, bewusst zu gestaltende Elemente. Entsprechend der Differenzierung der Anreize (vgl. Kap. B.II.2) kann das System in ein materielles Anreizsystem (auch Vergütungs- oder Entgeltsystem genannt) und ein immaterielles Anreizsystem untergliedert werden. Das Vergütungssystem stellt lediglich die materielle Komponente des Anreizsystems dar. Wenngleich diese Elemente i. d. R. häufiger in der Wirtschaftspraxis wie der Literatur diskutiert werden, kommt der immateriellen Komponente motivational letztlich eine stärkere Wirkung zu. Die Elemente werden in den folgenden Kapiteln näher behandelt.

2. Vergütungssysteme

a) Grundlagen

Im Rahmen des Personal-Management hat die Gestaltung von Vergütungssystemen (synonym: Entgeltsysteme) große Bedeutung, weil diese zum einen die Personal- und damit auch die Gesamtkosten der Unternehmungen direkt beeinflussen und zum anderen einen erheblichen Einfluss auf das Leistungsverhalten der Mitarbeiter haben dürften (und damit indirekt auch auf die Gesamtkosten und/oder den Ertrag).

Unter **Vergütung** wird im Folgenden das gesamte Arbeitseinkommen der Mitarbeiter aus beruflicher Arbeit verstanden. Der Begriff »Vergütung« wird dabei als Sammelbegriff für Termini mit gleichen oder ähnlichen Begriffsinhalten, wie z. B. »Lohn«, »Entlohnung«,

»Entgelt«, verwendet. Rechtliche Basis jeder Vergütung ist vor allem der Arbeitsvertrag, der die Pflicht des Arbeitgebers zur Zahlung einer Vergütung begründet.[371]

Die Differenzierung des Vergütungsbegriffs erfolgt sowohl in der Literatur als auch in der Praxis sehr unterschiedlich. Im Ergebnis bestehen jedoch oft keine (oder nur geringe) inhaltliche Unterschiede.

So unterteilen das Statistische Bundesamt und das Institut der deutschen Wirtschaft weiter in **»Entgelt für geleistete Arbeit«** (oftmals auch als **»Direktvergütung«** bezeichnet) und **»Personalzusatz-** oder **Personalnebenkosten«**, die sich aus den (gesetzlichen, tariflichen und freiwilligen) **»Sozialleistungen**« zusammensetzen. Dabei spiegelt der Begriff »Sozialleistungen« eher die Sicht der Mitarbeiter und der Begriff »Personalzusatzkosten« eher die Sicht der Unternehmung wider. Drumm[372] unterscheidet Leistungs- und Soziallohn, Schanz[373] hingegen Direktentgelt und Nebenleistungen. Die Begriffsinhalte sind mit den obigen nahezu identisch.

Eine Sonderstellung nimmt dagegen die Erfolgsbeteiligung ein, die weder der Direktvergütung noch den Sozialleistungen eindeutig zugeordnet werden kann. Bei Erfolgsbeteiligungen handelt es sich um freiwillige – oftmals sozial motivierte – Leistungen der Unternehmung, die jedoch im Unterschied zu Sozialleistungen eine erfolgsbezogene Beteiligungsbasis haben. Der letzte Aspekt würde u. U. auch eine Zuordnung zur Direktvergütung erlauben. Direktvergütungen sind jedoch individuell orientiert (»Gegenleistung für die erbrachte Arbeit«) und haben daher einen eher kurzfristigen Charakter, der sich auch im Zahlungsmodus (in der Regel monatliche Zahlungen) manifestiert. Demgegenüber basiert die Erfolgsbeteiligung überwiegend auf Erfolgen, die in der gesamten Unternehmung oder in größeren Unternehmungsbereichen in einem Jahr oder in mehreren Jahren erzielt werden. Eine Ausnahme bildet die erfolgsbezogene Vergütung von Führungskräften (vgl. Kap. D.VII.7).

Abbildung 148 gibt einen Überblick über die Arten und Bestandteile der Vergütung.

Als zentrales Ziel der Vergütungspolitik gilt die Schaffung eines »gerechten« Vergütungssystems. Dabei ergibt sich jedoch ein Konflikt zwischen den Unternehmungs- und den Mitarbeiterinteressen: Aus **Sicht der Mitarbeiter** ist die Vergütung ein Mittel zur Befriedigung ihrer Bedürfnisse, insbesondere sichert sie die materielle Existenzgrundlage. Die **motivationalen Aspekte der Vergütung** wurden bereits bei der Darstellung von Determinanten der Arbeitsleistung behandelt (vgl. Kap. B.II.2). Generelle Aussagen über die möglichen leistungsstimulierenden Effekte der Vergütung sind jedoch nicht möglich.

Aus **Unternehmungssicht** ist die Vergütung eine Kostenart, so dass bei der Gestaltung von Vergütungssystemen – neben den Anreizwirkungen – auch Wirtschaftlichkeitsaspekte eine zentrale Rolle spielen. Die Personalkosten ergeben sich aus den Kosten für die Direktvergütung sowie den Personalzusatzkosten. Problematisch aus Sicht der Unternehmung ist jedoch, dass sie weder die Höhe der Direktvergütung noch die Höhe der Personalzusatzkosten, die auch als der »zweite Lohn« bezeichnet werden, autonom gestalten kann.

---

371 Die Vergütung der Arbeiter wird als Lohn, die der Angestellten als Gehalt bezeichnet. Die Einteilung der Arbeitnehmer in Arbeiter und Angestellte verliert jedoch sowohl aus sachlicher (Angleichung von Aufgaben und Arbeitssituation) als auch aus juristischer Sicht (Unvereinbarkeit mit der Verfassung) zunehmend an Bedeutung, so dass nachfolgend auf diese Unterscheidung verzichtet wird.

372 Vgl. Drumm (2000) 556 ff.

373 Vgl. Schanz (1993) 472.

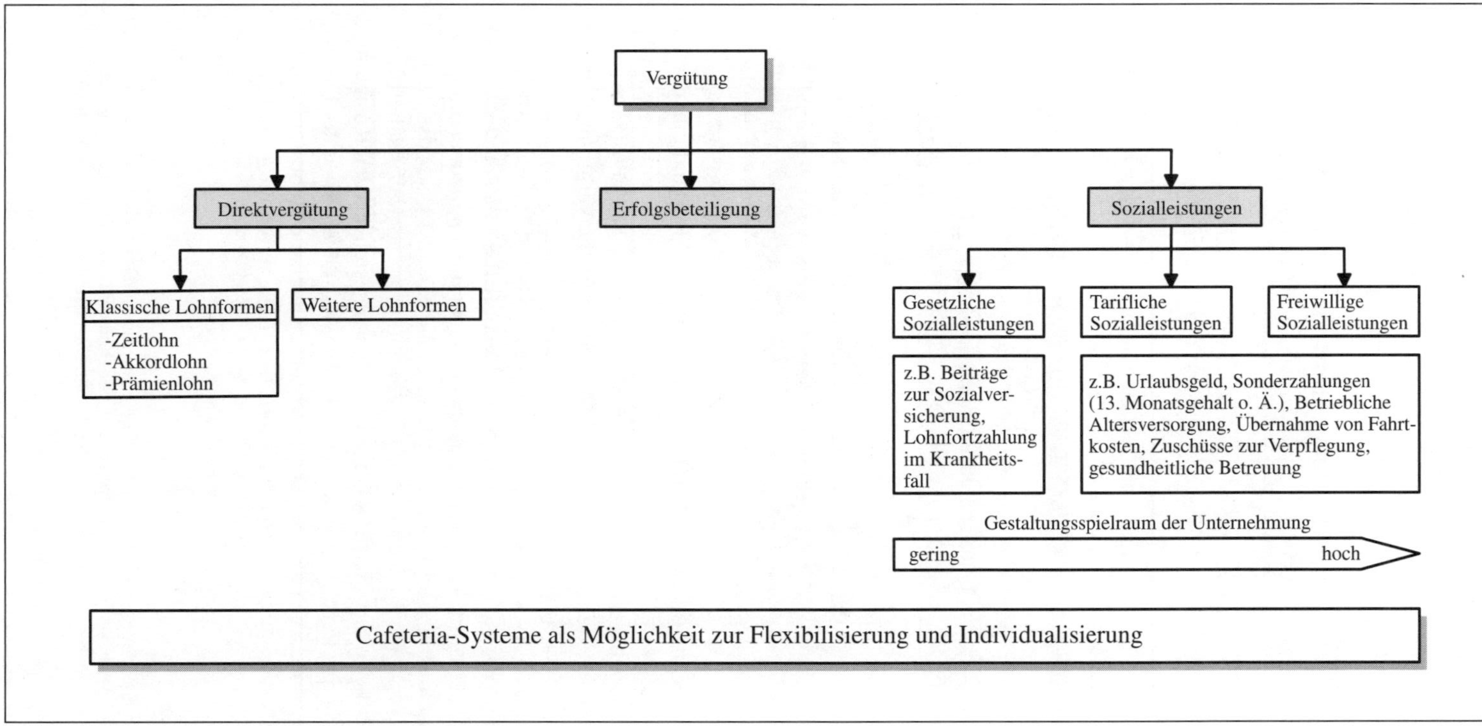

Abb. 148: Überblick über die Arten und Bestandteile der Vergütung

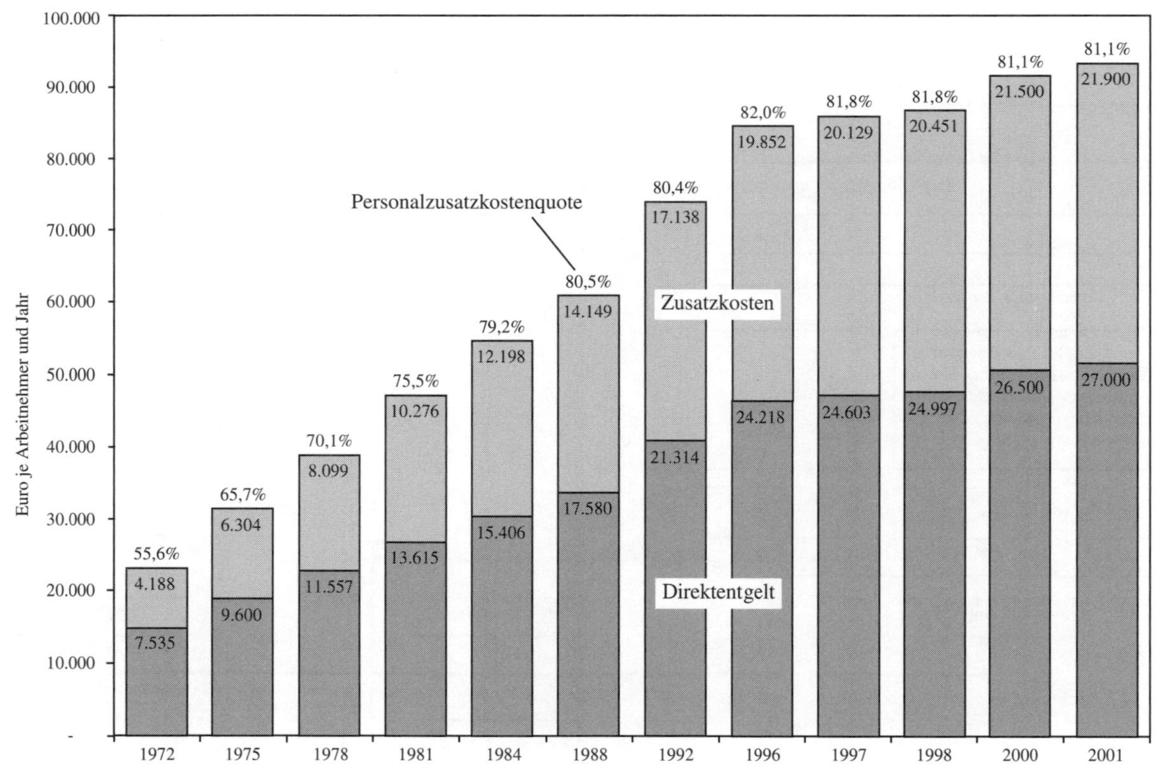

Quelle Statistisches Bundesamt; Institut der deutschen Wirtschaft Köln. Entnommen aus Hemmer (1999) 291.

Abb. 149: Personalzusatzkosten im Produzierenden Gewerbe Westdeutschlands bei Unternehmen mit 10 und mehr Beschäftigten.

Zum einen wird der Gestaltungsspielraum durch arbeits- und sozialrechtliche Regelungen, die vor allem dem Schutz der Mitarbeiter dienen sollen, eingeengt. Zum anderen werden in vielen Branchen Vergütungshöhe und -struktur durch kollektivvertragliche Regelungen (insbesondere Tarifverträge) bestimmt. Die einzelne Unternehmung kann somit wichtige Gestaltungsparameter eines Vergütungssystems kaum beeinflussen, so dass sich die Gestaltungsfreiheit – zumindest für Tarif-Mitarbeiter – oftmals auf die Wahl von Prinzipien der Lohnbildung und der Lohnformen reduziert.

So beruhen z. B. die Personalzusatzkosten überwiegend auf gesetzlichen und tariflichen Regelungen, so dass der Anteil der freiwilligen Sozialleistungen (und damit die unmittelbar zu beeinflussenden Kosten) relativ gering ist. Die Abbildungen 149 bis 151 geben einen Überblick über die Entwicklung der Personalzusatzkosten und deren Anteil und Zusammensetzung an den gesamten Personalkosten.

Personalzusatzkosten	Westdeutschland				Ostdeutschland			
	1992	1996	2000	2001	1992	1996	2000	2001
Gesetzliche Personalzusatzkosten	35,4	37,7	37,4	37,1	34,6	37,7	37,8	37,8
Sozialversicherungsbeiträge der Arbeitgeber [2] (einschl. Unfallversicherung)	25,4	28,1	28,5	28,4	26,2	28,3	28,7	28,9
Bezahlte Feiertage [3]	4,5	5,0	5,0	5,0	3,7	4,6	4,6	4,6
Entgeltfortzahlung im Krankheitsfall	5,1	4,2	3,5	3,3	3,9	3,7	3,4	3,2
Sonstige gesetzliche Personalzusatzkosten [4]	0,4	0,4	0,4	0,4	0,8	1,1	1,1	1,1
Tarifliche und betriebliche Personalzusakosten	45,0	44,3	43,9	44,1	31,7	30,2	30,4	30,5
Urlaub einschl. Urlaubsgeld	19,3	18,8	18,6	18,6	13,6	15,6	15,4	15,4
Sonderzahlungen (Gratifikationen, 13. Monatsgehalt)	9,2	8,8	8,3	8,3	3,9	4,0	4,0	4,0
Betriebliche Altersversorgung	7,4	7,7	7,7	7,7	0,7	1,2	1,7	1,7
Vermögensbildung	1,3	1,1	1,1	1,1	0,1	0,3	0,3	0,4
Sonstige Personalzusatzkosten	7,8	7,9	8,2	8,4	13,4	9,1	9,0	9,0
Gesamt	80,4	82,0	81,3	81,2	66,3	67,9	68,2	68,3

1) Unternehmen mit 10 und mehr Beschäftigten. 2) Dieser Prozentsatz weicht von den in der betrieblichen Praxis verwendeten Beitragssätzen in der Sozialversicherung ab, da hier das Entgelt für geleistete Arbeit die Basis bildet. Das Entgelt für geleiste Arbeit entspricht dem um die Personalzusatzkosten-Bestandteile verminderten Bruttogehalt. 3) Aus methodischen Gründen wurde mit einer konstanten Zahl von Feiertagen gerechnet. Berücksichtigt wird seit 1995 der Wegfall des Buß- und Bettages. 4) Nach Mutterschutz- und Schwerbehindertengesetz sowie Zulage zum Konkursausfallgeld

Quelle: Statistisches Bundesamt; Institut der deutschen Wirtschaft Köln. Entnommen aus Hemmer (1999) 292.

Abb. 150: Personalzusatzkosten im Produzierenden Gewerbe[1] (in % des Entgelts für geleistete Arbeit).

Eine Verbesserung der Gewinnsituation der Unternehmung kann daher vor allem auf der »Leistungsseite« (und nicht auf der »Kostenseite«) erfolgen, z. B. durch Veränderungen der Arbeitsorganisation oder Entwicklung innovativer Produkte, die zu einer günstigen Wettbewerbsposition führen können.

Personalzusatzkosten	Großhandel			Einzelhandel			Kreditgewerbe			Versicherungs-gewerbe		
	1992	1996	2001	1992	1996	2001	1992	1996	2001	1992	1996	2001
Gesetzliche Personalzusatzkosten	31,4	34,7	33,5	33,0	36,0	34,9	33,5	36,5	35,2	32,7	37,1	35,8
Sozialversicherungsbeiträge der Arbeitgeber [2] (einschl. Unfallversicherung)	22,8	25,8	25,8	24,0	26,9	27,0	24,2	27,0	27,0	23,1	26,9	26,9
Bezahlte Feiertage [3]	4,4	5,0	5,0	4,2	4,7	4,7	4,6	5,2	5,2	4,8	5,2	5,2
Entgeltfortzahlung im Krankheitsfall	3,9	3,5	2,3	4,4	3,9	2,7	4,2	3,8	2,5	4,5	4,3	3,1
Sonstige gesetzliche Personalzusatzkosten [4]	0,3	0,4	0,4	0,4	0,5	0,5	0,5	0,5	0,5	0,3	0,7	0,6
Tarifliche und betriebliche Personalzusakosten	34,8	34,8	35,4	33,4	34,1	34,5	64,5	66,8	66,5	61,4	65,7	65,5
Urlaub einschl. Urlaubsgeld	16,2	16,1	15,8	17,1	17,3	17,4	15,1	15,1	15,1	19,1	20,2	20,1
Sonderzahlungen (Gratifikationen, 13. Monatsgehalt)	8,7	8,2	8,2	7,8	7,8	7,9	19,2	20,3	20,1	15,2	14,5	14,3
Betriebliche Altersversorgung	3,5	3,8	4,2	2,1	2,1	2,2	14,7	16,4	16,3	15,2	17,1	17,1
Vermögensbildung	1,1	0,9	0,9	0,8	0,7	0,9	2,0	1,9	1,9	1,5	1,7	1,7
Sonstige Personalzusatzkosten	5,3	5,8	6,3	5,6	6,2	6,1	13,5	13,1	13,1	10,4	12,2	12,3
Gesamt	66,2	69,5	68,9	66,4	70,1	69,4	98,0	103,3	101,7	94,1	102,8	101,3

1) Unternehmen mit 10 und mehr Beschäftigten. 2) In % des Entgelts für geleistete Arbeit. Das Entgelt für geleistete Arbeit ist der/das um die Sonderzahlungen und um das Entgelt für arbeitsfreie Tage verminderte Bruttolohn/-gehalt. 3) Aus methodischen Gründen wurde mit einer konstanten Zahl von Feiertagen gerechnet. Berücksichtigt wird seit 1995 der Wegfall des Buß- und Bettages. 4) Nach Mutterschutz- und Schwerbehindertengesetz sowie Zulage zum Konkursausfallgeld

Quelle: Statistisches Bundesamt, Institut der deutschen Wirtschaft Köln. Entnommen aus Hemmer (1999) 293.

Abb. 151: Personalzusatzkosten im westdeutschen Dienstleistungssektor[1)] (in % des Entgelts für geleistete Arbeit).

b) Lohndifferenzierung

Die Bestimmung der absoluten und der relativen Lohnhöhe ist eine zentrale Aufgabe der Vergütungspolitik. Ein Blick in die Wirtschaftspraxis zeigt zum einen, dass die gezahlten Vergütungen sowohl zwischen einzelnen Branchen und Unternehmungen als auch innerhalb einzelner Unternehmungen für verschiedene Mitarbeiter(gruppen) sehr weit streuen. Zum anderen existieren jedoch sowohl in einzelnen Unternehmungen als auch in ganzen Tarifgebieten relativ stabile Vergütungsstrukturen. Es stellt sich daher die Frage, welche Prinzipien bei der Lohnbildung eine Rolle spielen.

Als zentrales Postulat für die Bestimmung der absoluten und relativen Lohnhöhe gilt die **Lohngerechtigkeit** (s. o.).[374]

Bei der Bestimmung der absoluten Lohnhöhe geht es um die Frage, wie der von einer Unternehmung geschaffene Wert (= Wertschöpfung) auf die Produktionsfaktoren »Arbeit« und »Kapital« verteilt werden soll. Über den Gerechtigkeitsbegriff als normative Katego-

374 Vgl. allgemein zur Problematik der Lohngerechtigkeit Steinmann/Löhr (1992).

rie existieren jedoch unterschiedliche individuelle und gesellschaftliche Wertvorstellungen. Eine gerechte Lösung des Verteilungsproblems wäre jedoch nur dann möglich, wenn ein allgemeiner Konsens über einen Gerechtigkeitsmaßstab herrschen würde. Dies bedeutet, dass für die Bestimmung eines absolut gerechten Lohnes ein solcher Maßstab gefunden werden muss. Da dieser fehlt, beruht die absolute Höhe der Direktvergütung meist auf Kompromissen zwischen den divergierenden Interessen von Arbeitgebern und Arbeitnehmern und wird in der Regel von deren Repräsentationsorganen (Arbeitgeberverbände und Gewerkschaften, vgl. Kap. E.IV) ausgehandelt. Die Höhe der Sozialleistungen wird sowohl durch gesetzliche und tarifliche Regelungen als auch (bei freiwilligen Sozialleistungen) weitgehend autonom durch die Unternehmung bestimmt.

Forschungsgegenstand der Betriebswirtschaftslehre war und ist in erster Linie die Bestimmung der relativen Lohnhöhe[275], also die gerechte Verteilung der auf den Produktionsfaktor »Arbeit« entfallenden Lohnsumme auf die einzelnen Mitarbeiter. Auch dabei sind wieder Maßstäbe zu finden, nach denen eine von der Unternehmung und den Mitarbeitern als gerecht empfundene Vergütung bestimmt werden kann.

Aus Unternehmungssicht gilt das so genannte **Äquivalenzprinzip** von Kosiol als zentrales Grundprinzip für die gerechte Gestaltung der Lohnstruktur. Er postuliert, dass die individuelle Lohnhöhe und die individuelle Leistung übereinstimmen sollten, so dass

- Äquivalenz von Lohn und Anforderungsgrad (Anforderungsgerechtigkeit) und
- Äquivalenz von Lohn und Leistungsgrad (Leistungsgerechtigkeit)

gegeben sein müssen.

Das Äquivalenzprinzip basiert somit auf der Fiktion, dass Anforderungen und individuelle Leistung die einzigen Determinanten der Lohnhöhe sind.

Die Praxis zeigt jedoch, dass noch weitere Prinzipien die Lohnhöhe beeinflussen können (sollten). Aus Mitarbeitersicht ist – neben der Leistungsorientierung – vor allem die Orientierung der Lohnhöhe an sozialen Merkmalen wünschenswert. Dieser Teil der Vergütung wird daher als »Soziallohn« (oder Sozialleistungen, vgl. Kap. D.VII.1) bezeichnet.

Als weitere Determinanten der Lohnhöhe gelten die Orientierung an den Verhältnissen auf dem Arbeitsmarkt (Marktorientierung) und zunehmend auch die Qualifikationsorientierung.

Die bisher genannten »Gerechtigkeitserfordernisse« führen in der Regel dazu, dass sich die Höhe der Direktvergütung kumulativ aus verschiedenen Elementen ergibt: Grundlage ist eine Mindestvergütung, die auf gesetzlichen oder tarifvertraglichen Regelungen beruht. Hinzu kommen in der Regel anforderungsbezogene Anteile, die den Schwierigkeitsgrad der Arbeit und leistungsbezogene Anteile, die die individuellen Leistungsunterschiede repräsentieren. Zudem kann mit einem qualifikationsbezogenen Anteil den unterschiedlichen Qualifikationen der Stelleninhaber Rechnung getragen werden, während im marktbezogenen Anteil der so genannte »Lohndrift« (Differenz zwischen Tarif- und Effektivlohn) sichtbar wird. Soziale Aspekte spielen hingegen vor allem bei der Festlegung der Sozialleistungen eine Rolle und wirken somit auf die Höhe der (Gesamt-)Vergütung.

---

375 Die Probleme, die mit der Bestimmung der relativen Lohnhöhe verbunden sind, werden von Kosiol auch als das »formale Lohnproblem« bezeichnet. Vgl. Kosiol (1962) 19.

Nun bedarf es noch der Erläuterung der Prinzipien, die vor allem bei der Differenzierung der Direktvergütung eine Rolle spielen.

Für die Bestimmung **anforderungsbezogener** (Grund-)Löhne (»Lohnsatzdifferenzierung«) ist der Schwierigkeitsgrad der zu leistenden Arbeit (z. B. in Form quantifizierter Arbeitswerte) zu ermitteln. Die Arbeitsbewertung ist somit stets auf Aufgaben bestimmter Stellen gerichtet (Objektbezug), die individuelle Leistung des Stelleninhabers spielt keine Rolle. Sie ist dabei prinzipiell an einer auf Erfahrungswerten basierenden »Normalleistung« auszurichten. Dies bedeutet, dass nur die Anforderungen zu untersuchen sind, die bei einem hinreichend qualifizierten und eingearbeiteten Mitarbeiter bei normalem Arbeitseinsatz zu erwarten sind. Die systematische Erfassung und Beurteilung der Anforderungen erfolgt auch heute noch vor allem über die summarischen oder analytischen Verfahren der Arbeitsbewertung (vgl. Kap. D.II.2.a), obwohl diese zur Feststellung des Schwierigkeitsgrades bestimmter Aufgaben (z. B. Führungsaufgaben) kaum geeignet sind. Die Arbeitsbewertung i. e. S. ist mit der Ermittlung des Schwierigkeitsgrades der Aufgaben beendet, so dass es nun Aufgabe der Tarifvertragsparteien ist, die Arbeitswertsummen in anforderungsgerechte Lohnbestandteile zu transformieren.

Als Fazit ergibt sich, dass bei einer anforderungsbezogenen Lohndifferenzierung ceteris paribus die Mitarbeiter, die eine Stelle mit hohen Anforderungen haben, auch einen höheren Lohn erhalten als Mitarbeiter, die einen Arbeitsplatz mit geringeren Anforderungen besetzen.

Seit Beginn der 80er Jahre zeigt sich, dass die traditionelle anforderungsbezogene (Grund-) Lohndifferenzierung den aus einem schnellen (technologie- und arbeitsorganisatorisch bedingten) Wandel resultierenden Flexibilitätserfordernissen nicht mehr (in vollem Umfang) gerecht wird. Ein möglicher Weg zur Substitution oder Ergänzung der Anforderungsorientierung wird in der Qualifikationsorientierung des Lohnes gesehen. Während bei der anforderungsbezogenen Lohndifferenzierung nur die Qualifikationen eine Rolle spielen, die dem Mitarbeiter durch die Anforderungen der zu erfüllenden Aufgaben abgefordert werden, orientiert sich die **qualifikationsbezogene Lohndifferenzierung** an **allen** Qualifikationen eines Mitarbeiters, also auch an denen, die zwar potenziell vorhanden sind, jedoch durch die Aufgaben nicht abgefordert werden.[376] Somit führt ein an der Qualifikation orientierter Lohn dazu, dass Mitarbeiter mit höherer Qualifikation ceteris paribus auch einen höheren Lohn erhalten. Für die Mitarbeiter bedeutet ein qualifikationsbezogener Lohn somit einen finanziellen Anreiz zum Erwerb von Mehrfachqualifikationen und damit zur Personalentwicklung. Aus Sicht der Unternehmung führt ein qualifikationsorientierter Lohn – im Vergleich zu einem anforderungsorientierten Lohn – u. U. zu höheren Personalkosten. Andererseits verbessern jedoch Mitarbeiter, die über Mehrfachqualifikationen verfügen, die personelle Flexibilität. Sie ermöglichen eine schnelle Anpassung an sich wandelnde Umfeldfaktoren und tragen somit zur Sicherung der Wettbewerbsposition der Unternehmung bei. Trotz dieser Vorzüge einer qualifikationsbezogenen Lohndifferenzierung gibt es prinzipielle Gründe, die dafür sprechen, dass auch in Zukunft das Grundentgelt anforderungsbezogen ermittelt wird: Zum einen ist Lohn Entgelt für geleistete Arbeit. Beim Qualifikationslohn würde die Arbeit entlohnt, die ein Mitarbeiter leisten könnte, ohne sie erbracht zu haben. Zum anderen würde der Grundsatz »gleicher Lohn für gleiche Arbeit«

376 Vgl. Greife (1990) 1 f.

verletzt, wenn zwei Mitarbeiter, die die gleiche Arbeitsaufgabe erledigen, bei unterschiedlicher Qualifikation unterschiedlich entlohnt würden.[377]

Die **leistungsbezogene** Lohndifferenzierung kann zum einen durch die Wahl leistungsreagibler **Lohnformen** erfolgen. Lohnformen werden gesondert im nächsten Kapitel behandelt, wobei auch auf jeweils zugrunde liegende Prinzipien der Lohndifferenzierung eingegangen wird. Zum anderen kann eine leistungsbezogene Lohndifferenzierung durch eine von der Lohnform unabhängige Leistungsbeurteilung (vgl. dazu Kap. D.II.2.b.cc) erfolgen.

Bei variierender Leistung führt eine leistungsbezogene Lohndifferenzierung somit ceteris paribus auch zu variierender Lohnhöhe.

Vor allem bei der Vergütung von Führungskräften (vgl. Kap. D.VII.7) spielt auch die Orientierung an den aktuellen »Marktlöhnen« (Marktorientierung) als Prinzip der Lohndifferenzierung eine Rolle. Bei marktbezogenen Vergütungsbestandteilen handelt es sich jedoch oftmals nur um eine temporäre Erscheinung, mit der die Wettbewerbsposition der Unternehmung auf den relevanten Arbeitsmärkten gesichert werden soll. Bei der Bestimmung ihrer Höhe können zum Beispiel vergleichende Vergütungsstudien eine wichtige Orientierungshilfe bieten.

c) Lohnformen

Die Direktvergütung, aber auch die Sozialleistungen, können in verschiedenen **Formen** auftreten. Unter einer Lohnform (synonym: Entgeltform) wird eine Methode zur Bestimmung der Lohnhöhe auf der Basis der Prinzipien der Lohndifferenzierung verstanden. Nachfolgend werden zum einen die drei **klassischen** Formen der Direktvergütung (Zeit-, Akkord- und Prämienlohn), bei denen die Lohndifferenzierung anforderungs- und/oder leistungsbezogen erfolgt, erläutert. Zum anderen wird ein Überblick über weitere Formen der Direktvergütung gegeben.

aa) Klassische Lohnformen

Zu den klassischen Lohnformen zählen der (reine) Zeit-, der (reine) Akkord- und der Prämienlohn. Zeit- und Akkordlohn werden auch als **elementare** Lohnformen bezeichnet, während der Prämienlohn eine **zusammengesetzte** Lohnform ist, die sich aus einem Grundlohn (auf Basis des Zeit- **oder** Akkordlohnes) und einem von einer bestimmten Leistung abhängigen Zuschlag ergibt.

(1) Zeitlohn

Beim Zeitlohn als ältester und einfachster Lohnform bildet die **Dauer der Arbeitszeit** (Stunde, Tag, Woche, Monat) die Bemessungsgrundlage. Die Arbeitsmenge pro Zeiteinheit und die Arbeitsqualität spielen für die Bemessung keine Rolle. Die Vergütung des Mitarbeiters ergibt sich somit wie folgt:

Lohnsatz pro Zeiteinheit x Anzahl der Zeiteinheiten

377 Vgl. Eyer (1995) 19, der noch weitere Gründe aufführt, die gegen eine qualifikationsbezogene Ermittlung des Grundentgeltes sprechen.

Daher ist aus Sicht des Mitarbeiters der Lohn pro Zeiteinheit – auch bei Leistungsschwankungen – konstant, während aus Sicht der Unternehmung die Lohnkosten pro Arbeitseinheit (»Lohnstückkosten«) umso stärker fallen, je höher die Mengenleistung pro Zeiteinheit ist. Dies zeigt die Abbildung 152, in der im Falle x_1, d. h. geringer Mengenleistung pro Zeiteinheit, die Kosten pro Arbeitseinheit für die Unternehmung hoch sind (a_1). Im Falle x_2 sind sie bei gleich bleibendem Lohn pro Zeiteinheit (a_k) deutlich geringer (a_2).

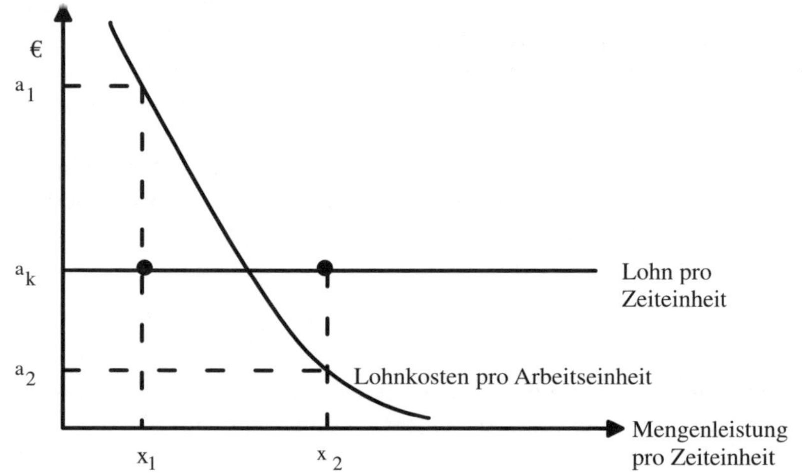

Abb. 152: Lohn- und Stückkostenverlauf bei Zeitlohn

Der Zeitlohn bietet dem Mitarbeiter somit keinen finanziellen Anreiz zur Steigerung der Arbeitsmenge pro Zeiteinheit. Die Lohnhöhe wird vielmehr allein anforderungsbezogen als konstanter Geldbetrag pro Zeiteinheit festgelegt. Dies bedeutet jedoch nicht, dass nur die Anwesenheit des Mitarbeiters ohne Bezug zur Arbeitsleistung vergütet wird. Vielmehr gehört die Pflicht, »Arbeit in einem Umfang zu leisten, der nach Treu und Glauben billigerweise von ihm erwartet werden kann« zu den Pflichten des Arbeitnehmers aus dem Arbeitsvertrag.[378]

Änderungen des anforderungsbezogen differenzierten Zeitlohnsatzes können nur im Zuge von Tarifverhandlungen oder je nach Gestaltung des Arbeitsvertrages in bestimmten Zeitabständen erfolgen.

Der Zeitlohn bietet sich daher vor allem in folgenden Situationen an:

- bei hohen Ansprüchen an die Qualität der Arbeit,
- wenn die quantitative Arbeitsleistung nicht oder nur schwer messbar ist (also insbesondere bei geistigen Leistungen),
- wenn die Aufgabeninhalte sich häufig ändern,
- wenn der Arbeitsprozess häufig unterbrochen wird,

378 Halbach u. a. (1998) 77.

- bei reinen Kontrollaufgaben,
- wenn der Arbeitsablauf organisatorisch determiniert ist (z. B. bei getakteter Fließfertigung),
- bei unfallgefährdeten Aufgaben.

(2) Akkordlohn

Im Gegensatz zum Zeitlohn wird beim Akkordlohn der Lohn nicht nur anforderungsbezogen, sondern auch unmittelbar leistungsbezogen differenziert, da die Lohnhöhe auch von der – vom Mitarbeiter direkt beeinflussbaren – Mengenleistung abhängt.

Aus Sicht der Unternehmung bleiben die Lohnkosten pro Arbeitseinheit konstant, während aus Sicht des Mitarbeiters der Lohn pro Zeiteinheit mit der Arbeitsmenge pro Zeiteinheit variiert (a_2 bei x_2 gegenüber a_1 bei x_1 in Abbildung 153). In der Wirtschaftspraxis erhält der Mitarbeiter bei Absinken der Akkordleistung unter die Normalleistung (Erläuterung s. u.) jedoch auf jeden Fall den Mindestlohn, so dass der Lohn pro Stunde nach unten abgesichert ist.

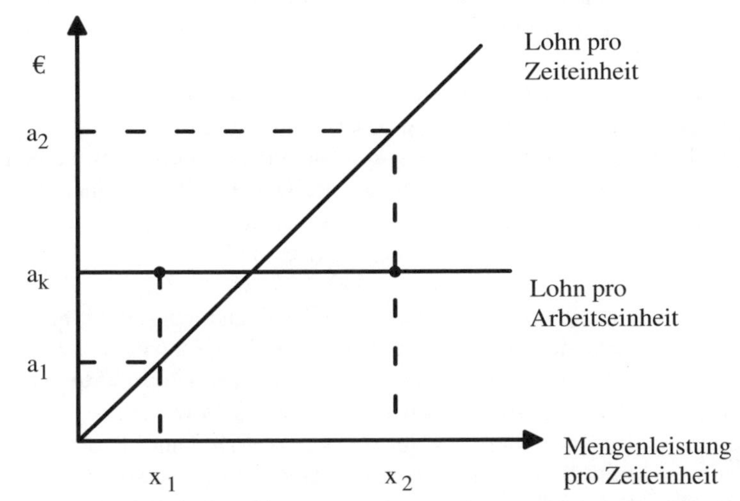

Abb. 153: Lohn- und Stückkostenverlauf bei Akkordlohn

Bei Akkordlohn lassen sich die zwei Formen **Zeitakkord** und **Geldakkord** unterscheiden. Beide Akkordvarianten unterscheiden sich in der Art und Weise der Lohnermittlung: Beim **Geldakkord** wird die geleistete Menge pro Stunde mit einem Geldfaktor je Mengeneinheit (»Stücklohn«) multipliziert, so dass der Mitarbeiter zum Beispiel für die doppelte Leistung auch den doppelten Lohn erhält – unabhängig von der benötigten Zeit. Der Geldfaktor ergibt sich aus der Division des Akkordrichtsatzes pro Stunde durch die Normalleistung pro Stunde. Der **Akkordrichtsatz** berechnet sich i. d. R. aus einem (tariflichen) Mindestlohn und einem Akkordzuschlag und bildet den Stundenlohn eines Mitarbeiters bei **Normalleistung**. Bei dem – weiter verbreiteten – **Zeitakkord** wird auf Basis der Normalleistung für eine bestimmte Mengenleistung eine Vorgabezeit (in Minuten) ermittelt und die Lohnhöhe pro Zeiteinheit, der so genannte Minutenfaktor, bestimmt. Dieser ergibt sich durch Division des Akkordrichtsatzes durch 60. Der Lohn pro Stunde ermittelt sich dann durch Multiplikation der geleisteten Mengeneinheiten pro Stunde mit der Vorgabezeit pro Mengeneinheit und dem Minutenfaktor.

Geldakkord:	Geldfaktor = Akkordrichtsatz / Normalleistung
	Geldakkordlohn = Leistungsmenge x Geldfaktor
Zeitakkord:	Minutenfaktor = Akkordrichtsatz / 60
	Zeitakkordlohn = Leistungsmenge x Vorgabezeit x Minutenfaktor

Beide Akkordformen lassen sich ineinander überführen, da der Geldfaktor je Mengeneinheit (beim Geldakkord) dem Minutenfaktor, multipliziert mit der Vorgabezeit je Mengeneinheit (beim Zeitakkord) entspricht. Der Zeitakkord ist weiter verbreitet, da seine Berechnung bei Einzel- und Kleinserienfertigung sowie bei Tariflohnänderungen weniger aufwändig ist.

Während die Festlegung des **Akkordrichtsatzes** Gegenstand von Tarifverhandlungen ist, bildet die Ermittlung der **Vorgabezeit pro Mengeneinheit** auf der Basis der **Normalleistung** die Hauptaufgabe der Unternehmung beim Akkordlohn. In der Wirtschaftspraxis der Bundesrepublik Deutschland basiert die Ermittlung der Normalleistung im Rahmen von Arbeits- und Zeitstudien überwiegend auf der vom Verband für Arbeitsstudien REFA e. V. definierten REFA-Normalleistung: »Unter REFA-Normalleistung wird eine Bewegungsausführung verstanden, die dem Beobachter hinsichtlich der Einzelbewegungen, der Bewegungsfolge und ihrer Koordinierung besonders harmonisch, natürlich und ausgeglichen erscheint. Sie kann erfahrungsgemäß von jedem in erforderlichem Maße geeigneten, geübten und voll eingearbeiteten Arbeiter auf die Dauer und im Mittel der Schichtzeit erbracht werden, sofern er die für persönliche Bedürfnisse und gegebenenfalls auch für Erholung vorgegebenen Zeiten einhält und die freie Entfaltung seiner Fähigkeiten nicht behindert wird.«[379]

Im Rahmen von Arbeits- und Zeitstudien können jedoch nicht immer unmittelbar »normale« Leistungen beobachtet werden, da auch intra- und interpersonale Leistungsschwankungen eine Rolle spielen. Daher muss bei Zeitaufnahmen neben dem Messen der benötigten Istzeiten jeweils der **Leistungsgrad** des beobachteten Mitarbeiters geschätzt werden, der als Prozentsatz der Normalleistung ausgedrückt werden kann. Die Normalzeit ergibt sich somit aus der Multiplikation der Istzeit mit dem Leistungsgrad. Der Normalleistung galten die meisten Diskussionen und Kritiken zum Akkordlohn, da diese durch Arbeits- und Zeitstudien-Experten im Ergebnis immer nur **geschätzt** werden kann, so dass Objektivität nur annähernd zu erzielen ist.

Die Anwendung des Akkordlohns ist sinnvoll, wenn:

- die Beeinflussbarkeit der Mengenleistung durch den Mitarbeiter gegeben ist,
- es sich um regelmäßig in gleicher Weise wiederkehrende Aufgaben handelt,
- die Qualität des Arbeitsergebnisses individuell nicht beeinflusst werden kann, eine untergeordnete Rolle spielt oder aber nach Arbeitsvollzug durch Qualitätskontrollen zu ermitteln ist und Lohnabzüge für Ausschuss nach sich ziehen kann.

379 REFA (1978) 136.

Der normale Akkordlohn fördert nur die Erhöhung der individuellen Mengenleistung, so dass die Zusammenarbeit darunter leiden kann. Solche Tendenzen sollen durch **Gruppenakkord** verhindert werden. Dieser ist dann vorzuziehen, wenn größere, aber klar definierte und abgegrenzte Teilaufgaben in Zusammenarbeit besser erledigt werden können, sowie auch dann, wenn wegen des Arbeitsverfahrens Einzelakkord nicht möglich ist (z. B. bei der Montage großer Maschineneinheiten).

(3) Prämienlohn

Wie der Akkordlohn wird auch der Prämienlohn anforderungs- und leistungsbezogen differenziert. Er ergibt sich aus einem anforderungsbezogenen und/oder leistungsbezogenen Grundlohn (s.u.) und einem leistungsbezogenen Zuschlag **(Prämie)**.

Nach Kosiol lassen sich Prämienlöhne nach der Bezugsgröße der Prämienbemessung in Grundprämien – und Zusatzprämienlöhne differenzieren:

Bei **Grundprämienlöhnen**, die für »Grundleistungen« gewährt werden, beruht die Prämienbemessung unmittelbar auf den Maßstäben der Zeit oder der Menge, wobei der Zeitlohn (»Prämienzeitlohn«) oder der Akkordlohn (»Prämienstücklohn«) die Zuschlagsbasis bilden. Beide sollen jedoch einen Anreiz zur Steigerung der Mengenleistung (durch eine höhere Leistungsmenge oder eine kürzere Leistungszeit) bieten, so dass sie oftmals auch als **Quantitäts-** oder **Mengenleistungsprämien** bezeichnet werden.

Bei **Zusatzprämienlöhnen**, die für »Zusatzleistungen« gewährt werden, basiert die Prämienbemessung auf qualitativen Merkmalen. In der Regel sollen qualitative Aspekte der Leistung, also ein bestimmtes erwünschtes Leistungsverhalten oder bestimmte zusätzliche Leistungen honoriert werden. Zusatzprämienlöhne sind daher sowohl mit den elementaren Lohnformen als auch mit Grundprämienlöhnen kombinierbar.

Bei der Gestaltung von Zusatzprämienlöhnen ist insbesondere auf die Wahl einer zieladäquaten Bezugsgröße zu achten. Abbildung 154 gibt einen Überblick über die in der Wirtschaftspraxis üblichen Arten von Zusatzprämien.

Nach der Wahl einer oder mehrerer Prämienarten ist die Prämie konkret zu gestalten. Gestaltungsparameter sind zum einen die Leistungsspanne (Bereich, in dem die Prämienbezugsgröße variieren soll) und zum anderen die Prämienspanne (Bereich, in dem die Prämienhöhe variieren soll) sowie der Verlauf der Prämienhöhe. Vor allem von den beiden letzten Aspekten hängen die möglichen Anreizwirkungen des Prämienlohns ab. Abbildung 155 zeigt die Zusammenhänge und gibt einen Überblick über mögliche Verlaufsformen des Prämienlohns.

bb) Überblick über weitere Lohnformen

In der Wirtschaftspraxis sind neben den klassischen Lohnformen noch andere (ähnliche) Vergütungsformen und -bestandteile verbreitet, von denen einige nachfolgend kurz skizziert werden:

Die **Provision** ist eine Vergütungsform, die vor allem im Vertriebsbereich hohe Bedeutung hat. Sie wird als fest vorgegebener Prozentsatz vom Umsatz oder vom Deckungsbeitrag ermittelt. Die Vergütung ist somit variabel und steht in direkter Beziehung zum Verkaufsergebnis. Vereinzelt werden auch Provisionen auf der Basis von Verkaufsmengen gezahlt. Bei weisungsgebundenen Reisenden, die Arbeitnehmer im arbeitsrechtlichen Sinne sind (vgl. Kap. E.IV.1.c), setzt sich die Vergütung in der Regel aus einem Fixum und der Provision zusammen, während (selbstständige) Handelsvertreter nur eine (i. d. R. prozentual höhere) Provision erhalten.

Arten von Zusatzprämien
Qualitätsprämien Ziel von Qualitätsprämien ist die Verbesserung des qualitativen (Produktions-) Ergebnisses und die Vermeidung von Verlusten durch Ausschuß, Nacharbeit, Minderqualitäten o. Ä.
Nutzungsgradprämien Ziel von Nutzungsgradprämien ist die Optimierung der zeitlichen Nutzung der Kapazität der Betriebsmittel, also die Vermeidung/Reduktion von Leer-, Rüstzeiten o. Ä.
Ersparnisprämien Ziel von Ersparnisprämien ist der sparsame Einsatz von Produktionsfaktoren (z. B. Roh-, Hilfs- und Betriebsstoffe), der sich in der Reduktion bestimmter Kostenarten (z. B. Material- oder Energiekosten) zeigt.

Abb. 154: Arten von Zusatzprämien

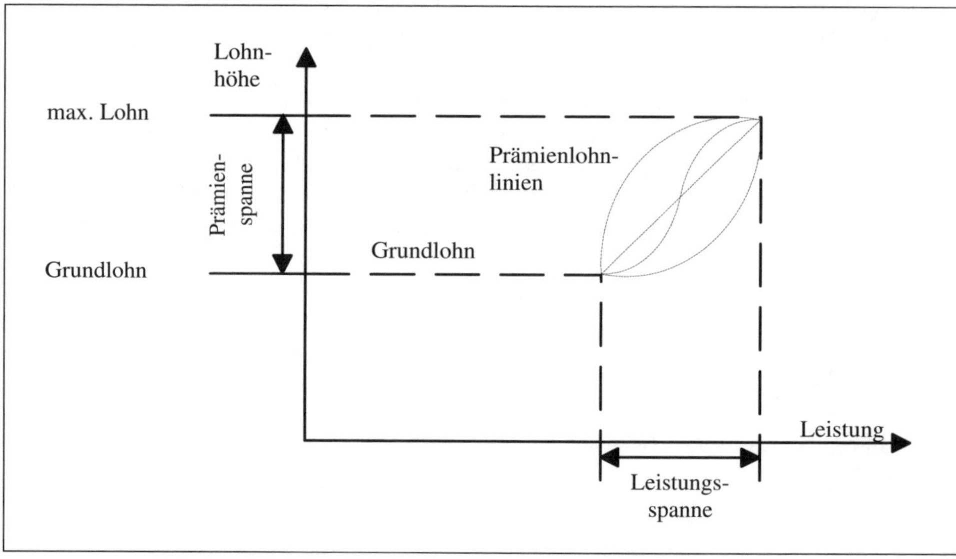

Quelle: Schanz (1993) 500.

Abb. 155: Aufbau des Prämienlohns

Als **Tantieme** bezeichnet man sowohl eine Beteiligung am Gewinn als auch Zusatzvergütungen für bestimmte Leistungen (z. B. Erreichen vereinbarter Ziele), die vor allem Führungskräfte neben ihrem »Zeitlohn« erhalten (vgl. Kap. D.VII.7).

In der Wirtschaftspraxis werden unter dem Oberbegriff **»Pensumlohn«** Lohnformen verwendet, die ebenfalls anforderungs- und leistungsbezogen differenzieren. Gemeinsam ist den drei Lohnformen **Vertragslohn**, **Festlohn mit geplanter Tagesleistung** und **Programmlohn** (vgl. den Überblick in Abbildung 156), dass die Lohnhöhe im Hinblick auf eine erwartete Leistung pro Periode festgelegt wird. Negative Abweichungen wirken sich erst in nachfolgenden Perioden auf die Lohnhöhe aus.

Eine weitere Lohnform, die in den nächsten Jahren an Bedeutung gewinnen könnte, ist der **Qualifikationslohn**. Die Grundidee des Qualifikationslohns wurde jedoch bereits im Zusammenhang mit den Prinzipien der Lohndifferenzierung erläutert (s. o.).[380]

d) Betriebliche Altersversorgung

aa) Begriff, Rechtsgrundlagen, Bedeutung und Stand der Entwicklung

Bei der betrieblichen Altersversorgung handelt es sich nach heutiger Auffassung um eine zeitlich aufgeschobene Entgeltleistung aus dem Arbeitsverhältnis.[381] Nach § 1 I BetrAVG (»Gesetz zur Verbesserung der betrieblichen Altersversorgung«) muss eine betriebliche Altersversorgung folgende Tatbestandsmerkmale erfüllen:

- Zusage einer Leistung zum Zweck der Versorgung,
- aus Anlass eines Arbeitsverhältnisses,
- deren Anspruch durch Alter, Tod oder Invalidität ausgelöst wird.

Während in der Vergangenheit die betriebliche Altersversorgung als eine freiwillige soziale Leistung seitens des Arbeitgebers als Gegenleistung für die Betriebstreue des Arbeitnehmers angesehen wurde, wird heute der Entgeltcharakter als Gegenleistung für die zur Verfügung gestellte Arbeitskraft (vertraglicher Leistungsaustausch) betont.[382]

Der Arbeitgeber kann über Einführung, Höhe, Gestaltungsform und begünstigte(n) Mitarbeiter(gruppe) einer betrieblichen Altersversorgung **frei** entscheiden.[383] Der Grad der Freiwilligkeit kann jedoch – je nach Rechtsgrundlage – variieren (vgl. den Überblick in Abbildung 157).[384]

Motive für die Einführung einer betrieblichen Altersversorgung können sich sowohl aus **sozialpolitischen** als auch aus **personalpolitischen** Überlegungen ergeben:

- Aus **sozialpolitischer** Sicht bildet die betriebliche Altersversorgung die »zweite Säule« des postulierten dreiteiligen Alterssicherungssystems in der Bundesrepublik Deutschland (so genannte »Drei-Säulen-Konzeption«). Sie hat die Aufgabe, die Leistungen der

380 Vgl. insbesondere zu den Erscheinungsformen des Qualifikationslohns v. Eckardstein (1991) und ausführlicher Greife (1990) 8 ff.

381 Vgl. Grawert (1998) 45.

382 Vgl. Grabner/Bode (1995) 1862.

383 Auch der Betriebsrat hat keine Initiativrechte, kann also eine Einführung einer betrieblichen Altersversorgung nicht erzwingen. Bei Fragen der Gestaltung oder Änderung des Leistungsplans für die Versorgungsempfänger sowie der Beitragsbelastungen der Mitarbeiter können sich jedoch Beteiligungsrechte des Betriebsrats nach § 87 I Nrn. 8 u. 10 BetrVG ergeben.

384 Vgl. zu den rechtlichen Grundlagen z. B. Halbach u. a. (1998) 231 ff.

Entlohnungssystem	Merkmale	Vorteile	Nachteile
(1) Vertragslohn	Lohn wird für einen begrenzten Zeitraum im voraus zwischen Vorgesetztem und Mitarbeiter individuell festgesetzt. Für diesen garantierten Lohn verpflichtet sich der Mitarbeiter zu einer entsprechenden Leistung. Intensive Vorarbeiten zur Ermittlung und Pflege der Sollzeiten sind erforderlich sowie regelmäßige Erfassung der Zeitgrade zum Überprüfen der Vertragsleistung.	**Mitarbeiter**: Über längere Perioden gesicherter Verdienst: Lohngarantie für noch zu liefernde Leistung. **Betrieb**: Gegenüber Akkordlohn vereinfachte Lohnabrechnung: durch Daten gesicherte Leistungsaufzeichnung. Bei Bedarf Leistungsgespräch zwischen Vorgesetztem und Mitarbeiter.	**Mitarbeiter**: Kein unmittelbares Leistungs-Verdienst-Erlebnis wie bei echtem Akkordlohn. **Betrieb**: Zusätzliche Leistungsüberwachung durch Vorgesetzten. Bei Leistungsabfall ist Verdienstkürzung durch Vertragsregel erschwert. Zusätzliche Ausbildung des Vorgesetzten erforderlich.
(2) Festlohn mit geplanter Tagesleistung/Measured Day Work	Fester Lohn für eine bestimmte Zeiteinheit. DV-gestütztes Fertigungsregelungssystem mit schneller Rückmeldung der Soll-Ist-Daten als Führungshilfe für motivierende qualifizierte Vorgesetzte mit 15 bis 25 Mitarbeitern. Voraussetzung: Reichliches Angebot an Arbeitskräften.	**Mitarbeiter**: Garantierter Lohn. **Betrieb**: Einfache Lohnabrechnung, Lohnungebundene Richtzeiten sind ohne tarifpolitische Zugeständnisse leichter zu ermitteln. Zeiten können daher zwanglos jeder Methodenänderung angepasst werden.	**Mitarbeiter**: Kein unmittelbarer Leistungsanreiz. **Betrieb**: Produktivität hängt wesentlich vom Führungspersonal ab. Zusätzlicher Aufwand für intensive Schulung und Auswahl von Vorgesetzten sowie für Bilden neuer Echt-Zeiten (keine Akkord-Verrechnungszeiten mehr) und für engmaschige Fertigungsregelung über DV.
(3) Programmlohn	Fester Lohn für eine bestimmte Zeiteinheit bei Erfüllung einer festumrissenen Arbeitsaufgabe (Programm). Mehrleistung gegenüber Programm ist nicht erwünscht und wird nicht vergütet. Wird Programm aus von Mitarbeitern zu vertretenden Gründen nicht erfüllt, erfolgt Lohnminderung nach gemeinsamer Besprechung zwischen Betriebsleitung, Mitarbeitern und Betriebsrat.	**Mitarbeiter**: Gesicherter Verdienst bei Programmerfüllung. **Betrieb**: Methoden- und Verfahrensänderungen leicht durchführbar. Die wöchentliche Programmerstellung lässt Engpässe schnell erkennen. Leistungsmotivierung durch Vorgesetzte nicht erforderlich, da Mitarbeiter eine bestimmte Leistungsverpflichtung übernommen haben.	**Mitarbeiter**: Verdienstrisiko bei Nichterfüllung des Programms. **Betrieb**: Aufwand für Ermittlung und Pflege der notwendigen Soll-Zeiten sowie für Kontrolle der Programmerfüllung. Bei Nichterfüllung des Programms sind Ergebnisgespräche mit den Mitarbeitern und dem Betriebsrat zu führen.

Quelle: In Anlehnung an Paasche (1981) 94 f.

Abb. 156: Merkmale, Vorteile und Nachteile neuerer Lohnformen nach erwarteter Leistung

Mögliche Rechtsgrundlagen der betrieblichen Altersversorgung

- Kollektivvereinbarungen
  - Tarifverträge
  - Betriebsvereinbarungen
- Individualvereinbarungen
  - Einseitige Erklärung des Arbeitgebers
    - an eine Mitarbeitergruppe (Gruppenzusage)
    - an alle Mitarbeiter (Gesamtzusage)
  - Individueller Vertrag
  - Betriebliche Übung und Gleichbehandlungsgrundsatz

Quelle: In Anlehnung an Matschke (1989) 32.

Abb. 157: Mögliche Rechtsgrundlagen der betrieblichen Altersversorgung

Sozialversicherung (»erste Säule«) und die zumutbare Eigenvorsorge (»dritte Säule«) bis zu einer angemessenen Höhe (je nach Mitarbeitergruppe ca. 75–90 % des letzten Nettoeinkommens) zu ergänzen. Da sich in der gesetzlichen Sozialversicherung nur die Bruttoeinkommen bis zur Beitragsbemessungsgrenze auswirken, steigt die durch betriebliche und private Altersversorgung zu deckende »Versorgungslücke« mit zunehmendem Einkommen.

– Aus **personalpolitischer** Sicht stellt das Angebot einer betrieblichen Altersversorgung in erster Linie einen Anreiz dar, der z. B. die Bindung der Mitarbeiter an die Unternehmung erhöhen, deren Sicherheitsbedürfnisse befriedigen und die Attraktivität der Unternehmung für potenzielle Mitarbeiter steigern kann.
  Wegen der mit zunehmendem Einkommen steigenden »Versorgungslücke« erscheint es personalpolitisch sinnvoll, die Leistungen nach Mitarbeitergruppen (oder Gehaltsstufen) zu differenzieren. Dabei wird die Höhe dieser gruppenbezogenen Zusagen nicht nur von der Versorgungslücke, sondern auch vom Grad der zumutbaren Eigenvorsorge bestimmt.
  Zudem sind der sozial- und personalpolitische Nutzen und der finanzielle Aufwand abzuwägen, da die betriebliche Altersversorgung eine kostspielige (wenn nicht die kostenintensivste) Sozialleistung ist.

Wie Erhebungen des Ifo-Instituts München zeigen, stagniert die **Verbreitung** der betrieblichen Altersversorgung – gemessen an der Zahl der Unternehmungen – seit Anfang der 80er Jahre. Bei der Zahl der Beschäftigten mit betrieblicher Altersversorgung ist sogar – insgesamt gesehen – eine rückläufige Tendenz zu beobachten.[325]

Diese Entwicklung ist neben wirtschaftlichen Problemen als Hauptmotiv **auch** auf die Regelungen des BetrAVG zurückzuführen, die zu einer Verteuerung und unzureichenden Kalkulierbarkeit der betrieblichen Altersversorgung geführt haben.[326]Aus diesen Gründen

385 Vgl. Ruppert (1997) 10 f.
386 Vgl. zur Entwicklung der betrieblichen Altersversorgung Ruppert (1997).

ist in Zukunft eine stärkere Verbreitung für die Formen der arbeitnehmerfinanzierten betrieblichen Altersversorgung zu erwarten (vgl. Kap. D.VII.4.d).

bb) Typen der betrieblichen Altersversorgung

Wegen der relativ hohen Gestaltungsfreiheit der Unternehmungen bei der betrieblichen Altersversorgung existiert in der Praxis eine Vielzahl von Versorgungssystemen. Sie lassen sich nach dem Aspekt der **Leistungsermittlung** in die drei Typen unterscheiden.[387]

- **Gesamtversorgungssysteme:** Bei Gesamtversorgungssystemen wird die Differenz zwischen einem als Bezugsbasis festgelegten Einkommen (z. B. 70% der letzten Bruttobeträge) sowie einer anderen Versorgung (in der Regel die gesetzliche Rente) durch ein bestimmtes Reglement ermittelt. Je nachdem, ob die gesamte Differenz oder nur ein Teil als betriebliche Rente gezahlt wird, handelt es sich um ein unlimitiertes oder aber ein limitiertes System.
- **Vergütungsorientierte und dynamisierte Systeme:** Die Versorgungszusage bezieht sich bei vergütungsorientierten und dynamisierten Systemen grundsätzlich auf einen bestimmten Prozentsatz der pensionsfähigen Vergütung. Bei vergütungsorientierten Systemen wird die betriebliche Rente nach Maßgabe eines bestimmten Prozentsatzes des Einkommens pro Dienstjahr und der in diesem Jahr geltenden pensionsfähigen Vergütung des Mitarbeiters ermittelt. Bei den dynamisierten Systemen ergibt sich die Versorgungsleistung aus dem pensionsfähigen Einkommen bei Eintritt des Versorgungsfalls (oder einem Durchschnitt der letzten Jahre), auf das dann ein bestimmter Prozentsatz unter Berücksichtigung der Dienstjahre angewendet wird (teildynamische Systeme). Bei volldynamischen Systemen wird die betriebliche Rente an die Entwicklung eines vorgegebenen Bezugsindexes in der Zukunft angepasst.
- **Festbetragsysteme**: Bei Festbetragssystemen wird als Versorgungsleistung ein fester Euro-Betrag garantiert. Dieser kann zum einen unabhängig vom Arbeitseinkommen und den Dienstjahren festgelegt sein. Denkbar ist aber auch, dass in die Ermittlung dieses Betrages die Höhe des Einkommens und die Dienstjahre eingehen.

cc) Gestaltungsformen der betrieblichen Altersversorgung

Für die organisatorische Gestaltung der betrieblichen Altersversorgung bieten sich verschiedene Formen an:

Falls die Unternehmung Träger der betrieblichen Altersversorgung ist, handelt es sich um **Direktzusagen**. Dabei verpflichtet sich die Unternehmung, ihren Mitarbeitern oder deren Hinterbliebenen **unmittelbar** aus finanziellen Mitteln der Unternehmung eine betriebliche Altersversorgung zu gewähren. Zur Absicherung dieser Verpflichtung sind von der Unternehmung Pensionsrückstellungen zu bilden.

Bei der Versorgung über externe Träger können die Versorgungsleistungen durch eine **Unterstützungskasse**, eine **Pensionskasse** oder durch eine Lebensversicherungsunternehmung erfolgen, wobei im letzteren Fall die Leistungsgewährung auf einer **Direktversicherung** beruht:

---

387 Vgl. zu dieser Differenzierung, zu der nachfolgenden Darstellung und zu den Vor- und Nachteilen der Typen Glaubrecht (1992) 361f.; Matschke (1989) 95 ff.; Ahrend/Walkiewicz (1990) 13 ff.; Grawert (1998) 23 ff.

- **Unterstützungskassen** sind von einer oder mehreren Unternehmung(en) getragene, rechtlich selbstständige Einrichtungen, welche die Versorgungsleistungen ohne Rechtsanspruch gewähren und daher nicht der staatlichen Versicherungsaufsicht unterliegen.
- **Pensionskassen** sind versicherungsrechtlich Lebensversicherungsunternehmungen in der Rechtsform eines Versicherungsvereins auf Gegenseitigkeit (VVaG), die von einer oder mehreren Unternehmung(en) getragen werden. Im Unterschied zu Unterstützungskassen besteht für die Mitarbeiter ein Rechtsanspruch auf die Versorgungsleistungen.
- Unter einer **Direktversicherung** wird eine Lebensversicherung verstanden, die im Rahmen der betrieblichen Altersversorgung von der Unternehmung abgeschlossen wird, wobei dem versicherten Mitarbeiter oder seinen Hinterbliebenen die Versicherungsleistungen ganz oder teilweise zustehen.

Bei der Wahl der Organisationsform spielen vor allem steuerliche und finanzwirtschaftliche Überlegungen eine Rolle, denen hier nicht nachgegangen wird.

dd) Arbeitnehmerfinanzierte betriebliche Altersversorgung

Vor dem Hintergrund der Forderung, dass die Finanzierung einer betrieblichen Altersversorgung nicht den Unternehmungserfolg beeinflussen soll, werden zunehmend Formen der betrieblichen Altersversorgung diskutiert, in denen die Mittel vom Arbeitnehmer selbst stammen.[388]

Eine stark verbreitete Variante ist die **Direktversicherung durch Gehaltsumwandlung**, bei der der Arbeitgeber eine Direktversicherung (s. o.) zugunsten des Arbeitnehmers abschließt und die Kosten durch Vereinbarung einer entsprechenden Gehaltsumwandlung auf den Arbeitnehmer abwälzt.[389] Sofern die jährlichen Zuwendungen des Arbeitgebers durchschnittlich € 1.752 (bzw. im Einzelfall € 2.148 im Rahmen der Durchschnittsbildung bei gemeinsam versicherten Arbeitnehmern) nicht überschreiten, kann die fällige Lohnsteuer auf die Zuwendung zu einem Pauschalsteuersatz von 20 % abgegolten werden. Sozialversicherungsbeiträge fallen bis zu dieser Grenze nicht an, falls der Betrag aus einer Gehaltsumwandlung von Sonderzahlungen (z. B. Weihnachtsgeld, Urlaubsgeld, Tantieme) resultiert. Der Hauptnachteil dieses Modells liegt in der Summenbegrenzung, die gerade bei Besserverdienenden keine ausreichende Deckung der Versorgungslücke ermöglicht.

Eine Alternative bietet das Modell der sog. **»Deferred Compensation«**, der aufgeschobenen Vergütung.[390] Dabei handelt es sich um eine **Direktzusage durch Gehaltsumwandlung**, bei der der Mitarbeiter auf Teile seiner künftigen Barvergütung verzichtet und dafür vom Arbeitgeber eine wertgleiche, d. h. nach versicherungsmathematischen Grundsätzen ermittelte, Direktzusage (s. o.) erhält. Der aufgeschobene Betrag muss erst bei Zufluss der zugesagten Leistungen, zu einem dann häufig niedrigeren Steuersatz, versteuert werden.[391] Für die Höhe der umgewandelten Vergütungsanteile besteht keine Obergrenze, die Unternehmung kann eine Pensionsrückstellung für die Versorgungszusage bilden.

388 Vgl. Mehl (1996) 10.

389 Vgl. zur Direktversicherung durch Gehaltsumwandlung Grawert (1998) 29 u. 27 f.

390 Vgl. zum Modell der »Deferred Compensation« Mehl (1996) 10 ff.; Schmahl (1996) sowie ausführlich Grawert (1998) insbes. 43 ff.

391 Zu Bedingungen und Einzelheiten dieser steuerlichen Behandlung der »Deferred Compensation« vgl. Grawert (1998) 47 ff.

Wie die nachfolgenden Kap. D.VII.5 und 6 zeigen werden, lassen sich diese Formen der arbeitnehmerfinanzierten betrieblichen Altersversorgung auch gut als Bausteine in Erfolgsbeteiligungs- oder Cafeteria-Systemen integrieren.

ee) Überblick über wichtige Regelungen des BetrAVG (»Betriebsrentengesetz«)

Ziel des BetrAVG[392] war es, die betriebliche Altersversorgung für die begünstigten Arbeitnehmer sicherer und wirkungsvoller zu gestalten. Für die Unternehmungen, die eine betriebliche Altersversorgung einführen wollen oder eingeführt haben, bedeutet dies, dass sie eine Reihe von Anforderungen erfüllen müssen. Nachfolgend werden wichtige Regelungen kurz skizziert:[393]

- Nach § 1 I BetrAVG bleiben den Mitarbeitern bei Erfüllung bestimmter – im Gesetz geregelter – Bedingungen die Anwartschaften auf Leistungen aus der betrieblichen Altersversorgung auch bei Ausscheiden aus der Unternehmung erhalten **»Unverfallbarkeit von Versorgungsanwartschaften«**. Die Höhe der unverfallbaren Anwartschaft wird nach § 2 I BetrAVG bestimmt.
- Nach § 5 I BetrAVG dürfen die bei Eintritt des Versorgungsfalls festgesetzten Leistungen nicht dadurch gemindert oder entzogen werden, dass andere Leistungen, die sich durch die wirtschaftliche Entwicklung erhöhen, auf die betriebliche Altersversorgung angerechnet werden (**»Auszehrungsverbot«**).
- Nach § 6 BetrAVG sind die betrieblichen Renten dann vorzeitig zu gewähren, wenn vorgezogene Altersrenten aus der gesetzlichen Rentenversicherung bezogen werden.
- Nach § 16 BetrAVG ist die Unternehmung verpflichtet, die Versorgungsleistungen alle drei Jahre zu überprüfen und über eine **Anpassung** nach billigem Ermessen zu entscheiden. Aufgrund verschiedener Urteile des Bundesarbeitsgerichts ist dabei auf die Teuerungsrate sowie den Anstieg der Nettoeinkommen der aktiven Belegschaft abzustellen.

3. Erfolgsbeteiligung als ein System der materiellen Mitarbeiterbeteiligung

a) Überblick über Systeme der materiellen Mitarbeiterbeteiligung

Der Begriff der **Mitarbeiterbeteiligung** bezieht sich sowohl auf die **immaterielle** (Partizipation, Mitbestimmung auf Unternehmungs- und Betriebsebene) als auch auf die **materielle** Beteiligung der Mitarbeiter.

Die in der Bundesrepublik Deutschland praktizierten Systeme der materiellen Mitarbeiterbeteiligung lassen sich idealtypisch in zwei Gruppen unterscheiden:

Unter **Erfolgsbeteiligungen** sind die materiellen Leistungen zu verstehen, die Mitarbeiter oder Mitarbeitergruppen einer Unternehmung oder eines Unternehmungsteils bei der Erzielung eines betriebswirtschaftlichen Erfolges aufgrund freiwilliger, vorab und auf Dauer getroffener individual- oder kollektivvertraglicher Vereinbarungen zusätzlich zu

392 Zu den rechtlichen Rahmenbedingungen der betrieblichen Altersversorgung zählen auch eine Vielzahl steuer- und handelsrechtlicher Regelungen, die hier nicht skizziert werden können. Vgl. dazu im Einzelnen Arbeitsgemeinschaft für betriebliche Altersversorgung e.V. (o. J.).

393 Vgl. den Überblick bei Ahrend/Walkiewicz (1990) 8 f. sowie ausführlich Halbach u. a. (1998) 231 ff.

anderen Vergütungen (Direktvergütung, Sozialleistungen) erhalten. Der Begriff der Erfolgsbeteiligung wird auch für die Beteiligungssysteme verwendet, bei denen als Beteiligungsbasis nicht der betriebswirtschaftliche Erfolg, sondern nur einzelne Erfolgskomponenten (z. B. Ertrag, Umsatz, Kosten) verwendet werden.

Bei **Kapitalbeteiligungen** sind die Mitarbeiter oder einzelne Mitarbeitergruppen nicht nur Arbeitnehmer im juristischen Sinne (vgl. Kap. E.IV.1.c), sondern gleichzeitig auch am Eigen- oder Fremdkapital der arbeitgebenden Unternehmung beteiligt.

Beide Beteiligungssysteme können zwar isoliert nebeneinander bestehen, sie werden jedoch oft kombiniert,[394] indem Erfolgsanteile ganz oder zum Teil als Eigen- oder Fremdkapital zu investiven Zwecken in der Unternehmung verbleiben. Die Kapitalbeteiligung kann somit auch als **eine** Alternative der Verwendung von Erfolgsanteilen gesehen werden.

b) Ziele von Erfolgsbeteiligungssystemen

Mit der Einführung von Erfolgsbeteiligungssystemen werden verschiedene Ziele verfolgt, die sich nach drei Aspekten systematisieren lassen:[395]

Aus **wirtschaftspolitischer** Sicht können Erfolgsbeteiligungssysteme – je nach Beteiligungsbasis – zu einer flexibleren Lohnpolitik (Anpassung der Arbeitseinkommen an konjunkturelle Schwankungen) führen. Dies bedeutet, dass z. B. in einer Boomphase die Arbeitseinkommen bei gleichbleibendem Tariflohn gesteigert werden könnten, so dass es u. U. in einer späteren Rezessionsphase nicht zu »ökonomischen Freisetzungen« kommt (vgl. Kap. D.IV.4.b). Zudem können je nach Gestaltung des Beteiligungssystems die möglichen negativen Wirkungen einer mit dem Konjunkturverlauf schwankenden Veränderung von Arbeitseinkommen auf die Volkswirtschaft vermieden werden. So beeinflussen z. B. die Alternativen der Erfolgsverwendung die Konsum-/Sparneigung der Arbeitnehmer.

Aus **sozialpolitischer** Sicht können Erfolgsbeteiligungen dem Ausgleich von Arbeitgeber- und Arbeitnehmerinteressen dienen. Durch die Förderung der Vermögensbildung in Arbeitnehmerhand soll eine höhere Verteilungsgerechtigkeit erzielt und sollen soziale Spannungen vermieden werden.

Unternehmungen verfolgen mit Erfolgsbeteiligungssystemen in der Regel nicht nur ein Ziel, sondern ein (oft heterogenes) Zielbündel. Als zentrale **Unternehmungsziele** werden genannt:

- Steigerung der Leistungsbereitschaft und damit der quantitativen und/oder qualitativen Leistung (insbesondere Senkung der Absentismusrate und Erhöhung der Produktivität),
- Förderung der Bindung an die Unternehmung (Senkung der Fluktuationsrate),
- Aufbau und Erhalt eines qualifizierten Mitarbeiterstammes,
- Förderung des ökonomischen Denkens und Handelns (z. B. Kostenbewusstsein, »Unternehmermentalität«),
- Verbesserung des Mitarbeitereinkommens,
- Verbesserung des Unternehmungsimages (insbesondere auf den Arbeitsmärkten),

394 Diese Kombination wird auch als »laboristische Kapitalbeteiligung« bezeichnet. Vgl. Esser/Faltlhauser (1974) 19 f.

395 Vgl. zu den Zielen von Erfolgsbeteiligungen z. B. Berthel (1984) 387; Esser/Faltlhauser (1974) 45 ff.; Gaugler (1975) 794 f.; Schneider/Zander (1990) 39 ff.

- Steuerung betrieblicher Aktivitäten zur Erreichung spezieller Ziele,
- Finanzwirtschaftliche Ziele (z. B. Erhöhung des Eigenkapitals, Verbesserung der Kapitalstruktur, Verbesserung der Liquidität).

c) Gestaltungselemente von Erfolgsbeteiligungssystemen

aa) Überblick

Die einzelnen Ziele sind jeweils nur durch eine adäquate Gestaltung und Kombination der Systemelemente – unter Beachtung möglicher Zielkonflikte – erreichbar.

Abbildung 158 gibt einen Überblick über die Elemente von Erfolgsbeteiligungssystemen sowie mögliche Gestaltungsalternativen.

Unabhängig von der konkreten Gestaltung von Erfolgsbeteiligungssystemen ist bei ihrer Konzeption (und der späteren Implementierung) vor allem auf die Akzeptanz durch die Mitarbeiter zu achten. Letztere kann durch folgende Faktoren gefördert werden:

- transparente(r), übersichtliche(r) Konzeption und Berechnungsmodus,
- Partizipation der Mitarbeiter,
- Information über Ziele und Funktionen des Systems.

Zudem ist darauf zu achten, dass das Modell mit vertretbarem finanziellem und administrativem Aufwand zu realisieren ist.

bb) Beteiligungsbasis

Unter der Beteiligungsbasis wird die Größe verstanden, an der die Mitarbeiter beteiligt werden sollen. Die Vielzahl möglicher Beteiligungsbasen lassen sich zu den vier Gruppen **Leistungs-**, **Ertrags-**, **Gewinn-**, und **Wertentwicklungs**beteiligungen zusammenfassen.[396]

Leistungsbeteiligungen knüpfen direkt an den Arbeitsergebnissen an und gewähren den Mitarbeitern – je nach Leistung – einen Erfolgsanteil für das Erreichen oder Überschreiten einer »Normalleistung«. Im Unterschied zur leistungsbezogenen Direktvergütung steht hier jedoch in der Regel keine individuelle, sondern eine kollektive Leistung im Vordergrund. Als Beteiligungsbasen werden vor allem **Produktionsmenge**, **Produktivität** und **Kostenersparnis** verwendet.

Als Schwachpunkt jeder Leistungsbeteiligung gilt, dass sie weder die Gewinnsituation noch die Markteinflüsse berücksichtigen. So erhalten z. B. die Mitarbeiter bei Überschreiten der vorgegebenen »Normalleistung« auch dann Erfolgsanteile, wenn die Produkte nur mit Verlust abgesetzt werden konnten. Daher haben diese Systeme in der Wirtschaftspraxis zunehmend an Bedeutung verloren.

Ertragsbeteiligungen hingegen weisen einen direkten Bezug zum betrieblichen oder zum Unternehmungsertrag auf und unterliegen somit neben unternehmungsinternen auch Markteinflüssen. Die möglichen Beteiligungsbasen sind der Umsatz, die Wertschöpfung und der Nettoertrag.

---

396 In der Literatur wurde bisher zwischen Leistungs-, Ertrags- und Gewinnbeteiligung unterschieden. Vgl. z. B. Drumm (2000) 602 f.; Guski (1992) 11 ff.; Esser/Faltlhauser (1974) 25 ff. Diese Dreiteilung wird hier aufgrund der zunehmenden Bedeutung von Aktienoptionen u. Ä. in der Praxis um die Beteiligung an der Wertentwicklung ergänzt.

Systemelemente	Ausgestaltungsformen
Beteiligungsbasis = diejenige(n) Erfolgsgröße(n), an der die Mitarbeiter beteiligt sind	- Leistungen · Produktivitätsvolumen · Produktivität · Kostenersparnis
Gesamtquote = Erfolgsanteil, den alle Mitarbeiter gemeinsam erhalten	- Erträge · Umsatz · Wertschöpfung · Nettoertrag - Gewinne · Bilanzgewinn - Wertentwicklung · Aktienwert · Unternehmungswert · Geschäftsbereichswert
Individualquote = Erfolgsanteil, den der einzelne Mitarbeiter erhält	- Gleichheitsprinzip - Sozialprinzip - Leistungsprinzip
Spezielle Ziele und Mitarbeitergruppen = Honorierung individueller Erfolgsbeiträge aus einem gesonderten Erfolgsfonds; Zielgruppen: z. B. (strategische) Führungskräfte, Projektleiter	- Leistungsprinzip - Leistungen, z. B.: · Projektrealisierung · Marktanteil · Innovationsrate · Produktqualität - Gewinne - Image - zukünftiger Cash Flow
Anteilsverwendung = Entscheidung, ob Erfolgsanteile ausgeschüttet oder einbehalten werden bzw. beides kombiniert wird	- Barausschüttung - Einbehalt · Eigenkapitalbildung · Fremdkapitalbildung · Verlustbeteiligung

Abb. 158: Elemente und Gestaltungsformen von Erfolgsbeteiligungssystemen

- Bemessungsgrundlage der **Umsatzbeteiligung**, als einfachster Form der Ertragsbeteiligung, ist der um Preisschwankungen und Lagerbewegungen korrigierte Umsatz. Es handelt sich somit um eine Beteiligungsbasis, die vor allem für Mitarbeiter und Führungskräfte im Marketing/Vertrieb geeignet ist, soweit diese den Umsatz **direkt** beeinflussen können. Ursachen für Umsatzveränderungen können zum einen von verschiedenen Unternehmungsbereichen ausgehen (Marketingaktivitäten, Erhöhung der Produktqualität) und zum anderen durch die Marktsituation determiniert werden. Durch Umsatzbeteiligungen wird häufig »reines Umsatzdenken« ohne Rücksicht auf die Kostenentwicklung forciert, so dass im Ergebnis Umsatz- u. U. durch Kostensteigerungen überkompensiert werden und damit zu einer Erfolgsreduktion führen.
- **Wertschöpfung** wird in der Regel als Differenz zwischen dem um Bestandsveränderungen korrigierten Umsatz und dem Materialaufwand derselben Periode definiert. Obwohl Absatz- und Beschaffungsmarkteinflüsse hier eine stärkere Rolle spielen, kann jedoch auch die Wertschöpfungsbeteiligung die Risiken, die mit der Leistungs- und Umsatzbeteiligung verbunden sind, nicht vermeiden.
- Die **Nettoertragsbeteiligung** basiert auf dem Saldo von **betrieblichem** Ertrag und Aufwand. Er ergibt sich aus dem Rohertrag durch die Bereinigung um Lagerbestandsveränderungen sowie durch den Abzug von Fremdleistungen, Steuern und kalkulatorischen Kosten (z. B. Unternehmerlohn, Eigenkapitalverzinsung). Der Vorteil der Nettoertragsbeteiligung liegt darin, dass nun nicht mehr die »erbrachte Leistung«, sondern die »Marktleistung« berücksichtigt wird.

Als Fazit ergibt sich, dass die Mitarbeiter sowohl bei Leistungs-, als auch bei Ertragsbeteiligungssystemen unabhängig von der tatsächlichen Gewinnsituation der Unternehmung Erfolgsanteile erhalten. Demgegenüber hängt bei den nachfolgend erläuterten Gewinnbeteiligungssystemen die Zahlung von Erfolgsanteilen davon ab, ob tatsächlich ein Gewinn entstanden ist.

Die **Gewinnbeteiligung** ist die in der Praxis bedeutendste Form der Erfolgsbeteiligung, da sie alle für den (kurzfristigen) Erfolg relevanten Aspekte berücksichtigt. Sie kann weiter in die **Ausschüttungs-**, die **Substanz-** und die **Bilanzgewinnbeteiligung** differenziert werden. Das erstgenannte System orientiert sich am ausgeschütteten Gewinn (z. B. der Dividende), das zweite am einbehaltenen Gewinn. Sowohl die Höhe der ausgeschütteten als auch der einbehaltenen Gewinne beruht in erster Linie auf einer von der Mitarbeiterleistung losgelösten unternehmungspolitischen Entscheidung. In der Praxis haben diese beiden Systeme daher nur eine geringe Bedeutung.

Als Bezugsgrößen der Bilanzgewinnbeteiligung bieten sich sowohl der Steuer- als auch der Handelsbilanzgewinn an. Diese beiden Größen sind in der Regel nicht identisch, was zum einen auf die unterschiedliche Bewertung einzelner Bilanzpositionen zurückzuführen ist. Zum anderen werden bei der Ermittlung des Handelsbilanzgewinns steuerlich nicht wirksame Positionen angesetzt.

Zu den Nachteilen der Gewinnbeteiligung zählt in erster Linie die Vernachlässigung strategischer Aspekte. So werden z. B. durch kurzfristiges Gewinndenken u. U. kostenintensive (Zukunfts-)Investitionen oder unternehmungspolitische Entscheidungen vernachlässigt, die erst in späteren Perioden gewinnwirksam werden (vgl. auch Kap. D.VII.7).

Stärkere Anreize zu einem strategisch-langfristig ausgerichteten Handeln, insbesondere bei Führungskräften, erzielen **Beteiligungen an der Wertentwicklung** der Unternehmung bzw. eines Geschäftsbereichs.[397] Dabei dient entweder die Kursentwicklung der Unternehmungsaktien oder der Erfolg bei der Entwicklung des fiktiven Kaufpreises der Unternehmung oder eines Geschäftsbereichs als Beteiligungsbasis.

Aktienwertorientierte Beteiligungen eignen sich nur für börsengehandelte Aktiengesellschaften. Bei ihnen soll das langfristige Interesse der Mitarbeiter durch **Aktienbesitz** oder **indirekte Beteiligung** am Aktienkurs an das Unternehmungsinteresse gebunden werden. Ein Beispiel sind die sehr populären »Stock Option Plans« (Optionspläne).[398] Sie beinhalten die Gewährung des Rechts auf den Erwerb von Aktien der eigenen Unternehmung innerhalb einer festgelegten Frist zu einem festgelegten Bezugspreis. Die Ausübung des Rechts ist freiwillig und nur vorteilhaft, wenn der aktuelle Aktienkurs gegenüber dem festgelegten Bezugspreis gestiegen ist.

Die Orientierung an der **Wertentwicklung des fiktiven Kaufpreises** eignet sich auch für mittelständische Unternehmungen, Geschäftsbereiche von Großunternehmungen oder nicht börsengehandelte Aktiengesellschaften. Dabei werden zur Unternehmungsbewertung Verfahren herangezogen, die denen der Investitionsrechnung ähneln.[399]

cc) Gesamtquote

Als Gesamtquote wird der Anteil des Erfolgs bezeichnet, der insgesamt an die Mitarbeiter verteilt werden soll. Falls das Leistungsprinzip – wie bei den Kriterien der Lohndifferenzierung (vgl. Kap. D.VII.2) – auch hier als Grundmaxime für eine gerechte Verteilung des Erfolgs dienen soll, ist der Leistungsanteil der Mitarbeiter am Erfolg zu ermitteln. Dies führt jedoch zu nicht lösbaren Zurechnungsproblemen, so dass eine »gerechte« Verteilung im Sinne von »verursachungsgerecht« unmöglich erscheint. Das Problem liegt nun darin, einen für die Mitarbeiter und die Unternehmung **akzeptablen** Verteilungsmodus zu finden. So gesehen erweist sich die Frage nach einer Erfolgsaufteilung als **unternehmungspolitisches** Problem. Damit erlangen die Ziele der an der Entscheidung über die Erfolgsaufteilung Beteiligten maßgebliche Bedeutung. Sie werden ihrerseits von den – aktuellen und in Zukunft erwarteten – betrieblichen Gegebenheiten mitbestimmt und sind überlagert von der grundlegenden unternehmungspolitischen Orientierung wie z. B. Bestandssicherung oder Entwicklung (vgl. dazu Kap. F).

dd) Individualquote

Als Individualquote wird der Erfolgsanteil bezeichnet, den der einzelne Mitarbeiter erhält. In der Literatur werden zur Lösung dieses Zurechnungsproblems (vgl. auch die Darstellung zur Gesamtquote) drei alternative Verteilungsprinzipien diskutiert, bei deren Wahl die Unternehmung insbesondere die mit der Erfolgsbeteiligung verfolgten Ziele beachten sollte. Es handelt sich um das **Gleichheits-**, das **Leistungs-** und das **Sozialprinzip**. Diese Prinzipien können sowohl isoliert als auch kombiniert verwendet werden.

397 Vgl. zu Beteiligungen an der Wertentwicklung Becker, F. G. (1997) 113 ff.; Winter (1996) 117 ff.

398 Vgl. zu »Stock Option Plans« und weiteren Formen aktienwertorientierter Beteiligungen Becker, F. G. (1997) 113 ff.; Fiedler-Winter (1999).

399 Zum Verfahren der Unternehmungsbewertung nicht börsennotierter Unternehmungen vgl. z. B. Winter (1996) 122 ff. Die auch unter dem Stichwort »Shareholder-Value« geführte Diskussion um geeignete Verfahren der Unternehmungsbewertung favorisiert in den letzten Jahren den so genannten »Ertragswert« gegenüber dem »Substanzwert« als geeigneten Unternehmungswert. Vgl. Bühner (1993) 750; Winter (1996) 123.

- Das **Gleichheitsprinzip** bedeutet, dass eine Verteilung nach Köpfen erfolgt, so dass jeder Mitarbeiter den gleichen Erfolgsanteil erhält. Dieses Prinzip dient in erster Linie der Verwirklichung der sozialpolitischen Ziele der Erfolgsbeteiligung (s. o.). Mit dem Leistungsprinzip ist es jedoch unvereinbar. Daher ist auch zu vermuten, dass eine Verteilung nach Köpfen nur einen sehr geringen Leistungsanreiz bietet.
- In der Wirtschaftspraxis erfolgt die Verteilung des Gesamt-Erfolgsanteils überwiegend nach dem **Leistungsprinzip**. Auch hier besteht wieder ein Zurechnungsproblem, da der Beitrag des einzelnen Mitarbeiters am erzielten Erfolg in vielen Fällen nur sehr schwer (oder überhaupt nicht) ermittelt werden kann. Im Ergebnis kann daher auch die Lösung dieses Zurechnungsproblems nur durch einen **akzeptablen** – und in erster Linie an den Zielen der Erfolgsbeteiligung orientierten – Verteilungsmodus erfolgen (vgl. Gesamtquote). Hierfür existieren in der Wirtschaftspraxis eine Vielzahl von Verteilungsverfahren (z. B. nach Leistungsbeurteilungen oder Tarifgruppen), wobei die Verteilung nach der **Lohnsumme** (zum Teil in Kombination mit der Verteilung nach Köpfen) die größte Bedeutung erlangt hat. Die Bemessung der Erfolgsanteile an der individuellen Lohnsumme eines Mitarbeiters kann sich entweder auf die gesamte Lohnsumme oder nur auf die anforderungs- und/oder leistungsbezogenen Anteile beziehen. Bei der ersten Variante wird dem Leistungsprinzip jedoch nur teilweise Rechnung getragen, da die Vergütung in der Regel nicht nur aus anforderungs- und leistungsbezogenen, sondern auch aus sozial begründeten Bestandteilen besteht (vgl. auch Kap. D.VII.2).
- Bei der Verteilung von Erfolgsanteilen nach dem **Sozialprinzip** werden soziale Merkmale der Mitarbeiter (z. B. Familienstand, Beschäftigungsdauer, Alter) berücksichtigt. Eine alleinige Anwendung des Sozialprinzips ist selten. Es ergänzt/differenziert vielmehr die beiden anderen Prinzipien.

ee) Anteilsverwendung

Die Verwendung der individuellen Erfolgsanteile kann in zwei Formen geschehen:

- Barausschüttung und/oder
- Einbehalt (als Eigen- oder Fremdkapital).

Die **Barausschüttung**, deren Ziel in erster Linie die Verbesserung der Mitarbeitereinkommen war, hat zunehmend an Bedeutung verloren.

Erfolgt hingegen keine Ausschüttung, so bedeutet dies aus Unternehmungssicht, dass die Erfolgsanteile (vollständig oder teilweise) in eine **Beteiligung am Eigen- oder Fremdkapital** überführt werden und aus Mitarbeitersicht, dass sie investiert werden. Einen Überblick über die verschiedenen Möglichkeiten der Verwendung individueller Erfolgsanteile gibt Abbildung 159.

Im Zusammenhang mit der Anteilsverwendung ergibt sich auch die Frage nach einer eventuellen **Verlustbeteiligung** der Mitarbeiter, die von vielen Unternehmungen als logische Folge einer Gewinnbeteiligung gesehen wird.

ff) Spezielle Ziele und Mitarbeitergruppen

Erfolgsbeteiligungssysteme können auch im Hinblick auf spezielle, besonders erfolgskritische Faktoren (z. B. Innovations-, Qualitäts-, Kundenorientierung) und/oder Mitarbeitergruppen (z. B. Mitarbeiter des F+E-Bereichs, Führungskräfte) gestaltet werden. Solche

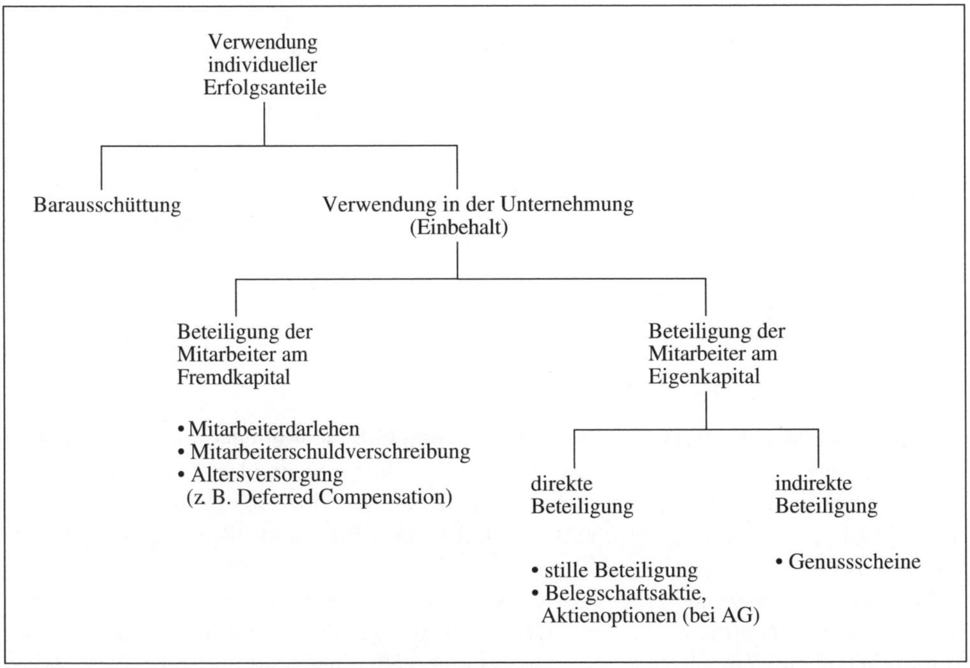

Quelle: In Anlehnung an Steinmann/Müller/Klaus (1982) 122.

Abb. 159: Überblick über die Möglichkeiten der Verwendung individueller Erfolgsanteile

Überlegungen wären dann bei der Gestaltung jedes der vier zuvor dargestellten Elemente zu berücksichtigen.

Als besondere Mitarbeitergruppe im Rahmen eines Erfolgsbeteiligungssystems gelten vor allem die Führungskräfte. Aspekte erfolgsorientierter Vergütungen von Führungskräften werden in Kap. D.VII.7 skizziert.

d) Rechtliche Aspekte

Die Einführung eines Erfolgsbeteiligungssystems kann auf den folgenden rechtlichen Grundlagen basieren:

- Die Unternehmungsführung kann die Einführung eines Erfolgsbeteiligungssystems unverbindlich und einmalig anbieten. Die Zusage wird unter dem Vorbehalt der Freiwilligkeit abgegeben, um die Entstehung von Ansprüchen für die Folgejahre (auf der Basis der so genannten betrieblichen Übung) zu verhindern.
- Durch vertragliche Vereinbarung zwischen Arbeitgeber und beteiligungsberechtigten und beteiligungswilligen Mitarbeitern kann die Erfolgsbeteiligung Bestandteil des individuellen Arbeitsvertrages werden. Eine Änderung ist somit nur mit Zustimmung des Mitarbeiters oder durch eine Änderungskündigung möglich.
- In der Regel werden zwischen Unternehmungsführung und Betriebsrat Betriebsvereinbarungen (nach § 77 BetrVG) geschlossen.

- Eine weitere mögliche Rechtsgrundlage stellen Tarifverträge dar. Diese haben in der Praxis jedoch nur eine geringe Bedeutung.

Ob bei der Einführung und Gestaltung von Systemen der Erfolgsbeteiligung Beteiligungsrechte des Betriebsrats bestehen, hängt von der Art der Beteiligungsbasis ab. Nach herrschender Rechtsprechung überwiegt bei Kosten- und/oder Ertragsgrößen der »Entgeltcharakter«, so dass Mitbestimmungsrechte des Betriebsrats nach § 87 I Nr. 10 oder Nr. 11 BetrVG bestehen können.

4. Cafeteria-Systeme

a) Erläuterung des Cafeteria-Ansatzes

Seit Mitte der 80er Jahre werden in der Bundesrepublik Deutschland unter dem Schlagwort »Cafeteria-Systeme« Möglichkeiten zur Flexibilisierung und Individualisierung von Vergütungsbestandteilen diskutiert, wobei ihre Anwendung in der Praxis jedoch durch eine Vielzahl zu berücksichtigender arbeits-, sozialversicherungs- und steuerrechtlicher Regelungen erheblich erschwert wird.[400]

Die Grundidee des Cafeteria-Ansatzes ist, dass der einzelne Mitarbeiter unter der Prämisse der Kostenneutralität zwischen **inhaltlich und zeitlich verschiedenen Entgeltbestandteilen** (Direktentgelt, Sozialleistungen) innerhalb eines bestimmten Budgets – analog zur Menüwahl in einer Cafeteria – ein an seinen individuellen Bedürfnissen und Präferenzen orientiertes »Menü« wählen kann.[401]

Das Ziel des Cafeteria-Ansatzes besteht darin, trotz abnehmender Spielräume in Bezug auf Vergütungserhöhungen, die für das Nettoeinkommen des einzelnen Mitarbeiters oft kaum Auswirkungen haben, attraktive Anreize für bestimmte Mitarbeitergruppen (oder auch für alle Mitarbeiter) zu schaffen:

- Dies hat für die **Mitarbeiter** zur Folge, dass sie die Leistungen wählen können, die ihren Bedürfnissen und ihrer individuellen Situation (z. B. finanzielle Lage, Lebensphase) weitgehend entsprechen (und gleichzeitig, dass sie auf die Leistungen verzichten können, die für sie von geringer(er) Bedeutung sind).
- Für die **Unternehmung** bedeutet dies vor allem, dass bei (relativ) konstanten Personalkosten die Anreizwirkungen von Vergütungsbestandteilen erhöht werden können. Zudem werden Höhe und Struktur der Vergütung für die Mitarbeiter transparenter und so die Leistungen der Unternehmung (nun) besser gewürdigt. Weiterhin können sich u. U. positive Effekte für das Unternehmungsimage (und damit für die externe Personalbeschaffung) ergeben.

Die skizzierten Vorteile hängen jedoch neben der konkreten Gestaltung (vgl. den folgenden Abschnitt) von den Möglichkeiten der Mitarbeiterpartizipation, der Zielgruppe und der Art der Implementierung des Cafeteria-Systems ab. Zudem ist zu beachten, dass Cafeteria-Systeme zu hohem administrativem Aufwand führen (können).

---

400 Vgl. z. B. Wagner (1986) sowie ausführlich zu arbeits-, sozialversicherungs- und steuerrechtlichen Gestaltungsmöglichkeiten Mölders (1993).

401 Vgl. Wagner/Grawert/Langemeyer (1993) 3f; Dycke/Schulte (1986) 577.

b) Gestaltungselemente von Cafeteria-Systemen

Für eine konkrete Gestaltung zur Erzielung der oben skizzierten möglichen Wirkungen ist eine Auswahl zwischen einer Reihe alternativer Varianten der folgenden Gestaltungselemente zu treffen:

(1) Cafeteria-Budget des einzelnen Mitarbeiters,
(2) Wahlmöglichkeiten und Wahlturnus und
(3) Spektrum optionaler Leistungen.

Zu (1): Cafeteria-Budget

Zunächst wird für einen Mitarbeiter oder eine Mitarbeitergruppe festgelegt, aus welchen Mitteln das Cafeteria-Budget gespeist wird. Nach deutschem Steuerrecht dürfen Beträge aus dem fest vereinbarten Entgelt (mit Ausnahme der Direktversicherung (vgl. Kap. D.VII.4)) nicht in andere Leistungen umgetauscht werden. Für ein Cafeteria-Budget stehen daher vor allem variable Entgeltbestandteile, freiwillige Sozialleistungen sowie Zeitkomponenten zur Verfügung. Abbildung 160 gibt eine Übersicht möglicher Entgeltkomponenten des Cafeteria-Budgets.

Sozialleistungen	Entgeltbestandteile	Zeitkomponenten
• bisherige freiwillige Sozialleistungen • geplanter zusätzlicher Sozialaufwand	• jährliche Gehaltserhöhungen • erfolgs- und leistungsabhängige Größen (Tantiemen, Erfolgsbeteiligung, ...)	• Kompensation tariflicher Arbeitszeitverkürzungen • Ansparen von Urlaubsansprüchen über mehrere Perioden • Arbeitszeitkonten

Quelle: In Anlehnung an Wagner/Grawert/Langemeyer (1993) 9.

Abb. 160: Mögliche Zusammensetzung eines Cafeteria-Budgets

Aufgrund der Einschränkung durch die Gesetzgebung, nur variable Entgeltbestandteile in unterschiedliche Vergütungsformen umwandeln zu können, werden Cafeteria-Systeme in Deutschland fast ausschließlich für Führungskräfte diskutiert, bei denen ein nennenswerter variabler Entgeltbestandteil vorhanden ist. Wegen der Möglichkeit, Zeitkomponenten und Sozialleistungen in ein Cafeteria-Budget mit einzubeziehen, bieten sich Cafeteria-Systeme grundsätzlich aber auch für Tarif-Mitarbeiter und AT-Mitarbeiter unterer Führungsebenen an.

Die Höhe des Budgets eines Mitarbeiters kann in Form eines Geldbetrages oder von Äquivalenzziffern festgelegt werden.

Zu (2): Wahlmöglichkeiten und Wahlturnus

Die individuellen Wahlmöglichkeiten können unterschiedliche Freiheitsgrade aufweisen. In der Regel gewähren die Unternehmungen jedoch keine beliebigen Wahlmöglichkeiten, sondern geben ein Mindestniveau an Leistungen vor.

In der Literatur werden drei Arten von »Cafeteria-Plänen« diskutiert, die sich jedoch in Bezug auf die Wahlmöglichkeiten erheblich voneinander unterscheiden:

- Beim **Kernplan** werden die Leistungsangebote in einen **Kernblock** und einen **Wahlblock** mit frei wählbaren Leistungen differenziert. Der Kernblock geht von einem Mindestbedarf an (Sozial-)Leistungen (z. B. Altersversorgung) für **alle** Mitarbeiter aus. Die Grundidee dieses Plans orientierte sich an den US-amerikanischen Systemen der sozialen Sicherung, während in der Bundesrepublik Deutschland dieser Mindestbedarf in der Regel durch die gesetzlichen und/oder tariflichen Sozialleistungen garantiert ist.
- Beim **alternativen Menüplan** können die Mitarbeiter zwischen Leistungs**paketen** wählen, die auf die Bedürfnisse bestimmter Mitarbeitergruppen zugeschnitten sind.
- Beim **Buffetplan** kann der Mitarbeiter aus den einzelnen Leistungsangeboten frei wählen.

Der **Wahlturnus** legt die Zeiträume fest, für die die Wahlentscheidungen der Mitarbeiter in Bezug auf einzelne Leistungen oder Leistungspakete gelten und nach denen neu gewählt werden kann. Bei der Festlegung ist zu beachten, dass sich die Präferenzen der Mitarbeiter im Zeitablauf verändern, so dass ein zu langer Wahlturnus mit der Individualisierungsidee nicht zu vereinbaren ist. Als optimal gilt ein Wahlturnus von ein bis zwei Jahren. Auch die Unternehmungen können auf die Möglichkeit, die Leistungen (und die Tauschrelationen) an neue Kosten- und Vergütungssituationen anzupassen, nicht verzichten. Es gibt jedoch Leistungen, bei denen eine langfristige Entscheidung aus sachlichen Gründen nicht zu vermeiden ist (z. B. Lebensversicherungen).

Zu (3): Optionale Leistungen
Schließlich ist zu bestimmen, welche Leistungen den Mitarbeitern im Rahmen eines Cafeteria-Systems angeboten werden sollen. Grundsätzlich eignen sich alle individuell zurechenbaren Sozialleistungen. Bei Sozialleistungen mit Statuscharakter ist allerdings zu berücksichtigen, dass ihre Anreizwirkung nachlassen kann, wenn sie im Rahmen eines Cafeteria-Systems einer größeren Anzahl von Mitarbeitern zugänglich gemacht werden. Nicht individuell zurechenbare Sozialleistungen wie Kindergarten oder der Betriebssportverein kommen nicht in Frage. Einige mögliche Leistungsangebote sind:

- materielle Leistungen wie bspw.:
  - (Direkt-)Versicherungen (z. B. Lebens-, Kranken-, Unfallversicherung),
  - Firmenwagen,
  - Arbeitgeberdarlehen,
  - Mitarbeiterbeteiligungen (z. B. Belegschaftsaktien, Aktienoptionen),
  - Betriebliche Altersversorgung (z. B. Deferred Compensation),
  - Barvergütung,
- Zeit-Leistungen wie bspw.:
  - Variationen der Periodenarbeitszeit,
  - Variationen der Lebensarbeitszeit,
- Austausch von materiellen Leistungen gegen Zeit.

Diese Übersicht beispielhafter Leistungen zeigt, dass Cafeteria-Systeme nicht unbedingt neue Leistungen anbieten, sondern recht herkömmliche Sozialleistungen mit der Direktvergütung, Elementen der Erfolgsbeteiligung und Arbeitszeitmodellen kombinieren. Um den individuellen Präferenzen gerecht zu werden, ist es aber notwendig, Mitarbeiterpräferenzen schon bei der Zusammenstellung der Leistungsoptionen zu berücksichtigen und die Mitarbeiter in die Lage zu versetzen, anhand entsprechender Kriterien eine wohlüberlegte Entscheidung zu treffen.[402]

5. Aspekte der Führungskräftevergütung

Die bisherigen Ausführungen haben sich überwiegend auf Mitarbeiter bezogen, die dem tariflichen Bereich zuzuordnen sind, während sich die nachfolgenden Überlegungen auf solche Führungskräfte beziehen sollen, die dem außertariflichen Bereich, insbesondere den leitenden Angestellten, zuzuordnen sind.[403]

Da das Leistungsverhalten von Führungskräften einen weitreichenden Einfluss auf den Unternehmungserfolg hat, erhalten sie eine bedeutend höhere Vergütung als andere Mitarbeiter. Die Unternehmung hat zudem einen wesentlich größeren Gestaltungsspielraum, da für Führungskräfte kaum arbeits- und sozialrechtliche Restriktionen bestehen und sie keinen tarifvertraglichen Bindungen unterliegen. Die Vergütung (als materieller Teil eines umfassenderen Anreizsystems) kann daher – wesentlich gezielter als bei anderen Mitarbeitergruppen – als Anreiz zur Beeinflussung des Leistungsverhaltens eingesetzt werden.

Die Führungskräftevergütung setzt sich i. Allg. aus drei Komponenten zusammen:

- Es wird eine fixe, vor allem anforderungsbezogene **Grundvergütung** gezahlt, deren Höhe individuell vereinbart wird.
- I. d. R. werden zusätzlich um **variable** leistungsbezogene **Bestandteile** ergänzt. Die variablen Bezüge beruhen vor allem auf einer
  - Beurteilung der individuellen Leistung (insbesondere dem Erreichen vereinbarter Ziele) und/oder einer
  - Beteiligung am Geschäftsbereichs- oder Unternehmungserfolg

  und werden in Form einer Tantieme, eines Jahresbonus, einer Prämie, eines Aktienoptionsplans oder im Rahmen eines Erfolgsbeteiligungssystems (vgl. Kap. D.VII.5) geleistet. In der Wirtschaftspraxis ist zu beobachten, dass mit steigender hierarchischer Position nicht nur die Zahl der Führungskräfte, die eine variable Vergütung erhalten, zunimmt, sondern auch der variable Anteil an der Gesamtvergütung steigt.
- Daneben werden in der Regel verschiedene **Zusatzleistungen** (z. B. Altersversorgung, Firmenwagen, individuelle Urlaubsregelung, Personalentwicklungsangebote) gewährt.

Zusammen werden sie oft als »total compensation« verstanden, als ein Paket, das aufeinander abgestimmt ist. Höhe und Zusammensetzung hängen oft vom »Marktwert« und von Branchenusancen ab.

Vor allem die Gestaltung der **variablen Bezüge** ist eine der Schlüsselfragen der Führungskräftevergütung. In der Vergangenheit war die Höhe des variablen Anteils in Deutschland (auch im internationalen Vergleich) eher gering und orientierte sich überwiegend am Erreichen von Nahzielen oder an operativen Bezugsgrößen (z. B. Gewinn). Derzeit werden in Theorie und Praxis deutlich höhere variable Anteile im Verhältnis zum Grundgehalt

402 Vgl. zu Möglichkeiten der Objektivierung von Arbeitnehmerwahlrechten ausführlich Mölders (1993) 181 ff.
403 Vgl. zur Führungskräftevergütung insbesondere Bleicher (1992); Winter (1996); Becker, F. G. (1990); Schettgen (1996); Kramarsch (2000); Becker/Kramarsch (2003), (2006).

gefordert. Zur Sicherung des langfristigen Unternehmungserfolgs werden zudem andere Bemessungsgrundlagen diskutiert, die sich auch an strategischen Zielsetzungen orientieren.[404]

Eine Vielzahl von Gründen spricht für die Nutzung des variablen Vergütungsinstruments, z. B.:

- Die Trennung von Leitung und Kontrolle speziell in Publikumsgesellschaften birgt die Gefahr, dass angestellte Führungskräfte bei der Leitung der ihnen anvertrauten Unternehmungsteile andere Ziele verfolgen als die Gesellschafter. Sie haben i. d. R. eine kurzfristigere Perspektive (innerhalb ihrer Karriere). Die Principal Agent-Idee begründet sehr einsichtig die Notwendigkeit von Anreizsystemen zur Verhaltenssteuerung von angestellten Führungskräften. Dies trifft selbstverständlich auch für nachgeordnete Managementebenen zu.
- Eine Möglichkeit, Manager zu einer gesellschafterorientierten Führung zu motivieren, ist eine (teilweise) direkte Koppelung von Leistung und Entgelt. Sie ist in den geltenden Vergütungssystemen jedoch oft nicht gegeben. Die viel beklagte Kurzfristorientierung des Managements setzt sich ganz besonders deutlich in den Vergütungssystemen fest. Werden die verantwortlichen Führungskräfte auf Basis operativer Erfolgsgrößen vergütet oder befördert, stehen individuelle Anreize den strategischen Zielsetzungen der Unternehmung entgegen.[405] Die Manager geraten in einen Interessenkonflikt. Die Gestaltung hat dies strukturell zu berücksichtigen.

Auf der anderen Seite darf man aber die Hauptargumente der »Gegner« variabler Vergütungssysteme nicht ignorieren: (1) Variable Vergütungen implizieren ein Misstrauen zwischen Anteilseigner und nachgeordneten Führungskräften mit entsprechenden Rückwirkungen. (2) Variable Vergütungsmöglichkeiten verdrängen die intrinsische Motivation der Führungskräfte und konzentrieren ihre Aufmerksamkeit nur auf die Beeinflussung der integrierten Erfolgsgrößen.

Bei der Gestaltung der Führungskräftevergütung ist zu beachten, dass sie im Wesentlichen drei Funktionen zu erfüllen hat:[406]

1. Die **Motivationsfunktion**, d. h. das Vergütungssystem soll zur Motivation der Führungskräfte beitragen, indem gute Leistung belohnt und schlechte »bestraft« wird.
2. Die **Selektionsfunktion**, d. h. das Vergütungssystem soll dazu beitragen, die richtigen Führungskräfte für die Unternehmung zu gewinnen und diese zu halten.
3. Die **Koordinationsfunktion**, d. h. die Kooperationsbereitschaft in der Unternehmung soll durch das Vergütungssystem gefördert, Ressortegoismus unterdrückt werden.

Aus diesen drei Funktionen lassen sich einige Konsequenzen für die Gestaltung der Vergütung von Führungskräften ableiten:[407]

Im Hinblick auf die **Selektionsfunktion** ist eine hohe Leistungsabhängigkeit der Vergütung vorteilhaft. Bei einem hohen variablen Anteil, der größer ist als marktüblich, bei gleichzeitig geringerer Grundvergütung können talentierte Führungskräfte hohe Einkommen erzielen, während »schlechte« Führungskräfte erwarten müssen, in der Unternehmung weni-

404 Vgl. z. B. Becker/Kramasch (1998); Knebel (1995).
405 Vgl. Becker, F. G. (1990).
406 Vgl. Winter (1997) 617 ff. sowie ausführlich (1996) 39 ff.
407 Vgl. zum Folgenden Winter (1997) 621 ff.

ger zu verdienen als in alternativen Beschäftigungen. Allerdings sind diesem Prinzip Grenzen gesetzt, wenn das persönliche Einkommensrisiko der Führungskraft aufgrund der Variabilität zu groß wird. Deshalb ist es von besonderer Bedeutung, dass die **Bemessungsgrundlage** (Erfolgsgröße, aus der sich der variable Anteil ableitet) in hohem Maß durch die Führungskraft beeinflussbar ist und wenigen Umweltfaktoren unterliegt. Zur Reduzierung der Auswirkungen von Umweltfaktoren bietet es sich an, die zugrunde gelegten Erfolgsgrößen ins Verhältnis zu Vergleichsgrößen zu setzen. So könnte beispielsweise die Entwicklung des Aktien- bzw. Unternehmungswertes im Verhältnis zur Wertentwicklung anderer Unternehmungen (derselben Branche, innerhalb eines Aktien-Index, wie DAX, o. Ä.) relativiert werden. Der einen solchen Vergleichswert übersteigende Teil des eigenen Unternehmungswertes wird als besondere Führungskräfte-Leistung angenommen und einer Zusatzvergütung zugrunde gelegt.

Auch für die **Motivationsfunktion** ist ein möglichst enger Bezug zwischen individueller Leistung – also beeinflussbaren Erfolgsgrößen – und Belohnung zu fordern. (vgl. zu den motivationstheoretischen Grundlagen Kap. B.I.2). Insbesondere für die Führungskräfte, die einen unmittelbaren Einfluss auf die langfristige Unternehmungsentwicklung haben, sollte die Bemessungsgrundlage gleichzeitig so gewählt werden, dass – neben dem Erreichen operativer Ziele – auch der individuelle Beitrag zur Strategieformulierung und -implementierung belohnt wird. Problematisch dabei ist, dass strategische Erfolge erst in späteren Perioden realisiert werden können. Aus motivationstheoretischer Sicht ist jedoch die verhaltensbeeinflussende Wirkung einer »Belohnung«, die erst einige Jahre nach dem erfolgswirksamen Leistungsverhalten erfolgt, sehr gering.

Bei der Wahl der Bemessungsgrundlage ist schließlich auch die **Koordinationsfunktion** zu berücksichtigen. Stark leistungsorientierte Anreizsysteme bergen immer die Gefahr, unkooperatives Verhalten zu fördern. Deshalb sollten neben reinen selbst verantworteten Ergebnisgrößen auch die ökonomische Unterstützung sowie sogar das **Verhalten** der Führungskraft gegenüber Mitarbeitern, anderen Führungskräften und anderen Unternehmungsbereichen als Kriterium in die Bemessung der variablen Vergütung mit einfließen.[408]

Diese knappen Überlegungen zeigen, dass die Wahl geeigneter Bemessungsgrundlagen eine zentrale Aufgabe bei der Gestaltung von Vergütungssystemen für Führungskräfte darstellt und ein Kompromiss zwischen der Orientierung am individuellen Leistungsverhalten und der stärker unternehmungsbezogenen Erfolgs- und Strategieorientierung gefunden werden muss.[409] Abbildung 161 gibt einen Überblick über mögliche Bemessungsgrundlagen. Nur durch eine **Kombination** mehrerer Bemessungsgrundlagen können in der Praxis sowohl operative als auch innovative und strategische Leistungen honoriert sowie das jeweilige unternehmungsspezifische Wettbewerbsumfeld genügend berücksichtigt werden.

Alternativ zu einer Barausschüttung des variablen Anteils in Form von Tantiemen oder Prämien oder eines Einbehalts im Zusammenhang mit einem Erfolgsbeteiligungssystem (vgl. Kap. D.VII.5) bietet sich Möglichkeit, die variablen Bezüge sowie etwaige Zusatzleistungen als Budget eines Cafeteria-Systems zu verwenden (vgl. Kap. D.VII.6).

Seit etwa 1995 haben verschiedene variable Vergütungsformen der »**long-term incentives**« auch Einzug in die deutschsprachigen Länder gefunden. werden praktiziert. Bei

---

408 Zu Besonderheiten von Leistungsprozessen in wissens-intensiven Unternehmungen und ihrer Vergütung siehe Berthel (2002b) 322 ff.

409 Vgl. zu den zu lösenden Teilproblemen strategisch orientierter Anreizsysteme Becker, F. G. (1987) 58 f.

Allgemeine Bemessungsgrundlagen	Beispiele
1. Buchhaltungskennzahlen (aus operativem Geschäft)	• Gewinnziffern • Cash Flow • Return on Investment • Return on Assets • Umsatz
2. Marktindizes	• Marktwert absolut oder im Vergleich zu Konkurrenten (z. B. Aktienkurs)
3. Ökonomische Werte	• Ertragswert oder Kapitalwert einer Strategie, Geschäftseinheit oder Unternehmung
4. Strategische Erfolgsfaktoren	• Marktanteile • Produktqualität • Innovationsrate
5. Verhaltensindikatoren	• Führungsstil • Sorgfalt • Kooperationsbereitschaft

Quelle: In Anlehnung an Winter (1996) 109; Becker, F. G. (1991) 759 f.

Abb. 161: Bemessungsgrundlagen der Managemententlohnung

solchen Systemen handelt es sich um langfristige, am nachhaltigen Unternehmungserfolg orientierte Entgeltanreize. Verschiedene Varianten werden praktiziert:[410]

- Mit **Aktienoptionsplänen** (»stock option plans«) wird den partizipierenden Führungskräften einer Unternehmung im Rahmen einer aktienbasierten Vergütung das Recht (Option) gewährt, eine bestimmte Anzahl von Unternehmungsaktien zu einem festgelegten Bezugspreis – oft der Kurswert der Aktien zum Zeitpunkt, an dem die Aktienoptionen als Vergütungsbestandteile »gratis« oder verbilligt ausgegeben wird – während eines bestimmten zukünftigen Zeitraumes zu erwerben. Die Berechtigung hierzu wird manchmal an das Erreichen vorab bestimmter Ziele gekoppelt. Diese Form gestattet durch eine Gestaltung der wesentlichen Planparameter (z. B. Bezugspreis, Indexierung – ja oder nein, Zeiträume und -punkte der Ausübung, Höhe) unterschiedliche Varianten. Ihr Einfluss auf die – intendierte – Wertsteigerung ist mehr als umstritten. Für die Eintritts- und Bleibemotivation sind die Modelle mittlerweile jedoch von großer Bedeutung.
- Beim **Performance Share Plan** handelt es sich um eine aktienbasierte Führungskräftevergütung, die zum einen auf dem Erreichen operativer Zielgrößen und zum anderen auf dem Aktienkurs der Unternehmung basiert. Den Führungskräften wird eine bestimmte Anzahl von Aktien bzw. deren Gegenwert angeboten, sofern über eine bestimmte Zeitperiode die vereinbarten bzw. festgelegten Ziele erreicht werden. Je nach Zielerreichungs-

410 Vgl. hierzu Becker, F. G (1990); Kramarsch (2000); Winter (1996).

grad, der in Aussicht gestellten Aktien(-Gegenwerte) und der Höhe des Aktienkurses am Ende der Beteiligungsperiode fällt die Belohnung unterschiedlich hoch aus.

- Bei dem **Performance Unit Plan** werden ebenfalls Beteiligungseinheiten ausgegeben, die zur Beteiligung an der Wertermittlung von Unternehmungen oder Teilbereichen berechtigen, allerdings unabhängig vom Aktienkurs resp. der Rechtsform. Die Zuteilung einer variablen Höhe dieser Beteiligungseinheit ist zu gleicher Weise vom erreichten Zielausmaß bzw. -erreichungsgrad abhängig. Verschiedene Berechnungsmethoden werden verwendet.
- Im Rahmen eines **Restricted Stock Plans** wird den partizipierenden Führungskräften einer Unternehmung entweder eine bestimmte Anzahl von Unternehmungsaktien zugeteilt oder es wird ihnen die Möglichkeit geboten, Unternehmungsaktien zu besonders günstigen Bedingungen zu erwerben. Durch die mit der Übernahme verbundenen Auflagen (Verkauf erst nach mehreren Jahren u. Ä.) und die dadurch bedingte Aktienüberlassung soll das Interesse an einer mittel- bis langfristigen Wertsteigerung der Unternehmung und ihrer Aktien gefördert werden.
- Mithilfe der **Stock Appreciation Rights** (Wertsteigerungsrechte) wird es den beteiligten Führungskräften auf verschiedenen Wegen ermöglicht, am Wertzuwachs der Unternehmungsaktien finanziell zu profitieren, ohne dass reale Aktien(-optionen) erworben werden müssen.
- Bei einem **Phantom-Stock-Plan** dient entweder der Aktienkurs einer Unternehmung als Maßstab oder eine andere – auch vom Aktienkurs unabhängige – Berechnungsmethode der Unternehmungsleistung als Maßstab für die Höhe der Zusatzvergütung. Die Führungskräfte erhalten eine bestimmte Anzahl an sog. Phantomaktien (= fiktive Aktien) zugesprochen. Nach einem bestimmten Zeitraum werden – im Unterschied zu den Aktienoptionsplänen – die eventuellen Kurs- resp. Wertsteigerungen in bar ausgezahlt oder in Aktien zugeteilt.

Neben den bisher genannten Aspekten sind an die Gestaltung von Vergütungssystemen für Führungskräfte (als materielles Element eines umfassenderen Anreizsystems) **prinzipiell** folgende Anforderungen zu stellen: Transparenz, Differenzierung, Flexibilität, Gerechtigkeit, Integration und Wirtschaftlichkeit.[411]

Generell sind vor einer konkreten Entwicklung eines Vergütungssystems für Führungskräfte, die immer nur unternehmungsindividuell und in Abstimmung mit der Gestaltung anderer Teilsysteme des Personal-Management erfolgen kann, eine Vielzahl externer und interner Faktoren zu beachten (vgl. Abbildung 162).

411 Vgl. insbesondere Bleicher (1992) 19 f. und ausführlich Becker, F. G. (1987) 60 ff. sowie Hahn/Willers (1992) 495.

Mögliche Einflussfaktoren auf die Gestaltung von Vergütungssystemen für Führungskräfte
Rechtliche Regelungen • Arbeitsrechtliche Regelungen • Sozialrechtliche Regelungen • Steuerrechtliche Regelungen • Gesellschaftsrechtliche Regelungen • ....
Marktbezogene Einflussfaktoren • Arbeitsmarktlage • Konjukturelle Lage • Vergütungshöhe und -struktur anderer Unternehmungen • ...
Unternehmungsbezogene Einflussfaktoren • Unternehmungs- und/oder Geschäftsfeldstrategien • Phase der Unternehmungs- und/oder Geschäftsfeldentwicklung • Unternehmungskonfiguration • Unternehmungsimage • Unternehmungskultur • Aktuelle und erwartete Gewinnsituation • Unternehmungsgröße • Rechtsform • Standort • ...
Positions-/Aufgabenbezogene Einflussfaktoren • Stellung in der Hierarchie • Art der Aufgabe • ...
Personenbezogene Einflussfaktoren • Qualifikationen (Determinanten des Wollens und des Könnens) • Demographische Merkmale • ...

Quelle: Modifiziert nach Hentze/Kammel (1988) 50.

Abb. 162: Mögliche Einflussfaktoren auf die Gestaltung von Vergütungssystemen für Führungskräfte

6. Immaterielle Anreizsysteme

Das immaterielle Anreizsystem betrifft jene Anreize, die immaterielle Motive aktivieren sollen. Die Anreize werden durch die Gestaltung der Führungssubsysteme gesetzt; v. a. mit folgenden können vielfältige Anreizwirkungen verbunden sein:[412]

a) Planungs- und Entscheidungssystem,
b) Personalsystem,
c) Informationssystem und
d) Organisationssystem.

Ad a): **Planungs- und Entscheidungssystem**
Die Partizipation der Arbeitnehmer im Planungs- und Entscheidungssystem bezieht sich zum einen auf gesetzlich geregelte Mitbestimmungsobjekte. Die individuelle Mitbestimmung ist faktisch so gering, dass sie unter Anreizaspekten belanglos ist. Die betriebliche und die unternehmerische Mitbestimmung beteiligt mittels der Organe »Betriebsrat« und »Aufsichtsrat«. Diese indirekte Beteiligung hat kaum motivationale Auswirkungen auf Mitarbeiterverhalten und kann die anvisierten Funktionen nicht erfüllen. Die zum anderen anzuführende freiwillige Beteiligung der Mitarbeiter im betrieblichen Entscheidungsprozess (individuelle Partizipation) ist unter Anreizaspekten von größerer Bedeutung. Hierunter sind einerseits freiwillige Mitbestimmungsregeln über Gremien bspw. im Rahmen einer betrieblichen Partnerschaft bei Kapitalbeteiligungen zu verstehen. Andererseits handelt es sich um die aus Anreizaspekten wichtige individuelle Mitwirkung am gruppenspezifischen oder betrieblichen Entscheidungsprozess. Eine verstärkte, über reine Ausführungstätigkeiten hinausgehende Mitwirkung bei Planung und Entscheidung ist durch verschiedene organisatorische und personalbezogene Maßnahmen möglich. Zu nennen sind bspw.: autonome Arbeitsgruppen, Fertigungssegmente und v. a. Fertigungsinseln, Job Enrichment, Delegation. Für entsprechend motivierte Mitarbeiter sind diese Maßnahmen von nicht zu unterschätzendem Wert.

Ad b): **Personalsystem**
Innerhalb des Personalsystems werden Anreize v. a. durch verschiedene Teilsysteme gesetzt:

- Viele Mitarbeiter wissen, dass sie im Berufsleben auf Dauer nur bestehen können, wenn sie ihre Qualifikation anpassen und erweitern. Von daher schätzen sie die Förderung durch eine Personalentwicklung als Anreiz ein. Verstärkt wird dies dadurch, dass Qualifizierungsinvestitionen das Interesse an den Mitarbeitern verdeutlichen sowie durch eine Partizipation an entsprechenden Planungen.
- Im Rahmen des Karrieresystems sind immaterielle wie materielle Belohnungen möglich. Zum Ersten bietet die Übernahme höherwertiger Positionen verschiedene Anreize, v. a. Wertschätzung der Qualifikation und der Person, erweiterte Entscheidungs- und Handlungsspielräume, neue und interessante Arbeitsinhalte, Prestige sowie Einkommensverbesserung. Manche dieser Stimuli wirken auch bei horizontalen Karrierepositionen

412 Vgl. Becker, F. G. (1990).

und bei Fachlaufbahnen. Je mehr Karrieremöglichkeiten ein Betrieb anbieten kann, desto weniger ist er auf den Einsatz kompensatorischer Anreizmittel angewiesen. Zum Zweiten bietet für viele eine partizipative Karriereplanung Anreize. Eine dezentrale Partizipation ermöglicht in Abhängigkeit von der subjektiven Wahrnehmung und Mitwirkungswünsche eine Verbesserung der Leistungsmotivation und einen treffenderen Personaleinsatz durch die Einbeziehung der Wünsche und Kenntnisse der Mitarbeiter. Zum Dritten kann das Karrieresystem aber auch gezielt zur Steuerung der Mitarbeiter eingesetzt werden. Wenn man bei betrieblichen Karriereentscheidungen auf das intendierte Leistungsverhalten Bezug nimmt und den Mitarbeitern deutlich wird, dass gewolltes Verhalten im Karrieresystem merklich beachtet und positiv sanktioniert wird, ist eine entsprechende Verhaltensbeeinflussung durch die Karrieremaßnahmen zu erwarten.

- Individuelle Arbeitsstrukturierung mit für den Einzelnen attraktiven, vielfach im dispositiven Bereich angesiedelten Aufgaben steht mit dem Führungsverhalten in engem Zusammenhang. Ein differenziertes Vorgehen (Positionsgestaltung, Delegation, Job Rotation, Projektaufgaben u. Ä.) ist in diesem Zusammenhang gezielt möglich. Diese Individualisierung kann vielfältige Motivationswirkungen zur Folge haben.
- Mitarbeiterbezogenes Führungsverhalten wird in vielen Bereichen verstärkt als individueller Anreiz wahrgenommen. Ziel der individualisierten Mitarbeiterführung ist der Verzicht auf Schematisierung. Stattdessen soll ein differenziertes Führungsverhalten des Betriebes und der Vorgesetzten gegenüber jedem Mitarbeiter den individuellen Motiven entgegenkommen. Die traditionelle Vorgesetztenrolle wandelt sich, indem bspw. konsequent Aufgaben und Verantwortung delegiert, die Qualifizierung gefördert, Arbeitsziele vereinbart, Informationen ausgetauscht werden u. a. m.

Ad c): **Informationssystem**

Auch die Gestaltung des Informationssystems kann Anreize bieten. Regelmäßige, rechtzeitige, umfassende Informationen über aufgaben- und betriebsrelevante Entwicklungen können dazu beitragen, sich als ernst genommene Aufgabenträger zu empfinden. Innerbetriebliche Informationspolitik ist ein wirksames Mittel, um Mitarbeitern die Wertschätzung des Betriebes auszudrücken.

Ad d): **Organisationssystem**

Im Rahmen des Organisationssystems werden manche der bereits genannten immateriellen Anreize strukturell verankert. Bspw. sind Kompetenzregelungen, Aufgabeninhalte, Karriereräume u. Ä. festzulegen, die unmittelbar Anreizwirkungen für viele Mitarbeiter zur Folge haben.

Auch von Komponenten des unternehmungspolitischen Rahmens (Unternehmungskultur, Betriebsverfassung, Identität, Image)[779] gehen Anreizwirkungen auf Mitarbeiter aus, die zu berücksichtigen sind.

7. Resümee

Mit dem »Anreizsystem« hat das Personal-Management ein vielfältiges, wenn auch schwierig zu gestaltendes Instrument zur Verfügung. Es kann direkt insbesondere über materielle Elemente sowie indirekt, speziell über immateriell wirkende Elemente Mitarbeiterverhalten aktivieren, steuern, informieren und verändern. Dazu bedarf es der Kenntnis des individuell und zeitspezifisch unterschiedlich verlaufenden Motivationsprozesses sowie der Berücksichtigung motivationaler wie kognitiver Elemente dieses Prozesses. Im günstigsten Falle wird das Mitarbeiterverhalten entsprechend den Vorstellungen des Managements verbessert.

Die spezifische Ausgestaltung der Anreizsysteme ist allerdings mit prinzipiellen **Problemen** behaftet, v. a.:

- Bislang ist es nicht gelungen, Situationstheorien der Mitarbeitermotivation zu entwickeln, die es erlauben, technologische Prognosen über die Wirkung der Verwendung bestimmter Anreize aufzustellen. Die Ausführungen haben insofern immer spekulativen Charakter.
- Anreizsysteme sollen einen größeren Personenkreis ansprechen, aber auch auf die individuellen Motive eingehen. Dieser Gegensatz ist nicht aufzulösen.
- Zumindest bei materiellen Anreizen sind Betriebe i. d. R. an tarifvertragliche Vereinbarungen gebunden. Diese erschweren eine auf die Situation adäquat zugeschnittene Gestaltung der Anreizsysteme.
- Die aufwendigsten Systeme erfüllen Ansprüche wie Gerechtigkeit nur sehr bedingt. Sie versuchen, durch eine quantitative Scheingenauigkeit die weiterhin zugrunde liegenden Ermessensentscheidungen zu vermeiden. Ein technokratisches System kann zudem kaum die Wirklichkeit von Motivationsprozessen erfassen.
- Der treffendste Anreiz nutzt nichts, wenn er von den Individuen nicht erkannt wird oder erkannt werden kann. Es bedarf daher eines Marketings, um auch tatsächlich den Mitarbeitern die gebotenen Anreize und gewünschten Verhaltensweisen bzw. die Konsequenzen für bestimmtes Leistungsverhalten bewusst zu machen.

Der ökonomische Nutzen eines Anreizsystems ist im Hinblick auf diese Argumente nur schwer abzuschätzen. Die angesprochenen Erkenntnisse und Erfahrungen aus Wissenschaft und Praxis können daher nur als Leitlinien für die Gestaltung von Anreizsystemen als Führungsinstrument verwendet werden. Hinzu kommt die Problematik, die faktisch durch die strukturelle Verhaltenssteuerung als systemgestaltende Elemente einerseits und der direkten Mitarbeiterführung als prozessuales Element andererseits bestehen. Diesen Problemen kann man sich angemessen nicht durch eindimensionale Menschenbilder stellen.

E. Organisation und Steuerung des Personal-Management

I. Organisation des Personalressorts

1. Problematik

Vorschläge für eine »organisatorische Ordnung« betrieblicher Personalarbeit stehen stets vor dem grundsätzlichen **Problem**, dass personalwirtschaftliche Aufgaben nicht in vollem Umfang auf eine spezialisierte Einheit – einen Personalverantwortlichen oder die Personalabteilung – übertragbar sind: Aufgaben wie beispielsweise Mitarbeiterführung und Personaleinsatz liegen weitgehend im Verantwortungsbereich der Führungskräfte einer jeden Fachabteilung. Damit vollzieht sich die betriebliche Personalarbeit nicht nur in der Personalabteilung, sondern ganz entscheidend auch im Handeln jeder Führungskraft der Unternehmung. Der Personalabteilung kann somit nicht die alleinige Rolle als Träger oder Gestalter betrieblicher Personalpolitik zugewiesen werden – vielmehr müssen sämtliche mit (Personal-)Verantwortung ausgestatteten Führungskräfte den gegenwärtigen und künftigen Herausforderungen der Personalführung mit individuellen (situativ angepassten) Antworten begegnen.

Um für diese neue Aufgabe gerüstet zu sein, gehen die Erwartungen der Führungskräfte in Richtung verstärkter Beratung und Hilfestellung bei personalwirtschaftlichen Fragestellungen, d. h. hin zu einer »**Dienstleistungsfunktion Personal**«. Die Personalabteilung wird damit künftig weniger – wie bisher vorwiegend üblich – die Rolle eines »Verwalters« als vielmehr die eines »Beraters« der Führungskräfte bzw. »Gestalters« unternehmerischer Aufgaben übernehmen.

Bemühungen um eine optimale organisatorische Ordnung des Personalressorts stehen bislang also im **Spannungsfeld** zwischen

- Betonung der **zentral**en Fachabteilung (Personalabteilung),
- Betonung der **dezentral**en Fachspezialisten (Personalreferenten) und
- Betonung der **Linien**vorgesetzten (Führungskräfte vor Ort).[1]

Die sich in der betriebswirtschaftlichen Literatur abzeichnende Entwicklungslinie (Dezentralisationsforderungen folgen Zentralisationstendenzen und umgekehrt) zeigt, dass es für alle drei Tendenzen gute Argumente gibt, keine allerdings je für sich die optimale Lösung darstellt. Die Frage um einen optimalen (De-)Zentralisationsgrad ist somit immer nur situativ zu beantworten.

Empirische Untersuchungen zeigen, dass zur Zeit nicht von einem klaren und umfassenden Trend in Richtung einer zunehmenden Verantwortlichkeit des Linienmanagement

1 Vgl. zu diesem Spannungsfeld Klimecki/Gmür (1998) 405 f.

gesprochen werden kann. Allenfalls für die operative Handhabung von Personalaufgaben zeigt sich ein ansatzweise stärkerer Einbezug des Linienmanagement.[2]

Im Einzelnen können sich die **Aufgaben eines Personalressorts** somit wie folgt darstellen:[3]

- Allgemeines **Dienstleistungszentrum**: Übernahme personalverwaltender Tätigkeiten;
- **Kompetenzzentrum**: Bereitstellung personalwirtschaftlichen Wissens;
- **Konfliktbewältigungszentrum**: Anlaufstelle für personelle Konflikte;
- **Koordinationszentrum**: Abstimmung verschiedener Personalteilpläne mit den übrigen Unternehmungsplänen;
- **Strategiezentrum**: Entwicklung einer originären Personalstrategie mit eigenständigen Impulsen für die Unternehmungsstrategie;
- **Unternehmungskulturzentrum**: Anlaufstelle unternehmungskultureller Fragestellungen;
- **Informationszentrum**: Austausch personalwirtschaftlicher Informationen;
- **Innovationszentrum**: Generierung neuartiger Impulse zur Realisierung eines unternehmungsspezifischen Personalmanagement.

Damit sind auch gleichzeitig schon die Forderungen angesprochen, vor die sich die organisatorische Ordnung betrieblicher Personalarbeit gestellt sieht: Die verschiedenen Gestaltungsmöglichkeiten sollen die Personalabteilung in die Lage versetzen, diesen Aufgabenstellungen gerecht zu werden.

Bisherige Organisationsvorschläge bewegen sich innerhalb zweier Perspektiven:

- Aufgabenverteilung innerhalb des Personalressorts (auch als »innere« Organisation der Personalabteilung bezeichnet) bzw.
- Einbindung des Personalressorts in die Gesamtunternehmung (entsprechend ein Aspekt der »äußeren« Organisation der Personalabteilung).[4]

2. Innere Organisation

Die »innere Organisation« bezieht sich auf die interne Struktur der Abteilung, d. h. auf die Art der **Aufgabenverteilung innerhalb der Personaleinheit**, die sich grundsätzlich hinsichtlich zweier Kriterien vornehmen lässt:[5]

- Gliederung nach funktionalen Kriterien;
- Gliederung nach objektbezogenen Kriterien.

Bei einer Gliederung des Personalressorts nach **funktionalen Kriterien** werden **gleichartige personalwirtschaftliche Tätigkeiten** in Stellen oder organisatorischen Teileinheiten (Gruppen, Abteilungen, Hauptabteilungen) gebündelt. Der oder die Mitarbeiter der so ent-

---

2 Vgl. die empirischen Untersuchungen bei Mayrhofer (1999) 180 ff.

3 Vgl. den Aufgabenkatalog bei Scholz (1994) 74.

4 Bezüglich detaillierterer Ausführungen zur Außen- bzw. Innenorganisation des Personalbereiches sei auf Gerpott (1995) verwiesen.

5 Zu den beiden Organisationsformen vgl. im Folgenden Paschen (1988) 237 ff.; Gerpott (1995) 23 ff. und Metz (1999) 1065 ff.; Becker/Fallgatter (1999).

stehenden Teileinheiten wie »Personalbeschaffung«, »Personalverwaltung«, »Bildungswesen«, »Personalbetreuung«, »Sozialwesen« nehmen demnach jeweils eine einzelne Personalfunktion für die gesamte Unternehmung wahr.

Die **Vorteile** einer solchen verrichtungsorientierten Organisationsstruktur liegen v.a. in positiven Rationalisierungs- und Spezialisierungseffekten bei der Durchführung von Personalaufgaben sowie einer Einheitlichkeit der Personalarbeit. **Gegen** eine solche Organisationsform spricht allerdings der mangelnde Dienstleistungscharakter: Verursacht durch die funktionsspezifische Spezialisierung haben die Mitarbeiter und Führungskräfte als »Kunden« der Personalabteilung bei unterschiedlichen Fragestellungen auch unterschiedliche Ansprechpartner. Weiterhin kann eine »Kundenorientierung« auch dadurch zu kurz kommen, dass diese spezialisierten personalwirtschaftlichen Fachkenntnisse den differenzierten Erfordernissen einzelner Unternehmungsbereiche nicht immer entsprechen.

Bei einer Gliederung des Personalressorts nach **objektbezogenen Kriterien** sind dessen Stellen oder organisatorische Teileinheiten für jeweils **gleichartige Objekte** zuständig. Als »Objekte« kommen in diesem Zusammenhang Abteilungen, Unternehmungsbereiche oder Mitarbeitergruppen in Frage, wobei sich letzteres (die klassische Struktur der Trennung nach Mitarbeiterkategorien wie Angestellte und Gewerbliche) aufgrund arbeits- und tarifrechtlicher Angleichungen weitgehend überholt hat. Findet dagegen eine Zuordnung von (Personal-)Stellen zu einer oder mehreren Abteilungen (Ressorts) oder Unternehmungsbereichen statt – erfolgt die Zuordnung also in Anlehnung an die gegebene Aufbauorganisation der Unternehmung – spricht man auch vom so genannten **Personalreferentensystem**. Bei diesem (Personal-)Referenten liegt dann die gesamte Betreuung seiner Mitarbeitergruppe (Angehörige der jeweiligen Abteilungen, Ressorts oder Unternehmungsbereiche) und die Verantwortung für die Erfüllung aller personalwirtschaftlichen Aufgaben vor Ort.

Personalreferenten sind spezialisiert auf die besonderen Betreuungserfordernisse einer bestimmten Mitarbeitergruppe bzw. eines anderen Objektes und verantworten die Gesamtheit der anfallenden personalwirtschaftlichen Aufgaben. Im Unterschied zu dem Funktionalsystem sind beim Referentensystem die zu erfüllenden Aufgaben funktionsübergreifend angelegt und als Prozesse charakterisierbar.[6]

Die Personalleitung zeichnet sich insgesamt verantwortlich für sämtliche bereichsbezogenen Entscheidungen insbesondere in Bezug auf das Referentenmodell, die Infrastrukturleistungen sowie andere Rahmenbedingungen. Sie ist aber – ebenso wie die Zentralbereiche – auf das Know-how der Personalreferenten bei der Entscheidungsfindung angewiesen. Neben ihren Aufgaben zur Unterstützung der Linie sollten die Referenten die Personalleitung auch bei deren objektübergreifenden Aufgaben beraten.

Bevor jedoch eine Strukturierung des Referentensystems erfolgen kann, sind dieser Entscheidung prinzipiell vorgelagerte Fragestellungen zu beantworten. Dies betrifft zum Ersten die Funktionen des Personalbereichs generell, zum Zweiten die Aufgabenverteilung zwischen Personalreferenten und Linieninstanzen sowie zum Dritten die kritischen Prozesse.

– Zunächst muss grundsätzlich Klarheit über die zu erfüllenden Aufgabenfelder bestehen. Abgesehen von der unmittelbaren Mitarbeiterführung zählen jegliche personalwirtschaftliche Bereiche, von der eher herkömmlichen Personalverwaltung bis hin zu

6 Vgl. hierzu und im Folgenden v. a. Becker/Fallgatter (1999).

den verschiedenen Einzelaufgaben mit Dienstleistungscharakter für die Linie, wie Personalbeschaffung, -entwicklung, -vergütung, zu den Aufgabenfeldern von Referenten.

- Hierbei ist auch eine unternehmungsspezifische Eingrenzung erforderlich, die festlegt, welche Aufgabenfelder mit welcher Intensität bearbeitet werden sollen. So lassen sich nur wenige Aufgabenfelder benennen, die ausschließlich vom Personalbereich erfüllbar sind. Es besteht vielmehr häufig die Alternative, personalwirtschaftliche Aufgaben der Referenten Linienmanagern zu übertragen. Damit ist insgesamt die Aufgabenverteilung zwischen den Personalreferenten und den Linieninstanzen angesprochen.
- Besteht Klarheit über die Aufgabenfelder, interessieren aus organisatorischer Perspektive jene erfolgskritischen Prozesse, die unmittelbar aus diesen Aufgabenfeldern resultieren. Hinweise für das Auffinden solcher Prozesse können u. a. folgende Kriterien bieten: hohe Bedeutung für die Problemlösung oder Zufriedenheit interner Kunden (z. B. rechtzeitige Personalbedarfsdeckung), hohe Kostenintensität oder auch lange Prozessdauer. Gerade bei solchen Prozessen ist die Verantwortungsfrage deutlicher zu klären.

Das Referentensystem mit der Zuständigkeit eines Personalreferenten für eine bestimmte Personengruppe (Objekt) und die Gesamtheit der anfallenden personalwirtschaftlichen Prozesse ist in Abbildung 163 wiedergegeben.

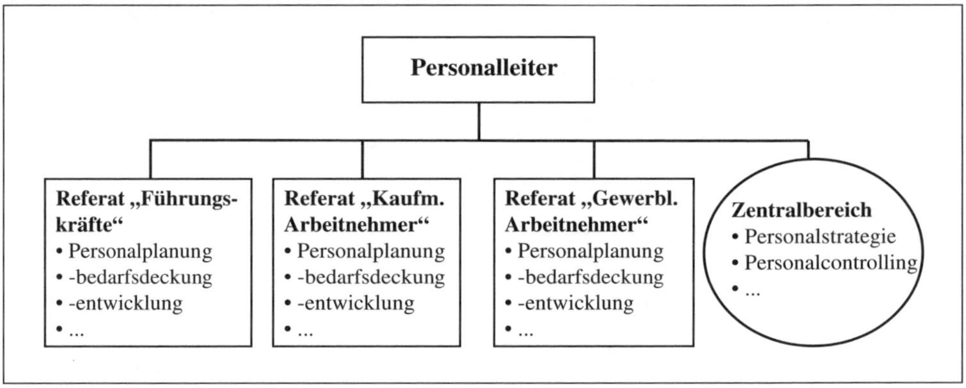

Abb. 163: Primärorganisation des Referentenmodells

Innerhalb der objektbezogenen Referate kann eine weitere Mengenteilung der Aufgaben bspw. nach Buchstaben erforderlich sein, um das Pensum für einen einzelnen Personalreferenten einzugrenzen. Zudem erweist es sich häufig als sinnvoll, Zentralbereiche bzw. -abteilungen einzurichten. Zu deren bereichsübergreifenden Aufgabenfeldern könnten bspw. die Formulierung einer Personalstrategie, ein unternehmungsweites Trainingsangebot, ein referatsübergreifendes Personalcontrolling, die Förderung des Informationsaustausches zwischen den einzelnen Referaten, Infrastrukturleistungen wie personalwirtschaftliches Rechnungswesen und Statistik, die Arbeitsmarktforschung sowie andere Dienstleistungsfunktionen für die Referate zählen.

Unabhängig des gewählten Differenzierungsobjekts lassen sich grundlegende Vor- und Nachteile eines Referentensystems benennen. Als **Vorteile** lassen sich anführen:[7]

- Als Hauptvorteil dieser Organisationsform kann eine mitarbeiternahe, »kundenorientierte«, da funktionsübergreifende Personalarbeit angeführt werden: Detaillierte Kenntnisse über Arbeitsplätze, Qualifikationen sowie Wünsche von Führungskräften und Mitarbeitern ermöglichen eine sachgerechte und individuelle Betreuung. Durch die Nähe und Detailkenntnis der Personalreferenten können mitarbeitergruppenspezifische Lösungen entwickelt und umgesetzt werden.
- Linieninstanz und Mitarbeiter haben einen ständigen Ansprechpartner für alle Personalfragen.
- Es bestehen abwechslungsreiche, ganzheitliche Aufgaben für die Personalreferenten.
- Die Verantwortungsbereiche sind eindeutig abgegrenzt.

Dem stehen die folgenden **Nachteile** gegenüber:

- Es besteht die Gefahr der Verselbstständigung der Personalarbeit in einzelnen Bereichen.
- Durch das breite Anforderungsspektrum können die Personalreferenten überfordert werden. In ihrem Zuständigkeitsgebiet müssen sie »alles beherrschen« und somit Generalisten sein.
- Effizienzverluste können durch Zersplitterung von funktionsspezifischem Know-how sowie durch Doppelarbeit auftreten.
- Die Vernachlässigung der Personalarbeit durch Fachvorgesetzte bzw. die »Delegation« der Personalaufgaben an die Referenten wird häufig beobachtet.

Diese Nachteile sind sicherlich dadurch abzumildern, wenn für bereichsübergreifende Aufgabenfelder unterstützende, zentrale Bereiche wie »Personalverwaltung«, »Bildungswesen« bzw. »Personalentwicklung«, »Sozialwesen«, »Grundsatzfragen« o. Ä. gebildet werden und die Personalreferenten so eine Unterstützung erfahren.

Die grundsätzlichen Vor- und Nachteile beider Gestaltungsalternativen der Organisation des Personalressorts sind in Abbildung 164 nochmals zusammengefasst.

Neben diesen Vor- und Nachteilen lassen sich Hinweise auf die situativen Rahmenbedingungen (Unternehmungsmerkmale sowie Merkmale des Personalbereichs und seiner »Kunden«) benennen, bei denen gerade ein Referentensystem Erfolg versprechend zu sein scheint. Bei einer diversifizierten und divisionalisierten Unternehmung mit einer tendenziell dezentralisierten Entscheidungsfindung sind die Merkmale für den erfolgreichen Einsatz des Referentensystems gegeben. Zusätzlich ist dieses geeignet, sofern eine dezentrale Eingliederung des Personalbereichs in die Unternehmungsorganisation, ein hohes Qualifikationsniveau der Mitarbeiter sowie eine heterogene Qualifikationsstruktur der Mitarbeiter vorliegt. Betrachtet man die genannte Prozessorientierung, so wird deutlich, dass die benannten Vorteile eines Referentensystems insbesondere bei komplexen, ganzheitlich zu erfüllenden Personalaufgaben zum Tragen kommen, in Situationen also, in denen funktionsspezifische Spezialisierungen nicht im Vordergrund stehen.

7 Vgl. Metz (1995) 135 f.; Domsch/Gerpott (1992) 1942.

	Verrichtungsorientierte Gliederung (Funktionalmodell)	Objektorientierte Gliederung (Personalreferentenmodell)
Generelle Vorteile/ Chancen	- Funktionale Spezialisierung und damit verbundene Effizienzsteigerung bei der Erfüllung von Teilaufgaben - Schnelle und einfache Integration neuer Aufgaben - Einheitliche Ausrichtung der Personalarbeit - Gegengewicht zum Egoismus der Linieninstanzen	- Konsequente Kundenorientierung - Schnelle Reaktion auf mitarbeiter-/ bereichsbezogene Entwicklungen - Sofort identifizierbarer Ansprechpartner für Kunden - Eindeutige Kompetenzbereiche der Personalreferenten - Abwechslungsreiche Aufgaben der Personalreferenten
Generelle Nachteile/ Risiken	- Verschiedene Ansprechpartner für Kunden (je nach funktionalem Problem) - Schwierigkeiten der Kunden bei der Identifikation von jeweils zuständigen Experten im Personalbereich - Kaum Bereichskenntnisse der Mitarbeiter des Personalbereichs - Gleichförmigkeit der Mitarbeitern im Personalbereich zugeordneten Aufgaben - Entbindung der Linienführungskräfte von ihrer Personalverantwortung	- Effizienzverluste durch geringe Spezialisierung - Hoher Koordinationsaufwand zur Sicherung einer unternehmensweit einheitlichen Personalarbeit - Verlagerung der Personalverantwortung von Linienführungskräften auf Personalreferenten - Überforderung der Personalreferenten durch breites Aufgabenspektrum

Quelle: Gerpott (1995) 24.

Abb. 164: Generelle Vor- und Nachteile der Grundformen der Innenstrukturierung des Personalbereichs

Die – funktions- wie objektbezogene – Schaffung spezialisierter Stellen und Abteilungen zielt generell darauf ab, zum einen die Personalaufgaben rationell zu lösen, zum anderen aber auch bei ihrer Bewältigung für eine möglichst hohe Qualität zu sorgen. Es findet eine **Institutionalisierung** der Personalarbeit statt.

Mit dieser Institutionalisierung ist die Personalabteilung jedoch immer auf eine enge Zusammenarbeit mit der Linie angewiesen: Die Führungskräfte »vor Ort« kennen sich abzeichnende Problemfelder besser, sowohl im Hinblick auf künftige Aufgabenstellungen als auch hinsichtlich der Qualifikationen und Entwicklungspotenziale der Mitarbeiter. Auch sind sie i. d. R. diejenigen, die bestimmte Regelungen oder neue Verfahren in ihrem Verantwortungsbereich umsetzen müssen. Um der Zusammenarbeit zwischen Personalabteilung und Führungskräften einen strukturellen Rahmen zu geben, bietet es sich an, Arbeitskreise, Projektgruppen oder Gesprächsrunden einzurichten und diese zu einem festen Bestandteil betrieblicher Personalarbeit werden zu lassen. Insbesondere zu längerfristig wirkenden personalwirtschaftlichen Fragestellungen sollten die professionellen Personalmitarbeiter stets die Unterstützung interessierter Vertreter der Fachabteilungen suchen. Nur so lassen sich Konzepte und Instrumente erarbeiten, die dem Bedarf der Zielgruppe gerecht werden und insofern auch Akzeptanz finden.

Anstelle der eben skizzierten Zusammenarbeit zwischen Personal- und Fachabteilung fordern manche Autoren auch eine **(Re-)Integration von Personalaufgaben in die Linie**[8], was eine Aufhebung der institutionalisierten Personalarbeit zur Folge hätte. Diese Forderung leitet bereits zu den folgenden »Varianten der Lokalisation«[9] über.

3. Äußere Organisation

Die »äußere Organisation« regelt die Einbindung der Personalabteilung in die Gesamtstruktur der Unternehmung.

Zum Ersten stellt sich die Frage nach der Stellung der Personalleitung. Deren Stellung und damit der abnehmende Stellenwert der Personalarbeit kann anhand von vier Typen beschrieben werden:[10]

- der Personalbereich als eigenständiges, gleichberechtigtes Vorstands-/Geschäftsleitungsressort, wobei der Personalleiter Mitglied der Geschäftsführung ist;
- der Personalleiter berichtet an ein Mitglied der Geschäftsführung, welches das Ressort »Personal« verantwortet;
- der Personalleiter berichtet an die Geschäftsführung insgesamt, d. h. es besteht kein Personalressort auf der obersten Ebene;
- dem Personalleiter ist eine Instanz unterhalb der Geschäftsführung vorgesetzt.

Zum Zweiten ist nach der Art der Verteilung der Personalarbeit innerhalb der Gesamtunternehmung zu fragen, die grundsätzlich

- zentral oder
- dezentral

wahrgenommen werden kann.[11]

Die Verankerung der Personalarbeit lässt sich generell und der Referate speziell dementsprechend anhand der fortschreitenden Dezentralisierung als zentralisiert und dezentralisiert sowie durch eine Mischform der beschränkten Dezentralisierung beschreiben. Abbildung 165 veranschaulicht dies anhand der Einbindung des Referentensystems.

Der Zentralisierungsgrad personalwirtschaftlicher Aufgaben bewegt sich auf einem Kontinuum zwischen hoher und niedriger Zentralisierung. Wichtige Entscheidungskriterien sind neben der Unternehmungsstrategie:

- das Ausmaß der Trennbarkeit einer Aufgabe vom alltäglichen Leistungserstellungsprozess,
- die Notwendigkeit einer einheitlichen Aufgabenwahrnehmung, bspw. eine einheitliche Einstellungs- und Entwicklungspolitik, um unternehmungsübergreifende Barrieren zu verhindern,

8 Beispielhaft sei hier auf das Integrationsmodell von Paschen (1988) verwiesen.
9 Neuberger (1997) 155.
10 Vgl. Spie (1988) 28 ff.; Domsch/Gerpott (1992) 1938 f.
11 Vgl. im Folgenden aus einer Fülle von Beiträgen stellvertretend Gerpott (1995) 13 ff.; Mayrhofer (1999) und Nienhüser (1999).

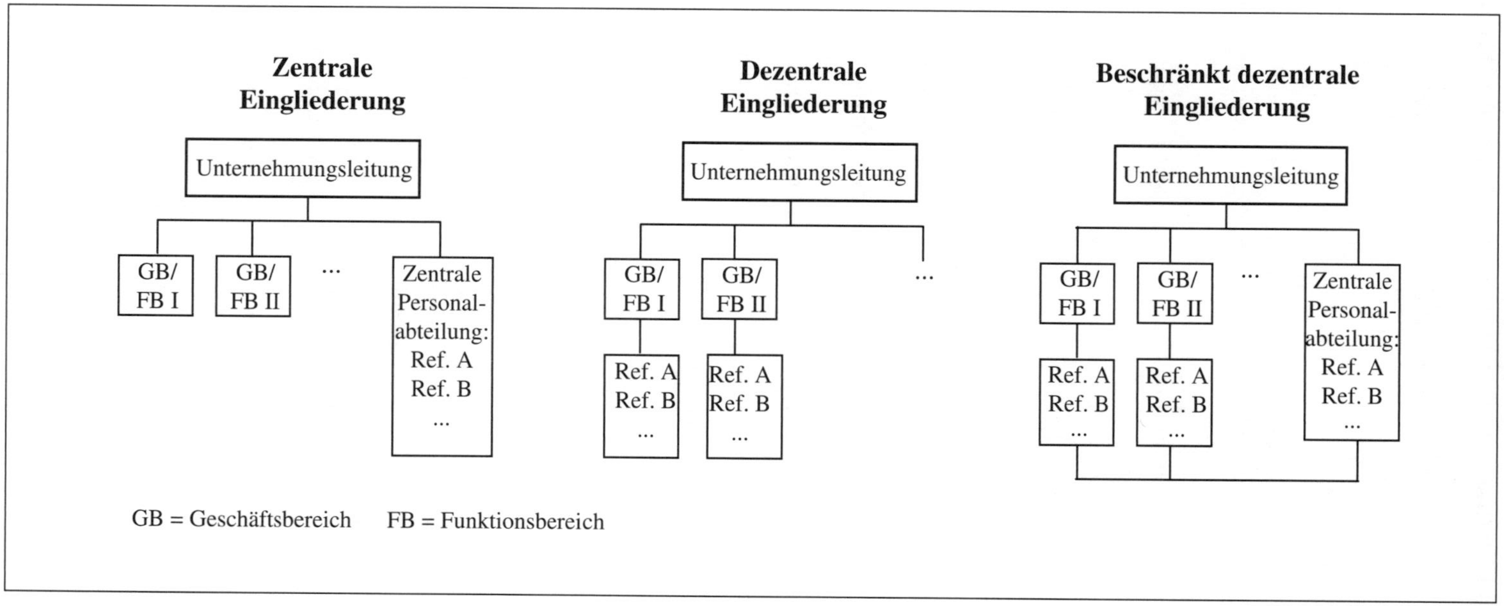

Quelle: Gerpott (1995) S. 15.

Abb. 165: Einbindung des Referentensystems in die Gesamtunternehmung

- das erforderliche Niveau an personalbezogenem Spezialwissen,
- der Aufgabenumfang sowie
- die Begrenzungen durch Entscheidungsstrukturen der Linieninstanzen.

Findet eine **zentrale Eingliederung des Personalbereiches** statt, **konzentrieren** sich Arbeitsaufgaben, Entscheidungsrechte und Kontrolle materieller und informationeller Ressourcen **in einer organisatorischen Einheit**. Es existiert eine gegenüber den Geschäfts- bzw. Funktionsbereichen eigenständige Personalabteilung. Diese zentrale Einheit zeichnet dann für die Personalarbeit in der gesamten Unternehmung verantwortlich. Die **Vorteile** zentraler Personalarbeit sind zum einen in einer einheitlichen, objektiven und damit interessenneutralen Tätigkeit zu sehen; eine Zentralisation verhindert darüber hinaus meist ineffiziente Doppelarbeiten und fördert die Nutzung spezieller Kenntnisse und Fähigkeiten des eingesetzten Personals. Als **Nachteil** ist demgegenüber eine mangelnde Berücksichtigung bereichsspezifischer Besonderheiten zu befürchten, zudem unzureichende Anpassungsfähigkeit gegenüber dynamischen Entwicklungen.

Dagegen ist eine **dezentrale Eingliederung des Personalbereiches** dadurch gekennzeichnet, dass sich Arbeitsaufgaben, Entscheidungsrechte sowie Kontrolle materieller und informationeller Ressourcen **auf mehrere organisatorische Einheiten verteilen**. Infolgedessen verlagern sich auch die Verantwortlichkeiten für die Personalarbeit auf verschiedene dezentrale Einheiten. Von dezentralen Strukturen **erwartet** man eine größere Basisnähe und damit individuellere, bereichsspezifische und ganzheitliche Lösungen, die im Ganzen jedoch zulasten einer »klaren Linie betrieblicher Personalarbeit« und damit zulasten der Integration führen können: Der dezentralen Personalarbeit kann infolgedessen eine Tendenz zur Zersplitterung, Intransparenz und Konzeptionslosigkeit innewohnen.

Die beschränkt dezentrale Eingliederung stellt eine Mischform dar.

Eine ausführlichere Beurteilung der beiden (Extrem-)Formen kann Abbildung 166 entnommen werden.

In der **Sekundärorganisation** kann man eine temporäre organisatorische Bewältigung unregelmäßig auftretender Aufgaben verankern. Mit steigender Komplexität und Variabilität personalwirtschaftlicher Prozesse verlieren Organisationsformen, die auf Dauer angelegt sind, an Bedeutung. Dies kann sich darin zeigen, dass die geschilderten primärorganisatorischen Festlegungen nicht in der Lage sind, alle Prozesse bzw. Aufgabenfelder einer zufrieden stellenden Erfüllung zuzuführen.

In dieser Situation sind Ergänzungen durch temporäre Organisationsformen gefordert, die dann als Sekundärorganisation bezeichnet werden. Sie ergänzen die oben skizzierte, vorrangig hierarchisch ausgerichtete Handlungskoordination der Aufbauorganisation (Primärorganisation). Es sind vor allem teamorientierte Organisationsformen, wie Qualitätszirkel, Lernstatt, Projektgruppen und Arbeitskreise, die auch im Personalbereich eingesetzt werden können. Leicht veranschaulichen lässt sich dies durch zeitlich befristete und unregelmäßig durchzuführende Projekte, wie Entwicklung von Laufbahnkonzepten oder Anpassung von Vergütungskonzepten. Zum einen treten solche Aufgabenstellungen jeweils nur selten auf, denn die erstellten Konzepte haben üblicherweise eine längerfristige Gültigkeit. Zum anderen sind bei derartigen Aufgabenstellungen einzelne Referenten leicht überfordert, während eine zeitweise Zusammenarbeit mit ausgewählten Linieninstanzen Vorteile verspricht.

Die Sekundärorganisation besteht nicht unabhängig von einer Primärorganisation. Wird tatsächlich durch Projekte eine Sekundärorganisation eingeführt, dann hat dies auch nicht

Zentrale Eingliederung	Dezentrale Eingliederung
- Einheitliche Ausrichtung der Personalarbeit - Erleichterte Koordination von bereichsübergreifenden Personalaktivitäten - Vergrößerung der Kapazität zur Bearbeitung strategischer Personalfragestellungen - Vermeidung von Doppelarbeit und vereinfachte Ressourcensteuerung - Wirtschaftliche Einsatzmöglichkeiten von Spezialisten	- Ausrichtung der Personalarbeit auf die Anforderungen einzelner GB/FB - Flexible und schnelle Anpassung der Personalaufgaben an veränderte Rahmenbedingungen der GB/FB - Klare Zuordnung der dezentralen Personalfunktionen zu den GB/FB - Effizientere Personalmaßnahmen aufgrund der besseren Informationsbasis dezentraler Personaleinheiten im Hinblick auf Ziele, Stärken, Schwächen sowie Bedürfnisse einzelner Mitarbeiter - Typischerweise große räumliche Nähe zwischen GB/FB und dezentraler Personalfunktionseinheit
GB = Geschäftsbereich; FB = Funktionsbereich	

Quelle: Gerpott (1995) 14.

Abb. 166: Generelle Vorteile einer zentralen versus dezentralen Eingliederung des Personalbereichs in die Unternehmungsorganisation

zwangsläufig eine Reduktion von Daueraufgaben zur Folge. Es muss von daher eine Abstimmung zwischen den weiterhin zu erfüllenden Daueraufgaben der Personaler und den neu hinzukommenden Spezialaufgaben stattfinden.

Im betrieblichen Alltag verbinden sich die beiden Perspektiven der »inneren« und »äußeren« Organisation: Die funktional gegliederte Personalabteilung stellt eine typische Ausprägung des zentralen Modells dar, während die Personalreferenten einen ersten Schritt in Richtung Dezentralisation[12] bedeuten. Mit der bereits angesprochenen Forderung eines Einbezuges von vor Ort tätigen Führungskräften in die Erfüllung (und dementsprechend auch in die Verantwortlichkeit) anfallender Personalaufgaben würde diesem ersten ein zweiter, weiterreichender Dezentralisationsschritt folgen.

12 Die Personalreferenten können zentral, beschränkt dezentral und dezentral in die Unternehmungsorganisation eingebunden werden; vgl. zu den Einbindungsmöglichkeiten Becker/Fallgatter (1999) 222 ff.

4. Entwicklungen

Innerhalb dieses Spannungsfeldes bewegen sich auch die neueren Überlegungen um eine optimale Gestaltung des Personalressorts.

Ausgehend von den zunehmend komplexer werdenden In- und Umwelten von Unternehmungen, sind **künftig** neue unternehmerische Strategien gefordert, um die Wettbewerbsfähigkeit langfristig zu sichern. Diese schlagen sich in den unterschiedlichsten Restrukturierungsansätzen nieder.[13]

Deren gemeinsame **Basis** ist vor allem in einer verstärkten Wertschöpfungsorientierung[14] zu sehen. Jede unternehmerische Funktion wird auf ihren Beitrag zum Unternehmungserfolg hin analysiert und dementsprechend optimiert. Grundsätzlich sollten nur noch solche Bereiche in der Unternehmung verbleiben, die einen positiven Eigenleistungsbeitrag aufweisen, sich also wertschöpfungserhöhend auswirken. Damit die Bereiche innerhalb eines gewissen Rahmens auch auf ihren Beitrag Einfluss nehmen können, ist ihnen ein Stück unternehmerische Verantwortung zu übertragen. Als weitere Konsequenz hat eine derartige Wertschöpfungsorientierung eine Konzentration auf Kernkompetenzen und verstärkte Kundenorientierung zur Folge.

Eine »konventionell« ausgerichtete Personalabteilung kann in diesem Umfeld schnell an ihre Grenzen stoßen. Um sich weiterhin zu behaupten, wird auch sie ihre Position neu definieren müssen. Dass gravierende Änderungen zu erwarten sind, zeigen bereits zahlreiche Publikationen zur »**Reorganisation der Personalabteilung**«[15]. Die in ihnen zum Ausdruck kommenden Forderungen bezüglich einer künftig zu gestaltenden Personalabteilung lassen sich inhaltlich verschiedenen Problemkreisen zuordnen:[16]

- Reorganisationsüberlegungen wird in aller Regel eine Abkehr vom funktional-zentralen Organisationskonzept zugrunde gelegt; Ausgangspunkt ist eine »**Modernisierung**« des Referentenkonzeptes.
- Eine Reorganisation soll zu einer verstärkten »**strategischen Ausrichtung**« der Personalarbeit beitragen.
- Eine Reorganisation soll den geänderten **Erfordernissen der Unternehmungsumwelt** (steigende Komplexität, erhöhte Flexibilitätsanforderungen und Wertewandel) Rechnung tragen.
- Damit ist ein Nachvollziehen von Gesamtunternehmungsreorganisationen hin zu **schlagkräftigeren und kleineren Einheiten** (Divisionalisierung) verbunden, die recht autonom über ihre Belange entscheiden können.
- Eine Reorganisation soll den Beitrag der Personalabteilung zum Unternehmungserfolg ausweisen.
- Sämtliche Konzepte enthalten ein Element der Dezentralisierung der Personalarbeit. Diese bezieht sich entweder auf die Verlagerung von Personalaufgaben auf dezentrale Personalabteilungen oder auf die Verlagerung von Personalaufgaben in die Linie.

---

13 Einen Überblick über moderne Organisationskonzepte wie Lean Management, Business Reengineering, fraktale oder virtuelle Unternehmung gibt beispielsweise Betzl (1996) 38 ff.

14 Unter Wertschöpfung wird die Differenz zwischen abgegebener und übernommener Leistung, also die Eigenleistung einer Unternehmung verstanden; vgl. Wunderer (1992) 149.

15 Damit beschäftigen sich u. a. die Herausgeberbände von Ackermann (1994a) und Scholz (1999a).

16 Entnommen aus Metz (1995) 148 ff.

Intensiver diskutiert werden zwei unterschiedliche Reorganisationsansätze, die jeweils einige dieser Teilaspekte aufgreifen:

(1) Personalabteilung als Wertschöpfungscenter (durch erweiterte Kompetenzen auf einer Stärkung von außen beruhend)
(2) Virtualisierung der Personalabteilung (Stärkung von innen durch vollständig geänderte Strukturen).

Zu (1): **Umwandlung der Personalabteilung zu einem Wertschöpfungscenter**
Auch dem Personalbereich wird künftig als selbstständiger Unternehmungsbereich ein Stück unternehmerische Verantwortung übertragen. Diese Verantwortungsübernahme kann sich in verschiedenen **Center-Konzepten** niederschlagen, die davon ausgehen, »dass der Personalbereich eine unternehmerische Einheit darstellt, die nachfrage-/marktorientiert und effizient Dienstleistungen primär für unternehmensinterne Kunden bereitzustellen hat«[17]. In Abhängigkeit des Gegenstandes ihrer Verantwortungsübernahme lässt sich die Personalabteilung u. a. als Cost-, Service- und/ oder Profit-Center führen:[18]

Integriert man die drei Formen zu einem gemeinsamen Konzept (vgl. Abbildung 167), befindet sich das Personalwesen auf dem Weg »von der Personaladministration zum Wertschöpfungscenter«[19]. »Wird die Personalabteilung als Wertschöpfungseinheit verstanden, dann liegt ihre (strategische) Aufgabe darin, als Unternehmen im Unternehmen Wettbewerbsvorteile aufzubauen.«[20]

Die Grundidee, auch die Personalarbeit am Wertschöpfungsgedanken auszurichten, ist durchaus geeignet, diverse Ansprüche, vor die die heutige Personalorganisation gestellt wird, zu erfüllen. Ein Wertschöpfungscenter »Personal« kann kostenbewusst und kundenorientiert (Personal-)Dienstleistungen erbringen. Inwieweit diese Idee allerdings auch organisatorisch umsetzbar ist, bleibt von der (noch) problematischen Rechen- bzw. Quantifizierbarkeit von Personaldienstleistungen abhängig. Als Zwischenlösung bietet sich eine kombinierte Anwendung des Wertschöpfungscenter mit anderen Organisationsformen innerhalb des Personalbereichs an.[21]

Zu (2): **Virtualisierung der Personalabteilung**
Statt auf eine externe Stärkung der Position der Personalabteilung zu setzen, kann eine verstärkte Wertschöpfungs- und Kundenorientierung auch intern aus der Personalabteilung heraus erfolgen.

Einen Vorstoß in Richtung Dezentralisierung – allerdings mit spezifischen Varianten – unternimmt Scholz: Sein Postulat »Zentrale Maxime jeder Personalorganisation ist die Sicherstellung von Kernkompetenzen und ihre synergetische Integration«[22] wendet sich

---

17 Gerpott (1995) 18 f.
18 Vgl. zum Cost-Center beispielsweise Gerpott (1995) 19 f.; Arx (1998) oder Wagner (1999); zum Service-Center beispielsweise Gerpott (1995) 20 f. oder Arx (1998); zum Profit-Center beispielsweise Bühner (1991a) 110 ff. bzw. (1991b) 445 f.; Ackermann (1994) 279 ff. bzw. (1994b) 16 ff.; Gerpott (1995) 21 f.; Arx (1998) oder Wagner (1999). Neben diesen drei Formen lassen sich beispielsweise mit den Strategie-, Kultur- und Intelligenz-Centern weitere Ausgestaltungen ausmachen; vgl. hierzu die Beiträge in Scholz (1999a).
19 So der Titel eines Aufsatzes von Wunderer (1992a).
20 Wunderer (1992).
21 Vgl. Oberschulte/Mann (1999) 110.
22 Scholz (1999) 234.

Wertschöpfungscenter Personal		
Cost-Center	**Service-Center**	**Profit-Center**
Funktionen: Personalwirtschaft Managementsysteme Personalerhaltung	**Funktionen:** Personalmarketing (Rekrutierung, Austritte)	**Funktionen:** Personalforschung Personalentwicklung
Leistungen: Interne, nicht marktfähige Leistungen	**Leistungen:** Interne, marktfähige Leistungen Kein Zugang zu externem Markt für Anbieter/ Nachfrager	**Leistungen:** Marktfähige Leistungen Zugang zu externem Markt für Anbieter/ Nachfrager
Ziele: Kostendeckung über interne, verursachungsgerechte Kostenumlage mittels Umlageschlüssel	**Ziele:** Kostendeckung über interne, verursachungsgerechte und kostenorientierte Transferpreise auf Basis der Selbstpreise mittels Umlageschlüssel	**Ziele:** Deckungsbeitragsmaximierung über intern und extern verrechnete verursachungsgerechte Markt- oder Transferpreise

Quelle: Arx (1998) 438.

Abb. 167: Das Wertschöpfungscenter »Personal« mit seinen drei »responsibility-units« und den darin ausgeführten Funktionen

jedoch gegen eine ungesteuerte (Re-)Integration von Personalaufgaben in die Linie und mündet in den Vorschlag einer **virtuellen Personalabteilung**.[23]

Der Virtualisierung liegt die **Grundidee** zugrunde, dass zur Nutzung bestimmter Objekteigenschaften das Objekt nicht mehr materiell, sondern nur noch der Möglichkeit nach vorhanden sein muss – ein Gedanke, der Anfang der 90er Jahre mit der Entwicklung virtueller Organisationsformen (virtuelle Unternehmungen, Organisationen, Abteilungen etc.)[24] seinen Eingang in die Betriebswirtschaftslehre fand. Im Kern geht es bei der virtuellen Personalabteilung um eine Auflösung der herkömmlichen Personalabteilung sowie Verteilung ihrer Mitglieder auf verschiedene, wertschöpfende Einheiten. Zusätzlich zu ihren bisherigen oder neuen Personalfunktionen übernehmen sie dort Fachaufgaben. Funktionen, die »nicht mehr in das Gesamtbild eines modernen Personalmanagements passen«[25] fallen weg; im

23 Vgl. im Folgenden Scholz (1995) 398 ff., (1996) 1080 ff., (1998) 103 ff. und (1999) 233 ff. Einen »gemäßigteren« Vorschlag für Möglichkeiten einer Integration trotz Dezentralisierung unterbreiten Nerdinger/v. Rosenstiel (1998) 11 ff.

24 Eine Übersicht über virtuelle Organisationsformen bietet beispielsweise Scholz (1997) 320 ff.

25 Scholz (1995) 401.

Bedarfsfall können die internen Experten die Hilfe externer Experten in Anspruch nehmen.

Es ist dies keine vollständige Rückdelegation von Personalaufgaben in die Linie, und zwar wegen zweier Besonderheiten: Die Übertragung der Personalfunktionen erfolgt ausschließlich nach dem Prinzip der Kernkompetenzen (d. h. Aufbau von Personalmanagement-Kompetenz in der Linie); einer eventuellen Zergliederung isoliert agierender (Personal-)Einheiten wird durch den Aufbau eines Netzwerkes zwischen den »Personalern« entgegengewirkt (d. h. Gewährleistung einer einheitlichen Personalarbeit). Sowohl die Kernkompetenzfokussierung als auch die integrative Verklammerung machen den Einsatz neuer interner und externer Technologien sowie eine breit angelegte Vertrauenskultur notwendig. Insofern lässt sich die virtuelle Personalabteilung durch drei **Dimensionen** charakterisieren:[26]

- **Zergliederung** (kernkompetenzorientierte und professionalisierte Personalarbeit),
- **Zusammenführung** (visionär und unternehmungskulturell geklammerte Personalabteilung),
- **Technologisierung** (offensive und innovative Nutzung der Informations- und Kommunikationstechnologien).

Der Virtualisierungsgedanke kann aber nur dann Erfolg versprechen, wenn eine Reihe von **Bedingungen** erfüllt ist: organisatorischer Paradigmenwechsel (an die Stelle der zentralen und/ oder dezentralen Personalabteilung tritt ein Netz von gleichberechtigten Partnern), Anreizsysteme (z. B. leistungsorientierte Entlohnung, Arbeitszeitflexibilisierung), Schaffung personeller Voraussetzungen (fachliche Qualifikationen, soziale Kompetenz, die Fähigkeit zur Selbstorganisation und Selbstabstimmung, Motivation der Mitglieder der virtuellen Personalabteilung).

II. Personalverwaltung als Service-Funktion für das Personal-Management

1. Begriff und Inhalt

Im Gesamtsystem des Personal-Management sind die Führungsaufgaben der Verhaltenssteuerung, der Personalplanung, der -beschaffung, -entwicklung etc. Primäraufgaben, die der **Unterstützung** durch Sekundäraufgaben bedürfen. Diese Servicetätigkeiten mit administrativem Charakter werden zusammenfassend als Personalverwaltung bezeichnet. Sie sind:

- **analytischer Art,** indem sie personelle Sachverhalte zur Entscheidungsvorbereitung, zur Konfliktvermeidung bzw. -regelung o. Ä. klären,
- **informatorischer Art,** soweit sie für Primäraufgaben des Personal-Management Informationen beschaffen und durch Speicherung, Aufbereitung und Auswertung bereitstellen,

26 Vgl. Scholz (1999) 242 f.

- **überwachender Art,** wenn es um die Einhaltung z. B. von Terminen oder arbeitsrechtlichen Vorschriften geht,
- **verfahrenstechnischer Art** in Bezug auf die Vorbereitung und Abwicklung von Einstellungen, Versetzungen, Entlassungen, Lohn- und Gehaltsabrechnung und -zahlungen usw.

2. Aufgaben der Personalverwaltung

In einer anderen, inhaltlich orientierten Gliederung können die Aufgaben der Personalverwaltung in solche der Informationsbearbeitung, der Bearbeitung der Vergütung und der Personalbewegung (Einstellung, Versetzung, Entlassung) eingeteilt werden. Sie liegt im Weiteren zugrunde.

a) Bearbeitung von Personalinformationen

Als Informationsbearbeitung werden die Tätigkeiten der Informationsbeschaffung, -speicherung, -verarbeitung (Aufbereitung und Auswertung) und -übermittlung bezeichnet.

Der Service-Charakter der Personalverwaltung für die Primäraufgaben bringt es mit sich, dass die zu bearbeitenden Informationen inhaltlich auf den **Informationsbedarf** der **Primäraufgaben**, also der Personalplanung, -entwicklung usw., abzustellen sind. Dieser Informationsbedarf ist innerhalb der einzelnen Teilbereiche des Personal-Management zu definieren, was für vorhersehbare und wiederkehrende Aufgaben in ausreichender Detailliertheit geschehen kann, insgesamt jedoch vollständig und endgültig nicht möglich ist. Für eine Informationen sammelnde und bereitstellende zentrale Verwaltungsstelle bestehen zudem die Schwierigkeiten, dass zum einen mehrere mit unterschiedlichen Teilaufgaben des Personal-Management (Mitarbeiterbeurteilung, Personal-Fortbildung, Gehaltsabrechnung) betraute Stellen bzw. Abteilungen gleiche Informationen benötigen (z. B. Alter, Dauer der Betriebszugehörigkeit etc.). Zum anderen aber haben einzelne Stellen Bedarf an Informationen, die nirgendwo anders benötigt werden.

Es besteht für mehrere Zwecke die Notwendigkeit, die den einzelnen Mitarbeiter betreffenden Informationen geschlossen verwendungsbereit zu haben. Hierfür wird in praxi im Allgemeinen eine sogen. Personalakte angelegt. Daneben werden bestimmte Personenmerkmale für mehrere (im Grenzfall sämtliche) Mitarbeiter aggregiert benötigt: Informationen hierüber müssen – meist zusätzlich – in anderer Form gespeichert werden. Ein traditionelles Instrument ist die **Personalkartei**; die Techniken, sie zu führen, haben sich gewandelt: von Aufzeichnungen auf Karteikarten über Mikrofilm-Registrierung bis hin zur EDV-gerechten Datenerfassung. Die manuellen Verfahren der Datenverarbeitung wie Karteikästen weichen rechnergestützten Systemen wie Datenbanken (vgl. E.II.3).

Die derart gespeicherten **Personaldaten** bilden den Kern der Personalverwaltung. An die Arbeit mit ihnen werden verschiedene Anforderungen gestellt:[27]

- **Einmalige Speicherung** hilft, Fehler zu vermeiden;
- Ungehinderter und **unmittelbarer Datenzugriff** des berechtigten Anwenders auf die von ihm benötigten Personaldaten bringt Kosten- und Zeitvorteile;

27 Vgl. im Folgenden Göbel (1996) 8 ff.

- Einheitlicher Aufbau und Organisation der Personaldaten (**globale Datenaus- und -verwertung**) erleichtert die problemlose Anwendung;
- Einhaltung des Bundesdatenschutzgesetzes und unternehmungsinterner **Schutz- und Sicherungseinrichtungen**.

Die zu erfassenden Personaldaten setzten sich aus Daten aus dem Arbeitsbereich, dem Leistungsverhalten und dem persönlichen Verhalten jedes Mitarbeiters zusammen. Neben den aktiven Mitarbeitern werden auch die Daten von Bewerbern und ausgeschiedenen Mitarbeitern verwaltet. Nur diejenigen Informationen sind zu erfassen und zu speichern, die die Unternehmung zur Wahrung ihrer gesetzlichen, tariflichen und einzelvertraglichen Pflichten benötigt.

Personalinformationen, die unveränderliche Personenmerkmale darstellen (z. B. Geschlecht, Geburtsjahr etc.), und solche, die kurzfristig keinen Änderungen unterliegen (z. B. die Tarifeinstufung, die Abteilungszugehörigkeit, Art des Beschäftigungsverhältnisses u. a. m.), werden auch als **Stammdaten** bezeichnet im Gegensatz zu **Verhaltensdaten** wie Fehlzeiten, Ausfallzeiten o. Ä. Daten, die Informationen über das Verhalten des Mitarbeiters am Arbeitsplatz enthalten. Diese in vielerlei Hinsicht unterschiedlichen Informationen werden jeweils in unterschiedlicher Häufigkeit, Dringlichkeit und Zweckverwendung verwendet: Neben täglich benötigten Personalinformationen (Fehlzeitmeldungen für die Betriebsleitung) kann z. B. eine abteilungsbezogene Krankenstandsmeldung zur monatlichen Personalberichterstattung an die Geschäftsleitung gehören, wohingegen nur bei speziellen Anlässen Meldungen an Sozialversicherungsträger, Berufsgenossenschaften und andere Informationsempfänger gehen.

Der Versuch, einen vollständigen Katalog inhaltlich präzisierter Personalinformationen zu liefern, ist einerseits deswegen an dieser Stelle überflüssig, weil die in den einzelnen Teilbereichen des Personal-Management benötigten Informationen dort zumeist explizit aufgeführt sind. Zum anderen ist »Vollständigkeit« graduell an den in konkreten Betrieben jeweils vorliegenden individuellen Informationsbedürfnissen auszurichten. Diese schwanken vom Inhalt und vom Umfang je nach dem Entwicklungsstand des praktizierten Personal-Management; eine allgemein gültige Informationsbedarfs-Festlegung ist daher nicht möglich. Eine Möglichkeit, die Informationsbedürfnisse der Mitarbeiter der Personalabteilung sowie der Führungskräfte abzudecken bzw. Personaldaten zu erfassen und verwalten, bietet ein Personalinformationssystem (vgl. E.II.3).

Abschließend soll noch auf eine spezielle Kategorie von Personalinformationen eingegangen werden: Das Humanpotenzial (das durch die Mitarbeiter erbrachte Leistungspotenzial): Es erweist sich mehr und mehr als einer der kritischen Erfolgsfaktoren für die künftige Unternehmungsentwicklung; seiner adäquaten Bereitstellung, Erhaltung und Entwicklung wird – schon aus ökonomischer Notwendigkeit – eine immer größere Bedeutung zugemessen. Die Voraussetzungen für ein ausgeprägteres Bewusstsein bezüglich des monetären »Wertes« der Arbeitskräfte kann ein Ansatz zur Rechnungslegung über das Humanvermögen, die Humanvermögensrechnung (auch »Human Resource oder Human Asset Accounting«[28]) liefern. Sie umfasst »das gesamte betriebswirtschaftliche Instrumentarium, welches der Erfassung der Kosten und der Bewertung des betrieblichen »Humanvermögens« dienen kann«[29].

---

28 Abzugrenzen ist der Begriff der Humanvermögensrechnung vom gesellschaftsbezogenen Social Accounting sowie vom gesamtwirtschaftlichen Human Capital Accounting; vgl. Streim (1993) 1683.
29 Marr/Schmidt (1992) 1032.

Die Humanvermögensrechnung strebt eine Informationsaufbereitung für die betriebsinterne Verwendung, aber auch zur externen Berichterstattung an. **Intern** sollen Rechnungslegungen über das Humanvermögen Grundlagen für betriebspolitische Entscheidungen liefern, z. B. für solche über Rationalisierungen der Produktion im weitesten Sinne, d. h. auch unter Einschluss der so genannten Verwaltungstätigkeiten. Denn u. U. ist die Rentabilität des Sachvermögens als alleinige Maßgröße für Entscheidungen dieser Art unzureichend. Das begründet Versuche, seine Kosten, eventuell auch seinen Nutzen zu quantifizieren.

Externe Ziele sind Nachweise über den »Wert« ganzer Unternehmungen (und zwar auch ihrer personellen Seite); sie sind von Bedeutung z. B. bei Firmenveräußerungen, weil sie Anhaltspunkte für den Ertragswert, für den »Goodwill« liefern können. Nicht zuletzt soll auch für eine größere Öffentlichkeit das Ausmaß der betrieblichen Anstrengungen belegt werden, Leistungen für das Personal zu erbringen, quasi als »Beweis« für eine mitarbeiterorientierte Unternehmungspolitik.

Es sind bereits zahlreiche **Verfahren** vorgeschlagen worden, mit denen eine solche Rechnungslegung bewerkstelligt werden könnte. Unter anderem sind dies:

- Firmenwert-Methode (Hermanson). Aus dem ausgewiesenen Vermögen, bewertet zu Marktpreisen und dem Jahresgewinn, wird eine Rendite (in Prozent) errechnet. Sie wird mit der branchentypischen Rendite verglichen; eine kapitalisierte Differenz zwischen beiden soll der Wert vorhandenen Humanvermögens sein.
- Effizienzgewichtete Personalkosten-Methode (Hermanson). Zukünftige Personalkosten werden auf einen Gegenwartswert umgerechnet und mit einer Effizienzrate gewichtet, in der der Unterschied zwischen der eigenen und der branchentypischen Rentabilität zum Ausdruck kommt. Aus dem Vergleich gewichteter und ungewichteter Personalkosten-Gegenwartswerte ergibt sich der Wert des Humanvermögens.
- Kostenwertmethode. Den Wert des Humanvermögens macht danach die Summe derjenigen Kosten aus, die zum Erwerb, zur Erhaltung und zur Nutzung des Humanvermögens aufgewendet werden; sie werden als Investition betrachtet und um Abschreibungen korrigiert.
- Methode der Leistungsbeiträge (Flamholz). Danach ist der Wert des Humanvermögens gleichbedeutend mit der Summe der Beiträge der einzelnen Mitarbeiter zur Wertschöpfung des Betriebes.

Alle genannten Verfahren sind – mit den verschiedensten Argumentationen – angreifbar und müssen als noch unzureichend bezeichnet werden. Die wichtigsten mit ihnen verbundenen **Probleme** sind:

- Das betriebliche Humanvermögen kann – u. a. aufgrund des heuristischen Eigentumsbegriffs – in herkömmlichen Bilanzen nicht aktiviert werden. Daher erfolgt die Rechnungslegung i. d. R. in Nebenrechnungen.
- Es ist fraglich, ob und inwieweit entstandene und zukünftig entstehende Kosten für Mitarbeiter zu einem sinnvollen Wertansatz für das Humanvermögen führen: Zu Vergangenheits-Buchwerten müssen zukunftsorientierte, z. T. geschätzte Werte treten, was die Beweisbarkeit der Wertansätze relativiert; zudem treten erhebliche sachliche und zeitliche Zurechnungsprobleme auf.
- Welche »Vermögensgegenstände« als Bestandteile des Humanvermögens in die Rechnungslegung aufgenommen oder aber weggelassen werden, wird maßgeblich durch die Zielsetzungen einer solchen Rechnungslegung bestimmt.

Die in den 80er Jahren kurzzeitig verschwundene Diskussion um die Humanvermögensrechnung ist mit Auftreten der zunehmend in Gang kommenden Erörterungen um Möglichkeiten und Grenzen des »Personal-Controlling« wieder neu aufgelebt (vgl. auch Kap. E.III).

b) Vorbereitung und Abwicklung von Personalbewegungen

Personalbewegungen sind Einstellungen, Versetzungen und Entlassungen von Mitarbeitern, Ergebnisse von Tätigkeiten aus mehreren Teilsystemen des Personal-Management also: aus der Personalbeschaffung, -entwicklung, -freisetzung. Ihre Vorbereitung und Abwicklung kann als eine der klassischen Aktivitäten der Personalverwaltung bezeichnet werden.

- Für die **Einstellung** neuer Mitarbeiter melden die anfordernden Stellen ihren Personalbedarf i. d. R. bei der Personalverwaltungs-Abteilung unter Angabe der Arbeitsplatzanforderungen der zu besetzenden Stelle an. Für diesen Zweck sind in größeren Betrieben Personalanforderungs-Formulare entwickelt worden, um den Vorgang lückenlos und gleichartig zu gestalten.
  Die Aufgaben der Personalverwaltung sind im weiteren Fortgang die folgenden (exemplarische Beschreibung der wichtigsten Vorgehensschritte):
  - Kontakte mit dem Betriebsrat, um mit ihm die Frage einer internen Stellenausschreibung zu klären (§ 93 BetrVG).
  - Kontaktaufnahme mit dem örtlichen bzw. einem speziellen Arbeitsamt oder auch einer Personalberatungsunternehmung (vgl. Kap. D.III), falls auf diesem Wege Erfolgsaussichten für die Bewerbersuche zu erwarten sind,
  - für den Fall einer Insertion Platzierung von Stellenanzeigen in den dafür infrage kommenden Presseorganen bzw. weiteren Medien.
  - Nach Eingang von Bewerbungen sind die Bewerbungsunterlagen aufzubereiten (vgl. auch oben Kap. D.III.3.b.aa). Dies kann z. B. anhand von Prüflisten geschehen; bewährte Hilfsinstrumente sind auch Bewerbungs- bzw. Personalfragebögen, insbesondere dann, wenn sie mit dem für die Personalakte zu verwendenden Personalfragebogen identisch oder zumindest an ihn angepasst sind.
  - Nach erfolgter Einstellungsentscheidung sind die Unterlagen der abgewiesenen Bewerber diesen zurückzusenden; für den einzustellenden Mitarbeiter ist der schriftliche Arbeitsvertrag auszufertigen.
- Auch für **Versetzungen** und **Entlassungen** erledigt die Personalverwaltung die notwendigen Vorbereitungs- und Abwicklungsarbeiten; oft enthält eine sog. betriebliche »Arbeitsordnung« Angaben über die dazu anzuwendenden Vorgehensweisen (so z. B., dass eine Kündigung der Schriftform bedarf).
  In jedem Falle erwiesen sich Prüflisten (»Checklisten«) als zweckmäßig, die die einzelnen erforderlichen Arbeitsschritte enthalten (dass dieses einfache Hilfsmittel maximale Sicherheit für richtiges Vorgehen garantiert, wenn die Liste mit der gebotenen Sorgfalt zusammengestellt wurde, kann durch nichts besser bewiesen werden als durch die Vorschriften ihrer Benutzung durch das fliegende Personal von Luftverkehrsgesellschaften). Ihre Einhaltung schließt aus, dass wichtige Verwaltungsarbeit unterlassen wird, wie etwa

das Ausstellen von Arbeitsbescheinigungen und Zeugnissen[30], das Aushändigen der Arbeitspapiere bei Entlassungen.
Für Sonderarbeitsverhältnisse, z. B. mit Praktikanten, Werkstudenten, Volontären sind spezielle Regelungen zu beachten.

c) Lohn- und Gehaltsabrechnung und -auszahlung

In diesen Aufgabenkomplex der Personalverwaltung fallen sowohl ständig wiederkehrende Routinearbeiten, als auch solche, die für seltener vorkommende Aktivitäten Unterstützungs- oder Abwicklungsdienste darstellen.

- Die Abrechnung der an die Mitarbeiter zu zahlenden Löhne und Gehälter erfordert eine Mehrzahl von Teiltätigkeiten und die Beachtung vieler Vorschriften: über Lohnsteuer, die gesetzlichen Sozialabzüge, Vermögensbildungszahlungen u. a. m. Hinzu kommen u. U. mitarbeiterspezifische Sonderberechnungen, z. B. über Darlehen, Reisekostenabrechnungen, Trennungsentschädigungen, Gehaltsabrechnungen u. a. m. Größte Genauigkeit und Fehlerlosigkeit der Berechnungen ist deswegen am Platze, weil für den Regelfall unterstellt werden kann, dass jeder Rechenfehler, der zur Einkommensschmälerung führt, Verärgerung bei den Betroffenen hervorruft.
  Die Entgeltauszahlung ist durch Überwiegen bargeldlosen Zahlungsverkehrs stark vereinfacht; das Festlegen und Besorgen der benötigten Banknoten- und Münzsorten, das genaue Abzählen, Aushändigen usw. entfällt damit.
- Zu den weniger häufig auftretenden Aufgaben gehören u. a.:
  - Vorbereitungen für die Abwicklung betrieblicher Sozialleistungen, wie z. B. die Belegung von Werkswohnungen, die Bearbeitung von Unterstützungsanträgen verschiedener Art: Dafür sind die benötigten und verfügbaren Daten zusammenzustellen, ist erforderlichenfalls die Mitwirkung des Betriebsrates sicherzustellen;
  - die Einstufung der Mitarbeiter in die für sie zutreffenden Lohn- und Gehaltsklassen (nach Tarif- oder individuell vereinbarten Verträgen) und die Überwachung der ordnungsgemäßen Anwendung der jeweils heranzuziehenden rechtlichen Vorschriften und betrieblichen Vereinbarungen;
  - das Zurverfügungstellen der bei Tarifverhandlungen benötigten Personaldaten, z. B. in Form von Lohn- und Gehaltsstatistiken.

3. Personalinformationssysteme als Instrument der Personalverwaltung

Die vom Personal-Management im Allgemeinen bzw. der Personalverwaltung im speziellen zu erbringenden Servicedienste sind stets das Ergebnis verschiedener Informationsgewinnungs-, -verarbeitungs- und -auswertungsaktivitäten. Wie effektiv diese Dienste zu leisten

30 Bei der Beendigung des Arbeitsverhältnisses ist es die Pflicht des Arbeitgebers, dem Arbeitnehmer ein Zeugnis zu erteilen (§ 630 BGB, § 73 HGB, § 113 GewO, § 8 BBiG). Dabei sind zahlreiche Grundsätze (z. B. Zeugniswahrheit, Vollständigkeit, ständiges Wohlwollen, Individualität, Schriftlichkeit) zu beachten, die entweder unmittelbar aus dem Gesetz abzuleiten sind oder in Lehre und Rechtsprechung entwickelt wurden. Vgl. hierzu ausführlicher Becker-Schaffner (1989) 2105 ff., zu den Zeugnisformulierungen und ihren rechtlichen Beurteilungen vgl. z. B. Weuster (1992) 58 ff.

sind, wird zu einem Großteil durch die Quantität und Qualität der verfügbaren Personalinformationen bestimmt.

a) Entwicklungsstand und Aufbau

Die Entwicklung von Personalinformationssystemen wurde anfangs durch die Erkenntnis getragen, dass erst eine rationale und rationelle Bewältigung der informationellen Seite des Personal-Management aus dem Stadium der vorwiegend intuitiven Entscheidungsfindung herausführen kann und die Möglichkeiten schafft, auf objektivierte Grundlagen zurückzugreifen. Die Bemühungen, Personalinformationssysteme zu entwickeln, die, systematisch aufgebaut, möglichst umfassend sind und alle Informationsbedarfsträger entsprechend deren Erfordernissen versorgen können, standen daher – insbesondere für größere Betriebe – im Vordergrund.[31]

Eine immer größer werdende Vielfalt gesetzlicher Regelungen der Finanz-, Steuer-, Sozialpolitik trägt ebenfalls zur Einsicht in die Notwendigkeit von Personalinformationssystemen bei. Auf sie gehen zahlreiche Datensammlungen und -meldungen, auch an staatliche Institutionen, zurück. Zusätzliche Impulse gingen vom Betriebsverfassungsgesetz und den in ihm verankerten Informations- und Unterrichtungsrechten der Mitarbeiter und Informationspflichten der Betriebe aus.

Vor diesem Hintergrund und unter Betonung des instrumentellen Charakters kann ein Personalinformationssystem definiert werden als

- ein »System der geordneten Erfassung, Speicherung, Transformation und Ausgabe von allen relevanten Informationen über Personal und Tätigkeitsbereiche/ Arbeitsplätze
- zur Versorgung von zugangsberechtigten Führungskräften und Mitarbeitern sowie Arbeitnehmervertretungen aller betrieblichen Ebenen und Funktionen mit denjenigen Informationen,
- die sie zur zielgerichteten Wahrnehmung ihrer Führungs- und Verwaltungsaufgaben
- unter Berücksichtigung relevanter Gesetze, Verordnungen und Verträge sowie sozialer und wirtschaftlicher Ziele der Organisation benötigen.«[32]

Personalinformationssysteme stellen einen Teil des betrieblichen Informationssystems dar. Je nach dem erreichten Entwicklungsstand können unterschiedliche Typen von Personalinformationssystemen unterschieden werden. **Berichtssysteme** liefern statistische Auswertungen der vorhandenen Personaldaten, während **Entscheidungssysteme** zur Vorbereitung und zum Fällen von Entscheidungen im Personalbereich herangezogen werden können. Welcher **Systemtyp** und welcher **Entwicklungsstand** in einem Betrieb sinnvollerweise zu realisieren sind, hängt in der Hauptsache von zwei Komponenten ab: vom Ausbaustadium des Personal-Management (d. h. den Bedürfnissen der Informationsnutzer) und vom informationell-organisatorisch-technologischen Fortschrittsstadium des Systems:

31 Die Verbreitung von Personalinformationssystemen auch unter mittleren und kleineren Unternehmungen wächst mit zunehmender Bedeutung der personellen Seite des Betriebsgeschehens, ihrer wachsenden Kompliziertheit und der Notwendigkeit, Personalfragen immer mehr Aufmerksamkeit entgegenzubringen. Allerdings werden die über die Verwendung administrativer Aufgaben (wie Lohn- und Gehaltsabrechnung) hinausgehenden, dispositive Aufgaben unterstützende Systeme aufgrund ihres Umfanges und ihrer Komplexität vorwiegend in Unternehmungen mit mehr als 500 Mitarbeitern verwendet. Vgl. auch Steiner (1998) 21.

32 Domsch/Schneble (1991) 3.

- Werden in einem Betrieb z. B. keine Qualifikationsdiagnosen (etwa auf der Grundlage von Mitarbeiterbeurteilungen) systematisch und regelmäßig durchgeführt sowie fortgeschrieben, so können Personalplanung, -entwicklung nicht auf der Grundlage objektivierter Informationen und ihrer Auswertung praktiziert werden. Entscheidungen über zukünftige Personalumschichtungen, Versetzungen oder mitarbeiterbezogene gezielte Fortbildungsmaßnahmen können nicht aufgrund von Qualifikations-/Anforderungsvergleichen und durch Abruf aktueller Qualifikationsinformationen gefällt werden. Das Personalinformationssystem in einem solchen Betrieb dürfte eher zu einem Berichtssystem tendieren.
- Informationen müssen für ihre Speicherung, Änderung, ihren Abruf, ihre Verarbeitung zweckgerichtet formuliert sein. Ein Informationssystem liefert nur dann bedarfsgerechte Auskünfte, wenn durch **organisatorische** Maßnahmen ständige Informationszuflüsse und -abflüsse sowie Aktualisierungen des gespeicherten Materials sichergestellt sind. Der informationelle und der organisatorische Aspekt eines Personalinformationssystems sind nicht unabhängig vom Entwicklungsstand des gesamten betrieblichen Personal-Management. In der Resultante determiniert er das **technologisch** sinnvolle Ausbaustadium eines Systems: Hohe informationelle und organisatorische Fortschrittsniveaus (Informations- und Kommunikationstechnologien betreffend), gekoppelt mit dem Anfall großer Datenmassen sowie starker und vielfältiger Informationsnachfrage, ermöglichen nicht nur computergestützte Systeme, sie machen sie geradezu erforderlich.

Bei der Arbeit mit **computergestützten Informationssystemen** werden neben verschiedenen allgemeinen Standardsoftware-Paketen auch individuelle und standardisierte Anwendungssysteme für den Personalbereich eingesetzt. Sie enthalten stets zwei Kategorien von Grundkomponenten: Datenbanken einerseits, Modell und Methodenbanken andererseits. **Datenbanken** werden zudem meist in weitere Typen unterteilt, je nachdem, welche inhaltlichen Informationsgruppen sie enthalten. So kann es für Personalinformationssysteme sinnvoll sein, neben einer Definitionen-Bank, die sicherstellen soll, dass für alle System-Zulieferer und -Nutzer die Daten in gleicher Weise verstanden werden, weitere Datenbanktypen zu unterscheiden:

- Nach dem Zeitbezug (vergangenheits-, zukunftsbezogene Daten) können je eine spezielle **Personalbestands- und Personalbedarfs-Datenbank** eingerichtet werden, jeweils mit quantitativ, qualitativ und zeitlich differenzierten Aufgaben. Eine solche Systemgestaltung ist dann sinnvoll, wenn ein Hauptkriterium für die Systemnutzung die Unterscheidung in Personalbestand einerseits und -bedarf andererseits ist, d. h. dies auch getrennte Entscheidungskategorien sind und dementsprechend getrennte Auswertungen, etwa in Form von Berichten, Statistiken etc. häufig benötigt werden. Für eine Zusammenfügung von Personalbestand und -bedarf, z. B. für eine Personalplanung, können beide Datenbanken gegenübergestellt und ausgewertet werden.
- Als andere Datenbank-Gliederung kommt z. B. der Stellen- bzw. Stellenbesetzungsbezug in Frage. Danach kann eine Datenbank für sämtliche **Arbeitsplatzdaten** und eine für alle **Mitarbeiterdaten** eingerichtet werden. Sie ist dann vorzuziehen, wenn Entscheidungen überwiegend und informatorisch versorgt werden müssen, in denen Anforderungs- und Qualifikationsgegenüberstellungen eine wesentliche Rolle spielen, also bei Einstellungs-, Versetzungs-, Fortbildungsentscheidungen.

Generell kann konstatiert werden, dass die Entwicklung leistungsfähiger Software, wie sie in vielen anderen betrieblichen Bereichen zu beobachten ist, am Personalwesen bisher weitgehend vorbeigegangen ist. Personalinformationssysteme existieren vorwiegend für die Bewältigung administrativer und weniger dispositiver Aufgaben. Dies wird vorwiegend dadurch begründet, dass mit Zunahme des dispositiven Charakters Aufgaben schlecht strukturiert und damit für Lösungsalgorithmen, wie sie in einer **Methoden- und Modellbank** enthalten wären und mit denen Inhalte aus den Datenbanken abgefragt bzw. Auswertungen vorgenommen werden können, weniger zugänglich sind.[33] Da Expertensysteme, die für schwach und gering strukturierte Entscheidungsprozesse Hilfestellung bieten sollen, im Personalbereich die hohen Erwartungen noch nicht erfüllen konnten und nur vereinzelte Anwendungen mit Experimentiercharakter existieren, dienen computergestützte Personalinformationssysteme heutzutage durch eine schnellere, präzisere, aktuellere und umfassendere Informationsversorgung lediglich zur **Vorbereitung** dispositiver personalwirtschaftlicher Entscheidungen.

Die Entwicklung und Anpassung von Personalinformations-Software für unternehmungsspezifische Besonderheiten (individuelle Anwendungssoftware) verliert teilweise an Bedeutung, da diese extrem teuer und aufwändig ist und zudem auf dem Markt Standardsoftware zur Verfügung steht, die Adaptionen in hinreichender Weise zulässt. Diese konfektionierbare Software wird häufig in Zusammenarbeit mit einzelnen Abnehmern entwickelt und anschließend breit vermarktet. Standardsoftware wird sowohl für Großrechner als auch für PCs angeboten.[34]

Bei den **Großrechnern** wächst die Bedeutung integrierter bzw. modularer Softwarelösungen. Personalwirtschaftliche Fragestellungen, insbesondere bezüglich administrativer Aufgaben, wie Lohn- und Gehaltsabrechnungen, Arbeitszeiterfassung oder auch die Verwaltung interner und externer Bildungsmaßnahmen können durch diese abgedeckt werden oder es besteht die Möglichkeit, dass weitergehende personalwirtschaftliche Software über so genannte Schnittstellen an diese integrierten Lösungen angebunden werden. Dies kann dann wiederum durch PC-Lösungen oder auch durch Großrechner-Software geschehen. Bezogen auf die oben angeführte Unterscheidung in Methoden- und Datenbank stellt die integrierte Software die Funktion einer Datenbank dar, die dann durch eine Methodenbank-Software ergänzt wird.

Zu den klassischen Anwendungen im **PC-Bereich** zählen die Personalverwaltung und die Lohn- und Gehaltsabrechnung, wobei letztere den größten Raum einnimmt. Hinzu kommen Programme für einzelne spezielle Funktionen wie Personalauswahl oder Ausbildungsverwaltung und integrierte Personal-Management-Programme.

In Bezug auf die **Hardware** führt die Entwicklung leistungsfähiger PC bis hin zu Workstations, die im Verbund (so genannte Client-Server-Systeme) Großrechnern in ihrer Leistungsfähigkeit gleichkommen oder diese sogar übersteigen, tendenziell zu einer Verlagerung EDV-technischer Anwendungen von zentralen zu dezentralen Systemen.

Personalinformationssysteme dienen der Wahrnehmung von Führungs- und Verwaltungsaufgaben und sollen dementsprechend die informatorische Fundierung planerischer, realisierender und kontrollierender Funktionen im Rahmen personalwirtschaftlicher Aufgaben-

33 Vgl. Finzer (1992) 27.

34 Einer ausführlichen Gegenüberstellung von Individual- und Standard-Anwendungssoftware widmet sich Steiner (1998) 47 ff.

stellungen liefern. Neben dieser verbesserten Informationsbasis für (dispositve) personalwirtschaftliche Aufgaben liegen die mit der Implementierung von Personalinformationssystemen verfolgten Ziele im Wesentlichen in einer Senkung von Personal- und Informationskosten.

Die Einführung und der Einsatz von Personalinformationssystemen erleichtert zum einen also die Erfüllung personalverwaltender Aufgaben, leistet andererseits aber auch einen Beitrag zu der allgemeinen Aufgabenstellung des Personal-Management. Abbildung 168 gibt einen Überblick über die durch Personalinformationssysteme unterstützten Bereiche.

- **Personalverwaltung:** Verwaltung von Angaben über die Mitarbeiter wie Stammdaten, Informationen über Ausbildung, Kenntnisse und Fähigkeiten sowie elektronische Führung von Personaldossiers
- **Entgeltabrechnung:** Berechnung der Löhne und Gehälter (inkl. Sozialversicherungsabgaben) sowie Spesen- und Reisekostenabrechnung
- **Zeitwirtschaft:** Zeiterfassung (Erfassung von An- und Abwesenheitszeiten, Gleitzeitermittlung, Fehlzeiten- und Überstundenstatistik, Urlaubsabrechnung, Schichtpläne) und Absenzverwaltung
- **Vorsorge:** Verwaltung der Daten von Rentnern und Abwicklung der Rentenauszahlungen sowie Pensionskassenverwaltung (z. B. Berechnung der Pensionskassenabzüge und der Renten)
- **Berichtswesen:** Erstellung von Statistiken, Auswertungen und Grafiken über aktuelle und zukünftige Personalbestände, Personalstrukturen (z. B. Alter, Geschlecht), Fluktuationen, Personalaufwand, Personalbeschaffungsquellen, Bildungsbedarf usw.
- **Personaleinsatz:** Erstellung von Stellenplänen und Organigrammen, Ermittlung von Unter-, Überbelegungen, Vakanzverwaltung sowie Verwaltung von Angaben über die Stellen wie Anforderungsprofile und Stellenbeschreibungen
- **Personalentwicklung:** Dokumentation von Kenntnissen und Fähigkeiten (z. B. in Profilen), Vergleich der Qualifikationen der Mitarbeiter mit den Anforderungen von Stellen, Aus-/ Weiterbildungsplanung, Nachfolgeplanung, Karriereplanung
- **Personalplanung:** Bestandsplanung, Bedarfsplanung, Beschaffungsplanung, Einsatzplanung, Kostenplanung/ Budgetierung, Freistellungsplanung
- **Personalcontrolling/ Kennziffern-Berechnung:** Vergleich der zusammengefassten Ergebnisse des Berichtswesens mit Planwerten, Abweichungsanalysen usw.
- **Ergänzende Aufgaben:** Textverarbeitung/Vertragswesen, Terminüberwachung, Bewerberverwaltung, Verwaltung von Anreizsystemen, Verwaltung von innerbetrieblichen Kursen, Abwicklung des betrieblichen Vorschlagswesens

Quelle: In Anlehnung an Steiner (1998) 52.

Abb. 168: Durch Personalinformationssysteme unterstützte Aufgabenbereiche

b) Probleme

Über Personalinformationssysteme werden immer noch **Diskussionen** geführt, die in erster Linie psychologische, wirtschaftliche und rechtliche Problemkreise betreffen.

Psychologische Probleme ergeben sich nicht nur in Bezug auf potenzielle und tatsächliche System-Benutzer. Eine benutzerfreundliche Gestaltung von Systemen liefert den allgemeinen Lösungsansatz für diese Art von Problemen. Weitere aber bestehen in Abwehrhaltung und Misstrauen der informationell Erfassten. Häufige Gründe hierfür sind:

- die Sensibilität erhobener Daten durch die Nähe zur Privat- und Intimsphäre,
- die beschränkte Abbildbarkeit persönlicher Verhältnisse durch erhebbare Daten und die dadurch bedingte Reduktion der Persönlichkeit auf EDV-gerechte Informationen,
- aus der Abstraktion entstehende Interpretationsprobleme, insbesondere durch Kontextverlust,
- der Zwangscharakter der Datenerhebung aufgrund drohender ökonomischer Nachteile.

Diese Probleme können abgebaut und gelöst werden durch rechtzeitige und umfassende Aufklärung der Mitarbeiter und durch eine Beteiligung von Vertretern der betrieblichen Mitarbeitergruppen beim Systemaufbau.

Von den **ökonomischen Problemen** soll hier die **Wirtschaftlichkeit** in den Vordergrund gestellt werden. Während in den 70er und 80er Jahren computergestützte Personalinformationssysteme – abgesehen von allen, sicherlich nicht endgültig gelösten Erfassungs-, Schätzungs- und Zurechnungsproblemen – nur für Großbetriebe ökonomisch sinnvoll waren, können heute auch Klein- und Mittelbetriebe durch die Einsatzmöglichkeiten von PCs zumindest für administrative Aufgaben und zur Abwicklung dispositiver Aufgaben auf diese zurückgreifen.

Aus **Unternehmungssicht** bestehen Sachzwänge zur Rechnerunterstützung bestimmter personalwirtschaftlicher Funktionen, die sich u. a. durch Anfall von Massenarbeiten, gesetzlich auferlegten Informationspflichten und durch die termingerechte Bewältigung betrieblicher, tariflicher und gesetzlicher Auflagen ergeben. Quantitative Kosten-/Nutzen-Vergleiche reichen daher nicht aus, um ein Urteil über die System-Wirtschaftlichkeit fällen zu können. Weitere qualitative Kriterien sind die Verarbeitungsgeschwindigkeit und die Datenverfügbarkeit, die, aufgrund gestiegener informationeller Anforderungen an die Betriebe, an Bedeutung zunehmen. Zu denken ist hier beispielsweise an die Administration während eines laufenden Personalauswahlverfahrens: Hohe Bewerberzahlen und komplexe Selektionsmethoden erhöhen automatisch die Anforderungen in Bezug auf die oben genannten Kriterien. Mit einer Verringerung der gespeicherten Daten ist notwendigerweise ein Rückgang der informationellen Stützung der Teilsysteme des Personal-Management verbunden.

Diese Überlegungen leiten bereits über zu **rechtlichen Restriktionen** der Datenspeicherung und -verarbeitung. »Es gibt kein anderes Rechtsverhältnis, das in so großem Ausmaß Anlass gibt, personenbezogene Daten verschiedenster Art in großen Mengen und während langer Zeit zu erheben und zu verarbeiten wie das Arbeitsverhältnis.« Probleme sind in erster Linie aus der **Multifunktionalität der Daten** begründet. Gemeint ist hiermit, dass Daten, die ursprünglich selbst aus Sicht des betroffenen Arbeitnehmers für einen angemessenen und für ihn eventuell sogar vorteilhaften Zweck erhoben wurden, in einem anderen Zusammenhang nachteilig sein können. So können Daten über Qualifikationslücken zu entsprechenden Entwicklungsmaßnahmen, jedoch auch zur Kündigung führen. Ein zweiter

Grund liegt in der Standardisierung elektronisch gespeicherter Daten, die zusammengesetzt einen veränderten Gehalt und damit eine **neue Informationsqualität** erhalten.

Aufgabe des **Datenschutzes** im Arbeitsverhältnis ist es, einen für den Umgang mit Daten (Tätigkeiten der Datenerhebung, Datenverarbeitung, Datennutzung) zulässigen Rahmen festzulegen, um einen Datenmissbrauch zu verhindern, die Privatsphäre der Mitarbeiter zu schützen und die Vertraulichkeit und Diskretion der Mitarbeiterdaten weitgehend zu gewährleisten.[35] Gerade die Verbreitung dezentraler EDV-Systeme eröffnet neue Möglichkeiten für gezielten oder zufälligen Datenmissbrauch, da hier Kontrollen einerseits nur eingeschränkt, jedoch Zugriffs- und Verarbeitungsmöglichkeiten erweitert möglich sind. Diese Gefahr und Vorkehrungen, sie abzuwenden oder zu mildern, sind das eigentliche Problem des Datenschutzes.

Generell hat der Informationen speichernde und nutzende Betrieb dafür Sorge zu tragen, dass Unberechtigte nicht Zugriff zu den Daten eines Personalinformationssystems nehmen können. Dies kann mit informationstechnischen Maßnahmen geschehen, mit denen Benutzererkennung und Überwachung der Zugriffsberechtigung sichergestellt werden: Passwortverfahren, Kennkarten, Chiffrierungsprogramme sind Beispiele dafür. Einige dieser Sicherungsmaßnahmen werden standardmäßig von den Herstellern von Hard- und Software-Produkten angeboten, andere sind hingegen von den Anwendern der DV-Anlagen betriebsspezifisch zu organisieren und durchzuführen.

Informationen über Menschen und Menschengruppen haben eine andere Wertigkeit als Informationen über Sachen. Ein Schutzbedürfnis besteht zum einen in Bezug auf **Stammdaten**, das sind z. B. gesundheitliche, psychische Merkmale eines Mitarbeiters, familiäre Verhältnisse u. a. m. Ein weitergehendes Schutzbedürfnis besteht bzgl. von **Verhaltensdaten**, da diese zur Leistungs- und Verhaltenskontrolle geeignet sind.

Diesem Schutzbedürfnis kann – wenigstens zum Teil – dadurch Rechnung getragen werden, dass den Mitarbeitern Kenntnis von den Inhalten der über sie gespeicherten Daten und darüber hinaus Eingriffsrechte zugebilligt werden, mit denen sie die Speicherung unwahrer Angaben und die Verletzung ihrer schutzwürdigen Belange verhindern können.

Das Interesse der Verhinderung des Missbrauchs persönlicher Daten ist ein schutzwürdiges Rechtsgut geworden:

Mit dem »**Bundesdatenschutzgesetz**« (BDSG) ist eine am 01.07.1978 in Kraft getretene und seither mehrfach novellierte Rechtsgrundlage zum Schutz der personenbezogenen Daten vor Missbrauch bei der Datenerhebung, Datenverarbeitung (Speicherung, Übermittlung, Veränderung und Löschung) und Datennutzung geschaffen worden. Für den Umgang mit personenbezogenen Daten im Allgemeinen bzw. für die Gestaltung eines Personalinformationssystems im speziellen sind insbesondere folgende Regelungen relevant:[36]

- **Zulässigkeit** der Erhebung, Verarbeitung und Nutzung von Daten natürlicher Personen (§ 4 BDSG);
- Treffen ausreichender und angemessener **organisatorischer und technischer Sicherungsmaßnahmen** (Kontrollen als die so genannten »10 Gebote« des Bundesdatenschutzgesetzes, § 9 BDSG);

35 Vgl. zu den Zielen des Datenschutzes § 6 Bundesdatenschutzgesetz.
36 Vgl. hierzu auch die Ausführungen von Kohrs (1993) 49 ff.

- Keine **unbefugte Verwendung** von Daten als für den zur jeweiligen rechtmäßigen Aufgabenerfüllung gehörenden Zweck (§ 28 BDSG);
- **Rechte der Betroffenen:**
  - Benachrichtigung des Betroffenen über die Tatsache der Datenspeicherung (§ 33 BDSG),
  - Auskunft an den Betroffenen über den Inhalt der gespeicherten Daten (§ 34 BDSG),
  - Berichtigung falscher Daten; Löschung bzw. zumindest Sperrung nicht mehr benötigter oder unzulässig gespeicherter Daten (§ 35 BDSG);
- Verpflichtung der Bestellung eines **Beauftragten für den Datenschutz** (§ 37 BDSG) sowie dessen Aufgaben (§ 37 BDSG).

Die gesetzlichen Bestimmungen zum Schutz des Persönlichkeitsrechtes regeln somit den Zugriff auf Daten bzw. Datenbanken und schränken die Handhabung von Systemen – und somit auch die Einführung und den Einsatz von Personalinformationssystemen – teilweise ein.

In diesem Spannungsfeld sind juristisch vertretbare und von den Beteiligten akzeptable Lösungen zu erarbeiten. Ziel ist stets ein Interessenausgleich, der zum einen die Vorteile von Personalinformationssystemen für die Betriebe wie auch für die Öffentlichkeit wahrt, die darin bestehen, dass die wirtschaftliche Effizienz gesteigert und Chancen zur Verbesserung der Reagibilität genutzt werden können, und der zum anderen die persönlichen Schutzbedürfnisse der datenmäßig Erfassten berücksichtigt. Den Mittelpunkt der juristischen Diskussion bilden die Beteiligungsrechte – Informations-, Beratungs- und Mitbestimmungsrechte – des Betriebsrates, die in Kap. E.IV dargestellt werden.

4. Outsourcing von Personalverwaltungsaufgaben?

Wie in Kap. E.I bereits angesprochen, kann die unternehmerische Wettbewerbsfähigkeit langfristig u. a. durch eine verstärkte Wertschöpfungsorientierung und damit auch durch eine Konzentration auf die eigenen Kernkompetenzen gesichert werden. Letzteres kann zur Konsequenz haben, diejenigen Produkte und Dienstleistungen, die keinen direkten Beitrag zum Kerngeschäft leisten, im Zuge eines »Outside Resource Using«, des so genannten »**Outsourcing**« gezielt auszulagern und/ oder auf dem Markt hinzuzukaufen.

Folglich sind auch die Leistungen der Personalabteilung daraufhin zu untersuchen, welchen Anteil sie an der Wertschöpfung der Unternehmung haben und ob sie teilweise eventuell günstiger von einem externen Dienstleister bezogen werden können.[37] Eine solche (Teil-)Auslagerung von Personalleistungen sollte jedoch nicht als Wunsch nach einer Auflösung der Personalabteilung interpretiert werden, sondern vielmehr als Möglichkeit, die Kapazitäten der im Personalbereich Beschäftigten künftig auf die strategischen, wertschöpfenden Funktionen zu konzentrieren und so ein zeitgemäßes, kundenorientiertes und effektives Personalmanagement zu gewährleisten. Somit sind eher gut standardisierbare und strategisch weniger bedeutende Personalaktivitäten Gegenstand von Outsourcing-Überle-

37 Zum Komplex des »Outsourcing von Personalaufgaben« vgl. im Folgenden Eigler/Meckl (1998) und Schindler/Brunn (1998).

gungen, nicht aber betriebsindividuelle, strategisch bedeutsamere Aufgaben.[38] Als prädestiniert für eine mögliche Auslagerung bieten sich daher vor allem einige Aufgaben der Personalverwaltung (wie beispielsweise die Lohn- und Gehaltsabrechnung) an; dies insbesondere deswegen, weil in der betrieblichen Praxis dem Zeitfaktor immer größere Bedeutung zukommt und der Zeitaufwand für administrative Aufgaben bei Outsourcing für andere Aufgaben nutzbar gemacht werden könnte.[39]

Als externe Dienstleister können i. d. R. verschiedene Personen oder Institutionen in Frage kommen: Steuerberater eignen sich ebenso dazu wie Lohn- und Gehaltsabrechnungsbüros, Anbieter von DV-Dienstleistungen und Personalberatungsunternehmungen. Ihrer Auswahl wird eine große Bedeutung zugemessen und von einer Reihe von Kriterien abhängig gemacht. Abbildung 169 listet exemplarisch einige davon auf.

Beziehungsgestaltung

- Welchen Anteil hat das zu vergebende Outsourcing-Volumen am Geschäft des Dienstleisters? Kann eine Abhängigkeit eintreten?
- Welche Verhandlungsmacht existiert beim Anbieter bzw. beim Nachfrager?
- Ist der Anbieter auch Lieferant von Konkurrenten?
- Ist mit dem zusätzlichen Geschäft ein technischer, leistungsmäßiger Sprung beim Leistungserbringer möglich? Ergibt sich daraus ein günstigerer Preis für den Bezieher?
- Gibt es äquivalente Ausweichmöglichkeiten, falls sich die Zusammenarbeit doch schwierig gestaltet?

Gütekriterien

- Erfahrung - Image - Mitarbeiter - Unternehmensphilosophie
- Spezialisierung - Innovationspotenzial - Managementkompetenz
- Zuverlässigkeit - Vertrauenswürdigkeit
- Reaktionsgeschwindigkeit - räumliche Nähe des Kooperationspartners

Quantität

- Kann der externe Dienstleister die erforderliche Quantität anbieten?
- Verfügt der Kooperationspartner über die relevante DV-Kapazität (Hard- und Software)?

Quelle: Schindler/Brunn (1998) 482.

Abb. 169: Auswahlkriterien für Outsourcing-Partner

Ob sich eine Unternehmung für oder gegen eine Auslagerung von Personaldienstleistungen respektive Personalverwaltungsaufgaben entscheiden kann oder sogar sollte, ist vom Einzelfall abhängig. Eine »Argumentationsbilanz« sollte sich jedenfalls nicht allein in rein monetären Aspekten erschöpfen, so z. B. kurzfristigen Kostenbetrachtungen (Kostenver-

38 Vgl. die empirischen Ergebnisse von Eigler/Meckl (1998) 476 ff. Neben einer (Teil-)Auslagerung bestimmter Aktivitäten ist jedoch auch ein »Total-« bzw. »Komplett-Outsourcing« des Personalbereichs möglich. Ihre Erfahrungen mit einer derartigen Auslagerung beschreiben Kuchler (1997) und Kolakovic/Kempfer (1998).

39 Vgl. Meier/Stuker/Trabucco (1997) und Schindler/Brunn (1998) 480 ff. Letztere greifen in diesem Zusammenhang die gängige Devise »Gestalten statt verwalten« auf.

gleich vor und nach einer Outsourcing-Entscheidung): Die generellen Grenzen potenzieller Outsourcing-Vorhaben liegen in einer häufig überhöhten Einschätzung des Einsparpotenzials, zudem in eventuell entstehenden Abhängigkeiten vom externen Anbieter und möglichen Informationsdefiziten seitens des externen Dienstleisters. Beachtung verdient nicht zuletzt auch die abnehmende eigene Problemlösungsfähigkeit. All dies ist ebenso ins Kalkül zu ziehen wie Unternehmungsgröße und Art der inneren (Spezialisierung) bzw. äußeren (Kompetenz) Organisation der Personalabteilung.

III. Personal-Controlling

1. Grundkonzept des Controlling

In den 60er Jahren setzte man sich im deutschen Sprachraum erstmals mit der **Controlling-Idee** auseinander. Ausgangspunkt war die Vorstellung, sämtliche Aktivitäten der Unternehmung an ökonomischen Erfolgskriterien auszurichten, so gesehen eine »finanzwirtschaftliche Überwachung der Unternehmung«[40]. Während die Bedeutung des Controlling recht schnell erkannt wurde und weitgehend unstrittig ist – sowohl in der Managementliteratur als auch in der betrieblichen Praxis hat sich das Controlling als feste Größe etabliert –, gibt es hinsichtlich seiner Definition, Aufgaben, Ziele und Funktionen noch keine Einigkeit.

Oft in fälschliche Einengung mit Kontrolle assoziiert, geht das Controlling in seinem Kern weit über diese eher vergangenheitsgerichtete Perspektive hinaus: Neben ein **historisch-buchhaltungsorientiertes Controlling**, das in erster Linie auf die Einhaltung externer und interner Rechnungslegungsvorschriften ausgerichtet ist, tritt ein **zukunfts- und aktionsorientiertes Controlling**, das sich u. a. mit Wirtschaftlichkeitsprüfungen betrieblicher Prozesse und kostenorientierten Verbesserungsvorschlägen beschäftigt, sowie ein **management-orientiertes Controlling**, das der Bereitstellung eines umfassenden Planungs-, Überwachungs- und Informationssystems dient.

Im etymologischen Sinne von »to control« als »regeln, steuern, überwachen« nimmt das Controlling also vielmehr führungsunterstützende Aufgaben wahr, deren Schwerpunkte entsprechend in der Planung, Kontrolle und Information zu sehen sind – ergänzt um die den Regelkreis der Controlling-Funktion schließende Steuerung.[41] »Kernpunkt der »Controlling-Idee« ist somit die systematische und integrierte Rückkoppelung zwischen Abweichungsanalyse und Planung, wobei die Ergebnisse dieser Analysen Grundlage für die folgende Planung werden.«[42] Folgende allgemeine **Ziele** des Controlling lassen sich daraus ableiten:

- Zielorientierte Unterstützung der Leitungsinstanzen (»Lotsenfunktion«),
- Sicherung rationaler Entscheidungen durch Planung und Evaluation (»Evaluationsfunktion«),

40 Wunderer/Sailer (1987a) 321. Solche betriebswirtschaftlichen Kalküle sind beispielsweise Produktivität, Wirtschaftlichkeit, Rentabilität, Amortisationsdauer etc.

41 Vgl. Horvath (1981). Zum Begriff des Controlling vgl. auch den kurzen Abriss von Amling (1997) 4 ff.; Wunderer/Schlagenhaufer (1994) 6 ff.; Fleer (2001).

42 Wunderer/Sailer (1987b) 506.

- Sicherung der Integration bzw. Koordination (»Integrationsfunktion«),
- Gewährleistung einer Informationsfunktion (»Informations- und Service-Funktion«).

Wenn auch nicht in seinen einzelnen Funktionen, so doch aber in seiner konzeptionellen Gesamtsicht erschließt sich dem so verstandenen Controlling ein neues Betätigungsfeld.

Die Aufgabe des Controlling ist jedoch nicht nur auf die Unternehmung als Ganzes beschränkt. Vielmehr bilden sich aus dem Unternehmungs-Controlling heraus entsprechende **Controlling-Konzepte** wie

- Konzepte für verschiedene Funktionsbereiche (z. B. Logistik-Controlling),
- Konzepte für den Faktoreinsatz (z. B. Energie-Controlling),
- Konzepte für bestimmte Organisationsformen (z. B. Controlling in Projektorganisationen),
- Konzepte für unterschiedliche Unternehmungstypen (z. B. Controlling in Banken).

Naturgemäß lag das Hauptbetätigungsfeld des Controlling zunächst in den durch monetäre Größen geprägten betrieblichen Funktionsbereichen. Angesichts der neuen Herausforderungen des Management (Stichwort: Wertschöpfungsorientierung, vgl. auch Kap. E.II) sollen sich künftig ebenfalls die eher durch qualitative statt durch quantitative Erfolgsmaßstäbe gekennzeichneten Bereiche – wie das Personalmanagement – einer »ökonomischen Steuerung« öffnen.[43]

2. Zur Konzeption eines Personal-Controlling

a) Ziele, Begriff und Aufgaben

Obwohl als einer der wertvollsten Erfolgsfaktoren der Unternehmung erkannt, wurde der Einsatz des Produktionsfaktors Arbeit – als Subjekt des Faktoreinsatzes bzw. als Objekt personalwirtschaftlicher Maßnahmen – bisher eher selten einer konsequenten ökonomischen Betrachtung unterzogen.[44] Gefordert ist daher eine stärkere Berücksichtigung betriebswirtschaftlicher Ziele – und damit eine Förderung des strategischen und ökonomischen Denkens, Handelns und Entscheidens – im Personalbereich. Hieran knüpft das Personal-Controlling an. Sein erklärtes Anliegen ist es, den Beitrag des Faktors Arbeit im Allgemeinen bzw. der personalwirtschaftlichen Tätigkeiten im Besonderen zum Unternehmungserfolg zu erfassen und zu beurteilen. Das Personal-Controlling strebt somit eine Offenlegung derzeitiger und künftiger Stärken und Schwächen der Personalarbeit an.[45] Neben quantitativen Dimensionen (wie Personalkosten etc.) sind dabei stets auch die mit dem Einsatz von Personal verbundenen qualitativen oder sozialen Zielsetzungen (wie Motivation, Identifikation, Führungsstil, Unternehmungs- und Kooperationskultur, Personalimage, Arbeitszufriedenheit, Betriebsklima etc.) zu bedenken, so dass sich die »ökonomi-

43 So Wunderer/Sailer (1987a) 321. Das Personal-Controlling kann daher einerseits dem Funktionsbereichs-Controlling, andererseits dem Faktoreinsatz-Controlling zugerechnet werden.

44 Vgl. Wunderer (1991) 272.

45 Vgl. Wunderer/Sailer (1987a) 326 f. und (1987b) 505. Mit den Zieldimensionen des Personal-Controlling beschäftigen sich ausführlich u. a. Hentze/Kammel (1993) 29 ff. und Amling (1997) 22 f.

sche Öffnung« des Personal-Management nicht in einer rein kostenorientierten Betrachtung erschöpfen sollte.[46]

Aus den in der betrieblichen Praxis mit dem Personal-Controlling verfolgten Zielen ist folgendes Anforderungsprofil verbunden (vgl. Abbildung 170).[47]

Welche Anforderungen stellen Sie an das Personal-Controlling?	Mittelwert 1997 (1987)
- Verbesserung der Übersicht über Struktur und Entwicklung der Personalkosten	1,92 (1,85)
- Verbesserung der Entscheidungsgrundlagen für personalwirtschaftliche Aktivitäten	1,76 (1,79)
- Senkung der Personalkosten	1,38 (1,22)
- Erhöhung der Arbeitsproduktivität	1,35 (1,24)
- Verbesserung der Leistungsmotivation	1,12 (1,21)
- Senkung der Kosten der Personalarbeit	1,08 (0,89)
- Verringerung der Personalfluktuation	1,04 (1,29)
- Entschärfung personeller Engpässe	0,91 (1,37)
- Stärkung der internen Stellung der Personalarbeit	0,58 (0,73)
- Reduktion der Absenzen	0,46 (0,79)
0: hat mit Personal-Controlling nichts zu tun 1: ist wünschenswert, aber kein vorrangiges Ziel 2: muss durch Personal-Controlling unbedingt erreicht werden	

Quelle: In Anlehnung an Gutschelhofer/Sailer (1998) 191.

Abb. 170: Anforderungen an das Personal-Controlling

An ein Personal-Controlling-Konzept sind verschiedene **Gestaltungsanforderungen** zu stellen:

- Das Personal-Controlling muss in seiner Grundkonzeption der Gestaltung des Unternehmungs-Controlling und der anderen bereichsbezogenen Controlling-Funktionen entsprechen.
- Das Personal-Controlling muss die Verbindung zwischen dem Personalbereich und dem Controlling in anderen Unternehmungsbereichen sowie der Zentrale sichern.
- Das Personal-Controlling muss das Controlling-Konzept auf die spezifischen Aufgaben und Merkmale des Personalbereichs übertragen.

Diese Forderungen kommen – mehr oder weniger stark ausgeprägt – auch in den **gängigen Begrifflichkeiten** zum Ausdruck. Da der noch recht junge Begriff des Personal-Controlling

46 Vgl. Wunderer (1991) 272. Während sich die meisten Autoren der Notwendigkeit einer gleichzeitigen Verfolgung ökonomischer und sozialer Ziele anschließen, vertreten Gerpott/Siemens »die These, dass das Personal-Controlling keine gleichberechtigte »Erfolgs- und Sozialausrichtung« leisten kann und sollte«; Gerpott/Siemens (1995) 9 f.

47 Diese empirische Analyse wurde 1987 erstmals von Wunderer/Sailer (vgl. Wunderer/Sailer (1988) 119 ff.) durchgeführt und 10 Jahre später von Gutschelhofer/Sailer (1998) repliziert.

in Wissenschaft und Praxis auf breiter Front für Diskussionsstoff sorgt, besteht ähnlich wie beim Controlling Begriffs- und Konzeptvielfalt.[48]

Die weiteren Ausführungen folgen der (funktionalen) Sichtweise von Scherm; daher wird Personal-Controlling definiert als die auf den Erfolg der Unternehmung ausgerichtete Planung, Kontrolle und Steuerung personalwirtschaftlicher Maßnahmen.[49]

Aus der Zielsetzung und dem Begriff des Personal-Controlling lassen sich die Aufgabenfelder des Personal-Controlling ableiten; **Hauptaufgaben** sind:[50]

- Planung personalwirtschaftlicher Maßnahmen und Kenngrößen,
- Kontrolle (Soll-Ist-Vergleich),
- Analyse (Ursachenermittlung bei Soll-Ist-Abweichungen),
- Entwicklung und Koordination von Maßnahmen zur Beseitigung negativer Abweichungen (Verbesserungsvorschläge),
- Informationsversorgung der Entscheidungsträger.

Diese Aufgaben könnten isoliert interpretiert werden, jedoch soll das Personal-Controlling in seiner Gesamtkonzeption die Unternehmungsleitung in ihren Führungsaufgaben unterstützen. Daher ist zusätzlich der – bereits in den o. A. Gestaltungsanforderungen an das Personal-Controlling angesprochenen – Aufgabe der Koordination bzw. Integration ein besonderer Stellenwert einzuräumen. Die **spezifischen Aufgaben** des Personal-Controlling können sich folgendermaßen darstellen:[51]

- Koordination im Personalbereich
  - zwischen Bestandteilen der Personalplanung,
  - zwischen Personalplanung und Personalkontrolle,
  - zum Personalinformationssystem,
  - zu Organisation und Personalführung;
- Verknüpfung zu anderen Funktionsbereichen wie
  - Koordination der Personalplanung mit Investitions-, Finanz- u. a. Planungen,
  - Berücksichtigung des Personalwesens in der Gesamtplanung;
- Mitwirkung an strategischer Personalarbeit, z. B.
  - strategische Wirkungen personalwirtschaftlicher Entscheidungen,
  - Anpassung an Umweltänderungen;

---

48 Dabei unterscheiden sich die Erklärungsversuche eher in ihrer Wortwahl als in ihrer Auslage, ihrem Umfang und ihrem Konkretisierungsgrad; vgl. die folgenden Beispiele:
»Controlling der Personalwirtschaft umfasst ... alle Controlling-Aufgaben wie Planung, Kontrolle und Abweichungsanalyse sowohl im strategischen als auch operativen Sinne.«: Potthoff/Trescher (1986) 25.
»... soll Personal-Controlling verstanden werden als planungsgestütztes, integratives Evaluationsdenken und -rechnen zur Abschätzung von Entscheidungen zum Personalmanagement, insbesondere zu deren ökonomischen und sozialen Folgen.«: Wunderer/Schlagenhaufer (1994) 17.
»Diese funktionale Sichtweise des Personalcontrolling als zielorientierte Bewertung, Kontrolle und Steuerung bzw. Regelung personalwirtschaftlicher Maßnahmen ...«: Scherm (1995) 3.
»Unter Personalcontrolling ist die Ausrichtung der Planung, Steuerung und Kontrolle personalwirtschaftlicher Prozesse auf den wirtschaftlichen Erfolg des Unternehmens zu verstehen.«: Bühner (1997) 372.

49 Vgl. Scherm (1995) 3. Das Controlling ist zunächst als Managementfunktion zu sehen, während auf die institutionelle Sichtweise des Personal-Controlling im Rahmen der organisatorischen Einbindung weiter hinten einzugehen ist.

50 Nach Wunderer/Sailer (1987a) 322 und Amling (1997) 24.

51 Nach Küpper (1991) 237.

– Bewertung und Ausrichtung der Personalarbeit bez.
  • ökonomischer Durchdringung der Personalarbeit,
  • ökonomischer Bedeutung der Personalarbeit.

b) Bestandteile und Ansätze

Zur Erfassung der (ökonomischen) Auswirkungen personalwirtschaftlicher Tätigkeiten kann das Personal-Controlling je nach Schwierigkeitsgrad des zu untersuchenden Gegenstandes auf den Ebenen »Kosten«, »Effizienz« und »Effektivität« operieren. Entsprechend gestalten sich die drei **Bestandteile** des Personal-Controlling:[52]

– Das **Kosten-Controlling** (monetäres bzw. kalkulatorisches Controlling) befasst sich mit der periodischen Planung und Kontrolle der Personalkosten (sowohl Kosten des gesamten Personals als auch die Kosten der Personalabteilung als Kostenstelle). Als Instrumente dienen Budgets und kostenanalytische Auswertungen (z. B. Berechnung kalkulatorischer Stundenlöhne).
– Das **Wirtschaftlichkeits-Controlling** (Effizienz-Controlling) verlässt die periodenbezogene Sichtweise und wählt statt dessen – mit der Planung und Kontrolle der Effizienz oder Produktivität der Personalarbeit – eine prozessbezogene Sichtweise. Für die Beantwortung der Frage »Tun wir die Dinge richtig?« werden bestimmte personalwirtschaftliche Aktivitäten – wie Bewerbungsgespräche, innerbetriebliche Schulungen etc. – hinsichtlich ihres Ressourceneinsatzes (Fremdleistungskosten/ Kosten des Personaleinsatzes) bewertet und ihrer zeitlichen Entwicklung überwacht. Ziel ist eine sukzessive Ressourcenminimierung definierter Prozesse, aber noch nicht die Überprüfung deren Zweckmäßigkeit.
– Dies geschieht erst im **Erfolgs-Controlling** bzw. Effektivitäts-Controlling (Rentabilitäts-Controlling) mit der Frage »Tun wir die richtigen Dinge?«. Die Planung und Kontrolle der Effektivität der Personalarbeit soll den Kosten personalwirtschaftlicher Prozesse die entsprechenden Beiträge zum Unternehmungserfolg gegenüberstellen. Da der Nutzen der Personalarbeit nicht oder nur schwer direkt operationalisiert werden kann, dienen die Arbeitsproduktivität und Leistungs- und Motivationsindikatoren – wie Fluktuations- und Absenzraten etc. – als Hilfsmittel (in)direkter Messung und Beobachtung. Auf dieser Ebene ist Personal-Controlling »nicht nur ein Instrument zur Kontrolle der Personalarbeit; es dient auch ihrer Verbesserung«[53].

Eine zusammenfassende Übersicht der Bestandteile des Personal-Controlling kann Abbildung 171 entnommen werden.

Wiederum nicht in seinen Einzelkomponenten, sondern in seiner Kombination bedeutet ein so zusammengesetztes und angewandtes Personal-Controlling einen Fortschritt gegenüber konventionellen, aber isoliert eingesetzten **Ansätzen**, wie[54]

---

52 Zu den drei Dimensionen oder Komponenten vgl. Wunderer/Sailer (1987) 601 ff. Vgl. auch die z. T. recht kritischen Anmerkungen von Drumm (2000/1995) 676/576 ff.

53 Wunderer/Sailer (1987) 606.

54 Ansätze des Personal-Controlling nach Wunderer/Sailer (1987a) 322 ff. und Schulte (1989) 4 ff. Teils werden diese als Vorläufer des Personal-Controlling bezeichnet, teils wurden sie parallel zum Personal-Controlling entwickelt, teils stellen sie im Rahmen des Personal-Controlling diskutierte Ansätze dar.

	Kosten-Controlling (kalkulatorisches Controlling)	Wirtschaftlichkeits-Controlling (Effizienz-Controlling)	Erfolgs-Controlling (Rentabilitäts-Controlling)
Aufgaben	Informationen über - Entwicklung und Struktur der Personalkosten - Kostenentwicklung und Kostenstruktur der Personalabteilung Finanzwirtschaftliche Planung und Kontrolle der Personalkosten	Überwachung, Analyse und Optimierung des Ressourceneinsatzes für personalwirtschaftliche Aktivitäten und Prozesse (Vermeidung von Ressourcenverschwendung in der Personalabteilung). Analyse des Rationalisierungspotenzials für personalwirtschaftliche Prozesse	1) Ökonomische Rechtfertigung der Personalarbeit (bzw. einzelner Prozesse) durch Ermittlung ihres Beitrages zum Unternehmungserfolg („Rentabilität") 2) Definition von Erfolgsmaßstäben für die Personalarbeit
Planungsgrößen	Summen der Personalkostenarten je Planungsperiode (Kostenarten-Budgets) Summe der Kostenarten in der Personalabteilung (Kostenstellen-Budget) je Planungsperiode	Soll-Kosten der einzelnen personalwirtschaftlichen Prozesse: Vorgabezeiten pro Aktivität, z. B. Zeiteinsatz pro Bewerbung, Freistellungskosten pro Kündigung, Ausbildungskosten pro Stellenbesetzung	Arbeitsproduktivität (direkt) Indikatorwerte (indirekt) - Fluktuationsraten - Absentismusraten - Fehlerquoten - Kundenreklamationen, Nacharbeiten - Beschwerden - Ergebnisse von Leistungstests - Ergebnisse von Befragungen (z. B. betr. Arbeitszufriedenheit)
Sichtweise der Personalarbeit	Personal als Kostenfaktor Personalabteilung als Kostenstelle	Personalarbeit als innerbetriebliche Servicefunktion	Personalarbeit als Investitionsbereich Human-Ressourcen sind Human-Kapital
Erfolgskriterien	Einhaltung des Budgets Beitrag zum finanzwirtschaftlichen Gleichgewicht	Minimierung des Ressourceneinsatzes für personalwirtschaftliche Prozesse; (sukzessive Verbesserung) (Ist-Kosten/Soll-Kosten) pro Prozess	Optimierung von Rentabilität der Investitionen in der Personalarbeit (langfristige Perspektive), z.B. Ersparnis durch verringerte Fluktuationsquote abzüglich Kosten des Anreizsystems
Planungs- und Kontrollperioden	Budgetierungszeitraum (Monat, Jahr)	Entsprechen den Abrechnungszeiträumen der Kostenrechnung	Abhängig von den Wirkungsverzögerungen personalwirtschaftlicher Maßnahmen (langfristige Perspektive; min. ein Jahr)
Erfolgsfaktoren	Arbeitsmarkt (Lohn-/Gehaltsniveau) Gesetzgebung (Sozialabgaben) Prognostizierbarkeit von Löhnen, Gehältern, Sozialabgaben	Nutzung der Rationalisierungsmöglichkeiten für personalwirtschaftliche Prozesse; Leistungsfähigkeit und -motivation der Mitarbeiter der Personalabteilung	Leistungspotenzial Leistungsmotivation Arbeitssituation
Auswertungen	Budgets, kostenanalytische Auswertungen (z. B. kalkulatorische Stundenlöhne, Nichtleistungslöhne) Abweichungsanalysen (Preis- und Mengenabweichung)	Kalkulation („Kostenträgerrechnung") der Soll-Kosten sowie Ist-Abrechnung pro Prozess	Personalstatistik (Indikatorwerte) Arbeitsproduktivitätskennziffern

Quelle: Wunderer/Sailer (1987) 605.

Abb. 171: Die drei Ebenen des Personal-Controlling

	Kosten-Controlling (kalkulatorisches Controlling)	Wirtschaftlichkeits-Controlling (Effizienz-Controlling)	Erfolgs-Controlling (Rentabilitäts-Controlling)
Datenerfassungs-Instrumente	Lohn- und Gehaltsverrechnung, Kostenrechnung, Finanzbuchhaltung	Instrumente der Organisationsanalyse (z. B. „Multi-Moment-Verfahren“) Zeitaufzeichnungen Rechnungswesen (Finanzbuchhaltung, Kostenrechnung) mit Kontierungsrichtlinien	Personalinformations-systeme
Datenqualität Messskalen	Monetäre Daten (Kardinalskalen)	Monetäre Daten (Kardinalskalen) (Kosten/Prozess) Zeiteinsatz (Intervallskalen)	Kardinalskalen (z.B. durchschnittliche Absenzzeiten) Intervallskalen (z.B. Ergebnisse von Leistungstests) Rangskalen (z.B. Befragung betr. Arbeitszufriedenheit)

Quelle: Wunderer/Sailer (1987) 605.

Abb. 171: Die drei Ebenen des Personal-Controlling (Forts.)

- dem **kostenanalytischen Ansatz**: Erfassung und Analyse der Kosten bestimmter personalwirtschaftlicher Sachverhalte, z. B. Lohn- und Gehaltskosten, Fluktuations-, Ausbildungs- oder Freisetzungskosten;
- dem **Human Resources Accounting**: Bewertung der für die Mitarbeiter angefallenen Kosten mithilfe der Investitionsrechnung;
- der **Strategischen Personalplanung**: z. B. Zusammenhänge zwischen Unternehmungsstrategie und Personalarbeit, Leistungspotenzial-Beurteilung;
- dem **kennzahlenorientierten Ansatz**: Systematische und permanente Bildung und Analyse von Kennzahlen im Personalbereich.

Der Einsatz des Personal-Controlling kombiniert auf den drei Ebenen oder auch in Form der vier genannten Ansätze ist jedoch nicht unproblematisch. Gerade hier kristallisieren sich die spezifischen Probleme des Personal-Controlling heraus: Es fehlt bislang noch an einem zufrieden stellenden Kennzahlen- und Indikatorensystem, das den »harten« betriebswirtschaftlichen Kalkülen – wie Produktivität, Rentabilität, Amortisationsdauer – in punkto Aussagekraft, Praktikabilität und Signalwirkung nicht nachsteht. Hier besteht auch heute noch der größte Entwicklungsbedarf.

c) Strategisches und operatives Personal-Controlling

Die oben angeführten Aufgabenfelder können sowohl operativ wie strategisch ausgerichtet werden, so dass auch ein operatives und ein strategisches Personal-Controlling entstehen kann.[55] Das **strategische Personal-Controlling** ist überwiegend auf die langfristige und grundsätzliche Unternehmungsentwicklung ausgerichtet und konzentriert sich vor allem auf existenzsichernde Ziele und Programme wie beispielsweise

55 Zu der Unterscheidung zwischen dem operativen und dem strategischen Personal-Controlling vgl. stellvertretend Wunderer (1991) 272 f.; Wunderer/Schlagenhaufer (1994) 9 und 16 oder Gerpott/Siemens (1995) 11.

- Integration der personellen Dimensionen in die Unternehmungsstrategie,
- langfristige Personalplanung,
- unternehmerische Orientierung des Personal-Management.

Das **operative Personal-Controlling** ist hingegen durch einen größeren Gegenwartsbezug gekennzeichnet und dadurch stärker am unmittelbaren Tagesgeschäft ausgerichtet. Sein Tätigkeitsfeld liegt im quantitativen Bereich bei der Bewertung von Kosten- und Wirtschaftlichkeitsgrößen (z. B. durch Soll-Ist-Vergleiche), im qualitativen Bereich bei der Bewertung des Personal-Management (z. B. durch Mitarbeiterbefragungen).

Abbildung 172 zeigt einige idealtypische Merkmalsunterschiede zwischen dem strategischen und dem operativen Personal-Controlling auf, die keinen Gegensatz bilden, sondern einander vielmehr ergänzen (sollten).[56]

Strategisches Personal-Controlling		Differenzierungsmerkmale		Operatives Personal-Controlling
meist qualitative Größen	←	**Zielgrößen**	→	meist quantitative Größen
Stärken - Schwächen Chancen - Risiken	←	**Dimensionen**	→	Aufwand - Ertrag Kosten - Leistung
primär umweltorientiert nach außen gerichtet	←	**Blickrichtung**	→	primär unternehmungsorientiert, nach innen gerichtet
weiter Zukunftshorizont	←	**Blickweite**	→	begrenzter Zukunftshorizont
hoch, Vernachlässigung von Details		**Komplexitätsreduzierung/ Abstraktionsgrad**	→	niedrig, Beachtung von Details
niedrig	←	**Formalisierungsgrad**	→	mittel bis hoch
langfristig	←	**Zeitliche Ausrichtung**	→	mittel- bis kurzfristig
synoptisch, radikal, multikausale Wirkungsnetze	←	**Denkmuster der Controlling-Träger**	→	analytisch, inkremental, monokausale Wirkungsketten
oberes Management	←	**Hierarchische Einordnung der unterstützten Entscheidungsträger**	→	unteres bis mittleres Management

Quelle: In Anlehnung an Gerpott/Siemens (1995) 12 und Amling (1997) 26.

Abb. 172: Gegenüberstellung idealtypischer Merkmale des strategischen und operativen Personal-Controlling

Obwohl die meisten Autoren eine Trennung zwischen der operativen und strategischen Ebene vornehmen, überwinden sie diese, sobald sie sich mit konkreten Instrumenten anstelle von Aufgaben beschäftigen. Allerdings gilt es zu bedenken, dass die meisten Instrumente auch eher einen operativen Charakter aufweisen. Instrumente des operativen Controlling sind ungleich leichter bereitzustellen und anzuwenden: Das operative Controlling bezieht sich eher auf kurzfristige, quantitative und damit messbare Größen, für die ein

56 Bei der Unterscheidung zwischen operativem und strategischem Personal-Controlling ist allerdings zu bedenken, dass diese eher in der Literatur geforderte und diskutierte Varianten sind. In der betrieblichen Praxis spielt sie vielmehr eine untergeordnete Rolle; vgl. das Ergebnis empirischer Einzelfallstudien von Metz/Winnes/Knauth (1995) 137 f. Scherm spricht sich gegen eine Unterscheidung aus; vgl. Scherm (1995) 3 f.

geeignetes Instrumentarium teils bereits existiert, teils recht leicht weiterentwickelt werden kann. Schwieriger, weil aufwendiger und mit den derzeitigen Möglichkeiten noch nicht vollständig leistbar, sieht es beim strategischen Controlling aus: Da sich dieses eher mit langfristigen, qualitativen und daher wenig voraussehbaren bzw. voraussagbaren – oft sogar in der Funktion eines Frühwarnsignals – Phänomenen beschäftigt, gilt es hier, noch geeignete Instrumente und Verfahren zu entwickeln.

d) Anwendungsgebiete

Ein umfassendes Personal-Controlling sollte nicht nur gezielt in ausgewählten Aufgabenfeldern angewandt, sondern auf alle personellen Tätigkeitsbereiche bezogen werden. Einen Überblick über die Bandbreite der Einsatzmöglichkeiten, die von konkreten Einzelaufgaben bis hin zu komplexen Aufgabenfeldern reicht und operative wie auch strategische Anwendungen enthält, gibt Abbildung 173.[57]

Personalmanagementfelder	Controllingfunktionen
Personalbestandsanalyse	Fähigkeitscontrolling Strukturcontrolling
Personalbedarfsbestimmung	Anforderungscontrolling Bedarfsstrukturcontrolling
Personalbeschaffung	Beschaffungswegcontrolling Bewerberauswahlcontrolling
Personalentwicklung	Bildungscontrolling Laufbahncontrolling
Personalfreisetzung	Freisetzungscontrolling Freisetzungsabwicklungscontrolling
Personaleinsatz	Arbeitsplatzcontrolling Arbeitsaufgabencontrolling Arbeitszeitcontrolling
Personalführun	Motivationscontrolling Führungscontrolling Kulturcontrolling
Personalkostenmanagement	Budgetcontrolling Kostenstrukturcontrolling

Quelle: Scholz (1994) 659.

Abb. 173: Aufgabenfelder des Personal-Controlling und ihre exemplarische Konkretisierung

57 Laut Scherm lässt sich der Charakter der Controlling-Funktion als Regelkreis in besonderem Maße anhand der Funktionsfelder Personalbeschaffung und -auswahl, Personalfreisetzung und Personalentwicklung verdeutlichen; vgl. zu diesen ausgewählten Tätigkeitsbereichen Scherm (1995) 8 ff.

3. Instrumente und Organisation des Personal-Controlling

a) Instrumente des Personal-Controlling

Controlling-Instrumente stellen »konkrete, methodisch und technisch geprägte Verfahren« dar, die die Durchführung des (Personal-)Controlling in der Unternehmung ermöglichen.

In Abhängigkeit vom Controlling-Gegenstand (mehr quantitativer oder mehr qualitativer Sachverhalt) lassen sich die folgenden Kontroll- und Steuerungsverfahren anführen:

- Monetäre, kalkulatorische Erfolgsmessung:
  - z. B. Personalkosten, Kosten und Budget der Personalabteilung (operativ),
  - z. B. Budget für einen Ausbildungsplan, Kosten betrieblicher Sozialeinrichtungen,
  - z. B. Rentabilität von Instrumenten der Personalentwicklung, Finanzmathematische Analyse von Betriebspensionen (strategisch);
- Ökonomische Kennzahlen und Indikatoren:
  - z. B. Leistungsstunden, Absenzzeiten (operativ),
  - z. B. Fluktuationsrate, Bildungskosten pro Mitarbeiter, Bewerberanzahl pro Stellenausschreibung,
  - z. B. Personalstruktur (Betriebszugehörigkeit, Ausbildungsniveau) (strategisch);
- Qualitative, subjektive Beurteilung:
  - z. B. Tätigkeitskontrolle mittels Multimomentverfahren (operativ),
  - z. B. Mitarbeiterbeurteilung mittels Assessment Center, Ausbildungskontrolle mittels Testverfahren,
  - z. B. Potenzialanalysen, Personal-Portfolios (strategisch).

Das dem Personal-Controlling zur Verfügung stehende Instrumentarium ist folglich breit gefächert: Zum Teil können die seitens des konventionellen Finanz-Controlling genutzten Instrumente wie Kostendaten und daraus abgeleitete Kennziffern verwandt werden, zum Teil bieten sich bereits in der täglichen Personalarbeit zum Einsatz kommende Verfahren an. Somit sind nicht ausschließlich neue Instrumente zu entwickeln, sondern entsprechend den spezifischen Aufgabenstellungen teils auch »nur« gezielt in Dienst zu nehmen, bezüglich ihrer ökonomischen Aussagekraft zu verbessern und innerhalb eines systematischen Konzeptes zusammenzufassen.[58]

In der Literatur zeigt sich kein einheitliches Bild bezüglich der Zusammenstellung der verschiedenen Instrumente: Je nach Autor differieren sie sowohl nach Struktur als auch nach Auswahl mitunter erheblich, vgl. Abbildung 174.

Die aus der allgemeinen Betriebswirtschaftslehre auf den Personalbereich übertragene Bildung von **Kennzahlen** bzw. Kennzahlensystemen soll im Folgenden eine nähere Vertiefung erfahren. Als Kennzahlen werden diejenigen Zahlen bezeichnet, die einen quantifizierbaren (quantitativen oder qualitativen) Sachverhalt in konzentrierter Form – absolut (wie Anzahl der Mitarbeiter) und/ oder relativ (wie Anteil der Auszubildenden) – wiedergeben.

---

58 Vgl. auch Wunderer/Sailer (1987b) 507 ff.

Küpper (1991) 242	- **Analyseinstrumente** • Potenzialanalysen • Mitarbeitergespräche • Assessmentverfahren - **Planungsinstrumente** • Personalbemessung • Bedarfsplanung • Profilvergleichsverfahren • Mitarbeiterportfolios	- **Motivations- und Anreizinstrumente** • Prämiensysteme • Fortbildungsmöglichkeiten • Aufstiegsmöglichkeiten - **Kontrollinstrumente** • Plan-Ist-Vergleiche • Abweichungsanalyse • Personal-Anleitinstrumente
Wunderer/ Schlagen-haufer (1994) 67ff.	- **Klassische personalwirtschaftliche Instrumente** • Personal- bzw. Leistungsbeurteilung • Personal-Portfolios • Assessment Center • Mitarbeiterbefragungen	- **Strategische Analyseinstrumente** • Szenario-Technik • Frühwarnsysteme • Soll-/Ist-Vergleiche • Stärken-Schwächen-Analysen
Oechsler (1997) 133ff.	- **Ergebnisorientiertes Personalcontrolling** • Personalkostenstrukturanalyse • Funktionskostenstrukturanalyse • Kennzahlen bzw. Kennzahlensysteme • Budgetierung	- **Prozessorientiertes Personalcontrolling** • Auditierung • Prozesskostenrechnung • Target Costing • Benchmarking

Abb. 174: Mögliche Systematisierungen des Controlling-Instrumentariums

Entsprechend der funktionalen Teilaktivitäten des Personalbereichs entwickelte Schulte ein umfassendes **Personal-Kennzahlen-System**:[59]

- Personalbedarf und -struktur: z. B. Durchschnittsdauer der Betriebszugehörigkeit,
- Personalbeschaffung: z. B. Bewerber pro Ausbildungsplatz, Frühfluktuationsrate,
- Personaleinsatz: z. B. Durchschnittskosten je Überstunde,
- Personalerhaltung und Leistungsstimulation: z. B. Fluktuationsrate,
- Personalentwicklung: z. B. Übernahmequote,
- Betriebliches Vorschlagswesen: z. B. Realisierungsquote,
- Personalfreisetzung: z. B. Abfindungsaufwand je Mitarbeiter,
- Personalkostenplanung und -kontrolle: z. B. Personalkosten je Mitarbeiter.

Um Aussagen über die Effizienz der Personalauswahl und -einarbeitung zu treffen, kann beispielsweise eine Frühfluktuationsanalyse durchgeführt werden:[60] Dazu sollte zunächst die Frühfluktuationsrate (Aufgelöste Arbeitsverhältnisse in der Probezeit x 100/Anzahl der Einstellungen) ermittelt werden. Zeit- bzw. Soll-Ist-Vergleiche können überdurchschnittliche Abweichungen ausweisen. Eine mittels Abgangsinterviews durchgeführte Ursachenforschung (Von wem ging die Kündigung aus?, Aus welchen Gründen erfolgte die Kündigung?) kann systematisch Mängel in den Personalbeschaffungsentscheidungen bzw. -einarbeitungsmaßnahmen aufdecken und somit gleichsam eine Kontrolle dieser Aktivitäten

59 Vgl. Schulte (1989) 51 f.
60 Vgl. zu den folgenden Ausführungen Schulte (1989) 66 und 78.

erlauben. Da gerade die Frühfluktuation hohe Organisationskosten verursacht (vgl. Kap. D.III.5), sollte die Unternehmung bestrebt sein, sie soweit wie möglich zu reduzieren.

Allerdings ist es mit der Entwicklung eines aussagefähigen Instrumentariums nicht getan. Als wichtigste **Voraussetzung** zur Erfüllung der Controlling-Aufgabe ist ein personalwirtschaftliches Informationswesen zu sehen: »Es muss eine umfassende und ausreichend aktuelle Informationsbasis vorliegen; dazu sind Personal-, Stellen- und Arbeitsmarktinformationen systematisch zu erheben und auszuwerten sowie DV-gestützt zu verwalten.«[61] Als konstruktives Hilfsmittel kann hier ein umfangreiches und gut gepflegtes Personalinformationssystem dienen, das zwar nicht in das Lage ist, das gesamte Aufgabenspektrum des Controlling abzudecken, aber den Zugriff auf controlling-relevante Informationen erleichtert. Gespeicherte Daten können dann abgerufen, beispielsweise zu Kennzahlen verdichtet und anschließend ausgewertet werden.[62]

b) Organisatorische Einbindung des Personal-Controlling

Da die Art der Einordnung des Personal-Controlling in die Gesamtunternehmung Rückschlüsse auf Stellenwert und Gewicht strategischer Personalarbeit zulässt, ist neben der grundsätzlichen Konzeption, seinen Bestandteilen und Instrumenten auch von Interesse, wie die Aufgaben des Personal-Controlling organisatorisch verankert und personell wahrgenommen werden.

Die Frage nach der organisatorischen Einbindung des Personal-Controlling in die Gesamtunternehmung ist mit der Diskussion zu beginnen, ob die Aufgabe des Personal-Controlling als solche überhaupt institutionalisiert werden sollte oder nicht. Prinzipiell ergeben sich zwei Möglichkeiten:

- Institutionalisierung einer eigenständigen Personal-Controlling-Stelle oder -Abteilung oder
- Zuordnung der Personal-Controlling-Aufgaben in den Tätigkeitsbereich bereits vorhandener Stellen oder Abteilungen.

Insofern eröffnet sich wiederum das aus Kap. E.I bekannte Spektrum zentraler oder aber dezentraler Durchführung: Das **zentrale Personal-Controlling** kann entweder in das Unternehmungs-Controlling oder in die zentrale Personalabteilung integriert werden, während das **dezentrale Personal-Controlling** entweder auf dezentrale Unternehmungseinheiten (z. B. Sparten oder Divisionen) oder auf einzelne Abteilungen, Führungskräfte oder sogar Mitarbeiter im Sinne eines »Self-Controlling« übertragen werden kann.

Bezüglich einer **Beurteilung** »zentral versus dezentral« bzw. »Institutionalisierung versus Nicht-Institutionalisierung« lassen sich dementsprechend auch die weiter oben bereits angeführten Argumente hinzuziehen:[63] Ein zentrales Personal-Controlling birgt Spezialisierungs- und Koordinierungsvorteile bezüglich der Bandbreite personalwirtschaftlicher Tätigkeiten in sich. Andererseits ist das institutionalisierte Personal-Controlling häufig der

61 Scherm (1995) 5.
62 Zum computergestützten Personal-Controlling respektive zu Personalinformationssystemen als Hilfsmittel des Personal-Controlling äußern sich ausführlich Hentze/Kammel (1993) 184 ff. Becker weist eindringlich auf das Erfordernis hin, systematisch »betriebliche Personalforschung« zu betreiben; vgl. Becker, F. G. (1999).
63 Vgl. zu den einzelnen Argumenten darüber hinaus Wunderer (1991) 275 und Scherm (1995) 14 f.

Gefahr einer einseitig ökonomischen und kurzfristigen Orientierung ausgesetzt. Auch könnte eine eigene Institution Personal-Controlling die Führungskräfte nicht nur in ihren Aufgaben (beabsichtigt), sondern darüber hinaus auch in ihrer ökonomischen und sozialen Verantwortlichkeit (unbeabsichtigt) entlasten. Ein dezentrales Personal-Controlling kann dagegen mit niedrigeren Transaktions- und Personalkosten verbunden sein, individuelle Lernprozesse ermöglichen und eine stärkere Flexibilität im Personal-Management zulassen – allerdings zu Lasten einer einheitlichen, objektiven, effizienten und vor allem integrativen Aufgabenerfüllung.

Neben die Varianten eines ausschließlich zentralen oder dezentralen Personal-Controlling treten auch **Mischformen**: so ein kombiniert zentrales und dezentrales Personal-Controlling. Dies kann jeweils mit unterschiedlicher Schwerpunktsetzung ausgestattet werden: Die zentrale Stelle aggregiert und interpretiert dezentrale Teilergebnisse, sichert die Einheitlichkeit und beschäftigt sich mit strategischen Fragestellungen, während die dezentrale Stelle mehr das operative Tagesgeschäft begleitet und evaluiert. Auch die Einrichtung einer Stabsstelle ist möglich, die gegenüber der Linie hauptsächlich eine Beratungsfunktion übernimmt, in Einzelfällen dann aber auch über eine funktionale Entscheidungsbefugnis verfügen sollte.

Nachfolgend soll das **zentrale Personal-Controlling** einer näheren Betrachtung unterzogen werden. Zwischen der ausschließlichen Zuordnung zum Finanz- bzw. zum Personalbereich sind weitere **Kombinationen** denkbar:[64]

- Fachliche und disziplinarische Zuordnung zum Finanzbereich,
- fachliche Zuordnung zum Finanzbereich, disziplinarische Zuordnung zum Personalbereich oder umgekehrt,
- fachliche und disziplinarische Zuordnung zum Personalbereich.

Beide Möglichkeiten der ausschließlichen Zuordnung sind mit spezifischen Vorteilen verbunden, vgl. Abbildung 175.[65]

Allerdings sind auch hier die potenziellen Nachteile zu bedenken: wie die Gefahr einer mangelnden Neutralität und Objektivität der Personal-Controlling-Aktivitäten (bei Zuordnung zum Personalbereich) oder die mit der inhaltlichen Ferne verbundene einseitige und kurzfristige ökonomische Orientierung (bei Zuordnung zum Finanzbereich). Die Aufspaltung des Unterstellungsverhältnisses in ein fachliches einerseits und ein disziplinarisches andererseits macht es besonders im Fall »Fachliche Unterstellung dem Controlling-Bereich, disziplinarische Unterstellung dem Personalbereich« möglich, personalspezifische Sachverhalte mit controllingspezifischen Instrumenten zu erheben und zu bewerten. Damit könnten die Stärken beider Alternativen miteinander verbunden werden – unter der Voraussetzung der Beherrschung des zunehmenden Konfliktpotenzials.

Hinsichtlich der **Notwendigkeit einer Institutionalisierung** in Form einer eigenständigen Stelle oder Abteilung ist abschließend festzuhalten, dass diese i. d. R. mit steigender Unternehmungsgröße und Bedeutung des betrieblichen Personal-Management sowie mit verbessertem Entwicklungsstand des Personal-Controlling zunimmt.

---

64 Vgl. hierzu den zusammenfassenden Überblick bei Hentze/Kammel (1993) 196 ff.

65 Neben der Unterbringung im Personal- bzw. im Finanz-Bereich führt Amling auch die Möglichkeit der Unterbringung – entweder als Stabs- oder als Linienfunktion – im Vorstandsbereich an. Vor allem in der Implementierungsphase des Personal-Controlling kann sich eine solche Zuordnung hinsichtlich einer besseren Unterstützung durch das Top-Management als vorteilhaft erweisen; vgl. Amling (1997) 36.

Personal-Controlling als Teilfunktion des Personalbereichs	Personal-Controlling als Teilfunktion des Finanzbereichs
- Entlastung des Personalleiters durch Aufbereitung von operativen und strategischen Problemstellungen - Inhaltliche Nähe zu personalwirtschaftlichen Fragestellungen und Charakteristika sowie zu verhaltenswissenschaftlichen Besonderheiten - wegen der Schutzbedürftigkeit von persönlichen Daten evtl. leichterer Zugang für Mitarbeiter des Personalwesens zu solchen Informationen	- vorhandenes controlling-spezifisches Know-how (Instrumente, Prozesse) kann unmittelbar genutzt werden - einheitliche Vorgehensweise in der Ausübung der Controlling-Aufgaben über alle Unternehmungsbereiche hinweg

Quelle: In Anlehnung an Amling (1997) 36.

Abb. 175: Vorteile organisatorischer Positionierungen des Personal-Controlling

4. Grenzen des Personal-Controlling

Das Personal-Controlling ist aus dem Bestreben entstanden, einen Bereich, der vordergründig einer (direkten) Messung durch betriebswirtschaftliche Größen nicht oder nur beschränkt zugänglich ist, einer »ökonomischen Steuerung« zu unterziehen. Der Vorstoß, Transparenz in den Aufwand und den Nutzen der Personalarbeit zu bringen, kann zwar deren spezifische Stärken und Schwächen aufdecken, ist andererseits aber auch nicht unproblematisch.

Die kritischen Anmerkungen zum Konzept des Personal-Controlling bestehen zum einen in einer auf das (Personal-)Controlling an sich bezogenen Grundsatzkritik, zum anderen in einer an einzelnen Teilaspekten ausgerichteten Detailkritik. Im Einzelnen lassen sich drei generelle **Problembereiche** anführen:[66]

– Charakteristisch für den Personalbereich ist, dass er sich neben harten, quantitativen Größen (z. B. Zahlen der Mitarbeiterfluktuation) besonders mit weichen, qualitativen Größen (z. B. Gründe der Mitarbeiterfluktuation) konfrontiert sieht. Das daraus resultierende **Datenerhebungsproblem** besteht sowohl seitens der Zielformulierung als auch seitens der Messung der Zielerreichung und der daran anschließenden Abweichungsanalyse.
– Gerade der Versuch einer Abweichungsanalyse kann durch unzureichend geklärte Ursache-Wirkungs-Zusammenhänge bei komplexen Sachverhalten **Methodenprobleme** hervorrufen. So besteht beispielsweise ein Zusammenhang zwischen der Arbeitsmoti-

66 Zu den nachfolgenden Problembereichen vgl. Scholz (1994) 652 und Scherm (1995) 4 ff. Zum Akzeptanzproblem vgl. darüber hinaus die Zusammenstellungen von Hentze/Kammel (1993) 210 f.; Wunderer/Schlagenhaufer (1994) 24 und Amling (1997) 32 ff.

vation und dem Unternehmungserfolg, allerdings sind weder die Auswirkungen genau quantifizierbar noch die Ursachen zuverlässig zurechenbar.

– Weiterhin kann die Implementierung eines Controlling im Personalbereich zu den unterschiedlichsten **Akzeptanzproblemen** führen:
  - Furcht vor einem »gläsernen Menschen«, besonders in Verbindung mit dem verstärkten Einsatz computergestützter Informations- und Kommunikationstechnologien,
  - Angst vor einer übertriebenen Formalisierung (»Bürokratismus«) und damit einer Einengung des persönlichen Entscheidungs- und Bewegungsspielraumes,
  - Aversion gegen erhöhte Transparenz der Effektivität und Effizienz eigener Tätigkeiten nach außen,
  - Kompetenzstreitigkeiten,
  - generelle Abneigung gegenüber Kontrollen,
  - mangelnde persönliche Eignung und Qualifikation des Personal-Controllers etc.

In der betrieblichen Praxis können sich insbesondere folgende Hindernisse des Personal-Controlling als hemmend für die Implementierung erweisen, vgl. Abbildung 176.

Wie schätzen Sie mögliche Probleme bei der Realisierung von Personal-Controlling ein?	**Mittelwert 1997 (1987)**
- Fehlende Ressourcen für Personal-Controlling	1,73 (1,3)
- Konflikte bezüglich Kompetenzen	1,54 (1,54)
- Datenerfassungsprobleme/ fehlende Instrumente	1,54 (1,3)
- Widerstände seitens der Mitarbeitervertretung	1,35 (1,4)
- Widerstände seitens der Unternehmungsführung	1,27 (1,2)
- Selbstverständnis der Personalabteilung	1,25 (1,3)
- Widerstände seitens der Mitarbeiter	1 (1,1)
- Mangelnde Plausibilität der Vorteile des Personal-Controlling	0,83 (1,1)
0: stellt kein Problem dar 1: kann relativ leicht gelöst werden 2: dieses Problem wird die Realisierung verzögern 3: daran könnte die Realisierung von Personal-Controlling scheitern	

Quelle: In Anlehnung an Gutschelhofer/Sailer (1998) 192.

Abb. 176: Probleme bei der Realisierung des Personal-Controlling

Gegen die angeführten Probleme kann eine systematisch ausgearbeitete Implementierungsstrategie Abhilfe schaffen, die an die unternehmungsspezifischen Besonderheiten angepasst ist und besonders den potenziellen Widerständen eine erhöhte Aufmerksamkeit widmet.

Ansonsten sollte man sich von dem Gedanken lösen, Controlling immer nur mit einer Quantifizierungsnotwendigkeit in Verbindung zu bringen – vielmehr ist hier eine »erhöhte Unsicherheits- und Unschärfetoleranz« und der Mut zu rein qualitativen Ergebnissen gefragt: »Fundierte Näherungsergebnisse« sind mitunter ehrlicher als »pseudoexakte Messergebnisse« und dürften dementsprechend auf eine größere Akzeptanz stoßen.

Schwierigkeiten bei Versuchen, Controllingergebnisse mit gewünschter Exaktheit zu produzieren, sollten jedenfalls auch aus betriebswirtschaftlicher Sicht in praxi nicht dazu führen, resignierend »die Waffen zu strecken«. Damit würde das Risiko erheblich erhöht, dass für die Unternehmung (möglicherweise lebens)notwendige Personalaktivitäten dem Rotstift uneinsichtiger Zahlenfetischisten zum Opfer fallen.

IV. Rechtliche Aspekte

Die nachfolgenden Ausführungen beschränken sich auf die **Darstellung der Grundzüge des Arbeitsrechts** und der **Wirkungen ausgewählter arbeitsrechtlicher Regelungen auf das Personal-Management**, da diese den inhaltlichen Gestaltungsspielraum des Personal-Management erheblich beeinflussen (i. S. von begrenzen) können. Zudem müssen die Personalabteilungen für die Beschäftigung mit arbeitsrechtlichen Problemen einen erheblichen Teil ihrer Kapazität aufwenden.

1. Grundzüge des Arbeitsrechts

Das Recht der Arbeit als das juristische Gebiet, das die Arbeitsbeziehungen[67] regelt, umfasst die »Summe der Rechtsregeln, die sich mit der in abhängiger Tätigkeit geleisteten Arbeit«[68] befassen. Abbildung 177 gibt einen Überblick über die **Gebiete**, die **Akteure** und die **Rechtsquellen** des deutschen Arbeitsrechts.

a) Rechtsquellen

Charakteristisch für die deutsche Arbeitsrechtsordnung ist die Vielzahl von **Rechtsquellen**, an deren inhaltlicher Gestaltung neben dem Staat (Legislative und Judikative) die Tarifpartner (Arbeitgeberverbände und Gewerkschaften) und die Betriebspartner (Arbeitgeber und Betriebsrat) sowie Arbeitgeber und Arbeitnehmer als Parteien des individuellen Arbeitsvertrages wesentlich beteiligt sind.

---

67 In Deutschland fällt die Beschäftigung mit den »Arbeitsbeziehungen« (auch »Arbeitgeber-Arbeitnehmer-Beziehungen« oder »Industrielle Beziehungen«) vor allem in die Zuständigkeit des Arbeitsrechts, während sich insbesondere in den angelsächsischen Ländern unter dem Begriff »Industrial Relations« oder »Labour Relations« seit langem eine eigenständige Wissenschaftsdisziplin etabliert hat, die sich nicht nur mit den juristischen, sondern auch mit soziologischen und ökonomischen Aspekten beschäftigt. Vgl. insbesondere zum Begriff der »Arbeitsbeziehungen« Müller-Jentsch (1997) 10 ff. und die dort angegebene Literatur. Einen Überblick über die Thematik geben zum Beispiel die Sammelwerke von Endruweit u. a. (1985) und Müller-Jentsch (1993) sowie das Lehrbuch von Müller-Jentsch (1997).

68 Schaub (2000) 1.

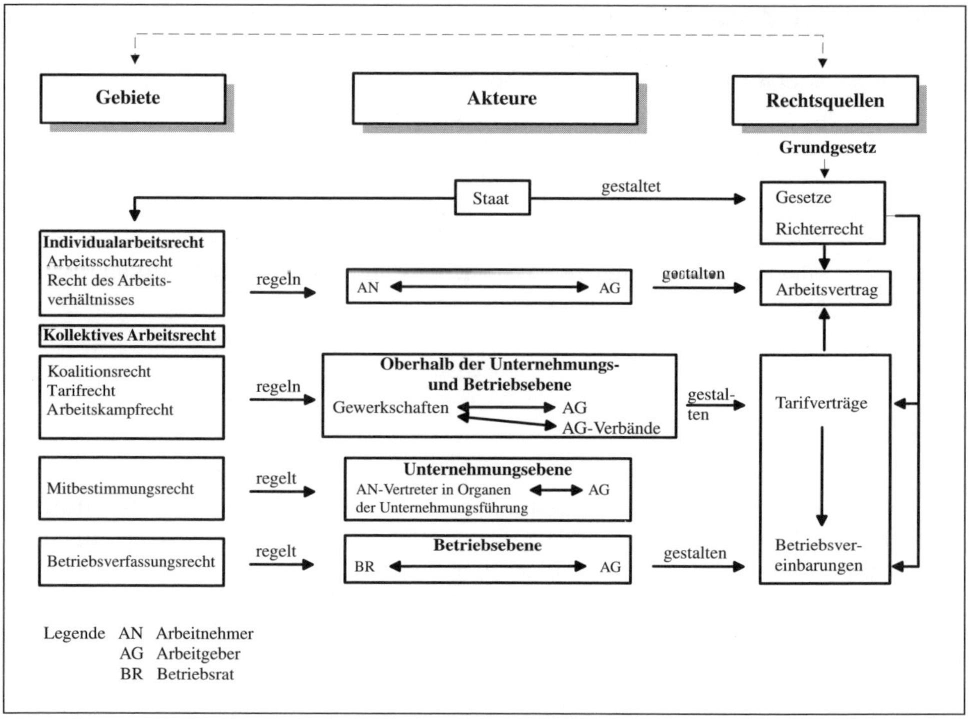

Abb. 177: Überblick über die deutsche Arbeitsrechtsordnung

Auf internationaler Ebene kommt mit der fortschreitenden europäischen politischen Vereinigung dem EU-Recht immer größere arbeitsrechtliche Bedeutung zu, die das nationale Arbeitsrecht überlagert. Der deutsche Gesetzgeber wird durch EU-Richtlinien, die vom EU-Ministerrat beschlossen werden, verpflichtet, deren Inhalt und Ziel innerhalb einer bestimmten Frist in nationales Recht umzusetzen. So sind schon zahlreiche europäische Richtlinien, die überwiegend den Arbeitsschutz und die Gleichbehandlung betreffen, in nationales Recht umgesetzt worden.[69] Ein Beispiel für die nationale Umsetzung von EU-Richtlinien sind die §§ 611 a und 611 b BGB, die die Gleichbehandlung von Männern und Frauen beim Zugang zur Beschäftigung sowie beim beruflichen Aufstieg gewährleisten sollen.[70]

Auf nationaler Ebene ist eine Reihe allgemeiner Grundsätze des Arbeitsrechts durch das Grundgesetz garantiert, wobei die **Grundrechte** Vorrang vor allen anderen Rechtsquellen haben.[71]

---

69 Vgl. Halbach u. a. (1998) 32 ff.

70 Vgl. im Einzelnen Brox/Rüthers (2002) 32 ff.

71 Vgl. ausführlich Halbach u. a. (1998) 34. Zu den für das Arbeitsrecht relevanten Grundrechten zählen vor allem Art. 1 GG, Art. 2 GG, Art. 3 II und III GG, Art. 11 und 12 I GG, Art. 12 II und III GG. Durch Art. 9 III GG wird die Koalitionsfreiheit und damit auch die Tarifautonomie garantiert. Das Sozialstaatsprinzip in Art. 20 I GG verpflichtet den Gesetzgeber, die Arbeitsrechtsordnung so zu gestalten, dass sie den sozialen Anforderungen der Zeit entspricht. Vgl. Schaub (2000) 12.

In der Bundesrepublik Deutschland gibt es (noch) keine Kodifikation des Arbeitsrechts in Form eines »Arbeitsgesetzbuches«, sondern eine Vielzahl **arbeitsrechtlicher Gesetze** sowie **arbeitsrechtlicher Regelungen in anderen Gesetzen**. Trotzdem sind zahlreiche arbeitsrechtliche Fragen in den Gesetzen nicht geregelt, so dass das Arbeitsrecht in wesentlichen Bereichen **Richterrecht** ist.

Neben den Gesetzen stellen die von den Tarif- und Betriebspartnern autonom gestalteten **Kollektivvereinbarungen** (Tarifverträge und Betriebsvereinbarungen)[72] wichtige und für das deutsche Arbeitsrecht charakteristische Rechtsquellen dar. Im Vergleich zu Gesetzen handelt es sich jedoch um rangniedere Rechtsquellen.

Eine weitere Rechtsquelle ist der **individuelle Arbeitsvertrag**.[73] Für den Abschluss von Arbeitsverträgen besteht grundsätzlich Vertragsfreiheit, d. h. die Arbeitgeber und Arbeitnehmer können bestimmen, ob und mit wem sie einen Arbeitsvertrag abschließen wollen. Dieser Grundsatz kann jedoch durch Abschluss und Beschäftigungsverbote, die auf zwingenden gesetzlichen oder kollektivvertraglichen Normen beruhen, eingeschränkt sein.

Abbildung 178 gibt einen Überblick über die Relevanz wichtiger gesetzlicher Rechtsquellen für die Teilsysteme des Personal-Management. Dabei werden nur die zentralen Einflüsse dargestellt.

b) Gebiete

Das Arbeitsrecht wird üblicherweise in zwei Gebiete unterteilt:[74]

Das **Individualarbeitsrecht** umfasst die Normen, die das Verhältnis von individuellem Arbeitgeber zu individuellem Arbeitnehmer regeln **(Arbeitsvertragsrecht),** und die Normen, die der Staat im öffentlichen Interesse erlassen hat, um den Arbeitnehmer vor den Gefahren des Arbeitslebens zu schützen **(Arbeitsschutzrecht)**.[75] Die folgende Abbildung 179 gibt einen Überblick über einige wichtige Regelungsgegenstände und Rechtsquellen des Individualarbeitsrechts. Zentrale individualarbeitsrechtliche Regelungen werden zum Teil auch bei der Darstellung der Teilsysteme des Personal-Management behandelt.

Das **kollektive Arbeitsrecht** als zweites Gebiet des Arbeitsrechts regelt die Existenz, die Organisation und die Aufgaben der Repräsentationsorgane der Arbeitnehmer und der Arbeitgeber und ihre Beziehungen zu den jeweiligen »Gegenspielern«. Es umfasst die folgenden Gebiete, die sich drei Regelungsebenen zuordnen lassen:

- Oberhalb der Unternehmungs- und Betriebsebene regeln das **Koalitons-, Tarif- und Arbeitskampfrecht** die Beziehungen zwischen Gewerkschaften und Arbeitgeber(verbänden) sowie deren Rechtsetzungsbefugnisse.
- Auf »Unternehmungsebene« regelt das **Mitbestimmungsrecht** die Beteiligung der Arbeitnehmer in den Organen der Unternehmungsführung.

---

72 Zu den Kollektivvereinbarungen zählen auch die zwischen Arbeitgeber und Sprecherausschuss der leitenden Angestellten vereinbarten Richtlinien (§ 28 SprAuG).

73 In Verbindung mit dem Arbeitsvertrag können auch »Weisungsrecht des Arbeitgebers«, »Arbeitsvertragliche Einheitsregelung«, »Gesamtzusage« oder »Betriebliche Übung« als Rechtsquellen eine Rolle spielen. Vgl. im Einzelnen Brox/Rüthers (2002) 47 ff.

74 Vgl. hierzu Hetzler (1992) 103 f. und Martens (1993) 153 f.

75 Die Normen des Arbeitsschutzrechtes (z. B. das Arbeitszeitgesetz, das Mutterschutzgesetz, das Schwerbehindertengesetz oder das Jugendarbeitsschutzgesetz) sind grundsätzlich zwingend, also weder abdingbar noch verzichtbar.

Teilsysteme des PM / Arbeitsgesetze	Mitarbeiter-führung	Personal-planung	Personal-beurteilung	Personal-beschaffung und -auswahl	Personal-freisetzung	Personal-entwicklung	Arbeits-bedingungen	Vergütung	Personal-verwaltung	Personal-controlling
Bürgerliches Gesetzbuch				x	x			x		
Beschäftigungsförderungsgesetz		x		x						
Entgeltfortzahlungsgesetz								x		
Bundesurlaubsgesetz		x		x						
Kündigungsschutzgesetz		x		x						
Gesetz zur Verbesserung der betrieblichen Altersversorgung	k							x		
Arbeitsförderungsgesetz	e			x	x	x				
Arbeitszeitgesetz		x		x						
Mutterschutzgesetz	i	x		x						
Bundeserziehungsgeldgesetz		x		x						
Jugendarbeitsschutzgesetz	n	x		x		x	x			
Schwerbehindertengesetz		x		x	x		x			
Arbeitnehmerüberlassungsgesetz				x	x					
Berufsbildungsgesetz						x				
Betriebsverfassungsgesetz		x	x	x	x	x	x	x	x	
Sprecherausschussgesetz				x	x		x	x		
Tarifvertragsgesetz										
Mitbestimmungsgesetz										
Montanmitbestimmungsgesetz		d i	r e	k t	e r		E i	n f	l u	s s
Betriebsverfassungsgesetz 1952										

Abb. 178: Einfluss wichtiger Arbeitsgesetze auf Teilsysteme des Personal-Management

Arbeitsvertragsrecht	- Anbahnung des Arbeitsvertrages	• Aufwendungsersatz §§ 670, 622 BGB • Gleichheitsgrundsatz Art. 3 GG • Diskriminierungsverbot § 611 a BGB • Stellenausschreibung § 611 b BGB • Fragerecht im Einstellungsgespräch
	- Abschluss des Arbeitsvertrages	• Dienstvertrag § 611 BGB • Befristung § 620 BGB, §1 BeschFG • Probezeit § 622 III BGB • Leiharbeit § 1 AÜG
	- Pflichten des Arbeitnehmers aus dem Arbeitsvertrag	• Arbeitspflicht § 611 BGB i. V. m. AV • Gehorsamspflicht § 611 BGB i. V. m. AV • Treuepflicht § 242 BGB
	- Pflichten des Arbeitgebers aus dem Arbeitsvertrag	• Lohnzahlungspflicht § 611 BGB i. V. m. AV • Lohnzahlung ohne Arbeit § 611 BGB i. V. m. AV u.a. bei: Krankheit § 3 EFZG, Urlaub §§ 1, 11 BUrlG, Feiertag § 2 EFZG • Beschäftigungspflicht • Fürsorgepflicht • Pflicht zur Urlaubsgewährung § 1 BUrlG • Pflicht zur Zeugniserteilung § 630 BGB

	- Beendigung des Arbeitsvertrages	• Kündigung
		  • Kündigungsfrist und -erklärung §§ 620, 622 BGB
		  • Betriebsratsanhörung § 102 BetrVG
		  • Kündigungsschutz § 1KSchG
		  • außerordentliche Kündigung § 626 BGB
		• Zeitablauf § 1 BeschFG
		• Aufhebungsvertrag
		• Anfechtung

	- Sonderformen des Arbeitsvertrages	• Teilzeitarbeit § 2 BeschFG • Job-Sharing § 5 BeschFG • Leiharbeit § 1 AÜG
Arbeitsschutzrecht	Schutz besonderer Personengruppen	• Wehrpflichtige ArbPlSchG • Auszubildende BBiG • Schwerbehinderte SchwbG • Mutterschutz MuSchG • Jugendliche JarbSchG
	Arbeitssicherheit	• allg. Arbeitsschutz ArbSchG • Unfallversicherung §§ 2, 8 SGB VII
	Regelung der Arbeitszeit	• Begriff § 2 ArbZG • Höchstdauer § 3 ArbZG

Abb. 179: Überblick über wichtige Regelungsgegenstände und Rechtsquellen des Individualarbeitsrechts[76]

76 BGB: Bürgerliches Gesetzbuch; GG: Grundgesetz; BeschFG: Beschäftigungsförderungsgesetz; AÜG: Arbeitnehmerüberlassungsgesetz; AV: Arbeitsvertrag; EFZG: Entgeltfortzahlungsgesetz; BurlG: Bundesurlaubsgesetz; BetrVG: Betriebsverfassungsgesetz; KSchG: Kündigungsschutzgesetz; ArbPlSchG: Arbeitsplatzschutzgesetz; BBiG: Bundesbildungsgesetz; SchwbG: Schwerbehindertengesetz; MuSchG: Mutterschutzgesetz; JArbSchG: Jugendarbeitschutzgesetz; ArbSchG: Arbeitsschutzgesetz; SGB VII: Sozialgesetzbuch VII; ArbZG: Arbeitszeitgesetz.

- Auf »Betriebsebene« regelt das **Betriebsverfassungsrecht**[77] die Stellung der Arbeitnehmer im Betrieb und die Rechte der im Betrieb verbundenen Arbeitnehmer gegenüber dem Arbeitgeber.

c) Akteure

- **Arbeitnehmer** im arbeitsrechtlichen Sinne ist, wer auf der Basis eines privatrechtlichen Vertrages über entgeltliche Dienste für einen anderen in persönlicher Abhängigkeit tätig ist. Zur Abgrenzung des »Arbeitnehmers« vom »Selbstständigen« wurden von der Rechtsprechung zahlreiche Einzelkriterien entwickelt, die die persönliche Abhängigkeit näher bestimmen; insbesondere zu nennen sind die örtliche und zeitliche Weisungsgebundenheit, die Eingliederung in die betriebliche Organisation und die Leistungserbringung in eigener Person.
- **Arbeitgeber** i. S. des Arbeitsrechts ist jede natürliche oder juristische Person, die einen Arbeitnehmer beschäftigt.
- In juristischer Terminologie wird unter einem **Betrieb** die organisatorische Einheit verstanden, mit der ein Arbeitgeber allein oder mit seinen Mitarbeitern bestimmte arbeitstechnische Zwecke verfolgt. Die **Unternehmung** ist dagegen die organisatorische Einheit, die einen wirtschaftlichen oder ideellen Zweck verfolgt.
- Der **Betriebsrat** als das wichtigste Organ der Betriebsverfassung[78] kann in allen Betrieben mit in der Regel mindestens fünf ständigen wahlberechtigten Arbeitnehmern, von denen drei wählbar sind, errichtet werden (§ 1 BetrVG). Er repräsentiert – bis auf die leitenden Angestellten – die Belegschaft eines Betriebes und ist Träger der gesetzlichen Rechte und Pflichten. Die wichtigsten betriebsverfassungsrechtlichen Normen beziehen sich auf die Wahl (§§ 7–20), die Amtszeit (§§ 21–25) und die Geschäftsführung (§§ 26–41) des Betriebsrates. In Unternehmungen mit mehreren Betrieben **ist** ein Gesamtbetriebsrat zu errichten (§§ 47–53). Für Konzerne i.S. von § 18 I AktG **kann** durch Beschlüsse der einzelnen Gesamtbetriebsräte ein Konzernbetriebsrat errichtet werden (§ 54 BetrVG). In gemeinschaftsweit operierenden Unternehmungen und Unternehmungsgruppen wird nach dem **Gesetz über Europäische Betriebsräte (EBRG)** von 1996, das eine entsprechende EU-Richtlinie in deutsches Recht umgesetzt hat, zum Zweck der Unterrichtung und Anhörung der Arbeitnehmer auf Antrag ein **Europäischer Betriebsrats** eingesetzt oder ein Verfahren zur Anhörung der Arbeitnehmer geschaffen.[79]
- Bei **Arbeitgeberverbänden** handelt es sich um freiwillige Zusammenschlüsse von Arbeitgebern zur kollektiven Vertretung ihrer sozialpolitischen Interessen. Sie sind nicht nur nach Branchen als Fachverbände auf Bezirks-, Landes- und Bundesebene, sondern auch branchenübergreifend auf Landesebene organisiert. Dachverband der fachlichen Verbände auf Bundesebene (z. B. Gesamtmetall) sowie der Landesverbände (z. B. Ver-

---

77 Dazu zählen sowohl das Betriebsverfassungs- als auch das Sprecherausschussgesetz. Die Mitbestimmung im öffentlichen Dienst wird durch das Bundespersonalvertretungsgesetz und die Personalvertretungsgesetze der Länder geregelt.

78 Weitere Organe der Betriebsverfassung sind der Betriebsausschuss (§ 27 BetrVG), die Betriebsversammlung (§§ 42 ff. BetrVG), die Jugend- und Auszubildendenvertretung (§§ 60 ff. BetrVG), die Einigungsstelle (§§ 76 ff. BetrVG) und der Wirtschaftsausschuss (§§ 106 ff. BetrVG).

79 Vgl. im Einzelnen Halbach u. a. (1998) 485 ff.; Schaub (2000) 2391 ff. Eine gemeinschaftsweit operierende Unternehmung ist eine Unternehmung mit mindestens 1.000 Arbeitnehmern in den Mitgliedstaaten der EU und mit jeweils 150 Arbeitnehmern in mindestens zwei Mitgliedstaaten.

einigung der Arbeitgeberverbände in Bayern) ist die Bundesvereinigung der Deutschen Arbeitgeberverbände e. V. (BdA). Die BdA ist kein Tarifträger, sie koordiniert jedoch die Tarifpolitik ihrer Mitglieder und vertritt deren Interessen gegenüber Gewerkschaften, dem Staat und anderen gesellschaftlichen Gruppierungen.[80]

- **Gewerkschaften** sind freiwillige Zusammenschlüsse von Arbeitnehmern zur kollektiven Vertretung ihrer Interessen gegenüber einzelnen Arbeitgebern oder Arbeitgeberverbänden, dem Staat und anderen gesellschaftlichen Gruppierungen. Sie können sowohl nach dem Berufs- als auch nach dem Industrieprinzip gegliedert sein. Die deutschen Gewerkschaften sind überwiegend nach dem Industrieprinzip organisiert, so der Deutsche Gewerkschaftsbund (DGB) als Dachverband für 17 Einzelgewerkschaften (z. B. IG Metall oder IG Chemie), denen insgesamt über 80 % der organisierten Arbeitnehmer angehören. Nach dem Berufsprinzip sind z. B. die Deutsche Angestellten-Gewerkschaft (DAG) oder der Deutsche Beamtenbund (DBB) gegliedert.

2. Folgen ausgewählter arbeitsrechtlicher Regelungen für die Teilsysteme des Personal-Management

Nachfolgend wird skizziert, ob und wie die Gesetze, die die Partizipation der Mitarbeiter auf Betriebs- und Unternehmungsebene regeln und damit von besonderer Bedeutung für die Gestaltung und Steuerung der Personalarbeit durch das Personal-Management sind, dessen Gestaltungsspielraum begrenzen. Im Einzelnen handelt es sich um folgende Gesetze:

- Mitbestimmung auf Betriebsebene:
  - Betriebsverfassungsgesetz (BetrVG),
  - Gesetz über Sprecherausschüsse der leitenden Angestellten (Sprecherausschussgesetz – SprAuG),
- Mitbestimmung auf Unternehmungsebene:
  - Gesetz über die Mitbestimmung der Arbeitnehmer (Mitbestimmungsgesetz – MitbestG),
  - Gesetz über die Mitbestimmung der Arbeitnehmer in den Aufsichtsräten und Vorständen der Unternehmungen des Bergbaus und der Eisen und Stahl erzeugenden Industrie (Montan-Mitbestimmungsgesetz – Montan-MitbestG),
  - Gesetz zur Ergänzung des Gesetzes über die Mitbestimmung der Arbeitnehmer in den Aufsichtsräten und Vorständen der Unternehmungen des Bergbaus und der Eisen und Stahl erzeugenden Industrie (MitbestErgG),
  - Betriebsverfassungsgesetz 1952 (BetrVG 1952).

80 Die Arbeitgeberverbände sind von den Wirtschaftsverbänden abzugrenzen, die vor allem die wirtschaftspolitischen Interessen ihrer Mitglieder repräsentieren. Die Wirtschaftsverbände sind fachlich und regional gegliedert und münden in Dachorganisationen auf Bundesebene (z. B. Verband der Automobilindustrie), die dann Mitglieder im Bundesverband der Deutschen Industrie e. V. (BDI) sind.

a) Mitbestimmung auf Betriebsebene

Das BetrVG gilt in allen Betrieben, die in der Regel mindestens fünf ständige wahlberechtigte Arbeitnehmer beschäftigen (§ 1 BetrVG). Es ist in vollem Umfang nur auf Arbeitnehmer, die als Arbeiter oder Angestellte oder die zu ihrer Berufsausbildung beschäftigt sind, anzuwenden (§ 5 I BetrVG). Für leitende Angestellte[81] ist das BetrVG nur in wenigen Punkten relevant. Sie fallen jedoch unter den Geltungsbereich des SprAuG. Da der Sprecherausschuss – anders als der Betriebsrat – nur **Mitwirkungs**rechte hat, werden nachfolgend die Regelungen des BetrVG dargestellt, da diese den Gestaltungsspielraum des Personal-Management stärker begrenzen (können). Dies bedeutet aber auch, dass für (einen Teil der) Führungskräfte als eine wichtige Zielgruppe der Personalarbeit – nur sehr wenige arbeitsrechtliche Restriktionen bestehen.

Das BetrVG unterscheidet verschiedene Arten von Beteiligungsrechten: Rechte des einzelnen Arbeitnehmers (Individualrechte) und Beteiligungsrechte des Betriebsrats.

Die **Individualrechte** nach §§ 81–86 BetrVG umfassen Unterrichtungs-, Anhörungs-, Erörterungs- und Beschwerderechte. Sie sind vor allem wegen ihres betriebsbezogenen Charakters im BetrVG geregelt, lassen sich jedoch auch aus dem individuellen Arbeitsvertrag und der damit verbundenen Fürsorgepflicht des Arbeitgebers ableiten. Dies bedeutet, dass sie auch Arbeitnehmern in Betrieben ohne Betriebsrat und leitenden Angestellten zustehen.[82] Nachfolgend werden daher nur die **Beteiligungsrechte des Betriebsrats** behandelt.

Diese lassen sich nach zwei Gesichtspunkten gliedern: einerseits nach der Intensität der Einflussnahme des Betriebsrats auf die betriebliche Willensbildung und zum anderen nach den Gegenständen, an denen die Mitbestimmung ansetzt.

Nach der **Intensität der Einflussnahme** unterscheiden sich die Beteiligungsrechte des Betriebsrats in **Mitwirkungs**rechte (Informations-, Vorschlags-, Anhörungs- und Beratungsrechte) und in **Mitbestimmungs**rechte. Diese umfassen Zustimmungsverweigerungs- oder Widerspruchsrechte, d. h. eine Maßnahme des Arbeitgebers darf nicht (oder nicht ohne weiteres) ohne Beteiligung des Betriebsrats durchgeführt werden. Der Betriebsrat hat außerdem Initiativrechte, d. h. er kann von sich aus eine Entscheidung des Arbeitgebers verlangen.

Nach den **Gegenständen** unterscheidet das BetrVG die folgenden Bereiche:

- **Soziale** Angelegenheiten (§§ 87–89 BetrVG) inklusive der Gestaltung von Arbeitsplatz, Arbeitsablauf und Arbeitsumgebung (§§ 90 und 91 BetrVG);
- **Personelle** Angelegenheiten, unterteilt in »allgemeine personelle Angelegenheiten« (§§ 92–95 BetrVG), »Berufsbildung« (§§ 96–98 BetrVG) und »personelle Einzelmaßnahmen« (§§ 99–105 BetrVG);
- **Wirtschaftliche** Angelegenheiten, unterteilt in »Unterrichtung in wirtschaftlichen Angelegenheiten« (§§ 106–110 BetrVG) und »Betriebsänderungen« (§§ 111–113 BetrVG).

Abbildung 180 gibt einen Überblick über die **wichtigsten** Beteiligungsrechte des Betriebsrats differenziert nach Intensität der Einflussnahme und den Gegenständen der Beteilungsrechte.

81 Vgl. zur Legaldefinition des »leitenden Angestellten« § 5 III BetrVG und zu näheren Erläuterungen Halbach u. a. (1998) 386 ff. sowie Schaub (2000) 105 ff.

82 Vgl. Schaub (2000) 2225 ff. sowie Halbach u. a. (1998) 480 ff. und die dort jeweils angegebene Literatur.

Gegenstände / Intensität	Soziale Angelegenheiten	Personelle Angelegenheiten	Wirtschaftliche Angelegenheiten
Mitbestimmungsrechte			
Initiativrechte	§ 87 § 91	§ 92 II § 93 § 95 II § 98 IV § 104	§ 112
Zustimmungsverweigerungs- oder Widerspruchsrechte		§ 94 § 95 I § 99 II § 102 III § 103	
Mitwirkungsrechte			
Beratungsrechte Vorschlagsrechte Anhörungsrechte Informationsrechte	§ 89	§ 92 I § 96 § 97 § 99 I § 100 § 102 I, II	§ 90 § 106 § 111

Quelle: In Anlehnung an Müller-Jentsch (1997) 270.

Abb. 180: Die wichtigsten Beteiligungsrechte des Betriebsrats

Nachfolgend wird kurz erläutert, wie wichtige Beteiligungsrechte des Betriebsrats die Gestaltungsspielräume in den Teilsystemen des Personal-Management begrenzen. Dabei zeigt sich, dass einige Regelungen des BetrVG für mehrere Teilsysteme relevant sind oder sich den Teilsystemen nicht eindeutig zuordnen lassen. Dies liegt vor allem daran, dass die Terminologie des BetrVG mit der des Personal-Management nicht übereinstimmt.

Mitarbeiterführung und Personalcontrolling

Regelungen, die sich auf die Mitarbeiterführung und das Personalcontrolling beziehen, existieren im BetrVG nicht.

Personalplanung

Ziel einer Beteiligung des Betriebsrats bei der Personalplanung ist, diesem Einfluss auf die personellen Grundsatzentscheidungen einzuräumen, um zu verhindern, dass er bei späteren personellen Einzelmaßnahmen nicht kurzfristig vor »vollendete Tatsachen« gestellt wird. So hat der Arbeitgeber den Betriebsrat insbesondere über den gegenwärtigen und zukünftigen Personalbedarf und die sich daraus ergebenden personellen Maßnahmen (z. B. Personalbeschaffung und -freisetzung) und Maßnahmen der Berufsbildung anhand von Unterlagen rechtzeitig und umfassend zu unterrichten (§ 92 I BetrVG). Der Betriebsrat kann jedoch auch von sich aus an den Arbeitgeber herantreten und ihm Vorschläge für die Einführung und Durchführung einer Personalplanung machen (§ 92 II BetrVG).

In allen Unternehmungen mit in der Regel mehr als 100 ständig beschäftigten Arbeitnehmern ist ein **Wirtschaftsausschuss** zu bilden. Dieser hat die Aufgabe, mit dem Unternehmer über wirtschaftliche Angelegenheiten[83] zu beraten und den Betriebsrat zu unterrichten (§ 106 I BetrVG). Der Unternehmer hat den Wirtschaftsausschuss rechtzeitig und umfassend über die wirtschaftlichen Angelegenheiten der Unternehmung unter Vorlage der erforderlichen Unterlagen zu unterrichten sowie die sich daraus ergebenden Auswirkungen auf die **Personalplanung** darzulegen (§ 106 II BetrVG).

Personalbeurteilung

Die Aufstellung von Beurteilungsgrundsätzen unterliegt der Zustimmung des Betriebsrats (§ 94 II BetrVG). Er kann die Aufstellung von Beurteilungsgrundsätzen jedoch nicht erzwingen. Im Falle ihrer Einführung durch den Arbeitgeber hat der Betriebsrat mitzubestimmen, ob Beurteilungsgrundsätze überhaupt eingeführt werden und wenn ja, welchen Inhalt diese Grundsätze haben sollen. Darunter fällt sowohl die Aufstellung und Gewichtung materieller Beurteilungsmerkmale als auch die Festlegung der Beurteilungsverfahren.

Bei der Einführung und Anwendung technischer Einrichtungen, die dazu dienen, das Verhalten oder die Leistung der Arbeitnehmer zu überwachen, hat der Betriebsrat ein erzwingbares Mitbestimmungsrecht (§ 87 I Nr. 6 BetrVG).

Personalbeschaffung und -auswahl

Im Bereich der (externen) Personalbeschaffung und der Personalauswahl hat der Betriebsrat Beteiligungsrechte aus dem Bereich der »allgemeinen personellen Angelegenheiten« (§§ 92–95 BetrVG) und der »personellen Einzelmaßnahmen« (§§ 99–105 BetrVG).[84]

Im ersten Bereich hat der Betriebsrat folgende Beteiligungsrechte:

- Der Betriebsrat kann vom Arbeitgeber verlangen, dass zu besetzende Stellen **intern** ausgeschrieben werden (§ 93 BetrVG). Falls der Arbeitgeber ein solches Verlangen ignoriert, ist der Betriebsrat berechtigt, allein aus diesem Grunde die Zustimmung zur Einstellung eines Bewerbers für die nicht ausgeschriebene Stelle zu verweigern (§ 99 II Nr. 5 BetrVG).
- Auch Personalfragebögen bedürfen der Zustimmung des Betriebsrats (§ 94 I BetrVG). Unter Personalfragebögen versteht man formularmäßig zusammengestellte Fragen, die durch Bewerber oder bereits eingestellte Arbeitnehmer beantwortet werden sollen. Dazu gehören auch standardisierte Checklisten, die vom Arbeitgeber abgefragt und ausgefüllt werden. Testbögen (vor allem für psychologische Eignungstests) sind den Personalfragebögen gleichzustellen. Die Zustimmung des Betriebsrats bezieht sich auf die Einführung und Veränderung der Fragebögen, auf die einzelnen Fragen und auf den Verwen-

83 Zu den wirtschaftlichen Angelegenheiten i.S. des BetrVG zählen z. B. die wirtschaftliche und finanzielle Lage des Unternehmens die Produktions- und Absatzlage oder Rationalisierungsvorhaben. Vgl. § 106 III BetrVG.

84 Zu den personellen Einzelmaßnahmen zählen Einstellung, Eingruppierung, Umgruppierung, Versetzung und Kündigung von Arbeitnehmern. Im Rahmen der Personalbeschaffung und -auswahl ist nur die Einstellung relevant.

dungszweck der Antworten, insbesondere dann, wenn die Daten in Personalinformationssystemen verarbeitet werden sollen.

- Der Betriebsrat hat ein erzwingbares Mitbestimmungsrecht über die Inhalte der im Betrieb verwendeten schriftlichen Arbeitsverträge, die sich auf die persönlichen Verhältnisse des Arbeitnehmers beziehen (§ 94 II BetrVG). Bezüglich der Angaben, die der Arbeitgeber zulässigerweise in solche Formulararbeitsverträge aufnehmen kann, gelten die gleichen Grundsätze wie bei Personalfragebögen.
- In Betrieben bis zu 1.000 Arbeitnehmern kann der Arbeitgeber nur mit Zustimmung des Betriebsrats Richtlinien über die personelle Auswahl bei Einstellungen, Versetzungen[159], Umgruppierungen und Kündigungen aufstellen (§ 95 I BetrVG). In Betrieben mit mehr als 1.000 Arbeitnehmern kann der Betriebsrat die Aufstellung solcher Richtlinien gegen den Willen des Arbeitgebers verlangen (§ 95 II BetrVG). Auswahlrichtlinien legen allgemein oder für bestimmte Arten von Tätigkeiten oder Arbeitsplätzen fest, welche fachlichen und persönlichen Voraussetzungen sowie sozialen Gesichtspunkte für die Ausübung der Tätigkeit oder die Besetzung des Arbeitsplatzes vorliegen müssen oder nicht vorliegen dürfen.

Im Bereich der »personellen Einzelmaßnahmen« stehen dem Betriebsrat folgende Beteiligungsrechte zu:[85] In Betrieben mit mehr als 20 wahlberechtigten Arbeitnehmern hat der Arbeitgeber vor jeder Einstellung, Eingruppierung, Umgruppierung und Versetzung den Betriebsrat umfassend zu unterrichten und seine Zustimmung einzuholen (§ 99 I BetrVG). Der Betriebsrat kann seine Zustimmung erteilen, die Widerspruchsfrist von einer Woche verstreichen lassen (dann gilt seine Zustimmung als erteilt) oder der personellen Einzelmaßnahme unter Angabe von Gründen innerhalb einer Woche nach der Unterrichtung schriftlich widersprechen (§ 99 III BetrVG). Der Betriebsrat kann die Zustimmung zu der personellen Maßnahme nur dann verweigern, wenn er sich auf die in § 99 II Nr. 1–6 BetrVG genannten Gründe berufen kann:

1. Verstoß gegen ein Gesetz, eine Verordnung, eine Unfallverhütungsvorschrift oder gegen eine Bestimmung in einem Tarifvertrag oder in einer Betriebsvereinbarung oder gegen eine gerichtliche Entscheidung oder behördliche Anordnung.
2. Verstoß gegen eine Auswahlrichtlinie nach § 95 BetrVG.
3. Bestehen der begründeten Besorgnis, dass infolge der personellen Maßnahme im Betrieb beschäftigte Arbeitnehmer gekündigt werden oder sonstige Nachteile erleiden, ohne dass dies aus betrieblichen oder persönlichen Gründen gerechtfertigt ist.
4. Benachteiligung des betroffenen Arbeitnehmers durch die personelle Maßnahme, ohne dass dies aus betrieblichen oder in der Person des Arbeitnehmers liegenden Gründen gerechtfertigt ist.
5. Unterlassen einer nach § 93 BetrVG erforderlichen innerbetrieblichen Ausschreibung.
6. Bestehen der durch Tatsachen begründeten Besorgnis, dass der für die personelle Maßnahme in Aussicht genommene Bewerber oder Arbeitnehmer den Betriebsfrieden stören werde.

---

85 Vgl. zu den nachfolgenden Ausführungen Halbach u. a. (1998) 457 ff.

Personalfreisetzung

Auch im Bereich der **Personalfreisetzung** hat der Betriebsrat Beteiligungsrechte aus dem Bereich der »allgemeinen personellen Angelegenheiten« (§§ 92–95 BetrVG) und der »personellen Einzelmaßnahmen« (§§ 99–105 BetrVG):

- In Betrieben bis zu 1.000 Arbeitnehmern kann der Arbeitgeber nur mit Zustimmung des Betriebsrats Richtlinien über die personelle Auswahl bei Kündigungen aufstellen (§ 95 I BetrVG). In Betrieben mit mehr als 1.000 Arbeitnehmern kann der Betriebsrat die Aufstellung solcher Richtlinien verlangen (§ 95 II BetrVG) (vgl. dazu auch die Ausführungen zur Personalbeschaffung und -auswahl).
- Im Bereich der »personellen Einzelmaßnahmen« sind für die Personalfreisetzung die §§ 102–105 BetrVG relevant: So hat der Arbeitgeber den Betriebsrat vor **jeder** Kündigung (ordentliche und außerordentliche Kündigung sowie Änderungskündigung) zu hören und ihm die Kündigungsgründe mitzuteilen. Eine ohne Anhörung des Betriebsrats ausgesprochene Kündigung ist unwirksam (§ 102 I BetrVG). Nach § 102 II BetrVG kann der Betriebsrat bei ordentlichen Kündigungen bei Vorliegen der im Gesetz genannten Gründe (§ 102 III BetrVG) innerhalb einer Woche schriftlich widersprechen. Bei der außerordentlichen Kündigung kann er Bedenken äußern. Die §§ 103–105 BetrVG beziehen sich auf Sonderfälle und einzelne Mitarbeitergruppen.

Personalentwicklung

Im Bereich der »allgemeinen personellen Angelegenheiten« stehen dem Betriebsrat die Beteiligungsrechte nach § 95 BetrVG zu. So kann der Arbeitgeber in Betrieben bis zu 1.000 Arbeitnehmern nur mit Zustimmung des Betriebsrats Richtlinien über die personelle Auswahl bei Versetzungen i.S. von § 95 III BetrVG aufstellen (§ 95 I BetrVG). In Betrieben mit mehr als 1.000 Arbeitnehmern kann der Betriebsrat die Aufstellung solcher Richtlinien verlangen (§ 95 II BetrVG) (vgl. dazu auch die Ausführungen zur Personalbeschaffung und -auswahl).

In allen Fragen der »Berufsbildung« hat der Betriebsrat nach § 96 BetrVG ein Beratungsrecht. Dies gilt auch für die Errichtung und Ausstattung betrieblicher Einrichtungen der Berufsbildung sowie für die Einführung betrieblicher und die Teilnahme an außerbetrieblichen Maßnahmen der Berufsbildung (§ 97 BetrVG). Bei der Durchführung von Maßnahmen der betrieblichen Berufsbildung hat der Betriebsrat ein erzwingbares Mitbestimmungsrecht (§ 98 BetrVG).

Gestaltung von Arbeitsbedingungen

Bei der Gestaltung von Arbeitsbedingungen hat der Betriebsrat nach § 87 I BetrVG erzwingbare Mitbestimmungsrechte in sozialen Angelegenheiten und zwar bei:

- Fragen der Ordnung des Betriebs und des Verhaltens der Arbeitnehmer im Betrieb (§ 87 I Nr. 1 BetrVG). Zur Ordnung des Betriebs gehören z. B. Regeln über Torkontrollen, Rauchverbote oder Alkoholverbote.
- Beginn und Ende der täglichen Arbeitszeit einschließlich der Pausen sowie Verteilung der Arbeitszeit auf die einzelnen Wochentage (§ 87 I Nr. 2 BetrVG).
- Vorübergehende Verkürzung oder Verlängerung der betriebsüblichen Arbeitszeit (§ 87 I Nr. 3 BetrVG).
- Aufstellung allgemeiner Urlaubsgrundsätze und des Urlaubsplans sowie die Festsetzung der zeitlichen Lage des Urlaubs für einzelne Arbeitnehmer, wenn zwischen dem

Arbeitgeber und den beteiligten Arbeitnehmern kein Einvernehmen erzielt wird (§ 87 I Nr. 5 BetrVG).
- Regelungen über die Verhütung von Arbeitsunfällen und Berufskrankheiten sowie über den Gesundheitsschutz im Rahmen der gesetzlichen Vorschriften oder der Unfallverhütungsvorschriften (§ 87 I Nr. 7 BetrVG).

Im Bereich des **Arbeitsschutzes** hat der Betriebsrat sowohl Beteiligungsrechte als auch Pflichten.

Auch bei der Gestaltung von Arbeitsplatz, Arbeitsablauf und Arbeitsumgebung hat der Betriebsrat Beteiligungsrechte. So hat der Arbeitgeber den Betriebsrat über die Planung von Fabrikations- und Verwaltungsbauten sowie sonstigen betrieblichen Räumen (z. B. Kantine, Aufenthaltsraum), von technischen Anlagen, von Arbeitsverfahren und Arbeitsabläufen oder der Arbeitsplätze rechtzeitig und unter Vorlage der erforderlichen Unterlagen zu unterrichten (§ 90 I BetrVG) und über die Auswirkungen dieser Maßnahmen auf die Arbeitnehmer zu beraten (§ 90 II BetrVG). Falls die Arbeitnehmer durch Maßnahmen des § 90 I BetrVG, die »den gesicherten arbeitswissenschaftlichen Erkenntnissen über die menschengerechte Gestaltung der Arbeit« offensichtlich widersprechen, besonders belastet werden, kann der Betriebsrat angemessene Gegenmaßnahmen verlangen (§ 91 BetrVG). Diese Vorschrift ist kaum operationalisierbar, weil es weder eine geschlossene Arbeitswissenschaft gibt noch auf breiter Front Erkenntnisse, die unter allgemeiner Zustimmung als gesichert gelten können. Zudem ist nicht eindeutig beweisbar unter welchen Umständen eine Arbeit »menschengerecht« gestaltet bzw. wann diese Forderung nicht erfüllt ist.

Vergütung

Bei der Gestaltung von Arbeitsbedingungen hat der Betriebsrat nach § 87 I BetrVG erzwingbare Mitbestimmungsrechte in sozialen Angelegenheiten und zwar bei:

- Zeit, Ort und Auszahlung der Arbeitsentgelte (§ 87 I Nr. 4 BetrVG).
- Form, Ausgestaltung und Verwaltung von Sozialeinrichtungen, deren Wirkungsbereich auf den Betrieb, die Unternehmung oder den Konzern beschränkt ist (§ 87 I Nr. 8 BetrVG).
- Zuweisung und Kündigung von Wohnräumen, die den Arbeitnehmern mit Rücksicht auf das Bestehen eines Arbeitsverhältnisses vermietet werden, sowie allgemeine Festlegung der Nutzungsbedingungen (§ 87 I Nr. 9 BetrVG).
- Fragen der betrieblichen Lohngestaltung, insbesondere die Aufstellung von Entlohnungsgrundsätzen und die Einführung und Anwendung von neuen Entlohnungsmethoden sowie deren Änderung (§ 87 I Nr. 10 BetrVG).
- Festsetzung der Akkord- und Prämiensätze und vergleichbarer leistungsbezogener Entgelte, einschließlich der Geldfaktoren (§ 87 I Nr. 11 BetrVG).
- Grundsätze über das betriebliche Vorschlagswesen (§ 87 I Nr. 12 BetrVG).

Im Bereich der »allgemeinen personellen Angelegenheiten« stehen dem Betriebsrat die Beteiligungsrechte nach § 95 BetrVG zu. So kann der Arbeitgeber in Betrieben bis zu 1.000 Arbeitnehmern nur mit Zustimmung des Betriebsrats Richtlinien über die personelle Auswahl bei Umgruppierungen aufstellen (§ 95 I BetrVG). In Betrieben mit mehr als 1.000 Arbeitnehmern kann der Betriebsrat die Aufstellung solcher Richtlinien verlangen (§ 95 II BetrVG). Im Bereich der »personellen Einzelmaßnahmen« stehen dem Betriebsrat vor jeder Ein- und Umgruppierung die Beteiligungsrechte nach § 99 BetrVG zu (vgl. dazu im Einzelnen die Ausführungen zur Personalbeschaffung und -auswahl).

Personalverwaltung
Wie bereits oben erläutert, werden an dieser Stelle nur die Beteiligungsrechte des Betriebsrats dargestellt, so dass die gegebenenfalls relevanten Individualrechte (insbesondere das Recht des Arbeitnehmers auf Einsicht in die Personalakte nach § 83 BetrVG) an dieser Stelle nicht behandelt werden.

Für die Personalverwaltung sind insbesondere die Beteiligungsrechte des Betriebsrats relevant, die den Bereich der Datenverarbeitung insbesondere die Einführung von Personalinformationssystemen betreffen. So hat nach § 87 I Nr. 6 BetrVG der Betriebsrat ein erzwingbares Mitbestimmungsrecht bei Einführung und Anwendung von technischen Einrichtungen, die dazu bestimmt bzw. objektiv dazu geeignet sind, das Verhalten oder die Leistungen der Arbeitnehmer zu überwachen. Ebenfalls können in diesem Zusammenhang die bereits dargestellten Mitbestimmungsrechte nach § 94 I BetrVG (Gestaltung von Personalfragebögen) sowie nach §§ 94 II, 95 I BetrVG (Festlegung von Beurteilungs- und Auswahlrichtlinien) eine Rolle spielen.

Als Fazit der obigen Ausführungen kann festgehalten werden, dass

- die Art und Weise der Menschenführung (Ausübung der Vorgesetztenfunktionen, Verhaltenssteuerung) durch gesetzliche Regelungen nicht vorgeprägt ist, also z. B. keine Partizipationsrechte einzelner Mitarbeiter an der Führung durch den unmittelbaren Vorgesetzten genannt sind, insofern also keine Bestimmungen existieren, die über die Anwendung eines bestimmten Führungsstils etwas aussagen;
- der einzelne Arbeitnehmer eingeschränkte Anhörungs-, Informations-, Vorschlags- und Beschwerderechte hat, die sich auf ihn betreffende Entscheidungen des Personal-Management beziehen. Sie können zum großen Teil als Selbstverständlichkeiten innerhalb ausgebauter Systeme des Personal-Management angesehen werden;
- der Betriebsrat die weitergehenden Mitwirkungs- und Mitbestimmungsrechte übertragen bekommt, was ihn zu einem wichtigen Faktor bei der Gestaltung der Systeme des Personal-Management werden lässt.

Die Rechte der Arbeitnehmer sind also überwiegend als Vertretungs-, nur zum kleineren Teil als Individualrechte der Einzelnen ausgestaltet. Die Gewerkschaften als Interessenvertretungs-Verbände der Arbeitnehmer erhalten dadurch, dass Betriebsräte faktisch zumeist durch ihre Mitglieder gestellt werden, einen beträchtlichen, gesetzlich zugestandenen Einflussspielraum.

b) Mitbestimmung auf Unternehmungsebene

Das MitbestG, das Montan-MitbestG, das MitbestErgG und das BetrVG von 1952 gelten jeweils nur für bestimmte **Unternehmungs- und Rechtsformen** und ab einer bestimmten **Zahl von Arbeitnehmern**. Die Intensität der Einflussnahme der Arbeitnehmervertreter und die weitere Ausgestaltung sind bei den vier Gesetzen sehr unterschiedlich. Abbildung 181 gibt einen Überblick über die zentralen Regelungen dieser Gesetze.

Im Gegensatz zum BetrVG, das die Intensität der Einflussnahme und die Gegenstände der Beteiligung explizit benennt, lassen sich aus den Gesetzen zur Mitbestimmung auf Unternehmungsebene keine direkten Einflüsse auf den Gestaltungsspielraum des Personal-Management ableiten.

Daher ist es hier nur möglich, eher spekulativ Tendenzen von Wirkungsmöglichkeiten aufzuzeigen, die für einzelne Tätigkeitsfelder des Personal-Management als wahrscheinlich angenommen werden können. Die Meinungen in der Literatur hierüber gehen weit auseinander.

- Es wird auf dem Felde der **Verhaltenssteuerung** als möglich angesehen, dass die Grundlagen der direkten Partizipation der Mitarbeiter an der Führung (kooperative Führung) verbessert werden. Durch angemessene Handhabung der Mitbestimmung könnte generell Konfliktpotenzial zwischen den Unternehmungsleitungen und der Arbeitnehmerschaft reduziert werden. Dies und eine Intensivierung von Information und Kommunikation können zu einer Erhöhung der Loyalität der Mitarbeiter beitragen und so den Boden dafür bereiten, dass dem Wunsch nach direkter Partizipation, wo er artikuliert wird, verstärkt entgegengekommen wird.
- Bei der **Personalplanung** kann der Zwang zu stärkerer Berücksichtigung von Arbeitnehmerinteressen zu Änderungen des betrieblichen Anpassungsverhaltens an Beschäftigungsschwankungen führen. Insgesamt dürfte tendenziell intensiver versucht werden,
  - Sicherung der Arbeitsplätze durchzusetzen.
  - dafür zu sorgen, dass der Ersatz weniger qualifizierter Arbeitskräfte unterbleibt,
  - bei unumgänglichen Entlassungen soziale Absicherungen (Sozialpläne) zu erreichen.
- Die Gestaltung der **Arbeitsbedingungen** wird möglicherweise mit verstärkten Wünschen und Forderungen nach weiterem Ausbau des Arbeitsschutzes, nach anderen Formen der Aufgabenbestimmung und Arbeitsorganisation (etwa: mehr Arbeit in teilautonomen Arbeitsgruppen) konfrontiert werden.
- In Bezug auf die Gestaltung von **Vergütungssystemen** wird sich zum einen eine bessere Informiertheit der Gewerkschaften über die betrieblichen Verhandlungsspielräume bei Tarifverhandlungen ergeben, wenn die Mitbestimmungsträger gewerkschaftlich organisiert sind, was faktisch überwiegend der Fall ist. Daher ist zu erwarten, dass die Möglichkeiten verkraftbarer Lohnsteigerungen ausgeschöpft werden.

Zusätzlich wird davon ausgegangen werden können, dass die Versuche intensiviert werden, weitere Verbesserungen der Sozialleistungen zu erreichen. Schließlich ist ein Ausbau des institutionalisierten Personalbereiches auch aufgrund des Mitbestimmungsgesetzes wahrscheinlich: Einen weiteren Anstoß dazu kann die Berufung eines Arbeitsdirektors in den Vorstand (§ 33 MitbestG) geben.

Übersicht über die Unternehmensverfassung

	MitbestG (1976)	MontanmitbestG (1951)	MitbestErgG (1956 i.d.F. v. 1988)	BetrVG (1952)
1. Erfasste Unternehmen				
a) Rechtsform	AG, KGaA, GmbH, bergrechtl. Gew., eG (§ 1 I Nr. 1)	AG, GmbH, bergrechtl. Gew. (§ 1 II)	AG, GmbH, bergrechtl. Gew. (§ 1)	AG, KGaA, GmbH, bergrechtl. Gew., VVaG, eG (§§ 76 I, 77 I - III)
b) Größe	mehr als 2000 AN (§ 1 I Nr. 2)	mehr als 1000 AN oder "Einheitsge sellschaft" (§ 1 II)	mehr als 1000 AN (§ 1)	AG und KGaA, sofern Familienunternehmen: mind. 500 AN; GmbH, bergrechtl. Gew., VVaG, eG: mehr als 500 AN (§§ 76 VI, 77 I - III)
c) Anwendungsbereich	gilt nicht für Tendenzunternehmen und Religionsgemeinschaften (§ 1 IV)	gilt nur für Unternehmen der Montanindustrie (§ 1 I)	gilt nur, wenn herrschendes Unternehmen nicht unter Montanmitbestimmung fällt und wenn der Konzern durch montanmitbestimmte Unternehmen gekennzeichnet ist (§ 3)	gilt nicht für Tendenzbetriebe und Religionsgemeinschaften (§ 81)
2. Aufsichtsrat				
a) Zusammensetzung	bis 10.000 AN: je 6 Mitgl. der AE und AN mehr als 10.000 bis 20.000 AN: je 8 Mitgl. der AE u. AN über 20.000 AN. je 10 Mitgl. der AE u. AN (§ 7)	4 Vertr. der AE u. 1 weiteres Mitgl., 4 Vertr. der AN u. 1 weiteres Mitgl., 1 weiteres Mitgl. (§ 4) in Ges. mit Nennkapital von mehr als - 20 Mio DM fak. 15 Mitgl. - 50 Mio DM fak. 21 Mitgl. (§ 9)	7 Vertreter der AE, 7 Vertreter der AN, 1 weiteres Mitglied (§ 5 I 1) in Untern. mit Ges.Kapital von mehr als 50 Mio. DM fak. 21 Mitgl. (§ 5 I 2)	1/3 Vertreter der AN
	Parität	Parität und neutrales Mitglied	Parität und neutrales Mitglied	"1/3-Parität"
b) Vorsitz	1. Wahlgang: 2/3 Mehrheit 2. Wahlgang: Vertr. der AE wählen Vors.; Vertr. der AN wählen Stv. (§ 27)	allg. Regeln	allg. Regeln	allg. Regeln

Quelle: Hromadka (1991) 21 ff.

Abb. 181: Überblick über die zentralen Regelungen der Gesetze zur Mitbestimmung auf Unternehmungsebene

	MitbestG (1976)	MontanmitbestG (1951)	MitbestErgG (1956 i.d.F. v. 1988)	BetrVG (1952)
e) Belegschafts-gruppen	Arb. und Ang. entspr. ihrem zahlenmäßigen Verhältnis im Untern; unter den AR-Mitgl. der Ang. Ang. u L. Ang. entspr. ihrem zahlenmäßigen Verhältnis; mind. 1 Arb., 1 Ang. u. 1 L. Ang. (§ 15 II)	mind. 1 Arb. u. 1 Ang. (§ 6 I)	Arb. u. Ang. entspr. ihrem zahlen-mäßigen Verhältnis im Konzern (§§ 10c II, 5 V)	1 Vertr.: AN des Untern. 2 oder mehr Vertr.: mind 1 Arb. u. 1 Ang. (§ 76 II)
f) Wahl	bis 8.000 AN: unmittelbar, auf Wunsch durch Wahlmänner mehr als 8.000 AN: durch Wahlmänner, auf Wunsch unmittelbar (§ 9, Einzelheiten §§ 10 - 18)	1. Vorschläge 2 Vertr. der AN. Vorschlag des BR nach Beratung mit Gew. u. Spitzenorganisatio-nen, 2 Vertr. der AN u. weiteres Mitgl.: Vorschlag der Spitzenorganisation-nen nach Beratung mit Gew.; Auswahl durch BRe (§ 6 I - IV) 2. Wahl durch Wahlorgan; dieses ist an die Vorschläge der BRe gebunden (§§ 5, 6 VI)	bis 8.000 AN: unmittelbar, auf Wunsch durch Delegierte mehr als 8.000 AN: durch Delegierte, auf Wunsch unmittelbar (§ 7, Einzelheiten §§ 8 - 10 I)	unmittelbar (§ 76 II)
3. Vertretungs-organ, hier: Arbeitsdirektor		keine Bestellung gegen die Mehrheit der AN-Vertr. (§ 13)	Bestellung nach allg. Grundsätzen (§ 13)	-

Quelle: Hromadka (1991) 21 ff.

Abb. 181: Überblick über die zentralen Regelungen der Gesetze zur Mitbestimmung auf Unternehmungsebene (Forts.)

F. Personal-Management und Unternehmungspolitik

In den vorangegangenen Abschnitten dieses Buches ist in einer Art »Maximalübersicht« Personal-Management in seiner Totalität dargelegt, d. h. Gegenstand war die Personalarbeit in ihrer Gesamtheit, soweit sie realiter als praktizierbar erscheint. An vielen Stellen wurde indessen deutlich, dass Personal-Management es mit vielen möglichen unterschiedlichen Gegenständen zu tun hat, die zum Teil einander ausschließende Alternativen sein können, unter denen es daher Auswahlen zu treffen, also zu entscheiden gilt. Diese Entscheidungen betreffen sowohl grundsätzliche, d. h. in der politischen Perspektive der Unternehmung angesiedelte Fragen (wie etwa: ob Karriereplanung überhaupt betrieben werden soll), wie auch solche eher technischer Natur (wie in operativer Perspektive: z. B. die Wahl unter mehreren möglichen Fortbildungsmethoden zur Vermittlung bestimmter Fortbildungsinhalte an definierte Adressaten).

Diese Entscheidungen sind nicht unabhängig voneinander, sondern vielmehr aufeinander bezogen: Eine politische/strategische Entscheidung darüber, dass eine Karriereplanung betrieben werden soll, bedarf der Umsetzung in ein konkretes System. Operative Entscheidungen über betriebliche Fortbildung bedürfen ihrerseits übergeordneter Entscheidungen: Zunächst diejenige, ob Fortbildung überhaupt von betrieblicher Seite aus betrieben werden soll, danach darüber, ob sie intern oder aber extern stattfinden soll, des Weiteren über die Auswahl von Adressaten etc. In einem systematischen Aufbau wäre ein Personal-Management idealiter in einer hierarchischen Abstufung vorzustellen: von politischen über strategische bis hin zu operativen Entscheidungen (vgl. hierzu den gliederungstechnischen Aufbau des Lehrbuches von Scholz)[1]. Dieser Zusammenhang ist in Abbildung 182 dargestellt.

Eine Alternativenwahl im Wege von Entscheidungen in der beispielhaft beschriebenen Art vollzieht sich – wie anderswo – auch im Personal-Management nicht im luftleeren Raum. Sie ist stets eingebettet in die Unternehmung, in der sie stattfindet, diese ist ihrerseits eingebettet in umgebende Umwelten; Personal-Management findet in Kontexten statt. Diese enthalten sowohl begrenzende wie auch leitende (im Sinne von: die Auswahl kanalisierende) Faktoren, und zwar externer wie auch interner Art. Erstere sind gleichbedeutend mit dem Umfeld, in das eine Unternehmung eingebettet ist: zum einen ihr Aufgabenumfeld im Sinne der Märkte, mit denen sie verbunden ist (Absatz-, Beschaffungs-, Finanzmärkte), zum anderen das globale Umfeld, üblicherweise als makroökonomisches, sozio-kulturelles, technologisches, ökologisches, politisch-rechtliches Umfeld unterschieden.

Interne Kontextfaktoren sind diejenigen Dimensionen und Merkmale, die eine Unternehmung ausmachen und prägen: ihre Identität und die Politik, die sie betreibt. Sie sind im Folgenden darzustellen mit denjenigen Einflüssen, die von ihnen auf die Personalarbeit und das Personal-Management ausgehen. Die Einflussrichtung verläuft im Übrigen durchaus auch umgekehrt. Eine Unternehmung wird in ihrem Status und in ihrer Entwicklung

1 Vgl. Scholz (2000).

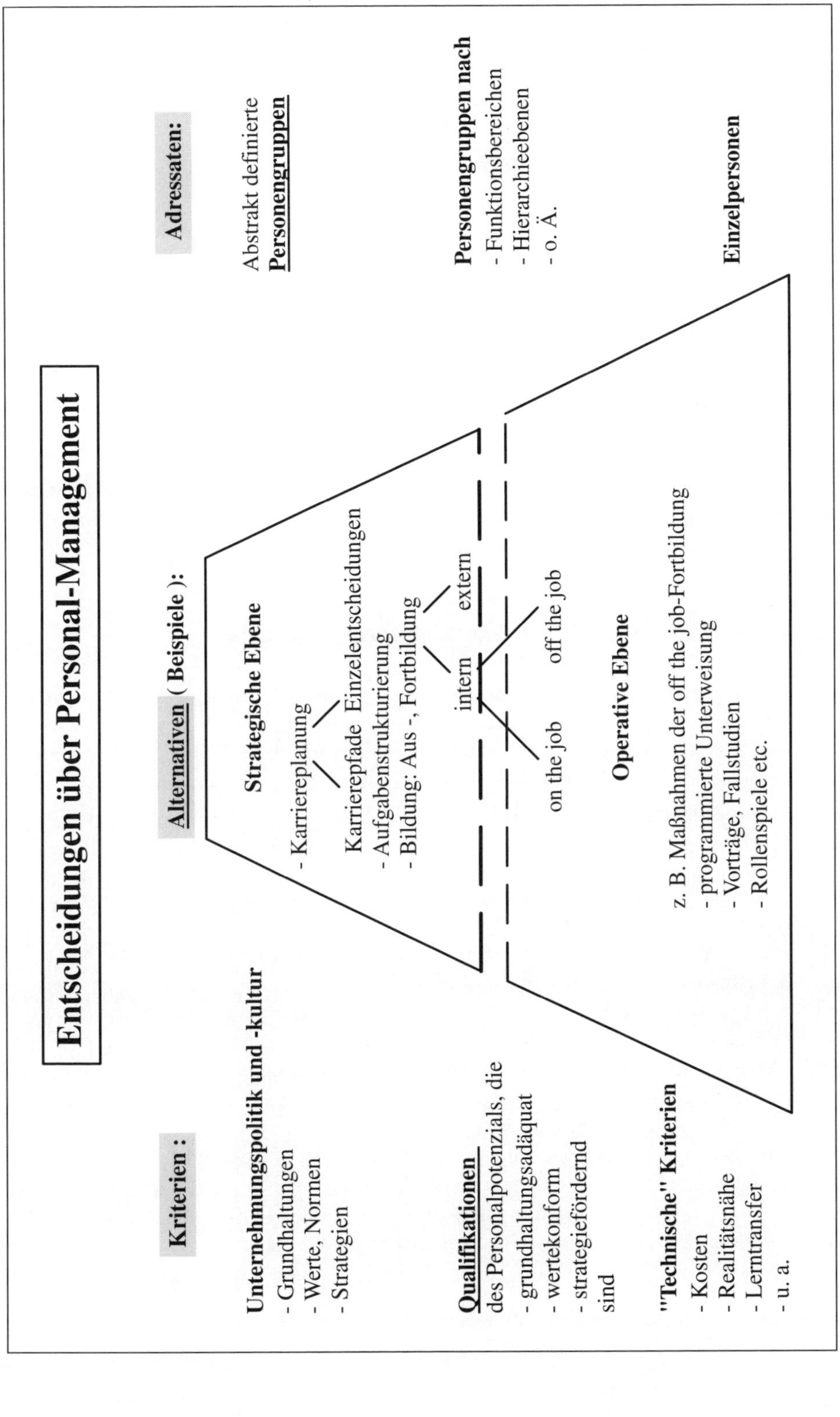

Abb. 182: Entscheidungen des Personal-Management

sehr wohl durch diejenigen Menschen beeinflusst und geprägt, die in ihr arbeiten und sie steuern.

I. Unternehmungspolitik und -identität

Unternehmungspolitik wird hier als Gesamtheit derjenigen Entscheidungen und ihrer Ergebnisse aufgefasst, die das Unternehmungsgeschehen in die Zukunft hinein in ihren wesentlichen Grundlinien bestimmen[2]. Damit steht eine **inhaltliche** Politikauffassung im Vordergrund, die vorerst von der verfassungsgeprägten **Form** der Politik und dem **Prozess** der Formulierung, Sicherung und Gestaltung von Politik absieht. Wenn demnach die inhaltliche Dimension der Unternehmungspolitik als prägender Kontextfaktor im Vordergrund steht, wird dennoch nicht verkannt, dass sowohl die **Beteiligten** an und die Art und Weise des Voranbringens von politischen **Prozessen** einen wesentlichen Einfluss auf die letztlich zustande kommenden Politik-Inhalte haben können.

Zentraler Ausgangspunkt für eine Unternehmungspolitik und ihre Inhalte sind **grundlegende Orientierungen**, die in der Wirtschaftspraxis ganz unterschiedlich vorzufinden und unter anderem unternehmungshistorisch und umwelt-/situationsspezifisch bedingt sind.

1. Grundlegende Orientierungen der Unternehmungspolitik

Zielsetzungen und Aktivitäten einer Unternehmung – also auch solche des Personal-Management – fallen in Inhalt, Richtung und Intensität ganz unterschiedlich aus, je nachdem, welche grundsätzliche Orientierung die Unternehmungspolitik bestimmt. Solche Orientierungen werden auch »Sinnmodelle« oder »Grundorientierungen« genannt. Sie existieren de facto in vielfältigen Abstufungen, als Kontinuum vorstellbar; in der Betriebswirtschaftslehre machen die extremen Pole dieses Kontinuums zwei gänzlich verschiedenartige Paradigmen aus, die kontrovers diskutiert werden.

Erster Extrempol wird zumeist **Bestands-, Überlebenssicherung** genannt. Sie ist durch eine kurzfristige vergangenheitsorientierte Perspektive gekennzeichnet, die in erster Linie auf die Interessen der Kapitalgeber (»shareholder«) gerichtet ist. Mit ihr betreiben statische Unternehmen eine »Opportunitätspolitik der Stabilisierung«[3], d. h. eine Art Ausbeutung im Sinne maximaler Nutzung der vorhandenen Ressourcen zwecks Erreichung des Ziels »kurzfristiger Gewinnmaximierung«. Unternehmungen dieser Art sind bestrebt, Erfolge der Vergangenheit und die Geschäftsfelder, mit denen sie erzielt wurden, zu halten, gegebenenfalls auszubauen bzw. zu verbessern. Zentrum des Bestrebens der Unternehmungspolitik ist also eine optimale Ressourcen-Allokation zwecks optimaler Zielerreichung zur Sicherung des Bestandes und des Überlebens der existierenden Unternehmung. Unter situativen Aspekten kann eine solche Orientierung – abhängig von spezifischen Gegebenheiten also – als durchaus »sinnvollerweise/notwendigerweise handlungsleitend« bezeichnet werden. Dazu »passende« Gegebenheiten mögen sein:

2 Vgl. Ulrich (1978); Kirsch (1990) 55 ff.; Bleicher (1992a) 28.
3 Bleicher (1992) 28 f.

- stabile Umwelten, vor allem Absatzmärkte, auf denen keine gravierenden Änderungen (geschweige denn: Turbulenzen) zu erwarten sind, weder hinsichtlich der Nachfrage – noch Wettbewerbsentwicklung,
- Überschaubarkeit und Beherrschbarkeit der erfolgsrelevanten Faktoren (Abwesenheit von Komplexität), starker Interessendruck der Kapitalgeber bzw. der Kapitalmärkte (Börsenanalysten) im Hinblick auf Renditemaximierung,
- relative Informationssicherheit über das Fortbestehen dieser Faktoren.

Anderer Gegenpol ist eine Orientierung, die in einer **langfristig zukunftsbetonten** Perspektive die **Entwicklung** einer Unternehmung in den Mittelpunkt rückt. Sie ist kennzeichnend für »dynamische Unternehmungen« und wird auch »Verpflichtungspolitik der Veränderungen«[4] genannt. Sie ist gerichtet auf die Interessen der Bezugsgruppen bzw. Betroffenen, mit denen eine Unternehmung durch ihre Aktivitäten verbunden ist (»stakeholder«). Dies sind sowohl Kunden wie auch Mitarbeiter, aber auch Lieferanten, Banken bis hin schließlich zu den Gruppierungen der Gesellschaft, in die die Unternehmung eingebettet ist und die von ihr und ihrer Betätigung betroffen sind. Eine solche Unternehmungspolitik ist weniger auf die Erhaltung bzw. Stärkung vorhandener, als vielmehr auf die Suche und Schaffung neuer Erfolgspotenziale gerichtet. Als Nutznießer erzielbaren Erfolges wird dabei nicht nur die eigene Unternehmung gesehen, sondern auch die genannten Bezugsgruppen. Daher werden erfolgspotenziale auch gelegentlich »Nutzenpotenziale«[5] genannt, wobei auch die Erreichung eines gesellschaftlichen Nutzens gemeint ist. Mit Nutzenvorstellungen dieser Art wird eine Fortschrittsorientierung intendiert im Sinne einer Verbesserung der Befriedigung der Interessen der Bezugsgruppen. Kirsch stellt ganz ausdrücklich eine Orientierung dieser Art in den Mittelpunkt seiner Forschungen um die »fortschrittsfähige« Unternehmung, die Strategisches Management betreibt.[6]

Die Wirkungen von unterschiedlichen Grundpositionen dieser Art als Kontextfaktoren für das Personal-Management lassen sich gut an den angeführten Extrembeispielen demonstrieren. Orientierungen, bei denen der Grundgedanke maximaler Nutzung der vorhandenen Ressourcen im Vordergrund steht, gehen davon aus, dass menschliche Arbeitsleistungen ein Einsatzgut im betrieblichen Leistungsprozess und dass die Personen, die diese Leistungen erbringen, in erster Linie ein kostenverursachender Faktor sind. Die benutzten Termini sind deutliche Indikatoren für das Menschenbild, das die hieraus abgeleitete Personalarbeit prägt: Die Unternehmung hat »Arbeitnehmer (Gewerbliche und Angestellte)«, nicht »Mitarbeiter«. Deren Förderung und Entwicklung ebenso wie die Berücksichtigung deren individueller Motive und Motivationen ist nur insofern von Interesse, als sie der Erreichung betrieblicher Ziele im Sinne der Erhaltung und Ausschöpfung vorhandener Wettbewerbsvorteile dienen. Eine gezielte Förderung der in der Unternehmung versammelten individuell unterschiedlichen Wissens- und Kreativitätspotenziale der Mitarbeiter als eines Motors der Unternehmungsentwicklung findet über das notwendige Maß hinaus nicht statt. Berichten und Erkenntnissen aus der Wirtschaftspraxis zufolge existieren Unternehmungen mit politischen Grundorientierungen dieser Art durchaus in nicht geringer Zahl; Firmen des Mittelstandes unter Leitung konservativer Eigentümer werden oft als Verbreitungsfeld genannt.

4 Bleicher (1992) 28 f.
5 Pümpin (1990) 260.
6 Vgl. Kirsch (1997).

Völlig anders geartete Wirkungen gehen von Politikorientierungen des anderen Extrems aus: Eine auf die zukunftsorientierte Entwicklung der Unternehmung bedachte Politik verlangt nach Strategien der Suche nach neuen Erfolgspotenzialen. Die Entwicklung neuer Wettbewerbsvorteile und die Überwindung von Widerständen, die sich dabei und vor allem bei der Strategieimplementierung ergeben können, verlangen besondere Mitarbeiterqualifikationen: Zukunftsoffenheit, Sensibilität für schwache Signale, Kreativität auch für de novo-Designs u. a. m. Mitarbeiter dieses Zuschnitts gilt es auf der Grundlage eines Menschenbildes vom entfaltungswilligen, verantwortungsbewussten, lernbereiten Mitarbeiter zu suchen und zu entwickeln. Auch eine solche Grundorientierung kann durch situative Gegebenheiten geboten werden

- dynamische bis turbulente Märkte und Umwelten mit hohem Risiko des Wandels auf mehreren Gebieten (Nachfrage, Bedürfnisse, Produkt- und Produktionstechnik etc.),
- komplexe, schwer überschau- und beherrschbare Umfelder, hoher Wettbewerbsdruck, gegebenenfalls rivalisierende Interessenten(gruppen), die mit Ansprüchen auf die Art der Unternehmungsaktivitäten und auf den Unternehmungserfolg auftreten,
- geringer Grad der Abschätzbarkeit zukünftiger Entwicklungen.

Die Realität der für Unternehmungen relevanten Situationsfaktoren sowie der in ihnen und für sie verfolgten grundlegenden Politikorientierungen dürfte häufiger zwischen den als auf diesen Extrempolen liegen.

2. Steuerungsgrößen einer Unternehmungsentwicklung

Welchen Verlauf eine Unternehmungsentwicklung nimmt, ist durch die dargelegten unternehmungspolitischen Grundorientierungen vorgeprägt. Eine Stabilisierungspolitik ist auf das Bewahren eingenommener Positionen ausgelegt: Auf das Ausschöpfen vorhandener Erfolgspotenziale unter Beibehaltung eher konservierender, innovationsscheuer Grundhaltungen.

Eine Fortschrittsorientierung dagegen schließt stets eine Suche nach neuen Erfolgspotenzialen ein, begleitet und ermöglicht durch Grundhaltungen, die auf allen Ebenen der Unternehmungskonfiguration Veränderungen zulassen resp. provozieren.

Jegliche Art von Unternehmungsentwicklung wird einerseits durch die einen Betrieb leitenden und in ihm beschäftigten Menschen in Gang gebracht und vollzogen, andererseits bringt jegliche Unternehmungsentwicklung Konsequenzen auch im Sinne von Anforderungen an das Humanpotenzial mit sich. Auch hierfür rücken Erfolgspotenziale und Grundhaltungen als Zentralfiguren für Unternehmungsentwicklungen in den Interessen-Mittelpunkt.

Erfolgspotenziale sind Wettbewerbsvorteile, mit denen die Wettbewerbsfähigkeit einer Unternehmung erhalten bzw. verbessert werden kann: Vorteile nicht nur des externen Marktauftrittes, sondern auch des internen Ressourceneinsatzes, wie auch der Nutzung betrieblicher Systeme und Strukturen, wie auch des Agierens von einem »besseren« Standort aus.

Der zweite Teil des Wortes »Erfolgspotenzial« weist auf das potenzielle d. h. in der Zukunft mögliche, angestrebte Erzielen von Erfolgen hin. Ausschlaggebend für die je spezifische Art von Unternehmungsentwicklung ist zweierlei: Zum einen, ob das Halten, gegebenenfalls Verbessern von **bestehenden** Erfolgspotenzialen, oder aber die Suche nach und das Schaffen von **neuen** Erfolgspotenzialen intendiert ist. Eine Stabilisierungspolitik tendiert stets zu ersterem.

Zum Zweiten ist Ausschlag gebend, wie inhaltlich Erfolg definiert ist und damit angestrebt wird. Im traditionellen betriebswirtschaftlichen Sinne ist Erfolg die Differenz zwischen Ertrag und Aufwand. Seine Entstehung zum Inhalt einer Zielsetzung zu machen und mit ihrer Erreichung die Bestands- bzw. Überlebenssicherung der Unternehmung anzustreben, wäre eine mögliche, erkennbar die traditionelle Variante. Erfolg ist aber auch anders definierbar: Etwa im Sinne von Vorteilen, die einerseits der Unternehmung erwachsen bei ihren Aktivitäten in Produkt-Markt-Kombinationen, bei ihrer Ressourcennutzung, beim Handhaben ihrer Führungssysteme, die andererseits gleichzeitig aber auch denen zugute kommen, die in und mit der Unternehmung zu tun haben (Mitarbeiter, Kunden u. a.). Erfolgspotenziale sind insoweit mögliche Vorteile, die zum Nutzen der Unternehmung und von der Unternehmung Betroffener erzielt und eingesetzt werden können. Sie reichen von Wettbewerbsvorteilen auf Absatzmärkten über einen qualitätssichernden und kostengünstigen Einsatz z. B. technischer Produktionsressourcen bis hin zum Praktizieren von Anreizsystemen, die von (potenziellen) Mitarbeitern geschätzt werden und der Unternehmung beim Suchen und Entwickeln von Personalpotenzial hilfreich sind.

Grundhaltungen konkretisieren die oben beschriebenen grundlegenden Orientierungen der Unternehmungspolitik, sie sind damit Elemente der Unternehmungsphilosophie. Sie sind Einstellungen, die wesentliche Aspekte auf allen Ebenen der Unternehmungsidentität betreffen.

Grundhaltungen betreffen sowohl Voraussetzungen als auch Konsequenzen des Unternehmungsgeschehens. Voraussetzungen, auf die Grundhaltungen sich richten, sind z. B. Innovationen generell, also Veränderungen von Produkten, von Produktionsverfahren im weitesten Sinne (also etwa auch in der Bewältigung von Managementaufgaben), von Management-Systemen.

Konsequenzen, die durch Grundhaltungen akzeptiert bzw. gelenkt werden, sind z. B. die Breite eines Angebots bzw. Sortiments, mit dem eine Unternehmung auf ihre Märkte geht, wie etwa auch die Risiken, die mit geschäftlichen Engagements (etwa an unterschiedlichen Standorten) eingegangen werden.

Offenkundig sind Erfolgspotenziale und Grundhaltungen voneinander nicht unabhängig; im Gegenteil: Grundhaltungen ermöglichen Erfolgspotenziale und bereiten sie vor. Dies betrifft zum einen die Frage, ob bestehende oder aber neue Erfolgspotenziale bewahrt bzw. geschaffen werden sollen, zum anderen auch die Art der Erfolgspotenziale: z. B. deren markt-, technologiebezogenen Innovationsgrad, den erforderlichen Ressourceneinsatz u. a. m. Ohne Stimmigkeit von Grundhaltungen und Erfolgspotenzialen sind Unternehmungsaktivitäten langfristig nicht ungefährdet vollziehbar.

3. Unternehmungsidentität

Unter **Unternehmungsidentität** wird die Summe derjenigen grundlegenden Eigenschaften und Merkmale einer Unternehmung verstanden, die zusammen die unverwechselbare Eigenart einer Institution ausmachen und sie dadurch von allen anderen Institutionen (auch gleicher Branche oder Größe) abheben. Der so vorläufig gefasste Identitätsbegriff steht erkennbar in Parallele zum Persönlichkeitsbegriff, der in der Psychologie auf einzelne Individuen bezogen wird. Die Zulässigkeit einer solchen Parallele wird u. a. aus der Tatsache hergeleitet, dass Identität auch im Staats- und Völkerrecht ihren festen Platz hat: Dort wird die Identität (auch »Kontinuität«) verstanden als die (rechtliche) Wesensgleichheit eines Staates trotz Wechsels der Staats-, Verfassungs- und Regierungsform, trotz innerstaatlicher Wandlungen mit möglicherweise erheblichen Veränderungen des Staatsgebietes und des Staatsvolkes.

Identitätsprägende Merkmale einer Unternehmung sind ihre Konfiguration, ihre Geschichte und ihre Kultur.

a) Unternehmungskonfiguration

Die **Unternehmungskonfiguration** besteht aus einer Mehrzahl von Ebenen (Aspekten), die in ihren Auswirkungen und in ihrem Zusammenwirken die Unternehmung als Ganzes ausmachen: ihre Funktionsbereiche, ihre Ressourcen (z. B. materieller, informationeller, finanzieller, personeller Art), ihre Strukturen und Systeme, die den Unternehmungsaufbau prägen und die in ihm ablaufenden Prozesse steuern, nicht zuletzt ihr Standort, dies sowohl im direkten, räumlichen Sinne wie auch im übertragenen Sinne (Standort in der Gesellschaft).

Faktische und mögliche Ausgestaltungen aller dieser Ebenen der Unternehmungskonfiguration werden durch Entwicklungen gesteuert, die ihrerseits durch spezifische Grundhaltungen maßgeblich bestimmt sind.

In Funktionsbereichen z. B. der Forschung und Entwicklung, des Absatzes, der Produktion, der Beschaffung betreffen Grundhaltungen die Einstellung, die in einer Unternehmung herrscht und zwar bezogen auf die Spezialisierung zum einen und auf Neuerungen (die Neigung, Innovationen zu realisieren) zum anderen. Das Verbleiben bei einem oder wenigen Produkten, Produktionsweisen, Beschaffungsgütern kennzeichnet den Spezialisten, das Streben nach Vielfalt auf diesen Gebieten den Generalisten. Bezogen auf Neuerungen verläuft das Kontinuum möglicher Ausprägungen von konservativ (innovationsscheu bis -feindlich) bis hin zu progressiv, d. h. aufgeschlossen gegenüber Neuerungen, im Extremfall jeglicher Art (von Produkt- über Verfahrens- bis hin zu Sozialinnovationen). Bei Kombinationen dieser Grundhaltungen können fünf unterschiedliche Typen von Unternehmungen unterschieden werden, wie dies in der folgenden Matrix (vgl. Abbildung 183) formal dargestellt ist.

Auf der Unternehmungskonfigurations-Ebene der **Ressourcen** betreffen Grundhaltungen die Einstellung z. B. zum Einsatz und zur Nutzung von Technologien (Darstellungsweise hierfür sind z. B. Technologie-Portfolios), aber auch – hier insbesondere von Interesse – Einstellungen zum **Humanpotenzial**. Letztere sind gleichbedeutend mit vorherrschenden Menschenbildern, z. B. denen, die eingangs (vgl. Kap. B.I.1) erwähnt wurden: rational man, social man, complex man. Sie äußern sich im unterschiedlichen Umgang mit den in einer Unternehmung versammelten Humanpotenzialen. Dass Einstellungen dieser Art Folgen haben hinsichtlich der Art und Weise von Personalarbeit, Personal-Management, liegt auf der Hand und wird im Folgenden zu behandeln sein.

Auf der Ebene der **Systeme**, die eine Unternehmung schafft und praktiziert, können Grundhaltungen zum einen den Grad der Zentralisierung, zum anderen den Organisationsgrad, d. h. Inhalt und Umfang organisatorischer Regelungen betreffen. Mögliche Kombinationen sind auch hier wiederum in einer Matrix darstellbar.[7]

---

7 Vgl. Kirsch (1990) 289 f.

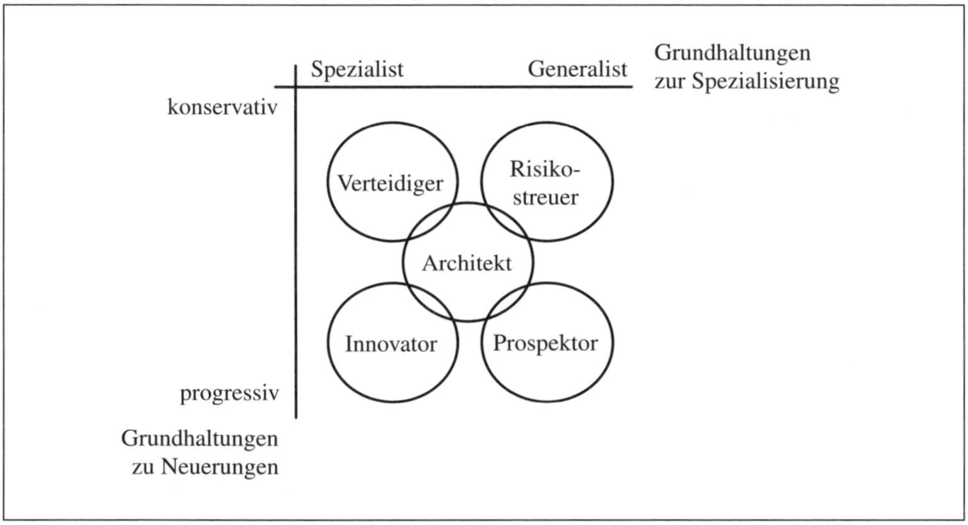

Quelle: In Anlehnung an Miles/Snow (1978); entnommen aus Kirsch/Trux (1981) 300.

Abb. 183: Typen strategischer Grundhaltungen

Weitere Ebene der Unternehmungskonfiguration ist die des **Standortes**. Hier sind bezüglich des Standortes in räumlich-regionalem Sinne z. B. Grundhaltungen maßgebend, die sich auf die Platzierung des Firmensitzes und damit auch auf die Möglichkeiten beziehen mögen, die mit unterschiedlichen Varianten internationaler Geschäftstätigkeit verbunden sind. So würde beispielshalber eine Unternehmung, die bereit ist, Risiken zu übernehmen und auf Kontrollen gegebenenfalls zu verzichten, eher dazu neigen, Produktionsgesellschaften ins Ausland zu verlegen, internationale Joint Ventures zu praktizieren u. a. m.

Was den Standort im übertragenen Sinne (Standort in der Gesellschaft) angeht, so würden hier unterschiedliche Grundhaltungen insbesondere die Einstellung von Unternehmungen zur Übernahme von Verantwortung in der Gesellschaft und für ihre Bezugsgruppen betreffen. Eine direkte Verbindung zu den oben diskutierten grundlegenden Politik-Orientierungen (Bestandssicherung vs. Fortschrittsorientierung) ist unübersehbar.

Die Zusammenhänge, die die Steuerungsgrößen einer Unternehmungsentwicklung zwischen der Unternehmungspolitik einerseits und der Unternehmungsidentität andererseits herstellen, versucht Abbildung 184 zu verdeutlichen. Danach ist die grundlegende Politik-Orientierung sowohl maßgeblich dafür, welche Grundhaltungen verfolgt werden, wie auch dafür, welche Erfolgspotenziale gepflegt bzw. gesucht werden. Zudem wird Letzteres auch durch die Grundhaltungen gesteuert und beeinflusst (vgl. den senkrechten Pfeil in Abbildung 184). Die Grundhaltungen sind bestimmend für Intention und Ergebnis von Gestaltungen der Unternehmungskonfiguration auf allen ihren Ebenen (vgl. die waagerechten Pfeile in Abbildung 184 und damit für Entwicklungen und Veränderungen der Unternehmungsidentität.

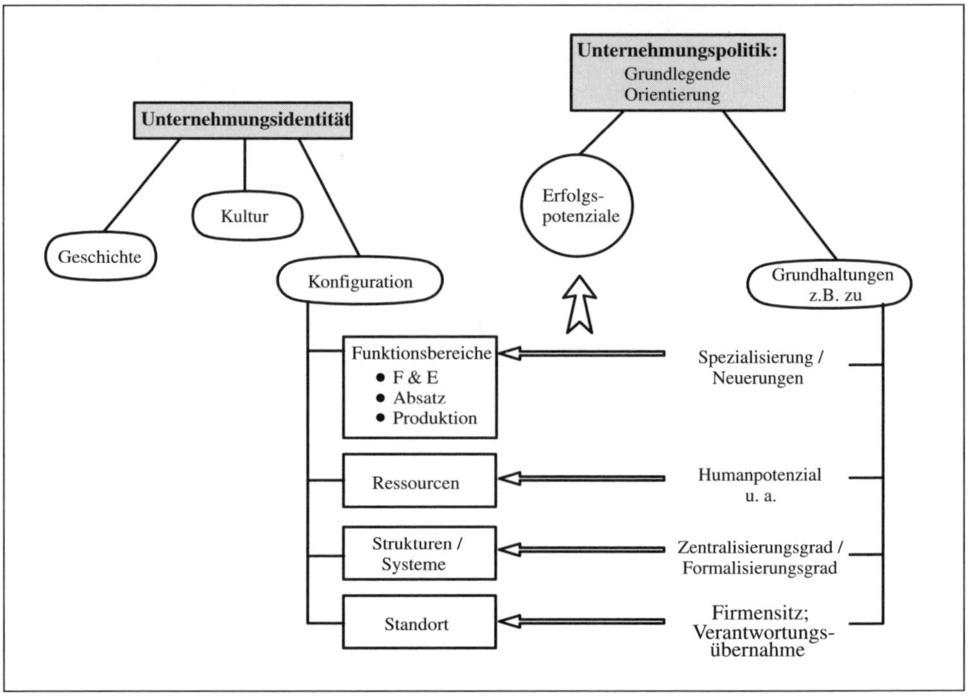

Abb. 184: Zusammenhänge zwischen Unternehmungspolitik und Unternehmungsidentität

b) Unternehmungsgeschichte

Jede Gegenwart eines gesellschaftlichen Systems ist durch ihre Vergangenheit mitbestimmt – jede Unternehmung und ihre heutige Identität insoweit auch durch ihre Geschichte. Diese Geschichte äußert sich in der Abfolge und Entwicklung derjenigen Merkmalsausprägungen, die eine Unternehmung auf den Ebenen ihrer Konfiguration charakterisieren. Sie äußert sich auch in den eingenommenen Positionen bezüglich grundlegender Orientierungen der Unternehmungspolitik und mit ihnen verbundener Grundhaltungen und aus den Erfahrungen hiermit. Alle diese Entwicklungen sind teilweise geplant vor sich gegangen, können sich aber auch – wenigstens partiell – ohne bewusst darauf gerichtete Entscheidungen (»evolutorisch«) ereignet haben. Wichtig für die Geschichte einer Unternehmung, ihre Etappen und Episoden, sind sehr häufig herausragende Persönlichkeiten, die maßgeblichen Einfluss auf diese Entwicklungen genommen haben (Gründer, Unternehmer, Spitzenmanager) und die nicht selten in Überlieferung, in Erzählungen oder Mythen fortleben.

c) Unternehmungskultur

Anfang der 80er Jahre begann sich die Erkenntnis durchzusetzen, dass nicht allein hergestellte und angebotene Produkte, organisierte Unternehmungsstrukturen, rational konstruierte (z. B. Planungs-)Systeme erfolgbestimmend sind. Mittlerweile hat sich diese Erkenntnis etabliert, so dass neben diesen »harten« Faktoren zunehmend auch »weiche« diskutiert werden, für die sich die Überzeugung verstärkt, dass sie gemeinsam die Identität einer

Unternehmung prägen, zudem für Mitarbeiter handlungsleitend sind und dadurch letztlich erfolgsbeeinflussende Wirkung entfalten. Die Diskussion hierüber wird unter dem subsumierenden Begriff der »Unternehmungskultur« (Organisationskultur) geführt.

Als gemeinsamer Nenner der meisten Versuche, **Unternehmungskultur** zu definieren, kann etwa die folgende Formulierung gelten: Unternehmungskultur ist die Summe der von den Mitarbeitern einer(s) Unternehmung(steils) gemeinsam getragenen **Wertvorstellungen**, **Normen** und **Verhaltensmustern**. Sie kommt zum Ausdruck in sichtbaren Erkennungszeichen (Schein: »Artifacts«) wie der Art des Umgangs der Mitarbeiter in ihren gemeinschaftlich gepflegten Verhaltensweisen, Gebräuchen, Bekleidungsgewohnheiten, Sprachregelungen, aber auch in solchen Dingen wie der Gebäudearchitektur. Diese »Oberflächenstruktur«[8] macht eine spezifische Unternehmungskultur nach außen hin deutlich. Sie ist auch für Außenstehende wahrnehmbar, jedoch ist das dahinter stehende »Warum« oft nicht leicht zu deuten. Dieses Warum wird durch Werte und Normen gesteuert, das sind Präferenzen für Ziele, Handlungsmaximen, Verhaltensvorschriften. Sie sind in stärkerem Maße unbewusst und auf einer höheren Abstraktionsebene angesiedelt (vgl. dazu die folgende Abbildung 185).

Maßgeblich dafür, dass solche Werte und Normen gelten, sind nochmals hinter diesen stehende grundlegende Annahmen, die von den Unternehmungsmitgliedern als selbstverständlich vorausgesetzt und daher nicht mehr hinterfragt werden. Sie richten sich auf die Realität und den Sinn der Unternehmung, darauf, was als Triebfeder menschlichen Handelns und als Hintergrund menschlicher Beziehungen gesehen wird. Beispiele hierfür sind in westlichen Kulturen die Unterordnung der Natur unter menschliche Bedürfnisse, die grundlegende Annahme individualistischer, auf Leistungen und Wettbewerb gerichteter Beziehungen, rationale Begründbarkeit und Beweisbarkeit von Handlungen.

Die inhaltlichen und steuerungswirksamen Parallelen zwischen den »grundlegenden Orientierungen« und »Grundhaltungen« als Elementen der Unternehmungspolitik einerseits und den »grundlegenden Annahmen« sowie »Werten und Normen« als Elementen der Unternehmungskultur andererseits sind unübersehbar. Beide Elementgruppen sind nicht notwendig und von vornherein identisch. Dies ist nur der Fall, wenn grundlegende Politik-Orientierungen aus den grundlegenden Annahmen und den Werten und Normen der Unternehmungskultur korrespondierend entstanden, gewachsen sind, ebenso nachfolgend die Grundhaltungen, mit denen auf allen Ebenen der Unternehmungsidentität die Unternehmungsentwicklung vorangetrieben wird. Dann kann von »Stimmigkeit« zwischen der Unternehmungspolitik und der -kultur gesprochen werden.[9]

Für das Auslösen politisch gewollter Effekte und ihr wirksames Installieren dürfte eine solche Stimmigkeit als erforderlich zu erachten sein. Ist sie nicht vorhanden (»misfits«), sind kontraproduktive Effekte zu erwarten und in der Folge Versuche entweder eine Änderung der Unternehmungskultur (s. u.) oder eine Anpassung der Unternehmungspolitik an die -kultur.

»Die Kultur verleiht der Unternehmung ihre eigene, unverwechselbare Systemidentität – nach innen wie nach außen.«[10] Sie bewirkt nach außen die Möglichkeit der Anpassung und des Überlebens z. B. durch das Nutzen von Erfolgspotenzialen für das Erlangen und

8 Bleicher (1986a).
9 S. Scholz/Hofbauer (1990) 85 ff.
10 Bleicher (1986a) 100.

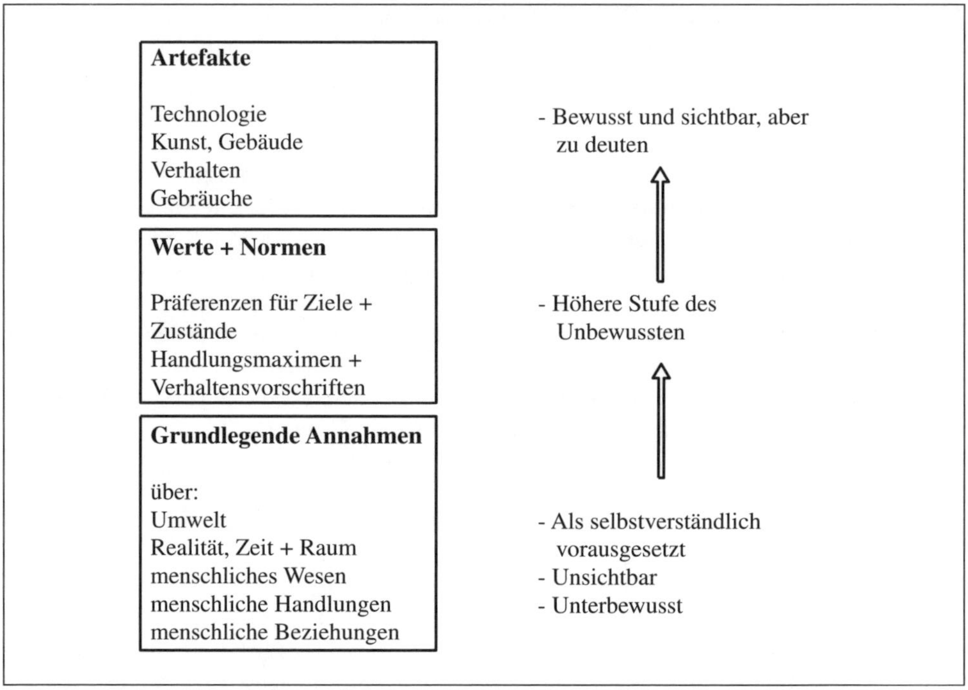

Quelle: In Anlehnung an Schein (1984). Entnommen aus Bleicher (1986a) 100.

Abb. 185: Unternehmungskultur (Ebenen, Interaktionen)

Verteidigen einer Marktstellung. Wie dies geschieht, ist kulturgeprägt: Die Verteidigung der Marktstellung kann aggressiv oder aber defensiv sein, die angestrebte Marktstellung ihrerseits entweder stark oder aber schwach.

Nach innen bewirkt eine Kultur die Integration der Systemmitglieder und damit das Funktionieren der Institution. Von ihr gehen insofern Sozialisationseffekte aus, die neue Mitglieder »einpassen« – dadurch wird andererseits wiederum die bestehende Kultur stabilisiert.

Exkurs: Änderungen der Unternehmungskultur, Zusammenhänge mit dem Personal-Management

Änderungen der Unternehmungskultur gelten – bewusst initiiert und durchgeführt – als schwierig. Überlegungen und Versuche sollten auch nicht von einer instrumentellen Sicht der Unternehmungskultur und ihrer generellen und jederzeitigen Manipulierbarkeit ihren Ausgang nehmen.

Davon unabhängig aber ist die grundsätzliche Einsicht in eine möglicherweise von Zeit zu Zeit auftauchende, vom Vorliegen bestimmter Situationsfaktoren ausgehende Änderungs**bedürftigkeit** der Unternehmungskultur. Ob und wie Wandlungen in Gang gesetzt und vollzogen werden können, ist eine Frage der Änderungs**fähigkeit** (auf sie wird unten einzugehen sein).

Zwei Gruppen von Situationsfaktoren sind es, die eine Unternehmungskultur änderungs**bedürftig** machen können.

(1) Plötzlicher Problemdruck:
- Misfits zwischen der Kultur einerseits, der Unternehmungspolitik, dem -image und der Umwelt andererseits können ihn verursachen.
- Er kann von den Absatz-, Beschaffungs-, Arbeitsmärkten herrühren, auch von Kapitalgebern erzeugt sein.
- Er mag von disfunktionalen Wirkungen herrühren, die interne Strukturveränderungen mit sich gebracht haben.

(2) Auslöseereignisse: Beispielhaft wären zu nennen:
- Umwelt-Kalamitäten (Natur-, wirtschaftliche Katastrophen) und -Gelegenheiten (technologische Durchbrüche),
- Management-Krisen,
- Revolutionen: nicht nur externe, auch interne wie z. B. das
Ausscheiden des Firmengründers oder der Arbeitsbeginn einer neuen Führungsmannschaft.

Es besteht kein Zweifel daran, dass Unternehmungskulturen sich ändern. Änderungs**fähigkeit** zielt auf den Prozess des bewussten, gewollten, gesteuerten Wandels. Er ist hier deswegen von Interesse, weil Prozesse dieser Art, sollten sie möglich sein, besonders deutlich im Zusammenhang mit dem Personal-Management zu sehen sind.

Als wandlungsfähig gilt eine Kultur dann, wenn (1) eine Vision von der zukünftigen Unternehmungskultur vorhanden ist, und (2) Unterstützungsbedingungen vorliegen: Für **externe** Bedingungen bieten Inkongruenzen zwischen der Beschaffenheit relevanter Umweltsysteme und ihrer internen Handhabung durch die Unternehmung (z. B. bei Konzentrationstendenzen auf Beschaffungsmärkten, auf denen eine Unternehmung traditionsgemäß dezentral eingekauft hat) Beispiele. **Interne** Bedingungen sind neben einem »slack« an Ressourcen für den Wandel die Bereitschaft des Systems für den Wandel; das ist unter anderem der Wille der Mitarbeiter, die mit den unvorherzusehenden Risiken verbundene Angst auf sich zu nehmen.

Der Wandel selbst benötigt ein Aktionssystem für Interventionen zum Induzieren, Bewerkstelligen und zum Stabilisieren neuer Kulturelemente. Letztere liegen auf den oben erwähnten drei Ebenen der Oberflächenstruktur (Artefakte), der Werte und der grundlegenden Annahmen.

Zwischen dem Personal-Management und dem internen Kontextfaktor der Unternehmungskultur bestehen Wechselbeziehungen der folgenden Art:

- Die Unternehmungskultur prägt das Personal-Management z. B. mit grundlegenden Annahmen, die sich auf die Mitarbeiter beziehen. Sie können aus einer Grundmaxime einer als selbstverständlich empfundenen Fürsorgepflicht seitens der Unternehmung bestehen (In Unternehmungsgrundsätzen, falls vorhanden, mag dies plakativ heißen: »Ein treuer und qualifizierter Mitarbeiterstamm ist unser kostbarstes Gut, das es zu pflegen gilt.«). Eine diametral anders lautende Grundannahme und -haltung ist ebenso denkbar. Maßgeblich wird die jeweils vorliegende Grundhaltung durch die verfolgte Politik-Orientierung determiniert (vgl. Kap. F.I.1):
Der prägende Einfluss besteht aus Konsequenzen, die aus grundlegenden Annahmen für (nicht) etablierte (auch: zu etablierende) Personal-Management-Systeme resultieren, z. B. für Fortbildung, für Karriereplanung und für die Art und Weise, wie in ihnen und mit ihnen gearbeitet wird.
- Personal-Management ist andererseits selbst Bestandteil der Unternehmungskultur. Denn Verhalten gehört zu den Artefakten, zur »Oberflächenkultur« (wie Kleidung, Sprache,

Riten), in denen die Werte der Kultur ausgedrückt werden. Personal-Management ist ja selbst z. T. Verhalten in der Art und Weise, in der Personalarbeit vollzogen wird und zum Ausdruck kommt: im Führungsverhalten der Vorgesetzten, in der Systemhandhabung, dort z. B. in den Gepflogenheiten, Riten und Techniken der Personalrekrutierung und -auswahl, in Tatsache und Art des Trainings, gewährter finanzieller Anreize.

Diese Wechselbeziehungen prädestinieren das Personal-Management zu einem Teilsystem der Unternehmung, das drei Assistenz-Funktionen übernehmen kann für das

- Stabilisieren bestehender Kulturelemente, für das
- Induzieren neuer Kulturelemente wie auch für das
- Bewerkstelligen von Änderungen der Unternehmungskultur mit neuerlichem Stabilisieren.

Personal-Management ist insofern Teil des politischen Systems der Unternehmung (bzw. kann dazu gemacht werden), und zwar in jedem Falle, d. h. unabhängig von Inhalt und Art der intendierten oder sogar notwendigen Änderungen der Unternehmungskultur (wobei Notwendigkeit wieder durch Problemdruck (s. o.) erzeugt wird wie z. B. bei gravierenden, überlebenskritischen »misfits« zwischen der Unternehmungspolitik und den Kultur-Grundwerten).

Den »Human Resources« wird der Charakter der »software« des Systems beim Übergang von einer bislang faktischen zu einer gewünschten Unternehmungskultur zugeschrieben: Ihnen komme zentrale Bedeutung zu.

Personal-Management kann bei jeglicher Art der Kulturänderung involviert werden, sowohl bei Kultur-Revolutionen wie auch -Evolutionen. Das schlagartige Auswechseln von Personen auf strategisch wichtigen Positionen ist eine häufig zu beobachtende Form einer Kultur-Revolution; diese ist oft notwendig, wenn weder Zeit noch Mittel für längerfristig evolutorisch angelegte Änderungsprozesse zur Verfügung stehen. Der Personalwechsel macht Aktionen der Personalsuche und -auswahl – Tätigkeiten des Personal-Management also – erforderlich.

Für Kultur-Evolutionen, d. h. wenn ausreichend Zeit für längerfristige Wandlungsprozesse vorhanden ist, kann Personal-Management in vielfältig unterschiedlicher Weise tätig sein und aktiv werden und damit Evolutionen in Gang setzen und unterstützen:

- Führungskräfte, vor allem Meinungsführer, können durch ihr Verhalten Vorbildrollen übernehmen und gewünschte Kulturelemente demonstrieren. Es wird behauptet, dass »Führungskräfte eine zentrale Rolle im Prozess der Kulturbildung darstellen«.[11]
- Eine neue Kultur enthält oft eine neue »Mission«; etwa in Form eines Leitspruches für ein Erfolgspotenzial: Sie kann u. a. durch geeignete Formen der Fortbildung vermittelt werden.
- Auch mit gezielten Versetzungsmaßnahmen kann viel bewirkt werden:
  - Eine systematische Karriereplanung überhaupt vermag Akzente zu setzen.
  - Versetzungen von Mitarbeitern in spezielle Projektgruppen (z. B. Task Forces) mit subsystemübergreifenden Beziehungen können Kooperationen und Verständnis für andersartige Subkulturen wecken und stärken.

---

11 Vgl. Bleicher (1986) 761.

- Ähnliches ist mit Rotationen zwischen unterschiedlichen Subsystemen (Sparten, Konzernfirmen) zu bewirken.

– Mit speziell konstruierten **Anreizsystemen** kann wertkonformes Verhalten provoziert und unterstützt werden.

Unternehmungspolitik und -identität stehen in einem wechselseitigen Zusammenhang, wie gezeigt wurde. Dieser ist zu erweitern durch das **Unternehmungsimage** d. h. diejenige Vorstellung, die über eine Unternehmung in der Öffentlichkeit bei den Geschäftspartnern, wie auch bei den eigenen Mitarbeitern existiert. Alle diese Personengruppen machen sich jeweils ihr Bild von der Unternehmung. Diese Bilder müssen nicht miteinander übereinstimmen. Ebenso können Diskrepanzen (misfits) existieren zwischen den Images, der Unternehmungsidentität und -politik. Diese Zusammenhänge sind ihrerseits nochmals beeinflusst (auch dies wechselseitig) durch die Unternehmungsumwelt und ihre Dimensionen von Politik, Wirtschaft, Gesellschaft, Wissenschaft.

In Abbildung 186 ist mit Pfeilen das vielgestaltige Geflecht der (zumeist Wechsel-)Beziehungen zwischen der Identität, der Politik und dem Image einer Unternehmung und seinem Umfeld angedeutet. Sie bringt u. a. auch zum Ausdruck, dass zwischen internen und externen Kontextfaktoren Zusammenhänge bestehen, ebenfalls wiederum wechselseitiger Art.

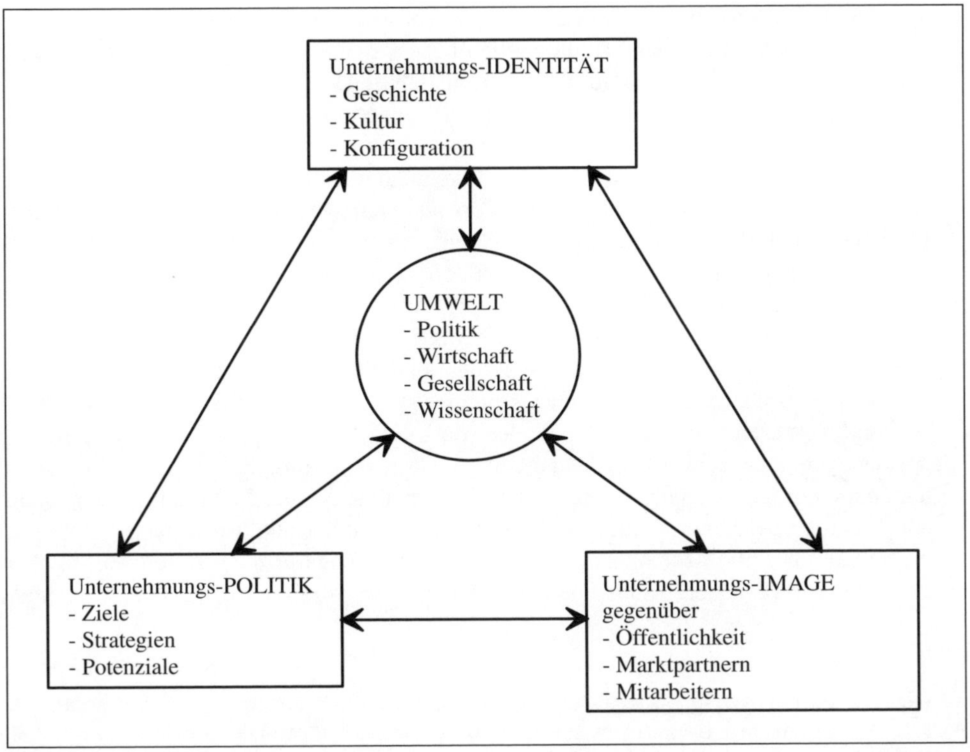

Quelle: In Anlehnung an Trux (1980) 68.

Abb. 186: Die Zusammenhänge zwischen Unternehmungs-Kultur, -Politik, -Image und Umwelt

II. Strategisch-orientiertes Personal-Management

Bei der strategischen Führung handelt es dabei um eine prinzipiell langfristig und gesamthaft orientierte, schrittweise Steuerung, Gestaltung und Entwicklung von betrieblichen Erfolgspotenzialen mit Hilfe von Strategieformulierung und Strategieimplementierung (Prozessphasen).[12] Seit etwa 1980 werden einige der personellen Gestaltungsparameter verstärkt unter strategischen Aspekten betrachtet.[13] Dies geschieht in unterschiedlichen Formen und Blickrichtungen.

Zunächst lassen sich drei Abhängigkeitsformen des Personal-Management und der strategischen Führung feststellen:

- Eine einseitige Abhängigkeit des Personal-Management von der Unternehmungspolitik in dem Sinne, dass das Personal-Management eine dienende **derivative Funktion** erfüllt im Sinne der Bereitstellung und Pflege desjenigen Personals, das im Betrieb aufgrund der Politik, die er verfolgt, benötigt wird. Drumm nennt dies den »ökonomischen Standpunkt«,[14] der im Übrigen nicht selten als normal behauptet wird.[15] Die im Rahmen des derivativen Aspekts zu bearbeitenden Fragestellungen stellen eine Folgeplanung dar, deren wesentliche Determinanten v. a. außerhalb des Personal-, Organisations- und Kontrollbereichs liegen. Strategien (basierend z. B. auf Teilplanungen des Absatz- und Produktionsbereichs) werden in konkrete Personalplanungsgrößen oder Organisationsformen sowie Kontrollgrößen transformiert. Diese Vorgehensweise ist insofern verständlich, als es dem traditionellen betriebswirtschaftlichen Verständnis folgt, was gleichbedeutend damit ist, dass diese Konstellation kennzeichnend ist für die grundlegende Orientierung der Unternehmenspolitik im Sinne der Bestands- bzw. Überlebenssicherung.
- Die zweite einseitige Abhängigkeitsform besteht dann, wenn das umgekehrte Verhältnis vorliegt, d. h. wenn ein (strategisches) Personal-Management die zentrale **originäre Funktion** darstellt: Vom »humanen Standpunkt aus werden die im Betrieb beschäftigten Menschen als eine eigenständige, nicht beliebig beschaffbare Ressource betrachtet, mit der man je nach Anzahl und Fähigkeiten unterschiedliche Marktaufgaben erfolgreich bewältigen kann«.[16] Der originäre Charakter wird durch die funktionale Einbeziehung der Personal- und Organisationsstrategie in die Unternehmungspolitik betont. Eigenständige Zielsetzungen (z. B. ausgeglichene Personalstruktur, Anreizelement »divisionale Strukturen«) sowie Möglichkeiten und Risiken des Personal- und Organisationsmanagements beeinflussen dann die Strategieformulierung. Bei dieser Konstellation bilden die vorhandenen bzw. potenziellen Personalressourcen die Prämissen für Inhalt und Richtung der Unternehmungspolitik. Diese Konstellation dürfte eine in der Praxis nur selten (eher als Ausnahme) anzutreffende Anpassungsform darstellen. Ein solcher Fall wäre z. B. gegeben, wenn eine Unternehmung aufgrund dramatisch verschlechter-

12 Vgl. bspw. Kirsch (1997); Becker/Fallgatter (2004).

13 S. bspw. Tichy/Fombrun/Devanna (1982); Fombrun/Tichy/Devanna (1984); Lorange/Murphy (1984); Golden/Ramanujan (1985); Ackermann (1985), (1987); Staffelbach (1986); Laukamm/Walsh (1985); Elšik (1992); Ridder u. a. (2001).

14 Vgl. Drumm (2000) 650.

15 Vgl. Staehle (1999) 796 f.

16 Drumm (1995) 552.

ter Marktlage eine Produktpalette aufgibt, für die in der Vergangenheit hoch qualifiziertes Forschungs- und Entwicklungspersonal zahlreich erforderlich war. Diese vorhandene Personalressource zum Ausgangspunkt für Überlegungen zu nehmen, welche neuen Produkte mit ihr produzierbar wären, wäre das genaue Gegenteil einer Personalpolitik der ersten Art, nach der eine Entlassung dieses gesamten Mitarbeiterstammes die sozusagen notwendige Politikfolge wäre. Im Beispiel könnte etwa daran gedacht werden, eine neue Unternehmung zu gründen, die spezielle Forschungs- und Beratungsleistungen anbietet.

- Dritte Abhängigkeitsform ist die **wechselseitiger Beziehungen zwischen Unternehmungs- und Personalpolitik**. Mit ihnen werden Unternehmungs- und Personalstrategien interaktiv entwickelt. Erste, auf die Gesamtunternehmung bezogene, politische Vorüberlegungen werden den vorhandenen bzw. potenziellen personellen Ressourcen gegenübergestellt, auf ihre personellen Konsequenzen und ihren Einklang mit möglichen Personal-Strategien hin untersucht. Eine solche interdependente Form der Beziehungen zwischen Unternehmungspolitik und Personal-Management ist typischerweise kennzeichnend für die grundlegende Politikorientierung einer auf Fortschritt gerichteten Unternehmungsentwicklung. Sie geht zumeist mit dazu korrespondierenden Grundhaltungen einher, die gekennzeichnet sind z. B. durch Offenheit gegenüber Neuerungen sowohl in Form von Produkt-/Markt-Kombinationen, von Produktions- oder auch Managementtechniken, Änderungen von Strukturen und Systemen.

Allerdings lässt sich auch noch eine andere Beziehungsstruktur feststellen: Unternehmungsgesamtstrategie und Personalstrategie existieren unverbunden nebeneinander.

Prinzipiell können dem Personal-Management im strategischen Kontext vier **Funktionen** zukommen:[17]

- Vor Einführung einer strategischen Führungskonzeption sind die Mitarbeiter mit den Besonderheiten einer strategischen Führung, mit den Zielen, mit den Aufgabenstellungen (z. B. Früherkennung) und mit den Instrumenten (z. B. Analysetechniken) vertraut zu machen. Das Personal-Management ist dann Bestandteil einer Einführungsstrategie (= **Einführungsfunktion**).
- Während der Praktizierung der strategischen Führung bedarf es zumindest auf den höheren Managementebenen einer Fähigkeit und Bereitschaft zu undogmatischem Denken und zur grundsätzlichen Infragestellung bestimmter, verfolgter strategischer Orientierungen und Strategien. Unabhängig von diesen Vorgaben sollten die Mitarbeiter durch das Personal-Management für die strategische Führungsphilosophie sensibilisiert und ihnen die Qualifikationen zu strategischem Denken und Verhalten vermittelt werden (= **Sensibilisierungsfunktion**).
- Strategieformulierungen erfordern unterschiedliche strategische Orientierungen der Geschäftsbereiche und damit prinzipiell unterschiedliche Qualifikationsprofile der Führungskräfte. Das Personal-Management soll durch gezielte Maßnahmen die strategische Richtung einer Organisationseinheit und die zu formulierenden Strategien durch Maßnahmen mit beeinflussen (= **Initiativfunktion**).

17 S. Becker, F. G. (1988a) 45 ff.; ähnlich geht bspw. Ulrich (1997) mit seinem Rollenkonzept vor.

– Ähnliches trifft für die Strategieimplementierung zu, wenn auch andere Qualifikationsinhalte und Aufgabenstellungen maßgebend sind. Qualifikationen und Qualifizierungen sollen die Implementierung sichern helfen (= **Sicherungsfunktion**).

Mit der Einführungs- und der Sicherungsfunktion wird der derivative sowie mit der Initiativfunktion der originäre Charakter im strategischen Führungsprozess angesprochen. Beide Aspekte ergänzen sich.

Insgesamt lassen sich drei Begriffsvarianten unterscheiden, die den Zusammenhang von strategischer Führung einerseits und strategischem Personal-Management andererseits angehen:[18]

In der Literatur lassen sich drei unterschiedliche Begriffsverständnisse differenzieren:

a) Strategisches Personal-Management,
b) Strategieorientiertes Personal-Management und
c) Strategisch-orientiertes Personal-Management.

Zu a): **Strategisches Personal-Management**
Unter einem strategischen Personal-Management wird i. d. R. eine auf die Zukunft bezogene derivative Beobachtung, Analyse und Planung des quantitativen und qualitativen Personalbestands (v. a. im Rahmen einer strategischen bzw. langfristigen Personalplanung) verstanden.[19] Hiermit ist letztlich nur die eher langfristig ausgerichtete Personalplanung zu verstehen. Sie unterscheidet sich nicht wesentlich von der »normalen« Personalplanung.

Zu b): **Strategieorientiertes Personal-Management**
Ein strategieorientiertes (bzw. strategiegerechtes) Personal-Management bezieht nur derivative Maßnahmen zur Implementierung bereits formulierter Strategien ein: Die Personalfolgt der Unternehmungsstrategie i. S. einer Funktionsbereichsstrategie.[20] Es beschränkt sich somit nur auf eine Teilphase der strategischen Führung. Im so genannten **Michigan-Konzept** findet sich diese Sichtweise vor. Sie wird von sehr vielen Autoren vertreten. Das Konzept des strategischen Human Resource Management beinhaltet zwar eine integrative Verknüpfung von Unternehmungsstrategie, Organisationsstruktur und Human Resource Management. Die Unternehmungsstrategie hat allerdings zeitliche und inhaltliche Priorität. Die Organisationsstruktur und die Personalstrategie leisten so v. a. einen Beitrag zur Strategieimplementierung.[21] Die Funktion des Personal(-Management) als Objekt im Rahmen der strategischen Analyse und Prognose (Stärken und ggf. behebbare Schwächen), als Entscheidungskriterium und als Determinanten für die Strategieformulierung (bspw. Anreize für risikoreichere Strategien, Person X als Garant für eine konservative Strategie) werden hier wie auch von anderen Autoren nicht thematisiert. Insofern ist dieses Konzept nur eingeschränkt verwendbar. Abbildung 187 (S. 563) zeigt die Zusammenhänge auf.

Wie weit eine solche derivative Ableitung gehen kann, demonstriert das Beispiel aus Abbildung 188 (S. 563).[22] Hier ist je nach strategischer Grundausrichtung das normierte

18 S. Becker, F. G. (1988) 198, (1988a) 46 ff., auch Staehle (1999) 796 ff.
19 S. bspw. v. a. die älteren Quellen von Weinmann (1978); Thielenhaus (1981); Scholz (1982); aber auch Staffelbach (1986) 101 ff.; Lattmann (1986) 27 ff., Krulis-Randa (1986) 4 ff.; Hinterhuber (1986).
20 S. z. B. Walker (1980) 80 ff.; Wissema/Brand/van der Pol (1981); Smith (1982); Rieckhof (1986).
21 S. Devanna/Fombrun/Tichy (1984).
22 S. Bühner (1987). Vgl. zu ähnlichen Vorgehensweisen auch Ackermann (1985) 347 ff.; Baird/Meshoulam (1988); Klimecki/Gmür (2001).

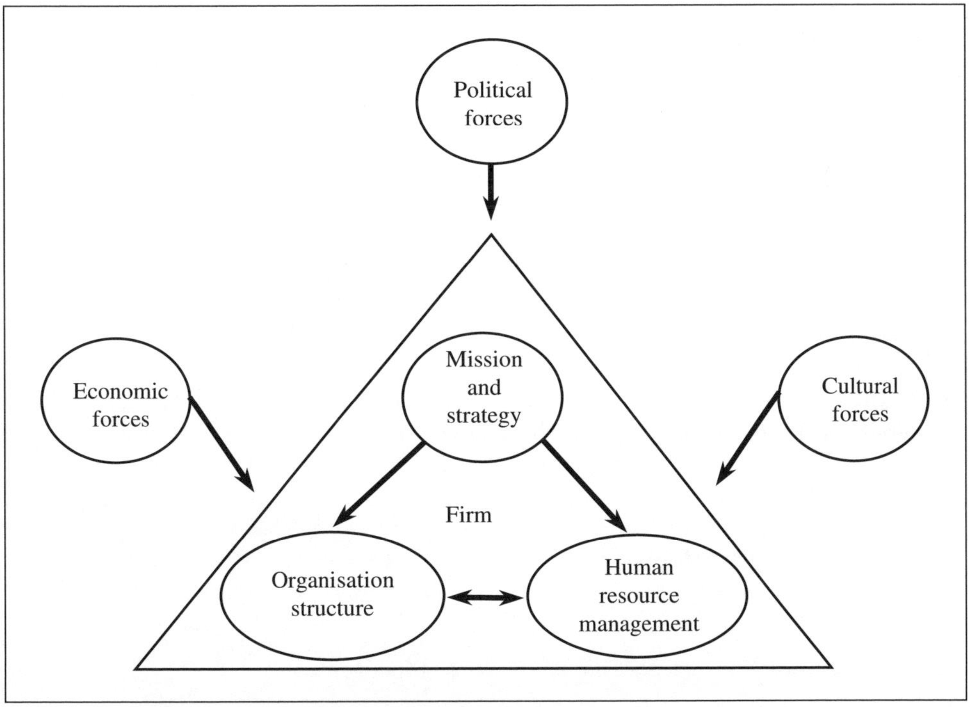

Quelle: Devanna/Fombrun/Tichy (1984) 35.

Abb. 187: Michigan-Konzept des Human Resource Managements

	Verteidiger	*Angreifer*	*Analytiker*	*Reaktor*
Strategisches Verhalten	Positionierung in einer Marktnische bei bestmöglicher Kundenbefriedigung	Entwicklung neuer Produkte und rasche Markteinführung	Aufbau stabiler Produkt-Markt-Beziehungen und wohlüberlegter Zweiter im Markt	Passive Produkt-Markt-Politik und vergleichsweise geringe Risikobereitschaft
Personalorientierung	- kurzfristige Personalplanung - externe Personalbeschaffung - geringe Personalentwicklung	- Betonung von Personalmarketing - formale Personalauswahl und -bewertung zur Personalentwicklung - monetäre Anreize	- langfristige Personalplanung - hohe Personalentwicklung durch Schulung und Weiterbildung - interne Personalbeförderung	- sporadische Personalplanung - informale Personalauswahl, -beurteilung und -entwicklung - monetäre Anreize

Quelle: Bühner (1987) 251.

Abb. 188: Personalorientierung bei unterschiedlichen Strategien

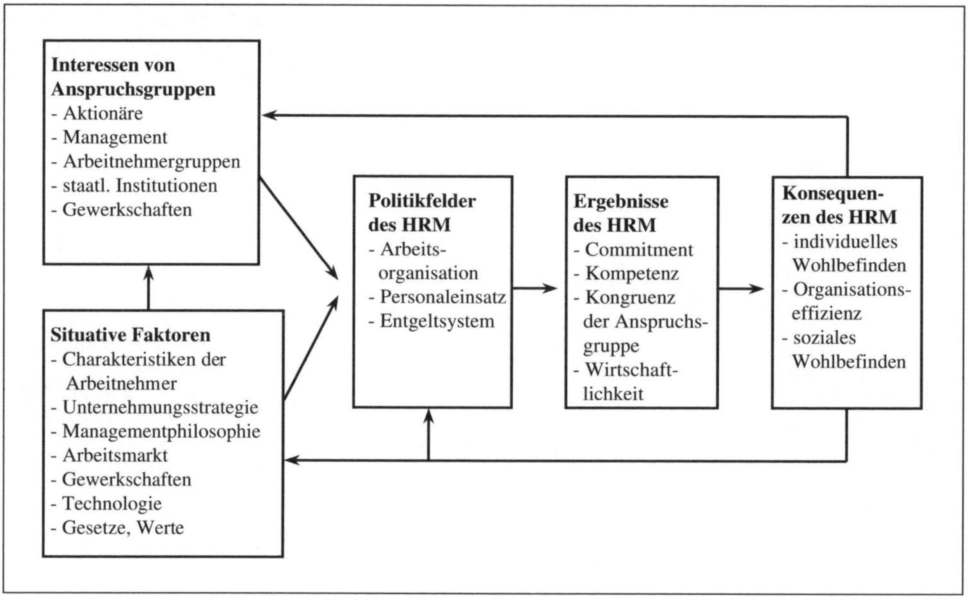

Quelle: Beer u. a. (1990).

Abb. 189: Harvard-Konzept des Human Resource Management

strategische Verhalten der Unternehmung Basis für die inhaltliche Ausrichtung der Personalstrategie und -arbeit.

Auch das **Harvard-Konzept** des Human Resource Management lässt sich als ein Modell des strategie-orientierten Personal-Management verstehen. Es weist der Personalarbeit zwar eine stärker eigenbestimmte Aufgabe zu als bspw. das *Michigan*-Konzept, es ist dennoch mehr Folge, als gegebenenfalls Ausgangspunkt von strategischen Überlegungen. Zentrale Parameter des Konzeptes sind in Abbildung 189 wiedergegeben. Dieser Bezugsrahmen beinhaltet simultan zu berücksichtigende resp. zu analysierende Variablen, die bei der Generierung der Personalstrategie zu beachten sind. Diese bescheidene, dynamische und nicht-deterministische Sichtweise der Zusammenhänge ist positiv hervorzuheben. Es wird davon ausgegangen, dass neben der Unternehmungsstrategie zusätzliche Anspruchsgruppen sowie situative Faktoren das Personal-Management mitbestimmen. Allerdings sind auch Rückwirkungen nicht ausgeschlossen.[23]

Zu c: **Strategisch-orientiertes Personal-Management**

Beim strategisch-orientierten Personal-Management handelt es sich um die explizite, prinzipiell interaktive Einbeziehung personalwirtschaftlicher Ressourcen wie auch Probleme in die strategische Führung eines Betriebes.[24] Die Bezeichnung strategisch-orientiert geht über »strategieorientiert« in mehrerer Hinsicht hinaus. Sie ist angebracht, wenn das Perso-

23 Vgl. Beer u. a. (1990); Ridder (1999).
24 S. Becker, F. G. (1988); Elšik (1992); Ridder (1999) 106 ff.

nal-Management tatsächlich als integraler Bestandteil in die Unternehmungspolitik (resp. eines Schichtenmodells der Unternehmungsführung[25]) eingebettet ist. »Strategisch-orientiert« bedeutet zudem zugleich: So wie strategische Überlegungen im Hinblick auf operative Umsetzungen zu erfolgen haben, sind operative Maßnahmen des Personal-Management auch unter strategischen Aspekten zu planen und durchzuführen.

Die Möglichkeiten des Personal-Management im Rahmen einer strategischen Führung ergeben sich entsprechend daraus, dass Handlungsspielräume bei der Formulierung und Implementierung von Strategien zum einen von der Qualität der Personalarbeit selbst und zum anderen von Mitarbeitern und deren vorhandenem sowie genutztem Qualifikationspotenzial abhängen. Qualifikationen können Restriktion und Ausgangspunkt für spezifische Strategieformulierungen und/oder Implementierungen sein. Hier liegt u. a. ein originärer Aspekt des Personalbereiches verborgen. Im Rahmen der Strategieformulierung wird dabei auf die begrenzt vorhandene bzw. besonders (als Erfolgspotenzial) zur Verfügung stehende Qualifikation aufgebaut (»strategy follows qualification«).

Ein entsprechender Eindruck über die Stellung von Personalsystemen im Rahmen der strategischen Führung vermittelt Abbildung 190. Es sind v. a. zwei Ebenen, die hier – als direkte und als indirekte Prozessbeteiligung – angesprochen sind.[26]
Eine Stärken/Schwächenanalyse des Personals und des Personal-Management kann – i. S. des **ressourcenorientierten Konzepts** – Ausgangspunkt der Strategieentwicklung sein. Ressourcenbasierte Strategieansätze rücken die Bedeutung interner Ressourcen in den Mittelpunkt der strategischen Auseinandersetzung, indem sie sie für die entscheidende Quelle der Erreichung dauerhafter Wettbewerbsvorteile der Unternehmung identifizieren (Ressourcen → Strategie → Leistung). Es wird eine »inside-out«-Perspektive verfolgt. Die Strategieformulierung richtet sich dementsprechend nur nachrangig an der Marktattraktivität aus. Primärer Ausgangspunkt ist die Ressourcenstärke der Unternehmung. Mit ihnen kann man dann durch eine entsprechende Strategie auch auf eher unattraktiven Märkten erfolgreich sein. Eine Aufgabe der strategischen Führung besteht dann in dem Aufbau, dem Erhalt und der Weiterentwicklung spezifischer Ressourcen sowie in der Entwicklung von Fähigkeiten, diese Ressourcen zu nutzen (»organizational capabilities«).[27]

Insgesamt gilt es bei einem solchermaßen verstandenen strategisch-orientierten Personal-Management

- zu klären, inwieweit das Personal-Management Initiativ- und Unterstützungsbeiträge zur Strategieformulierung und -implementierung leisten kann,
- zu analysieren, welche Chancen und Probleme das Humanpotenzial und die Personalarbeit strategisch bieten bzw. erwarten können sowie
- festzustellen, welche personellen Erfolgsfaktoren kritischer als andere sind und wie sie sich entwickeln können (Personal als Potenzial- und/oder Engpassfaktor). Träger sind General-Manager wie Personalleiter und zwar auf unterschiedlichen hierarchischen Ebenen.

Bei der Wahl der zu gestaltenden Personalbereiche wird in dem hier thematisierten Zusammenhang das Michigan-Modells häufig angegeben. Siehe Abbildung 191. Es thematisiert zwar wichtige Aufgabenbereiche, zu beachten bleibt allerdings, dass es sich im Verständnis der Autoren lediglich um eine abgeleitete Aufgabenbewältigung handelt.

25 Vgl. Becker/Fallgatter (2004) 43 ff.
26 S. auch Becker/Fallgatter (2005) 170 f.
27 Vgl. Penrose (1959); Knyphausen-Aufseß (1995) 82 ff.; Bea/Haas (2001) 26 ff; Ridder (1999).

	Art der Einbeziehung des Personalmanagements in die strategische Unternehmungsführung		
Konzeptionalisierung strategischer Unternehmungsentscheidungen	Direkte Prozessbeteiligung		Indirekte Prozessbeteiligung
Formale strategische Planung	Einbindung der Humanressourcen in den formalen Planungsprozess		Gezielte Beeinflussung strategischer Entscheidungsträger
	Strategieformulierung	Strategieumsetzung	
Informale strategische Entscheidungsfindung	Einbeziehung von Personalmanagern in informale strategische Entscheidungsprozesse; Personalmanagement als Auslöser strategischer Handlungen		Indirekte Steuerungswirkungen personalpolitischer Gestaltungsmaßnahmen

Quelle: In enger Anlehnung an Elšik (1992) 51.

Abb. 190: Personal-Management und strategische Unternehmungsentscheidungen

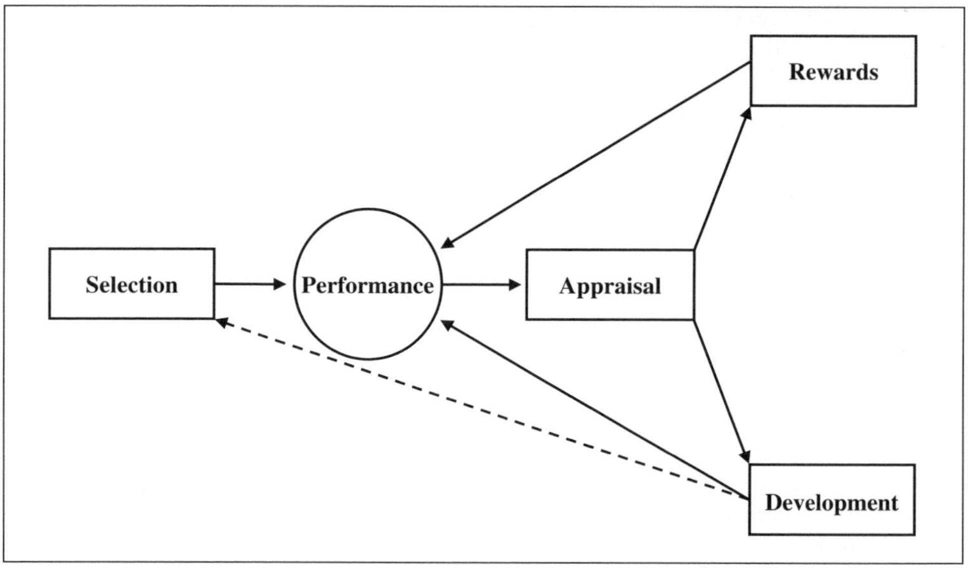

Quelle: Devanna/Fombrun/Tichy (1984) 41.

Abb. 191: Modell eines Strategischen Human Resource Cycle

Ein wesentlicher Wert der strategisch-orientierten Personalmaßnahmen liegt aber darin, strategische Entscheidungsprozesse indirekt zu beeinflussen. Dies betrifft insbesondere die konsistente Gestaltung des personalen Führungssubsystems. Als die wesentlichsten Gestaltungsvariablen des Personal-Managements zur Förderung einer strategischen Führung werden in der Literatur die folgenden **Bereiche** angesehen:

- Personalauswahl und Personaleinsatz: Die zuständigen Führungskräfte sollten von ihrer Eignung her zu den strategischen Grundrichtungen ihrer Organisationsbereiche passen. Entsprechen ist bei Personalauswahl- und Einsatzentscheidungen vorzugehen.
- Personalentwicklung: Über spezifische Qualifikationsentwicklungen lassen sich Eignungen für spezifische Strategierichtungen und den Einsatz von Instrumenten vermitteln.
- Anreiz- und Leistungsbewertungssysteme: Die Beteiligungsgrößen in variablen Entgeltsystemen sollten konsistent zu den gewünschten strategischen Verhaltensweisen ausgewählt werden. In den korrespondierenden Leistungsbeurteilungssystemen sind entsprechende Beurteilungskriterien zu verwenden.

Die genannten Teilsysteme des Personal-Managements determinieren in besonderem Maße die Anwendungsqualität einer strategischen Führung durch die Beeinflussung und Nutzung der personellen Qualifikationskomponenten »Kennen« und »Können« (durch Personalauswahl, -einsatz und -entwicklung) sowie »Wollen« (durch Anreizsysteme und Leistungsbewertungen).

Ausgangspunkt ist letztlich die grundlegende Orientierung der Unternehmungspolitik, die als interner Kontextfaktor bestimmenden Einfluss auf personelle Entscheidungen enthält: Beginnend bei strategischen Entscheidungen über Personalsysteme und ihre Gestaltung bis hin zu operativen Entscheidungen über Details der täglichen Personalarbeit.

Die gewachsene Unternehmungsidentität ist Tatsachen-Arena für Intention und Inhalt des Personal-Management. Gleichzeitig prägt die in der Folge praktizierte Personalarbeit die Identität in allen ihren Elementen. Neben der Unternehmungskultur und der -geschichte ist die -konfiguration eines dieser Elemente. Nach ihren vier oben beschriebenen Ebenen, die stets die Bezugspunkte für Grundhaltungen sind, werden die folgenden Darlegungen gegliedert. Dabei ist eine der zugrunde gelegten Politikorientierung entspringende bzw. anzustrebende »typische« Grundhaltung beschrieben, sodann die korrespondierende Ausrichtung des Personal-Management in seinen Gegenstandsbereichen (Personalplanung, -beschaffung etc., vgl. Abbildungen 192–195).

Funktionsbereiche	
Grundhaltung als progressiver Generalist (»Prospektor«) Das bedeutet tendenziell für die Funktionsbereiche: - Forschung und Entwicklung: Neuentwicklungen innovativer Produkte - Absatz: Erschließen neuer Märkte Insgesamt also: das Suchen nach und das Erarbeiten von neuen Produkt-/Markt-Kombinationen - Fertigung: neue Konzepte für Produktionsverfahren	Daraus folgt für ein interdependentes Personal-Management: - die Anforderungsprofile in der qualitativen **Personal-Planung** unterliegen im Zeitablauf Veränderungen; sie enthalten verstärkt auf Dynamik angelegte Qualifikationen. Vorwiegend gesuchter Mitarbeitertyp: vielseitig einsetzbare flexible Generalisten - **Personalbeschaffung** geschieht (neben sorgfältiger interner Mitarbeiterförderung) bewusst auch im Wege externer Personalrekrutierung

Abb. 192: Zusammenhänge zwischen Grundhaltungen und Personal-Management (Personal-Planung, -Beschaffung)

Ressourcen	
Grundhaltung zum Humanpotenzial: Ausschöpfung und Entwicklung auch extrafunktionaler Mitarbeiterqualifikationen auf der Grundlage des Menschenbildes vom »complex man«.	Daraus folgt eine entwicklungsorientierte Ausgestaltung von - **Führung**: differenzierte, situationsangepasste Führung, auch: personenorientiert, partizipativ - **Arbeitsbedingungen**: Gestaltungsbemühungen zielen auf individualisierte, »humane« Arbeitsplätze

Abb. 193: Zusammenhänge zwischen Grundhaltungen und Personal-Management (Führung, Arbeitsbedingungen)

Syteme, Strukturen	
Grundhaltung: Bevorzugt werden dezentrale Strukturen, wenig formalisierte Systeme	Dies wird ermöglicht und gefördert durch ein Personal-Management mit wie folgt gestalteten Systemen: - **Fortbildung** wird dezentral initiiert und findet auch im katalytischen Sinne statt; es werden vielfältige Anstöße zur Selbstentwicklung gegeben - Die Systeme für **Fortbildung** und **Karrierevorbereitung und -planung** werden flexibel miteinander gekoppelt: bewusst zur Installation von Projektgruppen, systematisches Job-enrichment etc. - Praktizieren **strategischer Anreizsysteme**, um das Suchen, Etablieren, Konsolidieren neuer Erfolgspotenziale zu fördern. Sorgfältig gestaltete Sozialinnovationen dieser Art werden bewusst auch als Erfolgspotenziale gesehen

Abb. 194: Zusammenhänge zwischen Grundhaltungen und Personal-Management (Fortbildung, Karriereplanung, Anreizsysteme)

Damit ist implizit davon auszugehen, dass die »entgegengesetzte« Politikorientierung der Bestands- und Überlebenssicherung in aller Regel mit anderen Grundhaltungen korrespondieren würde und in der Folge auch ein anders geartetes Personal-Management und andere Personalarbeit praktiziert werden dürfte.

Standort	
Grundhaltungen im Sinne von - Standortpolitik für zukunftsträchtige Erfolgspotenziale (auch auf dem personellen Sektor) - progressivem Selbstbild mit Betonung der erschließung attraktiver Erfolgs-(Nutzen-)Potenziale auch unter Verpflichtung für gesellschaftlich bedeutsame Nutzenkategorien	Ein Personal-Management, das dies bewerkstelligt und ermöglicht, fördert - für experimentierfreudige Geschäftsausweitungen bereite und fähige Mitarbeiter - kulturprüfende, -verändernde Individualisten

Abb. 195: Zusammenhänge zwischen Grundhaltungen und Personal-Management (Mitarbeiter-Qualifikationen)

III. Besonderheiten internationaler Geschäftstätigkeit

Interner Kontextfaktor für das Personal-Management ist u. a. die Unternehmungsidentität, darunter auch deren Ebene (Aspekt) des »Standortes« im Sinne der örtlichen Ansiedelung (vgl. oben Kap. F.I). Standortprobleme stellen sich im Zusammenhang mit Entscheidungen über neue Produkt-Marktkombinationen in jüngster Zeit immer häufiger, wenn die als unternehmungspolitisch zunehmend wichtig eingeschätzte Frage aufgeworfen wird: Soll die Geschäftstätigkeit über die Landesgrenzen hinaus, also auch in internationale Gefilde ausgedehnt werden?

Eine solche Ausdehnung wird zurecht immer häufiger erwogen, weil – wie die Realität zeigt – offenkundig die Art und die Zahl der Branchen und Märkte ständig zunimmt, in denen internationale Verflechtungen, Kooperationen vielfältiger Art und Intensität betrieben werden. Die Hauptgründe dafür sind die folgenden:

- der Konkurrenzkampf um Absatzmärkte und Chancen verschärft sich in Zahl, internationaler Verbreitung der Teilnehmer und Intensität vielfach;
- »das einzig Beständige ist der Wandel« von Produkten, Verfahren, Ressourcen etc.
- Beschaffung wird weltweit betrieben (»global sourcing«).

Unter diesen Bedingungen ist erfolgreiches Wirtschaften umso eher möglich, wenn es gelingt, Vorteile solcher Standorte zu nutzen, die in der Vergangenheit als eher entlegen angesehen wurden. Solche Standortvorteile sind: leichter beschaffbare und im Einsatz kostengünstigere Ressourcen materieller, finanzieller, informationeller und/oder personeller Art und insofern attraktive Produktionsbedingungen wie auch Absatzmärkte mit nicht ausgeschöpften Nachfrage-Volumina.

Eine Internationalisierung der Geschäftstätigkeit ist möglich und geschieht in mannigfaltig unterschiedlichen Varianten – entweder als Ergebnis bewusst gewählter Strategien oder aber als – bisweilen durch Zufälle gefördert – de facto vollzogene historische Entwicklung. Welche Varianten dies sind und welche Orientierungen, Ziele, Voraussetzungen und Konsequenzen mit ihnen verbunden sind, ist zunächst zu klären. Dies ist notwendig als Vorbedingung für Antworten auf die Frage danach, welchen Einfluss diese Entwicklungen auf das Personal-Management und die Funktionsfelder (Teilsysteme) der Personalarbeit nehmen. Dies ist gleichzeitig die Frage danach, ob es ein internationales Personal-Management gibt, welche Besonderheiten dieses aufweist und ob es gegebenenfalls seinerseits Einflüsse auf die Art und das Ausmaß der Internationalisierungstätigkeit ausüben kann (wechselseitige Verflechtung von Unternehmungspolitik und Personal-Management).

1. Formen und Strategien der Internationalisierung

Mögliche Formen einer Internationalisierung der Geschäftstätigkeit reichen von Exportgeschäften über Franchising und internationale Joint Ventures und Netzwerke bis hin zu ausländischen Produktionsgesellschaften. Diese Formen sind allerdings nicht beliebig wählbar, sondern zudem gekennzeichnet durch Merkmale, von denen abhängt, ob sie gewählt werden können. Dies sind vor allem

- faktische Branchen-Gegebenheiten im Sinne produktions- und absatzspezifischer Besonderheiten. So ist von besonderer Bedeutung, ob Möglichkeiten der Ansiedelung von Wertschöpfungsaktivitäten einerseits sowie Nachfrage- und Wettbewerbserfordernisse der Absatzmärkte andererseits nach dem Vorbild des Herkunftslandes international vervielfältigt (kopiert) werden können, oder aber, ob jeweils starke, landesspezifische Besonderheiten vorliegen, oder aber, ob integrative Strategien zugelassen und Erfolg versprechend sind.
- Zum anderen existieren Erfordernisse der Einflussnahme und der Gestaltung, die außerordentlich stark differieren können je nach den erreichten Stadien der gesellschaftlichen und wirtschaftlich-technischen Entwicklung eines Landes in Verbindung mit den Qualifikationen (Expertenschaft), die Einheimische in den jeweiligen Ländern als (potenzielle) Arbeits- und Führungskräfte aufweisen. So sind offenkundig Einflussnahme auf die Art und Weise der Geschäftsanbahnungen und -abwicklungen sowie Gestaltungen von organisatorischen Strukturen und von Kontrollsystemen in so genannten Entwicklungsländern in vielfältigerem und stärkerem Maße notwendig als in Schwellenländern oder in »alten« Industrienationen.
- Demgegenüber unterliegen Einflüsse und Gestaltungen nicht selten Restriktionen, die hierfür Spielräume unterschiedlicher Breite eröffnen. Auch in solchen Großregionen, die auf den ersten Blick eher einheitlich erscheinen, wie z. B. Westeuropa, gibt es eine Vielzahl unterschiedlicher z. B. rechtlicher Bestimmungen und landeskultureller Besonderheiten, deren Beachtung erzwungen wird bzw. zu empfehlen ist und insoweit Begrenzungen der Entfaltung darstellen.

Diese Merkmale werden zu zwei Gruppen mit unterschiedlicher Tendenz zusammengefasst: zu so genannten »Globalisierungsvorteilen« bzw. – gegenläufig – zu »Lokalisierungs-Vorteilen/-Erfordernissen«. Ihre Benutzung als Achsenbezeichnungen in einem Koordinatenschema führt zu einer bekannten Vierfelderdarstellung. Globalisierung verfolgt eine Tendenz zu eher vereinheitlichender Integration, Lokalisierung geht demgegenüber mit dem Gegenteil, einer Differenzierung, einher. Eine exemplarische Besetzung der Felder mit »zugehörigen« Produkten bzw. Branchen signalisiert, dass Unternehmungen, die solchen Branchen zugehören und ihre Geschäftstätigkeit international ausweiten, die Gegebenheiten bzw. Notwendigkeiten gemäß Achsenbezeichnungen vorfinden bzw. herstellen müssten. Eine solche exemplarische Branchenzuordnung findet sich in Abbildung 196.

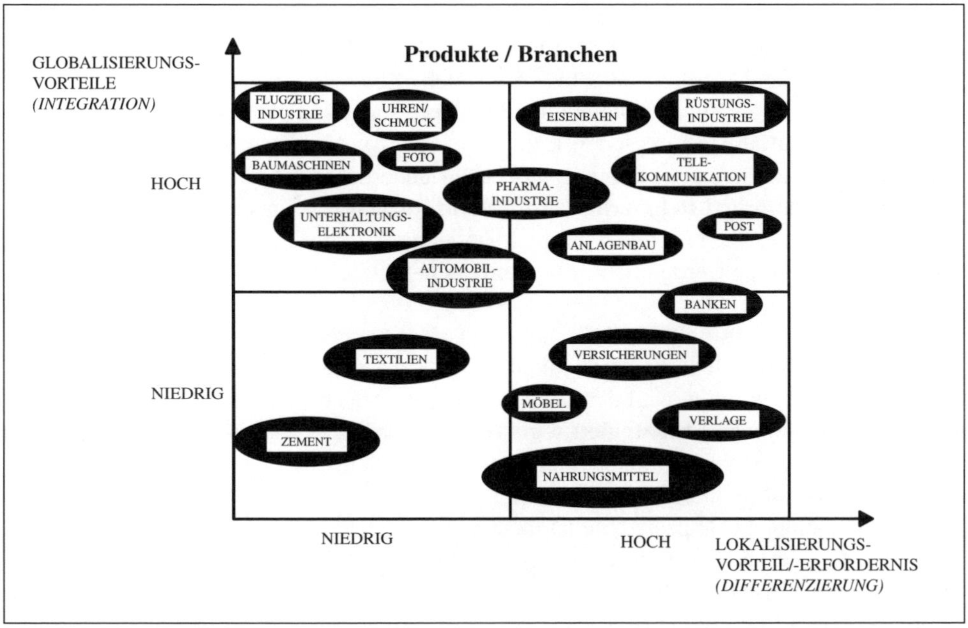

Quelle: Meffert (1989) 448.

Abb. 196: Globalisierungs- und Lokalisierungsvorteile unterschiedlicher Produkte/ Branchen

Ein Praktizieren und Ausweiten internationaler Geschäftstätigkeit kann mit unterschiedlichen Orientierungen betrieben werden; für ihre Kennzeichnung hat sich eine Klassifizierung von Internationalisierungsstrategien durchgesetzt. Sie werden »ethnozentrische« (internationale), »polyzentrische« (multinationale) und »geozentrische« (globale) Strategie genannt[28].

Welche dieser Strategien zum Zuge kommt, ist nun von verschiedenen Faktoren abhängig, die diese in Gang setzten bzw. ermöglichen. Jede strategische Ausrichtung einer Unternehmung wird durch Führungskräfte veranlasst und durchgesetzt. Dabei spielen deren Werte und Einstellungen, Erfahrungen, Gewohnheiten (auch: Vorurteile) eine wesentliche Rolle. Andererseits können Manager ihre Intentionen nicht gegen faktische Gegebenheiten durchsetzen wie z. B. Markt-, Branchen-, allgemeine Wirtschaftsmerkmale. Insofern lassen sich die beiden Ansätze der Autoren Perlmutter und Bartlett/Goshal durchaus zusammenführen mit den ihnen zugrunde liegenden Vorstellungen und abweichenden Termini (z. B. ethnozentrisch – international, polyzentrisch – multinational).

In »internationalen« Branchen (Feld unten links) existiert kein homogener Weltmarkt, so dass keine wesentlichen Globalisierungsvorteile zu erwarten sind. Da gleichzeitig nur geringe Notwendigkeiten bzw. Vorteile deutlicher lokaler Anpassungen bestehen, lassen

28 Perlmutter (1965), (1969); Bartlett/Goshal (1990); siehe auch Meffert (1989); Gerpott (1990); Macharzina (1993).

solche Branchen das **ethnozentrische Strategiekonzept** zu, nach dem Produktionsweisen und Marktbearbeitungen, die auf dem Heimatmarkt erfolgreich waren, auf ähnliche Landesmärkte übertragen werden (daher bisweilen auch »Kolonialisierungs-Strategie« genannt).

In multinationalen Branchen (Feld unten rechts) sind ebenfalls Homogenitätsgrade der Märkte und der auf ihnen agierenden Teilnehmer bzw. Standardisierungspotenziale gering, Zwänge zu lokaler Anpassung hingegen hoch. Die länderbezogene Individualität der Märkte, die hier im Vordergrund steht, erfordert eine entsprechende Anpassung in der Marktbearbeitung und viel stärkere Berücksichtigung länderspezifischer Besonderheiten. Die größeren Erfolgsaussichten werden hier **»polyzentrischen«** (multinationalen) **Strategien** zugesprochen.

Im Feld oben links sind globale Branchen positioniert, bei denen Märkte in unterschiedlichen Ländern dennoch große Ähnlichkeit aufweisen, so dass ein relativ großes Standardisierungspotenzial vorliegt, weil der Zwang zu lokaler Anpassung nur gering ist. Mit **»geozentrischen«** (globalen) **Strategien** wird versucht, wichtige Aktivitäten international zu vereinheitlichen, gegebenenfalls in integrativer Weise, d. h. unter Kooperation der beteiligten Unternehmen (Tochtergesellschaften).

Im Feld oben rechts angesiedelte Branchen mit zugleich hohen Globalisierungs-Vorteilen und Lokalisierungserfordernissen lassen weitgehende Standardisierungen von Aktivitäten nicht zu.[29] Branchen dieser Art verlangen eine strategische Gratwanderung zur Integration gegenläufiger Tendenzen: Einerseits gilt es, diejenigen Faktoren abzubauen, die eine Vereinheitlichung behindern, zum anderen legen Anpassungsvorteile entsprechende Differenzierungen nahe (oder sie sind sogar als Erfordernisse geboten).

Hinsichtlich der Strategiewahl für internationale Betätigung wird von einem Entwicklungsprozess gesprochen, von einer Art historischen Abfolge: sie beginne mit dem Versuch, die Dominanz des »Stammhauses« durchzusetzen (ethnozentrische Strategie), führe über stärkere Emanzipation ausländischer Gesellschaften, d. h. polyzentrische Strategien, zu dem letztlich anvisierten (jedoch gelegentlich auch als Utopie bezeichneten) Ziel, zu globalem Operieren vorzustoßen. Dies ist jedoch mit Sicherheit keine notwendige Abfolge, zumal zum einen nicht gegen branchenspezifische Zwänge autonom vorgegangen werden kann, zum anderen es von den grundlegenden Orientierungen der Unternehmungspolitik und von den aus ihnen resultierenden Grundhaltungen abhängt, welche Ausrichtung – bezogen auf die Ziele und die einzuschlagenden Wege dorthin – eine Unternehmung anstrebt. Betreibt sie eine fortschrittsorientierte Entwicklungspolitik, wird sie aufgrund der oben beschriebenen Grundhaltungen dazu neigen, den polyzentrischen Ansatz zu verwirklichen bzw. versuchen, globale Strategien zu entwickeln und zu implementieren. Jede der beschriebenen Internationalisierungsstrategien hat ihre spezifischen personellen Implikationen bzw. ist auf unterstützendes Personal-Management angewiesen. Darauf ist im Folgenden näher einzugehen.

---

29 Deshalb nennt Macharzina sie »blockiert globale Branchen« Vgl. Macharzina (1993) 702 ff. Perlmutter nennt den hierauf gerichteten strategischen Ansatz »regiozentrisch«: für relativ homogene Ländergruppen. Sydow (1993) und Krystek et al. (1997) 29 ff. verorten hier in Netzwerken »transnational« tätige Unternehmungen. Welge/Holtbrügge nennen dieses Feld in Anlehnung an Bartlett/Goshal (1990) »transnationale Strategie« und weisen ihm die besondere Bedeutung einer »idealtypischen Gestaltungsalternative« zu; vgl. Welge/Holtbrügge (1998) 142.

2. Rahmenbedingungen für ein internationales Personal-Management

Drei Bedingungen vor allem sind es, die den Rahmen für die Gestaltung eines internationalen Personal-Management bilden: (1) die von der Muttergesellschaft eingeschlagenen Strategien der Internationalisierung, jeweils zweifach differenziert, nämlich zum einen um die Art und Weise, Kulturtransfer zu betreiben, zum anderen um organisatorisch-strukturelle Formen (Zentralisationsgrade) der Entscheidungsfindung, (2) die lokalen Landeskulturen derjenigen Länder, in denen Aktivitäten entfaltet werden (z. B. in Form von Tochtergesellschaften) einschließlich jeweils tätigen landesspezifischen Personal-Management, (3) die historische Individualität des Personal-Management der Muttergesellschaft.

Von den oben ausgeführten vier Varianten für **Internationalisierungsstrategien** werden im Folgenden nur drei weiterbehandelt. Die gemischte Integrationsstrategie (oberes rechtes Feld von Abbildung 196) ist ein Mixtum Compositum aus dem polyzentrischen und dem geozentrischen Ansatz. Welcher für welche Sparte oder für welchen Funktionsbereich welches Gewicht erhält, differiert je nach realem Einzelfall stark, ist individuell zu bestimmen (vielleicht auch unter Hinzunahme ethnozentrisch tendierender Elemente), jedenfalls nicht generell angebbar. Welge/Holtbrügge konstatieren denn auch für diese von ihnen herausgehobene »transnational« genannte Strategie, dass sie empirisch eher nicht gezielt durchgesetzt, sondern inkremental (»historisch bedingt«[30]) erreicht würde. Hier wird sie in den folgenden Darstellungen nicht näher behandelt.

Die Strategien werden nicht stets durchgängig einzeln bzw. alternativ angewandt; es ist vielmehr auch möglich, resp. erforderlich, sie nebeneinander einzusetzen.[31] Dafür maßgebliche Gründe sind die folgenden drei:

- Eine Unternehmung betätigt sich mit ihren Sparten in unterschiedlichen Branchen, die ihrerseits verschiedene Internationalisierungsstrategien bedingen;
- es wird hinsichtlich einzelner Funktionsbereiche in Ausmaß von Integration und Differenzierung unterschiedlich vorgegangen. Vertreibt z. B. ein Unternehmen weltweit ein global standardisiertes Produkt, so muss durchaus nicht gleichzeitig auch die Personalarbeit zwangsläufig global standardisiert sein (Beispiel dafür sind mit internationalen Netzwerken agierende so genannte virtuelle Unternehmungen, wie etwa NIKE oder NINTENDO).
- Unternehmungen wechseln im Laufe der Zeit ihre Strategien, weil Produkte und/oder Märkte sich entsprechend gewandelt haben, bzw. weil Politiken (Muttergesellschaft, Gesellschaften in Gastländern) sich geändert haben in ihren grundlegenden Orientierungen oder auch in einzelnen Grundhaltungen.

Der jeweils gewählte primär absatzmarktorientierte Grundtyp von Internationalisierungs-Strategie stellt eine zentrale Determinante für das Internationale Personal-Management dar). Allerdings dürften zwei weitergehende Differenzierungen dieser Grundtypen – vor allen unter dem Gesichtspunkt der Effizienz von Personalarbeit – von Bedeutung sein: (1)

30 Welge/Holtbrügge (1998) 143. Zur transnationalen Strategie näher 127 ff., zum transnationalen Personal-Management 214 ff.
31 Bereits Perlmutter spricht von einem »EPRG-Mix«, (1969) 14 f.

die Art und Weise des Betreibens von Kulturtransfer, (2) die Organisation der Entscheidungsfindung zwischen Mutter- und Auslandsgesellschaften.[32]

Hinsichtlich des Kulturtransfers unterscheidet Scholz die »Monokulturstrategie« (die Unternehmenskultur des heimischen Mutterunternehmens wird auf die Auslandsniederlassungen übertragen), die »Multikulturstrategie« (die Tochtergesellschaften pflegen und entwickeln ihre jeweils eigene – von der Kultur der Muttergesellschaft unterschiedene – Unternehmenskultur), und schließlich die »Mischkulturstrategie« (es findet eine Kulturvermischung mit dem Ergebnis einer – neuen – einheitlichen Gesamtunternehmenskultur statt).

Welche der Kulturstrategien gewählt wird, hängt zum einen davon ab, welche als vorzugswürdig (vielleicht sogar notwendig) erachtet wird, zum anderen davon, welche sich zu realisieren als möglich erweisen. So wird hinsichtlich der Monokulturstrategie häufig davon ausgegangen, dass sie den Unternehmungskulturen der ausländischen Gesellschaften gegenüber überlegen und insofern eine »Kolonialisierung« geboten sei. Dies wird umso eher mit Erfolg betrieben werden können, wenn die ausländischen Unternehmungskulturen nicht nur möglich und geduldet, sondern vielmehr ausdrücklich gewünscht sein. Über Ähnlichkeiten von Landeskulturen geben z. B. die Ergebnisse der Studie von Hofstede Auskunft (s. u.), die insofern eine bestimmte Strategieentscheidung hilfreich stützen können.

Grundsätzlich ist es zwar vorstellbar, dass jede Internationalisierungs- mit jeder Kulturstrategie verbunden wird; allerdings dürften bestimmte Kombinationen unrealistisch weil schwer kompatibel sein, wie z. B. das ethnozentrische Konzept mit einer Multikulturstrategie, weil letztere im Zweifel intendierte Einflüsse seitens der Muttergesellschaft behindern würde. Hingegen dürfte Stimmigkeit der Kombination von ethnozentrischem Konzept und der Monokulturstrategie zu attestieren sein, ebenso dem polyzentrischen Konzept mit der Multikulturstrategie. Schließlich wären auch der geozentrische Ansatz und die Mischkulturstrategie als »passend« auszumachen.

Hinsichtlich einer Organisation der Entscheidungsfindung, die für die betriebliche Personalarbeit im Zusammenspiel zwischen Mutter- und Auslandsgesellschaften von erheblicher Bedeutung ist, unterscheidet Scholz ebenfalls drei Strukturtypen: zentrale, dezentrale und föderale Strukturen.[33] Unterschiede zwischen den beiden letzteren sind die Folgenden: Bei dezentralen Strukturen entscheiden ausländische Tochtergesellschaften zwar prinzipiell unabhängig, haben jedoch Grenzen durch gewisse Vorgaben von der Muttergesellschaft; diese werden bei föderalen Strukturen nicht gesetzt, in ihnen gibt es insofern keine zentrale Leitungsfunktion. Auch hier lassen sich stimmige Standardkombinationen vorstellen, wie das ethnozentrische Konzept mit der zentralen Struktur, das polyzentrische mit der dezentralen und das geozentrische mit der föderalen Struktur.

Diese jeweils drei Typen von Internationalisierungsstrategien, Kulturtransfer und Entscheidungsstrukturen lassen sich zu insgesamt maximal 27 (theoretischen) Kombinationen zusammenfügen, wie in Abbildung 197 dargestellt. Die getönten Teilwürfel repräsentieren die »stimmigen« Strategie-, Kultur- und Struktur-Kombinationen, z. B. unten links: ethnozentrische Internationalisierung mit Monokultur und zentraler Organisationsstruktur für die Entscheidungsfindung.

Lokale Landeskulturen üben unterschiedliche Einflussstärken auf das Personal-Management aus, je nach Internationalisierungsstrategie: aus dem polyzentrischen Ansatz re-

32 Vgl. Scholz (2000) 98 ff., ähnlich auch Wolf (1997) 357 ff.
33 Vgl. Scholz (2000) 100 ff.

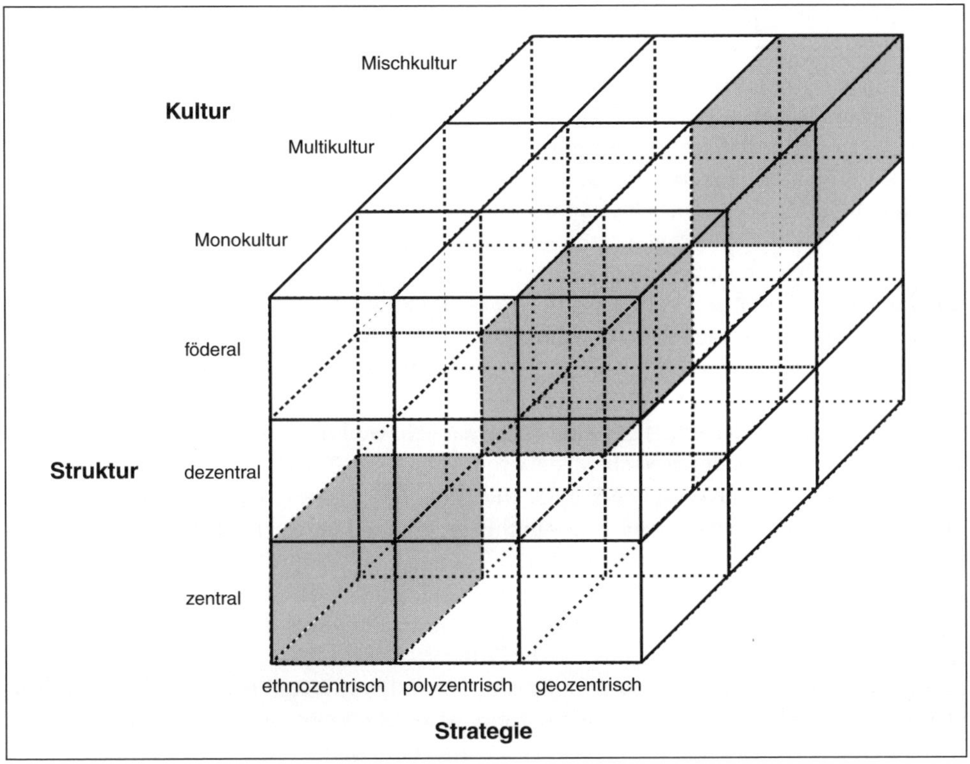

Quelle: Berthel (1998) 320.

Abb. 197: Vielfalt theoretischer Kombinationen von Internationalisierungsstrategie, -kultur und -struktur

sultiert am stärksten Wille bzw. Notwendigkeit zur Berücksichtigung von landeskulturellen Unterschieden. Zum anderen liefern Kenntnisse vom Vorhandensein landeskultureller Unterschiede Hinweise auf zu erwartende Widerstände gegen Versuche, diese zu ignorieren bzw. ihnen gegenzusteuern.

Für eine Unternehmungsführung und ein Personal-Management, die für sich in Anspruch nehmen, kultursensibel gehandhabt zu werden – und dies gilt als die wichtigste Maxime für eine erfolgreiche Betätigung im internationalen Geschäft –, sind drei zentrale Fragen interessant:

(1) In welchen Dimensionen kommen landeskulturelle Unterschiede zum Ausdruck?
(2) Welche Konsequenzen gehen von solchen unterschiedlich ausgeprägten Dimensionen auf das Personal-Management aus?
(3) Wie sind solche Dimensionen in konkreten Ländern ausgeprägt?

Zur Beantwortung dieser Fragen kann auf eine sehr bekannte empirische Studie von Hofstede[34] zurückgegriffen werden, zusätzlich auf Auswertungen und Interpretationen dieser Studie, die Scholz angestellt hat[35]. Hofstede hat Daten von mehr als 100.000 Fragebögen zu arbeitsbezogenen Werthaltungen aus 67 Ländern statistisch ausgewertet (Faktoren-, Varianzanalysen-, Korrelationsrechnungen) sowie qualitativ interpretiert. Er kam zu dem Ergebnis, dass es vier Dimensionen sind, in denen Landeskulturen sich beschreiben lassen: Individualität, Maskulinität, Unsicherheitsvermeidung und Machtabstand. Was diese Dimensionen inhaltlich aussagen, kann plastisch und deutlich beschrieben werden durch Gegenüberstellung niedriger und hoher Ausprägungen und dadurch, was für eine gesellschaftliche Norm in ihnen zum Ausdruck kommt. Dies ist für die Beispiele der Individualität und des Machtabstandes in den Abbildungen 198 und 199 ausgeführt, die Scholz erarbeitet hat und die zusätzlich jeweils Antworten enthalten auf die zweite Frage nach den Konsequenzen für das Personal-Management.[36]

Eine Antwort auf die zu (3) gestellte Frage danach, wodurch die Kulturen der einzelnen Länder sich voneinander unterscheiden, liefert Abbildung 200, die die Auswertungen Hofstedes in Bezug auf ausgewählte Länder für seine vier Dimensionen enthält. Länder mit gleichartigen Kulturmustern (gleichen/ähnlichen Werten) fasste Hofstede zu Kulturregionen zusammen.

Genauere Informationen über landesindividuelle Unterschiede in den von Hofstede erhobenen Ausprägungen dieser Dimensionen – nunmehr erweitert um die fünfte Dimension der »Langzeitorientierung« liefert die Abb. 201.

Sie charakterisiert 25 ausgewählte Länder anhand von »Kulturindizes«, d. h. Skalenwerten, die in aufsteigender Richtung darüber Auskunft geben, wie stark (oder schwach) jede dieser Dimensionen in dem jeweiligen Land vorgefunden wurde.

Diese Werte sind sowohl einzeln wie auch im Vergleich interessant. Sie liefern Hinweise für kulturstimmige Personal-Systeme und -Arbeit und schärfen die Aufmerksamkeit dafür, dass zu strategischen Entscheidungen beispielsweise darüber, **dass** in einer Unternehmung weltweit Karriere- und Erfolgsbeteiligungssysteme praktiziert werden sollen, sorgfältig abgewogene operative Entscheidungen darüber treten müssen, **wie** diese Systeme gegebenenfalls kulturspezifisch differenziert auszugestalten sind.

Die der Studie von Hofstede zugrunde liegenden Daten sind Ende der 60er, Anfang der 70er Jahre erhoben worden. Dies führt zu der Frage der Entwicklung der Kulturen seither. Darüber gab es gegenläufige Thesen: zum einen die Kulturkonvergenzthese über ein »Zusammenwachsen der Landeskulturen« im Gegensatz zur Kulturdivergenzthese über eine Verstärkung der Individualisierung der Landeskulturen. Beobachtungen der historischen Entwicklung der letzten Jahre u. a. über den Zerfall osteuropäischer Staaten sowie der ehemaligen Sowjetunion mit offenkundig starken nationalistischen Tendenzen, Schwierigkeiten der europäischen Einigung u. a. m. legen nahe, dass Indikatoren vorhanden sind, die die Divergenzthese stützen. Konsequenterweise müsste eine Schlussfolgerung für das Personal-Management hieraus dergestalt lauten, dass in Zukunft auf landeskulturelle Unterschiede gegebenenfalls sogar zunehmend eingegangen werden müsste.

---

34 Vgl. Hofstede (1980).

35 Vgl. Scholz (2000) 829 ff.

36 In einer späteren Studie asiatischer Kulturen hat Hofstede als weitere Dimension die »langfristige Orientierung« hinzugefügt, vgl. Hofstede (1997).

Individualismus	
Niedrige Ausprägung	*Hohe Ausprägung*
Emotionale Abhängigkeit vom Unternehmen, moralisches Involvement, Streben nach Konformität und Ordnung, Sicherheit in der Position bei den Managern im Vordergrund, Präferenz für Gruppenentscheidungen, partikuläres Denken	Emotionale Unabhängigkeit vom Unternehmen, berechnendes Involvement, Streben nach Führung und Abwechslung, Autonomie bei den Managern im Vordergrund, Präferenz für Individualentscheidungen, universalistisches Denken
Gesellschaftliche Norm	
Wir-Bewusstsein, Gemeinschaftsorientierung, soziales System als Basis für Idendität	Ich-Bewusstsein, Selbstorientierung, Individuum als Basis für Identität
Konsequenzen für das Personalmanagement	
Erwartungen der Mitarbeiter, dass die Organisation ihre Interessen vertritt, Beförderung nach Seniorität, Unternehmenspolitik sollte sich an der Loyalität und dem Aufgabenbewusstsein der Mitarbeiter orientieren	Erwartung gegenüber den Mitarbeitern, dass sie selbst ihre Interessen vertreten, Beförderung nach Leistung, Unternehmenspolitik sollte Eigeninitiative der Mitarbeiter fördern

Quelle: Scholz (2000) 832.

Abb. 198: Kultur-Dimensionen nach Hofstede: Inhalte, Konsequenzen für das Personal-Management. Aussagen zum Individualismus

Machtabstandstoleranz	
Niedrige Ausprägung	*Hohe Ausprägung*
Antiautoritäre Erziehung, Entscheidungsfindung nach Beratung mit Untergebenen, strenge Überwachung aus Sicht der Untergebenen negativ, Manager eher zufrieden mit partizipativen Vorgesetzten, geringe Angst vor Meinungsdifferenz mit dem Vorgesetzten	Autoritäre Erziehung, autokratische oder paternalistische Entscheidungsfindung, strenge Überwachung aus Sicht der Untergebenen positiv, Manager eher zufrieden mit autokratischen Vorgesetzten, Angst der Angestellten, ihren Vorgesetzten zu widersprechen
Gesellschaftliche Norm	
Minimierung der gesellschaftlichen Ungleichheit. Hierarchie als Rollenungleichheit aufgrund funktioneller Angemessenheit, Untergebene und Vorgesetzte als Menschen wie Du und Ich, gleiche Rechte für alle, Streben nach Belohnung, Expertenmacht	Gesellschaftliche Ungleichheit ist Basis gesellschaftlicher Ordnung. Hierarchie als existenzielle Ungleichheit, Untergebene und Vorgesetzte als Menschen anderer Art, Privilegien für die Mächtigen, Streben nach Macht, um Zwang auszuüben
Konsequenzen für das Personalmanagement	
Dezentralisation, flacher hierarchischer Aufbau, geringer Anteil an Führungskräften, geringe Lohnunterschiede, hohe Qualifikation auch bei niedrigen Hierarchiestufen, keine Statusunterschiede zwischen white-collar und blue-collar-jobs	Zentralisation, steiler hierarchischer Aufbau, hoher Anteil an Führungskräften, große Lohnunterschiede, niedrige Qualifikation bei niedrigen Hierarchiestufen, größerer Status der white-collar-jobs

Quelle: Scholz (2000) 836.

Abb. 199: Kultur-Dimensionen nach Hofstede: Inhalte, Konsequenzen für das Personal-Management. Aussagen zur Machtabstandstoleranz

Kulturregion	Kulturdimension PDI	UAI	IDV	MAS	ausgewählte Länder
germanische Länder	*	****	***	****	Österreich, Isreal, Deutschland, Schweiz
anglo-amerikanische Länder	**	**	*****	*****	USA, England, Kanada, Australien
nordische Länder	*	**	****	*	Dänemark, Finnland, Norwegen, Holland, Schweden
weniger entwickelte romanische Länder	*****	*****	*	*****	Mexiko, Venezuela, Portugal, Chile
höher entwickelte romanische Länder	*****	*****	***	***	Belgien, Frankreich, Spanien, Brasilien, Italien
weniger entwickelte asiatische Länder	*****	**	*	***	Thailand, Pakistan, Indien, Hongkong
höher entwickelte asiatische Länder	***	*****	***	*****	Japan
Naher Osten	*****	*****	*	***	Griechenland, Iran, Türkei

Hoch: ***** niedrig: *

Quelle: Scholz/Hofbauer (1990) 100.

Abb. 200: Kulturdimensionen und ihre Ausprägungen in ausgewählten Ländern

Die bisher referierten Ergebnisse legen nahe, dass es in den einzelnen Ländern auch starke Unterschiede in den praktizierten Personal-Managementsystemen und -arbeitsformen gibt. Dies wird teilweise durch die ersten Ergebnisse einer Studie bestätigt, die seit 1989 regelmäßig durchgeführt wird, bisher in 5000 Unternehmen aus 12 europäischen Ländern.[37] Unterschiede betreffen sowohl das Vorhandensein einer Strategie für das Personal-Management, die Verbreitung und Ausgestaltung von Erfolgsbeteilungssystemen, Inhalt und Intensität für Personalentwicklung, speziell Fortbildung u. a. m.

Das **Personal-Management einer Muttergesellschaft** und die Unternehmungsidentität, in die es eingebettet ist, haben sich jeweils unter den spezifischen Bedingungen der Vergangenheit historisch entwickelt. Internationalisierungsstrategien zeigen gegebenenfalls Veränderungsbedarf an, für den es gilt, erfolgreiche Gratwanderungen zwischen Vereinheitlichung einerseits und Differenzierung andererseits zu gehen. Scholz nennt die folgenden Akzeptanzbedingungen (im gemeinsamen Denken der Mitarbeiter verankert), die eine spezifische Form der Unternehmungskultur ausmachen, in der internationales Personal-Management erfolgreich betrieben werden kann:[38]

37 S. Gaugler/Wiltz (1993).
38 Scholz (1994) 804 f.

Land	Individualität (IND)	Maskulinität (MAS)	Unsicherheitsvermeidung (UAI)	Machtabstand (PDI)	Langzeitorientierung (LTO)
Argentinien	46	56	86	49	--
Australien	90	61	51	36	31
Belgien	75	54	94	65	--
Dänemark	74	16	23	18	--
Deutschland	67	66	65	35	31
Finnland	63	26	59	33	--
Frankreich	71	43	86	68	--
Griechenland	35	57	112	60	--
Großbritannien	89	66	35	35	25
Indien	48	56	40	77	61
Israel	54	47	81	13	--
Italien	76	70	75	50	--
Japan	46	95	92	54	80
Jugoslawien	27	21	88	76	--
Kanada	80	52	48	39	23
Mexiko	30	69	82	81	--
Niederlande	80	14	53	38	44
Norwegen	69	8	50	31	--
Österreich	55	79	70	11	--
Portugal	27	31	104	63	--
Schweden	71	5	29	31	33
Schweiz	68	70	58	34	--
Spanien	51	42	86	57	--
Südafrika	65	63	49	49	--
USA	91	62	46	40	29

Quelle: Scholz (2000) 831 (zusammengeführt aus Hofstede (1980a) 315, (1993) 191).

Abb. 201: Kulturindizes ausgewählter Länder

- »Akzeptanz durch die Muttergesellschaft, dass die eigene Art und Weise des Personal-Management das Ergebnis eigener Werte und Grundannahmen ist,
- Akzeptanz durch die Muttergesellschaft, dass das eigene Personal-Management weder universell besser noch schlechter ist als das in anderen Kulturen. Vielmehr existieren Unterschiede, die sowohl Stärken als auch Schwächen aufweisen,
- Akzeptanz durch die Muttergesellschaft, dass die ausländischen Tochtergesellschaften Managementpraktiken verfolgen, die grundsätzlich weder besser noch schlechter als die eigenen sind, jedoch unter den lokalen Gegebenheiten effektiver sein können,
- Bereitschaft durch die Muttergesellschaft, nicht nur die kulturellen Differenzen zu realisieren und zu akzeptieren, sondern außerdem die Bereitschaft, den synergetischen Nutzen der Kulturen aktiv einzusetzen,

– Aufbau eines unternehmensweiten Glaubens der betroffenen Parteien daran, dass eine kreativere und effektivere Art des Personal-Management durch gegenseitiges Lernen von den Partnerkulturen erreicht werden kann«.

3. Erfolgswichtige Spezifika in Funktionsfeldern der Personalarbeit

Betrachtungsgegenstand sind solche Funktionsfelder der Personalarbeit, die für internationale Geschäftstätigkeiten als besonders wichtig erachtet werden, um strategischen Intentionen in ausreichender Weise gerecht werden zu können: Dies sind die Bestimmung des Personalbedarfs, die Personalbeschaffung, -entwicklung, -führung und die adäquate Vergütung.

Erkenntnisleitend für die Bestimmung derjenigen Spezifika, die für international orientierte Personalarbeit erfolgswichtig sind, sind vor allem zwei Dinge: Erstens dasjenige, **was** als Erfolg angestrebt wird, zweitens die Art und Weise, **wie** dieser Erfolg erzielt werden soll, d. h. hier: die eingesetzte Internationalisierungsstrategie, kombiniert mit gewählter bzw. praktizierter Form von Organisations-Struktur und Kulturtransfer. Ersteres kann – wie oben gezeigt – differieren von

– dem Gewinn bzw. der Kapitalgeber-Rendite als alleiniger Erfolgsgröße bei der Bestandssicherung als Grundorientierung der Unternehmungspolitik bis hin zu
– zusätzlichen Nutzenkategorien auch für andere Bezugsgruppen (stakeholder) bei einer zukunftsbetonten Entwicklungsorientierung der Unternehmungspolitik.

Letzteres führt zu der oben getroffenen Unterscheidung in ethnozentrische, polyzentrische bzw. geozentrische Strategien der Internationalisierung. Welche von ihnen gewählt wird, ist neben den Branchen, resp. produktspezifischen Besonderheiten im Wesentlichen auch abhängig von der unternehmungspolitischen Grundorientierung. So wurde oben darauf verwiesen, dass für eine Unternehmung, ausgerichtet auf Bestandssicherung, die Wahl ethnozentrischer Strategien den »Normalfall« darstellen dürfte.

Diese drei Strategien stellen in der Folge die zentrale Differenzierungsdimension für Unterschiede in der Personalarbeit und im Personal-Management dar. Was die Kombinationen dieser Internationalisierungs-Strategien mit möglichen Formen des Transfers von Unternehmungskultur und mit Varianten der Entscheidungsorganisation angeht, so wird im Folgenden vereinfachend die Wahl der »stimmigen« Kombinationen (vgl. die getönten Teilwürfel in Abbildung 171) unterstellt.

Je stärker landesspezifische Besonderheiten beachtet werden (müssen) – polyzentrische Strategie –, umso mehr kommen die genannten Dimensionen lokaler Landeskulturen wie Individualität, Maskulinität etc. (vgl. oben Kap. F.III.2) als in nächster Linie beachtensbedürftig zum Zuge. Die Ausprägungen dieser Dimensionen determinieren den Erfolg der Personalarbeit mit: Je stärker sie beachtet werden – m. a. W.: je »kultursensibler« Personal-Management betrieben wird, umso erfolgreicher dürfte Personalarbeit sein.

Eine grundsätzliche Frage für konzeptionell betriebenes, erfolgreiches Personal-Management ist es, ob jedes Funktionsfeld der Personalarbeit in gleicher Weise auf die eingeschlagenen Internationalisierungsstrategien abgestimmt werden muss oder aber, ob auch differenzierte Vorgehensweisen nicht nur denkbar, sondern sogar auch Erfolg versprechender sein könnten. Letzteres könnte z. B. darauf hinauslaufen, die Vergütung zentralistisch, also ethnozentrisch zu steuern, Personalführung polyzentrisch zu betreiben und eine geozentrische Personalentwicklung anzustreben. Ob der Weg eines derart komplizierten Personal-Management-Konzeptes eingeschlagen wird, hängt sicherlich nicht zuletzt auch von den jeweils im Ausland vorgefundenen Entwicklungsstadien und der Professionalität dort betriebener Personalarbeit ab. Stets jedoch erscheint plausibel, dass auch bei Vorgabe gemeinsamer Grundkonzepte die Zulässigkeit landeskulturell spezifischer Anpassungen einen sinnvollen, weil eher akzeptablen Weg internationalen Personal-Management darstellen dürfte.

a) Personalbedarf

Besonderheiten ergeben sich vor allem in der qualitativen Dimension des Personalbedarfs, d. h. hinsichtlich der zu fordernden Qualifikationen der in den ausländischen Gesellschaften Beschäftigten. Auch hier ergibt sich bei der Festlegung zu fordernder Qualifikationen-Repertoires eine erste Weichenstellung durch die grundsätzlich gewählte Internationalisierungsstrategie. Auf Führungskräfte abgestellt hat Scholz jeweils typische Manager beschrieben:[39] für die ethnozentrische Strategie den »Company Manager«, für den polyzentrischen Ansatz den »Country Manager«, für die geozentrische Strategie den »Global Manager«. Über die jeweils zugehörigen Qualifikationenbündel gibt die unten stehende Abbildung 202 näheren Aufschluss.

Internationalisierungsstrategie / Personalbedarf	Ethnozentrisch	Polyzentrisch	Geozentrisch
„Benötigte Führungskraft“	Company Manager	Country Manager	Global Manager
Spezifische Qualifikationen	Werte-Kulturbewusstheit, Sendungsbewusstsein, Integrationsfähigkeit, Fähigkeit zur Mitarbeit in national gemischten Teams	Wissen um Landeskunde, Kenntnis des Rechts-, Wirtschafts-, Sozial-Systems Beherrschung der jeweils landeskulturell spezifischen Verhaltensmuster	- interkulturelle Kompetenzen: Sensibilität, Kommunikationsfähigkeit, Wissen - generelle Persönlichkeitsmerkmale: autonomie, Unsicherheitstoleranz, Stressbewältigung, Frustrationstoleranz

Abb. 202: International qualitativ unterschiedlicher Personalbedarf

Bei den aufgeführten Qualifikationen handelt es sich um plausible Annahmen hinsichtlich der Schwerpunkte, in denen die entsprechenden Führungskräfte nachweisbare Befähigungen aufweisen sollten.

39 S. Scholz (1994) 826 ff.

b) Personalbeschaffung

Unterschiedliche Besonderheiten hinsichtlich der Personalbeschaffung in Abhängigkeit von den jeweils gewählten Internationalisierungsstrategien sind es, die bedacht werden müssen. Alternative Beschaffungsstrategien sind hinsichtlich ihres Erfolges wesentlich davon abhängig, inwieweit es gewollt ist und gelingt, die jeweils mit ihnen verbundenen Vorteile zu nutzen und gleichzeitig gegebene Nachteile zu mindern. Welche dies jeweils im Einzelnen sind, darüber informiert Abbildung 203.

Internationalisierungs-Strategie	Ethnozentrisch	Polyzentrisch	Geozentrisch
Herkunft des Personals	Stammland	Gastland	Stammland, Gastland oder Drittländer (regionaler weltweiter Führungskräftepool)
Vorteile	keine kulturelle Distanz zu den Führungskräften der Zentrale persönliche Bekanntschaft mit Interaktionspartnern der Muttergesellschaft (Vertrauensvorsprung)	Kommunikationsprobleme mit Gastlandsmitarbeitern nicht vorhanden hohe Akzeptanz bei Gastlandmitarbeitern (Aufstiegschancen) geringe Entlohnungskosten	Förderung einer einheitlichen Unternehmenskultur (implizite Steuerung über vereinheitlichte Werte möglich)
Nachteile	hohe Kosten (Vorbereitung, Entlohnung, Betreuung, Wiedereingliederung) Begrenzung der Karrierechancen gast- und drittländischer Führungskräfte teilweise: Interaktionsprobleme mit Gastlandsinstitutionen	Kommunikationsprobleme bei Interaktionen mit Muttergesellschaft Auftreten von Werte- und Loyalitätskonflikten hohe Kosten für Vermittlung von Fach- und Führungsfähigkeiten	sehr hohe Kosten (fachliche, führungsbezogene und kulturelle Vorbereitung, Betreuung, Rückführung ins Stammland) Akzeptanz- und Loyalitätsprobleme

Quelle: Nach Macharzina (1992) 370.

Abb. 203: Konsequenzen unterschiedlicher Personalbeschaffungsstrategien

Personalbeschaffung z. B. nach dem ethnozentrischen Konzept bedeutet, entweder einheimische Führungskräfte der Muttergesellschaft ins Ausland zu entsenden (»Expatriates«), oder aber auf dem Arbeitsmarkt des Stammlandes Mitarbeiter für Auslandseinsätze anzuwerben. Ersteres wäre interne Personalbeschaffung, gleichbedeutend mit Personalentwicklung im Sinne des Praktizierens einer Karriereplanung unter Einschluss von Auslandseinsätzen (vgl. unten c). Letzteres ist externe Personalbeschaffung.

In jedem Falle müsste eine Rekrutierung nach Auswahlkriterien geschehen, über die oben (vgl. Personalbedarf) plausible Annahmen hinsichtlich der zu fordernden Qualifikationen getroffen wurden. Dass die Praxis international tätiger Unternehmen jedoch offensichtlich realiter nur partiell in diesem Sinne vorgeht, belegt das Ergebnis einer empirischen Studie von Wirth, wonach deutsche Unternehmungen ins Ausland zu entsendende Mitarbeiter primär nach fachlicher und nicht nach kultureller Eignung auswählen.[40]

c) Personalentwicklung

Für ein internationales Personal-Management haben von den Bereichen der Personalentwicklung die Fortbildung und die Karriereplanung sicherlich die größte Bedeutung. Mit speziellen Methoden bzw. Systemen können auch hier wiederum Akzente gesetzt werden, die unterschiedlich sind – je nach eingeschlagener Internationalisierungsstrategie (vgl. Abbildung 204).

Internationalisierungsstrategie / Personalentwicklung	Ethnozentrisch	Polyzentrisch	Geozentrisch
Fortbildung	- Vorbereitung auf Entsendung (spezielle Trainings, Kurse) - Traineeprogramme für Auslandseinsätze	landeseigene Programme: - neue Aufgaben (Muttergesellschaft) - Verflechtungs-Spezifika	- Job Rotation - Internationale Traineeprogramme
Karriereplanung	Mitarbeiter-Entsendung Suche, Auswahl, Vorbereitung, Eingliederung, Betreuung, Reintegration nach Repatriierung	landesindividuelle Mitarbeiter-Versetzung landeseigene professionelle Systeme, gegebenenfalls Sonderregelungen für Spitzenpositionen	globale Mitarbeiter-Versetzung Generalisierte Karrierepfade für „Global Manager“

Abb. 204: International unterschiedliche Personalentwicklung

In der Literatur zu *Fortbildung* im Rahmen ethnozentrischer und geozentrischer Strategien wird in erster Linie auf das so genannte »cross cultural training« abgehoben. In ihm sollen Aspiranten für Auslandseinsätze vor allem interkulturelle Sensibilität und Kompetenz erlernen. Sie gilt es inhaltlich zu definieren und in einem systematisch aufgebauten Training zu vermitteln.

Für *Karriereplanungen* gibt es idealtypische Strategien nach dem dafür maßgeblichen Hauptkriterium der nationalen Herkunft der für Auslandseinsätze vorgesehenen Aspiranten, die wiederum mit den drei Internationalisierungsstrategien korrespondieren:

40 Vgl. Wirth (1992). Zu einem ähnlich negativen Ergebnis hinsichtlich professionellen Personal-Management für Auslandsentsendungen kommt – ebenfalls aufgrund empirischer Ergebnisse – Stahl (1999).

- Mitarbeiter-Entsendung (idealtypisch: von »Company-Managern«) im Sinne eines »Personalexports« aus dem Stammhaus (Stammland) ist das Personalentwicklungspendant zum ethnozentrischen Strategiekonzept: Mit ihr wird eine sicherere Gewähr für das Durchsetzen und Durchhalten von Unternehmungspolitik und -kultur vermutet (und angestrebt); sie ist erforderlich, wenn die Auslandsgesellschafts-Personalbereiche (noch) nicht hinreichende Professionalität (Reife) besitzen.
- Bei landesindividueller Mitarbeiter-Versetzung werden Vakanzen grundsätzlich mit Personen (»Country-Managern«) der jeweiligen Auslandsgesellschaft besetzt. Diese Karrierestrategie – als Pendant zum Konzept polyzentrischer Unternehmungsstrategien – ist erforderlich, wenn erfolgreiche Personalentwicklung nur bei großer Vertrautheit mit den besonderen Bedingungen der Gastländer möglich ist, die sich stark von denen des Stammhaus-Landes (sowie von denen der anderen Nationalitäten) unterscheiden.
- Mit globaler Mitarbeiter-Versetzung wird der Versuch unternommen, Vakanzen (insbesondere: Führungspositionen) im gesamten Unternehmen – also sowohl im Stammhaus wie auch in sämtlichen Auslandsgesellschaften – ohne Berücksichtigung der nationalen Herkunft der Versetzungsaspiranten zu besetzen. Als Entscheidungskriterium gilt allgemein, den für die jeweils vakante Position Bestgeeigneten (»Global Manager«) einzuplanen, d. h. über sämtliche relevanten Qualifikationskategorien hinweg (Fach-, Sozial-, Methodenkompetenzen). Diese Karrierestrategie birgt nicht wenige Probleme: So ist ein Pool von Versetzungs-Aspiranten (für Führungsnachwuchskräfte: der berühmte sogen. »Goldfischteich«) realiter nur dann mit Erfolgsaussichten funktionsfähig, wenn zum einen eine hinreichende Zahl versetzungswilliger Mitarbeiter unternehmensweit vorhanden ist, wenn zum anderen eine hinreichende Zahl von Vakanzen – möglichst gleichmäßig verteilt über eine Vielzahl von Ländern – existiert, und wenn schließlich nicht eine Mentalität des eifersüchtigen Hortens exzellenter Kräfte Platz greift.

Für die skizzierten idealtypischen Formen von Karrierestrategien müssten allerdings Bedingungen vorliegen, die in der Realität nur selten zusammentreffen. Es liegen empirische Befunde vor,[41] nach denen die Strategien der Entsendung und der globalen Versetzung in weit geringerem Masse realisiert sind, als dies bei einer etwa gleichen Verteilung aller Strategien[42] zu vermuten wäre. Es wurden vielmehr hierarchiestufenbezogene Differenzierungen vorgefunden: Geschäftsleitungspositionen (Führungsspitze) waren fast ausnahmslos mit stammlandsangehörigem Personal besetzt (Entsendungs-Strategie), nicht jedoch die zweite Führungsebene: 87 % der Positionsinhaber entstammten dem Gastland (Personalleiter: 90 % !): landesindividuelle Strategie. Damit ist auf beiden Ebenen die globale Versetzungsstrategie stark unterrepräsentiert, was angesichts der zahlreichen Bekundungen der Wirtschaftspraxis für das global acting überraschend ist.

d) Führung

Versuche, effiziente Führung zu praktizieren, dürften in relativ weitem Umfang unabhängig sein von jeweils verfolgten Internationalisierungsstrategien. Gegebenenfalls auftretende Probleme könnten höchstens variieren hinsichtlich der Häufigkeit ihres Auftretens (ver-

---

41 Vgl. Wolf (1996), (1997).
42 Vgl. dazu Wunderer (1992b): Ergebnisse einer Expertenstudie.

mutlich am relativ seltensten beim polyzentrischen Ansatz) und hinsichtlich ihrer Intensität. In Bezug auf letztere ist sicherlich die Stärke des Drucks ausschlaggebend, der zur Durchsetzung von Interessen eingesetzt wird, die im Gastland fremd sind (tendenziell beim ethnozentrischen Ansatz am größten).

Grundsätzlich ist davon auszugehen, dass kulturbedingte Führungskonflikte dann unvermeidlich sind, wenn Vorgesetzte und Mitarbeiter aus je unterschiedlichen Landeskulturen kommen, zumeist auch zusätzlich aus unterschiedlichen Unternehmungskulturen. In der Folge muss immer damit gerechnet werden, dass die Erwartungen der Beteiligten differieren: Mitarbeiter erwarten nicht selten ein anderes Führungsverhalten als jenes, das der Vorgesetzte praktiziert; Vorgesetzte erwarten andere Reaktionen und Konsequenzen auf ihre Führungsaktivitäten. In der Folge stellt sich häufig beiderseitige Unzufriedenheit ein.

Ein Gegensteuern, um dieses Phänomen abzumildern, könnte durch Personalentwicklungsmethoden geschehen, mit denen ein Erreichen des Lernziels »Akzeptanz fremden Verhaltens« wahrscheinlich ist. Als hierfür geeignet sind Gremien und Projektgruppen anzusehen, in denen konkrete Sachaufgaben in internationaler Besetzung gemeinsam gelöst werden. Dadurch würde on-the-job ein Üben im Umgang mit fremden Mentalitäten erzwungen.

e) Vergütung

In international tätigen Unternehmungen gelten hinsichtlich der Vergütung einige der Prinzipien nicht, die für nur im Inland tätige Unternehmen selbstverständlich sind. Dies betrifft vor allem den Grundsatz, für gleiche Tätigkeiten gleiches Entgelt zu bezahlen. Er macht in international tätigen Unternehmungen deshalb keinen Sinn, weil damit die Vorteile unterschiedlicher Vergütungsniveaus (die häufig eine nicht unwesentliche Rolle bei der Gründung von Auslandsgesellschaften spielen) wegfallen würden.

Dies ist anders hinsichtlich der **Struktur** von Vergütungssystemen, bei denen durchaus eine Vereinheitlichung angestrebt werden kann; ob sie gewollt ist, hängt wiederum von der praktizierten Internationalisierungsstrategie ab. Dies kommt auch in Abbildung 205 zum Ausdruck, in der ein im Hinblick auf die jeweilige Strategie »konsequentes« Vergütungssystem mit zwei Kreuzen markiert ist, eines, das auch noch als möglich anzusehen ist, mit einem Kreuz.

»Stammlandbezogene« Vergütungssysteme orientieren sich hinsichtlich der Gehaltsstruktur und des Gehaltsniveaus am Stammland. Sie beziehen sich auf die Expatriates, d. h. ins

Internationalisierungs-Strategie / Vergütungsplan	Ethnozentrisch	Polyzentrisch	Geozentrisch
Stammlandbezogen	xx		
Gastlandbezogen		xx	x
Internationalisierungs-Ansatz	x	x	xx

Abb. 205: Internationale Vergütungssysteme (Tendenzaussagen)

Ausland entsandte Stammhaus-Mitarbeiter, die vergütet werden wie in der Muttergesellschaft üblich; gegebenenfalls korrigiert durch Zulagen, die finanzielle Nachteile ausgleichen sollen und/oder um ausländische Gehaltskomponenten.

Gastlandbezogene Systeme stellen gewissermaßen das Gegenteil dar: Die Vergütungshöhe wird am Gehaltsniveau des Gastlandes orientiert. Dies macht – auch wenn das Vergütungssystem in seiner Struktur vereinheitlicht sein sollte – dann Probleme, wenn Mitarbeiter für Auslandseinsätze nicht zu motivieren sind, weil das Gehalt im Gastland deutlich unter dem des Heimatlandes liegt. Daher sind hier Varianten bzw. zusätzliche Regelungen, mit denen solche Nachteile ausgeglichen werden können, eher anzutreffen als ein Einsatz gastlandbezogener Vergütungssysteme in reiner Form.

In internationalen Ansätzen wird versucht, eine Mischform dergestalt zu realisieren, dass einerseits ein Basislohn standardisiert für die gesamte Unternehmung gilt, andererseits aber länderspezifische Zulagen hinzutreten, mit denen Vergleichbarkeit hergestellt und Nachteile vermieden werden.[43]

43 Näheres zu diesen Varianten vgl. Hahn (1986) und Wirth (1992) 226 ff. Für empirisches Material (u. a. Nettovergleichsrechnungen, Kaufkraftausgleich und Auslandszulagen) vgl. Weber et al. (1998) 217 ff.

Literaturverzeichnis

Ackermann, K.-F. (1985): Personalstrategien bei alternativen Unternehmensstrategien. In: Bühler, W. u. a. (Hrsg.): Die ganzheitlich-verstehende Betrachtung der sozialen Leistungsordnung. Wien/New York 1985, S. 347–373.

Ackermann, K.-F. (1987): Konzeptionen des Strategischen Personalmanagements für die Unternehmenspraxis. In: Glaubrecht, H./Wagner, D. (Hrsg.): Humanität und Rationalität in Personalpolitik und Personalführung. Freiburg 1987, S. 39–68.

Ackermann, K.-F. (1994): Auf der Suche nach kundenorientierten Organisationsformen des Personalmanagements. In: Kienbaum, J. (Hrsg.): Visionäres Personalmanagement. 2., erw. Aufl., Stuttgart 1994, S. 271–284.

Ackermann, K.-F. (Hrsg.) (1994a): Reorganisation der Personalabteilung: Dezentralisierung, Divisionalisierung, Profit Center-Orientierung der Personalarbeit im Unternehmen. Stuttgart 1994.

Ackermann, K.-F. (1994b): Die Personalabteilung am Scheideweg. In: Ackermann, K.-F. (Hrsg.): Reorganisation der Personalabteilung: Dezentralisierung, Divisionalisierung, Profit Center-Orientierung der Personalarbeit im Unternehmen. Stuttgart 1994, S. 3–21.

Adams, J. S. (1965): Inequity in Social Change. In: Advances in Experimental Social Psychology, Vol. 2. New York 1965.

AFOS (1996): SAP, Arbeit, Management – Durch systematische Arbeitsgestaltung zum Projekterfolg. Braunschweig, Wiesbaden 1996.

Ahrend, P./Walkiewicz, N. (1990): Gestaltungsmöglichkeiten der betrieblichen Altersversorgung. In: Berthel, J./Groenewald, H. (Hrsg.): Handbuch Personal-Management. Grundausstattung 10/1990, Landsberg a. Lech 1990.

Ajzen, J./Fishbein, M. (1973): Attitudinal and Normative Variables as Predictors of Specific Behaviors. In: Journal of Personality 27 (1973), S. 41–57.

Ajzen, J./Fishbein, M. (1977): Attitude-behavior Relations: A Theoretical Analysis and Review of Empirical Research. In: Psychological Bulletin 84 (1977), S. 888–918.

Alderfer, C. P. (1969): An Empirical Test of a New Theory of Human Needs. In: Organizational Behavior and Human Performance 4 (1969), S. 142–175.

Alderfer, C. P. (1972): Existence, Relatedness and Growth. Human Needs in Organizational Settings. New York/London 1972.

Alewell, D. (1993): Lohngerechtigkeit und Lohndifferenzierung. In: Das Wirtschaftsstudium 22 (1993) 7, S. 591–598.

Alewell, D. (1998): Warum finanzieren Arbeitgeber transferierbare Weiterbildung? In: Zeitschrift für betriebswirtschaftliche Forschung 50 (1998) 4, S. 315–335.

Althauser, U. (1982): Entwurf einer Theorie organisationaler Sozialisation: Eine verhaltenswissenschaftliche Analyse des Einarbeitungs- und Eingewöhnungsprozesses neuer Mitarbeiter in der Unternehmung. Diss. Mannheim 1982.

Altmann, G. u. a. (1982): Grenzen neuer Arbeitsformen. Betriebliche Arbeitsstrukturierung, Einschätzung durch Industriearbeiter, Beteiligung der Betriebsräte. Frankfurt a. M./New York 1982.

Amling, T. (1997): Ansatzpunkte und Instrumente des Personal-Controlling auf der strategischen und operativen Problemebene im Industriebetrieb. Frankfurt a. M. u. a. 1997.

Ansoff, H. J. (1976): The Changing Manager. In: Ansoff, H. J./Declerck, R. P./Hayes, R. L. (Hrsg.): From Strategic Planning To Strategic Management. London 1976.

Antoni, C. H./Hofmann, K./Bungard, W. (1996): Gruppenarbeit. In: Bullinger, H.-J./Warnecke, H.-J. (Hrsg.): Neue Organisationsformen im Unternehmen: ein Handbuch für das moderne Management. Berlin u. a. 1996, S. 489–498.

Antoni, C. H. (1994): Gruppenarbeit – mehr als ein Konzept. Darstellung und Vergleich unterschiedlicher Formen der Gruppenarbeit. In Antoni, C. H. (Hrsg.): Gruppenarbeit in Unternehmen: Konzepte, Erfahrungen, Perspektiven. Weinheim 1994, S. 19–48.

Antoni, C. H. (2000): Group fabrication to self-defining work. In: Beyerlein, M. M. (Hrsg.): Workteams: Past, present and future. Dordrecht 2000, S. 201–217.

Argyris, C. (1991): Wenn Experten wieder lernen müssen. In: Harvard (1991) 4, S. 95–107.

Arnold, K. G. (1971): Unternehmenswachstum und Ausbildung. Diss., Mannheim 1971.

Arnold, K. G./Wächter, H. (1975): Personalbeschaffung. In: Gaugler, E. (Hrsg.): Handwörterbuch des Personalwesens. 1. Aufl., Stuttgart 1975, Sp. 1501–1513.

Arnscheid, R. (1999): Gemeinsam sind wir stark?: Zum Zusammenhang zwischen Gruppenkohäsion und Gruppenleistung. Münster 1999.

Arx, S. (1998): Das Wertschöpfungs-Center-Konzept als Strukturansatz zur unternehmerischen Gestaltung der Personalarbeit – Darstellung aus Sicht der Wissenschaft. In: Wunderer, R./Kuhn, T. (Hrsg.): Innovatives Personalmanagement: Theorie und Praxis unternehmerischer Personalarbeit. Neuwied u. a. 1998, S. 423–441.

Ashour, A. S. (1973): The Contingency Model of Leadership Effectiveness: An Evaluation. In: Organizational Behavior and Human Performance 9 (1973), S. 339–355.

Auchter, E. (1983): Alter und Aufstieg im Führungsbereich. Karlsruhe 1983.

Avermaet, E. v. (2003): Sozialer Einfluss in Kleingruppen. In: Stroebe, W./Jonas, K./Hewstone, M. (Hrsg.): Sozialpsychologie: Eine Einführung. 4., überarb. u. erw. Aufl., Berlin u. a. 2003, S. 451–495.

Baird, L./Meshoulam, I. (1988): Managing to Fils of Strategie Human Resource Management. In: Academy of Management Review 13 (1988) 1, S. 116–128.

Baitsch, C. (1985): Kompetenzentwicklung und partizipative Arbeitsgestaltung. Frankfurt 1985.

Bandura, A. (1977): Self-efficacy: Toward a unifying theory of behavioral change. In: Pschological Review 84 (1977), S. 191–215.

Bandura, A. (1982): Self-efficacy mechanism in human agency. In: American Psychologist 37 (1982), S. 122–147.

Bandura, A. (1989): Self-regulation of motivtion and action through internal standards and goal systems. In: L. A. Pervin (Hrsg.), Goal Concepts in Personality and Social Psychology. Hillsdale (NJ) 1989, S. 19–85.

Baron, R. S./Roper, G. (1976): Reaffirmation of social comparison views of choice shifts: Averaging and extremety effects in an autokinetic situation. In: Journal of Personality and Social Psychology (1976), S. 521–530.

Bartlett, Ch./Ghoshal, S. (1990): Internationale Unternehmensführung. Innovation, globale Effizienz, differenziertes Marketing. Frankfurt a. M./New York 1990.

Bartölke, K. (1972): Probleme und offene Fragen der Leistungsbeurteilung. In: Zeitschrift für Betriebswirtschaft 42 (1972), S. 629–647.

Bass, B. M. (1981): Stodgill's Handbook of Leadership (Revised and expanded edition). In: Free Press. New York 1981.

Bauer, T. N./Green, S. G. (1994): Effect of Newcomer Involvement in Work-related activities: A Longitudinal Study of Socialization. In: Journal of Applied Psychology 79 (1994), S. 211–223.

Bäumer, J. (1999): Weiterbildungsmanagement – Ein empirische Analyse deutscher Unternehmen. München/Mering 1999.

Baumgarten, R. (1975): Das Maslow-Konzept. Wunschbild oder Wirklichkeit? In: Zeitschrift Führung und Organisation 45 (1975), S. 72–78.

Baumgarten, R. (1977): Führungsstile und Führungstechniken. Berlin 1977.

Bea, F. X./Haas, J. (1995/2001): Strategisches Management. 3., neubearb. Aufl., Stuttgart/Jena 2001 (1. Aufl. 1995).

Becker, F. G. (1987): Anreizsysteme für Führungskräfte im Strategischen Management. 2., überarb. und erw. Aufl., Bergisch Gladbach/Köln 1987.

Becker, F. G. (1988): Personalentwicklung im Rahmen einer strategischen Führung. In: Zeitschrift für Personalforschung 2 (1988) 3, S. 197–213.

Becker, F. G. (1988a): Die Rolle des Personalmanagements im Rahmen der strategischen Führung. In: Strategische Planung 4 (1988), S. 45–52.

Becker, F. G. (1990): Anreizsysteme für Führungskräfte. Stuttgart 1990.

Becker, F. G. (1991): Strategisch-orientierte Anreizsysteme – beispielhaft dargestellt am »Incentive Compensation System« der General Electric Company. In: Schanz, G. (Hrsg.): Handbuch Anreizsysteme in Wirtschaft und Verwaltung. Stuttgart 1991, S. 753–776.

Becker, F. G. (1992): Die Leistungsbewertung als Instrument der leistungsgerechten Entgeltdifferenzierung. In: Berthel, J./Groenewald, H. (Hrsg.): Handbuch Personal-Management. IV. Schwerpunkt, 5.3 Leistungsbewertung. Landsberg am Lech 1992, 9. Nachlieferung 2/1993, S. 1–23.

Becker, F. G. (1992a): Potentialbeurteilung. In: Gaugler, E./Weber, W. (Hrsg.): Handwörterbuch des Personalwesens. 2. Aufl., Stuttgart 1992, Sp. 1921–1929.

Becker, F. G. (1995): Anreizsysteme als Führungsinstrument. In: Kieser, A./Reber, G./Wunderer, R. (Hrsg.): Handwörterbuch der Führung. 2., neugest. u. erg. Aufl., Stuttgart 1995, Sp. 34–46.

Becker, F. G. (1997): Erfolgs- und leistungsbezogene strategisch-orientierte Anreizsysteme. In: Marktforschung & Management 41 (1997) 3, S. 112–119.

Becker, F. G. (1999): Betriebliche Personalforschung – Kritisches Fundament der Personalarbeit in Betrieben. Arbeitsbericht der Universität Bielefeld, Bielefeld 1999 (s. auch Betriebliche Personalforschung. In: Wirtschaftswissenschaftliches Studium 31 (2002) 3, S. 173–180).

Becker, F. G. (2002): Lexikon des Personalmanagements. 2. Aufl., München 2002.

Becker, F. G. (2003/1998): Grundlagen betrieblicher Leistungsbeurteilung. Leistungsverständnis und -prinzip, Beurteilungsproblematik und Verfahrensprobleme. 3., überarb. u. erw. Aufl. Stuttgart 1998, 4., überarb. Aufl., Stuttgart 2003.

Becker, F. G. (2003a): Karrieren und Laufbahnen. In: Schreyögg, G./von Werder, A. (Hrsg.): Handwörterbuch Unternehmensführung und Organisation. 4., neubearb. Aufl., Stuttgart 2003, i. D.

Becker, F. G. (2005): Den Return on Development messen: Möglichkeiten und Grenzen der Evaluation. In: Personalführung 38 (2005) 4, S. 48–53.

Becker, F. G./Fallgatter, M. J. (1998): Betriebliche Leistungsbeurteilung: Lohnt sich die Lektüre der Fachbücher? (Sammelrezension). In: Die Betriebswirtschaft 58 (1998) 2, S. 225–241

Becker, F. G./Fallgatter, M. J. (1999): Die Personalabteilung als Referentensystem. In: Scholz, Ch. (Hrsg.): Innovative Personal-Organisation: Center-Modelle für Wertschöpfung, Strategie, Intelligenz und Virtualisierung. Neuwied u. a. 1999, S. 218–227.

Becker, F. G./Fallgatter, M. J. (2005): Strategische Unternehmungsführung. 2. Aufl., Berlin 2005.

Becker, F. G./Günther, S. (1999): Evaluation der betrieblichen Personalentwicklung. In: Grundlagen der Weiterbildung 10 (1999), S. 272–275.

Becker, F. G./Kramasch, M. (1998): Anreizsysteme der Zukunft. In: Personalwirtschaft 25 (1998) 4, S. 49–51.

Becker, F. G./Kramarsch, M. (2003): Anreizsysteme. In: Gaugler, E./ Oechsler, W. A./ Weber, W. (Hrsg.): Handwörterbuch des Personalwesens. 3., neubearb. Aufl., Stuttgart 2003, i. D.

Becker, F. G./Kramarsch, M. (2006): Leistungs- und erfolgsorientierte Vergütung für Führungskräfte. Göttingen 2006.

Becker, F. G./Martin, A. (Hrsg.) (1993): Empirische Personalforschung, München/Mering 1993.

Becker, F. G./Meurer, C. (1988): Personalfreisetzung – Begriff, Ursachen, Maßnahmen und Folgen. In: Das Wirtschaftsstudium 17 (1988) 5, S. 272–280.

Becker, F. G./Probst H. (2002): Personaleinführung für Universitätsprofessoren: Eine explorative Studie an den Universitäten in Nordrhein-Westfalen zum Angebot und an der Universität Bielefeld zur Nachfrage. Forschungsbericht Nr. 485 der Fakultät für Wirtschaftswissenschaften an der Universität Bielefeld, April 2002.

Becker, M. (1999): Personalentwicklung – Bildung, Förderung und Organisationsentwicklung in Theorie und Praxis. 2., überarb. u. erw. Aufl., Stuttgart 1999.

Becker-Schaffner, R. (1989): Die Rechtsprechung zum Zeugnisrecht. In: Betriebs-Berater 44 (1989) 30, S. 2105–2110.

Beer, M./Eisenstat R. A./Spector B. (1990): Why Change Programs don't Produce Change. In: Harvard Business Review 68 (1990) 6, S. 158–166.

Bellgardt, P. (1990a): Datensicherung im Personalbereich. In: Bellgardt, P. (Hrsg.): EDV-Einsatz im Personalwesen. Entwicklungen, Anwendungsbeispiele, Datensicherheit und Rechtsfragen. Heidelberg 1990, S. 250–267.

Bellmann, L. u. a. (1996): Flexibilität von Betrieben in Deutschland. Ergebnisse des IAB-Betriebspanels 1993-1995. BeitrAB 200, Institut für Arbeitsmarkt- und Berufsforschung der Bundesanstalt für Arbeit (Hrsg.). Nürnberg 1996.

Berggren, C. (1993): Volvo Uddevalla – Ende einer Traumfabrik? In: Die Mitbestimmung (1993) 9, S. 64–67.

Beriger, P. (1989): Quality Circles. In: Die Unternehmung 43 (1989) 1, S. 14–19.

Berkowitz, L. (1954): Group standards, cohesiveness and productivity. In: Human Relations 1954, S. 509–519.

Berthel, J. (1987): Anforderungen an den Manager von Morgen. Führungskraft 2000. In: Harvard Manager (1987) 3, S. 114–118.

Berthel, J. (1987a): Führungskräfteentwicklung. In: Kieser, A./Reber, G./Wunderer, R. (Hrsg.): Handwörterbuch der Führung. Stuttgart 1987, Sp. 591–601.

Berthel, J. (1990): Strategien zur Förderung der Selbstentwicklung. In: Haller, M./Hauser, H./Zäch, R. (Hrsg.): Ergänzungen. Ergebnisse der wissenschaftlichen Tagung anläßlich der Einweihung des Ergänzungsbaus der Hochschule St. Gallen. Bern/ Stuttgart 1990, S. 223–228.

Berthel, J. (1992): Laufbahn- und Nachfolgeplanung. In: Gaugler, E./Weber, W. (Hrsg.): Handwörterbuch des Personalwesens. 2., neubearb. und erg. Aufl., Stuttgart 1992, Sp. 1204–1213.

Berthel, J. (1992a): Führungskräfte-Qualifikationen (Teil I). In: Zeitschrift Führung und Organisation 61 (1992) 4, S. 206–211.

Berthel, J. (1992b): Führungskräfte-Qualifikationen (Teil II). In: Zeitschrift Führung und Organisation 61 (1992) 5, S. 279–286.

Berthel, J. (1995): Karriere und Karrieremuster von Führungskräften. In: Kieser, A. (Hrsg.): Handwörterbuch der Führung. 2., neugestaltete Aufl., Stuttgart 1995, Sp. 1285–1298.

Berthel, J. (2002a): Personalbindung und –entwicklung: Neuer Aufgabenkomplex des Human-Resource-Managements in wissensintensiven Unternehmen. In: Berthel, J./Bleicher, K.: Auf dem Weg in die Wissensgesellschaft. Veränderte Strategien, Strukturen und Kulturen. Frankfurt a. M. 2002, S. 308 ff.

Berthel, J. (2002b): Vergütungs- und Anreizsysteme in wissensintensiven Unternehmen. In: auf dem Weg in die Wissensgesellschaft. Veränderte Strategien, Strukturen und Kulturen. Frankfurt a. M. 2002, S. 321 ff.

Berthel, J. u. a. (1988): Swing – Tours. Ein Verhaltensplanspiel zur Diagnose und zum Training von Management Qualifikationen. In: Zeitschrift Führung und Organisation 57 (1988) 2 und 3, S. 111–116 und 186–191.

Berthel, J. unter Mitwirkung von Becker, F. G (1984): Erfolgsbeteiligung für Mitarbeiter. In: Das Wirtschaftsstudium 15 (1984), S. 386–393.

Berthel, J./Berscheid, E. D. (1996): Schaffung und Erhaltung einer ausgewogenen Personalstruktur im Rahmen der sozialen Auswahl bei »Massenentlassungen«. In: Wirtschaftsrecht und Praxis (1996) 1, S. 2–8.

Berthel, J./Herzhoff, S./Schmitz, G. (1990): Strategische Unternehmungsführung und F&E-Management. Qualifikationen für Führungskräfte. Heidelberg u. a. 1990.

Berthel, J./Kneerich, O. (unter Mitwirkung von Müller, P. und Stricker, M.) (1998): Förderung der beruflichen Neuorientierung bei Personalabbau. Konzeptionelle Überlegungen und Befunde. Lohmar, Köln 1998.

Berthel, J./Koch, H. E. (1985): Karriereplanung und Mitarbeiterförderung. Sindelfingen/Stuttgart 1985.

Berthel, J./Touet, M. (1992): Das Assessment-Center als »umfassender Ansatz« der Eignungsbeurteilung. In: Berthel, J./Groenewald, H. (Hrsg.): Handbuch Personal-Management. 5. Nachlieferung 3/ 1992, Landsberg a. Lech 1992.

Berthel, J./Touet, M. (1997): Mittelstand verzichtet vielfach auf Personalplanung und Leistungsbeurteilung. In: Personalwirtschaft 24 (1997) 1, S. 27–29.

Betzl, K. (1996): Entwicklungsansätze in der Arbeitsorganisation und aktuelle Unternehmenskonzepte – Visionen und Leitbilder. In: Bullinger, H.-J./Warnecke, H.-J. (Hrsg.): Neue Organisationsformen im Unternehmen: ein Handbuch für das moderne Management. Berlin u. a. 1996, S. 29–64.

Beutel, K./Fischer, H.-P. (1995): Fragestellungen für Führungskräfte zur Personalentwicklungs-Bedarfserfassung. In: Sattelberger, T. (Hrsg.): Innovative Personalentwicklung: Grundlagen, Konzepte, Erfahrungen. 3. Aufl., Wiesbaden 1995, S. 59–65.

Beyer, H. T. (1992): Arbeitszeitmodelle. In: Gaugler, E./Weber, W. (Hrsg.): Handwörterbuch des Personalwesens. 2., neubearb. und erg. Aufl., Stuttgart 1992, Sp. 458–471.

Bickenbach, F./Soltwedel, R. (1996): Freiräume schaffen – Motivation stärken – Potentiale fördern: Bausteine partizipativer Führung und Unternehmensorganisation. Abschlußbericht zum Schwerpunkt ›Führung und Motivation‹; Forschungsprogramm ›Weiterentwicklung und Perspektiven der Sozialen Marktwirtschaft‹. Kiel 1996

Biedermann, C. (1989): Subjektive Führungstheorien: Die Bedeutung guter Führung für Schweizer Führungskräfte. Stuttgart 1989.

Biggane, J. F./Stewart, P. A. (1972): Job Enlargement: A Case Study. In: Davis, L. E./Taylor, J. C. (Hrsg.): Design of Jobs. Selected Readings. Harmondsworth 1972, S. 264–276.

Bilitza, K. (1984): Leistungsvorteile in Gruppen. In: Heigl-Evers, A. (Hrsg.): Sozialpsychologie. Weinheim/Basel 1984, S. 477–485.

Bisani, F. (1995): Personalwesen und Personalführung: der State of the Art der betrieblichen Personalarbeit. 4., vollst. überarb. u. erw. Aufl., Wiesbaden 1995.

Blake, R. R./Mouton, J. S. (1964): The Managerial Grid. Houston, Tex. 1964.

Blake, R. R./Mouton, J. S. (1968): Verhaltenspsychologie im Betrieb. Düsseldorf 1968.

Blake, R. R./Mouton, J. S./Lux, E. (1987): Verhaltensgitter der Führung (Managerial Grid). In: Kieser, A./Reber, G./Wunderer, R. (Hrsg.): Handwörterbuch der Führung. Stuttgart 1987, Sp. 2015–2028.

Blake, R. R./Shepard, H. A./Mouton, J. S. (1964): Managing intergroup conflict in industry. Houston 1964.

Blascovich, J./Ginsburg, G. P./Veach, T. L. (1975): A pluralistic explanation of choice shifts on the risk dimension. In: Journal of Personality and Social Psychology (1975), S. 422–429.

Bleicher, K. (1974): Entscheidungsprozesse an Unternehmungsspielen. Bd. 1: Die Darstellung von Unternehmungspolitik und -planung an Idealmodellen. 3. Aufl., Baden-Baden/Bad Homburg 1974.

Bleicher, K. (1985): Zur strategischen Ausgestaltung von Anreizsystemen für die Führungsgruppe in Unternehmungen. In: Zeitschrift Führung + Organisation 54 (1985), S. 21–27.

Bleicher, K. (1986): Unternehmungskultur und strategische Unternehmungsführung. In: Hahn, D./Taylor, B. (Hrsg.): Strategische Unternehmungsplanung. 4., veränd. und erg. Aufl., Heidelberg/Wien 1986, S. 757–797.

Bleicher, K. (1986a): Strukturen und Kulturen der Organisation im Umbruch. In: Zeitschrift Führung und Organisation 55 (1986), S. 97–108.

Bleicher, K. (1992): Strategische Anreizsysteme. Flexible Vergütungssysteme für Führungskräfte. Stuttgart 1992.

Bleicher, K. (1992a): Leitbilder. Orientierungsrahmen für eine integrative Management-Philosophie. Stuttgart 1992.

Bleicher, K./Meyer, E. (1976): Führung in der Unternehmung. Formen und Modelle. Reinbek 1976.

Blohm, H. (1975): Arbeitsplatzanalyse. In: Gaugler, E. (Hrsg.): Handwörterbuch des Personalwesens. Stuttgart 1975, Sp. 279–289.

Bohlen, N. (1982): Ein Programm zur Einführung neuer Mitarbeiter. In: Personalwirtschaft 9 (1982) 5, S. 30–37.

Bosch, G. (1978): Arbeitsplatzverlust. Die sozialen Folgen einer Betriebsstillegung. Frankfurt a. M./New York 1978.

Bosetzky, H. (1995): Mikropolitik und Führung. In: Kieser, A./Reber, G./Wunderer, R. (Hrsg.): Handwörterbuch der Führung. 2., neugest. u. erg. Aufl., Stuttgart 1995, Sp. 1517–1526.

Bradley, G. W. (1978): Self-Serving Biases in the Attribution Process. A Reexamination of the Fact or Fiction Question. In: Journal of Personality and Social Psychology 36 (1978), S. 56–71.

Brandstätter, H. (1970): Die Beurteilung von Mitarbeitern. In: Mayer, A./Herwig, B. (Hrsg.): Handbuch der Psychologie, Bd. 9: Betriebspsychologie. 2. Aufl., Göttingen 1970, Sp. 668–734.

Brandstätter, H. (1989): Stabillität und Veränderbarkeit von Persönlichkeitsmerkmalen. In: Zeitschrift für Arbeits- und Organisationspsychologie 33 (1989), S. 12–20.

Brandstätter, H. (1999): Veränderbarkeit von Persönlichkeitsmerkmalen–Beiträge der Differentiellen Psychologie. In: Sonntag, K.: Personalentwicklung in Organisationen: psychologische Grundlagen, Methoden und Strategien. 2., überarb. u. erw. Aufl., Göttingen 1999, S. 51–76.

Braun, W. (1966): Grenzen traditioneller und Bedingungen moderner Leistungsentlohnung. In: Zeitschrift für Betriebswirtschaft 36 (1966), S. 205–233.

Bray, D. W./Campbell, R. J. (1968): Selection of Salesman by Means of an Assessment Center. In: Journal of Applied Psychology 52 (1968), S. 36–41.

Bray, D. W./Campbell, R. J./Grant, D. L. (1974): Formative Years in Business: A Long-Term AT&T Study of Management Lives. New York 1974.

Bray, D. W./Grant, D. L. (1966): The Assessment Center in the Measurement of Potential for Business Management. In: Psychological Monographs 80 (1966), S. 1–27.

Breisig, T. (1998): Personalbeurteilung – Mitarbeitergespräch – Zielvereinbarungen: Grundlagen, Gestaltungsmöglichkeiten und Umsetzung in Betriebs- und Dienstvereinbarungen. Frankfurt/M. 1998.

Brenner, D./Brenner, F. (2001): Inplacement: Neue Mitarbeiter erfolgreich einarbeiten und integrieren. Wie sie das Potenzial neuer Mitarbeiter erschließen und für ihr Unternehmen nutzbar machen. Eine Arbeitshilfe für Führungskräfte. Köln 2001.

Brettschneider, D. (1979): Patensystem als Führungsersatz? In: Personal 31 (1979) 8, S. 324–327.

Brickenkamp, R. (1975/1997): Handbuch psychologischer und pädagogischer Tests. 2. Aufl., Göttingen u. a. 1997 (1. Aufl. 1975).

Brinkmann, G. (1978): Entwicklung der Arbeitsanforderungen. Die These von ihrer stetigen qualitativen Erhöhung auf der einen und die These von ihrer Dichotomisierung in sehr hohe und sehr niedrige auf der anderen Seite. In: Brinkmann, G. (Hrsg.): Ausbildungsgrad und Beschäftigung. Berlin 1978, S. 35–58.

Brinkmann, G./Knoth, B./Krämer, W. (1982): Führungskräfte kleinerer Unternehmen: Arbeitsanforderungen und Ausbildungsbedarf. Berlin 1982.

Brodbeck (2004): Analyse von Gruppenprozessen und Gruppenleistung. In: Schuler, H. (Hrsg.): Lehrbuch Organisationspsychologie. 3., vollst. überarb. u. erw. Aufl., Bern u. a. (2004), S. 415–438.

Bronner, R./Schröder, W. (1983): Weiterbildungserfolg. Modelle und Beispiele systematischer Erfolgssteuerung. München/Wien 1983.

Brown, R. (2004): Group processes: Dynamics within and between groups. 2nd ed. (repr.), Oxford 2004.

Brox, H./Rüthers, B. (2002): Arbeitsrecht. 15., neubearb. Aufl., Stuttgart/Berlin/Köln 2002.

Bühner, R. (1987): Strategisches Personalmanagement für neue Produktionstechnologien. In: Betriebswirtschaftliche Forschung und Praxis 39 (1987), S. 249–265.

Bühner, R. (1993): Shareholder Value. In: Die Betriebswirtschaft 53 (1993) 6, S. 749–769.

Bühner, R. (1997): Personalmanagement. 2., überarb. Aufl., Landberg/Lech 1997.

Bürgi, R. (1976): Die Analyse von Berufen und Berufsanforderungen unter Berücksichtigung der Problemstellungen in der Berufsberatung. Stuttgart u. a. 1976.

Burnstein, E./Vinokur, A. (1975): What a person thinks upon learning he has chosen differently from others: Nice evidence for the persuasive arguments explanation of choice shifts. In: Journal of Experimental Social Psychology 11 (1975), S. 412–426.

Burnstein, E./Vinokur, A. (1977): Persuasive comunication and social comparison as determinants of attitude polarization. In: Journal of Experimental Social Psychology (1977), S. 315–332.

Burnstein, E./Vinokur, A. (1978): Novel Argumentation and Attitude Change: The Case of Polarization Following Group Discussion. In: European Journal of Social Psychology 8 (1978) 3, S. 335–348.

Calder, B. J. (1977): An Attribution Theory of Leadership. In: Staw, B. M./Salancik, G. P. (Hrsg.): New Directions in Organizational Behavior. Chicago 1977, S. 179–204.

Campbell, J. P./Pritchard, R. D. (1976): Motivation Theory in Industrial and Organizational Psychology. In: Dunnette, M. D. (Hrsg.): Handbook of Industrial and Organizational Psychology. Chicago 1976, S. 63–130.

Campbell, J. P. u. a. (1973): The Development and Evaluation of Behaviorally Based Rating Scales. In: Journal of Applied Psychology 57 (1973), S. 15–22.

Capol, M. (1965): Die Qualifikation der Mitarbeiter als ganzheitliches Führungsmittel im industriellen Betrieb. Bern/Stuttgart 1965.

Carver, C. S./Scheier, M. F. (1981): Attention and self-regulation: A control-theory approach to human behavior. New York 1981.

Cascio, W. F. (1982): Applied Psychology in Personnel Management. 2. Aufl., Reston 1982.

Chemers, M. M./Rice, R. W. (1974): A Theoretical and Empirical Examination of Fiedler's Contingency Modell of Leadership Effectiveness. In: Hunt, J. G./Larson, L. (Hrsg.): Contingency Approaches to Leadership. Cabondale 1974, S. 91–123.

Cobbert, A. M. (1982): Graphologie. Genf 1982.

Cohen, S.G./Bailey D. E. (1997): What makes teams work: Group effectivenes research from the shop floor to the executive suite. In: Journal of Management 3 (1997), S. 239–290.

Conrad, P. (1983): Maslow-Modell und Selbsttheorie. In: Die Unternehmung 37 (1983), S. 258–277.

Conrad, P. (1991): Human Resource Management – eine »lohnende« Entwicklungsperspektive? In: Zeitschrift für Personalforschung 5 (1991) 4, S. 411–445.

Conrad, P. (1998): Organisationales Lernen. In: Geißler, H./Lehnhoff, A./Petersen, J. (Hrsg.): Organisationales Lernen im interdisziplinären Dialog. Weinheim 1998, S. 31–45.

Conradi, W. (1983): Personalentwicklung. Stuttgart 1983.

Crott, H. (1979): Soziale Interaktion und Gruppenprozesse. Stuttgart u. a. 1979.

Cummings, L. L. (1984): Compensation, Culture and Motivation. A Systems Perspective. In: Organizational Development 13 (1984) 3, S. 33–44.

Cyert, R. M./ March, J. G. (1963): A Behavioral Theory of the Firm. Englewood Cliffs (N. J.) 1963.

Cyert, R. M./March, J. G. (1995): Eine verhaltenswissenschaftliche Theorie der Unternehmung. 2. Aufl., Stuttgart 1995.

Dahrendorf, R. (1956): Industrielle Fertigung und soziale Schichtung. In: Kölner Zeitschrift für Soziologie und Sozialpsychologie 8 (1956) 5, S. 540–568.

Daum, M./Piepel, U. (1992): Lean Production – Philosophie und Realität. In: Management-Zeitschrift IO 61 (1992) 1, S. 40–47.

Davis, J. H. (1982): Social interaction as a combinatorial process in group decision. In: Brandstätter, H./ Davis, J. H./Stocker-Kreichgauer, G. (Hrsg.): Group decision making. London 1982, S. 27–58.

De Grave, A. J. (1991): Gestaltung beruflicher Erstausbildung in Unternehmungen: eine Diskussion am Beispiel neuer Technologien in der industriellen Produktion. Frankfurt u. a. 1991.

Deci, E. L. (1975): Intrinsic Motivation. London 1975.

Delhees, K. H. (1987): Führungstheorien – Eigenschaftstheorie. In: Kieser, A./Reber, G./Wunderer, R. (Hrsg.): Handwörterbuch der Führung. Stuttgart 1987, Sp. 748–756.

Deppe, J. (1989): Quality Circle und Lernstatt – Ein integrativer Ansatz. Wiesbaden 1989.

Desmond, R./Weiss, D. J. (1973): Supervisor Estimation of Abilities Required in Job. In: Journal of Vocational Behavior 3 (1973), S. 181–194.

Devanna, M. A./Fombrun, Ch. J./Tichy, N. M. (1984): A Framework for Strategic Human Resource Management. In: Fombrun, C. J./Tichy, N. M./Devanna, M. A. (Hrsg.): Strategic Human Resource Management. New York u. a. 1984, S. 33–51.

Doeringer, P. B./Piore, J. J./Scoville, J. G. (1968): Corporate Manpower Forecasting and Planning. In: The Conference Board Record 5 (1968), S. 37–45.

Domsch, M. (1983): Partizipative Bildungsplanung im Betrieb. In: Weber, W. (Hrsg.): Betriebliche Aus- und Fortbildung. Paderborn u. a. 1983, S. 97–110.

Domsch, M. E. (1999): Vorgesetztenbeurteilung. In: Rosenstiel, L. v./ Regnet, E./Domsch, E. (Hrsg.): Führung von Mitarbeitern. 4. Aufl., Stuttgart 1999, S. 491–502.

Domsch, M./ Gerpott, T. J. (1985): Verhaltensorientierte Beurteilungsskalen. Eine Analyse von Varianten eines Ansatzes zur Verbesserung der Methodik der Leistungsbeurteilung von Mitarbeitern. In: Die Betriebswirtschaft 45 (1985), S. 666–680.

Domsch, M./Gerpott, T. J. (1992): Personalwesen(s), Organisation des. In: Frese, E. (Hrsg.): Handwörterbuch der Organisation. 3., völlig neu gest. Aufl., Stuttgart 1992, Sp. 1934–1949.

Domsch, M./Grosser, H. (1985): Integration von Führungskräften. In: Personalwirtschaft 12 (1985) 3, S. 99–103.

Domsch, M./Reinecke, P. (1982): Partizipative Personalentwicklung. In: Kossbiel, H. (Hrsg.): Personalentwicklung. Zeitschrift für betriebswirtschaftliche Forschung – Sonderheft 14, Wiesbaden 1982.

Domsch, M./Schneble, A. (1995): Personalinformationssysteme. In: Rosenstiel, L. v. u. a. (Hrsg.): Führung von Mitarbeitern: Handbuch für erfolgreiches Personalmanagement. 3., überarb. und erw. Aufl., Stuttgart 1995, S. 449–461.

Donnelly, J. H./GibsonJ. L./Ivancevich, J. M. (1992): Fundamentals of Management. 8. Aufl., Homewood 1992.

Dosch, E. M./Schmidt, G. (1998): Schreiben als Ausdrucksbewegung – Graphologie als Verfahren der Persönlichkeitsdiagnostik. In: Personalführung plus 31 (1998), S. 50–55.

Dowell, B. E./Wexley, K. N. (1978): Development of a Work Behavior Taxonomy for First-Line Supervisors. In: Journal of Applied Psychology 63 (1978), S. 563–572.

Drumm, H. J. (1987): Qualitative Personalplanung. In: Zeitschrift für betriebswirtschaftliche Forschung 39 (1987), S. 959–974.

Drumm, H. J. (1989): Unternehmerische Arbeitsmarktforschung: Strategische Begründung, konzeptionelle Möglichkeiten und Grenzen. In: Mitteilungen aus der Arbeitsmarkt- und Berufsforschung 3 (1989), S. 348–354.

Drumm, H. J. (Hrsg.) (1989): Individualisierung der Personalwirtschaft. Bern/Stuttgart 1989.

Drumm, H. J. (1993): Individualisierung der Personalentwicklung – eine neue Herausforderung? In: Schwuchow, K./Gutmann, J./Scherer, H. P. (Hrsg.): Jahrbuch Weiterbildung 1993, S. 24–27.

Drumm, H. J. (1996): Das Paradigma der Neuen Dezentralisation. In: Die Betriebswirtschaft 56 (1996) 1, S. 7–20.

Drumm, H. J. (2000): Personalwirtschaftlehre. 4., überarb. und erw. Aufl., Berlin u. a. 2000 (auch 5. Aufl. 2004).

Drumm, H. J./Scholz, Ch. (1988): Personalplanung. Planungsmethoden und Methodenakzeptanz. 2., erg. Aufl., Bern/Stuttgart 1988.

Dunckel, H./Volpert, W. (1997): Aufgaben- und kriterienbezogene Gestaltung von Arbeitsstrukturen. In: Luczak, H./Volpert, W. (Hrsg.): Handbuch Arbeitswissenschaft. Stuttgart 1997, S. 791–795.

Duschek, E. (1967/68): Personalbedarfsrechnung. In: Zeitschrift für das gesamte Rechnungswesen, Teil I: 13 (1967), S. 245–248, Teil II: 13 (1967), S. 278–280, Teil III 14 (1968), S. 12–15.

Dycke, A./Schulte, C. (1986): Cafeteria-Systeme. Ziele, Gestaltungsformen, Beispiele und Aspekte der Implementierung. In: Die Betriebswirtschaft 46 (1986), S. 577–589.

Ebner, H. G./G. Krell (1991): Vorgesetztenbeurteilung. Oldenburg 1991.

Eckardstein, D. v. (1991): Von der anforderungsabhängigen zur qualifikationsorientierten Entlohnung? In: Schanz, G. (Hrsg.): Handbuch Anreizsysteme in Wirtschaft und Verwaltung. Stuttgart 1991, S. 215–232.

Eckardstein, D. v./Schnellinger, F. (1975): Personalmarketing. In: Gaugler, E. (Hrsg.): Handwörterbuch des Personalwesens. 1. Aufl., Stuttgart 1975, Sp. 1592–1599.

Eigler, J./Meckl, R. (1998): Outsourcing personalwirtschaftlicher Leistungen – Aktuelle empirische Ergebnisse. In: Personal 50 (1998) 10, S. 476–479.

Einsiedler, H. E./Rau, S./Rosenstiel, L. v. (1987): Karrieremotivation bei Führungskräften. In: Die Betriebswirtschaft 47 (1987), S. 177–183.

Elšik, W. (1992): Strategisches Personalmanagement: Konzeptionen und Konsequenzen. München u. a. 1992.

Endruweit, G. u. a. (Hrsg.) (1985): Handbuch der Arbeitsbeziehungen: Deutschland, Österreich, Schweiz. Berlin/ New York 1985.

Esser, K./Faltlhauser, K. (1974): Beteiligungsmodelle. München 1974.

Evans, M. G./Dermer, J. (1974): What does the Least Prefered Co-Worker Scale Really Measure. In: Journal of Applied Psychology 59 (1974), S. 202–206.

Eyer, E. (1995): Entgelt und Entgeltsysteme: Aufbau, Philosophie, Tendenzen. In: Hromadka, W. (Hrsg.): Die Mitarbeitervergütung: Entgeltsysteme der Zukunft. Stuttgart 1995, S. 1–23.

Fahrenberg, J. (1971): Objektive Tests zur Messung der Persönlichkeit. In: Heiss, R. u. a. (Hrsg.): Handbuch der Psychologie, Bd. 6: Psychologische Diagnostik. 3. Aufl., Göttingen 1971, Sp. 488–532.

Fallgatter, M. J. (1996): Beurteilung von Lower Management-Leistung. Lohmar/Köln 1996.

Fehr, H. (1973): Quantitative Methoden in der Personalplanung. Diss. Hamburg 1973.

Feldman, D. C. (1976): A Practical Program for Employee Socialization. In: Organizational Development 5 (1976), S. 64–80.

Feldman, J. M. (1981): Beyond Attribution Theory: Cognitive Processes in Performance Appraisal. In: Journal of Applied Psychology 66 (1981), S. 127–148.

Fengler, J. (1984): Gruppenkohäsion. In: Heigl-Evers, A. (Hrsg.): Sozialpsychologie, Bd. I. Weinheim/ Basel 1984, S. 443–450.

Ference, T. P./Stoner, J. A. F./Warren, E. K. (1977): Managing the Career Plateau. In: Academy of Management Review 2 (1977) October, S. 602–612.

Festing, M. (1999): Strategisches Internationales Personalmanagement. 2., überarb. und akt. Aufl., München/Mering 1999.

Festinger, L. (1942): A theoretical interpretation of shifts in level of aspiration. In: Psychological Review 49 (1942), 235–250.

Festinger, L./Schachter, S./Back, K. (1950): Social pressures in informal groups. Stanford (CA) 1950.

Fiebig, E. (1975): Möglichkeiten betrieblicher Arbeitsmarktforschung. In: Personal 27 (1975) 4, S. 138–140.

Fiedler, F. E. (1967): A Theory of Leadership Effectiveness. New York u. a. 1967.

Fiedler, F. E. (1971): Validation and Extension of the Contingency Model of Leadership Effectiveness: A Review of Empirical Findings. In: Psychological Bulletin, 76 (1971), S. 128–148.

Fiedler, F. E. (1971a): Leadership. New York 1971.

Fiedler, F. E. (1987): Führungstheorien – Kontingenztheorie. In: Kieser, A./Reber, G./Wunderer, R. (Hrsg.): Handwörterbuch der Führung. Stuttgart 1987, Sp. 809–823.

Fiedler, F. E./Chemers, M. M. (1974): Leadership and Effective Management. Glenview/ Brighton 1974.

Fiedler, F. E./Chemers, M. M./Mahar, L. (1979): Der Weg zum Führungserfolg. Ein Selbshilfeprogramm für Führungskräfte. Stuttgart 1979.

Fiedler-Winter, R. (1999): Stock Option-Pläne im Kommen. In: Personalwirtschaft 26 (1999) 1, S. 42–44.

Finzer, P. (1992): Personalinformationssysteme für die betriebliche Personalplanung. München 1992.

Fischer, L./Wiswede, G. (1997): Grundlagen der Sozialpsychologie. München/Wien 1997.

Fischer, R. (1992): Fehlzeiten und Fluktuation als Führungsaufgabe. In: Personal 44 (1992) 11, S. 495–499.

Fittkau-Garthe, H. (1970): Die Dimension des Vorgesetztenverhaltens und ihre Bedeutung für die motivationale Einstellungsreaktion der unterstellten Mitarbeiter. Diss., Hamburg 1970.

Flanagan, J. C. (1954): The Critical Incident Technique. In: Psychological Bulletin 51 (1954), S. 327–358.

Fleer, A. (2001):, Der Leistungsbeitrag der Personalabteilung: Systematisierungen und Ansätze zu dessen Beurteilung. Lohmar 2001.

Fleishman, E. A. (1953): Measurement of Leadership Attitudes in Industry. In: Journal of Applied Psychology 37 (1953), S. 153–158.

Fleishman, E. A. (1975): Toward a Taxonomy of Human Performance. In: American Psychologist 30 (1975), S. 1127–1149.

Fleishman, E. A./Harris, E. F. (1962): Patterns of Leadership Behaviors Related of Employee Grievance and Turnover. In: Personnel Psychology 15 (1962), S. 43–56.

Flohr, B./Niederfeichtner, F. (1982): Zum gegenwärtigen Stand der Personalentwicklungsliteratur: Inhalte, Probleme und Erweiterungen. In: Kossbiel, H. (Hrsg.): Personalentwicklung. Zeitschrift für betriebswirtschaftliche Forschung – Sonderheft 14. Wiesbaden 1982, S. 11–49.

Fombrun, Ch./Tichy, N./Devanna, M.A. (Hrsg.) (1984): Strategic Human Resource Management. New York u. a. 1984.

Fopp, L. (1982): Mitarbeiter-Portfolio: Mehr als nur eine Gedankenspielerei. In: Personal, Mensch und Arbeit 34 (1982) 8, S. 333–336.

Forsyth, D. R. (1999): Group dynamics. 3rd ed., Belmont (CA) 1999.

Franke, J. (1980): Sozialpsychologie des Betriebes. Stuttgart 1980.

Franke, J./French, H. (1981): Die Mitarbeiterbeurteilung. Programmierte Unterweisung für den Vorgesetzten in der Praxis. 3. Aufl., Wiesbaden 1981.

Frei, F./Ulich, E. (Hrsg.) (1981): Beiträge zur psychologischen Arbeitsanalyse. Bern 1981.

Freimuth, J. (1985): Bedarfsorientierte Fortbildungsplanung. In: Harvard Manager (1985) 3, S. 98–100.

Frese, E. (1976): Personalplanung. In: Grochla, E./Wittmann, W. (Hrsg.): Handwörterbuch der Betriebswirtschaft. 4., völlig neu gest. Aufl., Stuttgart 1976, Sp. 2937–2955.

Frese, E. (1998): Grundlagen der Organisation. Konzeption – Prinzipien – Strukturen. 7., überarb. Aufl., Wiesbaden 1998 (auch 9 Aufl. 2005).

Frey, B. S./Osterloh, M. (1997): Sanktionen oder Seelenmassage? Motivationale Grundlagen der Unternehmensführung. In: Die Betriebswirtschaft 57 (1997), S. 307–321.

Frieling, E./Hoyos, G. C. (Hrsg.) (1978): Fragebogen zur Arbeitsplatzanalyse (FAA). Deutsche Bearbeitung des »Position Analysis Questionnaire« (PAQ) – Handbuch. Bern/Stuttgart/Wien 1978.

Frieling, E./Sonntag, K. (1987): Lehrbuch Arbeitspsychologie. Stuttgart 1987.

Fritsch, M. (1985): Führungskräftefortbildung bei innovationsorientierter Unternehmungsführung. Determinanten und Aktionsfelder innovationsorientierter Fortbildung. Frankfurt a. M./Bern/New York 1985.

Fröhlich, W. (1987): Personal-Marketing für die 90er Jahre. In: Personalwirtschaft 14 (1987) 12, S. 527–534.

Fröhlich, W. (1987a): Strategisches Personalmarketing: Kontinuierliche Unternehmensentwicklung durch System. Ausnutzung interner und externer Qualifikationspotentiale. Düsseldorf 1987.

Fuchs, J. (1998): Karriere ohne Hierarchie. In: Personal 50 (1998) 12, S. 594–597.

Füchtner, S. (1998): Karriereplanung im Wandel. In: Personal 50 (1998) 12, S. 602 -607.

Gabele, E./Kirsch, W./Treffert, J. (1977): Werte von Führungskräften der deutschen Wirtschaft. Eine empirische Analyse. München 1977.

Gaugler, E. (1975): Erfolgsbeteilung. In: Gaugler, E. (Hrsg.): Handwörterbuch des Personalwesens. Stuttgart 1975, Sp. 794–807.

Gaugler, E. (1989): Betriebliche Bildungsarbeit als Unternehmensinvestition. In: Gaugler, E./Schlaffke, W. (Hrsg.): Weiterbildung als Produktionsfaktor. Köln 1989, S. 28–47.

Gaugler, E. u. a. (1978): Leistungsbeurteilung in der Wirtschaft. Verfahren und Anwendung in der Praxis. Baden-Baden 1978.

Gaugler, E./Huber, K. H./Rummel, C. (1974): Betriebliche Personalplanung. Göttingen 1974.

Gaugler, E./Martin, A. (1979): Fluktuation und krankheitsbedingte Fehlzeiten als Indikatoren für Arbeitszufriedenheit. In: Wunderer, R. (Hrsg.): Humane Personal- und Organisationsentwicklung. Berlin 1979, S. 93–112.

Gaugler, E./Wiltz, St. (1993): Personalwesen im europäischen Vergleich. The Price Waterhouse of Cranfield Project in International Human Resource Management. Ergebnisbericht 1992. Mannheim 1993.

Gebert, D. (2004): Innovation durch Teamarbeit: Eine kritische Bestandsaufnahme. Stuttgart 2004.

Gebert, D./Rosenstiel, L. v. (1996): Organisationspsychologie: Person und Organisation. 4., überarb. und erw. Aufl., Stuttgart u. a. 1996.

Geller, A. M. (1980): Matching People to Business Strategies. In: Financial Executive 48 (1980), S. 18–21.

Gemünden, H. G./Högl, M. (1998): Teamarbeit in innovativen Projekten: Eine kritische Bestandsaufnahme der empirischen Forschung. In: Zeitschrift für Personalforschung (1998), S. 277–301.

Gerpott, T. J. (1988): Karriereentwicklung von Industrieforschern. Berlin/New York 1988.

Gerpott, T. J. (1995): Organisation der betrieblichen Personalarbeit. In: Berthel, J./Groenewald, H. (Hrsg.): Handbuch Personal-Management. 20. Nachlieferung 11/1995, Landsberg a. Lech 1995.

Gerpott, T. J. (2000): 360-Grad-Feedback-Verfahren. In: Personal 52 (2000), S. 354–359.

Gerpott, T. J./Siemens, S. H. (Hrsg.) (1995): Controlling von Personalprogrammen. Stuttgart 1995.

Ghiselli, E. E. (1959): The Validity of Occupational Aptitude Tests. In: Personnel Psychology 12 (1959), S. 535–544.

Gibb, C. A. (1969): Leadership. In: Lindsey, G. (Hrsg.): Handbook of Psychology. 2. Aufl., Cambridge, Mass. 1969, S. 203–282.

Giesen, B./Jüde, P. (1999): Personalmarketing im Internet. In: Personal 51 (1999) 2, S. 64–67.

Gilbreth, F. B. (1912): Primer of Scientific Management. New York 1912.

Glaubrecht, H. (1992): Betriebliche Altersversorgung. In: Wagner, D./Zander, E./Hauke, C. (Hrsg.): Handbuch der Personalleitung. München 1992, S. 347–373.

Glogler, A. (2000): Corporate Universities – Schulen des Geschäfts. In: Manager-Seminare 43 (2000), S. 94–100.

Göbel, M. (1996): Personalverwaltung. Wiesbaden 1996.

Golden, K.A./Ramanujan, V. (1985): Between a Dream and a Nightmare. On the Integration of the Human Resource Management and Strategic Business Planning Processes. In: Human Resource Management 24 (1985), S. 429–452.

Götz, K. (1993): Zur Evaluierung beruflicher Weiterbildung – Eine theoretische und empirische Studie zur Wirksamkeit beruflicher Weiterbildung. Bd. 1: Theoretische Grundlagen. Weinheim 1993.

Gouldner, A. W. (1957/58): Cosmopolitans and Locals. Towards an Analysis of Latent Social Roles. In: Administrative Science Quarterly 2 (1957/58), S. 281–306.

Gouldner, A. W. (Hrsg.) (1965): Studies in Leadership. New York 1965.

Grabner, E./Bode C. (1995): Betriebliche Altersversorgung als flexibler Bestandteil der Gesamtvergütung. In: Der Betrieb 48 (1995) 37, S. 1862–1866.

Graen, G. (1976): Role-making Processes within Complex Organization. In: Dunette, D. M. (Hrsg.): Handbook of Industrial and Organizational Psychology. Chicago 1976, S. 1201–1245.

Graen, G. B./Orris, J. B./Alvares, K. M. (1971): Contingency Model of Leadership Effectiveness: Some Experimental Results. In: Journal of Applied Psychology 55 (1971), S. 196–201.

Graen, G. B./Orris, J. B./Alvares, K. M. (1971a): Contingency Model of Leadership Effectiveness: Some Methodological Issues. In: Journal of Applied Psychology 55 (1971), S. 205–210.

Graen, G. B./Orris, J. B./Johnson, T. W. (1973): Role Assimilation Processes in a Complex Organization. In: Journal of Vocational Behavior 41 (1973), S. 394–420.

Grandjean, E. (1987): Physiologische Arbeitsgestaltung. Leitfaden der Ergonomie. 3., erw. Aufl., Landsberg 1987.

Grawert, A. (1998): Deferred Compensation: Gestaltungsmöglichkeiten arbeitnehmerfinanzierter Altersversorgung. Köln 1998.

Green, S. G./Mitchell, T. R. (1979): Attributional of Leaders in Leader/Member Interactions. In: Organizational Behavior and Human Performance 23 (1979), S. 429–458.

Greif, S. (1993): Geschichte der Organisationspsychologie. In: Schuler, H.: Organisationspsychologie. Bern 1993.

Greife, W. (1990): Der Beitrag des Qualifikationslohns zur Flexibilität industrieller Arbeit: Alternativen zur anforderungsorientierten Entlohnung in modernen Produktionsprozessen. Frankfurt a. M. u. a. 1990.

Groenewald, H./Göttert, I. (1991): Die Nutzung unternehmensinterner Beschaffungspotentiale über innerbetriebliche Stellenausschreibungen. In: Berthel, J./Groenewald, H. (Hrsg.): Handbuch Personal-Management. 3. Nachlieferung 9/1991, Landsberg a. Lech 1991.

Gross, N./Mason, W. S./McEachern, A. W. (1958): Explorations in Role Analysis Studies of the School Superintendency Role. New York 1958.

Grubitzsch, S. (1999): Testtheorie – Testpraxis. 2. Aufl., Frankfurt am Main 1999

Grunow, D. (1976): Personalbeurteilung. Empirische Untersuchung von Personalbeurteilungssystemen in Wirtschaft und Verwaltung. Stuttgart 1976.

Guski, H.-G. (1992): Ziele und Gestaltungsmöglichkeiten von Erfolgsbeteiligungen der Arbeitnehmer. In: Berthel, J./ Groenewald, H. (Hrsg.): Handbuch Personal-Management. 6. Nachlieferung 6/1992, Landsberg a. Lech 1992.

Gutenberg, E. (1976): Grundlagen der Betriebswirtschaftslehre. Bd. I: Die Produktion. 22. Aufl., Berlin/Heidelberg/New York 1976.

Gutschelhofer, A./Sailer, M. (1998): Personal-Controlling: »10 years after«. In: controller magazin 23 (1998) 3, S. 189–193.

Guzzo, R. A. (1996): Fundamental considerations about workgroups. In: West, M. A. (Hrsg.): Handbook of work group psychology. New York 1996, S. 3–21.

Haberkorn, K. (1972): Die Einführungsschrift für neue Mitarbeiter. Darmstadt 1972.

Hackman, J. R. u. a. (1975): A New Strategy for Job Enrichment. In: California Management Review, Summer (1975), S. 57–71.

Hackman, J. R./Oldham, G. R. (1975): Development of the Job Diagnostic Survey. In: Journal of Applied Psychology 60 (1975), S. 159–170.

Hahn, D. (1986): Integrierte Organisations- und Führungskräfteplanung im Rahmen der strategischen Unternehmungsplanung. Stand und Entwicklungstendenzen. 4, veränd. u. erw. Aufl., Heidelberg/Wien, S. 368–390.

Hahn, D. (1986): Vergütung von in das Ausland entsandten Führungskräften eines Konzerns. In: Schult, E./Siegel, Th. (Hrsg.): Betriebswirtschaftslehre und Unternehmenspraxis. Berlin 1986, S. 67–82.

Hahn, D./Link, J. (1975): Motivationsfördernde Arbeitsfeldstrukturen. In: Zeitschrift Führung und Organisation 44 (1975), S. 65–71.

Hahn, D./Willers, H. G. (1992): Unternehmungsplanung und Führungskräftevergütung. In: Hahn, D./Taylor, B. (Hrsg.): Strategische Unternehmungsplanung und Unternehmungsführung. Stand und Entwicklungstendenzen. 6., akt. Aufl., Heidelberg 1992, S. 494–504.

Haire, M./Ghiselli, E. E./Porter, L. W. (1963): Psychological Research on Pay: An Overview. In: Industrial Relations 2 (1963), S. 3–8.

Halbach, G. u. a. (1998): Übersicht über das Recht der Arbeit. 7., durchgesehene Aufl., Bonn 1998 (Hrsg. vom Bundesminister für Arbeit und Sozialordnung).

Hall, D. T./Nougaim, K. E. (1968): An Examination of Maslows Need Hierarchy in an Organizational Setting. In: Organizational Behavior and Human Performance 3 (1968), S. 12–36.

Halpin, A. W./Winer, D. (1954): The Leadership Behavior an Combat Performances of Airplane Commanders. In: Journal of Abnormal Social Psychology 49 (1954), S. 19–22.

Hamel, W. (1985): Flexibilisierung der Arbeit aus betriebswirtschaftlicher Sicht. In: Personalwirtschaft 10 (1985), S. 377–385.

Hamel, W. (1994): Konsekutive Personalfreisetzungsplanung. In: Berthel, J./Groenewald, H. (Hrsg.): Handbuch Personal-Management. 14. Nachlieferung 5/1994, Landsberg a. Lech 1994.

Hanft, A. (1992): Integration neuer Mitarbeiter: Eine interaktionistische Analyse. In: Personal – Mensch und Arbeit, 54 (1992) 11, S. 500–505.

Hardes, H.-D. (1999): Komplementäre Systeme des Personalmanagements bei flexibler Industrieproduktion. In: Breisig, T. (Hrsg.): Mitbestimmung – Gesellschaftlicher Auftrag und ökonomische Ressource. München/Mering 1999, S. 271–296.

Harms, M. u. a. (1998): Internationale Einstiegsprogramme für Hochschulabsolventen. In: Zeitschrift Führung und Organisation 67 (1998) 2, S. 90–94.

Hart, J. D./ Bridgett, D. J./Karau, S. J. (2001): Coworker ability and effort as determinants of individual effort on a collective task. In: Group Dynamics: Theory, Research and Practice 3 2001, S. 181–190.

Heckhausen, H. (1980): Motivation und Handeln. Lehrbuch der Motivationspsychologie. Berlin u. a. 1980.

Heckhausen, H. (1989): Motivation und Handeln. 2. Aufl., Berlin u. a. 1989.

Heeg, F.-J. (1991): Moderne Arbeitsorganisation. Grundlagen der organisatorischen Gestaltung von Arbeitssystemen bei Einsatz neuer Technologien. 2. Aufl., München, Wien 1991.

Hefftner, S. (1981): A. H. Maslows Lehre von der Bedürfnishierarchie und Bedürfnisentwicklung. Überlegungen zu ihrem Inhalt und Erkenntniswert. In: Zeitschrift für Wirtschafts- und Sozialwissenschaften 101 (1981), S. 479–505.

Heider, F. (1958/1977): The Psychology of Interpersonal Relations, New York/Wiley 1958 (deutsch: Psychologie der interpersonalen Beziehungen, Stuttgart 1977).

Heitger, B. (1994): Trends der Weiterbildung der 90er Jahre. In: Hofmann, L. M./Regnet, E. (Hrsg.): Innovative Weiterbildungskonzepte – Trends, Inhalte und Methoden der Personalentwicklung in Unternehmen. Göttingen 1994, S. 3–21.

Hemmer, E. (1999): Personalzusatzkosten 1998 – Leichter Rückgang absehbar. In: Personal 51 (1999) 6, S. 290–293.

Hemphill, J. K. (1949): Situational Factors in Leadership. Columbus, Ohio 1949.

Hemphill, J. K. (1959): Job Descriptions for Executives. In: Harvard Business Review 37 (1959), S. 55–67.

Hemphill, J. K./Koons, R. (1950): Leader Behavior Description. Columbus, Ohio 1950.

Hentze, J. (1991): Das Entscheidungsfeld Personalfreistellung im personalwirtschaftlichen Zielsystem. In: Lattmann, Ch./Staffelbach, B. (Hrsg.): Die Personalfunktion der Unternehmung im Spannungsfeld von Humanität und wirtschaftlicher Rationalität. Heidelberg 1991, S. 257–274.

Hentze, J./Brose, P. (1986): Personalführungslehre. Bern/Stuttgart 1986.

Hentze, J./Kammel, A. (1993): Personalcontrolling: eine Einführung in Grundlagen, Aufgabenstellungen, Instrumente und Organisation des Controlling in der Personalwirtschaft. Bern u. a. 1993.

Herkner, W. (2001): Lehrbuch Sozialpsychologie. 2., unveränd. Aufl., Bern u. a. 2001.

Hersey, P./Blanchard, K. H. (1977): Management and Organizational Behavior. 3. Aufl., Englewood Cliffs, N.J. 1977.

Hersey, P./Keilty, J. W. (1980): One on One OD Communications Skills. In: Training and Development Journal 34 (1980) 4, S. 56–60.

Hertel, G. (2000): Editorial: Motivation gains in groups: A brief review of the state of the art. In: Zeitschrift für Sozialpsychologie 4 (2000), S. 169–175.

Hertel, G./Kerr, N. L./Messé, L. A. (2000): Motivation gains in performance groups: Paradigmatic and theoretical developments on the Köhler effect. In: Journal of Personality and Social Psychology (2000), S. 580–601.

Herzberg, F. H. (1972): Work and the Nature of Man. 3. Aufl., London 1972.

Herzberg, F. H. u. a. (1957): Job Attitudes Review of Research and Opinion. Pittsburgh 1957.

Herzberg, F. H./Mausner, B./Snyderman, B. (1959,1967): The Motivation to Work. New York 1959; 2. Aufl., New York 1967.

Hettinger, T./Strasser, H. (1993): Ergonomische Ordnung der Arbeit. In: Hettinger, T./Wobbe, G. (Hrsg.): Kompendium der Arbeitswissenschaft: Optimierungsmöglichkeiten zur Arbeitsgestaltung und Arbeitsorganisation. Ludwigshafen (Rhein) 1993, S. 81–352.

Hetzler, H. W. (1992): Arbeitgeber-Arbeitnehmer-Beziehungen. In: Gaugler, E./Weber, W. (Hrsg.): Handwörterbuch des Personalwesens. 2., neubearb. und erg. Aufl., Stuttgart 1992, Sp. 100–108.

Heymann, H. H./Müller, K. G. (1982): Betriebliche Personalentwicklung. In: Wirtschaftswissenschaftliches Studium 11 (1982), S. 151–156.

Hill, L. A./Elias, J. (1990): Retraining Midcareer Managers: Career History and Self-Efficacy Beliefs. In: Human Resource Management. Summer (1990), S. 197–217.

Hill, W./Fehlbaum, R./Ulrich, P. (1994): Organisationslehre, Bd I: Ziele, Instrumente und Bedingungen der Organisation sozialer Systeme. 5., überarb. Aufl., Bonn/Stuttgart 1994.

Hinterhuber, H. H. (1986): Planung der Führungskräfteentwicklung als Gegenstand der strategischen Unternehmungsplanung. Stand und Entwicklungstendenzen. 4., veränd. u. erw. Aufl., Heidelberg/Wien 1986, S. 349–367.

Hirschhorn, L./Gilmore, T. (1993): Die Grenzen der flexiblen Organisation. In: Harvard Business Manager (1993) 1, S. 29–39.

Hofstätter, P. R. (1957): Psychologie. Frankfurt a. M. 1957.

Hofstede, G. (1980): Culture's Consequences: International Differences in Work-related Values. Beverly Hills 1980.

Hofstede, G. (1993): Interkulturelle Zusammenarbeit. Kulturen, Organisationen, Management. Wiesbaden 1993.

Hofstede, G. (1997): Lokales Denken, globales Handeln. Kulturen, Zusammenarbeit und Management. München 1997.

Hogg, M. A. (1992): The social psychology of group cohesiveness. New York 1992.

Homans, G. C. (1972): Elementarformen sozialen Verhaltens. 2. Aufl., Köln/Opladen 1972.

Hondrich, K. D. (1975): Menschliche Bedürfnisse und soziale Steuerung. Reinbek 1975.

Hornthal, S. (1985): Das Bewerber-Interview. Praktische Hinweise zur Verbesserung des Interviews mittels Arbeitsproben und Tätigkeitssimulationen. In: Personal, Mensch und Arbeit 37 (1985) 1 , S. 26–30.

Horvath, P. (1981): Controlling. In: Kosiol, E./Chmielewicz, K./Schweitzer, M. (Hrsg.): Handwörterbuch des Rechnungswesen. 2. Aufl., Stuttgart 1981, Sp. 364–374.

House, R. J./Wigdor, L.A. (1967): Herzberg's Dual Factor Theory of Job Satisfaction and Motivation. A Review of the Evidence and a Criticism. In: Personal Psychology 20 (1967), S. 369–389.

Hoyos, C. (1974): Arbeitspsychologie. Stuttgart u. a. 1974.

Huber, K. H. (1992): Einführungsprogramme für neue Mitarbeiter. In: Gaugler, E./ Weber, W. (Hrsg.): Handwörterbuch des Personalwesens. 2., neubearb. u. erg. Aufl., Stuttgart 1992, Sp. 763–773.

Hungenberg, H. (1990): Planung eines Führungskräfteentwicklungssystems – Eine konzeptionelle Untersuchung der Gestaltung des Führungskräfteentwicklungssystems einer Unternehmung auf system- und entscheidungsorientierter Grundlage. Gießen 1990.

Hungenberg, H. (1999): Anreizsysteme für Führungskräfte: Theoretische Grundlagen und praktische Ausgestaltungsmöglichkeiten. In: Hahn, D./Taylor, B. (Hrsg.): Strategische Unternehmungsplanung – strategische Unternehmungsführung: Stand und Entwicklungstendenzen. 8., akt. Aufl., Heidelberg 1999, S. 720–735.

Hunziger, P. (1973): Personal-Marketing. Bern 1973.

Ilgen, D. A./Feldman, J. M. (1983): Performance Appraisal. In: Research of Organizational Behaviour 5 (1983), S. 141–197.

Isenberg, D. J. (1986): Group polarization: A critical review and meta-analysis. In: Journal of Personality and Social Psychology (1986), S. 1141–1151.

IWG (Hrsg.) (1987): Die Arbeitsmotivation von Arbeitern und Angestellten der deutschen Wirtschaft. Gütersloh 1987.

Jablin, F. M. (1984): Assimilating new members into organizations. In: Bostrom, R. (Hrsg.): Communication Yearbook 8. Beverly Hills (CA) 1984, S. 594–626.

Jäger, M./Straub, R. (1997): Personalmarketing – Ergebnisse einer Unternehmensbefragung. In: Personalwirtschaft 24 (1997) 6, S. 11–14.

Jäger, W. (1998): Personalmarketing in Internet und Intranet. In: Personal 50 (1998) 3, S. 110–113.

Jäger, W./Jäger, M. (1997): Virtuelle Bewerberabwicklung im Internet. In: Personalwirtschaft 24 (1997) 3, S. 30–31.

Janis, I. L. (1972): Victims of groupthink. Boston 1972.

Janis, I. L. (1982): Groupthink. 2nd ed., Boston 1982.

Janis, J. L. (1982): Groupthink: Psychological Studies of Policy Decisions and Fiascoes. New York 1982.

Janis, J. L. (1983): Groupthink. In: Blumberg, H. H. u. a. (Hrsg.): Small Groups and Soual Interaction, Vol. 2., New York 1983.

Jeserich, W. (1981): Mitarbeiter auswählen und fördern. Assessment-Center-Verfahren. München/Wien 1981.

Jeserich, W. (1995): Assessment Center. In: Sarges, W. (Hrsg.): Management-Diagnostik. 2. Aufl., Göttingen 1995, S. 717–727.

Jochum, E. (1987): Gleichgestelltenbeurteilung. Führungsinstrument in der industriellen Forschung und Entwicklung. Stuttgart 1987.

Johnson, R. B. (1967): Determining Training Needs. In: Craig, R. L./Bittel, L. R. (Hrsg.): Training and Development Handbook. New York u. a. 1967, S. 16–33.

Kahn, R. L./Katz, D. (1972): Führungspraktiken und ihre Beziehung zur Produktivität und Arbeitsmoral. In: Kunczik, M. (Hrsg.): Führung, Theorien und Ergebnisse. Düsseldorf/Wien 1972, S. 215–234.

Kaiser, M. /Otto, M. (1988): Lebensorientierungen von Hochschulabsolventen. In: Mitteilungen aus der Arbeitsmarkt und Berufsforschung 21 (1988) 1, S. 34–51.

Kaminsky, G (1980): Praktikum der Arbeitswissenschaft. Analytische Untersuchungsverfahren beim Studium der menschlichen Arbeit. 2. Aufl., München/Wien 1980.

Karau, S. J./Williams, K. D. (1993): Social loafing: A meta-analytic review and theoretical integration. In: Journal of Personality and Social Psychology (1993), S. 681–706.

Karau, S. J./Williams, K. D. (1995): Social loafing: Research findings, implications, and future directions. In: Current Directions in Psychological Science 5 (1995), S. 134–139.

Karau, S. J./Williams, K. D. (1997): The effects of group cohesiveness on social loafing and social compensation. In: Group Dynamics: Theory, Research and Practice (1997), S. 156–168.

Karau, S. J./Markus, M. J./Williams, K. D. (2000): On the elusive search for motivation gains in groups: Insights from the collective effort Model. In: Zeitschrift für Sozialpsychologie 4 (2000), S. 179–190.

Karg, P. W./Staehle, W. H. (1982): Analyse der Arbeitsituation. Verfahren und Instrumente. Freiburg i. Br. 1982.

Katz, D./Kahn, R. L. (1978): The Social Psychology of Organizations. 2nd ed., New York 1978.

Katz, D./Maccoby, N./Morse, N. C. (1950): Productivity, Supervision and Moral in an Office Situation. Ann Arbor, Mich., 1950.

Katz, R. L. (1955): Skills of an Effective Administrator. Performance Depends on Fundamental Skills Rather Than Personality Traits. In: Harvard Business Review 33 (1955), S. 33–42.

Katzenbach, J. R./Smith, D. K. (2003): Teams: Der Schlüssel zur Hochleistungsorganisation. Wien 2003.

Kaufmann, W. (1985): Wie führen Sie den Neuen ein? In: Personal – Mensch und Arbeit 37 (1985), S. 237–240.

Keller, E. v. (1987): Kulturabhängigkeit der Führung. In: Kieser, A./Reber, G./Wunderer, R. (Hrsg): Handwörterbuch der Führung. Stuttgart 1987, Sp. 1286–1294.

Kelley, H. H. (1967): Attribution Theory in Social Psychology. In: Levine, D. (Hrsg.): Nebraska Symposium on Motivation, Vol. 15., Lincoln 1967, S. 192–238.

Kelley, H. H. (1972): Causal Schemata and the Attribution Process. In: Jones, E.E. u. a. (Hrsg.): Attribution. Morristown/N.J. 1972.

Kelley, H. H. (1972a): Attribution in Social Interaction. In: Jones, E.E. u. a. (Hrsg.): Attribution. Morristown/N.J. 1972.

Kelley, H. H. (1973): The Process of Causal Attribution. In: American Psychologist 28 (1973), S. 107–128.

Kelley, H. H. /Thibaut, J. (1978): Interpersonal relationships. A theory of interdependence. New York 1978.

Kellog, M. (1971): Führungsgespräche mit Mitarbeitern. München 1971.

Kempe, H. J. (1977): Beurteilungsgespräche. In: Perenz, Bd 1. München 1977, S. 514–516.

Kern, H./Schumann, M. (1970): Industriearbeit und Arbeiterbewußtsein, Frankfurt 1970.

Kerr, N. L. (1983): Motivation losses in small groups: A social dilemma analysis. In: Journal of Personality andSocial Psychology (1983), S. 819–828.

Kerr, N. L./Tindale, R. S. (2004): Group performance and decision making. In: Annual Review of Psychology (2004), S. 623–655.

Kerr, S. u. a. (1974): Towards a Contingency Theory of Leadership Based upon the Consideration and Initiating Structure Literature. In: Organizational Behavior and Human Performance 12 (1974), S. 62–82.

Kerr, S./Jermier, J.M. (1977): Substitutes für Leadership: Their Meaning and Measurement. In: Organizational Behaviour and Human Performance 3 (1978), S. 375–403.

Kerr, S./Mathews, C. S. (1987): Führungstheorien – Theorie der Führungssubstitution. In: Kieser, A./ Reber, G./Wunderer, R. (Hrsg.): Handwörterbuch der Führung. Stuttgart 1987, Sp. 909–922.

Kerschreiter, R./Mojzisch, A./Schulz-Hardt, S./Brodbeck, F. C./Frey, D/Kleinbeck, U. (2003): Informationsaustausch bei Entscheidungsprozessen in Gruppen: Theorie, Empirie und Implikationen für die Praxis. In: Stumpf, S./Thomas, A. (Hrsg.): Teamarbeit und Teamentwicklung. Göttingen 2003, S. 154–178.

Kieser, A. (1999): Einarbeitung neuer Mitarbeiter. In: Rosenstiel, L. v./Regnet, E./Domsch, M. E. (Hrsg.): Führung von Mitarbeitern. 4. Aufl., Stuttgart 1999, S. 161–172.

Kieser, A. u. a. (1980): Stellenwechsel als Folge von Schwierigkeiten im Prozeß organisationaler Sozialisation. In: Die Unternehmung 34 (1980), S. 85–109.

Kieser, A. u. a. (1990): Die Einführung neuer Mitarbeiter in das Unternehmen. 2., überarb. Aufl., Neuwied/Frankfurt a. M. 1990.

Kieser, A./Kubicek, H. (1977): Organisation. Berlin/New York 1977.

Kieser, A./Nagel, R. (1986): Die Gestaltung von Eingliederungsprogrammen für neue Mitarbeiter. In: Zeitschrift für betriebswirtschaftliche Forschung 38 (1986) 11, S. 956–962.

Kieser, A./Reber, G./Wunderer, R. (Hrsg.) (1995): Handwörterbuch der Führung. Stuttgart 1995.

Kieser, A./Stegmüller, R. (1995): Neue Mitarbeiter, Führung von. In: Kieser, A./Reber, G./Wunderer, R. (Hrsg.): Handwörterbuch der Führung 2., neugest. u. erg. Aufl., Stuttgart 1995, Sp. 1636–1642.

Kill, V. (1972): Die Führungskonzeption des »Management by Objectives« und ihre Bedeutung für die Leistungsbeurteilung. Diss. Augsburg 1972.

Kilz, G./Reh, D. A. (1993): Die Bedeutung der ökonomischen Rahmenbedingungen im Prozeß der Arbeitszeitflexibilisierung. In: Betriebs-Berater 48 (1993) 17, S. 1209–1212.

Kirchner, J. H./Rohmert, W. (1974): Ergonomische Leitregeln zur menschengerechten Arbeitsgestaltung. München/Wien 1974.

Kirsch, W. (1969): Die Unternehmungsziele in organisationstheoretischer Hinsicht. In: Zeitschrift für betriebswirtschaftliche Forschung 21 (1969), S. 665–675.

Kirsch, W. (1977): Einführung in die Theorie der Entscheidungsprozesse. 2. durchges. und erg. Aufl. der Bände I-III als Gesamtausgabe. Wiesbaden 1977.

Kirsch, W. (1990): Unternehmenspolitik und strategische Unternehmensführung. München 1990.

Kirsch, W. (1997): Strategisches Management: Die geplante Evolution von Unternehmen. Völlig überarb. Neuaufl. wesentlicher Teile der Veröffentlichungen »Beiträge zum Management strategischer Programme« und »Unternehmenspolitik und strategische Unternehmensführung«. Herrsching u. a. 1997.

Kitzmann, A./Zimmer, D. (1982): Grundlagen der Personalentwicklung. Weil der Stadt 1982.

Klages, H. (1984): Werteorientierung im Wandel. Frankfurt a. M. 1984.

Klages, H. (1993): Wertewandel in Deutschland in den 90er Jahren. In: Rosenstiel, L. v. u. a. (Hrsg.): Wertewandel. Herausforderung für die Unternehmenspolitik in den 90er Jahren. 2. Aufl., Stuttgart 1993.

Klages, H./Hippler, H. J./Herbert, W. (Hrsg.) (1992): Werte und Wandel. Frankfurt a. M. 1992.

Klein, H. J./Weaver, N. A. (2000): The Effectiveness of an Organizational-level Orientation Training Program in the Socialization of New Hires. In: Personnel Psychology 53 (2000), S. 47–66.

Kleinmann, M. (1997): Assessment-Center: Stand der Forschung – Konsequenzen für die Praxis. Göttingen 1997.

Klimecki, R. G./Gmür, R. (1998/2001): Personalmanagement: Strategien – Erfolgsbeiträge – Entwicklungsperspektiven. 3., neubearb. u. erw. Aufl., Stuttgart 2001 (1. Aufl. 1998).

Klingemann, H. (1979): Organisationsmobilität in der Großforschung. Eine Analyse inner- und außerorganisatorischer Determinanten der individuellen Bereitschaft zur Organisationsmobilität am Beispiel der Kernforschungsanlage Jülich. In: Zeitschrift für Soziologie 8 (1979), S. 230–253.

Kloock, J. (1969): Betriebswirtschaftliche Input-Output-Modelle. Wiesbaden 1969.

Kluwe, R. H. (1997): Informationsverarbeitung, Wissen und mentale Modelle beim Umgang mit komplexen Systemen. In: Sonntag, K. v./Schaper, N. (Hrsg.): Störungsmanagement und Diagnosekompetenz – leistungskritsches Denken und Handeln in komplexen Systemen. Zürich 1997.

Kmiecak, P. (1976): Wertstrukturen und Wertwandel in der Bundesrepublik Deutschland. Grundlagen einer interdisziplinären empirischen Wertforschung mit einer Sekundäranalyse von Umfragedaten. Göttingen 1976.

Knebel, H. (1995): AT-Vergütung im Wandel. Bergisch Gladbach 1995.

Knecht, H. (1983): Qualifikationsgespräche – eine weiterhin ungenutzte Chance? In: Management Zeitschrift IO 52 (1983), S. 283–286.

Knoll, L./Dotzel, J. (1996): Personalauswahl in deutschen Unternehmen. In: Personal 48 (1996) 7, S. 348–349.

Knyphausen-Aufseß, D. zu (1995): Theorie der strategischen Unternehmensführung: State of the Art und neue Perspektiven. Wiesbaden 1995.

Köhler, O. (1926): Kraftleistungen bei Einzel- und Gruppenarbeit. In: Industrielle Psychotechnik (1926), S. 274–282.

Köhler, O. (1927): Über den Gruppenwirkungsgrad der menschlichen Körperarbeit und die Bedingung optimaler Kollektivkraftreaktion. In: Industrielle Psychotechnik (1927), S. 209–226.

Kohrs, B. (1993): Bürokommunikation und Bundesdatenschutzgesetz (BDSG). In: Office Management 41 (1993) 3, S. 48–50.

Kolakovic, M./Kemper, U. (1998): Komplett-Outsourcing des Personalbereichs – Das Beispiel der Jenoptik-Gruppe. In: Personal 49 (1997) 10, S. 494–501.

Kolb, M./Wiedmann, K. (1997): Einführung neuer Mitarbeiter. In: Personal 49 (1997) 4, S. 204–211.

Kompa, A. (1984): Personalbeschaffung und Personalauswahl. Stuttgart 1984.

Kompa, A. (1999): Assessment Center. Bestandsaufnahme und Kritik. 6. Aufl., München 1999.

Königswieser, R. (1987): Konflikthandhabung. In: Kieser, A./Reber, G./Wunderer, R. (Hrsg.): Handwörterbuch der Führung. Stuttgart 1987, Sp. 1240–1246.

Korman, A. K. (1969): The Prediction of Managerial Performance: A Review. In: Personnel Psychology 21 (1969), S. 295–322.

Kosiol, E. (1962): Leistungsgerechte Entlohnung. Wiesbaden 1962.

Kosiol, E. (1966): Die Unternehmung als wirtschaftliches Aktionszentrum. Einführung in die Betriebswirtschaftslehre. Reinbek 1966.

Kossbiel, H. (1972): Kontrollspanne und Führungskräfteplanung. In: Braun, W./Kossbiel, H./Reber, G. (Hrsg.): Grundfragen der betrieblichen Personalpolitik. Festschrift für August Marx. Wiesbaden 1972, S. 87–111.

Kossbiel, H. (1975): Personalplanung. In: Gaugler, E. (Hrsg.): Handwörterbuch des Personalwesens. 1. Aufl., Stuttgart 1975, Sp. 1616–1631.

Kraemer, W./Müller, M. (Hrsg.) (2001): Corporate Universities und E-Learning. Personalentwicklung und lebenslanges Lernen. Strategien – Lösungen – Perspektiven. Wiesbaden 2001.

Kram, K. E. (1985): Mentoring at Work. Glenview/London 1985.

Kramarsch, M. H. (2000): Aktienbasierte Managementvergütung. Stuttgart 2000.

Krapp, A./Weidemann, B. (1999): Entwicklungsförderliche Gestaltung von Lernprozessen – Beiträge der Pädagogischen Psychologie. In: Sonntag, K. (Hrsg.): Personalentwicklung in Organisationen: psychologische Grundlagen, Methoden und Strategien. 2., überarb. u. erw. Aufl., Göttingen 1999, S. 77–98.

Kreikebaum, H./Bokranz, R. (1983): Die Forderung nach menschengerechter Gestaltung der Arbeit nach § 90 BetrVG und ihre Auswirkungen auf betriebliche Planungsprozesse. In: Zeitschrift für Betriebswirtschaft 53 (1983), S. 918–938.

Kreklau, C. (1974): Kritische Bestandsaufnahme von Beiträgen zu einem betriebswirtschaftlich fundierten Personalmarketing. In: Zeitschrift für betriebswirtschaftliche Forschung 26 (1974), S. 746–763.

Kromrey, H. (2000): Empirische Sozialforschung. 9. Aufl., Opladen 2000.

Krüger, K. H. (1983): Integrationsschwierigkeiten im Prozeß der Einarbeitung. Diss., Mannheim 1983.

Krüger, W. (1972):Grundlagen, Problem und Instrumente der Konflikthandhabung in der Unternehmung. München 1972.

Krüger, W. (1973): Konfliktsteuerung als Führungsaufgabe. Positive und negative Aspekte von Konfliktsituationen. München 1973.

Krüger, W. (1994): Organisation der Unternehmung. 3., verb. Aufl. Stuttgart/Berlin/Köln 1994.

Krulis-Randa, J. S. (1986): Strategie und Personalmanagement. Konfusion über einen unternehmungspolitischen Wandel. In: management forum 6 (1986), S. 3–12.

Krystek, U./Redel, W./Reppgather, S. (1997): Grundzüge virtueller Organisationen. Elemente und Erfolgsfaktoren, Chancen und Risiken. Wiesbaden 1997.

Krzystofiak, F./Newman, J. M./Anderson, G. A. (1979): A Quantified Approach to Measurement of Job Content, Procedures and Payoffs. In: Personnel Psychology 32 (1979), S. 341–357.

Kubicek, H. (1975): Informationstechnologie und organisatorische Regelungen. Berlin 1975.

Küching, K. F. (1973): Personalplanung und Unternehmensforschung. Baden-Baden/Bad Homburg 1973.

Kuchler, M. (1997): Total-Outsourcing. In: Personalwirtschaft 24 (1997) 1, S. 12–15.

Küpper, H.-U. (1991): Personal-Controlling aus der Sicht des Controllers – Entwicklungschancen? In: Akkermann, K.-F./Scholz, H. (Hrsg.): Personalmanagement für die 90er Jahre. Stuttgart 1991, S. 223–247.

Küpper, W./Ortmann, G. (1986): Mikropolitik in Organisationen. In: Die Betriebswirtschaft 46 (1986), S. 590-602.

Küpper, W./Pawlik, T. (1996): Rückzahlungsklauseln bei Personalentwicklungsmaßnahmen. In: Personalführung (1996) 6, S. 524–528.

Kupsch, P. U. (1974): Ein Beitrag der Kontingenztheorie zur Bestimmung des optimalen Führungsstils. In: Arbeit und Leistung 28 (1974), S. 197–202.

Kupsch, P. U. (1975): Job Enlargement. In: Gaugler, E. (Hrsg.): Handwörterbuch des Personalwesens. 1. Aufl., Stuttgart 1975, Sp. 1077–1083.

Langfred, C. W. (1998): Is group cohesiveness a double-edged sword? An investigation of the effects of cohesiveness and performance. In: Small Group Research (1998) 1, S. 124–143.

Latané, B./Williams, K./Harkins, S. (1979): many hand make light the work: The causes ans consequences of social loafing. In: Journal of Personality and Social Psychology (1979), S. 822–832.

Latham, G. P./Wexley, K. N. (1994): Increasing Productivity through Performance Appraisal. Reading (Mass.) 1994.

Lattmann, C. (1974): Die Ausbildung des Mitarbeiters als Aufgabe der Unternehmung, ihre Politik, Planung und Kontrolle. Bern 1974.

Lattmann, C. (1986): Die Stellung der Personalfunktion in der Strategischen Führung. In: management forum 6 (1986), S. 25–34.

Lattmann, C. (1994): Die Leistungsbeurteilung als Führungsmittel. 2., verb. Aufl., Heidelberg 1994.

Laukamm, Th./Walsh, I. (1985): Strategisches Management von Human-Ressourcen. Die Einbeziehung der Human-Ressourcen in das Strategische Management. In: Little, A. D. (Hrsg.): Management im Zeitalter der Strategischen Führung. Wiesbaden 1985, S. 78–100.

Lawler, E. E. (1970): Job Attitudes and Employee Motivation: Theory, Research and Practise. In: Personnel Psychology 23 (1970), S. 223–237.

Lawler, E. E. (1971): Pay and Organizational Effectiveness. A Psychological View. New York 1971.

Lawler, E. E. (1973): Motivation in Work Organizations. Belmont, Calif. 1973.

Lawler, E. E. (1974): For a more Effective Organization: Match the Job to the Man. In: Organizational Dynamics 3 (1974), S. 19–29.

Lawler, E. E. (1977): Motivierung in Organisationen. Ein Leitfaden für Studenten und Praktiker. Bern/ Stuttgart 1977.

Lawler, E. E./Porter, L. W. (1967): Antecedent Attitudes of Effective Managerial Performance. In: Organizational Behavior and Human Performance 2 (1967), S. 122–142.

Lawler, E. E./Suttle, J. L. (1972): A Causual Correlational Test of the Need Hierarchy Concept. In: Organizational Behavior and Human Performance 7 (1972), S. 265–287.

Levinson, D. J. (1972): Organizational Diagnosis. Cambridge 1972.

Lewin, K. (1947): Frontiers in group dynamics. In: Human Relations (1947), S. 143–153.

Lewin, K./Lippitt, R. (1938): An Experimental Approach to the Study of Autocracy and Democracy. A Prelimissary Note. In: Sociometry 1 (1938), S. 292–300.

Lewin, K./Lippitt, R./White, R. K. (1939): Patterns of Aggressive Behavior in Experimentally Created »Social Climates«. In: Journal of Social Psychology 10 (1939), S. 271–299.

Lewin, K. /Dembo, T. /Festinger, L./Sears, P. S. (1944): Level of aspiration. In: J. M. Hunt (Hrsg.): Personality and the behavior disorders. New York 1944, S. 333–378.

Lienert, G. A./Raatz, U. (1998): Testaufbau und Testanalyse. 6. Aufl., Weinheim/Berlin/Basel 1998.

Likert, R. (1967/1975): The Human Organization. New York 1967. (deutsch: Die integrierte Führungs- und Organisationsstruktur. New York 1975).

Lippitt, R. (1940): An Experimental Study of the Effect of Democratic and Authoritarian Group Atmospheres. In: University of Iowa, Studies in Child Welfare 16 (1940), S. 43–195.

Lippitt, R./White, R. K. (1943): The Social Climate of Children's Groups. In: Barker, R. G./Konnin, J./ Wright, H. (Hrsg.): Child Behavior and Development. New York 1943, S. 485–508.

Locke, E. A. /Latham, G. P. (1990a): A theory of goal setting and task performance. Englewood Cliffs (NJ) 1990.

Locke, E. A./Latham, G. P. (1990b): Work motivation: The high performance cycle. In: Kleinbeck, U.; Quast, H.-H.; Thierry, H.; Häcker, H. (Hrsg.): Work motivation. Hillsdale (NJ) 1990, S. 3–25.

Locke, E. A./Shaw, K. N./Saari, L. M./Latham, G. P. (1981): Goal setting and task performance: 1969–1980. Psychological Bulletin 90 (1981), S. 125–152.

Lorange, P./Murphy, D. C. (1984): Bringing Human Resources into Strategic Planning. Systems Design Considerations. In: Fombrun/Tichy/Devanna (Hrsg.): Strategic Human Resource Management. New York u. a. 1984, S. 275–296.

Lord, G. R./Foti, L./De Vader, C. (1984): A Test of Leadership Categorization Theory: Internal Stucture of Leadership Categories, Information Processing and Leadership Perceptions. In: Organizational Behavior and Human Performance 34 (1984), S. 343–378.

Lorson, H. N. (1996): Mikropolitik und Leistungsbeurteilung: Diskussion mikropolitischer Aspekte am Beispiel merkmalsorientierter Einstufungsverfahren. Lohmar/Köln 1996.

Lössl, E. (1992): Eignungsdiagnostische Instrumente. In: Gaugler, E./Weber, W. (Hrsg.): Handwörterbuch des Personalwesens. 2., neubearb. und erg. Aufl., Stuttgart 1992, Sp. 750–763.

Louis, M. R. (1980): Surprise and Sense Making. What Newcomers Experience in Entering Unfamiliar Organizational Settings. In: Administrative Science Quarterly 25 (1980), S. 226–250.

Louis, M. R. u. a. (1983): The Availability and Helpfulness of Socialization Practices. In: Personnel Psychology 36 (1983), S. 857–866.

Louis, M. R./Posner, B. Z./Powell, G. N. (1983): The Availability and Helpfulness of Socialization Practices. In: Personnel Psychology 36 (1983), S. 857–866.

Luczak, H. (1998): Arbeitswissenschaft. 2., vollst. neubearb. Aufl., Berlin u. a. 1998.

Luczak, H./Springer J. (1996): Gestaltung von Arbeitssystemen nach ergonomischen und gesundheitsförderlichen Prinzipien. In: Bullinger, H.-J./Warnecke, H.-J. (Hrsg.): Neue Organisationsformen im Unternehmen: ein Handbuch für das moderne Management. Berlin u. a. 1996, S. 616–655.

Lueger, G. (1992): Die Bedeutung der Wahrnehmung bei der Personalbeurteilung. Zur psychischen Konstruktion von Urteilen über Mitarbeiter. München/Mering 1992.

Luhmann, N. (1995): Funktionen und Folgen formaler Organisation. 4. Aufl., Berlin 1995.

Lundberg, C. C. (1985): On the Feasibility of Cultural Intervention in Organizations. In: Frost, P. u. a. (Hrsg.): Organizational Culture. Beverley Hills/London/New Delhi 1985, S. 169–185.

Maanen, Van J. (1976): Breaking in: Socialization to Work. In: Dubin, R. (Hrsg.): Handbook of Work, Organization and Society. Chicago 1976, S. 67–130.

Maanen, Van J./Schein, E. H. (1979): Towards a Theory of Organizational Socialisation. In: Research in Organizational Behavior 1 (1979), S. 209–264.

Macharzina, K. (1993): Unternehmensführung: Das internationale Managementwissen. Konzepte – Methoden – Praxis. Wiesbaden 1993.

Macharzina, K./Wolf, J. (Hrsg.) (1996): Handbuch Internationales Führungskräfte-Management. Stuttgart u. a. 1996.

Mag, W. (1986/1998): Einführung in die betriebliche Personalplanung. 2., völlig neubearb. Aufl., München 1998 (1. Aufl. 1986).

Maier, G. W./Spieß, E. (1994): Einführung von Führungskräften in das Unternehmen: Formen der Unterstützung und erlebten Hilfestellung. In: Rosenstiel, L. v. (Hrsg.): Fach- und Führungskräfte finden und fördern. Stuttgart 1994, S. 254–264.

Mann, R. D. (1959): A Review of the Relationship Between Personality and Performance in Small Groups. In: Psychological Bulletin 56 (1959), S. 241–270.

Mann, R. D. (1965): Towards an Understanding of the Leadership Role in Formal Organizations. In: Dubin, R. u. a. (Hrsg.): Leadership and Productivity. San Francisco 1965, S. 68–103.

March, J. G./Simon, H. A. (1958): Organizations. New York 1958.

March, J. G./Simon, H. A. (1976): Organisation und Individuum. Wiesbaden 1976.

Markus, B./Schuler, H. (2001): Leistungsbeurteilung. In: Schuler, H. (Hrsg.): Lehrbuch der Personalpsychologie. Göttingen 2001, S. 397–431.

Marr, R. /Schmidt, H. (1992): Humanvermögensrechnung. In: Gaugler, E./Weber, W. (Hrsg.): Handwörterbuch des Personalwesens. 2., neubearb. und erg. Aufl., Stuttgart 1992, Sp. 1031–1042.

Marr, R./Stitzel, M. unter Mitarbeit von Friedel-Howe, H. (1979): Personalwirtschaft: Ein konfliktorientierter Ansatz. Köln 1979.

Martens, K.-P. (1993): Arbeitsrecht und Unternehmung. In: Wittmann, W. u. a. (Hrsg.): Handwörterbuch der Betriebswirtschaft. 5., völlig neu gest. Aufl., Stuttgart 1993, Sp. 151–170.

Martin, A (1987): Determinanten der individuellen Weiterbildungsentscheidung. Eine empirische Analyse. In: Zeitschrift für Personalforschung 1 (1987), S. 5–28.

Martin, A. (1992): Methoden der Personalforschung. In: Gaugler, E./Weber, W. (Hrsg.): Handwörterbuch des Personalwesens. 2., neubearb. u. erg. Aufl., Stuttgart 1992, Sp. 1343–1354.

Martin, A. (1994): Personalforschung. 2. Aufl., München/Wien 1994.

Martin, A./Bartscher-Finzer, S. (2004): Zusammenhänge und Mechanismen. Das Groupthink-Phänomen neu betrachtet. Schriften aus dem Institut für Mittelstandsforschung der Universität Lüneburg, Heft 28, Lüneburg.

Martin, C./Nowak, A. (1997): Stellenangebote im Internet oder in Printmedien? In: Personal 49 (1997) 3, S. 112–116.

Maslow, A. H. (1965): Eupsychian Management. A Journal. Homewood, Ill. 1965.

Maslow, A. H. (1970): Motivation and Personality. 2. Aufl., Princeton, New York, 1970 (deutsch: Motivation und Persönlichkeit, Freiburg 1977).

Matschke, M. J. (1989): Betriebliche Altersversorgung (I) und (II). In: Das Wirtschaftsstudium 18 (1989) 1, 2, S. 31–34 und 95–99.

Mayrhofer, W. (1992): Outplacement. In: Gaugler, E./Weber, W. (Hrsg.): Handwörterbuch des Personalwesens. 2., neubearb. und erg. Aufl., Stuttgart 1992, Sp. 1523–1534.

Mayrhofer, W. (1999): Personalarbeit im dezentralen Modell. In: Scholz, Ch. (Hrsg.): Innovative Personal-Organisation: Center-Modelle für Wertschöpfung, Strategie, Intelligenz und Virtualisierung. Neuwied u. a. 1999, S. 178–188.

Mayrhofer, W. (2003): Teamentwicklung. In: Martin, A. (Hrsg.): Organizational Behaviour – Verhalten in Organisationen. Stuttgart 2003.

Mayring, P. (1999): Einführung in die qualitative Sozialforschung. 4. Aufl., Weinheim 1999.

McClelland, D. C. (1951): Personality. New York 1951.

McClelland, D. C. (1961): The Achieving Society. New York 1961 (deutsch: Die Leistungsgesellschaft. Opladen 1966.)

McClelland, D. C. (1962): Business Drive and Achievement. In: Harvard Business Review 40 (1962), S. 99–112.

McClelland, D. C. u. a. (1953): The Achievement Motive. New York 1953.

McCormick, E. J. (1976): Job and Task Analysis. In: Dunnette, M. D. (Hrsg.): Handbook of Industrial Organizational Psychology. Chicago 1976, S. 651–696.

McGrath, J. E. (1984): Groups: Interaction and performance. Englewood Cliffs (NJ) 1984.

Meffert, H. (1989): Globalisierungsstrategien und ihre Umsetzung im internationalen Wettbewerb. In: Die Betriebswirtschaft 49 (1989), S. 445 ff.

Mehl, W. (1996): Innovative Konzepte im Bereich der Betrieblichen Altersversorgung. In: Personal 48 (1996) 1, S. 10–13.

Meier, A./Stuker, C./Trabucco, A. (1998): Auslagerung der Personaldienstfunktion – Machbarkeit und Grenzen. In: ZFO 66 (1997) 3, S. 138–145.

Mell, H. (1989): Bewerbungsanalyse. In: Strutz, H. (Hrsg.): Handbuch Personalmarketing. Wiesbaden 1989, S. 244–257.

Mensch, G. (1968): Instrumente der kurzfristigen Personalplanung. In: Zeitschrift für betriebswirtschaftliche Forschung 38 (1968), S. 469–494.

Mentzel, W. (1985): Unternehmenssicherung durch Personalentwicklung: Mitarbeiter motivieren, fördern und weiterbilden. 3. Aufl., Freiburg i. Br. 1985.

Mertens, D. (1974): Schlüsselqualifikationen – Thesen zur Schulung für eine moderne Gesellschaft. In: Mitteilungen aus der Arbeitsmarkt- und Berufsforschung 7 (1974) 1, S. 36–43.

Metz, F./Winnes, R./Knauth, P. (1995): Entwicklungsstand des Personal-Controlling. In: Personal 47 (1995) 3, S. 132–138.

Metz, T. (1995): Status, Funktion und Organisation der Personalabteilung. Ansätze zu einer institutionellen Theorie des Personalwesens. München/Mering 1995.

Metz, T. (1999): Klassische Organisationskonzepte im Personalwesen. In: WISU 28 (1999) 8-9, S. 1065–1068.

Meyer, F. W. (1973): Aufbau von Arbeitsplatz- und Personal-Informationssystemen. In: Arbeit und Leistung 11 (1973), S. 106–310.

Michel, L./Wiese, G. (1988): Graphologische Gutachten aus rechtlicher und psychologischer Sicht. In: Personal, Mensch und Arbeit 40 (1988) 6, S. 245–248.

Michels, K. H. (1978): Maßnahmen zur Einführung neuer Mitarbeiter. In: Personal, Mensch und Arbeit 30 (1978) 7, S. 271–273.

Mickler, O. u. a. (1977): Produktion und Qualifikation. 2. Aufl., Göttingen 1977.

Miles, R. E./Snow, C. C. (1994): Fit, Failure and the Hall of Fame. How Companies Suceed or Fail. New York et al. 1994.

Miller, D. T./Ross, M. (1975): Self-serving Biases in the Attribution of Causality. Fact or Fiction? In: Psychological Bulletin 82 (1975), S. 213–225.

Mitchell, T. R. (1987): Führungstheorien/Attributionstheorien. In: Kieser, A./Reber, G./Wunderer, R. (Hrsg.): Handwörterbuch der Führung. Stuttgart 1987, Sp. 698–713.

Mittenecker, E. (1971): Subjektive Tests zur Messung der Persönlichkeit. In: Heiss, R. (Hrsg.): Handbuch der Psychologie, Bd. 6: Psychologische Diagnostik. 3. Aufl., Göttingen 1971, S. 461–487.

Möhl, W. (1985): Die Einarbeitung neuer Mitarbeiter. In: Personalwirtschaft 12 (1985) 4, S. 129–135.

Mölders, H.-W. (1993): Cafeteria-Systeme: Rechtliche Gestaltungsmöglichkeiten und Objektivierung der Arbeitnehmerwahlrechte bei der Individualisierung von Entgeltbestandteilen. Hagen 1993.

Möller, W. (1974): Arbeitsbewertung in Industrieunternehmen. München 1974.

Mojzisch/Schulz-Hardt (2006): Information sampling in group decision making. Sampling Biases and their consequences. In: Fiedler, K./Juslin, P. (Hrsg.): Information sampling and adaptive cognition.Cambridge 2006, S. 299–326.

Morano, R. (1971): Determining Organizational Training Needs. In: Personnel Psychology 26 (1971), S. 479–487.

Morgan, D. C. (1977): Career Development Programs. In: Personnel 54 (1977), S. 23–27.

Moscovici, S./Zavalloni, M. (1969): The group as a polarizer of attitudes. In: Journal of Personality and Social Psychology (1969), S. 125–135.

Mowday, R. T./Porter, L./Steers, R. M. (1982): Employee-Organization Linkages. The Psychology of Commitment, Absenteeism, and Turnover. New York u. a. 1982.

Mudrack, P. E. (1989): Group cohesiveness and productivity: A closer look. In: Human Relations (1989) 9, S. 771–785.

Müller, W. (Hrsg.) (1990): Blickpunkt Gesellschaft: Einstellungen und Verhalten der Bundesbürger. ZUMA-Publikationen, Opladen 1990.

Müller, W. R. (1987a): Thesen zur Neuorientierung der Personalpolitik. In: Organisationsentwicklung 6 (1987), S. 1–16.

Müller-Bader, P. (1977):Konflikt und Leistung. Ein Beitrag zur Analyse der Leistungswirkung betrieblicher Konflikte. Diss. München 1977.

Müller-Jentsch, W. (1993): Konfliktpartnerschaft. Akteure und Institutionen der industriellen Beziehungen. 2., erw. und verb. Aufl., München/Mering 1993.

Müller-Jentsch, W. (1997): Soziologie der industriellen Beziehungen: eine Einführung. 2., überarb. und erw. Aufl., Frankfurt a. M./New York 1997.

Mullen, B. (1987): Self-attention theory: The effects of group composition on the individual. In: B. Mullen & R. Goethals (Hrsg.): Theories of group behavior. New York 1987, S. 125–145.

Mungenast, M. (1990): Grenzen merkmalsorientierter Einstufungsverfahren und ihre mögliche Überwindung durch zielorientierte Verfahren. München 1990.

Myers, D. G. (1978): Polarizing effects of social comparison. In: Journal of Experimental Social Psychology (1978), S. 554–563.

Myers, D. G./Lamm, H. (1976): The group polarization phenomenon. In: Psychological Bulletin 4 (1976), S. 602–627.

Nadler, L. (1971): Training Explained: Using Critical Events of Development Training Programmes. In: Industrial Training International 6 (1971) 4: Part 1: Assessment of Needs, S. 53–56 and (1971) 5: Part 2: Building the Training Programme, S. 57–60.

Neidhardt, F. (1979): Das innere System sozialer Gruppen. In: Kölner Zeitschrift für Soziologie und Sozialpsychologie 31 (1979), S. 629–660.

Nerdinger, F. W. (1995): Motivation und Handeln in Organisationen. Stuttgart/Berlin/Köln 1995.

Nerdinger, F. W./Rosenstiel, L. v. (1998): Führung und Personalwirtschaft bei dezentralisierten Kompetenzen. In: Freimuth, J./Meyer, A. (Hrsg.): Fraktal, fuzzy, oder darf es ein wenig virtueller sein? Personalarbeit an der Schwelle zum neuen Jahrtausend. München 1998, S. 11–33.

Nerdinger, F./Weber, F. (1987): Identifikation mit den Zielen wirtschaftlicher Organisationen. In: Zeitschrift für Personalforschung 1 (1987) 2, S. 181–204.

Neuberger, O. (1974): Messung der Arbeitszufriedenheit. Stuttgart u. a. 1974.

Neuberger, O. (1974a): Theorien der Arbeitszufriedenheit. Stuttgart u. a. 1974.

Neuberger, O. (1976): Führungsverhalten und Führungserfolg. Berlin 1976.

Neuberger, O. (1978): Motivation und Zufriedenheit. In: Mayer, A. (Hrsg.): Organisationspsychologie. Stuttgart 1978, S. 201–235.

Neuberger, O. (1980): Rituelle (Selbst-) Täuschung. In: Die Betriebswirtschaft 40 (1980), S. 27-43.

Neuberger, O. (1980a): Das Mitarbeitergespräch. Persönlicher Informationsaustausch im Betrieb. 3. Aufl., Goch 1980.

Neuberger, O. (1981): Mitarbeitergespräch. In: Beckerath, P. G. v./Sauermann, P./Wiswede, G. (Hrsg.): Handwörterbuch der Betriebspsychologie und -soziologie. Stuttgart 1981, S. 269–273.

Neuberger, O. (1984): Führung. Ideologie – Struktur – Verhalten. Stuttgart 1984.

Neuberger, O. (1985): Arbeit. Begriff – Gestaltung – Motivation – Zufriedenheit. Stuttgart 1985.

Neuberger, O. (1985a): Arbeitszufriedenheit: Kraft durch Freude oder Euphorie im Unglück? Ein Sammelreferat. In: Die Betriebswirtschaft 45 (1985), S. 184–206.

Neuberger, O. (1990): Das Konzept der Selbstentwicklung. In: Haller, M./Hauser, H./Zäch, R. (Hrsg.): Ergänzungen. Ergebnisse der wissenschaftlichen Tagung anläßlich der Einweihung des Ergänzungsbaus der Hochschule St. Gallen. Bern/Stuttgart 1990, S. 199–205.

Neuberger, O. (1990a): Führen und geführt werden. 3. Aufl., Stuttgart 1990 (auch 6. Aufl. 2005).

Neuberger, O. (1991): Personalentwicklung. Stuttgart 1991.

Neuberger, O. (1991/1994): Personalentwicklung. 2., durchges. Aufl., Stuttgart 1994 (1. Aufl. 1991).

Neuberger, O. (1997): Personalwesen I. Stuttgart 1997.

Neuberger, O. (1998): Das Mitarbeitergespräch: praktische Grundlagen für erfolgreiche Führungsarbeit. 4., bearb. Aufl., Leonberg, 1998.

Neuberger, O. (1999): Mikropolitik. In: Rosenstiel, L. v./Regnet, E./Domsch, M. E. (Hrsg.): Führung von Mitarbeitern. Handbuch für erfolgreiches Personalmanagement. 4., überarb. u. erw. Aufl., Stuttgart 1999, S. 39–46.

Neuberger, O. (2000): Das 360°-Feedback. München u. a. 2000.

Neuberger, O. (2002): Führen und führen lassen. 6., völlig neu bearb. und erw. Aufl., Stuttgart 2002.

Neuberger, O./Allerbeck, M. (1978): Messung und Analyse von Arbeitszufriedenheit. Erfahrungen mit dem »Arbeitsbeschreibungsbogen ABB«. Bern u. a. 1978.

Neuberger, O./Roth, B. (1974): Führungsstil und Gruppenleistung. Eine Überprüfung von Kontingenz-Modell und LPC-Konzept. In: Zeitschrift für Sozialpsychologie 5 (1974), S. 133–144.

Niederfeichtner, F. (1982): Arbeitsgestaltung und Arbeitsorientierung. Bern/Stuttgart 1982.

Nienhüser, W. (1999): Zentrale Personalarbeit – Lob der Zentrale. In: Scholz, Ch. (Hrsg.): Innovative Personal-Organisation: Center-Modelle für Wertschöpfung, Strategie, Intelligenz und Virtualisierung. Neuwied u. a. 1999, S. 158–167.

Nienhüser, W./Becker, C. (2000): Betriebliche Personalforschung, Skript 1 der Werkstatt für Organisations- und Personalforschung e. V., Berlin 2000.

Noelle-Neumann, E. (1978): Werden wir alle Proletarier? Zürich 1978.

Oberschulte, H./Mann, H. (1999): Die Personalabteilung als Wertschöpfungs-Center am Beispiel BASF. In: Scholz, Ch. (Hrsg.): Innovative Personal-Organisation: Center-Modelle für Wertschöpfung, Strategie, Intelligenz und Virtualisierung. Neuwied u. a. 1999, S. 103–110.

Odiorne, G. S. (1984): Strategic Management of Human Resources: A Portfolio Approach. San Francisco/ Washington/London 1984.

Oechsler, W. A. (2000): Personal und Arbeit – Einführung in die Personalarbeit unter Einbeziehung des Arbeitsrechts. 7., grundlegend überarb. und erw. Aufl., München/Wien 2000 (auch 8. Aufl. 2006).

Oerter, R. (1999): Menschliche Entwicklung und ihre Gestaltbarkeit – Beiträge der Entwicklungspsychologie. In: Sonntag, K. (Hrsg.): Personalentwicklung in Organisationen: psychologische Grundlagen, Methoden und Strategien. 2., überarb. u. erw. Aufl., Göttingen 1999, S. 33–50.

Olfert, K./Steinbuch, P. A. (1987): Personalwirtschaft. 3., durchges. Aufl., Ludwigshafen 1987.

Opsahl, R. L./Dunnette, M. D. (1970): The Role of Financial Compensation in Industrial Motivation. In: Vroom, V./Deci, E. C. (Hrsg.): Management and Motivation. Selected Readings. Harmondsworth 1970, S. 127–159.

Paschen, K. (1988): Formen der Personalorganisation. Von der funktionalen Organisation zum Integrationsmodell. In: Zeitschrift Führung und Organisation 57 (1988) 4, S. 237–241.

Patchen, M. (1962/63): Supervisory Methods and Group Performance Norms. In: Administrative Science Quarterly 7 (1962/63), S. 274–294.

Pawlowsky, P. (1986): Arbeitseinstellungen im Wandel. München 1986.

Pawlowsky, P./Reinhardt R. (1996): Wissensmanagement. In: Wieselhuber, N. u. a. (Hrsg.): Handbuch Lernende Organisation. Wiesbaden 1996, S. 145–155.

Pazy, A. (1990): The Threat of Professional Obsolescence: How Do Professionals at Different Career Stages Experience It and Cope with It? In: Human Resource Management 29 (1990), S. 251–269.

Pelz, D. C. (1974): Einfluß. Ein Schlüssel zu effektiverer Führung von Vorgesetzten der unteren Hierarchiestufe. In: Kuncik, M. (Hrsg.): Führung, Theorien und Ergebnisse. Düsseldorf 1974, S. 235–245.

Penrose, E. (1959): The theory of the growth of the firm. Oxford 1959.

Perlmutter, H. V. (1965): L'entreprise internationale. Trois conceptions. In: Revue économique et sociale 23 (1965), S. 151–165.

Perlmutter, H. V. (1969): The Tortuous Evolution of the Multinational Corporation. In: Columbia Journal of World Business 1 (1969), S. 9–18.

Pierce, J. L./Dunham, R. B./Blackburn, R. S. (1979): Social System Structure, Job Design, and Growth Need Strength. A Text of a Concruency Model. In: Academy of Management Journal 22 (1979), S. 223–240.

Pieters, G. M. (1988): Attitude-behavior Relationships. In: Raaij, W. F. v. u. a. (Hrsg.): Handbook of Economic Psychology. Kluwer 1988.

Pillat, R. (1990): Neue Mitarbeiter erfolgreich anwerben, auswählen und einsetzen. 5., überarb. Aufl., Freiburg i. Br. 1990.

Pondy, L. R. (1967): Organizational conflict: Concepts and models. In: Administrative Science Quarterly (1967), S. 296–3320.

Pornschlegel, H. (1985): Ausgewählte Theorien der Arbeitsorganisation – ihr Einfluß auf die betriebliche Stellung der Arbeitnehmer. In: AfA-Informationen Teil 1: (1985) 3, S. 10–29. Teil 2: (1986) 2, S. 3–28.

Porter, L. W./Lawler, E. E. (1968): Managerial Attitudes and Performance. Homewood, Ill. 1968.

Porter, L. W./Lawler, E. E./Hackmann, J. R. (1975): Behavior in Organizations. New York 1975.

Porter, L. W./Steers, R. M. (1977): Organizational Effectivness. A Behavioral View. Santa Monica 1977.

Potthoff, E. (1975): Personalverwaltung. In: Gaugler, E. (Hrsg.): Handwörterbuch des Personalwesens, Stuttgart 1975, Sp. 1680–1688.

Potthoff, E./Trescher, K. (1986): Controlling in der Personalwirtschaft. Berlin u.a 1986.

Preen, E. P. (1963): Development of a Supervisor Position Description Questionnaire. In: Journal of Applied Psychology 47 (1963), S. 10–14.

Premack, S. L./Wanous, J. P. (1985): A Meta-Analysis of Realistic Job Previews Experiments. In: Journal of Applied Psychology 70 (1985), S. 706–719.

Pümpin, C. (1990): Das Dynamik-Prinzip. Zukunftsorientierungen für Unternehmer und Manager. Düsseldorf/Wien/New York 1990.

Raschke, H./Knebel, K. (1983): Taschenbuch der Bewerberauslese. 4. Aufl., Heidelberg 1983.

Rastetter, D. (1996): Personalmarketing, Bewerberauswahl und Arbeitsplatzsuche. Stuttgart 1996.

Rastetter, D. (1998): Commitment: Bindung neuer Mitarbeiter an das Unternehmen. In: Personal 50 (1998) 12, S. 626–631.

Rayfield, D. A. (1971): Training by Exception. In: Personnel Management 3 (1971), S. 26–27.

Reber, G./Schanz, H. (1975): Beruf und Berufsbilder. In: Grochla, E./Wittmann, W. (Hrsg.): Handwörterbuch der Betriebswirtschaftslehre. 4., völlig neu gest. Aufl., Stuttgart 1975, Sp. 475–484.

Reddin, W. J. (1970): Managerial Effectiveness. New York 1970.

Reddin, W. J. (1971): Effective Management by Objectives. The 3 D Method of MBO. New York 1971.

REFA (Hrsg.) (1978): Methodenlehre des Arbeitsstudiums, Teil 2: Datenermittlung. 6. Aufl., München 1978.

REFA (Hrsg.) (1985): Methodenlehre des Arbeitsstudiums. Teil 1: Grundlagen; Teil 2: Datenermittlung; Teil 3: Kostenrechnung, Arbeitsgestaltung; Teil 4: Anforderungsermittlung (Arbeitsbewertung). 7. Aufl., München 1985.

Regnet, E. (1994): Anforderungen an die Führungskräfte der Zukunft – Aufgabe und Chance für die Weiterbildung. In: Hofmann, L. M./Regnet, E. (Hrsg.): Innovative Weiterbildungskonzepte – Trends, Inhalte und Methoden der Personalentwicklung in Unternehmen. Göttingen 1994, S. 39–52.

Rehäuser, J./Krcmar, H. (1996): Wissensmanagement im Unternehmen. In: Schreyögg, G./Conrad, P. (Hrsg.): Managementforschung. 6. Aufl., Berlin/New York 1996, S. 1–40.

Rehn, M.-L. (1990): Die Eingliederung neuer Mitarbeiter: Eine Längsschnittstudie zur Anpassung an Normen und Werte der Arbeitsgruppe. München/Mering 1990.

Rehn, M.-L. (1993): Die Eingliederung neuer Mitarbeiter. In: Moser, K./Stehle, W./Schuler, H. (Hrsg.): Personalmarketing. Göttingen/Stuttgart 1993, S. 77–95.

Reichert, N. (1999): Von der Präsentation zur Interaktion – Personalrekrutierung im Internet. In: Personalführung plus 31 (1999), S. 14–16.

Reinecke, P. (1983): Vorgesetztenbeurteilung. Ein Instrument partizipativer Führung und Organisationsentwicklung. Köln 1983.

Remer, A. (1978): Personalmanagement: Mitarbeiterorientierte Organisation und Führung von Unternehmungen. Berlin/New York 1978.

Ridder, H.-G. (1999): Personalwirtschaftslehre. Stuttgart 1999.

Ridder, H.-G. u. a. (2001): Strategisches Personalmanagement. Stuttgart 2001.

Rieckhof, H.-C. (1986): Strategieorientierte Personalentwicklung. In: Rieckhof, H.-C. (Hrsg.): Strategien der Personalentwicklung, Wiesbaden 1986, S. 47–75.

Rippe, W. (1974): Die Fluktuation von Führungskräften der Wirtschaft. Berlin 1974.

Rischar, K. (1994): Schwierige Mitarbeitergespräche erfolgreich führen. Landsberg a. Lech 1994.

Roethlisberger, F. J./Dickson, W. J. (1939): Management and the worker. Cambridge (MA) 1939.

Roethlisberger, F. J./Dickson, W. J. (1970): Management and the Worker. 5. ed., Cambridge 1970.

Rohmert, W./Landau, K. (1979): Das Arbeitswissenschaftliche Erhebungsverfahren zur Tätigkeitsanalyse (AET), Handbuch. Bern/Stuttgart/Wien 1979.

Rosenkranz, R. (1968): Personalbedarfsrechnung in Bürobetrieben. In: Das rationelle Büro 19 (1968) 12, S. 16–22.

Rosenkranz, R. (1969): Stellenplan. In: Grochla, E. (Hrsg.): Handwörterbuch der Organisation. Stuttgart 1969, Sp. 1587–1594.

Rosenstiel, L. v. (1973): Motivation im Betrieb. 2. Aufl., München 1973.

Rosenstiel, L. v. (1975): Die motivationalen Grundlagen des Verhaltens: Leistung und Zufriedenheit. Berlin 1975.

Rosenstiel, L. v. (1979): Die Ermittlung personeller Eigenschaften motivationaler Art. In: Reber, G. (Hrsg.): Personalinformationssysteme. Stuttgart 1979, S. 51–73.

Rosenstiel, L. v. (1987): Grundlagen der Organisationspsychologie. 2. Aufl., Stuttgart 1987.

Rosenstiel, L. v. (1989): Der Wertewandel als Indikator für Handlungsbedarf. In: congress & seminar 4 (1989), S. 9–13.

Rosenstiel, L. v. (1992): Entwicklung von Werthaltungen und interpersonaler Kompetenz. In: Sonntag, K. (Hrsg.): Personalentwicklung in Organisationen. Göttingen 1992.

Rosenstiel, L. v. (1993): Kommunikation und Führung in Arbeitsgruppen. In: Schuler, H. (Hrsg.): Organisationspsychologie. Bern 1993, S. 321–352.

Rosenstiel, L. v. (1994): Motivation durch Mitwirkung: Wege und Ziele des Lernens. In: Hofmann, L. M./ Regnet, E. (Hrsg.): Innovative Weiterbildungskonzepte – Trends, Inhalte und Methoden der Personalentwicklung in Unternehmen. Göttingen 1994, S. 53–60.

Rosenstiel, L. v. (1999): Entwicklung von Werthaltungen und interpersonaler Kompetenz – Beiträge der Sozialpsychologie. In: Sonntag, K. (Hrsg.): Personalentwicklung in Organisationen: psychologische Grundlagen, Methoden und Strategien. 2., überarb. u. erw. Aufl., Göttingen 1999, S. 99–122.

Rosenstiel, L. v. (2004): Kommunikation in Arbeitsgruppen. In: Schuler, H. (Hrsg.): Lehrbuch Organisationspsychologie. 3. Aufl., Bern u. a. 2004, S. 387–414.

Rosenstiel, L. v. u. a. (1988): Selektion und Sozialisation potentieller Führungskräfte im Zeichen gesellschaftlichen Wertewandels. In: Zeitschrift für Arbeits- und Organisationspsychologie (1988), S. 22–34.

Rotter, J. B. u. a. (1962): Internal versus External Control of Reinforcement. In: Washburne, L. (Hrsg.): Decision, Values and Groups. 2. Jg., London 1962.

Ruppel, Michael (2006): Vorstandsorganisation: Eine Betrachtung aus gruppenpsychologischer Perspektive. Lohmar 2006.

Ruppert, W. (1997): Ungünstige Bedingungen für die betriebliche Altersversorgung. In: IFO-Schnelldienst 50 (1997) 28, S. 10–19.

Rüttinger, B./Rosenstiel, L. v./Molt, W. (1974): Motivation des wirtschaftlichen Verhaltens. Stuttgart u. a. 1974.

Sader, M. (2002): Psychologie der Gruppe. 8. Aufl., Weinheim 2002.

Sadowski, D. (1977): Pensionierungspolitik: Zur Theorie optimaler Personalpanung im Unternehmen. Stuttgart 1977.

Sanders, G. S./Baron, R. S. (1977): Is social comparison irrelevant for producing choice shifts? In: Journal of Experimental Social Psychology (1977), S. 303–324.

Sarges, W. (Hrsg.) (1996): Weiterentwicklung der Assessment-Center-Methode. Göttingen 1996.

Sarges, W. (Hrsg.) (2000): Management-Diagnostik. 3. Aufl., Göttingen u. a. 2000.

Sashkin, M. (1972): Leadership Style and Group Decision Effectiveness: Correlational and Behavioral Test of Fiedler's Contingency Model. In: Organizational Behavior and Human Performance 8 (1972), S. 347–362.

Sathe, V. (1985): Culture and Related Corporate Realities. Homewood (III.) 1985.

Sattelberger T. (1995): Personalentwicklung als strategischer Erfolgsfaktor. In: Sattelberger, T. (Hrsg.): Innovative Personalentwicklung: Grundlagen, Konzepte, Erfahrungen. 3. Aufl. Wiesbaden 1995, S. 15–37.

Schachter, S./Ellertson, N./McBride, D./Gregory, D. (1951): An experimental study of cohesiveness and productivity. In: Human Relations 1951, S. 229–238.

Schanz, G. (1977): Wege zur individualisierten Organisation. In: Zeitschrift Führung und Organisation 46 (1977). Teil 1: S. 183–192. Teil 2: S. 345–351.

Schanz, G. (1978): Verhalten in Wirtschaftsorganisationen. München 1978.

Schanz, G. (1984): Job-sharing-Handbuch. Hannover 1984.

Schanz, G. (2000): Personalwirtschaftslehre: Lebendige Arbeit in verhaltenswissenschaftlicher Perspektive. 3., neubearb. u. erw. Aufl., München 2000.

Schaub, G. (2000): Arbeitsrecht-Handbuch. 9., überarb. Aufl., München 2000.

Scheier, M. F./Carver, C. S. (1988): A model of behavioral self-regulation: Translating intention into action. In: L. Berkowitz (Hrsg.): Advances in Experimental Social Psychology, Vol. 21: Social psychological studies on the self: Perspectives and programs. New York 1988, S. 303–346.

Schein, E. H. (1965/1970): Organizational Psychology. Englewood Cliffs, N.J., 1965. 2. Aufl., 1970.

Schein, E. H. (1975): How »Career Anchors« Hold Executives to their Career Paths. In: Personnel 52 (1975) 3, S. 11–24.

Schein, E. H. (1978): Career Dynamics: Matching Individual and Organizational Need. Reading, Mass. 1978.

Schein, E. H. (1980): Developing Your Career – Know Your Career Anchors and Develop Your Options. Working Paper No. 1148-80, Alfred P. Sloan School of Management, M.I.T., Cambridge 1980.

Scherm, E. (1990): Unternehmerische Arbeitsmarktforschung. München 1990.

Scherm, E. (1995): Personalcontrolling: Aufgaben und Instrumente. In: Berthel, J./Groenewald, H. (Hrsg.): Handbuch Personal-Management. 11. Nachlieferung 5/1995, Landsberg a. Lech 1995.

Schettgen P. (1996): Arbeit, Leistung, Lohn. Stuttgart 1996.

Schindler, U./Brunn, S. (1998): Professionelle Personalarbeit im Mittelstand durch Outsourcing. In: Personal 50 (1998) 10, S. 480–487.

Schlaffke, W. (1989): Weiterbildung – Zukunftschancen unserer Wirtschaft. In: Gaugler, E./ Schlaffke, W. (Hrsg.): Weiterbildung als Produktionsfaktor. Köln 1989, S. 7–27.

Schmahl, D.W. (1996): Deferred Compensation auf dem Vormarsch. In: Personalwirtschaft Special (1996), S. 19–23.

Schmalt, H. D. (1978): Leistungsthematische Kognitionen I: Kausalerklärungen für Erfolg und Mißerfolg. In: Zeitschrift für experimentelle und angewandte Psychologie 26 (1978), S. 246–272.

Schmidt, G. (1994): Organisation – Methode und Technik. 10., überarb. und erw. Aufl., Gießen 1994.

Schmidt, H. (1977): Das Sozialinformationssystem der Bundesrepublik Deutschland. Eutin 1977.

Schmidt, R.-B. (1969): Wirtschaftslehre der Unternehmung. Bd. 1: Grundlagen. Stuttgart 1969.

Schneider, H. J./Knebel, H. (1995): Team und Teambeurteilung: Neue Trends in der Arbeitsorganisation. Köln 1995.

Schneider, H. J./Zander, E. (1990): Erfolgs- und Kapitalbeteiligung der Mitarbeiter in Klein- und Mittelbetrieben. 3. Aufl., Freiburg i. Br. 1990.

Schneider, K. (1976): Leistungsmotiviertes Verhalten als Funktion von Motiv, Anreiz und Erwartung. In: Schmalt, H. D./ Meyer, W. U. (Hrsg.): Leistungsmotivation und Verhalten. Stuttgart 1976, S. 33–60.

Schneider, K./Schmalt, H. D. (1981): Motivation. Stuttgart 1981.

Schneider, S. (1999): Die betriebliche Einarbeitung neuer Mitarbeiter: Ein Phasenmodell. In: Akademie – Zeitschrift für Führungskräfte in Verwaltung und Wirtschaft 44 (1999) 1, S. 9–12.

Scholz, Ch. (1982): Zur Konzeption einer Strategischen Personalplanung. In: Zeitschrift für betriebswirtschaftliche Forschung 34 (1982), S. 979–994.

Scholz, Ch. (1992): Personalmarketing: Wenn Mitarbeiter heftig umworben werden. In: Harvard Manager (1992) 1, S. 94–105.

Scholz, Ch. (1995): Die virtuelle Personalabteilung – Ein Denkmodell für das Jahr 2000? In: Personalführung 28 (1995) 5, S. 398–403.

Scholz, Ch. (1996): Die virtuelle Personalabteilung: Ein Jahr später. In: Personalführung 29 (1996) 12, S. 1080–1086.

Scholz, Ch. (Hrsg.) (1997): Individualisierung als Paradigma. Festsschrift für Hans Jürgen Drumm. Stuttgart 1997.

Scholz, Ch. (1997a): Strategische Organisation: Prinzipien zur Vitalisierung und Virtualisierung. Landsberg/Lech 1997.

Scholz, Ch. (1998): Die Virtuelle Personalabteilung. In: Freimuth, J./Meyer, A. (Hrsg.): Fraktal, fuzzy, oder darf es ein wenig virtueller sein?: Personalarbeit an der Schwelle zum neuen Jahrtausend. München 1998, S. 103–113.

Scholz, Ch. (1999): Die Virtuelle Personalabteilung als Zukunftsvision? In: Scholz, Ch. (Hrsg.): Innovative Personal-Organisation: Center-Modelle für Wertschöpfung, Strategie, Intelligenz und Virtualisierung. Neuwied u. a. 1999, S. 233–253.

Scholz, Ch. (Hrsg.) (1999a): Innovative Personal-Organisation: Center-Modelle für Wertschöpfung, Strategie, Intelligenz und Virtualisierung. Neuwied u. a. 1999.

Scholz, Ch./Herz, B. J. (1998): Qualifikation 2007 – Neue Berufsbilder und Qualifikationen für Banken, Handelsunternehmen und Versicherungen. München/Mering 1998.

Scholz, Ch./Hofbauer, W. (1990): Organisationskultur. Die vier Erfolgsprinzipien. Wiesbaden 1990.

Schönfeld, H. M. (1963): Die Personalplanung – ein vernachlässigter Teil der betrieblichen Planung. In: Zeitschrift für Betriebswirtschaft 33 (1963), S. 141–156.

Schreiber, S. (1992): Integrierter Prozeß der Personalfreistellungsplanung. Bergisch-Gladbach/Köln 1992.

Schreyögg, G. (1987): Führungstheorien – Situationstheorie. In: Kieser, A./ Reber, G./Wunderer, R. (Hrsg.): Handwörterbuch der Führung. Stuttgart 1987, Sp. 881–892.

Schreyögg, G./Reuther, U. (1997): Arbeitsgestaltung und Humanisierung. In: Kahsnitz, D. (Hrsg.): Handbuch zur Arbeitslehre. München, Wien 1997, S. 319–331.

Schröder, H. J. (1973): Projekt-Management. Eine Führungskonzeption für außergewöhnliche Vorhaben. Wiesbaden 1973.

Schuh, S./Schultes-Jaskolla, G./Stitzel, M. (1993): Alternative Arbeitszeitstrukturen. In: Marr, R. (Hrsg.): Arbeitszeitmanagement. 2., neubearb. und erw. Aufl., Berlin 1993.

Schuler, H. (1980): Mitarbeiterbeurteilung und Leistungsbewertung. In: Hoyos, S. (Hrsg.): Grundbegriffe der Wirtschaftspsychologie. München 1980, S. 177–187.

Schuler, H./Frier, D./Kauffmann, M. (1993): Personalauswahl im europäischen Vergleich. Göttingen 1993.

Schuler, H./Prochaska, M. (1999): Ermittlung personaler Merkmale: Leistungs- und Potentialbeurteilung von Mitarbeitern. In: Sonntag, K. (Hrsg.): Personalentwicklung in Organisationen: psychologische Grundlagen, Methoden und Strategien. 2., überarb. u. erw. Aufl., Göttingen 1999, S. 181–210.

Schuler, H./Stehle, W. (Hrsg.) (1986): Biographische Fragebögen als Methode der Personalauswahl. Stuttgart 1986.

Schulte, C. (1989): Personal-Controlling mit Kennzahlen. München 1989.

Schulte, C. (1989a): Modelle der betrieblichen Alterversorgung. In: Das Wirtschaftsstudium 18 (1989) 8-9, S. 453–455.

Schultes-Jaskolla, G./Stitzel, M. (1987): Arbeitszeit-Variation: Ein Personalbeschaffungsinstrument? In: Marr, R. (Hrsg.): Arbeitszeitmanagment. Berlin 1987, S. 235–254.

Schulz-Hardt, S./Greitemeyer, T./Brodbeck, F. C./Frey, D. (2002): Sozialpsychologische Theorien zu Urteilen, Entscheidungen, Leistungen und Lernen in Gruppen. In: Frey, D./Irle, M. (Hrsg.): Theorien der Sozialpsychologie. Band II Gruppen-, Interaktions- und Lerntheorien. 2., vollst. überarb. u. erw. Aufl., Bern 2002, S. 13–46.

Schweitzer, M. (1969): Arbeitsanalyse. In: Grochla, E. (Hrsg.): Handwörterbuch der Organisation. Stuttgart 1969, Sp. 89–97.

Secker, H. (1972): Die Planung der Besetzung von Führungspositionen in der Unternehmung. Winterthur 1972.

Seidel, E. (1978): Betriebliche Führungsformen. Geschichte, Konzepte, Hypothesen, Forschung. Stuttgart 1978.

Seidel, E./Jung, R. (1987): Geschichte der Führungstheorien. In: Kieser, A./Reber, G./Wunderer, R. (Hrsg.): Handwörterbuch der Führung. Stuttgart 1987, Sp. 774–789.

Seidel, E./Jung, R./Redel, W. (1987): Führungsstil und Führungsorganisation. Bd. 1: Grundlagen, Führungsstil. Darmstadt 1987.

Senge, P. M. (1990): The Fifth Discipline: The Art and Practice of the Learning Organization. London 1990.

Sherif, M. (1951): A preliminary experimental study of intergroup relations. In: Pohrer, J. H./Sherif, M. (Hrsg.): Social psychology at the crossroads. New York 2002.

Sherif, M. (1966): Group conflict and cooperation: Their social psychology. London 1966.

Sisson, E. D. (1948): Forced Choice: The New Army Rating. In: Personnel Psychology 1 (1948), S. 365-381 (abgedruckt in: Whisler, T. K./Harper, S. F. (Hrsg.): Performance Appraisal. New York 1962, S. 223–234).

Six, B. (1975): Die Relation von Einstellung und Verhalten. In: Zeitschrift für Sozialpsychologie 6 (1975), S. 270–306.

Six, B. (1979): Einstellungs-Verhaltens-Relation und Verhaltensvorhersage. Unveröffentlichte Habilitationschrift, Universität Bonn 1979.

Six, B. (1980): Das Konzept der Einstellung und seine Relevanz für die Vorhersage des Verhaltens. In: Petermann, F. (Hrsg.): Einstellungsmessung – Einstellungsforschung. Göttingen 1980.

Skinner, B. F. (1953): Science and human behavior. New York 1953.

Skinner, B. F. (1971): Beyond freedom and dignity. New York 1971.

Smith, M./Ashton, D. (1975): Using Repertory Grid Technique to Evaluate Management Training. In: Personnel Review 4 (1975), S. 15–21.

Smith, P. B. (1975): Controlled Studies of the outcome of Sensitivity Training. In: Psychological Bulletin 18 (1975), S. 597–622.

Smith, P. C./Kendall, L. M. (1963): Retranslation of Expectations: An Approach to the Construction of Unambiguos Anchors for Rating Scales. In: Journal of Applied Psychology 47 (1963), S. 149–155.

Sonntag, K. (1998): Lernen im Unternehmen – Effiziente Organisation durch Lernkultur. München 1998.

Sonntag, K. (1999): Ermittlung tätigkeitsbezogener Merkmale: Qualifikationsanforderungen und Voraussetzungen menschlicher Aufgabenbewältigung. In: Sonntag, K. (Hrsg.): Personalentwicklung in Organisationen: psychologische Grundlagen, Methoden und Strategien. 2., überarb. u. erw. Aufl., Göttingen 1999, S. 157–179.

Sonntag, K. (1999a): Personalentwicklung – ein Feld psychologischer Forschung und Gestaltung. In: Sonntag, K. (Hrsg.): Personalentwicklung in Organisationen: psychologische Grundlagen, Methoden und Strategien. 2., überarb. u. erw. Aufl., Göttingen 1999, S. 15–29.

Sonntag, K./Schaper, N. (1999): Förderung beruflicher Handlungskompetenz. In: Sonntag, K. (Hrsg.): Personalentwicklung in Organisationen: psychologische Grundlagen, Methoden und Strategien. 2., überarb. u. erw. Aufl., Göttingen 1999, S. 211–244.

Spie U. (1988): Personalwesen als Organisationsaufgabe. Heidelberg 1988.

Sprenger, R. K: (2002): Mythos Motivation. Wege aus einer Sackgasse. 17. Aufl., Frankfurt/New York 2002.

Staehle, W. H. (1977): Weiterbildung von Führungskräften in der Wirtschaft. In: Reimann, H./Reimann, G. (Hrsg.): Erfolgskontrolle im öffentlichen Sektor. München 1977, S. 163–178.

Staehle, W. H. (1988): Human Resource Management (HRM) – Eine neue Managementrichtung in den USA? In: Zeitschrift für Betriebswirtschaft 58 (1988) 5/6, S. 576–587.

Staehle, W. H. (1999): Management. Eine verhaltenswissenschaftliche Einführung. 8. Aufl., überarb. von Conrad, P. und Sydow, J., München 1999.

Staffelbach, B. (1986): Strategisches Personalmanagement. Bern/Stuttgart 1986.

Stahl, G. K. (1999): Deutsche Führungskräfte im Auslandseinsatz: Probleme und Problemlöseerfolg in Japan und den USA. In: Die Betriebswirtschaft 59 (1999), S. 687–703.

Stapf, K. H. (1982): Einstellungsmessung und Verhaltensprognose. In: Stachowiak, H. (Hrsg.): Bedürfnisse, Werte und Normen im Wandel. Stuttgart 1982.

Stasser, G. (1992): Pooling of unshared information during group discussions. In: Worchel, S./Wood, W./ Simpson, J. A. (Hrsg.): Group process and productivity. Newbury Park (CA) 1992, S. 48–67.

Staude, J. (1989): Strategisches Personalmarketing. In: Weber, W./Weinmann, J. (Hrsg.): Strategisches Personalmanagement. Stuttgart 1989.

Stehle, W. (1980): Verfahren zur Auswahl von Führungskräften. In: Zeitschrift für betriebswirtschaftliche Forschung 32 (1980), S. 89–97.

Stehle, W. (1983): Zur Konzeption eines Personalauswahlverfahrens auf der Basis biographischer Daten. Diss., Hohenheim 1983.

Stehle, W. (1986): Biographische Fragebogen. In: Personalführung 19 (1986) 3, S. 123–125.

Stehle, W. (1986a): Personalauswahl mittels biographischer Fragebogen. In: Schuler, H./Stehle, W. (Hrsg.): Biographische Fragebogen als Methode der Personalauswahl. Stuttgart 1986, S. 17–57.

Stehr, C. (1998): Elektronische Stellenmärkte. In: Personalführung 31 (1998) 3, S. 48–54.

Steiner, I. D. (1972): Group process and productivity. New York 1972.

Steiner, U. (1998): Personalinformationssysteme: Einführung und Einsatz in Schweizer Großunternehmen. Bern u. a. 1998.

Steinle, C. (1992): Führungsstile. In: Gaugler, E./Weber, W. (Hrsg.): Handwörterbuch des Personalwesens. 2., neubearb. und erg. Aufl., Stuttgart 1992.

Steinmann, H./Löhr, A. (1992): Lohngerechtigkeit. In: Gaugler, E./Weber, W. (Hrsg.): Handwörterbuch des Personalwesens. 2., neubearb. und erg. Aufl., Stuttgart 1992, Sp. 1284–1294.

Steinmann, H./Schreyögg, G. (1980): Arbeitsstrukturierung am Scheideweg. Differenzierende Arbeitsgestaltung als neuer, besserer Weg zur Arbeitshumanisierung. In: Zeitschrift für Arbeitswissenschaft 24 (1980), S. 75–78.

Steinmann, H./Schreyögg, G. (2000): Management. 5. Aufl., Wiesbaden 2000.

Steinmann, H./Schreyögg, G. (2005): Management: Grundlagen der Unternehmensführung. 6., vollst. überarb. Aufl., Wiesbaden 2005.

Stengel, M. (1987): Einfluß der Ausbildungsphase auf die Werthaltungen von Trainees deutscher Großbanken. In: Zeitschrift für Personalforschung 1 (1987) 3, S. 321–344.

Stiefel, R. T. (1974): Welche Bedürfnisse haben die Teilnehmer von Management-Kursen? In: Management-Zeitschrift IO 43 (1974), S. 443–447.

Stiefel, R. T. (1978): Erfolgreiche Management-Schulung im Unternehmen: Beiträge zur Theorie und Praxis der betrieblichen Management-Andragogik. Königstein i. Ts. 1978.

Stiefel, R. T. (1979): Planung und Durchführung von Induktionsprogrammen. München 1979.

Stiefel, R. T. (1980): Lernen im Zweier-Team. München 1980.

Stiefel, R. T. (1995): Erarbeitung von Vorgaben und Bedarfen im Rahmen strategieumsetzender Personalentwicklung. In: Sattelberger, T. (Hrsg.): Innovative Personalentwicklung: Grundlagen, Konzepte, Erfahrungen. 3. Aufl. Wiesbaden 1995, S. 54–58.

Stiefel, R. T. (1995a): Modelle und Beispiele personaler Zukunftssicherung im Unternehmen. In: Sattelberger, T. (Hrsg.): Innovative Personalentwicklung: Grundlagen, Konzepte, Erfahrungen. 3. Aufl. Wiesbaden 1995, S. 80–89.

Stiefel, R. T. (1995b): Strategieumsetzendes Lernen. In: Sattelberger, T. (Hrsg.): Innovative Personalentwicklung: Grundlagen, Konzepte, Erfahrungen. 3. Aufl. Wiesbaden 1995, S. 38–41.

Stogdill, R. M. (1948): Personal Factors Associated with Leadership. A Survey of the Literature. In: Journal of Psychology 25 (1948), S. 35–71.

Stogdill, R. M. (1974): Handbook of Leadership. A Survey of Theory and Research. New York/London 1974.

Stoner, J. A. (1961): A comparison of individual and group decisions involving risk. Sloane Scholl of Management, Massachusetts Institute of Technology, Cambridge, MA (Unveröffentlichte »Master Thesis«) 1961.

Stopp, U. (1997): Betriebliche Personalwirtschaft. 21. Aufl., Stuttgart 1997.

Streim, H. (1993): Humanvermögensrechnung. In: Wittmann, W. u. a. (Hrsg.): Handwörterbuch der Betriebswirtschaft. Teilbd. 1. A-H. 5., völlig neu gestaltete Aufl., Stuttgart 1993, Sp. 1681–1694.

Stricker, M. (1999): Personalabbau mit Perspektive. Ansätze zur Förderung der beruflichen Neuorientierung vor dem besonderen Hintergrund von Restrukturierungen. Lohmar/Köln 1999.

Stroebe, W./Diehl, M./Abakoumkin, G. (1996): Social compensation and the Köhler effect: Toward a theoretical explanation of motivation gains in group productivity. In: Witte, E. H./Davis, J. H. (Hrsg.): Understanding group behavior. Vol. 2: Small group processes and interpersonal relations. Mahwah (NJ) 1996, S. 37–65.

Strümpel, B. (1985): Arbeitsmotivation im sozialen Wandel. In: Die Betriebswirtschaft 45 (1985), S. 42–55.

Strutz, H. (1989): Vom Absatzmarketing zum Personalmarketing. In: Strutz, H. (Hrsg.): Handbuch Personalmarketing. Wiesbaden 1989, S. 1–14.

Strutz, H. (1992): Personalmarketing. Alter Wein in neuen Schläuchen? In: Strutz, H. (Hrsg.): Strategien des Personalmarketing. Was erfolgreiche Unternehmer besser machen. Wiesbaden 1992, S. 1–11.

Styppa, R./Vogel, L. (1998): Personalakquisition via Internet. In: Personal 50 (1998) 3, S. 118–120.

Sundstrom, E./De Meuse, K. P./Futrell, D. (1990): Work teams: Applications and effectiveness. In: American Psychologist (1990), S. 120–133.

Sydow, J. (1981): Der normative Entscheidungsansatz von Vroom/Yetton. In: Die Unternehmung 35 (1981), S. 1–17.

Sydow, J. (1993): Strategie und Organisation international tätiger Unternehmungen – Managementprozesse in Netzwerkstrukturen. In: Ganter, H.-D./Schienstock, G. (Hrsg.): Management aus soziologischer Sicht: Unternehmungsführung, Industrie- und Organisationssoziologie. Wiesbaden 1993, S. 47–82.

Tajfel, H.,/Billig, M./Bundy, R./Flament, C. (1971): Social categorization and intergroup behavior. European Journal of Social Psychology 1 (1971), S. 149–178.

Tajfel, H./Turner, J. C. (1979): An integrative theory of intergroup conflict. In: Austin, W. G. und Worchel, S. (Hrsg.): The social psychology of intergroup relations. Monterey (CA) 1979, S. 33–47.

Tajfel, H./Turner, J. C. (1986): The social identity theory of intergroup behavior. In: S. Worchel/ W. G. Austin (Hrsg.): Psychology of intergroup relations. 2nd ed., Chicago 1986, S. 7–24.

Tannenbaum, A. (1966): Social Psychology of the Work Organization. Belmont 1966.

Tannenbaum, R./Schmidt, W. H. (1958): How to Choose a Leadership Pattern. In: Harvard Business Review 36 (1958), S. 95–101.

Tavernier, G. (1971): Industrial Training Systems and Records. London 1971.

Taylor, B./Lippit, G. (Hrsg.) (1983): Management Development und Training Handbook. 2. Aufl., London u. a. 1983.

Teger, A. I./Pruitt, D. G. (1967): Components of group risk taking. In: Journal of Experimental Sozial Psychology 1967, S. 189–205.

Thibaut, J. W./Kelley, H. H. (1959): The Social Psychology of Groups. New York 1959.

Thielenhaus, J. P. (1981): Strategische Personalentwicklungsplanung. Eine Untersuchung zur integrativen Planung von Personalentwicklungs-Konzeptionen für Industrieunternehmen. Frankfurt/M. 1981.

Thierau-Brunner, H./Stangel-Meseke, M./Wottawa, H. (1999): Evaluation von Personalentwicklungsmaßnahmen. In: Sonntag, K. (Hrsg.): Personalentwicklung in Organisationen: psychologische Grundlagen, Methoden und Strategien. 2., überarb. u. erw. Aufl., Göttingen 1999, S. 261–286.

Thom, N./Winkelmann, E. (1984): Personalentwicklung in der mittelständischen Wirtschaft. Gesamtkonzeption und empirische Erkenntnisse. In: Wirtschaftswissenschaftliches Studium 13 (1984), S. 361–366.

Thomas, K. W. (1976): Conflict and conflict management. In: Dunnette, M. D. (Hrsg.) Handbook of Industrial and Organizational Psychology. Chicago 1976, S. 889–935.

Tichy, N./Fombrun, C./Devanna, M. A. (1982): Strategic Human Resource Management. In: Sloan Management Review 23 (1982), S. 47–61.

Tichy, N./Fombrun, Ch./Devanna, M. A. (1984): The Organizational Context of Strategic Human Resources Management. In: Fombrun, C./Tichy, N./Devanna, M. A. (Hrsg.) Strategic Human Resource Management, S. 19–31.

Timmermann, M./Ende, W. (1987): Führung in der öffentlichen Verwaltung. In: Kieser, A./Reber, G./ Wunderer, R. (Hrsg.): Handwörterbuch der Führung. Stuttgart 1987, Sp. 1573–1583.

Tornow, W. W./Pinto, P. R. (1978): The Development of a Managerial Job Taxonomy. A System for Describing, Classifiying and Evaluation Executive Positions. In: Journal of Applied Psychology 61 (1978), S. 410–418.

Touet, M. (1997): Möglichkeiten und Grenzen der Potentialbeurteilung. Lohmar/Köln 1997.

Trebeck, J. (1970): Die Arbeitsanalyse als Grundlage der Arbeitsgestaltung, der Auswahl und Ausbildung von Mitarbeitern. In: Mayer, A./Herwig, B. (Hrsg.): Handbuch der Psychologie. Bd. 9. 2. Aufl., Göttingen 1970, S. 210–243.

Tschan, F. (2000): Produktivität in Kleingruppen: was machen produktive Gruppen anders und besser? Bern 2000.

Tuckman, B. W. (1965): Developmental sequence in small groups. In: Psychological Bulletin 1965, S. 384–399.

Türk, K. (1978): Instrumente betrieblicher Personalwirtschaft. Neuwied 1978.

Türk, K. (1981): Personalführung und soziale Kontrolle. Stuttgart 1981.

Tziner, A. (1982): Differential effects of group cohesiveness types: a clarifying overview. In: Social Behavior and Personality (1982) 2, S. 227–239.

Ulich, E. (1978): Über das Prinzip der differentiellen Arbeitsgestaltung. In: Management-Zeitschrift io 47 (1978) 2, S. 566–568.
Ulich, E. (1980): Zum Begriff der persönlichkeitsförderlichen Arbeitsgestaltung. In: Zeitschrift für Arbeitswissenschaft 34 (1980) 4, S. 210–213.
Ulich, E. (1983): Differentielle Arbeitsorganisation – ein Diskussionsbeitrag. In: Zeitschrift für Arbeitswissenschaft 37 (1983) 1, S. 12–15.
Ulich, E. (1994): Arbeitspsychologie. 3., überarb. und erw. Aufl., Stuttgart 1994.
Ulich, E. (1997): Differentielle und dynamische Arbeitsgestaltung. In: Luczak, H./Volpert, W. (Hrsg.): Handbuch Arbeitswissenschaft. Stuttgart 1997, S. 796–800.
Ulich, E. (1998): Arbeitspsychologie. 4., neu überarb. und erw. Aufl., Zürich/Stuttgart 1998.
Ulich, E. (1999): Lern- und Entwicklungspotentiale in der Arbeit – Beiträge der Arbeits- und Organisationspsychologie. In: Sonntag, K. (Hrsg.): Personalentwicklung in Organisationen: psychologische Grundlagen, Methoden und Strategien. 2., überarb. u. erw. Aufl., Göttingen 1999, S. 123–153.
Ulich, E. (2005): Arbeitspsychologie. 6., überarb. u. erw. Aufl., Zürich 2005.
Ulrich, H. (1978): Unternehmenspolitik. Bern 1978.
Uttal, B. (1983): The Culture Voltures. In: Future, October (1983).
Volk, H. (1975): Einführungsschrift für neue Mitarbeiter. In: Personal, Mensch und Arbeit 27 (1975) 4, S. 141–143.
Volpert, W. (1974): Handlungsstrukturanalyse als Beitrag zur Qualifikationsforschung. Köln 1974.
Vroom, V. (1964/67): Work and Motivation. New York u. a. 1964. 3. Aufl., New York u. a. 1967.
Vroom, V. H./Jago, A. G. (1974): Decision-Making as a Social Process: Normative and Descriptive Models of Leader Behavior. In: Decision Sciences 5 (1974), S. 743–769.
Vroom, V. H./Jago, A. G. (1984): Leadership and Decision-Making: A Revised Normative Model. Arbeitspapier, Yale University. New Haven 1984.
Vroom, V. H./Yetton, P. W. (1973): Leadership and Decision-Making. Pittburgh 1973.
Wächter, H. (1974): Praxis der Personalplanung. Herne/Berlin 1974.
Wächter, H. (1974a): Langfristige Personalplanung unter der Erwartung schrumpfender Betriebsgröße. In: Betriebswirtschaftliche Forschung und Praxis 26 (1974), S. 123–137.
Wächter, H. (1999): Personalorganisation in Deutschland. In: Scholz, Ch. (Hrsg.): Innovative Personal-Organisation: Center-Modelle für Wertschöpfung, Strategie, Intelligenz und Virtualisierung. Neuwied u. a. 1999, S. 3–10.
Wagner, D. (1986): Möglichkeiten und Grenzen des Cafeteria-Ansatzes in der Bundesrepublik Deutschland. In: Betriebswirtschaftliche Forschung und Praxis 38 (1986), S. 16–27.
Wagner, D. (1996): Cafeteria-Systeme – kein kalter Kaffee. In: Personalwirtschaft Special (1996), S. 25–27.
Wagner, D. (1999): Die Personalabteilung als Cost-/Profit-Center. In: Scholz, Ch. (Hrsg.): Innovative Personal-Organisation: Center-Modelle für Wertschöpfung, Strategie, Intelligenz und Virtualisierung. Neuwied u. a. 1999, S. 62–73.
Wagner, D./Grawert, A. (1993): Sozialleistungs-Management. München 1993.
Wagner, D./Grawert, A./Langemeyer, H. (1993): Cafeteria-Modelle: Möglichkeiten der Individualisierung und Flexibilisierung von Entgeltsystemen für Führungskräfte. Stuttgart 1993.
Wahba, M. A./Bridwell, L. G. (1976): Maslow Reconsidered. A Review of the Research on the Need Hierarchy Theory. In: Organizational Behavior and Human Performance 15 (1976), S. 212–240.
Walker, C. R. (1950): The Problem of the Repetitive Job. In: Harvard Business Review 28 (1950), S. 54–58.
Walker, C. R./Guest, R. M. (1952): The Man on the Assembly Line. Cambridge, Mass. 1952.
Walker, J. W. (1969): Forecasting Manpower Needs. In: Harvard Business Review 47 (1969), S. 152–164.
Walker, J. W. (1980): Human Resource Planning. New York u. a. 1980.
Wallach, M. A./Kogan, N./Bem, D. J. (1962): Group influence on individual risk taking. In: Journal of Abnormal and Social Psychology (1962), S. 75–86.
Walter-Busch, E. (1977): Arbeitszufriedenheit in der Wohlstandsgesellschaft. Beitrag zur Diagnose der Theoriesprachenvielfalt betriebspsychologischer und industriesoziologischer Forschung. Bern 1977.

Wanous, J. P. (1977): Organizational Entry: Newcomers Moving from Outside to Inside. In: Psychological Bulletin 84 (1977), S. 601–618.

Wanous, J. P. (1978): Realistic Job Reviews: Can a Procedure to Reduce Turnover also Influence the Relationship Between Abilities and Performance? In: Personnel Psychology 31 (1978), S. 249–258.

Wanous, J. P. (1980/1992): Organizational Entry. Recruitment, Selection and Sozialization of Newcomers. 2. Aufl., Reading (MA) 1992, (1. Aufl. 1980).

Wanous, J. P./Reichers, A. E. (2000): New Employee Orientation Programs. In: Human Resource Management Review 10 (2000), S. 435–451.

Watzka, K. (1988): Plädoyer für eine partizipative Personalauswahl. In: Personalführung 21 (1988) 1-2, S. 100–102.

Watzka, K. (1989): Betriebliche Reintegration von Arbeitslosen: Probleme und Maßnahmen zur Problemreduzierung. Münster 1989.

Watzka, K. (1991): Interviews als Instrumente der Feinselektion. In: Berthel, J./Groenewald, H. (Hrsg.): Handbuch Personal-Management. 1. Nachlieferung 2/1991, Landsberg a. Lech 1991.

Weber, W. u. a. (1998): Internationales Personalmanagement. Wiesbaden 1998.

Weber, W. (1985): Betriebliche Weiterbildung. Stuttgart 1985.

Weber, W. (1986): Das Weiterbildungsverhalten von Arbeitnehmern – Motor oder Bremse betrieblicher Anpassungsprozesse? In: Gaugler, E. (Hrsg.): Betriebliche Weiterbildung als Führungsaufgabe. Wiesbaden 1986, S. 119–139.

Weber, W. (1992): Personalforschung. In: Gaugler, E./Weber, W. (Hrsg.): Handwörterbuch des Personalwesens. 2., neubearb. u. erg. Aufl., Stuttgart 1992, Sp. 1690-1700.

Weber, W. (Hrsg.) (1993): Entgeltsysteme. Stuttgart 1993.

Wegge J. (2001): Gruppenarbeit. In: Schuler H. (Hrsg.): Lehrbuch der Personalpsychologie. 2., überarb. u. erw. Aufl., Göttingen, S. 483–507.

Wegge J. (2004): Führung von Arbeitsgruppen. Göttingen 2004.

Weibler, J. (2001): Personaleinführung. München 2001.

Weiner, B. (1970): New Conceptions in the Study of Achievement Motivation. In: Maher, B. (Hrsg.): Progress in Experimental Personality Research. 5. Jg., New York 1970, S. 67–109.

Weiner, B. (1972): Theories of Motivation. From Mechanisms to Cognition. Chicago 1972.

Weiner, B. (1973): Die subjektiven Ursachen von Erfolg und Mißerfolg. In: Edelstein, W./Hopf, D. (Hrsg.): Bedingungen des Bildungsprozesses. Stuttgart 1973.

Weiner, B. (1975): Die Wirkung von Erfolg und Mißerfolg auf die Leistung. Bern 1975.

Weiner, B. (1976): Theorien der Motivation. Stuttgart 1976.

Weiner, B. (1994): Motivationspsychologie. 3. Aufl., Weinheim 1994.

Weiner, B. u. a. (1971): Causal Ascriptions and Achievement Behavior. A Conceptional Analysis of Effort and Reanalysis of Locus of Control. In: Journal of Personality and Social Psychology 21 (1972), S. 239–248.

Weiner, B./Kukla, A. (1970): An Attributional Analysis of Achievement Motivation. In: Journal of Personality and Social Psychology 15 (1970), S. 1–20.

Weinert, A. B. (1987): Lehrbuch der Organisationspsychologie. Menschliches Verhalten in Organisationen. 2., erw. Aufl., München/Weinheim 1987.

Weinert, A. B. (1998): Organisationspsychologie: Ein Lehrbuch. 4., vollst. überarb. u. erw. Aufl., Weinheim 1998.

Weinert, A. B. (2004): Organisations- und Personalpsychologie. 5., vollst. überarb. u. erw. Aufl., Weinheim/Basel 2004.

Weinmann, J. (1978): Strategische Personalplanung. Theoretische Grundlagen und Versuch der Simulation eines integrierten Personalplanungsmodells. Köln 1978.

Weiss, C. H. (1972): Evaluation Research-Methods of Assessing Program-Effectiveness. Englewood Cliffs, N.J. 1972.

Weissenbergh, P./Kavanagh, M. J. (1972): The Independence of Initiating Structure and Consideration: A Review of the Evidence. In: Personnel Psychology 25 (1972), S. 119–130.

Weitbrecht, H. (1992): Individuelle Karriereplanung. In: Gaugler, E./Weber, W. (Hrsg.): Handwörterbuch des Personalwesens. 2., neubearb. u. erg. Aufl., Stuttgart 1992, Sp. 1114–1126.

Welge, M. K./Holfbrügge, D. (1998): Internationales Management. Landsberg/Lech 1998.

Wessman, F. (1975): Determining the Training Needs of Managers. In: Personnel Journal 54 (1975), S. 109–113.

Weuster, A. (1989): Zeugnisse. In: Strutz, H. (Hrsg.): Handbuch Personalmarketing. Wiesbaden 1989, S. 258–268.

Weuster, A. (1989a): Bewertung des Interviews (Einstellungsgesprächs) als eignungsdiagnostisches Instrument der Personalauswahl. In: Zeitschrift für betriebswirtschaftliche Forschung 1 (1989) 1, S. 5–33.

Weuster, A. (1992): Zeugnisgestaltung und Zeugnissprache zwischen Informationsfunktion und Werbefunktion. In: Betriebs-Berater 47 (1992) 1, S. 58–66.

Wibbe, J. (1966): Arbeitsbewertung, Entwicklung, Verfahren und Probleme. 3. erw. und völlig neu bearb. Aufl., München 1966.

Wiendieck, G. (1992): Teamarbeit. In: Frese, E. (Hrsg.): Handwörterbuch der Organisation. Stuttgart 1992.

Wiesendanger, H. (1987): Graphologie: Hokuspokus mit Profit. In: Psychologie Heute (1987) 6, S. 20–27.

Wiggins, J. S. (1973): Personality and Prediction. Reading, Mass. 1973.

Wild, J. (1974): Betriebswirtschaftliche Führungslehre und Führungsmodelle. In: Wild, J. (Hrsg.): Unternehmungsführung. Festschrift für E. Kosiol zu seinem 75. Geburtstag. Berlin 1974, S. 141 –179.

Williams, K. D./Karau, S. J. (1991): Social loafing and social compensation: The effects of coworker performance. In: Journal of Personality and Social Psychology (1991), S. 570–581.

Winter, S. (1996): Prinzipien der Gestaltung von Managementanreizsystemen. Wiesbaden 1996.

Winter, S. (1997): Möglichkeiten der Gestaltung von Anreizsystemen für Führungskräfte. In: Die Betriebswirtschaft 57 (1997) 5, S. 615–629.

Wirth, E. (1992): Mitarbeiter im Auslandseinsatz, Planung und Gestaltung. Wiesbaden 1992.

Wissema, J. G./Brand, A. F./van der Pol, H. W. (1981): The Incorporation of Management Development in Strategic Management. In: Strategic Management Journal 2 (1981), S. 361–377.

Wiswede, G. (1980): Motivation und Arbeitsverhalten. Organisationspsychologische und industriesoziologische Aspekte der Arbeitswelt. Basel 1980.

Witte, E. (1969): Führungsstile. In: Grochla, E. (Hrsg.): Handwörterbuch der Organisation. Stuttgart 1969, Sp. 595–602.

Witte, E./Kallman, A./Sachs, G. (1981): Führungskräfte der Wirtschaft. Eine empirische Analyse ihrer Erwartungen. Stuttgart 1981.

Wittenbaum, G. M./Stasser, G. (1996): Management of information in small groups. In: Nye, J. L./ Brower, A. M. (Hrsg.): What's social about social cognition: Research on socially shared cognition in small groups.Thousand Oaks (CA) 1996, S. 3–28.

Wittmann, A./Kaschube, J. (1998): Motivation zur beruflichen Weiterentwicklung bei Hochschulabsolventen im Rahmen der Personalentwicklung. In: Rosenstiel, L. v./Nerdinger, F.W./Spieß, E. (Hrsg.): Von der Hochschule in den Beruf. Göttingen 1998, S. 145–167.

Wolf, J. (1996): Organisation internationaler Personalarbeit. In: Zeitschrift für Organisation, 65 (1996) 2, S. 90 ff.

Wolf, J. (1997): Strategische Orientierungen und Koordination des Personalmanagement in internationalen Unternehmen. In: Die Betriebswirtschaft 57 (1993) 3, S. 357ff.

Womack, J./Jones D. T./Roos, D. (1990): The machine that changed the world. New York 1990.

Wunderer, R. (1975): Personalwerbung. In: Gaugler, E. (Hrsg.): Handwörterbuch des Personalwesens. Stuttgart 1975, Sp. 1689–1708.

Wunderer, R. (1985): Führung – wohin führst du? In: Die Unternehmung 39 (1985), S. 337–350.

Wunderer, R. (1990): Einführung: Neuere Konzepte der Personalentwicklung. In: Haller, M./Hauser, H./ Zäch, R. (Hrsg.): Ergänzungen. Ergebnisse der wissenschaftlichen Tagung anläßlich der Einweihung des Ergänzungsbaus der Hochschule St. Gallen. Stuttgart 1990, S. 181–195.

Wunderer, R. (1991): Personal-Controlling. In: Personal 43 (1991) 9, S. 272–275.

Wunderer, R. (1991a): Personalmarketing. In: Die Unternehmung 45 (1991) 2, S. 119–131.

Wunderer, R. (1992): Das Personalwesen auf dem Weg zu einem Wertschöpfungs-Center. In: Personal 44 (1992) 4, S. 148–153.

Wunderer, R. (1992a): Von der Personaladministration zum Wertschöpfungs-Center: Vision, Konzeption und Realisation unternehmerischer Personalarbeit. In: Die Betriebswirtschaft 52 (1992) 2, S. 201–215.

Wunderer, R. (1992b): Internationalisierung als strategische Herausforderung für das Personalmanagement. In: Zeitschrift für betriebswirtschaftliche Forschung 44 (1992) Ergänzungsheft 2, S. 161 ff.

Wunderer, R. (1999): Mitarbeiter als Mitunternehmer – ein Transformationskonzept. In: Breisig, T. (Hrsg.): Mitbestimmung – Gesellschaftlicher Auftrag und ökonomische Ressource. München/Mering 1999, S. 317–352.

Wunderer, R. (2003): Führung und Zusammenarbeit. 5., überarb. Aufl., Stuttgart 2003.

Wunderer, R./Grunwald, W. unter Mitarbeit von Moldenhauer, P. (1980): Führungslehre, Bd. 1: Grundlagen der Führung; Bd. 2: Kooperative Führung. Berlin/New York 1980.

Wunderer, R./Sailer, M. (1987): Instrumente und Verfahren des Personal-Controlling (II). In: Personalführung 21 (1987) 8, S. 600–606.

Wunderer, R./Sailer, M. (1987a): Personal-Controlling – eine vernachlässigte Aufgabe des Unternehmenscontrolling. In: Personalwirtschaft 14 (1987) 8, S. 321–327.

Wunderer, R./Sailer, M. (1987b): Die Controlling-Funktion im Personalwesen (I): Personalführung 21 (1987) 7, S. 505–509.

Wunderer, R./Sailer, M. (1988): Personalverantwortliche und Controlling: Ergebnisse einer Umfrage. In: controller magazin 13 (1988) 3, S. 119–124.

Wunderer, R./Schlagenhaufer, P. (1994): Personal-Controlling: Funktionen-Instrumente-Praxisbeispiele. Stuttgart 1994.

Zajonc, R. B. (1965): Social facilitation Science 149 (1965), S. 269–274.

Zander, A. (1971): Motives and goals in groups. New Brunswick (NJ) 1971.

Zander, A. (1979): The psychology of group processes. In: Annual Review of Psychology (1979), S. 417–451.

Zeidler, K. (1972): Anforderungen an kaufmännische Führungskräfte. Ergebnisse einer Rollenanalyse. Frankfurt a. M. 1972.

Zetterberg, H. L. (1973): Theorie, Forschung und Praxis in der Soziologie. In: König, R. (Hrsg.): Handbuch der empirischen Sozialforschung. Bd I: Geschichte und Grundprobleme der empirischen Sozialforschung. 3., umgearb. und erw. Aufl., Stuttgart 1973, S. 104–160.

Ziegler, A. (1994): Ethische Überlegungen zur Menschenführung in wirtschaftlichen Krisenzeiten. In: Hofmann, L. M./Regnet, E. (Hrsg.): Innovative Weiterbildungskonzepte – Trends, Inhalte und Methoden der Personalentwicklung in Unternehmen. Göttingen 1994, S. 23–38.

Zimmer, D. (1974): Die Ausbildung der Führungskräfte in Handelsbetrieben. Stuttgart 1974.

Zimmer, D. E. (1975): Der Streit um die Intelligenz. München/Wien 1975.

Zink, K. J. (1975): Differenzierung der Theorie der Arbeitsmotivation von F. Herzberg zur Gestaltung sozio-technologischer Systeme. Frankfurt a. M./Zürich 1975.

Zink, K. J. (1995): Die Entwicklung der Arbeitsstrukturen im soziotechnischen Wandel – ein Überblick. In: Heidack, C. (Hrsg.): Arbeitsstrukturen im Umbruch. München/Mering 1995, S. 11–28.

Zink, K. J. (1997): Die Entwicklung der Arbeitsstrukturen im soziotechnischen Wandel – ein Überblick. In: Zink, K. J./Pries, L./Poctowski, A./Heidack, C. (Hrsg.): Arbeitsstrukturen im Umbruch. 2., verb. und erw. Aufl., München 1997, S. 11–28.

Zuckerman, M. (1979): Attribution of Success and Failure Revisted, or: The Motivational Bias is Alive and Well in Attribution Theory. In: Journal of Personality 47 (1979), S. 245–287.

Stichwortverzeichnis